甓甎

벽 전

우리나라 벽돌 건축의
조영원리

벽전(甓甎)

우리나라 벽돌 건축의 조영원리

제1회 심원건축학술상 당선작

심원문화사업회가 주최하는 〈심원건축학술상〉은 건축 역사와 이론, 건축미학과 비평 분야의 전도유망한 신진학자 및 연구자를 발굴하여 저작을 지원하는 프로그램으로서 2008년에 제정되었다. 1년 이내 단행본으로 출판이 가능한 완성된 연구 성과물로서 세상에 발표되지 않은 원고를 응모 받아 그 중 매년 1편의 당선작을 선정하며, 당선작에 대하여는 단행본 출간과 저술지원비를 후원한다.

벽전(甓甎)

우리나라 벽돌 건축의 조영원리

박 성 형 지음

Spacetime

일러두기

» 옛 문헌, 단행본, 전집, 정기간행물에는 겹낫쇠(『 』)를, 논문, 논설에는 홑낫쇠(「 」)를 사용하였음.

» 참고문헌은 '지은이, 「논문제목」, 『책제목』, 출판년, 발행지, 발행처' 의 순으로 표기하였음.

» 이 책에서 장방형 벽전의 크기는 '길이×넓이×두께' 로 표기함.

» 출전의 표기가 없는 그림 및 도면 등은 필자가 직접 제작 또는 촬영한 것임.

» 각주번호는 각 장 별로 구분, 부여하였음.

» 각주 내용중 인용문은 고딕체로 표기하였음.

» 우리말 명칭의 漢字표기는 [ ] 안에 넣어 뜻을 새겼음.

서 문

건축을 형성하는 요소는 수없이 많지만, 그 중에서도 각 사회의 생산력과 당시 사회상황을 직접적으로 반영하는 건축재료는 그만이 갖는 고유한 구축(構築) 방법과 구조(構造) 체계를 통해 건축형태와 공간에 많은 영향을 미친다고 할 수 있다. 특히 가용할 수 있는 건축재료가 한정적이었고 그에 따른 사용범위와 구조기술의 변화 속도 또한 느렸던 과거의 건축에서는 현대건축보다 더욱 큰 상관관계를 가진다고 할 수 있다. 따라서 역사건축은 건축형식과 형태에 관한 연구는 물론, 당시 사회가 주로 사용하였던 건축재료를 통해 살펴볼 필요가 있다.

한국건축은 선적(線的)인 목재를 구조재료로 사용하는 가구식(架構式) 목조건축(木造建築)이 주를 이루어 왔다. 여기서 가구(架構)는 건물의 뼈대인 골조(骨組)를 의미하고, 가구식 구조는 기둥·보 등의 뼈대를 결구(結構)하여 각각의 절점(節點)을 통해 하중을 전달하는 구조를 말한다. 한국건축의 또 다른 구조 방식에는 절점 없이 단위(單位) 부재(部材)를 쌓아 올려, 상부하중은 부재와 부재가 직접 맞닿아 지면으로 전달하는 조적식(組積式) 구조가 있으며, 대표적인 건축재료에는 석재(石材)와 벽전(甓甎 : 벽돌)이 있다. 또한 벽체(壁體) 형식에서 가구식은 뼈대로 지지하므로 칸막이벽(Curtain wall)이 보편적이지만, 조적식은 상부하중을 벽체가 전담하는 내력벽(Bearing wall)이 보편적이다. 이렇게 두 구조를 통한 건축은 하중전달방식에 의한 구조체계와 벽체의 형식이 서로 다르기 때문에, 각각의 독특한 건축형태와 특징을 나타내고 서로 다른 공간을 창출하게 되는데, 이는 당시 사회가 요구하는 건축과 필요를 반영한 결과라고 할 수 있다.

조적식 구조재료인 벽전은 나무·돌과 함께 가장 오래된 건축재료 중 하나이며, 기와와 동일하게 인간의 특정 목적에 따라 흙이라는 자연물을 가공하여 만들어 낸 최초의 건축재료라고 할 수 있다. 이러한 벽전을 통한 조적식 건축은 가구식 구조와는 다르게 일정한 규격의 단위 부재를 적층(積層)하는 독특한 구축방법과 구조체계를 갖게 되는데, 목조건축과 함께 벽전건축은 한국건축의 독립된 영역을 확보하며 전개해 왔다. 즉, 낙랑(樂浪)과 삼국(三國)에서는 벽전축(甓甎築) 무덤과 벽탑(甓塔) 등을 축조하였고, 한국 역사의 전 시기에 걸쳐 조적식 건축 구성요소인 홍예(虹蜺:Arch)·볼트(Vault)·궁륭(穹窿) 등이 현존하고 있다. 또한 목조건축은 고려(高麗) 말의 건축이 최고(最古)이지만,

벽전건축은 삼국은 물론 낙랑의 유구까지 현존하고 있기 때문에, 각 시기를 연속하는 건축사(建築史)를 완성할 수 있다. 따라서 한국건축사(韓國建築史)에서 벽전은 전통 양식의 일부로서 중요한 위치를 차지하며, 나무와는 다른 이질적인 재료로서 독특한 건축 의미 또한 내재하고 있는 것이다.

그러나 가구식 목조건축에 대한 연구에 비해 조적식 건축인 벽전건축에 관한 연구는 삼국시대(三國時代)와 남북국시대(南北國時代) 벽전에 나타난 무늬의 특징과 의미 해석에 관한 회화(繪畵) 분야의 연구, 또는 현대에 사용하고 있는 '붉은색 벽돌'의 의장(意匠) 특성과 조형에 관한 연구가 대부분이어서, 한국건축에서 벽전이 갖는 구조특징과 건축 재료적 특성, 그에 따른 건축 의미를 파악하기에는 부족한 점이 많다고 할 수 있다. 특히 각 시기마다 한국적 특징이 나타나고 있는 벽전건축 유구가 현존하고 있음에도 불구하고, 벽전을 광범위하고 보편적으로 사용한 중국(中國)의 영향 또는 중국 건축 형식의 유입(流入)으로만 설명되고, 특히 고려와 조선(朝鮮)에서는 벽전을 사용하지 않았다는 주장까지 제기되고 있다. 따라서 이 책은 각 시기에 나타난 벽전의 특징과 함께, 한국건축의 벽전 사용범위를 재조명하고, 고대(古代)로부터 조선후기까지 이어지는 벽전 사용의 연속성을 살펴, 중국과 구별되는 벽전의 사적(史的) 위치와 건축의미를 재조명하였다.

동시에 가구식 구조와는 달리 벽전으로 축조한 조적식 구조의 건축특징을 살펴보았다. 건축 구조재료로서 벽전은 일정한 크기의 단위 부재로 인해 건축 평면과 입면·단면의 규모와 일정한 상관관계를 갖기 때문에, 벽전건축의 각 부분에 나타난 쌓기방법의 분석을 바탕으로 하여 한국건축사에서 가구식과 다른 조적식 건축을 재평가하였다.

또한 한국건축의 주를 이룬 목조건축에서의 벽전 사용과 그 범위를 고찰하고, 전형적으로 나타난 건축특징들을 도출하였는데, 특히 한국건축에서는 조선후기 벽전 사용의 확대에 따른 목조건축의 벽체형식과 구조체계의 변화를 가장 명확하게 볼 수 있다. 목조건축의 구조재료인 나무는 화재에 취약하고 일정 시간이 지나면 썩어 내구적(耐久的)이지 못한 단점이 있는데, 이러한 취약점을 해결하기 위해 화재와 부식에 강하고 압축력에 효과적으로 지지할 수 있어 내구적인 건축물을 축조할 수 있는, 조적식 건축재료인 벽전을 가구식 목조건축에 적극 접목하여 활용하였던 것이다. 따라서 조적식과 가구식 구조가 갖는 각기 다른 구조체계와 벽체형식으로 인해 조선후기 목조건축의 형태는 물론 내부공간까지 변화하여 그 특유의 건축형식을 나타내고 있다. 또한 목조건축에서의 벽전 사용의 확대는 당시 사회가 요구하는 건축과 그에 따른 의식의 변화 등을 내재하고 있는 것으로, 한국건축에서 또 하나의 형식으로 포함시킬 수 있는 특징을 갖추고 있다고 할 수 있는 것이다.

이 외에도 이 책에서는 벽전 관련 용어를 한국 고문헌(古文獻)을 통해 정리하고, 벽전의 건축적 의미를 표현할 수 있는 '벽전'(甓甎)[벽돌]이라는 새로운 용어를 제시하였으며, 생산방식에 따른 벽전의 특징을 도출하였는데, 특히 각 사회의 벽전 생산력과 직결하는 가마[窯]의 제도를 통해 조선후기 벽전 사용을 확대할 수 있었던 배경 역시 살펴보았다. 그러나 일부 내용에서는 자료의 부족으로, 기존 한국건축사 연구에서 논의하지 않았던 내용들을 더욱 촉발시키기 위해, 저자의 학문적·건축적 상상력을 통해 그 내용이 변질된 부분도 있었다고 생각하지만, 이 책은 벽전에 관심 있는 독자들이 참고할 수 있는 하나의 벽전관련 자료집으로서 의미가 있을 것으로 생각한다.

감사드릴 분들이 너무나도 많습니다. 직접 뵙지는 못했지만 심원건축학술상의 게기를 만들어 주시고 건축에 대한 열정이 지금도 그대로 전해오는 고(故) 김광재님과, 심원건축학술상을 제정해 주신 심원문화사업회 이태규 이사장님께 감사의 말씀을 가장 먼저 드리고 싶습니다. 또 이러한 큰 영광을 주신 심사위원 배형민·안창모·전봉희 교수님, <WIDE>의 전진삼 대표님·정귀원 편집장님과 심원건축학술상 관련자 모두에게 감사드립니다. 10년 전 학위논문이 한국건축계에 더욱 큰 흔적을 만들 수 있는 기회를 주심은 물론, 건축에 관한 올바른 인식과 사회적 관심이 부족한 한국사회에 건축의 인문적 토양을 배양하는 일이 그 어느 건축적 활동보다도 중요하다는 것을 공감하고 있기에 더더욱 그렇습니다. 또한 단순한 지식의 전달이 아닌, 학문의 태도와 연구방법을 몸소 보여주시고 지도해 주신 성균관대학교 이상해 교수님과, 언제나 건축에 대한 열정을 그득그득 채워주는 정림건축 가족 모든 분들께 감사의 말씀을 드립니다. 마지막으로 항상 바쁜 아들·사위·남편·아빠의 빈자리가 죄송한, 사랑하는 부모님·장인·장모님·아내와 소연·민주를 비롯한 모든 가족에게 이 기회를 빌려서 감사의 말씀을 전하고 싶습니다.

2010년 6월

박성형

차례

甓
甎

제1장

벽전(甓甎)에 관한 일반적 고찰

‘벽전’ 은 일반 건축에서 벽체(壁體)를 쌓기 위해 사용하는
‘벽’ (甓)과 바닥을 포장하기 위한 ‘전’ (甎)을 합친 용어로서,
일반적인 벽전의 사용과 용도, 건축재료로서의 특성을
가장 잘 나타낼 수 있다고 생각한다

– 본문 中

개 요

벽전(甓甎)[1]의 기원은 B.C.6000년경 메소포타미아(Mesopotamia)의 수메르(Sumer)인들이 점토로 만든 날벽전[坯甓甎][2]으로 집을 짓기 시작한 것이 시초였고, 그 이후 오리엔트(Orient) 문명 전역으로 전파되었는데 이곳은 건조지대이기 때문에 날벽전으로 집을 지어도 무방했다. 이는 인간이 최초로 만든 건축재료라는 데에 큰 의의를 지니고 있을 뿐 아니라 훗날 벽전을 생산할 수 있는 터전을 마련하였다는데 큰 의미가 있다. 오리엔트 문명이 싹트면서 B.C.3000년 경 나일(Nile) 강 유역인 이집트(Egypt)에서 날벽전을 소성(燒成)하여 점토벽전을 만든 것이 제1호 소성벽전으로 기록된다. 이에 따라 메소포타미아에서도 벽전이 생산되었고, 그 후 B.C.2100년경에는 벽전으로 성(城)·탑(塔)·신전(神殿) 등의 대규모 건축물도 건축하게 되었다. 이러한 벽전문화는 서쪽으로는 지중해로 전파되었고, 동으로는 인도로 퍼져, B.C.2000년경에는 벽전건축이 꽃을 피우는 전성기가 되었다.[3]

벽전은 점토로 성형하고, 가마[窯] 속에서 높은 온도로 구워 만든 건축재료로서, 주요 건축재료인 목재와 석재가 가지고 있는 여러 단점과 미비점을 보완할 수 있고, 독특한 조형적 특성을 발휘하기 때문에 그 동안 건축문화의 발전에 커다란 기여를 하였다. 벽전은 손쉽게 구할 수 있는 흙을 재료로 하여 높은 온도로 구워 만들었기 때문에, 내구력(耐久力)이 강하고 방화(防火) 및 방한(防寒)에 뛰어나 여러 가지 경제적인 이점과 편리함을 잘 갖추고 있다. 그리고 가공이 용이하고 모양을 쉽게 바꿀 수 있는 가변성을 지니고 있어, 아치(Arch)나 궁륭(穹窿) 천장과 같은 특정한 장소에도 사용할 수 있으며,

1 이 책에서는 현재 일반적으로 사용하는 '벽돌' 용어 대신, 새로운 '甓甎' 용어 사용을 제안하려고 한다. 이 장에서는 고문헌에서 사용된 벽전 관련 용어를 살펴보고, '벽전' 용어가 타당한 이유를 살펴보는데, ' '를 표시한 '벽전'은 이 책에서 정의하려고 하는 용어이고, ' '표시가 없이 벽전이라고 사용한 용어는 일반적인 '벽돌' 의미로 사용한 것임을 밝혀 둔다. 또한 한국 고문헌에 나타난 벽전 관련 용어는 [부록 1]에 자세히 기재하였다.

2 날벽전[坯甓甎]은 현재 일반적으로 '흙벽돌' 또는 '아도비(Adobe) 벽돌'이라고 하는, 흙으로 모양을 갖춘 굽기 이전의 벽전을 지칭하는데, 본래 '墼'이라고 하여 '흙 벽'이라고 한다(『訓蒙字會』참고.). 본래는 '격벽전'(墼甓甎)이라고 하는 것이 더 정확한 용어이지만, 그 뜻을 알기 어렵고, 『훈몽자회』에서 '坯'라는 한자를 'ᄂᆞᆯ 디새 비'라고 하여 굽기 전의 기와를 지칭하고 있다. '날벽전'의 '날'은 바로 'ᄂᆞᆯ'에서 따온 것이며, 순수 한글이 오히려 '墼'보다 '굽기 전 벽전'이라고 하는 뜻을 나타내는데 더 효과적이라고 생각하여, 이 책에서는 '날벽전'이라는 용어를 사용하고, 한자는 '坯甓甎'으로 표기한다.

3 송재선, 『우리 나라 벽돌사』(2006, 미래문화사.), 4~5쪽.

다채로운 무늬가 새겨진 벽전을 통해 그 장식성과 함께 상징성을 나타낼 수 있어, 고대 문화연구에 좋은 자료가 되고 있다.[4]

중국에서는 날벽전을 사용하다가 전국(戰國:B.C.475~B.C.221)시대부터 무덤을 축조하기 위해 가장 큰 것은 1.5m에 이르는 공심전(空心塼·空心磚)이 제작·사용되었는데, 벽전의 양측면에 타원형 또는 장방형의 큰 구멍이 뚫려 있다. 공심전은 서한(西漢:B.C.206~A.D.8)에서 매우 성행하였다가 동한(東漢:A.D.25~220)시대에 이르러 쇠퇴하게 되는데, 중국에서 가장 오래된 벽전이라고 할 수 있다. 오늘날과 같은 벽전은 서한 말부터 제작되기 시작하여 그 이후 매우 성행하였는데, 공심전을 대신하여 무덤의 관대(棺臺)·덧널[槨]은 물론 지상 건축물의 축조에 본격적으로 사용되었다. 특히 화상전(畵像塼·磚)은 당시의 생활풍습이나 문화연구에 중요한 각종 무늬를 새겨 넣었다. 명대(明代:1368~1644)에는 벽전기술이 급속도로 발전하여 성벽의 대부분은 벽전을 이용하여 축조하였고, 벽전을 응용한 아치구조가 무량전(無樑殿)이라는 대전옥(大殿屋)을 만들어 내기도 하였다.[5]

우리나라에서는 B.C.108, 대동강 유역과 황해도 지역의 한사군(漢四郡) 설치를 전후하여 소성벽전이 유입된 것으로 알려져 있는데, 실제로 평양(平壤)을 중심으로 낙랑(樂浪)의 벽전축(甓甎築) 무덤이 대단위로 발굴되었다. 이러한 문화는 당시 고대국가를 형성해 가던 고구려·백제·신라의 삼국에 많은 영향을 주기 시작하였으며, 한국에서는 조선후기까지 지속적이고 다양한 벽전건축문화를 꽃피우게 되었다고 할 수 있다. 그러나 한국에서 벽전은 중국의 건축재료로 인식하여 목조건축에 비해 많은 연구가 집대성되지 못하였다고 할 수 있는데, 이 책은 목조전통건축과는 다른 조적식 건축재료인 벽전을 통해 한국건축사(韓國建築史)를 다시 재조명하는 기회가 될 것으로 기대한다.

4 김성구, 『옛 전돌』(1999, 대원사.), 7쪽.

5 中國建築科學研究院 編, 『中國古建築』(1992, 세진사), 20쪽.

그림 1-1 帶方太守 張撫夷 무덤에 사용한 글씨를 새긴 벽전
(출전 : 朝鮮總督府, 『朝鮮古蹟圖譜』 1(1915.), 42쪽.)

1-1. 옛 문헌을 통한 '벽전(甓甎)' 용어

여기서는 먼저 이 책에서 사용하면서 동시에 보편적인 사용을 제안하는 '벽전'(甓甎) 용어에 대해 살펴보자. '벽전'은 일반 건축에서 벽체(壁體)를 쌓기 위해 사용하는 '벽'(甓)과 바닥을 포장하기 위한 '전'(甎)을 합친 용어로서, 일반적인 벽전의 사용과 용도, 건축재료로서의 특성을 가장 잘 나타낼 수 있다고 생각한다. 또한 한국의 고문헌(古文獻) 중 벽전 관련 용어는 각 시대에 따라 '塼'과 '磚' 등 조금씩 차이가 있지만, 특히 한국건축 중 벽전을 가장 광범위하고 계획적으로 사용하여 1796년 완성한 화성(華城)의 축조 당시, 계획에서부터 공사과정을 기록한 『화성성역의궤(華城城役儀軌)』에는 '甓'과 '甎'을 그 용도에 따라 구분하고, 일반적인 벽전을 대표할 경우에는 '벽전' 용어를 사용하였다. 『화성성역의궤』는 국가에서 만들어 낸 공사보고서로서, '벽전' 용어는 조선후기 당시 한국에서 정착한 건축용어로 추정할 수 있다. 따라서 '벽전'은 용도에 따른 건축재료로서의 특성을 가장 효과적으로 나타낼 수 있는 용어이며, 더 나아가 중국·일본과 구별되는, 현재와 조선후기와의 연속성을 설정할 수 있는, 현재의 건축용어로 정착시킬 수 있는 특징을 갖고 있다고 할 수 있다.

기존 연구와 일상적으로 사용하는 벽전 용어는 '벽돌'(壁乭)과 '전돌'(塼乭)·'연와'(煉瓦) 등이 있는데, 먼저 '연와'[6]는 일제강점기에 일본인들이 사용하던 용어로,[7] 벽전이 기와와 유사한 특징을 갖고 있다는 것 이외에 벽전의 건축재료적 특징을 나타내는 데는 적합하지 못하다. 또 '전'(塼)은 '甓'과 '甎' 이전에 사용하였던 용어이지만, 조선후기에는 거의 사용하지 않았는데, '塼'에서 '專'은 '오로지'·'같게 하다'라는 뜻으로 벽전의 형태와 제조·쌓기 방법이 일정한 일률적인 계획성에 의해 취해졌을 것이다. 여기에 벽전의 원료(原料)인 '土'를 첨가하여 '흙으로 만든 일률적인 건축재료'라고 하는 제조·재료·시공 등의 의미를 내포한 용어이다. 따라서 한국에서는 '벽전' 이전에 벽전을 대표하는 용어로 사용하였던 것이며, 건축재료로서의 계획성을 잘 나타내는 용어라고 할 수 있다. 그러나 현재는 '塼'에 '乭'을 붙여 '과거에 사용한 검은 색 벽전'[8]이라는 의미로 주로 사용하고

6 임천, 『미술고고학용어집-건축편』국립박물관총서甲 제2(1955, 을유문화사.), 5쪽.
벽돌[煉瓦]. / 면벽돌[化粧煉瓦] : 면(面)을 쌓기 위한 좋은 벽돌.

7 송재선, 『우리나라 벽돌』(1991. 한국점토벽돌공업협동조합발행.), 13쪽.

있으며, '벽전' 이외에 벽전의 규격화를 잘 나타낼 수 있는 용어라고 생각한다.

'벽돌'(壁乭)은 '塼'과 상반되는, 현재 사용하고 있는 붉은색 벽전을 지칭하는 대표적인 용어로, 언제·어떻게 생성된 것인지 확실치 않지만 최근에 정착한 것으로 생각할 수 있다. '벽돌'은 벽(Wall)을 의미하는 '壁'과 '石'을 나타내는 한글의 '돌'을 합친 용어이며, '벽체를 축조하는데 사용하는, 돌[石]과 비슷한 성질의 건축재료'라는 의미를 강하게 내포하고 있다. 그러나 벽전은 천연적인 돌[石]과는 구별되어야 하므로, 벽전이 가지는 건축적 의미를 나타내는데 적합하지 않은 모호한 용어라고 생각한다. 즉, 벽전은 나무나 돌과 같이 자연에서 생산되는 천연재료가 아닌, 인류가 특정한 목적을 가지고 인위적으로 만들어 낸 최초의 건축재료로서의 의의가 크기 때문이다. 또한 벽전의 용도는 단순히 벽체에만 한정되는 것이 아니라 기둥·바닥의 포장·외벽을 습기와 비로부터 보호하는 등 여러 용도로 사용할 수 있기 때문이다. 따라서 현재 '壁乭'이라고 통용하는 이 용어는 적합하지 않으며, 건축적 의미에서도 역시 마찬가지라 할 것이다.

다음으로 고문헌에 나타난 벽전 관련 용어들을 살펴보자. 이를 통해서는 벽전 관련 용어가 한국에서 어떻게 변화하였고, 각 시대에 따라 어떤 용어를 사용하였는지 살펴볼 수 있으며, 현재와 연속할 수 있고 현재에도 통용할 수 있는 한국의 벽전 용어를 정의할 수 있을 것으로 생각한다. 가장 오래된 용어를 확인할 수 있는 것은 문헌이 아닌, 벽전축(甓甎築) 무덤에 사용한 글씨를 새긴 벽전으로, 348년 대방태수(帶方太守) 장무이(張撫夷) 무덤에 사용한 벽전에는 '大歲在戊漁陽張撫夷塼'·'大歲戊在漁陽張撫夷塼'·'大歲申漁陽張撫夷塼'·'張使君塼'·'趙主薄令塼懃意不臥'[9] 등의 글씨를 새겼다.(<그림 1-1>) 이 벽전의 '塼'은 가장 오래된 벽전 용어로, 한국에서 벽전은 4세기 또는 그 이전부터 사용하였음을 확인할 수 있다. 또한 『삼국유사(三國遺事)』[10]에서는 탑(塔) 축조에 사용한 '塼'·'磚'이라는 용어를 확인할 수 있으므로, '塼' 용어는 4세기 이전부터 1285년 고려(高麗)까지도 사용하여, 고대(古代)의 벽전을 대표하며 일반적으로 사용된 용어라고 할 수 있다.[11] 또한 '塼'은 『동문선(東文選:1478년)』과 『신증동국여지승람(新增東國輿地勝覽:1530

8 장기인, 『한국건축사전-한국건축대계Ⅳ』(1993, 보성각.), 72쪽.
전돌(塼, 塼石) : ①흙으로 구어 만든 검은 벽돌, 검정 벽돌, 轉의 현대적 명칭, 전벽돌(준). ②얇게 깨지는 돌을 벽돌처럼 다듬어서 쓰는 돌, 轉石, 模轉石의 옛 이름. / 전벽돌(塼壁乭) : 예전에 벽 쌓기에 쓰이던 검정색의 벽돌, 성벽 쌓기에도 쓰였음. 전돌.

9 朝鮮總督府, 『古蹟調査概報 昭和8年度 大房郡及び其の遺蹟』(1935.), 25쪽.

10 『三國史記』에는 벽전 관련 용어를 찾을 수 없다.

년)』·『경세유표(經世遺表:1817년)』에서도 사용하여, 그 명맥을 오래 유지하였지만, 점차 사라지는 용어로 판단할 수 있다. 위의 문헌에서는 '塼'보다는 '甎'과 '甓' 용어를 더 많이 사용하고 있으며, 특히 아동들을 위한 한자(漢字) 교습서인 『훈몽자회(訓蒙字會:1527년)』에서는 3,360여 한자를 정리하고 있지만,[12] '塼' 용어는 사용하지 않았기 때문이다. 따라서 현재 사용하는 '塼乭'의 '塼'은 점차 사장(死藏)되던 용어를 다시 사용하고 있는 것으로, 언제부터인지는 확인할 수 없다.

'磚'[13]은 『고려사(高麗史:1454년)』·『신증동국여지승람』·『서애집(西厓集:1633년)』·『북학의(北學議:1778년)』 등에서 주로 사용하였는데, '塼' 이후에 생성되었고 또 '塼'과 같은 시기에 병행하여 사용한 벽전 용어로 생각한다.[14] 그러나 '塼'과 동일하게 『훈몽자회』에서 정리하지 않은 용어이며, 『화성성역의궤』에서는 건물 기초(基礎)에 사용하는 벽전 모양으로 다듬은 석재(石材)를 '전석(磚石)'이라고 하여,[15] 조선후기에는 주로 벽전보다는 돌을 의미하는 것으로 생각할 수 있을 것이다. 이 외에 '영적(瓴甋)'은 『영조법식(營造法式)』에서 벽전의 일종으로 언급하였고,[16] 『훈몽자회』에서는 '瓴'을 '벽 령'이라 하였으며, 『북학의』에서도 '영적' 용어를 사용하였다. 그러나 한국에서는 아주 제한적으로 사용되었을 뿐 보편적인 용어는 아니었다. '추(甃)'는 우물과 담 등에 사용한 벽전을 의미하는 것으로, 명사(名詞)이기 보다 '쌓는다'라는 동사(動詞)의 의미로 주로 사용하였다.

'전(甎)'과 '벽(甓)'은 『고려사』에서부터 나타나지만, 『신증동국여지승람』 등 조선(朝鮮)의 문헌에서 가장 많이 사용하였고, 또 조선후기까지 지속적으로 사용하였다. 따라서 조선에서는 이 용어들이 벽전을 대표하며 가장 보편적으로 사용한 용어임을 알 수 있

11 또한 1100년 저술된 중국 宋의 『營造法式』에서도 '塼'을 보편적으로 사용한다.

12 김진규, 『훈몽자회 어휘연구』(1993, 형설출판사.) 참고.

13 磚은 현재 중국에서 보편적으로 사용하고 있는 용어이다.
磚 : 점토를 사용하여 날벽전을 만들어 말린 후 고온에서 소성하고 완성한 것으로, 가장 오래된 것은 戰國時期에 볼 수 있다[系用粘土制坏經干燥后在高溫下燒制而成最早見于戰國時期.](北京市文物研究所 編, 『中國古代建築辭典』, 1992, 中國書店, 53쪽.).

14 중국에서도 '塼' 이후에 주로 '磚' 용어를 사용한 것으로 추정할 수 있는데, 『營造法式』이후, 1631년 저술된 『園冶』와 1637년 『天工開物』에서는 '磚'을 사용하고 있다.

15 『화성성역의궤』에서 '磚'이 벽전을 의미하는 경우도 있는데, '磚砌'와 '砌磚' 등이다. 그러나 이 용어는 중국의 城書 등을 직접 인용할 때 사용하였을 뿐, 모두 '甎'과 '甓'을 사용하고 있다.

16 『영조법식』권15 「窯作制度」 '塼'.
그 이름에는 4가지가 있는데, 하나는 甓, 두번째는 瓴甋, 세번째는 㲉, 네번째는 甗甎이라 한다[其名有四一曰甓二曰瓴甋三曰㲉四曰甗甎].

는데, 먼저 '甎'은 『고려사』뿐만 아니라 『동문선』에도 사용하여 '甓'보다 먼저 나타난 것으로 추정할 수 있다. 또한 조선전기까지의 문헌에서는 '전탑(甎塔)'[17]·'전성(甎城)'과 함께 계단·바닥을 포장하는 재료의 의미로 사용하여, 초기에는 바닥을 포장하는 재료라는 의미보다는 일반적인 벽전을 의미하고 있다. '甓'은 『신증동국여지승람』에서 바닥을 포장하는 재료의 의미는 없으며, 주로 구조체를 축조하는 벽전을 나타내며, '벽성(甓城)'이라 하여 벽전으로 쌓은 성을 지칭할 경우에도 '甓'을 사용하였다. 또한 벽탑(甓塔)이 있는 신륵사(神勒寺) 경우에는 '벽부도'(甓浮屠)가 있는 '벽절'[甓寺]이라고 하여 역시 '甓'이 벽전을 대표한 것으로 생각할 수 있는데, 특히 『훈몽자회』에서는 '甎'을 '벽 젼', '甓'은 '벽 벽'이라고 하여 '벽'의 '甓'이 벽전을 대표하고 있기 때문이다. 그러나 『열하일기(熱河日記:1780년)』에서는 '甎'과 '甓'을 특별한 의미의 차이 없이 동시에 사용하고 있으므로, 이 두 용어가 조선후기까지도 동등한 의미로 사용되었던 것으로 생각한다.

이렇게 조선후기에 벽전을 대표하는 '甎'과 '甓'이 의미의 차이를 갖고 사용한 경우는 『화성성역의궤』에서 가장 명확하게 살펴볼 수 있을 것이다. 먼저 '甎'을 벽체를 축조하는 벽전의 의미로 사용한 경우는 단 2회뿐이고,[18] 대부분 '방전'(方甎)이라고 하여 바닥을 포장하는 재료의 의미로 사용하였다. 이는 앞에서 살펴본 '甎'의 의미와는 다른 것인데, '甎'을 사용하기 시작하였을 때는 여러 의미로 혼용하다가 조선후기에 이르러 주로 바닥을 포장하는 벽전으로 정착한 것으로 추정할 수 있다. '甓'은 '甎'과 상반되게 주로 벽체를 쌓는데 사용한 벽전의 의미로 사용하였고, 벽전을 굽는 장인(匠人)인 '와벽장'(瓦甓匠)·'벽장'(甓匠), 벽전을 소성(燒成)하는 '번벽'(燔甓), 벽전으로 만든 누조(漏槽)의 의미인 '벽누조'(甓漏槽), '벽체석연'(甓砌石緣)·'벽성'(甓城)·'벽제'(甓梯)·'벽등'(甓磴) 등에서도 모두 '甓'을 사용하고 있어, '甓'은 벽체를 축조하는 벽전의 의미와 함께, 일반적으로 벽전을 지칭할 경우에 사용한 것을 알 수 있다. 또한 홍예문(虹蜺門)을 축조하는 의미에서도 '甓'을 사용하여, '甓'에는 벽체뿐만 아니라 구조물을 제작하는 벽전을 의미한다고 할 수 있다.[19] 따라서 바닥을 포장하는 '甎'과는 명확히 다른 것이며, 『화성성역의궤』에는 두 의미를 엄격하게 구분하여 사용하고 있는 것이다. 또한 '甎'과 '甓'의 의미는 화성성역

17 1604년 저술한 『영가지(永嘉誌)』에서도 '벽전으로 쌓은 탑'은 모두 '甎塔' 용어를 사용하였다.

18 華城의 南水門과 城神祠를 설명할 경우이다 (『화성성역의궤』 卷首 「圖說」 및 부록 1 참고.).

19 예외적으로 東暗門·西一雉·內鋪舍의 경우 바닥을 포장하는 벽전의 의미로도 사용하였다.

(華城城役)에 사용한 벽전의 종류를 통해서도 알 수 있는데, 대방전(大方甎)·소방전(小方甎)·반방전(半方甎)·개벽(蓋甓)·이벽(耳甓)·홍예벽(虹蜺甓)·종벽(宗甓)이다. 이중 뒤에 '甓'을 사용한 벽전은 주로 벽체를 쌓거나 홍예·여장(女墻)을 축조할 경우 즉, 어떤 구조물을 만드는 벽전이고, '甎'을 사용한 용어는 주로 바닥을 포장하는 벽전이며, 현재 화성에서도 확인할 수 있다.[20] 따라서 보편적인 벽전을 나타낼 경우와 건축물을 축조하는 벽전은 '甓'이라는 용어를 사용할 수 있고, 바닥을 포장하는 재료는 '甎'이라고 할 수 있다. 또한 '甓'과 '甎', 두 가지 의미를 동시에 가지며, 일반적 벽전을 대표하는 '甓甎'이라는 용어 역시 사용할 수 있으며, 특히 '甓甎'은 『화성성역의궤』에서 찾아 볼 수 있다.

표 1-1 『화성성역의궤』에서 사용한 '甓甎' 용어

용어	의 미	내 용
甓甎	· 모두 일반적인 벽전의 의미 · 북옹성에서는 벽체를 쌓는 벽전의 의미	「圖說」성 쌓는 작업을 시작할 무렵까지는, 이 지방에서 돌이 나지 않았으므로 혹은 甓甎을 사용하는 것이 마땅하다고 하기도 하고, ….
		【砲樓】 모두 甓甎을 사용하여 만들었는데, 아래 넓이나 위의 줄어든 넓이가 모두 옛날 제도의 再突하는 형세를 따랐다.
		【東北砲樓】 전체 높이 13척, 성가퀴의 삼면은 모두 甓甎을 사용하였고, ….
		【移文 계축 12월 17일】 수원부 성역은 첫봄부터 역사를 시작하면 甓甎이 많이 소용될 것인데….
		【財用 上】 생산량을 언급할 때 모두 甓甎이라고 하였다.
		【財用 下】 甓甎 값이 돈으로 쳐서 25,611냥 4전 3푼.
		【北甕城】 홍예의 개판 위에는 회삼물로 쌓고, 다시 여러 장의 甓甎을 쌓았다.

<표 1-1>을 통해서는 '甓甎' 용어가 일반적인 벽전을 지칭할 때 사용하였으며, 벽체를 축조하는데 사용하는 벽전과 바닥을 포장하는 벽전의 두 가지 의미를 동시에 내포하고 있는 것을 알 수 있다. 이와 비슷하게 '甎甓'이라는 용어가 『경세유표』에서 일반적인 벽전을 의미하며 사용한 것을 볼 수 있으므로, 조선후기에 일반적인 벽전의 의미로 '甓甎'이라는 용어를 사용한 것이며, 이 용어는 벽전이 가지는 건축적인 의미를 표현할 수 있는 것이다.

지금까지 살펴본 내용을 통해 현재 사용하고 있는 용어 중 '塼'은 단순히 예전에 사

20 이러한 맥락에서 半方甎의 경우는 주로 벽체를 축조하는데 사용하기 때문에 '半方甓'이라고 해야 하지만 '甎'을 사용하여, 지금까지 살펴본 의미와는 부합하지 않는다. 그러나 『화성성역의궤』에서 반방전은 '대방전을 절반으로 나누어 제작한 벽전'이라는 의미가 아주 강하게 남아 있기 때문에 '甎'을 사용한 것으로 추정할 수 있다.

용된 검은 색 벽전이 아니라 일반적인 벽전을 나타내었음을 알 수 있다. 그러나 과거 특정 시대에 벽전을 지칭하는 용어로 사용한 것이며, 후대에는 점차 사라졌던 용어이다. '甎'은 초기에 일반적인 벽전을 의미하는 용어였지만, 조선후기에는 주로 바닥을 포장하는 벽전의 의미로 사용하였고, 특히 『화성성역의궤』에서 명확하게 드러난다. '甓'은 벽체를 쌓는 벽전, 구조물을 만드는데 사용하는 벽전, 일반적인 벽전을 지칭하는데 사용한 용어이다. 따라서 아주 구체적인 의미를 가지고 있고, 건축적인 의미를 충분히 내포하고 있으므로, 현재에도 벽전을 나타내는데 사용할 수 있는 역사적인 용어로 생각한다.

마지막으로 '甓甎'은 일반적인 벽전을 대표하는 용어로, 조선후기에서 사용하였으며, 바닥을 포장하는 벽전인 '甎'과 구조체와 벽체를 축조하는 벽전인 '甓'이 합쳐진 것이다. 따라서 건축에서 벽전의 용도를 구체적으로 지시하고, 그 특성까지도 포함하고 있는 용어라 할 수 있다. 또한 국가에서 발간한 공사보고서인 『화성성역의궤』에서 이 용어를 명확하게 사용하고 있으므로, 조선후기에 '甓甎' 용어를 보편적으로 사용하였거나, 또는 의도적으로 정착시키기 위한 용어였기 때문일 것이다.[21] 따라서 동일한 용어 사용을 통해 조선후기와 현재의 연속성을 확보할 수 있을 것이며, 더 나아가 '甓甎'은 중국·일본에서 사용하는 용어와 다른, 한국에서만 사용한 용어이므로, 한국만의 독자성을 얻을 수 있는 용어인 것이다.

이렇게 조선후기와의 연속성, 한국건축만의 독자성을 나타낼 수 있는 '甓甎' 용어는 현재 사용하고 있는 붉은색 벽전의 의미를 나타낼 수 있으며, 포장재료와 벽체 축조재료를 나누어 설명할 때는 '甎'과 '甓'을 사용하는 것이 명확한 뜻을 전달하는데 더욱 효과적일 것이다. 따라서 본 연구를 통해 '甓甎' 용어 사용을 제안하며, 이 책 전체에서 '甓甎'이라는 용어를 사용하기로 한다.

21 특히 화성성역 이후에 저술된 『만기요람(萬機要覽:1808년)』등에서 半方甎·大方甎 용어를 사용하고 있으므로, 이러한 사실을 뒷받침한다고 할 수 있다.

1-2. 벽전의 제작과정과 가마[窯]

벽전과 제작과정이 유사한 도예(陶藝)는 삼국(三國) 이전 시기에 기원을 두며, 각 시기에 따라 다른 문화와 구별되는 특유한 도예품(陶藝品)들을 창출해 왔다. 이러한 도예품은 건축에서도 많이 활용하였는데, 목조건축의 지붕 방수를 위한 다양한 기와[瓦]를 비롯해, 건물의 위계를 나타내는 치미(鴟尾)·토수(吐首)·잡상(雜像)·취두(鷲頭)·용두(龍頭) 등 다양한 건축도예품(建築陶藝品)[22]이 그것이다. 여기에 더할 수 있는 것은 건물 내부의 바닥과 기단(基壇) 윗면을 포장하고, 벽체를 쌓거나 장식하며, 탑과 무덤을 축조하기 위해 다양한 무늬와 형태를 갖는 벽전(甓甎)이 있다.

이러한 도자기(陶瓷器)를 비롯한 건축도예품의 생산 여부와 그 품질은 당시 사회가 가지고 있는 생산력에 의해 좌우된다고 할 수 있다. 즉, 장인(匠人)들의 생산 조직이나 사회적 지위, 가마[窯]를 비롯한 생산도구와 제작·소성(燒成)기술의 발달, 불을 지피기 위한 땔감의 수급 등은 각 용도에 따른 도예품을 생산할 수 있는지 혹은 보편화(普遍化) 할 수 있는가를 결정하며, 이것이 바로 그 사회가 가지는 생산력인 것이다. 따라서 당시 사회의 생산력을 파악하는 것은 건축도예품 중 특히 벽전이 건축재료로서 갖출 수 있는 강도와 가장 큰 특징인 규격화가 이루어 질 수 있는가를 살펴볼 수 있는 중요한 단서가 될 것이다. 더 나아가 벽전의 대량생산에 따른 사회 전반에 걸친 보편화 여부를 반추할 수 있는 중요한 부분이라고 생각한다.

도예품과 연관한 각 시대의 생산력에서 가장 중요한 것은, 일련의 생산 과정과 가마를 축조하는 방법, 불을 지피는 소성(燒成) 방법 등이다. 특히 일정한 형태의 단위체를 쌓아 구조물을 축조하는 건축재료인 벽전의 생산에서는 내부의 열 순환 방식에 따라 열효율(熱效率)이 좋은 가마를 축조하는 것, 가마 안에 날벽전을 재임하는 방법, 소성 방식 등이 벽전의 균일한 형태와 일정한 강도를 결정하는데 가장 중요하다고 할 수 있다. 그러므로 여기서는 균일한 시공을 위해 필요한 강도를 얻고, 일정한 형태로 제작하는 일련의 생산과정을 고찰하여, 각 시대에서 벽전이 갖는 건축적 특징을 도출해 내려 한다.

그렇지만 일제강점기 이후 서구의 대량생산 기술이 도입되므로, 한국이 가지고 있던

22 조정현은 『꽃담』(1989, 대원사.)과 『한옥의 건축도예와 무늬』(1990, 기문당.)에서 '建築陶瓷' 또는 '環境陶藝'라고 하는 용어를 사용하고 있다.

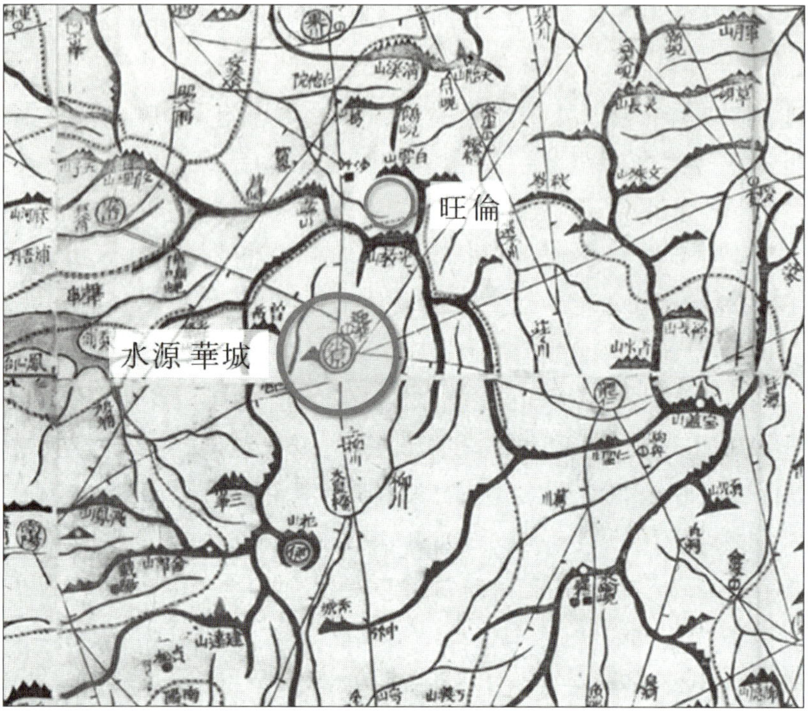

그림 1-2 수원과 旺倫의 위치
(출전 : 「大東輿地圖」.)

벽전 제작기술과 벽전 가마[甓窯]의 축조 방법은 전해지고 있지 않고, 다만 일부 문헌에서만 찾아 볼 수 있을 뿐이다. 그 가운데 『화성성역의궤』에는 벽전의 생산과정과 벽전 가마의 축조방법을 그림과 함께 기술하여, 벽전의 생산방식을 파악할 수 있는 중요한 자료가 되고 있다. 벽전은 원료인 흙을 채취하고, 흙에서 자갈과 이물질을 골라낸 후, 물과 함께 이긴다. 그리고 잘 이겨진 흙은 일정한 모양으로 성형(成形)하여 건조시키고, 마지막으로 가마에 넣어 굽는 일련의 작업 과정을 거친다. 『화성성역의궤』에서는 가마[窯]를 축조하는 방법과 날벽전의 재임 순서, 불을 때는 방법 등을 주로 설명하고 있으며, 그 중 가마를 축조하는 방법은 중국의 『천공개물(天工開物)』[23]의 내용에 따른 것임을 밝히고 있다. 따라서 여기서는 『천공개물』을 참고로 『화성성역의궤』에서 기술한 벽전 생산과정을 크게 다섯 가지 순서에 따라 살펴본다.[24]

1. 흙의 채취

벽전생산에서 질 좋은 흙을 찾는 일은 벽전생산 여부(與否)[25] 또는 좋은 벽전을 구워 내느냐 못 구워 내느냐를 판가름하는 중요한 과제이다.[26] 이러한 사실은 조선의 여러 문헌에서 확인할 수 있는데, 특히 화성성역의 도청(都廳) 이유경(李儒敬)은 '본부의 흙이 벽전에 적합하지 않고 더욱이 근처에 석재가 있다고 하니 어찌 반드시 벽전을 구으리까' 라고 하여 흙의 중요성을 반증하고 있다.[27] 『천공개물』에서는 모래가 섞이지 않은 흙이

23 중국 明나라 말엽인 崇禎 10년(1637년)에 宋應星이 농업 기술을 비롯해 製陶·兵器 등 18개 부문에 대해 상·중·하로 기술한 중국 최초의 고대기술백과전서이다. 1920년대까지는 중국보다 한국·일본·유럽 등 외국에 많은 영향을 끼치면서, 그 명맥을 유지해 왔으며, 특히 中卷 「製陶」에는 기와와 벽전을 제조하는 방법, 가마를 축조하는 방법 등이 기술되어 있다. 본 연구에서는 최주 譯의 『천공개물』(1997, 전통문화사.)을 참고하였다.

24 또한 華城城役 직전에 저술한 『북학의』와 『열하일기』 등에는 가마 축조와 날벽전 재임·땔감 등에 대해 자세히 설명하고 있으며, 중요무형문화재 제91호인 製瓦匠 한형준 옹의 작업 과정을 설명한 국립문화재연구소의 『중요무형문화재 제91호 製瓦匠』(1996, 신유문화사.) 역시 많은 참고가 된다.

25 조선에서는 흙의 성질이 중국과 다르기 때문에 벽전을 제작하지 않는다는 생각들이 있어 왔으므로, 흙은 벽전 생산 여부를 결정할 만큼 중요한 조건 중의 하나였던 것이다. 이러한 사실은 제7장에서 살펴보는 내용과 밑의 인용문을 통해서도 증명된다.

> 혹 말하기를 '벽전은 흙에 연유되기 때문에 우리나라에는 기와는 있어도 벽전은 없다'고 한다[或曰甓由於土故我國有瓦而無甓.](『北學議』「內篇」'甓'.).

26 국립문화재연구소, 『중요무형문화재 제91호 製瓦匠』(1996, 신유문화사.), 85쪽.

27 그러나 화성성역에서는 많은 양의 벽전을 사용하였는데, <표 1-2>과 같이 경기도 廣州 旺倫 瓦甓所에서 88.9%를 생산하였으므로, 결국 광주의 흙을 사용하여 벽전을 제작하였다. 또한 『新增東國輿地勝覽』제6권 「廣州牧」 '土産'

가장 좋다고 하였으므로,[28] 화성성역에서 벽전을 제작할 때는 흙 색깔을 보고, 모래가 섞이지 않은 흙을 골라 썼을 것이며, 흙의 채취가 '기와 굽는 것과 같다'고 하였다.[29] 따라서 한형준 옹의 기와 제작 방법이 도움이 될 수 있는데, 검은 흙을 사용하면 강도는 강하지만 소성 과정에서 많은 수축이 있고, 누런 흙은 수축률을 조정할 수 있어, 붉은 흙과 함께 3가지 흙을 고르게 배합하여야 한다.[30] 따라서 화성성역에서도 색깔에 의해 흙을 분별·채취하고, 세 가지 종류의 흙을 골고루 섞어 사용하였던 것으로 생각한다.

그러나 주목해야 할 점은 만약 화성성역 당시 『천공개물』을 그대로 따라 모래가 섞이지 않은 검은 흙을 사용하였다면, 강도는 굉장히 강하지만 굽는 과정에서 수축·변형이 컸을 것이다. 따라서 화성성역에 사용한 벽전은 일정한 크기와 두께를 유지하기 어려웠을 것이며, 성(城)과 각 시설물을 축조할 경우 시공현장에서 벽전 하나하나를 다시 가공하여 사용하여야만 한다. 그런데 실재로 현재 화성에 원형으로 남아 있는 벽전 쌓기를 보면 거의 모든 벽전을 깨고 갈아서 시공하였음을 알 수 있다.[31] 따라서 화성성역에서 벽전 생산은 『천공개물』을 따라 모래가 섞이지 않은 검은 흙만을 사용하여 제작하였고, 따라서 일정한 틀에서 찍어낸 벽전이라 하더라도 소성 과정에서 많은 변형·수축

에는 '磁器·陶器' 등을 기재하여, 과거부터 이 지방에서는 흙을 사용한 陶瓷業이 발달했음을 알 수 있다.<그림 1-2>

28 『천공개물』 中卷 「陶埏」 '磚'.

진흙을 이겨 벽전을 만들려면 땅을 파서 흙의 빛깔을 감별한다. 藍·白·紅·黃 등의 진흙[福建, 廣東에는 붉은 진흙이 많다. 남색의 진흙을 善泥라 부르며, 江蘇와 浙江에 많다]은 어느 것이나 차지며 흐트러지지 않고, 고운 가루인데다 모래가 섞이지 않은 것이 가장 좋다.

29 『화성성역의궤』 卷首 「圖說」.

흙을 가려내고 빛깔을 구별하는 일이라든가 소가 진흙을 밟아 이기는 일은 기와 굽는 법과 같다[土辨色用牛踏泥一如瓦法候.].

30 국립문화재연구소, 『중요무형문화재 제91호 製瓦匠』(1996, 신유문화사.), 85~86쪽.

흙의 채취는 … 칼퀴로 짚검불을 거두어 내고, 곡괭이와 삽으로 표토층을 30~40㎝ 이상 파낸다. 표토층에는 거름이나 다른 이물질이 많이 섞여 있어 적당하지 않다. 논 밑으로 흙을 파내려 가면 흙 층의 색깔이 달라진다. 보통 흙 색깔은 검은 흙, 누런 흙, 붉은 흙, 세 가지가 있다. 검은 흙은 모래가 전혀 섞이지 않은 순진흙으로, 배합되는 정도에 따라 강도가 달라진다. 만약 검은 흙(검은질)으로만 만들어 구우면 강도는 굉장히 강하나 굽는 과정에서 많이 수축된다. 누런 흙(우렁질)은 모래가 많이 섞여 있는데, 이 흙은 약해도 나중에 기와의 수축률을 조정한다. 불그스레한 빛을 띤 붉은 흙은 모래가 약간 섞여 있다. 이 세 종류의 흙이 골고루 배합되어야 좋은 기와를 만들 수 있다. 좋은 질로 구운 기와는 '쇳소리'가 나는데 검은 흙으로 구우면 '귀묵은 소리'(털털 소리)가 나고 기와가 줄어든다.

또한 『천공개물』 中卷 「製埏」 '瓦'에서도 위와 유사한 내용을 언급하였다.

진흙을 이겨 기와를 만들려면 땅을 2척 여를 파서 모래가 섞이지 않은 진흙을 골라서 만들어야 한다. 사방 백리 안에는 반드시 알맞은 흙을 찾을 수 있어 집짓는 데 쓸 수 있다.

31 이는 제8장에서도 설명하고 있는데, 특히 일반 벽체의 축조방법에서 수직줄눈을 넣지 않고 수평줄눈만으로 축조한 사실과 연관한다.

이 발생하였다는 것을 알 수 있다.[32] 그러므로 시공 과정에서 많은 공력이 소모되었던 것이며, 결국 벽전제작에서 좋은 흙의 채취와 배합은 중요한 과정이며, 벽전의 특징인 규격화를 이루는데도 상당히 중요한 조건인 것이다.

2. 흙 이기기

흙을 이기는 작업은 채취한 흙에 물을 첨가하여 고르게 섞는 작업이지만, 뭉쳐 있는 흙을 곱게 하고 흙 속에 있는 돌 등의 이물질을 골라내기 위한 것이며, 흙 속에 있는 공기를 빼내어 점토의 입자들이 서로 잘 결합하게 하려는 목적도 있다. 따라서 균일한 강도의 벽전을 만들어 내기 위해서는 중요한데, 한형준 옹은 세 번에 걸쳐 흙 괭이질을 하고 발로 밟아 이긴다고 하였고,[33] 또 흙 이기기 작업은 아침 일찍부터 저녁 늦게까지 이기면 보통 기와 300장 분량을 만들 수 있다고 하므로, '흙이기는 일이 기와 만드는 반 공력'이라고 하여 이 작업은 상당히 고된 작업임을 알 수 있다. 그러므로 흙을 이기는 작업은 사람이 하지만 주로 소를 이용하기도 하는데, 『화성성역의궤』에서는 '우답니'(牛踏泥)라는 용어를 사용하였고, 『천공개물』에서도 소가 이긴다고 하였다.[34] 특히 한형준 옹은 '답니우'(踏泥牛)라 하고 그 방법을 자세히 소개하고 있어,[35] 화성성역 당

32 이러한 사실은 일정한 크기와 두께를 유지하면서 다양한 무늬의 벽전을 생산한 고려 또는 남북국·원삼국의 벽전 제작기술에서 퇴보한 것이며, 조선에서는 그 이전부터 내려오던 벽전 제작방법이 연속되지 않은 것으로 추정할 수 있다. 이는 또한 제7장의 甓城 축조에서도 살펴본다.

33 국립문화재연구소, 『중요무형문화재 제91호 製瓦匠』(1996, 신유문화사.), 88~89쪽.
보통 두 사람이 한조가 되어 일을 하게 되는데, 흙꾼은 특별한 기술을 요하지 않기 때문에 동네 사람들도 와서 일을 했다. 겨울 동안 비축된 흙을 일단 흙마당에서 잘게 부수고 흙구덩이로 옮긴다. 한쪽에 마련된 흙구덩이에 이 흙을 약 25㎝ 정도 펴 놓은 후에 골고루 물을 주고 하룻밤 동안 재운다. 하룻밤이 지난 다음 생질을 흙괭이로 한쪽부터 얇게 깎으면서 흙을 이긴다. 흙괭이질 할 때 흙괭이 끝의 촉감과 돌멩이와 부딪치는 소리를 통해 돌멩이와 이물질을 골라낸다. 어느 정도 흙괭이질 한 흙은 다시 발로 밟으면서 조그마한 돌멩이와 이물질을 골라낸다. 이렇게 같은 흙을 전체적으로 세 번 흙괭이질과 발로 밟는 작업을 하게 된다. 이 작업을 통해 여러 종류의 흙이 가늘고 잘게 고루 배합되어 곱게 이겨지게 된다.

34 『천공개물』 中卷 「製埏」 '磚'.
진흙을 물로 추겨서 몇 마리의 소를 몰아 소가 발로 밟아 흙을 이긴다[汲水滋土人逐數牛錯趾踏成稠泥.].

35 국립문화재연구소, 『중요무형문화재 제91호 製瓦匠』(1996, 신유문화사.), 92쪽.
'답니우'라고 하여 예로부터 기와를 만들기 위한 흙을 이기는 소가 있었다. 일제강점기 사람이 귀할 때에는 소가 흙을 많이 이겼다. 소로 흙을 이길 때 흙구덩이는 사람이 이기는 것보다 컸다. 한 사람은 소를 앞에서 끌고, 또다른 한 사람은 소 뒤를 따라 다니면서 소가 밟은 구덩이를 쨀줄로 흙을 떠서 메운다. 소는 한 번 밟은 자리만 또 다시 밟기 때문에 소가 밟은 곳을 없애 주어야 한다. 또한 소를 한 방향으로만 몰지 않고 자주 방향을 바꾸어 고루 밟게 한다.

▶1-3

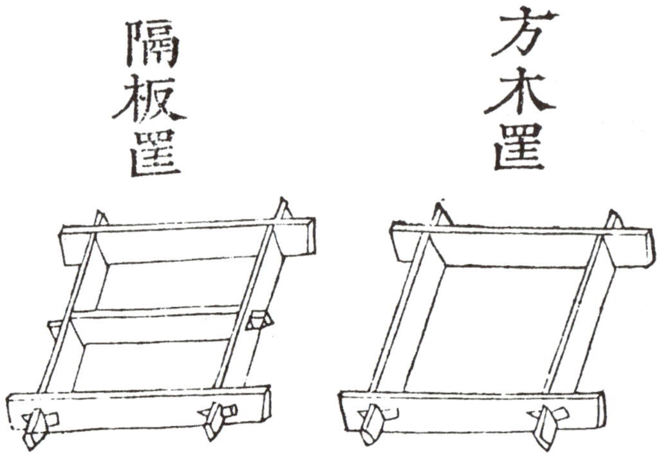

▶1-4(좌)
▶1-5(우)

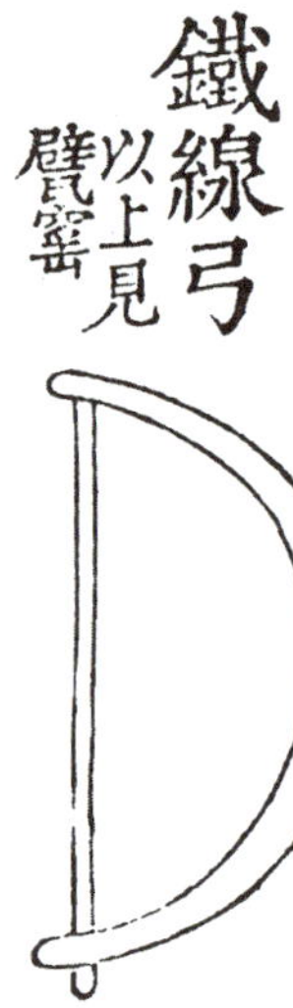

그림 1-3 벽전을 성형하기 위한 목틀
(출전 :『화성성역의궤』卷首「圖說」'名物各圖'.
그림 1-4 벽전 생산에 사용한 철선궁
(출전 :『화성성역의궤』卷首「圖說」'名物各圖'.)
그림 1-5 진흙으로 벽전을 빚음[泥造磚坯]
(출전 :『천공개물』中卷「陶埏」'磚'.)

시 벽전 제작 때와 흡사할 것으로 생각할 수 있다. 또한 용어 사용에 있어서, 한형준 옹의 '답니우'와 『화성성역의궤』의 '우답니'는 비슷한 것을 알 수 있는데, 『조선왕조실록』에서도 '우답니'에 관한 기록을 볼 수 있어,[36] 소가 흙을 이기는 것은 『천공개물』 내용의 참고와 동시에, 한국 재래의 방법이었던 것으로 추정할 수 있다.

3. 성형(成形)

세 번째로는 잘 이겨진 흙을 가지고 벽전 모양의 날벽전을 성형(成形)해야 하는데, 이 과정에서 벽전의 쓰임에 맞는 일정한 형태가 만들어진다. 현대에는 기계에 의한 압축으로 성형하지만, 손으로 하는 수작업은 다음과 같다. 날벽전을 찍어내는 주형(鑄型:Mould)은 나무 또는 철로 만들거나, 나무틀 안에 함석을 붙여 사용하기도 한다. 보통 밑판 위에 네모난 틀을 놓고, 주형에 마른 모래 또는 물을 추겨 반죽한 흙이 주형에 달라붙지 않도록 하는데, 반죽 흙은 대략의 크기와 모양으로 떠내어 주형에 넣고 손으로 눌러 다지며, 위에 남은 흙은 나무칼이나 철선으로 주형 위를 훑어 잘라 낸다. 그 다음 틀에서 성형한 날벽전을 들어 내고, 미끈하게 매질하여 마무리하는데, 물기가 적은 된 반죽 흙일 경우에는 육각형 입방체로 뭉쳐 놓고, 전후·좌우 측면에 규준대를 대고, 철사로 자르고, 떼어 낸 한 장씩 손질하여 마무리하기도 한다.[37]

화성성역에서도 주형 즉, 나무로 만든 틀을 사용하여 일정한 크기의 벽전을 성형하고,<그림 1-3> 활처럼 생긴 철선인 철선궁(鐵線弓)으로 잘라 내는 작업을 거치므로,[38]

36 CD-ROM 『국역 조선왕조실록』 光海 8년 5월 3일(임신) / 청기와를 굽는 번와소 감역관의 요청대로 소용될 잡물을 조달하게 하다

선수 도감이 아뢰기를, "청와(靑瓦)를 널리 전습(傳習)할 일에 대해서 … 일찍이 만든 청기와 한 가마는 이미 모두 채색하였고 이제 장차 연속하여 구워 만들려고 하는데, 공역이 너무나 커서 부득이 따로 한 장소를 설치하여 군장(軍匠)의 요포(料布)와 답니우(踏泥牛) 등 일체 소용되는 물품들을 해당 관사로 하여금 마련하여 진배하게 한 뒤에야 숫자를 맞추어 구워낼 수가 있다고 하였습니다. 답니우는 도감의 소를 옮겨다 부리면 되겠으나, ….

37 장기인, 『벽돌-한국건축대계Ⅱ』(1996, 보성각.), 47~48쪽 참고.

38 『화성성역의궤』 卷首 「圖說」 '燔甓'.

벽전 만드는 법[造甎之制]도 옛날 제도에 따라 木匡[나무틀], 鐵線弓을 사용하여 만들었다. … 흙을 고르는 데는 모두 목틀을 썼는데, 틀이 모진 것을 方甎匡[방전틀]이라 하고, 그 반을 판자로 가로막은 것은 半方甎을 위한 것이다[半隔板者爲半方甎]. 이렇게 모가 크고 작은 것은 용도에 따라서 다르다. 틀 밑에 판자를 대고 흙을 넣고 세게 치고, 다음에 철선궁으로 그 면을 판판하게 고르고 틀에서 풀어서 꺼낸다.

▶ 1-6(좌)

▶ 1-7(우)

▶ 1-8

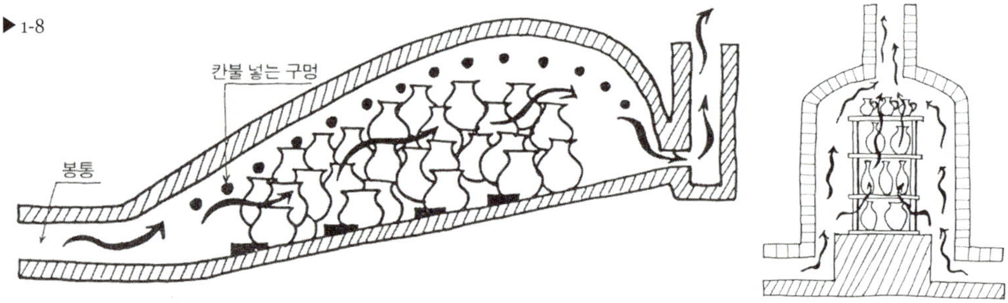

그림 1-6 **백제 정암리 가마터**

(출전 : 국립문화재연구소, 『중요무형문화재 제91호 製瓦匠』(1996, 신유문화사.), 58쪽.)

그림 1-7 **제와장 한형준 옹의 감투가마**

(출전 : 국립문화재연구소, 『중요무형문화재 제91호 製瓦匠』(1996, 신유문화사.), 62쪽

그림 1-8 **횡염식과 승염식 가마의 단면과 열흐름**

(출전 : 정동훈, 『가마짓기와 번조기법』(1991, 디자인하우스.), 23·26쪽.)

<그림 1-4> 앞에서 살펴본 현대의 수작업과 동일한 것을 알 수 있다. 또한 『천공개물』에서도 이와 유사한 성형 과정을 설명하고 있어[39] 화성성역에서 이를 참고한 것을 알 수 있는데, 특히 '철선궁'[40]이라는 동일한 용어를 사용하고 있기 때문이다.<그림 1-5> 또한 화성성역에 사용한 벽전의 종류는 7가지로, 각각의 벽전 형태에 따라 최소 7가지의 틀을 제작하여 사용하였을 것이며, 벽전의 대량생산을 위해 각각의 틀과 철선궁을 다량으로 만들어 사용하였을 것이다.

또한 『천공개물』에서는 바닥을 포장하는 벽전인 방만전(方墁磚)은 흙을 틀에 넣고 다른 벽전보다는 더욱 단단하게 다져서 제작한다고 하여,[41] 그 제작 방법을 별도로 설명하고 있다. 방만전은 접촉에 의해 마모가 심한 바닥 포장재료이므로, 흙을 더욱 치밀하게 다져 단단하게 만들려고 하는 의도가 있는 것으로 생각한다. 따라서 화성성역에서 방만전과 같은 용도로 사용한 대방전과 소방전 역시 이러한 방법으로 제작하여 강도를 더욱 크게 만들었음을 추정할 수 있다. 소방전은 주로 바닥을 포장하는 재료이고, 대방전은 바닥을 포장하는 용도 이외에 벽전으로 축조한 벽체와 석회를 채운 내부를 일체화시키기 위한 용도나, 각 시설물에서 벽전으로 쌓은 총안 등의 개구부를 만들기 위한 상인방(上引枋)의 역할로 사용했던 것을 확인할 수 있기 때문이다.(<그림 8-4> 참고) 즉, 인장력에 약한 벽전을 인장력이 생기는 부분에 사용하기 위해서는 방만전과 같이 더욱 치밀하게 성형하여 생산하였을 것이기 때문이다.[42]

이렇게 벽전은 흙을 채취하여 소가 흙을 이기고, 목재로 만든 틀에 잘 다져 넣어 성형하는데, 이때 철선궁이라는 도구를 사용하여 흙을 다듬고, 특별하게 땅에 까는 벽전은 틀 위에 판을 덮어 다른 벽전보다 훨씬 더 치밀하게 다져 성형한다.[43] 특히 일정

39 『천공개물』「陶埏」'磚'.
진흙을 나무틀[木ㅇ]에다 채우고 鐵線弓으로 표면을 반듯하게 깎아 벽전의 원형을 만든다.

40 『천공개물』「陶埏」'瓦'에서는 철선궁 만드는 법에 대해 자세하게 설명하고 있다.
철사로 시위를 맨 활을 만드는데, 이때 시위 위쪽에 3푼을 비워 두고, 시위의 길이는 한 척으로 한정한다. 활을 흙덩이에다 수평으로 끌어당겨 두께의 빈틈을 남겨 두고 마치 종이를 벗겨 내는 것처럼 한 장씩 떠낸다.

41 『천공개물』「陶埏」'磚'.
담에 쓰는 벽전 이외에 땅에 까는 方墁磚이 있다. … 방만전을 만드는 방법은 진흙을 네모난 나무틀에다 넣고, 판자를 그 위에 덮고서 두 사람이 그 위에 서서 끊임없이 돌아가면서 밟아 흙을 단단하게 다진다. 소성한 후 石工은 네 변을 갈고 깎아서 땅에다 깐다.

42 이러한 것은 제8장에서 살펴볼 것이며, 박제가의 『북학의』에서도 설명하고 있다.
步道에 까는 벽전[甎]은 크고 작고 할 것 없이 날벽전이 질이 굳고, 불기운이 충분한 것이라야 한다(『북학의』「內篇」'二日齊'.).

한 크기의 틀을 사용하였기 때문에, 일정한 규격의 날벽전을 성형할 수 있었으며, 조선 이전 시기에도 이와 유사한 방법으로 생산하였을 것으로 생각한다.

4. 건조

날벽전을 성형한 후에는 바람이 잘 통하는 그늘에서 건조(乾燥) 과정을 거친다. 『화성성역의궤』에서는 '평평한 곳에 깔아서 말린다'[平鋪曬乾]라고 간단하게 설명하였지만, 벽전제작에 있어 건조과정 역시 중요한 위치를 차지한다. 이 과정에서 날벽전의 수분이 증발하여 수축하는데, 만약 상하좌우의 수축률이 균일하지 못할 때는 불량 요소 즉, 갈라짐·휨·뒤틀림 등이 발생하게 되기 때문이다.[44] 현재 기와는 약 4일 정도 세워서 건조시키지만, 벽전은 수직으로 세워 말릴 경우 약 2일 정도가 소요되며, 『천공개물』 '전와제수전수요'(磚瓦濟水轉銹窯)에서는 날벽전을 세워 보관하는 것을 확인할 수 있다.(<그림 1-15>) 따라서 화성성역에 사용한 벽전의 생산과정에서도 건조과정은 중요하였던 것이며, 건조장(乾燥場)은 통풍이 용이하도록 벽체 없이 나무 기둥만 세우고, 천장은 직사광선을 차단하기 위해 짚이나 천으로 덮었을 것으로 생각한다.[45]

5. 소성

자기와 기와·벽전 등의 도예품을 완성하기 위해 고온에서 열처리하는 작업 과정을

43 이러한 성형 과정에서 더할 수 있는 것은 다양한 무늬를 새기는 것인데, 이는 기와 제작에서 암막새 또는 수막새에 넣은 방법과 같은 것으로 생각한다. 먼저 종이에 도안을 그리고 그 도안을 나무에 새겨 넣는다. 그리고 성형 과정에서 나무판을 대고 나무망치 등으로 날벽전 표면에 찍어 무늬를 넣기도 하고 또는 손으로 꾹꾹 눌러 무늬를 만들기도 한다. 그러나 화성을 비롯한 조선의 벽전에는 어떠한 무늬도 발견할 수 없다.

44 이성근, 「甎의 연구」(1974, 홍익대학교 산업미술대학원 산업공예과 석사학위논문.), 13쪽과 송재선, 『벽돌공학』上(1987, 한국적연와협회.), 309~311쪽 참고.

45 밑의 인용문에서는 瓦匠과 甓匠 등의 피서를 위해 廡를 만들었다고 하였지만, 이 廡는 벽전의 自然乾燥를 위해 사용하기도 하였으며, 우답니를 위한 넓은 작업장을 햇빛으로부터 가려 흙의 수분 증발을 막기 위한 것이기도 하다.
공장은 석공·기와·벽전장이[石工瓦甓之手]를 물론하고 이미 일전에 草芚과 長木을 많이 베어다가 넓게 서늘한 廡를 만들어 避暑하는 방법으로 했기 때문에 더위로 인해 역사를 쉴 필요는 없을 것 같습니다(『화성성역의궤』卷三 「狀啓」 '갑인 7월 초8일'.).

의 소성실로 상승하면서 굽고자 하는 날벽전을 가열하고, 상부의 굴뚝으로 배출된다.[52] (<그림 1-8·9>) 이러한 승염식 가마는 뜨거운 공기가 위쪽으로 움직이려는 자연 현상을 그대로 이용하는 것이기 때문에, 횡염식보다 적은 땔감으로도 높은 온도를 낼 수 있고, 또 모든 날벽전을 고르게 소성시킬 수 있는, 열효율이 우수한 가마이다.[53] 조선후기 이전에는 횡염식 가마만을 사용하였지만, 조선후기 즉, 화성성역 이후에는 승염식 가마가 보편적으로 확대되어 사용하기 시작하였는데,[54] 이는 곧 조선후기 사회의 벽전 생산력 발달을 의미하며, 벽전생산과 사용의 확대와도 연관하는 것이라고 할 수 있다.

5-1. 가마 제작

『화성성역의궤』에서는 한국에서 처음으로 사용하는 승염식 가마, 특히 벽전을 굽기 위한 벽요(甓窯)의 제작 방법과 각 부분의 명칭·기능을 설명하고 있다. 또한 「도설(圖說)」에서는 '벽요도'(甓窯圖)를 함께 제시하여 당시 벽전을 굽는 가마의 형태와 구조를 더욱 잘 알 수 있도록 하였다.<그림 1-9>

> 벽전[甓]을 굽자면 먼저 가마[窯]를 쌓아야 한다. 가마 만듦새는 큰 종[大鐘]처럼 생겼는데, 안을 벽전[甓]으로 쌓고 밖에는 흙을 붙여, 아주 치밀하고 단단하게 만들지 않으면 안 된다. 그리하여야 밖으로 불길이 새어 나오지 않는다. 가마의 밑지름은 뒷부분의 6분의 10쯤은 흙으로 쌓고, 높이가 대체로 삼척 가량인데 이것이 '캉'[炕]이다. 앞의 10분의 4는 불을 지피는 데로서 이것이 '아궁이'[竈]이다. 아궁이 앞에 '홍두'(虹竇)를 뚫어 사람이 여기에 불을 지피게 되어 있다. 가마 뒤에는 '타구'(垜口)를 만들어서 벽전[甓]을 꺼내기 쉽게 하였다. 오른쪽, 왼쪽, 뒤의 세 군데 벽(壁)에는 각각 '은두'(隱竇)를 만들고, 은두의 아래 끝과 가마의 웃목 위 끄트머리에 가마에 드나드는 '전'(顚)이 있는데, 이것이 굴뚝[烟筒]이다. 홍두 위의 '체전'(砌磚) 높이는 두어 자[數尺] 가량 되는데 속을 향하여 굽어졌다. 여기서 또 두어 자[數尺]쯤 되는 거리에 '요액'(窯額)이 있어 되풀이해서 약간 밖을 향하고 있다. 이 요액에서 '전'(顚)까지의 거리는 치수에 제한이 없다. '전'(顚)이란 것은 즉, 웃머리의 텅 빈 골인데, 가마를 다 쌓고 나서 구울 벽전[甓]을 '캉'[炕] 위에 올려놓는다.[55]

52 박미라, 「가마와 소성에 관한 용어 연구」(1994, 단국대학교 대학원 도예학과 석사학위논문.), 7쪽.
53 그러나 가마 내부에 벽전을 재임하기가 어렵다는 단점이 있다.
54 이러한 사실은 현재까지 축조되고 사용되는 감투가마를 통해서도 알 수 있다.
55 『화성성역의궤』 卷首 「圖說」.

벽요는 원추형에 위가 잘린 '큰 종'의 형태이지만, '체전'(砌磚)과 '요액'(窯額)에서 곡률이 변화하는 변곡점(變曲點)을 갖는, 신라 첨성대(瞻星臺)와 유사한 형태인 것을 알 수 있다.<그림 1-10> 벽요는 벽전을 사용하여 축조하고,[56] 겉면에는 흙을 바르는데, 한 번 불을 때면 흙과 벽전이 일체가 되어 아주 치밀하고 단단하다. 따라서 '밖으로 불길이 새어 나오지 않는'데, 이렇게 흙을 이용하는 방법은 한국 재래 가마에서도 사용하였다. 외벽 하부에는 '홍두'(虹竇)[57]라고 하는 홍예문(虹蜺門)을 설치하고, 사람은 홍두를 통해서 내부 연소실에 장작을 넣게 되어 있다. 가마 평면의 6/10은 3척 높이의 '캉'[炕]이고, 홍두 쪽의 4/10는 외부 바닥과 동일하거나 조금 낮은 높이의 '조'(竈) 즉, 땔감을 이용해 불을 지피는 아궁이가 된다. 또 캉[炕]은 조(竈)와 약 3척의 높이 차이가 있다고 하였는데, 이 부분에 온돌의 구들고래와 같이 고래를 설치하고, 그에 따라 벽전을 재임하였던 것으로 생각한다.[58] 가마에 캉[炕]을 설치한 것은 기존 가마에서 볼 수 없던 것으로 승염식 가마에서만 채용할 수 있는 형식인 것이다.

홍두의 뒤쪽 상부에는 벽전을 쌓을 때 또는 꺼낼 때 편리하도록 '타구'(垜口)를 설치하는데, 그림으로 보아 날벽전을 캉[炕] 위에 쌓을 때는 홍두를 사용하고, 어느 정도 쌓았을 때는 타구를 통해 쌓은 것으로 추정할 수 있다.[59] 뒤와 좌우 벽면(甓面)에는 '은두'

56 화성성역 이전, 고려에서도 벽전을 사용한 가마를 축조하였다. 경기도 용인의 西里窯터에서는 길이 약 40m, 폭 1.8m, 높이 1.4m의 가마를 32×15×7㎝의 벽전으로 축조한 가마가 발견되었는데, 축조 연대는 10세기 후반에서 12세기 전반으로 고려시기에 해당한다. 또한 개성의 봉천 원산리 가마터에서도 동일한 규모의 벽전축가마가 발굴되어, 고려초기의 가마 축조재료는 벽전으로 추정하고 있다(윤용이, 『한국 도자사 연구』, 1993, 문예출판사, 89·93·152쪽 참고.). 그러나 이들 가마는 화성의 승염식 가마인 벽요와 재료는 같지만, 자연 경사를 이용한 횡염식 가마로, 서로 다른 형식이다.

57 虹竇는 가마 바깥에서 벽전을 재임하고, 불을 지필 수 있는 아궁이 역할을 하는 것이지만, <그림 1-9>의 甓窯圖에는 '虹門'이라 하였다. 이 홍두와 홍문은 『화성성역의궤』 전체 문맥으로 통해 동일한 것으로 추정할 수 있다.

58 흙으로 쌓은 炕은 단순한 단이 아니며, 일반 온돌과 유사한 구들고래가 있었을 것이다. <그림 1-12>의 평면도에 캉과 竈는 표시되어 있지만, 구들고래는 없다. 그러나 竈에서 불을 지피고, 뒤에서 살펴보는 火門을 통해 캉으로 열이 이동하므로, 캉에는 구들고래가 있어야만 열이 전달될 수 있다. 또 캉과 竈가 3척의 높이 차이가 있는 이유는 바로 구들고래의 높이에 의한 것이다. 특히 뒤에서 살펴보는 날벽전의 재임에서 최하단은 3개의 벽전을 단위로 쌓는 三耦積인데, 이는 캉에 고래가 있어 모든 부분에 벽전을 쌓을 수 없기 때문이며, 구들고래 사이는 열이 위로 전달될 수 있는 공간이 생긴다. 따라서 캉에 구들고래가 설치되었던 것은 타당하다고 생각하며, 『화성성역의궤』에서는 '溫堗'과 '炕'을 따로 표기하고 있다.

59 현재 제와장 한형준 옹이 사용하는 대감가마에서도 소성실 중앙을 뚫어 기와를 재임하고, 또 꺼내기도 하는데, 타구와 유사하다(국립문화재연구소, 『중요무형문화재 제91호 製瓦匠』, 1996, 신유문화사, 112~113쪽 그림 참고.).

(隱竇)를 설치한다고 하였는데, 그림에는 표현하지 않아 정확한 형태와 용도는 알 수 없다. 단지 공구멍과 쥐구멍·불보기 구멍 등의 역할을 하였을 것으로 추정할 수 있는데,[60] 공구멍은 굴뚝 밑에 설치하여 온도에 따라 구멍을 열고 닫아 조절하는 구멍이고, 쥐구멍은 습기를 조절하고 불꽃의 상태를 관찰하는 구멍이다. 또한 불보기 구멍은 뚜껑을 열고 닫을 수 있도록 하여 필요한 때 열고 불의 상태를 관찰하는 구멍으로 은두는 이와 같은 3가지 역할을 하였을 것으로 추정한다.[61]

또한 홍두 윗부분은 서로 다른 용어를 만들고, 그에 따라 설명하였는데, 이는 벽면(甓面)의 경사가 각각 다르기 때문일 것이다. 즉, 홍두 바로 위에서 벽전을 안쪽으로 쌓은 부분은 '체전'(砌磚)이고, 다시 약간 밖을 향하거나 수직으로 쌓은 부분이 '요액'(窯額)으로, 결국 경주 첨성대와 유사한 형태이다. 마지막으로 (<그림 1-9>)의 '요외전면'(窯外前面)과 같이, 비어 있는 가마의 천장 부분이 '전'(顚)이 되는데, 굴뚝[烟筒] 역할을 한다. 굴뚝을 윗부분에 설치한다는 것은 이 가마가 승염식 가마임을 나타내는 것이며, 전(顚)은 뒤에 살펴보는 전수지법(轉銹之法)에서 중요한 역할을 한다.[62] 이상에서 벽요(甓窯)의 전체적인 형태와 각 부분의 명칭·기능을 살펴보았는데, 하부에 캉[炕], 상부에는 굴뚝인 전(顚) 등을 설치하여, 기존에 사용한 굴가마와 등요(登窯) 등과 달리 조선에서 처음으로 축조한 승염식 가마임을 확인할 수 있다.

60 이와 관련한 용어는 각 연구자에 따라 조금씩 차이가 있으므로, 여기서는 정동훈의 『도예가를 위한 가마짓기와 번조기법』(1991, 디자인하우스.), 40~41쪽을 참고로 한다.

61 또한 이와 비슷한 내용이 『천공개물』「陶埏」'磚'에 제시되어 있다.

> 땔나무 가마[柴薪窯] 정상의 측면에는 구멍[孔] 3개를 뚫어 연기를 뽑도록 하고, 잘 타서 더 이상 땔나무를 넣지 않아도 좋을 때는 진흙으로 구멍을 단단히 막는다.

위와 유사한 내용은 『열하일기』에서도 설명하고 있는데, 연기를 배출하는 굴뚝 역할이다. 그러나 벽요는 顚이 굴뚝 역할을 한다고 하여, 은두와는 다른 것을 알 수 있다. 따라서 벽요의 축조에는 중국의 제도를 그대로 모방하지 않고, 위에서 살펴본 한국 재래 가마의 3가지 구멍을 도입하여 변형된 가마를 축조하였던 것으로 추정할 수 있다.

62 『천공개물』에는 '巓' 또는 '窯顚'이라고 하였는데, 『화성성역의궤』에서 사용한 용어와 유사하다.

표 1-2 화성성역의 벽전 생산량과 생산지별 생산량

	총생산량	생산비율	생산지	생산량	생산비율	총생산비율	
甓甎	694,919장	100.00%				100.00%	
半方甎	580,292장	83.51%	旺倫	504,080장	86.87%	72.54%	83.51%
			北城(甓窯)	36,883장	6.35%	5.31%	
			棲鳳洞(甓窯)	39,329장	6.78%	5.66%	
蓋甓	49,336장	7.10%	旺倫	49,336장	100.00%	7.10%	
大方甎	28,271장	4.10%	旺倫	28,271장	100.00%	4.10%	
宗甓	25,894장	3.73%	旺倫	25,894장	100.00%	3.73%	
耳甓	5,012장	0.72%	旺倫	5,012장	100.00%	0.72%	
小方甎	3,175장	0.46%	旺倫	3,175장	100.00%	0.46%	
虹蜺甓	2,939장	0.38%	旺倫	2,240장	76,22%	0.32%	
			北城(甓窯)	699장	23.78%	0.06%	

생산지	旺倫	北城(甓窯)	棲鳳洞(甓窯)
생산 비율	88.97%	5.37%	5.66%

(출전 : 『화성성역의궤』 卷五 「財用」上 '甓甎'.)

화성성역에서는 초기에 북성(北城) 밖에 벽요 둘을 설치하였고, 그 중 하나를 서봉동(棲鳳洞)에 옮겨 각각 하나씩을 운영하였다.[63] 그러나 '재래의 가마에서 굽는 것보다 비용과 공역은 덜 들고, 또 빠르게 진행되었던' 벽요에서는 (<표 1-2>)에서 보는 것과 같이 전체 70만 장의 벽전 중 약 11%만을 생산하였을 뿐이며, 그 외 89%는 재래 가마[釜][64]인 등요 또는 용가마 등을 설치한 왕륜(旺倫) 와벽소(瓦甓所)에서 생산하였다.[65] 이는 성역 중간에 벽요를 설치하였기 때문으로 추정할 수 있는데, 비록 화성성역에서 벽요를 통해 생산한 벽전은 많지 않지만, 조선에서 최초로 축조된 벽요는 그 우수함을 인

63 『화성성역의궤』 卷首 「圖說」.
이번에 北城 밖에 비로소 가마[窯] 둘을 묻고, 앞에서 말한 법대로 하여 보았다. 굽는 솜씨가 익숙하여짐에 따라 재래의 가마[釜]에 굽던 법에 비하여 비용이 훨씬 덜 들고 일은 훨씬 빠르게 끝난다. 이보다 먼저는 벽전[甓]을 모두 旺倫에 있는 기와 가마[瓦釜]에서 구워다 사용하였는데, 이 방법을 사용한 뒤에는 기와와 벽전[甓]을 따로 굽게 되었고, 또 땔나무를 대는 길도 멀었었는데 棲鳳洞에 가마[窯] 하나를 옮겨서 지은 뒤로는 여기에서 용도에 따라 대어주게 되었다.

64 『화성성역의궤』에서는 벽전 굽는 가마 '窯'와 기와 굽는 가마 '釜'를 구분하여 사용하고 있으며, 두 용어는 승염식 가마와 재래의 횡염식 가마를 지칭하는 것으로 생각할 수 있다.

65 왕륜 와벽소에서는 기와와 벽전을 동시에 생산하였으며, 龍頭·鷲頭·吐首·節瓶桶·雜像·烟家 등도 바로 이곳 재래 가마에서 생산하였다.

정받았으며, 현재는 대감가마로 이어지고 있다. 따라서 벽요는 화성성역 이후 조선후기 사회에 큰 영향을 미쳤던 것이며, 조선후기 벽전 사용의 확대와 연관하는 것이다.

5-2. 재임[藏法[66]]

벽전을 소성하기 위한 가마를 축조한 후, 성형·건조한 날벽전을 캉[炕] 위에 재임하는데, 『화성성역의궤』에서만 찾아 볼 수 있는 귀중한 자료이다. 그 방법은 <그림 1-12·13>과 같이 먼저 벽전 3장을 단위로 세워 재임하는 '삼우적'(三耦積)으로 쌓고, 그 위에 '사적'(斜積)으로 경사지게 쌓는데, 한 개씩 한 줄로 엇갈리게 쌓는다. 사적 위에는 한 장 또는 두 장을 단위로 '양우적'(兩耦積)·'단적'(單積)으로 쌓고, 다시 사적을 반복한다.[67] 따라서 삼우적은 제일 하단, 캉 위에만 사용하여 튼튼한 기단(基壇)을 형성하고, 그 위에 사적과 양우적·단적을 반복하는 것이다.

또한 각각의 벽전 사이는 반 장 간격을 비워 둔다고 하였으므로,[68] 벽전 사이에는 ▷·◁ 또는 ▱의 모양의 구멍이 생기는데, 『열하일기』에서는 이를 '삽자리에 구멍 뚫린 것'이라고 하였다.[69] 이 구멍은 압력 차이에 의해 조(竈)에서 생성된 열기를 상부로 빠르게 이동시킬 수 있으므로, 가마 전체에 열기를 고르게 전달하는 역할을 한다. 따라서 벽전은 불기운을 골고루 흡입하여 갈라짐이나 휨·뒤틀림 등의 변형이 생기지 않고, 일정

66 『화성성역의궤』 卷首 「圖說」에서 날벽전의 가마 안에 재임하는 것을 '藏法'이라 하였다.

67 『화성성역의궤』 卷首 「圖說」.
벽전을 올려놓는 법이 네 가지 있다. 처음에는 '三耦積'으로 쌓고, 다음에는 삼우적 위에 '斜積'으로 쌓는데 한 줄은 왼쪽으로 비껴 쌓고, 한 줄은 오른쪽으로 비껴 쌓는다. 다음에는 또 사적 위에 '兩耦積'이나 혹은 '單積'으로 쌓는다. 한 장씩 쌓을 때마다 벽전[甎] 반 장이 들어갈 정도의 공간을 남긴다. 또 그 위에 두 번째 '斜積'을 한다. 이러한 순서로 되풀이하여 가마에 가득 찰 때까지 쌓는다. 竈面에 쌓을 때에는 제2층부터는 窯額 쪽을 향하여 쌓아 들어가다가 額에 닿으면 쌓기를 그친다.

68 반방전의 절반 두께로 생각하면 2.8㎝(9푼)이 된다.

69 『열하일기』 「도강록」.
벽전을 가마 가운데에 집어넣는데 벽전이 서로 지탱하여 불길[火道]을 이루도록 하였다. 그 묘한 법은 벽전 쌓기에 있다. … 벽전을 평탄하게 놓지 아니하고 모두 모로 세워서 마치 방구들의 고래등[堗塍]처럼 십여 줄로 만든다. 그 다음 다시 비스듬히 올려서 가로 방향으로 세워 놓고, 이를 차곡차곡 세로로 가마의 정상에까지 쌓는다. 이와 같이 만들 경우 구멍이 자연히 마치 삽자리[麂眼]에 구멍이 뚫린 것처럼 疎通되어 불기운이 위로 도달하는데, 그 구멍이 서로 불목구멍[咽候]이 되어 화염을 마치 빨아들이기라도 하듯이 끌어당긴다[孔穴自然踈通如麂眼 火氣上達 相爲咽喉 引焰如吸]. 그리하여 일만개의 불목구멍이 연달아 서로의 불꽃을 삼켜 버리므로 불기운이 항상 맹렬하게 된다[萬喉遞呑 火氣常猛]. 따라서 수수깡[薥稭]이나 기장 줄기[黍柄]를 땔감으로 사용하더라도 능히 고르게 구워 익힐 수 있으므로 결코 뒤틀리거나 갈라지는 벽전이 나올 걱정이 없게 된다[雖薥稭黍柄 能匀燔齊熟 自無攣翻龜坼之患].

▶1-12(좌)

▶1-13(우)

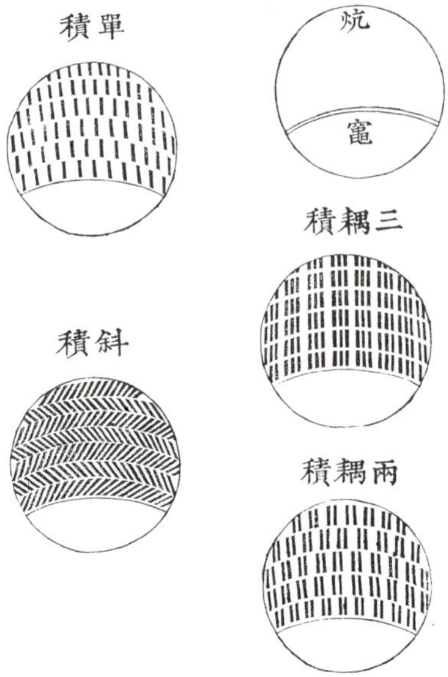

▶1-14(좌)

▶1-15(우)

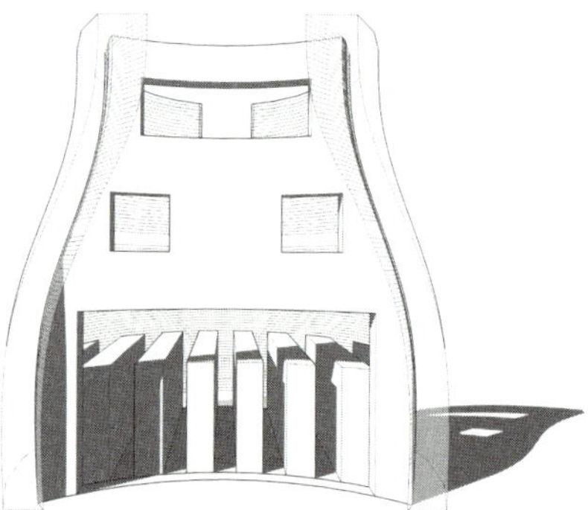

그림 1-12 가마 내부에 벽전을 재임하는 방법[藏法]
(출전 : 『화성성역의궤』 卷首 「圖說」.)

그림 1-13 날벽전 재임 순서도

그림 1-14 火門 해석도

그림 1-15 물로 푸른 벽전을 만든다[磚瓦濟水轉銹窯]
(출전 : 『천공개물』 中卷 「陶埏」 '磚'.)

한 형태를 유지할 수 있는 것이다. 결국 벽전의 재임은 작은 구멍을 형성하여 가마 내에 고르게 열을 전달·유지시키고, 벽전을 일정한 형태로 소성할 수 있는 중요한 조건이 되며, 특히 이러한 방법은 승염식 가마에서만 사용할 수 있다. 또한 이러한 벽전 재임의 자세한 방법은 『천공개물』에서 설명하고 있지 않아, 화성성역 10년 전에 저술한 『열하일기』를 참고한 것으로 추정할 수 있다.

5-3. 가마불 작업

날벽전을 캉[炕]의 고래 위에 재임하고 벽장(甓匠)은 간단한 제물을 마련하여 벽전이 잘 구워지기를 기원하는 '굴 제사'를 지낸 후,[70] 가마에 불을 지핀다. 특히 불작업 때에는 '화문'(火門)이라는 별도의 시설을 벽전으로 설치하는데,[71] <그림 1-12>의 평면도에서 캉과 조(竈) 사이에 두 줄로 표현되어 있고, <그림 1-9>의 '홍내화문'(虹內火門)에서는 전(顚) 부분이 반원으로 그려져 있으므로, 캉과 조 사이에 화문을 설치한 것이다. 화문은 3층으로 구성하여 하부의 '구멍'[穴]이 가장 큰데, 위의 구멍으로는 불을 피우는 동안 나무를 넣어 가마 속의 온도를 조절한다. 아래 구멍으로는 재를 쳐내고, 가운데 두 구멍으로는 바람을 불어넣어 가마 안에 불기운이 골고루 퍼지게 하는 역할을 한다.[72](<그림 1-14>)

또한 조(竈) 윗부분, 전(顚)의 앞 쪽 절반은 벽전[甎]으로 막고 흙으로 봉하는데 이는 『화성성역의궤』의 설명과 같이 가마 위로 불기운이 바로 올라가지 못함과 동시에 조(竈) 윗부분으로 빠져 나가는 화기를 다시 화문을 통해 소성실인 캉[炕]쪽으로 전환시켜 열효율을 더욱 높일 수 있기 때문일 것이다.[73]가장 마지막 가마불 작업인 센불은

70 국립문화재연구소, 『중요무형문화재 제91호 製瓦匠』(1996, 신유문화사.), 114쪽 참고.

71 『화성성역의궤』 卷首 「圖說」.

다 쌓은 다음에는 불을 때는데, 埰口와 虹竇 안쪽에 따로 '火門'이라고 하는 것을 벽전으로 쌓아[甓築] 막는다. 화문은 삼층으로 하고 불구멍[穴]은 넷을 뚫는데, 아래 불구멍[穴]이 제일 크다. 윗구멍은 나무를 넣고 아래로는 재를 쳐낸다. 가운데 구멍은 두개인데, 이 구멍으로는 바람을 불어넣게 되었다. 또 가마의 窯顚을 반 갈라서 벽전[甎]으로 그 앞의 절반을 깔고 흙으로 봉하는데, 이것은 불기운이 竈로부터 가마 위로 바로 올라가지 못하게 하는 구실을 한다. 그 뒤의 절반은 덮지도 않고 봉하지도 않아서 불기운을 떨치게[宣] 되었다.

72 여기서는 화성성역에 처음으로 사용된 벽요의 구조를 정확히 알기 위한 것이므로, 불을 지피는 과정 즉, 피움불·초불·중불·상불·센불·막음불 등의 과정은 설명하지 않으며, 자세한 것은 국립문화재연구소의 『중요무형문화재 제91호 製瓦匠』(1996, 신유문화사.), 116~129쪽 참고.

73 더 나아가 사계절·날씨·밤낮을 가리지 않고 불작업을 진행하는 甓匠을 외기로부터 보호하는 역할까지도 상상해 볼 수 있다.
국립문화재연구소, 『중요무형문화재 제91호 製瓦匠』(1996, 신유문화사.), 121쪽.

현대에서 약 3시간 정도 지속시킨다고 하는데, 이는 가스 또는 석탄 등을 사용하여 소성하여 불의 조절이 간단하기 때문이다. 그러나 나무를 이용하여 소성하는 경우는 불 조절이 힘들기 때문에, 장인들은 항상 가마를 지키며 오랜 경험을 통해 가마 내의 불빛 색을 보고 각 단계를 결정하게 된다.[74] 만약 불 조절이 잘못되었을 경우에는 벽전의 형태가 변형되어 고르지 않게 되는데, 『천공개물』에서는 온도가 낮으면 벽전이 제대로 구워지지 않아 강도가 낮고 광택이 생기지 않으며, 또 너무 높으면 벽전이 터지고 휘어져 균일한 형태의 벽전을 생산할 수 없게 된다고 하였다.[75] 따라서 변형된 벽전은 건물이나 담의 기초(基礎)에 사용하는데, 한국에서 기초에 사용한 예는 공주 공산성(公山城)의 임류각(臨流閣) 기단에서 판축(版築)과 함께 사용하였지만, 소성 과정에 변형된 벽전은 아니다.[76](<그림 4-38> 참고) 결국 나무를 연료로 소성하는 가마에서 불을 조절하는 작업은 균일한 형태의 벽전을 생산하는데 중요한 작업이었다.

5-4. 전수지법[77]

전수지법(轉銹之法)은 기와와 벽전을 회흑색으로 만드는 소성방법으로, 2000여 년 전 중국에서 발달된 소성 방법이지만, 한국에서는 언제부터 사용되었는지 명확하지 않

"얼어 죽고 데어 죽는 곳이 바로 가마 아궁이 앞이다"라는 말이 있다. 늦가을에 가마에 불을 때다 보면 앞은 불기운이 넘쳐 뜨겁고 뒤는 서리가 내려 하얗게 된다. 그야말로 몸 앞쪽은 뜨거워서 데어 죽고, 뒤쪽은 추워서 얼어죽을 형국이다.

74 『천공개물』「陶埏」'磚'.

가마에 불을 땔 때, 화력을 보려면 가마 아궁이[窯門]에서 안을 들여다본다. 진흙은 高溫으로 마치 金銀이 녹았을 때처럼 이글거리며, 늙은 장인은 오랜 경험으로 화력을 분간한다.

국립문화재연구소, 『중요무형문화재 제91호 製瓦匠』(1996, 신유문화사.), 123쪽.

처음 시꺼멓게 타던 불이 점차 붉어지고 점점 말갛게 타오르다가 은빛으로 이글거린다. 한옹은 이 은빛이 1000℃ 이상 된다는 그런 숫자는 모르지만 오랜 경험으로 능히 가름해 알 수 있다. 가마에 불을 땔 때 가장 중요한 것은 불의 온도로 이것은 화부가 풍부한 경험에 의한 눈짐작과 느낌으로 좌우된다.

75 『천공개물』「陶埏」'磚'.

화력이 10분의 1이 모자라면 벽전에 광택이 나지 않는다. 10분의 3이 모자라면 嫩火轉이라 하여 원래의 흙 빛깔이 곳곳에 나타나며, 나중에 비바람에 침식되어 곧 부스러지고 원래의 흙으로 되돌아간다. 화력이 10분의 1 정도 강하면 벽전 표면에 터진 무늬가 나타나며, 10분의 3정도 강하면 벽전 모양이 쭈그러지고 균열이 생기며, 휘어서 곧지 않다. 이것을 때려서 깨려면 마치 쇠를 깨는 것과 같으며 담을 쌓는데 쓸 수 없다. 그러나 잘 이용할 줄 아는 사람은 땅에 묻어 담의 받침돌로 쓰는데, 벽전의 다른 구실이라 할 수 있다.

76 또한 고려 선원사지에서는 방형의 벽전을 3~4매 쌓아올려 담장의 기단부로 사용한 유구가 발견되기도 하였으나 벽전의 상태는 보고되지 않았다.(동국대학교 박물관, 「사적 259호 강화 선원사지 발굴조사보고서 Ⅰ(본문)」(2003, 학연문화사.), 236쪽 참고.)

77 '轉銹之法' 용어는 한국 문헌에서 찾을 수 없어, 『천공개물』의 용어를 그대로 사용하였다.

다. 단지 낙랑과 삼국 등을 포함한 조선후기까지 기와와 벽전은 대부분 회흑색을 띠고 있으므로, 한국에서도 아주 오래된 소성 방법일 것으로 추정한다.[78]

『화성성역의궤』에서는 센불 작업 이후에 진흙으로 전(顚)을 모두 막고 물을 넉넉하게 붓는다고 하였는데,[79] 센불 이후 마지막 가마불 작업인 막음불에서 은두(隱竇) 또는 화문의 중간 구멍을 제외한, 굴뚝역할을 하던 캉[炕] 상부의 전(顚)과[80] 외기와 통하는 모든 구멍을 막아 산소공급을 차단하고, 가마 상부인 전(顚)에 물을 붓고 가마 전체에 물을 뿌려 환원(還元)소성을 시켰을 것이다. 『천공개물』에서도 역시 유사한 설명을 하고 있는데,[81](<그림 1-15>) 전수지법은 점토의 철(鐵) 함유량과 소성시간, 소성온도에 의해 좌우되며,[82] 벽전의 강도와 표면에 형성된 유리질(琉璃質)로 인해 방수(防水)에도 영향을 미치므로, 역시 중요한 과정이다.[83]

6. 가마 형식과 벽전 생산

이상에서 『화성성역의궤』를 중심으로 하여 일련의 벽전 생산과정을 고찰하고, 또 조선에서 처음으로 사용한 승염식 가마인 벽요의 구조와 각 부분의 특징을 살펴보았는

78 고구려는 가마의 모든 구멍을 열어 놓고 센불 및 막음불 작업을 하는 酸化소성에 의한 붉은색 벽전을 사용하였지만, 427년 平壤 천도 이후에는 회흙색 벽전을 생산하기 시작하였다.(김성구, 『옛기와』, 1992, 대원사, 100~101쪽 참고.).

79 『화성성역의궤』 卷首 「圖說」.
불기가 거의 꺼져 갈 무렵에 진흙을 개어 덮고 顚을 담처럼 삥 둘러막는다. 그 가운데에 물을 부어 바닥에 마르지 않게 한다. 물이 마르면 물을 붓고, 마르면 또 붓고 하여 물이 항상 넉넉하면 물과 불이 서로 감응하여 [鐵에서 생기는] 녹이 생겨 검은빛으로 바뀐다. 물이 식기를 기다려 埰口와 虹竇와 顚 위의 흙으로 봉한 데를 뜯고 구운 벽전[燔]을 꺼낸다.

80 炕 상부의 顚을 막는 것은 막음불 바로 이전 단계인 센불에서도 가마 내부에 가장 높은 온도를 형성하기 위해 시행되었을 것이다.(국립문화재연구소, 『중요무형문화재 제91호 製瓦匠』, 1996, 신유문화사, 123쪽 참고.)

81 『천공개물』「陶埏」 '磚'.
轉銹之法에서 가마의 顚을 평평하게 만들고, 그 둘레를 조금 높여 두고 여기에다 물을 붓는다. 벽전 3천근에 대하여 물 10섬을 사용한다. 물이 가마 벽의 土層으로 스며들어가 고온의 가마 속에서 물과 불이 서로 작용하여 견고하면서도 오래 쓸 수 있는 푸른 벽전이 만들어진다.

82 자세한 것은 송재선의 『벽돌기술』(1989, 한국적연화협회.), 209~211쪽과 220~221쪽 참고.

83 이렇게 생산한 벽전으로 건축물을 시공하기 전에는 또 다시 건조한 성질을 제거하기 위한 과정을 거쳤을 것이다. 즉, 벽전은 고온에서 燒成되었기 때문에 내부의 미세한 구멍으로 습기를 빨아들이기 때문에, 석회 등을 사용하여 시공할 경우에 석회의 습기를 쉽게 빨아들이므로, 벽전의 부착강도에 영향을 미칠 수 있다. 이러한 내용은 서유구의 『임원경제지』「贍用志」 卷二 '營造之具' [去新磚澡性法]에서 자세히 설명하였다.

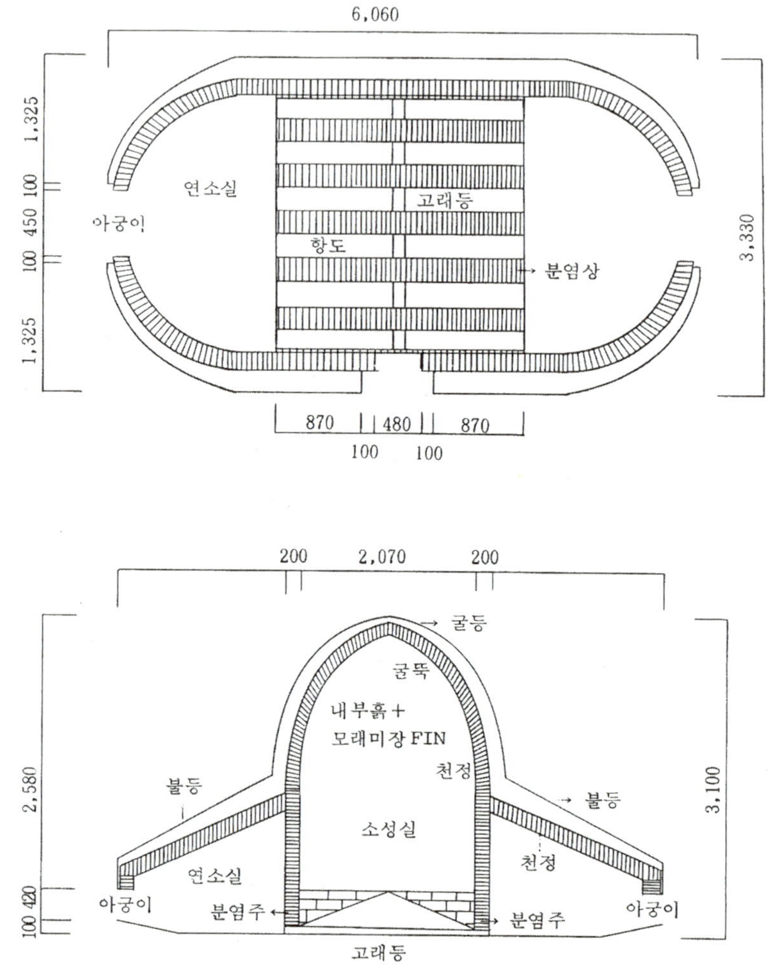

그림 1-16 감투가마의 구조 및 각 부분의 명칭
(출전 : 조성모, 「한국전통기와 제조공정에 관한 연구」(1995, 원광대학교 석사학위논문.), 42쪽.)

데, 각각의 생산과정 모두가 벽전의 성질에 영향을 미치는 중요한 과정임을 알 수 있었다. 그러나 무엇보다 중요한 것은 당시 사회의 생산력과 직결하는 가마의 열순환 방식과 구조일 것이다. 즉, 가마의 구조는 내부 온도를 일정하게 유지하여 변형 없는 벽전을 소성할 수 있도록 하며, 또 열순환 방식을 결정한다. 특히 열순환 방식은 적은 땔감으로도 많은 양의 벽전을 생산할 수 있는 열효율을 결정하므로, 각 사회의 벽전 생산과 보편화의 여부를 결정한다고 할 것이다.

한국건축 중 벽전을 가장 계획적으로 사용한 화성성역에서는 기존 횡염식 가마를 대신하여, 한국 최초로 승염식 가마인 벽요를 축조하였는데, 횡염식 가마에 비해 열효율이 우수하므로, 목재가 부족하였던 조선후기에는 가장 필수적인 가마였던 것이다. 이와 관련하여 화성성역에 사용된 70만장의 벽전을 생산하기 위해서는 많은 땔감이 필요하였을 것인데,[84] 작은 벽요에서 1회 소성 때에는 대방전 1,600장, 반방전의 경우는 3,200장의 벽전을 생산할 수 있었다. 또한 큰 가마에서는 약 200바리[駄]의 땔나무로 대방전 약 3,000장을 구울 수 있었는데,[85] 70만장을 생산하기 위해서는 약 46,328바리가 필요한 셈이다. 그러나 횡염식 가마에 비해 벽요에서 과연 얼마만큼 재래의 가마보다 땔감을 절약하였는지는 정확하게 알 수 없으며, 『열하일기』에서도 중국 승염식 가마가 적은 땔감 또는 수수깡으로도 많은 벽전을 생산할 수 있다고 하였고,[86] 또 『화성성역의궤』에서도 '비용이 덜 들고, 빨리 끝낼 수 있다'고 하였다. 따라서 승염식 가마인 벽요는 재래의 가마보다는 적은 땔감을 사용하여 벽전을 생산하였던 것은 틀림없는 것이다.

또한 『화성성역의궤』에서 벽요는 『천공개물』의 내용을 바탕으로 만들어 졌다고 하

84 『화성성역의궤』 卷四 「稟目」 '을묘(1795년) 4월 30일'.
왕륜 甓所의 패장 이경배의 수본 안에 벽전을 굽기 위한 멧갓으로 백운산 서쪽 기슭의 멧갓의 길이 400보, 넓이 450보의 절가가 57냥이라고 하옵는바, 작년에 사들인 멧갓은 현재 이미 다 베어 썼기 때문에 달리는 나무를 계속 베어낼 방법이 없어 ….

85 『화성성역의궤』 卷首 「圖說」.
한 가마에 대체로 대방전 1,600장, 반방전은 그 배가 된다. 이것은 작은 가마에 굽는 보기이고, 큰 가마에서는 약 3,000여 장[땔나무 200바리]쯤 구워낸다.

86 『열하일기』 「도강록」.
어떤 사람은 말하기를 수수깡 3백 줌이 가마 하나의 땔감에 해당되는 것으로 벽전 8천 개를 얻을 수 있다고 한다. 수수깡 하나의 크기가 엄지손가락만 하니 한 줌이면 겨우 수수깡 4, 5개밖에 되지 않는다. 그렇다면 수수깡으로 땔감을 삼을 경우 불과 천여 개로서 거의 만 개의 벽전[甎]을 얻을 수 있는 셈이다[或云薥稭三百握 爲一窯之薪 得甎八千 薥稭長一丈半 拇指大則一握 僅四五柄耳 然則薥稭爲薪 不過千餘柄 可得近萬之甎耳].
그러나 서유구는 화성성역에서 사용한 땔감의 양을 언급하면서, 위와 같은 박지원의 의견이 과장된 사실임을 주장하고 있다(『임원경제지』 「贍用志」 卷二 '營造之具' [窯制] 案 참고).

였으며, 철선궁·요전(窯顚 또는 巓) 등의 용어가 두 문헌에 공통으로 쓰인 것은 이러한 것을 증명한다. 그러나 <그림 1-9·10>과 같은 가마를 축조하기 위해서는 『천공개물』의 설명이 너무 부족하다. 즉, 나무로 만든 틀을 사용하는 법과 기존 한국에서도 사용한 전수지법(轉銹之法) 등은 간단하기 때문에 쉽게 참고 할 수 있었지만, 가마의 각 부분과 축조방법, 그 구조는 『천공개물』의 내용만으로는 알기가 힘들다. 따라서 『천공개물』이외에 다른 문헌들을 참고하였을 것인데, 그 중 하나가 화성성역 14년 전인 1780년에 쓰여진 박지원의 『열하일기』이다. 특히 이 문헌의 내용 중에서 승염식 가마 안에 날벽전을 재임하는 방법과 전(顚)·은두(隱竇) 등 벽요의 구조와 축조 방법은 『천공개물』보다 더욱 자세하고, 또 『화성성역의궤』에서 설명한 내용과 거의 동일하다.[87] 또한 몸소 벽전 만드는 기술을 연구하여 시범을 보였다는 박제가(朴齊家)가 1778년에 저술한 『북학의』에서는 화문(火門)의 용어가 동일하고, 화문을 설치하는 시기와 장소 역시 동일하다.[88]

따라서 화성에서 축조한 벽요는 『천공개물』뿐만 아니라 당시 실학자들 중에서 청(淸)의 선진 문물을 적극 유입하여 침체된 조선사회의 변화와 개혁을 주장한 북학파(北學派)의 진보적 영향이 함께 내재되어 있다고 할 수 있다.[89] 따라서 승염식 가마인 벽요는 조선후기 사회가 필요로 하는 가마였으며, 그에 따라 조선후기에 처음으로 나타난 산물인 것이다. 또한 벽요의 축조는 조선후기의 생산력 발달을 이루어 낼 수 있었는데, 이러한 사실은 현재에도 기와를 생산하는데 사용되고 있는 감투가마를 통해 알 수 있다.<그림 1-16> 감투가마는 대감가마 또는 거북이가마 등으로 불리는데, 일반 횡염식 가마와 다

87 『열하일기』「도강록」.
중국의 가마는 벽전[甎]으로 쌓고 회로서 그 틈을 봉하기 때문에 처음부터 가마를 달구어 견고하게 만들 때 쓰는 비용이 들지 않는다. 또 마음대로 가마를 높고 크게 만들 수 있으며, 그 형태가 쇠북을 뒤집어 놓은 것[形如覆鍾]과 같고, 그 정상에 움푹 들어가게 구덩이를 파서 연못같이 만들어 놓아 여러 섬의 물을 담을 수 있게 만들었으며[窽頂爲池 容水數斛], 그 곁에는 4, 5개의 굴뚝[燒門]을 뚫어 놓았기 때문에 불이 위로 잘 타 올라 갈 수 있다[旁穿烟門四五 火能炎上也].

88 『북학의』「內篇」'甓'.
벽전 굽는 가마는 鐘을 엎어놓은 것 같고, 안은 螺旋과 같으며, 굴뚝[煙門]은 가마 꼭대기에 있다. 가마 안에 한 줄 간격으로 벽전을 쌓으면 그릇에 떡을 담은 것 같은데, 그렇게 한 후에 한가운데 불문[火門]을 두는 것은 불기운이 고루 퍼져, 멀고 가까운 벽전이 익지 않거나 너무 익는 것을 없애려는 생각이다.

89 김동욱, 『18세기 건축사상과 실천-수원성』(1996, 발언.), 291쪽.
수원성 공사 전반에 흐르는 사상이 그러하듯이 이 공사에는 기존의 가치관을 넘어서는 새로운 것을 개척하려는 정신이 강하게 지배하고 있었다. 성곽 기능이 그렇고 새로운 방어 시설을 도입한 것이 그러하며 그동안 별로 사용하지 않던 벽돌을 활용하고자 한 정신이 그러하다. 벽돌을 굽는 방식에서 기존의 방법에 안주하지 않고 외국의 기술 서적을 참고하여 새로운 방식을 시도하고자 한 것은 수원성 공사 전체를 주도한 정신 자세였던 것이다. 벽돌 제작 역시 그 중의 중요한 한 부분을 차지하였였다.

르게 평지에 축조하고 소성실이 위아래로 크게 축조되므로, 완전한 승염식 가마라고 할 수 있다. 그 구조는 중앙에 큰 볼트(Vault) 형태의 소성실이 있고, 이와 직교하여 작은 볼트의 연소실을 좌우에 배치한다. 또한 내부에 기와를 재임할 때에는 벽요의 타구 또는 전과 유사하게 소성실 옆구리에 문을 내고, 그 문으로 드나든다. 내부 열 흐름은 좌우 연소실에서 불을 때고, 열기는 중앙의 소성실로 옮겨지며, 소성실 상부의 좌우의 굴뚝으로 빠져나가는 승염식 가마이다. 그런데 이 가마는 언제부터 사용하였는지 명확하게 밝혀지지 않은 채, 통상적으로 한국 전래의 가마 또는 전통 기와가마로 일제강점기에 개량되어 현재까지 사용되고 있는 것이라고 알려져 있다.[90]

서양에서는 오래 전부터 승염식 가마를 사용하고 있었고, 중국에서는 승염식과 횡염식을 동시에 사용하였지만, 한국에서 조사된 가마터를 살펴보면 승염식 가마라고 할 수 있는 것은 발굴되지 않았다. 모두 횡염식 가마인 굴가마 또는 용가마 등인 것이다. 따라서 횡염식과는 열순환 방식이 완전히 다른 승염식 가마인 감투가마를 사용하기 시작한 시기는 벽전을 쉽고 빠르게, 적은 땔감으로 생산할 수 있는 생산력이 발생하는 시기와 일치할 수 있으므로, 언제부터 사용하였는가는 중요한 문제로 남는다. 이와 관련하여 『열하일기』에서는 횡염식 가마의 축조재료와 방법, 좋지 못한 열효율과 그에 따른 목재의 소비 등을 비판하고 가마제도의 개선을 촉구하고 있다.[91] 따라서 1780년대까지도

90 박미라, 「가마와 소성에 관한 용어 연구」(1994, 단국대학교 대학원 도예학과 석사학위논문.), 20~21쪽과 정동훈, 『가마짓기와 번조기법』(1991, 디자인하우스.), 22쪽 참고.

91 『열하일기』 「도강록」.

우리나라의 기와 가마는 하나같이 뉘어 놓은 아궁이[臥竈]라고 할 수 있을 뿐, 가마라고 할 수 없는 것이다. 처음부터 가마를 만들 수 있는 벽전[甎]이 없기 때문에 나무로 뼈대를 세우고 진흙으로 그 나무를 바르는데, 큰 소나무로서 땔감을 삼아 그 가마를 불에 달구어 견고하게 만든다. 이 때 그 가마를 불에 달구어 견고하게 만드는 비용이 벌써 많이 든다. 가마가 가로로 길고 위로 높지 않기 때문에 불이 위로 타오르지 못하며, 불이 위로 타오르지 못하기 때문에 불기운이 힘이 없으며, 불기운에 힘이 없기 때문에 필연적으로 소나무를 맹렬하게 땔 수밖에 없으며, 소나무를 맹렬하게 때기 때문에 화력이 일정하지 못하며, 화력이 일정하지 못하기 때문에 불에 가까이 있는 기와는 언제나 거칠게 이지러지는 것이 걱정이고, 불에서 멀리 떨어진 것은 또 제대로 구워지지 않는 것이 근심된다. 이는 자기를 굽거나 옹기를 굽거나를 막론하고 무릇 도기를 업으로 하는 집의 가마가 모두 위와 같다. 소나무를 때는 법도 또한 마찬가지이다. 소나무 장작은 불의 세기가 다른 땔감보다 훨씬 강하다. 그러나 소나무는 한 번 베어 넘기면 다시 움이 트는 나무가 아니어서 한번 도기장[陶戶]을 만나면 사방의 산이 벌거숭이가 된다. 도기장은 백년 동안 기른 나무를 하루 아침에 다 써 버리고 다시 새처럼 흩어져서 소나무를 찾아 떠나 버린다. 가마의 제도 한가지가 잘못된 까닭으로 인하여 온 나라의 좋은 재목이 날로 고갈되고, 도기장도 또한 날로 궁핍하게 된 것이다. … 현재 우리나라의 도기장들은 가마제도의 연구를 하지 않고, 큰 소나무 숲이 없으면 가마를 설치할 수 없다고 한다. 窯業은 금할 수 있는 일이 아니요, 소나무는 한정이 있는 물건이니 가마 제도의 개선부터 먼저하여 두 가지를 다 이롭게 하는 것이 가장 좋을 것이다.

조선에서는 승염식 가마를 사용하지 않았음을 알 수 있는데, 『화성성역의궤』에서도 '조선에서 처음으로 『천공개물』의 내용을 따라 벽요를 사용하였다'고 하고,[92] 용어에서도 기와 굽는 재래의 가마는 '부'(釜), 벽전을 굽는 가마를 '요'(窯)라고 하여 명확하게 구분하여 설명하고 있는 것이다. 따라서 한국에서 승염식 가마를 사용하기 시작한 시기는 화성성역 당시인 1794~1796년으로 볼 수 있으며, 그 이후 조선의 횡염식 가마는 점진적으로 승염식 가마로 교체되었을 것이다.

이상의 내용을 근거로 하면, 현재 그 명맥을 유지하며 한국 전래의 가마로 여겨지는 감투가마는, 18세기 후반 화성성역에서부터 사용한 벽요에서 파생한 승염식 가마의 일종이며, 점차 조선의 실정에 맞도록 그 형식을 변화한 것으로 추정할 수 있다. 즉, 화성성역에서 사용한 벽요는 중국 승염식 가마와 유사한 형식이었지만, 조선에서 확대되면서 조선의 장인들이 독자적으로 변화시켰고, 대한제국 또는 일제강점기에 개량된[93] 가마가 바로 감투가마인 것이다. 따라서 한국 전래의 가마이기 보다 200년 정도의 역사를 가진 가마라고 할 수 있다. 또한 감투가마가 현재까지 사용되고 있는 사실은, 조선후기 전반에 걸쳐 열효율이 우수한 승염식 가마가 지속적으로 사용되었음을 나타내는 것이다. 따라서 이전과 다르게 조선후기 벽전 생산력의 발달을 의미하며, 또 벽전사용이 활성화 될 수 있는 밑거름이 되었다는 것을 나타내고 있다.

운반이 용이했던 섬[島]이나, 한강 상류에서는 더 이상 목재 수급이 불가능하였으므로, 조선후기에는 목재의 부족현상이 심각하였다. 또한 운송에는 많은 공력이 필요하게 되고, 봉산(封山)과 사양산(私養山) 등의 벌채는 엄격하게 금지되어, 일반 민간에서는 더더욱 목재를 얻기가 어려워졌던 것이다.[94] 이러한 조선후기 사회상황은 또한 대량의 땔나무를 필요로 하는 요업(窯業)이 점차 퇴화하는 현상을 초래하였고, 요업기술이 사회전반에 보급되지 못하는 요인이 되기도 하였다.[95] 도자기와 옹기 등의 생활필수품은 어

92 『화성성역의궤』 卷首 「圖說」.
(甓窯) 이것은 『천공개물』 窯의 제도에 관한 설이 있는데, 우리나라에서는 아직 시험해 본 사람이 없었다.

93 국립문화재연구소, 『중요무형문화재 제91호 製瓦匠』(1996, 신유문화사.), 61쪽
(대감가마의) 굴의 불통인 아궁이는 굴의 좌우편 양쪽에 마련하여 불을 지피게 되었다. 이와 같은 가마굴은 개량된 가마인 것 같으며, … 가마실 좌우에 가마 불통을 갖추고 있는 양식이 출현된 시기는 명확치 않으나 아마도 韓末을 전후해 발생하였던 것으로 추정된다.

94 『조선왕조실록』에는 15세기 말부터 목재의 부족을 언급하고 있다. 자세한 사항은 김동욱의 「조선후기 건축공사에 있어서의 목재공급 체제-수원성곽공사를 중심으로」(대한건축학회, 『건축 대한건축학회지』제28권 제117호, 1984. 3-4.), 46~47쪽 참고.

려운 상황을 감수하면서 생산하였지만, 벽전은 그렇지 못했던 것이다. 또한 목재의 부족 현상은 건축에서도 영건(營建)·중수(重修) 등을 어렵게 하였는데, 중국 명(明)·청(淸)에서도 목재의 부족 현상을 해결하기 위해 벽전을 적극 활용하고 있었다.[96] 이를 인식한 조선의 실학자인 북학파(北學派)는 벽전 사용을 적극 주장하였고,[97] 조정(朝廷)에서도 벽전 사용에 관한 많은 논의가 있었다.[98] 그러나 일부 궁궐의 바닥과 묘(廟) 건축을 위한 벽전을 제외하고 다른 용도의 벽전은 생산할 수 없었으므로, 땔나무를 적게 쓰면서도 열효율이 좋은 가마의 개발·도입은 목재가 부족했던 조선사회가 요구하는 필수적인 요소였다. 즉, 건축에서는 벽전생산과 사용을 확대시킬 수 있고, 요업분야에서는 당시 사회에서 필요로 하는 벽전을 충당하기 위한 필수적인 요소였던 것이다.

따라서 화성성역 당시 처음 사용하게 된 승염식 가마, 벽요는 조선의 침체된 요업을 활성화하고, 건축재료로서 벽전 사용을 확대시킬 수 있었던 중요한 역할을 하였을 것으로 추정할 수 있다. 이는 조선후기에서 우수한 벽전들을 사용하여 궁궐과 관아(官衙) 등의 권위건축뿐만 아니라 일반 사대부 살림집 등의 담 장식과 홍예 벽전축문(甓甎築門)[99], 창고 등, 현존하는 유구를 통해 어느 정도 보편화되었음을 알 수 있다. 이는 바로 승염식 가마의 사용을 통해 이루어 질 수 있었을 것이며, 승염식 가마인 감투가마를 계속해서 사용하였다는 사실을 실증하는 것이라 할 것이다. 따라서 열효율이 우수한 승염식 가마의 사용은 조선후기 벽전 생산력의 발전과 직결하는 것이며, 결국 벽전의 보편화와 연결되고 있는 것이다.

95 또한 조선에서는 壬辰倭亂 이후 많은 陶工들이 일본으로 끌려갔으므로, 이전 시기부터 내려오던 도예품과 벽전을 생산하는 기술이 단절되었다는 것은 일반적으로 알려진 사실이며, 그 기술 중에는 가마의 축조 역시 포함된다. 따라서 임진왜란을 거친 조선후기에는 도예품과 벽전의 생산기술이 점차 퇴화하고 있었다고 할 수 있다.

96 일반 살림집 벽체에서도 벽전이 대량으로 사용되었으며, 특히 목조 부재를 사용하지 않는 無梁殿 형식도 나타났다(劉敦楨, 『中國古代建築史』, 1995, 세진사, 577쪽 참고.).

97 대표적으로 『북학의』 「內篇」 '甓'에 가장 잘 나타나 있다.

> 온 나라(중국)가 옷을 입은 것 같이 백성들로 하여금 물과 불에 대한 근심, 도적에 대한 근심, 썩고 습한 것에 대한 근심, 기울어지고 무너지는 것에 대한 근심을 없게 한 것이 모두 벽전[甓]이다. 그 공이 이와 같지만 우리나라[東方] 천리 안에서 벽전을 폐하고 강구하지 않으니 실책이 크다.

98 『조선왕조실록』을 통해 살펴보면, 조선 전반에 걸쳐 벽전사용을 반대하는 의견과 적극 도입하여 사용하기를 주장하는 의견이 대립되고 있었다. 이는 특히 肅宗과 英祖·正祖 대에 가장 심하였는데, 이는 이 책의 제7·8장에서 살펴볼 수 있다.

99 기존 연구에서는 '塼築門'이라는 용어를 사용하였지만, 이 책에서는 甓甎 용어 사용을 제안하고 있으므로, '塼'을 '甓甎'으로 고쳐 '甓甎築門'이라 사용한다.

제2장

한국 벽전건축의 형성과 구조 특징
낙랑

낙랑의 유적이라고 추정되는 평양 일대의 문화가 당시 한국의 고대국가와
현저하게 다른, 서한과 밀접한 선진 문물을 누리고 있었다는 사실이 더욱 중요한 것이며,
더 나아가 한국 땅에 존재하던 이 선진 문물이 당시 고대국가를 형성해 가고 있던 고구려 · 백제 · 신라
등에 많은 영향을 주었을 것이라는
문화사적 의의가 더욱 중요하게 받아들여져야 할 것이다

– 본문 中

개요

이 장에서는 한국의 벽전(甓甎)건축 중 벽전발생과 벽전건축의 형성과정, 그에 따른 건축 구조의 특징을 살펴볼 수 있는 낙랑(樂浪) 벽전축(甓甎築) 무덤[1]에 대해 살펴본다. 중국 서한(西漢)은 만왕(滿王)이 세운 조선(朝鮮)을 멸하고, B.C.108년 대동강 유역과 황해도 지역에 한사군(漢四郡)의 하나인 낙랑을 설치하였으며, 낙랑은 A.D.313년 고구려(高句麗) 15대 미천왕(美川王)에 의해 멸망될 때까지 약 400년 동안 존속하였던 것으로 알려져 있다. 낙랑을 비롯한 임둔(臨屯)·현도(玄菟)·진번(眞番)의 한사군은 설치 사실의 진위와 위치·성격 등으로 많은 논란의 대상이 되었으나, 현재 대부분의 역사학(歷史學)·고고학(考古學) 등의 연구에서는 평양 일대에서 발굴된 유물을 통해 한사군 낙랑의 설치를 사실로 인정하고, 각각의 위치 역시 비정(比定)하고 있다.[2]

그러나 북한 학자들은 한사군 낙랑을 부정하고, 이와 다른 낙랑국(樂浪國)을 주장하고 있으며, 낙랑의 종주국인 서한은 A.D.8년에 멸망하지만 종주국을 잃은 낙랑은 그 후 300여 년을 지속하고 있는 점, 요동(遼東)의 위치와 지명, 중국 문헌과 『삼국사기』 등에서 이해할 수 없는 낙랑 관련 기사 등을 통해 한사군이 없었다고 하는 주장들도 있다.[3] 결국 이러한 논의들과 발굴조사 등을 통해 당시 평양과 황해도 일대에는 삼국(三國)과 다른 문화를 누린 낙랑 또는 그와 유사한 특정 집단이 존재하였음을 알 수 있다. 그러나 위와 같은 논의들에 의해 그 특정 집단의 문화와 성격은 물론 벽전을 광범위하게 사용한 건축특징에 관한 문제들이 충분히 해명되지 못하고 있는 것이 현실이다. 그러므

1 기존 연구에서는 '塼을 사용하여 墓室을 축조한 무덤'을 일반적으로 '塼室墓' 또는 '塼築墓'라 지칭하며, 北韓 학자들은 '벽돌칸무덤'·'벽돌무덤'이라는 용어를 사용하고 있다. 그러나 본 연구에서는 벽체에 사용된 '甓'과 바닥에 사용된 '甎'을 합쳐 '甓甎'이라는 용어를 사용하고 있으므로, 기존의 용어들을 대신하여 '甓甎築 무덤'이라는 용어를 사용한다.

2 낙랑의 위치에 대해서는 『三國遺事』와 丁若鏞의 『我邦疆域考』, 박지원의 『熱河日記』 등에서부터 遼東說과 平壤說이 논의되어 왔다. 그러나 정약용만이 평양으로 비정하고 있으며, 현재는 평양에서 출토되는 낙랑 관련 유물을 통해 平壤 대동강 이남의 樂浪土城 일대인 樂浪區域으로 비정 하는 것이 정설이다. 또한 眞番은 황해도, 玄菟는 함경남도 부근, 臨屯은 강원도와 함경남도 등 동해안으로 비정하며, A.D.204년경 公孫氏에 의해 낙랑에서 분리된 帶方은 서울과 황해도로 추정된다. 그러나 서울에서는 관련 유물이 발굴되지 않으므로, 벽전축 무덤이 발굴되는 황해도 鳳山郡 일대로 보는 것이 유력하다(타카쿠 켄지[高久健二], 『낙랑고분문화 연구』, 1995, 학연문화사, 23~25쪽 참고.).

3 대표적으로 임승국의 「漢四郡과 百濟疆域考①」(『자유』통권108호, 1981. 10., 34~59쪽.)이 가장 설득력 있다.

로 이 책에서는 낙랑과 관련된 제 학설들을 비교 검토하지 않지만,[4] 낙랑 존재를 인정하는 일반적인 관점들을 수용하고, 평양과 황해도에서 발굴되는 벽전축 무덤의 건축 특징을 연구하는데 그 목적을 두기로 한다.

낙랑의 벽전축 무덤을 포함한 무덤들은 1909년, 세키노 다다시[關野貞]과 하기노 유시유키[萩野由之]·이마니시 류[今西龍] 등 일본 학자들에 의해 연구되기 시작하여, 현재에는 일본과 북한 학자들에 의해 활발히 연구되고 있다. 그에 반해 한국에서는 구체적인 연구가 진행되지 못하고 있으며,[5] 이는 건축 분야에서도 마찬가지이다.[6] 이러한 현상은 낙랑군을 비롯한 한사군의 지배력과 통치범위를 확대 평가하고, 한반도 북부 전역이 한사군의 지배 하에 들어간 것으로 파악하는, 한국사의 단절이라는 역사왜곡 결과에 기인하는 것이라고 할 수 있다.[7] 그러나 낙랑은 서한의 식민지[8]이기보다, 당시 한국에 존재하던 국가들의 통합을 견제하기 위해 설치한 조계지(租界地) 또는 중국계 유이민(流移民)의 자치 도시적 성격으로 보아야 한다.[9] 따라서 낙랑의 유적이라고 추정되는 평양 일대의 문화가 당시 한국의 고대국가와 현저하게 다른, 서한과 밀접한 선진 문물을 누리고 있었다는 사실이 더욱 중요한 것이며, 더 나아가 한국 땅에 존재하던 이 선진 문물이 당시 고대국가를 형성해 가고 있던 고구려·백제·신라 등에 많은 영향을 주었을 것이라는 문화사적 의의가 더욱 중요하게 받아들여져야 할 것이다.

특히 건축에서는 삼국 건축 형성에 많은 영향을 주었을 것으로 추정하고,[10] 또 한(漢)의 건축과 밀접한 연관관계가 있는 낙랑의 건축과 축조기술을 연구하여, 삼국 목조건축의 특징을 밝히는데 도움이 될 수 있을 것이다. 그 일부로서 이 책의 주제가 되고

4 따라서 위와 관련된 사실들은 역사학과 고고학 분야에서 많은 발굴자료를 토대로, 민족사관을 배제한 실증적 연구가 진행되어야 할 것이다.

5 특히 벽전축 무덤에 관련된 연구는 日本人 타카쿠 켄지[高久健二]의 『낙랑고분문화 연구』(1995, 학연문화사.)와 홍진식의 「樂浪塼築墓에 대한 一考察」(부산대학교사학회, 『釜大史學』제17집, 1993. 6., 1~42쪽.) 등이 대표적일 뿐이다.

6 韓國建築의 通史書들 중 윤장섭의 『한국의 건축』(1996, 서울대학교출판부, 59~63쪽.)에서만 낙랑건축을 거론하고 있을 뿐이다. 이 외에 요네다 미요지[米田美代治]의 「한국상대에서의 건축계획의 수학적 일관견(其2)」(『한국 상대건축의 연구』, 1976, 동산문화사, 163~183쪽.)에서는 낙랑무덤의 평면비례를 분석하였다.

7 강만길 외, 『한국사』2(1994, 한길사.), 265쪽 참고.

8 이기백, 『한국사신론』(1994, 일조각.), 41쪽.

9 강만길 외, 『한국사』2(1994, 한길사.), 270쪽 참고.

10 윤장섭, 『한국의 건축』, 1996, 서울대학교출판부, 63쪽.

있는 벽전사용과 축조방법, 목조건축과의 연관관계 등은 벽전을 광범위하게 사용하였던 낙랑의 유적들을 연구함으로써, 삼국과 남북국·고려·조선으로 이어지는 한국건축의 벽전 사용 기원을 밝힐 수 있을 것으로 생각한다.[11]

11 현재 연구되고 있는 낙랑무덤의 대상은 벽전축 무덤과 귀틀무덤 등이며, 형식 분류와 껴묻거리[副葬品]·무덤의 기원과 編年 등을 통한 낙랑사회 성격과 그 구조 등을 밝히는 역사학 또는 고고학의 연구가 대부분이다. 그러나 이러한 주제는 건축분야에서 언급하기에 많은 한계가 있으므로, 일본과 북한의 발굴보고, 기존에 연구된 평양·황해도 일대의 벽전축 무덤을 대상으로 하여, 벽전의 건축특징과 사용 범위·벽전쌓기 등을 연구하는 것을 이 책의 고찰범위로 한정한다.

2-1. 벽전건축의 출현 : 벽전축 무덤

낙랑(樂浪) 치지(治地)로 추정되는 평양의 대동강 남쪽, 낙랑구역(樂浪區域) 일대에는 토성(土城)과 함께 1,300여기 이상[12]의 귀틀무덤·벽전축 무덤이 산재하고 있다.<그림 2-1> 그 중 낙랑 벽전축 무덤은 벽전을 사용하여 묘실을 축조한 무덤을 의미하며, 그 범위와 개념·특징은 크게 3가지로 구분할 수 있다. 첫째, 매장(埋葬) 형식은 2인 이상을 시간의 순서에 따라 동일한 무덤에 매장하는 다장(多葬)이고, 1실 이상의 묘실을 축조하여, 무덤으로 통하는 무덤길[羨道]과 문(門)을 설치한 횡혈식(橫穴式) 구조이다. 둘째, 외부 토압(土壓)을 지지하는 벽체와 천장·바닥 등의 주요 구조체를 벽전으로 축조한다. 셋째, 벽체는 벽전으로 축조하지만, 천장과 무덤길 천장에는 벽전 이외의 재료를 부분적으로 사용한 무덤 역시 벽전축 무덤에 포함한다. 즉, 묘실 천장은 목재를 걸치고 벽전을 덮어 축조한 평천장 무덤, 무덤길 상부에 목재 또는 석재를 부분적으로 사용한 무덤 등이다.

귀틀무덤[木槨墓·木槨墳]은 주로 하나의 무덤에 1~2인의 주검을 1회 매장하는 단장(單葬)이고, 지하(地下)에 구덩이를 파고 귀틀을 설치 한 후 귀틀의 상부를 개방하여 매장하는 수혈식(竪穴式) 무덤이 대부분이다.[13] 그러나 특정한 사회적 변화로 인해 2인 이상의 주검을 시간의 선후에 따라 순차적으로 매장하는 다장으로 변화하고, 변화된 매장 방식에 부합하는 새로운 무덤 형식이 필요하게 되었는데, 그것이 벽전축 무덤이다.[14] 즉, 2인 이상의 주검을 매장하여야 하므로 1실 이상의 큰 스팬(Span)을 갖는 묘실이 필요하지만, 목재로는 큰 묘실을 축조하기 어렵고, 여러 묘실은 목결구(木結構)만으로 역부족이었을 것이다. 또한 순차적인 매장을 위해서는 무덤길과 문을 설치한 횡혈식 무덤 구조가 필요하고, 땅 속에서 오랜 시간 유지될 수 있어야 한다. 그러나 일정 기간 후 썩어 붕괴되고,

12 朝鮮總督府, 『古蹟調査特別報告 第4冊 樂浪郡時代の遺蹟 本文』(1927, 동경인쇄주식회사.), 48쪽에는 약 1,300여기라고 하였지만, 최근 낙랑구역의 개발에 따라 많은 고분이 조사되고 있으므로 1,300여기 이상으로 판단할 수 있다.

13 그러나 벽전축 무덤으로 이행하는 시기로 추정할 수 있는 후기의 귀틀무덤에서도 횡혈식 무덤의 특징이 나타나는 경우도 있다. 즉, 2인 이상을 매장하는 多葬과 칸을 나눈 2개의 묘실을 축조한 것이다. 그 중 3세기로 추정되는 귀틀무덤인 南井里 116호 무덤(일명 채협무덤[彩篋塚])이 대표적이며, 뒤에서도 살펴볼 것이다(<그림 2-4> 참고.).

14 이렇게 낙랑의 매장 방식이 단장에서 다장으로, 무덤형식은 귀틀무덤에서 벽전축 무덤으로 변화하였다는 사실은 모든 연구자들의 공통된 견해이다.

▲2-1

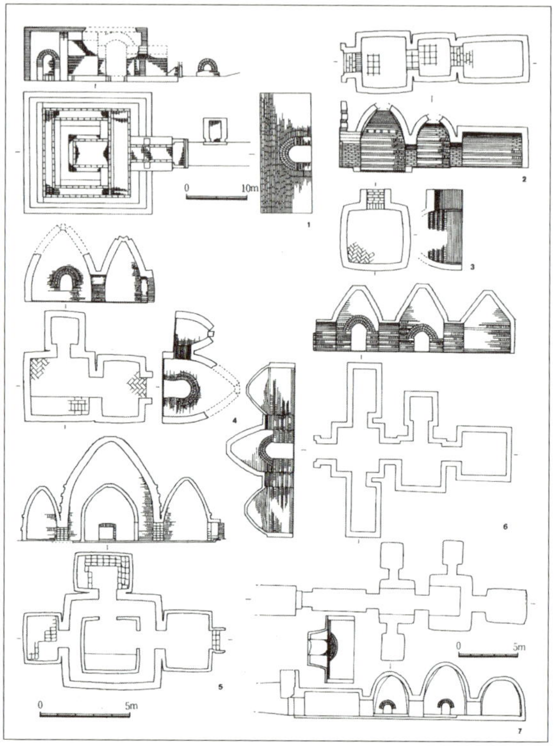

▲2-2

그림 2-1 **평양시 낙랑 구역 일대의 무덤 분포(• : 목곽묘, ▲: 벽전축 무덤)**

(출전 : 高久健二, 『낙랑고분문화 연구』(1995, 학연문화사.), 36쪽.)

그림 2-2 中國 華北地域의 塼室墓

1. 河北 北莊漢墓 2. 甘肅 酒泉下河淸1號墳 3. 山西 朔縣3M191號墳 4. 遼寧 營城子 1號墳
5. 遼寧 營城子2號墳 6. 內蒙古自治區 和林格爾1號墳 7. 甘肅 武威雷台漢墓

(출전: 高久健二, 『낙랑고분문화 연구』(1995, 학연문화사.), 186쪽.)

토압(土壓)에 효과적으로 대처할 수 없는 목재(木材)는 적합하지 않은 것이다.

따라서 장법의 변화에 의한 기능적이고 구조적인 목적을 만족시키기 위해 벽전이라고 하는 새로운 재료를 사용하였다. 즉, 벽전은 땅속에서도 부식되지 않으며, 압축력(壓縮力)에 강하기 때문에 외부 토압에 효과적으로 저항한다. 또한 조적식(組積式) 축조 방법에 의해 다양한 크기의 여러 묘실을 축조할 수 있는데[15] 특히 벽체는 곡면쌓기[16]로 해결하여 오랜 시간 땅속의 토압에 견딜 수 있도록 하였다. 천장은 등분포하중(等分布荷重)에 효과적으로 지지할 수 있는 궁륭(穹窿)을 다양한 크기의 묘실에 효과적으로 축조할 수 있다. 이렇게 2000여 년 동안 붕괴되지 않고 지속될 수 있었던 낙랑의 벽전축 무덤은 장법의 변화에 대처할 수 있는 새로운 무덤 형식의 추구에 의해 발생하였고, 벽전이라고 하는 새로운 건축 재료와 궁륭과 곡면쌓기 등 축조기술의 발전으로 가능했던 건축이라고 할 것이다.

또한 귀틀무덤에서 벽전축 무덤으로 변화하는 시기 또는 벽전축 무덤이 발생하는 시기는 한국에서 벽전건축이 발생하는 시기를 의미하는 것이므로 매우 중요한데, 이와 관련하여 먼저 중국 벽전축 무덤에 대해 간략히 살펴본다. 중국은 전국(戰國: B.C.475~B.C.221) 말기부터 난간(欄干)·배수관(排水管)과 각종 기와 등 도제(陶製) 건축 부재가 대량으로 사용되었으므로, 벽전을 사용한 조적식 구조 역시 발전되었음을 알 수 있는데, 무덤 역시 마찬가지이다. 전국 말기에 출현하여 서한에서 발전된 공심전(空心塼·空心磚) 무덤은 중원(中原) 지역에서 성행하였으며, 규모는 작다. 공심전은 속이 빈,

15 또한 2실 이상의 묘실을 갖는 벽전축 무덤에서는 前室과 後室·側室 등으로 구분되는데, 이러한 묘실들은 주로 棺臺를 설치하여 2인 이상의 주검을 매장하거나 儀禮를 위한 공간, 각종 껴묻거리의 副葬 등에 이용되었을 것으로 추정된다. 특히 귀틀무덤의 의례행위는 지상에서 이루어졌을 것이지만, 벽전축 무덤 등의 횡혈식 무덤에서는 특정 묘실에서 행하였을 것이므로, 여러 묘실과 무덤길·문 등이 필요한 것이다. 관대는 널받침이라고도 하는데, 나무로 만든 棺을 묘실 내부에 유입된 지하수로부터 보호하기 위해 2~3장의 벽전을 쌓아 설치한 것으로 그 형식은 시대에 따라 조금씩 다르게 나타난다. 따라서 관대를 설치한 묘실은 그 용도가 명확하지만, 다른 묘실은 대부분 盜掘 이후에 조사되었기 때문에, 명확하지 않다. 특히 홍진식은 「낙랑전축묘에 대한 일고찰」(부산대학교사학회, 『부대사학』제17집, 1993. 6.), 5쪽에서 후실은 주검의 매장, 전실은 의례행위, 측실은 껴묻거리의 부장을 위해 사용되어 졌다고 확정하지만, 전실에 棺臺를 설치하고 주검을 매장한 무덤들도 조사되므로, 일률적으로 각 실의 용도를 밝힐 수는 없을 것이다.

16 현재 한국에서는 이와 관련한 용어는 없지만, 일본 학자들은 '胴張技法' 또는 '胴張工法'이라고 지칭한다. 즉, 평면에서 方形의 묘실 벽체를 일직선이 아닌, 묘실의 바깥으로 내밀어 배가 부르게 축조하는 방법을 말하며, 벽체는 땅 속의 토압에 효과적으로 견딜 수 있다. 이 책에서는 이러한 축조 방법은 곡면쌓기의 하나로서 언급한다.<그림 2-18>

▶ 2-3

▶ 2-4

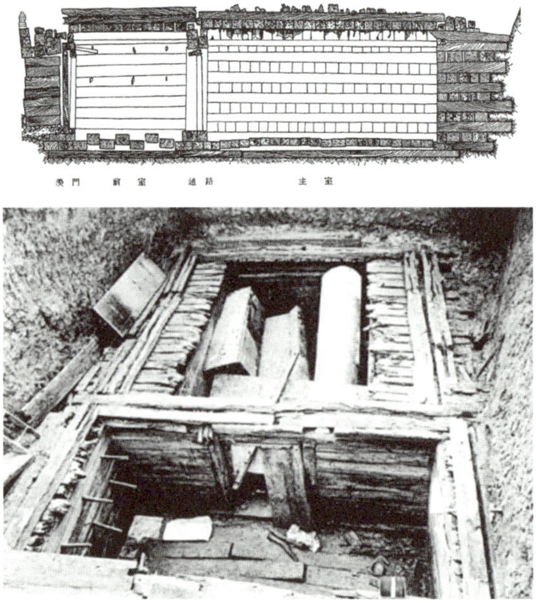

그림 2-3 六朝時代 塼室墓

(출전 : 연합뉴스 웹사이트(www.yonhapnews.co.kr) 2009년 3월 1일 '육조 전축분 발굴현장을 가다' 기사)

그림 2-4 **낙랑 채협무덤[彩篋塚] 종단면도 및 발굴전경**

(출전 : 朝鮮古蹟研究會, 『古蹟調査報告 昭和九年度 樂浪彩篋塚』(1934.), 도판제35.)

110×40~50×10㎝ 크기의 대형(大形) 벽전인데, 30여 장만으로 무덤 하나를 축조할 수 있으므로, 귀틀무덤에 비해 시공의 속도가 빠르고 방습과 방부(防腐)에 더욱 우수하였다. 그러나 공심전 무덤은 서한 중기 이후에 쇠퇴하여 사라지고, 낙랑의 벽전축 무덤과 유사한 전실묘(塼室墓)[17]가 발생하며, 동한(東漢:A.D.25~220)에서 전국으로 확대되었다.(<그림 2-2>) 전실묘는 보통 1개 이상의 묘실을 축조하며, 측실(側室)[18]을 가진 무덤도 있다. 사용된 벽전은 일반 장방형 벽전과 '凸'·'凹'형태의 촉과 구멍이 있어 연결 할 수 있는 모자벽전(母子甓甎),[19](<그림 9-2> 참고) 홍예(虹蜺:Arch)의 축조에 사용하는 사다리꼴 형태의 벽전 등을 사용한다. 천장은 궁륭 또는 볼트(Vault)로 축조하고, 개구부는 1~3단이 겹친 홍예를 주로 사용하였으며, 벽전쌓기는 일반적으로 눕혀쌓기[平積]와 궁륭이 시작하는 부분에만 1~2켜를 세워 쌓는 방법, 벽체에서만 1~3켜 눕혀쌓기와 1켜 세워쌓기하는 방법[20]등 3가지 방법이 주를 이룬다.[21]

17 중국의 연구에서는 공심전과 달리 작은 장방형 벽전으로 축조한 무덤을 '塼室墓' 또는 '磚室墓'라고 한다. 따라서 본 연구에서 '전실묘'는 중국의 벽전축 무덤, 낙랑의 무덤은 '벽전축 무덤'이라 지칭하여 구별한다.

18 側室은 진입에서 좌우에 배치되거나, 다른 묘실보다 그 규모가 뚜렷하게 작은 실을 지칭한다.

19 기존 연구에서는 '母子塼'·'연결형 벽돌'·'물리개가 있는 벽돌'·'企口磚'·'楔形子母榫磚'이라는 용어를 사용하고 있는데, 이 책 연구에서는 기존 연구 중 가장 많이 사용하는 '모자전'을 채택하여 '母子甓甎'이라 지칭하기로 한다.

20 즉, 一橫一垂 또는 눕혀쌓기가 2·3단인 경우는 2횡1수·3횡1수라 한다.

21 이상은 王仲殊의 『漢代 考古學 槪說』(1993, 학연문화사.), 147~148쪽, 159~162쪽과 劉敦楨의 『中國古代建築史』(1995, 세진사.), 112~113쪽 내용을 참고하여 정리한 것이다.

표 2-1 낙랑 출토 紀年銘 벽전

紀年銘	년도	발굴된 곳	紀年銘	년도	발굴된 곳	紀年銘	년도	발굴된 곳
<2세기>			咸寧五年	279년	황해도 신천	泰寧五年	327년	황해도 신천
光和五年	182년	黃海道 鳳山	太康元年	280년	황해도 신천	咸和十年	335년	황해도 신천
興平二年	195년	平壤樂浪土城	太康三年	282년	황해도 봉산	建武九年	343년	황해도 신천
<3세기>			太康四年	283년	황해도 신천	建元三年	345년	황해도 신천
嘉平二年	250년	黃海道 信川	太康七年	286년	황해도 신천	張撫夷塼	348년	황해도 봉산
景元元年	260년	황해도 신천	太康九年	288년	황해도 安岳	建武十六年	350년	황해도 신천
景元三年	262년	황해도 신천	元康元年	291년	황해도	永和八年	352년	황해도 신천
泰始四年	268년	황해도 신천	元康三年	293년	황해도	永和九年	353년	평양
泰始七年	271년	황해도 봉산	元康五年	295년	황해도 안악	大安二年	386년	황해도 신천
泰始十年	274년	황해도 봉산	<4세기>			<5세기>		
泰始十一年	275년	황해도 신천	永嘉??	307~312	황해도 신천	元興三年	404년	황해도 신천
咸寧元年	275년	황해도 신천	建興四年	316년	황해도	建始元年	407년	황해도 신천

(이 표는 다음과 같은 문헌을 참고로 작성하였다. 高久健二, 『낙랑고분문화 연구』(1995, 학연문화사.), 70쪽. / 국립중앙박물관, 『井內功寄贈瓦甎圖錄』(1990, 삼정인쇄공사.), 23~24쪽. / 공석구, 「平安·黃海道地方出土 紀年銘塼에 대한 硏究」(『진단학보』 제65호, 1988. 6., 진단학회.), 2~8쪽. / 朝鮮總督府, 『古蹟調查概報 昭和八年度 帶方郡及び其の遺蹟』(1935.), 33~35쪽. / 송재선, 『우리나라 벽돌』(1991, 한국점토벽돌공업협동조합.), 30~31쪽.)

이렇게 중국에서는 횡혈식 무덤인 전실묘가 출현한 시기와 전국으로 확산된 시기를 각각 서한과 동한으로 확정하고 있으며, 단장에서 다장으로 매장 방식이 변한 시기 역시 동일한 시기[22]로 보고 있다. 그러나 낙랑 벽전축 무덤의 경우 공심전을 사용한 무덤이 없고 동한의 전실묘와 유사하므로, 동한 시기 또는 그 이후에 영향 받은 것으로 추정할 수 있지만, 구체적인 시기는 각 연구자들에 따라 조금씩 다르다. 먼저 낙랑 벽전축 무덤이 중국의 화북(華北)·동북(東北) 지역[23]의 전실묘로부터 영향을 받았다는 사실은 북한 학자 한인덕·리순진을 제외한 기존 연구자들의 공통된 견해이다.[24] 이를 바탕으로 타카쿠 켄지[高久健二]는 중국 요령(遼寧)지방[25] 전실묘의 벽체에서 곡면쌓기[胴張]가 나

22 王仲殊, 『漢代 考古學 概說』(1993, 학연문화사.), 155쪽.

23 화남지역의 벽전축 무덤은 천장이 비교적 낮고 형태가 반구형을 이루어 낙랑의 뾰족한 方錐形과는 많은 차이가 있다. 또한 낙랑은 1켜 마구리면 수직쌓기와 3켜 수평쌓기로 되어 있으나, 화남지방의 축조법은 '八'자 모양의 경사지게 쌓는 경우도 있어 천장의 축조법 역시 다르다.<그림 2-3> 또한 낙랑과 비교하여 축조 시기가 후대인 것들도 포함되어 있어 낙랑의 벽전축 무덤의 기원이 될 수 없다(高久健二, 『낙랑고분문화 연구』(1995, 학연문화사.), 187쪽 참고.).

24 또한 다무라 코이치[田村晃一], 「平壤周邊における古墳調查の現況と問題點」(『青山考古』 제6호, 1980, 青山學院大學文學部史學科硏究室, 東京.)과 히구치 타카야스[樋口隆康], 「樂浪文化の源流」(『歷史と人物』 9, 1975, 中央公論社, 東京) 등에서도 동일한 주장을 펴고 있다.

25 華北 중 遼寧城 전실묘(<그림 2-2>의 4·5)의 평면과 궁륭 형태·벽전 무늬 등이 낙랑 벽전축 무덤과 유사하므

타나는 시기는 2세기 후반이고, 또 낙랑 벽전축 무덤은 초기의 무덤에서부터 곡면쌓기가 나타나므로, 낙랑 벽전축 무덤의 발생 시기는 A.D.2세기 후반으로 추정하고 있다.[26] 또한 평양에서 출토된 글씨 벽전 중<표 2-1> 정오동(貞梧洞) 31호 무덤의 「興平二年(A.D.195)」 벽전이 가장 이른 시기이므로, 타카쿠 켄지[高久健二]가 제시하는 A.D.2세기 후반과 일치하고 있는 것이다.[27] 또한 홍진식은 중국 동북지방 전실묘에 영향을 받았으므로, 2세기 후반 또는 3세기 초에 발생한 것으로 설명한다.[28]

그러나 북한의 한인덕은 일련의 연구[29]를 통해 평양과 황해도 지역의 벽전축 무덤이 중국 한(漢) 문화가 유입된 것은 아니며, 본래 한국의 귀틀무덤이 변화하여 형성된 무덤 형식으로 보고 있다.[30] 따라서 벽전축 무덤의 발생은 귀틀무덤 후기로 추정되는 A.D.1세기 말로 주장하는데, 그 근거는 다음과 같다. 수혈식 무덤인 귀틀무덤과 횡혈식 무덤인 벽전축 무덤의 분포범위가 일치하고, 서한 중기에 발생한 중국의 전실묘의 발생 시기와 150여 년 이상 차이가 있는 사실, 낙랑 벽전축 무덤은 단실묘가 기본인데 반하여 중국의 전실묘는 2실 이상이 대부분이라는 사실, 궁륭천장에서 낙랑은 방추형(方錐形)이지만 중국은 다양한 형식이 동시에 존재하고 서로 다른 껴묻거리가 발굴된다는 사

로, 이 지역 전실묘가 영향을 주는 시기를 낙랑 벽전축 무덤의 발생 시기로 추정하고 있다(高久健二, 『낙랑고분문화 연구』, 1995, 학연문화사, 185~190쪽.).

26 高久健二, 『낙랑고분문화 연구』, 1995, 학연문화사, 189쪽.

27 그러나 <표 2-1>의 年度는 각 연구자마다 조금씩 차이가 있는데, 특히 「建武十六年」에 대해 朝鮮總督府와 송재선은 東漢 年號인 A.D.40년, 이외 연구자는 後趙의 연호인 A.D.350년으로 추정하고 있어 가장 큰 차이가 있다.

28 초기 낙랑 벽전축 무덤은 중국 廣州 漢의 무덤과 유사하지만, 3세기 벽전축 무덤은 동북지역과 유사함을 지적하고, 遼東지방에서 독자적인 세력을 형성하고 있던 公孫氏에 의해 A.D.204년경 낙랑에서 帶方이 분리되는 역사적인 사실과 연관된 것으로 주장하고 있다(홍진식, 「낙랑전축묘에 대한 일고찰」『부대사학』제17집, 1993. 6., 부산대학교사학회, 16쪽.).

29 ①한인덕, 「평양일대 벽돌무덤의 구조형식과 그 변천」(사회과학원고고학연구소, 『조선고고연구』1986년 제2호.), 24~31쪽. ②한인덕, 「평양일대 벽돌칸무덤의 년대에 대하여」(사회과학원고고학연구소, 『조선고고연구』1988년 제4호.), 11~15쪽. ③한인덕, 「평양일대 벽돌칸무덤은 귀틀무덤의 계승」(사회과학원고고학연구소, 『조선고고연구』1989년 제1호.), 2~5쪽. ④한인덕, 「평양일대의 벽돌칸무덤에 관한 연구」(『고고민속논문집』12, 1990, 과학백과사전종합출판사.), 48~99쪽. ⑤한인덕, 「서북조선의 벽돌무덤의 성격에 대하여」(사회과학원고고학연구소, 『조선고고연구』1995년 제4호.), 15~18쪽.

30 리순진 역시 공심전(空心塼·空心磚) 무덤에서 전실묘(塼室墓)로 발전한 漢의 무덤발전과는 다르고, 귀틀무덤에서 벽전축 무덤으로 변화하는 순차적인 과도기 무덤형식이 존재하는, 부부합장[多葬]을 염원하는 당시 사회의 요구에 따라 발전한 무덤형식임을 강조하고 있다(리순진, 『평양일대 락랑무덤에 대한 연구』, 2001, 도서출판중심, 189~202쪽 참고).

실 등이다. 특히 채협무덤[彩篋塚]으로 알려진 남정리(南井里) 116호 무덤은 귀틀무덤임에도 불구하고, 전·후 2칸의 묘실을 축조하였고 무덤길과 문을 설치하여 횡혈식 무덤의 특징을 갖추고 있다. 특히 귀틀의 축조에서 한 단은 마구리면이, 한 단은 길이면이 보이도록 축조하였는데,(<그림 2-4·9>) 이는 벽전축 무덤의 1횡1수의 벽전쌓기 방법과 동일하다. 따라서 남정리 116호 무덤은 귀틀무덤에서 벽전축 무덤으로 변화·발전하였다는 중요한 증거가 되고 있다. 이러한 논의들을 통해 평양 일대에 발견되는 벽전축 무덤은 낙랑에 의해 한문화(漢文化)가 유입된 결과는 아니며, A.D.1세기 당시 평양 일대의 독자적인 정치집단에 의해 창조된 '우리 민족'의 형식으로 주장하는 것이다.[31]

따라서 귀틀무덤에서 벽전축 무덤으로 변화하는 전이(轉移)과정의 무덤으로 세 가지 형식을 주장하였는데, ①귀틀무덤에 외부를 벽전으로 둘러 싼 수혈식 무덤, ②귀틀무덤의 일부 특히 바닥을 벽전으로 축조한 수혈식 무덤, ③벽체는 벽전으로 축조하고, 천장은 궁륭이 아닌 목재를 걸쳐 그 상부에 벽전을 깔아 마무리한 평천장 횡혈식 무덤[32]이 그것이다.[33]

31 또한 북학 학자 황기덕·박진욱·정찬영의 「기원전5세기-기원3세기 서북조선의 문화」(사회과학출판사, 『고고민속론문집』3, 1971.), 1~107쪽에서 껴묻거리와 평면의 형식 등을 통해 그 발생 시기가 A.D.1세기라고 하여 한인덕과 동일한 견해를 보인다. 이 외에 안병찬, 「평양일대 낙랑유적의 발굴정형에 대하여」(사회과학원 고고학연구소, 『조선고고연구』1995년 제4호.) 등이 대표적이다.

또한 1611년(광해군 3)에 허균이(許筠)이 저술한 『성소부부고(惺所覆瓿藁)』제6권의 '상원군'(祥原郡) [왕총기(王冢記)]에서는 고구려 초기의 부족 국가 비류국(沸流國) 또는 송양국(松壤國)의 벽전축 무덤으로 추정하는 무덤이 1607년(선조40) '신명대왕묘(神明大王墓)'라는 글과 함께 발견되었다는 기록이 있는데, 상부에는 돌로 천장을 축조한 것으로 보인다. 따라서 자체적으로 발전하였다는 위와 같은 주장에 참고가 될 수 있다.

> 『惺所覆瓿藁』 제6권 「文部 3」 記 '祥原郡' [王冢記]
>
> 상원군의 북쪽 시오 리 되는 곳에 마을이 하나 있는데 왕산촌(王山村)이라 하며, 그 마을의 북쪽에 산이 하나 우뚝하니 솟아 민둥하니 나무가 없는데 왕총(王冢)이라 한다. 정미년(1607, 선조40) 7월에 큰비가 내려 왕총이 무너졌다. … 광중(壙中)의 깊이가 두길 남짓한데 벽전[甓石]에는 꽃무늬가 새겨져 있고, 네 귀퉁이를 빙 둘러 수도(隧道)는 없으나 돌로써 덮개를 해 놓았다. 들어 보니 푸른 옥돌로 덮고 재로써 그 이음매를 막았으며, 그 속에 와관(瓦棺)을 안치시키고 풀로 된 인형과 나무인형을 늘어놓았으며, 도자가솥·술잔들이 매우 많았다. 북쪽에는 등이 있는데 기름이 반쯤 차 있었으며, 뼈 두 무더기가 아직도 남아 있었다. 광(壙) 남쪽에는 돌로 된 종이 흙 속에 묻혀 있으므로, 씻어서 보았더니 신명대왕묘(神明大王墓)라는 다섯 글자가 씌어 있었는데, …내 생각으로는, 나라에 지도와 서적이 드물어 삼국 이전의 일은 상고할 수가 없지만, 신명왕(神明王)이란 호칭은 고구려 역사에 보이지 않으니 주몽(朱蒙)의 후손이 아닌 것은 분명하다. 무덤이 또한 성천(成川)에 가깝고, 성천은 옛날의 송양국(松壤國)이니, 아마도 이는 그 왕이 아닐까 하나 내가 감히 알지 못하겠다.

32 앞의 ①·② 무덤 형식은 나무를 기본으로 하는 '귀틀벽돌무덤', ③형식은 벽전을 기본으로 하여 축조한 '벽돌귀틀무덤'으로 지칭하고 있는데, 關野貞의 주도로 1916년에 조사·보고된 『古蹟調査特別報告 第1冊 平壤附近に於ける樂浪時代の墳墓 一』(朝鮮總督府, 1919.)에서도 이와 유사한 형식으로 구분하였다. 그러나 그 선후 관계와 시기적인 특징을 명확하게 밝히지 않았다. 또한 일본 학자인 田村晃一은 「朝鮮半島北部の塼室

또한 위에서 제시한 두번째와 세번째의 벽전축 무덤 범위는 이미 벽전 발생시기를 논의하면서 거론되었다. 먼저 두번째에서 주요 구조체가 벽전으로 이루어진 무덤으로 한정한 것은 귀틀무덤 외부를 벽전으로 둘러싼 무덤 형식이 나타나기 때문이다. 즉, 귀틀무덤을 지하수 등으로부터 보호하기 위해 귀틀 외부에 벽전을 둘렀는데, 이것이 구조체인 것처럼 보일 수 있다. 그러나 주요 하중은 내부의 귀틀이 부담하고 있는 것이므로, 수혈식 귀틀무덤으로 보아야 한다. 또한 세번째 범위에서 목조천장 무덤과 홍예 상부에 목재·석재 등을 사용한 무덤으로 한정한 것은, 귀틀무덤과 벽전축 무덤의 중간 단계라고 주장되는 '③' 무덤 형식만을 한정한 것이다. 그 이유는 벽전축 무덤의 가장 큰 특징인 횡혈식이라고 하는데 있기 때문이다. '①·②' 무덤 형식은 아직 수혈식 무덤의 형식을 벗어나지 못했으며, 벽전을 구조체로도 사용하지 않고 있다. 그러나 '③'의 경우는 목재라는 이질 재료를 사용하므로 전형적인 벽전축 무덤의 천장과 그 형식은 다르지만, 횡혈식 무덤이면서 동시에 주요 하중을 지지하는 구조체는 벽전이기 때문이다.

본 연구에서 이와 같은 논의를 자세히 살펴본 이유는, 현재 최초의 벽전건축으로 볼 수 있는 낙랑 벽전축 무덤이 중국 문화의 무비판적 수용 또는 도입이라는 기존의 일반적인 관점과 다른 견해를 살펴볼 수 있었기 때문이다. 즉, 한(漢) 문화의 영향은 배제된 채, 당시 이 지역에 존재하던 집단[34]의 기능적이고 구조적인 목적에 의해 귀틀무

墓について」(『論苑考古學』, 1993, 天山舍.), 721~722쪽에서 '특수 구조'(①~③ 형식의 무덤) 塼室墓는 전형적으로 부부 합장의 목곽묘[귀틀무덤]와 전형적인 전실묘[벽전축 무덤]의 계승·발전 단계의 과도적인 형태이고, 전형적인 벽전축 무덤의 출현 시기는 2세기 초반으로 추정하고 있다. 따라서 한인덕과는 발생 시기의 차이가 있을 뿐 전이 과정의 무덤 형식을 상정하고 있는 것은 동일하다. 이 외에 한국신문방송인클럽, 『한민족의 문화유산-고조선·부여·발해』(1995.)의 159쪽에서도 이러한 귀틀무덤을 벽전축 무덤으로 이행되는 과도기적인 무덤으로 보고 있다.

33 그러나 이러한 형식의 무덤들에 대해 타카쿠 켄지[高久健二]와 홍진식은 특정한 견해를 보이지 않고 있다. 高久健二는 '낙랑 塼室墓에는 목재천정전실묘(③형식 무덤)과 궁륭천정전실묘가 있는데, 목재천정전실묘는 아직 漢墓에서 유례가 없기 때문에 계보는 불분명하다'고만 언급하여, 귀틀무덤에서 벽전축 무덤으로의 발전적 변화의 가능성은 배제되어 있다(高久健二, 『낙랑고분문화 연구』, 1995, 학연문화사, 185쪽.). 또한 홍진식은 먼저 귀틀무덤 형식이 중국에서 유입되었고, 多葬의 필요에 의해 다시 중국에서 벽전축 무덤 형식이 낙랑에 도입되었다고 하였으며(홍진식, 「낙랑전축묘에 대한 일고찰」『부대사학』제17집, 1993. 6., 부산대학교사학회, 29~30쪽.), '제Ⅰ유형의 塼築墓[單室墓]는 제3형 목곽의 평면 형태와 묘실 축조에 목재 대신 塼을 사용하게 되면서 발생한 것으로 볼 수 있다', '제Ⅱ유형의 전축묘[二室墓]는 2실 목곽묘의 구조를 계승한 것으로 생각한다'(홍진식, 위의 논문, 28쪽.)라고 하여 한인덕과 타카쿠 켄지[高久健二] 견해의 중간 또는 한인덕의 견해와 일치하는 부분도 볼 수 있다. 그러나 이러한 견해는 황기덕·박진욱·정찬영의 「기원전5세기-기원3세기 서북조선의 문화」(사회과학출판사, 『고고민속론문집』3, 1971.), 55쪽에서 밝힌 견해를 그대로 수용한 것이다.

34 일부에서는 樂浪郡과 다른 樂浪國이라 한다(양태진, 『한국영토사연구』, 1991, 법경출판사, 93쪽 참고.).

덤에서 벽전축 무덤으로 이행된 것으로 보는 견해이다. 이와 같은 의견이 완전히 옳다고는 할 수 없다.[35] 그러나 그 속에는 한국(韓國)의 주체적인 역량이 담겨 있는가를 밝힐 수 있는 중요한 문제이며, 더 나아가 낙랑 이후 즉, 삼국과 남북국·고려·조선 등의 벽전 사용과도 관련되는 문제이기 때문이다.[36]

35 그러나 건축재료의 발생 등을 포함한 특정 문화의 형성을 무조건적인 외래문화의 유입·도입으로 보려는 주장은 옳지 않다. 특히 특정 집단의 意識·觀念·세계관·우주관을 가장 명확하게 표현하고 있는, 죽음과 연관된 무덤은 외래문화의 유입에 의해 한순간에 변화한다는 사실은 더더욱 납득하기 어려울 것이다.

36 그러나 본 연구에서는 귀틀무덤과 벽전축 무덤 간의 발전 연관 또는 시대 편년에 초점을 맞추기보다 각 무덤의 건축특징을 살펴보는데 그 목적이 있으므로, 특정한 의견이 옳다고 하는 판단은 차후로 미룬다. 그 이유는 벽전축 무덤의 編年과 유형의 전개, 그리고 귀틀무덤과 벽전축 무덤의 轉移단계 무덤에 관한 연구는 고고학과 역사학 분야에서 무덤의 껴묻거리와 당시 시대적인 상황을 통해 심층적으로 이루어져야 할 것으로 생각하기 때문이다.

2-2. 벽전축 무덤의 발생 과정과 구조 특징

표 2-2 낙랑 벽전축 무덤과 벽전 사용 귀틀무덤의 구분

무덤 형식	구 분	특 징	무 덤
귀틀무덤	Ⅰ 귀틀무덤 주위에 벽전을 설치한 무덤	바닥과 4면의 벽·천장을 벽전으로 둘러 싼 무덤	석암리 6호 무덤 정백리 2호 무덤 등
		천장에만 벽전을 덮은 무덤	정백리 127호 무덤[王光墓] 등
	Ⅱ 귀틀의 일부를 벽전으로 축조한 무덤	귀틀 바닥을 벽전으로 축조한 무덤	정오동 2호 무덤 정백동 7호 무덤 등
벽전축 무덤	Ⅲ 벽전축 무덤의 천장을 목재로 축조한 평천장 무덤	횡혈식 무덤으로 벽전축 무덤에 포함	석암리 120호 무덤 오야리 25호 무덤
	Ⅳ 전형적인 벽전축 무덤	바닥과 4면의 벽체, 천장 등 벽전만을 사용하여 묘실을 축조한 무덤	1묘실, 2묘실 또는 측실을 가지고 있는 무덤 등
		무덤길 상부에만 목재·석재를 부분적으로 사용한 무덤	정백리 221호 무덤 남정리 53호 무덤 등

이 절에서는 앞에서 논의한 벽전축 무덤의 세 가지 범위에 속하는 각 무덤의 평면과 구조 특징, 벽체와 천장·홍예 등 각 건축 요소의 벽전쌓기와 특징 등을 살펴본다. 또한 일부 벽전을 사용한 수혈식 귀틀무덤은 전형적인 벽전축 무덤으로 전이되는 중간 형식으로 추정되고 있어, 앞에서 언급한 것과 같이 한국건축의 벽전사용 기원과 그 목적, 벽전건축의 발생과정을 유추할 수 있는 가능성이 있다고 생각한다. 여기서는 먼저 벽전을 사용한 귀틀무덤의 특징을 간략하게 살펴보기로 하며, 각 무덤의 유형은 <표 2-2>와 같이 정리할 수 있다.

1. 귀틀무덤의 벽전사용 : 벽전의 발생

Ⅰ. 귀틀무덤 주위에 벽전을 설치한 무덤은 석암리(石巖里) 6호 무덤·정백리(貞栢里) 2호 무덤[37], 일명 왕광무덤[王光墓]인 정백리(貞栢里) 127호 무덤 등이 조사되었다. 이 무덤들은 무덤길이나 문이 없는 수혈식 귀틀무덤이지만,<그림 2-5·6·7> 귀틀 외부 바닥과

37 두 무덤은 각각 大洞江面 6호 무덤·大洞江面 2호 무덤으로 조사·보고되었다.

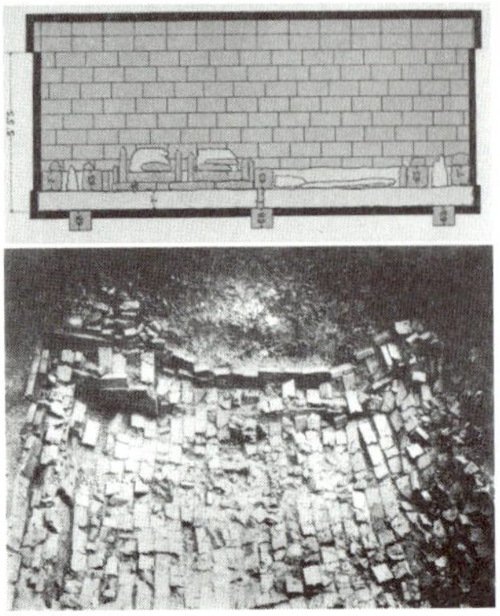

▲2-5

▲2-6

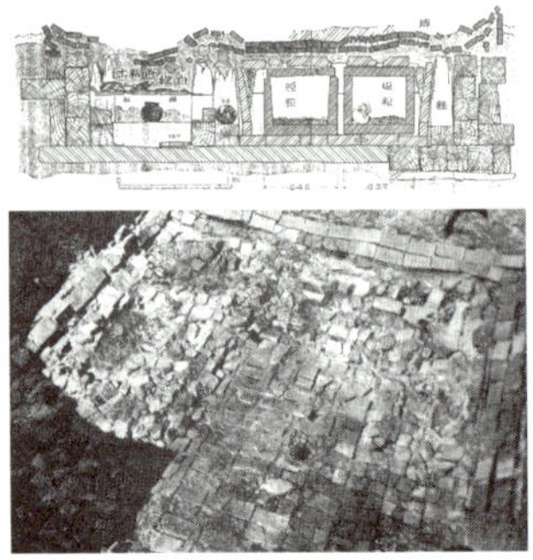

▲2-7

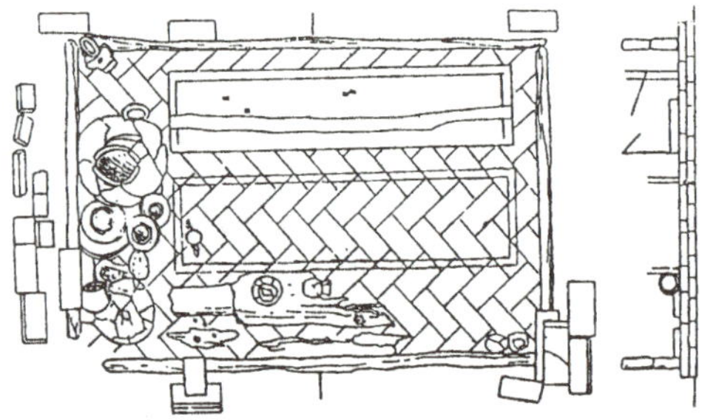

▲2-8

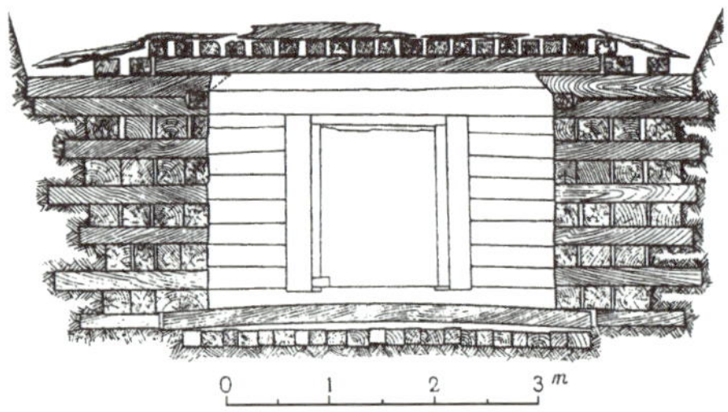

▲2-9

그림 2-5 석암리 6호 복원 단면도 및 발굴전경

(출전 : 朝鮮總督府, 『古蹟調查特別報告 第1冊 平壤附近に於ける樂浪時代の墳墓』(1919.), 39·39쪽.)

그림 2-6 정백리 2호 횡단면도 및 발굴전경

(출전 : 朝鮮總督府, 『古蹟調查特別報告 第1冊 平壤附近に於ける樂浪時代の墳墓』(1919.), 42쪽.)

그림 2-7 왕광무덤의 동서 단면도 및 발굴전경

(출전 : 朝鮮古蹟硏究會, 『古蹟調查報告 昭和10年度 樂浪王光墓』(1935.), 도판제6·28.)

그림 2-8 Ⅱ귀틀의 일부를 벽전으로 축조한 무덤 : 정오동 2호 평면과 횡단면도

(출전 : 황기덕·박진욱·정찬영, 「기원전5세기-기원3세기 서북조선의 문화」(『고고민속론문집』3, 1971, 사회과학출판사.), 45쪽.)

그림 2-9 채협무덤의 主室 횡단면도

(출전 : 朝鮮古蹟硏究會, 『古蹟調查報告 昭和9年度 樂浪彩篋塚』(1934.), 도판제35.)

4면의 벽·천장 등에 벽전 1~2겹을 둘러싸고, 외부에 점토를 바르는 동일한 축조 방법을 볼 수 있다. 그 중 석암리 6호 무덤은 천장이 붕괴된 채 발굴되었지만, 벽전들이 질서 정연하게 배치되어 있어 바닥과 벽체는 물론 귀틀 상부에 장방형 벽전을 덮었던 것으로 추정되며, 외부에는 점토를 발랐다.[38](<그림 2-5>) 특히 벽전은 모두 촉과 촉을 끼울 수 있는 모자벽전(母子甓甎)이 사용되었는데, 이 벽전은 석회 또는 점토를 사용하지 않고 접착시킬 수 있다. 그러나 곡면 벽체를 축조한 전형적인 벽전축 무덤에서는 이러한 모자벽전을 사용하지 않았고, 목재를 사용한 평천장 벽전축 무덤과 귀틀무덤에서만 사용하였다. 정백리 2호 무덤은 석암리 6호 무덤과 그 특징이 동일하지만, 천장에는 벽전을 덮지 않은 것으로 조사되었다.[39](<그림 2-6>) 왕광무덤은 귀틀 상부에 각재를 걸치고, 4.24×4.09m 넓이에 두 겹의 벽전을 덮었다. 사용된 벽전은 약 27×11~12×4~5㎝이며, 상·하 두 겹은 서로 직교되지만,[40] 모자벽전은 사용하지 않았다.(<그림 2-7>)

Ⅱ. 귀틀의 일부를 벽전으로 축조한 무덤은 정오동(貞梧洞) 2호 무덤과 정백동(貞栢洞) 7호 무덤 등이 조사되었다.[41] 이들 무덤은 각 부분을 각재(角材)로 축조한 일반 귀틀무덤과 그 축조 방법이 뚜렷이 구분되는데, 상부하중을 가장 많이 지지하는 바닥을 벽전으로 축조한 것이다. 그 중 정오동 2호 무덤은 30×15×5㎝의 모자벽전을 사용하여 바닥을 축조하고, 그 위에 귀틀을 축조하였다.[42](<그림 2-8>) 바닥은 2겹으로 축조하였는데, 남북으로 15줄을 나란히 깔고, 그 위 한 겹은 서로 엇물리게 쌓는 삿자리 무늬로 깔았다. 특히 삿자리 무늬로 바닥을 축조하는 것은 전형적인 벽전축 무덤에서 공통적으로 나타나는 바닥깔기로 주목되는 특징이다.[43]

이상에서 살펴본 Ⅰ·Ⅱ의 무덤은 일부 벽전을 사용하였지만, 무덤길과 문이 없고 묘실은 하나이므로, 수혈식 무덤이다. 그러나 위에서 언급한 남정리(南井里) 116호 무덤 즉, 채협무덤[彩篋塚][44]은 비록 벽전은 사용하지 않았지만 묘실은 높이 2.4m의 전·후 2실이

38 朝鮮總督府, 『古蹟調査特別報告 第4冊 樂浪郡時代の遺蹟 本文』(1927.), 155~156쪽.
39 朝鮮總督府, 『古蹟調査特別報告 第4冊 樂浪郡時代の遺蹟 本文』(1927.), 125쪽.
40 朝鮮古蹟硏究會, 『古蹟調査報告 昭和10年度 樂浪王光墓』(1935.), 16~17쪽.
41 이 무덤들은 북한에서 조사·보고되었지만, 정확한 도면이나 사진 등은 제시되어 있지 않다.
42 황기덕·박진욱·정찬영, 「기원전5세기-기원3세기 서북조선의 문화」(『고고민속론문집』3, 1971, 사회과학출판사.), 45쪽.
43 또한 이들 무덤의 천장에서도 약간의 벽전이 발견되었다고 한다(한인덕, 「서북조선의 벽돌무덤의 성격에 대하여」『조선고고연구』1995년 제4호., 사회과학원 고고학연구소, 15쪽 참고.).

고, 무덤길과 문을 갖추고 있어 횡혈식의 특징을 나타낸다.(<그림 2-4·9>) 전실은 껴묻거리를 부장하기 위한 공간으로, 동·서로 긴 장방형이며, 크기는 2.22×4.85m이다. 후실은 남북으로 긴 장방형이며, 그 크기가 4.52×3.35m이므로, 채협무덤의 평면은 '丁'자형이다.[45] 또한 후실에는 3구의 목관(木棺)이 순차적으로 매장되어 다장(多葬)임을 알 수 있다. 무덤길 문은 2장의 목판으로 설치되어 밖으로 열리도록 설치되었는데, 이러한 특징은 고구려와 신라의 무덤과 같은 형식이다.[46] 특히 후실은 앞에서 본 것과 같이 각재를 수직으로 한 켜씩 겹쳐 귀틀을 형성하고 있는데,<그림 2-9> 벽전축 무덤의 벽체 쌓기에서 1횡1수 방식과 같은 축조 방법이며, 동·서 방향으로 놓인 짧은 각재의 끝은 흙에 묻혀 구조의 안정성을 더하고 있다.

이상에서 살펴본 벽전을 일부 사용한 수혈식 귀틀무덤 Ⅰ·Ⅱ는 벽전축 무덤이 나타나기 이전, 귀틀무덤에서 벽전축 무덤으로 전이되는 중간과정의 무덤형식으로 추정되고 있는데, 특히 Ⅰ의 경우 한국건축에서 벽전의 발생을 보여주고 있는 중요한 예일 것이다. 즉, 상부하중과 토압(土壓)에 저항하는 주요 구조체는 귀틀이고, 벽전은 단지 귀틀과 별도로 설치되어 구조적인 하중을 지지하지는 않는다.(<그림 2-5>) 따라서 벽전은 지하수에 의해 쉽게 썩는 귀틀을 둘러싸 보호하기 위한 목적으로 생각할 수 있다. 특히 왕광무덤은 천장 부분에만 벽전을 사용하였는데, 이는 상부에서 유입되는 빗물 등으로부터 보호하기 위한 것이다.[47] 또한 박제가(朴齊家)는 벽전의 기원을 '대개 옛적에 돌로 목재를 덮어 썩는 것을 막았던 까닭으로 기와와 벽전이 발생한 것이다'[48]라고 설명하여

44 한인덕은 벽전축 무덤이 나타나기 이전, 귀틀무덤의 가장 마지막 시기인 1세기 후반으로 추정하고, 타카쿠 켄지[高久健二]는 껴묻거리에 의해 전형적인 벽전축 무덤이 출현한 이후인 3세기로 編年하고 있어, 그 견해가 서로 다르다.

45 朝鮮古蹟研究會, 『古蹟調査報告 昭和九年度 樂浪彩篋塚』(1934.), 14쪽. 또한 뒤에 살펴볼 평천장 벽전축 무덤인 石巖里 120호 무덤(大洞江面 8호 무덤)과 같은 평면 형식임을 알 수 있다.

46 朝鮮古蹟研究會, 『古蹟調査報告 昭和九年度 樂浪彩篋塚』(1934.), 17쪽. 또한 스기야마 신조[杉山信三]는 『일본조선비교건축사』에서는 횡혈식 귀틀무덤은 대륙에서 유입되어 삼국에 수용되었으며, 일본까지 전파되었다고 추정하고 있다(윤장섭, 『한국의 건축』, 1996, 서울대학교출판부, 61쪽에서 재인용.).

47 낙랑에서 벽전이 물과 관련된 시설에 사용된 것은 여러 발굴조사에서 살펴볼 수 있다. 먼저 정백리 227호 무덤의 측실에서는 벽전으로 축조한 배수구가 발견되었고, 낙랑의 土城에서도 배수구와 함께 물을 저장하기 위한 시설로 추정되는 지상 유구가 발견되었다. 따라서 낙랑에서 벽전은 주로 防水의 목적과 관련이 있는 것으로 추정할 수 있는 것이다(朝鮮古蹟研究會, 『古蹟調査概報 樂浪遺蹟 昭和10年度』, 1936, 33~47쪽과 朝鮮古蹟研究會, 『昭和12年度 古蹟調査報告』, 1938, 108~109쪽 참고.).

48 이익성 譯, 『박제가 북학의』(1992, 한길사.), 44쪽.

벽전을 사용한 귀틀무덤과 유사하다고 할 수 있다. 따라서 한국건축에서 최초의 벽전은 상부하중을 지지하면서 구조체를 축조하기 위한 목적 보다, 기와와 유사하게 빗물의 유입을 방지하기 위한 방수(防水)의 목적으로 사용되었음을 추정할 수 있다.[49]

또한 Ⅱ의 무덤은 바닥을 벽전으로 축조하여, 지하수 유입을 방지하므로 Ⅰ의 경우와 유사하다. 그러나 상부하중을 지지하는 바닥에 사용된 벽전은 단순한 방수의 역할 뿐 아니라 하중을 지지하는 구조체 역할까지 하고 있으며, 벽전은 부식되지 않으므로 전형적인 귀틀무덤보다 훨씬 내구적이다. 이러한 특징과 채협무덤의 축조방법 등을 통해 Ⅱ의 귀틀무덤은 Ⅰ무덤 형식과 연속 단계에 있으며, 한 단계 더 나아간 귀틀무덤 형식으로 볼 수 있다.

2. 평천장 벽전축 무덤

Ⅲ의 무덤은 귀틀무덤과 유사하게 목재를 사용하여 평천장을 축조하였지만, 주요 구조체인 바닥과 벽체는 벽전으로 축조하고 무덤길과 문을 설치하여, 횡혈식 벽전축 무덤에 포함할 수 있는데, 현재 석암리(石巖里) 120호 무덤[50]과 오야리(梧野里) 25호 무덤, 두 예만이 조사되었다.(<그림 2-10>) 석암리 120호 무덤의 전실은 2.02(6척6촌5푼)×3.73(12척3촌)m으로 동서가 길고, 후실은 2.03(6척7촌)×3.1(10척2촌)m으로 남북이 긴 형태이다.[51] 이는 앞에서 살펴본 횡혈식 귀틀무덤인 채협무덤과 유사한 '丁'자형 평면인 것을 알 수 있다. 무덤길은 명확한 형태를 보이지 않지만, 무덤길 문은 전형적인 벽전축 무덤의 홍예문과 다르게 석재를 상인방(上引枋)으로 사용하여 축조하고, 벽전으로 폐쇄하였다. 특히 벽체의 두께는 1.0B쌓기, 35㎝[52]인데, 눕혀쌓기와 세워쌓기를 반복한 1횡1수 쌓기 방법으로 축조하였다. 또한 남아 있는 벽체는 모자벽전을 사용하여 평면과 단면에서 모두 직선으로 축조하였는데, <그림 2-11>과 같이 궁륭천장이 아닌, 목재를 걸치고 벽전을 덮

49 또한 이러한 추정은 제3장에서 살펴보는 태왕릉과 천추총 등의 고구려 적석무덤에서도 살펴볼 수 있다.

50 석암리 120호 무덤은 大洞江面 8호 무덤으로 조사·보고되었다.

51 朝鮮總督府, 『古蹟調査特別報告 第4冊 樂浪郡時代の遺蹟 本文』(1927.), 201쪽.

52 발굴조사보고서인 『古蹟調査特別報告 第4冊 樂浪郡時代の遺蹟 本文』에는 벽전의 크기에 관한 언급은 없어 정확하게 알 수 없다. 그러나 벽체 쌓기 실측도를 통해 벽전의 크기는 약 32×17.5×6.4㎝로 추정되므로, 벽체의 두께는 35㎝라고 할 수 있을 것이다.

▶ 2-10

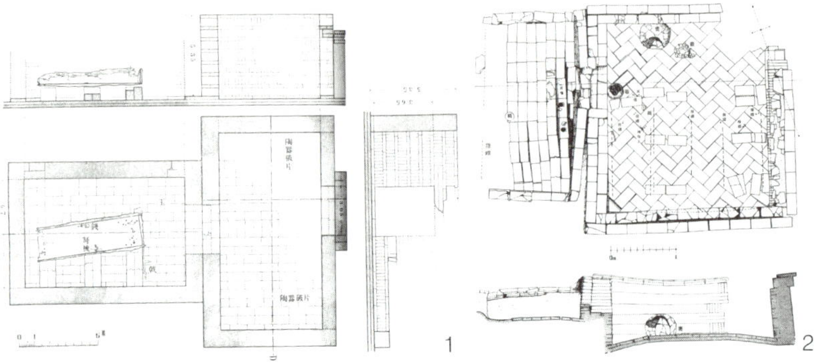

▶ 2-11

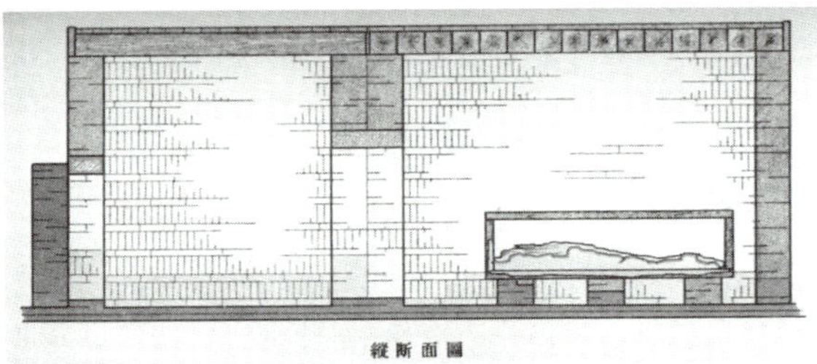

▶ 2-12(좌)

▶ 2-13(우)

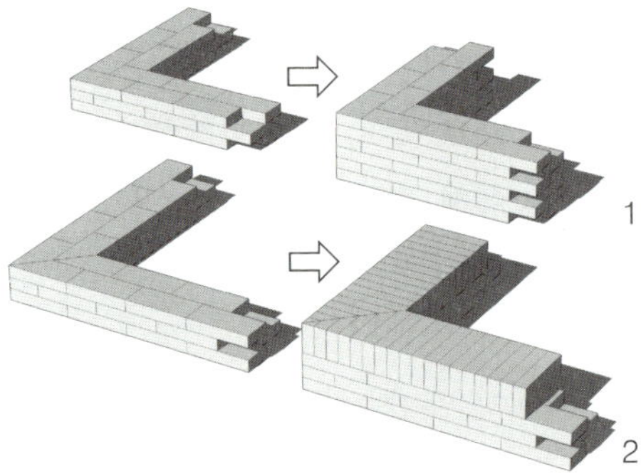

그림 2-10 木材 천장 벽전축 무덤

1. 석암리 120호 무덤　2. 오야리 25호 무덤

(출전 : 1. 朝鮮總督府, 『古蹟調査特別報告 第1冊 平壤附近に於けゐ樂浪時代の墳墓 一』(1919.), 46쪽. \ 2 : 朝鮮古蹟研究會, 『昭和12年度 古蹟調査報告』(1938), 도판제112.)

그림 2-11 석암리 120호 무덤의 추정 복원 종단면도

(출전 : 朝鮮總督府, 『古蹟調査特別報告 第1冊 平壤附近に於けゐ樂浪 時代の墳墓 一』(1919.), 48쪽.)

그림 2-12 오야리 25호 무덤

(출전 : 朝鮮古蹟研究會, 『昭和12年度 古蹟調査報告』(1938.), 도판제111.)

그림 2-13 벽전축 무덤의 모서리 쌓기

1 : 목조천장 벽전축 무덤　2 : 전형적인 벽전축 무덤

은 평천장으로 추정되고 있다.[53] 바닥은 두 겹으로 벽전을 깔았는데 삿자리 무늬가 아닌 격자무늬로 깔았으므로, 전형적인 벽전축 무덤과 다르다.

오야리 25호 무덤은 벽전으로 축조한 벽체 상부에서 썩은 목재 흔적이 발견되어 상부에 목재를 걸치고 벽전을 덮은 평천장 벽전축 무덤으로 추정되고 있다.[54] 묘실은 동·서에 2실을 축조하고 그 사이에 문을 설치하여 횡혈식의 특징을 갖지만 무덤길과 문이 확인되지 않으므로, 현재는 수혈식 무덤과 유사하게 상부에서 매장한 것으로 추정하고 있다.(<그림 2-10>의 2) 동쪽 묘실의 크기는 2.9×2.45m인데, 모자벽전을 사용하여 1.0B 두께로 축조한 0.95m 높이의 벽체가 남아 있으며, 곡면이 아닌 직선으로 축조하여 석암리 120호 무덤과 동일하다. 그러나 벽체의 벽전쌓기는 3횡1수(三横一垂) 쌓기이고, 바닥깔기는 전형적인 벽전축 무덤과 동일한 삿자리 무늬로 벽전의 사용방법에서는 상이하다. 서쪽 묘실 크기는 2.6×1.4m 크기로, 동쪽 묘실과 40㎝의 단차가 있는데, 이러한 축조방법은 낙랑 벽전축 무덤 중 오야리 25호 무덤에서만 나타나는 특징이다. 또한 바닥에는 벽전 1겹을 격자형으로 깔아 동쪽 묘실과는 다른 방법을 나타내고 있다.(<그림 2-12>)

이상에서 살펴본 평천장 벽전축 무덤 중 오야리 25호 무덤은 묘실이 둘이지만 수혈식 매장 방식으로 추정되므로, 귀틀무덤에 더 가깝다고 할 수 있으나, 바닥의 삿자리 무늬 깔기와 벽체의 3횡1수로 벽전쌓기는 전형적인 벽전축 무덤과도 유사하다. 또한 석암리 120호 무덤은 1횡1수의 벽전쌓기와 격자형 바닥 깔기, 석재 상인방을 사용한 개구부의 축조 등이 전형적인 벽전축 무덤과는 완전히 다른 특징을 나타내고 있다. 두 무덤은 이러한 특징과 함께 모자벽전을 사용하여 직선의 벽체를 축조하고,[55] 천장은 목재를 걸친 평천장으로 궁륭 축조 방법이 사용되기 이전의 무덤 즉, 벽전축 무덤으로 전이되는 중간단계 또는 벽전축 무덤의 초기 형태로 추정할 수 있다.

특히 벽전축 무덤과 위의 두 무덤의 관계를 살펴볼 수 있는 부분은 벽체의 모서리 축조에 있다. 평천장 무덤의 경우 벽체가 직각으로 만나는 모서리에서 벽전을 겹쳐 맞물리도록 쌓아(<그림 2-13>의 1) 두 벽체는 일체가 되었지만, 전형적인 벽전축 무덤의

53 朝鮮總督府, 『古蹟調査特別報告 第4冊 樂浪郡時代の遺蹟 本文』, 1927, 202쪽.

54 朝鮮古蹟硏究會, 『昭和12年度 古蹟調査報告』(1938.), 119~120쪽 참고.

55 타카쿠 켄지[高久健二]는 『낙랑고분문화 연구』(1995, 학연문화사.), 159쪽에서 모자벽전을 사용하는 것에서 사용하지 않는 것으로의 변화를 상정하고 있어, 모자벽전의 사용 역시 상호 연관관계를 밝힐 수 있는 요소라 할 수 있다.

경우 벽체의 모서리 부분을 45°로 축조하여 서로 연접하나 연결하지 않는 것이 특징으로 나타나기 때문이다. 이와 관련된 것은 궁륭천장의 축조에서도 살펴볼 것이지만, 땅속에 축조한 벽전축 무덤에 가해지는 압력은 묘실 내부에서 외부로 향하는 횡력은 전혀 없으며, 오직 묘실 외부에서 내부로 가하는 횡력 즉, 토압(土壓)만이 작용한다. 따라서 벽전축 무덤의 벽체는 평면과 단면에서 묘실 외부로 불룩한 곡면으로 축조하여, 토압에 효과적으로 저항하고 있다. 또한 벽체의 모서리 부분을 맞물려 축조할 경우는 단부에서 전단력이 발생하여 쉽게 파괴될 수 있으나,(<그림 2-13·20>) 45°로 축조할 때에는 두 벽체가 서로 의지하여 묘실 안쪽으로 밀려들어오지 않게 되어 토압에 더욱 안정적이라고 할 수 있다.

이러한 특징을 통해 전형적인 벽전축 무덤의 45°모서리 축조방법이 더욱 발달된 축조 방법임을 알 수 있는데, 벽체를 직선으로 축조하고 목재를 걸치는 평천장 벽전축 무덤에서, 토압에 효과적으로 저항할 수 있는 궁륭이 생겨나고, 3차원 곡면의 벽체를 쌓는 방법을 습득하여 발전된 형식이 바로 전형적인 벽전축 무덤이라 추정할 수 있다. 그러므로 석암리 120호 무덤과 오야리 25호 무덤은 전형적인 벽전축 무덤으로 전이하는 중간단계 또는 벽전축 무덤의 초기 형태로 볼 수 있을 것이다.[56]

56 그러나 황해도 신천군 봉황리 1호 무덤 즉, 王卿무덤은 벽전축 무덤에 板石 두 장을 덮어 평천장을 축조하여, 두 무덤 형식과 또 다르다(황기덕·박진욱·정찬영, 「기원전5세기-기원3세기 서북조선의 문화」『고고민속론문집』3, 1971, 사회과학출판사, 56쪽 참고.). 따라서 본 연구에서 평천장 벽전축 무덤 형식을 전형적인 벽전축 무덤으로 전이되는 과정, 또는 초기 벽전축 무덤으로 추정하였지만, 전형적인 벽전축 무덤과 다른 계통을 가진 무덤인지 또는 당시의 특수한 무덤 형식인지는 앞으로 더욱 많은 연구와 발굴이 이루어져야 할 것으로 생각한다.

3. 전형적인 벽전축 무덤의 특징

3-1. 평면

표 2-3 평면형태에 따른 벽전축 무덤의 구분

구분	형태		사례
단실 무덤	측실 없는 무덤		정백리 221호·토성동 2호·석암리 255호·석암리99호(대동강면 7호)·석암리253호(대동강면 10호)·정백리 151호(대동강면 4호)·평양 역전 佟利 무덤(永和九年銘塼出土古墳) 등 약 80기
	측실 있는 무덤		정백리 69호·정백리 32호 무덤 등 약 13기
2실 무덤	측실 없는 무덤	'丁'자형 무덤	토성리 45·정백리 219호·덕성리 전실묘 3기
		'呂'자형 무덤	남정리 53호·관산리 1·2호·석암동 전실묘 등 약 15기
	1개의 측실이 있는 무덤		정백리 227호·장진리45·도제리 50호·정백리 1호(대동강면 1호)·남사리 2호 무덤 등 약 11기
	2개의 측실이 있는 무덤		남사리 29호 등 약 6기

(한인덕, 「평양일대의 벽돌칸무덤에 관한 연구」(『고고민속론문집』12, 1990, 과학백과사전 종합출판사.), 51~57쪽 참고.)

전형적인 벽전축 무덤은 평면의 형태와 묘실 수에 의해 단실(單室) 무덤과 2실 무덤으로 구분하고, 다시 측실(側室)의 유무, 정방형(正方形)과 장방형(長方形) 등으로 구분할 수 있는데, 그 중 2실 무덤은 '丁'자형과 '呂'자형으로도 나눈다.(<표 2-3>) 먼저 벽전축 무덤의 대부분을 차지하는 단실 무덤 중 장방형 평면을 갖는 무덤은 동이(佟利)무덤과 추릉리(楸陵里)무덤이 대표적인데, 추릉리무덤에서는 '太康四年'(A.D.283), 동이무덤에서는'永和九年'(A.D.353) 글씨가 새겨진 벽전이 발견되었다. 특히 동이무덤의 궁륭천장 상부에는 벽전 형태의 석재를 사용하였으므로, 장방형 단실 무덤은 후기 벽전축 무덤으로 편년(編年)되고 있다.[57] 그러므로 단실 무덤은 정방형 평면에서 장방형으로 변화되었다고 볼 수 있는데, 그 주된 이유는 궁륭에서 찾을 수 있을 것이다. 낙랑 벽전축 무덤의 궁륭 축조 방법에 관한 명확한 연구는 없지만, 내부에 흙을 채우고 궁륭을 축조한 후

57 高久健二, 『낙랑고분문화 연구』(1995, 학연문화사.), 161~162쪽 참고.
또한 평양과 황해도 지역에서는 벽전축 무덤에 이어 石室무덤이 축조되므로, 佟利무덤은 벽전축 무덤에서 석실무덤으로 轉移되는 중간 단계의 무덤으로도 추정되거나, 또는 낙랑의 벽전축 무덤에 영향을 받은 고구려 무덤으로 보는 견해도 있다(김용준, 『고구려 고분벽화 연구』예술사 연구 총서 제1집, 1958, 과학원출판사, 30쪽 참고.).

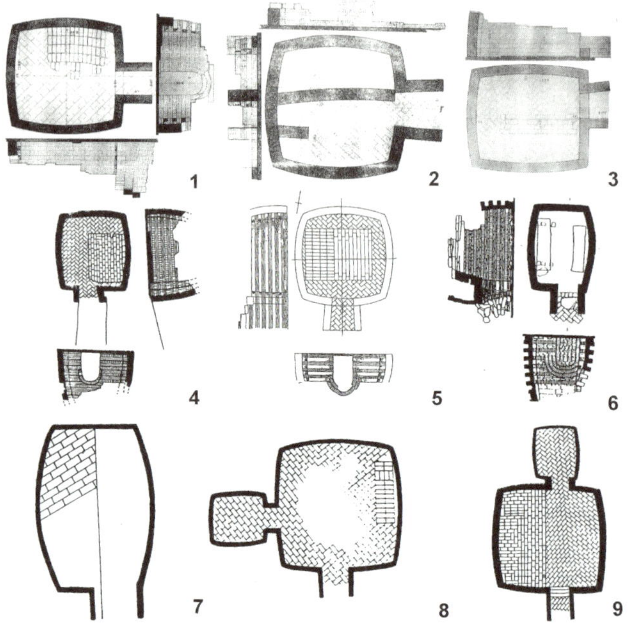

그림 2-14 **낙랑 單室 벽전축 무덤**

1. 석암리 99호 2. 석암리 253호
3. 정백리151호 4. 정백리 221호
5. 토성동 2호 6. 동이무덤
7. 추릉리무덤 8. 정백리 69호
9. 정백리 32호

(출전：1·2·3：朝鮮總督府, 『古蹟調査特別報告 第1冊 平壤附近に於ける樂浪時代の墳墓一』(1919.), 50·53·57쪽. \ 4·6·8·9：홍진식, 「낙랑전축묘에대한일고찰」(부산대학교사학회, 『부대사학』제17집, 1993. 6.), 7·9쪽. \ 5:황기덕 외, 「기원전5세기-기원3세기 서북조선의 문화」(『고고민속론문집』3, 1971, 사회과학출판사.), 53쪽. \ 7：안병찬·홍원표, 「새로드러난 추릉리 벽돌무덤」(사회과학원고고학연구소, 『조선고고연구』1990년 제1호.), 45쪽.)

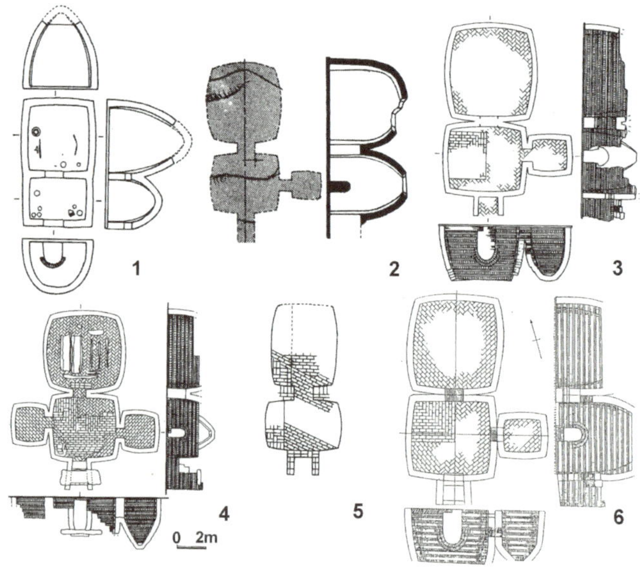

그림 2-15 **낙랑 2실 벽전축 무덤**

1. 석암동 전실묘 2. 남사리 29호
3. 정백리 1호 4. 남사리 2호
5. 덕성리 전실묘 6. 도제리 50호

(출전：1：朝鮮總督府, 『朝鮮古蹟圖報』1권(1915.), 6쪽. \ 2：高久健二, 『낙랑고분문화 연구』(1995, 학연문화사.), 164쪽. \ 3：朝鮮總督府, 『古蹟調査特別報告第1冊 平壤附近に於ける樂浪時代の墳墓 一』(1919.), 63~64쪽. \ 4：황기덕 외, 「기원전5세기-기원3세기 서북조선의 문화」『고고민속론문집』3, 1971, 사회과학출판사.), 54쪽. \ 5. 조선유적유물도감편찬위원회, 『조선유적유물도감(2)-고조선, 부여, 진국편』(1990, 동광출판사.), 166쪽. \ 6. 朝鮮古蹟研究會, 『古蹟調査概報 樂浪遺蹟 昭和10年度』(1936.), 도판제19.)

다시 내부 흙을 제거하는 방법과 목재로 궁륭에 맞는 틀을 만들어 축조하는 방법, 이 두 가지로 추정하고 있다. 그러나 궁륭은 벽체의 모서리 부분과 동일하게 45°로 접하여, 서로 독립적으로 축조하였다.(<그림 2-25> 참고) 이를 통해 궁륭의 4면은 모서리에서 서로 의지하여 내부로 굽어 들도록 축조할 수 있으므로, 특별한 도구를 사용하지 않고 축조하였음을 알 수 있다. 그러나 만약 장방형 평면에 궁륭천장을 축조할 경우, 양쪽 변이 훨씬 길기 때문에, 긴 변의 가운데 부분에서 무너지기가 쉽다. 따라서 장방형일 경우 정방형보다 궁륭의 축조가 어려웠으므로,[58] 단실 무덤은 평면 크기와 관계없이 쉽게 궁륭을 축조할 수 있는 정방형 평면에서 상대적으로 궁륭 축조가 어려운 장방형으로 변화하였을 것이다.

또한 단실 무덤은 물론 측실을 포함한 2실 이상을 축조한 벽전축 무덤의 평면에서 나타나는 또 하나의 특징은, 두 묘실이 연결되는 부분의 벽체를 두 묘실이 공유하지 않고, 각 묘실의 4면 벽체를 각각 축조한 것이다.[59](<그림 2-14~16>) 이러한 평면을 축조한 이유는 몇 가지로 생각해 볼 수 있는데, 먼저 하나의 묘실이 4면의 벽체를 갖기 때문에 구조적으로는 독립되어 있다. 따라서 하나의 묘실이 소실(消失)되거나 유실될 경우, 다른 묘실들은 잔존할 수 있으므로, 묘실에 매장한 주검을 오래 보존할 수 있는 것이다. 두번째는 각 묘실이 동일한 내부공간을 형성하기 위한 것으로 생각한다. 즉, 벽전축 무덤의 벽체는 토압에 저항하기 위해, 외부로 배가 부른 곡면으로 축조되어 있으므로, 2개 이상의 묘실을 연속할 경우 한 묘실은 내부로 배가 부른 공간이 생기게 되어, 동일한 무덤에 서로 다른 공간을 갖는 묘실이 나타나게 된다. 또한 구조적으로도 하나의 묘실은 완결된 구조를 갖고, 다른 하나의 묘실은 부가된 형태이므로 상대적으로 불안정하게 된다. 따라서 각 묘실은 독립된 벽체를 가지므로 동일한 내부공간을 만들 수 있으며, 이는 당시 완전한 형태의 묘실을 축조하려는 관념까지 유추할 수 있는 것으로 생각한다.[60]

58 따라서 장방형 평면의 궁륭천장은 흙을 채우거나, 틀을 만들어 축조하였을 것이나, 도면과 사진 등의 자료를 얻을 수 없어 명확한 축조 방법을 추정할 수 없다.

59 그러나 예외적인 무덤도 있는데, <그림 2-15>의 1에서 보는 '石巖洞 塼室墓'의 경우 '呂'자형으로 2개의 묘실을 축조하였지만, 그 사이 벽체는 두 묘실이 공유하고 있다.

60 또는 地上 건축의 특징이 반영된 것으로 생각할 수 있는데, 당시 지상 건축은 하나의 지붕 안에 여러 실이 연속되는 것은 아니었으며, 각 기능에 따라 독립된 건물을 축조하였다. 이러한 특징으로 인해 지하에 축조하는 무덤에서도 기능이 서로 다른 묘실은 구조적으로 독립되어 있고, 각각의 궁륭천장을 갖는 독립된 실로 축조한 것으로 생각할 수 있다.

▶ 2-16

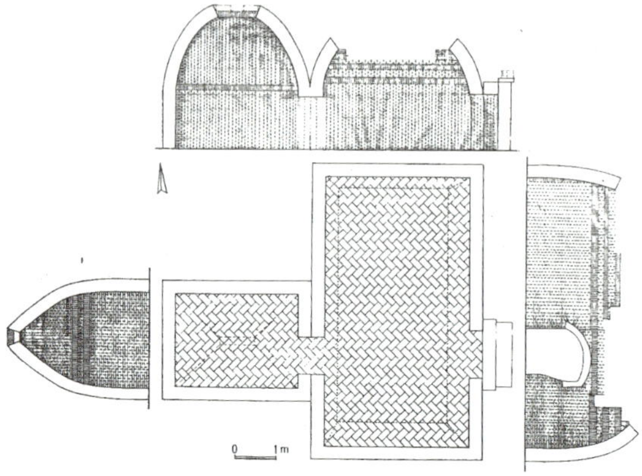

▶ 2-17

그림 2-16 '丁'자형 2실 무덤인 토성동 45호 무덤
(출전 : 조선유적유물도감편찬위원회, 『조선유적유물도감(2)-고조선, 부여, 진국편』(1990,동광출판사.), 162쪽.)
그림 2-17 토성동 45호 무덤 내부
(출전 : 조선유적유물도감편찬위원회, 『조선유적유물도감(2)-고조선, 부여, 진국편』(1990, 동광출판사, 162쪽.)

세번째 이유는 역시 궁륭을 축조하기 위한 것이다. 두 묘실의 궁륭천장은 곡률이 서로 다르기 때문에, 하중의 전달 방향 역시 다르다. 따라서 벽체 상부에서는 서로 다른 방향의 모멘트(Moment)가 발생하므로 1.0B 두께의 벽체는 불안정하다. 그러나 두 궁륭을 지지하는 각각의 벽체를 축조할 경우, 각 모멘트를 별도로 지지하므로, 더욱 안정할 수 있다. 또한 궁륭천장은 벽체와 그 두께가 동일하고, 또 평면에서도 배가 부른 곡면을 이루고 있으므로, 두 궁륭이 접하는 부분의 평면은 ')('모양이 된다. 그러나 두 실이 접하는 벽체를 하나로 처리할 경우 <그림 2-15>의 1과 같이 1.0B 두께의 직선 형태가 되므로, ')('모양으로 접하는 궁륭을 지지하기 위해서는 무리하게 두꺼워야 하며, 다른 벽체와의 연결 역시 불안정하다. 이상에서 살펴본 궁륭과 벽체의 특징으로 인해 각 묘실의 벽체는 각각의 벽체를 독립적으로 축조해야만 하는 것이며, 모든 2실 이상의 벽전축 무덤에서 나타나는 공통된 특징인 것이다.

2실 무덤은 전·후실의 큰 묘실을 축조하고 또 한두 개의 측실을 갖는 경우도 있으며, 전·후 묘실의 형태에 따라 '丁'자형과 '呂'자형으로 나눈다.[61] <그림 2-15> 그 중 전실과 후실의 평면 형태가 장방형이면서 서로 직교하여 배치한 '丁'자형 2실 무덤은 토성동(土城洞) 45호 무덤이 대표적인데, 천장은 궁륭이지만 벽체는 모자벽전을 사용한 직선벽체를 축조하였다. 따라서 앞에서 살펴본 '丁'자형 평면의 평천장 벽전축 무덤인 석암리 120호 무덤과 유사하다고 할 수 있다.(<그림 2-10>의 1참고) 또한 정백리(貞栢里) 219호 무덤은 부분적으로 모자벽전을 사용하였지만, 궁륭천장과 곡면벽체를 축조하였고, 3×4m 전실과 3.4×2.8m 크기의 후실이 직교 배치된 '丁'자형 평면이다.[62] 따라서 목재를 사용한 평천장 벽전축 무덤인 석암리 120호 무덤과 '丁'자형 2실 무덤 중 평면 벽체인 토성동 45호 무덤, 곡면 벽체인 정백리 219호 무덤과 일련의 연관관계를 설정할 수 있다.[63] 또한 천장의 형식이 다른 석암리 120호 무덤과 토성동 45호 무덤은 직선 벽체이지

61 이러한 구분은 홍진식, 「낙랑전축묘에 대한 일고찰」(부산대학교사학회, 『부대사학』제17집, 1993. 6.)의 구분을 따른 것인데, 각 무덤의 평면 특징을 잘 표현할 수 있기 때문이다.

62 朝鮮古蹟研究會, 『古蹟調查概報 樂浪古墳 昭和8年度』(1934.), 33~34쪽 참고.

63 타카쿠 켄지[高久健二]는 '丁'자형 2실 무덤을 토성리 45호 무덤→정백리 219호 무덤 → 德星里 塼室墓로 추정하고 있다(高久健二, 『낙랑고분문화 연구』, 1995, 학연문화사, 162쪽 참고). 즉, 토성리 45호 무덤은 모자벽전을 사용한 직선 벽체이고, 정백리 219호 무덤은 모자벽전을 사용하였지만 벽체는 곡면으로, 전형적인 벽전축 무덤에 더욱 가깝다. 덕성리 전실묘는 모자벽전을 사용하지 않고 무덤길이 정백리 219호 무덤에 비해 발달된 형식으로, 가장 후기의 무덤으로 편년하였다.(<그림 2-15>의 5) 여기에 더해 석암리 120호 무덤과 오야

만, 각각의 묘실은 독립된 4면의 벽체를 축조하였다. 따라서 천장 형식과 벽체 형태와는 관계없이 모든 벽전축 무덤의 묘실은 각각의 4면 벽체를 축조한 것을 알 수 있으며, 낙랑 벽전축 무덤의 평면 또는 벽체의 가장 큰 특징이라고 할 수 있을 것이다. 특히 석암리 120호 무덤은 궁륭을 축조하지 않았으므로, 앞에서 살펴본 세 가지의 이유 중 첫 번째, 두번째 즉, 내부 주검을 보호하고 독립된 벽체를 축조하여 완성된 묘실을 조영하려는 관념에 의한 것으로 볼 수 있을 것이다.

2실 무덤의 대부분을 차지하는 '呂'자형 2실 무덤은, 전실과 후실의 크기가 유사한 정방형이 많고, 궁륭천장을 축조하였으며. 또한 평면에서 볼 수 있는 특징은 앞에서 살펴본 것과 같이 각각의 독립된 벽체를 갖고, 각 실은 완전한 형태를 취하고 있다. 그 중 주목되는 무덤은 '석암동 전실묘'(塼室墓)[64]인데,(<그림 2-15>의 1) 일반 '呂'자형 벽전축 무덤과 유사하지만 전실과 후실 사이 벽체는 1.0B 두께이고, 곡면이 아닌 직선으로 축조되어 두 실은 하나의 벽체를 두고 서로 연접해 있다. 이러한 특징은 낙랑의 벽전축 무덤 중 단 하나만이 발견되어 특수한 경우에 속한다.[65]

3-2. 벽체와 벽전쌓기

벽전 즉, 벽(甓)을 사용한 낙랑 벽전축 무덤의 벽체는 위에서 살펴본 것과 같이 평면상에서 곡면[胴張]을 이루고 있는데, 이 특징은 지하 구조물에 가해지는 토압(土壓)에 그 원인이 있다. 벽전을 사용한 조적식(組積式) 구조는 상부에서 가해지는 압축력에 강하지만, 수평으로 가하는 횡력에는 대단히 약한 구조체이다.[66] 그런데 벽전축 무덤은 지하에 축조되고 모든 부분에 토압이 균등하게 가해지므로, 직선으로 벽체를 축조할 경우, 벽체의 중앙 부분은 횡력인 토압에 의해 인장력과 모멘트(Moment)가 생겨, 결국 붕괴될

리 25호 무덤은 목재를 사용한 평천장 무덤이지만 '丁'자형 평면을 축조하였으므로, 토성리 45호 무덤보다 앞서는 것으로 볼 수 있다. 따라서 석암리 120호 무덤(오야리 25호 무덤) → 토성리 45호 무덤 → 정백리 219호 무덤 → 덕성리 전실묘의 일련의 연관관계를 상정할 수 있으며, 평천장 벽전축 무덤은 가장 초기의 벽전축 무덤으로 추정한다.

64 '덕성리 전실묘'와 마찬가지로 '석암동 전실묘'는 기존 명칭에 '塼室墓'를 사용하였으므로, 혼란을 피하기 위해 '벽전축 무덤' 대신 '전실묘'라는 용어를 그대로 사용한다.

65 이러한 사실은 간략한 도면을 통해 얻은 사실일 뿐이므로, 석암동 전실묘의 벽체 처리 세부를 명확히 밝힐 필요가 있을 것이다.

66 김정수 외, 『건축일반구조학』(1993, 문운당.), 78쪽.

위험이 있다.(<그림 2-18>) 그러나 일정한 수압(水壓)을 받는 수중(水中)의 구조물이 완전한 원형(圓形) 또는 구형(球形)을 이룰 때 가장 안정한 것과 같이, 지하에서 일정한 토압을 받는 낙랑 벽전축 무덤은 벽체를 묘실 바깥쪽으로 배가 부른 곡면으로 축조하여 결국 원형과 유사하도록 축조하였다. 또한 벽체의 단면은 수직으로 직립(直立)해 있는 것은 아니며, 상부로 갈수록 묘실 안쪽으로 들여 쌓았다. 이는 궁륭천장을 축조하기 위한 것이기도 하지만, 토압에 의해 붕괴되는 것을 막기 위해 원형을 취한 것으로 생각한다. 따라서 벽체는 평면과 단면에서 모두 곡선을 이루는 3차원 곡면이므로, 단면도를 통해 살펴보면 구형(球形)에 가깝다고 할 수 있다. 이러한 축조방법은 죽은 자를 위한 집인 무덤을 땅 속에 오래 지속시키려는 당시 사람들의 관념과 다양한 조적식 구조물의 축조경험을 통해 습득한 것이다.[67]

이러한 벽체의 특징으로 인해 벽체와 벽체가 만나는 모서리 부분은 <그림 2-13>의 2와 같이 45°로 가공하여 축조하였다. 따라서 4면의 벽체는 서로 맞물려 연결되지 않았으므로, 결국 점토 또는 석회로 접착된, 3차원 곡면을 이루는 독립된 판(板)으로 생각할 수 있다. 만약 벽체와 벽체가 직각으로 접합될 때는 <그림 2-20>과 같이 A와 A' 벽체가 지점(支點) 역할을 하여 상·하 벽체의 중앙 또는 양쪽 끝이 파괴되거나, A·A' 벽체는 묘실 안쪽으로 밀려들어와 묘실 내부에 매장한 주검은 크게 손상될 수 있다. 그러나 모서리를 45°로 축조하면, 벽체와 벽체는 서로를 의지하여 안쪽으로 좁혀 들지 않으며, 벽체는 곡면이므로 단부 역시 파괴되지 않고 벽면 전체에 고르게 하중을 분포시킨다. 이러한 역학(力學) 관계는 <그림 2-20>의 3과 같은 아치(Arch)를 축조하기 위한 스큐백(Skewback) 부재에서도 볼 수 있는 것으로, 각각 곡면판으로 축조된 묘실 벽체는 토압에 완벽하게 저항할 수 있는 것이다.

67 특히 낙랑 벽전축 무덤 중 정방형 평면은 <그림 2-19>과 같은 방법으로 작도하였을 것으로 추정할 수 있다. 먼저 동서남북 방위를 찾아 직교하는 두 선을 긋고, O점을 설정한다. 그리고 O점을 중심으로 임의의 원을 그리면, 두 직선과 만나는 점 a·b·c·d가 생긴다. 그 다음 점 a를 중심으로 b까지의 거리를 반지름으로 하여 원을 그린다. 또한 점 b·c·d에서도 동일한 방법으로 원을 그리면, 임의로 그린 최초의 원에 외접하는, 점 e·f·g·h가 이루는 외부로 불룩한 정방형의 평면을 얻을 수 있다. 이 작도법을 응용하면 장방형의 평면 역시 얻을 수 있는데, 이 방법은 고대 인도에서 Stupa를 축조하기 위해 사용하던 방법으로, 점 e·f·g·h가 이루는 정사각형을 얻기 위한 것이었다(Adrian Snodgrass, *The Symbolism of the Stupa*, 1992, Motilal Banarsidass Publishers, 14~20쪽 참고.). 인도 스투파와 낙랑 벽전축 무덤과의 상관관계는 매우 미약하나, 벽전을 방대하게 사용하였고, 또 불교의 유입과 관계가 있는 고대 인도의 작도법을 낙랑에서도 토압에 효과적으로 저항할 수 있는 벽전축 무덤 평면에 적용하였을 가능성은 어느 정도 상정할 수 있다.

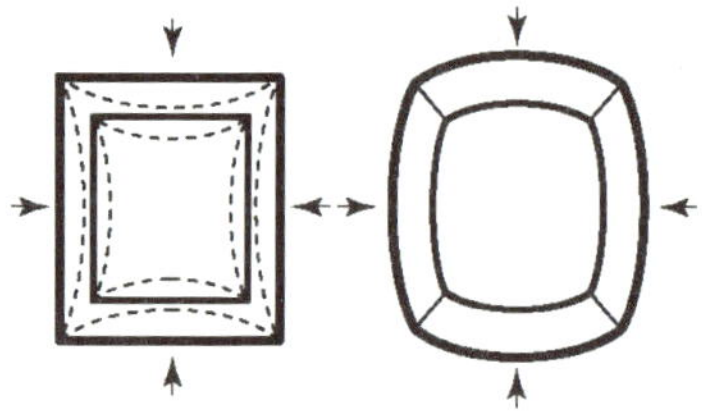

▲2-18

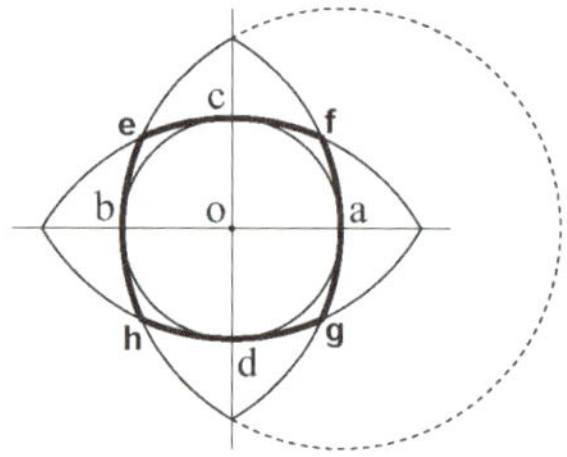

▲2-19

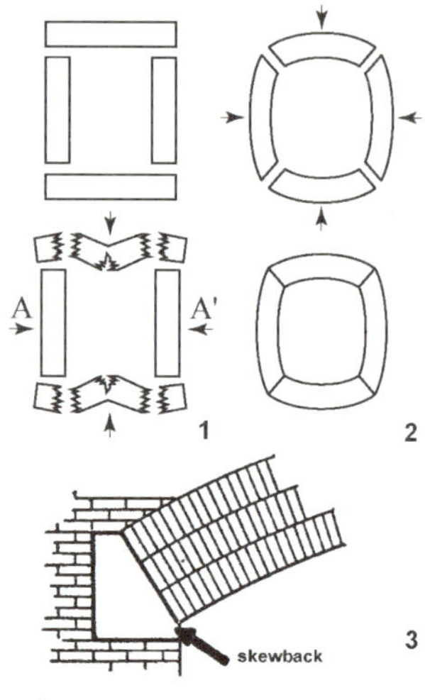

▲2-20

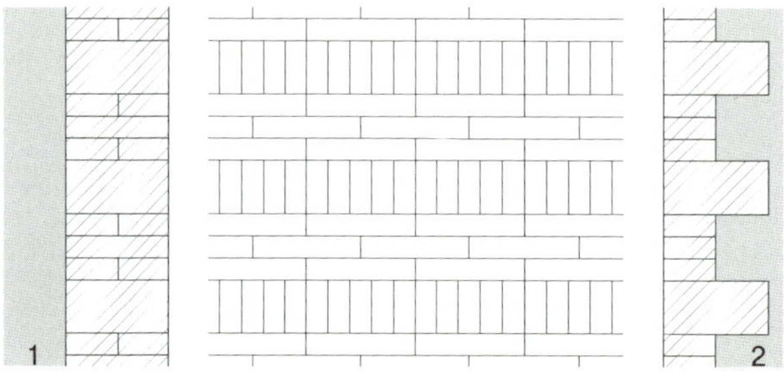

▲2-21

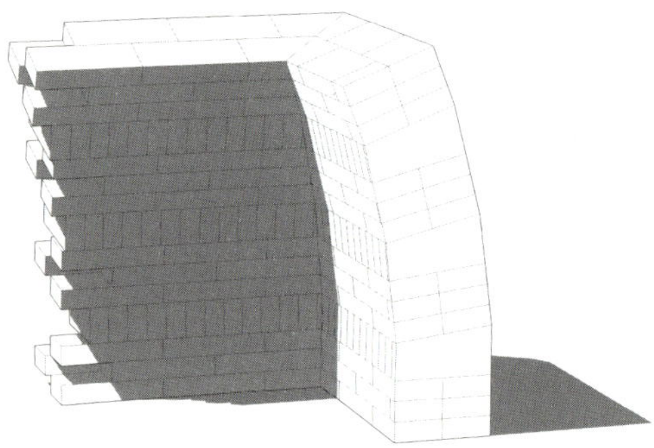

▲2-22

그림 2-18 方形 무덤 벽체의 변형과 낙랑 무덤의 곡면 벽체
그림 2-19 낙랑 벽전축 무덤의 평면 작도법
그림 2-20 벽체의 45°처리와 Skewback
(출전 : 3 : Cyril M. Harris, *Illustrated Dictionary of Historic Architecture*(1977, Dover Publication, Inc.), 494쪽.)
그림 2-21 일반 벽전축 무덤의 벽체와 동이무덤의 벽체 축조 방법
그림 2-22 사다리꼴 벽전을 이용한 일반 벽체의 곡면쌓기

이러한 특징을 갖는 벽전축 무덤의 벽체는 장방형의 벽전을 사용하여 1.0B 쌓기로 축조하였으므로 벽체의 두께는 벽전 길이와 같거나 또는 넓이의 2배인 30㎝ 내외이다. 그러나 일반적인 벽체의 축조 방법에서 벗어나는 무덤은 앞에서 살펴본 동이무덤이다. 동이무덤은 353년에 축조되었으므로 가장 후기의 벽전축 무덤인데, 궁륭 상부에는 벽전 모양의 석재를 사용하고 있어 석실무덤으로 전이되는 중간 단계의 무덤으로도 추정된다.[68] 동이무덤은 1.0B, 3횡1수 쌓기로 축조하여, 일반 벽전축 무덤과 동일하다.(<그림 2-14>의 6) 그러나 단면을 통해 살펴보면, 세워 쌓은 부분만 1.0B 쌓기이고, 눕혀 쌓은 부분은 0.5B 쌓기임을 알 수 있는데,(<그림 2-21>의 2) 세워쌓기한 벽전의 끝 부분은 흙 속에 묻혀 역시 안정될 수 있는 것이다. 이러한 특징은 무덤 축조 당시 벽전의 부족으로 인해, 또는 벽전축 무덤 중 가장 후기에 속하므로 조적식 구조에 대한 자신감의 표현으로도 볼 수 있을 것이다.

낙랑 벽전축 무덤 벽체의 벽전쌓기는 길이 면이 보이게 3겹을 쌓고, 그 위에 벽전의 마구리면이 보이도록 세워 쌓는 3횡1수 방법이 일반적이며, 1횡1수(一横一垂)·2횡1수(二横一垂)도 일부 사용되었다. 3횡의 벽전쌓기는 막힌줄눈쌓기이며, 석회 또는 점토로 접착한다. 세워쌓기는 묘실 벽체의 4면이 동일한 높이에서 축조되며, 궁륭을 축조할 때는 사다리꼴의 벽전이 사용된다. 이렇게 벽전 세워쌓기를 첨가하여 쌓는 방법은 당시 한(漢)에서도 널리 사용되었으며, 6세기 초에 축조된 백제(百濟)의 무령왕릉(武寧王陵)과 송산리(宋山里) 6호 무덤에서도 볼 수 있어, 당시 조적식 건축의 일반적인 벽전쌓기로 추정할 수 있다.

그러나 '丁'자형 2실 무덤이며 직선 벽체를 축조한 토성동 45호 무덤의 벽전쌓기는 세워쌓기를 첨가하지 않고 축조하여, 낙랑 벽전축 무덤 중에서는 유일하다.<그림 2-16·17> 단지 전실의 궁륭 전체와 후실 궁륭이 시작되는 벽체에만 3횡1수로 쌓았는데, 그 이유는 세워쌓기에 사용된 벽전이 넓이가 서로 다른 사다리꼴 형태이기 때문이다. 눕혀 쌓은 벽전은 길이의 절반이 넓이가 되는 일반 벽전과 동일한 장방형 벽전이지만, 세워쌓기에 사용된 벽전은 두 마구리의 넓이가 서로 다르므로, 세워 쌓을 경우 윗면은 경사진다. 따라서 눕혀 쌓은 벽전 위에 사다리꼴 벽전을 세워 쌓으면 위로 갈수록 자연스럽게 경사를 이룰 수 있으므로,<그림 2-22> 평면과 단면에서 모두 직선으로 축조된 토성

68 황기덕·박진욱·정찬영, 「기원전5세기-기원3세기 서북조선의 문화」(『고고민속론문집』3, 1971, 사회과학출판사.), 94쪽 참고.

▶ 2-23

▶ 2-24

▶ 2-25

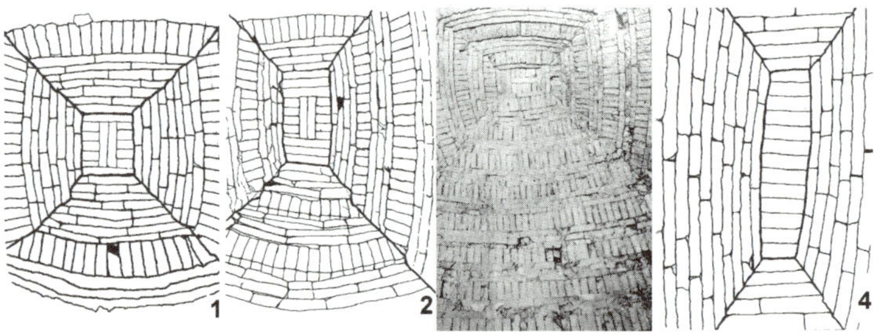

그림 2-23 도제리 50호 무덤 전실 궁륭천장

(출전 : 국립중앙박물관편, 『낙랑』(2001, 솔출판사), 66쪽. / 朝鮮古蹟研究會, 『古蹟調査概報 樂浪遺蹟 昭和10年度』(1936.), 도판제20.)

그림 2-24 장진리 45 무덤 전실 궁륭천장

(출전 : 朝鮮古蹟研究會, 『古蹟調査概報 樂浪遺蹟 昭和9年度』(1935.), 도판제3. / 국립중앙박물관 編, 『낙랑』(2001, 솔출판사), 67쪽.)

그림 2-25 낙랑 벽전축 무덤 궁륭천장 내부

1.양동리 제3호 우측실 2.정백리1호 측실 3.장진리 45호 전실 4.정백리 227호 측실

(출전 : 1 : 朝鮮總督府, 『大正6年度 古蹟調査報告』(1920.), 585쪽. \ 2 : 朝鮮總督府, 『古蹟調査特別報告 第1冊 平壤附近に於ける樂浪時代の墳墓 一』(1919.), 68쪽. \ 3 : 朝鮮古蹟研究會, 『古蹟調査概報 樂浪古墳 昭和9年度』(1935.), 도판제5. \ 4 : 朝鮮古蹟研究會, 『古蹟調査概報 樂浪古墳 昭和8年度』(1934.), 도판제27.)

동 45호 무덤의 벽체는 세워쌓기 없이 축조하였으며, 직선인 벽체와 곡면인 궁륭이 접하는 부분에만 세워쌓기를 첨가한 것이다.

또한 후실 궁륭이 시작되는 부분에서 긴 변은 1단, 짧은 변에는 2단을 세워 쌓은 것은 궁륭의 곡률 차이에 그 이유가 있다. 긴 변에 비해 짧은 변의 궁륭 곡률은 상대적으로 심하기 때문에, 직선 벽체 위에 궁륭을 축조하기 위해서는 세워쌓기를 더 많이 첨가해야 하는 것이다. 그러므로 긴 변에서는 1단으로도 곡률을 맞출 수 있었다.[69] 이렇게 낙랑 벽전축 무덤에서는 세워 쌓은 사다리꼴 벽전에 의해 곡률을 결정할 수 있었으므로, 단면과 평면에서 곡선인 벽체는 대부분 3횡1수 쌓기로 축조한 것이다. 따라서 사다리꼴 벽전은 무덤의 규모와 형태를 계획한 후, 곡률에 맞게 제작된 것을 알 수 있다.[70]

3-3. 궁륭천장

벽전은 압축력에는 강하지만 인장력에 약하고, 개개의 부재를 쌓아 축조하는 조적식 건축 재료로서, 천장을 축조하는 경우 궁륭천장이 가장 이상적인 형식이라고 할 수 있다. 초기의 벽전축 무덤으로 추정하는 석암리 120호 무덤과 오야리 25호 무덤은 나무를 걸쳐 천장 뼈대를 만들고, 상부에 벽전을 덮어 평천장을 축조할 수 있었다. 즉, 벽전 건축에서 평천장을 축조하기 위해서는 벽전이 아닌 다른 재료를 사용할 때에 가능하지만, 목재는 썩어 붕괴하므로 다장(多葬) 또는 횡혈식 무덤의 천장으로 적합하지 못하다. 그러나 궁륭천장은 벽체를 축조한 벽전과 접합하기 쉽고 썩지 않으며, 각 부재는 압축만으로 상부하중을 지지하기 때문에 가장 내구적인 천장 형식인 것이다.

낙랑 벽전축 무덤의 궁륭천장은 조사 당시 대부분이 파괴되었지만, 도제리(道濟里) 50호 무덤 전실·장진리(將進里) 45호 무덤 전실 등에서 원형이 발견되었다. 궁륭의 축조 방법은 이미 앞에서 제시한 <그림 2-13·18·20·22> 등을 통해서도 알 수 있었는데, 벽체가 평면·단면에서 곡면을 이루는 것을 연장하여 궁륭 역시 3차원 곡면으로 축조하였다. 궁륭의 벽전쌓기는

69 또한 전실 궁륭을 축조하는데, 모두 3횡1수 벽전쌓기로 축조한 이유는 평면도에서 보는 것과 같이 묘실의 크기에 따른 것이다. 즉, 전실은 후실보다 약 3배 큰 규모이므로, 궁륭을 축조하기 위해서는 수직쌓기가 첨가되어야만 한다. 따라서 상대적으로 규모가 작은 후실의 궁륭은 수직쌓기 없이도 축조할 수 있었다.

70 이러한 특징은 백제 무령왕릉과 송산리 6호 무덤에서 사용된 사다리꼴 벽전에서도 볼 수 있다. 즉, 용도를 나타내는 '急使' 또는 '使才' 글자를 새긴 벽전이 발견되었기 때문이다. 따라서 이러한 벽전들은 무덤의 축조 이전에 특별히 제작되었다는 것을 알 수 있으며, 벽전축 무덤이 세밀한 계획과 설계에 의해 축조되었음을 밝혀주는 것이다.

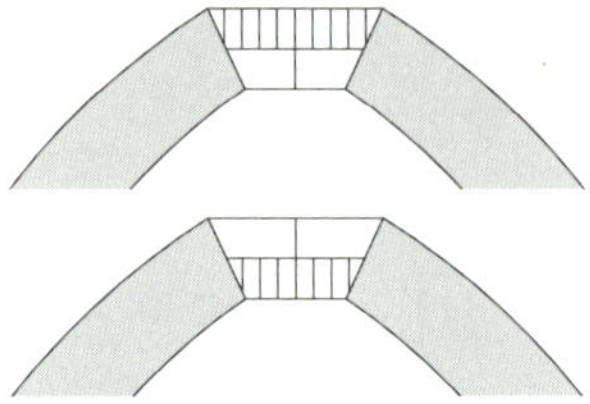

▲2-26

▲2-27

▲2-28

▶2-29

그림 2-26 궁륭 정상부의 벽전 축조방법

그림 2-27 정백리 227호 무덤 측실 궁륭천장

(출전 : 朝鮮古蹟硏究會, 『古蹟調査概報 樂浪遺蹟 昭和8年度』(1934.), 도판제27.)

그림 2-28 토성동 45호 무덤 후실 궁륭천장

(출전 : 조선유적유물도감편찬위원회, 『조선유적유물도감(2)-고조선, 부여, 진국편』(1990, 동광출판사, 162쪽.)

그림 2-29 화남지방 전실묘의 반원형 궁륭

(출전 : 王仲殊, 『한대 고고학 개설』(1993.), 학연문화사, 324쪽.)

3횡1수이고, 일반 벽체와 마찬가지로 세워쌓기에 의해 곡면을 이룬다.[71] 궁륭 모서리 처리 역시 45°로 가공하여 축조하였으므로, 궁륭의 각각 4면 판(板)은 서로를 지지하여 내부로 밀려들지 않고, 외부 토압에 효과적으로 저항할 수 있다. 이는 궁륭 내부 사진을 통해 명확하게 알 수 있는데, 궁륭 중앙에서는 3횡1수로 곡면을 축조하고, 두 면이 만나는 모서리 부분은 양쪽 궁륭의 벽전을 가공하여 45°에 맞추는 것을 볼 수 있다.(<그림 2-13·25>)

또한 벽체와 궁륭 벽체의 곡면쌓기가 한 점으로 수렴하는 궁륭 정상의 축조 방법 역시 주목된다. 벽체는 하부에서부터 곡선을 그리며 궁륭과 일체가 되어 묘실의 상부까지 이어지지만, 궁륭 정상의 한 점에서 모이지 않고, 구멍이 생기도록 여유를 남긴다. 또한 궁륭의 끝면은 지면과 수직을 이루지 않고 경사지게 처리한다.<그림 2-26> 따라서 궁륭 끝면 경사에 맞추어 벽전을 가공하고 세워쌓기로 마무리하는데, 마구리 부분으로 세워 쌓고 가운데에는 한두 장의 벽전을 길이면이 보이도록 세워 쌓으므로, 벽체·궁륭의 두께와 동일한 1.0B 두께가 된다.(<그림 2-25>) 이렇게 궁륭 끝면을 사선으로 처리하고, 그에 맞추어 정상 부분을 별도로 축조하는 것은 상부의 직압력(直壓力)인 토압(土壓)을 궁륭의 곡면을 따라 전달하기 위한 것이며, 앞에서 살펴본 아치의 스큐백(Skewback) 또는 키스톤(Keystone)과 같은 형태와 원리이다. 따라서 낙랑 벽전축 무덤의 묘실 형태는 벽체와 궁륭은 판재(板材)로 일체가 되고, 평면과 함께 궁륭에서 완전한 구형(球形)을 이루므로, 4면의 벽체와 상부의 토압에 효과적으로 지지할 수 있는 것이다.

그러나 전형적인 궁륭 축조에서 3횡1수의 벽전쌓기와는 달리 눕혀쌓기로만 축조한 궁륭도 있는데, 대표적으로 정백리 227호 측실과 토성동 45호 무덤의 후실 궁륭이다.(<그림 2-25>의 4·<그림 2-27·28>) 이러한 차이는 묘실의 크기와 관계된다고 할 수 있는데, 정백리 227호 무덤의 측실 벽체 길이는 1.5~2.0m 정도로 주실(主室) 크기의 1/4~1/6이다.[72] 또한 토성동 45호 무덤의 후실은 약 1.9×3.3m로 일반 주실 보다 역시 작다. 따라서 작은 묘실의 평면에 해당하는 작은 궁륭을 축조하므로, 세워쌓기를 첨가하지 않고 눕혀쌓기로만 축조할 수 있었으며, 일반적인 궁륭의 형태와는 다른 것을 알 수 있다. 그러나 모서리 부분은 45°로 가공하여 축조하였고, 정상의 축조 방법은 세워 쌓았지만, 벽전

71 궁륭의 벽전 사이사이에 陶器·기와 등을 사용하여 평면의 크기에 알맞는 곡률을 이루게 한 경우도 있다.(關野貞, 『朝鮮の建築と藝術』, 1941, 岩波書店, 240쪽 참고.).

72 또한 평면도를 통해 측실과 主室의 비례 관계를 살펴보면, 대체로 측실은 주실의 1/4~1/6의 규모이다.(<그림 2-14·15> 참고.)

▶ 2-30(좌)
<상1, 하2>

▶ 2-31(가운데)

▶ 2-32(우)

▶ 2-33(좌)

▶ 2-34(우)

그림 2-30 1단 홍예문
1.정백리 221호 무덤길 2.정백리 219호 전후실통로
(출전 : 朝鮮古蹟研究會, 『古蹟調査概報 樂浪古墳 昭和8年度』(1934.), 도판제20·15.)

그림 2-31 2단 홍예-남정리 53호 무덤길
(출전 : 朝鮮古蹟研究會, 『古蹟調査概報 樂浪古墳 昭和10年度』(1936.), 도판제15.)

그림 2-32 양동리 3호분 현실북벽 홍예
(출전 : 朝鮮總督府, 『大正6年度 古蹟調査報告』(1920.), 584쪽)

그림 2-33 무덤길 홍예(Vault)
1.석암리 255호 2.정백리 1호
(출전 : 1 : 朝鮮古蹟研究會, 『古蹟調査概報 樂浪遺蹟 昭和10年度』(1936.), 도판제3. \ 2 : 朝鮮總督府, 『古蹟調査特別報告 第1冊 平壤附近に於ける樂浪時代の墳墓 一』(1919.), 64쪽.)

그림 2-34 목재와 석재를 사용한 무덤길 천장
1.정백리 221호 2.정백리 227호
(출전 : 1·2 : 朝鮮古蹟研究會, 『古蹟調査概報 樂浪古墳 昭和8年度』(1934.), 도판제22·25.)

한 켜만 길이면이 보이도록 쌓았다.(<그림 2-25>의 4) 이는 궁륭의 규모가 벽전 한 장을 걸칠 수 있을 정도로 작다는 것을 나타낸다.

이렇게 낙랑 벽전축 무덤의 궁륭은 예외적인 것도 있지만, 대체로 3횡1수 벽전쌓기와 위가 뾰족한 방추형(方錐形)이 가장 큰 특징이다. 그러나 중국 전실묘(塼室墓)의 일반적인 벽전쌓기는 낙랑과 동일한 3횡1수이지만, 궁륭은 대부분 눕혀쌓기로만 축조하였다.[73] 따라서 궁륭의 형태는 위쪽이 뾰족한 방추형이 아닌, 반구형(半球形)으로[74] 낙랑과는 다른데,(<그림 2-29>) 이는 궁륭의 곡률을 만들어 내는 벽전의 형태가 다르기 때문이다. 즉, 중국 전실묘 궁륭의 눕혀쌓기에 사용한 벽전은 양쪽 길이면 두께가 달라 단면에서 사다리꼴 형태를 갖기 때문에, 큰 곡률을 만들 수 없다. 그러나 낙랑은 앞에서 살펴본 것과 같이 세워쌓기에 사용된 벽전은 양쪽 넓이가 다른 사다리꼴 벽전이므로, 한 장을 쌓아도 큰 곡률을 만들 수 있다. 그러므로 낙랑 벽전축 무덤의 궁륭은 중국 전실묘와는 축조 방법과 형태에서 현저한 차이를 나타내며, 동시에 이러한 특징은 낙랑 벽전축 무덤에서만 나타나는 특수성이라고 할 수 있다.[75]

그러나 1987년에 발굴된 추릉리(楸陵里)무덤의 천장은 낙랑 벽전축 무덤에서 볼 수 없는 다른 형식으로 주목된다. 이 무덤은 장방형(長方形) 단실(單室) 무덤으로, 긴 변의 벽체는 상부에서 안쪽으로 휘어 곡면이지만, 묘실 뒷벽은 평면이면서 동시에 수직으로 축조하였다.(<그림 2-14>의 7) 따라서 천장의 형태는 궁륭이 아닌, 볼트(Vault) 또는 터널과 유사하며,[76] 벽체는 2횡1수 쌓기로 역시 낙랑 벽전축 무덤에서는 특이한 예에 속한다. 또한 「太康四年(A.D.283년)」을 새긴 벽전이 발견되어 벽전축 무덤 중 후기에 편년(編年)되고 있다. 따라서 제4장에서 살펴보는 백제(百濟) 무령왕릉과 송산리 6호 무덤의 볼트천장과 연관관계가 있는 것으로 생각할 수 있을 것이다.

73 또한 앞에서 살펴본 화북지방 전실묘에서는 토성동 45호 무덤과 유사하게 궁륭이 시작하는 벽체 상부에 세워쌓기를 첨가하기도 한다.

74 그러나 화북지방의 전실묘의 궁륭은 방추형이므로, 이미 앞에서 여러 연구자들은 낙랑 벽전축 무덤의 기원을 화북지방으로 지적하였다. 그러므로 방추형 궁륭은 화북지방과 낙랑지역 벽전축 무덤의 특징이라 할 수 있다.

75 또한 제4장에서 살펴보는 백제 무령왕릉과 송산리 6호 무덤은 중국 梁의 영향으로 6세기 초에 축조되었지만, 이러한 낙랑의 천장 축조방법이 지속되고 있다. 따라서 3횡1수 쌓기와 방추형의 궁륭은 한국 벽전축 무덤의 공통된 특징이라고도 할 수 있다.

76 따라서 발굴조사자들은 '기차굴식궁륭천정벽돌무덤'으로 추측하였다(안병찬·홍원표, 「새롭게 드러난 추릉리 벽돌무덤」『조선고고연구』1990년 제1호., 사회과학원고고학연구소, 43쪽.).

3-4. 홍예와 무덤길

홍예[77](虹蜺:Arch)는 궁륭과 동일하게 상부에서 가하는 하중을 압축력만으로 축선(軸線)을 따라 하부로 전달하는 구조로, 조적건축의 개구부(開口部)는 홍예를 원칙으로 하고 있다.[78] 낙랑 벽전축 무덤 역시 묘실 벽체의 모든 개구부는 반원(半圓)을 기본으로 하는 홍예를 축조하였으며, 대부분 <그림 2-30>의 1과 같이 벽전의 마구리 부분이 보이도록 1단 홍예를 쌓는 것이 기본이다. 그러나 3횡1수의 세워쌓기에 사용된 벽전과 같이, 미리 묘실 크기와 곡률을 계산하여 적합한 벽전을 별도로 제작한 것은 아니며, 벽전을 동일한 형태로 갈거나 깨뜨려 축조하였다. 또한 홍예의 하부 끝부분은 지면과 수평이 되게 축조하거나, 스큐백(Skewback)과 같이 사선으로 처리되는 경우도 있으며, 홍예를 먼저 축조하고 그 후에 벽체에 사용된 벽전을 홍예에 맞도록 가공하여 서로 밀착하였다. 이렇게 벽전축 무덤을 축조하기 위해서는 벽체와 궁륭 모서리에 45°로 접합되는 부분과 홍예와 벽체가 만나는 부분의 모든 벽전을 현장에서 가공하여 사용하였다. 특히 홍예와 벽체가 만나는 부분에서는 모든 벽전을 가공하여 시공하였으므로, 제작 당시 찍어낸 벽전의 무늬가 모두 일그러져 무늬의 의미는 약해진다고 할 수 있을 것이다.

아주 특별한 형태의 홍예로는 <그림 2-30>의 2에서 볼 수 있는데, 벽전 마구리 부분이 아닌, 넓이 면이 보이게 쌓은 것이다. 사용된 벽전은 벽체의 세워쌓기에 사용된 것과 동일한 사다리꼴 벽전으로, 가공하지 않고도 일정한 곡률의 홍예를 축조할 수 있었다. 그러나 이 홍예는 완성된 벽전축 무덤에서 외부로 노출되지 않는 것이며, 양쪽에 일반적인 홍예가 파괴되었기 때문에 드러난 것이다. 따라서 이 홍예를 통해 낙랑 홍예의 축조 방법을 추정할 수 있는데, 홍예를 축조하기 전에 일반적인 사다리꼴 벽전으로 곡률을 결정하고, 그 후 양쪽 홍예를 축조하는 것이다. 미리 제작된 사다리꼴 형태의 벽전은 홍예를 만들기 쉽고, 또 사이에 다른 벽전을 끼워 넣어 곡률을 조정하기 쉽다. 그러므로 낙랑 벽전축 무덤에서 특수한 예에 속하는 이 홍예는 홍예축조를 보다 용이하도록 기준을 설정하기 위한 홍예인 것이다.

77 홍예 즉, Arch는 B.C.4000년에 Sumer에서 시작하였으며, B.C.2000년경에는 벽전을 사용하여 홍예를 축조한 것으로 알려져 있다(Herbert E. Read, 『圖像과 思想』, 1982, 열화당, 83쪽.).

78 김정수 외, 『건축일반구조학』(1993, 문운당.), 89~90쪽.

이 외에도 상·하 2단으로 겹쳐서 쌓은 홍예도 축조하였는데,(<그림 2-31>) 묘실의 크기와 그에 따른 하중에 관계되는 것으로 추정한다. 2단 홍예는 주로 2실 무덤, 그 중에서도 측실이 있는 경우에 주로 나타나는데, 단실보다 묘실이 크기 때문에 벽체는 상부의 하중을 더욱 많이 받는다. 따라서 압축력만을 받는 홍예의 단면 폭이 2배 증가할 경우 2배 이상의 힘을 지지할 수 있으므로, 1단보다 2단이 유리한 것이다. 또한 위의 홍예는 아래 홍예의 하부까지 모두 감싸고 있지 않고 상부에서 끝나기 때문에, 하중은 상부 홍예에서 일차적으로 벽체로 흘려보내고, 하부의 홍예는 상부 홍예에서 전달된 하중을 벽체뿐만 아니라 지반(地盤)으로 전달할 수 있다. 그러므로 2단 홍예는 묘실의 규모가 커짐에 따라 상부의 하중을 효과적으로 지지할 수 있는 요소인 것이다.[79]

또한 2단 홍예는 의장적인 목적으로도 볼 수 있는데, 홍예를 공유하는 두 묘실의 크기가 다를 때에는 작은 묘실의 규모에 맞추어 홍예를 축조할 수밖에 없다. 벽체의 면적에 비해 개구부가 무리하게 커지면 벽체는 불안정하기 때문이다. 따라서 규모가 큰 실에서는 홍예문이 상대적으로 작아 보이므로, 상부에 홍예를 하나 더 설치하여 묘실의 규모와 홍예의 크기를 조화시키려는 의장적인 목적으로도 볼 수 있는 것이다.[80]

무덤길의 형태와 그 특징은 낙랑의 벽전축 무덤의 형식 분류에 가장 중요한 요소인데, 상부에는 대부분 홍예를 축조하므로 홍예 수와 재료 등에 의해 크게 7가지로 구분한다.[81] 홍예는 1~3개를 연속하여 마치 볼트(Vault)와 유사하게 축조하고, 묘실에 가까워질수록 홍예의 높이가 낮아지는 특징이 있다.(<그림 2-33>) 또한 홍예 대신 목재나 석재를 사용하여 평천장을 만드는 경우가 있는데,(<그림 2-34>) 주로 후기 무덤에 많이 나타

79 동이무덤 등에서도 3단 홍예를 축조하였는데, 위와 동일한 목적에 의해 축조된 것으로 생각한다. 또한 고대 Roma의 유적에서도 2단으로 축조된 홍예를 볼 수 있는데, 상부 홍예가 하부 홍예를 완전히 둘러쌓고 있어, 상부의 하중은 벽면으로 전달하지 않고, 모두 지반 또는 하부 벽체로 전달하고 있다. 따라서 그 하중의 흐름은 낙랑과 다른 것을 알 수 있다(John B. Ward-Perkins, *Roman Architecture*, 1979, Electe/Rizzoli, 도판 참고.).

80 또한 황해도 봉산군 초와면 양동리 제3호 무덤에서는 2단의 홍예를 설치하였지만, 하부 홍예를 뒤쪽으로 물려 쌓은 경우도 있다.<그림 2-32> 즉, 상부의 홍예는 묘실의 벽과 같은 면에 위치하고, 하부 홍예는 벽면 속으로 물러나 있는 것이다. 이러한 의도를 정확하게 알 수 없지만, 백제 무령왕릉의 무덤길 문의 축조방법과 동일하다.

81 좀더 자세히 살펴보면, ①홍예 없이 석재로 架構한 것, ②홍예 없이 석재로 가구하고 측벽이 하나 있는 것, ③하나의 홍예와 측벽이 있으며, 상부는 목재로 가구한 것, ④2개의 홍예와 측벽이 있고, 목재로 가구한 것, ⑤네번째와 동일하지만, 목재 대신 석재를 사용한 것, ⑥3개의 홍예를 축조한 것, ⑦ 3개의 홍예를 축조하고, 측벽이 있으며, 상부는 석재로 가구한 것 등이다. 또한 그 변화 순서는 ①→②→③→④·⑤→⑥→⑦의 순서로 추정되고 있다(高久健二, 『낙랑고분문화 연구』, 1995, 학연문화사, 159~161쪽 참고.).

▶2-35

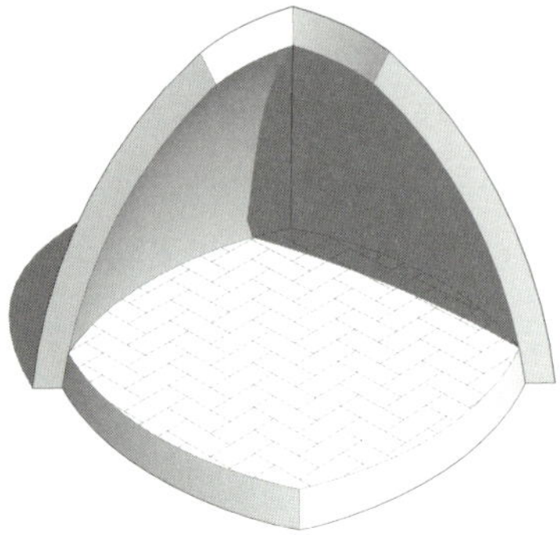

▶2-36

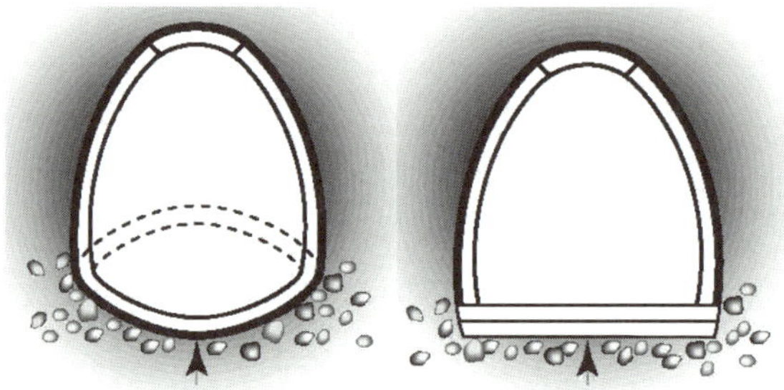

▶2-37

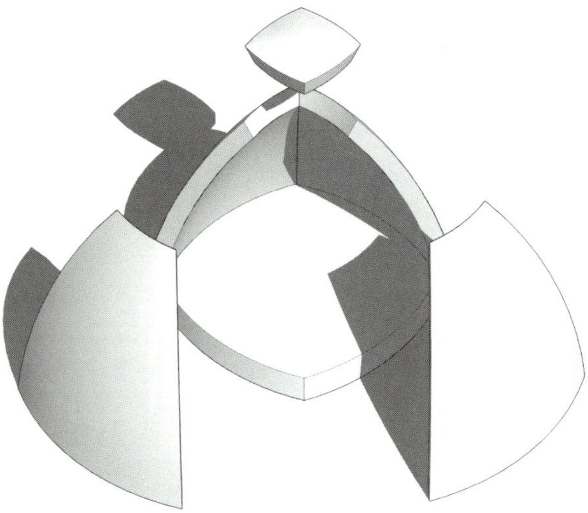

그림 2-35 낙랑 벽전축 무덤의 삿자리 무늬 바닥 깔기
그림 2-36 벽전축 무덤의 바닥 축조
그림 2-37 낙랑 벽전축 무덤의 구성 개념도

나며, 목재를 사용한 경우는 붕괴된 경우가 많다.[82]

그러나 가장 특징적인 것은 홍예를 연속하여 볼트와 유사한 공간을 축조한 것에 있을 것이다. 현존하는 볼트의 예는 불국사(佛國寺) 청운교·백운교 하부 홍예와 조선 궁궐의 석교(石橋), 화성(華城)의 북수문, 여러 빙고(氷庫) 등이 있는데, 벽전이 아닌 석재(石材)로 축조한 것이다. 그러나 그 축조방법은 낙랑 벽전축 무덤의 무덤길과는 다른데, 낙랑의 경우는 홍예를 연속하여 축조하여 서양의 배럴 볼트(Barrel vault)와 유사하며, 하나의 홍예가 무너지더라도 다른 홍예에는 영향을 주지 않는다. 그러나 석재를 사용한 볼트는 홍예의 연속은 아니며, 석재를 끼워 맞추어 축조하였으므로, 돌 하나가 빠지면 다른 전체 구조에 영향을 미칠 수 있다. 또한 석빙고와 청운교·백운교의 볼트는 홍예를 일정한 간격으로 축조하고, 그 사이를 다시 석판(石板)으로 덮는 형식이다.[83] 따라서 후자의 경우가 낙랑의 벽전축 무덤과 가장 유사하다고 할 수 있지만, 홍예를 연속하여 축조한 볼트[Barrel vault]는 아니므로, 현존하는 예 중에는 낙랑 벽전축 무덤 무덤길이 유일한 경우라고 할 수 있다.[84]

3-5. 바닥

낙랑 벽전축 무덤의 바닥은 벽전 즉, 전(甎)을 2겹으로 평평하게 축조하였다. 먼저 지면과 닿는 하부의 벽전은 묘실 벽체와 평행하게 격자 모양으로 깔고, 그 윗면 즉, 묘실의 바닥이 되는 면은 벽체와 경사지게 삿자리 무늬로 깐다.(<그림 2-35>) 이렇게 상·하 벽전의 방향을 각각 달리 포장하는 것은 벽전과 벽전의 부착력을 높이기 위한 것으로 생각할 수 있다. 그러나 3차원 곡면인 벽체와 궁륭을 축조하여 토압에 완벽한 구조를 축조할 수 있었던 것과 대조적으로, 바닥은 평평하게 축조하여 무덤 하부에서 가하는 토압에는 전혀 저항할 수 없도록 축조하였다. 만약 궁륭과 동일하게 바닥을 묘실 내부

82 또한 벽전으로 축조한 홍예와 석재·목재를 동시에 사용한 경우도 있는데, 묘실에 가까워질수록 홍예의 높이가 낮아지는 것과 함께 명확한 이유는 알 수 없다. 기존 연구에서는 동이무덤과 2실 무덤 무덤길에 석재를 混用한 경우를 石室무덤으로 轉移되는 과정으로 추정하고 있을 뿐이다(홍진식, 「낙랑전축묘에 대한 일고찰」 『부대사학』제17집, 1993. 6., 부산대학교사학회, 30~40쪽 참고.).

83 또한 현재 남아 있는 조선 城門과 華城의 暗門 등은 전·후에만 홍예를 축조하고 그 사이는 개판으로 덮어 평천장을 이루므로, 볼트와는 다르다.

84 벽전으로 볼트를 축조한 경우는 백제 무령왕릉·송산리 6호 무덤이 있지만, 그 축조 방법은 낙랑 무덤길과 다르고, 석재를 이용하여 축조한 볼트와 유사하다.

또는 외부로 곡이 진 곡면 형태로 처리하였다면 토압에 완벽하게 저항할 수 있는 구조가 되었을 것이다. 특히, 외부를 곡면으로 처리할 때에는 전체 묘실 단면은 달걀과 같은 형태를 이루어 보다 안정적이다.[85](<그림 2-36>) 그러나 벽체나 궁륭과는 달리 바닥은 주검을 안장하여야 하므로, 곡면을 이룰 경우 관(棺)을 안정하게 위치시킬 수 없으므로, 벽체와 궁륭을 구조적인 목적에 의해 곡면으로 처리하였다면, 바닥은 기능적인 목적에 부합하도록 평평하게 축조하였을 것이다. 그러나 평천장 벽전축 무덤인 오야리 25호 무덤의 동쪽 묘실 바닥은 <그림 2-10>의 2와 같이 내부로 곡면을 이루고 있다. 조사보고서에서는 기초를 다진 후 그 위에 바닥을 축조하였는데, 그 기반이 약하여 벽체가 침하(沈下)된 것으로 추정하고 있다.[86] 즉, 바닥이 하부의 토압에 의해 융기(隆起)된 것이다. 그러나 이러한 형태가 축조 당시 의도가 된 것인지의 여부는 명확하게 밝힐 필요가 있을 것이다.

이상에서 살펴본 낙랑 귀틀무덤과 전형적인 벽전축 무덤에서 가장 특징적인 것은 벽전의 발생과 그 형태에 의한 조적식 구조이다. 낙랑의 무덤이 귀틀무덤에서 벽전축 무덤으로 변화하였다는 것은 모든 연구자들의 공통된 의견이며, 그 전이 과정의 무덤을 상정(想定)하기도 하는데, 귀틀무덤에 벽전을 사용한 무덤과 귀틀 바닥을 벽전으로 축조한 무덤이 그것이다. 따라서 한국 벽전의 발생은 건축을 축조하기 위한 구조재료이기보다, 지하에 축조된 귀틀이 지하수에 의해 썩는 것을 막기 위해 둘러 싼 방수(防水)의 목적에서 시작하였으며, 그 시기는 2세기 후반으로 볼 수 있다. 이와 같이 벽전은 원료와 생산 과정이 유사한, 기와와 동일한 목적과 기원을 갖는 것이며, 이는 『북학의』에서 언급한 것과 같다.

또한 당시 사회의 필요에 의해 벽전은 확산되기 시작하였는데, 그 이유는 매장 방식이 단장(單葬)에서 시간의 순서에 따라 여러 주검을 매장하는 다장(多葬)으로 변화하였기 때문이다. 따라서 기존의 수혈식(竪穴式) 무덤이 아닌 무덤길과 문을 설치한 횡혈식(橫穴式) 무덤이 필요하였고, 2실 이상의 규모가 큰 묘실을 축조하기 위해, 또 부식되

85 이러한 형태는 현재 사용하고 있는 유리병이나 Gas를 담는 통 바닥을 곡면으로 만든 것과 동일한 원리이다. 그러나 묘실 내부로 곡면을 처리하면, 바닥에는 인장력이 가해지므로, 외부로 곡면을 이루어 달걀과 동일한 단면 형태를 갖는 구조가 가장 안정하다고 할 것이다.

86 朝鮮古蹟研究會, 『昭和12年度 古蹟調査報告』(1938.), 119쪽.

거나 붕괴되지 않는 영원한 무덤을 축조하기 위해 벽전이 많이 사용되기 시작한 것이다. 따라서 특정한 이유에 의해 그 사회의 매장 방식이 변화하므로, 벽전은 그 사회의 필요에 의해 부각되기 시작한 것이다.

또한 벽전의 구조재료로서의 역할은 귀틀 바닥을 축조한 무덤에서 처음 발생하기 시작하여, 전형적인 벽전축 무덤에서는 벽전건축의 조적식 축조방법과 구조를 확립한 것이다. 지상(地上) 건축과는 달리 지하에 축조된 벽전축 무덤은 외부에서 가해지는 토압으로부터 안정된 묘실을 축조하기 위해, 단면과 평면을 모두 구형(球形)·원형(圓形)에 가깝도록 축조하였다. 특히 단면에서 곡선을 이루기 위해서는 넓이가 다른 사다리꼴 형태의 벽전을, 설계와 계획에 의해 사용하는 3횡1수의 벽전쌓기를 주로 사용하였다. 또한 벽체와 벽체, 궁륭과 궁륭이 접합하는 모서리는 45°로 가공하여 축조하였기 때문에, 따로 떨어진 4면의 판(板)은 외부 토압에 더욱 안정할 수 있었던 것이다.(<그림 2-37>) 따라서 한국에서 벽전은 낙랑에서 발생하였고, 벽전제작에서부터 조적식 축조방법과 그 구조가 발달하였음을 알 수 있다.

▶2-3(좌)

▶2-39(우)

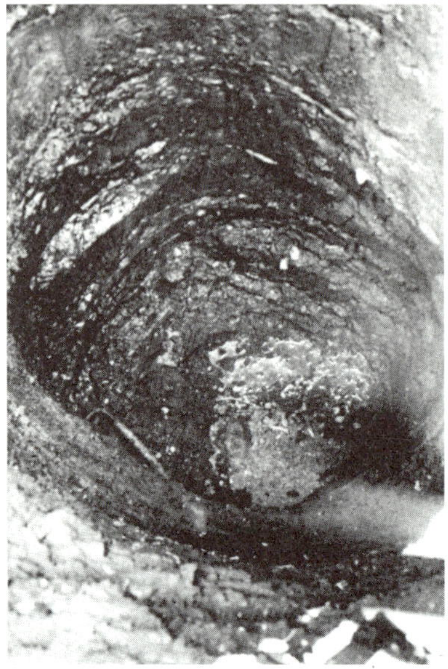

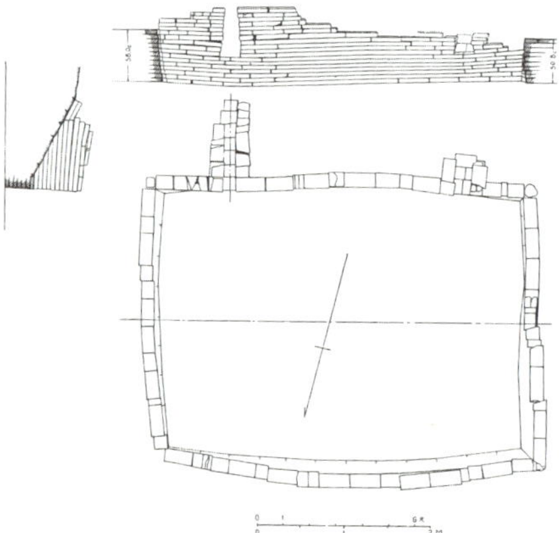

▲2-40

▲2-41

그림 2-38 낙랑토성에서 발굴된 벽전 사용 보도
(출전 : 朝鮮古蹟硏究會, 『古蹟調査槪報 樂浪遺蹟 昭和10年度』(1936.), 도판제26.)

그림 2-39 낙랑토성에서 발굴된 우물
(출전 : 朝鮮古蹟硏究會, 『昭和12年度 古蹟調査報告』(1938.), 도판제102.)

그림 2-40 벽전을 축조한 지상 유구(도면)
(출전 : 朝鮮古蹟硏究會, 『昭和12年度 古蹟調査報告』(1938.), 도판제101.)

그림 2-41 벽전을 축조한 지상 유구(사진)
(출전 : 朝鮮古蹟硏究會, 『昭和12年度 古蹟調査報告』(1938.), 도판제101.)

2-3. 일반 건축의 벽전 사용

이상 살펴본 조적식 건축의 축조방법과 구조를 통해 지하의 무덤뿐만 아니라 지상 건축의 벽전사용 역시 광범위하였음을 유추할 수 있다. 그러나 낙랑 목조건축은 초석 몇 개만이 발견되었을 뿐 명확한 특징은 밝혀져 있지 않았고, 또 벽체나 기단 등의 벽전사용 역시 추정할 수 있는 유구는 전혀 없다. 단지 낙랑구역(樂浪區域)의 낙랑토성(樂浪土城)(<그림 2-1> 참고) 조사에서 벽전으로 포장한 보도(步道)와 우물, 물을 저장하기 위한 시설 등이 발견되었는데, 보도는 31×16×5㎝의 벽전 즉, 전(甎)을 사용하여 폭 4m, 길이 약 40m를 포장하였고,(<그림 2-38>) 10×4m 크기의 건물터와 연결되고 있다.[87] 따라서 위계가 높은 건물로 진입하는 길을 포장하였던 것으로 추정할 수 있는데, 벽전은 당시 위계를 나타내었던 건축재료였던 것이다. 벽전 깔기는 길이 방향과 넓이 방향으로 번갈아 반 장씩 물리게 포장하였으며, 벽전축 무덤 바닥에서 볼 수 있었던 삿자리 무늬와 동일하다.(<그림 2-35>) 그러나 벽전축 무덤에서는 벽체와 경사지게 깔았지만, 도로 유적은 진행 방향과 직각 또는 평행하게 깔았다.[88]

이 외에도 배수구(排水口) 바닥을 포장한 것으로 보이는 벽전 유구[89]와 함께, 벽전으로 축조한 직경 1.35m의 우물이 있는데,(<그림 2-39>) 벽전축 무덤에 사용된 벽전 무늬와 동일하며, 또 3횡1수 쌓기 방법으로 축조하였다.[90] 이러한 유구들의 벽전 무늬와 바닥을 포장하는 방법, 우물의 벽체를 축조하는 방법 등이 벽전축 무덤과 크게 다르지 않은 것을 알 수 있으며, 당시 지상 건축에서도 벽전축 무덤에서 살펴본 벽전사용과 쌓기 방법이 보편적이었음을 알 수 있는 것이다. 특히 배수구와 우물·도로의 포장 등에 사용된 벽전은 방수(防水)와 관련된 것인데, 귀틀 외곽을 벽전으로 둘러 지하수로부터 보호하기 위한 용도와 유사하다. 따라서 벽전이 방수의 목적으로 발생하였고, 또 이러한 목적에 다수 사용되었음을 반증하는 것이다.

87 朝鮮古蹟硏究會, 『古蹟調査概報 樂浪遺蹟 昭和10年度』(1936.), 38쪽.

88 이 외에도 보도를 포장한 벽전 유구가 다수 발견되었다고 한다(朝鮮古蹟硏究會, 『昭和12年度 古蹟調査報告』, 1938, 110쪽.).

89 朝鮮古蹟硏究會, 『古蹟調査概報 樂浪遺蹟 昭和10年度』(1936.), 41쪽.

90 벽전으로 축조한 우물은 현재 3곳이 있다고 한다(한국문원편집실, 『분단 50년, 북한을 가다① 평양』, 1995, 한국문원, 58쪽.).

또한 지상 유구 중 유일하게 벽전을 쌓아 구조물을 축조한 예가 있다.(<그림 2-40·41>) 이 구조물은 지하 약 1m에서 발굴되었는데, 벽체의 두께는 15㎝, 평면 3.17×4.24m이고, 벽전 크기는 약 33×15×5㎝이다. 벽전의 무늬는 벽전축 무덤에 사용된 것과 동일하고, 벽체 역시 외부로 약간 곡면을 이루고 있다. 그러나 벽체의 벽전쌓기는 세워쌓기를 첨가하지 않고 눕혀쌓기로만 축조하였으며, 바닥에는 벽전을 깔지 않았다. 또한 남쪽 양 측면에는 내부로 연결되는 경사진 시설이 있는데, 바닥에는 벽전을 깔았기 때문에 배수구로 추정된다.[91] 따라서 이 구조물은 물을 저장하거나 배수된 물이 모일 수 있는 시설물로 추정되고 있지만,[92] 물을 저장하기에는 벽체의 두께가 너무 얇고, 특히 바닥에는 벽전이 깔리지 않았다. 비록 이 구조물의 용도는 명확하지 않지만 당시 낙랑에서는 벽전축 무덤뿐만 아니라 지상의 건축물에서도 벽전이 광범위하게 사용된 것을 추정할 수 있게 하는 중요한 유구이다.

이렇게 낙랑토성에서 발견된 바닥 포장과 배수구를 비롯하여 구조물을 통해 벽전사용이 광범위하였음을 알 수 있다. 특히 그 특징은 벽전축 무덤에서 볼 수 있는 것도 있어 벽전축 무덤의 조적식 축조 방법은 지상 건축에서도 사용되었을 것이며, 목조건축뿐만 아니라 벽전으로만 축조한 건축물도 있었던 것으로 생각할 수 있다. 또한 낙랑의 벽전 사용 범위와 발달된 벽전 구조물의 축조방법은 당시 고대국가 체제를 갖추고 있었던 고구려·백제·신라의 건축에 영향을 주었을 것인데, 실제 삼국의 벽전 유구에서는 낙랑의 영향을 알 수 있게 하는 것들도 발견되어, 앞으로 낙랑의 벽전사용과 축조방법에 대해 더욱 명확하게 연구하는 것이 삼국건축을 이해하는 바탕이 될 것으로 생각한다.

91 이상의 사실들은 朝鮮古蹟硏究會의 『昭和12年度 古蹟調査報告』(1938.), 108~109쪽 내용을 참고하여 정리한 것이다.

92 남아 있는 벽체 높이는 약 50~90㎝이지만 지붕 구조는 알 수 없고, 또 土器 파편과 瓦當·漆器 파편이 섞여 발굴되었으나, 구조물의 용도를 알 수 있는 유구는 발견되지 않았다.

제3장

벽전건축과 목조건축의 혼합 고구려

고구려 벽탑은 목조건축이 주(主)를 이루어 온 한국건축에서,
벽전사용과 벽전건축의 새로운 구조 형식을 보여주고 있으며,
더 나아가 기존에 알려져 있지 않은 목조건축의 새로운 양상은 물론,
한국 목조건축의 발전 가능성을 내재하고 있는 건축형식을 살펴볼 수 있는 매우 중요한 유구임은
분명하다

– 본문 中

개요

한국건축은 1세기 이후 고대국가 체제를 정립하던 삼국에서 도시와 궁궐·성곽·살림집·무덤 등의 기반을 갖추기 시작하였다. 그 중 고구려(高句麗)는 부여(夫餘)를 이루었던 예맥(濊貊) 일파가 B.C.2세기 이전에 형성한 정치세력에서 출발하였으며,[1] B.C.37년 부여의 주몽(朱蒙)은 이 정치 세력을 규합하여 압록강 중류지역에 고구려를 건국하였다.[2] 또한 고구려는 3세기 말에서 4세기 초에 주변 국가들을 통합하면서 고대국가 체제를 완비하였는데, 특히 평양과 황해도 지역의 한사군(漢四郡)인 낙랑(樂浪)과 대치하면서도 한(漢)과 관련된 문화를 접할 수 있었고, 그 영향에 의해 고구려 건축은 더욱 발전할 수 있었을 것이다.[3] 따라서 앞에서 살펴본 낙랑 벽전축(甓甎築) 무덤과 지상 건축의 벽전(甓甎) 사용은 고구려를 비롯한 삼국에 많은 영향을 주었을 것으로 추정할 수 있을 것이다.

고구려의 건축유적은 수도였던 중국 길림성 집안(輯安)과 평양 부근에 집중되어 있고, 성(城)과 무덤, 무덤의 구조장식(構造裝飾)과 벽화의 건축도(建築圖), 각 건물터에서 발견된 기와와 초석 등이 현존하고 있다. 그러나 문헌은 물론 당시 목조건축을 알 수 있는 자료는 거의 없는 실정이며, 이는 벽전건축 역시 마찬가지이다. 삼국 중 특히 고구려의 각 건물터에서 발견된 벽전은 제대로 수습되거나 정리되어 있지 않고, 또 기존 연구에서는 단편적으로만 언급하고 있어, 고구려의 벽전사용을 명확하게 밝히기는 어렵다.

그러나 유일하게 고구려 강역(疆域)이었던 요하(遼河) 동쪽의 선양[瀋陽]에는 고구려의 것으로 알려진 벽탑(甓塔)이 현존하고 있는데, 이를 통해 고구려 벽전건축의 특징은 물론 목조건축이 혼합된 건축형식을 살펴볼 수 있을 것이다. 낙랑 벽전축 무덤은 발달된 벽전쌓기와 그 구조를 통해 토압에 저항할 수 있는 완벽한 벽전건축을 축조하였다면, 고구려는 당시 형성하고 있던 목조건축을 혼합하여 새로운 벽전건축을 축조하였던 것이다. 그러므로 고구려 벽탑은 목조건축이 주(主)를 이루어 온 한국건축에서, 벽전사용과 벽전건축의 새로운 구조 형식을 보여주고 있으며, 더 나아가 기존에 알려져 있지 않은 목조건축의 새로운 양상은 물론, 한국 목조건축의 발전 가능성을 내재하고 있는

1 한영우, 『다시찾는 우리역사』(1997, 경세원.), 76~78쪽과 강만길 외, 『한국사』3(1994, 한길사.), 109~111쪽 참고.

2 『삼국사기』 권제13 「고구려본기」 제1 '시조동명성왕' 참고.

3 윤장섭, 『한국의 건축』(1996, 서울대학교출판부.), 63·73쪽과 장경호, 『한국의 전통건축』(1992, 문예출판사.), 59~60쪽 참고.

건축형식을 살펴볼 수 있는 매우 중요한 유구임은 분명하다. 따라서 이 장에서는 고구려 벽탑을 중심으로, 무덤과 각 절터[寺址]에서 발견된 벽전들을 통해 고구려의 벽전사용과 건축특징 등을 살펴보기로 한다.

▶3-1

▶3-2(좌)
▶3-3(우)

그림 3-1 **태왕릉·천추총에서 발견한 글씨 벽전**
(출전 : 朝鮮總督府, 『朝鮮古蹟圖譜』 1권, 1915, 68·72쪽.)
그림 3-2 **태왕릉 발견한 반턱물림 벽전**
(출전 : 朝鮮總督府, 『朝鮮古蹟圖譜』 1권, 1915, 69쪽)
그림 3-3 **천추총 발견 반턱물림 벽전**
(출전 : 朝鮮總督府, 『朝鮮古蹟圖譜』 1권, 1915, 71쪽)

3-1. 고구려 무덤의 벽전사용

1. 적석무덤과 벽전발생

고구려의 무덤은 돌을 쌓아 축조한 적석(積石)무덤[4]과 벽화로 잘 알려진 석실(石室)무덤이 대표적이다.[5] 먼저 적석무덤은 크고 작은 강돌과 막돌·다듬은 석재를 사용하여 방형 또는 장방형의 엄격한 기하학 형태로 축조하였는데, 석실무덤이 나타나기 이전에 축조하였던 고구려 고유의 무덤형식으로 알려져 있다. 그러나 그 형태를 알 수 있는 것은 장군총(將軍塚) 뿐이며, 벽전이 발견된 적석무덤은 태왕릉(太王陵)과 천추총(千秋塚) 등이 대표적이다.[6] 집안 통구 동쪽의 용산(龍山) 기슭에 위치한 장군총은 화강석으로 축조한 7층의 피라미드(Pyramid) 형태로 4~5층 사이에 묘실을 설치하였는데, 각층 윗면에서는 수막새·암막새와 글씨 기와 파편이 발견되었다. 따라서 각 단의 윗면은 기와를 덮었던 것으로 추정되기도 하고,[7] 또는 무덤 정상에 목조건축 흔적과 난간의 설치 구멍이 있으므로, 무덤 상부의 건축물에 사용된 것으로도 추정된다.[8]

태왕릉과 천추총은 장군총의 2배 이상 규모인데, 석축 사이와 그 주변에서는 기와와 함께 '千秋萬歲永固'·'保固'·'乾坤永畢'·'願太王陵安如山固如岳' 글씨가 새겨진 벽전이 발견되었다.(<그림 3-1>) 따라서 적석무덤 각 단 윗면에는 기와와 벽전을 덮어 빗물이 유입되는 것을 방지하였을 것으로 생각한다.[9] 특히 이 벽전들은 각 단부가 사선으로 마무리

4 적석무덤에는 많은 형식이 있고, 그에 따라 분류되는 명칭 역시 다르지만, 여기서는 '적석무덤'으로 통일하여 사용한다. 그러나 본 연구에서 언급하는 태왕릉과 천추총·장군총 등은 '階段式 方段石室墓'에 속하는 것으로, 자세한 것은 이전복, 「집안 고구려 무덤 연구」(박진석·강맹산 外, 『중국경내 고구려유적 연구』, 1995, 예하출판사, 109~133쪽.) 참고.

5 김용준, 『고구려고분벽화연구』예술사연구총서 제1집,(1958, 과학원출판사.), 6~7쪽 참고.

6 또한 각 무덤은 20대 長壽王과 19대 廣開土王, 18대 故國壤王의 무덤으로 추정되고 있다.

7 關野貞, 『朝鮮の建築と藝術』(1941, 암파서점.), 281쪽.

8 대한건축학회편, 『한국건축사』(1996, 기문당.), 121쪽과 김왕직, 『탑과 사방불』(1995, 삼선포교원·삼선승가대학.), 48~50쪽 참고. 또한 『魏書』 권100 「列傳」 제88 '勿吉國' 즉, 靺鞨에서는 이와 유사한 형식의 무덤이 있었음을 확인할 수 있다.

> 부모가 봄이나 여름에 죽으면 곧바로 매장하고 무덤 위에 집을 지어 비가 새어들지 않게 하며[其父母春夏死, 立埋之, 冢上作屋 不令雨濕], …(김성구 譯, 『中國正史朝鮮列國傳』, 1996, 동문선, 209쪽.).

9 關野貞, 『朝鮮の建築と藝術』(1941, 암파서점.), 287쪽과 김원용·안휘준, 『한국미술사』(1993, 서울대학교출판부.), 69쪽 참고.

되어 있는데, 수평으로 연결하여 반턱씩 물리도록 제작되었기 때문이다.[10](<그림 3-2·3>)

또한 태왕릉에서 발견된 벽전 크기는 28×16×2cm인데,[11] 상부하중을 지지하는 구조체 또는 바닥을 포장하기 위해서는 그 두께가 지나치게 얇기 때문이다. 이는 장군총에서와 같이 무덤 상부에 축조한 건축물의 바닥과 벽체에 사용하였을 가능성도 있지만, 역시 그 두께가 얇다.[12] 오히려 벽전 두께는 기와 두께와 유사한데, 고구려의 암키와는 대부분 1.5~2.5cm이고 가장 두꺼운 것은 2.9cm이다.[13] 따라서 두께 2cm의 벽전은 형태만 다를 뿐 그 용도는 기와와 유사하였을 것이므로, 적석무덤의 윗면을 덮는데 사용하였을 것이다. 이러한 사실은 제2장에서 살펴본 것과 같이 귀틀을 지하수로부터 보호하기 위한 방수(防水)의 목적으로 벽전이 발생하였다는 사실과 『북학의』에서 기와와 벽전이 형태만 다를 뿐 목재가 썩는 것을 막기 위해 발생하였다는 박제가의 주장과 부합하는 것이다.[14] 그러므로 장군총에서도 상부 건축물이 있었다고 한다면 상부의 목조건축에 사용된 기와와는 별도로, 각 단 윗면에 기와와 벽전을 사용하였던 것으로 생각할 수 있다.

2. 석실무덤

위에서 살펴본 고구려 적석무덤은 주로 집안(輯安)을 중심으로 하는 압록강 유역에 분포하지만, 석실무덤은 압록강 유역과 함께 용강(龍岡)·강서(江西)·남포(南浦)·안악(安岳) 등 대동강 유역에 분포하고 있어 석실무덤은 적석무덤 이후 성행한 고구려의 주된 무덤 형식으로 추정할 수 있다.[15] 그러나 그 발생에 관해서는 많은 주장들이 있는데, 그 중 대동강 유역의 한(漢) 문화를 바탕으로 하는 낙랑의 횡혈식 벽전축 무덤과의 관계가 주목된다. 고구려는 2세기부터 융성하기 시작하였는데, 태조왕(太祖王:53~146)과 고국천왕(故國川

10 장기인, 『벽돌-한국건축대계Ⅱ』(1996, 보성각.), 21쪽 및 송재선, 『우리나라 벽돌사』(2006, 미래문화사.), 58쪽 참고.

11 송재선, 『우리나라 벽돌』(1991, 한국점토벽돌공업협동조합.), 46쪽.

12 현재 확인된 가장 얇은 벽전은 1601년에 축조한 東關王廟 벽체에 사용된 것이며, 그 두께는 약 3.3~3.5cm이다.

13 국립중앙박물관, 『井內功寄贈瓦甎圖錄』(1990, 삼정인쇄공사.), 75~82쪽의 그림 241-268 참고.

14 이와 유사한 것으로 新羅의 甓塔이 있다. 벽탑은 습기나 빗물에도 썩지 않는 벽전을 사용하여 축조하였지만, 안동 법흥사터 7층 벽탑과 법림사터 5층 벽탑의 층이 있는 屋蓋 상부에 기와가 남아 있다. 이러한 예를 통해서도 적석무덤에 사용된 벽전은 기와와 같은 목적에 의해 사용되었던 것으로 추정할 수 있다. 그러나 과연 어떻게 벽전을 설치하였는지는 벽전과 적석무덤의 특징 등을 통해 연구해야할 부분일 것이다.

15 최무장·임연철, 『고구려 벽화고분』(1990, 신서원.), 58쪽에서는 껴묻거리[副葬品]를 통해 석실무덤이 적석무덤의 後行 형식임을 밝히고 있다.

王:179~197) 대에 왕권강화와 통치체제의 중앙집권화를 진전시켰고, 미천왕(美川王:300~331)은 313년 낙랑을 축출하여 대동강 유역으로 진출하였다. 또한 장수왕(長壽王:413~491)은 427년에 귀틀무덤과 벽전축 무덤 등 낙랑문화가 산재한 대동강 유역 즉, 평양(平壤)으로 천도(遷都)하여 정치·경제 등 가장 완비된 제도를 갖추게 되었다. 따라서 3~4세기부터 고구려의 무덤 형식은 적석무덤에 이어 석실무덤이 축조되기 시작한 것으로 추정되며,[16] 이는 모든 연구자들의 공통적인 의견이라 할 수 있다.[17] 그러므로 고구려의 석실무덤에서는 낙랑 벽전축 무덤과 유사하게 석재와 벽전을 함께 사용하거나, 측실을 포함한 여러 묘실을 축조하고, '丁'자형 평면의 무덤, 석재를 사용한 궁륭천장이 나타나며, 벽체를 곡면으로 축조하는 경우도 있다.[18] 그러나 그 속에는 고구려 자체의 무덤형식이 남아 있는데, 무덤의 축조재료가 그것이다. 즉, 적석무덤 축조 재료였던 석재를 고수하면서, 지하의 횡혈식 무덤인 석실무덤을 축조한 것이다. 이는 적석무덤에 비해 재료 채취에 많은 노력이 감소될 뿐만 아니라 묘실 내부를 보존하는데 우수하고, 봉토 구축에서 복잡한 기술적 문제들이 없어지기 때문일 것이다.[19] 그러므로 여기서는 낙랑 벽전축 무덤과 연관되는 궁륭천장 석실무덤과 벽전을 사용한 석실무덤 등을 간략하게 살펴보기로 한다.

2-1. 궁륭천장 석실무덤

고구려 석실무덤 중 낙랑 벽전축 무덤의 궁륭천장과 유사한 천장형식은, 벽전 형태의 할석(割石)·자연석·판석(板石) 등을 사용하여 축조한 궁륭천장·꺾음천장·궁륭천장과 3각

16 최무장과 임연철은 『고구려 벽화고분』(1990, 신서원.), 78쪽에서 3세기로 주장하고 있고, 궁성희는 「삼국시기 돌칸흙무덤과 그 공통성에 관한 연구」(과학백과사전종합출판사, 『고고민속론문집』11, 1988. 7.), 69~71쪽에서 역시 3세기에 고구려의 평천장 석실무덤이 발생한 것으로 보고 있다. 또한 김원용은 『한국벽화고분』(1980, 일지사.), 50쪽에서 357년 이후에 축조된 안악 3호 무덤을 상한 연대로 보고, 고구려의 평양 천도 이후에 석실무덤의 축조가 본격화된 것으로 주장한다. 윤장섭 역시 『한국의 건축』(1996, 서울대학교출판부), 94쪽에서 350~450년경으로 추정하고 있다.

17 최무장·임연철, 『고구려 벽화고분』(1990, 신서원.), 62~63쪽 참고. 또한 낙랑의 벽전축 무덤을 연구한 홍진식 역시 벽전과 석재를 함께 사용한 무덤은 낙랑 벽전축 무덤이 고구려의 석실무덤으로 변화하는 중간과정을 나타낸다고 주장하고 있다(홍진식,「낙랑전축묘에 대한 일고찰」『부대사학』제17집, 1993. 6., 부산대학교사학회, 33~39쪽 참고.).

18 또한 김용준은 『고구려 고분벽화 연구』예술사연구총서 제1집,(1958, 과학원출판사.), 13~20쪽에서 고구려의 평천장 석실무덤과 고임천장 석실무덤이 漢의 무덤과 유사하므로, 그 영향에 의해 축조된 것으로 추정한다. 그 예로는 중국 요양 남문 밖 석실무덤과 요양 삼도호 요업 현장 제1호 무덤이 고구려의 요동성총과 유사한 점, 봉태자둔 벽화무덤·기남 한화상 석실무덤이 357년 이후에 축조된 안악 3호 무덤과 유사한 점 등이다.

19 최무장·임연철, 『고구려 벽화고분』(1990, 신서원.), 78~79쪽 참고.

▶3-4

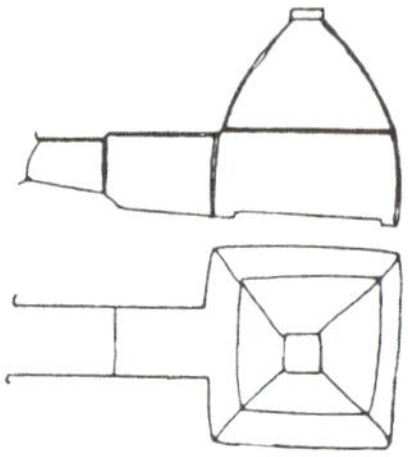

▶3-5

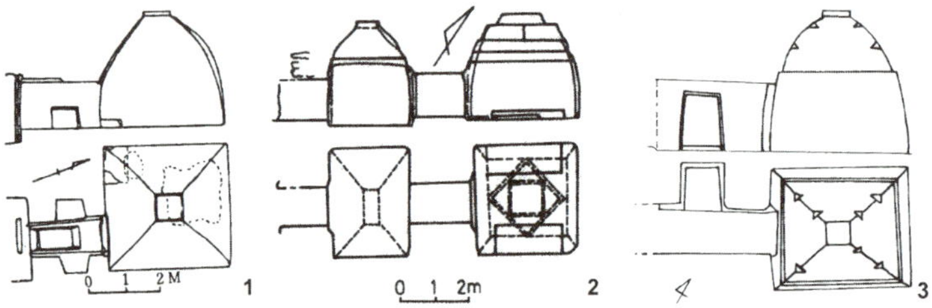

▶3-6

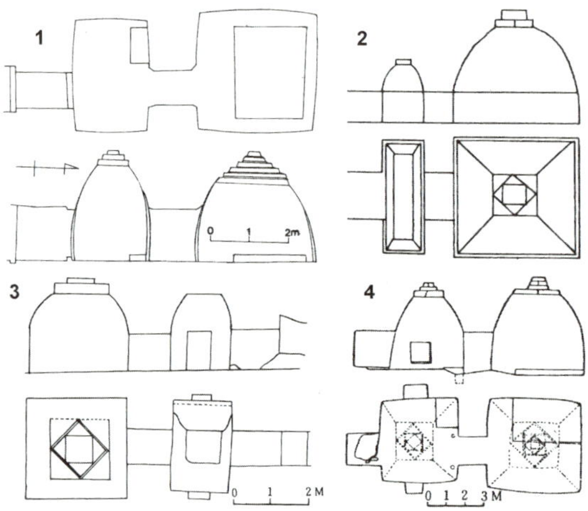

그림 3-4 **꺾음천장 석실무덤 환문총**

(출전 : 김원용, 『한국벽화고분』(1980, 일지사.), 115쪽.)

그림 3-5 **궁륭천장 석실무덤**

1. **복사리 벽화무덤** 2. **모두루총** 3. **통구 12호 무덤**

(출전 : 최무장·임연철, 『고구려 벽화고분』(1990, 신서원.), 49·116·51쪽.)

그림 3-6 **궁륭3각고임천장 무덤**

1. **덕흥리 무덤** 2.. **산연화총** 3. **감신총** 4.**약수리 벽화무덤**

(출전 : 1 : 최무장·임연철, 『고구려 벽화고분』(1990, 신서원.), 50쪽 \ 2~4 : 김원용, 『한국벽화고분』 (1980, 일지사.), 114·103·98쪽.)

고임천장을 혼합한 궁륭3각고임천장 등이 있다.[20] 먼저 꺾음천장은 수직으로 축조한 벽체 위에 궁륭천장을 축조한 경우이며, 환문총(環文塚)과 진파리 10호 무덤이 대표적이다. 특히 환문총의 궁륭 모서리는 서로 연결하지 않고 45°로 분리하여 축조하였는데,<그림 3-4> 이는 낙랑 벽전축 무덤의 궁륭천장과 동일한 축조 방법이며, 외부에서만 작용하는 토압에 효과적으로 저항할 수 있다. 꺾음천장과 다르게 궁륭천장은 벽체와 천장이 구별되지 않고 벽체에서 천장까지 곡면을 이루며, 천장 정상은 하나의 판석을 덮어 마무리하므로, 벽전으로 축조한 궁륭과 더욱 유사하다. 이러한 무덤에는 복사리 벽화무덤과 모두루총의 전실·통구 12호 무덤 등이 있는데,(<그림 3-5>) 복사리 벽화무덤은 3.6×3.55m 크기의 정방형 묘실을 10㎝ 내외의 편마암을 깨서 벽전을 쌓듯이 축조하였고, 통구 제12호 무덤의 궁륭 모서리는 45°로 분리하여 접합하고 있다.

궁륭3각고임천장은 궁륭천장을 축조하고, 그 상부에는 한 장의 판석 대신 3각고임천장[抹角藻井]을 축조하는 혼합된 형식으로, 약수리 벽화무덤·덕흥리 벽화무덤·감신총·산연화총 등이 대표적이다.(<그림 3-6>) 뒤의 두 무덤 벽체는 수직으로 축조하고, 그 상부에 궁륭천장을 축조하였으며, 2단의 3각고임으로 마무리하였다. 모두루총과 함께 약수리 벽화무덤·덕흥리 벽화무덤 묘실은 전실과 후실로 나누어 낙랑의 벽전축 무덤의 '呂'자형 2실 무덤과 유사한데, 특히 각 묘실은 연접하지 않고 4면의 벽체를 독립적으로 축조하여 낙랑 벽전축 무덤의 특징과 동일하다. 또한 천장형태는 위가 뾰족한 방추형이고, 벽체는 묘실 외부로 불룩한 곡면으로 축조하였는데, 이는 낙랑 벽전축 무덤의 곡면쌓기[胴張]와 유사한 특징이라고 할 수 있다.[21]

20 또한 3각고임천장을 합한 천장 중에는 궁륭평행3각고임천장 형식도 있다. 이외에 고구려 석실무덤의 천장은 평천장, 抹角藻井이라 불리는 3각고임천장·8각고임천장·평행3각고임천장 등으로 분류한다. 특히 평천장 무덤의 벽체는 벽전 형태의 割石을 사용하고, 큰 板石으로 평천장을 축조하였는데, 4면의 벽체가 모두 묘실 안쪽으로 휘어진 곡선이다. 따라서 낙랑 벽전축 무덤에서와 같이 土壓에 대해 고려한 것을 알 수 있다. 궁성희는 평천장을 고구려 자체에서 발생하여 궁륭천장으로 발전되는 초기 형식으로 주장하기도 한다(궁성희, 「삼국시기 돌칸흙무덤과 그 공통성에 관한 연구」『고고민속론문집』11, 1988. 7., 과학백과사전종합출판사, 68~69쪽 참고.). 그러나 여기서는 이러한 석실무덤에 대해 자세히 언급하지 않고, 낙랑 벽전축 무덤과 관계된 것으로 추정할 수 있는 궁륭천장의 석실무덤만을 살펴보기로 한다.

21 황해도 봉산군의 帶方太守 張撫夷 무덤 역시, 벽전으로 쌓고 궁륭천장을 축조한 낙랑의 벽전축 무덤인데, 무덤길은 중앙에 위치하고 前室은 장방형이며, 後室은 방형이다. 또한 고구려 석실무덤인 용강대총·연화총·대안리 1호 무덤·가장리 벽화무덤·천왕지신총 등은 장무이 무덤과 그 평면이 유사하므로, 연관성이 제기되기도 하였다(김용준, 『고구려 고분벽화 연구』예술사연구총서 제1집, 1958, 과학원출판사, 27~28쪽과 朝鮮總督府, 『朝鮮古蹟圖譜』1권, 1915, 37쪽의 도판 135·136. / 김원용, 『한국벽화고분』, 1980, 일지사, 106쪽 참고.).

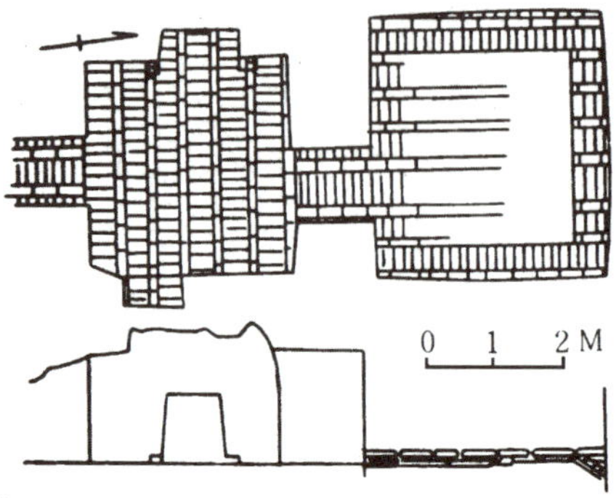

▲3-7

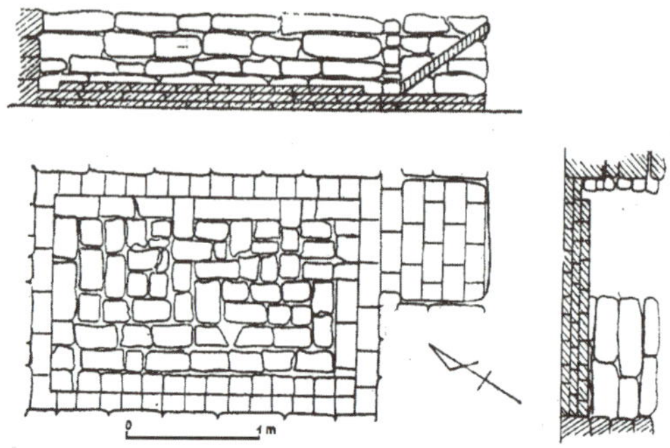

▲3-8

▶3-9

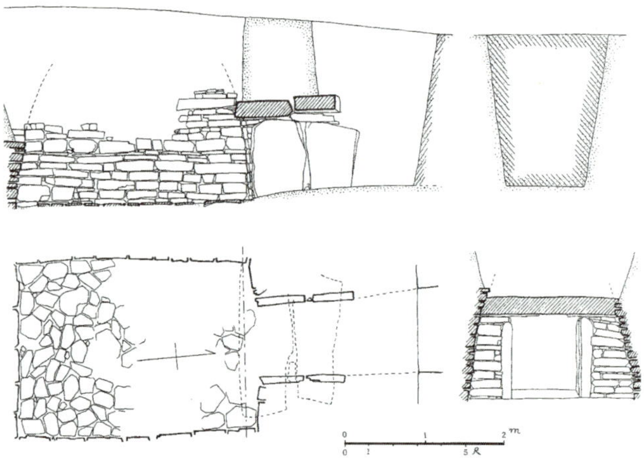

그림 3-7 **평양역전 벽화무덤**

(출전 : 김원용, 『한국벽화고분』(1980, 일지사.), 48쪽.)

그림 3-8 **정백리 101호 무덤**

(출전 : 리순진, 「낙랑구역일대의 고구려돌칸흙무덤에 대하여」(『조선고고연구』1990년 제4호, 사회과학원고고학연구소), 4쪽.)

그림 3-9 **남정리 119호 무덤**

(출전 : 朝鮮古蹟硏究會, 『古蹟調査報告 昭和10年度 樂浪王光墓』(1935.), 도판제90.)

이렇게 궁륭천장에 속하는 고구려 석실무덤은 외부 토압을 고려하여 궁륭을 설치하고, 벽체와 궁륭의 모서리는 45°로 가공하여 분리해 축조하였으며, 벽체는 평면과 단면에서 곡면을 이루는 무덤도 있다. 또한 평면에서도 전실과 후실은 구조적으로 독립된 4면의 벽체를 별도로 축조하여 안정된 무덤을 축조할 수 있었는데, 이와 같은 고구려 석실무덤의 평면과 천장, 그에 따른 구조 특징은 동일한 지역에 선행하였던 낙랑 벽전축무덤의 특징과 동일하므로, 낙랑의 무덤 축조방법에서 영향 받은 것을 추정할 수 있다.

2-2. 벽전사용 석실무덤

낙랑과 고구려의 강역이었던 평양의 무덤에서는 벽전과 벽전형태의 할석(割石)을 함께 사용한 무덤들이 발견되어, 낙랑의 벽전축 무덤에서 고구려 석실무덤으로 변화하는 중간과정의 무덤으로 추정되고 있다. 전형적인 벽전축 무덤과 석실무덤은 낙랑과 고구려에 속하는 그 분류가 명확하지만, 벽전과 할석을 동시에 사용한 무덤들은 그 중간에 위치하게 되는 것이다.[22] 이러한 무덤은 평양역전 벽화무덤·동이(佟利)무덤과 정백동 101호 무덤 등이 있다.

평양역전 벽화무덤은 정방형 전실과 후실을 축조한 2실 무덤이고, 천장은 붕괴되었지만 석재를 사용하여 궁륭천장을 축조한 것으로 추정되며,[23] 전실 좌우에 감실(龕室)[24]을 설치하였다. 벽체는 할석으로 축조하였지만, 바닥은 회흑색 벽전 즉, 전(甎) 2겹을 평행으로 깔고,(<그림 3-7>) 동편 감실은 벽전을 3횡1수 쌓기로 축조하여 낙랑 벽전축 무덤과 동일하다. 그러나 내부 벽면에는 석회를 바르고, 벽화를 그리는 고구려 석실무덤의 특징 역시 나타내고 있다. 같은 지역에서 발견된 동이(佟利)무덤은 제2장에서도 살펴보았는데, 천장은 벽전과 할석으로 축조한 궁륭천장이고, 벽체 내부에는 석회를 발랐다.(<그림 2-14>의 6) 또한 벽체의 벽전쌓기는 전형적인 벽전축 무덤과 다르게, 3횡1수의 3횡만 0.5B 쌓기로 축조하여,(<그림 2-21> 참고) 후기의 벽전축 무덤으로 추정되는데, 무

22 이러한 무덤들은 각 연구자에 따라 낙랑 또는 고구려에 속하는 무덤으로 분류하기도 하며, 대동강 유역에서 발견된 무덤 중 할석으로 축조한 궁륭천장 무덤인 남정리 119호 무덤 역시 낙랑과 고구려 중 어느 시기의 무덤인지 명확하게 밝혀진 것이 없다.

23 김원용,『한국벽화고분』(1980, 일지사.), 48쪽.

24 김원용은『한국벽화고분』(1980, 일지사.), 48쪽에서 側室이라고 하였지만, <그림 3-7> 도면에서 보는 것과 같이 측실과는 전혀 다른 감실로 보아야 할 것이다.

엇보다 그 축조시기는 A.D.353년으로 낙랑 멸망 이후이다. 정백리 101호 무덤은 평양 대동강의 남쪽, 낙랑의 벽전축 무덤이 산재해 있는 낙랑구역 내에 위치한다. 할석으로 축조한 벽체는 수직이고, 내부에는 석회를 발랐으며, 천장은 평행3각고임천장으로 고구려 석실무덤의 특징을 볼 수 있다. 그러나 묘실과 무덤길 바닥은 낙랑 벽전축 무덤에 사용된 벽전과 동일한 벽전으로 깔았고, 벽전 관대를 설치하였으며,<그림 3-8> 벽전축 무덤인 낙랑동 27호 무덤과 동일한 껴묻거리가 출토되었다.[25] 따라서 고구려 석실무덤의 특징과 낙랑의 벽전축 무덤의 특징을 동시에 보이고 있다고 할 수 있다.[26]

이상에서 살펴본 무덤은 벽전과 할석을 함께 사용하였으므로, 평양 지역의 벽전축 무덤이 석실무덤으로 전이되는 단계의 무덤으로 추정되기도 하고,[27] 한(漢)의 유민들의 고구려화(高句麗化)하는 과정으로 보고 있다.[28] 즉, 앞의 두 무덤에서 발견된 껴묻거리[副葬品]들은 한(漢)의 무덤들과는 다르며, 삼국의 껴묻거리들과 유사하기 때문이다.[29] 또한 바닥에 벽전을 사용한 것이 공통점이라고 할 수 있는데, 석실무덤인 평양역전 무덤과 정백리 101호 무덤은 바닥에서 유입되는 습기와 지하수·식물의 뿌리 등을 막고, 주검과 껴묻거리를 오래 보존하기 위한 것으로 생각한다. 벽전은 방형 또는 정방형이므로 벽전과 벽전 사이에 틈이 생기지 않고, 석회를 사용하면 완전히 밀폐시킬 수 있기 때문이다.

이 외에도 할석으로만 축조한 남정리 119호 무덤은 장방형 묘실 좌우 벽면이 평면

25 리순진, 「낙랑구역일대의 고구려돌칸흙무덤에 대하여」(『조선고고연구』1990년 제4호, 사회과학원고고학연구소.), 4·7쪽 참고.

26 이 외에도 평양 대성산 주변의 고산동 제10호 무덤과 7호 무덤의 무덤길을 폐쇄한 석재에서 벽전이 발견되었는데, 색깔은 청회색으로 25×15×3.5㎝이고, 네 측면에는 각종 기하학적인 무늬가 있으며, 상하의 넓은 면에는 돗자리 무늬가 있다(사회과학원 고고학 및 민속학 연구소, 『유적발굴보고 제9집-대성산 일대의 고구려 유적에 관한 연구』, 1964, 사회과학원출판사, 48쪽.). 또한 황해도 안악1호 무덤의 무덤길 입구 양 벽면에 흑회색의 기하학 무늬를 가진 벽전 2장이 발견되었지만(고고학 및 민속학 연구소, 『유적발굴보고 제4집-안악 제1호 및 제2호분 발굴보고』, 1960, 과학원출판사, 5쪽.), 명확한 용도를 확인할 수 없다. 우산의 돌무지무덤인 우산하 3319호분에서는 4세기 중엽의 구름무늬 수막새와 함께 무문벽전이 발견되어, 무덤의 주인이 소수림왕이라고 보는 견해도 있다.(김성구, 『옛 전돌』, 1999, 대원사, 36~37쪽 참고.). 송재선은 평안남도 安州郡 鷹岩里와 평안북도 博川郡 德星里에서 각각 고구려의 벽전축 무덤 1기씩이 발견되었다고 하지만, 다른 문헌에서는 확인할 수 없다(송재선, 『우리나라 벽돌』, 1991, 한국점토벽돌공업협동조합, 49쪽 참고.).

27 황기덕·박진욱·정찬영, 「기원전5세기-기원3세기 서북조선의 문화」(『고고민속론문집』3, 1971, 사회과학출판사.), 94쪽 참고.

28 김용준, 『고구려 고분벽화 연구』예술사연구총서 제1집(1958, 과학원출판사.), 29~30쪽 참고.

29 또한 김용준은 8각고임천장과 장무이 무덤 등 전실이 장방형인 무덤, 돌기둥이 있는 무덤은 漢의 무덤 형식과 고구려 무덤 형식이 혼합되어 고구려의 특수 무덤 형식으로 발전된 것으로 주장한다.

과 단면에서 모두 곡면이고, 천장은 궁륭천장으로 추정된다. 또한 무덤길 천장은 대형 판석을 덮어 축조하였는데, 이는 후기 벽전축 무덤과 동일한 특징이다.<그림 3-9> 따라서 남정리 119호 무덤은 벽전은 사용하지 않았지만, 낙랑 벽전축 무덤과 동일한 구조특징을 나타내고 있어, 낙랑 벽전축 무덤 이후의 형식 또는 낙랑 벽전축 무덤이 고구려의 석실무덤으로 전이되는 과정의 무덤형식으로 추정되고 있다. 더 나아가 남정리 119호 무덤형식은 대동강 유역에 진출한 사실이 있는 백제의 석실무덤에도 영향을 준 것으로도 추정되고 있어,[30] 중요한 무덤 중 하나라고 할 것이다.[31]

이상에서 살펴본 평양지역의 궁륭천장 석실무덤, 벽전을 사용한 석실무덤의 특징을 통해, 낙랑의 벽전축 무덤 형식이 고구려의 석실무덤에까지 이어지고 있음을 추정할 수 있는데, 이는 벽전 색깔을 통해서도 유추할 수 있다. 집안 지역 적석무덤에 사용된 벽전과 기와는 주로 붉은색이지만, 평양지역의 석실무덤에 사용된 벽전은 회흑색을 띠고 있다. 한국에서 발견된 벽전 중 붉은색 계열은 오직 고구려만의 특징이며, 낙랑은 물론 백제와 신라·고려(高麗)·조선(朝鮮)까지 이어지는 한국 전통의 회흑색 벽전과는 다른 것이다. 이러한 차이는 제1장에서 살펴본 소성(燒成)방법 차이에 의한 것인데, 마지막 가마불 작업에서 모든 구멍을 막아 산소 공급을 차단하고 전수법(轉銹法)을 하는 환원(還元)소성에서는 회흑색의 벽전을 생산할 수 있다. 그러나 모든 구멍을 열어 놓는 산화(酸化)소성에서 기와와 벽전은 모두 붉은색 또는 적갈색을 띠게 된다.[32] 그러므로 평양 천도 이전에는 모두 산화소성만으로 벽전과 기와를 생산한 것을 알 수 있으며, 이는 고구려 고유의 생산방법이었던 것이다.

그러나 427년 천도한 평양에서는 붉은색 기와와 벽전이 발견되기도 하지만, 주로 재색 및 흑색 등이 많아, 회흑색 기와와 벽전은 고구려 후기 또는 5세기 이후 제작되기 시작한 것으로 추정하고 있으며,[33] 이를 통해 산화소성에서 전수법에 의한 환원소성으

30 백제의 초기 석실무덤에서도 남정리 119호 무덤과 유사한 형식의 무덤이 나타나므로, 백제 역시 낙랑의 영향을 받은 것으로 추정되고 있는데, 이와 관련한 것은 제4장에서 살펴보기로 한다.

31 홍진식은 낙랑 벽전축 무덤 이후의 석실무덤 중 남정리 119호 무덤을 1유형, 2실 무덤을 2유형, 2실과 측실 또는 감실이 있는 무덤을 3유형으로 구분하였으며, 각 유형들을 일련의 변화과정으로 추정 있다(홍진식,「낙랑전축묘에 대한 일고찰」『부대사학』제17집, 1993. 6., 부산대학교사학회, 30~31쪽 참고.).

32 조선기술발전사편찬위원회, 『조선기술발전사 2-삼국시기·발해·후기신라편』(1996, 과학백과사전종합출판사.), 158쪽과 김성구, 『옛 기와』(1992, 대원사.), 100~101쪽 참고.

33 조선기술발전사편찬위원회, 『조선기술발전사 2-삼국시기·발해·후기신라편』(1996, 과학백과사전종합출판사.), 157

로 그 생산 방법이 변화한 것을 알 수 있다. 이러한 변화 속에는 고구려 자체의 변화요인도 있을 것이지만, 다른 문화와의 교류를 통한 영향이 더욱 큰 것으로 생각할 수 있는데, 372년 전진(前秦)으로부터 불교(佛教)가 전래되고, 427년 방어 위주의 산 속 도시로부터 넓은 평야로 천도하여 다른 문화와 적극적인 교류를 꾀하였기 때문이다.[34] 그러므로 적석무덤에서의 벽전사용과 석실무덤의 벽전사용은 서로 다른 의미를 내포하고 있는데, 적석무덤에서 발견된 붉은색의 기와와 벽전은 고구려 자체에 내재되어 있던 생산방법과 그에 따른 벽전사용으로 보아야 한다. 그러나 새로운 생산방식에 의한 회흑색 벽전과 함께, 석실무덤의 벽전사용과 그 형식은 새로운 문화와의 교류와 그 영향에 의한 것임을 알 수 있는 것이다.

쪽과 박진욱, 『조선고고학전서-중세편 고구려』(1991, 과학백과사전종합출판사.), 187쪽 참고.

34 또한 입면에서 ⅓이상을 차지하는 지붕에 다른 색깔의 기와를 사용하는 것은 전체 건물의 인상에 많은 변화를 초래하는 것이며, 건축에 관한 당시 사람들의 관념에도 관련되는 것이다. 따라서 이러한 급작스런 변화는 고구려 내의 변화이기 보다 외래문화와 교류를 통한 것으로 생각해야 할 것이다.

3-2. 벽전 구조와 목조의 혼합 : 벽탑

이와 같이 평양 천도를 기준으로 고구려의 벽전 색깔과 쓰임이 달라지고 있는데, 고구려의 강역이었던 요하(遼河) 동쪽 선양[瀋陽]에는 고구려의 벽탑(甓塔)으로 추정되는 검은색 벽전으로 축조된 탑이 남아 있다.(<그림 3-10·11>) 불교에서 탑파(塔婆)는 사리(舍利)신앙의 중심·예배의 대상인데, 한국에서는 불교 전래 이후 중국의 다층(多層) 목탑형식이 6~7세기에 유입, 축조되기 시작한 것으로 추정하고 있다.[35] 특히 신라는 634년 축조된 벽탑(甓塔) 계열인 분황사(芬皇寺) 모벽탑(模甓塔)[36]에 기원을 두고,[37] 한국을 대표하는 전형석탑을 창조하였으며, 8세기로 추정되는 벽탑과 모벽탑들이 남아 있다.[38] 그러나 고구려에는 목탑은 물론 석탑 하나 남아 있지 않으며, 그 형식 역시 명확하게 밝히지 못하고 있어, 고구려의 것으로 추정되는 벽탑은 삼국의 탑파와 그 영향관계를 연구하는데 귀중한 자료가 된다고 할 수 있다. 또한 백제와 신라에는 벽전으로 축조한 건축 즉, 무덤과 탑이 남아 있지만, 고구려에서 이 벽탑은 현존하는 고구려 벽전건축 또는 지상건축으로 유일한 것이며, 고구려 벽전쌓기와 건축특징을 살펴볼 수 있는 매우 중요한 유구이다. 따라서 이 장에서는 고구려 벽탑의 벽전쌓기와 건축특징을 살펴보는 것에 주안점을 두며, 당시 고구려는 물론 신라와 백제·고려 등의 유적들과의 비교를 통해 살펴보기로 한다.[39]

35 장충식, 『한국의 탑』(1989, 일지사.), 9쪽.

36 신라 석탑은 크게 3가지로 구분하는데, 感恩寺 석탑을 시작으로 하는 전형석탑이 대표적이며, 甓塔과 관련하여서는 벽전 형태의 할석으로 축조한 模甓塔, 벽탑 형태를 모방한 模甓石塔이다. 그 중 석재를 쌓아 축조한 모벽탑은 벽탑의 형태와 구조특징이 동일하므로, 벽탑의 일종으로 보아야 한다. 따라서 본 연구에서는 '塼塔系 模塼石塔' 등 기존 용어를 대신하여, 할석을 쌓아 벽탑을 모방한 탑을 '模甓塔'이라고 지칭한다.

37 장충식, 『신라석탑연구』(1987, 일지사.), 81쪽.

38 이러한 사실에 대해 많은 의문점들이 있는데, 삼국은 모두 초기에 목탑을 축조하였지만 신라만이 분황사 모벽탑과 같은 벽탑형식에 기원을 두고 있다. 또한 모벽탑은 말 그대로 벽탑을 모방한 형식이다. 그러나 신라는 벽탑 없이 벽탑을 모방한 모벽탑을 먼저 축조하였으며, 그 이후에 벽탑이 발생한 것으로 알려져 있어 벽탑발생의 선후에도 문제점이 있는 것이다. 이와 관련된 자세한 내용은 제5장에서 검토할 것이다.

39 고구려 벽탑에 관한 구체적인 연구는 없지만, 신영훈의 『절로가는 마음』1(1994, 책만드는집.), 104쪽과 김왕직의 『탑과 사방불』(1995, 삼선포교원·삼선승가대학.), 133~136쪽에는 사진과 함께 벽탑에 대한 간략한 설명이 있어 참고가 된다. 또한 이 두 연구자는 모두 고구려의 벽탑으로 확정하고 있는데, 이능기의 「안동지역 塼塔의 조형성 연구」(1994, 한국교원대학교 대학원 미술교육학과 석사학위논문.), 41쪽에서도 고구려 벽탑으로 보고 있다.

▶ 3-10

▶ 3-11

그림 3-10 석불일촌(石佛一村)에서 보이는 칠성산(七星山) 정상의 고구려 벽탑의 전경
그림 3-11 고구려 벽탑의 전경

1. 고구려 벽탑의 개요

고구려 벽탑은 중국 선양[瀋陽]의 북쪽, 신성자(新城子) 석불일촌(石佛一村)의 주산(主山)인 칠성산(七星山) 정상에 위치하고 있으며, 그 절터는 현재 확인할 수 없다. 벽탑은 대부분 파손되어 그 원형을 알 수 없지만, 기단과 1층 탑신(塔身)에 해당하는 부분 1면이 남아 있다.<그림 3-11> 탑신 중앙에는 홍예를 축조한 감실(龕室)을 설치하고, 그 뒷면을 막아 불상(佛像)을 안치하였던 것으로 추정하며, 감실 좌우에는 입상(立像)을 설치하였던 흔적이 있다. 감실 상부에는 용과 태양·구름·비천상(飛天像)을 부조(浮彫)한 벽전이 중심과 좌우에 배치되어 있는데, 일반 벽전과는 별도로 제작하여 탑의 축조 때에 함께 설치하였다. 또한 기단 좌우에 하나씩, 탑신 좌우 각 3개씩, 한 면에 모두 8개의 용도를 알 수 없는 구멍들을 설치하였고, 좌우에 파손이 심한 기단과 탑신에서도 동일한 위치에서 확인할 수 있어, 각 면 모두에 설치하였던 것으로 생각한다. 현존하는 탑의 후면은 부착용 석회와 함께 벽전이 그대로 노출되어 있고,(<그림 3-12>) 사리장치(舍利裝置)가 있었던 심초석(心礎石)자리는 이미 도굴된 상태로 방치되어 있어 탑의 근원을 밝힐 수 있는 명확한 근거자료는 없어진 상태이다.(<그림 3-13>)

고구려 벽탑의 평면형태는 현재 남아 있는 부분을 통해 6각형으로 추정되고 있는데,[40] 6각 평면의 탑은 평양에 남아 있는 고구려 금강사터·정릉사터·토성리(土城里) 절터 등의 8각 목탑터 평면형태와 다른 것이다.(<그림 3-14>) 또한 고구려의 석탑은 남아 있지 않지만, 『삼국유사』에서는 고구려 영탑사(靈塔寺) 7층 석탑이 8각 평면이었다고 한다.[41] 백제와 신라에서 축조한 현존하는 석탑 중 6각 평면을 가진 것은 없으며, 단지 고려 금산사(金山寺) 다층 석탑의 평면이 6각이고, 탑신 6면에 부처를 새겼고, 북한에 현존하는 고려 홍복사(弘福寺) 7층 석탑 역시 6각이며, 각 층, 각 탑신에는 감형(龕形)을 설치하여, 고구려 벽탑이 6각이라면 이와 유사하였을 것으로 생각한다.[42] 또한 중국 벽탑은

40 김왕직, 『탑과 사방불』, 1995, 삼선포교원·삼선승가대학, 133~134쪽. 또한 심초석 역시 6각 형태로 보이므로, 벽탑 역시 6각으로 추정할 수 있다.

41 『삼국유사』 제3권 「塔像」 제4 '高麗 靈塔寺'.
… 錫杖을 그의 앞에 놓고 땅을 가리키면서 말하기를 "이 속에 8면으로 된 7층의 석탑[八面七級石塔]이 있을 것이다"하므로, 땅을 파니 과연 그러했다. 이에 절을 세우고 이름을 영탑사라 하고 그곳에서 살았다.

42 진홍섭, 『한국의 석조미술』, 1995, 예경출판사, 273~275쪽 참고.

▶ 3-12(좌)

▶ 3-13(우)

▶ 3-14

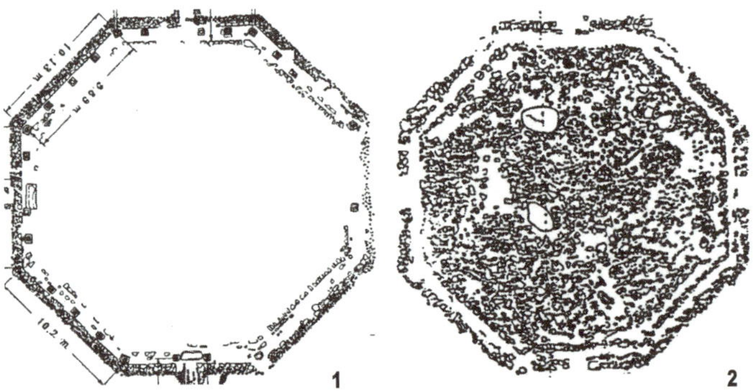

그림 3-12 **고구려 벽탑의 후면과** 心礎石

그림 3-13 **고구려 벽탑의** 心礎石**자리**

그림 3-14 **고구려** 金剛寺·定陵寺 **목탑터**

(출전 : 朝鮮古蹟硏究會, 『昭和13年度 古蹟調査報告』(1940.), 도판제10. \ 김정기, 「고구려 정릉사지 및 토성리사지 발굴보고개요와 고찰」(동국대학교박물관, 『불교미술』10, 1991. 3.), 27쪽.)

주로 4·8각형이 대부분이고 12각형도 있지만, 6각형 평면의 탑은 희귀한데,[43] 600년에 축조한 오대산 불광사(佛光寺) 조사탑(祖師塔)이 대표적이다. 그러나 이러한 특이한 6각 평면으로 추정하는 고구려 벽탑의 평면형태는 정확한 실측조사 후에 결론지을 수 있을 것으로 생각한다.

2. 벽전쌓기의 특징

2-1. 벽전쌓기

고구려 벽탑은 38×15×7㎝의 벽전을 사용하였는데, 많은 부분이 파손되어 전체 벽전쌓기를 파악할 수 없고, 현존하는 탑신에서도 특정한 쌓기방법을 발견할 수 없다. 그러나 기단 외면에는 일정한 벽전쌓기로 축조하였는데, 현대의 불식(佛式) 또는 프랑스식 쌓기[Flemish bond]와 동일하다. 즉, 한 단에서 수평으로 벽전 길이면과 마구리면을 번갈아 축조하는 것이며, 상하에서도 마구리면과 길이면이 번갈아 나타난다.(<그림 3-15·16>) 따라서 기단면 전체에 길이면과 마구리면의 일정한 무늬가 나타나며, 길이면으로 쌓은 벽전은 주위 6장, 마구리면으로 쌓은 벽전은 4장 벽전과 벽전 길이의 ¼이 엇물린다. 만약 상부의 집중하중을 가정하면, 하부에서는 하중을 지지하는 벽전의 수가 기하급수적으로 늘어나 하중을 지면으로 전달하게 된다. 따라서 전체 구조물을 안정하게 축조하는데 효과적인 방법이라고 할 수 있다.(<그림 3-16>)

이와 유사한 쌓기 방법은 안동에 남아 있는 신라 법흥사(法興寺)터 7층 벽탑[44]에서 찾아 볼 수 있다. 이 탑은 높이 14.8m[45]로 현존하는 신라 벽탑 중 규모가 가장 큰 탑이며, 8세기에 축조된 것으로 추정한다. 이 탑의 벽전쌓기는 각 부분에 따라 조금씩 다르지만 3층 탑신 남면은 고구려 벽탑과 완전히 동일한 쌓기법이 보인다. 또한 1층 탑신에서는 <그림 3-17>에서 보는 것과 같이 길이면과 마구리면을 번갈아 쌓는 것은 같지만, 벽전 4장이 단위가 되어 2단씩 통줄눈이 생기도록 쌓는다. 따라서 나타나는 무늬는 고구려 벽탑과 크게 다르지만, 마구리면과 길이면을 번갈아 쌓는 벽전쌓기의 개념은 동일한 것을 알 수 있다.

43 梁思成, 『圖說中國建築史』(1992, 세진사.), 153·156~157쪽 참고.

44 기존에는 '新世洞 7층 塼塔'이라고 불렸지만, 『永嘉誌』의 기록에 의하면 이 절터는 法興寺로 추정되므로, 이 벽탑의 명칭은 '법흥사터 7층 벽탑'이 옳은 것이다.

45 지금까지 탑의 높이는 16.4m로 알려져 왔으나, 2003년 안동시의 실측에 의해 14.8m로 확인되었다.

▶ 3-15

▶ 3-16(좌)
▶ 3-17(우)

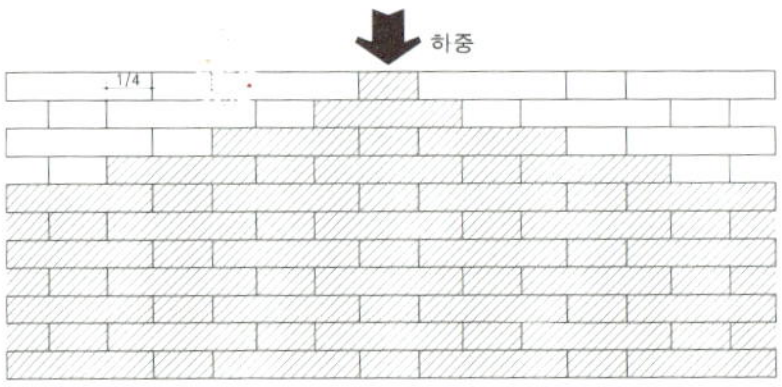

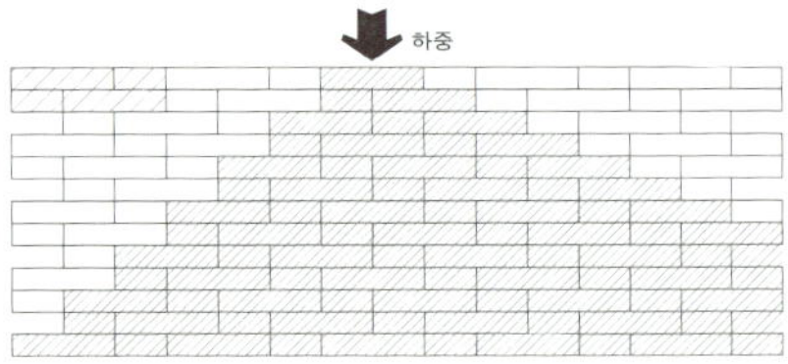

▶ 3-18(좌)
▶ 3-19(우)

그림 3-15 고구려 벽탑 기단의 벽전쌓기
그림 3-16 고구려 벽탑의 벽전쌓기와 하중 전달
그림 3-17 신라의 법흥사터 7층 벽탑의 벽전쌓기와 하중 전달
그림 3-18 고구려 벽탑 후면의 벽전쌓기
그림 3-19 태왕릉 발견 기와
(출전 : 朝鮮總督府, 『朝鮮古蹟圖譜』1권, 1915, 67쪽)

또한 고구려 벽탑 기단의 겉면이 파손된 부분에서는 내부의 벽전쌓기를 볼 수 있는데, 주로 벽전의 마구리면이 보이도록, 6각의 각 면에 수직으로 축조하였다.<그림 3-15> 즉, 외부에서 보이지 않는 내부는 주로 마구리면이 나타나도록 축조한 것이며, 겉면과 속면이 서로 다른 벽전쌓기 방법은 의도적인 것이다. 이러한 특징은 3횡1수 벽전쌓기가 지배적이었던 낙랑 벽전축 무덤에서는 볼 수 없는 방식으로, 길이면과 마구리면을 번갈아 쌓는 이 벽전쌓기는 고구려에서만 볼 수 있는, 독자적인 벽전쌓기로 볼 수 있을 것이다.

벽탑 후면은 현재 어지럽게 벽전들이 노출되어 있는데, 여러 벽전들의 밑면에는 약 3㎝ 간격으로 0.3~0.5㎝ 깊이의 줄무늬를 발견할 수 있다.(<그림 3-18>) 주변 파편들을 통해 자세히 살펴보면 밧줄과 같이 사선의 동일한 무늬를 발견할 수 있는데, 이는 벽전 성형과정에서 주형 바닥에 밧줄을 설치하고 그 위에 잘 이겨진 흙을 채워 생긴 무늬로 보일정도로 일정하게 시문되어 있다. 이러한 줄무늬를 설치한 명확한 이유는 알 수 없으나, 줄무늬가 있는 면을 모두 밑면으로 사용한 것을 통해, 시공과정에서 상하의 벽전을 석회 몰탈(Mortar)을 통해 더욱 잘 부착시키기 위한 것으로 추정할 수 있다. 이는 태왕릉에서 발견된 기와에서도 동일한 무늬를 발견할 수 있는데,[46](<그림 3-19>) 낙랑의 모자벽전과는 또 다른 방식의 부착강도를 높이기 위한, 당시 고구려의 기와·벽전의 특징적인 부착방법이었던 것으로 생각할 수 있다.

2-2. 기둥과 공포

고구려 벽탑의 탑신 좌우 모서리에는 원기둥 2개가 남아 있는데, 6각 평면의 각 모서리에 있었을 것이다.[47](<그림 3-20>) 원기둥과 벽체 사이에는 흰색 수직줄눈을 넣었는데, 탑신 벽체를 축조한 벽전과 기둥을 축조한 벽전이 일체가 아니며, 기둥에 사용하는 원형(圓形) 벽전을 별도로 생산하여 장방형 벽전과 부착하였음을 알 수 있다. 벽탑은 가구식이 아닌 조적식이므로, 별도로 부착된 기둥은 구조적 의미를 갖지 못한다. 그러므로 배흘림·민흘림은 보이지 않지만, 목조건축의 원기둥을 표현하기 위해 부착된 기둥임

46 특히 국내성기의 고분군 기와에서는 이와 유사한 승문(繩文)을 주로 사용하여 격자문과 함께 고구려를 상징하는 대표적인 문양이다(백종오, 「고구려 기와 연구」, 2005, 단국대학교 대학원 사학과 박사학위논문, 2쪽 참고.).

47 중국에서는 東漢(25~220) 말기부터 목탑을 축조하였고, 北魏(386~534)에서는 목탑과 함께 벽탑도 축조하기 시작하였다. 현존하는 최고의 벽탑은 523년 축조한 河南 登封縣 嵩嶽寺塔인데, 1층 탑신에는 12각형 평면 각 모서리에 목탑과 유사한 角柱를 모사하여 고구려 벽탑 역시 유사하였을 것으로 생각한다.(<그림 3-33> 참고.)

▶3-20(좌)
▶3-21(우)

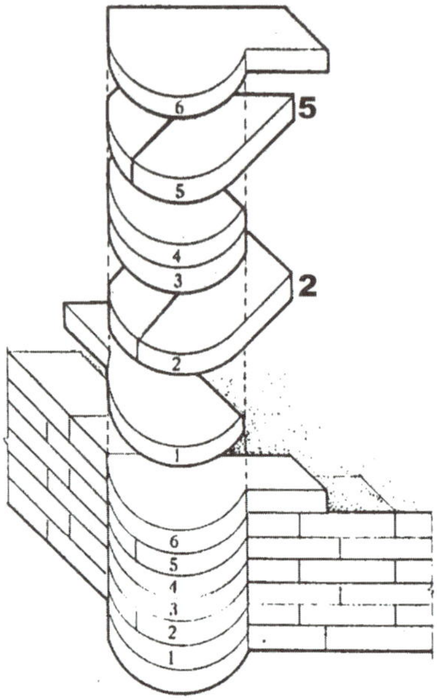

▶3-22

그림 3-20 고구려 벽탑의 기둥
그림 3-21 江蘇吳縣光福寺方塔의 벽전 원기둥
(출전 : 中國科學院自然科學史硏究所主編, 『中國古代建築技術史』(1990, 科學出版社.), 201쪽.)
그림 3-22 고구려 벽탑의 공포로 추정되는 부분 상세도

을 알 수 있으며, 결국 고구려에서는 목탑 이후에 벽탑이 발생한 것으로 생각할 수 있다. 또한 원기둥 표면에는 수직줄눈이 없고, 수평줄눈만을 볼 수 있어, 각 단은 하나의 원형 벽전을 쌓아 축조한 것을 알 수 있다. 만약 장방형 벽전을 가공하여 축조하였다면, 벽전 한 장으로는 원형을 만들어 내기 어렵기 때문에, 각 단은 2장 이상의 벽전을 수직줄눈으로 연결하여 축조하였을 것이지만, 수직줄눈이 보이지 않는다. 따라서 원형 벽전을 별도로 제작하여, 각 단은 하나의 벽전으로 축조한 것이다. 또한 <그림 3-21>은 축조시기와 규모가 고구려의 벽탑과는 다르지만, 벽체와 기둥을 일체로 축조하기 위해 특수한 형태의 벽전을 제작하였다. 특히 2·5번 벽전은 2장을 연결하여, 기둥면에는 수직줄눈이 생기므로, 고구려 벽탑의 원기둥 축조 방법과는 다른 것을 알 수 있다.

또한 <그림 3-20>과 <그림 3-22>의 기둥 좌우와 홍예의 상부에서는 형태를 알 수 없을 정도로 심하게 파손된 역삼각형의 흔적을 공통적으로 볼 수 있는데, 중국 벽탑과 유사하게 목조건축의 공포(栱包)를 표현한 것으로 생각한다. 목조건축과 같이 각 모서리에는 기둥을 표현하였으므로, 그 상부에서도 당시 목조건축의 가구를 표현하였을 것이기 때문이다. <그림 3-20>의 기둥 상부 중앙에서도 정교하게 가공된 각진 부분을 볼 수 있는데, 목재를 연결하기 위한 촉구멍과 유사하다. 따라서 이 구멍은 기둥 상부의 주두 또는 그와 연결하는 공포를 끼우기 위한 것으로 볼 수 있을 것이다. 그런데 중국의 벽탑은 기둥과 기둥을 연결하고, 간포(間包)를 받치는 창방(昌枋)을 표현하지만, 고구려 벽탑에서는 상부가 많이 훼손되어 창방의 흔적을 찾아볼 수 없으므로, 공포가 아닐 가능성도 있다. 그러나 기둥 양옆에는 공포의 흔적 하부와 동일한 높이에 구멍이 뚫려 있으므로,<그림 3-22> 이 구멍에 목재를 연결하여 창방을 설치하였을 가능성도 있다. 즉, 고구려 벽탑은 목조와 벽전건축을 혼합한 형식이기 때문이다.[48] 이러한 추정이 가능하다면, 고구려 벽탑은 목탑을 모방한 것이며, 기둥 윗부분에 주심포(柱心包), 탑신 각 면에는 3개의 간포를 설치한 벽탑일 것이다. 따라서 고구려 무덤 벽화에 표현된 공포와 함께 고구려 목탑 또는 목조건축을 연구하는데 중요한 단서가 될 수 있을 것으로 생각한다.

2-3. 부조판

감실 상부에는 무늬를 높게 돌출시킨 부조판을 볼 수 있는데,(<그림 3-23>) 홍예 위

48 이와 관련된 내용은 뒤에서 자세히 살펴볼 것이다.

▶3-23(좌)
▶3-24(우)

▶3-25(좌)
▶3-26(우)

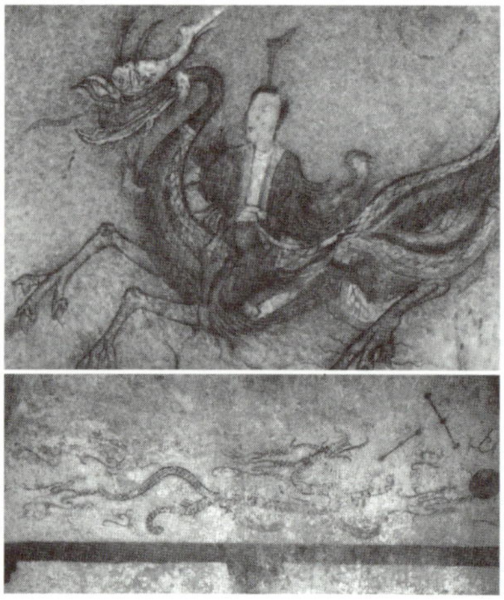

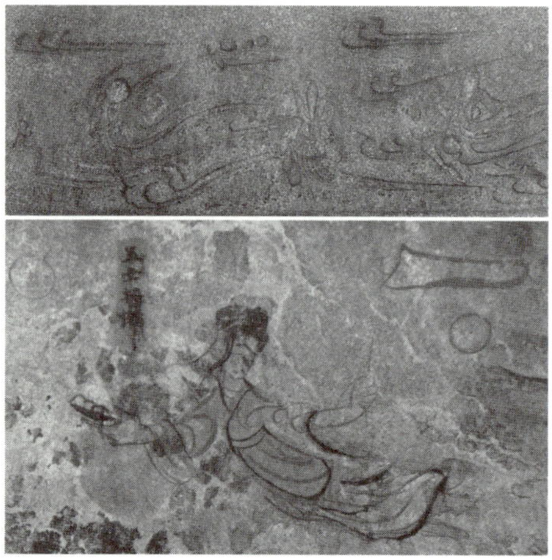

그림 3-23 **홍예상부의 부조판**
그림 3-24 **홍예상부의 부조판**
上 : **구름과 비천상** 下 : **용과 태양**
(안동대학교 정연상 교수 제공.)
그림 3-25 **고구려고분벽화의 청룡도**
1. **통구4호무덤** 乘龍仙人 2. **약수리벽화무덤 안칸동벽윗단 청룡과 해**
(출전 : 이태호·유홍준, 『고구려고분벽화』(1995, 도서출판풀빛.), 도판249·89.)
그림 3-26 **고구려고분벽화의 비천도**
1. **강서대묘 안칸 천장 받침** 雲上仙人 2. **덕흥리벽화무덤 앞칸 천장 동벽** 玉女持幡
(출전 : 이태호·유홍준, 『고구려고분벽화』(1995, 도서출판풀빛.), 도판263·54.)

에는 사슴의 뿔을 가진 청룡(靑龍)을 새기고, 용의 허리에는 태양[49]을 새긴 부조판을 철물을 이용해 부착하였다. 현재 고구려 벽탑은 남동쪽 1층 탑신만이 유일하게 남아 있는데, 사슴의 뿔을 가지고 몸통이 뱀과 같이 가늘고 긴, 동쪽을 상징하는 청룡과 태양을 함께 표현하는 것은 고구려 고분벽화에 자주 나타나며, 특히 외뿔의 청룡은 5세기 고분벽화 청룡의 특징을 나타내고 있다.(<그림 3-24·25>) 그 상부에는 'S'자 형태의 3겹 구름무늬 속에 긴 치마를 입고 구름 속에서 하늘을 나르는 인물상[飛天像]을 새겼는데, 치마 끝을 뾰족이 묘사하는 것은 고구려 고분벽화에서 주로 나타나는 인물상의 특징이고, 신라 암막새에서도 주로 나타난다.(<그림 3-24·26>)

이러한 부조판을 중심으로 그 좌우에 끝이 두 갈래인 괴운문 부조판을 역시 철물을 이용하여 설치하였는데,(<그림 3-27>) 학계에서 괴운문은 줄기가 'S'자형이고 소용돌이 모양의 작은 구름들이 붙어 있으며, 머리는 'C'자 형태로 뻗어 가는 무늬로 분류하고 있다.[50] 이 괴운문은 삼국시대 금속공예에도 나타나지만, 역시 고구려 무덤벽화에서 주로 볼 수 있는데, 3줄의 'S'자 형태 구름이 주를 이룬다. 특히 덕화리 1호 무덤의 구름무늬는 그 끝이 두 갈래로 갈라지는 것이 고구려 벽탑의 부조판과 가장 유사하다고 할 것이다.<그림 3-28> 이러한 부조판의 특징을 통해 이 벽탑은 고구려의 탑으로 추정할 수 있으며, 용·태양·비천상·괴운문을 새긴 부조판은 감실에 모신 불상의 장엄을 위한 것으로 생각한다.

또한 벽전으로 축조한 구조물에 부조판을 설치하는 것은 신라(新羅) 벽탑과 조선후기의 벽전축문(甓甎築門)·굴뚝 등에서 자주 보이는 축조 방법이다.[51] 특히 8세기에 축조된 벽탑인 안동(安東)의 법림사(法林寺)터 5층 벽탑은 1층 탑신 남쪽에 감실을 설치하고, 2층 탑신에는 인왕상(仁王像) 2구(軀)를 조각한 석판(石板)이 남아 있다.(<그림 3-29>) 발해(渤海)의 벽탑인 영광탑(靈光塔) 역시 1층 탑신의 남북쪽은 구름, 동서쪽은 연꽃무늬를

49 2009년 10월 29일 답사에서는 해 또는 달로 추정되는 부조는 많이 훼손되어 남아있지 않아, <그림3-24>의 사진은 1995년 촬영한 사진을 안동대학교 정연상 교수에게 협조 받아 게재하였다.

50 임영주, 『전통문양 자료집』(1986, 미진사.), 23쪽.

51 朝鮮의 景福宮·昌德宮·德壽宮 등에는 벽전으로 門을 축조하였는데, 홍예 상부 또는 좌우에 삼각형과 정사각형의 부조판을 설치하였으며, 무늬는 주로 鳳凰·龍·鶴·朱雀 등이다. 특히 경복궁 建春門 북측 협문에는 홍예 상부와 좌우측에 용을 새긴 부조판을 설치하여 고구려 벽탑과 가장 유사하다고 할 수 있으나, 고구려와 조선의 연관관계를 설정하기에는 많은 무리가 있다. 또한 조선에서 부조판을 설치하는 것은 벽전으로 축조한 굴뚝에서도 볼 수 있는데, 경복궁 아미산 굴뚝과 자경전 뒷담의 굴뚝이 대표적이다.

▶3-27

▶3-28

▲3-29

▲3-30

그림 3-27 좌우 괴운문 부조판

그림 3-28 고구려 무덤벽화의 괴운문

1-2. 덕화리 1호 무덤　3. 용강대묘　4. 진파리 1호 무덤　5. 강서중묘

(출전 : 최무장,『고구려고고학』Ⅱ(1995, 민음사.), 716~722쪽.)

그림 3-29 신라 범림사 5층 벽탑 2층 탑신의 인왕상 부조판

그림 3-30 신라 조탑동 5층 벽탑의 감실과 좌우 인왕상

설치하였다.[52] 이렇게 신라와 발해의 벽탑에서 그 무늬는 다르지만 감실과 동일한 면에 부조판을 설치하는 것, 감실의 상부에 설치한 것 등은 동일한 축조방법인 것이다.

또한 고구려 벽탑 감실 좌우에는 인물상을 시설하였던 흔적을 볼 수 있는데,(<그림 3-23>) 본존불(本尊佛) 좌우의 협시불(挾侍佛) 또는 인왕상(仁王像)을 설치하였던 것으로 생각한다. 이러한 특징은 부조판을 설치하는 것과 함께 신라 벽탑과 석탑 등에서도 나타나는데, 특히 안동시 일직면(一直面) 조탑동(造塔洞) 5층 벽탑은 1층 탑신 남쪽에 감실을 설치하고, 그 좌우에는 인왕상을 설치하였다.(<그림 3-30>) 또 634년에 축조한 분황사(芬皇寺) 모벽탑(模甓塔) 역시 4면 감실 좌우에 인왕상을 설치하였는데, 현존하는 신라의 가장 오래된 탑이면서, 석재를 쌓아 축조한 모벽탑이므로 벽탑과도 밀접한 연관관계를 설정할 수 있다. 이외에도 전형적인 신라 석탑의 탑신에는 문비(門扉)를 새기고, 좌우에는 인왕상을 조각하는 형식들을 볼 수 있어 참고가 된다.

3. 홍예

감실 상부에는 벽전의 마구리면이 보이도록 반원형의 홍예를 축조하였는데,(<그림 3-31>) 벽체에 사용되는 장방형 벽전을 가공하여 사용하였다. 이러한 특징은 낙랑 벽전축 무덤의 홍예문과 동일한데, 3횡1수의 세워쌓기에 사용하는 사다리꼴 벽전은 별도로 제작된 것이었지만, 홍예에 사용된 벽전은 일반 장방형 벽전을 가공하여 축조한 것이다. 그러나 고구려 벽탑의 홍예와 낙랑 홍예문과의 다른 점은 석회의 사용에 있다. 대부분의 낙랑 벽전축 무덤은 석회를 사용하지 않으며, 특히 홍예에서도 벽전과 벽전은 석회 없이 밀착되도록 축조하였다. 그러나 고구려 벽탑은 모든 벽전을 석회로 부착하였으며, 홍예 역시 벽전 사이사이에 석회를 두껍게 발라 반원 곡률을 맞추고 있다.

또 다른 차이점은 홍예와 탑신의 벽체가 만나는 사이에, 곡률에 맞도록 반원형으로 눈썹벽전[眉甓瓴][53]을 사용한 것이다.(<그림 3-31>) 이 눈썹벽전의 사용 목적은 명확하지

52 방학봉, 『발해의 불교유적과 유물』(1998, 서경문화사.), 229쪽.

53 한국건축에서 '눈썹벽전'[眉甓瓴]에 해당하는 용어는 정의되어 있지 않은데, 먼저 중국에서는 '伏磚'이라고 부른다(文化部文物保護科硏所 主編, 『中國古建築修繕技術』, 1983, 中國建築工業出版社, 144쪽.). 또한 권효규의 「화성성역에 사용한 塼의 특성에 관한 연구」(1995, 명지대학교 건축공학과 석사학위논문.), 51쪽에서는 '눈썹塼'이라는 용어를 사용하였다. 城壁의 축조에서 벽체의 石材와 女墻의 四塊石 또는 벽전 사이에 사

않지만, 6세기 초에 축조된 백제(百濟) 무령왕릉(武寧王陵)과 발해(渤海)의 영광탑(靈光塔)에서도 설치하였으며, 조선후기 벽전건축과 벽전축문 등 모든 홍예문에서 일반적으로 사용하고 있다. 특히 서울 동관왕묘(東關王廟) 정전(正殿)은 1601년에 축조되었는데, 좌우측 협문(夾門) 상부에 돌 하나를 깎아 홍예를 설치였지만, 홍예와 벽전으로 축조한 벽체 사이에서도 2겹의 눈썹벽전을 사용하였다.(<그림 7-35> 참고) 따라서 이 눈썹벽전에는 구조적인 목적과 함께 의장적인 목적이 있는 것으로 생각할 수 있다.

먼저 구조적인 목적으로는 홍예의 단면이 커질 수 있으므로, 지지할 수 있는 하중 역시 커지게 된다. 넓이가 한정된 장방형 벽전을 사용하여 축조한 홍예는 그 단면 높이 역시 한정될 수밖에 없다. 그러나 압축력만으로 지지하는 홍예는 단면 높이를 크게 하면 그에 따라 지지할 수 있는 하중 역시 비례하여 커진다. 따라서 일정한 크기의 벽전을 사용하는 벽전건축에서 한정된 홍예 단면 높이를 크게 하기 위해 눈썹벽전을 사용한 것으로 추정할 수 있다. 낙랑에서는 큰 묘실의 홍예를 2단으로 축조하였지만, 고구려에서는 홍예의 단면 높이를 크게 할 수 있는 눈썹벽전을 사용한 것이다. 눈썹벽전은 또한 홍예와 같은 반원형이기 때문에 2단 홍예와 동일한 특징을 갖으며, 눈썹벽전이 상부하중을 밑으로 전달할 수 있다. 따라서 조적식 구조에서 큰 하중을 지지해야 하는 개구부에 적합한 축조방법인 것이다.

의장적인 목적으로는, 벽체와 홍예를 명확하게 구분시키므로 홍예문을 더욱 강조하고 있고, 불상을 모신 감실의 장엄(莊嚴)을 베풀기 위한 것으로도 생각할 수 있다. 이와 함께 벽탑에 사용된 눈썹벽전은 거의 직선이며, 두께는 일반 벽전보다 얇고, 마구리에는 무늬를 넣었다. 기둥을 축조하기 위해 원형의 벽전을 제작한 것과 같이 용도에 맞게 별도로 제작된 벽전을 사용한 것이며, 눈썹벽전의 사용은 벽탑의 축조 전에 이미 계획된 것을 알 수 있다. 또한 눈썹벽전 마구리에는 고구려 기와 와당에서 많이 나타나는 2줄 1조의 복선(輻線)을 3개씩 넣고 그 사이 두 면에 반구형(半球形)으로 높게 돌출된 2개의 무늬를 넣었는데, 고구려의 연꽃무늬 수막새 기와에서 중앙에 높게 돌출된 자방(子房) 또는 백제와 신라·고려의 기와에 나타나는 귀목(鬼目)·눈박이 무늬와 유사하다.<그림

용하는 부재를 보통 '眉石'이라 하므로, 이에 준하여 '눈썹塼'[眉塼]이라는 용어를 사용한 것이다. 본 연구에서는 권효규의 선행 연구를 따르지만, '塼' 대신 '甓甎'을 사용하여 '눈썹벽전'[眉甓甎]이라는 용어를 사용한다. 그러나 이 용어에 대해서는 앞으로 많은 논의가 있어야 할 것이다.

3-32> 특히 고려의 전형적인 기와에는 수막새에 1개, 암막새에 2개의 눈박이 무늬를 새긴 기와가 있는데, 이는 주로 귀신을 막는 벽사(辟邪)의 의미를 갖고 있다.[54] 따라서 고구려 벽탑의 눈썹벽전에 새겨진 무늬 역시 이러한 의미로 볼 수 있으며, 홍예문을 강조하는 기능과 귀신을 막기 위한 두 가지의 의미가 함께 있는 것이다.[55]

4. 옥개와 목조 차양

지금까지 고구려 벽탑의 벽전쌓기에 대해 살펴보았는데, 여기서는 고구려 벽탑의 복원적 고찰로 탑신 상부에 축조한 옥개(屋蓋)와 기단 외곽의 차양칸(遮陽間)에 대해 살펴본다. 결론부터 살펴보면 탑신과 기단, 탑신의 기둥과 공포 등은 벽전으로 축조하였지만, 서까래와 도리(道里)·보 등의 목조(木造) 부재를 사용하여 각 층의 옥개를 축조하였다. 기단 외곽에는 초석을 놓고 목재 기둥을 세웠으며, 이 기둥은 탑신과 기단에 뚫려 있는 구멍을 통해 보 또는 퇴보[退樑]를 끼워 연결한다. 또한 기둥 상부에는 공포를 설치하고, 1층 옥개를 받치므로, 기단 주위에는 회랑(回廊) 또는 차양칸(遮陽間)을 설치한 것이다. 이러한 내용은 비록 중국의 예를 통해서 추정한 결과이지만, 고구려 벽탑에서도 분명한 유구를 살펴볼 수 있으며, 고려(高麗)에서 축조한 벽탑에서도 추정되는 형식이라고 할 수 있다.

4-1. 중국의 벽탑

이러한 내용과 관련하여 먼저 중국의 예를 간략하게 살펴보자. 인도에서 탑파(塔婆)는 불교의 사리(舍利) 신앙을 바탕으로 하는 스투파(Stūpa)에서 발생하였으며, 초기 형태는 원분(圓墳) 복발형(覆鉢形)을 기본으로 한다. 이러한 탑 형식이 전파되어 지역에 따라 각기 다른 형식이 발생하였는데, 중국에서는 누각식(樓閣式) 목탑(木塔)을 축조하였으며, 한국과 일본 역시 이에 속하는 것이다.[56] 목탑은 중국 동한(東漢:25~220) 말기부터 축조

54 임영주, 『한국문양사』(1983, 미진사.), 237쪽.

55 백제 무령왕릉의 눈썹벽전에도 무늬를 새겼지만, 고구려 벽탑과는 다르며, 발해와 조선후기에 사용된 눈썹벽전에는 무늬를 새기지 않았다. 그러나 각 시기 홍예에 눈썹벽전을 사용하는 것은 모두 동일하므로, 각 시기를 관통하는 관계가 있는 것으로 생각할 수 있다.

56 임영배·천득염·박익수,.「한국과 중국의 탑파형식에 관한 연구(Ⅰ)-시원탑파의 형식을 중심으로」(대한건축학회, 『대한건축학회논문집』8권 5호 통권 43호, 1992. 5.), 65~77쪽 참고.

▶3-31

▶3-32(좌)

▶3-33(우)

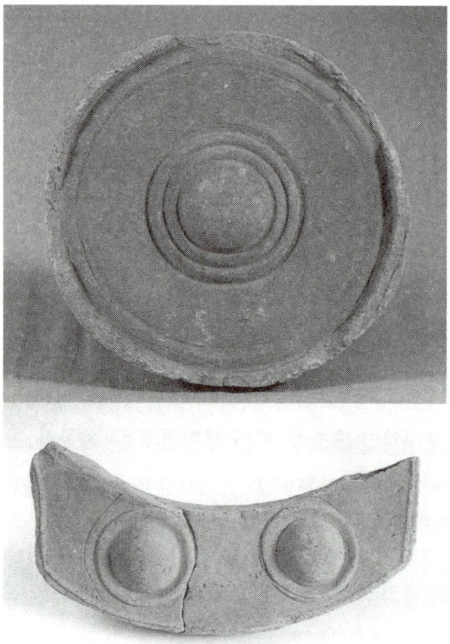

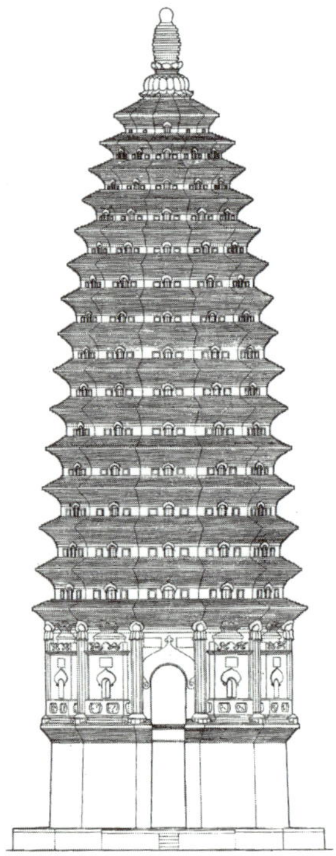

그림 3-31 고구려 벽탑 감실 상부의 홍예와 눈썹벽전

그림 3-32 고려의 눈박이 무늬 막새기와

(출전 : 김성구, 『옛 기와』(1992, 대원사.), 82쪽.)

그림 3-33 숭악사탑 입면도

(출전 : 劉敦楨, 『中國古代建築史(제2판)』(1998, 중국건축공업출판사.), 92쪽.)

되기 시작하였으며, 북위(北魏:386~534)에서는 불교가 크게 융성하면서 대량으로 축조하였다.[57] 또한 북위에서는 목탑과 함께 목탑형식을 모방하여 벽전으로 축조하는 벽탑이 발생하기 시작하였는데, 숭악사탑(嵩嶽寺塔)[58]만이 현존하고 있다.(<그림 3-33>) 이 탑은 높은 기단을 축조하고, 목탑과 유사하게 탑신 각 모서리에는 기둥을 모사하였으며, 12각 평면 각 면에 감실을 설치하였다.

중국에서는 이러한 벽탑 이후에 수많은 벽탑을 축조하였는데, 연구자에 따라 조금씩 다르지만 크게 두 가지로 대별할 수 있다. 즉, 누각식(樓閣式)과 밀첨식(密檐式) 벽탑이다. 특히 누각식 벽탑은 크게 3가지로 구분할 수 있는데,[59] 첫번째는 벽전과 석재를 사용하였지만, 목탑을 그대로 모방하여 축조한 벽탑으로, 창방과 공포·기둥·지붕·창 등이 사실적으로 나타난다. 두번째 형식은 역시 벽전과 석재로 축조하였지만, 목탑을 간략하게 표현한 것이다.[60] 여기서 주목하고 있는 형식은 세번째인데, 탑신은 벽전으로 축조하고, 목탑의 공포와 기둥·창방 등을 표현하였다. 그러나 각 층 옥개와 평좌(平坐)·찰주(擦柱) 등은 목조이며, 1층 주위에는 목조 회랑(回廊) 또는 차양칸(遮陽間:圍廊)[61]을 설치한 형식으로,[62] 목탑의 외형과 완전히 동일하다. 이러한 형식 중 현존하는 탑은 1131~1162년에 축조한 보은사탑(報恩寺塔)과 1153~1163년에 축조한 육화탑(六和塔)이 대표적이며, 모두 남송(南宋:1127~1179)의 탑이다.[63] 특히 8각 평면에 9층탑인 보은사탑의 목조 부분은 후대에 보수되었지만, 그 기본 형태는 살펴볼 수 있어,<그림 3-34> 고구려 벽탑과 관련

57 현재 남아 있지 않지만『洛陽伽藍記』에 구체적으로 기록되어 있는 永寧寺 9층 목탑이 대표적이다(劉敦楨,『中國古代建築史』, 1995, 세진사, 160쪽.).

58 河南 登封縣에 위치한 숭악사탑은 523년에 축조되었으며, 높이 39.5m의 15층이다. 평면형태는 중국에서도 유일한 12각이며, 외부 직경 10.6m, 내부 직경 5.9m이다. 내부는 상층까지 관통되어 있는 空筒 구조이고, 각 층의 옥개는 상부로 갈수록 벽전을 점점 내밀어 쌓아 축조하여, 많이 내밀지 못한다(劉敦楨,『中國古代建築史』, 1995, 세진사, 162~165쪽과 中國建築科學硏究院 編,『中國古建築』, 1992, 세진사, 66쪽 참고.).

59 여기서의 분류는 劉敦楨,『中國古代建築史』(1995, 세진사.), 330쪽을 따른 것이다.

60 첫번째 형식의 대표적인 예는 蘇州 虎丘山 雲岩寺塔과 熱河 慶州白塔·泉州 開元寺 雙塔 등이 있으며, 두번째 형식은 山東 長淸 靈岩寺塔·河北 定縣 開元寺塔·河南 開封 祐國寺塔 등이다. 경주 백탑을 제외하면 모두 宋代의 탑들이 현존하고 있다(劉敦楨,『中國古代建築史』, 1995, 세진사, 330~336쪽 참고.).

61 중국에서 '擦柱'는 '紮柱'라 하며, 목탑 1층 주위에 설치한 목조 부분을 회랑 또는 차양칸 대신 '圍廊'이라고 한다.

62 中國科學院自然科學史硏究所 主編,『中國古代建築技術史』(1990, 科學出版社.), 197쪽 참고.
중국에서는 이러한 형식의 탑을 '磚木混合塔'이라 한다.

63 劉敦楨,『中國古代建築史』(1995, 세진사.), 330쪽과 中國建築科學硏究院 編,『中國古建築』(1992, 세진사.), 119·124쪽 참고.

▶ 3-34

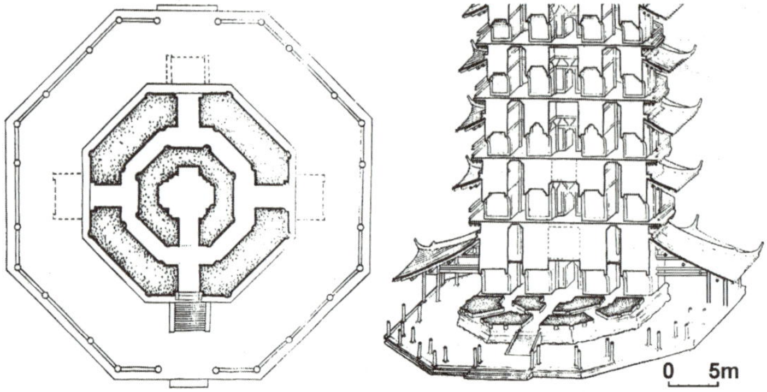

▶ 3-35(좌)

▶ 3-36(우)

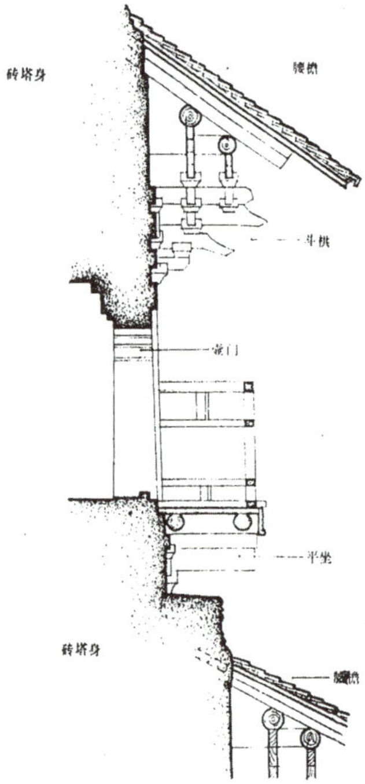

그림 3-34 **보은사탑 평면과 단면 투시도**

(출전 : 中國科學院自然科學史研究所 主編, 『中國古代建築技術史』(1990, 科學出版社.), 190쪽의 도판 6-5-4-13과 200쪽의 도판 6-5-29-(2))

그림 3-35 **보은사탑 옥개 세부**

(출전 : 中國科學院自然科學史研究所 主編, 『中國古代建築技術史』(1990, 科學出版社.), 206쪽 도판 6-5-43-(4).)

그림 3-36 **돈황석굴 벽화에 그려진 북위 탑 중 벽전과 목재를 혼합한 형식의 탑**

1. 北魏 第257窟 2. 北魏 第254窟

(출전 : 蕭默, 『敦煌建築研究』(1989, 文物出版社.), 169쪽.)

하여 가장 특징적인 점들을 살펴보기로 한다.

보은사탑 1층 하부에는 2중 기단을 축조하고, 탑신 각 모서리에는 원기둥을 설치하였으며, 차양칸의 각 면은 모서리 기둥과 함께 2개의 기둥을 더 설치하여 어칸(御間)과 좌우 협칸(挾間), 3칸으로 나뉜다. 탑신(塔身)은 탑벽(塔壁)과 탑심(塔心) 두 부분으로 구분하는데, 탑심 내에 또 작은 실이 있으며, 각 층에서 이러한 평면을 규칙적으로 축조하여 상부에서 체감(遞減)은 거의 나타나지 않는다. 기단 외곽에는 2개의 기둥을 세워 1층의 옥개를 받치고 있어 기단에는 차양칸이 형성되는데, 옥개의 서까래는 평좌 하부에 설치한 구멍 즉, 연공(椽孔)을 통해 연결하고 있다. 또한 길게 뻗은 옥개를 받치기 위해 기단 외곽의 기둥과 탑신은 여러 층의 들보[樑]를 끼워 연결하고 있는데, 각 층 들보는 동자기둥으로 받치고, 서까래는 보 상부에 설치한 도리에 의해 지지한다.(<그림 3-34>)

여기서 주목되는 것은 탑신과 들보의 연결 방법이다. 들보는 탑신과 외곽의 기둥을 연결하고 있는데, 기둥과는 같은 목재이기 때문에 연결하기 수월하지만, 이질 재료인 벽전으로 축조한 탑신에서는 쉽지 않다. 따라서 내부에서 점점 크기가 작아지는 구멍 즉, 공안(孔眼)[64]을 탑신에 뚫는다. 이 공안은 목재 들보를 끼우기 위한 구멍으로 축조 당시에 계획적으로 설치하여 벽전으로 축조한 탑에 목조 옥개를 설치할 수 있는데, 벽탑의 형식에 따라 조금씩 다르지만 반드시 필요한 것이다.[65] 즉, 서까래를 연결하는 연공과 보를 연결할 수 있는 공안이 있으므로, 목재와 벽전을 연결할 수 있고, 벽전과 목재를 혼합한 탑 형식을 완성할 수 있는 것이다. 이러한 특징은 2층 이상 옥개의 축조에서도 마찬가지인데, 하층의 옥개 상부에는 목탑과 같이 평좌(平坐)를 만들고, 목재를 끼워 각층 목재 난간을 지지한다. 또한 탑신에서는 목재로 축조한 공포(栱包)를 만들고, 도리를 연결하여 옥개의 서까래를 지지하게 되어 있다.(<그림 3-35>) 이렇게 평좌 부분에서 튀어나온 짧은 보와 옥개를 받치기 위한 공포 역시 공안을 통해 연결하고 있다. 따라서 벽탑의 외형은 목탑과 유사하지만, 훨씬 내구적이고 수리하기 쉬운 탑을 축조할 수 있는 것이다.[66]

이 형식의 벽탑은 송대(宋代) 탑이 현존하지만, 중국에서 벽탑이 축조되기 시작한

64 현재 한국건축사에서는 이와 같은 용도의 구멍을 지칭하는 용어가 없으므로, 중국 용어를 그대로 사용하였다.

65 中國科學院自然科學史硏究所 主編, 『中國古代建築技術史』(1990, 科學出版社.), 199쪽.

66 이러한 탑 형식의 특징은 中國科學院自然科學史硏究所 主編, 『中國古代建築技術史』(1990, 科學出版社.), 197~203쪽에 자세히 서술되어 있다.

▶ 3-37

▶ 3-38

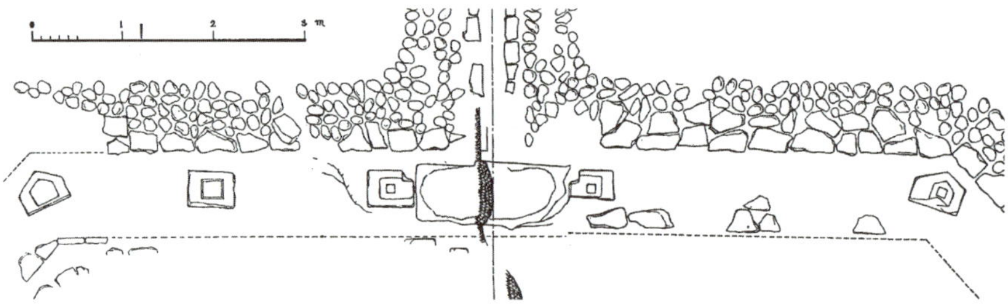

그림 3-37 고구려 벽탑 기단 세부
그림 3-38 금강사 목탑터의 하부기단 초석열
(출전 : 朝鮮古蹟硏究會, 『昭和13年度 古蹟調查報告』(1940.), 8~9쪽.)

북위에서 처음 나타나며, 이는 돈황석굴(敦煌石窟)의 벽화를 통해 확인할 수 있다. 벽화에 그려진 탑 형식 중에는 목재 난간을 설치한 벽탑, 목탑 기단을 벽전으로 축조한 형식들이 표현되어 있지만, 탑의 주요 부분인 탑신과 옥개를 각기 벽전과 목재로 축조한 탑만을 초기 형식으로 보아야 한다.[67] <그림 3-36>을 통해 살펴보면, 평면은 방형(方形)이고, 수미좌(須彌坐) 또는 계단식 기단을 축조하고 있으며, 탑신은 벽전으로 축조하였으므로 홍예(虹蜺)를 틀어 감실과 문을 설치하였다. 그러나 지붕에는 치미(鴟尾)를 설치하고 추녀 내림마루는 중국 목조지붕과 같이 곡선으로 축조하였으며, 지붕면에는 서까래를 표현하고 처마 끝에는 서까래 마구리를 원형으로 표현하였다. 따라서 벽체는 벽전, 지붕은 목조로 축조한 것을 알 수 있는 것이다.

중국 최초의 탑은 목탑이지만 잦은 화재로 전소되며, 또 빗물과 습기 등에 쉽게 붕괴된다. 북위에서는 이러한 단점을 해결하기 위해 벽탑이 출현하였지만, 벽전은 상부의 하중을 압축력만으로 전달하므로, 옥개의 축조는 매우 어렵다. 즉, 벽전의 크기에는 한계가 있고, 내밀어 쌓기[Corbel]만으로 축조해야 하기 때문에, 옥개는 안정하지 못하다. 또한 옥개는 탑신에서 많이 돌출하지 못하기 때문에, 기존 목탑의 형태에서 크게 벗어나는 것이다. 따라서 북위에서는 탑신은 벽전으로, 옥개는 목조로 축조하여, 옥개가 훼손되더라도 쉽게 수리할 수 있고, 내구적인 탑을 축조할 수 있었던 것이며, 기존의 목탑과 유사한 형태를 만들 수 있었다.[68] 그러므로 <그림 3-36>에는 표현되지 않았지만, 위에서 살펴본 보은사탑과 같이 연공과 공안을 뚫고, 하층 기단 주위에는 차양칸을 설치한 형식의 벽탑 역시 있었던 것을 추정할 수 있을 것이다.

4-2. 고구려 벽탑

이상에서 살펴본 내용을 바탕으로 고구려 벽탑을 살펴보면, 먼저 기단 하부는 수직이지만, 상부에서는 점점 안쪽으로 들여쌓았다.(<그림 3-11·37>) 이 부분에서는 조적식 구조물에서 가장 안정하게 축조할 수 있는 규형(圭形) 쌓기와 유사한, 곡면으로 축조한 부분도 나타난다. 또한 벽전 길이면을 6등분하여 홍예의 눈썹벽전에서 볼 수 있었던 반

67 蕭默, 『敦煌建築硏究』(1989, 文物出版社.), 169쪽.

68 蕭默, 『敦煌建築硏究』(1989, 文物出版社.), 169~170쪽 참고. 또한 목재와 벽전을 혼합한 탑에는 벽전으로 구조체를 축조하고, 그 외곽에 목조가구를 설치한 탑도 나타나기 시작한다. 즉, 압축력에 강한 벽전으로 상부의 하중을 지지하며, 외부의 목조는 횡력에 저항할 수 있도록 한 것이다.

구형 무늬를 새긴 얇은 벽전을 한 켜 쌓은 부분도 있어,[69] 기단의 전체적인 형태는 불상을 안치하는 불단(佛檀) 또는 수미좌(須彌坐)의 형식과 유사하다. 특히 기단 하부, 수직 부분의 좌우측 모서리에는 뒤쪽이 막힌 구멍을 설치하였는데, 탑신의 원기둥 좌우에도 뚫려 있다. 이 구멍의 용도는 명확하지 않지만 그 위치는 모두 일정한데, 좌우 ⅓정도 남아 있는 탑신과 기단에서도 같은 위치, 같은 높이에 뚫려 있는 구멍을 확인할 수 있다.(<그림 3-20>) 또한 그 크기는 목재를 끼우기 위한 중국 벽탑의 공안(孔眼)과도 동일하다. 그러므로 이를 통해 고구려 벽탑의 탑신 각 면, 같은 높이에서는 들보와 서까래 등의 목재를 끼워 차양칸을 설치한 것이며, 결국 고구려 벽탑은 목재와 벽전을 동시에 사용한 벽탑형식으로 유추할 수 있는 것이다.[70] 즉, 기단 주위 바닥에는 벽전을 깔아 넓은 기단을 설치하고, 그 끝단에 초석을 놓고 기둥을 세웠다. 그 기둥의 상부는 탑신으로부터 돌출한 들보와 결구하고, 그 위에는 1층 옥개에 해당하는 서까래를 설치한다. 특히 탑신과 들보는 벽탑에 뚫려 있는 동일한 높이의 공안에 의해, 차양의 서까래는 탑신 상부에 있었던 구멍[椽孔]을 통해 연결하였다. 그러나 서까래를 연결한 구멍은 남아 있지 않고, 들보를 연결하는 공안만이 일정한 위치에 남아 있는 것이다.

이러한 사실을 통해 확인할 수 있는 여러 예들이 있다. 먼저 고구려의 목탑터 중 금강사 목탑터의 기단은 2중으로 축조하였는데, 하부 기단에서는 차양칸을 설치하였던 흔적인 초석열(礎石列)을 발견할 수 있다.[71](<그림 3-14>의 1과 <그림 3-38>) 즉, 상층기단에는 8각의 목탑을 축조하고, 하층기단에는 초석을 놓고 기둥을 세운다. 이 기둥은 1층 탑신의 옥개 즉, 차양을 받치는 것이며, 탑신 기둥에서 들보를 걸어 기둥과 차양의 끝을 연결하였던 것이다.[72] 비록 그 형태는 명확하지 않지만, 차양칸이 있었다는 사실은

69 2009년 10월 29일 답사에서 이 부분은 모두 훼손되어 남아있지 않았다.

70 그러나 현재 남아 있는 부분으로는 2층 이상 옥개를 木造로 축조하였는가는 알 수 없고, 단지 1층 옥개 부분에 해당하는 遮陽을 목조로 기단 주위에 설치하였던 것으로 생각한다.

71 발굴조사보고서에서는 이 초석열에 대해 언급하지 않았지만(朝鮮古蹟研究會, 「平壤淸岩里廢寺址の調査(概報)」『昭和13年度 古蹟調査報告』, 1940, 9~10쪽 참고.), 대표적으로 김정기의 「삼국시대의 목조건축」(한국미술사학회, 『고고미술』150호, 1981. 6.), 8쪽에서는 차양칸의 흔적으로 추정하고 있다.

72 고구려 定陵寺와 土城里의 목탑터 역시 팔각이고 이중 기단이지만, 차양칸의 초석열은 발견되지 않았다(김정기, 「고구려 정릉사지 및 토성리사지 발굴보고개요와 고찰」『불교미술』10, 1991. 3., 동국대학교박물관, 20~21쪽 참고.). 그러나 上五里 절터의 목탑터는 2중 기단이면서, 차양칸이 있었던 것으로 추정되기도 한다(장경호, 『한국의 전통건축』, 1992, 문예출판사, 68쪽 참고.). 한인호는 정릉사터와 상오리·토성리 절터 등의 목탑터에도 본래 초석열이 있어 차양칸을 설치한 것으로 주장한다(한인호, 「고구려의 탑터와 관련된 몇가지 문제」『력사과학』1988년 2호, 과학백과사전출판사, 41쪽.). 또한 신라의 대표적인 목탑인 皇龍寺 9층탑은 차

명확한 것이다.[73]

또한 신라의 벽탑은 고구려 벽탑과 비교하여 규모가 작고, 차양을 설치하였던 것으로 추정할 수 있는 유구는 없지만 고구려 벽탑과 연관관계를 찾아 볼 수 있는 또하나의 벽탑은 고려(高麗)의 안양사(安養寺) 7층 벽탑이다. 안양사는 경기도 안양시의 삼성산(三聖山) 남쪽에 위치하고 있지만, 현재 벽탑은 남아 있지 않고,[74] 『동문선(東文選)』과 『도은집(陶隱集)』·『신증동국여지승람(新增東國輿地勝覽)』 등의 문헌을 통하여 대략의 규모를 짐작할 수 있다.

> 삼성산(三聖山)에 있다. 절 남쪽에 고려 태조가 세운 7층 벽탑[甎塔]이 있고, … 절 남쪽에 있는 탑은 벽전[甎]으로 7층을 쌓았고, 기와로 덮었습니다[塔累甎七層蓋以瓦]. 제일 밑층은 무(廡)을 빙 둘렀는데, 12칸입니다[一層環以周廡十又二間]. 벽마다 부처와 보살과 사람과 하느님의 화상을 그렸습니다. 밖에는 난간[欄楯]을 세워서 드나드는 것을 막았는데, 그 거창하고 장려한 모습은 딴 절에는 없습니다. 그러나 오랜 세월과 풍우에 거의 무너지게 되었습니다. … 내가[崔公] 젊었을 때 일찍이 한 번 탑 아래에서 기숙한 일이 있었다. … 탑 안, 네 벽 중 동쪽은 약사회(藥師會), 남쪽은 석가열반회(釋迦涅槃會), 서쪽은 미타극락회(彌陀極樂會), 북쪽은 금경신중회(金經神衆會) 상을 그렸습니다. 무(廡)는 12간인데, 벽마다 한 칸씩 그린 것은 소위 12행년불(十二行年佛) 입니다.[75]

10세기 초, 고려 태조(918~943) 때 축조한 안양사 7층 벽탑은 각 층의 옥개 윗면에 기와를 덮었는데, 이는 현존하는 신라의 법흥사터 7층 벽탑·법림사터 5층 벽탑 옥개 상면에서도 볼 수 있는 동일한 특징이다.[76] 또한 1층 탑신에는 '무'[周廡] 12칸을 설치하였

양칸을 설치하지 않지만, 고구려 금강사의 가람배치와 관계가 있는 것으로 추정되는 584년 重建伽藍의 中金堂은 차양을 설치하였다(문화재관리국, 「황룡사유적발굴조사보고서 Ⅰ」, 1984, 고려서적, 53쪽과 372~373·377~378쪽 참고.). 따라서 당시 규모가 크고 위계가 높은 건물에서는 차양칸이 설치되었던 것으로 생각할 수 있다.

73 또한 김정기의 「高句麗 建築의 對日交涉」(한국미술사학회 編, 『高句麗 美術의 對外交涉』, 1996, 도서출판 예경.), 63쪽에서는 일본 法隆寺 金堂과 목탑의 木造 遮陽은 고구려의 영향으로 보고 있어, 고구려 건축의 특징 중 차양칸이 갖는 의미는 큰 것으로 생각한다.

74 또한 고유섭은 「朝鮮의 塼塔에 대하여」(『高裕燮全集3-韓國美術史及美學論攷』, 1993, 통문관.), 129쪽에서 안양사 벽탑에 사용된 불상 부조판과 벽전들이 總督府博物館에 보존되고 있다고 하여, 안양사 벽탑은 실재하였다는 것을 알 수 있다.

75 『신증동국여지승람』제10권 「衿川縣」 '佛宇'(민족문화추진회편, 『신증동국여지승람』2권, 1996, 솔출판사, 227~230쪽.).

76 만약 안양사 7층 벽탑이 벽전과 목조를 혼합한 형식이었다면, 각 층 옥개는 목조 지붕을 축조하고 그 위에

다고 하였는데, 이를 차양칸으로 추정할 수 있다. 즉, 벽탑 탑신의 바깥면에 각 방위에 해당하는 벽화를 그렸으므로,[77] 이 벽화에 예불을 드릴 수 있는 공간과, 벽화를 바람과 비로부터 보호할 수 있는 차양이 필요하기 때문이다.

그러나 이 때 차양칸의 건축 형식이 주목되는데, 크게 두 가지로 나누어 생각할 수 있다. 첫번째는 벽전으로만 축조한 경우이지만, 인장에 약한 벽전만으로 평지붕이나 경사지붕을 축조할 수 없으며, 이전의 벽탑에서도 이러한 흔적은 발견할 수 없다. 따라서 두번째 경우로, 서까래와 들보, 기둥을 사용한 목조로 축조하였을 것인데, 특히 무(廡)를 설명하면서 목조건축에 사용하는 '칸'(間)이라는 용어를 사용하였기 때문이다. 그 외에 목조와 벽전을 혼합한 형식도 생각할 수 있는데, 벽체는 벽전을 사용하여 축조하고, 상부에 목조 지붕을 축조하는 경우이다. 그러나 이 경우에는 칸의 구별이 모호하기 때문에, '칸'이라는 용어를 사용할 수 없었을 것인데, 한국건축에서 '칸'은 '영'(楹) 즉, 기둥과 연관되기 때문이다.[78] 따라서 목조일 경우가 가장 유력하다고 할 수 있으며, 이것이 바로 1층 탑신 주위에 설치한 차양칸인 것이다.

그러므로 안양사 7층 벽탑은 벽전으로 탑신을 축조하였고, 차양칸의 지붕 즉, 1층 탑신의 옥개는 목재 기둥과 보를 사용하였을 것이다. 따라서 1층 탑신 주위에는 초석을 설치하고 기둥을 세워야 한다. 그리고 탑신에서 돌출되는 보는 기둥 상부와 연결하여 대들보 역할을 하고, 탑신 상부에서 돌출되는 옥개의 서까래를 받치기 위해 도리를 설치한다. 특히 여기서 주목되는 것은 보·서까래와 탑신의 연결 방법이다. 벽전으로 축조한 탑신과 목조 차양칸을 연결하지 않고, 완전히 별개의 구조로 축조할 수 있지만, 이 때에는 방형(方形) 또는 12각 평면[79] 주위에 설치한 차양칸은 중앙에서 그 구조를 연결

기와를 덮은 것으로 추정할 수 있을 것이다.

77 안양사 벽탑이 중국 空筒 구조의 벽탑과 같은 내부공간이 있었는지 명확하지 않다. 만약 내부공간이 있었다면 볼트천장을 축조하여 7층으로 積層시켜야 하지만, 이러한 축조 방법을 택하였는지는 알 수 없다. 또한 이전 유구에서도 내부에 공간이 있는 벽탑은 전혀 발견할 수 없으므로, 안양사 7층 벽탑에는 내부공간이 없었던 것으로, 탑신 바깥 면에 벽화를 그린 것으로 보아야 할 것이다. 또한 이정국의 「고려시대 사찰건축의 공간구성에 관한 연구」(1997, 한양대학교 대학원 건축공학과 박사학위논문.), 171쪽에서는 안양사 벽탑 아래에서 崔瑩이 기숙하였다는 내용을 근거로 사람이 출입할 수 있는 내부공간이 있었다고 하지만, 사리를 모시는 탑 안에서 기숙하였다는 것은 납득할 수 없으며, '塔內'는 탑을 향해 예배를 드리는 차양칸에서 기숙한 것으로 보아야 할 것이다.

78 한국 古文獻에서는 '間' 또는 『高麗史』에서는 '閒'이라는 용어도 사용하는데, 모두 '사이'를 뜻한다. 즉, 기둥과 기둥의 사이를 의미하는 것이다. 또한 '칸' 이외에 기둥의 의미인 '楹'이 칸을 대신하기도 하므로, 결국 칸의 개념은 기둥과 연결지을 수 있을 것이다.

하지 못하기 때문에, 횡력에 안정할 수 없다. 이는 목탑에서 심주(心柱) 또는 사천주(四天柱)가 반드시 필요한 것과 같은 이유이다. 따라서 탑신과 들보가 연결되어야만 하고, 이 때 독립적 조적식 구조인 벽탑이 심주 역할을 하여 그 주위의 차양칸은 안정할 수 있을 것이며, 벽전구조와 목구조가 일체가 되어 전체 탑은 안정성과 내구성을 가질 수 있다. 그러므로 안양사 7층 벽탑에서도 1층 탑신에는 공안(孔眼)을 설치하였을 것이며, 1층 차양칸의 들보와 서까래를 연결하였던 것이다. 2층 이상의 옥개는 명확하게 알 수 없지만, 전체 탑신은 벽전으로 축조하였고, 1층 옥개 즉, 차양칸은 목조로 구성하였기 때문에, 안양사 7층 벽탑은 앞에서 살펴보았던 벽전과 목조가 혼합된 형식의 탑과 유사한 것이다.

이와 같은 특징은 결국 고구려 벽탑과의 연관관계를 상정할 수 있다. 고려에서는 목탑도 축조하였지만, 이미 태조(太祖) 때에 목조를 사용하여 차양칸을 설치한 벽탑이 존재하였다는 사실을 통해, 고려 이전 목조와 벽전을 혼합한 형식의 벽탑개념과 축조방법이 있었으며, 안양사 벽탑은 이러한 형식을 계승한 것임을 알 수 있다. 668년 멸망한 고구려와 918년에 건국한 고려를 연계해 줄 수 있는 것은 신라와 발해인데, 고구려는 멸망하였지만 고구려의 유이민은 발해를 건국하였고, 여러 벽탑을 축조하였다. 또한 신라에서도 벽탑을 축조하였는데,[80] 고구려 벽탑과 유사하게 탑신에는 구멍이 있으며, 부조판을 설치하였다. 결국 이 모든 유산을 고려가 이어받은 것이며, 그것이 바로 고려 태조 때 창건된 안양사 7층 벽탑인 것이다. 그러나 고려 건국 당시에 중국의 영향을 받아 한국에서는 처음으로 축조하였을 가능성도 있지만, 이때 중국은 907년 당(唐)이 멸망하고, 오대십국(五代十國)의 분열기에 해당하므로 중국의 영향에 의해 고려에서 출현되었다고는 추정하기 어렵고, 고려 태조 이전에 이미 이와 유사한 탑의 개념과 축조 방법을 알고 있었던 것이다.

따라서 위에서 살펴본 2가지의 예 즉, 당시 고구려 목탑의 1층 탑신 주위에 2중 기단을 설치하고, 차양칸을 축조하였다는 것, 고구려를 계승한 고려에서도 1층 탑신 주위

79 안양사 7층 벽탑의 평면 형태는 제6장에서 검토할 것이다.(<그림 6-2> 참고)

80 4기의 신라 벽탑과, 붕괴된 채 벽전들만 남아있는 2기의 벽탑터가 현존하며, 이외에 여러 벽탑터들이 전해지고 있다. 발해에서도 역시 靈光塔과 貞孝公主 무덤탑·馬適達村 무덤탑터가 현존하므로, 벽탑의 축조는 계속되고 있었다. 이러한 흐름이 결국 고려로 연결되었던 것이며, 고려 벽탑은 안양사 벽탑 이외에 神勒寺 벽탑이 남아 있고, 『신증동국여지승람』에서는 2기의 벽탑이 더 있었음을 확인할 수 있다.

에 목조를 사용한 차양칸을 설치하였다는 사실 등을 통해 고구려 벽탑의 높은 기단 주위에는 차양칸을 설치하였으며, 탑신에 남아 있는 구멍은 차양칸을 지지하는 들보를 연결하기 위한 공안(孔眼)임을 확인할 수 있는 것이다.

5. 축조 시기의 검토

고구려 벽탑은 이미 앞에서 살펴본 것과 같이 목탑 또는 목조건축의 공포와 기둥을 모사하고 있어 그 축조시기를 추정할 수 있다. 고구려에 불교가 전래된 것은 평양 천도 이전인 소수림왕(小獸林王) 2년(372년)이며, 375년에 초문사(肖門寺)와 이불란사(伊弗蘭寺)를 세웠고,[81] 광개토왕 2년(393년)에는 평양에 아홉 절을 세웠다.[82] 이렇게 불교 전래 이후에 각 지에 절을 세웠다는 기록은 있지만, 탑을 건립하였다는 기록은 찾아 볼 수 없다. 다만 문자명왕(文咨明王) 7년, 498년에 창건[83]된 것으로 추정되는 금강사(金剛寺)터에서 8각 목탑터를 확인할 수 있고, 금강사보다 앞서고 초문사·이불란사보다 후대의 것으로 추정되는 정릉사(定陵寺)[84]에도 8각 목탑터가 있다. 따라서 고구려에서는 4~5세기에 목탑이 출현하였을 것으로 생각할 수 있지만,[85] 한 가지 주목되는 것으로는 고구려 성왕(聖王)이 칠중(七重) 목탑(木塔)을 세웠다는 기록이다.[86] 만약 성왕을 동명성왕(東明聖王)으로 본다면, 기원전에 이미 목탑을 세웠음을 알 수 있지만, 명확하지 않다. 그러나 '뒤에 불법(佛法)이 비로소 전해 오자 그 시말(始末)을 자세히 알게 되었다'[87]는 내용을 통해, 불교가 전래되는 372년 이전에도 고구려에서 목탑을 세웠다는 것만은 확실한 것

81 『삼국사기』 권제18 「고구려본기」 제6 '小獸林王'.
82 『삼국사기』 권제18 「고구려본기」 제6 '廣開土王'.
83 『삼국사기』 권제19 「고구려본기」 제7 '文咨明王'.
84 또는 393년에 창건하였다는 아홉 절 중 하나라고 하지만 명확하지는 않다(장경호, 『백제사찰건축』, 1990, 예경산업사, 195쪽 참고.).
85 정릉사는 東明王의 祠堂에서 시작되어, 願刹로 바뀌면서 목탑이 창건된 것으로 추정되고 있지만(리화선, 『조선건축사』, 1989, 과학백과사전종합출판사, 93쪽과 대한건축학회 編, 『한국건축사』, 1996, 기문당, 112쪽.), 그 시기는 명확하지 않다. 그러나 한인호는 분명 금강사보다 정릉사가 먼저 축조되었음을 주장한다(한인호, 「정릉사 건축의 평면구성에 대하여」 『력사과학』1981년 2호, 과학백과사전출판사, 30쪽 참고.).
86 『삼국유사』 제3권 「塔像」 제4 '遼東城育王塔'.
87 『삼국유사』 제3권 「塔像」 제4 '遼東城育王塔'.
起木塔七重, 後佛法始至. 具知始末.

이다. 따라서 고구려에서 목탑이 축조되기 시작한 시기는 4세기 중엽 이전인 것을 알 수 있으며, 기록상의 정황들은 목탑을 모방한 고구려의 벽탑이 의외로 아주 이른 시기에 축조되었을 것이라는 가능성을 내포하고 있는 것이다.

그러나 고구려 벽탑의 위치는 요하(遼河) 동쪽의 선양[瀋陽]이므로, 고구려가 요하변에 진출한 시기 이후일 것인데, 이 지역은 고구려와 북방 민족과의 치열한 전쟁이 있었던 곳으로, 고구려는 소수림왕 때에 처음 요동에 진출하였다. 그러나 완전히 고구려의 강역에 속하는 시기는 광개토왕 때이며, 그 이후 고구려 멸망 때까지 계속 고구려가 차지한다. 또한 완전한 국가의 제도를 완비하는 것은 장수왕 때로,[88] 가장 변방(邊方)인 선양에 절을 창건하고, 벽탑을 축조한 시기는 장수왕 때인 5세기 초반으로 추정할 수 있다.[89] 또한 북위(北魏:386~534)에서는 벽탑과 함께 벽전과 목조를 혼합한 탑을 축조하였고, 『삼국사기』를 통해 장수왕 때 1년에 1회 이상 북위와의 활발한 교류 관계가 있었음을 확인할 수 있어 장수왕 때에 이러한 형식의 탑이 유입되었을 가능성이 있다. 또한 고구려 벽탑에 사용한 벽전은 주로 회흑색인데, 고구려에서 주로 사용된 벽전의 색깔은 붉은색이었지만, 장수왕 때인 427년 평양으로 천도한 이후에는 주로 회흑색의 벽전을 사용하기 시작하였다.[90] 따라서 고구려 벽탑은 5세기 중엽인 427년 이후에 축조되었을 가능성이 있으며, 이 시기는 또한 정릉사 목탑을 창건한 이후이므로, 목탑을 모방한 고구려 벽탑과 선후 관계가 성립할 수 있다.

이상 낙랑과 신라·고려와의 비교를 통해 고구려 벽탑의 벽전쌓기와 그 특징을 살펴보았는데, 한국건축에서 고구려 벽탑이 갖는 의미는 매우 크다고 할 수 있다. 현존하는 백제계(百濟系) 석탑은, 방형 목탑에서 석탑으로 전이·발생하는 과정의 탑으로 추정되는 미륵사(彌勒寺) 석탑에 기원을 두고 있다.[91] 그러나 신라 역시 초기에는 목탑을 축조하였

88 이기백, 『한국사신론』(1994, 일조각.), 73쪽.

89 안동 일직면 조탑동 5층 벽탑의 경우 가람과는 관계없이 신라 古昌郡의 南端 표지로 축조하였다고 한다(이능기, 「안동지역 전탑의 조형성 연구」, 1994, 한국교원대학교 대학원 미술교육학과 석사학위논문, 22쪽.). 따라서 고구려 벽탑 역시 불교 또는 가람과는 관계없이 고구려의 영역 표지를 위해 축조하였을 것으로도 볼 수 있다. 특히 고구려 벽탑은 遼河 동쪽, 고구려 강역의 가장 변방에 위치하며, 산 정상에 축조하였기 때문이다.

90 조선기술발전사편찬위원회, 『조선기술발전사 2-삼국시기·발해·후기신라편』(1996, 과학백과사전종합출판사.), 157쪽과 박진욱, 『조선고고학전서-중세편 고구려』(1991, 과학백과사전종합출판사.), 187쪽 참고.

고, 그 이후에 석탑을 지속적으로 축조하였지만, 백제와는 다르게 634년 축조된 분황사 모벽탑(模甓塔)에 기원을 두고 있다. 이 탑은 감은사와 고선사 석탑을 시작으로 하는 신라의 전형석탑 이전에 축조된 최초의 탑으로, 그 기원은 당(唐)의 자은사(慈恩寺) 대안탑(大雁塔)으로 보고 있다. 따라서 분황사 모벽탑은 벽탑형식에 속하는 것으로,[92] 신라의 탑 형식의 전개는 고구려와 동일한 것으로 볼 수 있는데, 고구려는 석탑이 남아 있지 않지만 목탑에서 벽탑으로 변화하고 있기 때문이다. 또한 신라에서는 분황사 모벽탑 이후 전형석탑의 축조가 주를 이루었지만, 안동지역을 중심으로 하여 벽탑을 축조하고 있었다.[93] 즉, 전형석탑과 함께 벽탑의 축조가 지속되고 있었던 것이다. 그렇다면 신라 벽탑의 기원은 중국 당(唐)에 있는 것인가? 이에 대한 답을 얻기 위해서는 고구려 탑, 특히 현재 남아 있는 벽탑에 관한 심층적인 연구가 진행되어야 한다. 앞에서도 언급하였지만, 고구려의 벽탑과 신라 벽탑간의 유사한 점들을 발견할 수 있기 때문이다.[94] 따라서 선양의 고구려 벽탑은 삼국의 탑파 연구와 삼국건축의 영향관계를 연구하는데 그 의의가 매우 크다.

또한 벽전의 사용에 있어서도 마찬가지인데, 벽전은 당시 규모가 크고 위계가 높은 건축의 바닥과 기단·벽체 등에 사용되었을 것이다. 그러나 불교 전래 이후에는 불전(佛殿)과 탑의 축조에도 사용되기 시작하였으므로, 삼국의 벽전사용은 불교의 전래, 가람의 창건 등과 많은 연관이 있을 것으로 생각한다.[95] 따라서 불교와 관련된 벽탑의 축조는 당시 삼국의 벽전사용과 특징을 밝히는데 특히 중요한 자료가 된다. 또한 백제와 신라

91 천득염, 「백제계석탑의 조형특성과 변천에 관한 연구」(1990, 고려대학교 대학원 건축공학과 박사학위논문.), 13~16쪽 참고.

92 이러한 의견은 고유섭의 「조선탑파개설」(『고유섭전집』3, 1993, 통문관.), 117~118쪽에서 시작되어, 현재 모든 연구자들에게 있어 공통된 의견이다.

93 안동 지역에는 3기의 벽탑이 현존하며, 많은 벽탑터들이 산재한다. 이 외에도 경북 칠곡 松林寺에 5층 벽탑이 현존하고 있으며, 경북 청도군 雲門寺의 鵲鴨殿은 원래 벽탑인 것을 확인할 수 있다. 또한 청도군 불영사에도 벽탑이 남아 있지만 원형은 알 수 없다. 이 외에도 경주 錫杖寺를 비롯한 여러 절터에서도 벽탑에 사용된 벽전을 확인할 수 있으므로, 신라에서는 벽탑축조가 활발하였던 것으로 보아야 할 것이다.

94 한인호는 삼국 중 고구려가 먼저 목탑을 세우고, 백제와 신라가 이에 영향 받은 것으로 주장한다. 즉, 백제와 신라에서는 高麗尺를 사용하고 있고, 그것을 기준으로 한 건축 구성수법이 나타나기 때문이다(한인호, 「삼국시기 탑의 변천과 그에 반영된 건축술」『력사과학』1985년 1호, 과학백과사전출판사, 30쪽.). 이러한 주장을 근거로 당시 고구려의 벽탑 축조기술 역시 신라에 전해졌을 가능성이 있는 것이다.

95 박용진, 「공주 출토의 백제 瓦·塼에 관한 연구」(공주사범대학 백제문화연구소, 『백제문화』제6집, 1973. 12.), 48쪽 참고.

에서는 벽전으로 축조한 무덤과 벽탑이 존재하지만, 고구려에서는 고구려 벽탑 이외에 발견된 것은 없다. 그러므로 현존하는 고구려 벽탑은 고구려의 벽전사용과 축조방법은 물론 백제와 신라의 벽전사용을 밝힐 수 있는 중요한 단서가 되고 있다. 따라서 본 연구에서는 고구려 벽탑의 벽전쌓기와 형식 등을 간략하게 살펴보았지만, 삼국의 영향관계와 탑의 형식 등을 통해, 더욱 많은 연구가 필요할 것이다.

▶3-39

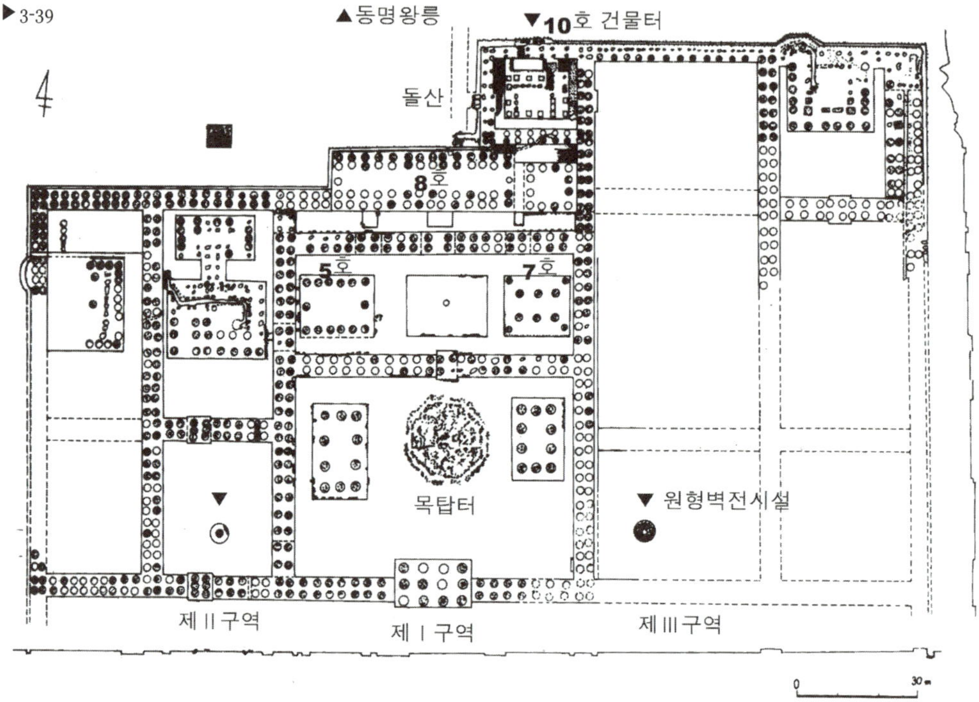

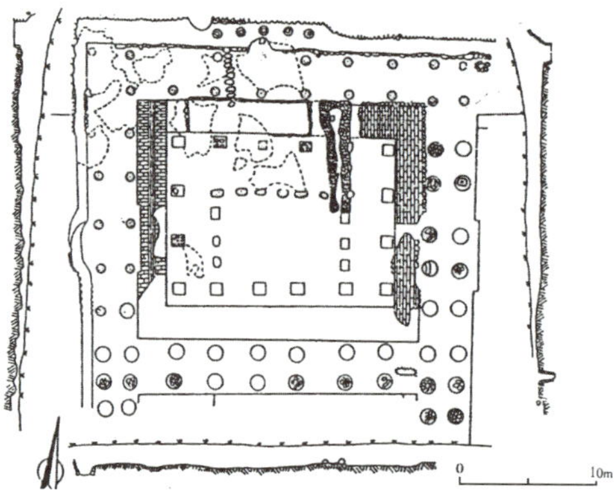

▲3-40

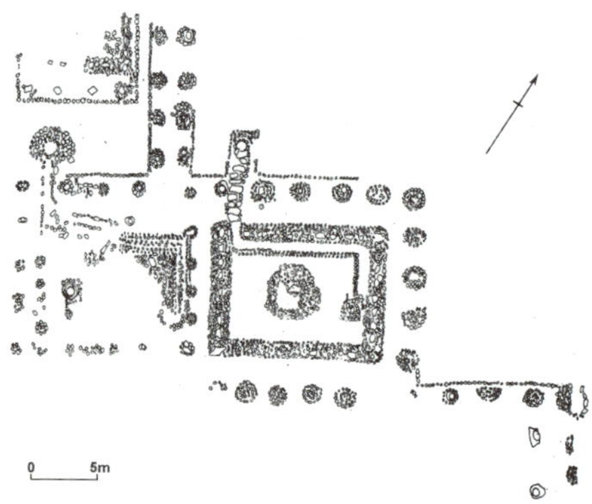

▲3-41

그림 3-39 고구려 정릉사터 배치 실측도

(출전 : 杉山信三·小笠原好彦 編, 『高句麗の都城遺蹟と古墳』(1992, 同朋舍出版.), 109쪽.)

그림 3-40 고구려 정릉사 10호 건물터 실측도

(출전 : 김정기, 「고구려 정릉사지 및 토성리사지 발굴보고개요와 고찰」(동국대학교박물관, 『불교미술』10, 1991. 3.), 29쪽.)

그림 3-41 집안 동대자 유적 평면도

(출전 : 吉林省地方志編纂委員會 編纂, 『吉林省志 卷四十三/文物志』(1991, 吉林人民出版社.), 37쪽.)

3-3. 목조건축의 벽전사용 : 바닥 깔기

이상 고구려의 벽전쌓기와 그 특징을 파악할 수 있는 적석·석실무덤과 벽탑을 살펴보았는데, 특히 적석무덤에서 벽전은 각 단의 빗물 유입을 막기 위해 사용되었다. 이와 유사하게 석실무덤의 바닥에 벽전을 사용한 것 역시 지하의 습기와 물 유입을 막기 위한 것이므로, 고구려 벽전 역시 낙랑에서와 같이 배수(排水) 또는 방수(防水)를 목적으로 사용한 것으로 생각할 수 있다. 또한 벽탑에서는 길이면과 마구리면을 번갈아 쌓는 것이 고구려만의 벽전쌓기인 것으로 추정할 수 있었으며, 목조건축의 원기둥과 공포를 벽탑에 축조하여, 당시 벽전의 제작과 축조기술은 뛰어났던 것을 알 수 있다. 이와 유사하게 기와는 주로 위계가 높은 건축에 사용하였으며,[96] 집안에서는 '조와소'(造瓦所)에서 제작하였다는 글자를 새긴 막새기와가 발견되었는데,[97] 당시 조와소에서는 기와와 함께 생산방식이 동일한 벽전을 함께 생산하였을 것이다. 또한 낙랑의 벽전사용과 축조방법은 고구려의 건축에 많은 영향을 주었던 것으로 추정되므로,[98] 기와와 함께 벽전은 활발하게 사용되었을 것으로 생각할 수 있다.

그러나 궁궐과 절·살림집 등의 목조건축에서 벽전의 사용과 그 특징을 살펴볼 수 있는 유구는 거의 없다. 또한 각 건물터에서 발견되었다는 벽전들의 유무와 그 사용 역시 확인할 수 없어, 고구려 일반건축 또는 목조건축의 벽전사용을 명확하게 밝힐 수 없다고 해도 과언이 아니다. 특히 고구려 궁궐이었던 안학궁(安鶴宮)터에서는 벽전이 거의 발견되지 않았기 때문에 고구려에서는 벽전이 중요한 건축재료로 사용되지 않았다는 견해도 제기되고 있다.[99] 따라서 여기서는 고구려의 건물터 중 유일하게 벽전사용을 파악할 수 있는 정릉사의 10호 건물터와 원형시설 등을 통해, 고구려 목조건축 또는 일반건축의 벽전사용과 특징을 살펴보려고 한다. 이러한 내용은 고구려 벽전사용 중 아주 단편적인 것이므로, 많은 발굴과 조사를 통해 더욱 연구되어야 할 것이다.

96 『舊唐書』 권199 上 「列傳」 제149 上 '東夷' [高麗].
그들이 거처하는 곳은 반드시 산과 계곡에 의지하여 모두 띠풀로 집의 지붕을 잇는데, 단지 절과 신의 사당 및 왕궁과 관청 등은 기와를 사용한다[其所居必依山谷, 皆以茅草葺舍, 唯佛寺, 神廟及王宮, 官府乃用瓦].

97 조선기술발전사편찬위원회, 『조선기술발전사 2-삼국시기, 발해, 후기신라편』(1996, 과학백과사전종합출판사.), 160쪽.

98 윤장섭, 『한국의 건축』(1996, 서울대학교출판부.), 80쪽.

99 사회과학원 고고학연구소, 『조선고고학 개요』(1977, 과학백과사전출판사.), 187쪽.

1. 정릉사 10호 건물터

정릉사는 393년에 창건하였다는 아홉 절 중 하나라고도 하지만,[100] 427년 평양 천도 당시, 고구려 시조왕의 무덤을 옮겨 오고 그와 때를 같이하여 시조왕 숭배를 위한 절로서 중창(重創)한 것으로 추정된다.[101] 후자의 주장을 자세히 살펴보면, 정릉사는 본래 동명왕릉에 제사를 지내기 위한 시설만이 있었는데, <그림 3-39>의 5·7호 건물은 왕의 행차 때에 호위하는 군사들과 보조 성원들이 유숙하는 건물이고, 8호 건물은 현재보다 작은 규모였는데, 제사를 지내기 위한 사당(祠堂)이다. 특히 여기서 살펴보는 10호 건물과 그 서쪽의 돌산은 왕의 휴식을 위한 장소로, 초기에는 이 세 영역만이 있었던 것이다. 그러나 5세기 중엽에는 동명왕의 원찰(願刹)[102]이 되면서 목탑과 금당(金堂) 등 남쪽과 동·서 구역으로 확장한 것으로 추정하고 있다.[103] 이렇게 정릉사에 대한 엇갈린 주장 속에서 10호 건물터에 대한 해석 역시 서로 다르지만,[104] 대부분 왕 또는 고승(高僧) 등의 신분이 높은 사람이 기거하던 건물로 보고 있는데, 기와와 벽전을 이용하여 축조한 온돌 고래와 벽전으로 포장한 부분이 있기 때문일 것이다.

10호 건물터는 정릉사의 가장 북쪽 구역에 위치하고 있으며, 바깥을 둘러싸는 회랑과 매우 근접하여 배치하였다. 정면 5칸 측면 3칸의 규모인데, 건물터는 동서 16m, 남북

100 장경호, 『한국의 전통건축』(1992, 문예출판사.), 71쪽과 김정기, 「고구려 정릉사지 및 토성리사지 발굴보고 개요와 고찰」(동국대학교박물관, 『불교미술』10, 1991. 3.), 12쪽.

101 한인호, 「정릉사 건축의 평면구성에 대하여」(『력사과학』1981년 2호, 과학백과사전출판사.), 30쪽.

102 조선의 願堂 혹은 願刹은 주로 왕족의 명복이나 현세적 축복을 빌기 위한 절을 의미하는데, 특히 陵寢守護寺刹은 왕족의 능묘를 관리하고 명복을 빌기 위한 사찰이다(김봉열, 「조선왕실 원당사찰건축의 구성형식」『대한건축학회논문집』12권 7호 통권 93호, 1996. 7., 대한건축학회, 97~98쪽 참고.). 비록 조선의 예이지만, 정릉사 역시 능침수호사찰의 하나로 생각할 수 있을 것이다.

103 리화선, 『조선건축사』(1989, 과학백과사전종합출판사.), 93쪽과 허철준, 「정릉사의 평면복원과 관련하여 제기되는 몇 가지 고찰」(『력사과학』1986년 4호, 과학백과사전출판사.), 17쪽.

104 장경호, 『한국의 전통건축』(1992, 문예출판사.), 70쪽에서는 '지체 높은 자가 기거하던 곳', 윤장섭의 『한국의 건축』(1996, 서울대학교출판부.), 85쪽에서는 '高僧이 기거하던 곳', 김정기의 「고구려 정릉사지 및 토성리사지 발굴보고 개요와 고찰」(동국대학교박물관, 『불교미술』10, 1991. 3.), 8쪽에서는 '상당히 높은 신분에 있던 자의 寢室'로 보고 있다. 또한 대한건축학회의 『한국건축사』(1996, 기문당.), 111쪽에서는 僧房이라고 하고, 리화선은 『조선건축사』(1989, 과학백과사전종합출판사.)에서 願刹로 보고, 68·90쪽에서 모두 '寢殿'이라고 하였다. 허철준의 「정릉사의 평면 복원과 관련하여 제기되는 몇 가지 고찰」(『력사과학』1986년 4호, 과학백과사전출판사.), 17쪽에서만 구체적으로 '왕이 행차할 때 휴식하던 구역'으로 보고 있는 것이다.

11.8m이고, 주칸은 각각 다르지만 대체로 3m 내외라고 할 수 있다.[105] 특이한 것은 초석열이 2중인 것과 온돌 유구가 있는 것, 특히 벽전으로 포장한 부분이 있다는 것이다. 남쪽을 제외한 3면에 2중의 초석열을 볼 수 있는데, 외부의 것은 주로 사각형이며, 내부의 초석은 좀더 작고 외부 초석열 사이에 하나씩 더 설치하였다. 따라서 내부 초석열의 안쪽은 10×9m의 방이고, 외부 초석열과 사이는 너비 3m의 퇴칸(退間)이면서 복도(複道)인 것이다. 온돌의 고래는 깨진 기와와 벽전을 사용하여 축조하였는데, 기와는 붉은색이지만, 벽전은 검은 색이면서 무늬가 있다. 구들은 방안에서 시작하여 북쪽으로 뻗었으며, 북쪽 회랑 가까이 굴뚝을 세웠던 자리가 있다.[106] 이러한 특징을 통해 정릉사 10호 건물은 침실(寢室) 등의 살림집으로 추측되고 있는데,[107] 유사한 특징을 집안의 동대자(東臺子)유적에서도 볼 수 있다.

동대자 유적은 내부 실이 좌우로 나뉘고 중앙에는 복도를 두고 있다. 특히 서쪽 방의 기초는 독립기초이지만, 동쪽 방의 기초는 1.5~2m 폭으로 자갈을 다져 만든 줄기초인데, 이는 조적식 벽체에 사용되는 기초이다. 따라서 두 방의 벽체 형식은 심벽과 조적식 벽체로 서로 달랐으며, 그에 따른 기능 역시 달랐을 것이다.[108] 또한 서쪽 방에는 두 줄 고래, 동쪽 방에는 한 줄 고래를 설치하고, 북쪽으로 연결하여 굴뚝을 설치한 것은 정릉사의 10호 건물터와 동일하다. 동대자 유적에서는 붉은 색의 벽전이 발견되었으나, 대부분이 깨진 상태이고 그 수량 또한 적지만,[109] 이 벽전들은 동쪽 방의 기초가 조적식 벽체를 축조하는데 설치하는 줄기초인 것과 연결될 수 있을 것이다.[110]

또한 동쪽 방의 줄기초 바깥에는 독립기초 즉, 기둥을 세운 것으로, 내부 기둥열에는 벽체를 설치하였고, 벽체 외곽으로는 기둥만 세운 것으로 추정할 수 있다. 한국건축에서 이러한 평면형식에 대한 개념과 용어는 정의되지 않았지만, 퇴칸(退間) 또는 헌랑(軒廊)·위랑(圍廊)이라는 용어를 사용하고 있다. 그러나 퇴칸은 본래의 집채에서 달아 낸

105 김정기, 「고구려 정릉사지 및 토성리사지 발굴보고 개요와 고찰」(동국대학교박물관, 『불교미술』10, 1991. 3.), 7~8쪽.
106 김정기, 「고구려 정릉사지 및 토성리사지 발굴보고 개요와 고찰」(동국대학교박물관, 『불교미술』10, 1991. 3.), 8쪽.
107 리화선, 『조선건축사』(1989, 과학백과사전종합출판사.), 63~69쪽.
108 대한건축학회 編, 『한국건축사』(1996, 기문당.), 116쪽 참고.
109 이전복, 『중국내의 고구려유적』(1994, 학연문화사.), 90쪽.
110 그러나 발견된 벽전의 특징들이 알려지지 않고 있어, 명확한 것을 파악하기는 힘들다.

▶3-42

▶3-43

그림 3-42 **보산리 무덤 북벽의 인물 풍속도**
(출전 : 최무장, 『고구려 고고학』 I (1995, 민음사.), 443쪽.)
그림 3-43 間方式 **바닥 깔기**
(출전 : 김성우·안대회 譯, 『園冶』(1993, 도서출판예경.), 247쪽.)

칸[111]을 의미하여 전퇴(前退) 또는 후퇴(後退) 등의 용어를 사용하고 있지만, 헌랑은 건물의 네 방향 모두 퇴칸을 설치한 형식을 지칭한다.[112] 이는 대부분의 한국 목조건축에서 외진주(外陣柱)에 벽을 설치하는 것과는 다른 평면 형식으로, 동대자 유적의 평면 형태는 헌랑과 동일하며, 이러한 특징에 의해 동대자 유적과 정릉사 10호 건물터의 성격은 같은 것으로 볼 수 있을 것이다.

또한 이 헌랑 형식은 발해(渤海) 상경용천부(上京龍泉府)의 궁성(宮城) 남문·제2궁전·서구 집자리 유적 등과 조선 동관왕묘(東關王廟)의 평면 형식(<그림 7-15> 참고)과 같다.[113] 즉, 외진주열에 벽체를 설치하는 것이 아닌, 그 안쪽 기둥열에 벽체를 설치하는 것이다. 따라서 헌랑 평면의 건축은 살림집이기 보다 위계가 높은 건축인 것을 알 수 있어, 고구려의 건축 중 헌랑 평면의 건축 역시 살림집이기 보다, 위계가 높은 묘(廟)·사당(祠堂)·어진(御眞)을 모시는 진전(眞殿) 등으로 볼 수 있을 것이다. 특히 동대자 유적의 동쪽 방 벽체의 축조재료는 명확하지 않지만, 4면의 벽체가 일반적인 심벽과 다른 조적식 벽체를 축조하였기 때문이다.[114] 이러한 것은 정릉사 10호 건물도 마찬가지인데, 단면은 알 수 없지만 주위에는 2m 간격을 두고 회랑이 둘러져 있어, 자연광의 채광율이 떨어진다. 따라서 살림집으로 추정하기는 더욱 어려우며, 동대자 유적과 함께 원찰의 사당·진전으로 추정할 수 있을 것이다.

그러므로 정릉사의 다른 건물과는 다르게, 10호 건물에만 장방형 벽전이 사용된 것은 원찰의 기능 중 가장 위계가 높은 진전 또는 사당임을 나타내는 것으로 볼 수 있다. 벽전은 폭 2m로 포장하였는데, 막힌줄눈으로 깔았다. 또한 벽전을 세워서 깐 부분도 있

111 장기인, 『한국건축사전-한국건축대계Ⅳ』(1993, 보성각.), 30쪽.

112 중국은 물론 한국에서는 헌랑 형식의 건축에 대한 연구는 전혀 없으며, 단지 허승의 「東廟의 건축적 특성에 관한 연구」(1992, 울산대학교 대학원 건축학과 석사학위논문.)에서 동묘의 평면형식을 지칭할 때 사용하였다. 또한 50쪽에서 헌랑 형식의 건축을 중국의 건축형식으로 보고 있지만, 명확한 연구가 진행되지 않은 상태에서 중국식이라고 단정하는 것은 무리이고, 한국에서는 고구려에서부터 찾아 볼 수 있다.

113 중국의 경우는 宋代 山西 太原의 晋祠 聖母殿에서 처음으로 볼 수 있으며, 山西 洪越縣의 廣勝下寺 水神廟 明應王殿은 1324년에 축조되었는데, 역시 헌랑 형식으로 元代의 廟祠 建築 大殿의 한 유형이다(劉敦楨, 『中國古代建築史』, 1995, 세진사, 396~398쪽 참고.). 따라서 중국에서 헌랑 평면은 廟 건축에서 주로 나타나는 것을 알 수 있다.

114 또한 현재 동대자 유적은 살림집이 아니라 392년에 축조한 왕실의 社稷과 宗廟라는 견해가 제기되고 있다(방기동, 「집안 동대자 고구려 건축유지의 성격과 연대」 『중국경내 고구려유적 연구』, 1995, 예하출판사, 439~447쪽 참고.).

는데,[115] 땅속에 벽전을 박아 고정시킨 것으로 오랜 시간이 흘러도 남아 있을 수 있었다. 이와 유사한 벽전의 깔기는 남포시 강서구역의 보산리 무덤에 그려진 벽화에서 볼 수 있는데, 4~5장의 벽전을 하나의 단위로 직교되게 교차하여 깔고 있으며, 벽전의 길이와 넓이를 통해 살펴보면 분명 벽전을 세워 깐 것을 알 수 있다.(<그림 3-42>) 또한 길게 펼쳐진 것으로 돗자리 등의 바닥 깔개와는 구분된다. 이는 낙랑토성에서 볼 수 있었던 삿자리 무늬 바닥 깔기와는 다르며, 벽전을 세워 사용하는 것은 같지만 사선으로 까는 중국의 '간방식'(間方式)과도 다른 것을 알 수 있다.(<그림 3-43>) 따라서 벽전을 막힌줄눈 또는 서로 직교되게 세워서 포장하는 방법은 고구려 벽탑에서 벽전의 마구리면과 길이면을 번갈아 쌓는 방법과 함께 고구려의 특징인 것이며, 보편적인 바닥깔기로 추정할 수 있다.

이러한 10호 건물의 바닥을 포장한 벽전은 낙랑 유적에서 발견된 벽전과 같다고 한다.[116] 즉, 촉이 달린 모자벽전(母子甓瓴)은 30.5×15×4.8㎝이고, 보통의 장방형 벽전은 34×16×4.8㎝이며, 무늬는 길이면과 마구리면에 약 30종류가 있다고 한다.[117] 특히 모자벽전은 낙랑의 벽전축 무덤에서 사용된 것을 살펴볼 수 있었는데, 낙랑의 벽전제작과 특징에 영향 받은 것임을 알 수 있다. 또한 벽전으로 포장한 부분은 10호 건물과 사방의 회랑에서 빗물이 떨어지는 부분이다. 만약 10호 건물의 처마가 회랑의 용마루 너머까지 뻗쳐 있었다면 빗물이 떨어지지 않지만, <그림 3-40>의 도면을 통해 살펴보면, 처마가 회랑의 중심 바깥으로 뻗어 나가지 않은 것으로 판단한다. 따라서 이 부분은 지붕의 낙숫물에 의해 땅이 패는 것을 막고, 양쪽의 배수구로 물을 흘려보내는 역할을 한 것이다.[118]

115 김정기, 「고구려 정릉사지 및 토성리사지 발굴보고 개요와 고찰」(동국대학교박물관, 『불교미술』10, 1991. 3.), 7쪽.

116 박진욱, 『조선고고학전서-중세편(고구려)』(1991, 과학백과사전종합출판사.), 281쪽.

117 김정기, 「고구려 정릉사지 및 토성리사지 발굴보고 개요와 고찰」(동국대학교박물관, 『불교미술』10, 1991. 3.), 13쪽.

118 이외에도 바닥을 포장한 벽전은 무문벽전이 대부분인데, 집안의 국내성과 환도성, 그리고 무순(撫順)의 고이산성에서 정방형 또는 장방형 벽전에는, 제작 당시에 두드린 흔적인 삿자리 무늬가 남아 있으며 색조가 갈홍색인 것도 있다. 또한 한강변 구이동 유적에서도 고구려 벽전이 출토되었는데, 많은 수량의 토기류 및 철기류와 함께 장방형의 무문벽전들이다. 대동군의 장매리(長梅里)에서는 4엽의 화엽무늬 벽전이 발견되었고, 4엽의 꽃잎을 간략하게 묘사하여 벽전의 마구리면 두 구획 속에 복수로 배치하였다. 마지막으로 평양 평천리(平川里)에서는 양 길이면에 당초문과 꽃잎을 새긴, 양 길이면이 노출되는 우물 등의 특수한 곳에 사용한

2. 절터의 원형벽전시설

정릉사터에서는 벽전을 원형(圓形)으로 포장한 특이한 두 시설물을 볼 수 있는데, <그림 3-39>에서 제Ⅱ구역과 Ⅲ구역의 남쪽에 위치하며, Ⅰ구역을 중심으로 대칭으로 배치하였다. 특히 Ⅲ구역의 원형벽전시설은 지름 4.6m이고, 13장의 벽전을 원형으로 깔았으며, 테두리에는 벽전을 세워서 땅에 고정시켰고, 벽전을 깐 바닥은 테두리의 높이보다 약 20㎝정도 낮게 시설하였다.(<그림 3-44>) 이와 동일한 시설이 토성리 절터에서도 발견되었는데, 8각 목탑터의 중심에서 약 36m 떨어진 곳에 위치하고, 무늬가 있는 벽전을 사용하였으며, 지름 약 2.5m이지만 이보다 훨씬 컸던 것으로 추정한다.[119] 또한 신라의 고선사(高仙寺)터 북쪽 건물터 주변에서도 지름 3.3m의 유사한 시설이 발견되었는데, 평평한 돌을 사용하여 빈틈없이 깔고, 다시 그 주위에는 30㎝ 내외의 돌을 비스듬히 경사지게 세워 배열하였다.[120] 따라서 고구려 절터에서 발견된 것과 같은 축조방법을 보이고 있어 주목된다. 또한 앞에서 살펴본 고구려 벽탑에서 남서쪽, 약 20m 떨어진 지점에서도 원형으로 벽전을 깐 시설이 발견되었다.

이렇게 고구려와 신라의 절터에서 공통적으로 발견되는 원형시설의 명확한 용도는 파악하지 못하고 있지만, 대부분 연못의 흔적으로 추정하고 있을 뿐이다. 즉, 연못에는 연꽃[蓮花]을 심었을 것인데, 연꽃은 불교의 상징이고 사찰의 필수적인 요소이기 때문에, 목탑 좌우에 대칭으로 설치한 것으로 추정하고 있는 것이다.[121] 또한 신라 고선사터의 원형시설에 대해서는 비록 그 사용재료가 다르지만 역시 연못이었던 것으로 추정하고 있다.[122] 특히 고구려 벽탑의 원형벽전 시설의 경우 내부가 움푹 패인 상태이기 때문에 이러한 가능성이 있을 수 있으나, 고구려 벽탑은 산 정상에 위치하고 있으므로 우물이나 연못을 설치하였다고는 생각할 수 없어 그 의문이 더할 뿐이다. 다만 이러한 시설들이 외부에 벽전을 세워서 내부가 외부보다 낮게 설치된 것에는 무엇인가를 담기 위한

벽전이 발견되기도 하였다(김성구, 『옛 전돌』, 1999, 대원사, 37~39쪽 참고.).

119 김정기, 「고구려 정릉사지 및 토성리사지 발굴보고 개요와 고찰」(동국대학교박물관, 『불교미술』10, 1991. 3.), 11-15쪽 참고. 또한 한인호의 『조선중세건축유적연구-삼국편』(1995, 사회과학출판사.), 76쪽에서 토성리 절터의 원형벽전시설이 정릉사터와 마찬가지로 대칭적으로 배치되었던 것으로 추정하고 있다.

120 문화재관리국·경주사적관리사무소, 「高仙寺址 發掘調査報告書」(1977, 매일원색정판사.), 44쪽.

121 한인호, 『조선중세건축유적연구-삼국편』(1995, 사회과학출판사.), 75~76쪽.

122 문화재관리국·경주사적관리사무소, 「고선사지 발굴조사보고서」(1977, 매일원색정판사.), 45쪽.

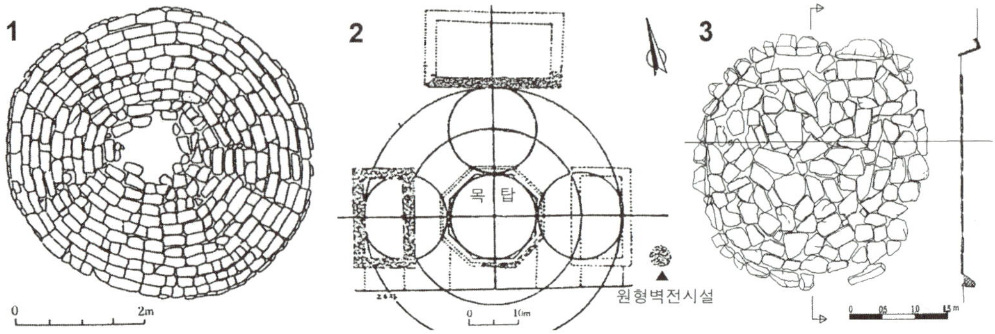

▲3-44

▲3-45

▲3-46

그림 3-44 **고구려와 신라 절터의 원형시설**

1. **정릉사 제Ⅲ구역의 원형벽전시설** 2. **토성리 절터 평면도와 원형벽전시설** 3. **신라 고선사지 석재 원형시설 실측도**

(출전 : 1·2 : 김정기, 「고구려 정릉사지 및 토성리사지 발굴보고 개요와 고찰」(동국대학교박물관, 『불교미술』10, 1991. 3.), 30~31쪽. \ 3 : 문화재관리국경주사적관리사무소, 「고선사지발굴조사보고서」(1977, 매일원색정판사.), 117쪽.)

그림 3-45 **정릉사 원형벽전시설**

(출전 : 문화재관리국·문화재관리소, 『북한문화재도록』(1993, 서울시인쇄공업협동조합.), 67쪽.)

그림 3-46 **고구려 벽탑의 원형벽전시설**

것, 또는 절에서 일어나는 특정한 의식(儀式)을 위한 것으로도 생각한다. 비록 고구려 벽탑은 현재 과거의 배치를 확인할 수 없으나, 기타 절터에서의 각 구역 중앙에 위치하는 기하학적인 배치는 상징성이 담겨 있을 것이기 때문이다. 따라서 당시 절에서 중요한 의례나 이를 위한 시설물을 설치하기 위한 장소이며, 벽전은 위계와 신성함을 표현하기 위해 사용한 것으로 생각할 수 있다.

이상 정릉사에서 발견된 벽전을 통해 단편적이지만 고구려 벽전사용의 특징을 살펴보았다. 특히 낙랑의 모자벽전(母子甓甎)과 동일한 벽전이 발견된 것을 통해 낙랑의 벽전제작과 사용 등에 영향을 받은 것을 알 수 있지만, 벽전을 사용해서 바닥을 포장하는 방법은 고구려 벽탑에서 본 벽전쌓기와 같이 고구려만의 특징임을 발견할 수 있었다. 즉, 벽전을 세워 땅속에 고정시키고, 막힌줄눈과 유사하게, 또는 서로 직교하게 세워서 포장하는 것이다. 또한 벽전은 기와와 마찬가지로 위계가 높은 건축물에 주로 사용하였으며, 더 나아가 상징적인 의례시설 등에 사용되었던 것으로 추정할 수 있는 것이다.

이외에도 고구려의 벽전은 여러 자료[123]에서 확인할 수 있으나, 당시 건축 속에서 벽전이 어떻게 사용되었는가는 자세히 알 수 없어, 고구려의 벽전과 그에 따른 건축특성은 앞으로도 계속 연구되어야 할 것으로 생각한다.[124]

123 『朝鮮瓦塼圖譜』Ⅰ·Ⅵ(井內功文化硏究室, 1976, 眞陽社.), 『井內功寄贈瓦甎圖錄』(국립중앙박물관, 1990, 삼정인쇄공사, 83~84쪽.), 「泥佛出土地元五里廢寺址の調査」(朝鮮古蹟硏究會, 『昭和12年度 古蹟調査報告』(1938.), 63~72쪽.),「장수산성 1호건물터에 대하여」(최승택, 『조선고고연구』1991년 제4호, 사회과학원 고고학연구소, 14~18쪽.), 『우리나라 벽돌』(송재선, 1991, 한국점토벽돌공업협동조합, 44~49쪽.),『한국의 건축』(윤장섭, 1996, 서울대학교출판부, 80~81쪽.), 『조선고고학전서-중세편(고구려)』(박진욱, 1991, 과학백과사전종합출판사, 280~281쪽.) 등등.

124 고구려의 金剛寺터에도 벽전을 깐 건물터가 발견되었으나, 高麗의 유적으로 추정되므로, 제6장에서 살펴보기로 한다.

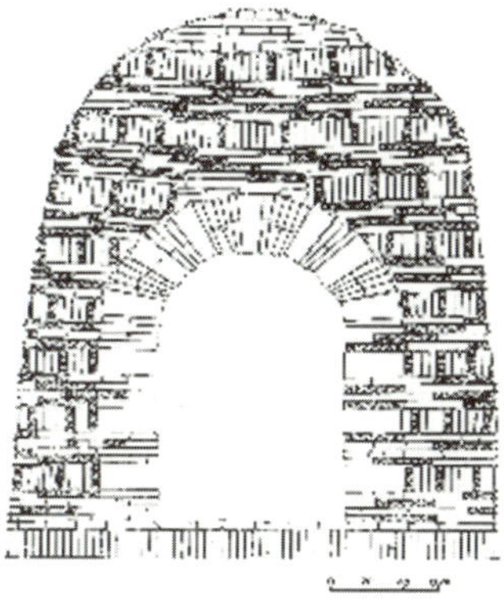

제4장

벽전건축의 새로운 전개와 목조건축의 벽전사용 일반화
백제

백제 벽전축 무덤은 중국 남조(南朝) 전실묘(塼室墓)의 영향에 의해 축조된 것으로
추정하고 있지만, 세워쌓기를 첨가한 방추형(方錐形) 궁륭천장과
호벽(護壁)의 2단 홍예, 4횡1수의 벽전쌓기 등은 낙랑에서부터 이어지는
한국 벽전건축만의 특징이다

– 본문 中

개요

고구려 주몽(朱蒙)의 아들 온조(溫祚)를 시조(始祖)로 하는 백제(百濟)의 유적은 최초 도읍인 한성(漢城)보다 475년·538년에 천도(遷都)한 웅진(熊津)·사비(泗沘)에서 많이 발견된다. 특히 웅진 즉, 공주(公州)에서는 벽전축(甓瓴築) 무덤인 무령왕릉(武寧王陵)과 송산리(宋山里) 6호 무덤이 발견되어, 한국 벽전(甓瓴)건축의 새로운 전개와 그 양상을 살펴볼 수 있다. 백제 벽전축 무덤은 중국 남조(南朝) 전실묘(塼室墓)의 영향에 의해 축조된 것으로 추정하고 있고, 세워쌓기를 첨가한 방추형(方錐形) 궁륭천장과 호벽(護壁)의 2단 홍예, 4횡1수의 벽전쌓기 등은 낙랑에서부터 이어지는 한국 벽전건축만의 특징이 있기 때문이다. 또한 삼국 중 백제는 가장 광범위하게 벽전을 사용하였는데, 공주와 부여(夫餘)의 궁궐터와 절터 등에서는 연꽃과 인동(忍冬)·봉황(鳳凰)·귀면(鬼面) 등의 무늬를 새긴 벽전들과, 현재 사용되고 있는 블록(Block)형태의 벽전 등이 발견되어, 목조건축의 기초에서 벽체까지 다양하게 사용하였던 것으로 추정할 수 있기 때문이다. 또한 일본(日本)에까지 와박사(瓦博士)를 파견하여 기와 또는 벽전의 생산기술 등을 전해 준 것으로 알려지고 있어,[1] 당시 백제 목조건축에서는 벽전이 폭 넓게 사용되었으며, 그 축조방법 또한 발달해 있었을 것으로 추정할 수 있는 것이다. 따라서 이 장에서는 벽전축 무덤인 무령왕릉과 송산리 6호 무덤의 벽전쌓기 방법과 구조 등을 중심으로 당시 백제의 벽전 축조방법을 살펴보고, 백제의 각 절터와 건물터 등에서 발굴된 벽전을 중심으로 백제 목조건축의 벽전사용에 관해 살펴보기로 한다.

1 『日本書紀』卷第21 第32世 崇峻天皇-泊瀨部天皇.
百濟國이 恩率 首信, 德率 蓋文, 那率 福富味信 등을 보내어 조를 올림과 동시에 불사리, 승 聆照律師, 令威, 惠衆, 惠宿, 道嚴, 令開 등과 寺工 太良未太, 文賈古子, 鑪盤博士 將德白昧淳과 瓦博士 麻奈文奴, 陽貴文, 㥄貴文, 昔麻帝彌와 畵工 白加를 바쳤다.

4-1. 백제의 석실무덤과 벽전축 무덤

1. 석실무덤과 벽전축 무덤

백제의 무덤형식과 축조재료는 매우 다양하게 분류할 수 있는데, 무령왕릉과 송산리 6호 무덤 등의 횡혈식 벽전축 무덤과 저석리(楮石里) 1호 무덤 등의 수혈식 벽전축 무덤은 삼국 중 백제에서만 발견되었다.[2] 또한 고구려와 유사하게 석실무덤의 바닥과 관대(棺臺)를 벽전으로 축조한 무덤형식도 있는데, 무령왕릉과 송산리 6호 무덤이 위치하고 있는 송산리와 공주 웅진동에서만 발견되었다. 따라서 백제 벽전축 무덤과 벽전을 혼용한 석실무덤과는 일정한 관계가 있을 것으로 생각한다.

먼저 횡혈식 석실무덤은 무덤길[羡道]을 갖추고 장방형 묘실을 기본으로 하며, 천장의 구조형태에 따라 궁륭(穹窿)·터널·아치 석실무덤으로 구분할 수 있다.[3](<그림 4-1>) 백제 횡혈식 석실무덤의 가장 초기 형식인 궁륭 석실무덤[4]은 정방형 평면이고, 무덤길은 중앙이 아닌 우측에 위치하며, 바닥은 돌 또는 벽전 즉, 전(甎)을 깔았다. 4면의 벽체는 벽전 형태의 할석(割石)을 수직으로 축조하였는데, 그 상부에서는 벽체가 연속하여 네 모서리를 점점 안쪽으로 들여쌓고, 한 장의 판석을 덮어 마감하므로 궁륭천장을 완성한다. 이러한 무덤형식은 한성[5]과 공주[6]에서 발견되므로, 5세기 중반에서부터 다음 무덤형식인

2 이 외에 校村里 3호 무덤은 벽전을 사용해 축조하였지만, 배수로와 묘실의 세 벽면을 축조하다 廢墳된 것으로 추정된다(안승주, 「백제고분의 연구」, 『백제문화』제7·8합집, 1975. 12., 공주사범대학 백제문화연구소, 110~111쪽 및 김성구, 『옛 전돌』, 1999, 대원사, 44쪽 참고.).

3 이 외에도 고임식·수평식·맞배식·네벽조임식·양벽조임식 등이 있다(안승주, 「백제고분의 연구」, 『백제문화』제7·8합집, 1975. 12., 공주사범대학 백제문화연구소, 89~94쪽과 이남석, 『백제 석실분 연구』, 1995, 학연문화사, 204~217쪽 참고.).

4 이남석, 『백제 석실분 연구』, 1995, 학연문화사, 146·503쪽 참고.

5 可樂洞 3호 무덤과 芳荑洞 1호 무덤 등이 있다(안승주, 「백제고분의 연구」, 『백제문화』제7·8합집, 1975. 12., 공주사범대학 백제문화연구소, 90~91쪽 참고). 또한 한강 유역은 백제뿐 아니라 신라와 고구려의 강역에도 속했으므로, 가락동과 방이동의 무덤이 신라 또는 고구려의 석실무덤으로 보는 견해가 제기되기도 하였다. 그러나 이남석의 『백제 석실분 연구』(1995, 학연문화사.), 149~155쪽에서는 무덤의 형식과 구조·껴묻거리[副葬品] 등을 공주의 횡혈식 석실무덤과 비교하여 백제의 무덤임을 확인하고 있다.

6 송산리 1호 무덤과 4호·5호·29호 무덤, 공주 朴山里와 金鶴洞 무덤 및 공주 웅진동 파괴고분 등이 있다(안승주, 「백제고분의 연구-공주지역을 중심으로」 『백제문화』제2집, 1968. 2., 공주사범대학 백제문화연구소, 24~26쪽 및 김영배, 「공주백제고분양식의 일례」 『미술자료』10, 1965, 22~24쪽 참고.).

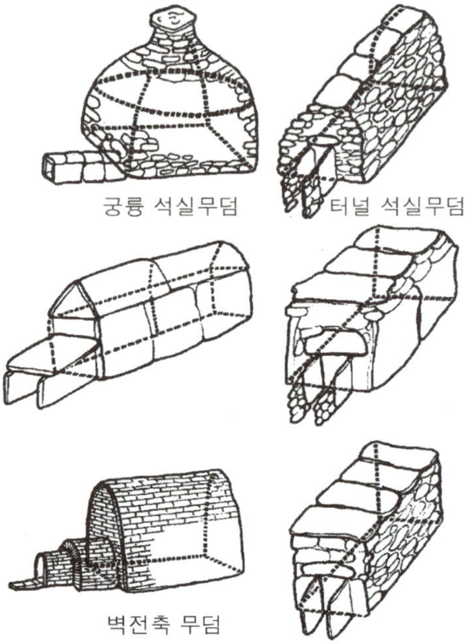

그림 4-1 **백제의 석실무덤**
(출전 : 안승주, 「백제고분의 연구」(공주사범대학 백제문화연구소, 『백제문화』 제2집, 1968. 12.), 33쪽.)

터널식 석실무덤이 나타나기 이전 즉, 6세기 초까지 축조된 무덤으로 추정되고 있다.

이와 같은 궁륭천장은 낙랑(樂浪)의 전형적인 벽전축 무덤과 고구려의 석실무덤에서 살펴볼 수 있었는데, 낙랑의 벽전축 무덤은 외부 토압(土壓)에 효과적으로 저항할 수 있고, 정방형 평면의 규모와 관계없이 축조할 수 있으며, 횡혈식 무덤 천장에 적합한 궁륭천장을 가장 큰 특징으로 한다. 또한 고구려에서는 낙랑 궁륭천장의 영향으로 궁륭천장 또는 꺾음천장 등을 축조하였다. 따라서 한성에서부터 나타나는 백제 초기 무덤형식인 적석무덤이 고구려의 계단형 적석무덤에 영향 받은 사실과 유사하게,[7] 백제 석실무덤의 궁륭천장은 낙랑 벽전축 무덤 또는 고구려 석실무덤의 영향을 받은 것으로 추정되고 있다.[8]

그러나 최근 연구에 따르면 고구려의 영향이 아닌, 낙랑의 벽전축 무덤에서만 영향 받은 것임을 알 수 있는데, 낙랑이 위치했던 평양과 황해도 지역에서는 벽전축 무덤 이후에 벽전과 석재를 함께 사용한 무덤 또는 벽전축 무덤형식과 동일한 궁륭천장 석실무덤이 축조되었으므로, 이 형식이 백제 한성(漢城)의 궁륭천장 형식에 영향을 준 것이다.[9] 이

7 石村洞 3호·4호 무덤을 예로 들 수 있는데, 특히 석촌동 4호 무덤은 3단의 방형 기단으로 계단형과 유사하게 쌓고, 상부에만 봉토를 올렸던 것으로 조사되어 고구려의 積石 무덤에 영향을 받은 것으로 추정된다(서울대학교 고고학과, 「석촌동 적석총 발굴조사보고」, 1975, 서울대학교 고고인류학총간, 18~19쪽 참고.). 또한 공주 송산리에서도 虛墓·假墓로 추정되는 3단의 방형 기단에 봉토를 올린 유적이 발견되어, 고구려 적석무덤에 영향을 받았으며 한성지역의 적석무덤이 퇴화된 형식으로 추정된다(윤근일, 「공주 송산리 고분 발굴조사개보」 『문화재』제21호, 1988. 12., 문화재관리국, 316~317쪽 참고.).

8 안승주, 「백제고분의 연구-공주지방을 중심으로」(공주사범대학 백제문화연구소, 『백제문화』제2집, 1968. 12.), 32쪽과 안승주, 「백제분묘의 구조」(공주사범대학 백제문화연구소, 『백제문화』6집, 1973. 12.), 159쪽, 강인구, 『백제고분연구』(1977, 일지사.), 84~89쪽 참고.

9 이남석, 『백제 석실분 연구』(1995, 학연문화사.), 161~164쪽. 이남석은 "백제 횡혈식 석실분의 淵源은 고구려 계통이란 일반적 이해보다 서북한 지역의 소위 낙랑의 塼築墳 계통으로 이해하는 것이 보다 합리적으로 판단된다." 라고 한다. 즉, 이 책의 제2·3장에서 살펴보았던 佟利무덤은 석재와 벽전을 함께 사용하여 궁륭천장을 축조하였으며, 낙랑이 멸망한 313년 이후인 353년에 축조되었으므로, 고구려의 석실무덤에 낙랑 벽전축 무덤이 혼용된 것으로 보고 있다(김용준, 『고구려 고분벽화 연구』, 1958, 과학원출판사, 30쪽 참고.). 또한 벽전 형태의 할석으로 축조된 궁륭천장 석실무덤은 고구려 초기의 적석무덤과 그 계열을 달리하기 때문에 평양에 남아 있는 궁륭천장 석실무덤은 낙랑 또는 漢의 벽전축 무덤의 영향에 의한 것으로 추정한다. 따라서 평양 또는 황해도 지역의 무덤형식의 변화는 벽전축 무덤 → 석재와 벽전의 혼용 무덤 → 횡혈식 궁륭천장 석실무덤으로 보고 있으며, 그 대표적인 예가 평양의 南井里 119호 무덤 등이다.(<그림 3-9> 참고) 또한 백제 역시 평양 등의 대동강 유역에 진출한 사실이 있으므로(『삼국사기』 권제24 「백제본기」제2 '근초고왕' 26년 참고.), 이 시기에 漢城 가락동과 방이동 석실무덤의 궁륭천장이 낙랑의 영향을 받은 것으로 추정하고 있다. 즉, 백제 초기 횡혈식 석실무덤인 궁륭 석실무덤은 낙랑의 벽전축 무덤에서 궁륭천장의 축조방법에 영향을 받은 것으로, 단지 재료만을 달리한 것이다. 따라서 백제의 횡혈식 석실무덤은 초기의 積石 무덤과 계열을 달리하며, 낙랑의 영향에 의한 것으로 볼 수 있다.

▶ 4-2

▶ 4-3

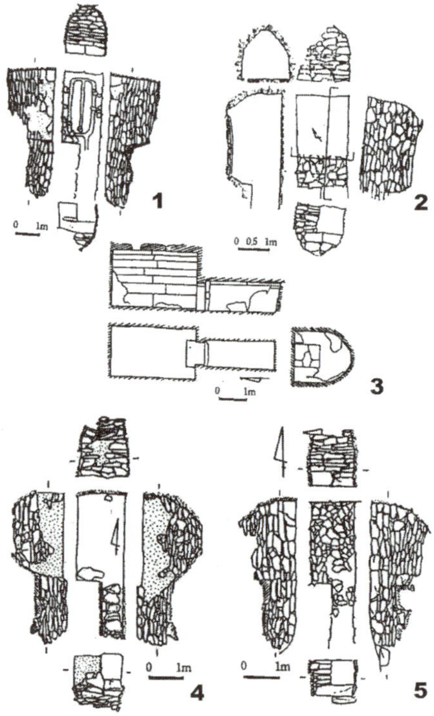

그림 4-2 충남 연기군 송원리에서 2007년 발굴된 백제 횡혈식 석실분

(출전 : 연합뉴스 웹사이트(www.yonhapnews.co.kr) 2007년 11월 9일 '행정중심 복합도시 백제고분 '보존'될 듯' 기사)

그림 4-3 터널·아치 석실무덤

1. 금학동 1호 무덤 2. 오곡리 고분 3. 능산리 중하총 4. 금학동 2호 무덤 5. 신기동 91-1호 무덤

(출전 : 이남석, 『백제 석실분 연구』(1995, 학연문화사.), 208~209쪽.)

러한 사실을 뒷받침 할 수 있는 무덤이 2007년 충청남도 연기군 송원리에서 발굴된 백제 횡혈식 석실무덤[KM-016호 무덤]이다.(<그림 4-2>) 이 무덤은 현재까지 확인된 한성 백제 시대의 지하무덤 중 가장 큰 규모인데, 네 변 길이가 각각 4.74m이고, 무덤길은 8.13m에 이르며, 네 벽면에 깬 돌을 촘촘히 쌓되 모서리를 좁히면서 쌓은 궁륭형 석실로 축조된 것이다.[10] 특이하게 지상에 묘실과 봉분(封墳)을 축조하는 백제의 축조방식과는 다르게, 최대 3.48m까지 땅을 파 묘실을 조성한 것이 특이하며, 그 평면과 궁륭 등의 축조방법은 재료만 다를 뿐 낙랑의 벽전축 무덤과 동일한 구조의 무덤형식임을 알 수 있다.[11]

따라서 백제의 횡혈식 석실무덤은 낙랑과 대방(帶方)의 벽전축 무덤에 기원을 두고 있다고 볼 수 있으며, 두번째 도읍지인 공주의 송산리 5호·29호 무덤 등 벽전을 사용한 궁륭 석실무덤 역시 낙랑의 영향으로 추정할 수 있다. 더 확대하면 벽전축 무덤인 무령왕릉과 송산리 6호 무덤 역시 낙랑 벽전축 무덤의 축조방법과 그 영향이 숨어 있는 것으로 유추할 수 있다고 생각한다.

궁륭 석실무덤에 이어 두번째 무덤형식인 터널 석실무덤은[12] 장방형 평면에 볼트(Vault) 천장을 축조하여 궁륭 석실무덤과는 큰 차이를 보인다.(<그림 4-3>의 1~3) 궁륭천장은 네 면이 서로 의지하면서 동시에 체감(遞減)하기 때문에, 장방형 평면일 경우 두 면이 길어, 중앙 부분에서 붕괴되기 쉽다.[13] 그러나 터널 석실무덤의

10 서울신문 웹사이트(www.seoul.co.kr) 2007년 11월 10일, '역대 횡혈식 석실분중 가장 큰 규모' 기사

11 백제사를 전공한 김길식 용인대 교수는 "종래 백제의 횡혈식 석실분이라면 거의 예외 없이 지상에 무덤방과 봉분을 마련하는 방식인데, 이 고분은 특이하게도 지하 깊이 파고 내려가 묘광을 만들었으며, 더구나 그 규모가 크다는 점이 의외다"라고 말했다. … 숭실대 최병현 교수는 "묘광을 파고 그 안에 묘실(墓室)을 축조한 방식을 보니, 낙랑 지역 塼築墳에서 재료만 벽돌에서 깬 돌로 교체한 듯한 느낌을 준다"면서 "이런 무덤양식은 분명히 중국의 전축분을 본떠 만들었다고 보아야한다"고 평가했다.(연합뉴스 웹사이트(www.yonhapnews.co.kr) 2007년 11월 9일 '행정중심 복합도시 백제고분 '보존'될 듯' 기사 참고)
또한 책임조사원인 김무중 연구실장은 "무덤방은 흡사 낙랑 塼築墳인 평양 석암리 99호분을 연상케 한다." 면서 "아직 무덤 내부가 제대로 조사되지는 않았으나 … 토기 유물로 보아 한성도읍기 중 말기에 속하는 고분임이 확실하다." 라고 평가했다.

12 터널 석실무덤은 공주와 부여에서 발견되지만, 궁륭 석실무덤은 한성과 공주에서만 나타난다. 그러므로 기존 연구에서는 분포지의 차이를 시기적인 차이로 해석하여, 터널 석실무덤을 궁륭 석실무덤의 後行 무덤형식으로 추정하고 있다.

13 서양건축에서는 장방형 평면에 볼트천장을 축조한 예를 볼 수 있는데, Rib Vault가 그것이다. Rib는 하중을 지지하는 구조체이고, 나머지 부분은 하중을 받지 않는 단순한 차폐막 역할만을 하므로, 장방형 평면에 축조할 수 있다. 그러나 석실무덤의 궁륭천장은 리브 볼트와 형태는 유사하지만, 하중을 지지하는 리브 등의 구조체 없이 석재만이 하중을 지지하기 때문에 정방형 또는 정방형에 가까운 형태가 아니면 축조하기 어려운 것이다.

볼트천장은 정방형은 물론 장방형 평면의 길이에 관계없이 축조할 수 있는 특징이 있다. 따라서 당시 백제의 석실무덤은 궁륭 석실무덤의 정방형 평면에서 특정한 사회적 요인에 의해 장방형으로 바뀌었고, 그에 따라 천장형식 역시 볼트천장을 축조하는 터널 석실무덤으로 변화하였음을 추정할 수 있다. 그러나 기존 연구에서는 궁륭과 볼트의 축조방법과 하중을 지지하는 구조형식은 완전히 다르기 때문에, 볼트의 축조방법은 백제 자체에서 발생한 것이 아닌, 중국 전실묘에서 영향받은 것으로 보고 있다.[14] 즉, 궁륭 석실무덤과 터널 석실무덤 사이에는 볼트천장을 축조한 무령왕릉과 송산리 6호 무덤이 위치하게 되는 것이다.

궁륭 석실무덤과 터널 석실무덤은 무덤길이 오른쪽에 치우친 점, 벽면에 회를 바르는 점 등은 유사하지만, 터널 석실무덤은 무덤길 문이 문틀식이고, 무덤길이 짧아지면서 중앙에 위치하기도 하며, 할석 대신 큰 판석(板石)을 이용하는 등 형식과 재료에서 완전히 구별된다. 이러한 변화의 원인은 외래문화의 영향에 의해 백제 벽전축 무덤에서 처음으로 볼트천장을 축조하였기 때문이라고 할 수 있는데, 외래의 영향은 중국의 남조(南朝) 중 백제와 교류가 활발하였던 양(梁:502~557)의 전실묘라 할 수 있다. 이러한 주장은 모든 연구자들의 공통된 주장이며, 터널 석실무덤은 무령왕릉의 축조 시기인 512년을 전후하여 발생한 것으로 추정한다.[15] 또한 공주에서만 발견되었고, 볼트천장을 축조한 아치 석실무덤은 터널 석실무덤과 동일한 시기에 발생한 것으로 추정하고 있다.[16] 터널 석실무덤은 양 측면의 긴 벽체에 볼트를 축조하지만, 아치 석실무덤은 전·후 짧은 벽체 즉, 터널 석실무덤의 천장과 직교하는 방향으로 볼트를 축조하므로,(<그림 4-3>의 4·5) 단지 볼트의 방향만 다를 뿐 축조방법은 동일하기 때문이다.

결론적으로 중국 남조 전실묘의 축조방법에 영향을 받아 무령왕릉과 송산리 6호 무덤을 축조하였고, 이 과정 중 볼트의 축조방법은 백제 석실무덤에 영향을 주어, 터널 석실무덤과 아치 석실무덤이 발생한 것이다.[17] 즉, 고구려와의 전쟁에서 패하고 공주로

14 중국에서 볼트천장은 東晋(317~420) 후반기에 성행하였다(윤무병, 「무령왕릉 및 송산리 6호분의 塼築구조에 대한 고찰」『백제고고학연구』, 1993, 학연문화사, 116쪽 참고.).

15 이남석, 『백제 석실분 연구』(1995, 학연문화사.), 234~239쪽·252~255쪽 참고. 그러나 후기 낙랑 벽전축 무덤 중 283년에 축조된 추릉리 무덤은 장방형 평면이고, 볼트천장을 축조한 것으로 추정할 수 있었다. 따라서 볼트천장 역시 중국의 영향뿐만 아니라, 낙랑 또는 고구려에서 영향 받았을 가능성도 배제할 수는 없다고 생각한다.

16 이남석, 『백제 석실분 연구』(1995, 학연문화사.), 239쪽.

17 이남석, 『백제 석실분 연구』, 1995, 학연문화사, 239쪽. 또한 터널·아치 석실무덤 이후에는 고임·수평·맞배 석실

천도(遷都)한 이후, 고구려 또는 중국 북조(北朝)와의 관계는 약화되고 남조(南朝)와 관계는 상대적으로 긴밀해진다. 그 중 양(梁)나라와의 교류를 통해 축조된 무령왕릉과 송산리 6호 무덤은 백제의 궁륭 석실무덤에서 볼트천장인 터널·아치 석실무덤으로 변화하는 계기가 될 수 있었다. 더 나아가 이러한 사실은 백제의 벽전 제작기술이 발달할 수 있었으며, 지상의 건축에서도 벽전사용의 확대와 벽전을 사용한 건축의 축조기술이 발달할 수 있는 전환점이 된 것으로 추정할 수 있다.[18] 따라서 백제에서는 무령왕릉과 송산리 6호 무덤의 건축 특징을 살펴보는 것은 백제의 벽전사용과 벽전을 사용한 건축의 축조방법 등을 연구하는데 가장 중요할 것이다.

이상 기존 연구의 고찰을 통해 백제 초기 궁륭 석실무덤은 낙랑 벽전축 무덤의 영향에 의한 것으로 생각할 수 있었다. 그러나 벽전축 무덤인 무령왕릉과 송산리 6호 무덤은 오직 중국 남조의 전실묘(塼室墓)와의 비교를 통해 설명하고 있어, 문제가 제기되고 있다. 즉, 중국 남조의 전실묘에서는 백제 벽전축 무덤의 완전한 모형(母形)으로 삼을 수 있는 무덤이 없다는 점과, 독자적인 한 나라인 백제의 왕이 고유 무덤을 대신하여 전혀 이질적이고 새로운 무덤형식을 수용하게 된 배경을 설명할 수 없기 때문이다.[19] 특히 죽음과 관련된 무덤형식은 외래문화의 영향을 통해 한 순간에 변화하기 어렵기 때문이다. 그러므로 본 연구에서는 중국 남조와의 관계는 물론 백제에 내재하고 있었을 것으로 추정하는[20] 낙랑 벽전축 무덤과의 관계를 통해 백제 무령왕릉과 송산리 6호 무

무덤이 나타나는데, 선후 무덤 간의 변화와 계승관계가 명확하기 때문에 백제 자체 내의 필요와 기술에 의해 발달된 형식으로 추정된다. 그러나 본 연구에서는 백제의 벽전축 무덤과 관계된 석실무덤만을 고찰하므로, 이후의 석실무덤에 관해서는 언급하지 않는다.

18 그러나 벽전 유구는 공주보다 부여에서 많이 발견되고 있다. 공주는 단지 두 벽전축 무덤과 公山城에서 약간 발견되었을 뿐이며, 부여에서는 각각의 절터와 건물터, 가마[窯]터 등에서 많은 벽전들이 발굴되고 있다. 따라서 백제의 벽전은 공주보다는 538년에 遷都한 부여에서 확대되어 사용된 것으로 추정할 수 있다. 또한 무령왕릉이 축조되기 시작한 512년과 시기적인 차이가 거의 없는, 무령왕릉 축조에 사용한 벽전을 부여 정동리 가마터에서 제작한 것을 확인할 수 있어 이러한 사실을 반증한다고 할 수 있을 것이다.

19 충청남도·공주대학교 백제문화연구소, 『무령왕릉의 연구현황과 제문제』무령왕릉발굴 20주년기념 학술회의 보고서(1991, 제일문화사.), 204~206쪽 참고.

20 백제의 南遷 이후 남조는 물론 北魏(386~534)와 北齊(550~577)·北周(557~581) 등과도 계속적인 교류가 있었다. 따라서 남조의 문화뿐만 아니라 북조 특히 漢 문화를 漢化政策으로 수용한 선비족 왕조인 북위 문화영향 역시 내재되어 있었을 것이다.(권태원, 「백제의 남천과 중국문화의 영향」(충남대학교 백제연구소 『백제연구』제21집, 1990. 12., 참고.). 따라서 평양과 황해도 지역에 존재하였던 漢의 문화 즉, 낙랑으로 추정되는 문화의 영향 가능성 역시 완전히 배제될 수는 없다. 그러나 낙랑의 실체가 명확하게 밝혀지지 않은 현재 이러한 논의는 많은 비약을 내포할 수 있으므로, 낙랑의 문화라고 추정되는 평양과 황해도 지역의 문화주체를 명

덤의 특징을 살펴보기로 한다.

2. 공주 송산리 궁륭 석실무덤

공주 송산리는 백제 왕릉지역으로 추정되는데,[21] 현재 약 10여기 이상의 다양한 형식의 무덤이 산재하고 있다. 그 중 궁륭천장 석실무덤이면서 동시에 벽전을 혼용한 5호·29호 무덤과 벽전축 무덤인 무령왕릉·6호 무덤이 하나의 무리를 이루고 있고, 석재만으로 축조한 1~4호 궁륭 석실무덤이 그 동쪽에 또 하나의 무리를 이룬다.<그림 4-4> 또한 수혈식 석실무덤인 7·8호 무덤과 적석무덤으로 추정되는 2기의 무덤이 발견되어, 송산리 무덤군은 수혈식 무덤·횡혈식 궁륭 석실무덤·벽전축 무덤·적석무덤 등 다양한 형식의 무덤이 동시에 존재하고 있다.

표 4-1 송산리 궁륭 석실무덤의 특징

고분	묘실규모(m)			묘실 형태	천정 형태	입구 및 무덤길 위치	바닥	축조 재료	기타
	長	幅	高						
송산리 1호 무덤	2.58	1.77		장방형	궁륭식	우편재\긴 무덤길	자갈	할석	회바름\배수로
송산리 2호 무덤	3.33	2.79	3.12	장방형	궁륭식	우편재\긴 무덤길	자갈·판석	할석	회바름\배수로
송산리 3호 무덤	3.37	2.75	2.6	장방형	궁륭식	우편재\긴 무덤길	자갈·판석	할석	회바름\배수로
송산리 4호 무덤	3.45	3.5	2.8	정방형	궁륭식	우편재\긴 무덤길	자갈·판석	할석	회바름\배수로
송산리 파괴무덤	3.5	2.55		장방형	궁륭식	우편재\긴 무덤길	자갈	할석	회바름\배수로
송산리 5호 무덤	3.45	3.26		정방형	궁륭식	우편재\긴 무덤길	벽전관대	할석	회바름\배수로\몰탈사용
송산리 29호 무덤	3.4	2.84		장방형	궁륭식	우편재\긴 무덤길	벽전관대	할석	회바름\벽전배수로\몰탈사용

(출전: 이남석, 「공주 송산리 고분군과 백제 왕릉」(충남대학교 백제연구소, 『백제연구』 제27집, 1997. 2.), 152쪽 참고.)

초기 횡혈식 석실무덤인 궁륭 석실무덤과 그 특징은 <표 4-1>과 같은데, 1~4호 무덤과 파괴 무덤의 묘실은 길이가 약간 긴 장방형 평면이고, 무덤길이 오른쪽으로 치우쳐

확하게 규명하는 지속적인 연구는 필요할 것이다. 이 책에서는 이 문화주체에 관한 의문을 남겨 둔 채 기존과 동일하게 낙랑문화라고 지칭한다.

21 『新增東國輿地勝覽』 제17권 「公州牧」 [學敎] '鄕校'.
주 서쪽 3리에 있다. 서편에 옛 陵이 있는데, 속설에 전하기는 백제의 왕릉이라 하나, 어느 왕인지 알 수 없다.

있으며, 묘실 내부에는 석회를 발랐다. 또한 묘실 바닥과 통하는 배수로를 갖추고, 벽체는 모두 벽전 모양의 할석(割石)으로 축조하였으며, 천장은 궁륭으로 공통된 특징을 갖는다. 따라서 1~4호 무덤 등의 궁륭 석실무덤은 벽전축 무덤의 볼트천장이 유입되기 이전의 무덤형식으로 추정할 수 있다.[22] 특히 2호 무덤의 벽체는 약 1m 높이까지 수직으로 쌓고, 3.12m 상부까지는 중앙에서 모이는 완전한 곡면으로 궁륭을 쌓아, 정상에 하나의 돌을 덮어 마무리하고 있다. 또한 4호 무덤은 천장 상부에서 다시 곡면을 이루면서 0.5m의 구멍을 남기고 하나의 돌로 마무리되어, 2호 무덤의 궁륭과는 차이가 있다.[23] 동·서·북 3면 벽체는 외부로 불룩한 곡면을 이루어,[24] 외부 토압에 효과적으로 저항할 수 있도록 하였는데, 이와 같은 벽체의 축조방법은 그 재료만 다를 뿐 낙랑의 벽전축 무덤에서 볼 수 있었던 곡면쌓기[胴張]와 기본적으로 같다. 따라서 낙랑의 벽전쌓기 방법과 무덤의 형식 일부가 잔존해 있는 것으로 추정할 수 있으며, 낙랑문화의 영향으로 볼 수 있는 것이다.<그림 4-5>

또한 그 위치를 달리하여 벽전축 무덤과 같은 무리를 이루는 5호·29호 무덤은 1~4호 무덤의 형식과 같지만, 벽전을 사용하여 바닥 또는 관대(棺臺)를 축조한 것이 가장 큰 차이점이다. 5호 무덤은 2호 무덤과 궁륭의 형태와 축조방법은 같지만 묘실에는 벽전으로 축조한 2개의 관대를 설치하였다.[25] 29호 무덤은 천장이 파괴되었으나 궁륭천장으로 추정되고, 무덤길과 묘실의 바닥·관대를 모두 벽전으로 축조하였다. 특히 바닥의 벽전깔기는 삿자리 무늬인데, 이는 무령왕릉·송산리 6호 무덤과 동일하며, 앞에서 살펴본 낙랑의 벽전축 무덤·낙랑토성(樂浪土城)의 보도(步道) 등에서도 공통적으로 볼 수 있었다. 또한 벽전을 깐 방향이 묘실 벽체와 평행이 아닌, 사선을 이루는 것도 백제와 낙랑 벽전

22 이남석, 「공주 송산리 고분군과 백제 왕릉」(충남대학교 백제연구소, 『백제연구』제27집, 1997. 2.), 156쪽.

23 도면을 통해서는 확인할 수 없으나, 2호 무덤은 네 모서리와 네 벽면을 명확하게 구분하여 축조하였고, 4호 무덤은 모서리와 벽면을 구분하지 않고 모서리를 원형으로 쌓았다. 즉, Dome과 유사하다. 이러한 차이에 의해 궁륭의 상부 축조방법이 서로 다른 것이며, 낙랑에서 궁륭의 네 면을 완전히 구분하여 45°로 접합시키는 방법은, 모서리를 원형으로 축조한 4호 무덤보다 2호 무덤에서 더욱 명확하게 나타나고 있다.

24 이남석·서정석, 『백제고분자료집』(1995, 공주대학교박물관·충청남도 공주시.), 127쪽. 또한 파괴 석실무덤 역시 4호 무덤과 유사하게 외부로 곡면을 이루어 벽체를 쌓았다.

25 관대는 벽전 3단을 쌓고 석회로 부착하였는데, 그 높이는 약 15㎝이고 외부에 석회를 발랐다. 또한 관대를 축조한 벽전 중에는 사다리꼴 벽전과 무늬를 새긴 벽전이 있지만 외부로 보이지 않게 쌓았으며, 무덤길 문은 벽전을 쌓아 폐쇄한 것으로 알려져 있다(공주대학교 백제문화연구소, 『백제무령왕릉』, 1993, 서경문화사, 76~78쪽 참고.)

▶ 4-4

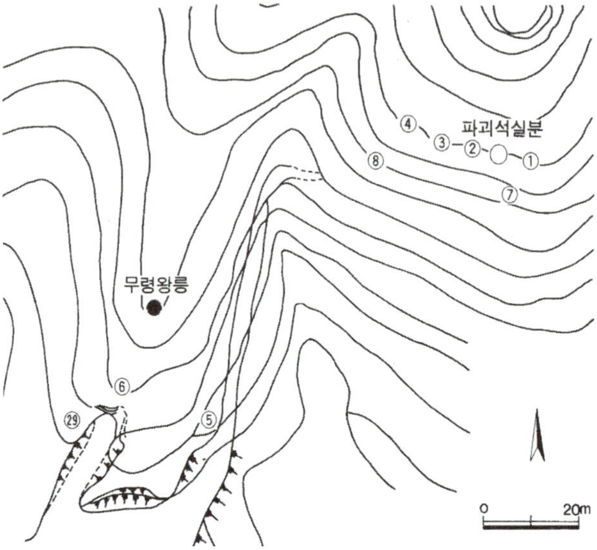

▶ 4-5

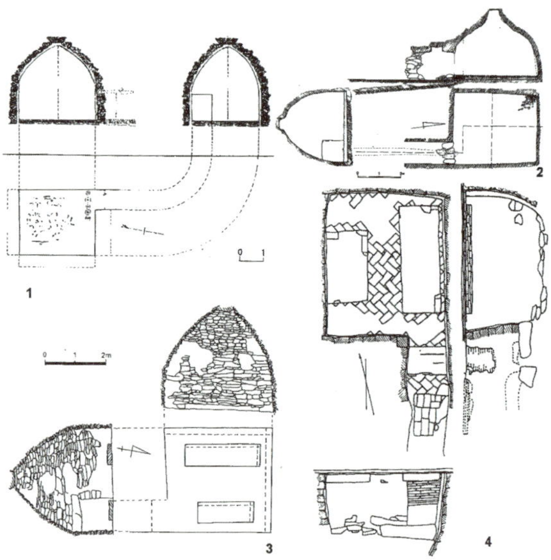

그림 4-4 공주 송산리 무덤 분포도

(출전 : 공주대학교 백제문화연구소, 『백제무령왕릉』(1993, 서경문화사.), 70쪽.)

그림 4-5 송산리 횡혈식 중 궁륭 석실무덤 도면

1. 송산리 2호 무덤　2. 송산리 4호 무덤　3. 송산리 5호 무덤　4. 송산리 29호 무덤

(출전 : 1·3·4 : 이남석·서정석, 『백제고분자료집』(1995, 공주대학교박물관·충청남도 공주시.), 125·128·133쪽. \ 2 : 공주대학교 백제문화연구소, 『백제무령왕릉』(1993, 서경문화사.), 74쪽.)

축 무덤이 공통적이고, 중국 한(漢)과 남조(南朝)의 전실묘에서도 볼 수 있으므로, 이 시기 중국과 한국의 공통적인 바닥깔기로 볼 수 있을 것이다. 또한 벽체는 외부로 곡면을 이루어 4호 무덤과 파괴 무덤은 물론 낙랑 벽전축 무덤의 곡면쌓기와 같다고 할 수 있다.[26] 이와 같은 5호·29호 무덤의 특징은 동일한 궁륭 석실무덤인 1~4호 석실무덤과 유사하지만, 위치가 서로 구분되어 무령왕릉 및 6호 무덤과 같은 무리를 이루고 있는 점, 벽전이 사용된 점 등을 통해 두 벽전축 무덤과 함께 축조되었거나 또는 그 후에 축조된 무덤으로 추정할 수 있다.[27]

따라서 공주 송산리의 궁륭 석실무덤은 벽체를 곡면으로 축조하고, 천장은 궁륭인 점에서 낙랑의 벽전축 무덤 또는 평양과 황해도 지역의 궁륭 석실무덤과 유사하다.[28] 특히 5호·29호 무덤이 석재와 벽전을 함께 사용하고, 벽체는 약간 곡면인 점, 바닥의 전(甎) 깔기는 낙랑의 벽전축 무덤과 동일하다.[29] 따라서 이남석의 연구에서와 같이 백제의 초기 횡혈식 석실무덤인 궁륭 석실무덤은 낙랑 벽전축 무덤의 영향을 받은 것으로 추정할 수 있으며, 이를 바탕으로 벽전축 무덤인 무령왕릉과 송산리 6호 무덤과의 관계를 살펴볼 수 있을 것이다.

26 이외에도 29호 무덤에서는 무령왕릉·6호 무덤과 유사하게 벽전으로 축조한 배수구가 있으며, 무덤길 문은 벽전과 점토로 폐쇄하여 5호 무덤과 유사한 특징을 갖고 있다.

27 이남석, 「공주 송산리 고분군과 백제 왕릉」(충남대학교 백제연구소, 『백제연구』제27집, 199 7. 2.), 156쪽과 공주대학교 백제문화연구소, 『백제무령왕릉』(1993, 서경문화사.), 133쪽 참고.

28 이러한 무덤으로는 평양의 남정리 119호 무덤이 있는데, 천장은 궁륭이며, 양쪽의 긴 벽면은 곡면으로 축조되어 있어 공주의 궁륭 석실무덤과 같은 것을 알 수 있다.(<그림 3-9> 참고)

29 昭和 7년(1932년)에 조사된 평양 佟利무덤은 장방형 평면, 궁륭천장을 축조하였고, 천장 상부에는 벽전과 석재를 함께 사용하였다. 이남석은 『백제 석실분 연구』(1995, 학연문화사.), 161쪽에서 이러한 무덤형식이 백제의 궁륭 석실무덤에 영향을 준 것으로 추정한다. 따라서 벽전을 사용한 5·29호 무덤 등은 이러한 무덤에서 영향 받은 것으로 해석할 수 있을 것이다.

▶ 4-6

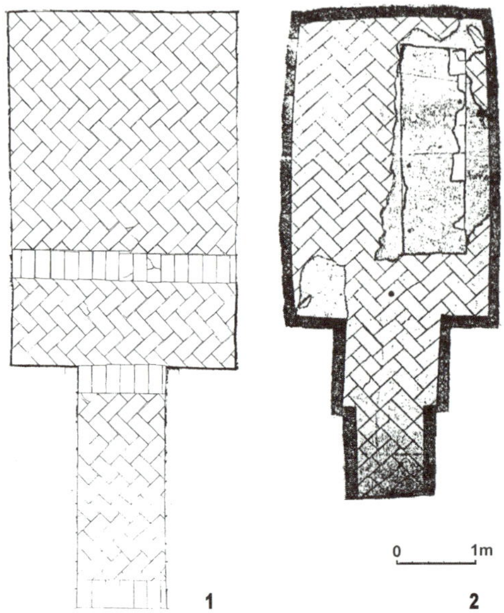

▶ 4-7

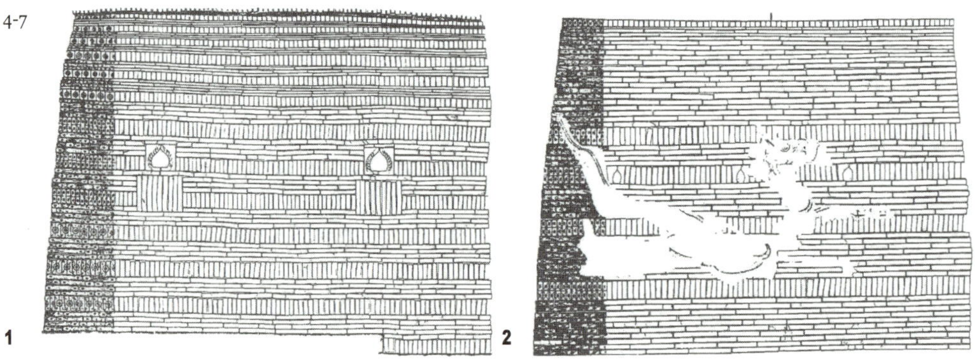

그림 4-6 **백제 벽전축 무덤 평면도**

1. **무령왕릉**　2. **송산리 6호 무덤**

(출전 : 문화재관리국, 「무령왕릉발굴조사보고서」(1973.),도판105. \ 정재훈, 「공주 송산리 제6호분에 대하여」(문화재관리국, 『문화재』 제20호, 1987.), 70쪽.)

그림 4-7 **백제 벽전축 무덤의 동측벽 입면도**

1. **무령왕릉**　2. **송산리 6호 무덤**

(출전 : 1 : 공주대학교백제문화연구소, 『백제무령왕릉』(1993, 서경문화사.), 123쪽. \ 2: 안승주, 「백제고분의 연구」(공주사범대학 백제문화연구소, 『백제문화』 제7·8합집, 1975. 12.), 도면12.)

4-2. 벽전축 무덤의 새로운 전개 : 무령왕릉과 송산리 6호 무덤

1. 벽체와 벽전쌓기

표 4-2 무령왕릉과 송산리 6호 무덤 크기 비교

	묘실(m)			무덤길(m)		
	길이	폭	높이	길이	폭	높이
무령왕릉	4.2	2.72	북쪽 : 2.93 남쪽 : 2.84	2.9	1.04	1.45
송산리 6호 무덤	3.70	2.24	북쪽 : 3.13 남쪽 : 3.04	2.3	북쪽 : 1.10 남쪽 : 0.80	북쪽 : 1.49 남쪽 : 1.32

(출전 : 문화재관리국, 「무령왕릉 발굴조사보고서」(1973.), 10쪽과 정재훈, 「공주 송산리 제6호분에 대하여」(문화재관리국, 『문화재』제20호, 1987.), 61~62쪽 참고.)

송산리 5호·29호 무덤과 동일한 지역에 배치된 송산리 6호 무덤과 무령왕릉은 중국의 남조(南朝), 특히 양(梁)의 전실묘(塼室墓)에서 영향을 받았다는 사실은 기존의 많은 연구에서 동일한 견해를 보이고 있다.[30] 따라서 여기서는 양(梁)에서 영향 받은 것으로 추정되는 두 벽전축 무덤의 벽전제작과 쌓기·구조특징 등을 살펴보고, 백제 속에 내재되어 있는 낙랑 벽전축 무덤의 특징을 고찰하므로, 당시 한국에서 정착되어 가는 벽전사용을 살펴보려 한다.

송산리 6호 무덤과 무령왕릉의 평면은 장방형 묘실을 특징으로 하며, 무덤길은 궁륭 석실무덤이 우측에 배치한 것과 다르게, '凸'자 같이 남쪽 중앙에 위치한다. 두 무덤의 평면 규모는 <표 4-2>와 같은데, 무령왕릉의 평면은 6호 무덤보다 약 50㎝정도 크게 축조되었다. 또한 6호 무덤은 <그림 4-6>에서 보는 것과 같이 동·서·북쪽 벽체가 외부로 약간 곡면을 이루고 있는데, 이는 낙랑 벽전축 무덤의 벽체 축조방법과 유사하며, 외부의 토압(土壓)에 저항하기 위한 형태이다. 그러나 무령왕릉의 벽체는 거의 직선을 이루

30 이러한 연구는 關野貞의 「塼よら見たる百濟と支那南北朝特た梁との文化關係」(『朝鮮の建築と藝術』, 1941, 암파서점, 475~490쪽.)에서부터 제기되어 왔으며, 윤무병의 「무령왕릉 및 송산리 6호분의 塼築構造에 대한 고찰」(충남대학교 백제연구소, 『백제연구』제5집, 1974. 12.)과 岡内三眞, 「百濟·武寧王陵と南朝墓の比較硏究」(충남대학교 백제연구소, 『백제연구』제11집, 1980. 10.) 등이 대표적이다.

▶ 4-8(좌)
▶ 4-9(우)

▶ 4-10

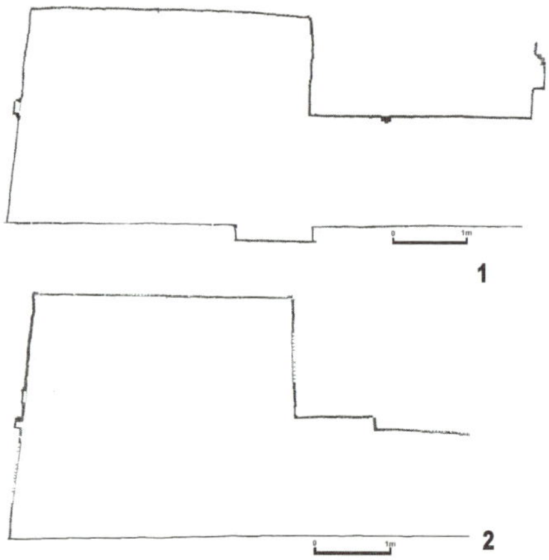

▶ 4-11

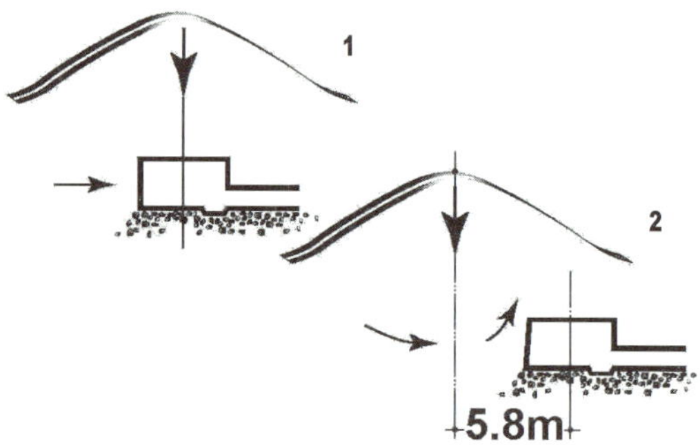

그림 4-8 **무령왕릉 현실서벽**

(출전 : 국립공주박물관, 『국립공주박물관-무령왕릉』(1997, 통천문화사.), 11쪽.)

그림 4-9 **송산리 6호분 동벽 청룡**

(출전 : 백제문화개발연구원, 『백제와전도록』(1983, 삼정인쇄주식회사.), 431쪽.)

그림 4-10 **백제 벽전축 무덤의 횡단면도**

1.**무령왕릉** 2.**송산리 6호 무덤**

(출전 : 안승주, 「백제고분의 연구」(공주사범대학백제문화연구소, 『백제문화』 제7·8합집, 1975. 12.), 도면1·11.)

그림 4-11 **분구와 묘실 중심 위치에 따른 무령왕릉의 토압 흐름**

고 있어 서로 대조된다.

두 무덤의 벽체 단면이 실측되지 못하여, 자세한 축조방법과 두께를 명확하게 파악하기 어렵다. 단지 무령왕릉 벽체는 낙랑 벽전축 무덤과 동일하게 눕혀쌓기와 세워쌓기를 반복한 4횡1수(四橫一垂)로 축조하였기 때문에 1.0B 쌓기로 추정할 수 있어, 벽체의 두께는 벽전의 길이 또는 넓이의 두 배일 것이다. 6호 무덤의 경우는 일본 학자에 의한 실측도에서, 묘실은 물론 무덤길의 상부까지 0.5B쌓기로 표현되어 있다. 또한 묘실 남쪽 벽체의 홍예는 무덤길 천장의 두께가 표현된 것으로 볼 수 있는데, 16㎝의 1단으로만 축조되어 있다. 따라서 이것이 천장을 포함한 무덤 전체의 벽체 두께로 볼 수 있어,[31] (<그림 4-24·25> 참고) 0.5B 쌓기로 추정할 수 있지만 정확한 실측조사가 필요하다. 무령왕릉과 송산리 6호 무덤의 벽전 크기는 약간의 차이가 있지만 무령왕릉의 경우 벽전의 길이가 32㎝인 것이 많으며, 넓이는 13.5~16㎝ 정도이다. 또한 6호 무덤은 길이가 36㎝가 가장 많으며, 넓이는 16㎝가 보편적이다.[32] 그러므로 벽체의 두께는 전자의 경우 1.0B 쌓기이므로 32㎝ 이하이고, 후자는 0.5B 쌓기이므로 벽전 넓이인 16㎝ 이하로 추정할 수 있으며, 세워쌓기한 벽전의 길이는 무령왕릉에 비해 짧은 것이다.

또한 두 벽전축 무덤은 석회·점토 등의 몰탈(Mortar)을 사용하지 않고 축조하는[33] 발달된 기술을 보여주고 있는데,[34] 이는 벽전의 성형(成形)·소성(燒成) 과정에서 일정한 크기와 표면이 고르고 평평한 벽전을 생산할 수 있었기 때문에 가능한 쌓기 방법이다. 즉, 벽전의 크기가 일정하고, 표면이 고르기 때문에 벽전은 몰탈 없이도 서로 견고하게 연결하고 밀착될 수 있으며, 여러 단을 쌓아도 지면과 평행을 맞출 수 있다. 또한 벽전의 두께가 일정하므로 몰탈을 사용하지 않고, 벽전의 단수를 네 벽면 모두 일정하게 맞출 수 있는 것이다. 따라서 백제는 벽전의 무늬뿐만 아니라 규격과 그 질이 우수한 벽전을 생산할 수 있는 기술과 그에 따른 축조기술을 갖추고 있다는 것을 증명하는 것이기도 하다.

31 즉, 세워쌓기된 사다리꼴 벽전의 길이는 눕혀 쌓은 벽전의 넓이와 같은 것이다.

32 박용진, 「공주출토의 백제瓦·塼에 관한 연구」(공주사범대학교 부설 백제문화연구소, 『백제문화』제6집, 1973. 12.), 76쪽의 표3과 표4와 백제문화개발연구원, 『百濟瓦塼圖錄』(1983, 삼화인쇄주식회사.), 457~459쪽 표 참고.

33 기존 연구에서는 이러한 방법을 '空積法'이라는 용어를 사용하고 있지만, 명확한 정의는 되지 않았고, 그 의미 역시 부합하지 않는다. 따라서 본 연구에서는 사용하지 않는다.

34 그러나 무령왕릉에서는 일부분에서 벽전의 평형을 맞추기 위해 점토를 사용한 부분도 있다고 한다(문화재관리국, 「무령왕릉발굴조사보고서」, 1973, 7쪽 참고.).

벽체의 벽전쌓기는 무령왕릉이 4횡1수로 일정하게 축조하였지만, 송산리 6호 무덤은 하부에서부터 10·8·6·4단으로 눕혀쌓기를 2단씩 줄이면서 축조하였고, 그 사이에 세워쌓기를 한 단씩 쌓아 서로 다른 특징을 나타낸다.(<그림 4-7·8·9>) 그러나 이 두 무덤에서 동일하게 눕혀쌓기는 짝수 즉, 음수(陰數)인 것을 알 수 있다.[35] 반면 중국 남조의 전실묘는 눕혀쌓기만으로 축조한 경우와 3횡1수가 가장 일반적이어서,[36] 눕혀쌓기의 경우는 주로 홀수이므로 대조적이다. 또한 낙랑의 경우는 주로 3횡1수의 방법이 지배적이지만, 283년에 축조된 후기 벽전축 무덤인 추릉리(楸陵里) 무덤은 2횡1수 벽전쌓기로 축조하였다.[37] 이렇게 각 벽전축 무덤에서 세워쌓기의 단수는 1단으로 일치하지만 눕혀쌓기에서는 서로 다른 것을 알 수 있는데, 무덤이 외부 토압(土壓)에 저항하기 위한 구조적인 목적과 무덤을 축조하는 관념(觀念)의 차이에 의해 생겨날 수 있을 것이다. 그러나 구조적인 의미에서 눕혀쌓기의 단수는 뚜렷한 차이를 가질 수 없는 것으로 판단되므로, 이는 중국 또는 낙랑과 다르게 백제 사람들이 공유하고 있던 의식(意識)과 관념(觀念)의 차이로 설명되어야 할 것이다.[38]

눕혀쌓기의 3과 4와 같은 숫자에 대한 해석들은 여러 가지가 있을 수 있는데, 그 중 숫자 '3'은 한국인에게 오랜 옛날부터 길수(吉數) 또는 신성수(神聖數)라 하여 최상의 수, 수 중의 수로 여겨져 왔으며, 단군신화에서도 많이 표현되고 있다. 3은 양수(陽數)의 시작인 순양(純陽) 1과 음수(陰數)의 시작인 순음(純陰) 2가 최초로 결합하여 생겨난 변화수이며, 음양의 조화가 비로소 완벽하게 이루어진 수이다. 짝수인 2처럼 둘로 갈라지지 않고, 원수(原數)인 1의 신성함을 파괴하지 않은 채 변화하여 '완성'이라는 의미를 나타내게 된 것이다. 따라서 3이라는 숫자는 세 개로 나누어져 있지만 전체로서는 '완성된 하나'라는 강력한 상징을 띠고 있으며, 또한 1과 2의 음양 대립에 하나를 더하므로, 안정·조화·변화를 상징한다. '4'는 나 또는 우리를 중심으로 하여 동서남북의 사방을 둘러

35 그러나 6호 무덤의 북쪽벽과 남쪽벽은 4횡1수 상부에 다시 7단의 벽전을 눕혀 쌓았다. 따라서 백제 벽전축 무덤에서는 6호 무덤의 일부에서만 홀수 눕혀쌓기가 나타난다.

36 岡內三眞, 「百濟武寧王陵と南朝墓の比較研究」(충남대학교 백제연구소, 『백제연구』제11집, 1980. 10.), 232~233쪽의 표 참고.

37 안병찬·홍원표, 「새롭게 드러난 추릉리 벽돌무덤」(사회과학원 고고학연구소, 『조선고고연구』1990년 제1호.), 43~44쪽.

38 특히 송산리 6호 무덤에서는 10·8·6·4라고 하는 陰數만을 사용하고 있으며 2를 줄여 가는 것은 구조적인 목적이라기보다 의식과 관념에 의한 결과일 것이다.

싸고 있다는 인식으로 사방위(四方位)·사계절(四季節) 등의 의미와 통한다. 특히 중앙을 지켜 줄 수 있고, 중심을 둘러싸고 있는 사방(四方)이라는 의미는 '완성된 전체'로서의 의미로 파악할 수 있다. 또한 '4개의 뿌리'·'4개의 기둥'라는 사주(四柱)를 의미하기도 한다. 이와는 다르게 1·3·5 등의 양수는 정신·형이상학·이(理)·하늘 등과 같이 보다 높은 차원의 세계로 이루어져 있고, 살아서 생동하는 생명력을 뜻하며, 우리가 삶을 영위하고 있는 이 세상을 나타내는 것이다. 2·4·6 등의 음수는 풍수(風水)의 음택(陰宅)과 연관되어 주로 '죽음'을 내포하며, 제사의례에서의 2배(拜) 또는 4배를 통해 알 수 있다.[39]

이러한 의미들을 통해 양수인 3횡1수의 3횡은 죽음의 세계를 완성된 세계로 보는 것이며, 삶의 세계인 양(陽)의 세계와 죽음의 세계인 음(陰)의 세계는 무덤의 문(門)이라는 요소를 통해 하나가 되어, 음양(陰陽)이 완성되는 것을 나타낸다. 또는 죽음은 양(陽)의 세계에서 음(陰)의 세계로 가는 것이므로, 음(陰)의 세계에서도 양(陽)을 불어넣기 위한 것으로도 해석할 수 있다. 음수인 4횡1수의 4횡은 사방위와 함께, 주검의 세계를 완성된 세계로 보는 것이며, 음의 세계에 대한 의례행위를 표현한 것이다. 또는 건축에서의 네 기둥[四柱]을 나타내어 안정된 주검 세계를 축조하기 위한 의도로도 파악할 수 있을 것이다. 이와 같이 벽전쌓기 방법에 대한 해석은 그 반대로도 가능한데, 3횡1수는 그 수를 합쳐 4인 음수가 되며, 4횡1수는 5인 양수가 되기 때문이다.[40] 그러나 이러한 의미들은 음양오행사상(陰陽五行思想)을 바탕으로 한 해석이기 때문에, 백제에 음양오행사상의 발생 또는 유입시기 역시 문제가 될 것이다. 명확하게 알 수 있는 것은 무덤의 구조적 목적보다 당시 백제인들의 관념과 사상이 반영되었기 때문에, 중국의 전실묘와는 다른 방법으로 축조하였다는 것을 알 수 있다.[41]

또한 송산리 6호 무덤 묘실의 동·서·북쪽 벽체가 외부로 약간 곡선을 이루었는데,[42] 규모가 작은 무덤길은 곡면이 아닌 직선으로 축조되었다. 따라서 평면의 규모에 따라

39 이상은 구미래의 『한국인의 상징세계』(1992, 교보문고.), 11~36쪽을 참고로 정리한 것이다.

40 이 외에도 박용숙은 『한국의 시원사상』(1985, 문예출판사.), 73~85쪽에서 數를 人體의 각 부위와도 연결하여 설명하기 때문에 주검을 다루는 무덤에서도 충분한 해석 가능성을 가지고 있다. 그러나 이렇게 숫자의 해석은 매우 다양하므로, 명확한 해석을 내리기는 어려울 것이다.

41 이렇게 벽전의 눕혀쌓기 단수에 의해 당시 벽전축 무덤의 축조에 담긴 명확한 개념과 의미를 찾는 것은 어려운 작업이며, 여기서 살펴 본 것은 단순한 추측일 뿐이다. 따라서 이와 관련된 내용은 당시 백제가 가지고 있던 관념 또는 사상체계와 함께 총체적인 백제문화를 통해서 앞으로 연구가 진행되어야 할 것으로 생각한다.

42 윤장섭, 『한국의 건축』(1996, 서울대학교출판부.), 140쪽 참고.

▶ 4-12

▶ 4-13

▶ 4-14

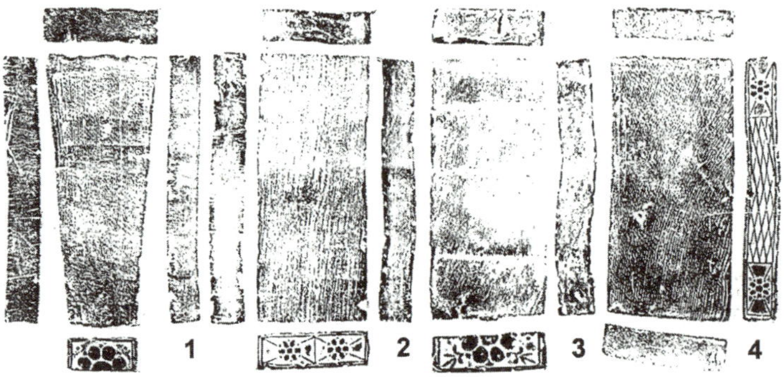

그림 4-12 **무령왕릉과 송산리 6호 무덤 등감과 가창**

(출전 : 1 : 岡內三眞, 「백제·무령왕릉と남조묘の비교연구」(충남대학교 백제연구소, 『백제연구』제11집, 1980.), 239쪽. \ 2 : 안승주,「백제고분의 연구」(공주사범대학 백제문화연구소, 『백제문화』제7·8합집, 1975. 12.), 도면15.)

그림 4-13 **송산리 6호 무덤의 벽전무늬**

(출전 : 박용진, 「공주 출토의 백제 瓦·塼에 관한 연구」(공주사범대학 백제문화연구소, 『백제문화』제6집, 73. 12.), 도판40.)

그림 4-14 **무령왕릉의 벽전무늬**

(출전 : 박용진, 「공주 출토의 백제 瓦·塼에 관한 연구」(공주사범대학 백제문화연구소, 『백제문화』제6집, 1973. 12.), 도판 30~32·35.)

곡면쌓기의 유무가 결정되는 것으로 추정할 수 있으며, 낙랑 벽전축 무덤의 곡면[胴張]쌓기와 유사하게 백제의 무덤 축조에서도 외부 토압(土壓)에 대한 고려가 있었던 것을 알 수 있는 것이다. 외부 토압에 저항하기 위한 묘실의 특징은 곡면 벽체뿐만 아니라 두 벽전축 무덤의 묘실 북쪽 벽체에서 가장 명확하게 볼 수 있는데, <그림 4-10>과 같이 가장 밑부분에 쌓은 벽전에서부터 묘실 천장까지 벽면 전체가 경사지게 축조되었다. 그러나 무덤길과 접하는 남쪽 벽체는 수직으로 축조되었으며, 특히 무령왕릉의 경우 축조 당시부터 남쪽 벽체보다 북쪽에서 가해지는 토압에 대한 고려가 있었다는 것을 두 가지 측면에서 추정할 수 있다.

첫번째, 무령왕릉과 6호 무덤이 위치한 곳은 송산(宋山)의 남쪽 중턱인 경사지 즉, 북쪽이 높고 남쪽이 낮은 산지(山地)이기 때문에,[43] 흙은 중력(重力)에 의해 북쪽에서 남쪽으로 밀려난다. 이 방향은 토압이 가해지는 방향과 동일하므로, 묘실에 가해지는 토압은 남쪽에 비해 북쪽이 훨씬 크다. 이러한 지리적인 입지로 인해 토압에 효과적으로 저항하기 위한 두 벽전축 무덤에서의 해결책은 토압에 순응하고 변형을 최소화하는 북측 벽면을 경사지게 축조하여 것이었다.

두번째, 벽전축 무덤 위에 봉토(封土)를 덮은 분구(墳丘)의 형태를 통해 알 수 있다. 무령왕릉의 발굴조사에 의하면, 묘실 상부의 봉토는 주로 석회(石灰)를 혼합한 흙을 사용하였기 때문에 그 범위를 쉽게 파악할 수 있는데, 분구는 묘실 중심에서 직경 약 20m의 원형에 가까운 평면 형태이면서, 그 중심축과 묘실의 중심축은 평면상에서 일치되도록 계획되었다. 그러나 분구의 가장 높은 곳은 묘실의 중심보다 북쪽으로 5.8m 이동하여 위치하므로, 축조 당시부터 계획된 것을 알 수 있다.[44](<그림 4-11>) 분구가 높다는 것은 봉토가 많다는 것을 의미하며, 수직의 토압 역시 가장 크다고 할 수 있을 것이다. 만약 분구가 가장 높은 곳과 묘실의 중앙이 일치하는 경우에는 네 면의 벽체는 물론 천장 중앙에서 가장 많은 토압을 받게 되므로,(<그림 4-11의 1>) 천장이 붕괴되기 쉽

43 백제 최초 도읍지인 漢城에서는 평지에 무덤을 축조하였지만, 南遷 이후 구릉지대인 宋山에 축조하였으므로, 강인구는 백제의 남천 이후 고구려식 무덤 선정을 버리고, 새로이 교류하기 시작한 중국 남조로부터 風水地理思想을 받아들였기 때문으로 주장한다(강인구, 「중국묘제가 무령왕릉에 미친 영향-풍수지리적 요소」(충남대학교 백제연구소, 『백제연구』제10집, 1979. 12.), 87~107쪽 참고.). 따라서 평지보다 구릉지에 축조하는 무덤을 축조하기 위해 토압에 대한 더욱 치밀한 계획을 한 것으로 추정할 수 있다.

44 문화재관리국, 「무령왕릉발굴조사보고서」(1973.), 5쪽.

고, 전체 묘실은 안정하지 못하다. 그러나 분구의 가장 높은 곳을 북쪽으로 이동시키므로, 묘실 토압은 북쪽 벽체에만 집중적으로 받게 되며, 다른 벽체의 토압은 감소하게 된다.(<그림 4-11의 2>) 또한 벽체가 수직인 경우는, 벽체가 직접 토압을 받으므로, 단부에서는 전단력(剪斷力)이 작용하게 된다. 그러나 벽체를 경사지게 축조함으로, 토압은 경사면을 따라 위쪽으로 흐를 수 있고, 벽체는 붕괴될 위험을 적어지며, 묘실은 안정할 수 있는 것이다. 따라서 무령왕릉의 북측 벽체는 이러한 토압에 저항하기 위해 내부로 경사지게 쌓았고, 송산리 6호 무덤의 경우도 동일한 이유로 인해 같은 축조방법을 사용하고 있는 것으로 추정할 수 있다.[45] 또한 토압에 대한 치밀한 고려를 통해 벽체를 축조한 것은 낙랑 벽전축 무덤에서 볼 수 있었으며, 실제적인 축조방법은 다르지만 백제와 낙랑과의 연관관계를 찾아볼 수 있는 것으로 생각한다.

무령왕릉과 송산리 6호 무덤에는 묘실 내부를 밝히기 위한 벽감(壁龕)·등감(燈龕)을 설치하였고, 그 하부 또는 상부에 일반 건물의 창(窓)과 유사한 가창(假窓)을 설치하였다. 무령왕릉의 등감은 동·서벽에 2개씩, 북벽에 1개를 설치하여 모두 5개이고, 등감 하부에 설치된 가창은 등감의 수와 동일하다. 6호 무덤의 등감은 양 벽에 3개씩, 북벽에 1개를 설치하여 모두 7개이며, 가창은 등감 상부에 설치하는데, 남측 벽면의 홍예문 위에 하나 더 설치하여 모두 8개이다. 등감의 경우 무령왕릉에서는 2개의 벽전을 가공하여 보주형(寶珠形)으로 만들었지만, 6호 무덤은 1개의 벽전으로 가운데를 뚫어 보주형을 만들었다.(<그림 4-12>) 그러나 보주형 주위에 적색으로 화염(火焰) 무늬를 그려 넣은 것은 동일하며, 그 안에 자기(磁器)로 된 등잔을 설치하여 불을 붙였다. 이러한 보주형 등감은 불교(佛敎)에서 주로 사용하는 것으로, 극락세계(極樂世界)를 표현한 것이며, 특히 무덤 안에 등잔을 설치하는 것은 불교의 연등공양(燃燈供養)의 표현이라고도 한다.[46]

무령왕릉의 가창은 등감 하부에 9장의 벽전을 세워서 축조하였는데, 일반 벽체의 세워쌓기와 다르게, 벽전의 길이면이 보이도록 쌓았다. 또한 9장 벽전 중 사이사이 벽전 4장의 평면은 '⬟'모양과 같이 삼각을 이루었으며, 검푸른 칠을 하였다.[47](<그림

45 안승주의 기존 연구에서는 이러한 특징을, 묘실을 안정하게 유지시키기 위한 數理應用이 뒷받침된 것으로 보고 있다(안승주, 「백제분묘의 구조」『백제문화』6집, 1973. 12., 공주사범대학백제문화연구소, 161쪽 참고.).

46 강인구, 「백제의 역사와 사상」(『고고학으로 본 한국고대사』, 1997, 학연문화사.), 311~312쪽.

47 무령왕릉에는 壁畵를 그리지 않았지만, 가창과 함께, 등감 주위에 주황색 계통의 물감을 5㎝ 폭으로 칠하였을 뿐이다(문화재관리국, 「무령왕릉발굴조사보고서」, 1973, 8쪽 참고.). 송산리 6호 무덤은 내부에 벽화를 그

4-12>의 1) 이것은 목조건축의 살창을 모사한 것으로, 각재(角材) 창살이 상·하인방(上·下引枋)과 45°를 이루는 창으로 생각할 수 있다.[48] 6호 무덤의 가창은 등감 상부 4횡1수의 세워쌓기 면에 설치되었다. 무령왕릉의 경우 등감과 가창의 위치가 일정하게 대응되지만, 6호 무덤은 정확히 일치하지 않아, 서로 관계없이 설치된 것으로 보이며 좌우의 폭도 불규칙하다. 또한 사이사이의 벽전을 뒤로 물려 축조하였는데, 이러한 등감과 가창은 중국의 남조 전실묘에서 주로 나타나는 특징으로, 서진(西晋)에서 시작되어 6조 시대에서 유행하다가 그 퇴화형은 당대(唐代)까지 계속되고 있다.[49] 백제의 두 벽전축 무덤에서도 같은 시기에 같은 유형을 볼 수 있어, 중국의 영향에 의한 것임을 알 수 있다.

두 벽전축 무덤 벽체에 사용된 벽전에는 모두 무늬를 새겼지만, 그 무늬는 명확하게 구별된다. 먼저 송산리 6호 무덤은 오수전(五銖錢) 무늬 즉, '◎' 무늬가 대부분인데, 세워쌓기에 사용된 벽전과 눕혀쌓기 한 벽전무늬의 개념이 서로 다르다. 세워쌓기에 사용된 벽전은 마구리를 상·하로 이등분하고, 각 면에 대각선을 그어 그 중심에 오수전 무늬를 넣었다. 그러나 눕혀쌓기에 사용된 벽전은 길이면을 4등분하고, 두번째와 네번째 면에 세워쌓기된 벽전과 동일한 오수전 무늬를 넣고, 첫번째와 세번째 면에는 대각선을 긋고, 대각선으로 4등분된 각 면에 삼각형의 선을 넣었다.<그림 4-13> 따라서 벽전생산 이전에 미리 무덤을 계획하고 그에 따라 벽전무늬를 결정·생산하여 축조한 것이다. 이는 무령왕릉에서 더욱 명확하게 볼 수 있는데, 무령왕릉에는 연꽃무늬가 주를 이루지만, 사용되는 곳에 따라 서로 다른 무늬를 새기고 있다. 볼트천장으로 연속되는 동서벽체와 그렇지 않은 남북 벽체가 각각 다른 무늬의 벽전 배열에 의해 축조된 것이다. 동·서 벽체에 사용된 벽전의 연꽃무늬는 크게 네 종류로 나눌 수 있다.(<그림 4-7>) 4횡1수의 세워쌓기에 사용된 연꽃무늬 벽전 중 제일 하단에서 3개의 단은 두 벽전이 결합하여 하

린 것으로 유명한데, 묘실 4면에는 각 方位와 일치하는 용·호랑이·현무·주작과 해·달을 그려 넣었다. 이는 四神思想·풍수지리사상과 연관되는 것이며, 고구려 문화의 영향으로 추정된다(강인구, 「백제의 역사와 사상」, 『고고학으로 본 한국고대사』, 1997, 학연문화사, 303~305쪽 참고.). 또한 사신벽화는 중국에서 성행되었던 陰陽五行思想에서 유래된 것으로, 백제의 재래사상과 불교사상을 융합하여 백제 자체의 종교로 변화한 것이며, 무덤축조에 있어서도 被葬者의 영혼에 대하여 佛法을 적용한 것으로 추정되고 있다(안승주, 「백제고분의 연구」(공주사대 부설 백제문화연구소, 『백제문화』제2집, 1968. 2.), 17쪽 참고.).

48 이러한 창은 현재 일반 목조건축의 붙박이 살창에 사용되고 있는 형식으로, 그 기원이 삼국시대 이전에 있는 것으로 추정할 수 있다.

49 윤무병, 「무령왕릉 및 송산리 6호분의 전축구조에 대한 고찰」(『백제고고학연구』, 1993, 학연문화사.), 120쪽.

▶4-15

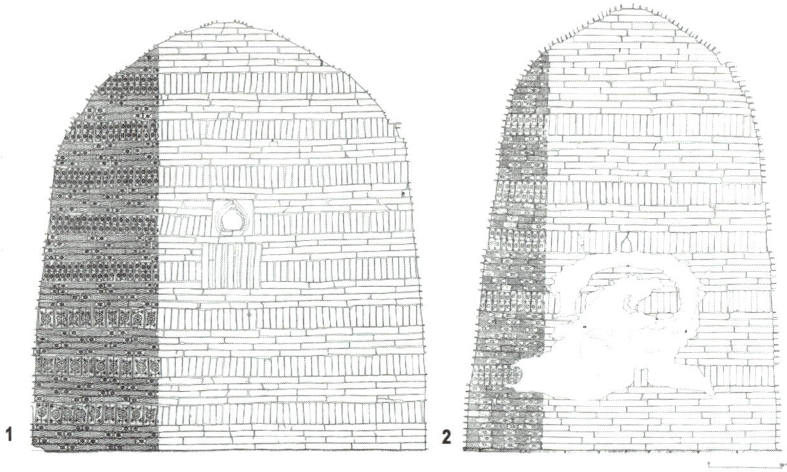

▶4-16(좌)

▶4-17(우)

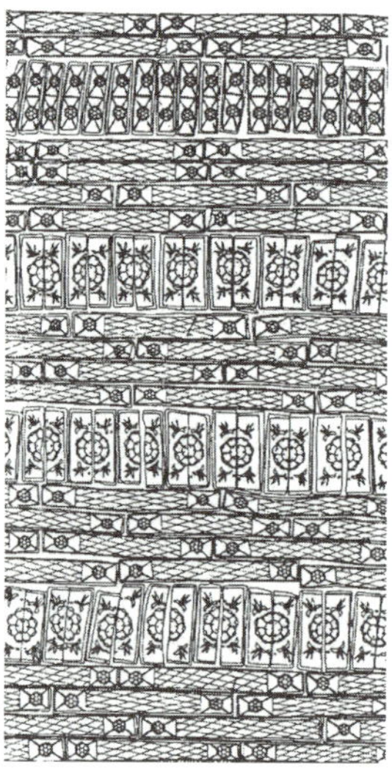

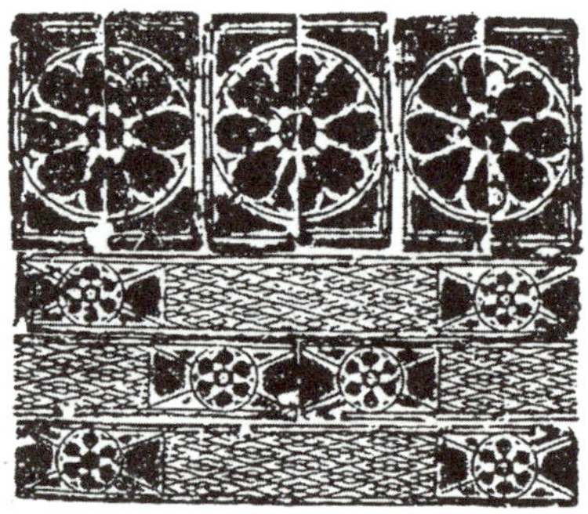

그림 4-15 **백제 벽전축 무덤의 북측벽 입면도**

1. **무령왕릉** 2. **송산리 6호 무덤**

(출전 : 1: 문화재관리국, 「무령왕릉 발굴조사보고서」(1973.), 도판100. \ 2: 안승주, 「백제고분의 연구」(공주사범대학 백제문화연구소, 『백제문화』제7·8합집, 1975. 12.), 도면14.)

그림 4-16 **무령왕릉 동쪽 벽면 하부의 벽전무늬상세**

(출전 : 임영주, 『한국문양사』(1983, 미진사.), 240쪽.)

그림 4-17 南京 油坊村大墓 甓甎文樣

(출전 : 大川清 編, 『百濟の考古學』(1972, 雄山閣出版社.), 139쪽, 東京.)

나의 연꽃무늬를 이루도록 하는데, 연꽃잎이 8장이고, 네 모서리에는 인동초(忍冬草)를 새겼다.(<그림 4-14>의 3) 다시 4단에서 6단까지는 벽전 마구리를 두 부분으로 나누고, 잎이 6장 있는 작은 연꽃을 새겼으며, 대각선을 그었다.(<그림 4-14>의 2) 또 7단에서 천장까지는 하부에 사용한 벽전무늬와 동일하지만, 네 모서리에 인동초가 없고 단지 연주(蓮珠) 4개를 새겼다.(<그림 4-14>의 1) 특히 이 부분은 볼트천장이 시작되는 부분이므로 세워쌓기하는 벽전은 넓이가 서로 다른 사다리꼴의 형태이다. 따라서 벽전의 마구리면은 일반 장방형 벽전보다 작아지기 때문에, 면적이 큰 인동초무늬 대신 연주를 넣은 것으로 생각할 수 있다. 또한 그 무늬가 다르기 때문에, 장방형 벽전과 다른 형태라는 것 또는 사용되는 장소가 다르다는 것을 나타내고 있는 것이다.[50]

북쪽 벽체는 동·서 벽체와 동일하게 하부 3단까지는 네 모서리에 인동초가 있는 연꽃무늬 벽전을 사용하였지만, 4단부터 천장까지 6잎 연꽃무늬가 있는 벽전으로 세워쌓기하였다.(<그림 4-15>의 1) 또 남쪽 벽체의 세워쌓기에 사용된 모든 벽전은 6잎 연꽃무늬 벽전이 사용되었으므로, 네 벽면이 모두 다르게 축조된 것을 알 수 있다.(<그림 4-28>) 눕혀쌓기에 사용된 벽전무늬는 모두 동일한데, 벽전의 길이면을 거의 5등분하여 좌우 양쪽에는 대각선이 있는 6잎 연꽃무늬를 넣고, 가운데에는 경사진 격자무늬를 새겼다.(<그림 4-14>의 4) 따라서 벽체를 막힌줄눈 쌓기로 축조하여 한단한단에서는 사격자(斜格子) 무늬와 연꽃무늬가 번갈아 나타난다. 또 벽전을 눕혀쌓기 하였을 때에 측면 6잎 연꽃무늬는 두 개가 한 쌍이 되기 때문에 세워쌓기에서 4~6단에 있는 하나의 벽전 마구리면을 이등분하여 6잎 연꽃무늬를 넣은 무늬와 동일하게 된다.(<그림 4-16>)

이러한 연꽃무늬는 중국 남경(南京)에서 발견되는 양(梁)의 전실묘 벽전무늬와 동일한데,[51] 벽전의 마구리에 이등분된 연꽃을 새기고, 두 벽전이 합쳐졌을 때 완전한 연꽃을 이루는 무늬의 개념은 확실히 중국에서 영향 받은 것으로 볼 수 있다.(<그림 4-17>) 또한 무령왕릉에서 눕혀쌓기에 사용된 벽전과 같이, 벽전 길이면을 5등분 또는 4등분하

50 또한 무령왕릉의 무덤길에서도 수직 부분에는 마구리면을 2등분하고 6잎 연꽃이 있는 벽전을 사용하였고, 곡면인 천장에는 인동초 대신 연주가 있는 벽전을 사용하였다. 따라서 연주를 새긴 벽전이 곡면에 사용되는 벽전을 표시하는 것으로 추정할 수 있는 것이다.<그림 4-23>

51 가장 대표적으로 南京 油坊村大墓와 堯化門 梁墓·燕子磯의 普通二年墓 등이다(岡內三眞, 「그 후의 무령왕릉과 南朝墓」『무령왕릉의 연구현황과 제문제』, 1991, 제일문화사, 73~77쪽과 71쪽 그림 3-3, 關野貞의 「塼より見たる百濟と支那南北朝特た梁との文化關係」『朝鮮の建築と藝術』, 1941, 암파서점, 478~479쪽의 그림 301·302 참고.).

여 측면에만 6잎 연꽃무늬를 넣고, 중앙에는 사격자 무늬를 넣은 것 역시 동일하며, 송산리 6호 무덤의 오수전(五銖錢) 무늬는 중국 한(漢) 이후에 주로 나타나는 무늬이다. 특히 송산리 6호 무덤에서는 「梁官瓦爲師矣[52]」글씨가 새겨진 벽전이 발견되었는데, 이는 중국 양나라의 벽전제작의 제도를 받아들인 중요한 단서가 되고 있다.

이렇게 무령왕릉과 송산리 6호 무덤의 벽전무늬에서 눕혀쌓기와 세워쌓기에 사용된 벽전의 무늬는 각기 다르게 표현된다. 특히 무령왕릉의 경우는 세워쌓기의 단수에 따라서 각기 다른 무늬의 벽전을 사용하였지만, 그 이유는 명확하게 알 수 없다. 그러나 당시 백제 사람들의 수(數) 또는 무늬에 관한 관념과 특정한 의도가 반영된 결과라고 할 수 있을 것이다. 위에서 살펴본 등감의 보주형과 같이 무령왕릉에 사용된 벽전의 연꽃무늬는 불교에서 사용되는 대표적인 무늬로, 서방정토(西方淨土) 극락세계(極樂世界)를 재현하고, 왕과 왕비가 벽전축 무덤에서 사후(死後) 세계를 영위하도록 기원하는 의미에서 축조되었다고 추정할 수 있기 때문이다.[53] 또한 앞에서 살펴본 것과 같이 세워쌓기 7단 이상부터 사용되고, 인동초무늬 대신 연주를 넣은 사다리꼴 벽전은 분명 그 사용되

52 '官'은 '良'으로 해석되기도 하지만, 고려대 고고환경연구소 연구원인 조윤재는 '梁宣以爲師矣', 즉 "양나라 사람인 선(宣)을 스승으로 삼았다"로 판독하고 "양나라 사람인 선이 분묘의 축조를 감제(監制;감독)했다"는 해석을 내려 많은 관심을 끌고 있다.(연합뉴스 웹사이트(www.yonhapnews.co.kr) 2008년 12월 29일 '공주 송산리 6호분 축조자는 중국인' 기사 참고)

중국 베이징대 고고학과 박사로 남조(南朝)시대 고분 전공인 조윤재 고려대 고고환경연구소 연구원은 1920년대 공주고보(현재의 공주고) 한문교사로 재직한 가루베 지온(輕部慈恩.1897-1970)이 송산리 6호분을 무단도굴하는 과정에서 수습한 벽돌에 적힌 글자들을 분석한 결과를 바탕으로 이 같은 파격적인 주장을 내놓았다. 조 박사는 한국호서고고학회 기관지로 최근 발간된 '호서고고학' 19집에 기고한 '공주 송산리 6호분 명문전(銘文塼) 판독에 대한 관견(管見)'이란 논문에서 종래 '梁官瓦爲師矣'(양관와위사의)라고 판독하고 "양나라 관아에서 쓰는 기와를 모범으로 삼았다"고 해석해 온 벽돌 명문을 새롭게 해석했다. 즉, 그에 의하면 기존에 '瓦'로 판독한 글자는 '以'(이)로 읽어야 하며, '官'이라는 글자도 '宣'(선)일 가능성이 크다는 것이다. 이런 판독에 따른다면 문제의 벽돌 명문은 '梁宣以爲師矣'가 되고, 그 의미는 "양나라 사람인 선(宣)을 스승으로 삼았다"가 되며, 이는 결국 "양나라 사람인 선이 분묘의 축조를 감제(監制.감독)했다"는 해석이 가능해진다. 따라서 조 박사는 이를 통해 "(송산리 6호분의) 고분 축조 책임자의 국적과 사회적 지위를 가늠할 수 있는 단서를 마련한 셈이다"고 평가했다. 이런 판독은 송산리 6호분과 봉분이 서로 이어져 있으며, 거의 똑같은 벽돌무덤으로 1971년 기적적으로 발견되고 발굴된 무령왕릉(송산리 7호분)의 축조 책임자 또한 중국 양나라 사람이라는 결론으로 연결될 수 있어 주목된다. 백제사에서 전형적인 중국식 묘제(墓制)인 전축분은 웅진시대에, 그것도 무령왕릉과 송산리 6호분에서만 잠깐 등장했다가 사라졌다는 점에서 그것을 과연 백제 자체 기술로 축조했는지, 아니면 중국 기술자를 초청해 만들었는지를 둘러싸고 많은 논란이 있었다. 한국학계에서는 대체로 중국 기술을 주체적으로 수입한 백제인이 축조한 것으로 보지만, 중국이나 일본 학계에서는 중국 기술자 파견설을 지지하는 견해가 많다. 조 박사의 주장은 송산리 6호분 전돌 명문에 대해 기존과는 전혀 다른 판독을 시도한 결과라는 점에서 학계의 비상한 관심을 끌고 있다. 충남대 고고학과 박순발 교수는 "조 박사 주장이 타당하다면, 양(梁)을 비롯한 중국 남조와 백제의 교류사에서는 매우 중요한 증거가 된다"고 평가했다.

53 강인구, 「백제의 역사와 사상」(『고고학으로 본 한국고대사』, 1997, 학연문화사.), 311~312쪽.

는 곳이 다르기 때문에 무늬를 다르게 새긴 것으로 생각할 수 있다. 즉, 각각의 무늬는 벽전의 용도를 나타내는 것이다.

무덤 축조에 사용된 벽전은 무늬가 아닌 형태에서도 3가지 정도로 구분할 수 있는데, 먼저 정방형 또는 장방형으로 바닥 또는 관대(棺臺)·벽체 등에 고르게 사용되었다. 사다리꼴 벽전에는 벽전 마구리의 넓이가 다른 벽전과 단면에서 양쪽 두께가 다른 벽전, 두 종류가 있다. 넓이가 다른 벽전은 세워쌓기에 사용되면서 묘실과 무덤길의 천장·홍예문을 축조하는데 사용되고, 무늬는 주로 앞에서 살펴본 8잎 연꽃에 연주를 넣은 무늬이다. 또한 두께가 다른 벽전의 무늬는 사격자에 6잎 연꽃이 있는 무늬이며, 눕혀쌓기에 사용되었다. 이렇게 무덤의 각 부분에 따라 벽전의 무늬와 형태를 다르게 제작한 것은 치밀한 계획과 설계 과정을 거친 것인데, 「大方」·「中方」·「急使」·「使才」 등의 글자를 마구리면 또는 길이면에 새겨 놓은 벽전들을 통해 알 수 있다. 「大方」은 무령왕릉의 관대를 축조하는데 사용된 깔기용 벽전 즉, 전(甎)이다. 「中方」은 벽전의 길이면과 마구리면에 쓰여진 것이 발견되었는데, 길이면에 새겨진 벽전은 등감 하부에 시설한 가창(假窓)에서와 같이, 벽전의 마구리면이 보이게 세워 쌓는 것과 다르게, 길이면이 보이게 쌓는 세워쌓기에 사용되었다.(<그림 4-12>의 1) 또한 마구리면에 글씨가 쓰여진 벽전은 일반 벽체 또는 천장을 축조하는 등 여러 곳에 사용되었다. 「急使」·「使才」 는 대부분이 아치·천장 등의 곡면에 사용되었다. 이렇게 글씨가 새겨진 벽전들은 무덤에서 사용되는 장소와 그 용도를 나타낸 것이므로,[54] 무령왕릉과 송산리 6호 무덤을 축조하기 이전에, 치밀한 계획과 설계과정을 통해 벽전을 사용되는 곳에 따라 제작하고 축조한 것을 알 수 있는 것이다.[55]

54 김영배, 「공주출토의 百濟塼」(충남대학교 백제연구소, 『백제연구』제1집, 1970. 10.), 69쪽과 박용진, 「공주 출토의 백제 瓦·塼에 관한 연구」(공주사범대학 백제문화연구소, 『백제문화』제6집, 1973. 12.), 70쪽 참고.

55 또한 무령왕릉 평면 넓이의 3/4을 차지하는 棺臺와 바닥은 21㎝의 높이 차이가 있는데, 基礎인 巖盤 역시 바닥 높이 차에 따라 가공하였다(문화재관리국, 「무령왕릉발굴조사보고서」, 1973, 8쪽 참고.). 따라서 무령왕릉의 축조 이전에 이미 설계과정이 있었고, 내부 입면과 단면 등이 계획되었으며, 그에 따라 시공한 것을 알 수 있는 것이다. 그러므로 앞에서 살펴본 것과 같이 세워쌓기에서 각각 다른 무늬의 벽전을 사용한 것은 특정한 의도가 담겨 있는 것이므로, 벽전무늬와 사용된 장소가 다른 것, 무덤 각 부분에 사용된 벽전의 형태 등에 관한 건축 분야의 명확한 연구가 이루어져야 할 것으로 생각한다.

▶ 4-18

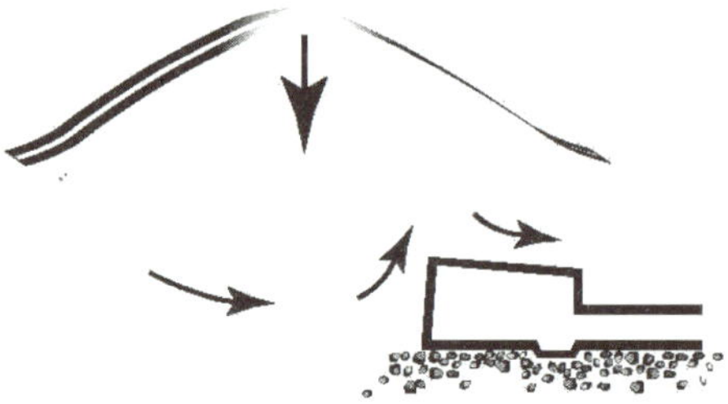

▶ 4-19(좌)
▶ 4-20(우)

▶ 4-21

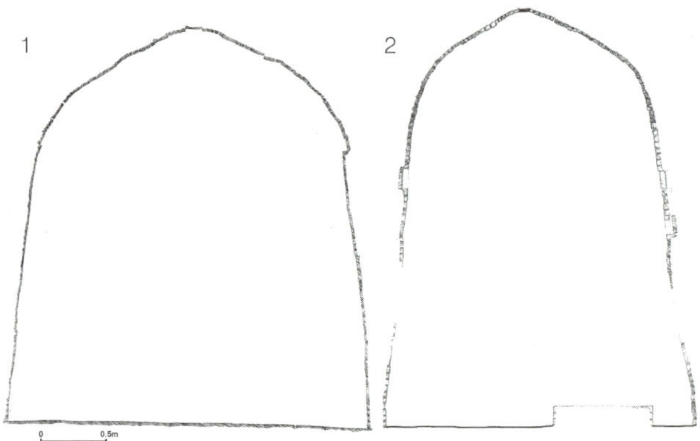

그림 4-18 **백제 벽전축 무덤의 토압 흐름**

그림 4-19 **송산리 6호 무덤 천장**

(출전 : 백제문화개발연구원, 『백제와전도록』(1983, 삼정인쇄주식회사.), 293쪽.)

그림 4-20 **무령왕릉의 천장**

(출전 : 국립공주박물관, 『국립공주박물관-무령왕릉』(1997, 통천문화사.), 10쪽.)

그림 4-21 **백제 벽전축 무덤의 종단면도**

1. **무령왕릉** 2. **송산리 6호 무덤**

(출전 : 안승주, 「백제고분의 연구」(공주사범대학 백제문화연구소, 『백제문화』 제7·8합집, 1975. 12.), 도면 9·18.)

2. 볼트천장

무령왕릉과 송산리 6호 무덤의 천장은 볼트(Vault)천장이면서, 북쪽보다 남쪽을 낮게 축조한 것 역시 동일한 특징이다. 무령왕릉은 북쪽 2.93m, 남쪽 2.84m로 약 10㎝의 차이가 있고, 송산리 6호 무덤 역시 북쪽 3.13m, 남쪽 3.04m로 무령왕릉과 높이는 다르지만, 그 차이는 같다.(<표 4-2>) 이렇게 두 무덤에서 나타나는 공통적인 천장 높이의 차이는 의도적인 축조방법으로 생각할 수 있으며, 북쪽 벽체를 경사지게 축조한 사실과 연관한다. 벽체의 축조에서는 토압을 가장 크게 받는 북쪽 벽체를 경사지게 축조하여 토압을 위쪽으로 흐르도록 하였다. 여기에 더해 천장을 경사지게 축조하므로, 토압은 묘실에 큰 하중을 가하지 않고 남쪽으로 흘러갈 수 있는 것이다. 따라서 토압을 다른 곳으로 흘려보내기 위해 남쪽보다 북쪽 벽을 약 10㎝ 정도 높게 축조한 것이며, 묘실 전체는 토압에 저항하면서 동시에 안정할 수 있다.(<그림 4-18>)

또한 단면이 반원(半圓) 형태인 중국 전실묘의 볼트천장과는 다르게, 무령왕릉과 송산리 6호 무덤의 천장은 위가 뾰족한 방추형(方錐形) 볼트천장을 축조하였다.(<그림 4-19·20·21>) 기존 연구에서는 백제 벽전축 무덤이 중국의 영향을 받아 축조된 것으로 추정하고 있지만, 천장에서는 명확한 형태 차이를 보이고 있다. 이러한 주요 원인은 벽전쌓기에서 찾을 수 있는데, 중국 전실묘의 볼트천장은 대부분 눕혀쌓기로 축조하였으나,[56] 백제의 볼트천장은 두께가 달라 단면이 사다리꼴인 벽전과 함께, 넓이가 다른 사다리꼴 벽전을 벽체 축조와 같이 세워쌓기를 반복하여, 볼트의 주요 곡률을 결정하기 때문이다.

좀더 자세히 살펴보면, 6호 무덤은 주로 눕혀쌓기로 볼트천장을 축조하고, 천장 중심부와 동·서 천장 중심에만 세워쌓기를 한 단씩 첨가하였으며,[57](<그림 4-19>·<그림 4-21>의 2) 눕혀쌓기에는 단면이 사다리꼴 형태인 벽전, 세워쌓기에는 넓이가 다른 사다리꼴 벽전을 사용하였다. 이렇게 눕혀쌓기를 주로 하고, 그 사이에 세워쌓기를 첨가하는 것은

56 윤무병, 「무령왕릉 및 송산리 6호분의 전축구조에 대한 고찰」(『백제고고학연구』, 1993, 학연문화사.), 122~123쪽.

57 즉, 동쪽 천장에서는 벽체의 세워쌓기 상부에 20단을 눕혀 쌓고, 1단을 세워쌓기하였으며, 다시 상부에는 19단을 눕혀 쌓고 1단을 세워 쌓았는데, 이 부분이 천장에서 가장 높은 부분이며, Keystone의 역할을 한다. 서쪽 천장에서는 벽체의 세워쌓기 상부에 19단을 눕혀 쌓고, 1단을 세워 쌓았으며, 그 상부에는 18단을 눕혀 쌓고 Keystone 부분과 접한다.

낙랑 벽전축 무덤과 같이 세워쌓기에 사용된 사다리꼴 벽전이 가장 큰 곡률을 결정하기 때문이다. 하나의 벽전은 하중을 지지하기 위한 최소한의 두께가 필요하기 때문에, 양쪽 두께에서 1㎝ 이상의 큰 차를 두는 것은 쉽지 않다. 만약 두께가 다른 사다리꼴 벽전으로 상부가 뾰족한 볼트천장의 곡률을 맞출 경우에는, 많은 벽전을 쌓아야 하지만, 외부 토압에 의한 천장 높이는 제한되기 때문에 어려운 것이다. 그러나 양쪽 넓이가 다른 사다리꼴 벽전은 약 6㎝ 이상의 차이를 만들 수 있다.[58] 따라서 사다리꼴 벽전 1단을 쌓는 것은 벽체가 크게 높아지지 않으면서 동시에 단면에서 사다리꼴을 이루는 벽전 6단을 쌓는 것과 동일한 곡률을 만들 수 있는 것이다. 그러므로 6호 무덤은 키스톤(Keystone) 역할의 천장 최정상과 곡률이 심하게 변하는 좌우 천장 중심에 세워쌓기 벽전을 첨가하여, 일정한 넓이의 평면에 상부가 뾰족한 천장을 축조할 수 있었던 것이다.

무령왕릉의 볼트천장의 형태는 송산리 6호 무덤과 유사하지만, 그 축조방법은 다른데, 묘실의 벽체와 마찬가지로 4횡1수 또는 3횡1수의 벽전쌓기를 연장하여 축조한 것이다.(<그림 4-20>·<그림 4-21>의 1) 무령왕릉 천장에서도 눕혀쌓기의 가운데 벽전은 그 단면에서 두께가 다른 사다리꼴 벽전을 사용하였지만,[59] 1㎝ 차이가 있는 벽전보다 6㎝의 차이를 만드는 세워쌓기의 사다리꼴 벽전이 천장의 곡률을 주로 결정하게 된다. 따라서 세워쌓기를 일부에 첨가한 송산리 6호 무덤과는 그 개념이 크게 다른 것을 알 수 있다.[60]

이렇게 볼트천장의 축조에 세워쌓기를 첨가하거나, 벽체와 동일하게 3횡1수·4횡1수 벽전쌓기로 축조하는 것은 당시 중국 전실묘의 천장이 모두 눕혀쌓기로만 축조한 것과는 확연히 구별되는 것이므로, 기존 연구에서와 같이 중국 남조 특히, 양(梁)의 영향만으로 축조되었다고는 볼 수 없을 것이다. 즉, 벽전의 무늬를 이루는 모티브(Motive)와 개념은 분명 양(梁)의 벽전과 동일하다.[61] 벽체 벽전쌓기 역시 3횡1수·4횡1수 등으로 유사하고, 백제에서 처음으로 축조된 볼트천장의 축조개념 역시 양(梁)에서 영향 받은 것으로 추정할 수 있다.[62] 그러나 볼트천장 형태는 완전한 반원형이 아닌 위가 뾰족한 방추형이며,

58 박용진, 「공주출토의 백제瓦·塼에 관한 연구」(공주사범대학교 부설 백제문화연구소, 『백제문화』제6집, 1973. 12.), 76쪽의 표 3과 표4 참고.

59 문화재관리국, 「무령왕릉발굴조사보고서」(1973.), 6쪽.

60 또한 천장 축조에 사용된 사다리꼴 벽전에는 네 모서리 부분에 인동초 대신 연주를 넣고, 중앙에 8엽 연꽃 무늬를 새겨 다른 벽전과 명확하게 구별되고 있다.

61 송산리 6호무덤에서 발견되 「梁官瓦爲師矣」을 통해서 이는 명확하다고 할 수 있다.

62 이남석, 『백제 석실분 연구』(1995, 학연문화사.), 234~239쪽·252~255쪽 및 권오영, 『고대 동아시어 문명 교류

세워쌓기에 의해 곡률이 결정되는 것은 분명 중국 전실묘와는 다른 특징인 것이다.

따라서 이러한 특징은 중국이 아닌, 한국 땅에 존재하였던 낙랑 벽전축 무덤의 궁륭천장과 동일한 축조방법으로 보아야 할 것이다. 이미 제2장에서도 지적한 것과 같이 낙랑에서도 3횡1수 등 세워쌓기와 눕혀쌓기를 반복하여 위가 뾰족한 방추형 궁륭천장을 축조하였는데, 눕혀쌓기로만 축조한 동한(東漢) 전실묘의 반원형(半圓形) 또는 반구형(半球形) 궁륭천장과는 명확하게 구별되는 특징이므로, 백제 볼트천장의 구체적인 축조방법은 낙랑 벽전축 무덤에서 연속하고 있는 것을 알 수 있다. 그러므로 송산리 6호 무덤은 중국 전실묘와 유사하게 눕혀쌓기로 천장을 축조하였지만, 심한 곡률을 이루는 부분에서는 세워쌓기를 첨가하여 축조하여, 중국의 영향과 낙랑에서부터 이어져 온 축조방법이 혼재하는 것으로 볼 수 있다. 또한 무령왕릉의 경우는 볼트 개념은 중국 전실묘와 동일하지만, 그 축조방법은 완전하게 낙랑의 궁륭천장의 방식을 따르고 있다. 따라서 중국과는 다르게 세워쌓기를 첨가하여 축조한 방추형 궁륭·볼트천장은 한국 벽전축 무덤에서만 나타나는 축조방법으로 결론지을 수 있을 것이다.

여기서 한 가지 문제는 낙랑과 백제의 벽전축 무덤 사이에는 약 150여 년이라는 시간 차이가 있다는 사실이지만, 이것을 매개할 수 있는 중간단계는 앞에서 살펴보았던 백제 석실무덤 중 궁륭 석실무덤에서 찾을 수 있을 것이다. 비록 재료는 서로 다르지만, 그 축조방법과 천장의 형태는 낙랑의 벽전축 무덤에서 영향 받은 것이기 때문에, 백제에는 벽전을 사용하여 천장을 축조하는 기본 개념들을 계속 이어 왔다고 할 수 있다. 따라서 백제 무령왕릉에는 중국 양(梁)에서 받아들인 벽전무늬의 기본 개념과 제작 또는 볼트천장 축조방식 등과 함께, 낙랑에서 볼 수 있는 특유의 천장 형태와 축조의 방법이 모두 함께 내재하고 있는 것을 알 수 있다.

이러한 특징은 문헌을 통해서도 살펴볼 수 있는데, 먼저 양나라에서 영향 받았다고 하는 것은 다음과 같다. 『삼국사기』 권제26 「백제본기」 제4 '성왕(聖王)'에서는 '19년 왕에 사신을 양(梁)에 보내어 조공(朝貢)하고, 동시에 글월로써 모시박사(毛詩博士) 열반(涅槃) 등의 경의(經義) 및 공장(工匠), 화사(畵師) 등을 청하니 이를 허락하였다'라는 기록이

사의 빛, 무령왕릉』(2005, 도서출판 돌베개.), 128~137쪽 참고. 그러나 앞에서 지적한 것과 같이 283년 축조된 추릉리 무덤은 볼트천장을 축조한 것으로 추정되므로, 백제의 볼트천장 역시 후기 낙랑 벽전축 무덤에서 영향 받았을 가능성도 배제할 수 없다.

있다. 또한 이 내용은 『양서(梁書)』 권54 「열전(列傳)」 제48 '동이(東夷)' [백제]의 내용과 일치하는데,[63] 성왕 19년은 541년으로 백제가 부여로 천도한지 3년 후이다. 따라서 이때 양에서 온 공장 중에는 건축공장도 포함되어 있었을 것이며,[64] 새로운 도읍지를 건설하는 일에 참여하였던 것으로 추정된다. 이러한 것을 통해 『삼국사기』 권제26 「백제본기」 제4 '무령왕'에서는 '12년 4월에 사신을 양에 보내어 조공하였다'라는 기록이 있는데, 이 기록이 백제와 양이 교류한 최초의 기록으로, 역시 건축공장 등의 교류가 있었을 것으로 추측할 수 있다. 무령왕릉에서는 「…사 임진년작(士 壬辰年作)」이라고 하는 글씨를 새긴 벽전이 발견되었는데, 임진년은 바로 무령왕 12년, 512년과 일치하는 것이기 때문이다. 따라서 양과의 교류를 통해 건축공장 중 벽전을 제작하는 공장들이 교류되고, 벽전의 무늬를 이루는 기본 개념들을 양에서 영향 받은 것으로 추정할 수 있는 것이다. 또한 무령왕이 죽기 전부터 무령왕릉은 계획되고, 백제 고유의 연꽃무늬를 넣은 벽전이 제작되었다는 사실도 알 수 있다.

그러나 『주서(周書)』 권49 「열전(列傳)」 제41 이역상(異域上) '백제'에서는

> 백제는 그 선조가 아마도 마한(馬韓)의 속국이었으며, 부여의 별종이다. <u>구태(仇太)라는 자가 대방(帶方)에서 처음으로 나라를 일으켰다.</u> 그 까닭에 그 땅의 경계는 동쪽으로 신라에 맞닿고 북으로는 고구려와 접하며, 서쪽과 남쪽은 모두 큰 바다로 한정되어 있다[65]

라고 하여, 대방과 백제의 문화는 한 뿌리에 있었을 가능성이 있다. 또한 『삼국사기』 권제24 「백제본기」 제2 '책계왕(責稽王)'에는

> 고구려가 대방(帶方)을 치니 대방이 우리에게 구원을 청하였다. 이에 앞서 왕이 대방의 왕녀 보과를 취하여 부인을 삼았으므로, 이로 인하여 이르기를, <u>"대방은 우리의 구생의 나라이니 그 청에 응하지 않을 수 없다"</u>하고 드디어 군사를 내어 구원하자 고구려가 원망하였다[66]

63 김성구 譯, 『중국정사조선열국전』, 1996, 동문선, 181쪽 참고.

64 이왕기, 「고대 한국·중국 건축관계사 연구-백제를 대상으로」 『건축역사연구』4, 1993. 12., 한국건축역사학회, 80쪽.

65 김성구 譯, 『중국정사조선열국전』, 1996, 동문선, 228쪽.

66 또는 이 기사의 내용은 책계왕 때가 아닌 比流王 11년 즉, 고구려 美川王이 낙랑을 멸망시킨 313년으로 보고 있다.

라고 하였다. 따라서 위의 내용들을 통해서 백제와 대방과는 그 영토를 접하고 있었으며, 군사를 파견하여 원조할 만큼 문화의 교류가 충분히 있었을 것으로 추정할 수 있다. 또한 정조대의 실학자(實學子) 유득공은『이십일도회고시주해(二十一都懷古詩註解)』에서 만왕(滿王)에게 쫓겨나 한(韓)의 왕이 된 준(準)을 무강왕(武康王), 즉 무령왕으로 보고 있으므로,[67] 이를 통해 무령왕은 북방문화와 관계된 백제왕이며, 낙랑 벽전축 무덤 양식이 무령왕릉에서 처음으로 나타난 이유가 된 것으로 추정할 수 있다. 또한 무령왕릉에서 왕비가 왕의 좌측에 자리하고 있는 것은 당시 신라와 다르며, 낙랑에서만 볼 수 있는 장법(葬法)[68]으로, 무령왕릉에서 나타나는 천장의 축조방법과 주검을 안치하는 방법 등은 충분히 낙랑의 영향을 받은 것으로 추정할 수 있는 것이다.[69] 따라서 무령왕릉에는 중국 양(梁)과 낙랑(樂浪) 또는 대방(帶方)의 영향이 혼재해 있는 것을 알 수 있다.

또한 무령왕릉의 벽체와 송산리 6호 무덤의 벽체·천장의 벽전쌓기에서는 몰탈(Mortar)을 전혀 사용하지 않았는데, 이를 통해 무덤축조 이전에 이미 설계과정을 거쳐 천장 곡률을 결정하고, 그에 맞추어 사다리꼴 벽전을 생산하였음을 알 수 있다. 사용된 벽전에는 모두 무늬를 새겨야 하므로, 시공 과정에서 벽전을 가공 할 수 없기 때문이다.

벽전은 서로 밀착·지지할 수 있으며, 천장은 안정할 수 있는 것이다. 이러한 축조방법 역시 낙랑 벽전축 무덤에서부터 연속된 것이며, 그 이후 신라 벽탑(甓塔)과 벽체석연(甓砌石緣) 기단 등, 한국의 각 시기에 나타나는 축조방법인 것이다.

67 정진헌,『실학자 유득공의 고대사 인식』, 1998, 신서원, 130쪽 참고.

68 공주대학교백제문화연구소,『백제무령왕릉』, 1993, 서경문화사, 106~107쪽.

69 또한 이러한 논의는 기존의 연구에서도 인정되고 있는 것으로, 진홍섭의「한국의 전탑」Ⅰ(『공간』제3호, 1967. 3.)에서는 '낙랑의 고지에 남아 있는 塼築 고분들은 그들이 우리 땅에 남겨 놓은 선례라 할 것이다. 이러한 문화는 삼국인이 전수한바 되어 전축의 고분을 남긴 예가 전하고 있으니 백제시대에 축조한 공주 송산리의 고분이 그것이다'라고 하였으며, 이기동의『백제사연구』(1996, 일조각.), 52쪽에서는 '백제는 그 지리적 조건에 힘입어 일찍부터 여러 지역의 다양한 문화를 흡수했다. 건국 초기에는 북쪽에 인접한 낙랑군을 통해서 중국 漢代 문화를 받아들였다. 낙랑군이 멸망된 뒤로는 고구려와 군사적으로 대치하면서도 문화적인 접촉만은 끊이지 않았다'고 하여 백제와 낙랑 또는 대방 간의 문화 교류를 증명하고 있다.

▶ 4-22(좌)

▶ 4-23(우)

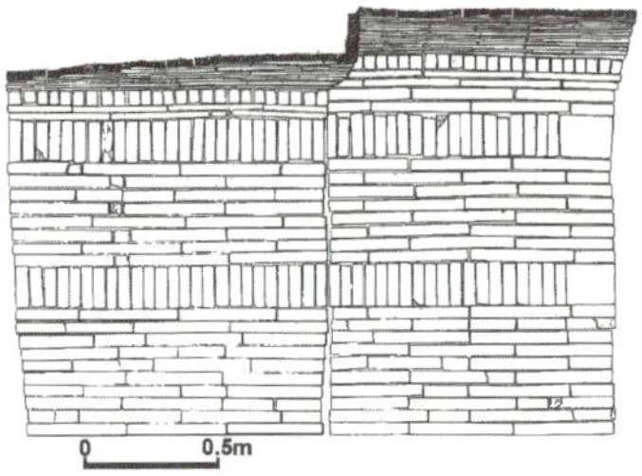

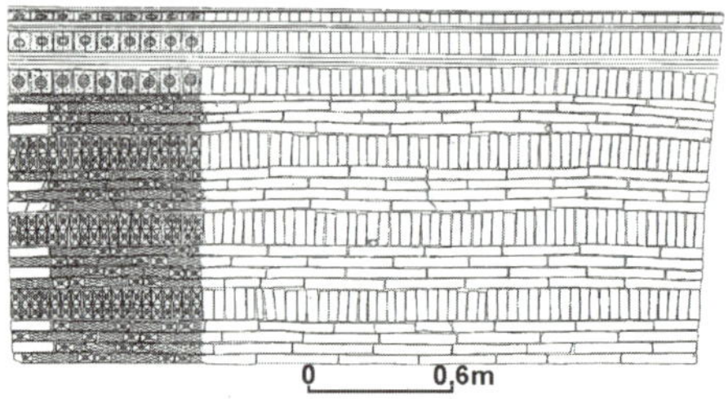

▶ 4-24(좌)

▶ 4-25(우)

▶ 4-26(좌)

▶ 4-27(우)

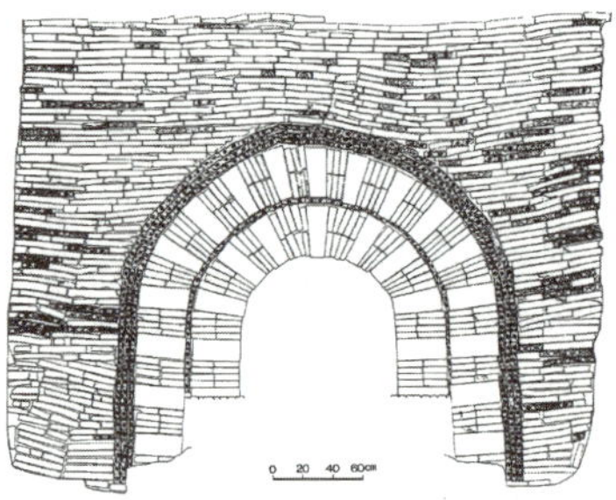

그림 4-22 **송산리 6호 무덤의 무덤길 서쪽벽 입면도**
(출전 : 안승주, 「백제고분의 연구」(공주사범대학 백제문화연구소, 『백제문화』 제7·8합집, 1975. 12.), 도면 17.)

그림 4-23 **무령왕릉의 무덤길 동측벽 입면도** (출전 : 문화재관리국, 「무령왕릉발굴조사보고서」(1973.), 도판104.)

그림 4-24 **송산리 6호 무덤 남측벽 입면도**
(출전 : 윤무병, 「무령왕릉 및 송산리 6호분의 전축구조에 대한 고찰」(『백제고고학연구』, 1993, 학연문화사.), 133쪽.)

그림 4-25 **송산리 6호 무덤 남측벽**
(출전 : 공주대학교 백제문화연구소, 『백제무령왕릉』(1993, 서경문화사.), 도판)

그림 4-26 **무령왕릉 무덤길 입구 및 호벽 입면도** (출전 : 문화재관리국, 「무령왕릉발굴조사보고서」(1973.), 도판101.)

그림 4-27 **무령왕릉 무덤길 폐쇄 상태** (출전 : 문화재관리국, 『무령왕릉발굴조사보고서』(1973.), 도판 22-2.)

3. 홍예문과 무덤길

무령왕릉과 송산리 6호 무덤의 무덤길은 묘실의 축조방법과 유사한데, 먼저 6호 무덤 무덤길의 축조방법과 벽전무늬는 대체로 묘실과 같고, 10·8단을 눕혀 쌓았으며, 그 사이사이에 세워쌓기를 번갈아 축조하였다. 무덤길 천장 역시 묘실 천장과 동일한데, 눕혀쌓기를 주로 하고 천장의 가장 높은 중앙과 양쪽 천장의 중간에 각각 1단 세워쌓기로 곡률을 조정하고 있다. 가장 특징적인 것은 무덤길을 두 부분으로 구분하여 축조한 것으로,(<그림 4-22>) 묘실에 가까운 북쪽의 무덤길은 남쪽 무덤길에 비해 폭 30㎝, 높이 16㎝ 정도 크다.(<표 4-2>) 이러한 이유는 명확하지 않지만, 중국 전실묘의 예를 통해 나무로 만든 문을 달았던 것으로 추정되기도 한다.[70] 그러나 <그림 4-22>에서 보는 것과 같이 두 무덤길의 벽전을 연결하지 않고 독립적으로 축조하였기 때문에, 만약 하나의 무덤길이 붕괴될 경우 다른 무덤길에는 영향을 미치지 않도록 하기 위한 것으로 추정한다. 특히 규모가 큰 북쪽의 무덤길은 묘실 남쪽 벽체와 일체로 축조되었기 때문에, 무덤길이 붕괴될 경우 묘실 전체가 연속하여 붕괴될 위험이 있기 때문이다. 따라서 규모가 작은 남쪽 무덤길이 붕괴되었을 때에도 묘실의 위치를 찾을 수 있고, 쉽게 접근할 수 있으며, 묘실 전체의 붕괴를 막아 주검을 오래 보존하기 위한 것으로 생각한다.

무령왕릉 무덤길의 규모는 6호 무덤과 대체로 유사하지만, 그 길이는 약 60㎝ 정도 더 길다. 벽전의 쌓기방법은 묘실과 같은 4횡1수 방식, 또는 부분적으로 3횡1수의 쌓기방법으로 축조하였고, 사용된 무늬도 같다. 눕혀쌓기 벽전의 무늬는 묘실과 같고, 세워쌓기에 사용된 벽전은 마구리면을 2등분한 무늬이다. 또한 천장의 사다리꼴 벽전의 무늬는 2개의 벽전이 하나의 연꽃무늬를 만들고, 네 모서리에는 인동초 대신 연주를 새긴, 묘실 천장에 사용된 벽전과 같다. 이는 묘실에 사용된 벽전과 같이, 각각의 무늬에 따라 사용되는 장소가 다른 것을 알 수 있으며, 이 때 무늬는 일종의 부호 역할을 하고 있다.

백제의 두 벽전축 무덤에서 묘실 벽체의 개구부는 낙랑과 동일하게 반원(半圓)을 기본으로 하는 홍예를 축조하였다. 송산리 6호 무덤에서는 무덤길이 두 부분으로 나뉘는 곳과 묘실 남쪽 벽체에 홍예를 설치하였는데,(<그림 4-24·25>) 축조방법은 가장 높은 중

70 윤무병, 「무령왕릉 및 송산리 6호분의 전축구조에 대한 고찰」(『백제고고학연구』, 1993, 학연문화사.), 118~119쪽.

앙과 그 좌우에 사다리꼴 벽전을 하나씩, 그 사이사이에는 두께가 다른 사다리꼴 벽전을 사용하였다. 이는 묘실과 무덤길의 볼트천장과 기본적으로 동일한 축조방법인데, 무덤길의 볼트천장이 연속하여 묘실 안쪽에서는 홍예가 되었기 때문일 것이다.[71] 따라서 송산리 6호 무덤에서 곡면을 이루는 부분 즉, 묘실의 볼트천장 무덤길의 볼트천장·홍예는 모두 동일한 개념과 벽전쌓기로 축조되었으며, 이는 무령왕릉에서도 공통된 특징이다.

무령왕릉에는 무덤길과 묘실이 접하는 묘실 남쪽 벽체와 호벽(護壁)[72]에 홍예를 축조하였다. 먼저 호벽의 홍예는 상·하 두 단이고, 축조방법은 묘실 벽체의 벽전쌓기 방법과 동일하다.(<그림 4-26·27>) 즉, 밑에서부터 4단의 눕혀쌓기와 1단의 세워쌓기를 번갈아 축조한 것이다. 따라서 곡선 부분에서 세워쌓기에 사용된 벽전은 넓이가 다른 사다리꼴 벽전이며 넓이 면이 외부에서 보이도록 축조하였다. 눕혀쌓기에 사용된 벽전도 곡선 부분에서는 두께가 서로 다른 사다리꼴 벽전을 사용하여 반원형(半圓形)의 곡률에 맞추고 있으며, 세워쌓기한 벽전의 길이와 맞추기 위해 두 겹으로 겹쳐 축조하였다. 따라서 홍예의 단면 두께는 약 30㎝이며, 벽체와 마찬가지로 1.0B 쌓기이다. 그러므로 묘실과 무덤길의 볼트천장·홍예의 축조방법은 모두 동일한 것이다.

특징적인 것은 눈썹벽전[眉甓瓴]을 사용한 것이다. 낙랑과 송산리 6호 무덤에서는 먼저 홍예를 만들고, 홍예에 접하는 벽체의 벽전은 곡선에 맞추어 가공하여 축조하고, 상·하 두 단으로 축조할 경우에는 직접 접하도록 하였다. 그러나 무령왕릉 호벽에 축조한 홍예는 하부와 상부의 홍예 사이에 한 겹, 상부 홍예와 호벽이 만나는 사이에는 3겹의 눈썹벽전을 사용하고 있는 것이다. 이 눈썹벽전은 고구려 벽탑에서 처음으로 볼 수 있었는데, 벽전의 마구리면이 보이도록 쌓는 것은 동일하다. 그러나 무령왕릉에서는 상부 곡면뿐만 아니라 지면까지 연속하였고, 벽전은 홍예 곡선에 맞추어 별도로 제작한 것은 아니며, 세워쌓기한 6잎 연꽃무늬의 장방형의 벽전을 그대로 사용하고 있다. 이렇게 낙랑 벽전축 무덤에서는 사용하지 않은 눈썹벽전이 무령왕릉에서 특징적으로 나타

71 그러므로 한 겹으로 축조된, 단면 16㎝ 정도의 홍예는 바로 무덤길 천장의 두께 또는 6호 무덤의 천장을 포함한 벽체 두께로 볼 수 있다.

72 무덤길 바깥에서 묘실로 진입하는 墓道와 무덤길이 접하는 부분에 축조한 벽체를 護壁이라 하는데(윤무병, 「무령왕릉 및 송산리 6호분의 塼築構造에 대한 고찰」『백제고고학연구』, 1993, 학연문화사, 124쪽 참고.), 일본인들에 의해 발굴된 송산리 6호 무덤의 호벽과 호벽에 설치되었을 것으로 추정되는 홍예에 대해서는 명확하게 알려져 있지 않다.

나는 것은 고구려 벽탑과 같이 구조적인 목적과 의장적인 목적으로 나누어 추정할 수 있다.

먼저 의장적 측면에서는, 눕혀 쌓은 벽체의 벽전과 곡선인 홍예가 명확하게 구분되므로 눈썹벽전이 없는 경우와 비교하여 홍예가 더욱 강조되고 있는데, 특히 상·하의 홍예 사이에도 사용하여 두 단임을 강조하고 있는 것이다. 구조적인 측면에서는 홍예의 곡률에 맞추어 축조하여, 상부하중을 압축력만으로 지면에까지 전달 할 수 있다. 따라서 홍예는 2개이지만 눈썹벽전으로 축조한 홍예까지 합하여 4개의 홍예를 축조한 셈이며, 홍예로 축조한 개구부는 더욱 안정할 수 있다. 혹은 홍예와 눈썹벽전이 짝을 이루는 것으로 생각하면, 각각의 홍예는 단면적이 커지는 것이고, 그에 따라 큰 하중에도 안정할 수 있는 것이다. 그러므로 눈썹벽전은 구조적으로 개구부를 더욱 안정할 수 있도록 하고, 의장적으로는 홍예를 강조하여 왕의 무덤 입구에 장엄(莊嚴)을 베푼 것이다.[73]

또한 호벽의 상·하 홍예에서 하부 홍예가 상부의 홍예보다 약 20㎝ 정도 뒤로 물려 축조하였는데, 의장적인 목적[74]보다 내부 주검과 껴묻거리를 안전하게 보존하기 위해 묘실을 완전히 밀폐시키는 기능적인 목적이 큰 것으로 생각한다. 일반적으로 벽전축 무덤에서는 무덤길 문의 홍예 안쪽을 벽전으로 막는다.<그림 4-27> 이는 두 사람 이상을 순차적으로 매장하는 횡혈식 무덤에서 공통적으로 나타나는 특징인데, 석회를 사용하지 않고 벽전을 쌓아 무덤길 문을 폐쇄하므로, 일정 시간이 경과한 후에 다시 개봉할 수 있다. 또한 홍예 안쪽에 벽전을 쌓는 이유는 무덤길 문을 폐쇄하여도 홍예가 외부에서 보일 수 있다. 즉, 홍예는 묘도(墓道)의 봉토(封土)를 걷어 내고, 다시 주검을 안치할 경우 무덤의 입구라는 것을 인식시키는 역할을 하게 되는 것이다.

그러나 직선 형태의 벽전은 원형인 홍예를 완전하게 밀폐시킬 수 없으므로, 무령왕릉에서는 일반적인 벽전축 무덤과 다르게 홍예를 두 단으로 축조하고, 하부 홍예를 안쪽으로 들여쌓았다. 따라서 상부 홍예 안쪽에서 석회를 사용하지 않고 폐쇄할 수 있으

73 또한 무령왕릉 묘실 남쪽 벽체의 홍예는 눈썹벽전을 사용하지 않았다. 만약 이 홍예를 가장 기능적이고 간결한 형태로 생각한다면, 눈썹벽전을 사용하여 2단으로 축조한 호벽의 홍예는 莊嚴을 베풀고, 무덤의 입구임을 강조하기 위한 것으로 추정할 수 있다. 즉, 구조적인 목적보다는 의장적인 목적이 훨씬 큰 것이다.

74 의장적인 목적에서 하부 홍예는 묘실 남쪽 벽체에 축조한 홍예와 동일한데, 무덤길의 양쪽 끝이 홍예 형태로 드러나기 때문이다. 따라서 하부 홍예는 외부 입면에서 무덤길의 구조를 표현하고 있으며, 상부 홍예는 호벽에 축조한 개구부임을 강조한다.

▶ 4-29(우)

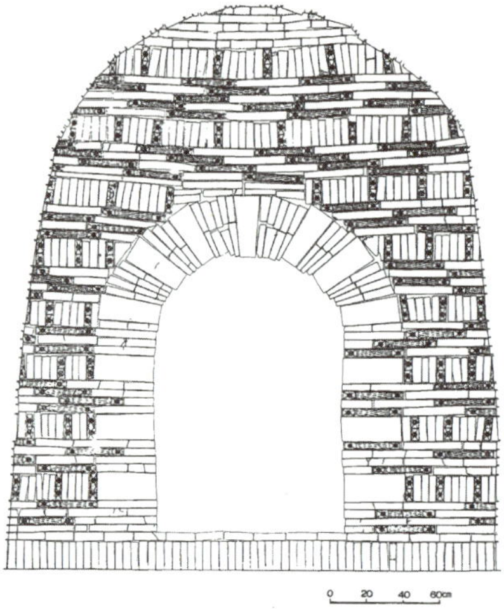

▶ 4-30

▶ 4-31(좌)

▶ 4-32(우)

그림 4-28 **무령왕릉의 남측벽 입면도** (출전 : 문화재관리국, 「무령왕릉발굴조사보고서」(1973.), 도판103.)

그림 4-29 **무령왕릉의 남측벽** (출전 : 공주대학교 백제문화연구소, 『백제무령왕릉』(1993, 서경문화사.), 도판)

그림 4-30 **『원야』의 삿자리 모양 바닥깔기** 1. 人字式 2. 蓆紋式
(출전 : 김성우·안대회 譯, 『園冶』(1993, 도서출판예경.), 246~247쪽)

그림 4-31 **송산리 6호 무덤의 횡단면도**
(출전 : 윤무병,「무령왕릉 및 송산리 6호분의 전축구조에 대한 고찰」(『백제고고학연구』, 1993, 학연문화사.), 134쪽.)

그림 4-32 **송산리 6호분의 남측벽화(주작 및 일월)** (출전 : 이화여자대학교, 『고분벽화』, 1973, 24쪽.)

며, 두 단의 홍예 중 상부 홍예만이 노출되어 다시 주검을 매장할 경우에는 문이라는 것을 쉽게 인식시키는 역할을 한다. 또한 상부 홍예는 밀폐되지 않지만 하부의 홍예는 완전하게 밀폐될 수 있다.(<그림 4-27>) 결국 홍예를 상·하 두 단으로 쌓고, 하부 홍예를 뒤로 물려 쌓은 이유는 외부에서 홍예를 인식시키고, 묘실을 완전하게 밀폐시키기 위한 것으로 생각할 수 있다.[75] 따라서 무령왕릉은 약 1500년간 완전하게 보존될 수 있었던 것이다.[76]

무령왕릉에서 또 하나의 홍예는 묘실 남쪽 벽체에 축조하였는데, 호벽에 설치된 하부 홍예와 같은 크기이며, 축조방법 역시 동일하다. 무덤길의 벽체와 볼트천장 양쪽 끝이 드러나 홍예가 되었기 때문이다. 그러나 이 홍예에서는 눈썹벽전을 사용하지 않았는데, 이는 전체 묘실이 안정할 수 있도록 하기 위한 것이다. 즉, 눈썹벽전을 사용하지 않으므로, 홍예 하부를 묘실 남쪽 벽체와 구조적으로 일체가 되도록 축조할 수 있기 때문이다.(<그림 4-28·29>) 호벽에 축조한 홍예는 홍예문 둘레에 눈썹벽전을 설치하여 호벽과는 구조적으로 연결되지 않는다. 따라서 만약 호벽이 붕괴될 때에도 무덤길은 큰 영향을 받지 않는다. 그러나 묘실 남쪽 벽체의 홍예문 하부는 무덤길 벽체의 연장이면서 동시에 남쪽 벽체와 연결하여 벽전을 쌓았기 때문에 큰 상부하중에도 묘실 전체는 일체가 되어 안정할 수 있는 것이다.[77] 따라서 눈썹벽전을 사용하지 않은 이유는 개구부를 설치하여 불안정한 묘실 남쪽 벽체를 무덤길 벽체와 일체가 되도록 하여 안정된 묘실을 축조하고, 주검과 껴묻거리를 보존하기 위한 것으로 생각할 수 있다.[78]

75 발굴 과정에서 무덤길 문을 개봉하자 내부의 찬 공기가 외부로 나오면서 수증기가 생겼다고 한다. 이는 묘실이 외부와 완전하게 밀폐되어 있었다는 것을 나타낸다.

76 또한 황해도 봉산군 초와면 양동리 제3호 벽전축 무덤의 前室과 後室을 연결하는 홍예문 역시 무령왕릉 호벽에 설치한 홍예문과 유사하게 두 단으로 축조하고, 하부 홍예를 들여쌓았다.(<그림 2-32> 참고) 비록 무덤길에 축조한 홍예문과는 그 기능이 다르지만 벽전으로 폐쇄하여, 주검을 매장한 後室만을 완전하게 밀폐시키고 있다. 그러므로 이러한 형식의 홍예문이 당시 성행하던 형식이었는지 또는 낙랑·대방과 백제 벽전축 무덤의 관계에 의한 것인지에 대해 연구가 필요할 것이다.

77 안승주, 「백제고분의 연구」(공주사범대학 백제문화연구소, 『백제문화』제7·8합집, 1975. 12.), 106쪽.

78 이러한 축조방법은 6호 무덤에서도 동일한 것이므로, 두 무덤의 의도적인 축조방법으로 생각한다. 또한 무령왕릉 묘실 남쪽 벽체의 홍예에서는 상부 半圓形 부분에서만 눈썹벽전을 사용할 수 있었을 것이지만, 그렇지 않은 이유는 명확하지 않다. 따라서 조적식 벽전건축에서 눈썹벽전의 명확한 의미를 찾고, 무령왕릉 홍예문의 구조적 특징에 관한 연구가 필요하다.

4. 바닥과 관대

무령왕릉과 송산리 6호 무덤의 바닥은 공통적으로 무늬 없는 장방형 벽전을 사용하여 삿자리 모양으로 깔았다. 또한 묘실의 벽체와 사선으로 깔았기 때문에 삼각형 부분이 생기는데, 이 부분에는 밑변 17㎝, 빗변 16.8㎝의 삼각형의 벽전을 따로 제작하여 깐 것을 알 수 있다.[79] 이러한 특징은 궁륭 석실무덤인 송산리 29호 무덤과 그 이전의 낙랑 벽전축 무덤, 한(漢)의 전실묘에서도 볼 수 있으며, 특히 삿자리 무늬가 전개되는 방향이 묘실 벽체와 사선을 이루고 있는 것도 공통적이다. 따라서 삿자리 무늬의 바닥깔기를 당시 중국과 한국에서의 일반적인 벽전깔기 방식으로 보아도 무리는 없을 것이다. 특히 중국 명(明) 말기인 1631년에 저술된 계성(計成)의 『원야(園冶)』에는 '인자식'(人字式)·'석문식'(席紋式)이라고 하여 정원[庭]의 바닥 포장에 벽전을 세워 까는 방식으로 설명하고 있어,[80] 중국에서 지속적으로 사용된 것을 알 수 있지만,(<그림 4-30>) 한국에서는 백제 이후에 나타나지 않는다.

특이한 것은 관대(棺臺)이다. 송산리 6호 무덤에서는 바닥을 평탄하게 축조하고, 그 상부 동쪽에 별도로 관대를 설치하는데, 이렇게 바닥과는 별도로 설치하는 관대를 독립관대(獨立棺臺)라고 한다. 그러나 무령왕릉에서는 무덤길에서 진입하는 남쪽의 바닥이 ¼정도가 낮으므로, 그 북쪽 ¾이 관대가 된다.(<그림 4-6>의 1) 이렇게 묘실 바닥 대부분이 관대인 것은 전면관대(全面棺臺)라 한다. 따라서 송산리 6호 무덤과 무령왕릉의 관대는 독립관대와 전면관대로 축조 개념에 차이가 있다. 6호 무덤에서는 먼저 기초 부분인 암반(巖盤)을 평탄하게 다듬고, 그 상부에 장방형 벽전 2겹을 까는데, 상부 벽전깔기는 삿자리 무늬이다. 또한 무덤길과 묘실의 바닥은 같은 높이로 마감하는데, 바닥을 설치한 후 그 상부에 장방형 벽전 3겹을 눕혀 쌓아 15㎝ 높이의 관대를 따로 축조하였다. 그러나 무령왕릉의 경우는 기초인 암반에서부터 바닥의 단차를 고려하여 관대 부분을 더욱 높게 다듬었다. 또 암반 위에는 석회를 사용하여 벽전 2겹을 깔았는데, 하부는 격자, 상부는 삿자리 무늬이다.[81] 이러한 배열 방법은 단차가 있는 관대에서도 마찬가지인

79 백제문화개발연구원, 『百濟瓦塼圖錄』(1983, 삼화인쇄주식회사.), 309~310쪽의 그림 587·588과 458쪽 표 참고.
80 김성우·안대희 譯, 『원야』(1993, 도서출판예경.), 245~247쪽.
81 이러한 축조방법은 낙랑의 벽전축 무덤과 동일하다.

데, 관대 남쪽에서는 벽전을 세워 쌓고, 그 상부에 벽전 한 겹을 삿자리 무늬로 깔았다. 따라서 관대의 높이와 무덤길의 높이는 동일하고, 묘실 남쪽 ¼은 21㎝가 낮은데, 이렇게 전면관대를 설치하는 것은 중국 전실묘와 유사하지만, 무덤길과 바닥의 높이가 같고 관대를 한 단 높게 설치한 것은 다르다.[82] 특히 무덤길보다 바닥을 한 단 낮게 축조하는 것은 삼국 석실무덤에서 흔히 나타나는 축조방법이며, 그 영향이 벽전축 무덤 중 무령왕릉에서만 나타난 것이다.[83]

이상 크게 4부분으로 나누어 무령왕릉과 송산리 6호 무덤에서 볼 수 있는 특징들을 살펴보았는데, 무령왕릉과는 다르게 송산리 6호 무덤에서만 볼 수 있는 특징으로는 내부에 벽화(壁畵)를 그리고, 묘실 전체에 채색(彩色)을 한 것이다. 무령왕릉에서는 등감과 가창에만 부분적으로 채색하였지만, 송산리 6호 무덤에서는 묘실 4면 벽체에 석회를 바르고, 네 방위에 맞추어 청룡(青龍)·백호(白虎)·현무(玄武)·주작(朱雀)과 일월(日月)의 그림을 그렸으며, 이러한 사신도(四神圖)와 일월도(日月圖)에 대해 기존 연구에서는 주로 고구려(高句麗)의 벽화무덤 영향으로 추정하고 있다.[84] 또한 등감과 가창에는 청색으로 채색하고, 묘실 벽체의 세워쌓기한 벽전에는 4~5개의 벽전을 번갈아 검은 색으로 채색하였다.(<그림 4-9·24·31·32>) 그리고 묘실 천장 부분에는 평행의 두 줄과 그 사이사이에 검은 색을 칠했는데, 이 부분은 당시 지상 목조건축의 천장과 벽체를 표현한 것으로 추정할 수 있다. 특히 천장에 채색된 부분은 고구려의 벽화무덤에서와 같이 당시 목조건축 지붕의 가구(架構)를 표현한 것으로, 상·하의 평행선은 중도리(中道里)와 주심도리(柱心道里) 또는 주심도리와 창방(昌枋), 그 사이에 수직으로 번갈아 채색한 것은 화반(花盤)·대공(臺工) 등으로 볼 수 있는 것이다.

82 윤무병, 「무령왕릉 및 송산리 6호분의 전축구조에 대한 고찰」(『백제고고학연구』, 1993, 학연문화사.), 120쪽 참고.

83 공주대학교 백제문화연구소, 『백제무령왕릉』(1993, 서경문화사.), 116쪽과 윤무병, 「무령왕릉 및 송산리 6호분의 전축구조에 대한 고찰」(『백제고고학연구』, 1993, 학연문화사.), 120쪽 참고.

84 정재훈, 「공주 송산리 제6호분에 대하여」(문화재관리국, 『문화재』제20호, 1987.), 64쪽과 강인구, 「백제의 역사와 사상」(『고고학으로 본 한국고대사』, 1997, 학연문화사.), 306쪽.
또한 부여 능산리 1호 무덤(일명 동하총)에서도 네 벽에는 사신도를, 천장에는 구름·연꽃을 그렸는데, 구름과 연꽃을 통해 고구려의 무덤을 모방한 것으로 추정한다.

▶4-33

▶4-34(좌)
▶4-35(우)

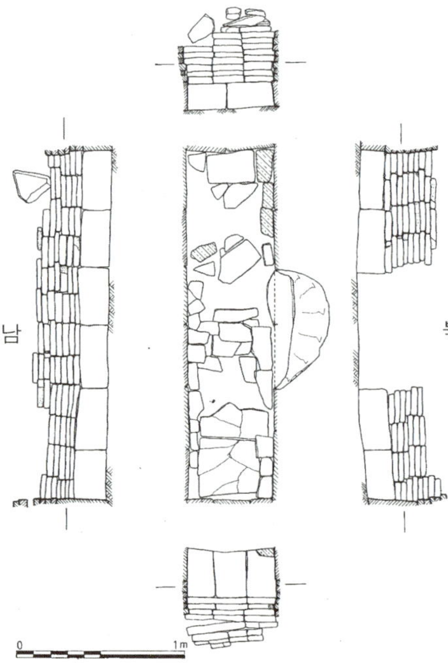

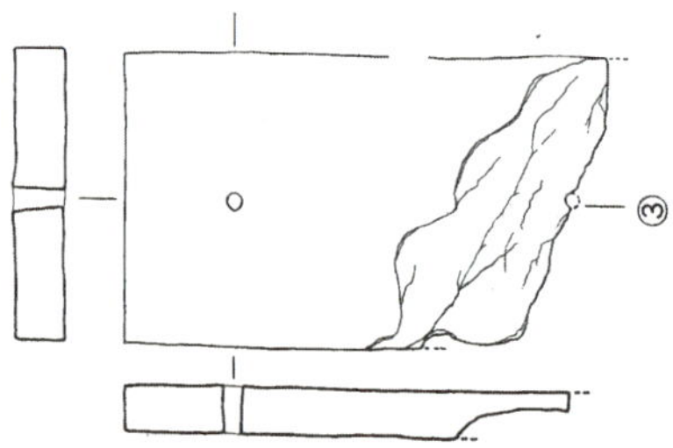

그림 4-33 **저석리 1호 무덤 사진**
(출전 : 부여문화재연구소, 「부여저석리고분군」(1992, 문우사.), 50쪽.)
그림 4-34 **저석리 1호 무덤 실측도**
(출전 : 부여문화재연구소, 「부여저석리고분군」(1992, 문우사.), 30쪽.)
그림 4-35 **저석리 1호 무덤에 사용된 구멍이 있는 벽전 실측도**
(출전 : 부여문화재연구소, 「부여저석리고분군」(1992, 문우사.), 31쪽.)

5. 벽전건축의 조영원리 : 저석리 1호 무덤

이상에서 살펴본 횡혈식 벽전축 무덤인 무령왕릉과 송산리 6호 무덤 이외에, 부여 동북쪽 저석리(楮石里)에서는 단지 구덩이를 파서 주검을 안치할 공간만을 축조한 소규모 수혈식 벽전축 무덤인 1호 무덤이 발견되었다.[85] <그림 4-33> 천장 구조는 완전히 파괴되어 원형은 알 수 없으나, 규모와 벽체구조를 파악할 수 있는데, 묘실은 동서 1.97m, 남북 0.5m, 깊이 0.6m이고, 바닥은 생토면에 적갈색 점토를 다진 후, 기와와 할석을 일부 깔아 보충하였다. 각 벽체의 벽전쌓기는 조금씩 다른데, 동쪽 벽체는 34×17×4.2㎝의 무늬 없는 벽전 3장을 수직으로 나란히 세우고, 뒤는 흙으로 채웠다. 상부에는 34×17×3㎝ 벽전을 사용하였는데, 보통 반으로 깨어 마구리면이 보이도록 통줄눈으로 쌓았다. 그 중 1~2단에서는 벽전의 길이면과 마구리면이 보이도록 2장을 눕혀 쌓았는데, 길이면으로 쌓은 벽전은 깨지 않은 벽전을 사용하였다. 또한 남·북·서 벽체 역시 하부에서는 장방형 벽전을 가로로 세우고, 그 위에는 반으로 깬 벽전을 통줄눈으로 쌓아 전체적으로 동일한 쌓기방법으로 축조하였다. 사용된 벽전은 무늬가 없는 벽전으로, 크기에 따라 2종류로 구분할 수 있는데, 길이와 넓이가 34×17㎝로 같지만, 두께는 각각 3㎝와 4.2㎝로 다르다. 두꺼운 벽전은 주로 벽체의 하부에 세워서 쌓았고, 얇은 벽전은 반으로 깨서 눕혀쌓기에 사용하였다. 또한 얇은 벽전은 다시 2종류로 구분할 수 있는데, 벽전에 1~1.5㎝의 구멍이 있는 벽전과 없는 벽전이다.(<그림 4-34·35>) 이렇게 벽전에 구멍이 있는 이유는 명확하지 않지만, 벽체를 통줄눈으로 쌓기 때문에 상하의 벽전을 목재 등으로 연결하기 위한 것으로 추정할 수 있다.[86]

저석리 1호 무덤은 비록 소규모의 수혈식 무덤이지만, 벽전을 사용한 건축의 계획적

85 저석리 1호 무덤에 관한 모든 내용은 부여문화재연구소의 「夫餘楮石里古墳群」(1992, 문우사.), 7~9·22~23·27~32·49~54쪽을 참고로 한 것이다.

86 이 외에 백제 벽전축 무덤으로는 공주 校村里 3호 무덤이 있는데, 묘실 바닥은 삿자리 무늬가 아닌 격자 깔기여서 무령왕릉과 송산리 6호 무덤 등과는 다르다. 벽체는 세워쌓기 없이 눕혀쌓기만으로 축조하였고, 상부에서는 점점 묘실 안쪽으로 경사져 있어, 세워쌓기 없이 축조하려고 한 것이다. 그러나 곡률을 이루는 중요요소는 바로 넓이가 다른 사다리꼴 벽전을 세워 쌓는 것이다. 따라서 벽전축 무덤을 축조한 경험이 없는 사람들이 축조하려다가 기술의 미숙으로 실패하여 방치된 무덤으로 추정되고 있다(안승주, 「백제고분의 연구」 『백제문화』제7·8합집, 1975. 12., 공주사범대학 백제문화연구소, 110~111쪽.). 그러나 정확한 조사가 이루어지지 않아, 무덤의 구조와 방치된 이유는 명확하지 않다.

인 측면을 가장 잘 살펴볼 수 있다. 사용된 벽전의 넓이는 17㎝로 길이 34㎝에 정확한 절반이므로, 길이면이 보이도록 눕혀 쌓으면 그 상부에는 마구리면으로 정확히 2개를 쌓을 수 있다. 예를 들어 남쪽 벽면에서 하부는 6장의 벽전을 세워 쌓고, 정확히 그 두 배인 12장의 벽전을 눕혀 쌓았다.(<그림 4-34>) 동쪽 벽면은 3장을 세워 쌓았으므로, 3장의 벽전을 눕혀 쌓았다. 이러한 특징은 묘실의 크기에서도 볼 수 있는데, 남·북 벽면은 벽전 길이의 6배 또는 넓이의 12배인 2.04m이고, 실측된 1.97m와는 7㎝정도 차이가 있다. 이는 모서리에서 벽전이 맞물리면서 묘실을 축조하였기 때문에 생기는 차이이다. 또한 묘실의 동·서 벽체는 벽전 넓이의 3배인 0.51m가 되는데, 실측된 0.50m와는 차이가 거의 없다. 결국 묘실의 긴 변은 벽전 길이의 6배 또는 넓이의 12배이며, 짧은 변에서는 길이의 1.5배, 넓이의 3배이므로, 벽전 크기의 일정한 배수에 의해 무덤 평면의 크기가 결정되고 있다. 또한 이러한 특징은 벽전 길이가 넓이의 2배이기 때문에 가능하다. 즉, 길이쌓기 또는 마구리쌓기를 번갈아 축조하여도 무덤의 규모에는 큰 변동이 없으며, 안정된 구조물을 쉽게 축조할 수 있는 것이다.[87]

이는 벽전으로 축조한 무덤 또는 건축의 특징을 명확하게 나타내는 것이라고 할 수 있는데, 벽전의 크기가 건축의 기본 치수가 되어 평면 크기와 높이 또는 전체 규모를 결정하는 것이다. 즉, 벽전의 크기가 건축의 규모를 결정하는 것이다. 따라서 벽전의 크기를 먼저 결정하고 이에 따라 건축의 규모를 계획하거나, 반대로 건축의 규모에 의해 벽전 크기를 결정하는 것이다. 결국 계획과 설계 과정에서부터 벽전의 크기를 미리 결정하여 제작하게 된다.[88] 이러한 사실은 하나하나의 기본 부재를 일정하게 쌓아 축조하는 조적(組積) 건축물의 가장 큰 특징이 되며, 같은 조적이지만 석재(石材)와는 다른 벽전의 건축재료적인 특징이 가장 잘 반영된 것이라고 할 수 있다.[89]

87 또한 이러한 특징은 통줄눈 쌓기에 의해 명확하게 표현되는데, 위·아래의 벽전은 서로 엇물리지 않고, 수직으로 일치되도록 그대로 쌓아 올렸다. 만약 벽전을 서로 엇물려 쌓는 막힌줄눈 쌓기를 하면 양 끝단에서는 벽전을 반으로 깨야 한다. 그러나 통줄눈 쌓기에서는 벽체의 양 끝단에서 벽전을 절반으로 가공하지 않아도 정확하게 일치시킬 수 있다. 또한 벽전쌓기가 쉽게 표현되고 있는데, 이러한 특징은 벽전의 길이가 넓이의 2배이기 때문에 가능한 축조방법이다. 그러므로 통줄눈 쌓기를 통해 무덤을 축조한 사람들은 벽전의 기본적인 특징의 이해를 바탕으로 축조하였음을 알 수 있는 것이다.

88 이러한 특징은 한국의 목조건축에 관한 연구에서 건축물의 규모와 檐遮의 材高·材幅의 관계를 밝히려는 것과 같은 맥락이며, 이를 통해 당시 백제건축의 기본적인 척도 관계를 볼 수 있을 것으로 생각한다.

89 이러한 사실을 통해 무령왕릉을 다시 살펴보면 묘실 폭은 2.72m인데, 이를 34㎝ 벽전 길이로 나누면 정확하게 8장이 사용되는 것이다. <그림 4-15>의 묘실 북쪽 벽면 입면도를 살펴보면, 벽체 하부에서 4번째 눕혀 쌓

4-3. 목조 건축의 벽전사용 일반화

이상 백제 벽전축 무덤의 벽전특징과 쌓기방법·무덤의 건축특징과 조영원리 등을 살펴보았는데, 이를 통해 백제의 벽전제작과 벽전건축의 축조기술이 발달하였고, 벽전의 사용범위는 광범위하였음을 알 수 있다. 그러나 무덤과 다르게 지상의 벽전건축 또는 벽전을 함께 사용한 목조건축의 유구는 전혀 남아 있지 않으며, 벽전을 연결하여 무늬를 완성시키는 개념은 동일하지만 벽전축 무덤의 4횡1수 벽전쌓기와 연관되는 것 역시 찾아볼 수 없으며, 단지 목조건축에 사용되었을 것으로 추정할 수 있는 벽전들만이 발굴되었을 뿐이다. 또한 백제의 최초 도읍지인 한성(漢城)에서는 석촌동 고분 및 풍납토성, 몽촌토성에 약간의 바닥용 무늬 없는 전(甎)과 무덤용 무늬 없는 벽전이 발견되었지만,[90] 대체로 공주와 부여에 한정되는데, 약 60년간 경영되었던 두번째 도읍지인 공주에서는 송산리의 무덤들을 제외하고, 건물터에서 발견된 벽전은 소수에 불과하다. 이처럼 그 유구의 수가 절대적으로 부족하기 때문에, 발굴된 몇몇의 벽전들은 그 무늬에만 가치를 두고, 단지 목조건축의 바닥에 사용된 것으로 추측되고 있을 뿐이다. 그러나 현재까지 발견된 백제 벽전은 바닥 포장을 위한 것과는 확연히 다른 특징을 갖고 있으므

은 벽전은 정확하게 8장을 사용하였고, 하부에서 2번째 세워쌓기 위의 1번째와 3번째 눕혀 쌓은 벽전 역시 마찬가지이다. 또한 4번째 세워쌓기 위의 4번째 눕혀 쌓은 벽전은 7½장이 사용되었고, 6번째 세워쌓기 위의 2번째 눕혀 쌓은 벽전은 정확하게 7장이 사용되었으므로, 각 높이에 따라 8장에서 7½장, 7장으로 줄어드는 것을 알 수 있다. 묘실 길이는 4.2m로 34㎝ 또는 33㎝로 나누면 12½장이 사용된다. 따라서 동쪽 벽면 입면에서 상부 2번째 눕혀 쌓은 벽전은 정확하게 12½장이 사용되었으며, 1번째 세워쌓기 위의 2번째와 4번째, 2번째 세워쌓기 위의 4번째 눕혀 쌓은 벽전 역시 마찬가지이다. 또한 4번째 세워쌓기 위의 4번째 눕혀 쌓은 벽전은 12장이 사용되었으므로, ½장이 감소하였는데, 이는 무덤길에서도 마찬가지이다. 무덤길의 길이는 2.9m인데, 34㎝로 나누면 8½장이 사용되는 것이다. 따라서 가장 하부의 눕혀 쌓은 벽전은 8½장이 사용되었으며, 3번째 눕혀쌓기 역시 마찬가지이다. 이를 종합하면 묘실의 길이 4.2m는 12½장 벽전 길이와 같다. 묘실의 폭 2.72m는 8장의 벽전 길이와 같다. 또한 무덤길의 길이 2.9m는 8½장 벽전 길이와 같다. 따라서 무령왕릉 묘실 내부의 평면 규모는 벽전의 길이를 기본으로 하여 축조한 것으로 추정할 수 있다. 특히 12½과 8장·8½에서 4장의 차이는 묘실 벽체 4횡1수 쌓기의 4와 통하는 것이므로, 기본적으로 4라고 하는 數가 무령왕릉의 조영원리에 숨어 있는 것을 알 수 있다. 그러나 8장 또는 12½장이 기본이 되는 이유와 좀더 자세한 축조방법, 건축과 벽전 크기와의 관계는 정확한 실측도를 바탕으로 계속 연구되어야 할 것이다.

90 문봉식, 「부여 외리 출토 문양전에 대한 일고」(2008, 한남대학교 대학원 문화재학과 석사학위논문.) 54쪽.
또한 백제의 유적으로 추측되는 수원 西屯洞 야산의 주거지에서는 벽전을 사용한 유구가 발견되었고, 철기시대 말기로 추정된다. 평면은 정방형인데, 약 30㎝의 얇은 흙벽전을 30㎝ 간격으로 양측에 세우고, 그 위에 같은 크기의 벽전을 덮어, 가로와 세로 각각 30㎝ 크기의 터널형 구들을 축조하였다(장경호, 「우리나라의 난방시설인 온돌(구들) 형성에 대한 연구」『고고미술』165호, 1985., 고고미술사학회 참고.).

로, 목조건축의 벽체와 기단을 축조하기 위한 것으로 판단할 수 있다. 따라서 이 절에서는 공주와 부여의 백제 절터[寺址]와 건물터 등에서 발굴된 벽전을 중심으로, 백제 건축에서 벽전을 주로 사용한 기단과 벽체에 대해 살펴보기로 한다. 이러한 사실들을 통해서 백제 목조건축의 벽전사용 범위와 축조방법 등을 추정할 수 있을 것이다.

특히 538년 천도한 부여에서는 백제 목조건축의 벽전사용 범위와 축조방법 등을 볼 수 있는 9기의 가마[窯]터가 발견되었지만, 한성(漢城)이나 공주에서는 백제 가마터가 발굴되지 않았다. 이 가마터들에서는 기와와 벽전이 동시에 발견어, 동일한 가마에서 기와와 벽전을 동시에 제작하였음을 알 수 있다. 특히 부여 정동리(井洞里) 가마터에서는 공주 송산리 6호 무덤과 무령왕릉에 사용한 동일한 벽전이 발견되어,[91] 벽전축 무덤 축조에 사용한 벽전은 공주에서 생산한 것이 아니라, 부여에서 생산하여 운반한 것을 추정할 수 있다. 더 나아가 이러한 사실을 통해 부여는 백제의 기와와 벽전생산의 중심이었으며, 벽전이 광범위하게 사용될 수 있는 토대가 만들어졌던 것이다. 따라서 백제의 벽전생산과 그 사용은 부여에서 최고조에 이른 것으로 추정할 수 있다.

1. 벽전축 기단

기존 연구에서 백제의 기단은 크게 흙을 단단히 다져 만드는 판축(版築) 기단과 돌을 쌓아 만드는 석축기단, 가공한 돌을 맞춰 만든 석조 가구식(架構式) 기단, 기와와 벽전을 쌓아 만든 조적식(組積式) 기단으로 대별된다.[92]

91 김성구, 「부여의 백제요지와 출토유물에 대하여」(충남대학교 백제연구소, 『백제연구』제21집, 1990.), 217~219쪽과 227~228쪽 참고.

92 대한건축학회 編, 『한국건축사』(1996, 기문당.), 180~181쪽과 이왕기, 『백제 사찰건축의 조형과 기술』(2006, 도서출판 주류성), 127쪽 참고.

표 4-3 백제 와적기단의 형식분류

형식	입면도	특 징	사례
평적식(平積式)		기와편을 눕혀 한층한층 쌓아 만드는 일반적 평적식	관북리 건물터 정림사터 강당 서편 건물터 전 천왕사터 능사 공방지 1 금성산 건물터(傳 천왕사터) 등
		와적기단 하부에 지대석을 설치하는 기법	왕흥사터
		평적식 와적기단 중간에 할석을 혼용하여 쌓는 기법	관북리 건물터a 능사 절터
합장식(合掌式)		암기와를 경사지게 맞대고 중심에 암키와를 한매 끼워 놓는 기법	군수리절터 금당터 정림사터 서회랑터
수직횡열식(垂直橫列式)	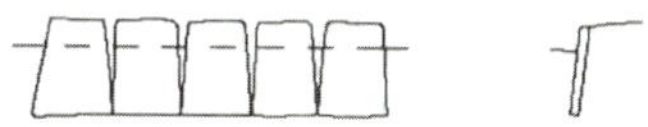	기단 외곽에 기와를 세워 만드는 기법	군수리절터 금당터 관북리 유적

(출전 : 소재윤, 「백제 와건물지의 축조기법과 변천과정에 대한연구」(2004, 전북대학교 대학원 고고문화인류학과 석사학위논문.) 21~24쪽과 조원창, 「백제 혼축기단의 연구」『건축역사연구』15, 2006. 6., 한국건축역사학회., 이왕기, 『백제 사찰건축의 조형과 기술』(2006, 도서출판 주류성), 130~134쪽., 조원창, 『백제 건축기술의 대일전파』(2004, 서경문화사), 50~136쪽, 참고.)

그 중 와적기단(瓦積基壇)은 삼국 중 주로 백제에서만 나타나는 특징적인 기단인데,[93] 사비시대 전 시기에 걸쳐 절터는 물론 일반 건물지에도 폭넓게 사용된 기단 형식으로,[94] 완전한 암키와나 깨어진 암·수키와를 사용하는 경우가 대부분이다. 이러한 와적기단의 형식과 특징은 <표 4-3>과 같으며, 벽전축기단과 같은 조적식의 전통을 가진 형식으로 벽전축 기단을 살펴보는데 참고가 된다.[95](<그림 4-36·37>)

벽전축 기단은 백제 기단 중 특이한 형식에 속하는 것으로 이 책에서는 3가지로 구분

93 조원창, 「백제 혼축기단의 연구」『건축역사연구』15, 2006. 6., 한국건축역사학회, 78쪽.

94 조원창, 「백제지역 사지 연구」(공주사범대학 백제문화연구소, 『백제문화』제28집, 1999.), 133쪽.

95 이 책에서는 와적기단의 자세한 특징은 살펴보지 않으며, 자세한 내용은 소재윤, 「백제 와건물지의 축조기법과 변천과정에 대한연구」(2004, 전북대학교 대학원 고고문화인류학과 석사학위논문.), 조원창, 「백제 혼축기단의 연구」(『건축역사연구』15, 2006. 6., 한국건축역사학회.), 이왕기, 『백제 사찰건축의 조형과 기술』(2006, 도서출판 주류성.), 조원창, 『백제 건축기술의 대일전파』(2004, 서경문화사.), 마원영, 「웅진사비기 백제건물지의 구조적변화양상에 관한 연구」(2008, 한양대학교 대학원 문화인류학과 석사학위논문.) 등을 참고할 수 있다.

▶ 4-36

▶ 4-37

그림 4-36 **부여 군수리 절터 동쪽 건물 합장식 와적기단**

(출전 : 朝鮮古蹟硏究會, 『昭和11年度 古蹟調査報告』(1937.), 도판제51.)

그림 4-37 **천왕사터 와적기단**

(출전 : 김성구, 『옛 기와』(1992, 대원사.), 41쪽.)

하였다. 첫번째는 벽전을 기단 안쪽 즉, 판축한 부분에 사용한 기단으로 공주 공산성(公山城) 내의 임류각(臨流閣)터에서 발견되었다. 두번째 기단은 기단 바깥면에 벽전을 쌓은 기단으로 군수리 절터의 목탑 기단 등에 축조하였다. 세번째 기단은 중국 당(唐:618~907)의 기단을 참고로 추정할 수 있는 기단 형식으로, 부여 규암면(窺岩面) 외리(外里)에서 발견된 벽전을 석조(石造) 가구식 기단 바깥면에 부착하여 의장(意匠)한 기단 형식이다.

1-1. 판축 기단과 벽전의 혼합

백제 와적기단 중 부여 군수리 절터의 금당(金堂)터 정면(正面)인 남쪽에서는 암키와를 '∧'자와 같이 사선으로 맞대어 합장식(合掌式)으로 축조하였는데,[96](<그림 4-36>) 다른 3면에 설치한 기단은 천왕사터 와적기단의 축조방법과 동일한 깨어진 암키와를 수평으로 13겹으로 쌓고, 그 사이에는 진흙을 넣어 축조하였다.[97](<그림 4-37>) 동일하게 와적기단이지만, '∧'자 형태로 축조한 합장식과 평적식(平積式) 와적기단은 서로 명확히 구분되는데, 전자의 경우 금당 정면에 축조하여 그 위계가 높은 것으로 추정할 수 있다.[98] 또한 수평으로 축조한 와적기단의 축조방식은 임류각터에서 발견된 벽전을 사용한 기단과 유사하다.

공산성(公山城) 내에서는 다양한 백제의 기와와 벽전이 발견되었는데, 벽전은 대부분 무늬가 없는 것으로 건물의 뜰이나 바닥에 깔았던 것으로 추정되고 있다.[99] 그러나 동남쪽에 위치한 임류각터에서는 정방형 벽전과 판축을 동시에 축조한 기단이 발견되어 구체적인 축조방법을 알 수 있다. 먼저 지면에 24×22×5.5㎝ 크기의 벽전을 일렬로 깔고, 그 위에는 약 9㎝ 정도 흙을 덮었으며, 이러한 과정을 3회 더 반복하여 전체 기단을 축조한 것이다.[100] 이것은 판축과 유사하며, 기와와 벽전이라고 하는 재료만 다를 뿐, 한 켜의 기와·벽전과 흙을 번갈아 쌓는 축조방법도 같다. 즉, 와적기단의 기와와 벽전은 형태만 다를 뿐이고, 유사한 제작방법과 성질을 갖기 때문이다.[101]

96 朝鮮古蹟硏究會, 『昭和11年度 古蹟調査報告』(1937.), 48쪽.
97 김성구, 『옛 기와』(1992, 대원사.), 40쪽.
98 김정기, 「삼국시대의 목조건축」(한국미술사학회, 『고고미술』150호, 1981. 6.), 22쪽 참고.
99 박용진, 「공주 출토의 백제 와전에 관한 연구」(공주사범대학 백제문화연구소, 『백제문화』제6집, 1973. 12.), 66쪽.
100 김영배, 「熊川과 泗沘城 時代의 百濟王宮址에 對한 考察」(공주사범대학 백제문화연구소, 『백제문화』제2집, 1968. 2.), 17쪽과 대한건축학회편, 『한국건축사』(1996, 기문당.), 181쪽 참고.
101 朴齊家의 『北學議』에서도 '둥글면 기와요, 모나면 벽전이다'[圓則瓦方則甓]라고 하여 형태만 다를 뿐, 벽전과 기와의 제작 방법과 성질 등은 같다고 하였다.

▶4-38

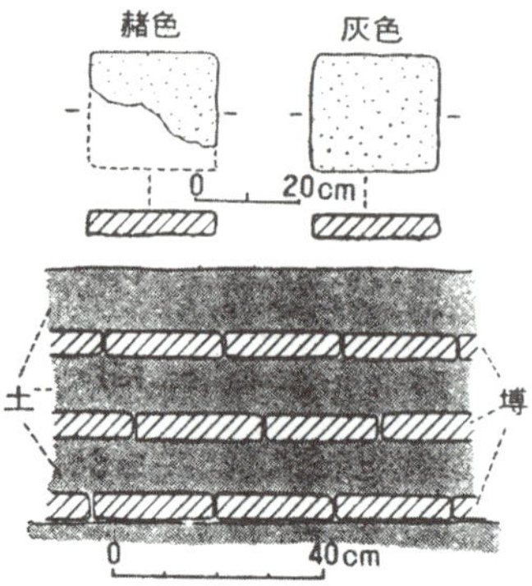

▶4-39

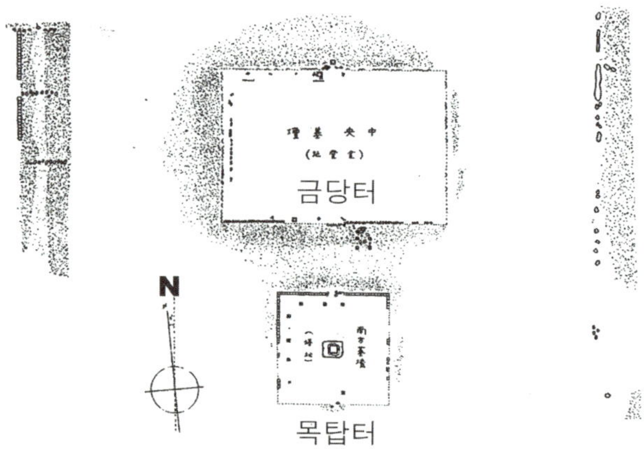

▶4-40

그림 4-38 **임류각터의 기단**

(출전 : 大川清 編, 『百濟の考古學』(1972, 雄山閣出版社.), 170쪽, 東京.)

그림 4-39 **군수리 절터 금당과 목탑터 실측도**

(출전 : 朝鮮古蹟研究會, 『昭和11年度 古蹟調査報告』(1937.), 도판제59 부분인용)

그림 4-40 **군수리 목탑터 서북 모서리**

(출전 : 朝鮮古蹟研究會, 『昭和11年度 古蹟調査報告』(1937.), 도판제57.)

이렇게 절터와는 다르게 백제왕의 연회(宴會) 장소로 사용하던 높이 5장(丈), 15m 내외의 장대하고 화려한 건물[102] 기단에 특별히 벽전을 사용한 것은, 당시 축조할 수 있는 가장 튼튼하고 안정된 기단이었기 때문일 것이다.[103] 그러나 이 기단이 위계를 나타내는 의장적인 것으로 생각할 수 없는데, 벽전과 흙을 함께 사용하였기 때문에 벽전 사이의 흙은 빗물이나 바람 등에도 흘러나올 수 있고, 무늬가 있는 벽전을 주로 사용하던 당시에 바깥으로 드러나는 벽전에는 무늬를 새겼을 것이기 때문이다. 따라서 임류각터에서 발견된 기단은 바깥으로 드러나는 부분이 아닌, 기단 내부의 항토(夯土)한 부분이며, 기단의 외곽과 상부에는 분명 석재 또는 같은 벽전을 의장적으로 사용하였을 것으로 추정한다. 따라서 임류각터의 벽전은 의장적인 목적이 아니라 높은 건물을 안정하게 지지할 수 있는 기단이면서 동시에 기초(基礎)[104]의 축조방법인 것이다.[105]

1-2. 벽전축 기단

백제의 벽전축 기단은 모두 3군데에서 발굴되었는데, 먼저 부여 군수리 절터 목탑(木塔)터에서는 벽전으로 축조한 기단이 당시 모습 그대로 발굴되었다.(<그림 4-39·40>)

102 『삼국사기』 권제26 「백제본기」 제4 '東城王'.
22년 봄에 궁성 동쪽에 臨流閣을 세웠는데, 높이가 5丈이었다. 또 못을 파고 진기한 짐승들을 길렀다. … 왕이 左右와 함께 임류각에서 宴會를 베풀고 밤새도록 歡樂을 다하였다.

103 이와 같은 특징은 건물의 하중이 한쪽으로 집중되더라도 기단부에서 그 무게를 넓게 분산시켜 집중하중에 따른 침하를 방지하는 장점을 가진 것이면서 동시에 아래로부터 올라오는 습기를 차단해 주어 습기방지에도 탁월한 효과를 발휘할 수 있다고 추정된다(이왕기, 『백제 사찰건축의 조형과 기술』, 2006, 도서출판 주류성, 134~136쪽 참고.).

104 『天工開物』에서는 燒成 과정에서 변형된 벽전을 담장의 기초에도 사용할 수 있으며, '벽전의 다른 구실이라 할 수 있다'라고 하였다. 그러나 임류각터에 사용된 벽전은 소성 과정에서 변형된 것은 아니고, 제작 당시부터 건물의 기초에 사용되기 위한 것이다. 따라서 백제의 벽전사용 범위는 중국보다도 광범위하였던 것으로 생각할 수 있다.

105 공주에서는 임류각터에서 발견된 벽전만이 당시 목조건축의 특징을 알 수 있는 유일한 유적이라고 할 수 있다. 이 외에 梁의 武帝를 위하여 세웠다는(『삼국유사』 제3권 「興法」 제3 '原宗興法(距訥祇世一百餘年)猒髑滅身' 참고.) 공주 大通寺터에서는 34.5×17×4.5㎝의 벽전이 발견되었는데, 건물 내부에 깐 벽전으로 추정되고 있다. 봉황초등학교에서 출토된 벽전은 25.5×25.5×5.3㎝로 공주에서 발굴된 벽전 중 가장 크기 때문에, 대규모의 건물터가 있었던 것으로 추정하고 있다. 朴山里에서 발견된 무덤에서는 대각선으로 홈을 판 벽전이 발견되었는데, 무덤 바닥의 배수를 위한 것으로 추정되며, 이외에도 艇止寺·西穴寺·水源寺·南穴寺터 등에서 일부 벽전들이 발견되었지만, 당시 건물에 어떻게 사용되었는지는 파악할 수 없다(김영배, 「공주출토의 백제塼」(충남대학교 백제연구소, 『백제연구』 제1집 창간호, 1970. 10.), 70쪽과 박용진, 「공주 출토의 백제瓦·塼에 관한 연구」(공주사범대학 백제문화연구소, 『백제문화』 제6집, 1973. 12.), 66~67쪽 참고.).

▶ 4-41(좌)
▶ 4-42(우)

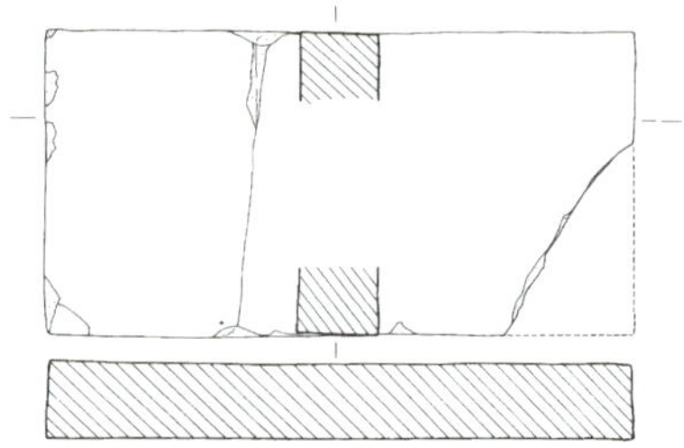

▶ 4-43(좌)
▶ 4-44(우)

▶ 4-45(좌)
▶ 4-46(우)

그림 4-41 **오합사터 강당 서북모서리 출토 벽전축기단** (출전 : 보령시·충남대학교박물관, 「성주사」(1998.), 687쪽.)
그림 4-42 **오합사터 발굴 벽전** (출전 : 보령시·충남대학교박물관, 「성주사」(1998.), 454쪽.)
그림 4-43 **밤골사터 발굴 벽전축 기단** (출전 : 국립부여문화재연구소, 「부여 관음·밤골사지 시굴조사 보고서」, 2006, 87쪽.)
그림 4-44 **밤골사터 발굴 벽전** (출전 : 국립부여문화재연구소, 「부여 관음·밤골사지 시굴조사 보고서」, 2006, 142쪽.)
그림 4-45 **중국** 隋代 第423窟 窟頂彌勒經變的佛寺 (출전 : 蕭默, 『敦煌建築硏究』(1989, 文物出版社.), 63쪽.)
그림 4-46 **중국** 甘肅 敦煌縣 莫高窟唐代壁畵中的住宅圖 (출전 : 劉敦楨, 『중국고대건축사(제2판)』(1998, 중국건축공업출판사.), 126쪽.)

이 기단은 한 변 약 14.14m(46척)의 정방형 목탑 네 면을 일렬로 둘러쌓고 있는데,[106] 벽전은 와적기단의 수직횡열식과 유사하게 길이면으로 세워 땅속에 고정시켰다. 먼저 벽전을 세우기 위하여 기단토를 반원형으로 폭 50cm정도 굴착한 후 벽전을 횡으로 중앙에 세워 박고, 내부에는 가는 모래가 다량 섞인 연한 적갈색 사질점토를 채워 단단하게 고정시켰는데,[107] 이와 유사한 바닥깔기는 고구려에서 살펴보았다. 또한 그 안쪽에서는 불에 탄 기둥 흔적이 발견되었는데,[108] 벽전축 기단의 상부는 완전히 파괴되어 명확한 축조방법을 알 수 없지만, 기둥 흔적과의 거리를 통해 벽전으로 축조한 부분은 기단 바깥 면임을 알 수 있다.(<그림 4-40>) 즉, 고구려 정릉사(定陵寺) 10호 건물터의 기단 외곽에서 낙숫물에 의해 땅이 패는 것을 막기 위해, 또는 공주 임류각터에서 기단 내면 항토(夯土)에 사용된 벽전이 아니라, 겉으로 드러나는 기단 외면인 것이다.[109]

두번째 벽전축 기단은 보령의 오합사(烏合寺)터[110] 2차 강당터 및 동남·서남회랑터, 중문터 등에서 길이 50~70㎝, 너비 30~40㎝의 판석(板石)을 깔고, 상부에 34×17×4.5㎝의 무늬 없는 벽전으로 축조한 벽전축 기단[甓甎石混築基壇]이 발굴되었다.(<그림 4-41·42>) 벽전과 벽전 사이에는 점토나 강회 등의 몰탈은 발견되지 않았으며, 동남·서남회랑지에서는 최고 7단까지 남아있는 기단이 발견되었다.[111] 하부 판석은 지대석(地臺石)으로 볼 수 있는데 왕흥사(王興寺)터에서 발견된, 지대석을 설치한 와적기단의 축조기법과 유사하다.

세번째 벽전축 기단은 7세기 전·중반에 축조된 것으로 추정되는, 부여 정동리 80번지 야산 중턱에서 발굴된 밤골사터에서 와적기단과 함께 발견되었다. 건물터 내부 기단부를 굴토한 후 두께 4.5~4.8㎝의 장방형의 벽전을 남북방향으로 2열 횡평적한 후 양 벽전 사이에 사질점토를 채워 고정시켰는데, 1열로 축조한 군수리절터 목탑터와 오합사터 벽전축기단과는 차이를 보이고 있다.[112](<그림 4-43·44>) 특히 2열로 축조한 것은 1열

106 朝鮮古蹟硏究會, 『昭和11年度 古蹟調査報告』(1937.), 49쪽.

107 서정일, 「백제 수직횡렬식 기단 검토」, 2008, 공주대학교 대학원 사학과 석사학위논문, 21~22쪽 참고.

108 朝鮮古蹟硏究會, 『昭和11年度 古蹟調査報告』(1937.), 49쪽.

109 그러나 발굴조사에서는 크게 주목하지 않고, 벽전의 크기조차 기재하지 않아, 정확한 축조방법과 특징 등은 알 수 없다.

110 오합사는 백제 혜왕의 아들인 법왕이 전쟁에서 죽은 원혼을 위로하기 위하여 오합사를 지었고, 이 오합사가 聖住禪院이라고 적고 있는 崇巖山聖住寺事蹟記를 바탕으로, 통일신라 성주사터의 발굴조사를 통해 백제 유적을 확인함으로써, 烏合寺를 확인하였다(보령시·충남대학교박물관, 「성주사」(1998.), 101쪽 참고.).

111 보령시·충남대학교박물관, 「성주사」(1998.), 450쪽 참고.

112 국립부여문화재연구소, 「부여 관음·밤골사지 시굴조사 보고서」, 2006, 107~108·131쪽 참고.

로 축조한 군수리 목탑터과 같이 외면으로 드러나 의장적 목적과 함께 내부 항토부분의 토압을 지지하는 구조적 의미를 동시에 가지는, 독립적 기단형식으로서 완결된 그 의미를 나타내고 있다고 할 것이다.

이렇게 백제의 유적에서 발굴된 각기 다른 3가지 형태의 벽전축 기단은 그 원형을 알 수 없으나, 동시대의 중국 벽전축 기단을 참고로 추정할 수 있다. 백제의 공주·부여 도읍기(都邑期)에 해당하는 중국 북위(北魏:386~534)와 수(隋:581~618)·당(唐:618~907) 건축은 돈황석굴(敦煌石窟) 벽화를 통해 당시 모습을 파악할 수 있는데, 기단은 주로 외면을 격자로 표현하고, 회색 또는 백색 등으로 번갈아 가며 채색하였다.(<그림 4-45·46>) 이는 흙을 쌓아 올린 항토(夯土)를 수평선의 중첩으로 그린 것과는 확연히 구별되기 때문에 벽전으로 축조한 것임을 알 수 있으며,[113] 벽전쌓기는 저석리 1호 무덤에서와 같이 통줄눈으로 축조하고, 기단 외곽의 지면에는 벽전 한 단을 깔은 것으로 추정할 수 있다. 특히 지면에 벽전을 깔은 것은 오합사터에 판석을 깐 것과 유사하여 더욱 주목된다. 중국은 이미 동한(東漢)에서부터 기단 외면을 벽전과 석재를 함께 축조하였고,[114] 이후 각 시기에서 지속적으로 축조하여, 중국 벽전축 기단의 형태와 축조방법 등이 백제 벽전축 기단과 유사하였던 것으로 추정할 수 있다. 특히 군수리 절터 목탑터의 기단 축조방법은 하부에 저석리 1호 무덤과 같이 길이면으로 세워 쌓고, 상부에서는 통줄눈쌓기, 내부는 판축 또는 판축과 벽전을 교대로 축조하였을 것으로, 임류각터 기단의 축조방법과는 또다른 형식인 것이다. 또한 군수리 절터는 1탑식(一塔式) 가람(伽藍)의 특징을 보이므로 목탑은 금당보다 위계가 높은, 신앙의 주 대상이었을 것인데, 금당 정면에 축조한 '∧'자형 와적기단보다는 목탑의 벽전축 기단이 훨씬 위계가 높았던 것이다.[115] 결국 벽전으로 축조한 기단은 임류각 기단과 같이, 다른 어떠한 기단보다 최고의 의장적인 가치와 장엄을 갖는 기단이며, 동시에 벽전은 의장과 장엄을 나타내는 건축재료라고 할 수 있다.

113 蕭默, 『敦煌建築研究』(1989, 文物出版社.), 126쪽.
114 劉敦楨, 『中國古代建築史』(1995, 세진사.), 133쪽 참고.
115 김정기, 「삼국시대의 목조건축」(한국미술사학회, 『고고미술』150호, 1981. 6.), 22쪽 참고.

2. 석조 가구식 기단과 벽전

부여 규암면(窺岩面) 외리(外里) 건물터에서는 여러 가지 무늬가 새겨진 완전한 벽전 42장과 그 파편·무늬 없는 벽전 등 총 150여 점의 벽전이 발견되어, 무령왕릉의 벽전과 함께 백제의 벽전을 대표하고 있다. 이 건물터는 2동의 건물이 있었던 것으로 추정되며, 벽전이 발견된 곳은 이러한 건물터와 관계없이 남쪽에 치우친 곳이다.(<그림 4-47>) 발굴된 상태는 길이 9m, 약 30장을 남·북 일렬로 깔아 놓았는데, 무늬를 위쪽으로 깐 것도 있지만, 보이지 않게 아래쪽으로 깐 것도 있다. 또한 무늬의 방향과 순서는 일정하지 않고, 사이사이에는 깨진 벽전도 섞여 있어, 축조 당시의 모습은 아니며, 이 지역에서 발견된 벽전을 후대에 수집해 놓은 것으로 추정된다.[116] 따라서 이 벽전들이 어떤 건물, 어느 부분에 어떻게 사용되었는가는 정확하게 알 수 없어, 기존 연구에서는 주로 목조건축의 바닥과 벽체에 사용된 것으로 추측하고 있지만, 여기서는 중국의 예를 통해 목조건축의 기단에 사용된 것으로 추정한다.

백제 와당의 절정기인 7세기 전반기의 유물과 녹유호(綠釉壺) 파편이 발견되어 백제의 중요한 기와가마터로 추정되는 부여 쌍북리의 기와가마터에서는 외리에서 발견된 8가지의 벽전 중 4㎝ 두께의 구름무늬 벽전 파편이 발견되어 그 생산지가 확인되었다.[117] 또한 왕흥사터에서는 외리 출토 연꽃무늬 벽전과 동일한 13.5×13.2×3.8㎝의 크기의 파편이 발견되었다.[118](<그림 4-48>) 이에 따라 최근 연구에 의하면 외리 출토 벽전은 쌍북리 기와가마터에서 생산하고, 600년[119] 왕흥사 대중창 때 사용되었으며, 1900년 왕흥사의 유구가 반출될 당시 현 외리로 옮겨진 것으로 추정되고 있다.[120] 왕흥사는『삼국사기』및『삼국유사』기록을 통해 34년간 장기간에 걸쳐 조영하고, 왕이 매번 배를 타고 강을 건

116 朝鮮古蹟硏究會,『昭和11年度 古蹟調査報告』(1937.), 65~68쪽 참고.

117 충남대학교박물관·부여군청,「부여쌍북리유적발굴조사보고서」(1982.), 7쪽 및 이내옥,「백제 문양전 연구-부여 외리 출토품을 중심으로」『미술자료』72·73, 2005, 7쪽 참고

118 홍사준,「백제 왕흥사지 반출유물」『고고미술』92호(1968.), 389~390쪽 참고.

119 600년이라는 연도는 문봉식의 주장에 의한 것이고, 문창호의 경우는 벽전의 무늬비교를 통해 660~676년으로 추정하고 있다. 상세한 것은 문봉식,「부여 외리 출토 문양전에 대한 일고」(2008, 한남대학교 대학원 문화재학과 석사학위논문.), 81~82쪽 및 문창호,「부여외리출토문양전의연대」『불교고고학』제2호(2002.) 참고.

120 문봉식,「부여 외리 출토 문양전에 대한 일고」(2008, 한남대학교 대학원 문화재학과 석사학위논문.), 101쪽 및 이내옥,「백제 문양전 연구-부여 외리 출토품을 중심으로」『미술자료』72·73(2005.), 8~9쪽 참고.

▶4-47

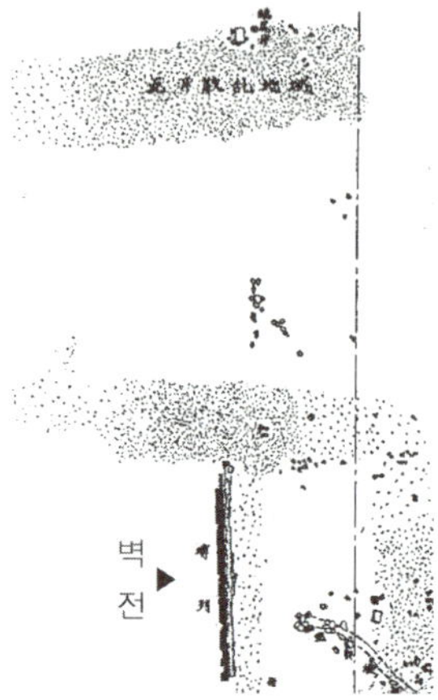

▶4-48

▶4-49

그림 4-47 **부여 규암면 외리 건물터 실측도**

(출전 : 朝鮮古蹟研究會, 『昭和11年度 古蹟調査報告』(1937.), 도판제72.)

그림 4-48 **쌍북리 기와가마터 및 왕흥사터에서 발견된 벽전**

(출전 : 문봉식, 「부여 외리 출토 문양전에 대한 일고」(2008, 한남대학교 대학원 문화재학과 석사학위논문.), 59쪽.)

그림 4-49 **산경치무늬와 산경치·봉황무늬 벽전 상세**

(출전 : 朝鮮古蹟研究會, 『昭和11年度 古蹟調査報告』(1937.), 도판제79·80.)

너 이 절에 행차하여 향불을 피우는 행사를 주관했다고 하는 국가적인 사찰로서, 백제 예술을 대표하는 8가지의 벽전을 사용하였다는 근거는 충분할 것으로 판단한다.

발견된 벽전의 무늬는 산경치·산경치와 봉황·연꽃과 도깨비·봉황·산경치와 도깨비·연꽃·용·연꽃과 구름무늬 벽전 등 8가지이다.(<그림 4-50>) 그 중 산경치 무늬에는 인물상을 정교하게 묘사하고, 건물의 지붕은 한 번 꺾인 팔작지붕이며 용마루에는 치미(鴟尾)를 설치하였다.(<그림 4-49>의 2) 따라서 승려(僧侶)가 산 속의 절로 걸어가는 것,[121] 또는 인물상을 도사(道士)로 파악하여, 신선사상(神仙思想)의 영향에 의한 선계(仙界)를 나타낸 것으로 추측한다.[122] 산경치와 봉황 무늬 벽전에는 중층 건물이 있고, 그 정면에 당간(幢竿)을 표현하였으며, 왼쪽에는 이중 기단의 집을 묘사했다.[123](<그림 4-49>의 1) 따라서 연꽃·용·봉황 무늬 벽전과 함께 불교와 도교(道敎)의 영향을 받은 것이며, 당시 절[寺] 또는 위계가 높은 건축물의 바닥·벽체·기단 등에 사용된 것으로 추정할 수 있다.[124]

벽전 형태는 정방형이고, 길이 28~29.5㎝,[125] 두께는 3.9~4.5㎝인데, 모든 벽전 네 모서리에 45°의 구멍을 설치하였다. 또한 부여 구교리(舊校里)와 부여고등학교에서 발견된 벽전에서도 구멍을 설치하였는데, 먼저 구교리에서 발견된 벽전의 크기는 15.3×14.1×3.5㎝이고, 인동무늬를 새겼으며, 3면에는 양 변 길이 2.3×1.1㎝, 깊이 2.5㎝의 구멍을 하나씩 설치하였다.(<그림 4-51>) 또한 부여고등학교에서 발견된 벽전은 13.5×19.0×4.5㎝, 6.5×9.3×3㎝ 크기이고, 3면에 구멍을 설치하여, 구교리의 벽전과 동일한 것을 알 수 있다.[126]

이렇게 구멍을 설치한 벽전은 백제의 여러 지역에서 발견되는데, 철(鐵)·은(銀)·나무 등으로 만든 촉을 끼워 연결시켰던 것으로 생각할 수 있다. 그 중 부여 부소산의 중복

121 황은신, 「三國時代·統一新羅時代 塼에 나타난 紋樣 硏究」(1972, 이화여자대학교 대학원 석사학위논문.), 44쪽.

122 강인구, 「백제의 역사와 사상」(『고고학으로 본 한국고대사』, 1997, 학연문화사.), 309~310쪽.

123 朝鮮古蹟硏究會, 『昭和11年度 古蹟調査報告』(1937.), 71쪽.

124 발굴자들은 함께 발견된 鴟尾 파편과 瓦當을 통해 이 건물 유적이 백제 말기에 속하는 절터[寺址]로 추정하고 있다(朝鮮古蹟硏究會, 『昭和11年度 古蹟調査報告』, 1937, 73쪽 참고.).

125 문양전의 크기는 대체로 29㎝ 내외인데, 백제의 척도는 전반적으로 1자가 25㎝에 해당하는 중국 남조의 제도를 수용하였으나, 7세기 전반 경에는 중국 唐尺을 받아 들여 1자가 29.5㎝의 제도가 통용되었다고 한다. 그 증거로 부여 쌍북리 출토 자를 들 수 있으며, 이런 점에서 외리 출토 문양벽전은 당척 기준의 1자, 29.5㎝에 맞추어 제작된 것으로 파악하고 있다(이내옥, 「백제 문양전 연구-부여 외리 출토품을 중심으로」 『미술자료』72·73, 2005, 9쪽 참고). 그러나 날벽전을 소성하면 건조수축하여 소성 한 벽전의 크기는 더 작아지기 때문에 이러한 상관관계 속에 벽전의 크기를 결정하였는지에 대해서는 면밀한 연구가 필요할 것이다.

126 신영훈·김동현, 「한국고건축단장(15)-그 양식과 기법」전돌(벽돌)(『공간』, 1970. 12.), 70쪽.

▶ 4-50

▶ 4-51

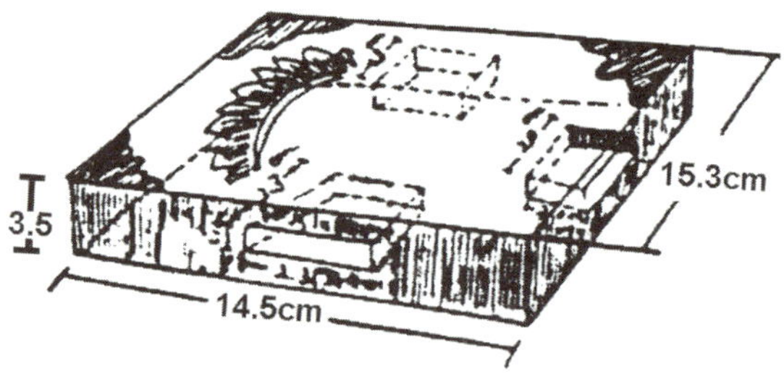

그림 4-50 부여 규암면 외리에서 발견된 각종 무늬의 벽전
(출전 : 국립부여박물관, 『박물관이야기』(1997, 통천문화사.), 43쪽.)
그림 4-51 구교리에서 발견된 인동무늬 벽전
(출전 : 신영훈·김동현, 「한국고건축단장(15)-그 양식과 기법」 전돌(벽돌)(『공간』, 1970. 12.), 71쪽.)

사(中腹寺)터에서는 석재(石材)로 만든 연꽃무늬 추녀마루 장식 기와가 발견되었는데, 그 상부에는 '丁'자형 홈을 파고, 굵은 철선(鐵線)을 걸어 고정할 수 있도록 하였다.[127] 또한 가구식 석조 기단에서도 철물을 이용하여 연결한 것들도 발견되어, 당시 성행하였던 연결 방법인 것이다. 따라서 벽전과 벽전에서도 석회 등의 몰탈 없이 철제 연결 장치를 이용하여 연결하였던 것이며, 해체(解體) 역시 용이하다. 이러한 사실을 통해 외리에서 발견된 벽전들은 건물 바닥을 포장하기 위한 것 보다, 목조건축의 벽체 또는 기단에 사용된 것으로 추정할 수 있다.[128] 바닥을 포장하는 벽전은 단지 흙 또는 석회를 평평하게 다지고, 그 위에 시설하기 때문에 촉을 이용하여 연결할 필요가 없다. 또한 연꽃과 도깨비 무늬는 상대적으로 높이 돌출된 무늬를 새겨, 바닥을 포장하는데 사용되지 않았을 것이기 때문이다.[129]

외리에서 발견된 벽전은 무늬에 의해 크게 두 가지로 구분할 수 있는데, 연주(蓮珠)를 원형으로 배열하고 그 내부에 무늬를 새긴 벽전과 연주 없이 무늬를 새긴 벽전이다. 또한 두 가지 벽전은 모서리 무늬의 유무를 통해 벽전의 배열과 연결 역시 다른 것을 알 수 있다. 즉, 봉황·용·연꽃·연꽃과 구름무늬 벽전의 네 모서리에는 인동무늬 ¼이 새겨져 있어, 4장 벽전을 연결하면 하나의 완전한 인동무늬를 완성한다. 이러한 무늬의 특징은 무령왕릉과 부여 군수리 절터에서 발굴된 블록형 벽전 등의 무늬 특징과도 같은 맥락이다. 그러나 산경치 무늬와 도깨비 무늬 벽전은 모서리 장식이 없으며, 또한 상하의 연결 관계는 찾아 볼 수 없다. 단지 좌우로 연결될 경우 산(山)을 반으로 나눈

127 大川清 編, 『百濟の考古學』(1972, 雄山閣出版社.), 도판 34 참고.

128 강인구, 「백제의 역사와 사상」(『고고학으로 본 한국고대사』, 1997, 학연문화사.), 322쪽과 신영훈·조정현, 『한옥의 건축도예와 무늬』(1990, 기문당.), 51쪽, 朝鮮古蹟硏究會,『昭和11年度 古蹟調査報告』(1937.), 67쪽에서도 벽체에 사용된 벽전으로 추정하고 있다. 또한 홍재동은 神仙道家思想을 깊이 간직한 무늬를 통해 궁궐이나 造苑 건물의 벽면을 장엄하였을 가능성을 추정하였고(홍재동, 「백제 문양전의 개명을 위한 연구」 『건축역사연구』10, 2001. 9., 한국건축역사학회, 13쪽 참고.), 이내옥은 네 모서리에 설치된 사각형 홈을 통해 벽면을 장식하는 벽전으로 추정하고 있으며(이내옥, 「백제 문양전 연구-부여 외리 출토품을 중심으로」 『미술자료』72·73, 2005, 9쪽 참고.), 문봉식은 왕흥사의 건축용 벽전으로 추정하나, 봉황·연꽃·용·연꽃과 구름무늬의 원형구도 벽전은 바닥용 벽전으로 추정하였다(문봉식, 「부여 외리 출토 문양전에 대한 일고」, 2008, 한남대학교 문화재학과 석사학위논문, 87~100쪽 참고.).

129 이는 당시 백제 사람들이 신던 신발과 관계가 있다. 『삼국사기』권제33 「雜志」제2 '色服'에서는 『唐書』를 인용하여 '백제에서는 왕이 … 흰가죽띠와 검은 가죽신[烏革履]을 신는다'라고 하였다. 신라에서는 '진골의 대등 … 신[履]은 가죽[皮]·실[絲]·삼[麻]을 임의로 사용한다'고 하였고, '平人 … 신[履]은 麻 이하를 사용하며, ….'라고 하여 신발은 동물의 가죽 또는 실로 짠 것과 마 등을 이용한 것이었다. 그러나 이러한 신발을 신었다고 하여도, 무늬가 높게 돌출된 벽전 위를 걸을 때는 걸려 넘어질 위험이 있었을 것이다.

▶4-52

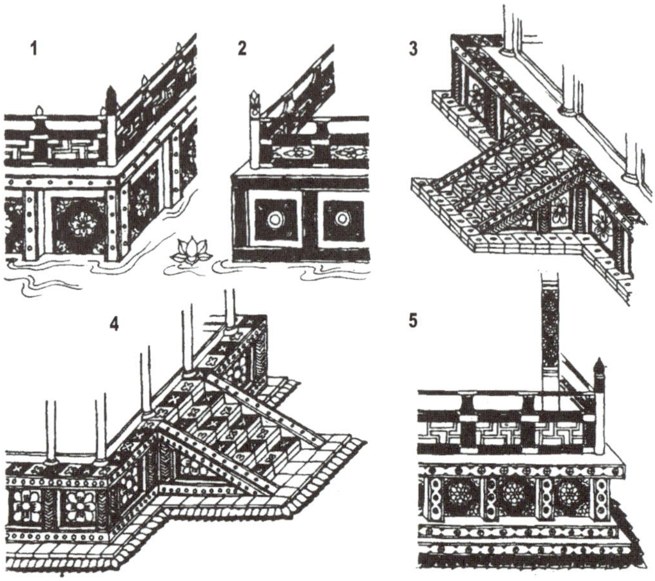

▶4-53

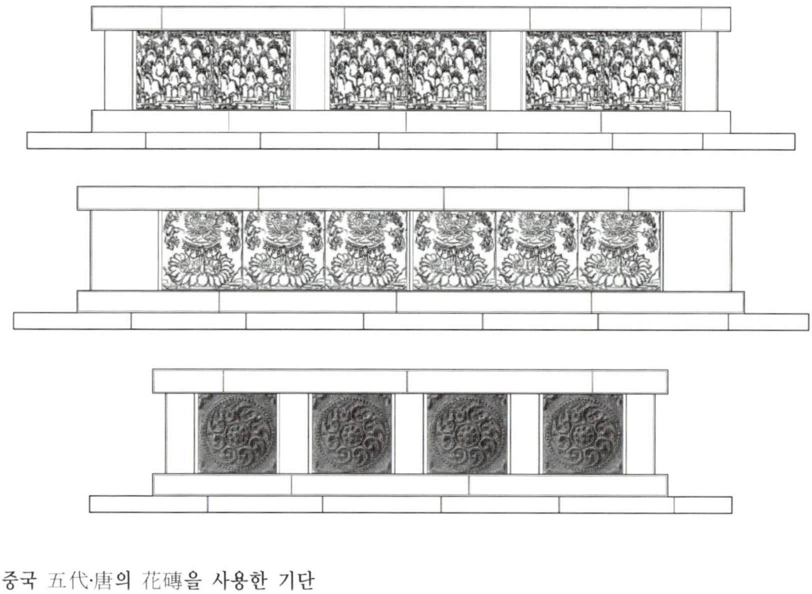

그림 4-52 중국 五代·唐의 花磚을 사용한 기단

1. 五代 第98窟　2. 晚唐 第141窟　3. 楡林窟中唐 第25窟　4. 中唐 제158窟　5. 五代 第22窟
(출전 : 蕭默, 『敦煌建築硏究』(1989, 文物出版社.), 209쪽.)

그림 4-53 벽전을 사용한 백제 석조 가구식 기단 추정 복원도

무늬가 완전하게 나타나는 것이다. 따라서 전자의 벽전들은 격자 형태의 상하좌우로 모두 연결되는 용도 즉, 벽체를 축조할 때 사용하는 것이며, 후자의 벽전은 그 용도는 확실치 않지만, 좌우 일렬로 연결할 때 사용한 것으로 추정할 수 있다.

중국의 예를 살펴보면, 수(隋)·당(唐)에서 벽전으로 쌓은 성(城)과 벽탑(甓塔) 등이 더욱 성행하게 되는데,[130] 목조건축의 기단에서는 성당기(盛唐期)와 그 이후에 '화전'(花磚)이라는 벽전을 사용하여, 위계가 높은 정전(正殿)과 배전(拜殿)·탑(塔) 등의 수미좌(須彌座)·면석(面石)·상대갑석(上臺甲石)·지대석(地臺石) 등을 축조하였다.[131] 특히 <그림 4-52>의 1~5에서 보는 것과 같이 기단 윗면과 계단 디딜면에 연속하여 바닥을 포장한 벽전에는 중앙에 꽃무늬가 있는 '화전'을 사용하였다. 또한 기단의 사잇기둥[撑柱] 사이의 면석 부분에 사용된 '화전'은 외리에서 출토된 벽전과 동일하게 중앙에 꽃무늬가 있고, 네 모서리 장식이 있는 '화전'을 사용하여 장엄(莊嚴)을 베풀고 있다. 즉, 네 모서리에 장식이 있지만, 중앙의 꽃무늬와 함께 하나의 완결된 무늬를 이루고 있는 것이다. 따라서 외리에서 발견된 모서리 무늬가 있는 벽전 역시 독립적으로 사용되었을 가능성이 있다.

결국 외리에서 발견된 백제의 봉황·용·연꽃·연꽃과 구름무늬 벽전은 네 모서리에 장식이 있지만 목탑 등의 석조(石造) 가구식(架構式) 기단의 사잇기둥 사이에 각각 하나씩 사용되었을 가능성이 있으며, 네 모서리의 구멍은 벽전과 벽전을 연결하는 것은 물론, 기단의 사잇기둥과 상대갑석·하대갑석과 연결하기 위한 것이다. 이와 관련하여 네 모서리에 장식이 없는 산경치 무늬와 도깨비 무늬는 좌우로 연결되는 것이므로, 사잇기둥이 없는 금당 등의 가구식 기단 상대갑석과 하대갑석 사이 즉, 면석에 연속하여 부착하였을 것으로 추정할 수 있다. 따라서 네 모서리에 있는 촉 구멍은 상대갑석·하대갑석 또는 벽전 사이를 연결시키기 위한 것이다.[132](<그림 4-53>) 따라서 외리에서 발견된 벽전들은 석조 가구식 기단과 밀접한 관계를 갖는 것으로, 구조적인 의미는 갖지 못하며 단지 의장과 장엄을 위한 부착물일 뿐이다. 그러므로 주요 구조체인 석조 가구식 기단이 형성된

130 劉敦楨, 『中國古代建築史』(1995, 세진사.), 258쪽 참고.

131 蕭默, 『敦煌建築研究』(1989, 文物出版社.), 208쪽.

132 이러한 가정이 옳다면 石物이 남아 있지 않은 외리 건물의 기단 높이를 추정할 수 있다. 29㎝의 벽전 크기와 상·하대갑석의 두께를 고려하면 60~70㎝ 정도가 되는 것이다. 또한 건물터에서는 무늬가 없는 벽전이 9개가 출토되었는데, 두께는 약 4.5~5㎝이며, 바닥에 사용된 것으로 추정되므로(朝鮮古蹟研究會, 『昭和11年度 古蹟調査報告』, 1937, 71쪽.), 무늬 없는 벽전은 기단 윗면을 포장한 것으로 추정된다. 그러나 발굴된 무늬 없는 벽전 수량이 너무 적어 이러한 추정에는 무리가 있을 수 있다.

이후에 나타난 것이며, 위계와 의장적인 목적을 위한 기단형식이라 할 수 있다. 또한 백제의 일반적인 판축기단·와적기단과는 다른 형식이며, 벽전을 사용한 세 가지 기단 중 가장 화려하기 때문에, 위계가 높은 궁궐·목탑·금당 등과 연관되는 것으로 생각한다.[133]

3. 벽체

한국 목조건축의 일반적인 벽체는 '기둥의 중심부에 흙벽 등을 쳐서 기둥이 벽면보다 두드러져 내보이게 된 심벽(心壁)'[134]이 대표적으로, 그 축조방법은 기둥과 기둥 사이에 하인방(下引枋)과 상인방(上引枋)을 설치하고, 필요에 따라 중인방(中引枋)도 설치한다. 그리고 인방과 인방 사이에 수직으로 중깃을 세우고 다시 중깃과 중깃 사이로 가시새를 보낸다. 여기에 다시 설외와 눌외로 짠 후 여물을 넣고 흙으로 바르고 회로 마감하게 된다.[135](<그림 7-1> 참고) 이와는 다르게 벽전 또는 사고석[四塊石]을 사용하여 축조한 벽체는 기둥이 외부로 노출되지 않는 평벽(平壁)이 많고, 조선후기 묘(廟) 또는 사당(祠堂) 등의 목조건축에서 방화(防火)를 목적으로 많이 축조하였다.[136] 즉, 기둥이 노출되지 않으므로 화재를 방지하며, 건물이 전소(全燒)되지 않는다. 또한 평벽은 창방을 지지할 수 있기 때문에, 지붕의 하중을 일부 분담하게 되므로, 구조적인 목적도 있었을 것이다.

백제의 목조건축의 벽체 형식에 대해서는 밝혀진 것은 없고, 평벽을 축조한 사실 역시 확인할 수 없으므로,[137] 오직 심벽만이 있었던 것으로 생각할 수 있다. 그러나 발

133 또한 이내옥은 무늬에 나타난 의미를 사상적으로 해석하여 그 위계를 지상에서 하늘로 이어지는 순서(산경치와 도깨비 → 연꽃과 도깨비 → 산경치 → 산경치와 봉황 → 봉황 → 용 → 연꽃과 구름무늬 → 연꽃 벽전)를 상정하여(이내옥, 「백제 문양전 연구-부여 외리 출토품을 중심으로」, 『미술자료』72·73, 2005, 18~20쪽 참고.), 2중 기단 및 건축물의 외벽까지 연속하여 사용하였을 것으로 생각할 수 있다. 또한 문봉식은 문양해석을 바탕으로 원형구도와 방형구도로 구분하고, 원형구도의 4가지 벽전은 왕흥사 목탑 1층 탑신의 내부 바닥깔기 벽전으로, 방형구도 4가지 벽전은 목탑 기단부 또는 1층 탑신의 외부에 사용된 것으로 추정하고 있어(문봉식, 「부여 외리 출토 문양전에 대한 일고」, 2008, 한남대학교 대학원 문화재학과 석사학위논문, 99쪽 참고.), 더욱 그 근거를 얻는다고 할 수 있다. 또한 5장에서 살펴보는 사천왕사 서목탑터 발굴 벽전축 기단 등의 신라 벽전축 기단형식 역시 이러한 추정을 뒤받침하고 있다고 할 수 있을 것이다.

134 장기인, 『한국건축사전-한국건축대계Ⅳ』(1996, 보성각.), 174쪽.

135 주남철, 『한국주택건축』(1980, 일지사.), 186쪽.

136 조선의 宗廟나 華城 砲樓·空心墩 등에서 대표적으로 볼 수 있다.

137 그러나 扶蘇山城에 위치한 軍倉터는 조선시대까지 사용된 창고로 추정되며, 건물의 외벽선에 석축으로 쌓은 벽체가 발견되었다. 따라서 평벽이었을 가능성도 있지만, 이 유구가 백제의 유적인지는 명확하지 않다.

굴된 벽전을 통해서는 일반적인 심벽과는 다른, 벽전으로 축조한 심벽이 있었음을 추정할 수 있는데, 심벽 외부에 벽전을 부착하거나, 벽전으로 심벽을 축조한 벽체인 것이다. 따라서 여기서는 크게 2가지 형식으로 나누어 백제 목조건축의 벽체를 추정한다.

3-1. 벽전으로 축조한 심벽

부여 군수리 절터에서는 현재 사용하고 있는 블록(Block)과 유사한 형태의 벽전[138]이 발견되어 목조건축의 벽체에 사용된 것으로 추정할 수 있는데, 금성산 건물터·정림사터·동남리 절터·구교리 등지에서도 동일한 벽전파편이 발견되어, 600년을 전후하여 보편적으로 사용하였던 벽전으로 추정되고 있다.[139] 무늬는 원형의 인동(忍冬)과 연꽃을 새기고, 가운데에는 작은 인동무늬가 있다.(<그림 4-54>) 또 네 모서리에도 가운데 인동무늬의 ¼만을 새기고 있어서, 벽전을 연결하여 쌓을 경우 완전한 인동무늬가 되도록 하였는데, 이러한 특징은 무령왕릉에서도 볼 수 있었다. 벽전의 크기는 길이 28㎝, 넓이 14㎝, 두께 14.9㎝이고, 앞면을 제외한 5면에 모두 구멍을 뚫었는데, 측면에는 7.6×6.3㎝ 크기의 구멍을 하나씩, 위·아래면에는 6.6×8.5㎝ 구멍 2개씩이다.[140] 이 벽전의 용도는 정확하게 알려지지 않았지만, 기존 연구에서는 바닥을 깔거나 목조건축 벽체에 사용되었을 것으로 추정한다.

먼저 건물의 바닥에 깔았다고 하는 주장은 백제 강역이 습한 지역이었기 때문인데,[141] 블록형 벽전의 두께가 약 15㎝이고 가운데가 비어 있어서, 땅에서 올라오는 습기를 막을 수 있고, 습지(濕地)에도 바닥을 시설할 수 있다. 그러나 백제 건축은 습기로 인해 지면(地面)에서 높이 떨어져 바닥을 축조하는 고상식(高床式) 건축이 주류인 것으로 추정되고 있어,[142] 바닥은 목재를 이용한 마루였을 것인데, 이 때 바닥에 벽전을 시

138 보통 中空有文塼 또는 箱形 中空塼·箱子形 벽돌·土製 Block 등으로 불린다.

139 김성구, 『백제의 와전예술』(2004, 도서출판 주류성.), 149쪽 및 백제문화개발연구원, 『백제와전도록』(1983, 삼화인쇄주식회사.), 324~325쪽과 그림 612~616 참고. 또한 1938년, 부여 佳塔里의 절터에서도 블록형 벽전의 破片이 42×28척 건물터에서 발견되어(朝鮮古蹟研究會, 『昭和13年度 古蹟調查報告』, 1940, 45쪽과 그림12 참고.), 더욱 성행하였던 벽전형식으로 추정할 수 있을 것이다.

140 백제문화개발연구원, 『百濟瓦塼圖錄』(1983, 삼화인쇄주식회사.), 458쪽의 표 참고.

141 이와 관련된 내용은 중국의 『魏書』권100 「列傳」 제88 '百濟'에서 볼 수 있다.

> 백성들은 토착생활을 하며, 땅은 매우 낮고 습기가 많기에 거의 모두 산에 기거한다[其民土著, 地多下濕, 率皆山居](김성구 譯, 『中國正史朝鮮列國傳』, 1996, 동문선, 202쪽.).

142 신영훈, 『한옥과 그 역사-한국건축사서설』(1975, 동이문화사.), 60~62쪽 참고.

▶4-54

▶4-55

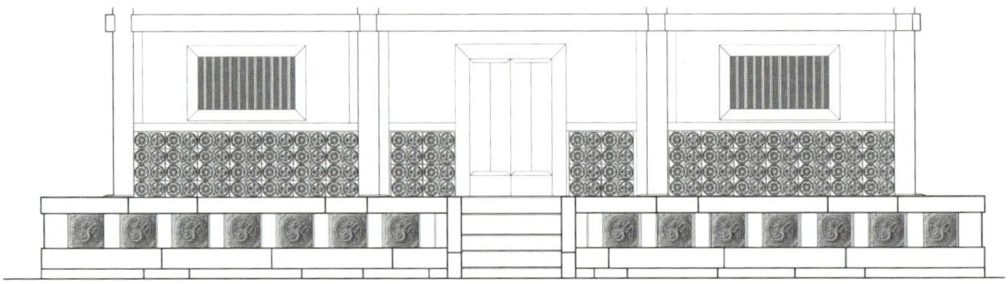

▶4-56

그림 4-54 군수리 절터에서 발견된 블록(Block)형 벽전의 전·후면
(출전 : 국립부여박물관, 『박물관이야기』(1997, 통천문화사.), 42쪽 및 김성구, 『백제의 와전예술』(2004, 도서출판 주류성.), 148쪽.)
그림 4-55 블록형 벽전을 이용한 목조건축의 심벽 추정 복원도
그림 4-56 벽전을 부착한 심벽 복원 추정도

설할 수는 없었을 것이다.[143] 또는 기단을 판축하고 그 상부에 석회를 발라 벽전을 설치하였을 것으로도 생각할 수 있지만, 신라(新羅)의 대표적인 보상화(寶相花) 무늬 벽전과는 대조적으로 블록형 벽전의 무늬가 높게 돌출되어, 외리에서 발견된 연꽃과 도깨비 무늬 벽전과 같이 보행(步行)에 많은 불편이 있었을 것이다.

따라서 이 블록형 벽전은 목조건축의 벽체에 사용되었을 것으로 생각할 수 있는데,[144] 기둥을 세우고 그 사이에는 목조건축의 일반적인 심벽(心壁)과는 다른, 벽전의 무늬가 내부와 외부에 나타나도록 1.0B 쌓기로 축조한 것이다. 그러나 30㎝ 내외의 기둥을 14.9㎝의 두 배인 30㎝로는 감쌀 수 없으므로, 심벽의 일종으로 보아야 한다. 이 때 벽전에 뚫려 있는 구멍으로는 벽전과 벽전 사이에 목재를 이용하여 뒷면과 상하좌우에서 튼튼하게 고정시키고, 그 사이 석회 또는 점토 등으로 채웠을 것이며,[145] 석회만을 사용할 경우에는 구멍을 통해 벽전과 석회·벽전과 벽전은 일체가 될 수 있다. 또는 <그림 4-55>과 같이 빗물에 노출되기 쉬운 벽체하부만을 축조할 경우에는 구멍으로 중방과 하인방 사이에 중깃과 가시새를 배치하고 석회로 부착하였을 것이다.

따라서 실내 또는 실외에서는 연꽃무늬와 인동무늬가 연속하는 아름다운 벽체를 축조할 수 있고, 상부하중을 일부 분담하는 내력벽(耐力壁)이 된다. 즉, 목조건축의 창방(昌枋) 밑면까지 블록형 벽전을 쌓아 올려 벽체를 축조할 수 있으므로, 어느 정도 하중을 지지할 수 있을 것이다. 따라서 주칸이 길고, 규모가 큰 건물에서는 기둥과 함께 지붕의 하중을 분담하는 일종의 구조체로서의 역할을 하며, 건물의 높이와도 관계된다.[146] 또한 현대 축조되고 있는 중공(中空) 벽체와 같이 내부에서는 공기층이 형성되어, 여름과 겨울의 온도에 모두 유리할 수 있으며,[147] 일반적인 심벽이 갖는 단점을 해결할 수 있었을 것이다.

143 신영훈·조정현, 『한옥의 건축도예와 무늬』(1990, 기문당.), 51쪽 참고.

144 강인구 역시 「백제의 역사와 사상」(『고고학으로 본 한국고대사』, 1997, 학연문화사.), 322~323쪽에서 벽체에 사용된 벽전으로 보고 있고, 신영훈·조정현의 『한옥의 건축도예와 무늬』(1990, 기문당.), 48쪽에서는 블록형 벽전으로 건물을 축조하였다고 추정하고 있다.

145 신영훈·김동현, 「한국고건축단장(15)-그 양식과 기법」전돌(벽돌)(『공간』, 1970. 12.), 70쪽과 신영훈·조정현, 『한옥의 건축도예와 무늬』(1990, 기문당.), 51쪽 참고.

146 이러한 특징은 多包式 건축이 발달해 있지 않은 당시에 만들어 낼 수 있는 하중전달방식과 건축형식이었을 것으로 추정할 수 있다.

147 그러나 朝鮮古蹟硏究會의 「夫餘軍守里廢寺址發掘調査[概要]」(『昭和11年度 古蹟調査報告』, 1937.)에는 블록형 벽전이 어느 건물터에서 발견되었지 언급하지 않았기 때문에 좀더 정확한 사용을 확인할 수 없다.

3-2. 벽전을 부착한 심벽

외리에서 발견된 8가지의 벽전은 앞에서 자세히 살펴보았는데, 그 중 봉황·용·연꽃·연꽃과 구름무늬 벽전은 네 모서리에 장식이 있고, 벽전을 연결할 수 있는 촉 구멍이 있다. 또한 중국의 '화전'(花磚)으로 축조한 기단과 유사하므로 백제 목조건축의 기단에 사용되었을 가능성을 추정해 보았다. 그러나 여기서는 이 벽전들이 목조건축의 심벽에 연속해서 사용되었을 경우를 살펴보기로 한다. 무늬가 높게 돌출되어 있으므로 바닥에는 사용되지 않았을 것이기 때문이다. 이러한 벽전들이 목조건축의 벽체에 사용되었다면, 블록형 벽전과는 다르게 목조건축의 일반적인 벽체인 심벽에 부착하는 형식이었을 것인데, 네 모서리의 구멍에 촉을 연결하여 부착하더라도, 4㎝ 내외의 두께로 무늬가 겉으로 드러나도록 벽체를 축조하기에는 그 두께가 너무 얇다. 또한 심벽의 한쪽 면 또는 양쪽 면으로 부착하였을 가능성이 있는데, 건물의 내부와 외부로 생각할 수 있다. 건물의 내부에서는 위계가 높은 불전(佛殿)과 정전(正殿) 등의 내부공간에 장엄(莊嚴)을 더하는 것이고, 외부에서는 건물 외형에 장엄을 더하는 것과 함께 심벽을 빗물과 습기 등에서 보호할 수 있는 역할이 첨가된다.

또한 이 벽전들에는 연주(蓮珠) 내에 새겨진 봉황·용·연꽃 등, 하나의 완결된 무늬를 새기고, 네 모서리에 장식이 있으므로 기하학적인 무늬를 새긴 벽전과는 다른 특성을 나타낸다. 즉, 기하학적인 무늬가 있는 벽전은 벽체의 단부에서 벽전을 가공하여 축조할 수 있는데, 그 무늬가 이루어 내는 일정한 패턴에는 아무런 영향을 미치지 않기 때문이며, 벽전의 크기와 주칸의 크기는 연관관계 없이 계획할 수 있다. 그러나 완결된 무늬와 모서리 장식이 있는 벽전을 반으로 가공하여 축조한다면 무늬의 의미가 완전히 사라지기 때문에, 벽전의 크기는 설계과정에서 결정하여 생산하고, 벽전을 깨거나 갈거나 하는 가공 없이 축조하였을 것이다. 그러므로 이러한 벽전으로 벽체를 축조할 경우, 목조건축의 주칸 길이와 밀접한 연관관계를 갖게 된다.

그러나 외리 건물터에서는 초석이 발견되지 않아 주칸 길이를 알 수 없기 때문에, 백제의 건축이면서 7세기 초에 창건된 미륵사(彌勒寺) 서원(西院) 금당(金堂)[148]을 예로

148 미륵사 中院 금당은 5×4칸이고, 정면의 좌우 협칸 3.3m, 중앙 3칸은 4.4m이다. 측칸은 전후 협칸 3.3m, 중앙 2칸 3.7m으로 큰 규모이다(문화재관리국, 「彌勒寺址發掘調査中間略報告」, 1982, 고려서적, 24~27쪽 참고.). 따라서 외리의 건물은 당시 최고의 절이었던 미륵사의 중원 금당과 같은 큰 규모의 절은 아닐 것이므로, 西院의 금당을 예로 생각한다.

생각해 보자. 금당의 규모는 정면 5칸, 측면 4칸이며, 정면 좌우 협칸(夾間)은 2.3m, 중앙 3칸은 각각 2.7m이다. 또한 측칸은 각각 2.3m인데,[149] 측칸을 창과 문이 없는 심벽으로 생각할 수 있다.[150] 따라서 주칸 길이 2.3m에서 기둥 굵기 약 30cm와 좌우 벽선(壁楦) 약 20cm 정도를 제외하면, 벽전을 부착할 수 있는 벽체 길이는 1.8m이며, 29cm 정방형 벽전 6장을 횡으로 배열할 수 있다. 정면의 주칸 길이 2.7m일 경우에, 벽전은 2.2m 길이에 7장을 배열할 수 있다.[151] 또한 창방(昌枋) 이하에 사용되었을 것이므로, 벽체의 높이와도 관계되는데, 벽전 8장을 쌓으면, 창방 밑면까지의 높이는 약 2.4m이고, 10장일 경우에는 3.0m이다. 이렇게 횡으로 배열된 벽전에 촉을 사용하여 상부에서도 연속하여 배열하면, 심벽이지만 장엄과 위계를 나타낼 수 있고, 습기와 빗물 등에 오래 유지할 수 있는 벽체를 축조할 수 있는 것이다.

결국 이러한 추정이 가능한 것은 주칸의 길이와 밀접한 연관관계를 갖는 벽전의 완결된 무늬에 의한 것이며, 외리 건물은 당시 목조건축의 주칸 길이를 추정할 수 있다. 만약 네 모서리에 장식이 있는 4종류의 벽전을 사용하였다면, 주칸의 길이는 벽전 4장 길이 1.2m에 기둥과 벽선 길이를 합하여 약 1.7m가 될 수 있다. 6장을 사용하면, 2.3m이고, 8장을 동시에 사용하였다면, 벽전 8장 길이 2.4m에 기둥과 벽선의 크기를 합하여 약 2.9m가 된다. 또한 벽선 크기를 제외한다면 주칸의 길이는 각각 1.5m, 2.1m, 2.7m가 되므로, 동일한 백제 건축인 미륵사 서원 금당의 주칸 길이인 2.3m, 2.7m와의 어떠한 연관관계를 설정할 수 있다.[152] 또한 창방 밑면까지의 높이도 추정 가능하다.

이상에서 백제 강역에서 발견된 벽전들에 대해 살펴보았는데, 낙랑과는 다르게 벽전만을 사용한 건축물과 보도(步道)의 포장, 배수구 등의 유구는 발견되지 않았으며, 고구려 절터에서 볼 수 있었던 기단 바깥쪽을 포장한 유구 역시 발견할 수 없다. 그러나 공주 임류각터와 부여 군수리 절터, 외리 건물터에서 발견된 벽전을 통해 백제 목조건축의 기단과 벽체의 형태를 추정할 수 있었다. 가장 특징적인 것은 벽전을 사용한 기단

149 문화재관리국, 「彌勒寺址發掘調査中間略報告」, 1982, 고려서적, 20~22쪽 참고.

150 여기서 추정하는 예는 아주 단편적인 것이며, 벽전의 크기가 건물의 柱間과 관계가 있음을 말하려는 것일 뿐, 미륵사 서원 금당 벽체에 벽전을 사용하였다는 의미는 아니다.

151 만약 벽전이 기둥과 연접하여 설치되었다면, 벽선 굵기는 제외되지 않으며, 각각 2.0m, 2.4m가 된다. 따라서 벽전은 각각 7장과 8장이 배열될 수 있을 것이다.

152 만약 바닥에 설치되었다면 주칸 길이는 건물 평면의 규모와 관계된다. 즉, 무늬를 가공하지 않고 바닥에 벽전을 깔았을 것이기 때문이다.

인데, 벽전을 통해 살펴본 백제건축의 기단형태는 현재 발굴되는 기단과는 크게 다르며, 위계가 높은 건축물의 장엄을 표현하는 수단이 될 수 있는 것들이다.

벽전을 통해 살펴본 백제 목조건축의 벽체는 지금까지 알려진 일반 목조건축의 심벽과는 크게 다른데, 내부 의장과 장엄을 만들어 낼 수 있고, 습기와 빗물에 오래 견딜 수 있는 내구적인 벽체를 축조할 수 있으며, 더 나아가 벽전 크기와 주칸 크기와의 관계를 설정할 수 있었다. 이러한 특징으로 각 건물의 기하학(幾何學)적인 배치와 함께, 건물의 주칸과 벽전의 크기에는 기본적인 척도 운용과 규칙이 있었음을 알 수 있으며, 벽전의 크기가 건축물의 기본 치수가 되어 평면과 주칸, 더 나아가 높이 또는 전체 규모를 결정할 수 있는 것이다. 이러한 특징은 벽전의 크기 및 무덤 규모와 상관관계를 살펴본 무령왕릉과 저석리 1호 무덤 등과 기본적으로 같다. 따라서 앞으로는 벽전의 크기와 벽전이 발견된 건축물의 주칸 등과의 비교 연구가 진행되어야 할 것으로 생각한다.

제5장

벽전건축의 완성과 그 조영원리
신라 벽탑과 발해

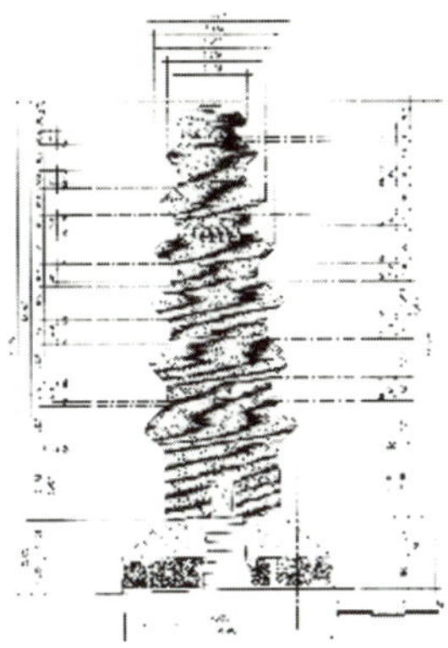

벽탑은 벽전의 크기와 그에 따른 벽탑형태의 조영원리가
더욱 중요하였던 것으로 생각하며,
신라에서는 벽탑 축조를 통해 벽전의 특징과 성질을 효과적으로 이용하여,
그 생산과 축조방법이 완성되어 가는 시기라고 할 수 있다

– 본문 中

개요

지금까지 살펴본 벽전(甓瓴) 건축은 벽전축(甓瓴築) 무덤과 벽탑(甓塔)이 대부분이라고 할 수 있는데, 신라의 벽전축 무덤은 확인되지 않고, 단지 벽전으로 축조한 현존하는 4기의 벽탑과 여러 벽탑터를 남기고 있다. 탑은 불교 가람(伽藍)의 중심이며 동시에 신앙의 주 대상이었으므로 큰 상징성을 내포하고 있기 때문에, 그 형태를 만들어 내는 조영(造營) 원리는 매우 중요하였을 것이다. 제3장에서 살펴본 고구려 벽탑은 많이 파손되어 본래의 모습을 찾아 볼 수 없었지만, 수 차례 개축된 신라 벽탑은 지상에 축조된 유일한 벽전건축, 벽탑으로 원형이 남아 있어, 벽전건축에서 가장 중요한 위치를 갖는 유구라고 할 수 있다.

벽탑은 탑신(塔身)과 옥개(屋蓋) 등을 벽전으로 축조한 탑을 의미하는데, 목탑(木塔)과 석탑(石塔)의 목재·석재와는 다르게 벽탑의 벽전은 규격화된 크기와 압축력에 강하므로 거대한 탑을 축조할 수 있는 특징이 있다. 또한 신라 석탑은 3층이 보편적이지만, 벽탑은 5층 또는 7층이 대부분이며, 법흥사(法興寺)터 7층 벽탑의 경우는 높이가 14.8m[1]에 이른다. 가장 큰 특징은 옥개가 탑신에서 많이 돌출하지 못하는 것인데, 벽탑은 작고 일정한 크기의 벽전을 사용한 조적식(組積式) 구조이기 때문에, 탑신에서 돌출된 옥개를 만들기 위해서 내밀어 쌓아야 한다. 그러나 작은 개개의 벽전을 많이 내밀게 되면 쉽게 붕괴될 위험이 있어, 짧은 옥개를 축조할 수밖에 없다. 또한 상층에서는 탑신의 평면 크기가 줄어들어 체감(遞減)되므로, 옥개의 상부 단수(段數)가 하부의 단수보다 많아야 하는 특징도 있다. 따라서 벽탑은 다른 재료의 탑보다 벽전의 크기와 그에 따른 벽탑형태의 조영원리가 더욱 중요하였던 것으로 생각하며, 신라에서는 벽탑 축조를 통해 벽전의 특징과 성질을 효과적으로 이용하여, 그 생산과 축조방법이 완성되어 가는 시기라고 할 수 있다.

그러므로 이 장에서는 먼저 신라 전형석탑의 기원을 634년 축조된 분황사(芬皇寺) 모벽탑(模甓塔)에 두고 있는 기존 연구의 견해와는 다르게, 벽탑에 그 기원이 있음을 밝힌다. 또한 신라에서는 이미 분황사 모벽탑 축조 이전부터 각국의 영향에 의해 벽전의 생산과 축조기술이 있었고, 벽탑 역시 축조하고 있었다고 생각한다. 따라서 신라 벽탑은

1 지금까지 탑의 높이는 16.4m로 알려져 왔으나, 2003년 안동시의 실측에 의해 14.8m로 확인되었다(안동시, 「안동신세동7층전탑 정밀사진실측 및 보수복원방안 조사보고서」(2003, 제로원기획.), 117쪽 참고.).

경주(慶州)에서 발생하여 각 지역으로 전파된 것이며, 안동에서만 축조된 이형탑(異形塔)이 아님을 밝힌다. 두번째로는 현존하는 벽탑과 벽탑터로 추정된 곳에서 발견한 벽전 등을 통해 신라 벽탑의 특징을 고찰하고, 벽탑의 벽전쌓기와 조영원리를 분석하는데 중점을 둔다. 또한 백제 벽전축 무덤의 천장축조에서 한국만의 벽전쌓기와 구조 특징을 살펴볼 수 있었고, 목조건축에서는 벽전이 다양하게 사용된 것으로 추정할 수 있지만, 그 유구는 많지 않았다. 그러나 신라의 각 건물터에서는 다양하게 사용된 많은 벽전들이 발견되어, 벽전이 광범위하게 사용되었고, 축조기술 역시 발달된 것으로 추정할 수 있으므로, 여러 벽전들을 통해 신라 목조건축의 벽전사용과 특징을 살펴보기로 한다.

먼저 이 장에서 사용하고 있는 용어에 대해 간략하게 살펴보면, 탑은 주로 축조재료를 통해 토탑(土塔)·목탑·석탑·금탑(金塔)·'전탑'(塼塔)으로 구분하고 있는데,[2] 특히 기존 연구에서는 벽전으로 축조한 탑을 '전탑'(塼塔) 또는 '벽돌 탑'이라는 용어를 사용하고 있다. 그러나 이 책에서는 '벽전'이라는 용어 사용을 제안하고 있고, 특히 벽체나 구조물의 축조에 사용하는 벽전인 '벽'(甓)이 탑의 축조에 가장 적합한 것으로 생각하기 때문에, '벽탑'(甓塔)이라는 용어가 적절할 것이다. 특히 이 용어는 고려시대 벽탑으로 추정하는 신륵사(神勒寺) 다층(多層) 벽탑을 여러 고문헌[3]에서는 '벽부도(甓浮屠)'라고도 하지만 '벽탑'(甓塔)이라 지칭하는 것과 연관관계를 설정할 수 있는 용어이기도 하다.

또한 분황사 탑과 같이 석재를 벽전 형태로 가공하여 축조한 탑을 '모전석탑'(模塼石塔)·'전탑계 모전석탑'(塼塔系 模塼石塔) 용어를 사용하고 있다. 즉, 축조재료가 석재이기 때문에 석탑으로 구분되고 있는 것이다. 그러나 이러한 유형의 탑은 일반적인 석탑과는 구별되며, 축조방식과 형태에서 오히려 벽탑과 동일한 특징을 가지고 있으므로, 벽탑으로 간주하는 것이 적합하다. 따라서 본 연구에서는 기존 연구와는 다르게 '모벽탑'(模甓塔)이라는 용어를 사용하기로 하며,[4] 분황사 탑은 '분황사 모벽탑'이라는 용어를 사용할 수 있을 것이다.

2 장충식, 『한국의 탑』(1989, 일지사.), 14쪽.

3 『동문선(東文選)』, 『목은집(牧隱集)』, 『읍취헌유고(挹翠軒遺稿)』, 『월헌집(月軒集)』 등 참고.

4 또한 義城 塔里 5층 석탑으로 대표되는 탑은 일반 석탑과 축조방법은 동일하지만, 옥개 상·하에는 段을 표현하여, 벽탑과 유사한 형태특징을 갖추고 있다. 따라서 '모전석탑' 또는 '石塔系 模塼石塔'·'塼塔系 石塔' 등의 용어가 사용되고 있지만, 본 연구에서 사용하고 있는 용어에 맞추어 본다면 '模甓石塔'이라는 용어를 사용할 수 있을 것이다. 그러나 이러한 유형의 탑은 본 연구의 범위에 포함하지 않는데, 그 형식과 특징은 전형 석탑 형식에 가깝기 때문이다.

5-1. 새로운 벽전건축 : 신라 벽탑

1. 신라 벽탑의 발생시기

탑 즉, 탑파(塔婆)는 고대 인도의 범어(梵語)인 'Stũpa'에서 유래하였는데, 네모난 묘[方墓]·둥근 묘[圓塚]·높고 거룩한 곳[高顯處]이라는 뜻을 갖고 있으며, 신령한 곳[靈廟]·깨끗한 땅[淨處]·복된 자리[福聚]를 의미하는 지제(支提:Chaitya)라는 또 다른 뜻에서 얻어진 말이다.[5] 따라서 부처의 사리(舍利:Sarira)를 봉안하는 무덤의 의미에서는 앞에서 살펴본 벽전축 무덤과 벽전의 사용 의미가 통하는 것으로 볼 수 있다. 당시 벽전은 제작하기 어렵고 귀한 건축재료이므로, 부처와 상위 계층의 무덤을 축조하는 것은 가장 숭고하고 거룩한 무덤을 축조하기 위한 것이며, 당시 사회에서 갖는 건축재료, 벽전의 의미를 유추할 수 있는 것이다. 그러나 두 건축의 가장 큰 차이점은 축조하는 장소이다. 벽전축 무덤은 땅속에 축조하기 때문에, 형태의 상징성보다는 안정되고 내구적인 무덤을 축조하기 위한 목적이 훨씬 크다. 그러나 벽탑의 경우 불교 신앙과 가람의 중심이기 때문에, 벽전무늬와 함께 형태가 갖는 상징성은 벽전축 무덤과는 엄격하게 다른 것이므로, 벽탑의 형태와 축조방법에는 특정한 조영원리가 내재해 있을 것으로 추정할 수 있다. 또한 지제의 경건하고 신령스러운 장소의 의미에서는 신라 말에 성행한 도참(圖讖)사상과 연관하여 비보(裨補)와도 관계되는 것으로 추정한다. 즉, 벽탑은 사리를 모시기 위한 무덤의 성격과 함께 지세(地勢)나 형국(形局)에 따라 산천을 돕고 보호하려는 성격 아래 축조하였으며, 이는 한국에서만 나타난 것으로 이해한다.[6] 이러한 의미의 탑을 벽전으로 축조한 이유 역시 당시 벽전이 갖는 신성함에 있는 것으로 생각할 수 있다.

삼국에 불교가 전래된 이후, 초기의 탑은 중층(重層)의 목탑이었지만, 내구적이지 못하고 불에 약하여 다른 재료 즉, 석재를 사용한 석탑으로 변화하였다. 그 중 백제의 석탑은 목탑에 기원을 두는 것으로 추정되며, 미륵사(彌勒寺) 석탑과 정림사(定林寺) 석탑만이 현존한다. 신라 역시 초기에 목탑을 축조하였고, 삼국을 통일한 이후에는 한국을

5 이진구, 「안동에는 왜 전탑이 많이 모여 있을까」(임재해 編, 『안동문화의 수수께끼』, 1997, 지식산업사.), 198쪽과 장충식, 『한국의 탑』(1989, 일지사.), 7쪽 참고.

6 장충식, 『한국의 탑』(1989, 일지사.), 9쪽 참고.

대표하는 전형석탑을 창조하였지만, 백제와는 다르게 목탑과 분황사 모벽탑에 기원을 두는 것으로 추정되고 있어,[7] 백제와 신라 석탑의 기원은 뚜렷이 구분된다. 즉, 신라 전형석탑은 목탑의 특징인 귓기둥[隅柱]과 사잇기둥[撑柱]을 탑신과 기단에 모각(模刻)하였고, 옥개 상부는 목조 지붕 형태를 축조하였으며, 옥개 하부는 벽탑 옥개와 동일한 단(段)을 표현하였기 때문이다. 그러나 벽탑이 아닌 모벽탑에 기원을 두고 있다는 주장에는 많은 문제점이 있다고 판단하며, 고구려 벽탑과의 관계를 상정하지 않은 상태에서 주장하고, 통용되고 있는 것이다.

신라 탑 중 최고(最古)의 분황사 모벽탑은 벽전으로 축조한 것이 아니라 석재를 마치 벽전과 유사한 형태로 가공하여 축조한 모벽탑으로, 한국에서만 볼 수 있는 형식이다. 그러나 이 탑은 북위(北魏)에서 발생하여 수(隨)·당(唐) 대에 성행한 중국 벽탑에 기원을 두는 것으로 추정하며, 특히 701~704년에 중건된 자은사(慈恩寺) 대안탑(大雁塔)과 유사한 것으로 설명하고 있다.[8] 그러나 634년에 축조한 분황사 모벽탑은 현존하는 대안탑보다 약 70여 년 전에 축조하였으므로, 그 영향 관계를 설명할 수 없다. 또한 만약 중국 벽탑형식을 유입하여 분황사 모벽탑을 축조하였다면, 초기에는 분명 중국의 벽탑형식 그대로 벽전을 사용하여 축조하였을 것이다.[9] 따라서 지금과 같이 벽탑을 모방한 모벽탑 이후에 벽탑을 축조하였다는 주장은 탑 형식의 전개순서에 모순된 것이며,[10] 신라에서는 먼저 목탑과 벽탑을 축조하였고 그 이후 특정한 이유로 인해 벽전 대신 석재를 사용하여 분황사 모벽탑을 축조하였던 것으로 추정하여야만 하고, 이 때에 신라 벽탑과

7 이러한 주장은 박홍국을 제외한 모든 연구자들의 공통 견해이며, 대표적으로는 장충식, 『한국의 탑』(1989, 일지사.), 10쪽·장충식, 『신라석탑연구』(1987, 일지사.), 70쪽·정영호, 「한국 석탑 양식의 변천」(중앙일보·동양방송, 『석탑』, 1980, 삼성인쇄주식회사.), 171쪽과 천득염, 「백제계석탑의 조형특성과 변천에 관한 연구」(1990, 고려대학교 대학원 건축공학과 박사학위논문.), 15~16쪽 등이다. 특히 천득염·김은양, 「한국 塼塔에 관한 比較論的 연구」(한국건축역사학회, 『건축역사연구』8, 1995. 12.), 36쪽에서 신라는 벽탑, 백제는 목탑으로 명확히 구분하고, 신라 전형석탑에서 나타난 목탑형식은 백제 석탑의 영향으로 주장한다.

8 關野貞, 『朝鮮の建築と藝術』(1941, 岩波書店.), 666쪽과 장충식, 『신라석탑연구』(1987, 일지사.), 70쪽 참고.

9 박홍국은 『한국의 전탑연구』(1998, 학연문화사.), 51쪽에서 불상의 예를 통해 연구자와 같은 의견을 나타내고 있다. 명확한 연구가 진행되지 못하고 있는 한국 벽탑에서 박홍국의 이 연구서는 새로운 자료를 통해 많은 업적을 남긴 책으로 평가할 수 있으며, 본 연구에서는 주로 경주지역에서 출토된 벽전과 벽탑터를 이해하는데 많은 참고를 하였다.

10 김희경, 『탑』(1982, 열화당.), 30쪽.

탑파의 발생과 그 계보의 변천과정을 훑어보면, 신라에서는 먼저 목탑이 발생하였고, 그 다음에 목탑 양식을 본받은 塼塔이 나왔으며, 목탑과 전탑의 두 양식을 갖춘 석탑의 양식이 정립되는 과정을 밟아 왔다.

▶5-1

▶5-2

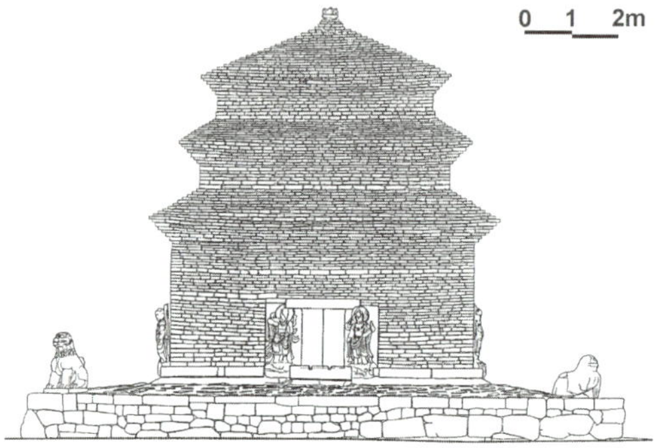

▲5-3

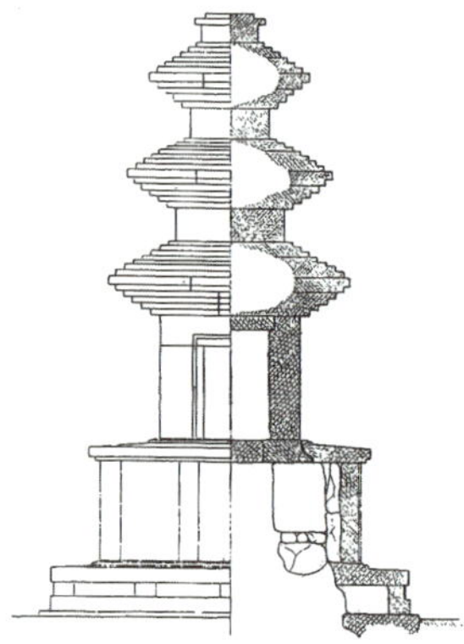

▲5-4

▲5-5

그림 5-1 **분황사 모벽탑의 남측 입면도**
(출전 : 문화재관리국, 「芬皇寺石塔實測調査報告書」(1992.), 73쪽.)
그림 5-2 錫杖寺**터에서 발견된 탑무늬 벽전**
(출전 : 동국대학교박물관, 『瓦塼特別展』(1985.).)
그림 5-3 **석장사터에서 발견된 벽전의 탑무늬 상세**
(출전 : 박홍국, 『한국의 전탑연구』(1998, 학연문화사.), 127쪽.)
그림 5-4 善山 **낙산동 3층 석탑**[模甎石塔] **실측도**
(출전 : 박홍국, 『한국의 전탑연구』(1998, 학연문화사.), 178쪽.)
그림 5-5 興敎寺 玄奘塔(669년)
(출전 : 梁思成, 『圖說中國建築史』(1992, 세진사.), 156쪽.)

전형석탑의 전개와 관계를 설명할 수 있을 것이다.[11]

이와 함께 통용되고 있는 주장은, 벽전을 사용하지 않는 신라의 취향, 석재에 대한 미련, 벽전 취급방법의 미숙으로 인해 벽전을 널리 사용하지 않았으며, 벽탑 대신 모벽탑을 축조하였다는 것이다.[12] 그렇지만 『삼국사기』에서는 2~3세기에 이미 기와가 있었다는 기록을 확인할 수 있고,[13] 5세기에 제작한 암·수키와가 경주에서 출토되었다.[14] 따라서 불교를 공인한 법흥왕(法興王) 14년, 527년 이전에도 이미 기와를 제작하고 사용하였으므로, 그 제작방법이 유사한 벽전 역시 사용되었을 가능성이 있다.

이러한 사실은 당시 문헌으로도 유추할 수 있다. 신라는 진한(辰韓)의 12개 성읍(城邑) 국가 중 하나인 사로(斯盧)를 그 모체(母體)로 하는데,[15] B.C.3세기 말에서 2세기 초에 걸쳐 중국 동북지역 및 고조선 지역에서 정치적 변동이 일어났고, 일부 주민들이 한반도 지역으로 이주하였다. 이 때 고조선·만왕(滿王)의 조선계 주민들이 신라의 모체인 사로까지 이주하여, 6촌 세력 위에 새로운 지배세력으로 등장하였으므로,[16] 이 당시 신라에 새로운 문화가 유입되었을 가능성이 있다. 또한 『삼국지(三國志)』에서도 다음과 같은 기사를 볼 수 있다.

11 박홍국은 문헌 및 발굴자료 등을 토대로 분황사 모벽탑 이전에 벽탑이 존재하였고, 6세기 후반에 벽탑이 활발히 조성되었다고 추정하며(박홍국, 『한국의 전탑연구』(1998, 학연문화사.), 44~56쪽 참고.), 송준태는 석장사(錫杖寺)터 발굴 및 경주의 벽탑터 발굴 벽전 등을 토대로 분황사 모벽탑 이전에 벽탑이 존재한 것으로 추정하고 있다(송준태, 「한국 전탑에 대한 연구」(2008, 동국대학교 문화예술대학원 불교예술문화학과 석사학위논문.), 14~15쪽 참고.).

12 고유섭, 『고유섭전집-韓國美術史及美學論考』(1993, 통문관.), 126쪽과 천득염·김은양, 「한국 전탑에 관한 비교론적 연구」(한국건축역사학회, 『한국역사연구』8, 1995. 12.), 35쪽.
또한 김동욱의 『한국건축의 역사』(1997, 기문당.), 50쪽에서는 "분황사의 模塼塔은 중국의 전탑을 모방하여 석재를 塼과 같은 모습으로 깎아 전탑형태로 완성시킨 것이다. 이 탑은 신라가 당시 선진국인 중국의 문화를 수용하는데 얼마나 적극적이었는가를 여실히 보여주는 예라고 하겠다"는 평가를 내리고 있는데, 명확한 연구 없이 단순한 추측이라고 생각한다.

13 『삼국사기』 권제1 「신라본기」 제1 '祇摩尼師今'(112~134).
11년 4월에 대풍이 동쪽에서 불어와 나무를 꺾고 기와를 날리더니 저녁에 이르러 그쳤다.
『삼국사기』 권제2 「신라본기」 제2 '助賁尼師今'(230~247).
4년 4월에 큰 바람이 불어 屋瓦를 날렸다.

14 김성구, 『옛 기와』(1992, 대원사.), 60~61쪽.

15 이기백, 『한국사신론』(1994, 일지사.), 67쪽.

16 이종욱, 「한국의 초기국가 형성과 신라의 정치적 성장」(한국사연구회編, 『제2판 한국사연구입문』, 1995, 지식산업사.), 75쪽과 한영우, 『다시 찾는 우리역사』(1997, 경세원.), 93쪽 참고.

진한(辰韓)은 마한(馬韓)의 동쪽에 있는데, 그들 늙은이들이 대대로 전하며 스스로 말하기를, 옛적에 진(秦)나라의 노역[役]을 피해 한국(韓國)으로 망명하여 온 사람들인데[自言古之亡人避秦役來適韓國], 마한이 그들의 동쪽 경계 땅을 나누어 주었다고 하였다. … 낙랑(樂浪) 사람들을 이름하여 '아잔'(阿殘)이라고 하는데, 동방의 사람들이 '나'를 말할 때는 '아'(阿)라고 하므로 낙랑 사람들이 본디 그들의 잔여인(殘餘人)임을 말하는 것이다[謂樂浪人本其殘餘人]. 지금에 그들을 이름하여 진한(秦韓)이라고도 한다. 처음에는 여섯 나라가 있었는데 점차 나뉘어져 열두 나라가 되었다.[17]

즉, 중국 진(秦:B.C.221~206)의 주민들이 신라에 유입되었고, 이 과정에서 낙랑(樂浪)이 성립되었다는 기사이다.[18] 중국에서는 전국(戰國:B.C.475~221) 시대에 기와와 벽전이 발생하였고, 진과 한(漢)에서는 각종 벽전과 벽전건축이 발전하기 시작하였으므로,[19] 이러한 문화가 일찍부터 신라에 유입되었을 것으로 추정할 수 있는 것이다. 또한 『삼국사기』에서도 다음과 같은 기사를 볼 수 있다.

14년에 고구려왕 무휼(無恤)이 낙랑을 습격하여 멸하자, 낙랑 사람 5,000명이 와서 6부(六部)에 나누어 살게 되었다[十四年, 高句麗無恤王, 襲樂浪滅之, 其國人五千來投, 分居六部.].[20]

(3년 3월에) 낙랑과 대방, 두 나라가 귀복하였다[三月…樂浪·帶方兩國歸服.].[21]

위의 두 기사는 A.D.38년과 A.D.301년의 내용으로, 당시 낙랑 사람들이 신라에 유입되었음을 알 수 있게 하는 내용이다. 특히 '기림이사금'(基臨尼師今)의 내용은 낙랑의 벽전축 무덤이 활발하게 축조하던 때와 일치하는 시기이므로, 낙랑의 벽전사용과 생산·축조기술 등이 신라에 유입되었을 가능성은 충분히 있다. 결국 신라는 4세기 초부터 벽전의 생산과 축조기술을 보유하고 있었던 것으로 추정할 수 있는 것이다.

또한 『삼국유사』에는 양지(良志)가 '벽전을 새겨 작은 탑 하나를 만들고, 아울러 삼

17 『三國志』 권30 「魏書」 제30 '東夷列傳' [烏丸鮮卑東夷傳] 韓.
18 이 사료는 낙랑이 漢四郡이었다고 하는 주장에 의해 중요하게 언급하지 않았던 것으로, 다시 검토되어야 할 중요한 내용일 것이다.
19 劉敦楨, 『中國古代建築史』(1995, 세진사.), 18~19·122~124쪽 참고.
20 『삼국사기』 권제1 「신라본기」 제1 '儒理尼師今'.
21 『삼국사기』 권제2 「신라본기」 제2 '基臨尼師今'.

천불(三千佛)을 만들었다'는 기록[22]이 있는데, 선덕여왕(善德女王:632~647)과 679년 창건한 사천왕사(四天王寺)의 기록을 통해, 양지는 7세기 초의 인물로 추정할 수 있다.[23] 따라서 분황사 모벽탑을 건립하였던 634년과 거의 같은 시기에 신라에서는 벽탑을 축조하고 있었던 것이다. 또한 선덕여왕 대에 창건한 석장사(錫杖寺)터에서는 양지가 제작한 것으로 추정하는 7종류 무늬를 새긴 벽전이 발견되었는데, 그 중 벽탑으로 볼 수 있는 탑무늬를 새긴 벽전도 있다.[24](<그림 5-2·3>) 벽전에 새겨진 이 탑은 3층이고, 각 옥개 받침과 낙수면에 3단의 단을 표현하여 모벽석탑(模甓石塔)과 유사한 형태로 볼 수 있다.<그림 5-4> 그러나 각각의 탑신에는 고구려 벽탑과 같이 상부를 홍예로 축조한 감실을 표현한 것도 있는데,[25] 홍예는 일반적인 벽전건축의 벽체에서 개구부를 축조할 경우에 설치하는 것이므로,(<그림 3-36> 참고) 이 탑은 벽탑으로 볼 수 있다. 결국 석장사터에서 발견된 벽전을 제작하기 이전에 이미 탑무늬의 전형이 되었던 벽탑이 있었음을 나타내는 것으로, 신라에서는 분황사 모벽탑 이전에 벽탑이 존재하고 있었던 것이다. 또한 벽전에 새겨진 벽탑은 각 층의 체감과 전체 형태·옥개의 단·기단형식이 당시 중국의 다층 벽탑과는 완전히 구분되며,<그림 5-5> 신라에서 나타난 전형석탑 또는 모벽석탑과 유사한 것을 알 수 있다. 따라서 신라에서는 이미 이러한 형식과 형태의 벽탑 또는 석탑이 어느 정도 정착해 있었던 것으로 추정할 수 있을 것이다.[26]

22 『삼국유사』 제4권 「意解」 제5 '良志使錫'.
중 양지는 그 조상이나 고향에 대해서는 자세히 알 수 없고, 오직 신라 善德王 때에 자취를 나타냈을 뿐이다. … 그는 또 한편으로 여러 가지 技藝에 통달해서 신묘함이 비길 데가 없었다. 또 筆札에도 능하여 靈廟寺 丈六三尊像과 天王像, 또 殿塔의 기와와 天王寺 탑 밑의 八部神將, 法林寺主佛三尊, 좌우 金剛神 등은 모두 그가 만든 것이다. 영묘사와 법림사의 현판을 썼고, 또 일찍이 벽전[磚]을 새겨서 작은 탑 하나를 만들고 [又嘗彫磚造一小塔.], 아울러 삼천불을 만들어, 그 탑을 절 안에 모셔 두고 공경했다

23 장충식, 「錫杖寺址 出土遺物과 釋良志의 彫刻 遺風」(동국대학교 신라문화연구소, 『신라문화』제3·4집, 1987. 12.), 88쪽.

24 벽전에 새겨진 탑의 형식은 ①단층 기단 위에 2구의 眼象을 배치한 형식과 안상이 없는 두 가지 형식, ②기단과 탑신에 귓기둥·사잇기둥을 모각, ③옥개 층급은 보통 3단, ④相輪은 보다 단조로운 형식도 있으나, 露盤·仰花·寶輪·寶蓋·水烟(또는 水煙)·寶珠 등의 형식과 함께 풍경 莊嚴을 나타낸 것도 있다(장충식, 「錫杖寺址 出土遺物과 釋良志의 彫刻 遺風」, 『신라문화』제3·4집, 1987. 12., 동국대학교 신라문화연구소, 95쪽.). 또한 옥개 상부와 하부의 표현이 현재 전형석탑과 동일한 탑도 있는데, 옥개 상부의 형태는 목조 지붕과 같이 反轉하고, 하부는 3단으로 단을 표현하고 있는 것이다. 기단에서도 역시 전형석탑과 동일하게 2층 또는 단층 기단형식이 있다. 이러한 탑무늬를 통해 전형석탑과 유사한 형식은 感恩寺·高仙寺 석탑 이전에 나타났던 것으로 추정할 수 있다.

25 이와 동일한 무늬는 三郞寺터에서 발견된 벽전의 탑무늬에서도 확인된다.

26 박홍국의 『한국의 전탑연구』(1998, 학연문화사.), 47~48쪽에서도 같은 의견을 밝히고 있다. 또한 박홍국은 『삼

또한 석재의 사용에서도 현존하는 신라 벽탑은 기단과 감실에 모두 석재를 사용하고 있으며, 특히 조탑동(造塔洞) 5층 벽탑은 1층 탑신을 석재로 축조하였으므로, 기존 연구에서는 '돌에 대한 미련 또는 애착' 등으로 설명하였다. 그러나 석장사터에서 발견된 벽전에 이미 귓기둥과 사잇기둥이 있는 가구식(架構式) 기단을 표현하고 있어, 신라 벽탑에는 일찍부터 석재 기단을 축조하고 있었던 것을 알 수 있다.[27] 따라서 신라 전형석탑은 분황사 모벽탑이 아닌, 그 이전부터 있었던 목탑과 벽탑에 기원을 두는 것으로 추정 가능하며, 벽탑은 목탑과 함께 석탑이 나타나기 이전, 신라의 대표적인 탑 형식 중 하나였던 것이다.

그러면 신라의 벽탑 축조시기가 의문으로 남는데, 이는 고구려 벽탑과의 관계를 통해 추정할 수 있을 것이다. 본래 인도에서 발생한 복발형(覆鉢形) 탑은 돌과 벽전으로 축조한 것이었으며, 중국에서 목탑에 이어 벽탑이 나타난 시기는 북위(北魏:386~534) 때이다. 또한 신라에 불교가 공인되기 이전부터 민간에서는 불교가 유포되고 있었는데, 주로 5세기 말에서 6세기 초이고,[28] 불교를 전한 아도(阿道) 또는 묵호자(墨胡子)는 모두 고구려를 거쳐 신라에 이른다. 당시 고구려는 낙랑의 벽전축 무덤에서 시작한 벽전의 생산과 축조기술을 습득하고 있었으며, 제3장에서 살펴본 것과 같이 목탑과 함께 벽탑을 축조하

국유사』제3권 「興法」제3 '原宗興法猒髑滅身'에서 '절과 절은 밤하늘의 별처럼 자리 잡았고, 탑과 탑은 기러기 나는 듯하다'[寺寺星張 塔塔雁行.]라는 기록이 565년의 내용이므로, 분황사 모벽탑이 축조되기 이전의 많은 탑 중에는 목탑과 함께 벽탑이 있었을 것으로 주장한다. 또한 50쪽에서는 646년 완공한 황룡사 9층 목탑을 축조하는데 백제의 장인 阿非知를 초청하였으므로, 당시 신라는 거대한 목탑을 축조할 수 있는 기술을 보유하지 못하였고, 반면에 7층 또는 9층으로 추정하는 분황사 모벽탑을 축조할 수 있는 기술이 12년 전에 있었던 사실에 의해, 7세기 초 신라에서는 벽탑의 축조기술이 축적되어 있었음을 지적한다. 따라서 신라의 벽탑은 분황사 모벽탑이 축조되기 이전에 이미 축조하고 있었던 것은 틀림없는 사실인 것으로 판단할 수 있다.

27 따라서 뒤에 살펴볼 法興寺터 7층 벽탑의 가구식 기단 역시 후에 개축된 것이기 보다 본래의 형식이었을 가능성도 있으며, 현재 남아 있는 면석을 통해 1층 석조 가구식 기단으로 추정되고 있다(안동시, 「안동신세동7층전탑 정밀사진실측 및 보수복원방안 조사보고서」(2003, 제로원기획.), 135쪽 참고.).

28 金煐泰, 『한국불교사개설』(1993, 경서원.), 41~42쪽.

1. 13대 味鄒尼師今 2년(263)에 고구려 僧 我道가 왔다.
2. 19대 訥祇麻立干(417~458) 沙門 墨胡子가 고구려에서 一善郡에 이르러 毛禮 집에 머물렀다.
3. 21대 炤知麻立干(479~500) 阿道화상이 侍者 3인과 같이 와서 毛禮 집에 왔을 때, 아도를 본 모례가 놀라 '전에 고구려 승 正方과 滅垢玭가 왔다가 죽음을 당했다'면서 아도를 남의 눈에 띄지 않게 집안 土窟에 숨겨 모셨다. 그 때 마침 외국 사신이 가져 온 향을 알아 맞친 것을 계기로 아도는 대궐에 갔으며, 외국 사신이 아도에게 拜禮하는 것을 본 왕이 佛僧을 공경해야 하는 것임을 알고 佛法信行을 허락하게 되었다는 것이다.

또한 이기백은 『한국사신론』(1994, 일조각.), 90쪽에서 늦어도 5세기 초에 신라 민간에 불교가 파급된 것으로 보고 있다.

였다.[29] 특히 선양[瀋陽]의 고구려 벽탑 축조시기는 5세기 중엽으로 추정할 수 있으므로, 이 시기를 전후하여 고구려는 많은 벽탑을 축조하였던 것이다. 그러므로 고구려를 통해 신라에 전해진 불교에서 탑 형식은 목탑과 함께 벽탑이었던 것으로 추정할 수 있다.

또한 특이한 것은 신라 강역(疆域)에서 고구려의 적석무덤과 유사한 형태이면서, 석탑으로 추정되는 유구가 남아 있어, 이러한 추정에 근거를 더하고 있다. 경상북도 의성(義城) 석탑동(石塔洞) 7층 석탑과 안동 북후면(北後面) 석탑동 5층 석탑이 그것이다.[30] (<그림 5-6·7>) 또한 문무왕(文武王)을 화장한 장소를 기념하고, 보호하기 위하여 축조한 방형 석탑으로 알려진[31] 경주 능지탑(陵只塔)의 경우 고구려 장군총의 상부에 난간을 설치하였던 것과 유사한 흔적을 찾아볼 수 있어,[32](<그림 5-8>) 고구려의 무덤형식과 유사한 특징이 신라의 무덤 또는 탑에서 나타나고 있는 것을 알 수 있다. 결국 이러한 석탑은 고구려 적석무덤에서 기인한 것으로, 또는 고구려 무덤의 불탑화(佛塔化)로 추정되기도 하며,[33] 이를 통해 당시 고구려 탑 또는 적석무덤 형식이 신라에 유입되어 탑으로 변화한 것으로 추정할 수 있다.[34]

이렇게 석장사터 벽전의 벽탑무늬는 당시 수·당에서 축조하였던 벽탑과는 그 형식

29 진홍섭, 「韓國模塼石塔의 類型」(문화재관리국, 『문화재』제3권, 1967. 8.), 2쪽.
塼築 건조물은 중국에서 상당한 발전을 보여 漢代에는 널리 보편화되었음을 볼 수 있고, 그 문화가 한반도에 유입된바 많았음을 볼 때, 塼에 의한 건축기술 또한 전해졌을 것이고 따라서 삼국기에 塼造의 탑파가 존재하였음은 숙지되는 바 있다.

30 진홍섭은 「所爲 方壇式特殊形式의 石塔 數例」(『신라·고려시대 미술문화』, 1997, 일지사.), 428쪽에서 '方壇式 石塔'이라는 용어를 사용하였고, 고구려 將軍塚과 유사한 점을 지적한다.

31 김희경, 『탑』(1982, 열화당.), 64쪽.

32 이는 1998년 8월 15일 능지탑 답사에서 알 수 있었던 사실로, 능지탑 복원에는 사용되지 않고, 뒤편에 쌓아 둔 석재에서 뚜렷한 구멍 흔적을 찾아볼 수 있었다.

33 김왕직, 『탑과 사방불』(1995, 삼선포교원·삼선승가대학.), 51쪽.
이는 곧 『삼국유사』 제3권 「塔像」 제4 '遼東城育王塔'에서 고구려 聖王이 阿育王의 土塔 위에 7층 목탑을 세웠다는 기사에서 볼 수 있는 토탑과 유사한 것으로 생각한다. 따라서 고구려의 무덤형식이 신라에서는 석탑 등으로 나타나는 것으로 생각할 수 있는 것이다. 또한 渤海에서는 무덤 상부에 벽탑을 축조하는 형식이 있는데, 이때 무덤을 地宮, 상부의 탑을 廟塔이라고 한다. 이는 곧 탑과 무덤의 상관관계를 나타내는 것이라고 할 것이다.

34 또한 山清 今西面 花溪洞 駕洛國仇衡王陵은 고구려 적석무덤과 함께 위의 두 석탑과 유사한 것으로 지적된다(진홍섭, 「所爲 方壇式特殊形式의 石塔 數例」『신라·고려시대 미술문화』, 1997, 일지사, 429~433쪽 참고.). 이렇게 고구려 적석무덤과 유사한 형식의 유구가 남아 있는 것은 백제 漢城에서도 찾아볼 수 있어, 고구려 積石 형식이 南下하였음을 알 수 있다. 또한 신라 무덤은 초기에 평지에 축조한 積石木槨무덤이 주류를 이루지만, 삼국 통일 후에 橫穴式 石室무덤으로 변화하였다. 그 구조는 주로 낙랑 벽전축 무덤과 유사한 궁륭천장 또는 백제의 터널 천장 석실무덤과 유사한 것으로 추정한다.

▲5-6

▲5-7

▲5-8

▶5-9

▶5-10

그림 5-6 의성 석탑동 7층 석탑
그림 5-7 안동 석탑동 5층 석탑
그림 5-8 경주 능지탑의 구멍이 있는 석재
그림 5-9 興輪寺터에서 발견된 鬼面 벽전
(출전 : 동국대학교박물관, 『瓦塼特別展』(1985.).)
그림 5-10 신라 벽탑의 분포
(■ 현존하는 벽탑 / •벽탑터 / ▲ 문헌에서 확인된 벽탑터)
(출전 : 박홍국, 『한국의 전탑연구』(1998, 학연문화사.), 104쪽.)

이 다르고, 고구려의 탑 또는 무덤이 신라의 탑 형식에 영향을 준 사실 등을 통해, 신라 벽탑은 고구려의 영향으로 축조되었으며, 현재 남아 있는 신라 벽탑에서 나타나는 특징들은 고구려 벽탑의 영향으로 설명할 수 있는 것이다. 따라서 신라에서는 634년 분황사 모벽탑 이전에 이미 벽탑을 축조하고 있었으며, 그 시기는 고구려 벽탑이 나타난 이후인 5세기 말 또는 불교가 공인되는 6세기 중엽이었던 것으로 추정할 수 있다.[35]

2. 신라 벽탑의 특징

기본적으로 벽탑은 석재보다 작은 크기의 소성(燒成)한 벽전으로 탑신과 옥개 등 각 부분을 벽전으로 축조한 탑을 말하며, 상륜(相輪)은 보통 금동(金銅)으로 설치한다.[36] 벽전은 크기가 작아 손으로 다루기 쉽고 압축력에 강하기 때문에 규모가 크고 높은 탑을 쉽게 축조할 수 있다. 따라서 3층이 일반적인 석탑과는 달리, 현존하는 벽탑과 문헌으로 확인할 수 있는 벽탑은 모두 5층 또는 7층인 경우가 대부분이다.[37] 벽전의 크기는 대체로 일정하고, 현장에서 미세한 치수를 조정하는 등 뛰어난 시공성(施工性)을 가지고 있는 것이 특징이지만, 벽탑을 축조하는 장방형·정방형 벽전에는 대부분 무늬를 새기고,[38] 일정한 규격으로 생산하기 때문에 시공 때에는 가공하여 축조하지 않은 것으로 판단한다. 특히 무늬가 있는 경우는 가공하여 축조할 경우 무늬가 가지고 있는 의미가 상실되기 때문에, 벽탑의 규모는 벽전 크기와 밀접한 연관을 맺고 있다. 또한 벽탑의 체감과 밀접한 관계가 있는 옥개 축조에는 벽전의 크기에 의해 내밀어 쌓는 정도를 결정하는 것으로 생각하는데, 이와 관련된 것은 2절에서도 살펴볼 것이다.

또한 신라 벽탑에는 벽전과 함께 석재 또는 목재를 함께 사용하는 경우도 있

35 박홍국은 『한국의 전탑연구』(1998, 학연문화사.), 54쪽에서 분황사 모벽탑 이전에도 벽탑이 있었음을 주장하고, 신라가 고구려와 백제의 견제에 대항하여 중국의 수·당과 밀접한 정치적·군사적 교류를 가졌던 6세기 후반으로 보아야 한다고 한다. 그러나 이는 고구려 벽탑을 산정하지 않은 추정이며, 본 연구에서 추정하는 시기보다는 훨씬 늦은 것이다. 따라서 고구려 벽탑에 관한 중요성은 다시 강조되어야 할 것이며, 활발한 연구가 진행되어 본 연구에서 추정한 것보다 명확한 시기가 밝혀질 것으로 생각한다.

36 현재 금동 상륜이 남아 있는 것은 松林寺 5층 벽탑뿐이지만, 『永嘉誌』의 기록에서 현존하는 안동의 벽탑들에도 금동으로 만든 상륜이 있었음을 확인할 수 있다.

37 장충식, 『신라석탑연구』(1987, 일지사.), 34쪽 참고.

38 경주에서 발견된 벽전은 대부분 무늬가 있고, 안동의 조탑동 5층 벽탑·臨河寺 벽탑터·高麗 驪州 神勒寺 벽탑 등에도 당초·연꽃무늬 벽전이 섞여 있으므로, 대체로 무늬 있는 벽전으로 축조하였던 것으로 추정할 수 있다.

었을 것으로 생각하는데, 석재를 사용한 것은 현존하는 벽탑의 감실(龕室)과 기단에서 확인할 수 있어 한국 벽탑 또는 한국 벽전건축만이 가지고 있는 특징이라고 할 수 있다. 또한 목재를 사용한 벽탑[39]은 제3장에서 살펴본 심양 고구려 벽탑이 대표적이고, 고려 안양사(安養寺) 7층 벽탑 역시 이와 같은 형식으로 볼 수 있었다. 특히 박홍국은 양지(良志)와 관계하고, 영묘사(靈廟寺)로 추정되는 경주 흥륜사(興輪寺)[40]의 목탑이 벽전과 목조(木造)를 혼합한 형식이었을 것으로 추정하고 있지만, 명확한 연구가 있어야 할 것이다.[41] 그러나 신라에서는 분명 고구려의 영향으로 인해 벽전과 목조를 혼합한 형식의 벽탑이 있었을 것으로 추정하고자 한다.

신라의 벽탑은 4기가 현존하는데,[42] 안동에 3기가 집중되어 있고, 그 외에 7기의 벽탑터가 확인되었다. 또한 칠곡(漆谷) 송림사(松林寺)에는 5층 벽탑이 원형에 가깝게 남아 있으며, 청도(淸道) 운문사(雲門寺) 작압전(鵲鴨殿)은 벽전으로 축조한 탑전(塔殿)이었고, 불영사(佛靈寺) 벽탑은 파괴되어 후대에 다시 축조한 형태로 남아 있다. 또한 신라의 도읍이었던 경주에는 석장사터 벽탑만이 알려졌으나, 박홍국의 연구에 의해 경주 3기, 울산(蔚山)에 1기의 벽탑터가 추가되었다. 따라서 신라의 벽탑이 신라 말의 특정 시기와

39 중국에서는 '磚木混合塔'이라는 용어를 사용하고 있다.

40 그러나 최근 연구에서는 현 국가사적 15호로 지정되어 있는 경주시 사정동 281-1일대는 영묘사터이고, 경주공업고등학교자리가 흥륜사터라고 하는 주장들이 제기되고 있어, 앞으로 학계에서 명확히 연구되어야 할 부분이다(박홍국, 「와전자료를 통한 영모사지와 흥륜사지의 위치 비정」(동국대학교 신라문화연구소, 『신라문화』20호, 2002.) 참고.).

41 박홍국, 『한국의 전탑연구』(1998, 학연문화사.), 204~208쪽 참고. 박홍국의 논지를 정리하면, 흥륜사터에서는 鬼面 또는 獸面 벽전이 발견되었고,<그림 5-9> 『東京雜記』 卷二 「佛宇」 '靈妙寺'에서 영묘사의 3층 殿塔이 '體制殊異'하였다는 기록, 다른 절터에 비해 영묘사터 주변에 장방형 벽전이 많은 사실 등을 통해 흥륜사 목탑은 일부에 벽전을 사용한 '木塼折衝型' 목탑 또는 벽전을 주로 사용한 '木塼塔'으로도 확대 해석하였다. 따라서 다른 목탑보다 훨씬 후대까지 명맥을 유지하였고, 15세기 말(1490년대) 김시습의 『梅月堂集』에 「登靈廟寺浮圖」라는 詩를 남기므로, 그때까지 영묘사탑이 존재하였고, 시제에서 이 탑은 사람이 내부에서 제일 위층까지 오르내릴 수 있는 구조였다는 것이다. 물론 신라는 고구려 벽탑의 영향을 받은 것으로 추정할 수 있어, 흥륜사의 목탑이 벽전과 목조로 축조된 '磚木混合塔'이었을 가능성도 있다. 이 때 고려에서 축조한 안양사 7층 벽탑 역시 고구려와 신라를 거쳐 고려에 전해진 것으로 설명될 수 있을 것이다. 그러나 이미 孟仁在는 이 귀면이 獅子이며 벽전은 방전틀에서 찍어낸 것이 아닌, 직접 조각하여 생산한 것을 지적하였고, 底緣의 구조와 상부 양단의 돌기가 다른 물체에 감입할 때에 필요했으리라는 점, 쌍영총 북벽 부부도의 향좌주두에서 장방형의 장식 수면이 명확히 그려져 있음을 통해 그 용도를 확인하였다(孟仁在, 「獸面塼」 『고고미술』21호, 1962., 고고미술사학회, 233~234쪽 참고.). 또한 흥륜사와 영묘사는 『삼국유사』에서 명확히 분리하여 명칭하고 있는데, 과연 같은 절로 볼 수 있는지 역시 의문이며, 특수한 벽전 하나를 통해 이러한 결론을 내리기는 어려움이 있을 것으로 생각한다.

42 현존하는 벽탑은 모두 5기이지만, 驪州 神勒寺 多層 벽탑은 고려로 추정되고 있으므로, 신라의 벽탑은 4기가 현존하는 셈이다.

안동의 특정 지역에서 축조한 이형탑(異形塔)으로 분류하였던 주장[43]은 수정되어야 한다. 물론 현존하는 벽탑과 벽탑터가 안동에 가장 많이 분포하는 것은 사실이지만, 경주와 울산에서 7세기 초로 추정되는 벽탑터가 알려지므로, 당시 신라의 도읍이었던 경주에서 가장 먼저 벽탑이 출현하였고, 이러한 흐름이 신라 후기에 안동으로 이전되었던 것으로 생각해야 하기 때문일 것이다.

2-1. 법흥사터 7층 벽탑[44]

이 벽탑은 높이 14.8m, 1층 탑신 평면크기가 3.5×3.4m로 현존하는 벽탑 중 가장 큰 규모이며, 8세기에 축조된 것으로 추정된다. 이 탑에 대한 설명은 1604년 권기(權紀)가 안동지방의 각종 문물을 기록한 『영가지(永嘉誌)』에서 찾아볼 수 있는데, 17세기 초까지도 법흥사는 맥을 유지하였고, 벽탑에는 금동 상륜이 있었음을 알 수 있다.[45] 또한 1763년 임청각(臨淸閣)의 주인이었던 이종악(李宗岳)의 동호해람(東胡解纜;임청각 앞 동호에서 닻줄을 풀다)에 상륜부가 없는 7층의 법흥사터 벽탑이 있어 참고 할만 하다.(<그림 5-12>)

이러한 자료 등에도 불구하고 1487년에 개축되어 과연 현재의 형태가 원형인지 명확하게 밝힐 수 없어, 기존 연구에서는 현존 벽탑의 가치를 인정하지 않고, 연구가 활발히 진행되지 못한 것이 사실이다.[46] 그러나 기존의 관점과는 다르게 현존하는 벽탑의

43 대표적으로 천득염·김은양, 「한국 전탑에 관한 비교론적 연구」(한국건축역사학회, 『건축역사연구』8, 1995. 12.), 39쪽 참고.

44 기존에 이 벽탑은 '新世洞 7層 塼塔'으로 명명하였지만, 이 책에서는 『영가지(永嘉誌)』를 통해 벽탑이 위치하는 절터를 법흥사터로 추정할 수 있으므로, '法興寺터 7층 甓塔', 뒤에 설명하는 '東部洞 5층 전탑'은 '法林寺터 5층 벽탑'이라는 용어를 사용하기로 한다. 이러한 입장은 李凌耆의 「안동지역 塼塔의 조형성 연구」(1994, 한국교원대학교 대학원 미술교육학과 석사학위논문.), 11~12쪽에서도 밝히고 있어 참고가 된다.

45 『永嘉誌』 卷之六 「古塔」 '法興寺甎塔'

府城의 동쪽 5리에 있으며 7층이다. 本府의 大裨補이다. 成化丁未年(1487)에 改築하였다. 위에는 금동의 장식이 있었는데, 李股가 철거하여 官에 납부하였고, 이를 녹여서 客舍에 사용하는 집기로 만들었다(成炳禧, 「永嘉誌解題」 『安東文化』 제3집, 1982. 12., 안동문화연구소).

『永嘉誌』 卷之六 「古蹟」 '法興寺'

(법흥사는) 府 동쪽 2리에 있으며 지금은 단지 3칸만이 있다(성병희, 「永嘉誌解題」 『安東文化』제3집, 1982. 12., 안동문화연구소).

또한 『新增東國輿地勝覽』에는 '부의 동쪽에 있다'라고 하고, 법흥사터 관한 朴孝修의 詩가 있어 참고된다(이행 외, 『신증동국여지승람』 제24권 「安東大都護府」 '佛宇' [法興寺] 참고.).

46 그러나 이 벽탑은 현존하는 벽탑 중 탑신에 사용한 벽전의 段數와 張數, 屋蓋의 단수와 그 차이 등이 가장 일정한 규칙을 보이고 있는 유일한 탑이다. 자세한 것은 제2절에서 살펴본다.

▲5-11

▲5-12

▲5-13

▲5-14

▲5-15

▲5-16

그림 5-11 「安東都會(18세기 후반)」 中 **법흥사터 7층 벽탑**
(출전 : 李燦, 『한국의 고지도』(1997, 범우사.), 273쪽.)
그림 5-12 **이종악** 「東湖解纜」**의 임청각과 법흥사터 7층 벽탑**
그림 5-13 **20세기 초 법흥사터 7층 벽탑**
(출전 : 朝鮮總督府, 『朝鮮古蹟圖譜』 4권(1916.), 449쪽.)
그림 5-14 **법흥사터 7층 벽탑**
그림 5-15 **법흥사 7층 벽탑의 감실상부 천장과 찰주공**
(출전 : 안동시, 「안동신세동7층전탑 정밀사진실측 및 보수복원방안 조사보고서」(2003, 제로원기획.), 132쪽.)
그림 5-16 **법흥사 7층 벽탑의 최상부 노반석**
(출전 : 안동시, 「안동신세동7층전탑 정밀사진실측 및 보수복원방안 조사보고서」(2003, 제로원기획.), 134쪽.)

규모와 평면 크기가 크게 변화하지 않은 것으로 생각하는데, 그 이유는 기단이 모두 석재이기 때문이다. 모든 기단은 3단 정도의 석재로 축조하고, 특히 법흥사 7층 벽탑은 가구식 기단이므로, 개축 당시 규모와 평면의 크기를 변경하기 위해서는 새로운 석재로 기단을 설치하여야 하는데, 그 가능성은 크지 않았을 것이다.

이때 문제가 되는 것은 벽전의 쌓기방법이다. 위에서 설명한 것과 같이 벽탑의 규모와 평면 크기가 변하지 않기 위해서는 벽전의 쌓기방법 역시 크게 달라질 수 없다. 현존하는 벽탑은 벽전을 가공하여 축조한 경우는 거의 찾아 볼 수 없고, 균일한 크기로 소성한 벽전을 그대로 축조하였다. 따라서 탑신 한 변에서 사용하는 벽전 장수(張數)와 벽전을 쌓는 방법에 따라 평면 크기가 결정되므로, 개축 당시에도 역시 벽전쌓기에는 큰 변화가 없었을 것으로 가정할 수 있기 때문에, 벽전쌓기 역시 어느 정도 신라의 쌓기방법이 남아 있는 것이다. 특히 법흥사터 7층 벽탑은 제3장에서 살펴본 것과 같이 벽전의 길이면과 마구리면을 번갈아 쌓는 명확한 벽전쌓기를 볼 수 있는데, 이는 다른 벽탑이 길이면 또는 마구리면만이 보이도록 축조한 것과는 다른 의도적인 벽전쌓기이다.(<그림 3-17> 참고) 따라서 신라 벽탑과 벽전쌓기는 고구려의 벽탑형식과 그 쌓기방법에 영향 받은 것으로 볼 수 있을 것이다.[47]

특히 이 벽탑에는 1층 감실 내부 천장에 찰주공(擦柱孔)이 남아 있어 특이한데, 찰주공은 탑을 축조할 때 중심에 찰주를 세우고 사방으로 벽전을 쌓아 올리면서 균형을 잡기 위한 것으로 추정되며, 탑이 완성된 후 찰주는 제거되었을 것이며, 최상층 찰주공은 상륜부를 세우는데 이용되었을 것이다. 상륜부는 현재 남아 있지 않으나 최상층 옥개석 상면에 화강석으로 된 방형의 석재가 있는데, 한변 0.7m, 높이 12㎝정도이다. 이 석재는 노반석(露盤石)으로 추정되기도 하는데 본래의 것인지는 분명치 않다.(<그림 5-15·16>)

47 또한 법흥사터 7층 벽탑에 관한 기존 연구 중 이능기는 의성 탑리 5층 모벽석탑의 영향으로 축조하였다고 추정한다(이능기, 「안동지역 전탑의 조형성 연구」, 1994, 한국교원대학교 대학원 미술교육학과 석사학위논문, 46쪽 참고.). 두 탑의 양식 비교를 통해 유사한 점이 많아, 석재 대신 벽전으로 충실히 구현한 것이므로, 안동지역 벽탑의 시원 양식은 모벽석탑과 밀접하게 관련되어 있음을 주장한다. 그러나 벽탑→모벽석탑→벽탑이라고 하는 순서는 벽탑의 발생과 그 관계를 설명할 수 없고, 또 두 탑은 많은 차이점을 갖고 있다. 또한 의성 탑리 5층 모벽석탑은 백제석탑의 영향으로도 추정하기도 한다(천득염·김은양, 「한국 塼塔에 관한 比較論的 연구」『건축역사연구』8, 1995. 12., 한국건축역사학회, 35쪽 참고.).

▲5-17

▲5-18

▲5-19

▶5-20

그림 5-17 「安東都會(18세기 후반)」 中 **법림사터 5층 벽탑**
(출전 : 李燦, 『한국의 고지도』(1997, 범우사.), 273쪽.)
그림 5-18 **법림사터 5층 벽탑**
(출전 : 朝鮮總督府, 『朝鮮古蹟圖譜』 4권(1916.), 448쪽.)
그림 5-19 **조탑동 5층 벽탑**
(출전 : 朝鮮總督府, 『朝鮮古蹟圖譜』 4권(1916.), 451쪽.)
그림 5-20 **충청북도 제천 장락동 7층 모벽탑의 석재를 사용한 1층 탑신 축조**

2-2. 법림사터 5층 벽탑

이 벽탑은 높이 8.35m, 1층 탑신 2.6×2.57㎝이고, 삼국 통일 후에 축조된 것으로 추정되며, 『영가지』에서는 7층으로 기록하고 있지만,[48] 현재는 5층이다. 또한 18세기 후반에 그려진 안동의 지도에도 5층으로 그려져 있어,[49](<그림 5-17>) 그 사이에 개축된 것으로 추정할 수 있다. 가장 특이한 것은 각 층 옥개 상부에 기와를 사용[葺瓦]하고 있는 것으로, 『조선고적도보(朝鮮古蹟圖譜)』에서도 확인되며,(<그림 5-18>) 법흥사터 7층 벽탑에서도 흔적을 볼 수 있다. 그러나 박홍국은 특수한 벽탑에서만 기와를 사용한 것으로 주장한다.[50] 그러나 제3장에서 언급한 고려 안양사 7층 벽탑에는 기와를 사용하였고, 고구려 적석무덤에서도 상부에 기와 또는 벽전을 덮어 빗물을 방지한 사실을 확인할 수 있었다. 또한 심양 고구려 벽탑은 벽전과 목조를 혼합한 탑이므로, 2층 이상의 옥개에는 기와를 사용하였을 가능성이 있어, 이러한 형식이 신라에 유입되었다면, 당연히 신라 벽탑에도 일반적으로 기와를 사용하였을 것이다.[51]

또한 2층 탑신 남쪽 면에는 인왕상을 새긴 부조판을 감입 하였는데,(<그림 3-29> 참고) 일반적인 신라 석탑에서는 감실 좌우에 위치하는 것으로 이 벽탑만이 예외이다. 따

48 『永嘉誌』卷之六「古塔」'法林寺甎塔'

府城의 남문 밖에 있으며 7층이다. 本府의 大裨補이다. 위에는 법흥사탑과 같은 장식이 있다. 萬曆戊戌年(1598)에 明나라 장군 楊登山의 군인들이 철거하였다(성병희, 「영가지해제」『안동문화』 제3집, 1982. 12., 안동문화연구소.).

『永嘉誌』卷之六「古蹟」'法林寺'

(법림사는) 府城 남쪽에 있으며 지금은 단지 3칸과 土佛 3기, 土象과 흙으로 만든 獅子가 각각 하나씩 있다(성병희, 「永嘉誌解題」『安東文化』 제3집, 1982. 12., 안동문화연구소.).

49 그러나 <그림 5-11>의 법흥사터 7층 벽탑 역시 5층으로 그려져 있어 명확한 것은 확인할 수 없다. 또한 이능기는 「안동지역 전탑의 조형성 연구」(1994, 한국교원대학교 대학원 미술교육학과 석사학위논문.), 58쪽에서 1598년(1958년으로 표기되어 있지만 오기인 것으로 판단한다)에 7층이었던 것을 5층으로 개축하였다고 하지만, 『영가지』의 내용으로는 알 수 없다.

50 박홍국은 『한국의 전탑연구』(1998, 학연문화사.), 197~200쪽에서 이 문제를 다루고 있는데, 그 근거는 <그림 5-30>의 울산 農所邑 中山里 벽탑터에서 발견된, 단면 끝을 ''와 같은 형태로 가공한 벽전과 안동 臨河寺 벽탑터에서 발견된 曲面 벽전을 옥개에 사용된 것으로 추정하고, 신라 모벽석탑에서는 기와의 표현이 되지 않기 때문이다. 그러나 <그림 5-30>의 벽전을 옥개에 사용하였다면, 오히려 기와를 얹기 위해 앞쪽은 사선으로 가공하고, 그 뒷부분에는 진흙을 채워 물매를 조정하였을 것으로도 볼 수 있다.

51 진홍섭은 「한국의 전탑」Ⅰ(『공간』제3호, 1967. 1.), 71쪽에서 벽탑의 기와사용은 목조건축 양식이 남아 있는 결과로 언급하고 있지만, 최근 연구까지도 기와 사용에 대해 명확한 근거를 통해 논의가 마무리 되지 않고 있다(송준태, 「한국 전탑에 대한 연구」(2008, 동국대학교 문화예술대학원 불교예술문화학과 석사학위논문.), 24~25쪽 참고.).

라서 개축될 당시에 설치된 것으로도 볼 수 있으며, 특히 인왕상 부조판 중앙이 2부분으로 나누어진 것처럼 보이는 사진도 있어,[52] 본래 감실 좌우에 설치되었을 가능성이 있다. 그러나 이 때는 인왕상 머리의 방향이 감실을 향하지 않아 역시 의문으로 남는다. 또한 부조판을 감입하여 축조하는 방법은 고구려 벽탑에서부터 조선후기까지의 벽전건축에 나타나는 공통된 특징이라고 할 수 있으므로, 본래 모습으로도 추정할 수 있을 것이다.

2-3. 조탑동 5층 벽탑

이 벽탑은 높이 8.65m이고 법림사터 벽탑과 같이 삼국 통일 후에 축조된 것으로 추정되고 있다. 『영가지』에는 '일직삼탑'(一直三塔)으로 기록되어 있는데,[53] 2005년 벽탑주변 발굴조사에서 현 벽탑에서 서쪽으로 8m가량 떨어진 지점에서 적석유구가 확인되었다. 그 크기는 동서간 8~9m, 남북간 8~9m로 방형에 가까워 벽탑을 서쪽 8m 지점에 그대로 이설해 놓은 위치로 추정되고 있어, 그 시기는 명확하지 않지만 개축된 사실을 확인한 것이다.[54](<그림 5-19>) 이 벽탑의 가장 주목할 점은 기단과 함께 1층 탑신을 석재로 축조한 것이다.[55] 벽탑의 기단·감실과 함께, 탑신을 석재로 축조하는 것을 기존 연구에서는 '돌을 잊을 수 없었던 미련 또는 애착'으로 설명하고, '벽전의 사용법을 충분히 소화하지 못하였기 때문'으로 평가한다. 그러나 이러한 평가는 중국과 비교를 통한 선입견 때문일 것인데, 중국은 전국(戰國) 시대 때부터 전 시기에 걸쳐 벽전을 광범위하게 사용하였고, 벽전으로 축조한 건축이나 벽탑 등의 모든 부분을 벽전으로만 축조하였다.

52 진홍섭, 「한국의 전탑」 I (『공간』제3호, 1967. 1.), 71쪽 사진 참고.

53 『永嘉誌』 卷之六 「古塔」 '一直三塔'
작은 석탑 2기와 큰 甎塔 1기 모두 현 서쪽 2리에 있다(성병희, 「영가지해제」 『안동문화』제3집, 1982. 12., 안동문화연구소.).

54 경상북도문화재연구원, 「안동 조탑리 5층 전탑 주변 사지 발굴조사 약보고서」(2005.) 17~18·30쪽 참고. 현 벽탑은 고려 또는 조선시대 건물지와 통일신라시대 수로를 파괴하고 설치된 점으로 보아, 조선 또는 그 이후에 이설된 것으로 추정할 수 있다. 또한 이 적석유구 동쪽과 북쪽에서는 외단에서 4m 가량 떨어진 지점에 할석을 이용한 기단 석열이 발견되었는데, 동쪽 외단에서 기단 석열사이의 1.2m 지점에는 또 하나의 기단 석열이 일부 잔존하여 2중 기단을 설치했던 것으로 확인되었다.

55 박홍국은 '塼塔' 용어 대신, '石·塼塔'이라는 용어 사용을 주장하지만(박홍국, 『한국의 전탑연구』, 1998, 학연문화사, 26쪽.), 본문 내용에서는 벽탑과 동일한 것으로 설명하고 있다. 따라서 본 연구에서는 '석·전탑'으로 구분하지 않고, 일반 벽탑과 같은 것으로 본다. 비록 1층 탑신의 축조 재료는 돌이지만, 그 형태와 특징에서 벽탑과 구분되는 것이 없고, 한국 벽전건축에서 석재를 混用하는 것은 전 시기에 걸쳐 보편적으로 나타나는 특징이기 때문이다.

그러나 중국에 비해 상대적으로 벽전사용이 활발하지 못하였던 한국의 벽전건축은 한국의 것으로 인식되지 못했고, 벽전의 축조방법과 생산기술은 중국보다 우수하지 못하다는 선입견이 팽배하여,[56] 벽탑에서 석재를 사용하는 것은 중국과 다른 것이고, 축조기술이 미숙한 것으로 간주한 것이다. 그러나 벽전건축에서 부분적으로 석재를 사용하는 것은 오히려 중국과는 다른 한국 벽전사용의 특징으로 보아야 한다.

한국에서 벽전을 사용한 모든 건축에서는 부분적으로 석재를 사용하고 있다.[57] 또한 벽전은 인장력에 약하고 부재 하나하나를 쌓아 축조하는 조적식 구조가 그 특징이므로, 기단과 감실의 상인방 등에 석재를 사용하는 것은 벽전건축을 더욱 안정하게 축조할 수 있는, 벽전의 특징을 명확하게 파악하고 있었던 것이다. 이러한 특징을 가장 잘 볼 수 있는 것은 신라의 삼국 통일 이후에 축조된 것으로 추정되는[58] 제천(堤川) 장락동(長樂洞) 7층 모벽탑(模甓塔)이다. 모벽탑은 분황사 모벽탑이 대표적이며, 안동과 영양(英陽)·정선(旌善) 등에 분포하는데, 모두 석재를 벽전 형태로 가공하여 축조한 탑이다. 또한 벽탑과 마찬가지로 기단과 감실의 상인방 등에는 모두 석재를 가공하여 축조하였는데, 특히 장락동 7층 모벽탑은 <그림 5-20>과 같이 기단과 감실은 물론, 1층 탑신 귓기둥을 석재로 축조하였다. 이러한 모벽탑은 벽전이 아닌 석재를 쌓아 만든 탑이지만, 벽탑과 동일한 특징을 갖고 있으며, 석재를 통해 더욱 안정하게 축조할 수 있었다. 또한 조선 후기에는 벽전으로 축조한 담장이나 건축에서도 모서리에 석재를 첨가하여 쌓는 방법은 보편적인 것이다.(<그림 7-28·29> 참고) 그리고 앞에서 살펴본 것과 같이 석장사터에서 발견된 벽전에 새겨진 벽탑 무늬에서 이미 석조(石造) 가구식 기단이 사용된 것을 볼 수 있으며, 현존하는 법흥사터 7층 벽탑은 가구식 기단으로 축조하였다. 이러한 흐름 속에서 조탑동 5층 벽탑은 석재의 사용범위를 확대하여 1층 탑신에까지 사용한 것이며, 벽탑을 안정하게 축조할 수 있었던 것이다.

56 이러한 선입견이 잘못되었음을 명확하게 밝히는 것 또한 이 책의 목적 중 하나이다.

> 塼은 조선의 것은 아니었다. 塼塔 형식도 그것이 석재에 의하여 번안되므로써, 비로소 조선다운 형식으로 되었다. 필경 조선은 塼의 나라가 되지 못하고 돌의 나라로서 그치고 말았다(고유섭, 『고유섭전집3-韓國美術史及美學論考』, 1993, 통문관, 130쪽.).

57 백제 벽전축 무덤인 송산리 6호 무덤과 무령왕릉은 석재를 사용한 곳이 없지만, 단단한 암반 위에 직접 축조하였으며, 고구려 벽탑 역시 마찬가지이다.(<그림 3-37> 참고) 따라서 석재로 기단을 축조한 것과 동일하며, 역시 석재를 사용한 것으로도 볼 수 있을 것이다.

58 박홍국, 『한국의 전탑연구』(1998, 학연문화사.), 160쪽.

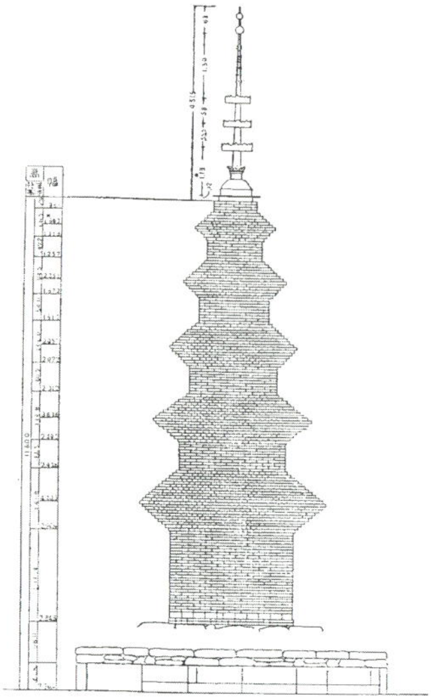

▲5-21

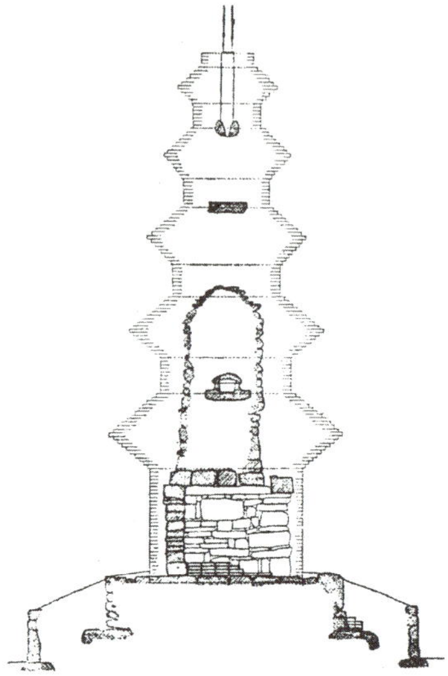

▲5-22

▲5-23

▲5-24

▲5-25

▲5-26

그림 5-21 **송림사 5층 벽탑 입면도**
(출전 : 김재원, 「松林寺磚塔」(진단학회, 『진단학보』 제29·30 합병호, 1966. 12.), 16쪽.)
그림 5-22 **송림사 5층 벽탑 단면도**
(출전 : 김재원, 「松林寺磚塔」(진단학회, 『진단학보』 제29·30 합병호, 1966. 12.), 17쪽.)
그림 5-23 **송림사 5층 벽탑에서 발견된 石函 內 유물배치 입면도**
(출전 : 김재원, 「松林寺磚塔」(진단학회, 『진단학보』 제29·30 합병호, 1966.12.), 22쪽.)
그림 5-24 **청도 佛靈寺 벽탑에 사용된 벽전**
(출전 : 京都帝國大學文學部, 『新羅古瓦の研究』(1934, 桑名巖.), 도판71.)
그림 5-25 **경주 덕동 벽탑터 출토 벽전 중 옥개에 사용한 '上層' 글씨벽전**
(출전 : 박홍국, 『한국의 전탑연구』(1998, 학연문화사.), 64쪽.)
그림 5-26 **경주 인왕동 벽탑터 출토 당초·불상 무늬 벽전**
(출전 : 박홍국, 『한국의 전탑연구』(1998, 학연문화사.), 67쪽.)

2-4. 송림사 5층 벽탑

이 벽탑은 상륜 높이까지 16.13m로, 현존하는 벽탑 중 창건 당시의 형태와 가장 유사한 것으로 평가받고 있다.(<그림 5-21·22>) 문헌으로는 조선 정조(正祖)때 쓰여진 『범우고(梵宇攷)』에만 기록되어 있는데,[59] 현재 남아 있는 신라의 상륜이 언급되어 있고, 12층은 오기인 것으로 판단된다. 또한 1959년 벽탑의 해체수리에서 사리장치가 발견되었는데, 유물들을 통해 벽탑의 창건은 8세기 초로 추정되고, 수 차례에 보수된 것으로 확인되었다. 또한 현재 벽탑에는 감실이 없지만, 1층 탑신에서는 2구의 목불(木佛)과 함께 폐쇄된 감실이 발견되어, 본래에는 다른 벽탑과 같이 감실이 있었음을 알 수 있다.(<그림 5-22>)

특히 사리장치에서는 분황사 모벽탑에서 발견된 동일한 금동 실패가 발견되어, 두 탑의 연관관계를 설정할 수 있는데, 가장 주목되는 것은 은도금 영락수지형장식(纓絡樹枝形裝飾)이다. 이 유물은 은판에 좌우대칭으로 뻗은 가지를 새겨 200여 개의 영락을 달고 있는데, 인조(人造) 보리수[菩提樹]이자 머리에 꽂는 장신구로 추정되기도 한다.[60] 이는 백제의 벽전축 무덤인 무령왕릉에서 발견된 왕의 왕관 장식과 나주(羅州) 반남면(潘南面) 신촌리(新村里) 9호 무덤 을관(乙棺)에서 출토된 금동관 등과 유사하기도 하다.[61] 또한 인조 보리수를 중국 남조의 양(梁)에서 제작하였다는 기록도 있어,[62] 신라의 벽탑인 송림사 5층 벽탑의 벽전제작과 사용방법은 백제와 양에서 영향 받았을 가능성이 있다.[63] 제4장에서 살펴본 것과 같이 양(梁)은 장방형의 특유한 벽전축 무덤을 축조하였으며, 무령왕릉과 송산리 6호 무덤의 벽전제작 또는 벽전무늬 등에 영향을 주었다. 또한 백제는 중국과 다른 축조 방법으로 2기의 완전한 벽전축 무덤을 축조하였으며, 목조건축 등에도 광범위하게 사용하여, 벽전 제작과 축조방법이 발달되었음을 살펴보았다. 따라서 신라 벽탑의 사리장치에서 벽전을 광범위하게 사용한 백제·양나라와 유사한 유물

59 『梵宇攷』 '松林寺'.
(송림사는) 府[漆谷] 남쪽 15리에 있다. 절에는 12층 벽탑[甓塔]이 있으며, 상부에는 금속 상륜이 있다(김재원, 「松林寺磚塔」『震檀學報』제29·30 합병호, 1966. 12., 진단학회, 15쪽에서 재인용.).

60 김재원, 「松林寺磚塔」(진단학회, 『震檀學報』제29·30 합병호, 1966. 12.), 25~26쪽 및 송신영, 「송림사 5층전탑에 대한 고찰」(한국불교미술사학회, 『강좌미술사』27호, 2006.), 119쪽 참고.

61 윤세영, 「무령왕릉출토 冠飾에 관하여-團扇說에 대한 반론」(충청남도·공주대학교 백제문화연구소, 『무령왕릉의 연구현황과 제문제』, 1991, 제일문화사.), 135쪽 참고.

62 Soper, Alexander, *Literary Evidence for Early Buddhist Art in China*(1954, Ascona.), 76~77쪽(김재원, 「松林寺磚塔」『진단학보』제29·30 합병호, 1966. 12., 진단학회, 25쪽에서 재인용.).

63 『삼국사기』에서 法興王(514~540)과 眞興王(540~576) 대에 梁과 교류가 있었음을 확인할 수 있다.

이 발견된 사실은 신라 벽전사용의 영향관계를 추정할 수 있는 것으로 생각한다. 이상 현존하는 신라 벽탑의 특징을 간략하게 정리하면 다음 <표 5-1>과 같다.[64]

표 5-1 현존하는 신라 벽탑의 특징

	기단	탑신	감실	상륜	기타
法興寺터 7층 벽탑	■ 8부중과 사천왕板石을 한면에 6매씩 설치 ■ 상부에서 1층 탑신 하부까지 시멘트로 수리	■ 모두 벽전으로 축조 ■ 감실 양측면과 상하에 화강암 기둥·인방	■ 1층 탑신 남면 ■ 내부 상부를 方錐形 구멍을 만들었는데, 목탑의 擦柱孔으로 추정	■ 金銅制 相輪이 있었던 것을 철거함 ■ 露盤만 잔존	- 1487년 개축 - 옥개 상면에 기와를 이은 흔적 - 일정한 벽전쌓기는 고구려 벽탑과 유사 함
法林寺터 5층 벽탑	■ 화강암으로 3단의 탑신 받침이 있을 뿐	■ 모두 벽전으로 축조 ■ 감실에 석재 인방과 기둥 설치	■ 1층 탑신 남면 ■ 2층 탑신 4면과 3층 탑신 남면에 소형 龕形 설치	■ 금동제 상륜을 1598년 명나라 장수가 철거 ■ 노반 잔존	- 서측 幢竿支柱 - 옥개 상면에 기와를 이음 - 2층 탑신 남면에 仁王像 감입
造塔洞 5층 벽탑	■ 土築 기단 위에 탑신을 받기 위한 5단의 화강석 괴임돌	■ 1층 탑신은 화강석을 5~6단으로 쌓아 축조	■ 1층 탑신 남면 ■ 감실 좌우에 인왕상 설치 ■ 내부에는 角形木心柱 잔존	·	- 唐草 무늬 벽전사용
漆谷 松林寺 5층 벽탑	■ 귓기둥과 사잇기둥을 모각한 면석과 갑석 ■ 화강암 1단으로 탑신을 받침	■ 모두 벽전으로 축조 함	■ 1959년 해체 수리 때에 1층 탑신 남면에 감실의 흔적 발견	■ 露盤·木材 擦柱·금동제 覆鉢·仰花·寶輪·龍車·寶珠 등 높이 4.51m의 신라 상륜	- 1층 탑신·2층 옥개·3층 옥개·복발에서 사리장치 발견 - 백제·梁과 같은 菩提樹 발견

2-5. 벽탑터

신라의 벽탑터는 경주와 안동·울산(蔚山)·청도(淸道) 등지에 산재해 있으며, 모두 11군데에 달하는데, 먼저 경주의 벽탑터는 기존의 석장사(錫杖寺)터만이 알려졌으나 박홍국

64 또한 현존하는 벽탑 중 驪州 神勒寺 多層 벽탑은 벽전에 새겨진 연꽃무늬와 기단형식을 통해 창건은 고려로 추정되기 때문에, 제6장에서 살펴보기로 한다.

의 연구에 의해 3곳이 더 밝혀졌다. 따라서 신라 벽탑은 벽전을 다루는 기술이 부족하여 뿌리내리지 못하였고, 주로 안동 지역에서만 축조하였다는 기존의 견해는 수정되어야 할 것인데, 벽탑은 분황사 모벽탑 이전에 축조되고 있었고, 신라 도읍지인 경주지역을 중심으로 축조되기 시작하여 점차 지방으로까지 확산 된 것으로 보아야 할 것이기 때문이다.

표 5-2 경주와 울산의 신라 벽탑터와 벽전 특징

	특징	벽전 두께	비고
仁旺洞 벽탑터	■ 벽전 옆면에 三尊供養像·唐草 佛像·飛天 무늬가 새겨진 벽전	3.5~4.5㎝	- 고구려 적석무덤에 사용한 벽전과 같이 두께가 얇은 벽전
德洞 벽탑터	■ 梵字와 '下層'·'上層'·'中西' 등의 글자 ■ '下層'·'層上' 글씨를 새긴 벽전 두께가 5.5㎝·7.5㎝로 서로 다르고, 물끊기 홈이 있어 옥개 낙수면에 사용한 것으로 추정	4.5~5.5㎝	- 梵字를 벽전 옆면에 새기고 벽탑을 조영한 것은 유일한 것
錫杖寺 벽탑터	■ 緣起法頌銘塔像무늬벽전片·線刻如來坐像·浮刻塔像(苦行像·如來坐像) 무늬 벽전 등 7종류의 벽전 발견 ■ '層上'·'三'·'南'·'東'·'西中上'·'西北'·'官長' 등 위치를 표시한 벽전 발견	5.5~7.5㎝	- 『삼국유사』의 良志가 벽전으로 작은 탑을 만들고, 삼천불을 새겼다는 것과 관련
三郞寺 벽탑터	■ 석장사·농소읍 중산리에서 발견된 벽전과 유사한 무늬의 벽전		
울산 農所邑 中山里 벽탑터	■ 光背·臺座를 갖춘 불좌상과 3층탑, 구름과 2동의 건물, 건물과 모서리에 용머리, 당초와 새 무늬 등 4종류 무늬 벽전 발견 ■ 앞뒤의 두께가 서로 다른 벽전이 발견되어 옥개 낙수면에 사용하였던 것으로 추정 ■ 감실 입구의 홍예에 사용하였던 벽전 발견	6.0~6.5㎝	- 출토된 탑무늬 벽전 중에는 佛衣 부분에 붉은 색이 남아 있는 것도 있어, 벽탑에 채색하였을 가능성이 있다.

경주지역의 벽탑터와 벽전의 특징은 <표 5-2>와 같다. 표에서 언급된 곳은 모두 벽탑터를 확인할 수 없을 정도로 많이 파괴되었지만, 청도 불영사 벽탑의 벽전과 동일한 개념의 무늬를 새긴 벽전이 발견되므로, 벽탑터임을 확인할 수 있다. 즉, 2동의 건물과 구름무늬·불상과 벽탑·당초무늬를 새긴 벽전 등이다.(<그림 5-24>) 특히 작은 탑과 불상들을 벽전에 새겨 벽탑을 축조하는 것은 소탑공양(小塔供養)·천불신앙(千佛信仰)[65]과 밀접

65 77 또는 99기의 소탑을 탑 상륜 주위에 안치하면 9만 9천의 불사리탑을 세우는 것이고, 造塔에 있어서의 무

하게 연관되는 것이며, 이와 함께 벽전 측면에 무늬를 새긴 점, 벽전의 용도와 위치를 표시하는 벽전 등을 통해 벽탑터임을 알 수 있다.

특히 경주 덕동(德洞) 벽탑터에서는 '下層'·'上層'·'中西'·'層上', 석장사 벽탑터에서는 '層上'·'三'·'南'·'東'·'西中上'·'西北'·'官長'[66] 등, 벽전을 사용하는 장소와 용도를 표시한 것으로 생각되는 글자가 새겨진 벽전이 발견되었으며, '上層'·'下層'의 '層'을 표시한 것은 분명 탑에 해당하는 것이다. 이와 유사하게 제4장에서 살펴본 백제의 무령왕릉과 송산리 6호 무덤에서도 각 용도에 따라 '大方'·'中方'·'急使'·'使才'를 새긴 벽전을 확인할 수 있으므로, 신라 경주에서는 6세기 초에 축조된 백제의 벽전축 무덤의 생산과 축조기술에 영향을 받은 것으로 생각하며, 벽탑의 축조 시기 역시 6세기까지 올려 볼 수 있는 단서가 되는 것이다.

또한 신라는 벽전사용이 활발하지 않고, 벽전을 다루는 기술이 미숙하였다고 하는 기존의 견해와는 달리, 벽전건축을 축조하기 이전에 설계과정을 거쳐 용도에 맞게 벽전을 제작하고 축조한 사실을 알 수 있는 중요한 증거가 된다. 따라서 기존의 견해는 수정되어야 하며, 아주 일찍부터 신라에서는 벽전을 사용하였던 것으로 생각할 수 있을 것이다. 또한 덕동 벽탑터에서는 <그림 5-25>와 같이 앞부분은 5.5㎝, 뒷부분은 7.5㎝로 두께가 서로 다르고, 앞부분 끝단에서 약 2.5㎝ 부분에 물끊기 홈이 있어 옥개에 사용되었던 것으로 보이는 벽전이 발견되었고,[67] 다른 곳에서는 발견된 적이 없는 범자(梵字)가 새겨진 벽전이 발견되어 주목된다.

경주 인왕동 벽탑터에서는 벽전 측면에 불상 3구를 새긴 것과 당초·비천(飛天)무늬 등 매우 다양한 벽전이 발견되었다.(<그림 5-26>) 벽전의 두께는 3.5~4.5㎝로, 다른 벽탑터에서 발견한 5~6㎝과 큰 차이가 있는데, 5세기 중엽, 고구려 적석무덤의 각 단 상면을 덮었던 것으로 추정하였던 2㎝ 두께의 벽전(<그림 3-1·2·3> 참고)과 유사한 특징이다. 또한 이 벽탑터에서 발견된 벽전무늬를 통해 6세기 중엽 또는 7세기 초에 축조한, 경주지역에서

한공능을 상징적으로 표현하는 것이기 때문에(장충식, 『신라석탑연구』, 1987, 일지사, 28쪽 참고.), 벽전에 작은 탑을 새겨 축조한 것이다. 또한 많은 불상을 새기는 것은 중국 南北朝 시대에서부터 唐에 이르기까지 유행하였고, 한국에서는 신라의 삼국 통일 이후에 성행한 것으로 알려져 있다. 대표적으로 백제의 '癸酉銘千佛碑像'이 있다(국립공주박물관, 『박물관이야기』, 1998, 통천문화사, 55~56쪽 참고.).

66 장충식, 「錫杖寺址 出土遺物과 釋良志의 彫刻 遺風」(동국대학교 신라문화연구소, 『신라문화』제3·4집, 1987. 12.), 108~109쪽의 도판 14~20쪽 참고.

67 박홍국, 『한국의 전탑연구』(1998, 학연문화사.), 62쪽.

가장 이른 벽탑으로 추정하고 있으므로,[68] 고구려의 영향일 가능성이 충분히 있다.

또한 2000년, 경주시 건천읍(乾川邑) 모량리(毛良里)의 이름이 알려지지 않은 절터에서 특수한 모양의 벽탑 축조용 벽전이 발굴되었고, 이를 통해 삼국시대에 축조된 우리나라 최고(最古)의 벽탑이 있었던 것으로 확인되었다고 한다. 절터에서는 대형 모서리 벽전과 5각 연화무늬 벽전(길이 35㎝, 너비 14㎝), 연화문 수막새, 신라 초기 기와 등 30여 점의 파편이 발굴됐는데, 이 가운데 신라 초기 기와는 6세기에 만들어진 것으로 추정되고 있다. 이를 바탕으로 모량리 절터의 폐(廢) 벽탑은 최소 6세기 말에 건립된 국내 유일의 거대한 중국식 초기 벽탑으로 결론을 내렸고, 현재 안동지역에 남아 있는 8·9세기 통일신라시대 4기의 전탑보다 앞선다고 분석했다. 특히 조사단은 벽탑의 형태가 중국의 대형 벽탑에서만 볼 수 있는 '3각 부분 돌출 벽전을 사용한 벽탑'이라는 추정을 통해, 당시 신라가 중국으로부터 벽탑 축조기술을 도입했던 것을 증명해주는 만큼 당시 중국과의 교류연구에도 획기적인 자료가 된다고 한다.[69] 이 절터에 대한 발굴보고가 되지 않아 더욱 명확한 사항은 파악할 수 없으나, 벽탑은 신라에서 불교가 공인된 직후와 안동 벽탑을 축조하기 이전에 이미 경주에서 벽탑을 축조하여 점차 지방으로 확산되었고, 분황사 모벽탑 보다도 그 시대가 앞선다는 것을 알 수 있다. 또한 신라 벽탑은 안동지역에서만 특정 시기에 축조한 형식이 아닌, 신라의 보편적인 탑 형식으로 생각할 수 있는 것이다.

또한 경주에서 25㎞ 떨어진 울산 농소읍(農所邑) 중산리(中山里) 벽탑터는 현존하는 벽탑터 중 가장 남쪽에 위치하는 것으로,[70] 측면에 3구의 불상과 탑, 2동 건물과 구름, 건물과 모서리에 용머리, 당초와 새 등 크게 4종류의 무늬를 새긴 벽전이 발견되었고, 그 두께는 대체로 6~6.5㎝이다.(<그림 5-27>) 이러한 무늬는 8세기 초로 추정하는 불영사 벽탑과 동일한 것인데,(<그림 5-24>) 그 중 벽전 측면에 새긴 불상의 옷에 붉은 색을 칠한 흔적이 남아 있는 벽전도 발견되었다.[71] 따라서 다른 벽전들에도 채색하였을 가능

68 박홍국, 『한국의 전탑연구』(1998, 학연문화사.), 124~128쪽 참고.

69 한국일보 웹사이트(news.hankooki.com) 2000년 11월 20일, '경주에 최고의 벽돌탑 있었다' 기사 참고

70 경상남도 昌寧에서도 불상이 새겨진 벽전이 발견되어 벽탑터로 추정되고 있는데(박홍국, 『한국의 전탑연구』, 1998, 학연문화사, 88~89쪽 참고.), 울산 농소읍 중산리 벽탑터보다 더 남쪽에 위치하는 벽탑터인 것이다. 그러나 문화재관리국 문화재연구소의 『해외소재문화재조사서 제5책 小川敬吉調査文化財資料』(1994, 서라벌인쇄주식회사.), 197쪽에서는 벽전이 아닌, '三尊佛 瓦片'이라 하여, 벽전인지는 확인할 수 없다.

71 박홍국, 『한국의 전탑연구』(1998, 학연문화사.), 75쪽과 겉 표지에 불상이 새겨진 벽전 사진 참고.

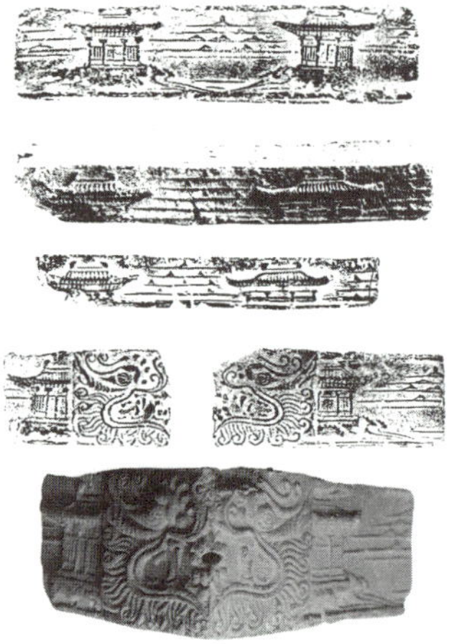

▲5-27

▲5-28

▲5-29

▶5-30(좌)

▶5-31(우)

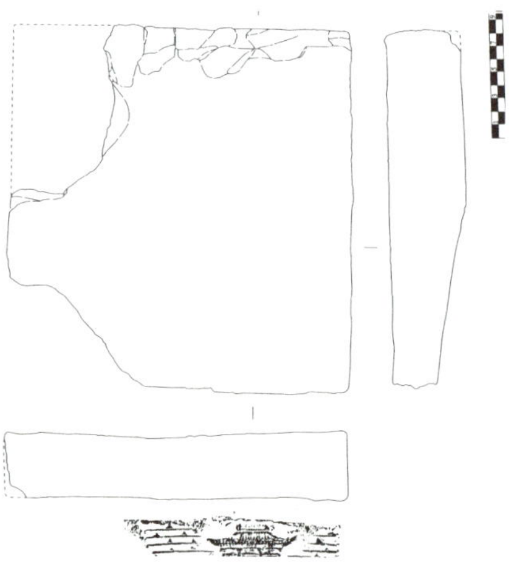

그림 5-27 **울산 농소읍 중산리 출토 벽전 중 옥개 상부에 사용한 건물·용머리 무늬 벽전**

(출전 : 김동현 외, 『신라의 기와』(1976, 동산문화사.), 301쪽 및 김성구, 『옛 전돌』, 1999, 대원사, 74쪽.)

그림 5-28 上丙里 **모벽석탑**

(출전 : 朝鮮總督府, 『朝鮮古蹟圖譜』 4권(1916.), 452쪽.)

그림 5-29 **제천 장락동 7층 모벽탑**

그림 5-30 **울산 농소읍 중산리 출토 벽전 중 옥개에 사용한 벽전**

(출전 : 박홍국, 『한국의 전탑연구』(1998, 학연문화사.), 75쪽.)

그림 5-31 **울산 농소읍 중산리 출토 벽전 중 감실 홍예에 사용한 벽전**

(출전 : 박홍국, 『한국의 전탑연구』(1998, 학연문화사.), 78쪽.)

성이 있으며, 당시 부처의 사리를 모시는 신앙의 주 대상이었던 탑에 장엄(莊嚴)을 베푼 것으로 생각할 수 있는 것이다.

이와 함께 무늬가 있는 벽전을 사용하지 않은 벽탑에는 석회를 사용하였을 가능성도 있는데, 본래 벽탑으로 창건된 운문사 작압전을 『삼국유사』에서는 '황탑'(黃塔)이라고 하였다.[72] 이는 벽전 자체의 색깔이 노란색이기 보다는, 석회를 바르고 금(金)으로 채색한 것으로 생각한다. 또한 제3장에서 살펴보았던 고려 안양사 7층 벽탑에서도 탑 겉면에 그림을 그렸다고 하였는데, 이 역시 석회를 바르고 채색하였던 것이다. 현존하지 않지만 상주(尙州) 상병리(上丙里) 모벽석탑[73]은 겉면에 석회를 사용한 것으로 알려져 있고,[74](<그림 5-28>) 장락동 7층 모벽탑 역시 겉면에 석회를 발랐다.[75](<그림 5-29>) 또한 벽전 형태의 할석(割石)으로 축조한 고구려와 백제의 석실무덤 중 벽체에는 석회를 발라 벽화를 그린 무덤들도 있고, 특히 벽전축 무덤인 무령왕릉과 송산리 6호 무덤의 등감(燈龕)과 가창(假窓), 6호 무덤 묘실의 각 부분에는 검은색으로 채색을 하였다.(<그림 4-31·32> 참고) 이러한 사실들을 통해 신라 모벽석탑과 함께 벽탑에도 겉면에 석회를 발라 채색하고 그림을 그렸을 가능성이 있으며, 신앙의 중심이며 예불 대상이었던 벽탑에 장엄을 베푼 것이다.

또한 건물 무늬를 새긴 벽전 중에는 앞뒤의 두께가 서로 다른 정방형 벽전이 있다.(<그림 5-27·30>) 벽전을 절반으로 구분하여 한쪽은 경사지고, 나머지는 수평이며, 뒷부분 약 6㎝, 무늬가 있는 앞부분은 3.2㎝로 두께에서 큰 차이가 있다. 따라서 앞부분 측면에 새긴 건물 무늬는 하부를 생략하였다. 이러한 형태 특징으로 인해 <그림 5-25>

72 『삼국유사』제4권 「意解」제5 '寶壤梨木'.
寶壤法師는 장차 허물어진 절을 일으키려 하여 북쪽 고개에 올라가서 바라보니 뜰에 5층의 누런 탑[黃塔]이 있었다.

73 일명 상주 상병리 石心灰皮塔이라고 한다.

74 진홍섭, 「韓國模塼石塔의 類型」(문화재관리국, 『문화재』제3권, 1967. 8.), 12쪽 참고. 또한 안동 대사동탑과 함께 탑 표면에 석회를 사용한 것을 '模塼石塔 제1류 B형'으로 분류한다.

75 중앙일보·동양방송, 『석탑』(1980, 삼성인쇄주식회사.), 245~246쪽 참고. 또한 분황사 모벽탑, 영양 현이동 오층 모벽석탑, 삼지리 모벽석탑 등의 모벽석탑에도 석회를 사용한 것이 확인되었으며, 김지석과 박홍국은 『新增東國輿地勝覽』제49권 「甲山都護府」'山川'에 '白塔洞에 벽탑[塼塔]이 있다'는 내용 중, 白塔은 벽탑 겉면에 석회를 사용한 것으로 판단하고 있으며, 특히 김지석은 안양사 7층 벽탑 등을 예로 고려시대 모전석탑에서 발견되는 회칠의 흔적은 예전부터 전래되던 조탑 기술 중 하나로 고려후기까지 계승된 것으로 판단하고 있다(박홍국, 『한국의 전탑연구』, 1998, 학연문화사, 202쪽 및 김지석 「고려시대 모전석탑 연구」, 2006, 단국대학교 대학원 사학과 석사학위논문, 37~43쪽 참고).

▲5-32

▲5-33

▲5-34

◀5-35

▲5-36

▲5-37

▲5-38

그림 5-32 운문사 작압전
(출전 : 홍사준, 「운문사의 작압전」(국립중앙박물관, 『미술자료』5호, 1962. 6.), 11쪽.)
그림 5-33 복원전 불영사 벽탑
그림 5-34 2009년 복원후 불영사 벽탑
그림 5-35 불영사 벽탑에 사용한 '工'자 홈을 새긴 벽전
(출전 : 박홍국, 『한국의 전탑연구』(1998, 학연문화사.), 82쪽.)
그림 5-36 화인사 벽탑
(출전 : 진홍섭, 「安東錦溪洞 化人寺址 塼塔」(국립중앙박물관, 『미술자료』1호, 1960.8.), 3쪽.)
그림 5-37 현재의 화인사 벽탑
그림 5-38 화인사 벽탑(세부)
(출전 : 진홍섭, 「安東 錦溪洞 化人寺址 塼塔」(『신라고려시대미술문화』(1997,일지사.), 487쪽.)

벽전과 같이, 벽탑 옥개 상면에 사용하였던 것으로 추정할 수 있다.[76] 또한 건물무늬 벽전 중 좌우 끝에 건물무늬의 절반을 생략하고, 용머리와 용의 입속에 풍경(風磬)을 달았던 흔적으로 보이는 구멍이 있는 벽전도 있는데,(<그림 5-27>) 벽탑 옥개와 탑신의 양 측면 또는 모서리에 사용하였던 것이다.

석장사터에서 발견한 벽전의 벽탑 무늬에서는 각 탑신에 홍예를 설치한 감실을 살펴보았는데,(<그림 5-2·3>) 이를 확인할 수 있는 벽전이 농소읍 중산리에서 발견되었다.[77] (<그림 5-31>) 따라서 벽전으로 축조한 홍예가 남아 있지 않은 신라의 홍예를 추정할 수 있는데, 낙랑과 고구려·백제의 홍예는 일반 장방형 벽전을 사용하거나 또는 사다리 형태의 벽전을 사용하여 축조하였지만, 신라의 홍예는 치밀한 설계를 통해, 홍예의 곡률을 결정하고 그에 맞는 특수한 벽전을 생산하여 축조한 것이다. 따라서 신라의 벽전건축 설계와 축조방법, 그에 따른 벽전의 생산은 삼국 중 가장 발달하였음을 확증하는 것이기도 하다.

이상 경주의 벽탑터로 추정되고 있는 곳과 그 곳에서 발견된 벽전의 특징을 살펴보았다. 이를 통해 벽탑은 신라의 도읍이었던 경주에서부터 축조하였으며, 그 시기는 분황사 모벽탑을 축조한 634년과 동일한 시기 또는 그 이전 시기로 볼 수 있었다. 또한 신라 전형석탑의 기원이 분황사 모벽탑에 있는 것이 아니라, 목탑과 벽탑에 있으며, 벽탑(목탑)→모벽탑→모벽석탑 등의 순차적인 발생 순서를 갖는다. 따라서 신라의 벽전생산과 축조기술은 아주 일찍부터 발달해 있었던 것이다. 이러한 특징들은 경주뿐만 아니라 점차적으로 여러 지역에 전파하기 시작하였는데, 현재 벽탑이 확인되고 있는 청도·칠곡·안동지역 등이다.

청도에서는 2기의 벽탑을 확인할 수 있는데, 운문사 작압전과 불영사 벽탑이다. 현재 운문사 작압전은 단칸의 목조건축으로 개축되었지만, 1941년 이전 사진으로 추정하는 <그림 5-32>에서 벽탑이었음을 확인할 수 있다. 지붕은 목조 맞배지붕이지만, 벽체는 단층이면서 벽전으로 축조하였고, 양 측면에는 기둥을 모사한 것으로 보인다. 또한 『삼국

76 이러한 특징을 바탕으로 2009년에 복원한 불영사의 3층 벽탑은 옥개 벽전 중 가장 바깥쪽에 이와 같은 벽전을 사용하여 참고가 된다.<그림 5-34>

77 이상 울산 농소읍 중산리에서 발견된 벽전에 관한 내용은 박홍국의 『한국의 전탑연구』(1998, 학연문화사.), 70~78쪽을 참고로 한 것이다. 또한 77쪽에는 발견한 벽전으로 각 용도를 추정하고, 그에 따라 복원한 벽탑 그림이 있어 참고할 만 하다.

유사』 기록[78]에서도 벽전으로 축조한 5층 벽탑이었다고 하였으므로, 과거에는 여러 층의 벽탑이 있었던 것이다.[79]

청도 불영사 벽탑은 본래의 형태를 알 수 없고, 단지 벽탑에 사용된 벽전을 이용하여 새로 축조한 벽탑이 있다가 2009년에 본래 모습으로 추정되는 벽탑을 복원하였다. (<그림 5-33·34>) 사용한 벽전은 한 변 26~28㎝, 두께 6㎝로 대부분 정방형 벽전이고, 무늬는 크게 3가지 종류로 구분할 수 있는데, 5구의 불상과 그 사이에 목탑으로 보이는 무늬 4개씩을 새긴 벽전과 2동의 건물과 구름, 당초무늬 벽전이다. 이러한 무늬는 앞에서 살펴본 경주 지역의 여러 벽탑터에서 발견된 벽전무늬와 동일하여,(<그림 5-24·27·30>) 경주지역에서 축조하였던 벽탑에서 영향 받은 것을 알 수 있으며, 거의 같은 시기 또는 그 직후에 축조한 것으로 추정할 수 있을 것이다.

이와 함께 불영사에서는 '工'자형으로 홈을 새긴 벽전이 발견되었는데,<그림 5-35> 그 용도는 명확하지 않지만 벽전과 벽전을 연결하는 철물(鐵物)을 사용하기 위한 것으로 추정할 수 있다. 즉, 벽탑을 축조하기 이전 설계작업을 거쳐 생산할 벽전을 미리 결정하고, 벽전과 벽전을 강하게 연결하는 부분에는 특수한 벽전을 생산하여 철물로 연결하는 발달된 벽전 축조기술이 있었음을 다시 한번 확인할 수 있는 것이다. 또한 제4장에서는 외리에서 출토된, 벽전의 네 모서리에 철물을 사용하여 연결하는 8가지 종류의 벽전을 살펴보았는데, 유사한 축조방법으로 볼 수 있어 백제와의 연관관계를 살필 수 있는 중요한 벽전인 것이다.[80]

78 『삼국유사』제4권 「意解」 제5 '寶壤梨木'.
그곳을 찾아가서 파보니 과연 예전 벽전[塼]이 수없이 있었다. 이것을 모아 쌓아 올려 탑을 이루니 남은 벽전[塼]이 하나도 없으므로, 이곳이 전대의 절터임을 알았다. 여기에 절을 세우고 살면서 절 이름을 작압사라고 했다. … 또 청태 4년 丁酉(937)에는 절 이름을 雲門禪寺라 내리고, 가사의 신령스러운 음덕을 받들게 했다.

79 또한 작압전의 해체 복원 때에 사리석함과 사리구가 발견되었는데, '咸通六年' 글씨를 새겨, 865년에 중건되었음을 알 수 있다(이길웅, 「운문사 작압전 출토 사리구에 대하여」 『慶州史學』제9집, 1990, 동국대학교국사학회 참고.).

80 또한 안동 臨河寺 벽탑터에서는 <그림 5-41>과 같이 철물이 붙어 있는 벽전이 발견되어 철물연결방법은 당시 보편적인 축조방법인 것으로 생각할 수 있다.

표 5-3 안동 지역의 벽탑터와 벽전 특징

<table>
<tr><th rowspan="2"></th><th rowspan="2">특징</th><th colspan="3">벽전 크기(㎝)</th><th rowspan="2" colspan="2">비고</th></tr>
<tr><th>길이</th><th>넓이</th><th>두께</th></tr>
<tr><td>化人寺
5층 벽탑터</td><td>▪ 기단은 석재를 사용, 폭은 3.5m
▪ 본래 5층으로 추정
▪ 2층 탑신 남면에 23×23㎝, 4층 탑신 4면에 11×11㎝의 작은 감실 설치</td><td>27~33</td><td>11.5~13.5</td><td>5</td><td colspan="2">- 1층 옥개와 탑신에 해당하는 중심부에 사리장치를 했던 구멍 흔적이 있음</td></tr>
<tr><td rowspan="5">臨河寺
벽탑터</td><td rowspan="5">▪ 1.5m의 지대석은 약 5.6m의 정방형으로 축조되었고, 각 변은 정확히 동서남북 방향
▪ 기단의 한 변이 5.6m인데, 이는 법흥사터 7층 벽탑보다 훨씬 큰 규모
▪ 기단은 지대석 위에 바로 초층 탑신이 올라가는 無기단 형식
▪ 지대석에서 1m이상 진흙과 강돌을 판축 하듯 다져 넣고, 지대석 내부에 직경 0.5m가 넘는 큰 돌들을 초석처럼 박아 넣음
▪ 기단 중심의 지하 1.5m 지점에 心礎石과 같은 육면체형의 石塊를 묻고, 그 속에 사리함을 안치
▪ 벽전은 크게 당초·연꽃무늬와 무늬 없는 벽전으로 구분</td><td>25</td><td></td><td>3.9~4.5</td><td>당초무늬</td><td rowspan="5">- 창건은 신라 말로 추정
- 사리를 지하에 안치한 것은 백제의 군수리 목탑터와 동일하다.
- 연꽃무늬 벽전에서는 벽전 2개가 하나의 무늬를 완성하는 형식이 주인데, 이는 백제 무령왕릉과 동일함
- 철물이 붙어 있는 벽전 발견</td></tr>
<tr><td></td><td>14
13.5</td><td>5
4.8</td><td>연꽃무늬
(3·2·1면)</td></tr>
<tr><td>27~29
21.2
25.4</td><td>13~13.8
15
15.8
14.7</td><td>4.6~5.7
5.5
7.8
5</td><td>민무늬
장방형</td></tr>
<tr><td>21.5
19.6
27
33</td><td>16~17
19
27
32</td><td>4
4
4.7
6</td><td>민무늬
정방형</td></tr>
<tr><td></td><td>17.5
17.5
17.5</td><td>3.8 / 2.2
4 / 2.5
4.5~3.7 / 2.5
4 / 2
3.2 / 4.7</td><td>곡면 벽전
(가장자리
/ 중심)</td></tr>
<tr><td rowspan="4">玉山寺
벽탑터</td><td rowspan="4">▪『永嘉誌』에 의해 5층으로 추정
▪ 기단은 화강석 판석으로 축조한 단층기단이며, 규모는 평면 약 2.2~2.54m, 높이 약 0.5m로 추정
▪ 벽전 크기에 의해 4종류로 구분
▪ 기단 판석 상단에는 甲石을 표시하는 한 단의 턱이 있고, 사잇기둥과 3개의 眼象을 조각</td><td>26.5</td><td>12.5</td><td>5.6</td><td rowspan="4" colspan="2">- 창건은 신라 말로 추정
- 기단 하부 잡석의 적심석
- 약 1㎝의 구멍이 있는 벽전도 발견</td></tr>
<tr><td>22.7</td><td>11.7</td><td>5.3</td></tr>
<tr><td>27.5</td><td>13.2</td><td>6</td></tr>
<tr><td>27</td><td>10.5</td><td>5.3</td></tr>
<tr><td rowspan="2">開目寺
벽탑터</td><td rowspan="2">▪ 적심석은 약 80㎝ 두께로 잔존
▪ 기단은 한 변이 2m로 추정</td><td>23.5</td><td>22.5</td><td>5</td><td rowspan="2" colspan="2">- 옥산사 벽탑과 동일한 벽전이므로, 신라 말로 추정
- 탑터는 안동지역 벽탑과 입지 특성이 동일</td></tr>
<tr><td>26.5</td><td>13~14.3</td><td>4~5</td></tr>
</table>

또한 3기의 벽탑이 현존하고 있는 안동지역에서도 4기의 벽탑터를 확인할 수 있는데,(<표 5-3>) 먼저 화인사(化人寺) 벽탑은 현존하지 않고[81] 단지 벽전들만이 남아 있지

81 붕괴되어 단층으로 복원한 화인사 벽탑은 1987년 이진구에 의해 조사되었다(이진구, 「안동 錦溪洞 甎塔 調査報告」『안동문화연구』제2집, 1987. 8., 안동문화연구회, 127~137쪽 참고.).

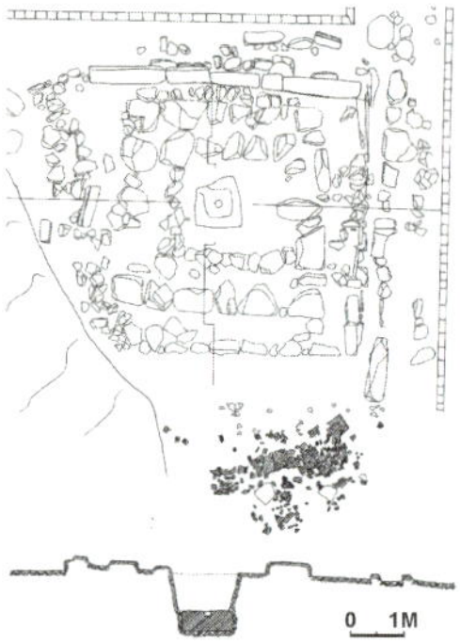

▲5-39

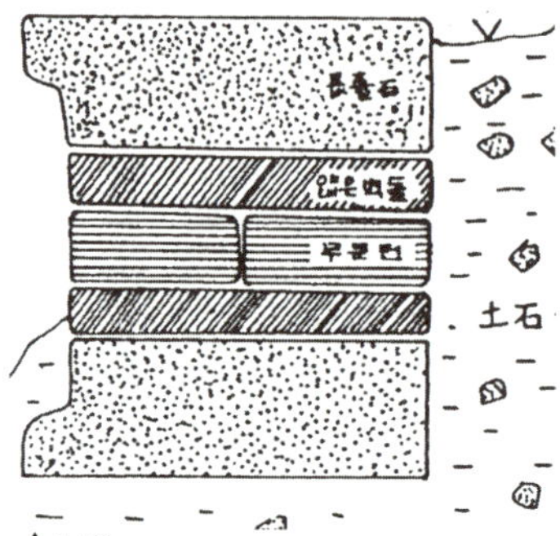

▲5-40

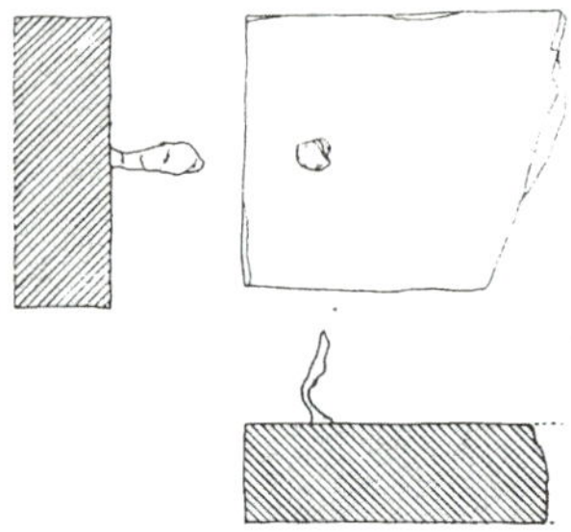

▲5-41

▲5-42

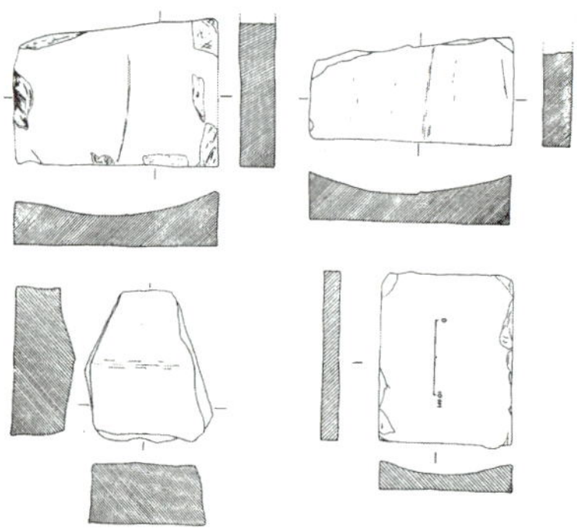

▲5-43

그림 5-39 임하사 벽탑터 발굴 완료 평면도 및 단면도
(출전 : 안동대학교박물관, 「임하사전탑지」(1988, 명선사.), 81쪽.)
그림 5-40 임하사 벽탑터 북측 지대석 부분 추정 단면도
(출전 : 이진구, 「臨河寺 7層 甎塔址調査報告」(안동문화연구회, 『안동문화연구』 창간호, 1986. 5.), 155쪽.)
그림 5-41 임하사 벽탑터 출토 철물이 부착된 벽전
(출전 : 안동대학교박물관, 「임하사전탑지」(1988, 명선사.), 91쪽.)
그림 5-42 임하사 벽탑터 출토 연꽃무늬 벽전
(출전 : 안동대학교박물관, 「임하사전탑지」(1988, 명선사.), 93쪽.)
그림 5-43 임하사 벽탑터 출토 곡면 벽전
(출전 : 안동대학교박물관, 「임하사전탑지」(1988, 명선사.), 93쪽.)

만, 진홍섭(秦弘燮)의 조사 내용과 사진[82]이 남아 있어 참고할 수 있다.(<그림 5-36·38>) 화인사라는 절 이름은 『영가지』의 기록[83]을 통해 추정하고 있는데, 석탑이 있다는 내용은 벽탑의 오기인 것으로 판단한다. 진홍섭의 조사내용을 살펴보면, 기단은 조탑동 5층 벽탑·송림사 5층 벽탑과 같이 토석으로 축조한 후, 1층 탑신을 받치기 위해 석재를 한 층 깔았다. 2층 탑신 남쪽에 23×23㎝, 4층 탑신 4면에 11×11㎝ 크기의 작은 감실을 설치하였는데,(<그림 5-38>) 이는 법림사터 5층 벽탑과 유사하다. 사용한 벽전은 장방형과 정방형이 섞여 있는데, 길이는 27~33㎝가 주를 이루고, 넓이는 11.5~13.5㎝로, 그 크기에는 심한 차이가 있지만, 두께는 대부분 5㎝로 일정하다. 또한 <그림 5-38>에서는 옥개 모서리에 정방형 벽전을 사용한 것을 확인할 수 있는데 현존하는 벽탑과 동일한 특징이며, 1층 탑신과 2층 탑신 높이는 거의 3배정도 차이가 있어,<표 5-4> 송림사 5층 벽탑과 유사하다.(<표 5-7> 참고) 옥개의 상·하 단수에서는 1·2층이 2단씩 차이가 있는데, 이 역시 송림사 5층 벽탑·조탑동 5층 벽탑과 같은 특징으로, 옥개 상·하에서 2단씩의 체감 방식은 신라벽탑의 특징으로 볼 수 있다.[84]

표 5-4 화인사터 5층 벽탑의 특징

탑신	폭(m)	높이(m)	옥개	최대폭(m)	높이(m)	옥개 段數		비고
						상	하	
1층	1.22	1.38	1층	2.12	0.75	7	5	- 4층까지 높이: 4.66m - 기단 폭: 3.5m
2층	1.02	0.52	2층	1.58	0.63	6	4	
3층	0.86	0.4	3층	1.4	0.46	5	2	
4층	0.75	0.23	4층	1.2	0.29	4	?	

(출전: 진홍섭,「안동 금계동 화인사지 전탑」(국립중앙박물관, 『미술자료』1호, 1960. 8.), 4쪽.)

임하사(臨河寺) 벽탑[85]의 창건은 신라 말 또는 8세기 중반 이전으로 추정되고,[86] 『영

82 진홍섭, 「安東 錦溪洞 化人寺址 塼塔」(국립중앙박물관, 『미술자료』1호, 1960. 8.), 3~4쪽.

83 『영가지』 卷之六 「古蹟」 '化人寺'.

豊山縣 남쪽의 圭峯 남[陽]쪽에 있으며, 폐하여진 석불과 석탑이 있다(성병희, 「영가지해제」 『안동문화』제3집, 1982. 12., 안동문화연구소.).

84 이와 관계되는 내용은 본 장의 제2절에서 자세히 살펴볼 것이다.

85 밑에서 언급하는 임하사 벽탑터에 관한 모든 내용은 안동대학교 박물관, 「臨河寺塼塔址」(1988, 명선사.)와 이진구의 「臨河寺 7層 甎塔址調查報告」(안동문화연구회, 『안동문화연구』창간호, 1986. 5., 147~166쪽.)를 참고한 것이다.

86 박홍국, 『한국의 전탑연구』(1998, 학연문화사.), 145쪽.

▲5-44

▲5-45

▲5-46

▲5-47

▲5-48

▲5-49

그림 5-44 **옥산사 벽탑터의 발굴당시 기단 복원 상태**
(출전 : 이화여자대학교박물관, 「開目寺塼塔址·傳玉山寺塔址 發掘調査報告」(1984, 평화당인쇄주식회사.), 34쪽.)
그림 5-45 **현재의 옥산사 벽탑터와 주변경치**
그림 5-46 **옥산사 벽탑터의 기단석** 眼象
(출전 : 이화여자대학교박물관, 「開目寺塼塔址·傳玉山寺塔址 發掘調査報告」(1984, 평화당인쇄주식회사.), 35쪽.)
그림 5-47 **옥산사 벽탑터 기단석**
그림 5-48 **발굴 후 개목사 벽탑터**
(출전 : 이화여자대학교박물관, 「開目寺塼塔址·傳玉山寺塔址 發掘調査報告」(1984, 평화당인쇄주식회사.), 16쪽.)
그림 5-49 **개목사 벽탑터의 현재 모습**

가지』의 기록[87]을 통해 7층이었음을 알 수 있다. 탑신을 받친 지대석(地臺石)의 흔적은 한 변이 5.6m인데,(<그림 5-39>) 동일한 7층인 법흥사터 벽탑의 1층 탑신이 3.47m인 것보다 훨씬 큰 규모이다. 특히 기단은 대부분 흐트러졌지만, 북측 면에서는 1.5m 내외의 지대석을 지면에 놓고, 그 상부에 3겹의 벽전을 쌓았으며, 다시 지대석을 설치한 축조 당시의 모습이 발굴되었다.(<그림 5-40>) 비록 귓기둥[隅柱]과 사잇기둥[撑柱]의 사용 여부는 확실하지 않지만, 이러한 형식의 기단은 제6장에서 살펴볼 고려 죽죽리(竹竹里) 절터의 벽전축 기단과 18세기 말에 축조한 화성(華城)의 벽체석연(甓砌石緣)과 유사한,(<그림 6-8·12> 참고) 석조 가구식 기단에서 면석 부분만을 벽전으로 축조한 기단인 것이다. 이러한 기단은 한국에서만 나타나는 특징적인 형식으로, 조선후기 벽체석연에서 정형으로 정착하게 되는데, 바로 신라의 임하사 벽탑터 기단이 그 초기의 유구에 해당한다. 또한 뒤에서 살펴보는 사천왕사 서탑 기단과 경주 전랑지(殿廊址)의 대부분 건물터 기단은 임하사 벽탑터와 유사하게 석재와 벽전을 사용한 기단으로 축조하였다.(<그림 5-88·94>) 따라서 조선후기에 정착하는 벽체석연 기단의 가장 초기 형식은 신라에서 나타나는 것이며, 그 이후 시기에서는 지속적으로 축조하였던 기단형식으로 추정할 수 있다.

불영사 벽탑에서는 '工'자 홈을 새겨 철물을 끼워 벽전과 벽전을 연결할 수 있는 특수한 벽전을 살펴보았는데, 임하사 벽탑터에서는 직접 철물이 붙어 있는 벽전이 발견되었다.(<그림 5-41>) 벽전은 파괴되었지만, 그 크기는 16×14×5㎝이고, 철물은 길이 5㎝, 넓이 2㎝, 두께 0.3㎝이다. 이 철물과 벽전은 어떠한 이음새도 없어, 날벽전을 제작할 때에 철물을 부착하여 소성한 것으로 생각되어, 벽탑의 축조 이전에 설계작업을 거쳐 벽전을 생산한 것을 알 수 있다. 또한 이러한 벽전을 어떻게 사용하였는지는 명확하지 않지만, 벽탑에서 하중을 많이 지지해야 하는 옥개 등의 부분에 사용하였을 것이다.

임하사 벽탑터에서 발견한 벽전은 당초·연꽃·무늬 없는 벽전으로 나눌 수 있는데, 주목하는 것은 3면 또는 2·1면에 연꽃무늬를 새긴 벽전으로,(<그림 5-42>) 벽전에 하나에 1/2·1/4 연꽃을 새기고 있다. 특히 1/4 연꽃무늬는 벽전 모서리 부분에 새겨, 직각으로 연결하는 두 면을 합치면 1/2 무늬가 나타나는 것이다. 따라서 이 벽전을 사용하여 벽탑

87 『영가지』 卷之六 「古塔」 '臨河寺甎塔'
부의 서쪽 8리쯤 되는 곳에 있으며 7층이다. 본부의 대비보이다. 成化 丁未(1487)에 관리들과 백성들이 힘을 합쳐서 고쳐 쌓았다. 萬曆 丙子(1576)에 부사 梁喜가 파손하여 벽전을 가져다가 객사의 안팎 대청에 깔았다 (성병희, 「영가지해제」 『안동문화』 제3집, 1982. 12., 안동문화연구소).

의 모서리를 축조할 경우 위·아래 벽전 2장의 무늬가 합쳐져 완전한 하나의 연꽃이 나타나며, 벽전 마구리면에 1/2 연꽃을 새긴 벽전 역시 마찬가지이다. 이와 유사한 무늬의 개념은 벽전 마구리에 1/2 연꽃무늬를 새겨, 2장의 벽전을 세워 쌓을 경우 하나의 연꽃무늬가 나타나도록 한 백제 무령왕릉에서 볼 수 있었으며, 무령왕릉의 벽전무늬 개념은 중국 양(梁)의 영향을 받은 것이었다.(<그림 4-7·14~17> 참고) 따라서 임하사 벽탑의 벽전무늬 개념은 양의 전실묘와 6세기 초에 축조한 백제의 벽전축 무덤의 축조기술과 연관이 있는 것으로 생각할 수 있고, 송림사 5층 벽탑 사리함에서 발견한 영락수지형장식이 양 또는 백제에서도 발견되는 것과 같은 맥락일 것이다.

이와 유사한 특징은 사리장치에서도 볼 수 있는데, 임하사 벽탑터의 사리장치는 탑 중심의 지하 1.5m에서 심초석(心礎石)과 같은 육면체의 석괴(石塊)를 묻고, 그 속에 사리함을 안치하였다. 지하에 사리함을 설치하는 것은 벽탑 탑신 안에서 발견된 송림사 5층 벽탑과는 다른 것이지만, 백제의 군수리(軍守里) 절터의 목탑터에서 지하 1.8m(6尺)에 심초석을 장치한 것과 유사한 것이다.[88] 그러므로 임하사 벽탑은 백제의 벽전사용과 큰 연관관계를 갖는 것이며, 신라의 벽전건축과 벽전의 제작방법 등은 백제의 영향이 있었던 것이 거의 확실하다고 할 것이다.

또한 양 측면의 두께 4㎝, 중심 2.5㎝ 내외로, 중심이 얇고 측면이 두꺼운 곡면(曲面) 벽전이 발견되었는데,(<그림 5-43>) 이 벽전은 옥개 상단 가장 바깥쪽에 사용하였으며, 기와를 얹기 위한 벽전으로 생각한다.[89] 만약 기와를 사용하지 않았다면,<그림 5-25·30>의 벽전과 같이 단순히 경사지게 처리를 할 수 있었지만, 이보다 더욱 제작하기 힘든 곡면으로 처리한 것은 암키와의 곡면에 맞추기 위한 것으로 보아야 하기 때문이며, 이 벽전은 목조 지붕의 연함(椽檻) 역할을 하였던 것이다.

이 외에 안동 옥산사(玉山寺)와 개목사(開目寺) 벽탑터가 조사되었는데, 그 창건은 모두 신라 말로 추정하고 있다.[90] 옥산사 벽탑터는 『영가지』에 의해 5층이었던 '월천전

88 朝鮮古蹟硏究會, 『昭和11年度 古蹟調査報告』(1937.), 49쪽. 또한 임하사 벽탑의 사리장치와 군수리 절터의 목탑 사리장치가 유사한 것은 발굴조사보고서에서도 이미 지적하였다(안동대학교박물관, 「임하사전탑지」, 1988, 명선사, 73쪽.).

89 그러나 박홍국은 『한국의 전탑연구』(1998, 학연문화사.), 199쪽에서 기와를 얹지 않기 위해 이 벽전을 사용한 것으로 보고 있다. 또한 200쪽에서 이러한 주장의 근거로 中國 西安 興敎寺 測師塔의 곡면 벽전을 제시하고 있지만, 임하사 벽탑터의 곡면벽전과 크게 다른 것을 알 수 있다.

90 이화여자대학교박물관, 「開目寺塼塔址·傳玉山寺塔址 發掘調査報告」(1984, 평화당인쇄주식회사.), 참고.

탑'(月川甎塔)으로 추정하며,[91] 기단은 화강석 판석으로 축조한 단층이고, 규모는 평면 약 2.52~2.54m, 높이 약 0.5m로 밝혀졌다.(<그림 5-44·45>) 기단 판석 상단에는 갑석을 표시하는 한 단의 턱이 있고, 사잇기둥과 3개의 안상(眼象)을 조각하였는데,(<그림 5-46·47>) 법림사터 5층 벽탑 감실의 하부에 이와 유사한 석재가 남아 있어, 본래의 기단에 사용되었던 것으로 생각한다. 또한 기단의 안상과 사잇기둥을 새기는 것은 법흥사터 7층 벽탑 및 송림사 5층벽탑 유사하고, 발견된 벽전은 대부분 무늬가 없는 두께 5.2~5.5㎝의 장방형 벽전이다.(<표 5-3>)

개목사 벽탑터는 개목사 중심영역에서 서남쪽으로 약 150m 떨어진 산 중턱에 위치하여 산 아래가 훤히 보이는 자리에 입지하는데, 이는 옥산사 벽탑터와 동일하고, 절의 중심영역과 떨어져 배치하는 것은 고려 신륵사 벽탑과 역시 같은 특징이다. 현재는 완전히 훼손되어 본래의 모습을 추정할 수 없지만, 발굴 조사에 의해 기단이 약 2m 정도이고, 발견된 벽전은 정방형과 장방형으로 대부분 무늬 없는 두께 4.5~4.7㎝ 벽전이다.[92] (<그림 5-48·49>)

91 『영가지』 卷之六 「古塔」 '月川甎塔'.
瓮泉驛 남쪽 玉山 북쪽에 있으며, 5층이다. 그 가운데에는 석불이 있다(성병희, 「영가지해제」 『안동문화』 제3집, 1982. 12., 안동문화연구소.).

92 또한 榮州에는 無信塔이라는 벽탑이 있었지만, 고려 恭愍王 때 鄭習仁이 철거하여 客舍를 수리하였다고 하는데(『新增東國輿地勝覽』 제25권 「榮川郡」 '古蹟' [無信塔]과 『東文選』 제100권 「傳」 '草溪鄭顯叔傳' ·『高麗史』 권제111 「列傳」 제25 '鄭習仁' 참고.), 현재 이 벽탑터와 벽전은 확인되지 않지만, 안동지역에 벽탑이 더 있었음을 알 수 있다. 또한 송준태는 『榮州誌』의 기록을 통해 500년 이후에 축조한, 가장 오래된 벽탑으로 추정하고 이어 주목된다(송준태, 「한국 전탑에 대한 연구」(2008, 동국대학교 문화예술대학원 불교예술문화학과 석사학위논문.), 31~35쪽 참고.).

5-2. 신라 벽탑의 조영원리

1. 탑신의 벽전쌓기

벽전은 흙을 성형하여 제작하기 때문에 그 형태를 자유롭게 만들 수 있지만, 일반 벽체를 축조하는 벽전은 대부분 일정한 크기로 생산한다. 따라서 벽전으로 축조한 건축의 평면과 높이 등은 벽전 크기와 일정한 비례 관계를 갖게 된다. 그 중 벽탑은 사리를 안치하기 위한 종교적 상징성으로 인해 전체 형태 역시 중요하므로, 벽전의 크기와 벽탑의 평면 크기·높이·옥개의 내밀어 쌓기 등은 일정한 관계를 갖는, 그 형태를 이루는 조영(造營) 원리가 있었을 것으로 생각한다. 이는 앞에서 살펴본 벽전축 무덤과는 확연히 다른 성격인데, 무덤은 땅속에 축조하므로 외부에 노출되지 않고, 또 공적(公的)인 성격은 거의 없다고 할 수 있다. 그러나 벽탑은 가람의 중심이며 신앙의 주 대상이므로, 형태가 갖는 상징성은 벽전축 무덤에 비해 매우 큰 것이기 때문에, 벽탑은 그 형태를 만들어 내는 원리에 아주 충실하였던 것이다.

또한 현존하는 벽탑에는 무늬를 새긴 벽전은 거의 없지만, 경주의 벽탑터와 안동 임하사 벽탑터에서 발견한 벽전에는 대부분 연꽃·당초·불상·건물·탑무늬가 새겨져 있고, 안동 조탑동 5층 벽탑과 고려의 신륵사 다층 벽탑에도 당초 및 연꽃무늬 벽전이 남아 있어, 초기에는 모두 무늬를 새긴 벽전으로 축조하였던 것으로 생각한다. 특히 임하사 벽탑터에서 발견된 연꽃무늬 벽전은 백제 무령왕릉과 같이 두 장을 합쳐 하나의 무늬를 이루는 개념을 볼 수 있어, 벽탑의 축조 때에는 벽전을 가공하지 않았고 석회를 탑신 등에 바르지 않았을 것이다. 특히 무늬가 있는 벽전을 갈거나 깨뜨려 사용하거나 석회를 바르면 무늬가 갖는 의미와 상징성은 없어지기 때문이다. 또한 현존하는 벽탑에서도 벽전을 가공하여 축조한 경우는 찾아보기 힘들기 때문에, 벽전의 크기와 벽탑의 평면 크기·높이 등은 밀접한 관계를 맺는 것이다.

먼저 현존하는 신라 벽탑에 사용한 정방형·장방형 벽전의 크기와 형태를 살펴보면, 길이는 27~28㎝이고, 장방형 벽전의 넓이는 14㎝ 내외로 벽전 길이의 절반에 해당한다.[93](<표 5-5>) 이렇게 벽전의 길이와 넓이의 비가 2 : 1인 것은 계획 당시 의도한 것인데, 이러한 관계를 의식하였다는 것은 전체 벽탑의 조영에서도 유사한 조영원리가 내재하는 것으로 생각할 수 있다. 또한 벽탑의 탑신을 축조하는 벽전 단수는 상층으로 갈수록 점점 적어지는데, 벽전 두께는 조탑동 5층 벽탑을 제외하고 대부분 6cm이다. 따라서 각 층의 탑신은 6cm 또는 그 배수를 단위로 높이 차가 생기는 것이므로, 이 수치는 벽탑의 높이와 전체 형태를 좌우하는 기본 단위이며, 신라 사람들의 미의식(美意識)과도 관계하는 것이기도 하다.

표 5-5 현존하는 신라 벽탑의 벽전 크기

	벽전의 크기(cm)			형태
	길이	넓이	두께	
①법흥사터 7층 벽탑	28	14	6	장방형
	28	28	6	정방형
②법림사터 5층 벽탑	27	13~14	6	장방형
	27	27	6	정방형
③조탑동 5층 벽탑	27	14.2	5	장방형(당초 무늬)
	27.5	27.5	5.2	정방형
④칠곡 송림사 5층 벽탑	27~28	14~15	6	장방형
	27~28	27~28	6	정방형

벽탑 축조에 사용하는 벽전형태는 크게 정방형·장방형으로 구분하며, 경주 덕동과 농소읍 중산리 벽탑터의 경사진 정방형 벽전, 안동 임하사 벽탑터의 장방형 곡면 벽전 등 특수한 벽전을 사용한 경우도 있다. 장방형 벽전은 벽탑 축조에 가장 많이 사용하는 벽전으로, 탑신에서는 길이면 또는 마구리면이 보이도록 쌓고, 옥개에서는 모두 마구리면이 보이도록 쌓는다. 특히 옥개는 탑신에서 점점 내밀어 쌓아야 하기 때문에, 장방형 벽전을 마구리면으로 쌓을 때에만 안정하게 내밀 수 있다. 정방형 벽전은 아주 일부분에 사용하는데, 탑신의 모서리에도 사용하지만, 대부분 옥개 모서리 부분에 사용한다. 옥개의 중간 부분에서는 한 쪽 방향으로만 내밀어 쌓지만, 모서리에서는 90°로 직교하

93 신라는 삼국을 통일하기 전에는 東魏尺(또는 高句麗尺·高麗尺), 그 이후에는 唐尺을 사용하였다고 하는데, 1동위척은 35.057cm, 1小唐尺은 24.84cm, 1大唐尺은 29.808cm로 알려져 있다. 또한 關野貞의 연구에 의해 통일 이후에는 각 절과 석탑 등의 축조에 0.98曲尺인 29.694cm를 단위 길이로 하였다고 하지만(윤장섭, 『한국건축연구』, 1983, 동명사, 259~264쪽 참고.), 벽탑에 사용한 벽전 길이는 대부분 27~28cm이다. 따라서 대당척과 0.98곡척과는 1cm 이상 차이가 있고, 동위척을 기준으로 할 경우에는 0.8동위척에 해당한다. 또한 장방형 벽전의 넓이는 14cm 내외로 길이의 절반인데, 위의 척도와는 역시 부합하지 않고, 단지 0.4동위척에 해당할 뿐이다. 그러나 과연 벽전의 길이를 결정하는데 0.8·0.4동위척을 사용하였는가는 의문이다. 만약 1동위척을 사용하여 날벽전을 제작하고, 소성과정에서 건조수축한 결과가 28cm일수 있으나 명확하지는 않다.

▲5-50

▲5-51

▲5-52

▲5-53

▲5-54

▲5-55

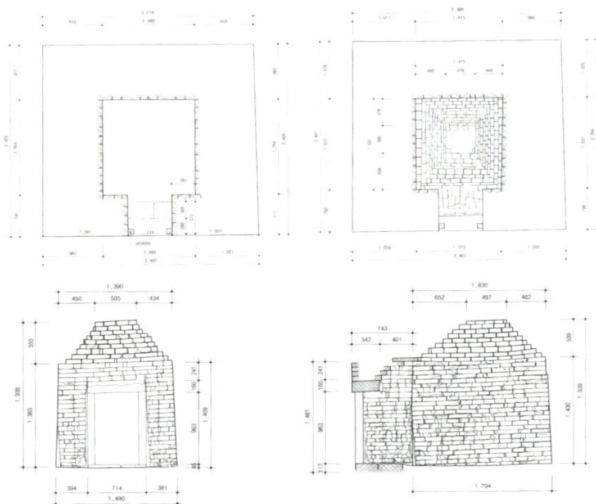

▶5-56

그림 5-50 법흥사터 7층 벽탑의 옥개 모서리
그림 5-51 법흥사터 7층 벽탑의 1층 탑신 벽전쌓기
그림 5-52 송림사 5층 벽탑의 1층 탑신 벽전쌓기
그림 5-53 조탑동 5층 벽탑의 2·3층 탑신 벽전쌓기
그림 5-54 법림사터 5층 벽탑의 1층 탑신 벽전쌓기
그림 5-55 법림사터 5층 벽탑
그림 5-56 법흥사터 7층 벽탑의 감실 실측도면
(출전 : 안동시, 「안동신세동7층전탑 정밀사진실측 및 보수복원방안 조사보고서」(2003, 제로원기획.), 268~270쪽.)

여 두 방향으로 동시에 내밀어 쌓아야 하기 때문에, 옥개 모서리에는 모두 정방형 벽전을 사용하여 축조하는데, 법흥사터 7층 벽탑의 1층 옥개 하부에는 큰 하중을 지지하기 위해 두 단으로 깎은 정방형 석재를 사용하는 경우도 볼 수 있다.(<그림 5-50>)

법흥사터 7층 벽탑 탑신의 벽전쌓기는 대체로 한 단에서 길이면과 마구리면이 번갈아 보이도록 쌓는 것으로(<그림 3-17>와 <그림 5-51> 참고) 각 층의 탑신에 공통적으로 나타나는데, 줄눈의 무늬에 변화가 다양하여 의장적으로 우수한 것이 특징이다. 이러한 벽전쌓기는 고구려 벽탑에서도 살펴본 것으로,(<그림 3-15·16> 참고) 신라 벽탑의 축조방법은 고구려 벽탑에서 영향 받았을 가능성이 있으며, 조선(朝鮮)의 서울 동관왕묘(東關王廟)에서도 동일한 쌓기 방법이 나타나, 각 시대를 연결하는 연관관계가 있을 것으로 생각한다. 송림사 5층 벽탑은 신라 때에 축조된 모습과 가장 유사한 것으로 평가받고 있는데, 탑신의 벽전쌓기는 벽전의 길이면 만이 외부로 드러나도록 쌓았다.(<그림 5-52>) 이는 현재 가장 일반적으로 사용하는 막힌줄눈쌓기 또는 길이쌓기(Stretcher bond)와 동일한 것이며, 하나의 벽전은 6개의 벽전과 연접하고, 상·하의 벽전이 ½씩 겹쳐 고르게 하중을 전달하는 가장 일반적인 안정된 쌓기방법이다. 조탑동 5층 벽탑에서는 길이면이 보이도록 쌓은 부분이 많고,(<그림 5-53>) 법림사터 5층 벽탑의 탑신은 위의 벽탑들과는 다르게 벽전 마구리면만이 드러나도록 마구리쌓기(Header bond)로 축조하였다.(<그림 5-54>) 이는 모든 벽탑의 옥개 쌓기와 동일한 방법이며, 상·하의 벽전이 ½씩 겹쳐지게 쌓는 것은 길이면 쌓기와 유사하다.

<표 5-6>은 현존하는 신라 벽탑 탑신의 높이를 결정하는 벽전의 단수(段數)와 평면의 길이와 규모를 결정하는 벽전 장수(張數), 그리고 1층 탑신의 평면 실측 치수를 나타낸 것으로, 현장 답사를 통해 조사한 자료이다.[94] 먼저 벽탑 탑신의 높이를 나타내는 단수를 살펴보면, 모든 탑의 탑신은 상층에서 그 높이가 점차적으로 줄어드는데, 특히 벽탑의 경우 벽전 단수에 의해 쉽게 파악할 수 있다. 가장 일정한 비율을 보이는 탑은 법흥사터 7층 벽탑과 송림사 5층 벽탑인데, 2층에서 최상층까지 일정하게 한 단씩 줄어들

94 벽탑의 조영원리 분석에서 벽전의 단수와 張數를 이용하는 것은 2003년에 실측조사 된 법흥사터 7층 벽탑을 제외하면 기타 벽탑에 대한 실측조사가 이루어지지 않았기 때문이다. 또한 탑신에 사용한 벽전 장수는 정확하게 떨어지지 않는 경우도 있지만, 대체로 정수에 맞추어 산정하였고, 벽전의 장수는 벽전의 길이를 기준으로 하였다. 따라서 법림사터 5층 벽탑의 경우 마구리면만 보이도록 축조하였는데, 1층에 9장과 ½은 실재 19장이 사용된 것을 의미한다. 이러한 계산이 가능한 것은 벽전의 넓이가 정확하게 길이의 ½이기 때문이다.

고 있으며, 이는 벽전 두께인 6㎝ 차이인 것이다. 따라서 이와 같은 체감 방법은 축조 당시에 계획한 것으로 생각할 수 있으며, 신라 벽탑의 중요한 조영원리 중 하나인 것이다. 즉, 모든 층에서도 탑신의 높이를 고르게 6㎝씩 체감하여, 전체 벽탑의 형태는 안정감을 얻을 수 있다.

표 5-6 신라 벽탑의 1층 높이와 평면 크기

		1층	2층	3층	4층	5층	6층	7층	1층 탑신의 평면 크기(m)
①법흥사터 7층 벽탑	벽전 단수	36	9	8	7	6	5	4	3.5×3.4
	벽전 장수	12	11	10	9	8	7	6	
②법림사터 5층 벽탑	벽전 단수	25	11	8	4	2	·	·	2.6×2.6
	벽전 장수	9½	7½	5½	4½	3½	·	·	
③조탑동 5층 벽탑	벽전 단수	·	7	7	6	6	·	·	·
	벽전 장수	·	6½	5½	5	4½	·	·	
④칠곡 송림사 5층 벽탑	벽전 단수	30	10	9	8	7	·	·	2.8×2.8
	벽전 장수	10	9	7	6	4½	·	·	

(※참고 : 벽전 장수는 벽전의 길이를 기준으로 함)

조탑동 5층 벽탑의 경우는 2·3층과 4·5층의 높이가 동일하고, 3층과 4층 사이에서만 한 단 차이 즉, 5㎝의 차이가 있다. 이러한 축조방법 역시 일정한 규칙으로 볼 수 있는데, 송림사 및 법흥사터 벽탑의 경우는 10m 이상의 큰 규모이므로 각 층에서 한 단씩 줄여 안정감을 얻을 수 있지만, 조탑동 5층 벽탑은 그 규모도 작고 층수도 낮기 때문에, 각 층에서 체감할 경우 가장 상층인 5층에서는 크게 줄어들기 때문이다. 따라서 3층과 4층 사이에서만 한 단 차이를 둔 것으로 생각하며, 이는 뒤에서 살펴보는 옥개의 특징에서도 알 수 있다. 그러나 법림사터 5층 벽탑의 경우 2층에서부터 3·4·2로 중간에서 4단 차이로 커졌다가 다시 작아지므로, 전체 형태는 불안정하게 보이는데, 송림사 및 법흥사터 벽탑과 비교하여 후대에 크게 개축되었으며, 변형이 있었던 것으로 생각할 수 있다.(<그림 5-55>) 이상을 종합하면, 법흥사터 7층 벽탑과 송림사 5층 벽탑의 경우에서 일정한 규칙이 공통적으로 나타나며, 조탑동 5층 벽탑 역시 3층과 4층에서 한 단의 차이를 나타내고 있다. 따라서 각 층 탑신 높이에서는 한 단씩 줄여 쌓는 것이 신라 벽탑의 조영원리로 파악할 수 있고, 법흥사터 7층 벽탑과 송림사 5층 벽탑이 안정된 비례인 것과 관계하고 있다.

또한 2층 이상의 탑신 높이에 비해 1층이 월등하게 높은 것은 모든 탑에서 공통적으로 볼 수 있는 특징인데, 벽탑의 경우는 형태에서 안정과 균형을 이루려는 목적과 함께, 1층 탑신에 감실을 설치하기 때문일 것이다. 즉, 탑은 사리(舍利)를 안치하는 것을 목적으로 하지만, 벽탑은 사리 이외에 1층 탑신에 감실을 설치하고 불상을 안치하여 신앙을 시각화하였다.[95] 2003년 실측조사된 법흥사터 7층 벽탑 감실의 경우 사람이 서서 다닐 수 있고, 불상을 안치하고 예불을 드릴 수 있는 공간을 확보할 수 있을 정도로 넓다.(<그림 5-56>) 감실은 앞뒤로 긴 장방형을 이루고 있는데 바닥의 크기는 좌우폭 1.49m, 전후길이 1.7m이고, 사방 벽의 높이는 1.43m이다. 벽은 위로 갈수록 약간 안으로 좁혀서 천장의 저변 크기는 좌우폭 1.39m, 전후길이 1.63m이다. 또 천장은 벽전을 위로 올라가면서 모두 9단으로 평행줄임하여 마치 고구려 고분의 평행줄임천장과 흡사하다. 천장의 최상부는 한변 약 0.5m의 정방형을 이루고 있고, 최상부 높이는 1.93m이다. 감실문의 내부는 벽전이 아치형으로 설치되어, 외부의 평행문틀과는 맞지 않는데, 외부의 문도 본래 아치형으로 되어 있었을 가능성을 보여주고 있다.[96] 따라서 주로 신앙의 대상이 되는 곳은 1층 탑신이므로, 다른 탑신에 비해 높게 하여 강조하고 있는 것이다.[97]

1층과 2층의 탑신 높이 차이는 <표 5-6>과 같이 14단에서 크게는 27단이다. 그 중 법흥사터 7층 벽탑은 2층과 27단, 송림사 5층 벽탑은 20단의 차이가 있지만, 각각 36/9, 30/10으로 정확히 4배·3배이다. 이러한 정확한 배수는 역시 계획적인 것이며, 신라의 본래 축조 방법으로 생각할 수 있다.[98] 그러나 법림사터 5층 벽탑의 경우는 3~4배 보다 훨씬 작은 약 두 배 차이만 두어, 그 형태는 안정하지 못한 것과 연관되고 있다. 따라서 역시 후대에 크게 변형되어 개축된 것으로 생각한다.

이상을 통해 신라 벽탑의 각 층 탑신 높이에서 일정한 체감을 확인할 수 있었는데,

95 석탑의 경우는 1층 탑신에 사리를 안치하는 경우가 가장 많고, 불상 등을 부조하는 경우도 있지만, 벽탑과 같이 탑신을 파내고 별도로 불상을 설치하는 경우는 없다.

96 안동시, 「안동신세동7층전탑 정밀사진실측 및 보수복원방안 조사보고서」(2003, 제로원기획.), 129~130쪽 참고.

97 이는 또한 佛殿을 겸한 목탑 형식이 잔존하고 있는 것으로도 볼 수 있는데(장충식, 『신라석탑연구』, 1987, 일지사, 78쪽 참고.), 한국에 현존하는 법주사 팔상전과 쌍봉사 대웅전 역시 1층 탑신이 가장 높은 사실에서도 알 수 있다.

98 또한 앞에서 살펴본 안동 化人寺 5층 벽탑의 경우 현존하지 않지만 진홍섭의 실측 치수로 이러한 관계를 살펴볼 수 있는데, <표 5-1>과 같이 1층 탑신과 2층 탑신은 약 2.7배로 큰 차이를 나타내며, 이는 특히 송림사 5층 벽탑과 유사하다.

벽탑의 평면 크기를 결정하는 벽전 장수에서도 역시 마찬가지이다. 법흥사터 7층 벽탑은 각 층에서 공통적으로 한 장씩 줄이고 있는데, 벽전 길이에 해당하는 28㎝씩 감소하고 있는 것이다. 또한 한쪽 측면만을 생각하면 14㎝인데, 이는 벽전의 넓이와 일치한다. 또한 이러한 특징은 앞에서 살펴본 탑신 높이에서 벽전 단수가 한 단씩 차이가 있는 것과 일치하는 것이므로, 상층으로 갈수록 탑신의 평면 높이와 크기를 각각 한 단과 한 장씩 줄여 나간 것을 알 수 있다. 탑신의 높이가 불규칙적이어서 후대에 개축된 것으로 추정하는 법림사터 5층 벽탑의 경우에서도 평면 크기는 2·2·1·1로 규칙적으로 줄였는데, 이는 앞에서 밝힌 것과 같이 평면의 크기를 크게 변화할 수 없었기 때문이다. 또한 탑신 높이는 3층과 4층 사이에서 가장 큰 4단의 차이를 보이지만, 평면 크기에서는 2층과 3층에서 두 장의 차이만 있어, 변화가 일어나는 층이 일치하지 않는다. 따라서 그 형태를 불안정하게 만드는 요인으로 생각할 수 있다. 조탑동 5층 벽탑은 1·½·½의 차이를 보이고 있는데, 반 장(半張)을 단위로 줄여 나간 것이 특징적이다.[99] 송림사 5층 벽탑의 탑신 높이는 일정한 규칙을 발견할 수 있었지만, 탑신 길이와 규모를 결정하는 장수에서는 1·2·1·1½로 가장 불규칙적이다.

이상에서 살펴본 각 벽탑 탑신에 사용한 장수에서는 상층에서 점점 줄어드는 것을 확인할 수 있었지만, 법흥사터 7층 벽탑과 송림사 5층 벽탑은 탑신의 높이에서, 평면 크기에서는 법흥사터 7층 벽탑만이 일정한 규칙을 보이고 있어, 가장 신라 벽탑의 조영원리에 근접하는 것으로 볼 수 있다. 따라서 법흥사터 7층 벽탑과 같이 탑신 높이와 평면의 크기에서는 동일하게 벽전 한 단과 한 장 즉, 6㎝·28㎝를 줄여 축조하는 것이 신라 벽탑의 조영원리로 추정할 수 있을 것이다.

2. 옥개의 벽전쌓기

위에서 살펴본 것과 같이 상층 탑신에서 일정하게 줄어드는 규칙을 찾아볼 수 있었는데, 이러한 특징은 옥개(屋蓋)에서도 마찬가지일 것이다. 벽탑에서 다른 탑과 구분되는 가장 특징적인 것은, 옥개가 상·하에서 모두 층단(層段)으로 처리되어 있는 것과 탑신에서 많이 돌출하지 못하는 것이라 할 수 있으며, 벽탑과 유사한 모벽탑(模甓塔) 역시

99 여기서 ½은 벽전 길이를 기준으로 한 수치이므로, 벽전의 넓이와 동일한 것이다.

마찬가지 특징을 갖고 있다. 벽탑은 가구식(架構式)인 목탑과는 다르게 조적식(組積式)으로 축조하여 그 축조방법이 서로 다르며, 석탑은 석재를 쌓는 개념은 같지만, 탑신석(塔身石)·옥개석(屋蓋石) 등 기본 부재를 일정한 형태로 깎아 축조하기 때문에 벽탑과 역시 다르다. 따라서 목탑 옥개의 상부는 기와를 덮고, 석탑은 목탑과 유사하게 곡면으로 처리하지만,[100] 벽탑은 작은 벽전을 사용하여 조적식으로 축조하므로 층단으로 처리할 수밖에 없는 것이다.(<그림 5-57·58>) 또한 탑신에서 돌출하는 옥개를 축조하기 위해서는 벽전을 내밀어 쌓아야 하는데, 작은 단위 부재를 사용하여 과도하게 내밀면 붕괴될 위험이 있으므로, 옥개는 짧게 축조할 수밖에 없는 것이다.

표 5-7 신라 벽탑의 옥개 받침과 낙수면의 단수·내밀어 쌓기

		1층	2층	3층	4층	5층	6층	7층	내밀어 쌓기
①법흥사터 7층 벽탑	옥개 낙수면	12	11	10	9	8	7	·	8~9㎝
	옥개 받침	11	10	9	8	7	7	4	
	상하 단수차이	1	1	1	1	1	0	·	
②법림사터 5층 벽탑	옥개 낙수면	?	?	?	?	?	·	·	3㎝ 내외
	옥개 받침	10	8	6	4	3	·	·	
	상하 단수차이	·	·	·	·	·	·	·	
③조탑동 5층 벽탑	옥개 낙수면	8	7	6	5	5	·	·	8~9㎝ (9㎝가 많음)
	옥개 받침	10	9	8	7	4	·	·	
	상하 단수차이	2	2	2	2	1	·	·	
④칠곡 송림사 5층 벽탑	옥개 낙수면	12	10	9	8	6	·	·	8~9㎝ (9㎝가 많음)
	옥개 받침	10	8	8	7	5	·	·	
	상하 단수차이	2	2	1	1	1	·	·	

물론 옥개의 층급 수를 많게 하면, 그에 따라 옥개도 많이 돌출하지만 불안정하기 때문에 붕괴되기 쉬우므로, 탑의 규모와 탑신 높이와의 관계에 의한 일정한 규칙이 있을 것으로 생각한다. 따라서 옥개는 탑의 체감에 의한 형태를 규정하는데 가장 중요한 요소라고 할 것이다. 또한 벽전을 내밀어 쌓는 길이는 벽전 크기와 연관하는데, 장방형 벽전 길이의 ½ 이상을 내밀면 붕괴될 위험이 크기 때문에, 그에 따른 적정 수치가 있

100 물론 석탑의 경우 옥개 상·하에 단을 깎아 축조한 模甓石塔의 경우는 층이 있지만, 단지 벽탑 형태를 모방한 것이며, 석탑 축조에 필수적인 요소는 아니다.

▲5-57

▲5-58

▲5-60

▲5-61

▲5-62

▲5-63

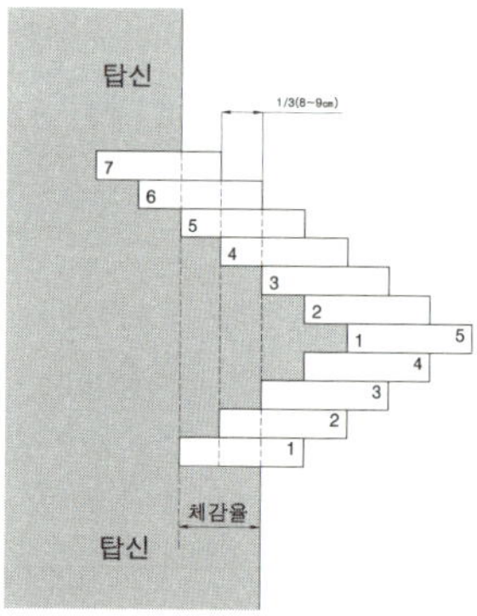

▲5-59

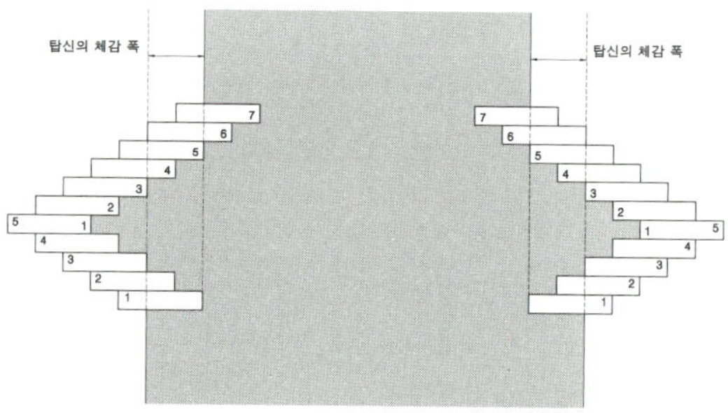

▲5-64

그림 5-57 법흥사터 7층 벽탑의 2·3층 옥개와 층
(출전 : 안동시, 「안동신세동7층전탑 정밀사진실측 및 보수복원방안 조사보고서」(2003, 제로원기획.), 18쪽.)
그림 5-58 송림사 5층 벽탑의 짧은 옥개와 층단
그림 5-59 벽탑의 옥개 축조
그림 5-60 법흥사터 7층 벽탑 옥개 쌓기
그림 5-61 법림사터 5층 벽탑 옥개 쌓기
그림 5-62 조탑동 5층 벽탑 옥개 쌓기
그림 5-63 송림사 5층 벽탑 옥개 쌓기
그림 5-64 옥개의 상·하 단수 차이에 의한 평면의 체감

을 것이다. 결국 옥개를 규정하는 이러한 특징들은 벽탑의 전체 형태에 영향을 미치는 중요한 요소로 생각할 수 있다. 또한 상층에서는 탑신의 높이와 평면 크기가 줄어들기 때문에, 가장 중요한 것은 옥개 상부 즉, 낙수면의 단수가 하부인 옥개 받침 단수보다 많아야 한다는 것이다. 옥개 상부의 층단이 많아야 상층 탑신에서는 줄어든 평면 크기를 만들 수 있기 때문인데, 이 역시 일정한 규칙을 발견할 수 있을 것이다.

먼저 <표 5-7>은 현존하는 신라 벽탑의 옥개 상·하 단수와 그 차이, 한 단의 내밀어 쌓는 정도를 나타낸 것인데, 내밀어 쌓기에서는 법림사터 5층 벽탑을 제외하고 8~9㎝가 공통적으로 나타난다. 옥개는 장방형 벽전의 마구리면이 보이도록 점차 내밀어 쌓고, (<그림 5-60~63>) 각 단에서 내밀어 쌓는 정도는 거의 일정하다. 그러므로 만약 벽전 길이의 1/2 이상을 내밀어 쌓으면 쳐지기 쉽기 때문에, 1/2 이하로 내밀어야 한다. 또한 벽전 길이에 비해 너무 짧게 내밀면, 옥개는 탑신에서 많이 돌출하지 못하고, 그 형태에 변형이 생긴다. 그런데 8~9㎝는 장방형 벽전 길이 27~28㎝의 약 1/3과 동일한 수치이다. 즉, 장방형 벽전 길이의 1/3을 내밀어 쌓고 뒤쪽 1/3는 탑신에 묻혀 안정될 수 있으므로, 벽전 길이의 1/3을 공통적으로 유지하는 것이다.(<그림 5-59>) 그러나 법림사터 5층 벽탑의 경우는 3㎝ 정도에 그치고 있어 역시 후대에 개축된 것으로 생각하는데, 3㎝는 벽전 길이의 1/3보다 작기 때문에 더욱 안정할 수 있지만, 옥개는 크게 돌출하지 못하여 다른 벽탑의 형태와 크게 다른 것을 알 수 있다. 이렇게 옥개를 단으로 축조하더라도 옥개의 내밀어 쌓는 정도는 전체 형태가 좌우되는 중요한 요소가 되며, 8~9㎝ 또는 벽전 길이의 1/3이라는 절대 수치는 바로 신라 벽탑의 형태를 조영하는 중요한 의미의 수치인 것이다. 또한 벽전 길이를 내밀어 쌓기의 3배로 제작한 것은 벽탑을 축조하기 이전 설계 작업을 통해 결정된 것으로도 생각할 수 있다.

옥개의 하부 즉, 옥개 받침의 단수를 살펴보면, 송림사 5층 벽탑을 제외하고 일정하게 감소하고 있는데, 특히 법흥사터 7층 벽탑의 경우 각 층에서 한 단씩 감소하며, 6층과 7층 사이에서만 3단으로 큰 차이를 보인다. 이 특징은 조탑동 5층 벽탑에서도 마찬가지인데, 각 층에서 한 단씩의 차이가 있고, 가장 상층인 4층과 5층에서 3단의 차이를 보인다. 그러나 송림사 5층 벽탑은 2·0·1·2로 매우 불규칙하여 위의 규칙과는 다른 것을 알 수 있다. 또한 옥개의 상부 단수 차이에서, 법림사터 5층 벽탑은 기와를 사용하여 단수를 확인할 수 없지만, 조탑동과 법흥사터 벽탑은 하부와 동일한 규칙을 볼 수 있다. 즉, 법흥사터 7층 벽탑은 상층으로 갈수록 역시 한 단의 차이를 보이고, 조탑동 5층 벽탑의 경우도 각각 한 단씩 감소하고 있으며, 가장 상층에서는 차이가 없다. 그러나 송

▶5-65

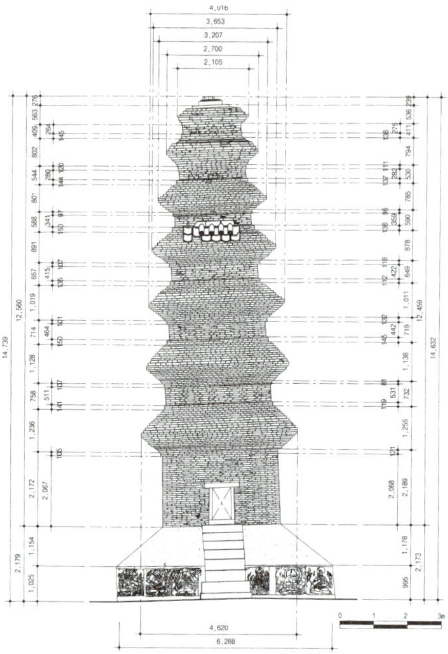

▶5-66(좌)
▶5-67(우)

그림 5-65 **법흥사터 7층 벽탑 남동측 입면도**
(출전 : 안동시, 「안동신세동7층전탑 정밀사진실측 및 보수복원방안 조사보고서」(2003, 제로원기획.), 214쪽 참고
그림 5-66 **조탑동 5층 벽탑**
그림 5-67 **송림사 5층 벽탑**

림사 5층 벽탑의 경우는 2·1·1·2로 옥개 하부와 마찬가지로 불규칙하다. 이는 결국 벽탑의 형태를 주로 결정하는 옥개 축조에서 법흥사터 7층 벽탑과 조탑동 5층 벽탑이 일정한 규칙을 보이고 있으며, 옥개 상·하에서 각각 한 단씩 감소하는 것이 신라 벽탑의 조영원리라고 할 수 있다. 특히 법흥사터 7층 벽탑은 탑신의 높이와 평면 크기에서도 각각 한 단, 한 장의 차이가 있어, 세 가지의 특성 변화가 동일하므로, 가장 규칙적인 축조방법을 보이고 있는 신라 벽탑이며 동시에 그 조영원리를 가장 뚜렷이 볼 수 있는 벽탑으로 생각할 수 있다.

또한 옥개에서 상·하의 단수 차이 역시 중요한데, 각 층 탑신 평면의 체감과 연관하기 때문이다. 각 층 탑신의 평면의 크기는 높이와 함께 상층으로 갈수록 점차 줄어야 하는데, 각 층의 탑신을 연결하는 것은 옥개이므로, 옥개 상·하 단수를 달리할 때에만 체감할 수 있다. 따라서 상·하의 단수를 적정하게 줄여야 전체 형태는 안정될 수 있는 것이다. <표 5-7>에서 보는 것과 같이 법흥사터 7층 벽탑의 경우에서 가장 규칙적인 변화를 볼 수 있는데, 각 층 옥개는 상·하에서 한 단씩 차이가 있다. 이를 평면의 크기와 함께 살펴보면, 옥개에서 한 단의 차이가 있는 것은 평면의 한쪽 면에서 상층이 9㎝ 줄어든 것을 의미하며, 양쪽을 합치면 18㎝가 체감한 것이다. 또한 옥개 상·하에서 한 단의 차이를 보이는 것은 <표 5-6>에서 본 것과 같이 탑신에 사용한 벽전이 한 장씩 줄어든 것과 일치하는데, 벽전 한 장의 길이와 같은 28㎝가 줄어든 것이다.(<그림 5-64>)

그런데 18㎝와는 10㎝의 차이가 생기므로, 이 수치들과 맞지 않지만, 이는 옥개 하부에서 시작되는 부분과 옥개 상부에서 끝나는 부분에 벽전 두 단으로 쌓은 옥개 받침과 탑신 받침을 단수로 상정하였기 때문이다. 즉, 옥개와 탑신 받침은 약 3~5㎝ 정도 내밀어 쌓았기 때문에, 10㎝ 정도의 오차가 생기는 것이다.[101] 결국 이를 통해 옥개의 상·하 단수의 차이와 평면 한 변 길이는 서로 연관하는 것으로, 벽전의 장수와 단수는 각각 한 장, 한 단이었다. 따라서 법흥사터 7층 벽탑은 탑신의 높이를 결정하는 벽전 단수, 평면 크기를 결정하는 벽전 장수, 각 옥개의 단수 차이에서 공통적으로 한 단씩의 차이를 통해 가장 안정한 체감을 나타내고 있어, 가장 계획적인 축조방법으로 축조한

101 이러한 이유는 또한 각 벽전 길이와 넓이가 다르거나 또는 옥개의 내밀어 쌓기 치수가 다르기 때문에 생기는 오차로 생각한다. 따라서 벽전의 단수와 장수로 계산하는 것은 오차가 생길 수 있으므로, 절대적인 수치에 의해 계산되어야 정확한 비례 관계를 파악할 수 있을 것이므로, 현존하는 신라 벽탑의 실측 조사가 먼저 이루어져야 할 것이다.

것으로 생각할 수 있는 것이다. 이러한 특징은 조탑동과 송림사 5층 벽탑에서도 유사하게 나타나는데, 옥개 상·하 단수의 차이는 법흥사터 7층 벽탑과 다르게 두 단이 공통적이다. 위에서 살펴본 안동 화인사터 5층 벽탑의 1·2층 옥개에서도 두 단씩의 차이를 볼 수 있으므로,(<표 5-4> 참고) 이는 결국 탑의 층수 또는 규모와 높이 등의 차이에 의한 축조 방법으로 생각한다. 즉, 층수가 많고 규모가 큰 벽탑에서 옥개의 단수 차이가 많으면 상층에서 기하급수적으로 줄어드는 결과가 생기지만, 층수가 낮고 높이 또한 낮은 탑에서는 큰 단수 차이가 있어야만 각 층에서 명확한 체감이 나타나기 때문인데, 이는 탑신 높이와는 반대되는 것이다.[102]

이상 현존하는 신라 벽탑의 탑신 높이를 결정하는 벽전 단수와 평면의 크기를 결정하는 장수, 벽탑의 체감을 결정하는 옥개의 층단수 등을 통해 각 층의 변화 관계와 체감 등을 살펴보았다. 가장 규칙적인 변화를 보이는 벽탑은 1487년 개축된 것으로 알려진 법흥사터 7층 벽탑과 1층 탑신을 석재로 축조한 조탑동 5층 벽탑이었다. 먼저 송림사 5층 벽탑은 신라 당시의 축조 형태를 갖고 있는 벽탑으로 평가하고 있지만, 이상에서 살펴본 내용에 의하면 탑신의 높이를 결정하는 벽전 단수의 일정한 체감을 제외하고, 탑신에 사용된 벽전 장수와 옥개의 단수는 불규칙하게 축조하여, 후대에 개축되었을 가능성이 많은 것으로 생각한다. 법림사터 5층 벽탑은 옥개 상부에 기와를 사용하여 옥개 단수 분석에는 제외하였지만, 1층 탑신 높이와 2층 탑신 높이의 비, 옥개의 내밀어 쌓기가 다른 벽탑과는 확연히 다르고, 벽탑 형태 역시 신라 탑과는 완전히 구분되므로, 후대에 크게 개축·변화된 것을 알 수 있다.[103]

조탑동 5층 벽탑은 15m에 달하는 법흥사터 7층 벽탑보다는 2층이 낮지만, 높이 8.65m로 약 0.6배 정도 낮다. 따라서 탑신 평면을 결정하는 사용된 벽전 장수는 한 장 또는 ½장 정도로 변화의 폭을 작게 하였고, 탑신의 높이를 결정하는 벽전 단수는 2·3층과 4·5층을 같게 하고, 3·4층에서는 한 단의 차이만을 두어 가장 상층에서 탑신 높이가 무리하게

102 또한 조탑동과 송림사 5층 벽탑의 경우 탑신에 사용된 벽전의 장수와 비교하면 8㎝에서 크게는 20㎝까지 차이가 있는데, 이 역시 옥개 받침과 탑신 받침 또는 벽전의 길이와 넓이가 다르거나 옥개 각 단에서 내밀어 쌓는 치수가 다르기 때문에 생기는 오차로 생각한다.

103 또한 현재의 법림사터 5층 벽탑은 石物과 露盤을 제외하고, 대부분은 최근에 교체된 벽전과 기와를 사용하고 있어, 더욱 이러한 추정이 가능한 것이다.

낮아지는 것을 방지하였다. 그러나 각 층의 옥개 단수 차이는 두 단으로 급격하게 줄어들어 각 층의 체감을 명확하게 하였다. 이는 층수가 작고, 높이가 낮은 탑이기 때문인 것으로 유추할 수 있으므로, 비교적 탑의 규모가 작은 벽탑의 조영원리로 생각할 수 있다. 이에 반해 규모가 큰 법흥사터 7층 벽탑은 모든 변화를 한 단·한 장으로 축조하여, 최상층에서 기하급수적인 변화를 막고 또한 각 층의 일정한 체감을 만들 수 있었다. 따라서 이러한 규칙은 규모가 큰 벽탑의 조영원리로 생각할 수 있을 것이다. 또한 법림사터 5층 벽탑을 제외한 벽탑에서는 1층 탑신과 2층 탑신의 높이 차가 3배 이상으로 축조하여 전체 형태에 안정감을 주고, 신앙의 대상이 되는 1층 탑신을 강조하고 있다. 옥개의 내밀어 쌓기는 벽전 길이의 약 1/3정도를 유지하여 안정되게 축조할 수 있었고, 특히 옥개 내밀어 쌓기 8~9㎝는 체감하는 형태를 결정하는 중요한 요소인 것이다.

지금까지 살펴본 벽탑의 조영원리는 현존하는 4기의 벽탑만을 통해 얻은 내용이므로, 신라 벽탑의 조영원리로 확대하여 생각하기에는 무리가 있고, 일반론으로 성립할 수 없을 것이다. 그러나 신라의 영조척(營造尺)을 명확하게 알지 못하는 현재, 이러한 접근을 통해 척도에 관한 새로운 논의를 전개시킬 수 있을 것으로 예상한다. 또한 벽탑은 목탑·석탑과는 다르게 일정한 크기의 벽전으로 축조하기 때문에, 사용한 벽전의 단수·장수 차이 등을 명확하게 파악할 수 있고, 옥개에서는 상·하 층단 차이로만 체감을 결정하기 때문에, 그 체감 형식을 명확하게 알 수 있었다. 그 중 특히 법흥사터 7층 벽탑과 조탑동 5층 벽탑이 가장 일정한 규칙을 보이는데, 차이가 한 단일 경우는 8~9㎝, 두 단은 그 두 배인 16~18㎝이다. 따라서 현존하는 목탑 또는 1,000여기 이상의 석탑을 연구하는데 그 바탕이 될 수 있을 것으로 생각하며, 신라 벽전건축에서 일정한 비례관계에 의한 축조방법과 이성적 접근을 확인할 수 있는 계기가 될 수 있었다. 이러한 특징은 벽전건축뿐만 아니라 당시 일반적이었던 목조건축에까지 파급되었을 것이며, 또한 벽전사용은 광범위하였을 것으로 추정할 수 있는 것이다.

5-3. 목조 건축의 벽전사용

제4장의 백제에서는 군수리 절터와 외리에서 발견한 벽전을 목조건축의 벽체와 기단 등에 사용하였을 가능성과, 벽전축 무덤의 볼트(Vault) 천장은 방추형(方錐形)이고 세워쌓기를 첨가하여 당시 중국과는 다른, 낙랑과 백제 즉, 한국 벽전건축만의 특징임을 살펴보았다. 따라서 6~7세기는 한국의 벽전건축뿐만 아니라 목조건축에서도 벽전사용과 축조방법이 정착·완성되는 시기로 추정할 수 있는데, 신라에서는 벽전 형태의 규격화 특징, 벽전 크기와 건축이 일정한 비례를 이루는 특징의 이해를 바탕으로 벽탑을 축조하였다. 이는 백제와 유사하게 신라 목조건축의 벽전사용과 축조방법 역시 정착되고 완성하는 단계로 추정할 수 있으며, 경주에 분포하는 신라의 각 건물터에서는 다양한 무늬와 형태의 벽전들이 출토되고 있어, 이러한 사실을 실증한다고 할 것이다.

그러나 벽전은 당시 축조한 상태 그대로 발견되지 않아 그 사용처를 명확하게 알 수 없지만, 대부분의 연구자들은 목조건축의 바닥 포장에만 사용하였을 것으로 추정한다. 황룡사(皇龍寺)와 고선사(高仙寺)터·천군리(千軍里) 절터·안압지(雁鴨池) 등에서는 바닥을 포장한 상태 그대로 발굴된 예가 있어 바닥에도 사용한 것은 틀림없는 사실이지만, 대부분 무늬가 없는 벽전이기 때문에 신라의 벽전을 대표하는 보상화(寶相花) 무늬 벽전이 과연 바닥에 사용되었는가는 의문으로 남는다. 이러한 의문을 바탕으로 이 절에서는 신라 목조건축 바닥에 사용하였던 유구를 중심으로 신라의 벽전사용을 고찰하고, 이외의 각종 무늬 벽전들이 기단과 벽체에 사용되었을 가능성에 대해 살펴본다. 또한 백제에서는 3가지 형태의 벽전축 기단을 살펴볼 수 있었는데, 신라 역시 황룡사 서금당(西金堂)에서 벽전축 기단이 발견되어 그 형식을 살펴볼 수 있을 것이다. 그리고 『삼국사기』「옥사(屋舍)」을 통해서는 상위계층의 살림집에서 벽전으로 축조하였던 담장에 대해 살펴본다.

신라에서 벽전은 삼국을 통일하기 이전에는 사용하지 않았고, 통일 이후에 비로소 백제의 벽전생산과 축조기술의 영향에 의해 사용하기 시작한 것으로 받아들여지고 있으며,[104] 그 시기는 7세기 후반으로 삼국 중 가장 늦다. 그러나 신라는 그 이전

104 김성구, 『옛 기와』(1992, 대원사.), 65쪽과 송재선, 『우리나라 벽돌』(1991, 한국점토벽돌공업협동조합.), 81쪽 참고.

에도 기와는 물론 벽전을 사용하였다. 낙랑은 2~3세기 또는 4세기까지 벽전축 무덤을 축조하였고, 도로 포장에도 벽전을 사용하였는데, 313년 낙랑이 멸망하고 그 유민이 신라에 유입되었으므로, 신라에서도 벽전의 생산과 사용이 있었을 것으로 생각한다. 또한 신라 불교는 고구려를 통해 유입되었는데, 고구려는 5세기 중반에 선양[瀋陽]의 벽탑을 축조하였고, 적석무덤에도 벽전을 사용하였다. 백제에서는 이미 6세기 초반에 한국만의 벽전쌓기 방법을 통해 무령왕릉과 송산리 6호 벽전축 무덤을 축조하였고, 목조건축의 벽체와 기단 등에도 광범위하게 사용하였는데, 안동의 임하사 벽탑터에서 발견한 연꽃무늬 벽전은 무령왕릉과 그 개념이 동일한 것을 볼 수 있어, 신라만이 7세기 후반에 벽전을 사용하기 시작하였다는 주장은 이해할 수 없다. 또한 634년 축조한 분황사 모벽탑 이전 또는 거의 같은 시기 경주에서는 벽탑을 축조하였고, 경주와 울산의 벽탑터에서 발견한 벽전들과 탑무늬를 통해 알 수 있었다. 기와와 벽전은 형태만 다를 뿐 생산 방법은 동일한데, 『삼국사기』에서는 2세기에도 기와를 사용하였다는 기사가 있고, 5세기 기와도 출토되었다. 따라서 경주 신라의 각 건물터에서 대량으로 출토하는 벽전은 아주 이른 시기부터 여러 나라와의 교류와 영향, 신라 자체의 벽전생산과 축조방법에 의한 것으로 보아야 할 것이다. 그러므로 신라는 아주 이른 시기부터 벽전을 사용하였고, 특히 통일 이후에 벽전생산과 사용은 활발하였던 것이며, 목조건축의 많은 부분에 사용하였을 것으로 생각한다.

1. 바닥깔기의 일반화

벽전을 사용하여 바닥을 포장한 유구는 낙랑에서부터 볼 수 있었는데, 낙랑토성에서는 낙랑 벽전축 무덤의 삿자리 무늬로 폭 4m, 길이 40m를 포장한 보도(步道)를 발견하였다.(<그림 2-38> 참고) 특히 삿자리 무늬 벽전깔기는 6세기 초의 백제 벽전축 무덤과 석실무덤 등에도 공통적으로 나타나지만, 그 이후 한국에서는 사라진 것으로 판단한다. 고구려는 보산리 무덤의 벽화에서 외부공간 보도에 벽전을 깔았음을 확인할 수 있었는데,(<그림 3-42> 참고) 벽전 4장을 하나의 단위로 직교하고, 벽전 마구리면을 땅속에 고정시켰다. 또한 목조건축에서는 정릉사(定陵寺) 10호 건물터의 기단 주위에 벽전을 깔았는데, 그 방법은 보산리 무덤 벽화와 달리 벽체 쌓기의 막힌줄눈과 유사하다.(<그림 3-40> 참고) 이 두 가지의 경우가 고구려에서 살펴보았던 벽전 깔기 방법으로, 낙랑과는 다른 독자적인 방법이다.

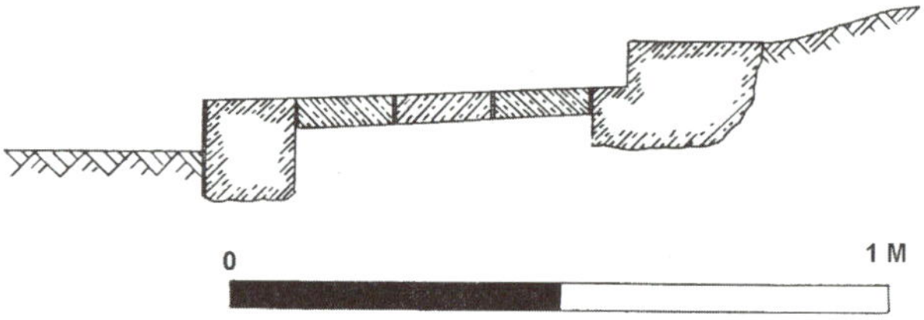

▲5-68

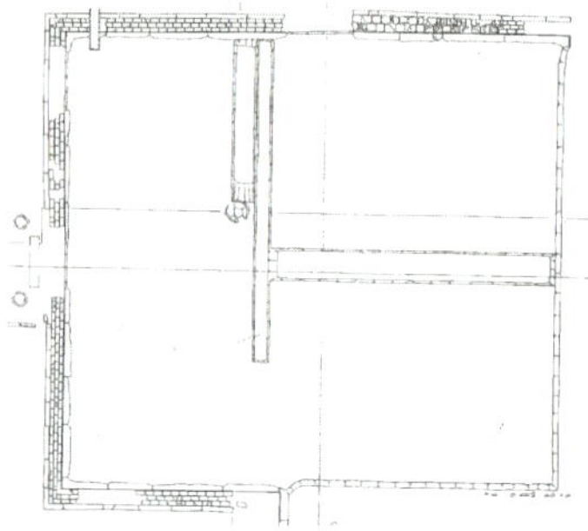

▲5-69

▲5-70

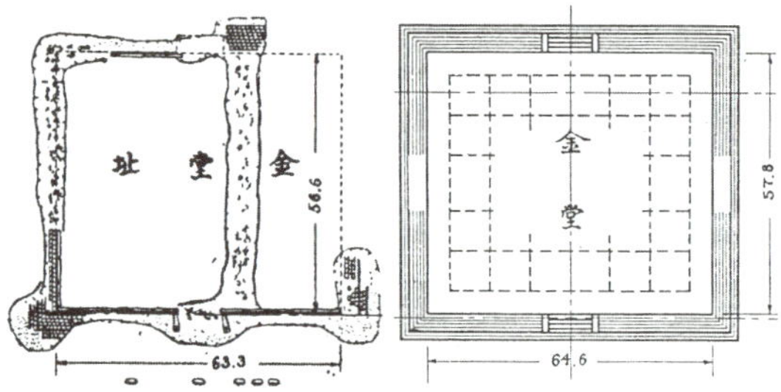

▲5-71

▶5-72

그림 5-68 **고선사 금당터 기단석 실측도**

(출전 : 문화재관리국·경주사적관리사무소, 「高仙寺址發掘調査報告書」(1977, 매일원색정판사.), 22쪽.)

그림 5-69 **고선사 금당터 실측도**

(출전 : 문화재관리국·경주사적관리사무소, 「高仙寺址發掘調査報告書」(1977, 매일원색정판사.), 89쪽.)

그림 5-70 **고선사 금당터의 기단 모서리**

(출전 : 문화재관리국·경주사적관리사무소, 「高仙寺址發掘調査報告書」(1977, 매일원색정판사.), 141쪽.)

그림 5-71 **천군리 절터 금당의 실측도와 복원도**

(출전 : 朝鮮古蹟硏究會, 『昭和13年度古蹟調査報告』(1940.), 도판 83~84 부분 인용)

그림 5-72 **천군리 금당터의 기단 모서리**

(출전 : 朝鮮古蹟硏究會, 『昭和13年度古蹟調査報告』(1940.), 도판 76.)

일반적으로 신라 건축의 바닥에는 벽전 즉, 전(甎)을 깔았다고 하는데,[105] 황룡사 목탑과 금당(金堂)·고선사터·천군리 절터·안압지 등에서는 외부공간, 황룡사 강당과 목탑·부석사(浮石寺) 무량수전(無量壽殿) 등에서는 목조건축의 내부 바닥을 포장한 유구가 발견되었다. 먼저 고선사 금당터에서는 기단 바깥쪽의 장대석과 지대석 사이에 무늬 없는 전(甎)을 2~3줄, 40~60㎝의 넓이로 포장하였고, 31×15×4.9㎝와 32×25×6.6㎝ 크기의 두 종류 벽전을 사용하였다.[106](<그림 5-68~70>) 벽전을 포장한 부분은 북·서·남쪽에서 발견하였지만, 본래는 건물 4면에 모두 설치하였던 것으로 추정하며, 포장한 방법은 벽체의 막힌줄눈 쌓기와 같다.

천군리 절터의 금당터에서는 기단 지대석 바깥쪽에 무늬 없는 벽전을 포장하여 고선사터 금당과 동일하지만, 그 넓이는 5.9척(尺)으로 훨씬 넓고, 벽전의 크기 역시 1척×7.2촌(寸)×2.2촌으로 더 크다.[107](<그림 5-71·72>) 또한 벽전을 포장하는 방법은 고선사터와 같지만, 끝 부분에는 장대석을 사용하지 않고, 벽전을 땅 속에 세워 고정시켰다. 특히 벽전을 포장한 부분은 세워 깐 벽전에 의해 두 부분으로 구분하고 있는데, 기단 지대석에서 4줄의 벽전을 깔고, 마구리면이 보이도록 벽전을 세워 깔았다. 그 바깥쪽으로 다시 2줄의 벽전을 깔고, 벽전을 땅 속에 고정시키므로, 기단 쪽의 넓은 부분과 바깥쪽의 좁은 부분으로 구분한 것이다.

그러나 지대석을 2단으로 가공한 것은 고선사 금당터와 같으므로, 유사한 목적에 의해 미리 설계하여 포장한 것을 알 수 있는데, 지붕에서 떨어지는 낙숫물로 인해 땅이 패는 것을 막고, 금당과 다른 영역과 구분하여 금당의 위계를 높이는 역할을 한 것이다. 또한 천군리 절터 금당에서는 2부분으로 구분하고, 안쪽의 끝 부분이 계단의 우석(隅石)의 끝과 일치하는 것은 앞의 기능과 함께, 불교의 의례와 관계하는 것으로 생각하는데, 『삼국유사』에서는 복회(福會)라고 하여 2월에 흥륜사(興輪寺) 전탑(殿塔)을 도는 의례를 행하였다고 하여,[108] 기단 바깥쪽을 벽전으로 포장하고 두 부분으로 구분하는 것은 복회

105 대한건축학회 編, 『한국건축사』(1996, 기문당.), 253·267쪽 참고.
한 채의 건물은 겹집의 형식으로 구성되어 큰 방을 만들고, 내부의 칸막이는 발이나 병풍 휘장 등을 이용해 구획하였고, 바닥은 塼乭을 깔고 그 위에 부분적으로 나무 바닥을 만든 것으로 추정된다. … 내부 바닥에는 塼乭을 깔고 의자와 침상을 사용했을 것이지만, ….

106 문화재관리국·경주사적관리사무소, 「高仙寺址發掘調査報告書」(1977, 매일원색정판사.), 21~22쪽.

107 朝鮮古蹟硏究會, 『昭和13年度 古蹟調査報告』(1940.), 71·77쪽 참고.

108 『三國遺事』제5권 「感通」 제7 '金現感虎'.
신라 풍속에 해마다 2월이 되면 초파일[初八日]에서 15일까지 서울의 남녀가 다투어 興輪寺의 殿塔을 도는 福會를 행했다.

▶ 5-73(좌)
▶ 5-74(우)

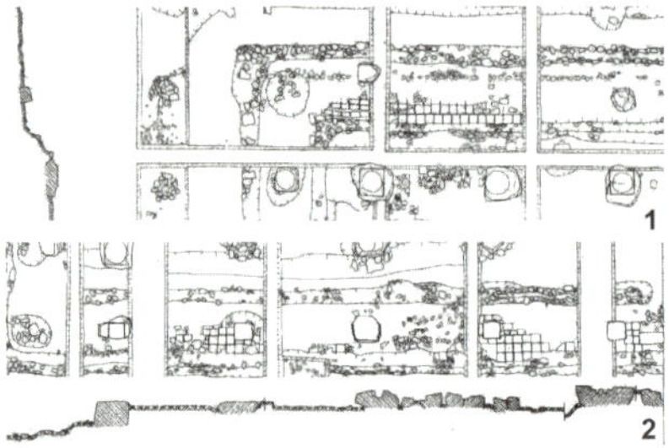

▶ 5-75(좌)
▶ 5-76(우)

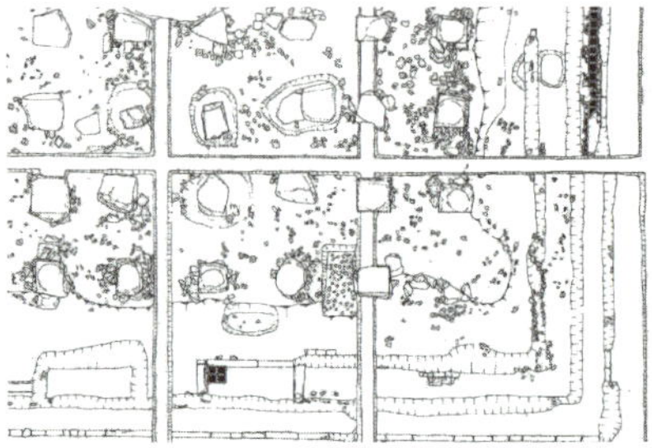

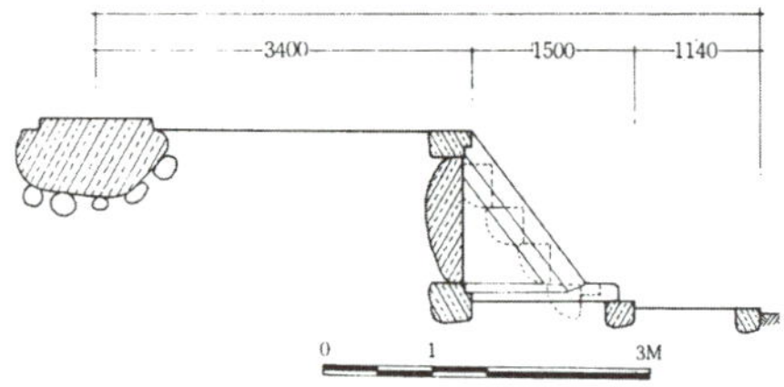

▲5-77

▲5-78

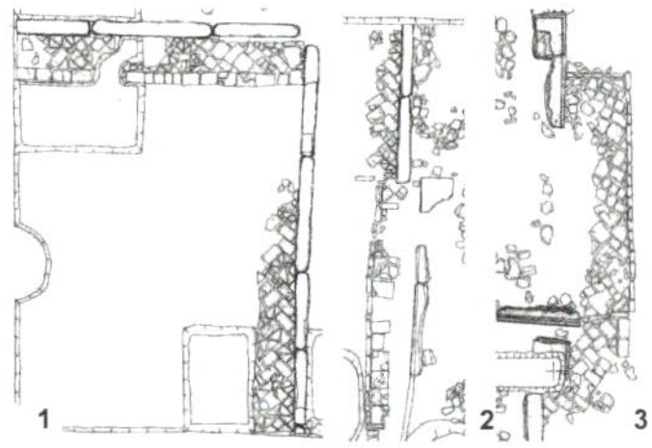

▲5-79

그림 5-73 **황룡사 금당터 발굴 평면도**
(출전 : 문화재관리국, 「황룡사유적발굴조사보고서 I (圖版編)」(1982, 고려서적.), 도면3.)
그림 5-74 **황룡사 금당터 기단 바깥면의 벽전 포장과 차양칸 초석**
(출전 : 문화재관리국, 「황룡사유적발굴조사보고서 I (圖版編)」(1982, 고려서적.), 34쪽.)
그림 5-75 **황룡사 목탑터 발굴 평면도**
(출전 : 문화재관리국,「황룡사유적발굴조사보고서 I (圖版編)」(1982,고려서적.), 도면4.)
그림 5-76 **황룡사 목탑터 기단 복원도**
(출전 : 문화재관리국, 「황룡사유적발굴조사보고서 I (圖版編)」(1982,고려서적.), 53쪽)
그림 5-77 **안압지 건물터의 벽전깔기 I**
(출전 : 문화재관리국, 「雁鴨池 發掘調査報告書(圖版編)」(1986, 민족문화.), 도판 70.)
그림 5-78 **안압지 건물터의 벽전깔기 II**
(출전 : 고경희·한석홍, 『안압지』(1989, 대원사.), 52쪽.)
그림 5-79 **안압지 주변 건물터의 벽전을 포장한 유구 발굴 도면**
(출전 : 문화재관리국, 「雁鴨池發掘調査報告書(圖版編)」(1986, 민족문화.), 도면 12·14·20.)

와 같은 불교의례를 행하기 위한 것으로도 생각할 수 있다.

이렇게 가람에서 위계가 높은 금당의 기단 바깥쪽을 벽전으로 포장한 것은 제3장에서 살펴본 고구려 정릉사 10호 건물터와 동일한 특징이다. 10호 건물은 살림집이 아닌 왕의 초상화 즉, 어진(御眞)을 모시는 원찰(願刹)의 사당(祠堂) 또는 진전(眞殿) 건물로 추정할 수 있는데, 불상(佛像)을 모시는 금당 역시 유사한 기능을 갖는 건축으로 볼 수 있다. 또한 고구려 정릉사터와 토성리 절터에서 발견한 원형벽전시설과 유사한 유구가 신라 고선사터에서도 발견되었으므로,[109](<그림 3-44~46> 참고) 고구려·신라 불교건축의 영향관계를 볼 수 있는 것이다. 따라서 벽전의 사용처와 방법 역시 유사하게 나타나는 것이고, 법흥사터 7층 벽탑의 벽전쌓기가 고구려 벽탑과 동일한 것을 통해 고구려의 벽전 사용이 신라와 많은 연관관계가 있는 것으로 추정할 수 있다.

황룡사 목탑과 금당터에서도 기단 바깥쪽에 벽전으로 포장한 유구를 발견하였는데, 그 원형은 알 수 없지만 고선사터와 천군리 절터의 금당과 유사한 것으로 생각할 수 있다. 금당은 기단 윗면에서 3.2척 낮게 초석열을 설치하여 고구려의 목탑과 유사하게 차양칸을 설치한 것으로 추정하는데, 차양칸 기둥 초석 주위에 벽전을 깐 것이다.<그림 5-73·74> 벽전은 남쪽과 서북 모서리에서 발견되었고, 고선사터와 천군리 절터와는 다르게 1.2×1.2척의 정방형 벽전을 사용하였다.[110] 황룡사 목탑에서도 기단 바깥쪽 남쪽과 동쪽에서 정방형 벽전을 깔았던 흔적이 발굴되었는데, 천군리 절터의 금당과 유사하게 2부분으로 구분하였으나, 벽전을 세워 땅속에 고정시킨 것이 아니라 장대석을 사용하였다.(<그림 5-75·76>) 또한 벽전을 포장한 안쪽 부분은 기단 우석이 끝나는 면과 일치하는 것 역시 동일하여, 복회와 탑돌이 등 불교의례와 관련하는 것으로 추정할 수 있다.

이렇게 금당과 목탑의 기단 바깥 바닥면을 벽전으로 포장하는 것은 지붕에서 떨어지는 낙숫물로 바닥이 패는 것을 막기 위한 기능적인 역할과 함께, 가람에서 가장 중요한 건물을 강조할 수 있는 의장적 특징이 있어, 벽전은 건축의 위계를 표현하는 역할을

109 또한 궁궐터로 추정되는 경주 殿廊址의 건물터 '나'(1937년 발굴 조사에서는 '長廊址Ⅵ'으로 조사되었다)에서도 발견되었다. 즉, 남북으로 긴 건물이 서쪽으로 꺾이는 부분에 지름이 2m이고, 무늬 없는 벽전으로 시설하였다.(경주문화재연구소의 「殿廊址·南古壘 發掘調査報告書」, 1995, 매일원색정판사, 54쪽 참고.). 비록 기능은 명확하지 않지만, 각 절터에서 발견되는 원형벽전시설물과 연관되는 것으로 추정할 수 있으며, 신라의 벽전사용이 고구려와 연관하는 것을 알 수 있는 것이다.

110 문화재관리국, 「황룡사유적발굴조사보고서 Ⅰ(圖版編)」(1982, 고려서적.), 53쪽과 372~373, 377~378쪽 참고.

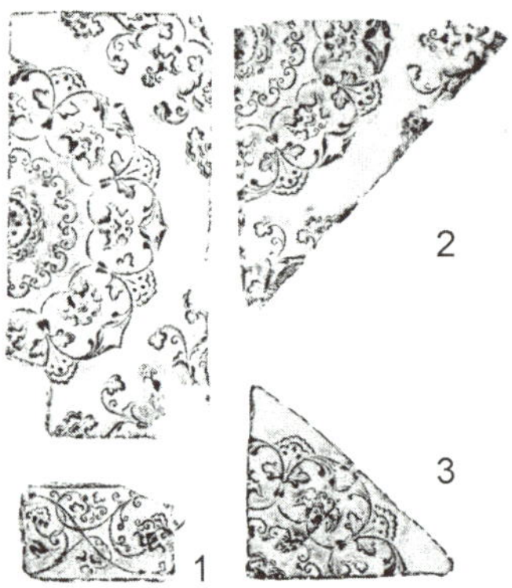

▲5-80

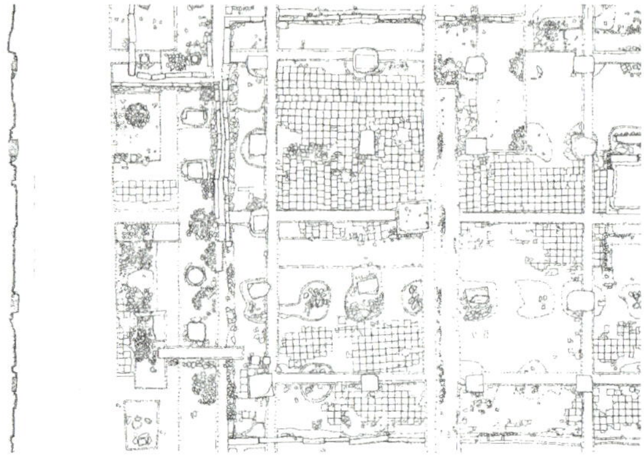

▲5-81

▶5-82(좌)

▶5-83(우)

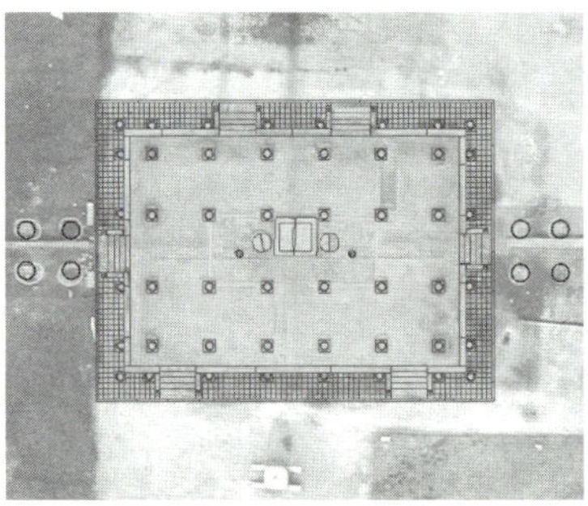

▶5-84

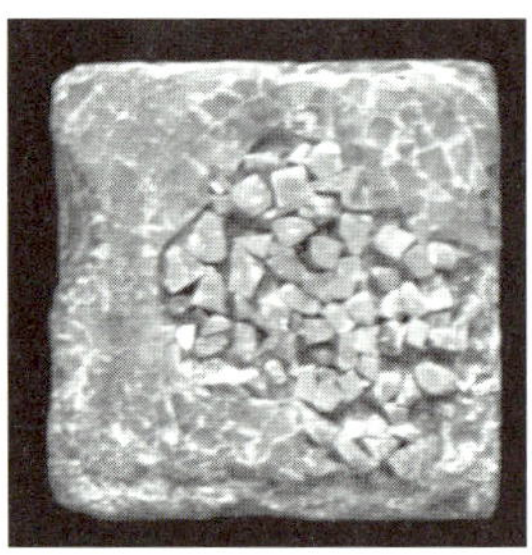

그림 5-80 **안압지 건물터 출토 방형·삼각형 벽전**

(출전 : 문화재관리국, 「雁鴨池 發掘調査報告書(圖版編)」(1986, 민족문화.), 170쪽.)

그림 5-81 **황룡사 강당터 발굴 도면**

(출전 : 문화재관리국, 「황룡사유적발굴조사보고서 I (圖版編)」(1982, 고려서적.), 도면 6.)

그림 5-82 **사천왕사 금당터 배치도**

(출전 : 국립경주문화재연구소, 『2008 학술연구 심포지움 신라 호국의 염원 사천왕사』, 2008, 20쪽.)

그림 5-83 **사천왕사 금당터 동쪽 계단주변 벽전노출상태**

(출전 : 국립경주문화재연구소, 『2008 학술연구 심포지움 신라 호국의 염원 사천왕사』, 2008, 37쪽.)

그림 5-84 **부석사 무량수전 내부 바닥에서 출토한 녹유벽전(부석사 유물전시관)**

하는 것으로 생각한다. 또한 천군리 절터 금당과 황룡사 목탑에서 두 부분으로 구분하여 포장한 것은 외부공간에서 일어나는 불교의 의례행위를 규정하기 위한 것으로, 조선 종묘(宗廟)의 어로(御路)와 신로(神路)를 벽전으로 포장하는 것과 동일한 의미라고 할 수 있다. 이러한 내용을 통해 벽전에는 벽체를 쌓는 기능적 의미뿐만 아니라 바닥을 포장하여 영역을 구분하고, 행위를 규정하는 역할도 담겨 있는 건축재료인 것이다.

또한 안압지 주변의 건물터 중, 규모가 가장 큰 6건물터(FGH-6·7區 건물)와 그 외 5곳의 건물터[111]에서도 위와 유사한 벽전의 기능을 살펴볼 수 있다. 특히 중심 건물인 6건물터는 기단 주위를 모두 벽전으로 포장한 것으로 추정하는데,[112] 사용한 벽전은 무늬가 없고, 포장한 넓이는 0.8~1.2m로 앞에서 살펴본 고선사터와 천군리 절터의 금당터와 매우 유사하다. 또한 벽전을 포장하는 방법은 2종류인데, 금당에서와 같이 막힌줄눈으로 포장하는 방법과 사선으로 포장하는 방법이다.(<그림 5-77~79>) 그 중 전자의 방법은 고구려에서도 사용한 방법이지만, 사선으로 포장하는 방법은 삼국 중 신라에서만 발견되었다. 끝부분의 축조방법은 벽전을 눕혀 포장하는 방법과 벽전을 세워 땅 속에 고정시키는 두 가지 방법이 있는데, 특히 끝단의 벽전과 바닥을 포장한 벽전이 만나는 부분에는 별도로 제작한 삼각형 벽전[113]을 사용하였으며,[114](<그림 5-77·80>) 경주 월성(月城)과 전랑지(殿廊址) 등에서도 삼각형 벽전이 발견되어, 신라 바닥깔기에 보편적으로 사용하였던 것으로 생각한다.

이와 함께 황룡사 목탑터는 내부 바닥을 벽전으로 포장하였는데, 초석의 주좌(柱座)를 통해 외진주(外陣柱)와 제2내진주 사이에 벽전을 깐 것으로 추정한다.[115] 또한 황룡사 강당터 서쪽과 서편 건물터에서는 이를 확인할 수 있는 유구가 발견되었고, 특히 강당터에 사용한 벽전은 무늬가 없는 34㎝ 크기의 정방형이며, 두께는 5㎝ 내외이다. 벽전을 포장하는 방법은 위에서 살펴본 기단 바깥쪽과는 다른데, 사방으로 열을 맞추어 질서정연하게 깔고 있어,(<그림 5-81>) 실내와 실외에 벽전을 포장하는 방법은 서로 다른

111 발굴조사보고서에 확인할 수 있는 건물터는 8(J-5)과 7(IJ-6, 7)·20(OPQR-3, 4)·24(P-2)·31(K-6) 등이다(문화재관리국, 「雁鴨池 發掘調査報告書(圖版編)」, 1986, 민족문화, 65~75쪽 참고.).

112 문화재관리국, 「雁鴨池 發掘調査報告書(圖版編)」(1986, 민족문화.), 65쪽.

113 이와 유사한 벽전을 朝鮮의 華城에서는 '耳甓'이라고 한다.

114 즉, 바닥을 포장하는 벽전은 사용하는 장소와 용도에 따라 치수와 형태를 결정하여 별도의 異形 벽전을 생산한 것이며, 이러한 사실은 장방형 벽전에 무늬를 새겼지만 절반을 생략한 <그림 5-80>의 1 벽전을 통해서도 알 수 있을 것이다.

115 문화재관리국, 「황룡사유적발굴조사보고서 Ⅰ(圖版編)」(1982, 고려서적.), 59쪽

것으로 판단한다. 또한 실내에 위치한 초석은 겉으로 드러나도록 하고, 벽전을 깔 때 가공 한 부분도 찾아볼 수 있다.

특히 경주 사천왕사(四天王寺) 금당터에서는 무늬벽전을 사용하여 바닥을 포장한 유구가 발견되어 주목된다. 기단은 지대석·면석·갑석을 갖춘 가구식 기단이고, 지대석 외곽에 문양벽전을 포장하고 장대석을 두른 이중기단인데, 벽전포장 너비는 약 1.6m이고 황룡사 강당터 벽전포장과 유사하게 통줄눈으로 포장하였다. 사용한 벽전은 4가지 종류로 가장 보편적인 것이 32㎝ 방형의 보상화무늬 벽전이고, 무늬없는 벽전, 서탑터에서 출토된 당초무늬, 연화무늬 등이다.[116] 현재까지 무늬있는 벽전을 바닥에 사용한 유구는 거의 없고, 사천왕사 금당터의 유구가 거의 유일하다고 할 수 있다.(<그림 5-82·83>)

또한 부석사 무량수전의 경우는 벽전을 포장한 방법을 정확히 알 수 없지만, 겉면에 녹유(綠釉)를 입힌 벽전이 내부 바닥에서 발견되었다.<그림 5-84> 그 크기는 14×14×7㎝이고, 겉면 약 0.3㎝ 두께의 비취빛 유약(釉藥)을 발라 제작하였는데, 이는 『아미타경(阿彌陀經)』에 '극락(極樂) 세계는 유리(琉璃)로 되어 있다'라는 문구에 의한 것으로 추정한다.[117] 무량수전은 아미타불을 모시므로 경전에 따라 벽전을 깔아 극락세계를 상징하고, 내부공간의 장엄을 더하는 것이다. 따라서 벽전 특히 녹유를 입힌 특수한 벽전은 불교에서 상징적 의미를 내포하고 그것을 담아내는 역할을 할 수 있었던 것이다.[118]

이상 신라 목조건축의 내·외부 바닥에 벽전을 포장한 유구들을 살펴보았는데, 장방형과 정방형 벽전을 사용하여 기단 바깥쪽 4면을 포장하며, 벽전깔기는 벽체의 막힌줄눈 쌓기와 유사하게 또는 사선으로 포장하는 방법이 있다. 특히 사선으로 포장하는 경우, 보편적으로 끝단에서는 별도로 제작한 삼각형 벽전을 사용한다. 특히 가람의 중심건물인 금당의 기단 주위 바닥을 벽전으로 포장하였는데, 이는 낙숫물에 의해 땅이 패

116 최장미·강정미·김수희, 「사천왕사지 발굴조사 성과와 의의」(국립경주문화재연구소, 『2008 학술연구 심포지움 신라 호국의 염원 사천왕사』, 2008.), 29~30쪽.

117 한국불교연구원, 『부석사』(1976, 일지사.), 62쪽.

118 또한 法光寺에서도 27.5×27㎝의 녹유벽전이 발견되었고(한국불교연구원, 『부석사』, 1976, 일지사, 62쪽 참고.), 雁鴨池·感恩寺·陵只塔 등에서도 발견되어, 당시 녹유벽전을 통해 내부공간의 장엄을 더하는 것은 보편적이었던 것으로 생각할 수 있다. 또한 桐華寺 極樂殿의 마루 밑에도 신라의 녹유벽전이 깔려 있다고 한다(김동현 외, 『신라의 기와』, 1976, 동산문화사, 304쪽 그림1419과 황수영, 「羅·麗의 紋樣塼 三例」『고고미술』9호, 1961. 4., 고고미술사학회, 96쪽 참고.). 기타 자세한 특징은 유홍도, 「통일신라시대 전돌 연구」(2008, 숙명여자대학교 대학원 미술사학과 박사학위논문.), 101~111쪽 참고.

는 것을 막는 기능적인 역할과 함께, 복회·탑돌이 등의 불교의례와 관계한다. 동궁(東宮)으로 추정하는 안압지 주변 건물터 중, 중심건물의 기단 주위를 벽전으로 포장한 것은 금당의 특징과 유사한 것으로 볼 수 있어, 신라 목조건축에서 위계가 가장 높은 건물 기단 주위를 벽전으로 포장한 것으로 생각할 수 있고, 이 때 벽전은 건물의 위계를 표현하는 수단인 것이다. 또한 목조건축의 내부를 벽전으로 포장하는 방법은 외부를 포장하는 것과 다른데, 상하좌우 벽전과 열을 맞추어 통줄눈이 생기도록 한다. 그리고 벽전은 내부공간의 위계를 표현하는 것과 동시에 녹유를 바른 벽전은 종교적인 상징성까지 내포하고 있는 것을 알 수 있었다.

2. 벽전축 기단 : 甓砌石緣의 발생

백제의 벽전무늬는 봉황·용·산경치 무늬 벽전과 함께 무령왕릉에 사용한 연꽃무늬 벽전이 대표적인데, 신라의 경우는 연꽃·당초(唐草) 무늬와 함께 불교에서 이상화(理想化)한 보상화(寶相花)[119] 무늬를 새긴 벽전이 대표적이다. 기존에 이 벽전은 주로 바닥에 사용한 것으로 알려져 있지만, 위에서 살펴본 것과 같이 바닥에 사용한 벽전은 모두 무늬가 없는 벽전일 뿐, 보상화 무늬 벽전은 발견되지 않았다. 또한 벽전 마구리면에 무늬를 새긴 점이 특이한데, 가장 많이 발견한 벽전은 윗면에 보상화 무늬를 넣고, 마구리면에는 용과 당초, 두 마리의 사슴을 새겼다.(<그림 5-85>) 또한 마구리 두 면에 동시에 무늬를 새긴 경우도 있는데, 만약 이러한 벽전을 바닥 포장에 사용하였다면, 측면의 무늬는 보이지 않는다. <그림 5-70·72·77·78>과 같이 끝부분에 벽전 또는 석재 등으로 마무리하기 때문이다. 이 외에도 석조 가구식 기단의 상대갑석(上臺甲石) 윗면에 사용하였다는 의견도 있지만, 현재까지 이러한 기단은 전혀 발견되지 않았고, 단지 상대갑석의 안쪽 면에 4㎝의 턱을 만들어 벽전을 물리도록 한 경우[120]가 있어, 기단 윗면을 포장했을

119 寶相花는 불교와 깊은 관계를 갖는 것으로, 본래 이집트를 기원으로 하여 그리스·인도·페르시아 등을 거치는 동안 다양한 발전을 이루어, 중국 唐代에 불교미술과 더불어 널리 유행하였다(황은신, 「三國時代·統一新羅時代 塼에 나타난 紋様研究」, 1971, 이화여자대학교대학원 석사학위논문, 57~58쪽과 김동욱, 『한국건축의 역사』, 1997, 기문당, 71쪽 참고.).

120 이러한 예는 황룡사 강당터에서 발견되었으므로(문화재관리국, 「황룡사유적발굴조사보고서 I (圖版編)」, 1982, 고려서적, 90쪽 참고.), 신라의 석조 가구식 기단의 상대갑석에서 보상화 무늬 벽전을 많이 사용하였던 것으로 추정할 수 있다.

▶ 5-85(좌)

▶ 5-86(우)

▶ 5-87

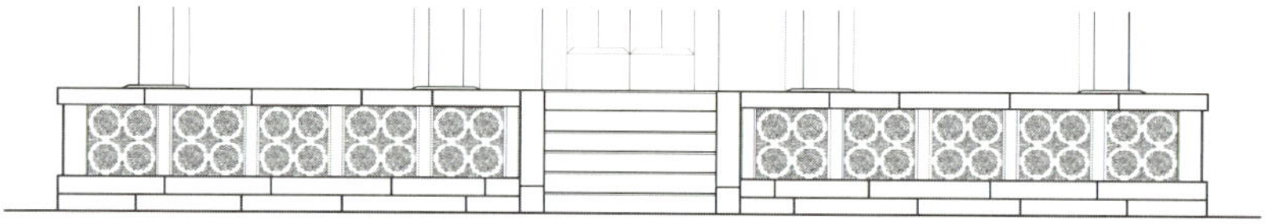

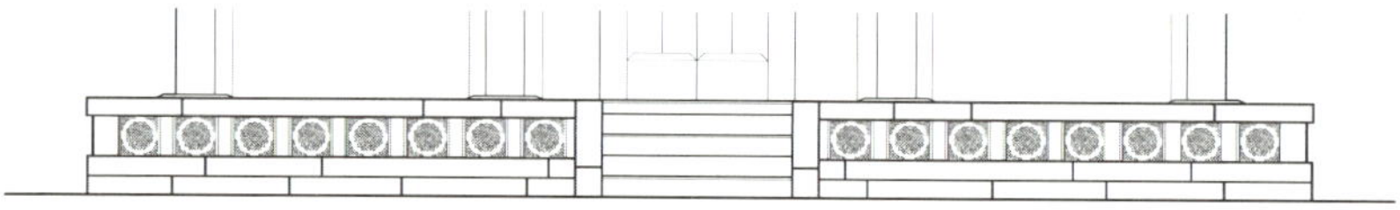

▲5-88

▲5-89

▲5-90

그림 5-85 **신라의 寶相花와 당초·사슴 무늬 벽전**

(출전 : 井內功文化研究室, 『朝鮮瓦塼圖譜』 V 권(1976, 眞陽社, 東京.), 도판 221.)

그림 5-86 **통도사 대웅전 기단**

(출전 : 靈鷲叢林通度寺, 「통도사 대웅전 및 사리탑 신축조사보고서」(1997, 대명기획.), 367·177쪽.)

그림 5-87 **신라 보상화 무늬 벽전을 이용한 목조건축의 석조 가구식 기단 추정 복원도**

그림 5-88 **사천왕사 서탑터 녹유벽전 발굴상태**

(출전 : 국립경주문화재연구소, 「경주사천왕사지 발굴조사」 『연보』 제18호, 2008, 26쪽.)

그림 5-89 **사천왕사 동탑터 녹유벽전 발굴상태**

(출전 : 국립경주문화재연구소, 『2008 학술연구 심포지움 신라 호국의 염원 사천왕사』, 2008, 39쪽.)

그림 5-90 **사천왕사 서탑터 서측기단 지대석 홈 및 벽전발굴상태**

(출전 : 국립경주문화재연구소, 『2008 학술연구 심포지움 신라 호국의 염원 사천왕사』, 2008, 112쪽.)

가능성이 있다.

그러므로 신라의 보상화 무늬 벽전은 제4장에서 살펴본 것과 같이 기단 또는 벽체에 사용되었을 가능성이 높다. <그림 4-52>와 같이 중국 수(隋)·당(唐)의 목조건축 기단에서는 '화전'(花磚)을 사용하였고, 백제의 부여 규암면 외리에서 발견한 벽전은 중앙에는 완결된 무늬와 모서리 장식을 새겨 '화전'과 유사하다.(<그림 4-50> 참고) 또한 이 특징은 신라의 보상화 무늬 벽전 역시 동일하므로,(<그림 5-85>) 기단에 사용되었을 가능성이 있는데, 석조 가구식 기단의 면석 부분에 부착한 것이다. 그런데 백제 벽전의 마구리 네 모서리에는 철물(鐵物)을 연결할 수 있는 촉구멍이 있었지만,(<그림 4-51> 참고) 보상화 무늬 벽전에는 촉구멍을 대신하여, <그림 5-85>의 벽전 상부에서 보는 것과 같이 이음턱을 만들었다. 이와 유사하게 낙랑(樂浪) 벽전축 무덤에서 사용한 모자벽전(母子甓甎)은 한쪽 마구리에 촉이 있고, 다른 쪽 마구리에는 촉을 끼우는 구멍이 있어 석회 없이 직선 벽체를 축조하는데 사용하였다. 그러므로 신라의 보상화 무늬 벽전은 촉을 대신하여 마구리면 전체에 이음턱을 설치하여 벽전과 벽전 또는 석조 가구식 기단과 더욱 견고하게 연결할 수 있었던 것이다.

현재 보상화 무늬 벽전을 부착한 기단은 남아 있지 않지만, 통도사(通度寺) 대웅전 석조 기단을 통해 추정할 수 있다.(<그림 5-86>) 정면과 동쪽 면은 가구식 기단으로, 지대석 위에 면석과 귓기둥[隅柱] 그리고 사잇기둥[撑柱]을 설치하고, 그 위에 갑석을 얹는 방식으로 축조하였다. 그런데 면석에는 모서리 장식이 없는, 목단과 국화 등 꽃무늬를 양각(陽刻)하였고, 계단 소맷돌에는 연꽃무늬를 새겨,[121] <그림 4-52>의 '화전'을 설치한 중국 예와 유사하다.[122] 비록 현재 대웅전 기단은 석재로 축조하고, 또 후대에 개축된 것이지만, 신라에서 보상화 무늬 벽전을 기단 면석 부분에 부착하여 축조한 기단의 형식이 잔존하는 예라고 생각할 수 있다. 따라서 신라 각 건물터에서 발견하는 보상화 무늬 벽전 중 측면에도 무늬를 새긴 벽전은 바닥을 포장하는 용도보다는, 2장 또는 4장 이상의 벽전을 이음턱과 석회 등으로 연결하여 가구식 기단의 면석 부분에 부착하는데 사용하였을 것으로 생각한다. 또한 상대갑석과 사잇기둥·귓기둥 등에 집적 연접하여 부

121 靈鷲叢林通度寺, 「통도사 대웅전 및 사리탑 신축조사보고서」(1997, 대명기획.), 176~177쪽 참고.

122 또한 보상화 무늬 벽전은 30~35㎝인데, 통도사 대웅전 기단의 면석 높이는 벽전 길이의 2배인 71.2~75.5㎝이므로, 벽전을 상하 2장 또는 4장을 연결한 크기와 같다.

▲5-91

그림 5-91 **사천왕사터 발굴 녹유벽전**

(출전 : 국립경주문화재연구소, 『2008 학술연구 심포지움 신라 호국의 염원 사천왕사』, 2008, 41쪽.)

착한 것은 아니고, 사이를 떨어 뜨려 마구리면에 새긴 무늬가 보이도록 하였을 것이다.<그림 5-87> 따라서 벽전 측면에는 사슴 또는 용과 같은 무늬를 새긴 것이며, 마구리 두 면에 동시에 무늬를 새긴 경우는 모서리 부분에 사용한 것으로 이해할 수 있다.

이와 유사한 기단형식을 실증하는 것이 2006년 경주 사천왕사(四天王寺)터에서 발굴되어 주목된다.(<그림 5-88~90>) 사천왕사 서탑터는 정면 3칸, 측면 3칸의 방형이고, 바깥쪽에 장대석을 놓아 기단을 만들었으며, 그 외곽으로 방형으로 돌아가는 탑구(塔區)가 만들어져 있다. 기단은 장대석 모서리 부분에 사방 30㎝의 얕은 단을 만들고, 그 중앙부에는 깊이 5㎝ 정도의 홈을 파서 귓기둥을 놓았는데, 장대석의 중간 부분 2개소에 너비 12~19㎝ 정도의 얕은 장방형의 홈을 파고 그 안에 사잇기둥을 배치하였다. 이 사잇기둥 양쪽에는 당초문의 장방형 벽전을 쌓아 올렸는데, 가장 양호한 부분은 3단까지 확인되었다. 이 당초문 벽전으로 구획된 공간 안에는 소위 녹유사천왕상이라 알려진 녹유벽전을 부착하였는데, 서쪽 계단의 북쪽에서 녹유벽전의 일부가 기단에 부착된 상태로 확인되었고, 기단의 북서쪽 모서리 부분과 북쪽 계단의 동편에서는 녹유벽전이 당초문 벽전 혹은 무늬 없는 벽전과 함께 무너져 내린 모습으로 확인되었다. 당초문 벽전으로 구획된 공간 뒤쪽에는 기와편을 쌓아올린 시설이 일부 확인되었는데, 이는 녹유벽전을 세울 때 뒤쪽에서 지지할 수 있는 시설로 추정되고 있다.[123]

녹유벽전의 무늬는 왼손에 킨 칼을 들고 우측면을 비스듬히 응시하면서, 무릎을 꿇은 좌우 악귀 위에 걸터앉아 있는 형상(A), 정면을 응시하며 왼손에 활을 들고 오른손에 화살을 들고 있으며, 정교한 구름과 연주문 등을 새긴 투구와 갑옷을 입은 형상(B), 좌측을 응시하며 투구를 쓰고 눈초리를 치켜 올리며 크게 부릅뜬 눈과 커다란 콧방울을 가진 형상(C)이다.(<그림 5-91>) 이러한 녹유벽전은 기단의 면석 역할을 하였던 것으로 볼 수 있는데, 녹유전의 배치상태는 모서리부분에서 A-B-C 무늬가 한 조를 이뤄, 계단을 중심으로 좌우에 각각 3매씩 24개의 녹유벽전이 탑에 부착되어, 인물들의 얼굴방향은 왼쪽-정면-오른쪽으로 탑의 사방에 부착되어 전방위를 지키는 의미로 해석할 수 있다.[124]

123 국립경주문화재연구소, 「경주사천왕사지 발굴조사」(『연보』제18호, 2008.), 21~22쪽 참고.

124 최장미·강정미·김수희, 「사천왕사지 발굴조사 성과와 의의」(국립경주문화재연구소, 『2008 학술연구 심포지움 신라 호국의 염원 사천왕사』, 2008.), 30~31쪽.

▶ 5-92(좌)
▶ 5-93(우)

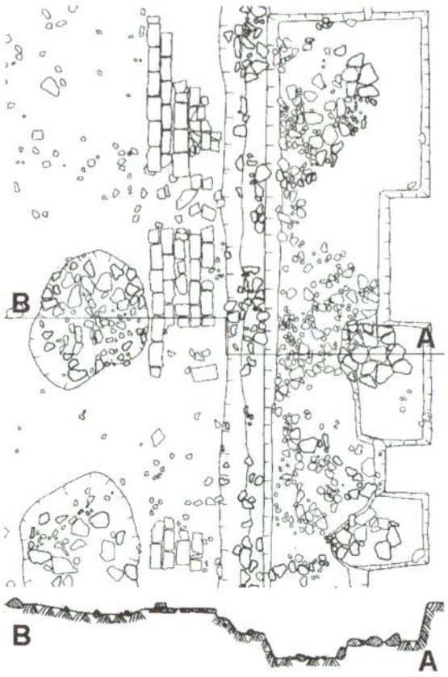

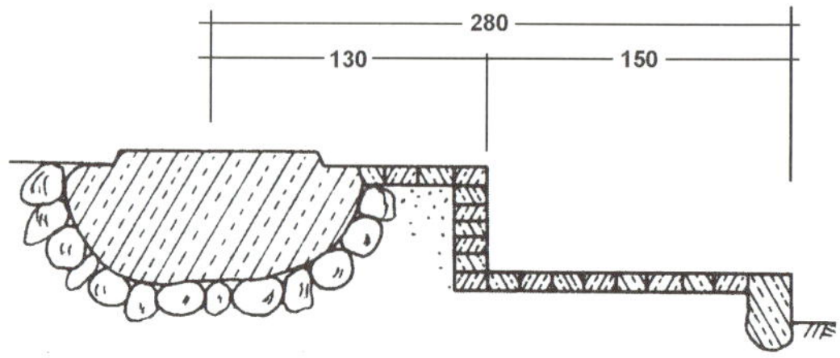

▶ 5-94(좌)
▶ 5-95(우)

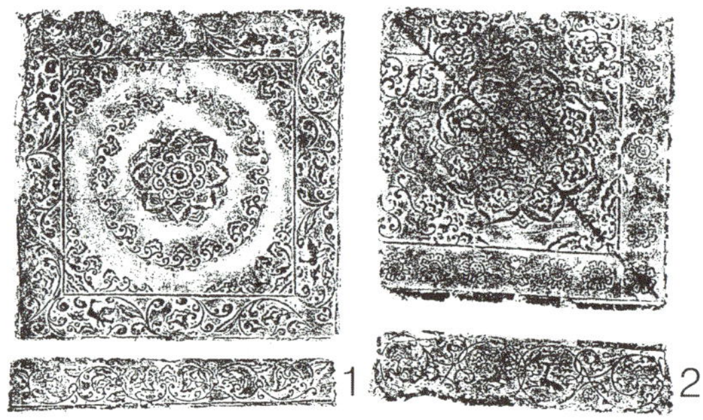

그림 5-92 **황룡사 서금당터 발굴 평면도**
(출전 : 문화재관리국, 「황룡사유적발굴조사보고서 I (圖版編)」(1982, 고려서적.), 도면9.)

그림 5-93 **황룡사 서금당의 벽전축 기단 복원도**
(출전 : 문화재관리국, 「황룡사유적발굴조사보고서 I (圖版編)」(1982, 고려서적.), 76쪽.)

그림 5-94 **경주 殿廊址 제1門터의 기단 유구 사진**
(출전 : 朝鮮古蹟研究會, 『昭和12年度 古蹟調査報告』(1938.), 도판80.)

그림 5-95 **벽전축 기단의 윗면에 사용하였던 것으로 추정되는 벽전**
(출전 : 1 : 朝鮮古蹟研究會, 『昭和12年度 古蹟調査報告』(1938.), 90쪽. / 2 : 김동현 외, 『신라의 기와』(1976, 동산문화사.), 322쪽.)

따라서 중국의 화전을 이용한 기단과 동일하게 석조 가구식 기단에 특별한 의미를 담아 무늬를 새긴 벽전을 설치하여, 그 건축물의 위계를 높이고 그 의미를 널리 알릴 수 있는 기단형식이 실재하였다는 것을 알 수 있다.

이와 함께 황룡사 서금당(西金堂)터와 경주 전랑지(殿廊址)에서는 실재 벽전으로 축조한 벽전축 기단이 발견되었는데, 전자의 경우 내부 바닥에 벽전을 깐 흔적이 발견되지 않았지만, 외진주(外陣柱)의 적심석(積心石) 바깥쪽 즉, 기단 윗면에서 장방형 벽전들이 발견되어, <그림 5-93>과 같이 단이 있는 2중 벽전축 기단으로 복원할 수 있다. 즉, 지면에 지대석을 설치하여 윗면은 37×22×6.25㎝의 장방형 벽전을 5줄로 길게 깔고, 지대석 끝에서 주심 쪽 1.5m부터는 단을 쌓아 건물과 접하는 것이다.[125] 이러한 기단 형식은 제4장에서 살펴본 중국 수(隨)·당(唐)의 벽전축 기단과 유사하고,(<그림 4-45·46> 참고) 또 백제의 부여 군수리 절터 목탑터에서 살펴본 기단과 같은 것으로 생각한다.(<그림 4-40> 참고) 수·당의 벽전축 기단은 지면에서부터 벽전을 통줄눈쌓기로 쌓아 축조한 것이고, 백제의 군수리 절터의 목탑터는 지면과 만나는 부분에 벽전을 세워 땅 속에 고정시키고,[126] 그 상부에서는 통줄눈쌓기로 축조한 것이다. 이러한 벽전축 기단은 석조 가구식 기단에 보상화 무늬 벽전을 부착하는 기단 형식과는 다른 것이지만, 당시 중국과 백제·신라 등의 목조건축에서는 일반적인 기단 중 하나로 추정할 수 있다.

또한 1937년 발굴 조사되어 성동리(城東里) 유적으로 알려진 경주 전랑지에서는 여러 형태와 무늬의 벽전이 발굴되었는데, 기단은 석재와 벽전을 함께 사용한 것으로 알려져 있으며,[127] 그 축조방법은 장대석을 지면에 깔고, 위에 1척×5촌×2촌의 무늬 없는 벽전을 쌓았다.(<그림 5-94>) 따라서 상부에서는 석재 상대갑석 또는 무늬를 새긴 벽전으로 마감하였을 것으로 생각한다. 앞에서는 석조 가구식 기단의 상대갑석 안쪽에 벽전을 포장하고, 상대갑석 부분에는 벽전을 사용하지 않은 것으로 추정하였지만, 이러한 벽전축 기단에서는 면석 부분을 벽전으로 축조하였기 때문에, 상대갑석과 기단 윗면은 벽전으로 깔았을 가능성이 있기 때문이다.

125 문화재관리국, 「황룡사유적발굴조사보고서 I (圖版編)」(1982, 고려서적.), 75~76쪽 참고.

126 이 벽전쌓기는 楮石里 1호 무덤의 벽체 축조방법과 동일한 것이다.(<그림 4-34> 참고)

127 이러한 건물터에는 長廊터1·2·3, 殿堂터 1·2와 전당터 1의 東軒廊터, 門터 1 등으로 알려져 있다(朝鮮古蹟研究會, 「慶州に於けろ新羅一統時代遺構址の調査」『昭和12年度 古蹟調査報告』, 1938, 83~90쪽과 도판 78의 배치도 참고.).

석조 가구식 기단의 면석에 부착하였을 것으로 추정한 보상화 무늬 벽전은 중앙에 보상화를 새기고 모서리 장식이 있지만, 전랑지에서 발견한 벽전 중 기단의 윗면과 상대갑석에 사용하였던 것으로 추정할 수 있는 벽전은 보상화 무늬 벽전과는 그 무늬의 개념이 크게 다르다. 즉, 정방형 벽전 안쪽에 다시 정사각형으로 구획하고, 그 안쪽은 보상화 무늬, 바깥쪽은 당초 무늬를 새긴 것이다.(<그림 5-95>의 1) 이 벽전 중에는 마구리면에 무늬를 새긴 벽전도 있는데, 이는 기단의 상대갑석 부분에 사용하였을 것이다. 또한 <그림 5-95>의 2 벽전은 석탑의 옥개석(屋蓋石)과 같이 모서리를 반전시키고, 마구리 두 면에 무늬를 동시에 새겼으므로, 벽전축 기단 상대갑석의 모서리 부분에 사용하였을 것이다.[128] 결국 벽전축 기단의 윗면과 상대갑석 부분에 사용하였던 벽전은 보상화 무늬 벽전과는 다른 무늬와 그 특징을 나타내고 있으며, 특히 고려(高麗)의 불화(佛畵)와 장곡사(長谷寺) 상대웅전(上大雄殿)에서 내부 바닥을 포장한 벽전은 <그림 5-95>의 1 벽전과 동일한 무늬를 새기고 있다.(<그림 6-17·19·20> 참고) 비록 시기는 다른 고려의 예이지만, 이를 통해 동일한 무늬의 벽전이 바닥과 기단 윗면을 포장하였다는 것을 명확하게 알 수 있고, 석조 기단의 면석에 부착한 보상화 무늬 벽전과 구분되는 사실을 알 수 있는 것이다.

또한 전랑지에서 발견한 벽전축 기단은 면석 부분과 상대갑석 등을 벽전으로 축조하였지만, 가장 하부에는 석재를 사용하고 있다.[129] 벽전축 기단의 지대석 부분을 석재로 축조하는 것은 백제 군수리 절터의 목탑터 기단 축조방법과는 다른 것이지만, 신라 벽탑에서 석재를 사용하는 것과는 같은 축조방법이며, 특히 임하사 벽탑터에는 벽체석연(甓砌石緣)과 유사한 기단을 살펴볼 수 있다.(<그림 5-40>) 그러므로 전랑지에서 발견한 벽전축 기단 형식은 벽체석연의 가장 초기 형식이라고 할 수 있는데, 전랑지는 주로 신라의 궁궐터로 추정하고 있어,[130] 만약 이러한 주장이 사실이라면 신라에서 벽전축 기단은 가장 위계가 높은 기단 형식이고, 벽전 역시 이러한 위계를 표현하는 건축재료였던 것으로 생각한다.

128 이와 동일한 벽전이 雁鴨池와 四天王寺터·高仙寺터 등에서도 발견되었다.

129 특히 長廊과 殿堂에서는 다듬어진 지대석[根石]을 사용하고, 門터 1에서는 다듬지 않은 석재를 사용하여 축조하였다.

130 윤장섭의 『한국의 건축』(1996, 서울대학교출판부.)과 장경호의 『한국의 전통건축』(1992, 문예출판사.)에서는 모두 궁궐건축으로 분류하고, 경주문화재연구소의 「殿廊址·南古壘 發掘調査報告書」(1995, 매일원색정판사.), 136쪽에서는 확실한 궁궐터로 보고 있다.

3. 벽체

신라에서는 벽탑은 물론 목조건축의 내·외 바닥, 기단 등 벽전을 매우 광범위하게 사용하였는데, 15m의 장대한 법흥사터 7층 벽탑이 현존하고, 철물로 벽전과 벽전을 연결하거나, 옥개와 감실 홍예에는 특수한 형태의 벽전을 사용하기도 하였다. 또한 벽전의 사용 장소를 나타내는 글씨를 새겨, 축조 이전에 치밀한 설계작업이 있었음을 확인할 수 있어, 신라의 벽전축 구조는 매우 발달해 있었던 것을 알 수 있는 것이다. 그런데 경주박물관 국은기념실, '녹유 특수와전' 전시 코너에서는 특이한 신라 벽전을 볼 수 있는데,<그림 5-96> 그 형태는 '丁'자와 'ㄱ'자 이고, 단면 크기는 5×5㎝, 겉에는 붉은색 녹유를 입혔다. 지금까지 살펴본 벽전은 대부분 회흑색 계통이고, 두께도 6~7㎝ 내외이므로, 기단과 바닥에 사용한 것은 명확하지만, 특이한 형태의 녹유벽전이 과연 어떤 용도로 사용하였는지 의문으로 남는다.

현재 남아 있는 조선(朝鮮)의 각 궁궐과 상위 계층의 살림집들에서는 붉은색과 검은색 벽전으로 다양한 무늬를 축조한 담장을 볼 수 있는데, 일명 '꽃담'[華文墻][131]이라고 한다. 벽전으로 축조한 꽃담이 한국에서는 언제부터 시작하였는지 명확하지 않지만, 『조선왕조실록』에서는 1533년 벽전으로 축조한 담장을 확인할 수 있어,[132] 그 이전 시기부터 축조하였던 담장 형식일 것이다. 벽전으로 축조한 꽃담은 먼저 밑그림을 완성하고, 그에 따라 필요한 벽전을 제작하여 시공하는데, 대부분 5㎝ 내외의 벽전을 사용하여 일정한 무늬를 형성하며, 특히 벽전뿐만 아니라 석회도 무늬를 이루는 중요한 요소로 작용한다.[133](<그림 5-97>)

그런데 국은기념실에 전시되어 있는 신라의 녹유벽전은 조선 궁궐과 상위 계층의 살림집에 축조한 꽃담의 벽전과 동일한 형태로, 신라 상위계층의 살림집 담장에 사용하

131 조정현, 『꽃담』(1989, 대원사.), 62쪽.

132 CD-ROM 『국역 조선왕조실록』 中宗 27년 5월 18일(을축) / 대사간 권예 등이 천재와 왕자의 가례, 신문고, 재용의 일을 아뢰니 비답하다.

… 王子와 第宅은 舊制가 좁다하여 옛날 지은 집을 헐고 고쳐 지으며, 섬돌과 벽전담까지도 반드시 헐고 새로 만들되 극도로 사치스럽고 광대하게 만듦으로써 참람되게도 왕궁과 비슷하게 되었습니다. 왕자의 家禮에 사치가 날로 더하여, ….

133 이러한 축조방법을 '面灰法'이라고 한다(조정현, 『꽃담』, 1989, 대원사, 91쪽과 조정현·신영훈, 『한옥의 건축도예와 무늬』, 1990, 기문당, 12쪽 참고.).

▶ 5-96

▶ 5-97

그림 5-96 경주박물관 국은기념실의 녹유특수벽전파편
(출전 : 경주박물관 웹사이트(http : //gyeongju.museum.go.kr))
그림 5-97 朝鮮 景福宮 慈慶殿 서쪽 꽃담

였던 것으로 추정할 수 있다. 또한 이러한 사실은 문헌을 통해 확인할 수 있는데, 『삼국사기』 「옥사」조는 살림집의 격식을 규제할 목적으로 제정한 일종의 법령으로서, 신분과 계층에 따라 집의 규모, 집 내·외부의 장식, 재료의 사용 등을 규제하고 있는데, 그 중 살림집의 담장과 연관된 내용은 다음과 같다.

> 진골(眞骨) … 담장에는 보[梁]나 기둥을 설치하지 않고 석회를 바르지 않는다[眞骨, … 垣墻不施梁棟, 不塗石灰,]. 6두품(六頭品) … 담장은 8척을 넘지 못하고, 또 그 보와 기둥을 설치하지 않으며, 석회를 바르지 않는다. 5두품 … 담장은 높이 7척을 넘지 못하며 보를 가설하지 않고, 석회를 바르지 않는다. 4두품에서 백성에 이르기까지 … 담장은 6척을 넘지 못하며, 또 (담의) 보를 가설하지 않고, 석회로 바르지 않는다.[134]

즉, 진골 이하의 살림집 담장에 보와 기둥을 설치하지 못한다는 것은 상부에 목조지붕을 얹지 못한다는 것으로 해석할 수 있다. 또한 꽃담의 축조에서는 벽전 형태와 벽전의 배열 방법에 따라 나타나는 무늬와 함께 석회 사용에 의한 무늬 역시 중요한 요소인데, 「옥사」에서 석회를 바르지 않는다고 한 것은 벽전으로 축조한 꽃담과 유사한 담장을 설치 못한다는 것으로 볼 수 있다.[135] 따라서 국은기념실의 붉은색 '丁'·'ㄱ'자형 녹유벽전들은 바로 신라 궁궐의 담장에 사용하였던 벽전으로 추정할 수 있을 것이다. 또한 『고려사(高麗史)』에는 '장가장'(張家墻)이라고 하는 유명한 담장이 기록되어 있는데,[136] 비록 기와와 자갈로 축조한 담장이지만, 신라에서 벽전으로 축조한 꽃담이 연속되었던 것으로 볼 수 있으며, 이것이 바로 조선의 꽃담으로 이어진 것이다. 따라서 꽃담은 삼국에 그 기원이 있고,[137] 특히 녹유벽전은 담장의 축조에 사용하였던 것이다. 결국 신라에서는 최상위 계층인 왕(王)만이 벽전으로 축조한 담장을 설치할 수 있었기 때문에 벽전은 위계를 표현하는 건축재료였다.

또한 백제 군수리 절터에서는 블록(Block) 형태의 벽전이 발견되어, 벽전으로 축조한

134 『삼국사기』 권제33 「雜誌」 제2 '屋舍'.

135 조정현의 『꽃담』(1989, 대원사.), 62쪽에서도 「屋舍」의 내용을 위와 같이 해석하고 있다.

136 『高麗史』 권제123 「列傳」 제36 '張舜龍'.
張舜龍은 인후, 차신 등과 더불어 권세를 다투었으며 또 생활도 서로 다투어 사치스럽게 하였고 집을 특히 호화하게 신축하였다. 기와와 자갈로써 바깥 담을 쌓으면서 화초무늬를 박았다. 당시에 이것을 장가담[張家墻]이라 하였다[瓦礫築外垣狀花草以爲文詩稱張家墻].

137 조정현, 『꽃담』(1989, 대원사.), 62~63쪽 참고.

▶ 5-98

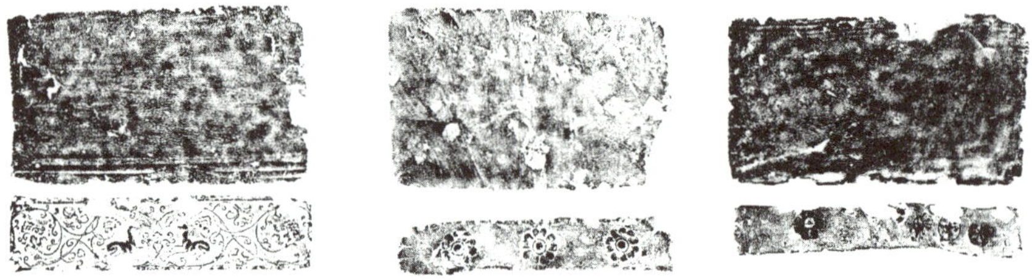

▶ 5-99

▶ 5-100

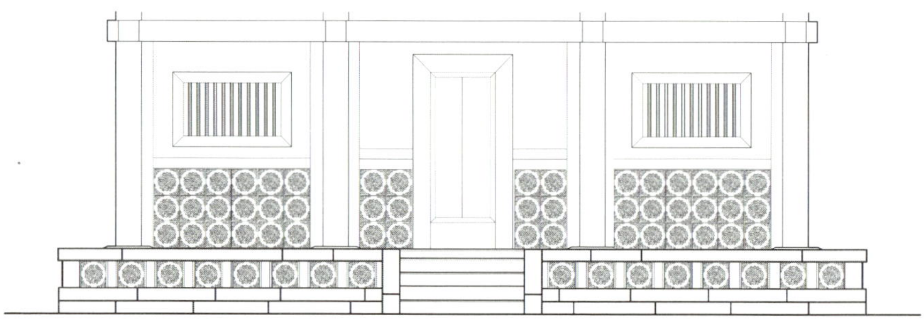

그림 5-98 안압지 건물터에서 출토된 벽전 중 벽체에 사용된 벽전 Ⅰ
(출전 : 문화재관리국, 「雁鴨池 發掘調査報告書(圖版編)」(1986, 민족문화.), 173쪽.)
그림 5-99 안압지 건물터에서 출토된 벽전 중 벽체에 사용된 벽전 Ⅱ
(출전 : 문화재관리국, 「雁鴨池 發掘調査報告書(圖版編)」(1986, 민족문화.), 150쪽.)
그림 5-100 보상화 무늬 벽전을 이용한 목조건축의 심벽 추정 복원도

목조건축의 벽체를 확인할 수 있었고, 부여 규암면 외리와 구교리에서 발견한 벽전에 모서리 장식이 있고, 철물(鐵物)을 이용하여 연결할 수 있는 촉구멍이 있기 때문에, 일반 목조건축의 심벽(心壁)에 벽전을 부착한 벽체 형식도 살펴 볼 수 있었다.(<그림 4-55·56> 참고) 특히 후자의 벽전 특징은 신라의 보상화 무늬 벽전과 동일하므로, 신라에서도 목조건축 벽체에 벽전을 사용하였을 가능성이 있는데, 먼저 안압지 건물터에서는 크기 29×17×5.5㎝이고, 길이면에만 무늬를 새긴 벽전이 발견되었는데,(<그림 5-98>) 무늬가 있는 면이 보이도록 쌓았을 것이기 때문에 벽체에 사용한 것으로 추정한다.[138] 만약 이 벽전들이 목조건축의 벽체에 사용되었다면, 심벽에 부착하는 형식이 아니라, 블록형 벽전과 같이 직접 벽체를 축조하는데 사용되었을 것이며, 위에서 살펴본 것과 같이 담장에도 사용하였을 가능성이 있다.

또한 <그림 5-99>의 벽전은 파편으로 발견되었지만, 보상화 무늬와 모서리 장식을 새긴 것은 보상화 무늬 벽전과 동일하다. 특이한 것은 이음턱에 철못을 박기 위한 못구멍이 촘촘히 뚫려 있는 것인데, 발굴조사보고서에서는 목제품(木製品)과 연결하기 위한 것인지, 또는 벽전과 벽전을 연결하기 위한 것인지 알 수 없다고 하였다.[139] 그러나 목제품과 연결하기 위한 것이 분명하다고 할 수 있는데, 만약 벽전과 벽전을 부착하기 위한 것이라면 백제에서 본 것과 같이 적은 수의 홈과 큰 촉구멍으로 연결할 수 있고, 낙랑의 모자벽전(母子甓甎)은 하나의 작은 촉으로 연결하기 때문이다. 또한 임하사와 불영사 벽탑터에서는 철물로 연결한 벽전을 볼 수 있었다.(<그림 5-35·41>) 그러나 벽전과 벽전을 연결하기 위해서는 세밀한 구멍에 많은 수의 못을 사용하므로 시공의 어려움이 있고, 실재로 못을 박을 수는 없기 때문에, 이 구멍은 목제품과 연결을 위한 것이 명확한 것이다. 그러므로 목조건축의 부재와 연결하기 위한 목적일 것인데,[140] 특히 벽전과 기둥을 직접 연결하거나, 또는 조선 반방화장(半防火墻)[141]에는 기둥과 벽전 사이에 용지판(龍枝板)을 사용하므로, 이 못구멍은 바로 용지판과 연결하기 위한 것으로도 생각할

138 문화재관리국, 「雁鴨池 發掘調査報告書(圖版編)」, 1986, 민족문화, 149쪽 참고.

139 문화재관리국, 「雁鴨池 發掘調査報告書(圖版編)」, 1986, 민족문화, 150쪽 참고.

140 또한 발굴조사보고서에는 이 벽전이 '독립된 공간을 갖는 '壇'을 구성한 파편'으로 단정하고, '壇塼'으로 분류하였다(문화재관리국, 「雁鴨池 發掘調査報告書(圖版編)」, 1986, 민족문화, 149쪽.) 그러나 이러한 주장 역시 명확한 근거를 갖지 못한다고 할 것이다.

141 防火墻 또는 半防火墻에 대해서는 제7장에서 살펴본다.

수 있다. 따라서 신라에서는 목조건축의 심벽에 벽전을 부착하여 축조한 사실을 확인할 수 있고, 이 때 못구멍이 있는 벽전은 양 쪽 가장자리에서 기둥 또는 용지판과 연결하는 벽전이었던 것이다. 이상의 가정들을 통해 신라 목조건축에서는 장방형 벽전으로만 축조한 벽체와 보상화 무늬 벽전을 이음턱과 철못 등으로 연결하여 심벽에 부착한 벽체를 축조하였음을 알 수 있으며, 특히 후자의 경우는 <그림 5-100>와 같이 복원할 수 있을 것이다.

건축에서 벽체는 공간을 한정하고, 내부와 외부를 구별하거나 연결하는 역할은 물론, 사람을 보호하고 안전하게 하는 관념과 부합한다.[142] 그러나 한국 목조건축의 일반적인 벽체 형식인 심벽은 흙과 나무로 축조하고 기둥이 외부로 노출되기 때문에, 잦은 화재와 빗물·습기 등에 쉽게 전소(全燒)되거나 붕괴된다. 또한 습기가 많아 해충이 있고, 도둑이나 쥐 등이 쉽게 뚫고 실내에 침입할 수 있는 단점이 있으며, 벽체의 흙이 건조 수축하면, 목조 부재와 벽체 사이가 벌어져 내부 난방에도 문제가 있다. 따라서 당시 최고 지배자 계층에서는 심벽의 단점을 보완하고, 보호·안전의 관념과 결부하는 목조건축의 벽체를 축조하였을 것으로 생각할 수 있는데, 그 재료는 벽전 또는 석재였을 것이다. 그러나 석재는 가공의 어려움이 있고, 위계와 장엄(莊嚴)을 나타내는 무늬를 새기는데 어려움이 있다. 이에 반해 벽전은 제작이 용이하고, 다양한 무늬를 쉽게 새길 수 있으므로, 장엄과 위계를 효과적으로 표현할 수 있는 특징이 있다. 게다가 석재와도 유사한 성질을 지니고 있어, 안전과 보호의 관념과도 부합할 수 있는 건축재료였던 것이다. 따라서 신라의 동궁(東宮)으로 추정하는 안압지의 목조건축 벽체에 사용한 벽전은 내부공간에 장엄을 더하는 것이고, 외부 벽체에 사용되었을 경우는 건물 외형에 장엄을 더하는 것과 함께 심벽을 빗물과 습기 등에서 보호하고, 완전하게 내부공간을 밀폐하는 역할을 하는 것이다.

이와 같이 벽전은 일반에까지 확대되어 사용한 건축재료는 아니었지만, 당시 지배계층의 건축에서는 위계 표현과 장엄을 나타내고 또 안전과 보호의 관념을 가장 효과적으로 표현할 수 있었던 건축재료의 하나로 보편적으로 사용하였던 것이다. 또한 계획적 측면에서는 완결적이고 연속적인 무늬를 새긴 벽전으로 벽체를 축조하였기 때문에, 제4장에서 살펴본 것과 같이 목조건축의 주칸(柱間)과 밀접한 관계가 있다. 즉, 무늬를

142 香山壽夫, 『建築意匠講義』(1998, 도서출판국제.), 39쪽 참고.

가공하여 축조할 때에는 벽전의 무늬가 갖고 있는 상징과 그 의미가 사라지기 때문이다. 따라서 기둥과 기둥 사이에 쌓는 벽전의 장수(張數)에 의해 주간이 결정되며, 목조건축의 내부 바닥을 벽전으로 포장할 경우에도 마찬가지이다. 따라서 목조건축의 계획 때에 이미 벽전의 크기와 주간은 일정한 비례관계를 설정하여 제작하는 것이며, 당시 건축의 비례와 계획과정을 알 수 있는 중요한 요소인 것이다.

5-4. 북국 발해의 벽전사용과 벽전건축의 새로운 구조 형식

북국 발해[143]는 신라의 삼국 통일과 때를 같이 하여, 15대 230년(698~926년)에 가까운 왕조를 이어왔는데, 고구려의 옛 영토 위에, 고구려 문화를 바탕으로 건국하였다. 따라서 무덤 축조와 불상 등의 문화유물들에서는 고구려와 거의 같은 방식을 따르고 있고,[144] 온돌 유구도 발굴되어 고구려의 전통을 이은 것으로 널리 알려져 있다.[145] 건축에서는 고구려 건축을 바탕으로 중국 당(唐)의 건축문화를 받아들이고 순화하여, 발해 스스로의 건축을 형성한 것으로도 보고 있다.[146] 또한 발해는 당과의 평화적 외교관계를 수립한 이후, 그 문화를 적극적으로 받아들였지만,[147] 『삼국사기』에 신라와 교류는 2회만 기록하여 적국(敵國)으로 인식되어 왔다. 그러나 남북국은 동일한 시기에 유사한 문화를 누린 것으로 생각할 수 있는데, 이러한 특징은 도성(都城)과 목조건축에서도 볼 수 있지만, 벽전의 사용과 축조방법에서 명확하게 보여지고 있기 때문이다.

지금까지 알려진 북국 발해의 벽전사용은 신라보다 훨씬 더 활발하였다고 할 수 있는데, 녹유(綠釉)·자유(紫釉)·황유(黃釉)를 바른 기와와 함께, 기둥 하부를 비바람으로 보호하기 위해 유약을 바른 '기둥밑둘레장식'도 사용하는 등, 요업(窯業)이 활발하였다. 또한 상경용천부(上京龍泉府)의 궁궐터와 각 절터에서는 각종 형태의 벽전이 발견되었고 특히 벽전을 사용한 벽탑과 벽전축 무덤의 축조를 통해, 벽전사용이 그 어느 시기보다 활발하였음을 알 수 있다. 그러나 발해의 강역이 중국에 속해 있어 벽전사용뿐만 아니라 건축특성에 관한 연구가 활발히 진행되지 못하였고, 발굴 자료 또한 많지 않다.[148]

143 현재의 國史學에서는 신라의 삼국 통일 이후와 발해의 공존 시기를 '南北國 시대'로 명명하고 있다. 이 책에서는 각 시기의 독자적인 벽전사용과 상호간의 연관관계를 나타내기 위해 이 명칭은 사용하지 않지만, '남북국 시대'라는 용어에 기본적으로 동의한다. 또한 본 연구에서 '통일신라' 용어를 사용하지 않고 서술한 까닭은 '남북국'이기 때문인데, 통일신라로 부를 수 있는 기간은 고구려가 망한 뒤부터 발해가 건국하는 698년 까지라는 의견(강만길 外, 『한국사』3, 1994, 한길사, 240~241쪽 참고.)에 동의하기 때문이다. 따라서 벽전에 관한 연구가 더욱 진행되어 南國 신라와 北國 발해를 한데 묶는 남북국 시대의 벽전사용과 축조방법에 관한 연구가 이루어 질 수 있기를 기대한다.

144 강만길 外, 『한국사』3(1994, 한길사.), 250쪽.

145 강만길 外, 『한국사』4(1994, 한길사.), 298쪽.

146 대한건축학회 編, 『한국건축사』(1996, 기문당.), 334쪽.

147 이기백, 『한국사신론』(1994, 일조각.), 128쪽.

148 단지 方學鳳의 연구가 대표적인데, 『발해건축연구』(1995, 연변대학출판사.)·『발해의 불교 유적과 유물』(1998, 서경문화사.)과 『발해사 연구』(2007, 서울대학교출판부.) 등이 있다.

또한 발해의 벽전에 관한 사진과 도면자료가 절대적으로 부족하여, 본 연구에서 언급하기에는 한계가 있는 것이 현실이다. 따라서 여기서는 지금까지 알려진 발해의 벽전사용과 건축특징을 한국사(韓國史)의 연속선상에서 간략하게 살펴보기로 한다.

먼저 발해 벽전축 무덤은 중국 길림성(吉林省) 화룡현(和龍縣) 용두산(龍頭山) 발해고분군 지역 내에 위치하고, 792년 축조한 정효공주(貞孝公主) 무덤이 대표적인데, 가장 특징적인 것은 묘실과 벽탑·벽탑의 기단, 3부분으로 구분할 수 있고, 묘실 상부에 벽전과 판축(版築)으로 기단을 만들어 벽탑을 축조한 것이다.[149](<그림 5-101·102>) 기단은 남북길이 5.65m, 동서너비 5.50m 정도로 마적달촌 무덤 탑터보다 2.8㎡, 영광탑(靈光塔)보다 9.3㎡ 큰 규모이고, 영광탑은 5층, 마적달촌 상부 탑은 7층으로 추정되고 있어, 정효공주 무덤 상부의 벽탑은 7층 이상의 벽전으로 쌓은 것으로 추정되고 있다.[150] 이 때 무덤을 지궁(地宮), 탑은 무덤탑[墓塔]이라 한다. 이러한 무덤은 당시 중원(中原)지역에서 유행한 형식으로, 정효공주 무덤을 최초로 당나라의 제도를 본받은 것이라고 하지만,[151] 고구려 장군총 등의 적석무덤 상부에는 건축물이 있었음을 확인할 수 있고, 말갈(靺鞨)의 무덤 형식 역시 마찬가지이므로,[152] 고구려와 말갈을 계승한 발해의 무덤형식으로도 볼 수 있다.[153] 이는 정혜공주(貞惠公主) 무덤의 벽전사용과 천장축조를 통해 알 수 있는데, 발해 벽전축 무덤의 평천장은 고구려 석실무덤의 말각조정(抹角藻井) 즉, 3각고임천장을 계승하고 발전시킨 것으로 생각할 수 있기 때문이다.

정효공주 무덤의 천장은 낙랑의 궁륭, 백제의 볼트천장이 아닌, 대형 판석(板石)으로

149 이 벽탑은 현존하지 않지만, 같은 형식으로 볼 수 있는 靈光塔이 남아 있다.

150 이병건, 「동북아시아에서 발해 전탑의 건축적 의미 연구」(동북아역사재단, 『동북아역사논총』21호, 2008. 9.), 148쪽.

151 방학봉, 『발해의 불교유적과 유물』(1998, 서경문화사.), 231쪽과 대한건축학회 編, 『한국건축사』(1996, 기문당.), 323쪽 참고.

152 『魏書』 권100 「列傳」 제88 '勿吉國'.

부모가 봄이나 여름에 죽으면 곧바로 매장하고 무덤 위에 집을 지어 비가 새어들지 않게 하며[其父母春夏死, 立埋之, 冢上作屋 不令雨濕], ….

153 발해에서 무덤 상부에 건축물을 축조한 경우는 지금까지 15기의 무덤이 알려져 있다(방학봉, 『발해건축연구』, 1995, 연변대학출판사, 240쪽 참고.). 또한 중국은 탑 지하에 무덤칸을 둔 경우는 사리정도를 안장하지만, 시신을 안치하는 경우는 발해에서만 볼 수 있는 특징적인 무덤형식으로 보기도 하여(이병건, 「동북아시아에서 발해 전탑의 건축적 의미 연구」(동북아역사재단, 『동북아역사논총』21호 , 2008. 9.), 175~176쪽 참고), 시신을 안치하고 상부에 건물을 축조하였던 고구려의 적석무덤 형식이 유지되고 있는 것으로 해석할 가능성도 있는 것이다.

▶5-101

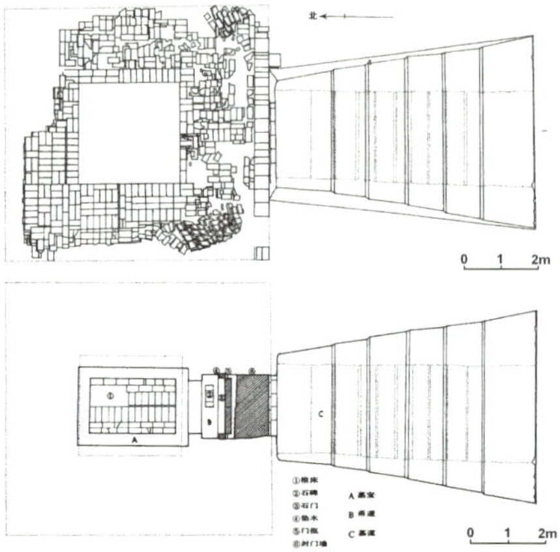

▶5-102

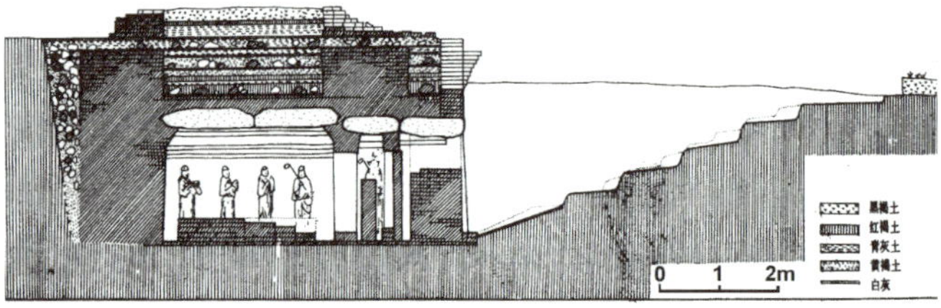

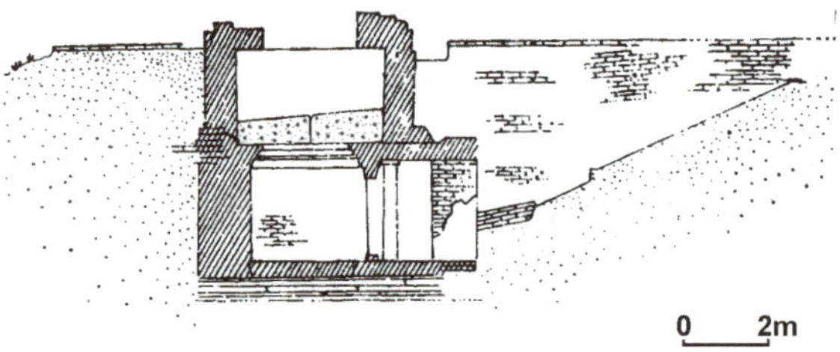

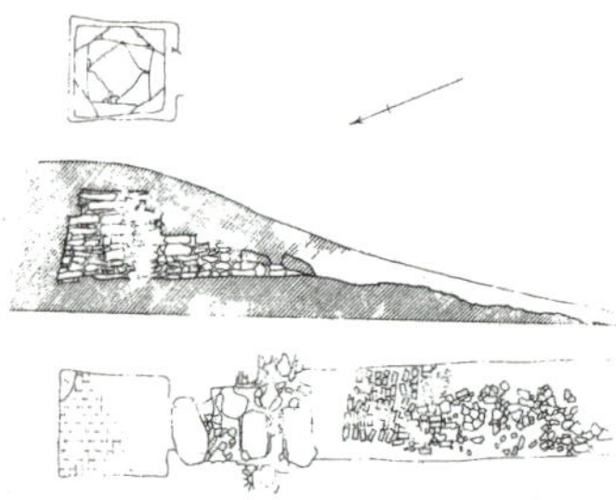

▲5-103(좌)

▲5-104(우)

그림 5-101 **정효공주 무덤의 탑터와 묘실 평면도**

(출전 : 吉林省地方志編纂委員會編纂, 『吉林省志 卷四十三/文物志』(1991, 吉林人民出版社.), 200쪽.)

그림 5-102 **정효공주무덤 단면도**

(출전 : 吉林省地方志編纂委員會編纂, 『吉林省志 卷四十三/文物志』(1991, 吉林人民出版社.), 200쪽.)

그림 5-103 **마적달촌 무덤 단면도**

(출전 : 방학봉, 『발해의 불교유적과 유물』(1998, 서경문화사.), 102쪽.)

그림 5-104 **정혜공주무덤 평·단면도**

(출전 : 吉林省地方志編纂委員會編纂, 『吉林省志 卷四十三/文物志』(1991, 吉林人民出版社.), 198쪽.)

평천장을 축조하였다. 남쪽 벽체는 높이 1.66m이고, 두께는 0.9m인데, 뒷벽은 훨씬 더 두꺼워 2.5B 이상의 두께로 쌓았다. 이러한 특징은 그 이전 벽전축 무덤에서 볼 수 없는 특징으로, 상부 벽탑의 하중을 지지하기 위한 것으로 생각한다. 또한 상부로 갈수록 점차 안쪽으로 경사지게 축조하였는데, 최상부에는 벽탑의 옥개와 같이 내밀어 쌓아 상부의 판석을 받치고 있다. 이와 같이 대형 판석을 사용하는 축조방법은 낙랑 벽전축 무덤 무덤길 천장에서 볼 수 있었지만, 묘실을 축조한 경우는 없다.

조적식 건축의 벽체는 높이와 길이를 어느 정도 자유롭게 축조할 수 있지만, 개구부와 천장은 개개의 부재를 쌓아 축조하는 특징으로 인해 제한적이기 때문에, 오래 전부터 개구부는 홍예(虹蜺), 천장은 궁륭 또는 볼트천장이 정형이 되어 왔고, 현재까지도 이어지고 있다. 한국 벽전건축에서 홍예와 궁륭·볼트는 낙랑과 백제의 벽전축 무덤에서 축조하기 시작하였지만, 대형 판석으로 축조한 평천장은 발해에서만 볼 수 있는 방법으로, 무덤형식의 차이에서 따른 것으로 생각한다. 기존의 벽전축 무덤은 상부 무덤탑을 축조하지 않기 때문에 곡면을 갖는 볼트와 궁륭을 축조할 수 있었지만, 무덤탑을 축조해야만 하는 발해에서는 상부하중을 지지하기 위해 벽전으로 축조한 천장이 아닌, 판석을 사용한 평천장을 축조해야 했던 것이다.[154] 따라서 이러한 축조방법은 무덤형식과 그 계획 의도에 맞추어 축조한 것임을 알 수 있다.

또한 길림성(吉林省) 훈춘시(琿春市) 마적달향(馬適達鄉) 마적달촌(馬適達村) 무덤 역시 벽전축 무덤이며, 상부에는 7층의 벽탑을 축조하고 상륜부까지 갖추고 있었으나, 1921년 붕괴되었다.[155] 이 무덤의 천장은 길이 3.61m, 넓이 3.4m, 두께 0.5~0.7m의 대형 판석 두 장을 사용한 평천장으로 정효공주 무덤의 특징과 동일하고,<그림 5-103> 무덤길의 양쪽 측벽까지 벽전으로 축조하여 특이하다. 이 외에도 하남촌 무덤은 같은 봉토 안에 두 개의 묘실을 축조한 벽전축 무덤이며, 상부에는 벽탑 대신 30여 개의 초석이 발견되어,[156] 목조건축이 있었음을 확인할 수 있다. 벽전은 35×35×5㎝의 방형, 34.5×15.5×5㎝의 장방형 벽전을 사용하여, 신라의 벽전 크기와 대체로 유사한 특징을 나타내지만, 상부에는 판석을 사용한 평천장으로 조사되어,[157] 상부 목조건축의 하중을 지지하기 위한

154 기존 벽전축 무덤에서는 묘실 입구는 虹蜺를 설치하지만, 정효공주 무덤은 역시 판석을 사용하여 수평으로 축조하였다.

155 방학봉, 『발해건축연구』(1995, 연변대학출판사.), 261쪽.

156 정영진, 「발해무덤연구」(연변대학출판사, 『발해사연구』1, 1993, 서울대학교출판부.), 91쪽.

것으로 생각할 수 있다.

돈화시(敦化市) 강동향(江東鄕) 육정산(六頂山) 발해왕실귀족 무덤떼 제1묘지구의 중앙에 위치한 정혜공주 무덤은 벽전축 무덤은 아니고, 상부 무덤탑이나 목조건축을 축조하지 않았지만, 묘실의 바닥과 무덤 외도(外道) 바닥은 모두 벽전을 깔았고, 천장은 13개의 판석을 사용한 3각고임으로 축조하였다.(<그림 5-104>) 이렇게 바닥에 벽전을 깔고, 3각고임천장을 축조하는 특징은 고구려 석실무덤과 동일한 것이므로, 앞에서 언급한 것과 같이 정효공주와 마적달촌 무덤에 판석을 사용하여 축조한 평천장은 고구려의 3각고임천장 형식을 계승하고, 한 단계 더 발전시킨 벽전축 무덤의 천장형식으로 볼 수 있는 것이다. 또한 정효공주 무덤과 마적달촌 무덤에 사용한 벽전은 거의 동일한 특징을 갖고 있는데, 무늬 없는 장방형·방형을 사용하였지만, 그밖에 구름·연꽃·꽃무늬 벽전과 삼각·곡면·이빨형 벽전 등 이형(異形) 벽전들도 다양하게 사용하였다.[158] 따라서 발해의 벽전생산과 그 축조기술은 우수하였고, 미리 계획하여 축조한 것을 알 수 있는 것이다.

표 5-8 발해 벽전축 무덤의 묘실 크기

구분	길이	너비	높이	무덤탑
정효공주 무덤 묘실	3.10m	2.10m	1.90m	?
마적달촌 무덤 묘실	2.70m	1.86m	2.30m	7층 벽탑
영광탑 무덤 묘실	1.90m	1.42m	1.49m	5층 벽탑

(출전 : 방학봉, 『발해의 불교유적과 유물』(1998, 서경문화사.), 222쪽.)

북국 발해에서는 축조한 무덤탑으로 현존하는 벽탑은 중국 백산시(白山市) 장백조선족자치현(長白朝鮮族自治縣) 탑산(塔山)에 위치하는 영광탑(靈光塔)뿐이다.<그림 5-105> <표 5-8>은 발해 벽전축 무덤의 묘실 크기를 정리한 것인데, 마적달촌 무덤의 묘실은 정효공주 무덤에 이어 두 번째로 크고, 상부 벽탑은 7층이었다. 반면에 영광탑의 묘실이 가장 작고, 벽탑은 5층으로 가장 작아, 묘실 크기와 상부 벽탑의 층수 또는 높이와 관계되는

157 방학봉, 『발해건축연구』(1995, 연변대학출판사.), 215~222쪽 참고.

158 방학봉, 『발해의 불교유적과 유물』(1998, 서경문화사.), 243쪽 참고. 그러나 벽전의 사진과 도면을 제시하지 않아 그 특징을 명확하게 알 수 없다.

것을 알 수 있다. 영광탑은 8~10세기에 축조한 것으로도 추정하는데, 중국 당(唐)·신라의 벽탑과 동일한 특성을 동시에 살펴볼 수 있다.[159] 먼저 당의 특성으로 볼 수 있는 것은 옥개의 아자(牙子) 쌓기인데, 마구리면이 보이도록 직각으로 축조하는 것이 아니라, 약간 사선으로 돌려 쌓는 방법을 말한다. 특히 <그림 5-106>에서는 옥개 모서리에 아자 형태의 벽전을 별도로 생산하여 축조한 것을 알 수 있는데,[160] 이러한 아자쌓기는 낙랑을 포함한 한국 벽전건축에서는 전혀 나타나지 않지만,[161] 중국 벽탑과 벽전건축의 처마 부분에 보편적으로 나타나며, 목조건축의 공포(栱包)를 간략하게 표현한 것으로도 추정된다. 따라서 아자쌓기는 중국 특유의 쌓기방법으로 규정할 수 있기 때문에, 북국 발해의 벽탑에서 나타난 아자쌓기는 당시 중국 당의 벽탑형식에 영향 받은 것을 알 수 있다.

두번째는 공통(空筒) 구조인데, 중국 벽탑은 내부에 공간을 형성하지 않는 밀첨식(密檐式) 벽탑, 목탑과 같이 내부공간을 만들고 계단을 설치하여 사람의 출입이 가능하도록 축조한 누각식(樓閣式) 벽탑이 있다. 그러나 한국의 벽탑에서는 1층 탑신의 감실을 제외하고 내부공간을 설치하지 않으며, 벽전이나 자갈 등으로 채우는 중국의 밀첨식과 유사하다. 그러나 이 영광탑은 각 층 탑신 내부를 비워 공간을 축조하였는데, <그림 5-107>은 영광탑 1층 탑신의 안쪽으로, 내밀어 쌓기에 의해 천장을 마감하고, 중앙에서는 2층과 연결하고 있다. 그러나 그 규모가 작기 때문에 2층 이상의 탑신 내부에 사람이 출입하지 못하므로 중국의 누각식 벽탑과는 다르다.(<그림 5-108>) 이렇게 벽탑의 내부에 공간을 형성하는 것을 공통(空筒) 구조라고 하는데, 중국 벽탑의 한 형식으로, 당의 영향으로 보아야 할 것이다.[162]

159 장어환의 「장백산 영광탑의 특징과 연대감정에 관하여」(한국건축역사학회, 『건축역사연구』10, 1996. 12.)과 방학봉의 연구에서는 唐의 영향으로 축조되었음을 강조하고 있다.

160 사진·도면이 없어 정확한 것은 알 수 없지만 마적달촌 무덤과 정효공주 무덤에서 발견되었다는 '이빨형' 벽전은 바로 아자쌓기에 사용한 벽전을 의미하는 것으로 판단되며, 이 두 무덤 상부의 벽탑에서도 이러한 아자쌓기가 있었던 것으로 추정할 수 있다.

161 조선후기의 벽전건축 중 麯沙廠과 경복궁 集玉齋 등에서는 아자쌓기를 볼 수 있어 중국 淸 벽전건축의 영향으로 추정하고 있다.

162 신라의 현존하는 벽탑의 1층 탑신에 설치한 감실 천장은 대부분 평천장이지만, 법흥사터 7층 벽탑은 方錐形이며 方孔을 만들어,<그림 5-15> 목탑과 같은 擦柱孔으로 추정되고 있는데(김희경, 『탑』, 1982, 열화당, 134쪽 참고.), <그림 5-107>와 유사한 것으로 생각한다. 즉, 영광탑의 내부 축조가 擦柱와 연결되는 것이거나 또는 법흥사터 7층 벽탑이 본래 내부공간이 있었던 것으로 볼 수 있는 것이다. 그러나 이에 대해서는 명확한 결론을 내리기는 힘들며, 벽탑의 형식·原形에 관한 조사와 함께 연구되어야 할 것이다.

▲5-105

▲5-106

▲5-107

▶5-108(좌)

▶5-109(우)

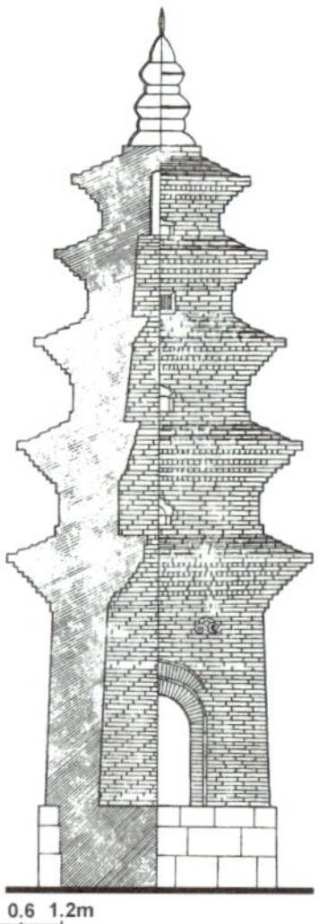

그림 5-105 **영광탑 전경**

(출전 : 방학봉, 『발해의 불교유적과 유물』(1998, 서경문화사.), 120쪽.)

그림 5-106 **영광탑의 모서리**

(출전 : 장어환, 「장백산 영광탑의 특징과 연대감정에 관하여」(한국건축역사학회, 『건축역사연구』10, 1996. 12.), 175쪽.)

그림 5-107 **영광탑 1층 탑신 내부의 천장**

(출전 : 장어환, 「장백산 영광탑의 특징과 연대감정에 관하여」(한국건축역사학회, 『건축역사연구』10, 1996. 12.), 173쪽.)

그림 5-108 **영광탑 입·단면도**

(출전 : 吉林省地方志編纂委員會編纂, 『吉林省志 卷四十三/文物志』(1991, 吉林人民出版社.), 143쪽.)

그림 5-109 **영광탑 옥개 축조**

(출전 : 방학봉, 『발해의 불교유적과 유물』(1998, 서경문화사.), 214쪽.

표 5-9 영광탑의 탑신 크기와 옥개 받침 단수

	1층(m)	2층(m)	3층(m)	4층(m)	5층(m)	비고
탑신크기	3.3×3.3	3.0×3.0	2.4×2.4	2.1×2.1	1.9×1.9	-높이: 12.86m
탑신높이	5.07	1.65	1.5	1.2	1.44	
옥개받침 단수	10	9	8	7	6	

(출전 : 방학봉, 『발해의 불교유적과 유물』(1998, 서경문화사.), 228~229쪽.)

이와 같이 영광탑 옥개의 아자쌓기와 공통 구조는 중국 당(唐)의 벽탑 형식으로 볼 수 있지만, 신라 벽탑과 동일한 특성도 갖고 있는데, 먼저 옥개의 축조이다.[163] 앞에서 살펴본 신라 벽탑에서는 옥개의 상·하 단수 차이와 탑신의 높이 등 형태를 축조하는 일정한 조영원리를 파악할 수 있었는데, 영광탑 역시 마찬가지인 것이다. <표 5-9>에서 보는 것과 같이 1층과 2층 탑신의 높이는 송림사 5층 벽탑과 동일하게, 정확한 3배의 차이를 보이고 있으며, 3배 이상의 차이는 신라 벽탑의 보편적인 특징으로 볼 수 있었다. 법흥사터 7층 벽탑 탑신의 크기는 모든 층에서 고르게 벽전 1장 즉, 27~28㎝가 줄어들었는데, 영광탑 역시 30㎝씩 줄어드는 것을 확인할 수 있어, 그 치수와 체감 역시 유사한 것으로 판단한다.

영광탑의 옥개 단수는 하층에서만 확인 가능한데, 옥개 낙수면은 층급으로 처리하지 않고, 벽전을 경사지게 축조하여 마치 목탑의 목조 지붕 또는 석탑의 옥개 낙수면과 같이 처리하였기 때문이다.[164](<그림 5-108·109>) 또 영광탑에 사용한 벽전 크기는 대체로 37×20×6.5㎝이고,[165] 내밀어 쌓기는 벽전 길이의 ¼에 해당하는[166] 5~6㎝ 정도로 신라 벽탑의 8~9㎝보다 약간 작다. 그러나 옥개 받침의 단수를 보면 <표 5-9>와 같이 각 층에서 1단씩 차이가 있어, 법흥사터 7층 벽탑과 완전히 동일한 특징을 보이는 것이다. 또한 옥개와 탑신이 접하는 부분에는 2단의 옥개 받침과 탑신 받침을 축조하였는데, 받침의 축조법과 특히 2단의 받침은 법흥사터 7층 벽탑과 완벽히 동일한 것으로, 북국 발해와

163 리화선, 『조선건축사』(1989, 과학백과사전종합출판사.), 208쪽 참고.

164 이는 벽전을 마치 기와와 동일하게 사용한 것으로, 朝鮮 경복궁 慈慶殿 동쪽 甓甎築門과 東十字閣 서쪽 夾門 상부에서도 볼 수 있다. 또한 朴齊家는 『北學議』에서 벽전의 발생이 돌로 목재를 덮어 썩는 것을 막았던 까닭으로 설명하였는데, 귀틀무덤에 벽전을 사용한 낙랑에서 확인할 수 있었다.

165 방학봉, 『발해의 불교유적과 유물』(1998, 서경문화사.), 241쪽.

166 장어환, 「장백산 영광탑의 특징과 연대감정에 관하여」(한국건축역사학회, 『건축역사연구』10, 1996. 12.), 174쪽.

▶ 5-110

▶ 5-111

▶ 5-112

그림 5-110 **영광탑 1층 탑신 세부**

(출전 : 이병건, 「동북아시아에서 발해 전탑의 건축적 의미 연구」(동북아역사재단, 『동북아역사논총』21호 , 2008. 9.), 145쪽.)

그림 5-111 **영광탑 상층**

(출전 : 장어환, 「장백산 영광탑의 특징과 연대감정에 관하여」(한국건축역사학회, 『건축역사연구』10, 1996. 12.), 173쪽.)

그림 5-112 **영광탑의 직령창**

(출전 : 장어환, 「장백산 영광탑의 특징과 연대감정에 관하여」(한국건축역사학회, 『건축역사연구』10, 1996. 12.), 175쪽.)

남국 신라에서 공통적인 특징이라고 할 수 있다. 특히 법흥사터 7층 벽탑은 심양의 고구려 벽탑과 동일한 벽전쌓기를 볼 수 있었는데, 발해 영광탑과 그 특징이 동일한 것은 고구려 벽탑과의 연관관계를 상정할 수 있는 것이다. 또한 영광탑 1층 탑신 각 면에 구름과 연꽃을 새긴 부조판을 설치한 것 역시 고구려와 신라 벽탑에서 볼 수 있었던 동일한 특징으로 주목된다.

마지막으로 영광탑을 비롯한 발해 벽탑의 입지 특징은 신라 벽탑과 유사하다고 할 수 있다. 정효공주·마적달촌 무덤의 무덤탑과 영광탑은 뒤에 산을 등진 남향이고, 앞은 넓고 활짝 트여 강물이 흐르는 곳에 입지하였는데,[167] 이는 고구려와 신라 벽탑의 입지와 대체로 일치한다. 발해의 벽탑이 비록 무덤탑이기는 하나 고구려와 신라 벽탑의 입지와 동일한 것은 역시 고구려·신라·발해와의 연관관계를 살펴볼 수 있는 중요한 특징으로 생각할 수 있다.

이 외에 영광탑의 감실 홍예와 직령창(直欞窓)에서는 그 이전 시기의 특징을 살펴볼 수 있는데, 먼저 홍예는 높이 1.65m, 넓이 0.9m이고,[168] 눈썹벽전[眉甓甎]을 사용하였으며, 상부에서는 2중 홍예를 축조하였다.(<그림 5-110>) 한국에서 눈썹벽전은 고구려 벽탑에서 최초로 나타나며, 6세기 초에 축조한 백제 무령왕릉에 사용한 예가 있다. 특히 무령왕릉 호벽(護壁)의 홍예는 영광탑 홍예와 동일한 특징을 갖고 있는데, 2겹의 홍예를 축조하고 그 사이에는 눈썹벽전을 사용하였으며, 특히 호벽과 상부 홍예 사이 눈썹벽전은 3겹이다. 또한 벽체 하부까지 홍예가 연속하고 있는 것 등은 영광탑 홍예와 완전히 동일하다.(<그림 4-26·27> 참고) 약간의 차이가 있는 것은 2중 홍예의 상부 홍예가 벽체 하부까지 연속하지 않는 것과 그 외곽에 눈썹벽전 한 겹을 사용하고 있는 것이다. 특히 상부 홍예가 하부까지 연속하지 않고 상부에서 끝나며, 지면과는 사선을 이루는 것은 낙랑 벽전축 무덤과 동일하다고 할 것이다.(<그림 2-31> 참고) 또한 2중 홍예와 눈썹벽전의 사용은 구조적인 목적과 의장적인 목적에 의해 설치된 것으로 앞에서 살펴본 내용과 같다.

영광탑 각 층의 탑신에는 직령창을 설치하였는데, 탑신 크기에 따라 2층은 창살 6

167 즉, 정효공주 무덤탑은 복동하, 마적달촌 무덤탑 앞으로는 훈춘강이 흐르며, 영광탑 앞으로는 압록강이 흐른다(방학봉, 『발해의 불교유적과 유물』, 1998, 서경문화사, 216쪽.).

168 방학봉, 『발해의 불교유적과 유물』(1998, 서경문화사.), 103쪽.

개, 3층과 4층은 5개, 5층은 4개로 감소한다.[169] 이 직령창은 당(唐)의 벽탑에서도 나타나지만, 백제 무령왕릉의 가창(假窓)과 그 축조방법이 동일하다.(<그림 4-12> 참고) 무령왕릉 가창에서는 상·하인방 등은 사용하지 않았지만, 벽전을 세워 쌓고 외부로 돌출한 벽전의 단면이 삼각형인 것은 완전히 동일한 것이다.(<그림 5-112>) 또한 법림사터 5층 벽탑은 후대에 많이 개축된 것이지만, 각 층에는 작은 감실을 축조하였는데, 이는 영광탑의 직령창과 동일한 것으로 생각할 수 있다.

이상에서 북국 발해의 유일한 무덤탑이면서 동시에 벽탑인 영광탑의 개략적인 특징들만을 살펴보았는데, 그 축조방법에는 중국 당(唐)의 벽탑 특징은 물론 고구려 벽탑·백제 무령왕릉·남국 신라 벽탑의 특징 등을 고루 갖추고 있다. 따라서 한국의 벽전건축과 연관되는 부분이 많으며, 신라의 벽탑과 동일한 시기에 축조한 벽탑으로 그 가치가 있는 것이다. 이 외에 발해의 각 건물터에서는 많은 벽전들이 발견되었는데, 벽전이 발견된 절터는 11곳이고,[170] 상경용천부(上京龍泉府)의 각 건물터에서도 많은 벽전 유구들이 발견되어, 신라 목조건축에서 살펴본 것과 같이 기단과 기단 외곽 등에 사용한 것을 확인할 수 있다. 그러나 도면과 사진 자료가 부족하여 자세한 특징은 알 수 없는 실정이다. 단지 기단의 경우는 내면을 석재로 쌓아 마감하고, 그 외부에 벽전을 쌓는 형식임이 알려졌고,[171] 석조 기단의 하부에 '멈추개' 벽전 즉, 땅속에 고정시키는 벽전을 사용하여 기단의 수평 이동을 방지한 경우도 있다. 또한 벽전으로 배수구와 향로(香爐) 기단·계단 등을 축조한 예도 발견되어, 발해의 벽전사용은 신라와 같이 보편화되었던 것으로 생각할 수 있다. 그러므로 그 어느 시기보다 벽전 자료와 그 사용, 축조방법 등을 연구하는 것이 시급하다고 할 것이며, 이 때에만 남북국 시대로서 벽전사용을 명확하게 밝힐 수 있을 것이다.

169 장어환, 「장백산 영광탑의 특징과 연대감정에 관하여」(한국건축역사학회, 『건축역사연구』10, 1996. 12.), 173쪽.
170 방학봉, 『발해의 불교유적과 유물』(1998, 서경문화사.), 164쪽.
171 방학봉, 『발해건축연구』(1995, 연변대학출판사.), 109·188쪽과 방학봉, 『발해의 불교유적과 유물』(1998, 서경문화사.), 145쪽 참고.

제6장

벽전사용의 확대와 목조건축의 형식 완성
고려

지금까지 살펴본 벽전(甓甎) 사용과 축조 방법은
고려에서도 연속하였던 것으로 생각할 수 있는데,
이렇게 고려의 벽성은 비로소 한국에서 벽전의 생산과 축조기술이 최고조에 이르고,
또 대중화되었던 시기임을 나타내는 것이며, 이 속에는 18세기 말 화성(華城)의 축조까지
연속되는 것으로 볼 수 있을 것이다

– 본문 中

개요

실질적인 통일국가를 수립하여 10세기에서 14세기에 이르는 기간 동안 지속한 고려(高麗)는 고구려의 후계를 자처하며, 삼국과 발해 그리고 발해의 고구려계 유민까지 포함하여 후삼국을 통일하였다.[1] 따라서 지금까지 살펴본 벽전(甓甎) 사용과 축조 방법은 고려에서도 연속하였던 것으로 생각할 수 있는데, 고려는 자기(瓷器)와 기와의 제작기술에 변혁을 가져온 시기로 평가되고 있다.[2] 특히 건축에서 기와는 일반 기와와 함께 청자(靑瓷) 유약 즉, 녹유(綠釉)를 입힌 기와를 생산하였는데,[3] 이는 신라에서 시작한 것으로 이를 계승한 고려에서는 흙의 배합과 소성기술의 발달을 통해 한층 여러 분야에 사용한 것이다.[4] 황단(黃丹)은 연단(鉛丹:Pb_3O_4)으로 용융점이 낮아 유리의 주성분인 산화규소(SiO_2)와 결합하여 그 용융점을 낮추면서 녹아, 표면을 매끄럽게 하고 기공을 작게 하여 물의 침투를 막는 효과가 있다.[5] 이는 결국 흙의 배합을 개량하여 우수한 기와를 생산할 수 있었던 것이며, 기와와 벽전 생산력의 발달을 의미하는 것이다.

또한 불교를 숭상하는 고려에서는 전국 각지에 많은 절을 건립하였는데, 이 때 기와가 전국적으로 확산할 수 있는 주요한 계기가 되었을 것이며,[6] 충선왕(忠宣王) 원년인 1309년에는 5부(部)의 민가(民家)에 기와를 사용하도록 하였다.[7] 기와는 생활필수품으로

1 이기백, 『한국사신론』(1994, 일조각.), 143~145쪽과 강만길 外, 『한국사』6(1994, 한길사.), 61쪽 참고.

2 강만길 外, 『한국사』6(1994, 한길사.), 130쪽.

3 『高麗史』권제18 「世家」제18 '毅宗 2' [丁丑11年].

남쪽에 池를 파고, 거기에 觀瀾亭을 세웠고, 그 북쪽에는 養怡亭을 신축하여 청기와를 이었으며[其北搆養怡亭蓋以靑瓷], 그 남쪽에는 養和亭을 지어 종려나무로 지붕을 이었다.

『高麗史』 권제28 「世家」 제28 '忠烈王 1' [丁丑3年].

5월 임진일, 중 六然을 강화에 파견하여 유리기와[琉璃瓦]를 구워 내게 하였다[遣僧六然于江華燔琉璃瓦]. 그 제조 방법은 黃丹을 많이 쓰기 때문에 廣州 義安의 흙을 가져다가 구워서 만들었는바 그 품질이나 색채가 南商(중국 남방의 상인)들이 파는 것보다 우수하였다[品色愈於南商所賣者].

4 진홍섭, 『청자와 백자』(1974, 세종대왕기념사업회.), 30쪽 참고.

5 강만길 外, 『한국사』6(1994, 한길사.), 130쪽.

6 강만길 外, 『한국사』6(1994, 한길사.), 116쪽과 김성구, 『옛기와』(1992, 대원사.), 79쪽 참고.

7 『高麗史』 권제33 「世家」 '忠宣王 1' [己酉元年].

8월 신해일. 왕이 부자[富人]들에게 명령하여 선의문(宣義門) 안의 공한지에 녹음이 우거진 도로 연변을 따라 기와집을 건축하라고 하였으며 또 5부(部)의 민가를 모두 기와로 지붕을 개조할 것과 개인들이 기와 굽는 것을 금지하지 말라는 명령도 발포하였다[八月辛亥王命令富人就宣義門內閑地綠道作瓦屋又命五部民家皆蓋以瓦命毋禁私窯.].

기와의 수요가 매우 높았기 때문에, 수도인 개성(開城) 뿐만 아니라 지방의 일반 백성들의 살림집에도 기와 사용을 확대하였던 것이다. 또한 '사요'(私窯)를 허락한 것은 일반 백성들에서도 자기와 기와를 구울 수 있는 생산력을 보유하고 있었던 것으로 생각할 수 있어,[8] 고려의 자기 또는 기와의 사용은 다른 어느 시기보다 보편적이었던 것을 알 수 있다.

그러므로 기와의 생산과정과 그 방법이 유사한 고려의 벽전사용은 그 이전 시기인 삼국과 발해의 사용이 연속한 것으로 볼 수 있고,[9] 더 나아가 벽전은 상위 계층에서만 사용하는 것이 아닌, 일반 백성들까지 사용할 수 있는 건축재료였던 것이다. 결국 고려의 벽전사용은 광범위하여 벽전건축의 축조방법은 더욱 발전하였고, 또 목조건축에서도 벽전의 사용은 확대되었던 것으로 생각할 수 있는데, 특히 고려에서는 이전 시기와는 다르게 대량의 벽전을 사용하여 축조한 벽성(甓城)을 확인할 수 있어 이러한 사실을 뒷받침하고 있다.

그러나 벽전을 발견한 고려 건물터가 적고, 실재 발굴한 벽전을 확인하기 어렵기 때문에, 고려의 벽전사용은 다른 어느 시기보다 알려지지 않고 또 연구되어 있지 못하다. 따라서 이 장에서는 주로 고려의 벽전사용을 유추할 수 있는 문헌과 유구들을 살펴보고, 그 이전 시기의 벽전사용 계승과 조선으로 연속하는 흐름을 살펴보는데 목적을 두기로 한다.

8 손영종·조희승, 『조선수공업사』1(1990, 공업출판사.), 345쪽.
9 조선기술발전사편찬위원회, 『조선기술발전사3-고려편』(1994, 과학백과사전종합출판사.), 154쪽 참고.

▶ 6-1

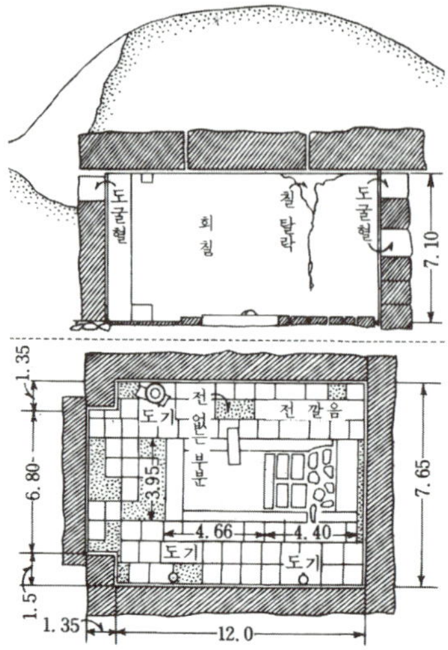

▶ 6-2

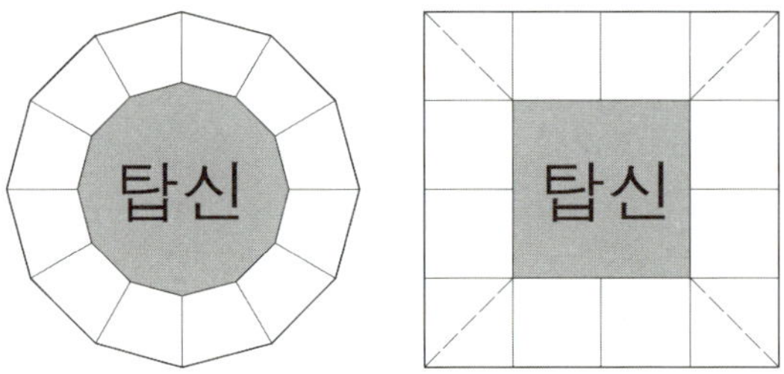

그림 6-1 **고려 명종 지릉 평·단면도**

(출전 : 김원용, 『한국벽화고분』(1980, 일지사.), 146쪽.)

그림 6-2 **안양사 7층 벽탑의 1층 탑신과 차양칸 평면 추정도**

6-1. 무덤과 벽탑

신라를 제외한 낙랑과 고구려·백제·발해에서는 벽전축(甓甎築) 무덤 또는 부분적으로 벽전을 사용한 무덤을 살펴보았는데, 고려에서도 바닥을 벽전으로 축조한 무덤이 발견되었다. 대체로 고려 왕릉의 외형은 신라의 석실무덤을 따랐지만, 묘실 천장은 궁륭천장과는 다른 평천장이고, 묘실의 평면 형태도 방형이며, 내부에는 회를 칠하는 것이 보통인데,[10] 특히 고려 19대 왕인 명종(明宗:1170~1197)의 지릉(智陵)은 석재로 축조한 단실(單室) 무덤이고, 발해의 벽전축 무덤과 같이 석재를 얹은 평천장이지만, 관대(棺臺)를 제외한 바닥에는 정방형의 벽전을 깔았다.(<그림 6-1>) 벽전을 바닥에 사용할 경우 그 연결이 견고하여 지하수와 습기를 방지할 수 있는데, 고려 왕릉에서는 이러한 특성의 이해를 바탕으로 한 축조 방법이다. 또한 제5장의 황룡사 강당터에서는 내부 바닥에 좌우 열을 맞추어 통줄눈이 생기도록 벽전을 포장한 유구를 살펴보았는데, 고려 무덤에 벽전을 사용한 예는 하나뿐이지만, 지릉에서 동일한 벽전깔기가 나타나고 있다.

또한 고구려와 신라에 이어 고려에서도 벽탑을 축조하였는데, 여주(驪州) 신륵사(神勒寺) 다층(多層) 벽탑이 현존하고 있으며, 경기도 안양(安養)의 삼성산(三聖山) 남쪽에 위치하였던 안양사(安養寺) 7층 벽탑은 여러 문헌[11]으로 확인할 수 있다.[12] 먼저 제3장에서도 살펴본 안양사는 '안양'이라는 지명유래의 근원지로, 신라 효공왕(孝恭王) 3년인 900년에 고려 태조 왕건이 능정(能正)스님을 만나 세워진 사찰로 전해지는데, 16세기 후반경에 폐사되었다가 1900년대에 다시 복구된 것으로 추정된다.[13] 안양사의 7층 벽탑은

10 김원용, 『한국벽화고분』(1980, 일지사.), 145쪽 참고.

11 이러한 문헌에는 『東文選』·『陶隱集』·『新增東國輿地勝覽』등이 있다.

12 또한 광해군 연간에 출간된 것으로 추정되는 鵝溪 李山海의 詩文集『鵝溪遺稿』'箕城錄' [雜著] 牛巖記에서는 牛巖寺에 있었던 벽탑에 대해 언급하고 있다. 현재 우암사는 충청북도 청주시 상당구 수동 牛巖山에 위치하고 있는 고려때 창건된 사찰로, 벽탑에 대한 흔적은 찾을 수 없으나 고려의 또다른 벽탑이 있었던 것을 알 수 있다.

> 『鵝溪遺稿』'箕城錄' [雜著] 牛巖記.
> 우암(牛巖)은 황폐한 절인데, … 절의 흥폐(興廢)의 내력은 어느 시대 어느 연도인지 알 수 없으며, 다만 깨어진 기왓장과 묵은 주춧돌이 잡목 덤불 속에 쌓여 있고 탑은 벽전 몇 장만 남은 채 다 허물어져 있는 것이 보일 뿐이다. … 부처가 만약 영험이 있다면 사찰이 어찌하여 잡목더미로 변하고 부도(浮圖)가 어찌하여 벽전 몇 장만 남았단 말인가. …[牛巖. 廢寺也. … 寺之興廢. 未知其何代何年. 而但見破瓦古礎. 堆積於榛莽之中. 塔之未毁者. 數甎而已. … 佛若有靈. 則寺刹豈爲榛莽. 浮圖豈餘數甎乎. …]

13 박경식, 「安養 安養寺의 칠층전탑과 귀부」(한국문화사학회, 『文化史學』제11·12·13호, 1999.), 675쪽.

고려태조(太祖:918~943) 때에 벽전을 쌓아 7층으로 축조하고, 창건이후 1131년, 1381년, 각 두 차례 중수된 것으로 추정되는데, 특히 1381년 중수 때에는 기공과 낙성을 8월부터 10월까지 약 3개월 동안 진행하고, 단청과 채색을 1383년 8월까지 약 17개월간 진행하여 탑의 중수보다는 각종 불화를 그리는데 치중했던 것을 알 수 있다.[14]

기록에 의하면 안양사 7층 벽탑은 옥개(屋蓋) 상부에 기와를 덮고, 1층 탑신에는 불화(佛畵)를 그렸으며, 그 주위에는 12칸의 무[周廡十又二間]를 설치하였다. 또한 난간[欄楯]을 설치하여 사람이 드나드는 것을 막았다고 하는데, 이 벽탑에 사용한 부조판과 벽전을 발견하기도 하여,[15] 그 존재는 확실하다고 할 것이다. 특히 12칸의 무(廡)를 설치하였다고 하는 것과 각 층에는 기와를 덮었다고 하는 것을 통해, 7층의 탑신은 벽전으로 축조하고, 1층 탑신 주위의 12칸 무(廡)는 벽전이 아닌 목조로 축조한 것으로 추정할 수 있어,[16] 고구려 벽탑과 유사한 벽전과 목조를 혼합한 형식[磚木混合塔]이라 할 수 있다. 즉, 12칸의 무는 고구려 목탑과 벽탑의 차양칸으로 볼 수 있는데, 벽탑에 그린 불화를 비와 햇빛 등으로부터 보호하고, 불교의례를 위한 공간이며, 탑신에 설치한 공안(孔眼)을 통해 무(廡)의 들보와 연결하였을 것이다. 기와를 사용한 것은 현존하는 신라 벽탑과 동일하지만, 중국 벽탑형식의 예를 통해 각 층 옥개는 목조로 축조하고 그 위에 기와를 덮은 것으로도 볼 수 있다. 따라서 안양사 7층 벽탑은 고구려 벽탑과 유사하게 벽전과 목조를 혼합한 벽탑형식으로 추정할 수 있는 것이다.

이때 1층 탑신에 설치한 12칸의 무(廡)를 통해 안양사 벽탑의 평면을 두 가지로 가정할 수 있는데, 고구려 목탑과(<그림 3-14> 참고) 이를 계승한 고려 흥왕사(興王寺) 목탑은 8각 평면이고,[17] 고려의 석탑 중 월정사(月精寺) 9층 석탑·영명사(永明寺) 5층 석탑·보현사(普賢寺) 13층 석탑·율리사(栗里寺)터 5층 석탑 등은 모두 8각이다. 이 8각의 탑은 고구려와 고려에서만 나타나는 특징이지만, 신라 불국사(佛國寺) 다보탑(多寶塔)의 상층 옥개는 8각이며, 신라 말에는 8각 원당형(圓堂形) 부도(浮屠)가 정형으로 자리 잡았다. 이러한 흐름 속에 고려 안양사 7층 벽탑은 <그림 6-2>의 첫번째와 같이 8각과 유사한, 12각형의 평면으로 생각할 수 있으며, 12각 평면 각 변에 한 칸씩의 차양칸이 생겨, 12

14 김지석, 「安養寺 七層塼塔에 대한 考察」(한국문화사학회, 『文化史學』제27호, 2007.), 676·681~684쪽.
15 高裕燮, 「朝鮮의 塼塔에 대하여」『高裕燮全集 3-韓國美術史及美學論攷』, 1993, 통문관, 129쪽 참고.
16 '廡 12間'의 '間'은 목조건축에 사용하는 용어이기 때문이다.
17 윤장섭, 『한국의 건축』(1996, 서울대학교출판부.), 312쪽 참고.

칸의 무가 생기는 것이다. 또한 정확하게 무의 12면이 생기기 때문에, 12행년불(十二行年佛)을 그렸다는 내용에 더욱 일치할 수 있어 12각 평면은 어느 정도의 설득력을 가진다.

그러나 12각 평면의 탑은 그 예도 적은데, 중국의 경우 523년 축조한 숭악사탑(嵩岳寺塔)이 유일한 예이고,[18] 한국에서는 전무하다. 현존하는 고려 석탑은 물론 한국의 석탑은 대부분 정방형이고 고려 절터의 목탑터는 방형이 많기 때문에, 안양사 벽탑 역시 <그림 6-2>의 두번째와 같은 정방형으로 생각할 수 있다. 이 경우 먼저 탑 안, 네 벽[塔內四壁]에 그렸다는 동쪽의 약사회(藥師會), 남쪽 석가열반회(釋迦涅槃會), 서쪽 미타극락회(彌陀極樂會), 북쪽 금경신중회(金經神衆會) 상은, 12각 평면의 동서남북 방향성보다 정방형이 훨씬 크다고 할 수 있다. 또한 12각 평면은 무, 즉 차양칸 내에 정확히 12면이 생기지만 출입문을 설치할 수 없다. 그러나 정방형의 경우는 무 내·외 벽면이 16면이 생기더라도, 각 4방향에서의 출입문 4곳을 고려하면 12면이 생성되어, 12행년불을 그렸다는 내용에 현실적으로 적합하다고 할 수 있어, 정방형 평면이 더욱 유력하다고 할 수 있을 것이다.

또한 안양사 7층 벽탑 내부에 사람이 출입할 수 있는 공간을 축조하였는지 명확하지 않은데, 신라 벽탑은 1층 탑신에 감실을 설치하였지만, 법흥사터 7층 벽탑을 제외하고는 사람이 출입할 수 있는 내부공간은 없다. 만약 내부공간이 있었다면 중국의 벽탑과 같이 볼트천장을 축조하여 7층을 적층해야 하지만,(<그림 3-34> 참고) 이러한 축조방법을 택하였는지는 국내의 유사사례가 없어 단정하기 쉽지 않다. 또한 안양사 벽탑 아래에서 최영(崔瑩)이 기숙하였다는 내용을 근거로 벽탑 내부에는 사람이 출입할 수 있는 공간이 있었다고 추정하기도 하지만,[19] 사리를 모시는 탑의 내부 보다, 탑을 향해 예배를 행하는 무 즉, 차양칸에 기숙한 것으로 보아야 한다. 이러한 사실들을 통해 안양사 벽탑에는 내부공간이 없었던 것이며, 탑신에 회벽을 바르고 벽화를 그린 것으로 보아야 한다.

이렇게 벽전과 목조를 혼합한 벽탑 형식이 고려 태조 즉, 10세기 나타난 것은 중국의 영향이기 보다, 그 이전 시기 벽탑형식의 계승으로 볼 수 있는데,[20] 고구려 벽탑은

18 劉敦楨, 『中國古代建築史』(1995, 세진사.), 162쪽.

19 이정국, 「고려시대 사찰건축의 공간구성에 관한 연구」(1997, 한양대학교 대학원 건축공학과 박사학위논문.), 171쪽.

20 당시 중국은 唐이 망하고, 五代十國의 분열기이므로 고려와의 교류 관계를 통해 영향 받았을 가능성이 적기 때문이다. 또한 김지석은 신라의 승려인 능정이 안양사 조성에 관계가 있는 것을 통해 안양사에 신라양식인 벽탑을 축조하고, 그 형식 역시 유사하였던 것으로 추정하고 있다(김지석, 「安養寺 七層塼塔에 대한 考察」(한국문화사학회, 『文化史學』제27호, 2007.), 691쪽 참고.).

▶6-3
▶6-4

▶6-5
▶6-6

그림 6-3 신륵사 다층 벽탑
(출전 : 朝鮮總督府, 『朝鮮古蹟圖譜』4권, 1916, 446쪽.)
그림 6-4 신륵사 다층 벽탑
그림 6-5 신륵사 다층 벽탑 기단
그림 6-6 신륵사 벽탑의 벽전무늬

안양사 벽탑과 유사하게 목조 차양칸을 설치한 벽탑이었다. 또한 신라 흥륜사에서 발견한 벽전을 통해 흥륜사 탑은 벽전과 목조를 혼합한 '목전절충형'(木塼折衝型) 또는 '목전탑'(木塼塔)으로 추정하는 주장도 있어,[21] 벽탑이 정착한 신라에서도 이와 유사한 벽탑형식이 있었던 것으로 생각한다. 그러므로 고구려의 후계로 자처하는 고려 태조때에 축조한 안양사 7층 벽탑은 고구려와 신라의 벽탑형식을 계승하였을 것이며, 불교를 대신하여 유교를 국가 통치이념으로 삼은 조선에서 그 형식이 단절되었던 것으로 추정할 수 있다.

이 외 현존하는 벽탑과 벽탑터 중 가장 북쪽에 위치하는 신륵사(神勒寺)[22] 다층벽탑은 신라 벽탑으로 보는 견해도 있지만, 벽전에 새겨진 무늬와 기단형식을 통해 대부분의 연구에서는 고려 벽탑으로 추정한다.[23](<그림 6-3·4>) 벽전에는 반원 안에 당초무늬를 새기고 있지만 그 특징은 신라와 크게 다르고, 7층의 화강암을 쌓아 만든 기단과 방위를 나타내는 '子'·'卯'·'午'·'酉' 글자, 모서리의 조각이 고려 부도(浮圖)에서와 동일하기 때문에 고려 벽탑으로 추정할 수 있는 것이다.(<그림 6-5>)

또한 '崇禎紀元之再丙午中秋日立'를 새긴 수리비(修理碑)를 통해 조선 영조(英祖) 2년인 1726년에 개축한 사실을 확인할 수 있어, 현재 벽탑의 형태는 고려 창건 때의 형태이기 보다 조선에서 개축한 것으로 추정된다. 따라서 신라 벽탑에서 살펴본 특징과는 크게 다른데, 석탑은 3층 이상의 홀수 층이 대부분이지만, 신륵사 벽탑은 6층인지 7층인지 분명하지 않고,[24] 옥개 받침과 낙수면의 단수는 1~2단 정도여서 옥개는 대단히 짧다. 또한 탑신의 체감 역시 일정하지 않고, 전체 형태도 수직성만을 강조하고 있어, 신라에 이어 고려에서 축조한 탑으로 볼 수 없는 것이다. 이러한 특징은 벽전쌓기에서도 볼 수 있는데, 신라 벽탑에서는 탑신과 옥개 축조에서 일정한 규칙을 볼 수 있었지만, 신륵사 벽탑의 탑신은 주로 마구리 쌓기이고, 특히 탑신 모서리 쌓기에서는 장방형 벽전과 정방형 벽전을 번갈아 쌓는 방법이 나타나고 있다. 또한 1층 및 최상층 옥개에는 장방형

21 박홍국, 『한국의 전탑연구』(1998, 학연문화사.), 204~208쪽 참고.

22 과거 신륵사는 '甓浮圖'가 있는 '벽절'[甓寺]로 유명하였다(CD-ROM 『국역 조선왕조실록』 정조 3년 8월 5일(병진), 『신증동국여지승람』 제7권 「驪州牧」 '佛宇' [報恩寺]와 '題詠' [甓寺] 참고.).

23 김희경, 『탑』(1982, 열화당.), 138쪽과 중앙일보·동양방송, 『석탑』(1980, 삼성인쇄주식회사.), 250쪽 · 한국불교연구원, 『신륵사』(1978, 일지사.), 75쪽.

24 그러므로 抑佛정책을 펼친 조선에서 변형·개축한 것으로 볼 수 있다.

벽전과 정방형 벽전을 번갈아 사용하였고 기타 옥개는 대체로 정방형 벽전을 사용하여, 전체적으로 불규칙한 벽전쌓기를 보이고 있다. 조선의 벽전쌓기는 제8장에서 살펴볼 것이지만, 일반 벽체에서 벽전을 쌓는 일정한 규칙은 나타나지 않고, 각 부분에 따라 벽전을 가공하여 축조하였기 때문에, 이를 조선의 벽전쌓기로 규정할 수 있는데, 조선에서 개축한 신륵사 벽탑에 나타나는 벽전쌓기는 이러한 조선의 벽전쌓기로 볼 수도 있다. 특히 탑신 모서리의 정방형과 장방형 벽전을 번갈아 사용하는 쌓기는 1601년에 축조한 서울 동관왕묘(東關王廟)의 벽체 모서리 쌓기와 동일하기 때문에 더더욱 그렇다.[25] 따라서 현재의 신륵사 벽탑은 창건 당시의 모습이기 보다 조선에서 개축·변형된 형태인 것을 알 수 있다.

그러나 벽탑을 절의 중심영역 내부의 상징적 위치에 축조하는 것이 아닌, 중심영역에서 멀리 떨어진 곳에 축조하는 입지적 특징은 신라 벽탑과 동일한 것으로, 신라 말기부터 성행하기 시작한 풍수지리설의 영향에 따른, 지세를 이용하는 한 방법이라고 볼 수 있다.[26] 특히 신륵사 벽탑은 강을 향해 돌출한 바위 위에 축조하였는데, 신라 벽탑·모벽탑(模甓塔)의 입지와 동일하며, 절의 중심영역과 떨어져 시야가 트인 곳에 배치한 것은 신라 벽탑터인 안동의 옥산사·개목사 벽탑 입지와 매우 흡사하다. 따라서 신륵사 벽탑의 입지를 통해서는 신라 벽탑의 영향이 잔존하는 것으로 생각할 수 있다.

신륵사 벽탑에 사용한 벽전은 27×13×5.5㎝ 크기의 장방형 벽전과 27×27×5.5㎝의 정방형 벽전으로 나눌 수 있는데, 정방형 벽전에서는 양쪽 면에, 장방형 벽전은 마구리면에 반원형 당초무늬를 새겨,<그림 6-6> 본래 정방형 벽전은 탑신이나 옥개의 모서리부분에, 장방형 벽전은 마구리면이 드러나도록 쌓은 것을 알 수 있다. 또한 벽전 하나에 반원형으로 1/2의 당초무늬를 새겼으므로, 두 개의 벽전을 위·아래로 합쳐 완전한 하나의 원형 무늬가 나타나도록 하였는데,[27] 이러한 무늬의 개념은 백제 무령왕릉과도 같지

25 또한 신라 벽탑에서는 옥개의 모서리에만 정방형 벽전을 사용하였으므로, 신륵사 벽탑의 탑신에 사용한 정방형 벽전은 본래 옥개 축조에 사용하였던 것으로 생각하며, 조선에서는 옥개를 간단하게 처리하고 정방형 벽전을 탑신 축조에 사용하였던 것이다.

26 한국불교연구원, 『신륵사』(1978, 일지사.), 74쪽과 중앙일보·동양방송, 『석탑』(1980, 삼성인쇄주식회사.), 250쪽, 이진구, 「안동에는 왜 전탑이 많이 모여 있을까」(임재해 편, 『안동문화의 수수께끼』, 1997, 지식산업사.), 206~207쪽, 김지석 「고려시대 모전석탑 연구」(2006, 단국대학교 대학원 사학과 석사학위논문.), 35쪽 참고.

27 현재 축조된 신륵사 벽탑에서는 무늬가 하나로 이루어지도록 축조된 부분이 없으므로, 역시 후대에 크게 개축되었음을 시사한다.

만, 특히 신라의 임하사 벽탑터에서 발견한 벽전과 동일하다.(<그림 5-42> 참고) 즉, 반원형으로 구분하고 두 장이 합쳐 하나의 완전한 무늬를 이루는 것, 장방형 벽전은 마구리면에 하나, 정방형 벽전의 경우는 2면에 각각 2개씩을 새긴 것은 완전히 동일한 것이다. 비록 그 제작시기와 구체적인 무늬는 서로 다르지만, 벽전의 무늬개념은 완전히 동일한 사실을 통해, 안동지역의 벽탑형식이 경기도까지 영향을 준 것을 알 수 있으며, 결국 고려의 벽탑축조와 벽전사용은 신라의 연속인 것으로 볼 수 있다.

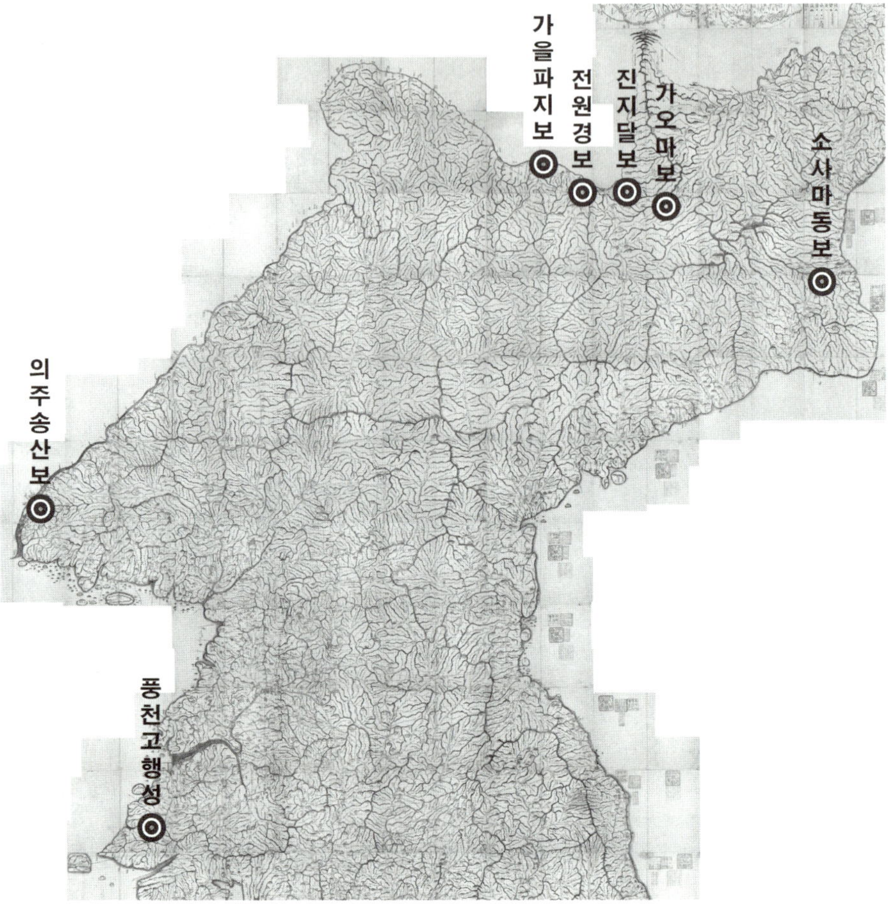

그림 6-7 고려 벽성의 위치 (출전 : 「大東輿地圖」.)

6-2. 벽전사용의 확대 : 벽성(甓城)

고려에서 전 시기와는 다른 가장 특징적인 것은 벽전으로 축조한 성(城)인 벽성(甓城)의 축조라고 할 것이다. 벽전을 대량으로 사용한 중국에서는 송대(宋代)의 많은 도시에 벽성을 축조하기 시작하였으며, 명대(明代)에는 대부분 도시의 성과 장성(長城)에 벽전을 사용하였다.[28] 한국에서는 『삼국사기』에 '흙을 쪄서[烝] 성을 쌓았다'라는 기사[29]를 확인할 수 있지만, 토성(土城)인지 또는 벽성을 축조한 것인지 정확하지 않다. 그러나 고려에서는 『고려사』와 『신증동국여지승람』 등 여러 문헌을 통해 벽성축조를 확인할 수 있다.[30](<그림 6-7>)

- 고행성(古行城) : 부의 서쪽 해변에 있다. 벽전[甓]과 흙을 섞어 쌓았는데, 주위가 1만 1천 81척이다. 안에 샘, 우물 24개소가 있고, 또 연못이 있다.[31]

- 가오마보(加吾亇堡) : 벽성(甓城)으로 주위가 1천 2백 92척이다. 세조(世祖) 7년에 폐하고 진동(鎭東)으로 옮겨 설치하였다.

- 진지달보(榛遲達堡) : 벽성(甓城). 세조 초년에 폐하고 혜산진(惠山鎭)으로 합속(合屬) 시켰는데, 그 옛 기지가 오랑캐 땅에 있다.[32]

- 전원경보(田元京堡)·소농보(小農堡) : 본군[三水郡] 동쪽 25리에 있다. 벽성(甓城)으로 되어

28 劉敦楨, 『中國古代建築史』(1995, 세진사.), 362·419쪽 참고.

29 『三國史記』 권제25 「百濟本紀」 제3 '蓋鹵王'.

나라 사람을 징발하여 흙을 쪄서 성을 쌓고 안에는 궁실·누각·臺榭 등을 지었는데, 모두가 壯麗하였다[… 於是盡發國人 烝土築城 卽於其內作宮室樓閣臺榭 無不壯麗.].

30 고려 벽성은 朝鮮의 『新增東國輿地勝覽』 '古蹟'에서 확인할 수 있지만, 『고려사』에서는 언급하지 않았으며, 단지 平壤城과 관련한 밑의 인용문에서 유추할 수 있을 뿐이다. 이렇게 『고려사』에서 벽성의 축조를 언급하지 않은 것은 벽성의 축조가 고려에서는 특이한 사실이 아닌, 아주 보편적인 사실이었기 때문일 수도 있겠다.

西京[平壤]은 천연적 요새 지대로 좀처럼 함락시키기 어려우며 … 아동과 부녀들도 벽전과 기와쪽을 던지며 방어하는 강한 적이라 …[西都天設險 … 童稚婦女擲甎投瓦猶爲勍敵….](『고려사』 권제98 「列傳」 제11 '金富軾'.).

31 『신증동국여지승람』 제43권 「豊川都護府」 '古蹟'.

32 『신증동국여지승람』 제49권 「咸鏡道 甲山都護府」 '古蹟'.

있는데 지금은 폐해 버렸다.

- 가을파지보(加乙波知堡) : 본군 서쪽 14리에 있다. 벽성(甓城)으로 주위가 7백 26척에 높이가 7척이다.[33]

- 소사마동보(小斜亇洞堡) : 현의 북쪽 30리에 있다. 벽전으로 성을 쌓았는데[甓城], 둘레가 4백 4척이다. 지금은 폐지되었다.[34]

- 송산보(松山堡) : 주에서 동으로 12리 떨어져 있다. 전성(甎城)을 쌓았는데, 둘레가 8백 55척, 높이가 8척이다. …[35]

소사마동보는 함경북도 명천(明川)으로 가장 동쪽이면서, 국경에서 떨어져 위치하며, 황해도 풍천고행성 역시 가장 남쪽에 위치하여 국경에서 떨어져 있지만, 해안 방어를 위한 중요한 곳이다. 유일하게 '전성'(甎城)이라고 표현한 송산보는 평안북도 의주의 압록강변에 위치하는데, 이 지역은 가장 중요한 군사 요충지이며, 조선의 벽성은 주로 의주를 중심으로 축조하였다. 그 외의 4곳은 모두 함경남도 혜산(惠山)과 삼수(三水)을 중심으로 하는 압록강변에 축조하였는데, 이 지역은 중국과 국경을 접하고는 있지만, 백두산 남쪽·개마고원의 북쪽으로 산성(山城)을 쌓기에 대단히 험한 지형이다. 따라서 고려에서는 주로 험한 지역에 벽성을 축조한 것으로 생각하는데, 벽전은 석재와 달리 시공현장에서 생산할 수 있고, 운반이 용이하며, 석재를 채취·가공하고 다듬는 과정이 생략되므로 이러한 험한 지형에 성을 축조하기 좋은 건축재료였던 것이다. 따라서 고려는 벽전의 장점을 명확하게 파악하고 있었던 것으로 추정할 수 있다.

고려 벽성이 위치하는 지역의 현장조사가 불가능하여 현존 여부와 벽성의 특징·벽전쌓기의 특징 등을 파악하기는 불가능한데, 황해도 풍천고행성은 '벽전과 흙을 교대로 쌓았다'[甓土交築]고 하였다. 이와 관련해서 여러 가지로 해석할 수 있지만, 제4장에서 살펴본 임류각(臨流閣)의 기단과 같이 벽전 한 켜를 쌓고 흙으로 판축(版築)하는 축조방법,(<그림 4-38> 참고) 또는 석회를 사용하여 벽전을 접합하는 방법을 표현한 것으로도 볼 수 있다.

33 『신증동국여지승람』 제49권 「함경도 三水郡」 '古蹟'.
34 『신증동국여지승람』 제50권 「함경도 明川縣」 '古蹟'.
35 『신증동국여지승람』 제53권 「平安道 義州牧」 '關防' 新增.

이렇게 고려에서 벽성을 축조한 사실은 매우 중요한 의미를 갖고 있는데, 벽성은 대량의 벽전을 축성공정에 맞추어 생산해야 하고, 험한 지형에 축조하기 위해서는 벽전의 축조방법이 발달하지 않으면 불가능하기 때문이다. 고려에서는 고려 미술을 대표하며 중국보다 우수한 청자(靑瓷)를 생산한 만큼 요업(窯業) 기술력이 뛰어났다. 이는 건축 부분으로도 이어져, 앞에서 살펴본 것과 같이 녹유(綠釉)를 입힌 유리기와를 생산하였고, 일반 민가에서도 기와를 생산하고 사용하도록 하였다. 이는 벽전의 생산과 사용이 그 어느 시기보다 보편화될 수 있었고, 대량의 벽전을 동시에 생산할 수 있는 기술력이 뒷받침하고 있음을 시사하는 증거가 되는 것이다. 또한 그 축조기술 역시 뛰어났는데, '855척'에 달하는 벽성을 축조할 수 있었던 것은 대량으로 생산된 벽전의 질이 우수하여 쉽고 빠르게 축조할 수 있었던 것이고, 매우 험한 지형에 높이 7~8척의 성을 쌓기 위해서는 벽전을 운반하고 축조하는 기술이 한국의 어느 시기보다 발달하였음을 의미하는 것이다. 이렇게 고려의 벽성은 비로소 한국에서 벽전의 생산과 축조기술이 최고조에 이르고, 또 대중화되었던 시기임을 나타내는 것이며, 이 속에는 18세기 말 화성(華城)의 축조까지 연속되는 것으로 볼 수 있을 것이다.

▲6-8

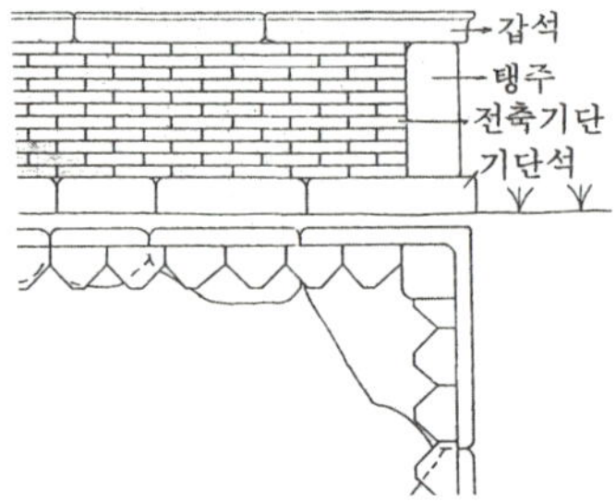

▲6-9

▲6-10

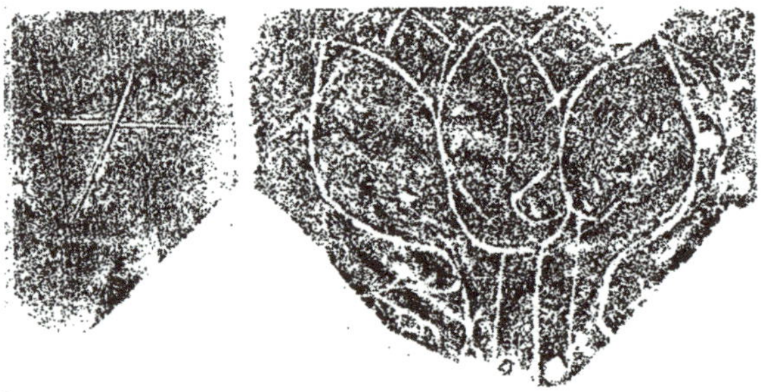

▲6-11

▲6-12

▶6-13

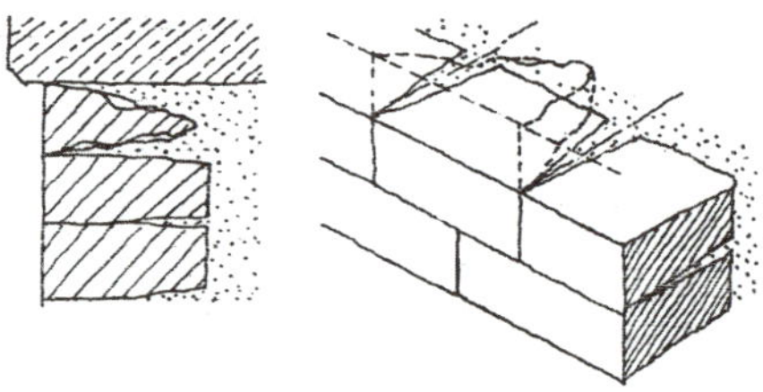

그림 6-8 朝鮮 華城의 甓砌石緣
(출전 : 『華城城役儀軌』 卷首 「圖說」 '名物各圖'.)
그림 6-9 죽죽리 절터 건물터 A의 벽체석연 기단 복원도 중 모서리 부분
(출전 : 국립진주박물관, 「竹竹里 廢寺址」(1986, 태화출판사.), 31~32쪽)
그림 6-10 죽죽리 절터의 건물터A 벽체석연 기단 발굴 및 현 진주박물관 전시중인 기단
(출전 : 상-윤덕향, 『옛 절터』(1989, 대원사.), 95쪽)
그림 6-11 죽죽리 절터 건물터 A의 벽체석연 기단에 사용한 특수 형태 벽전
(출전 : 국립진주박물관, 「죽죽리 폐사지」(1986, 태화출판사.), 68쪽)
그림 6-12 朝鮮 華城 방화수류정 벽체석연
그림 6-13 朝鮮 華城 방화수류정 벽체석연 기단의 벽전쌓기 개념도
(출전 : 권효규, 「화성성역에 사용한 塼의 특성에 관한 연구」(1995, 명지대학교 대학원 건축공학과 석사학위논문.), 95쪽.)

6-3. 목조건축의 기단과 벽체 형식 완성

1. 벽전축 기단 : 甓砌石緣의 완성

백제와 신라에서는 벽전만을 사용하여 축조한 벽전축 기단과 석조 가구식 기단에 모서리 장식이 있는 벽전을 부착하여 의장한 기단 등을 살펴보았으며, 특히 신라의 전랑지(殿廊址)와 임하사 벽탑터에서는 갑석(甲石)과 지대석(地臺石)은 석재, 면석(面石) 부분만 벽전으로 축조한 기단형식이 나타났는데,(<그림 5-40·94> 참고) 이는 조선후기 화성(華城)에서 축조한 벽체석연(甓砌石緣)의 초기 형태로 추정하였다.(<그림 6-8>) 이 벽체석연은 한국에서만 나타나는 특징적인 기단으로 분명 조선에서 새롭게 만들어낸 기단형식이기 보다, 그 이전 시기 기단형식을 계승·발전한 것으로 생각할 수 있기 때문이다. 따라서 고려에서 신라와 조선을 잇는, 그 정형(定形)을 완성한 것으로 생각할 수 있는데, 경상북도 합천의 죽죽리(竹竹里) 절터와 충청북도 단양의 중방리 절터에서 이를 확인할 수 있는 유구를 발견하였다.

먼저 죽죽리 절터의 건물터A만 고려 건물터로 추정하는데,[36] 기단은 지대석을 지면에 설치하고, 귓기둥[隅柱]과 사잇기둥[撑柱]을 5.2~5.5m 간격으로 세웠으며, 그 사이 면석 부분에는 벽전을 사용하여 축조하였다. 다시 그 위에는 길이 110㎝, 폭 40~50㎝, 두께 20㎝ 정도의 석재 갑석으로 마무리하여 조선의 벽체석연과 동일하다.(<그림 6-9·10>) 비록 이 기단의 원형을 볼 수 있는 곳과 귓기둥이 남아 있지는 않지만, 폭 20㎝, 높이 75㎝의 사잇기둥이 발견되어 벽전을 쌓은 부분의 높이가 75㎝ 내외이고, 11단 정도인 것을 알 수 있다. 또한 사용한 벽전은 두께 7㎝ 내외이고, 긴 변은 32~33㎝ 정도이지만, 일반 벽전과는 다르게 정방형 벽전에서 뒷면이 좁아진 6각형과 유사하여, 어느 시기에도 찾아볼 수 없는 특수한 형태이다.(<그림 6-11>) 이러한 형태의 벽전을 사용한 이유는 석회 등의 몰탈(Mortar)을 사용하지 않고 쌓았기 때문인데,[37] 막힌줄눈 쌓기로 벽전을 쌓

36 죽죽리 절터와 관련된 모든 내용은 국립진주박물관의 「竹竹里 廢寺址」(1986, 태화출판사.)를 참고로 한 것이다.

37 단지 지대석과 첫번째 벽전 사이에만 모래가 섞인 황색 점토를 사용하고 있는데, 이는 수평을 맞추기 위한 것이며, 그 외 석회 등의 몰탈은 사용하지 않고 벽전을 쌓았다.

▶6-14(좌)
▶6-15(우)

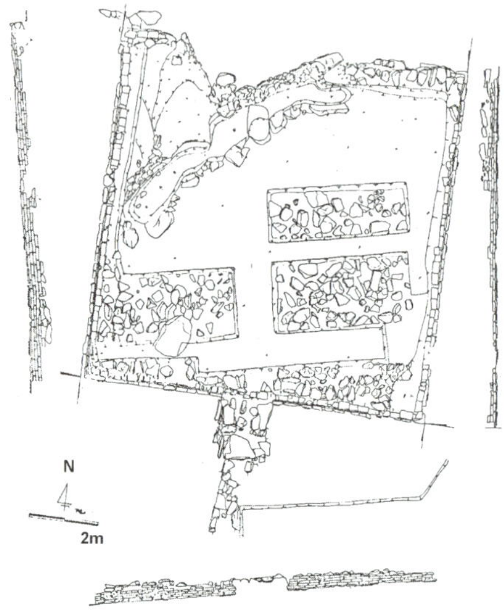

▶6-16(좌)
▶6-17(우)

그림 6-14 단양 중방리 절터의 목탑터 발굴 평면도
(출전 : 충청북도, 「충주댐수몰지구문화유적발굴조사종합보고서(佛蹟編)」(1984, 문봉출판사.), 196쪽.)
그림 6-15 단양 중방리 절터의 목탑터의 벽전축 기단
(출전 : 충청북도, 「충주댐수몰지구문화유적발굴조사종합보고서(佛蹟編)」(1984, 문봉출판사.), 219쪽.)
그림 6-16 봉정사 극락전 해체 수리 당시 본래의 바닥 상태
(출전 : 문화재관리국, 「봉정사 극락전 수리공사보고서」(1992, 서울인쇄공업협동조합.), 72쪽.)
그림 6-17 「觀經序品變相圖」의 바닥깔기
(출전 : 문명대, 『고려불화』(1991, 열화당.), 27쪽.)

아 벽전끼리의 접촉면을 넓게 하였지만, 석회를 사용하지 않았기 때문에 벽전과 벽전은 부착력이 약하므로, 황색 점토와 냇돌 등으로 보강한 기단 안쪽 면에 벽전을 고정시키기 위해 뒷부분을 뾰족하게 한 것이다. 또한 통줄눈쌓기가 아닌 막힌줄눈 쌓기이므로, 벽전의 뒷부분이 서로 엇갈려, 기단 안쪽에서 벽전과 벽전을 부착하여 고정시키는 효과도 있다.

이러한 벽전쌓기와 부착방법은 화성(華城)의 방화수류정(訪花隨柳亭) 벽체석연에서도 볼 수 있는데, 죽죽리 절터의 기단과 같이 지대석과 귓기둥·사잇기둥·갑석은 석재로 축조하였고, 면석 부분의 벽전은 석회를 사용하지 않고 쌓았다.(<그림 6-12>) 벽전은 특수한 형태의 벽전이 아닌 일반 장방형 벽전이지만, <그림 6-11>의 벽전과 유사한 형태를 만들기 위해 모든 벽전의 뒷면을 가공하였다.(<그림 6-13>) 따라서 벽전쌓기에는 석회를 사용하지 않았지만, 석회로 채운 기단 안쪽에서 벽전을 고정시킬 수 있는 것이다.

또한 이름은 알려지지 않았지만, 고려 초에 창건한 것으로 추정하는 중방리 절터[38]에서는 목탑터와 그 외 한 곳 건물터의 기단을 벽전으로 축조하였다. 목탑터는 한 변이 9.8m인 3칸인데, 기단은 자연 판석재(板石材)를 지대석으로 설치하고, 그 상부에는 죽죽리 절터와 달리 일반 장방형 벽전[39]으로 축조하였다.(<그림 6-14·15>) 특히 하부에서 두 단까지는 뒤로 물려 쌓고, 3단 이상부터는 바로 쌓았는데, 전체 높이는 벽전 16단, 1.08m로 추정하며, 기단 뒷면에는 자연석과 흙을 혼합하여 채웠다. 또한 동서 12m, 남북 22m의 건물터의 기단 역시 목탑터와 유사하다.

중방리 절터 벽전축 기단의 축조 방법은 죽죽리 절터의 벽체석연과는 다르지만, 동일한 재료로 축조한 사실은 고려의 또다른 벽전축 기단형식을 알려주는 것이며, 목탑의 기단을 벽전으로 축조한 것은 백제 군수리 절터의 목탑터 와적기단(瓦積基壇)과 유사한 의미를 갖는다. 또한 그 축조방법은 안동 임하사 벽탑터와 경주 전랑지에서 살펴본 기단과 동일한 것이므로, 이 절터의 위치와 함께 벽전축조는 신라의 영향 또는 그 계승에 의한 것임을 알 수 있다. 즉, 이 절터는 신라 벽탑이 분포한 안동과 고려 신륵사 벽탑의 중간지점에 위치하고, 동시에 남한강변에 위치해 교통의 요지라 할

38 단양 중방리 절터와 관련한 내용은 정명호, 「단양 逸明寺址 발굴조사보고-1983·84년도」(충청북도, 「충주댐수몰지구문화유적발굴조사종합보고서(佛蹟編)」, 1984, 문봉출판사.), 153~236쪽을 참고로 한 것이다.

39 이 절터에서는 정방형 벽전은 발굴되지 않았고, 사용한 장방형 벽전은 30.2×20.6×6.5㎝, 30×14.5×6.2㎝, 29.5×19.5×6㎝의 3가지로 구분할 수 있다.

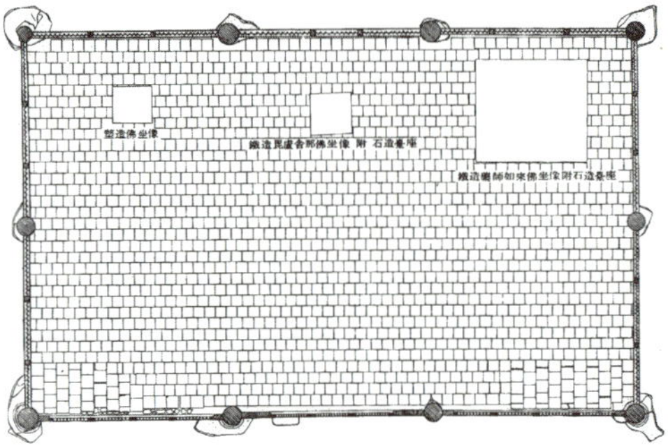

▲6-18

▲6-19

▲6-20

▶6-21

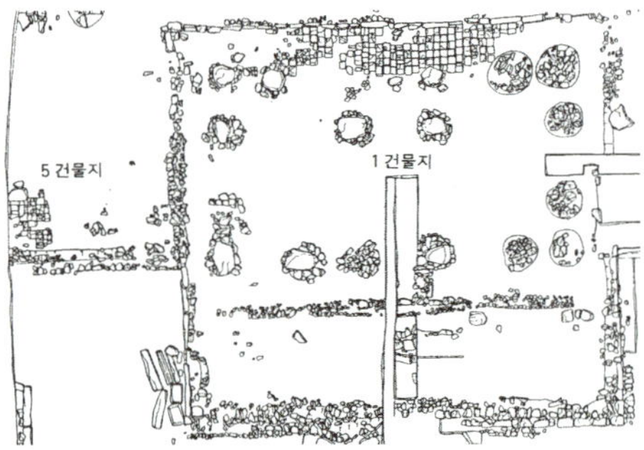

▶6-22

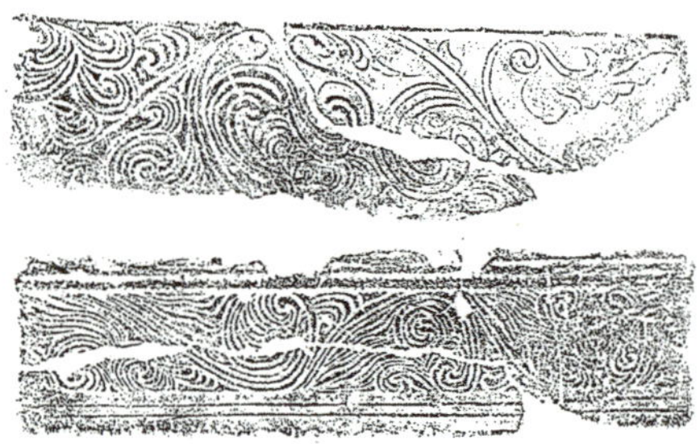

그림 6-18 **장곡사 상대웅전 평면도**
(출전 : 문화재관리국, 「長谷寺 실측조사보고서」(1988, 대명인쇄.), 265쪽.)
그림 6-19 **장곡사 상대웅전 바닥 벽전**
(출전 : 문화재관리국, 「長谷寺 실측조사보고서」(1988, 대명인쇄.), 57쪽.)
그림 6-20 **장곡사 상대웅전 내부 대좌 부분 벽전깔기**
그림 6-21 **구룡사터 1·5건물터 발굴 도면**
(출전 : 공주대학교 박물관공주시, 「九龍寺址」(1995, 선문인쇄사.), 49쪽.)
그림 6-22 **구룡사터 건물 바닥에 사용한 벽전의 측면 무늬**
(출전 : 공주대학교 박물관공주시, 「九龍寺址」(1995, 선문인쇄사.), 299쪽.)

수 있다. 따라서 신라 도읍인 경주에서 고려의 중심지역인 개성·경기 지방으로 이동하는 중간지점에 위치한 벽전을 사용한 유구로, 벽전사용의 계승을 보여주는 중요한 예인 것이다.[40]

또한 죽죽리 절터의 벽체석연과 단양 중방리 절터의 벽전축 기단에서는 모두 석회를 사용하지 않고 축조하였는데, 이는 건축 의장(意匠)적 측면을 고려한 것으로, 화성(華城)의 벽체석연에서 명확하게 볼 수 있다. 제8장에서도 살펴보겠지만, 벽전으로 축조한 화성 각 시설의 벽체는 수평줄눈만 넣은 하부 벽체와 수평·수직줄눈을 동시에 사용한 상부 여장(女墻)으로 구분하여, 내부공간을 입면에 드러나도록 하였다.(<그림 8-8·9> 참고) 또한 봉돈(烽墩)과 옹성(甕城)의 홍예문 주위에는 석회를 사용하지 않고 벽체를 축조하여 문을 강조한다.(<그림 8-14~16> 참고) 이러한 사실을 통해, 고려와 조선의 벽체석연 축조에 의도적으로 석회로 부착하지 않고, 줄눈이 나타나지 않도록 한 것은 이러한 의장적인 고려가 있었던 것이며, 이를 만족시키기 위해 벽전의 형태를 달리 하고 뒤쪽에서 벽전을 부착시켜 안정된 기단을 축조할 수 있었다. 또한 석회를 사용하지 않고 축조하는 방법은 낙랑과 백제의 벽전축 무덤, 신라의 벽탑 등에서는 아주 보편적인 것으로 벽전생산과 쌓기방법이 발달한 것을 나타낸다. 즉, 벽전의 두께가 일정하고 겉면이 고르고 평평할 때에만 가능한 축조방법이기 때문이다. 따라서 대량의 벽전을 생산하고 험한 지형에 대형의 구조물을 축조해야 하는 벽성(甓城)을 축조한 고려에서는 벽체석연 등의 기단을 보편적으로 사용하였을 것으로 생각할 수 있는데, 죽죽리 절터 건물터A의 벽체석연에서는 <그림 6-9>와 같이 귓기둥을 사용한 곳에 절반으로 자른 벽전을 사용하고 있다. 이는 축조 이전, 설계 과정을 거쳐 생산한 벽전으로, 고려에서는 벽전생산과 축조기술이 발달하였음을 실증하는 것이기도 하다.

2. 바닥깔기

이전 시기와는 다르게 고려는 봉정사 극락전과 부석사 무량수전 등 신라의 목구조(木構造)를 계승한[41] 목조건축이 현존하고 있으며, 내부의 바닥 역시 벽전 즉, 전(甎)으로

40 또한 발굴조사보고서의 188쪽에서도 이러한 사실에 대해 중요한 사실로 지적하고 있다.
41 윤장섭, 『한국의 건축』(1996, 서울대학교출판부.), 285쪽.

▶ 6-23(좌)
▶ 6-24(우)

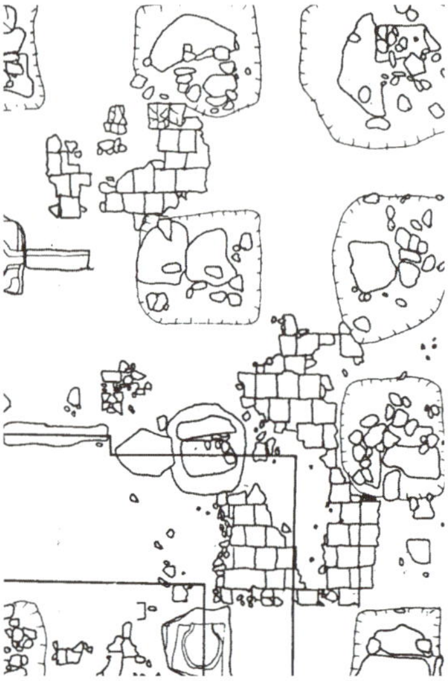

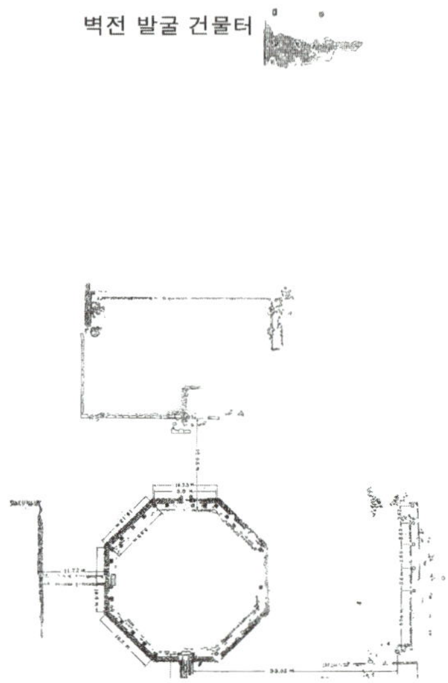

▶ 6-25

그림 6-23 **만복사 서금당터 발굴 평면도 부분**
(출전 : 전북대학교 박물관·전라북도, 「萬福寺 발굴조사보고서」(1986, 협신사.), 도면8.)
그림 6-24 **금강사 배치도**
(출전 : 朝鮮古蹟硏究會, 『昭和13年度 古蹟調查報告』(1940.),도판10.)
그림 6-25 **금강사 금당터의 벽전깔기**
(출전 : 朝鮮古蹟硏究會, 『昭和13年度 古蹟調查報告』(1940.), 도판4.)

마감하여 신라 목조건축과 동일한 특징을 보이고 있다.(<그림 6-16>) 이는 현존하는 대웅전 등의 목조건축 바닥을 마루로 마감한 것과는 다른데, 16세기 이후 지배층들이 불교를 외면하면서 대규모 법회보다는 실내에서 치러지는 간략한 예불이 보편화되었기 때문에, 벽전에서 마루로 변화한 것으로 추정한다.[42] 또한 조선 궁궐 편전(便殿)의 바닥 역시 본래 벽전으로 포장하였지만, 조선 초 상류층의 살림집에 온돌이 보편화되고, 동시에 편전도 17세기 초에 온돌로 변화하였다.[43] 그러므로 고려의 각 절터에서는 무늬가 없는 정방형 벽전과 백제·신라와는 다른 연꽃·보상화 무늬를 새긴 벽전들을 발견하였으므로, 고려 불전건물의 바닥은 본래 벽전으로 마감하고 왕골자리나 상(床)·탑(榻) 등을 깔아 신발을 벗고 생활한 것으로 추정한다.[44] 이는 고려의 불화(佛畵)를 통해서도 확인할 수 있는데, 대표적으로 <그림 6-17>에서 보는 것과 같이 신라에서 바닥과 기단 상부에 깔았던 정방형 벽전과 동일한 무늬 즉, 안쪽을 정사각형으로 구획하고 보상화 대신 연꽃을 새긴 벽전을 바닥 전체에 걸쳐 사선으로 깔고 있고, 벽전을 깐 방향은 다르지만 통줄눈이 생기도록 한 것은 황룡사 강당터와 동일하다.

이와 유사한 벽전깔기는 청양(靑陽) 장곡사(長谷寺) 상대웅전(上大雄殿)에서 볼 수 있는데,[45] 기둥과 바닥에 깔린 벽전만 고려의 것[46]이고, 그 이외 목구조는 모두 조선에서 개축한 것이다.(<그림 6-18>) 내부 바닥 전면에 걸쳐 깔린 정방형의 연꽃무늬 벽전은 신라 보상화 무늬 벽전보다 작은 24×24×6㎝이고,(<그림 6-19>) 주변으로 두 겹의 구획선을 긋고 중앙에 8잎의 연꽃, 그 주위에 당초무늬를 새겨, 고려불화와 신라의 바닥·기단 윗면에 사용한 벽전(<그림 5-95> 참고)과 그 무늬의 개념이 동일한 것이다. 또한 표면에 '上'자를 새긴 벽전도 발견되었으므로,[47] 신라의 벽전생산과 그 축조방법을 계승한 것으로 생각할 수 있고, 실측조사보고서에는 10~11세기의 시대적 특성을 지닌 것으로 보고 있어, 신라와의 연관성은 더욱 크다고 할 것이다.

42 김동욱, 『한국건축의 역사』(1997, 기문당.), 221쪽.

43 김동욱, 『한국건축의 역사』(1997, 기문당.), 173·203쪽 참고

44 이정국, 「고려시대 사찰건축의 공간구성에 관한 연구」(1997, 한양대학교 대학원 건축공학과 박사학위논문.), 233쪽.

45 장곡사 상대웅전과 관련된 모든 내용은 문화재관리국의 「長谷寺 실측조사보고서」(1988, 대명인쇄.), 57쪽을 참고로 한 것이다.

46 그러나 현재 남아 있는 벽전 중 고려 때의 것으로 추정되는 것은 단지 17장 정도이다.

47 이은창, 「靑陽 長谷寺 上大雄殿의 方塼」(고고미술사학회, 『고고미술』23호, 1962. 6.), 259쪽.

제4장에서 무늬를 새긴 벽전 크기의 배수와 주칸 길이는 일정한 상관관계가 있을 것으로 추정하였는데, 상대웅전의 벽전을 포장하는 방법은 신라에서 실내에 좌우 열을 맞추어 까는 방법과는 다르게 막힌줄눈으로 깔고, 석회는 사용하지 않았다. 정면은 3칸으로 기둥 하부의 전체 길이는 12.534m인데, 벽전 52.2장 길이이고, 우측면 2칸 전체 길이는 7.744m로, 벽전 32.2장 길이에 해당하므로, 벽전 크기와 주칸 길이는 정확하게 일치하지 않는다. 그러나 내부 불상을 모신 대좌(臺座) 부분에는 벽전을 가공하여 사용한 것을 확인할 수 있으므로,(<그림 6-20>) 조선에서 상대웅전 개축 때에 벽전을 다시 제작하여 포장한 것이며, 원형에서 변형되었던 것으로 추정한다. 본래 벽전깔기는 신라에서 본 것과 같이 좌우 열을 맞추어 깔았을 것인데, 이는 밑에서 살펴보는 유구들을 통해서도 알 수 있다. 따라서 비록 현재는 주칸 길이와 벽전의 치수의 배수는 정확하게 일치하지 않지만, 창건 당시에는 일정한 상관관계가 있었던 것으로 생각한다.

이외에도 벽전을 발견한 절터와 건물터는 많지만, 벽전을 포장한 상태 그대로 발견한 곳은 공주 구룡사(九龍寺)·남원 만복사(萬福寺)·강화 선원사(禪源寺)·고구려 절터인 금강사(金剛寺)와 판문 불일사(佛日寺)·양주(楊州) 회암사(檜巖寺) 등이다. 먼저 구룡사[48] 제1건물터(금당터)와 그 서쪽의 제5건물터에서 각각 벽전이 깔린 유구가 발견되었는데,(<그림 6-21>) 금당터에서는 뒷면의 외진주(外陣柱)와 기단 끝면 사이 즉, 기단 윗면을 포장하였다. 사용한 벽전은 정방형과 장방형 벽전이며, 특히 정방형 벽전에는 측면에 물결무늬를 새겼으므로,[49](<그림 6-22>) 본래 바닥을 깔기 위한 것이 아닌, 벽체를 쌓기 위한 것으로 추정한다. 또한 벽전을 포장하는 방법은 좌우 열을 맞추어 통줄눈이 생기도록 하였는데, 이는 황룡사 강당터의 벽전깔기와 동일한 것이다. 제5건물터 역시 남쪽 기단 윗면에 무늬가 없는 정방형·장방형 벽전을 좌우 열을 맞추어 깔았으며, 금당터의 벽전과 동일하다.

또한 전라북도 남원의 만복사터의 목탑·서금당터와 그 외 2곳에서 벽전을 깐 유구를 발견하였는데,[50] 특히 서금당터에는 39×39×4㎝ 정방형 벽전과 39×12×4㎝의 장방형 벽전을 번갈아 포장하였다.[51](<그림 6-23>) 제3장에서도 언급한 금강사터는 차양칸을 설

48 구룡사와 관련한 내용은 공주대학교박물관·공주시의 「九龍寺址」(1995, 선문인쇄사.), 63~68·94·297~300쪽을 참고로 한 것이다.

49 무늬가 없는 벽전의 크기는 31×20×8.5㎝, 31×19.5×6.3㎝, 32×32×4㎝이고, 무늬가 있는 벽전은 대부분 방형으로 32×30.5×8㎝, 31.5×30×8㎝, 32×30.5×8㎝이다.

50 또한 만복사터에서 발견한 초석은 대부분 벽전을 깔기 위해 턱을 마련하였다.

치한 8각 목탑터가 있는 고구려의 절터이지만, 고려까지 법등(法燈)을 유지하고 있었다.[52] 따라서 고구려의 유적과 고려의 유적이 혼재하고 있는데, 목탑과 금당이 있는 중심영역에서 북쪽으로 떨어진 곳에서는 실내에 벽전을 포장한 건물터를 발견하였다.(<그림 6-24>) 이 건물터는 목탑과 금당을 중심으로 하는 남북축에서 동쪽으로 치우쳐 있지만, 본래는 동서로 긴 강당 건물이었으며, 발견한 각 종 유물을 통해 고려 초기의 건물로 추정한다.[53] 사용한 벽전은 무늬가 없는 정방형이며,[54] 황룡사 강당터와 같이 기단 윗면까지 좌우 열을 맞추어 깔았다. 또한 주좌(柱座)와 함께 하인방이 위치하는 고막이 돋음을 새기고 있는 초석을 사용하였는데, 그 주변에 벽전을 가공하지 않았고, 또 하인방의 높이보다 낮게 깔았다.(<그림 6-25>) 따라서 기단을 축조하고 초석을 올려놓은 후, 실내와 기단 윗면을 구분하지 않고 한 번에 연속하여 벽전을 포장하였다는 것을 알 수 있는데, 이 경우에는 벽전의 크기와 주칸(柱間)이 일정한 배수 관계를 갖지 않고도 바닥을 포장할 수 있는 것이다. 이는 벽전무늬의 상징적 의미를 강조한 그 이전 시기보다, 시공(施工)의 용이함이 주가 된 것을 의미하는 것으로 생각한다. 즉, 벽전사용의 보편화로 인해 벽전이 갖는 의미가 변화한 것을 알 수 있다. 벽전은 더 이상 무늬를 통한 상징성과 건축의 위계를 표현하는 것이 아닌, 보편화한 사용과 실용성을 의미가 더욱 커진 것이다. 따라서 위에서 살펴본 것과 같이 고려는 많은 벽전과 어려운 축조 기술을 필요로 하는 벽성을 축조할 수 있을 만큼 한국에서는 어느 시기보다 벽전을 보편화하여 사용하였음을 나타내고, 실용적 측면을 강조한 것이며, 이러한 벽전사용의 개념은 조선(朝鮮)으로 연속되고 있다고 할 것이다.[55]

강화군 선원면에 위치한 선원사는 몽고의 침입을 피해 강화도에 도읍하면서 대몽항쟁의 정신적 지주로 삼고자 1245년 창건되어, 충렬왕(忠烈王, 1236 ~ 1308)) 때에는 임시 궁궐로도 사용되었던 규모가 웅장한 사찰이었으며, 팔만대장경을 판각한 것으로 유명하

51 전북대학교 박물관·전라북도, 「萬福寺 발굴조사보고서」(1986, 협신사.), 33쪽.

52 『고려사』 권제11 「世家」 제11 ‘肅宗 1’. [壬午 7년(1102)].
신축일에 왕이 金剛寺에 가서 중들에게 음식을 먹이고 옛 탑의 유적을 구경하였으며, …[辛丑幸金剛寺飯僧遂觀舊塔遺址.].

53 朝鮮古蹟硏究會, 『昭和13年度 古蹟調査報告』(1940.), 13쪽.

54 조사보고서에는 벽전의 치수와 무늬 등 자세한 것이 기재되어 있지 않다.

55 지금까지 발견한 조선의 벽전 중에는 무늬가 있는 벽전은 한 점도 없는데, 무늬가 없다는 사실은 실용적인 측면만을 강조하여 사용한 것으로 해석할 수 있다.

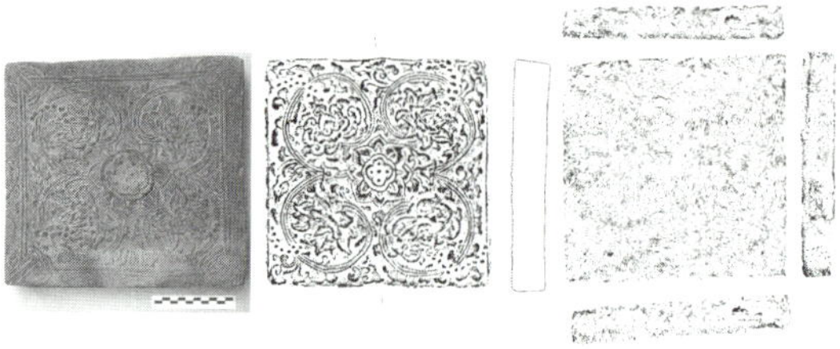

▲6-26

▲6-27

▶6-28

▶6-29

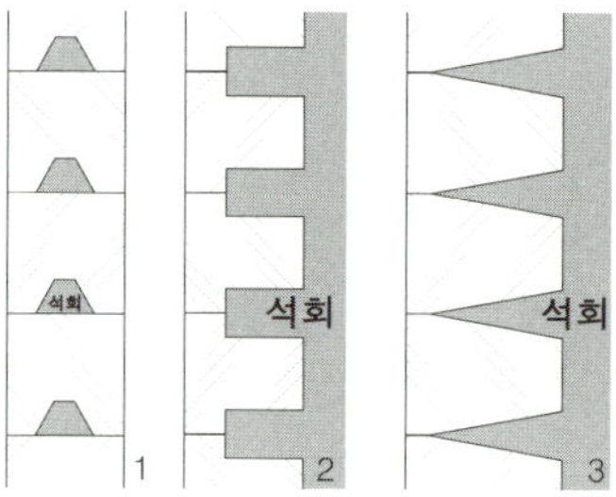

그림 6-26 **선원사터 발굴 연화보상화문벽전**

(출전 : 동국대학교박물관·강화군, 「사적259호 강화 선원사지 발굴조사보고서」(2003, 학연문화사.), Ⅰ(본문) 34쪽 및 Ⅱ(도판) 136쪽.)

그림 6-27 **선원사터 B지구 남 제2석축 상단의 통로시설 벽전포장**

(출전 : 동국대학교박물관·강화군, 「사적259호 강화 선원사지 발굴조사보고서」 Ⅰ(본문)(2003, 학연문화사.), 14쪽.)

그림 6-28 **개성 만월대 출토 벽전 중 벽체 축조에 사용한 벽전**

(출전 : 井內功文化硏究室, 『朝鮮瓦塼圖譜』Ⅳ(1976, 眞陽社.), 도판 61~63.)

그림 6-29 **만월대에서 발견된 벽전들을 이용한 벽체 추정 단면도**

다. 1996~1997년 대대적인 발굴조사에서는 완형과 파편으로 출토된 벽전이 많이 출토되었고, 2조의 테두리 유무에 따라 2종류로 구분되는 29.7㎝, 두께 4.7㎝의 정방형 연화보상화문벽전은 고려를 대표하는 벽전이기도 하다.(<그림 6-26>) 선원사터에서는 B·E지구 통로시설 및 F지구 계단터 등에서 벽전을 포장한 시설들이 발굴되었으며,(<그림 6-27>) 문양벽전과 무늬 없는 벽전, 벽전과 같은 크기로 잘라 만든 점판암 등을 함께 포장하였으며, 특히 문양벽전의 경우 무늬가 아래로 향하도록 뒤집어 포장한 것들도 있어 후에 많이 교란된 것으로 추정된다. 또한 B지구의 경우 벽전과 초석의 배치상태를 보면 먼저 초석을 놓고 이에 맞추어 벽전을 포장한 것으로 확인되어[56] 금강사 금당터의 벽전깔기와 유사한 것을 알 수 있다.

이 외에도 『고려사』에서는 외부공간 바닥을 벽전으로 포장한 사실들을 기록하였는데, 모두 궁궐(宮闕)의 뜰과 연관된 내용으로,[57] 만월대(滿月臺)의 각 궁궐 영역에는 벽전으로 포장하였던 것을 알 수 있다. 실재로 외부 바닥을 벽전으로 포장한 유구가 판문군(板門郡) 불일사(佛日寺)에서 발견되었는데 금당터와 강당터 사이 보도를 포장하였으며,[58] 강당터 일부 바닥에도 벽전이 깔린 것으로 보아 보도와 함께 연속하여 강당 내부까지 벽전으로 깐 것이다. 이는 결국 위계가 높은 사람들의 동선을 따라 벽전으로 포장한 것으로 생각할 수 있으며,[59] 조선 종묘의 신로(神路)와 유사한 기능이라 하겠다.[60] 따라서 목조건축의 내부에 벽전을 포장하는 것과는 달리, 외부공간 보도를 벽전으로 포장하는 것은 신라에서 금당 기단 주위의 벽전 포장과 같이 행위와 의례를 규정하고, 위계를 나타내는 것으로 생각할 수 있다.

56 동국대학교박물관·강화군, 「사적259호 강화 선원사지 발굴조사보고서」Ⅰ(본문)(2003, 학연문화사.), 161쪽.

57 『고려사』 권제5 「世家」 제5 '德宗' [甲戌3年(1037)].

왕이 어려서부터 숙성하였으며 성격이 강의하고 과단성이 있었다. 그가 장성하여서는 벽전[塼]을 밟기만 하면 대번 깨여졌는데 사람들은 왕의 덕이 무겁기 때문이라고 하였다[王生而岐嶷執性剛斷旣長踏塼輒破人以爲德重之.].

『고려사』 권제54 「志」 제8 '五行 2'.

예종 14년 11월 임신일에 지붕 기와와 뜰에 있는 벽전[塼]에 얼음이 얼었는데 꽃과 같은 무늬가 있었다[睿宗十四年十一月壬申屋瓦庭塼冰有文如花○狀.].

58 이정국, 「고려시대 사찰건축의 공간구성에 관한 연구」(1997, 한양대학교 대학원 건축공학과 박사학위논문.), 104쪽 참고.

59 『東國李相國集』卷第四 「序」 '步輦召學士'에서는 이와 같은 내용을 유추하게 한다.

보련으로 궁전에 맞아 오니[步輦迎來玉帝家] / 아무리 가을비 마구 쏟아져[從敎秋雨瀉如河] / 온 길거리 진흙투성이지만[六街泥濘知多少] / 화전(花甎)을 걷는 학사화는 아무렇지도 않아[未汚花甎學士靴]

60 또한 낙랑토성에서도 이와 유사한 유구를 살펴보았다.

이상의 예들을 통해 고려의 불전과 궁궐 등 상위 계층의 건물 내부에서는 보편적으로 벽전을 깔아 마감하였고, 외부공간에서도 벽전을 깔아 행위를 규정하고 위계를 나타낸 것으로 생각할 수 있다. 이러한 것은 모두 그 이전 시기인 신라와 발해의 형식을 계승한 것이며, 조선의 벽전사용으로 이어지는 특징이기도 하다.

3. 목조건축의 벽체와 그 형식

앞에서는 신륵사 벽탑과 죽죽리 절터의 벽체석연 등 벽전으로 축조한 벽체와 『고려사』의 '장가장'(張價墻)이라는 유명한 꽃담을 살펴보았는데, 개성(開城) 만월대(滿月臺)에서는 적은 양의 무늬 벽전을 발견하였지만, 형태가 특이하여 벽체에 사용한 것으로 추정할 수 있는 벽전이 있다. 먼저 <그림 6-28>의 1은 27×11×11㎝ 크기이고, 단면은 정방형이며, 반대쪽 두 면에 목단(牧丹)을 새기고, 나머지 한 면에는 넓이 5㎝, 깊이 4.5㎝의 'V'자형 홈을 새겼다. 이 벽전을 홈이 있는 면을 아래쪽으로 쌓을 때, 윗면에는 무늬가 없고 양쪽 측면에 동일한 무늬가 나타나므로, 바닥을 포장하거나 기단을 축조하기 위한 것은 아닐 것이다. 따라서 일반 목조건축의 벽체를 쌓는데 사용한 벽전으로 생각할 수 있으며, 기둥과 기둥 사이에 쌓을 때는 실내·외 동시에 동일한 무늬가 나타난다. 또한 밑면에 새긴 'V'자형의 홈을 통해 축조 방법을 유추할 수 있는데, 이 홈은 벽전을 쌓았을 때 석회를 채우기 위한 것으로 생각한다. 즉, 홈이 있는 면을 아래쪽으로 하고, 홈 내부에 석회를 채워 위쪽으로 연속하여 쌓으면, 외부에는 줄눈이 생기지 않지만, 위·아래의 벽전을 부착할 수 있다. 동시에 양 측면의 벽전 역시 석회로 연결할 수 있으므로, 기둥과 기둥 사이 목단 무늬가 연속하여 나타나는 11㎝ 즉, 0.5B 두께의 벽체를 축조할 수 있는 것이다.(<그림 6-29>의 1)

<그림 6-28>의 2와 3은 서로 유사한 축조 방법에 사용한 벽전으로 추정할 수 있는데, 벽전의 무늬는 1과 동일하지만, 한 쪽 면에만 무늬를 새기고, 뒤쪽은 경사지거나 단이 있기 때문이다. 따라서 목조건축의 심벽 외부에 무늬가 있는 벽전을 부착하는 벽체 형식과 동일한 것인데,[61] 벽전의 뒤쪽 부분의 경사면과 단은 벽전을 쌓을 때 석회를 채

61 또한 제7장에서 살펴보는 내심벽 외평벽에 사용한 벽전으로 추정할 수 있다. 즉, 한쪽 면에만 무늬가 나타나기 때문에, 일반 심벽을 축조하고 그 외부 벽체를 벽전으로 축조한 것이다. 이 때에는 기둥이 밖으로 드러나

우기 위한 것으로, 바깥 면으로는 무늬가 나타나도록 쌓고, 그 안쪽에서 석회 등의 몰탈을 사용하여 벽전과 벽전을 부착시켜 외부로는 줄눈이 생기지 않도록 하는 것이다. (<그림 6-29>의 2·3) 따라서 1의 벽전을 사용한 벽체보다 훨씬 두꺼운 벽체를 축조할 수 있고, 벽전의 형태는 다르지만, 줄눈이 나타나지 않고 뒤쪽에서 벽전과 벽전을 부착하는 죽죽리 절터의 벽체석연 축조 방법과 동일한 것이다.

이러한 벽전을 통해 고려에서는 백제·신라와 같이 벽전으로 축조한 벽체가 있었는데, 벽체 바깥 면에서 줄눈이 보이지 않도록, 벽전 내부에 홈을 파고 석회를 채워 벽체의 내·외부 동시에 목단 무늬의 벽체를 축조할 수 있었고, 주로 얇은 벽체를 요구하는 건축물에 사용한 것으로 추정한다. 또한 일반적인 심벽 외부에 벽전을 부착하는 벽체형식을 볼 수 있는데, 벽전 뒤쪽에 경사면과 단이 있어 그 사이에 석회를 채우고 외부에는 줄눈이 생기지 않도록 하며, 뒤쪽에서 벽전을 결합하는 방법으로, 죽죽리 절터의 벽체석연에서 살펴본 방법과 동일한 것이다. 결국 고려의 이러한 벽체는 이전 시기의 벽체형식을 계승한 것이며, 일반 심벽이 빗물에 약하고 쉽게 불에 탈 수 있는 단점을 보완할 수 있었다. 이러한 형식이 조선에서는 화재를 예방하기 위해 축조하기 시작한 방화장(防火墻)·반방화장(半防火墻) 또는 내심벽 외평벽 벽체로 계승하는 것으로 생각한다.[62]

이 외에도 일반 심벽에 벽전을 부착하는 벽체 형식이 있는데, 신라의 녹유벽전과 유사한 청자벽전, 타일(Tile)과 유사한 청자(青瓷) 도판(陶板)을 부착하는 형식의 벽체이다. 전라남도 강진의 고려청자 가마터에서는 두께 2.3㎝, 길이 17.5㎝의 청자벽전 파편을,[63] 전라북도 부안에서도 장방형·사다리꼴 청자도판을 발견하였다. 그 중 장방형은 가로 24~26㎝, 세로 19~25㎝이고, 사다리꼴 도판은 긴 변 23.5㎝, 짧은 변 17.5㎝, 높이 14~16.5㎝인데, 그 두께는 가장자리가 0.2~0.3㎝, 중심부에서는 0.5~0.9㎝로 청자벽전보다 훨씬 얇다.[64](<그림 6-30>의 1·2) 따라서 녹유벽전과 함께 청자벽전·청자도판 역시 고려의 목조건축에 사용한 것은 틀림없지만, 그 용도는 명확하지 않다. 먼저 신라 녹유벽전과 같이 내부 바닥에 사용되었을 가능성이 있지만, 그 두께가 지나치게 얇기 때문

지 않도록 축조하였을 가능성도 있기 때문에, 조선전기에서 확인할 수 있는 내심벽 외평벽 형식이 고려에서 시작한 것으로 추정할 수 있는 것이다.(<그림 7-6·7·8> 참고)

62 방화장과 반방화장·내심벽 외평벽 형식의 벽체는 제7장에서 살펴볼 것이다.

63 최순우, 「康津 沙堂里窯址出土 高麗 青磁塼」(고고미술사학회, 『고고미술』89호, 1965.), 354~355쪽 참고.

64 조정현·신영훈, 『한옥의 건축도예와 무늬』(1990, 기문당.), 37쪽 참고.

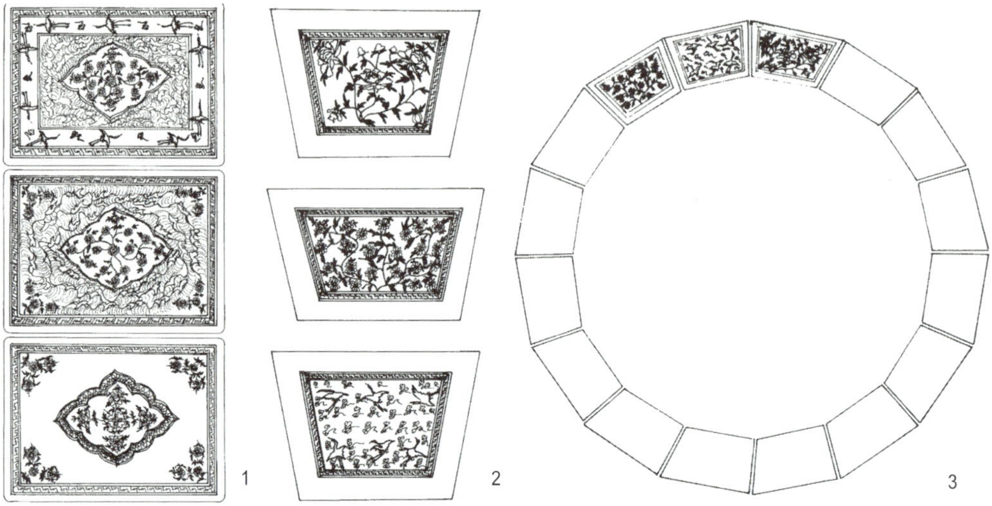

그림 6-30 **고려 상감청자 벽전과 팔각창 추정 복원도**
(출전 : 조정현·신영훈, 『한옥의 건축도예와 무늬』(1990, 기문당.), 40~41쪽.)

에,[65] 바닥을 정밀하게 수평을 맞추어 다지지 않으면 청자벽전은 쉽게 파괴될 것이다. 또한 상부하중을 지지하지 못하므로, 벽체를 축조하기에도 부적합하다.

그러므로 <그림 6-28>의 벽전과 같이 목조건축 심벽에 부착하였을 가능성이 있는데,[66] 넓은 면에 국화·구름·학·목단·용 등의 무늬를 음각하거나 상감(象嵌)하였기 때문이다. 즉, 실내 벽체에 무늬가 보이도록 부착하여 사용되었던 것으로 내부공간의 장엄을 베풀기 위한 것인데, 이를 유추할 수 있는 내용을『동국이상국집』에서 볼 수 있다.[67] 그 내용은 시(詩)이므로 과장된 부분이 없지 않을 것이지만, '꽃벽전'[花甎]이라 하여 구체적으로 벽전을 지칭하였고, 손님을 초대하는 장소를 언급하였다. 따라서 화려한 꽃무늬를 새긴 벽전으로 장식한 건물로 볼 수 있을 것이며, 여기서 거론하고 있는 청자벽전 또는 청자도판이 그것일 것이다. 또한 <그림 6-30>의 2와 같은 사다리꼴 청자도판은 3과 같이 각이 지게 연결하여 창 또는 문의 테두리를 장식하는 용도로 사용하였던 가능성도 있다.

청자로 대표되는 귀족문화를 누린 고려의 목조건축은 이와 같이 벽전과 청자벽전 등을 다양하게 사용하였는데, 특히 청자벽전을 부착하여 심벽의 단점을 해결하고, 내부공간에 장엄을 더하는 것은 그 이전 시기에 이루어진 다양한 시도들을 통해 완성할 수 있었던 것이다. 즉, 고려에서 그 이전 시기 벽전사용을 계승하였다는 사실을 곳곳에서 볼 수 있었는데, 단양 중방리 절터의 벽전축 기단은 신라의 중심지역인 경주와 고려의 경기도·개성 지역을 잇는 중간지점으로 그 경로를 파악할 수 있는 위치이고, 전랑지·임하사 벽탑터의 기단과 축조방법 역시 동일하였다. 이와 함께 신륵사 벽탑의 벽전무늬는 임하사 벽탑에 사용한 벽전과 완전히 동일하여 벽전생산에서도 영향관계가 있는 것을 알 수 있고, 벽탑의 입지 역시 개목사·옥산사 벽탑터와 동일하다. 또한 벽전과 목조를 혼합한 안양사 7층 벽탑은 고구려와 신라의 벽탑형식을 이은 것으로 보아야 하며, 목조건축 내부 바닥을 벽전으로 포장한 것과 외부공간을 포장하여 행위와 위계를 나타내는 것 역시 신라 목조건축의 계승인 것이다.[68]

65 고려에서는 신라 녹유벽전의 영향으로 청자벽전을 생산하였지만(진홍섭, 『청자와 백자』, 1974, 세종대왕기념사업회, 30쪽 참고.), 부석사 무량수전 바닥에 사용한 녹유벽전은 7㎝로 2.3㎝ 또는 0.5~0.9㎝보다는 훨씬 두꺼운 것을 알 수 있다.

66 조정현, 「한국 環境陶藝論을 위한 試考-塼의 활용을 중심으로」(1985, 한국정신문화연구원.), 참고.

67 『東國李相國集』卷第三 「古律詩」 '次韻諸君所賦山呼亭牡丹 幷序'.
침향정 고운 자태 지금 만약 있다면 / 꽃벽전으로 장식한 곳에 옛 손님 불러 보게 하리라[須喚花甎舊客觀.].

68 이 외에도 만월대에서는 발해 상경용천부 궁궐터에서 발견한 기둥밑둘레장식이 발견되어 발해의 영향을 추

그러나 앞에서 살펴본 것과 같이 고려에서는 기와 또는 벽전을 전국 각지로 확산·보급하여 일반 백성들도 사용할 수 있을 만큼 요업(窯業)이 발달하였다. 따라서 그들만의 특유한 벽전사용을 창출할 수 있었는데, 바로 벽체석연과 벽체·벽성의 축조이다. 즉, 벽체석연은 신라의 벽전축 기단을 한 걸음 더 발전시킨 것으로 한국에서만 나타나는 기단형식의 정형을 고려에서 완성시켰던 것이며, 조선까지 이어진다.

또한 벽체축조에서는 이전 시기 벽전사용을 계승하였지만, 한층 더 완성한 축조방법을 보인다. 먼저 벽전의 형태에서 뒤쪽을 뾰족하게 하거나, 단이 있고 경사지게 제작하여 바깥 면으로는 줄눈이 나타나지 않도록 쌓을 수 있다. 따라서 벽전과 벽전은 뒤에서 견고하게 부착되는데, 이는 한층 발달한 축조방법으로 생각하며, 심벽의 단점을 보완함과 동시에 의장적 효과까지 얻을 수 있다. 더 나아가 귀족 문화를 대표하는 고려 특유의 청자벽전·청자도판을 사용하여 내부공간의 장엄을 한층 더한 것이다. 무엇보다 고려에서는 벽성을 축조하였다는 사실을 통해 그 어느 시기보다 벽전사용이 광범위하고, 생산과 축조기술의 급진적인 발달이 있었음을 알 수 있으며, 벽전건축의 완성을 의미하는 것으로 보아야 한다. 더욱 중요한 것은 이러한 벽전생산과 축조방법이 조선까지 연속되고 있으며, 18세기 말에 축조한 화성(華城)에서 화려한 결실을 맺고 있는 것으로 보아야 할 것이다.

정할 수 있는 근거가 된다(손영종·조희승, 『조선수공업사』1, 1990, 공업출판사, 345쪽과 리화선, 『조선건축사』, 1989, 과학백과사전종합출판사, 319쪽 그림 참고.).

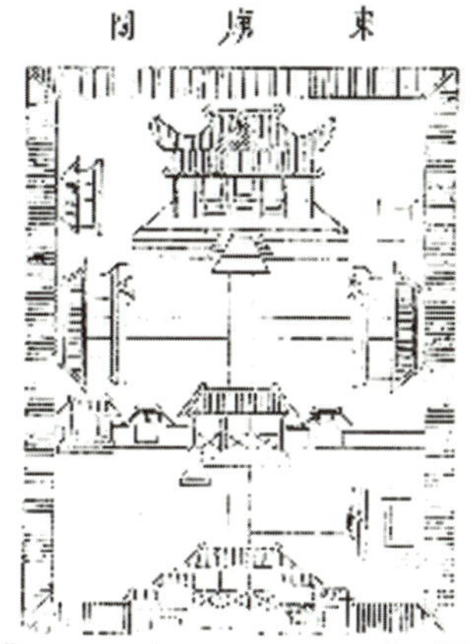

제7장

벽전사용의 단절과 연속 조선전기

조선전기의 건축에서 벽전은 광범위하게 사용하지 않은 것은 사실이다.
그러나 조선후기 목재 부족으로 인해 벽전을 사용한 새로운 건축형식을 필요로 할 때,
중국의 영향뿐만 아니라 조선전기의 벽전 축조 방법과 제작기술을 바탕으로 하였다

– 본문 中

개요

고려를 이어 1392년에 개국한 조선(朝鮮)은 벽전(甓甎) 사용에 의해 크게 두 시기로 나눌 수 있는데, 벽전을 부분적으로 사용한 조선전기와 벽전사용이 확대되기 시작한 조선후기이며, 그 기점은 실학(實學)이 크게 대두하고 화성(華城)을 축조한 18세기 후반으로 볼 수 있다.[1] 조선전기에는 벽전을 사용하지 않았다는 의견이 일반적으로 받아들여지고 있는데, 벽전의 생산기술이 보급되지 않았고 발전하지 못하여, 그 사용 역시 일반 백성에게까지 확대될 수 없었기 때문인 것으로 생각한다. 그러나 조선전기에서도 고려의 권위건축 형식과 벽전을 일반적으로 사용하였던 중국의 영향을 통해 벽전의 특징과 시공기술 등을 파악하고 있었으므로, 궁궐과 종묘·성곽(城郭) 등 국가에서 축조한 시설에 부분적으로 사용하였다. 조선전기에서 벽전은 보편적이지는 않고 일부 계층에 한정하여 사용되었지만, 조선후기에서는 중국의 영향과 그에 따른 조선 지식인들의 자각을 통해, 벽전생산기술의 근간을 마련하고 민간에 보급하였다. 따라서 벽전의 생산방법은 급진적으로 발달하였고, 그에 따라 벽전사용은 확대될 수 있었던 것으로 생각하므로, 조선에서는 크게 두 시기로 구분하여 각 시기의 건축 특성들을 살펴볼 수 있을 것으로 생각한다. 그러나 현재 조선전기의 벽전건축 유구는 거의 남아 있지 않아 구체적인 건축특성을 살펴볼 수 없으므로, 이 장에서는 주로 『조선왕조실록(朝鮮王朝實錄)』을 참고로 하여, 왜 벽전을 사용하지 않았는가에 대해 고찰하고, 일부 벽전을 사용한 목조건축의 특성 역시 문헌을 통해 살펴보기로 한다. 또한 제8장 조선후기에서는 목조건축과 일반 백성들의 살림집에 관한 설명과 벽전의 확대 사용을 주장한 문헌 등을 확인할 수 있고, 실재 벽전으로 축조한 건축유구가 남아 있으므로, 당시 사회상황과 함께 벽전을 사용한 목조건축의 특징을 살펴볼 수 있을 것이다.

1 이러한 시대구분은 한국사와 건축사 등에서 일반적으로 구분하는 전기·중기·후기 또는 조선전기·후기 등과는 다르지만, 본 연구는 벽전사용을 통해 각 시기의 건축특징을 살펴보는데 그 목적이 있으므로, 벽전사용이 확대하는 시기와 그렇지 못한 시기를 구분하도록 한다.

7-1. 조선전기의 벽전사용

고려는 그 이전 시기와 달리 벽전생산과 축조기술의 급진적인 발달로 인해 탑과 목조건축의 기단·벽체·바닥 등은 물론 대규모의 벽성을 축조할 수 있었으나, 조선전기에서는 벽전을 사용한 구체적인 건축유구를 발견하지 못하였고, 그에 관한 문헌 역시 없어 명확한 건축 특성을 밝힐 수 없다. 그러므로 이 절에서는 고려를 이은 조선전기에는 왜 벽전을 사용하지 않았는가, 만약 벽전을 사용하였다면 어떤 건축에 어떻게 사용하였고, 그 특성은 어떠한지 등의 문제에 초점을 맞추어 살펴본다. 조선전기의 건축에서 벽전을 광범위하게 사용하지 않은 것은 틀림없는 사실이다. 그러나 조선후기에 중국의 영향을 통해서만 벽전사용이 확대되었는가 하는 문제는 검증되어야 하는데, 이는 조선후기 목재의 부족으로 인해 새로운 건축재료의 필요성이 증가하였을 당시, 중국의 영향뿐만 아니라 조선전기의 벽전 축조방법과 제작기술을 바탕으로 하였을 것으로 추정할 수 있기 때문이다.

1. 벽전사용이 급격하게 줄어든 이유

조선은 벽전생산과 축조방법에서 급진적으로 발달한 고려를 계승하였지만, 벽전을 사용하지 않은 명확한 이유는 밝힐 수 없다. 그러나 왕조의 변화, 그 사이에는 분명 사회적인 이유와 그들을 지배한 관념의 차이가 있었던 것으로 생각할 수 있는데, 이는 『조선왕조실록』을 통해 몇 가지로 추정해 볼 수 있다.

첫번째, 고려와 조선의 국가통치이념이 달랐기 때문이다. 고려는 유교(儒敎)와 불교(佛敎)가 공존하던 시기였는데, 유교는 주로 정치, 불교는 개인의 수양을 위한 것이었으며, 전국 각지에 비보사찰(裨補寺刹)을 짓고 각종 불교 행사를 열었다. 그러나 고려 말에 이르러 불교사찰의 비대화, 승려의 세속화와 더불어 시대사상으로서 그 한계성을 노출하여, 신진사대부들은 불교에 대한 비판을 제기, 주자(朱子)의 성리학(性理學)을 수용하여 유교적인 질서를 추구하였다.[2] 이러한 신진사대부가 주축이 된 조선왕조에서는 주자 성

2 강만길 外, 『한국사』8(1994, 한길사.), 246쪽 참고.

리학을 정치이념으로 하는 유교정치를 추구하였고, 덕치와 인정(仁政)을 근본으로 하는 왕도정치(王道政治)와 민본정치(民本政治)를 표방하였으므로, 국가의 제도와 의례 역시 유교적으로 정비하였다.[3] 또한 이학(理學)과 예학(禮學) 중 의리명분론(義里名分論)에 입각한 정통론의 예학이 가장 중요하게 부각하여, 상하질서를 규정하고 올바른 것의 계승이라는 윤리적인 측면을 강조한 것이다.[4] 따라서 조선전기에서 벽전을 사용하지 않는 이유 중에는 이러한 예학에 의한 측면이 있는데, 이를 [사료 7-1]을 통해 확인할 수 있다.

> [사료 7-1] : 예조에서 아뢰기를, … 『문헌통고』 사유 주에는, '사변에는 흙을 쌓아 유(壝)로 한다.' 했는데 주문공(朱文公)은 말하기를, '사각(四角)에 흙을 쌓아 유(壝)로 하고 기와로 덮지 않으며, 다만 벽전(甓甎)을 양면(兩面)으로 섬돌을 놓아 물이 흐르게 하므로 더욱 견고하게 한다.' 하였는데, 지금 사유(社壝)에 모두 벽전을 쓰게 되니 옛날의 법이 아닌 듯합니다. 그러나 『원사(元史)』에는 단(壇)과 원(垣)을 벽전으로 만들었는데, 주자(朱子)는 또한 말하기를, '단(壇)의 장식에 벽전을 쓰지 아니한다.'하였으니 상고할 데가 없습니다. ….[5]

당시 단유(壇壝) 즉, 제사를 올리는 제단과 그 주위를 둘러싸는 담장에 벽전을 사용하고 있지만, 주자는 벽전을 사용하지 않는다고 하였다. 이러한 예들은 이후에 일어나는 예송논쟁(禮訟論爭)과 붕당(朋黨)의 성립 등을 통해서도 짐작할 수 있는 내용으로, 유교를 국가통치이념으로 삼는 조선전기에서는 주자 성리학·예학에 의해 벽전을 사용하지 않았던 것으로 추정할 수 있는 것이다.[6]

두번째는 첫번째 이유의 연장선상에서 이해할 수 있다. 조선에서는 점차 성리학이 보편화되면서 그 윤리사상 역시 보급되었는데, 상하와 존비(尊卑)·귀천(貴賤)의 현실적 차별을 바탕으로 한 신분질서의 합리화를 기본으로 한다. 또한 상하간의 지배와 복종을 요구하는 수직윤리라고도 할 수 있는데, 가장 근본이 되는 것은 가족윤리 중 부모와 자식 사이의 관계 즉, 효(孝)사상이다.[7] 따라서 부모를 길지(吉地) 또는 명당(明堂)에 안장

3 강만길 外, 『한국사』8(1994, 한길사.), 237~238쪽 참고.

4 지두환, 『조선전기 의례연구-성리학 정통론을 중심으로』(1994, 서울대학교출판부.), 8~11쪽.

5 CD-ROM 『국역 조선왕조실록』 세종 14년 9월 1일(병진).

6 이와 관련한 것은 주자 성리학의 연구를 바탕으로 밝혀질 수 있는 내용이지만, [사료 7-1]의 단편적인 내용 역시 충분한 근거가 될 수 있을 것으로 생각하며, 추후 심도있게 연구되어야 할 것이다.

7 강만길 외, 『한국사』8(1994, 한길사.), 271~274쪽 참고.

하는 것 역시 효의 연장으로 보았는데, 부모와 조상을 존중하는 것은 자손의 번영을 초래하고, 묘지(墓地)의 좋고 나쁨에 의해 자손 운명의 길흉(吉凶) 차이를 설명하는 음택풍수(陰宅風水)가 성행하였기 때문이다.[8] 이러한 음택과 벽전의 관계는 [사료 7-2]에서 볼 수 있다.

> [사료 7-2] : 서운관에서 상서하여 석실(石室)을 영조하기를 청하였다. 그 글에 이르기를, "신 등이 삼가 호씨의 글을 상고하여 보니 기혈론(基穴論)에 이르기를, '지금 시속(時俗)에 전석(磚石)[9]으로 곽(槨)을 만들고, 오직 밑바닥은 벽전[甃]을 쓰지 않고 관(棺)을 달아서 내리는데, 이것이 모두 취(取)할만하다. 대개 밑바닥에 벽전[甃]을 쓰지 않는 이유의 하나는 지기(地氣)를 통하게 하고, 하나는 수맥(水脈)이 새어 나가게 하는 것이고, 관을 달아서 내리면 땅을 넓게 깨뜨리지 않아서 그 기운을 아낄 수 있기 때문이다.'하였고, … 우리 국가에서 예전부터 지금까지 능실을 만드는 데에 돌을 사용하지 않은 것이 없고, 신서에 이르러서도 돌을 써서 실을 만들고 그 밑바닥은 벽전[甃]을 쓰지 않을 것 같으면 본조의 능실제도에 어긋나지 않고, 문공의 필성·필신의 의리와 호씨의 통기·삼맥의 법이 갖추어질 것으로 여겨집니다." 하였다. 의정부에 내려서 의논하게 하였다.[10]

풍수에서는 음택과 양택 모두 생기(生氣)를 불어넣기 위한 것이며, 특히 조상의 무덤에 기(氣)를 통하게 하고, 물이 빠져나가는 일은 매우 중요한 일이다. 이는 벽전이 가지고 있는 건축적인 특징에 의한 것으로 추정할 수 있는데, 기존 목조건축의 벽체는 심벽(心壁)이 대부분이다. 심벽은 기둥의 중심부에 흙벽 등을 쳐서 기둥이 벽면보다 두드러져 내보이게 된 벽을 말하는데,[11] 흙이 건조되어 수축하면 벽선(壁楦)과 사이가 벌어지고, 외부의 습기와 빗물 등에 의해 흙이 떨어져 결국 벽체는 붕괴된다. 당시에는 이러한 심벽이 대부분이었으므로 건축에서 밀폐(密閉)에 대한 관념 역시 적을 수밖에 없었지만, 벽전은 크기가 일정한 재료이고 석회를 사용하면 서로 완전하게 접합시킬 수 있

8 음택풍수 보급은 유교진흥과 그 맥락을 같이 하며, 유교가 국가통치이념이었던 조선시대에 보급한 것이다(村山智順, 『한국의 풍수』, 1991, 명문당, 313~314쪽 참고.).

9 여기서 '磚石'은 '磚'에 벽전이라는 의미가 담겨 있지만, 벽전을 지칭하는 것은 아니며, 벽전형태로 가공한 石材을 말한다. 이 용어는 『화성성역의궤』 등 여러 문헌에서 확인할 수 있다. 또한 이 문장에서 벽전은 '甃'로 사용하고 있는데, 이 용어는 흔히 '바닥을 깔다'라는 용어로 많이 사용되지만, 여기서는 바닥을 까는 벽전인 '甎'과 동일한 의미이다.

10 CD-ROM 『국역 조선왕조실록』 태종 8년 7월 9일(을묘).

11 장기인, 『한국건축사전-한국건축대계Ⅳ』(1996, 보성각.), 174쪽.

는 특징이 있다. 특히 물이 통하지 않아 수조(水槽) 등을 만들 수 있는, 내외를 완전히 밀폐시킬 수 있는 건축재료였던 것이다. 따라서 건축재료가 발달하지 않은 사회에서, 벽전을 석회로 접착하여 벽체 또는 바닥을 설치한 실(室)은 당연히 밀폐에 관한 관념이 생길 수밖에 없었을 것이다.

따라서 [사료 7-2]와 같이 왕릉(王陵) 바닥을 벽전으로 축조하는 것은 묘실 내부에 지기(地氣)를 통하지 못하게 하는 것이다. 이러한 관념은 낙랑과 고구려·백제·고려 등에서 볼 수 있는 벽전축(甓甎築) 무덤 또는 석실무덤에 바닥을 벽전으로 축조하는 것과는 완전히 다른 관념인데, 풍수는 신라 말부터 발생하여 각 시대마다 많은 영향력을 미치고 있었지만, 특히 유교를 국가통치이념으로 삼고 효를 강조하므로, 음택의 중요성이 높아졌기 때문에 조선에서 이러한 관념이 생긴 것으로 추정할 수 있다. 실(室)을 완전하게 밀폐시킬 수 있는 건축재료인 벽전은 지기가 통해야 하는 무덤에 사용하지 않는 것이며, 기(氣)를 막는 것으로 생각한 벽전축 구조물에 대한 상위계층의 이러한 관념으로 인해, 무덤은 물론 당시 궁궐과 살림집 등에 벽전을 널리 사용하지 않은 것으로 추정할 수 있다.

세번째, 중국 송(宋:960~1279)에서는 벽전생산이 증가하여 도시의 도로를 벽전으로 포장하고 벽성을 축조하였으며, 조선전기와 같은 시기인 명(明:1368~1644)에서는 벽전생산력이 크게 발전하여 장성(長城)과 현성(縣城) 등에는 모두 벽전을 사용하여 벽성을 쌓았다. 더 나아가 살림집에서도 벽전과 기와를 보편적으로 사용하여,[12] 벽전이 일반 민중에까지 일반화되는 시기라고 할 수 있다. 이러한 사실은 제6장에서 살펴본 고려에서도 유사한데, 많은 벽전을 동시에 생산하여 험한 지형에 축조하여야 하는 벽성을 축조하였고, 불교와 함께 일반 백성에게 사요(私窯) 설치를 허용하여 지방에까지 기와생산이 확대되었으므로, 고려에서도 어느 정도 벽전 생산기술의 보편화를 추정할 수 있기 때문이다. 그러나 조선에서는 국가에서조차 벽전생산과 시공에 대해 익숙하지 못했고, 일부 궁궐에서만 사용되었던 재료였으므로, 벽전을 사용하는 것은 중국 것이라는 관념이 팽배하였으며 이러한 내용은 『조선왕조실록』에서 여러 차례 확인할 수 있다.

[사료 7-3] : 평안도 운두리의 권관 박내성이 상소하기를, "각 진보의 성자(城子)를 중국 제도

12 劉敦楨, 『中國古代建築史』(1995, 세진사.), 21·362·464·479쪽 참고.

에 따라 벽전을 구워[燔磚] 수축하였는데 … 벽전을 구워서 쌓는 것은 또 우리나라의 평소 관습이 아니므로, 겨울이 되기를 기다린다면 손가락이 떨어져 나가는 추위에 결코 손을 대기가 어렵습니다. ….[13]

[사료 7-4] : 이극배가 아뢰기를, "의주(義州)에 성(城)을 쌓을 곳은 거의 50여 리가 되는데, 어찌 모두 벽전으로 쌓겠습니까[磚築]? 또 벽성[磚城]은 반드시 먼저 흙을 쌓아서 기초를 만들고, 깎아 다듬어서 벽전으로 그 위를 덮고, 또 석회를 써서 그 틈을 발라야 하니 공역이 지극히 중합니다. 신의 생각은 본국의 힘이 중국[中原]만 못하니 벽전을 써서 성을 쌓는 것은 아마도 계속 할만한 방법이 아닐 듯합니다. 돌이 아무리 희소하다고 하더라도 산을 파면 채취할 수 있으니, 벽전을 굽는 것[燔磚]보다는 공력이 매우 줄어들 것입니다."하고, ….[14]

[사료 7-3]은 임진왜란 때에 급하게 벽성(甓城)을 축조하는 내용인데, 본래 벽전은 조선에서 사용하는 건축재료가 아니므로, 겨울에는 시공하기 어렵다고 하였는데, 이를 통해 벽전의 생산과 함께 시공 역시 조선에서는 보편적인 일은 아니었으며, 그만큼 익숙하지 않았던 재료인 것을 알 수 있다. 특히 [사료 7-4]에서는 조선의 역량이 중국보다 못하기 때문에 벽전을 사용하지 못한다는 언급도 있는데, 이를 달리 해석하면 조선의 종주국이었던 명(明)에서 널리 사용하던 재료이므로, 조선에서는 사용하지 못한다는 사대주의(事大主義)로 볼 수 있을 것이다. 또한 벽전생산과 시공에 익숙하지 못하므로, 계속적으로 석재를 사용하자고 주장하기도 한다. 이는 결국 중국에서 보편적으로 사용하는 벽전은 조선의 건축재료로 인식하고 못하고 있으며, 또한 속국(屬國)으로서의 위치를 나타낸다고 할 것이다.[15]

13 CD-ROM『국역 조선왕조실록』선조 36년 3월 28일(갑신).

14 CD-ROM『국역 조선왕조실록』성종 24년 7월 17일(기유).

15 그러나 중국에서 벽전을 사용하고 여러 장점이 있으므로, 조선에서도 사용해야 한다는 주장들이 조선전기인 文宗(1414~1452)때부터 있어 왔으며, 대표적으로 조선중기의 문인, 이항복(李恒福;1556~1618)은『白沙集』제5권「朝天錄」下 '記聞'에서 중국의 성은 물론 민가의 벽전사용의 우수함을 칭찬하며 벽전 생산방법에 대해 소개한 것이 조선후기까지 가장 유명한 내용이었다.

우리나라는 산계(山溪) 사이에 위치하여 땅에 사석(沙石)이 많으므로, 변방에는 모두 돌을 쌓아서 성을 만들다 보니, 성벽(城壁)이 울퉁불퉁하여 고르지 못하고, 관부(官府)나 사사(私舍)에 이르러서도 돌을 쌓아서 장벽(牆壁)을 만듦으로, 추루(粗陋)하여 정밀하지 못하다. 그런데 천조(天朝)에서는 죄다 벽전(磚甓)을 사용하기 때문에 성벽은 마치 깎아놓은 무쇠와 같고 인가(人家)의 옥벽(屋壁)이나 계장(階牆) 또한 가지런하여 볼 만하다. 그런데 우리나라는 벽전을 만드는 데(陶磚) 있어 작업은 매우 거창한 데에 반해 생산되는 벽전의 양은 매우 적으므로, 이 때문에 벽전을 상용(常用)하지 못하는 것이다. 그래서 나는 그 벽전 만드는 방법이 반드시 잘못되었다 생각하고 천조의 벽전 만드는 기술자에게 그 방법을 물어 보았더니, 그 방법이 다음과 같았다. 한 가마

네번째, 벽전의 생산기술이 발달하지 못하였기 때문에 많은 공력과 땔나무 등이 필요하고, 그에 따라 중국과 같이 보편화 될 수 없었으며, 일부 상위 계층에서만 사용한 것이다. 또한 조선에서는 벽전을 시공하는 기술이 보편화되지 못하고, 벽전에 관한 구체적인 지식이 없는 상태에서 벽전을 사용하지 않으므로, 벽전에 대한 관심과 필요성을 느끼지 못하고 있었다. 가마제도에 따른 생산력과 관련한 내용은 제1장에서 살펴보았는데, 벽전생산에는 많은 땔나무가 필요하므로 가마제도와 밀접한 관계가 있다. 가마의 열효율이 좋고 나쁨에 의해 같은 양의 땔나무를 사용하여도 벽전의 생산량이 달라지는 것이다. 한국에서는 조선 이전부터 굴가마·평가마·용가마와 가장 대표적인 등요(登窯) 등을 사용하였는데, 모두 횡염식(橫焰式) 가마이다. 그러나 화성성역(華城城役)에서부터 중국 가마의 영향에 의해 점차적으로 승염식(昇焰式) 가마로 변화하였는데, 이 두 가마의 차이는 내부의 열 흐름에 있다. 연소실에서 땔나무를 연소시켜 발생한 열기가 상승하여 벽전을 소성(燒成)하는 데는 승염식 가마가 훨씬 더 열효율이 좋은 가마라고 할 수 있으며, 벽전을 적은 땔감으로도 높은 온도에서 고르게 소성시킬 수 있는 장점이 있는 것이다. 그러나 18세기까지도 조선에서는 횡염식 가마를 사용하고 있었으므로, 벽전을 생산하는 작업도 어려울 뿐만 아니라 많은 양의 땔나무가 필요하여, 민간에서 벽전의 생산은 이루어 질 수 없었던 것이다. 결국 벽전은 기와와 함께 국가 기관인 와서(瓦署)와 별와요(別瓦窯) 등에서만 생산하였고, 생산비가 많으므로 그 가격 역시 매우 높아 상용화가 매우 어려웠다.[16]

[窯]마다 사람 4명이 붙어서 4일 동안 작업을 하면 끝난다. 그 사이에 풀을 베거나 혹은 차조짚[秫稭]으로 3백 속(束)을 젖은 진흙에다 마치 부침개에 부추 등을 섞듯이 골고루 혼합하여 벽전판[磚板]에 채워 넣되, 그 벽전판 하나에 가운데다 판자를 건너질러서 두 판으로 만들고는 흙이 절로 편평하게 다져지기를 기다릴 뿐 다시 손을 써서 다지지는 않는다. 그러나 섞은 진흙이 매우 매끄럽기 때문에 번거롭게 손으로 다지지 않아도 절로 잘 섞여진다. 1인당 하루에 풀벽전[草磚:날벽전] 4백 개를 찍어서 이를 엎어 놓아 볕에 물기가 마르기를 기다려서 가마에 넣고 밤낮으로 3일간 불을 때면 완전히 구워진다. 큰 가마에서는 벽전 1만 개를 구워 내는데, 벽전 백 개당 파는 값은 은(銀)으로 1전(錢) 2푼(分)이므로, 한 가마당 4인이 작업을 하여 4일 동안에 벽전 만 장을 만들어 내면 파는 값이 은으로 12냥(兩)이 된다. 혹 가마가 작은 경우에는 사람 수와 일수(日數)가 약간 적게 들면서 벽전은 4, 5천 개를 만들어 낸다고 한다.

이러한 벽전사용에 대한 주장은 조선후기, 특히 18세기, 實學에서부터 주로 나타나는데, 여기서 살펴본 주장과는 완전히 반대되는 것으로, 조선후기로 갈수록 많이 나타난다는 것은 조선의 사회변화와 인식의 변화를 수용한 것이었으며, 특히 1636년 오랑캐 나라인 淸나라가 패권을 주도하면서 나타나는 중국과의 관계변화에서도 유추할 수 있는 내용이다. 이와 관계된 것은 뒤에서 다시 살펴보기로 한다.

16 조선에서는 벽전생산이 아주 힘들고 큰 일이었는데, 국가가 생산할 경우도 마찬가지였다. 즉, 벽전을 굽는 것은 조선에서 큰 일이고 아주 힘든 일이기 때문에, 한 번 시작한 것을 중지할 수 없다는 내용을 밑의 사료에

따라서 벽전과 유사한 기와는 뇌물로도 사용되기도 하고,[17] 벽전은 당시 왕족들만 사용한 상당히 사치스러운 건축재료였던 것이다.[18] 즉, 벽전을 사용한다는 것은 사회적인 지위와 함께 일반 백성들과는 다른 위계를 나타내는 것이므로, 궁궐과 각 관청에서만 벽전을 사용하였을 가능성이 있지만, 일반 살림집에서는 사용할 수 없었던 것이다. 따라서 벽전을 사용할 기회는 적고, 국가 관청에서도 시공기술을 축적하지 못하여 벽전의 장·단점과 건축특성을 제대로 파악하지 못한 채 벽전에 대한 관심이 사라진 것이다. 『조선왕조실록』에서는 성종(成宗) 9년인 1478년, 개성(開城)의 내성(內城)을 개축하기 위해 벽전과 석재 중 어느 것이 공력이 적게 들고, 시공이 쉬운지를 보고하라는 내용을 볼 수 있는데,[19] 개성의 내성은 태조 2년인 1394년에 벽전으로 축조한 벽성(甓城)으로,[20] 100년도 지나지 않은 시기의 논의이다. 게다가 세종(世宗) 17년인 1436년에 평안북도 벽동(碧潼)의 벽성(甓城)의 축조가 있었으며,[21] 1478년과는 약 30여 년의 차이가 있을 뿐이다. 그러나 성종 대에 벽성의 축조에 대해 알지 자세히 못하고 있다는 것은 조선전기의

서 확인할 수 있기 때문이다. 따라서 중국과 같이 민간에서 가마를 설치하여 벽전을 생산하기 힘들었고, 그 생산비 역시 상당하였다는 것을 알 수 있다.

축성(築城) 도감이 아뢰기를, "벽단(碧團)의 성은 그 도의 보병으로 하여금 쌓게 해야 합니다. 벽전을 굽는 것은 큰 일이므로, 하다가 중지할 수는 없습니다."하였다[碧團城可令其道步兵築之, 燔甓大事, 不可或作或輟.] (CD-ROM 『국역 조선왕조실록』 성종 23년 6월 5일(갑진).).

17 CD-ROM 『국역 조선왕조실록』 성종 1년 7월 6일(임오).

의금부에서 아뢰기를, "악생 김산이 김정광에게 면포 17필, 정포 5필, 기와[瓦] 1천장, 炭 10석, 재목 10조를 뇌물로 주고 추포 88필을 바쳤고, … 양인 김어부개는 김정광에게 기와[瓦] 2천장, 면포 20필, 시목 3차와 꿩, 조개, 배, 물고기 등의 물건을 뇌물로 주고, ….

18 CD-ROM 『국역 조선왕조실록』 중종 27년 5월 18일(을축).

"… 왕자와 제택은 구제가 좁다하여 옛날 지은 집을 헐고 고쳐 지으며, 섬돌과 벽전담[甓垣]까지도 반드시 헐고 새로 만들되 극도로 사치스럽고 광대하게 만듦으로써 참람되게도 왕궁과 비슷하게 되었습니다. 왕자의 가례에 사치가 날로 더하여, …."

19 CD-ROM 『국역 조선왕조실록』 성종 9년 8월 8일 / 개성부 유수 김양경에게 內城을 보수할 때 벽전과 돌의 비용과 효용을 비교하여 아뢰게 하다.

개성부 유수 김양경에게 하서하기를, "본국의 성을 모두 돌로 쌓으므로 일이 많고 허물어지기 쉬운데, 사람들이 말하기를, '甓城은 일이 적고 허물어지는 일이 없다'고 하니 내가 시험하고자 한다. 본부의 내성은 원래 甓城인데 이제 장차 보수하려고 하니, 마땅히 벽전을 써서 쌓도록 하라[甓築]. 그 벽전[甓]을 만드는 공력과 돌을 깨어 운반해서 쌓는 공력과 어떤 것이 편리한지 그것을 살피고 헤아려서 계달하라."하였다.

20 『신증동국여지승람』4권 「開城府」 '성곽' [羅城](민족문화추진회 편, 『신증동국여지승람』1권, 1996, 솔출판사, 456쪽 참고.).

21 CD-ROM 『국역 조선왕조실록』 세종 17년 7월 8월(정축).

평안도 감사가 아뢰기를, "… 강계(江界)·벽동(碧潼)·정부인구지(鄭夫人舊趾)의 세 곳의 성을 한꺼번에 쌓게 한다면, 다만 평안도의 백성의 힘이 감내하지 못할 뿐 아니라, 강계의 읍성은 아직 튼튼하고 벽동의 목책(木柵)은 근년에 벽성으로 고쳐 만들었으니[近年改設甓城],…"

조정(朝廷)은 물론 사회 전체에서 벽전의 사용과 벽성에 대한 관심이 없었고, 그에 따라 기술의 축적 역시 없었던 것을 실증한다고 할 수 있다. 따라서 벽전의 특성을 파악하지 못한 채, 벽전에 관해 옳지 않은 주장들만이 있었는데, 벽전을 사용하는 벽성은 석성(石城)에 비해, 생산비용이 많고 시공 또한 어려우며, 견고하지 못하다고 하는 주장들이다.[22] 이러한 주장은 조선후기까지 이어지며, [사료 7-5·6]에서 극명하게 볼 수 있다.

> [사료 7-5] : … 토성(土城)은 애초부터 높거나 가파르지 않았고, 이번에 벽전으로 쌓은 것은 비록 보기는 좋으나 능히 두껍게 쌓을 수 없고 그 넓이도 겨우 반 길[丈]이라 쉽사리 허물어질 것 같으니, 토성과 이해(利害)가 어떠한 지 알 수 없습니다. 그리고 중류(中流)에서 대포를 쏘아 그 성가퀴를 맞추었더니, 성의 담 하나가 완전히 파괴되었습니다."[23]

> [사료 7-6] : 채응복(蔡膺福)이 상소하였는데, 대략 이르기를, "강도(江島)에 성을 쌓는 한 가지 일은 크게 이해(利害)에 관계되는데, 셀 수 없는 경비를 소모하고 궁핍한 백성을 부려서 헐기 어려운 토성을 철거하고, 깨뜨리기 쉬운 벽전으로 쌓는 다는 것을 신은 진실로 그 까닭을 이해하지 못하겠습니다."[24]

> [사료 7-7] : 혹자는 말하기를, '강도의 옛날에 쌓은 토성이 원래 완전하고 좋은데, 이제 이를 허물고 벽전을 쌓아 성을 만드는 것은 다만 외관만 아름다울 뿐이요, 실제로는 견고하지 않다.'고 하니 ….[25]

22 CD-ROM『국역 조선왕조실록』성종 8월 6일 26년(신유).
"용강은 운반하는 길이 매우 멀어 역역이 반드시 많을 것이고, 만약 벽전[甎甓]을 쓰면 功이 또한 갑절 들 것이며, 그 바닷물이 드나드는 곳에 쌓기도 어렵습니다." 하였다.
CD-ROM『국역 조선왕조실록』성종 24년 7월 17일(기유).
"… 신의 생각은 본국의 힘이 중국만 못하니 벽전을 써서 성을 쌓는 것은 아마도 계속 할만한 방법이 아닐 듯합니다. 돌이 아무리 희소하다고 하더라도 산을 파면 채취할 수 있으니, 벽전을 굽는 것보다는 공력이 매우 줄어들 것입니다." 하고, ….
CD-ROM『국역 조선왕조실록』선조 37년 2월 26일(정미).
"… 석공은 열 명뿐이라도 그 일을 할 수 있고 백성은 5천이라도 그 일을 감당할 수 있어 순월의 공역으로 만세에 길이 힘입을 것인데, 어찌하여 반드시 벽전으로 쌓아서[積甓] 성을 만들어야 보장이 된단 말입니까. ….

23 CD-ROM『국역 조선왕조실록』영조 19년 4일 5일(무자).

24 CD-ROM『국역 조선왕조실록』영조 19년 8월 3일(계축) / 강화도의 토성을 철거하고 벽전으로 축성하는 일의 부당함에 관한 채응복의 상소문.

25 CD-ROM『국역 조선왕조실록』영조 19년 8월 23일(계유).

영조 대에 강화도(江華島)의 외성(外城)을 벽전으로 축조하였지만, 조정에서는 찬성과 반대의 주장들이 대립하였는데, 벽전의 특성을 파악하지 못하여 돌로 쌓은 성보다 쉽게 무너진다거나, 외관만 아름답다는 이유로 반대하고 있는 것을 볼 수 있다. 외관만 아름답다고 하는 것은 유교에서 숭상하는 절제·간결·소박 등의 단순하고 장식이 없는 건축[26]과는 대치되는 개념이기 때문일 것이다. 또한 두껍게 쌓을 수 없다는 것은 벽전 시공에 대해 미숙하고, 그 특징을 알지 못하는 것을 나타낸다.[27] 결국 조선에서는 벽전의 특성을 파악하지 못하고 있었지만, 벽전을 사용하지 말자고 하는 주장들이 계속해서 나타나고 있었으므로, 벽전은 생산의 어려움과 함께 보편화 될 수 없었던 것이다.

다섯번째, 벽전을 제작하는 흙 때문이다. 중국의 흙은 황사현상에 의해 고운 입자들이 쌓이고, 하천 하류에서는 범람에 의한 고운 진흙을 쉽게 구할 수 있으므로, 입자가 미세한 흙으로 단단한 벽전을 제작할 수 있다. 그러나 조선의 흙은 중국과 다르게 수분이 많고, 흙의 입자가 굵은 것으로 알려져 있다. 따라서 벽전을 소성할 때에는 흙의 수분을 없애기 위해 높은 온도로 소성해야만 하는데, 이 때에는 휨이나 뒤틀림 현상이 많이 나타나므로 일정한 형태의 벽전을 생산하기 어렵고, 흙의 입자가 굵기 때문에 벽전에는 균열이 발생하기 쉽다. 따라서 『조선왕조실록』에서는 흙의 성질이 중국과 유사하기 때문에 벽전을 구워 사용하자는 내용을 볼 수 있다.[28] 즉, 평안북도 의주(義州)는 중국인 요동과 인접하여 있고, 흙의 성질이 중국과 유사하기 때문에, 벽전을 굽는 것이 좋다는 내용이다. 이는 결국 조선의 다른 지역에서는 벽전을 굽기 위한 흙이 중국과 다르기 때문에 벽전을 소성하여 사용하지 않았다고 하는 것으로 추정할 수 있는 것이다.

그러나 한국에서 벽전은 낙랑에서부터 생산하였고, 조선에서는 기와와 함께 화성성역에서부터 여러 방면에서 벽전을 사용하기 시작하였으므로, 흙이 좋지 않기 때문에 생

26 김지민, 『한국의 유교건축』(1997, 발언.), 26~27쪽.

27 박제가(朴齊家;1750~1805)는 강화도의 벽성이 무너진 것은 쌓는 방법이 잘못된 것이지, 벽전사용이 잘못 된 것은 아니라고 주장한다(이익성 譯, 『박제가 북학의』, 1992, 한길사, 47~48쪽 참고.).

28 CD-ROM 『국역 조선왕조실록』 성종 24년 1월 18일(갑신).
"중국에서는 벽전으로 성을 쌓는데, 의주에서 구운 벽전이 얼마나 되는지 알 수 없을 지경이니, 이번에도 더 굽는 것이 어떻겠습니까?"하니, 지사 이극중이 아뢰기를, "신이 의주 토양의 성질을 보건대 요동과 다름이 없었으니, 벽전을 굽는 것이 좋겠습니다." 하였다.
CD-ROM 『국역 조선왕조실록』 성종 21년 4월 13일(을미).
신의 의견에, 義州는 요동에 잇닿아 있어 (중국과의 거리는) 그다지 멀지 않으며, 土性이 또한 어찌 별다르겠습니까? 만일 중국 사람들처럼 벽전을 구워서 쌓는다면, ….

산하지 않았다는 것은 이해할 수 없다. 기와와 각종 도기(陶器)를 생산하여 사용하였지만, 유독 벽전만 흙의 성질에 의해 생산하지 않았다는 것인가? 그 이면에는 역시 중국에 대한 사대주의와 연관이 있는 것으로 생각한다. 즉, 벽전은 종주국인 중국에서 일반적으로 사용되는 것이기 때문에 속국인 조선에서는 사용할 수 없었던 것이며, 흙이 좋지 않다는 이유를 통해 생산하지 않았던 것이다. 또한 조선후기의 실학자인 박제가(朴齊家)는 벽전과 기와는 형태만 다를 뿐이지 생산하는 방법은 같기 때문에 결국 벽전을 사용하자는 주장을 하였는데,[29] 이러한 주장이 확대하기 시작한 것은 1644년 중국의 명(明)이 망하고 오랑캐의 나라인 청(淸)이 집권, 사대주의가 사라지기 시작하면서일 것이며, 벽전의 실용적 측면이 강조되어 벽전을 사용하자는 주장이 확대된 것으로 추정할 수 있다. 결국 이를 통해 조선전기에서는 흙의 성질이 좋지 않다는 인식으로 인해 벽전을 생산하지 않고, 사용하지 않은 것으로 추정할 수 있다.

이상의 사료들을 통해 조선에서 벽전을 사용하지 않은 이유들을 검토하였는데, 조선은 고려와 다르게 성리학에 근거한 국가체제를 정비하기 위한 것과 그에 따른 풍수적 의미, 중국의 사대(事大), 생산시설의 미비, 흙의 성질 등으로 인해 벽전을 사용할 수 없었다. 따라서 벽전의 건축특성을 명확히 파악하지 못하고, 시공기술 역시 축적하지 못했던 것이다. 또한 조선전기부터 기술직(技術職)이 하나의 신분층으로 굳어지기 시작하였는데, 특히 성종 대에는 신진 사림파(士林派)들의 주자학적 태도에 의해 과학과 기술을 천대하려는 경향이 뿌리내리게 되었다. 따라서 조선에서 과학기술은 사회적 관심 밖으로 밀려났고, 최고 지배층의 문화로부터 유리되어 나간 것이다.[30] 이러한 사회적 경향에 의해 벽전 생산기술의 발전은 더더욱 기대할 수 없는 것이므로, 벽전은 점점 조선 사회에서 잊혀져 가고 있었다고 할 수 있다.

29 『北學議』 '甓'(강만길 外譯, 『한국의 실학사상』, 1990, 삼성출판사, 287쪽.).
"벽전은 흙에 연유하기 때문에 우리나라에는 기와는 있어도 벽전은 없다"고 하지만 그렇지 않다. 둥글면 기와요, 모나면 벽전이다[或曰甓由於土 故我國有瓦而無甓 是大不然 圓則瓦方則甓.].

30 강만길 외, 『한국사』8(1994, 한길사.), 332~334쪽 참고.

2. 지속적인 벽전사용 주장

위에서 살펴본 것과 같이 실재로 조선전기부터 벽전의 사용은 아주 제한적이었으며, 벽전의 특성과 시공에 대해 미숙하였던 것이 사실이다. 그러나 중국의 명(明)·청(淸)의 영향에 의해 조선에서도 벽전을 사용하여야 한다는 주장들이 제기되었고,[31] 이 중에는 벽전의 건축 특성을 명확하게 파악하고 있는 것을 볼 수 있다. 그러나 예(禮)를 중시하는 성리학적인 이념과 과학·기술을 천시하는 관념 등으로 인해 이러한 주장들은 사회적인 영향력을 갖지 못하였다. 먼저 [사료 7-8]은 위의 [사료 7-4]와 같은 내용으로 이철견과 이극배가 반대의 입장을 표명하고 있는데, 특히 이철견은 의주에 돌이 나지 않고 벽전을 굽는 것이 돌을 채취하는 것보다 공력이 적기 때문에 벽전을 사용하자고 주장하였다. 돌을 사용할 경우 많은 인원으로 돌을 떠내야 하고, 다듬고 운반해야 하는 큰 어려움이 있지만, 벽전은 공사 현장에서 구울 수 있고, 돌보다 작고 일정한 규격의 벽전은 운반하기에도 편리하며, 시공이 쉬워 돌을 떠오는 것보다 상대적으로 공력이 적기 때문인데, 이러한 벽전의 특성을 명확하게 파악하고 있었던 것이다.

> [사료 7-8] : 이철견은 아뢰기를, "의주는 돌이 생산되는 곳이 몹시 드물며 비록 있다고 하더라도 단단하지 못합니다. 신의 생각은 벽전을 굽는 일[燔磚]이 아무리 어렵다고 하더라도 돌을 줍는데 비하면 공역이 줄어들 듯합니다. 또 전일에 벽전을 구웠는데 단단하지 못한 것이 있는 것은 오로지 의주 판관이 백성을 다스리느라 겨를이 없어 검거에 전념하지 못하였기 때문입니다. 신의 생각은 별도로 종사관을 보내어 감독해 만들게 하는 것이 적당할 듯합니다." 하였는데, ….[32]

> [사료 7-9] : 윤효손이 아뢰기를 "신이 중국 사람들을 보니, 풀을 태워 벽전을 구워[燔磚] 성을 쌓는 데에 사용하는데, 석회로 틈을 바릅니다. 장성(長城)은 모두 벽전을 써서 쌓았습니다. 의주(義州)는 요동에 잇닿아 있어 그다지 멀지 않으며, 토성(土性)이 또한 어찌 별다르겠습니까? 만일 중국 사람들처럼 벽전을 구워서 쌓는다면 공(功)은 줄어들고 일은 쉽게 이루어질 수 있을 것입니다. …". [33]

31 이러한 주장들이 조선시대 전반에 걸쳐 나타나는 것은 중국과 다르게 조선은 벽전을 보편적으로 사용하지 않았다는 것을 반증하는 것이기도 하다.

32 CD-ROM 『국역 조선왕조실록』 성종 24년 7월 17일(기유).

[사료 7-10] : 병조 판서 판치형이 와서 아뢰기를, "… 신이 중국의 성보(城堡)를 보건대, 모두 벽전[磚]을 써서 쌓았고, 우리나라 개성부에도 모두 벽전을 썼으니, 청컨대, 벽전을 구워 쌓게 하소서. …".[34]

[사료 7-11] : 서후가 명을 받고 와서 『성제공수도술』을 보고 그 내용을 아뢰기를, "… 이장(泥漿)은 적이 성을 칠 때 부어 불을 끄는 것입니다. 우리나라 성은 돌로 쌓아 부수기 쉬우나, 중국은 벽전으로 쌓아[甓築] 바위처럼 굳어, 성을 부술 때에는 반드시 화살과 돌이 함께 모여 오고 또 불로 녹이는데, 맑은 물을 부으면 쉽게 불을 끌 수 없고 이장을 부어야 끌 수 있기 때문에 이것을 씁니다."[35]

[사료 7-12] : 지사 조사석이 중국의 법규에 의거하여 벽전을 구어 성을 쌓을 것[燔甓築城]을 청하였는데, … 임금이 도제조와 더불어 상의하여 품정토록 하였다.[36]

또한 [사료 7-9~12]는 중국에서 벽전을 사용하고 있고, 공력이 적게 들고 시공도 편리하며, 석성(石城)보다 튼튼하기 때문에 벽전으로 성을 축조하자는 의견이다. 당시 중국 명과 청에서는 일반 백성들의 살림집에서도 벽전을 사용하였고, 특히 압록강을 경계로 요동 주변의 성들은 모두 벽전으로 축조하고 있어 직접 보고 접할 수 있었다.[37] 또한 중국의 각종 서적들을 통해 벽전의 제작과 특징들을 알 수 있었고, 조선전기부터 후기까지 직접 중국을 다녀온 사람들에 의해 중국에서 보편적으로 사용하는 벽전과 가격·운반방법 등이 자세히 알려지고 있었기 때문인 것이다.[38] 실재로 조선전기에는 고려에

33 CD-ROM 『국역 조선왕조실록』 성종 21년 4월 13일(을미).
34 CD-ROM 『국역 조선왕조실록』 성종 24년 7월 16일(무신).
35 CD-ROM 『국역 조선왕조실록』 중종 19년 8월 9일(신축).
36 CD-ROM 『국역 조선왕조실록』 숙종 12년 7월 21일(계묘) / 지사 조사석이 벽전을 구워 성을 쌓을 것을 건의하다.
37 성종 1년에는 遼東에서부터 평안북도 昌城의 압록강 건너까지 성을 쌓고 5堡를 설치하였는데, 특히 鹻陽으로부터 靉陽까지 벽전으로 성을 쌓았다고 한다.

성절사의 통사 최유강이 문견 사건을 아뢰기를, "요동으로부터 우리 국경에 이르기까지 긴 담[長墻]을 쌓고 5보를 설치하여 군인을 나누어 정해 두고, 또 지위와 도제조를 설치하여 긴 담을 지키게 했습니다.… 긴 담은 동주(東州)로부터 감양(鹻陽)에 이르기까지는, 혹은 돌로 쌓기도 하고 혹은 흙으로 쌓기도 했으며, 감양으로부터 애양(靉陽)에 이르기까지는 금년에 벽전으로 쌓았습니다[今年燔甓以築]. 군사의 급료는 요동에서 운반하여 공급했는데, 금년부터는 5보에서 모두 둔전으로 군사의 식량을 공급하고 있었습니다." 하였다(CD-ROM 『국역 조선왕조실록』 성종 1년 1월 13일(임진).).

38 이러한 내용은 『조선왕조실록』에서 여러 차례 볼 수 있는데, 특히 중종 대에는 표류하여 남경에 다녀온 만주와 성절사로서 중국에 다녀온 김광철 등이 중국의 벽전사용 범위와 생산지, 벽전 한 장의 가격, 수송방법

이어 9곳에 벽성을 축조하였는데 모두 이러한 주장들을 바탕으로 한 것이며, 조선전기에는 전혀 벽전을 사용하지 않았다는 주장과는 상이한 것임을 알 수 있다.

또한 위의 예들은 모두 성(城)과 관련된 것들인데, 벽성은 당시로서도 상당히 규모가 큰 건축에 속하므로, 새로운 재료인 벽전과 익숙하지 않은 벽전 공사를 채용하는 것은 쉽지 않았을 것이다. 그러나 일반 목조건축에서는 벽전을 사용하는 것이 성을 축조하는 것보다는 훨씬 용이하였을 것으로 생각하는데, 특히 일반 주택이나 궁궐 등은 아니지만 중국 영향에 의해 창고(倉庫)에 벽전을 사용하자는 주장들은 조선전기인 태종(太宗)대부터 있어 왔던 것이다.

> [사료 7-13] : 호조에서 곡식을 저장하는 법을 아뢰었다. "무릇 창고의 곡식은 수년이 지나게 되면 썩게 마련입니다. 판자를 땅에 깐다 해도 저장한 곡식이 오래 가지 못하는데, 지의정부사 박신이 말하기를, '일찍이 들으니, 중국에서는 벽전으로 바닥에 배설하여[以磚排設], 곡식이 오래 가도 썩지 않는다고 한다.'하였습니다. 신 등이 이것을 시험하고자 하면서도 아직 그 뜻을 이루지 못했습니다."하니, 임금이 말하기를, "그 방법을 시험해 보는 것이 좋겠다." 하였다.[39]

> [사료 7-14] : 강맹경(姜孟卿)은 아뢰기를, "중국 조정의 창고는 모두 벽전으로써 벽을 만들고[皆以磚爲壁] 석회로써 발랐으니, 본국의 창고도 또한 벽전을 구워 벽을 쌓고[亦燔磚築壁] 석회를 사용하여 바른다면 비록 화재가 있더라도 또한 연소(延燒)되지 않을 것이고, 벽을 뚫고 훔치는 도적을 방지할 수 있을 것입니다."하니, 임금이 "과연 이와 같다면 의정부로 하여금 마감(磨勘)하여 아뢰게 하라."하였다.[40]

등에 대해 자세히 보고하고 있다.

제주의 표류인 만주 등이 아뢴 내용은 다음과 같다. "2월 20일에 제주에서 신공을 배에 싣고 떠나 추자도에 닿았을 때, 폭풍을 만나 표류되어 윤 2월 1일에 중국 남경 회안위 지방에서 정박했습니다. … 성안의 큰 절[大伽藍]들은 그 수를 알 수가 없을 정도인데 모두 벽전으로 만든 탑[甓塔]이 있었습니다. 관부도 전부 웅장하고 아름다왔는데 섬돌 앞뜰의 보도는 온통 벽전이었고[盡是甎也], 시가의 도로에는 벽전을 깔아 놓았습니다[亦皆鋪甓](CD-ROM 『국역 조선왕조실록』 중종 29년 11월 24일(병술).).

성절사 김광철이 중국에서 돌아오니, 상이 사정전에 나와서 인견하였다. 김광철이 아뢰었다. "중국에서 구묘(九廟)를 건축하는 공사가 한 장 시작되어, 목재·석재, 벽전[甎甓] 등이 산더미처럼 쌓였기에 신이, 이 자재들을 어디서 들여왔느냐고 물었더니, '벽전[甓]은 소주(蘇州)에서 들여온 것으로 한 개의 벽전[甓]을 수송해 오는 데 그 경비가 은자(銀子) 10냥씩 들었고 석재는 천수산에서 나온 것이고 목재는 사천에서 뗏목을 이용하여 들여왔다.'하였고, …(CD-ROM 『국역 조선왕조실록』중종 31년 02월 01일(병술).).

39 CD-ROM 『국역 조선왕조실록』 태종 11년 6월 9일(무술).

[사료 7-15] : 사헌부 장령 이의가 상소하기를, "『역경』에 이르기를, '왕공(王公)이 설험(設險)하여 그 나라를 지킨다.'[41]고 하였습니다. … 농한기에는 벽전을 굽고[燔磚] 돌을 모르게 하면서 그 한해에 생산되는 곡식의 수량을 계산하여 3·4년을 기약하면 변방의 창고가 점점 축적될 것입니다.[42]

[사료 7-13]은 중국 창고의 바닥을 벽전으로 축조하여 곡식이 오래 지나도 썩지 않으므로, 조선에서도 이러한 방법을 사용하자는 내용이다. 또한 [사료 7-14]는 태종 11년, 1411년의 내용인 [사료 7-13]과 약 40년 차이가 있는 문종 2년, 1452년의 내용으로 창고의 바닥이 아니라 벽체에도 사용하자고 주장한다. 창고의 벽체를 벽전으로 쌓으면 화재가 발생하더라도 전소(全燒)되지 않고, 일반 심벽과 다르게 벽체를 뚫고 들어오는 도적을 막을 수 있다고 한다. 이러한 내용은 창고뿐만 아니라 일반 건축에서도 적용될 수 있는데, 그 벽체의 형식은 두 가지로 추정할 수 있다. 첫째는 목조 기둥을 세우고 그 사이에 벽전으로 벽체를 쌓지만, 기둥이 내·외부에서 보이지 않는 벽체 형식인 평벽(平壁)이고, 두번째는 기둥을 세우지 않고 벽전만으로 상부하중을 지지하는 내력벽(Bearing wall)이며, 지붕은 목조로 축조하는 것이다. 비록 [사료 7-13·14]의 내용이 실제로 시행되었는지는 확인할 수 없지만, 이것이 중요한 이유는 조선 목조건축에 많은 변화를 일으키는 요인이 될 수 있기 때문이다. 또한 여기서 추정한 두 가지의 벽체는 주로 조선후기에 나타나는데, 중국 청(淸)의 양식이라고만 추정하지만, [사료 7-13~15]를 통하면 평벽과 내력벽이 18세기 이후에 나타나는 형식이기 보다 15세기 중반부터 조선에서 축조하였던 건축형식으로 볼 수 있는 단서가 되기 때문이다.

이상의 사료를 통해, 18세기 실학이 나타나기 이전에도 조선에서는 벽전사용을 주장하는 의견들이 제기되었고, 실재로 벽성을 축조한 것을 확인할 수 있었다. 그러나 앞에

40 CD-ROM『국역 조선왕조실록』문종 2년 2월 9일(계유).

41 서유구의『임원경제지』'長生屋法'에서『王氏農書』를, '影壁'에서는『王氏畵苑』을 인용하였는데, 여기서 '왕공의 설험'은 이러한 책들을 말하는 것으로 추정할 수 있다. 후자의 책은 미상이고, 전자의 책은 중국 元의 王楨이 지은 책으로 농업에 관한 내용이지만, 두 책은 모두 일반 살림집의 벽전사용을 언급하고 있다. 특히 전자의 책은 조선의 농업기술에 많은 영향을 미쳤으므로, 벽전사용 역시 조선에 많은 영향을 주었던 것으로 생각할 수 있다. 따라서 조선에서는 15세기 중반부터 벽전사용의 구체적인 내용을 알고 있었던 것을 알 수 있다.

42 CD-ROM『국역 조선왕조실록』성종 16년 10월 25일(임인).

서 살펴보았듯이 벽전은 일부 계층에서만 한정적으로 사용하였고 백성들에게까지 보편화되지 못하였으며, 벽전의 축조기술은 조선사회 속에 지속되거나 축적되지 못하였다. 따라서 조선에서는 벽전에 대한 관심을 기울이지 않았고, 결국 조선은 벽전을 사용하지 않았다는 일반적인 의견이 받아들여졌던 것으로 생각한다. 이렇게 조선후기와는 달리 조선전기에서는 벽전이 널리 사용되지 못했지만, 그 이면에는 벽전을 사용하자는 주장들이 있어 왔으며 구체적인 건축특성을 밝힐 수 없지만, 실재로 축조한 결과들이 있었다는 사실은 인식되어야만 할 것이다.

▶ 7-1

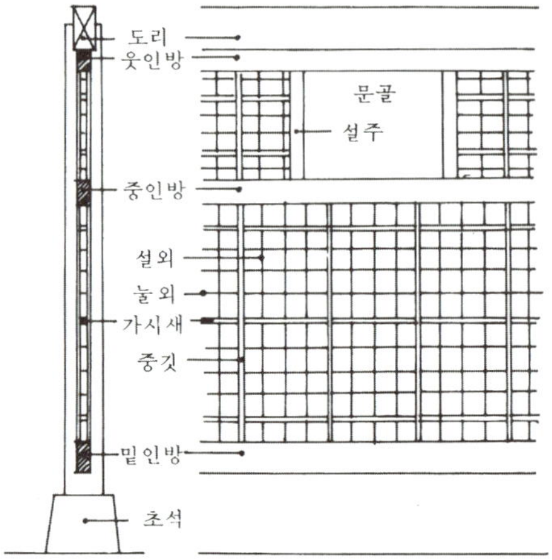

▶ 7-2

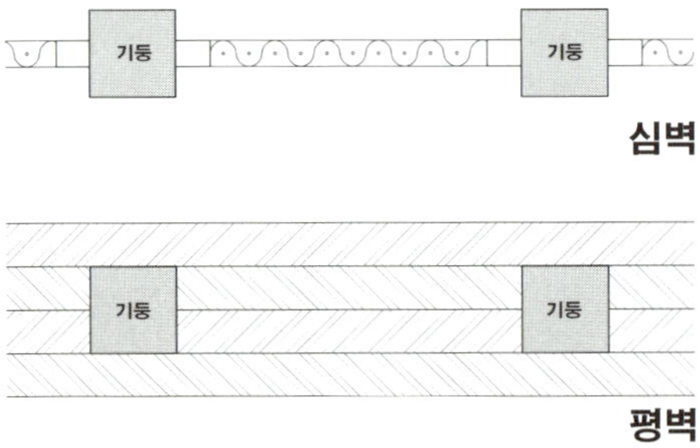

▶ 7-3

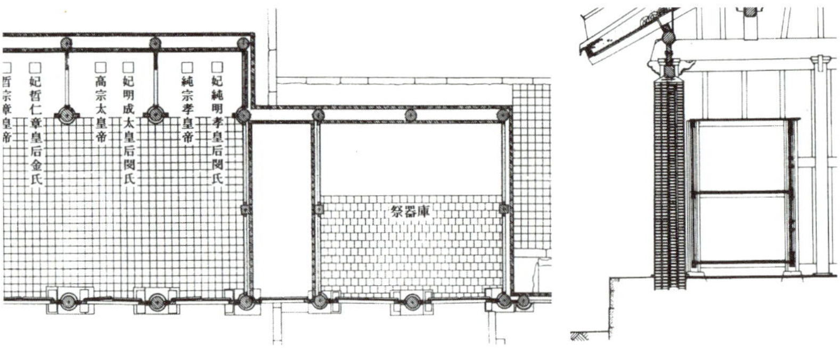

그림 7-1 심벽의 구조
(출전 : 주남철, 『한국주택건축』(1980, 일지사.), 187쪽.)
그림 7-2 목조건축의 벽체 형식 I : 심벽과 평벽
그림 7-3 종묘 정전의 평벽 평면도와 단면도
(출전 : 문화재관리국, 「종묘정전실측조사보고서」(1989, 대명기획.), 171 · 177 · 180쪽.)

7-2. 벽전을 사용한 건축 특징 고찰

또한 문헌을 통해 벽전으로 축조한 건축물이 있었음을 확인할 수 있는데, [사료 7-13~15]를 통해 창고에는 내력벽 또는 평벽을 축조하였던 것으로 추정할 수 있었지만, 여기서는 창고뿐만 아니라 일반 목조건축의 벽체와 바닥·성(城)·지면의 포장·담장 등 주로 국가의 중요시설에 사용한 것을 알 수 있다. 따라서 벽전사용은 보편적이기 보다 제한적이었고 특수한 목적에 사용되었음을 확인할 수 있으며, 고려의 벽전사용을 유지하고 있었던 것이다. 이렇게 문헌을 통해 확인할 수 있는 벽전사용이 중요한 이유는 고려에서 계승하여 조선후기까지 이어지는 벽전의 사용을 밝힐 수 있기 때문인데, 현재 그 유구는 확인할 수 없지만 조선전기의 벽전사용 건축물에 대해 살펴보기로 한다.

1. 목조건축의 벽체와 바닥

1-1. 벽체의 구성

한국 목조건축의 구조는 2차원의 선적(線的) 재료인 나무를 사용하는 가구식(架構式) 구조가 대부분을 차지하는데, 가구(架構)는 건물의 뼈대인 골조(骨組)를, 가구형식 또는 가구방식은 골조를 짜 맞추는 방법이라고 할 수 있다. 석재로 이루어진 기단을 뺀 목조건축의 가구는 크게 벽체와 공포(栱包)·지붕으로 구분하고, 축부(軸部)라고도 하는 건물의 몸체를 이루는 벽체는 대부분 기둥과 창방(昌枋)·평방(平枋)·인방(引枋) 등의 부재로 이루어지며, 구성 부재의 수도 적고 결구도 비교적 간단한 것이 특징이다. 이러한 벽체의 형식은 크게 상부하중을 지지하는 내력벽과 그렇지 않은 비내력벽, 즉, 칸막이벽(Curtain wall)으로 나눌 수 있으며, 기둥이 상부하중을 지지하는 한국 목조건축의 벽체는 칸막이벽인 심벽(心壁)이 대부분이다. 심벽은 '기둥의 중심부에 흙벽 등을 쳐서 기둥이 벽면보다 두드러져 내보이게 된 벽'[43]을 말하는데, 그 축조방법은 기둥과 기둥 사이에 하인방과 상인방을 설치하고, 필요에 따라 중인방도 설치하며, 인방과 인방 사이에는 수직으로 중깃을 세우고 다시 중깃과 중깃 사이로 가시새를 보낸다. 여기에 다시 설외

43 장기인, 『한국건축사전-한국건축대계Ⅳ』(1996, 보성각.), 174쪽.

와 눌외로 짠 후 여물을 넣고 흙으로 발라 완성하게 되는데,[44] 위계가 높은 건축물에는 석회를 바르고, 그 위에 단청으로 마감한다.(<그림 7-1>) 또한 나무판을 인방에 끼워 만든 판벽(板壁)도 있는데, 심벽과 동일하게 기둥을 노출하고 하중을 지지하지 않으므로 심벽의 일종으로 볼 수 있다. 이러한 심벽이 한국 목조건축의 입면 대부분을 차지하지만, 기둥이 노출되고 흙과 나무로 축조하였기 때문에, 자주 보수해야 하고 화재와 빗물·습기 등에 쉽게 전소(全燒)되거나 붕괴된다. 또한 습기가 많아 해충이 있고, 도둑이나 쥐 등이 쉽게 뚫고 침입할 수 있으며, 흙이 건조되어 수축되면 인방과 심벽은 사이가 벌어져 내부의 난방이 좋지 않은 단점이 있다.

이를 해결하기 위해 기둥이 외부로 드러나지 않도록 축조하는 평벽(平壁)이 있는데, 주로 사고석[四塊石] 또는 벽전을 석회로 부착한다.[45] 따라서 외부와 완전히 밀폐되고 목재가 외부로 노출되지 않아 빗물에도 썩지 않으며, 화재를 예방하고 난방 효과는 물론 인방 등과 함께 건축물을 횡력에 효과적으로 지지할 수 있다. 그러나 벽체 사이로 물이 스며들면 목재는 내부에서 썩게 되는 단점이 있어 벽체 상부 처리가 중요하며, 상부하중을 받지 않으므로 심벽과 같이 칸막이벽이라고 할 수 있다.(<그림 7-2>) 그러나 평벽 중에도 창방 하부까지 축조하여 창방과 기둥이 지지하는 하중을 일부 분담하는 경우도 있는데, 이 때 축조재료는 주로 벽전을 사용하게 된다.[46] 따라서 평벽은 내부 목재를 보호하고, 실내를 완전히 밀폐시킬 수 있으며, 화재를 예방하고 건물의 구조에서는 횡력과 함께 상부하중을 지지하는 등에 장점을 가진 벽체형식이라고 할 수 있는 것이다.

이와 같은 평벽은 임진왜란 이후에 재건하고 그 이후에도 수차례에 걸쳐 증축한 종묘(宗廟) 정전(正殿)이 대표적이며, 창건 당시부터 이러한 벽체를 축조하였던 것으로 생

44 주남철, 『한국주택건축』(1980, 일지사.), 186쪽.
또한 1490년 중국의 董越이 저술한 『朝鮮賦』를 통해 당시 일반 백성 살림집의 심벽을 파악할 수 있다.

> 가난한 집의 벽은 대를 엮되, 새끼줄로 얽어 튼튼하게 하고, 그 위는 띠풀로 엮었으며, 그 구멍은 진흙 덩이로 막았다. 그 벽은 잡목 따위를 가져다 바로 세운 뒤, 엮지 않고 새끼로 맨다. 새끼로 맨 곳은 마치 그물의 눈과 같은데, 한 개의 눈마다 하나의 진흙 덩이로 막았다. 서울의 작은 골목은 이와 같고, 길가에서 본 것은 완전히 진흙으로 발랐다(윤호진 譯, 『朝鮮賦』, 1995, 도서출판 까치, 78쪽.).

45 외국에서는 같은 목재로도 평벽을 축조하는 예가 있지만(飯塚五郎藏, 『건축물의 외벽연구』, 1992, 도서출판 국제, 18~19쪽 참고.), 한국 목조건축에서는 발견할 수 없다.

46 심벽을 벽전으로 축조하여 상부의 하중을 지지하는 경우도 있다. 기둥을 세우고 기둥을 노출하지만, 그 내부를 벽전으로 축조하여 상부 인방의 하중을 벽전이 분담할 수 있게 한다. 이러한 형식은 華城의 訪華隨柳亭 등 조선후기에 주로 나타나므로, 8장에서 살펴보기로 한다.

각한다.[47] 두께 80~81㎝의 2.0B 벽체는 27×15×6㎝ 벽전을 사용하여 창방 밑까지 막힌줄눈 쌓기로 축조하였는데, 벽전 사이의 몰탈은 진흙과 강회를 혼합한 것으로 줄눈 두께는 1.5~2㎝이다.[48] 따라서 기둥은 석회로 일체가 된 벽전으로 둘러싸여 실내·외에서는 전혀 보이지 않으며, 단지 기둥머리 부분이 드러나는 완전한 평벽이라고 할 수 있다.(<그림 7-3>) 이 평벽은 정전 뒷벽 전면에 걸쳐 축조하였는데, 창방을 지지하므로 상부하중을 분담할 수 있고, 화재를 예방할 수 있다. 또한 빗물 등에도 기둥을 보호할 수 있어 내구적이고 실내에서는 빛이 전혀 유입되지 않으며, 완전히 밀폐시킬 수 있게 되었다. 이렇게 사고석이나 벽전으로 축조하는 평벽은 종묘 정전 이외에 어진(御眞)을 모시는 진전(眞殿)인 수원 화령전(華寧殿)과 창덕궁 선원전(璿源殿), 관우(關羽)를 모시는 동관왕묘(東關王廟) 등 죽은 자를 위한 묘(廟)와 사당(祠堂) 건축에서 흔히 나타나는데, 대부분 정면을 제외한 3면 또는 뒷벽 한 면만을 벽전으로 축조하였다.[49] 묘 건축에 주로 평벽을 설치한 명확한 이유는 알 수 없지만, 화재를 방지하기 위한 것과 특히 [사료 7-16]을 통해 음택(陰宅)과 관련한 것으로 추정할 수 있다.

> [사료 7-16] : 홍섬이 아뢰기를, "소신이 종부시 제조를 맡고 있으면서 선원전(璿源殿)의 일을 항상 아뢰려 하였습니다. … 선원전은 사면이 두텁고 아래는 겹으로 벽전을 깔았고[且璿源殿四面厚, 下鋪重甎] 위에는 판상(板床)을 설치하였으며, 함[椷]을 재궁(梓宮) 만큼 크게 만들어, 두텁게 여러 겹으로 쌓아서 갈무리하고, 전문(殿門)을 굳게 닫아 양기(陽氣)가 통하지 않으니[殿門陽氣不通], 비록 수백 근의 나무를 태운다 하여도 불기운이 어찌 제대로 위로 통하겠습니까. … 그리고 전각의 서남쪽에 창문을 내고 철망을 설치하여 바람과 태양의 기운을 통하게 한다면 습한 기운을 피할 수 있겠으나 조종조에서 만든 것이므로 감히 함부로 아뢰지 못하였습니다."[50]

경복궁 선원전은 태조와 태종·세종·세조 등 선왕(先王)의 어진을 모시는 건물로 그

47 창건 당시, 종묘 정전의 龕室을 石室이라고 표현하였는데(CD-ROM 『국역 조선왕조실록』 태조 4년 9월 29일 참고.), 이때 석실은 실재 돌이 아닌 벽전으로 축조한 것으로 생각할 수 있다. 따라서 정전은 창건 당시부터 벽전을 사용하고 있었고, 벽체형식은 평벽으로 추정한다.

48 문화재관리국, 「종묘정전실측조사보고서」(1989, 대명기획.), 94쪽.

49 그러나 종묘 이외의 사당과 묘 등은 완전한 평벽이 아닌, 내벽은 심벽·외벽은 평벽인 내심벽 외평벽 형식으로 뒤에서 자세히 살펴볼 것이다.

50 CD-ROM 『국역 조선왕조실록』 명종 3년 10월 10일(신해).

내부공간은 음기(陰氣)가 충만하기 때문에, 외부의 양기(陽氣)로부터 보호하기 위해 여러 시설들을 열거하였다. 그 중 벽체의 재료는 분명하지 않지만 벽전 또는 사고석이었을 것이고, 바닥은 벽전을 2겹으로 깔아 완전히 밀폐시키고 있다. 이는 벽전이 지기(地氣)를 막을 수 있기 때문에 석실무덤의 바닥에서는 사용하지 않는 [사료 7-2]와 동일한 관념인 것이다. 따라서 조선에서는 종묘를 비롯한 사당·진전 등 죽음과 관련한 묘 건축의 내부공간을 외부의 양기로부터 보호하기 위해 벽전을 사용한 것이며, 이러한 관념에 부합하는 벽체가 바로 벽전으로 축조한 평벽이었던 것을 알 수 있다. 결국 일반 목조건축의 심벽과는 다르게 벽전으로 축조한 벽체는 밀폐에 대한 관념이 담겨 있는 것이다.

1-2. 방화장

한국에서는 목조건축이 주를 이루어 왔고, 이들이 밀집한 각 시기의 도시에서는 실재로 많은 화재가 발생하였는데,[51] 조선 역시 태조(太祖) 대부터 지방의 여러 지역과 서울에서는 잦은 화재로 인해 많은 피해가 있었다. 따라서 각 시기마다 화재에 대한 대책을 마련하였는데, 건축에서는 주로 지붕에 기와를 사용하고 벽체는 화방장(火防墻) 또는 방화장(防火墻)을 쌓도록 규정하고 있다. 기와와 벽전의 생산은 태조 원년인 1392년에 설치한 동·서요(東西窯)에서 담당하다가 후에는 와서(瓦署)에서 생산하였으나,[52] 일반 백성들은 기와를 사용하기 어려웠으므로 화재에 취약한 초가(草家)에서 대부분 생활하였다. 따라서 서울의 모든 살림집 지붕에는 기와사용을 규정하고, 일반 백성들에게 기와를 생산하고 판매·보급시키기 위해 태종 6년에 별와요(別瓦窯)를 설치하였으므로,[53] 이 시기에 기와와 벽전의 보급이 일부 확대되었을 가능성이 있다.[54]

51 『삼국사기』에는 화재에 관한 많은 기록이 있는데, 그 중 권제2 「신라본기」제2 '味鄒尼師今'에서는 元年에 금성 서문에 화재가 발생하여 人家 100여 구가 전소되었다고 한다. 이러한 상황은 고려 역시 마찬가지였는데, 『고려사』권제 28권 「世家」제28 '忠烈王' 1에서는 鹽店 1,000여 호가 불에 탔다고 하여 큰 피해가 계속적으로 있어 왔던 것이다.

52 『增補文獻備考』「직관고」10(세종대왕기념사업회 編, 『증보문헌비고』「직관고」2, 1995, 신흥인쇄, 41쪽.) 참고.

53 『新增東國輿地勝覽』2권 「京都 下」(민족문화추진회 편, 『신증동국여지승람』1권, 1996, 솔출판사, 151쪽.) 참고.

別瓦窯를 처음으로 설치하였다. … 중 海宣을 化主로 삼았다. 해선이 일찍이 나라에 말하기를, "新都의 大小人家가 모두 띠[茅]로 집을 덮어서, 중국 사신이 왕래할 때에 보기가 아름답지 못하고 또 火災가 두렵습니다. 만약 別窯를 설치하고, 나에게 기와 굽는 일을 맡게 하여, 사람마다 값을 내고 이를 사가도록 허락한다면, 10년이 차지 아니하여, 성안의 閭閻이 모두 기와집[瓦屋]이 될 것입니다"하니, 나라에서 그렇게 여겨, 여러 道에서 僧匠을 차등 있게 징발해서, …(CD-ROM 『국역 조선왕조실록』 태종 6년 1월 28일(기미) / 처음으로 별와요를 설치하고, 여러 도에서 瓦匠을 징발하다).

또한 고려의 여러 문헌에서는 방화장을 언급하지 않았지만,[55] 제6장에서는 개성 만월대에서 발견한 장방형 목단(牧丹) 무늬 벽전의 단면을 통해 목조건축의 심벽에 사용한 것을 확인할 수 있었는데, 이러한 벽체는 조선의 방화장 또는 내심벽 외평벽 벽체로 이어져, 그 정형을 만들어 낸 것으로 추정한다. 특히 세종(世宗) 8년에는 서울의 집 2,400호와 행랑(行廊) 160칸이 불에 타는 대화재가 발생하여, 행랑에는 방화장을 설치하고 관청과 인접해 있는 집들을 철거하며[56] 도로를 정비하는 등의 대책을 마련한다.[57] 방화장은 또한 세조(世祖) 대에서도 다시 정비하므로,[58] 이후 조선에서는 각 관청뿐만 아니라 일반 살림집에서도 축조하는 일반적인 벽체형식으로 자리 잡게 되었다.[59] 그러나 이때 축조한 방화장의 명확한 형태는 알 수 없으며, 단지 각 행랑에 방화장을 설치하라는 내용을 통해 도리칸 즉, 측벽에 설치하였을 가능성이 있다. 고려에서는 개성 십자가(十字街)를 중심으로 장랑(長廊)이라는 상점을 설치하였는데, 조선에서도 서울 동서의 종

54 또한 화재가 지붕으로 번지는 것을 막기 위해 진흙을 두껍게 바르도록 규정하였는데, 지금도 서까래 사이에 흙을 바르고 산자를 엮은 위에 알매흙을 두껍게 바르는 시공방법이 남아 있는 것을 볼 수 있다(이강훈·김동인, 「조선조 전기의 건축물 防災에 관한 사적 고찰」, 『대한건축학회논문집』 1권 2호 통권 2호, 1985. 12., 대한건축학회, 52쪽 참고.).

55 화재에 대한 건축적 해결을 『고려사』에서는 찾아 볼 수 없고, 단지 다음과 같은 기록들만을 찾을 수 있다. 그러나 고려에서부터 방화장은 있었던 것으로 보아야 할 것으로 생각한다.

·권제7 「세가」 제7 '문종'1 : 기축일에 수춘궁에서 태일에 제사를 지내 화재를 예방하였다.

·권제22 「세가」 제22 '고종'1 : 정미일에 저상·봉원·목찬사원 등 네 개 궁전에 불이 나서 궁성의 행랑 1백 37간이 연소되었다. … 계축일에 지하 창고를 大倉에 구축하여 화재를 방지하게 하였는데 20만여 휘를 넣을 수 있었다.

56 건물들 사이에 일정한 거리를 두어 화재가 번지는 것을 막기 위한 대책은 고려에서부터 있어 왔으며, 당시로서는 보편적인 방법이었을 것이다.

여름 4월 초하루 을축일에 대신들이 아뢰기를 좌우창과 문서를 보관하는 관청 부근에서 50척 거리 안에 있는 民家를 철거시키므로 화재를 방지하자고 하였다(『고려사』 권제 23 「世家」 제23 '고종' 2.).

57 CD-ROM 『국역 조선왕조실록』 세종 8년 2월 20일(갑신) / 행랑에 防火墻을 쌓고, 성내 도로를 넓게 만드는 등 화재 방비책을 명하다.

명령을 내리기를, 서울의 行廊에 防火墻을 쌓고, 성내의 도로를 넓게 사방으로 통하게 만들고, 궁성이나 錢穀이 있는 각 관청과 가까이 붙어 있는 가옥은 적당히 철거하며, 행랑은 10간 마다, 개인 집은 5간 마다 우물 하나씩을 파고, 각 관청 안에는 우물 두 개씩을 파서 물을 저장하여 두고, 종묘와 대궐 안과 종루의 樓門에는 불을 끄는 기계를 만들어서 비치하였다가, 화재가 발생하는 것을 보면 곧 쫓아가서 끄게 하며, ….

58 CD-ROM 『국역 조선왕조실록』 세조 13년 12월 20일(임자).

文書가 있고 錢穀이 있는 여러 官司는 防火墻을 쌓을 것.

59 또는 건물의 벽체 이외에 외부 담장을 서까래 끝까지 쌓은 형식도 있었다. 즉, 상부에는 불에 타지 않는 기와를 올렸으므로, 서까래 끝을 담장에 묻히도록 쌓는다면, 외부 화재에도 안전할 수 있는 것으로, 이러한 형식은 세종 5년 6월, 세종 13년 4월에 각각 시행하였다. 또한 세종 13년 4월에는 公家의 사면에 너비 4척, 높이 10척의 欄墻을 쌓도록 하였는데, 그 형식은 명확하지 않지만 벽체 전체에 방화장을 쌓는 형식으로 생각한다.

▶7-4

▶7-5

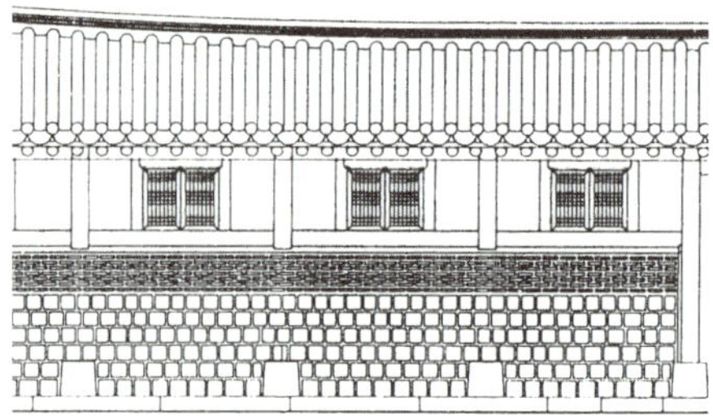

▶7-6

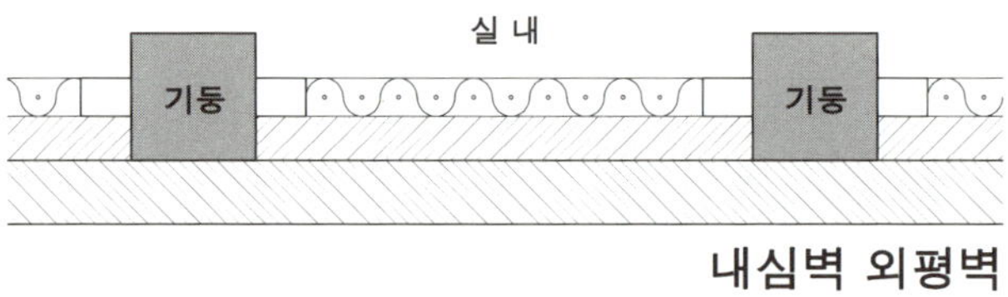

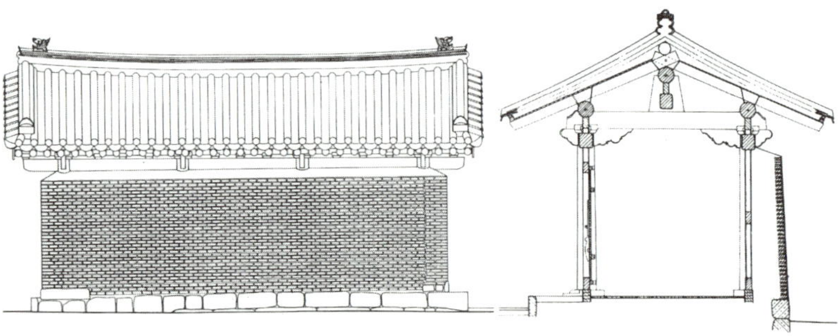

▲7-7

▲7-8

그림 7-4 개성 성균관 명륜당
(출전 : 朝鮮總督府, 『朝鮮古蹟圖譜』11권(1931.), 1552쪽.)
그림 7-5 일반적인 반화방장
(출전 : 문화재관리국, 「경복궁복원정비기본계획보고서」(1994.), 426쪽.)
그림 7-6 목조건축의 벽체 형식Ⅱ : 내심벽 외평벽
그림 7-7 칠사당 배면도와 종단면도
(출전 : 문화재관리국, 「종묘정전실측조사보고서」(1989, 대명기획.), 112~113쪽.)
그림 7-8 공신당 외평벽의 보수·축조상태

로, 창덕궁 돈화문에서 종로까지의 남북대로, 종각에서 남대문으로 이어지는 대로 양편에 행랑을 설치하였으며, 19세기에 작성한 「수선전도(首善全圖)」에서도 확인할 수 있다. 이 또한 상점으로 사용하는 장랑이고, 도리칸 1~2칸 규모의 맞배지붕 건물로 추정하는데,[60] 이 행랑이 길 양편에 일렬로 연이어 있었으므로, 화재가 발생하였을 경우에는 좌우의 행랑으로 불이 계속해서 번져 대규모로 피해를 입는 것이다.[61] 따라서 태종 15년에는 행랑 10칸마다 방화장[火防墻]을 쌓도록 규정하고 있으므로, 일렬로 연이어 있는 행랑 10칸을 단위로 띄워 축조하고 측벽에 방화장을 설치하여 불이 번지는 것을 막은 것으로 생각한다.

또한 1602년에 중건(重建)한 개성 성균관(成均館)의 명륜당(明倫堂) 측벽을 이와 유사한 형태로 생각할 수 있는데, 명륜당은 정면 5칸(19.3m), 측면 3칸(9.34m)의 초익공(初翼工) 맞배지붕 건물이며, 내부 가구는 전후 퇴칸(退間)을 구성한 2고주(高柱) 7량(樑)이다. 특히 측벽은 지붕이 짧게 돌출하고 종도리(宗道里)까지 전체를 벽전으로 축조하였으나, 전후면에는 벽체를 두지 않았다.[62](<그림 7-4>) 또한 『신증동국여지승람』에서도 벽전을 수리하였다는 내용을 볼 수 있어[63] 이 형태는 중건 당시의 모습으로 추정할 수 있는데,[64] 이러한 예를 통해 조선전기의 방화장은 주로 측벽에 설치하였고, 불에 타지 않는 사고석이나 벽전으로 축조하므로, 벽전을 어느 정도 활발하게 사용하였던 것으로 생각할 수 있다.[65]

그리고 현재 궁궐과 사대부 살림집 등에서 보편적으로 볼 수 있는 '반화방벽'(半火防壁)·'반화방장'(半火防墻)이 조선전기에 축조한 방화장과 같은 형태의 벽체로 생각할 수 있는데,[66](<그림 7-5>) 반화방장은 '목조 건물의 방화(防火)를 목적으로, 외벽의 중인방 높

60 양상호, 「2층 한옥상가에 관한 사적 연구」(1985, 명지대학교 대학원 건축공학과 석사학위논문.), 12~13쪽 참고.

61 『高麗史』 제4권 「世家」 제4 '현종'.
궁성 동북쪽에 있는 행랑 1백 50여 칸에 화재가 있었다.

62 국립문화재연구소, 『북한문화재해설집 제3집(일반건축편)』, 2002, 서울인쇄정보산업, 232쪽.

63 『신증동국여지승람』 제4권 「開城府」上 '學校' [成均館].
탄현문 안에 있다. … 여기서 기둥과 서까래의 기울고 무너진 것, 창문과 기와 벽전 깨어지고 없어진 것[…甓瓦甎之破缺者…], 단청의 흐려져서 선명하지 못한 것들을 고치고, 동서무에 배향하는 위패의 더러워진 것을 바꾸며, ….

64 또한 1573년 중건한 개성 崧陽書院의 文忠堂 역시 개성 성균관 명륜당과 동일한 형식이며,<그림 8-60> 현재 창덕궁 내전의 각 건물에서도 박공 부분을 제외하고 벽전으로 측벽 방화장을 축조한 건물을 다수 볼 수 있다.

65 또한 이는 조선후기에 나타난 측벽을 벽전으로 축조하는 Ⅱ형식의 건축으로 연장되었을 가능성도 내포하고 있는데, 자세한 것은 제8장에서 살펴볼 것이다.

이까지 사고석 또는 벽전으로 쌓은 벽체'[67]를 말한다. 즉, 외벽의 중인방 높이 또는 ½ 높이까지만 사고석과 벽전으로 쌓고 그 상부는 일반적인 심벽과 동일하게 축조하며, 일부 창(窓)을 설치한 경우도 있다. 심벽과 평벽으로 구분하면, 외벽 하부만 평벽이고 내부와 상부는 심벽의 형태로 축조하는 것이다. 또한 위에서 살펴본 종묘 정전을 제외한 사당·묘(廟) 건축에서는 외벽 중인방 높이가 아닌 벽면 전체를 사고석과 벽전으로 쌓은 벽체를 볼 수 있는데, 양기(陽氣)를 막는 의미와 함께 화재를 막기 위한 방화장으로 생각한다. 특히 내부에서는 기둥이 보이지만 외부에서는 기둥이 전혀 보이지 않기 때문에, 이러한 형식을 '내심벽 외평벽'[68]이라고 하는데,(<그림 7-6>) 먼저 기둥과 기둥 사이에 샛기둥을 세우고, 인방으로 연결하며, 그 사이에는 산자를 엮고 막돌이나 깨진 벽전들을 채운 후, 외벽은 벽전으로 마감한다.

종묘 공신당(功臣堂)과 칠사당(七祀堂)은 정조 2년인 1778년에 중건하여 조선후기에 속하지만, 내심벽 외평벽 벽체 형식을 가장 잘 나타내는 대표적인 건물이라고 할 수 있다.(<그림 7-7>) 공신당은 태조 이하 순종(純宗)까지 나라에 충성한 신하의 신위(神位)를 모신 건물이고, 칠사당은 칠사(七祀)를 모시므로 모두 묘(廟) 건축이라고 할 수 있다. 두 건물의 벽체형식은 서로 유사한데, 정면을 제외한 3면 외벽은 벽전으로 창방 밑까지 축조한 평벽이고, 내부에는 기둥이 그대로 드러난 심벽이므로, 내심벽 외평벽 형식임을 알 수 있다. 특히 칠사당의 경우는 벽체의 두께가 주심(柱心)에서 약 75㎝이고, 좌우 측벽의 경우는 약 60㎝ 정도로 매우 두껍게 축조하였다. 그 축조방법은 기둥과 기둥 사이에 샛기둥을 세우고 인방과 산자로 엮어 흙과 깨진 벽전을 함께 채웠으며, 가장 외벽에는 24×12×6㎝의 벽전을 막힌줄눈으로 쌓아 마감하였다.(<그림 7-8>)

이상에서 살펴본 두 형식의 벽체 즉, (반)방화장과 내심벽 외평벽은 고려에서부터 축조하기 시작한 벽체형식[69]이 연속된 것으로 생각하며, 이를 확인할 수 있는 것은 『조선왕조실록』 등을 통한 조선전기의 방화장이다. 두 가지 벽체 형식은 외부에서 기둥과

66 주남철, 『한국주택건축』(1980, 일지사.), 189쪽 참고.

67 장기인, 『한국건축사전-한국건축대계Ⅳ』(1996, 보성각.), 174~175쪽 참고.

68 이 용어는 장기인의 『목조-한국건축대계Ⅴ』(1997, 보성각.), 148쪽에서 사용한 용어로, 장기인은 이 형식의 벽체가 근래에 축조한 것이라고 하였지만 조선전기에서부터 볼 수 있는 형식이다.

69 이는 개성 만월대에서 발견된 벽전의 단면을 통해 알 수 있는 것이었는데, 삼국에서 다양한 무늬를 새긴 벽전을 심벽에 부착한 벽체의 형식을 계승한 것으로도 추정할 수 있다.

인방 등의 목조 부재가 보이지 않으므로 1차적으로 화재를 예방할 수 있고, 빗물에도 기둥을 보호하여 썩지 않아 내구적인 건축물을 만들어 낼 수 있다. 또한 벽체가 두꺼워 심벽과는 다르게 내부의 난방에도 효과가 있고, 창방 높이까지 축조할 경우 상부의 하중 일부를 기둥과 함께 분담할 수 있으며, 기둥과 기둥을 감싸서 연결하므로 횡력에도 효과적으로 지지할 수 있는 것이다. 결국 이러한 내심벽 외평벽의 형태는 화재를 막기 위한 목적으로 나타나기 시작하였고, 거기에 양기를 막는 관념 등이 발생하기 시작한 것이며, 구조적인 효과까지 겸하게 되었다.

또한 1808년 저술된 『만기요람(萬機要覽)』에서는 와서(瓦署)의 생산품목 중 대방전(大方甎)·반방전(半方甎)·방전(方甎) 등을 확인할 수 있어,[70] 와서가 혁파되는 고종(高宗) 19년, 1882년까지 와서에서의 벽전생산은 계속되었던 것을 알 수 있다. 따라서 일반 백성들을 상대로 했던 별와요 역시 기와와 함께 벽전도 생산하였던 것으로, 이러한 생산체제 속에서 내심벽 외평벽과 반화방벽 등이 보편화할 수 있었고, 벽전사용은 지속되었던 것이다. 그러나 일반 백성들에게 기와를 보급하기 위한 별와요 또는 삼별요(三別窯)에서 생산한 기와와 벽전은 상위 계층들만이 독점하여, 여러 번 폐지하였다가 다시 설치하는 등의 많은 변화를 보인다.[71] 이러한 사실을 통해서도 역시 일반 백성들에게 벽전이 보급될 수는 없었으며, 단지 사대부 살림집의 방화장을 축조하는데 사용하였을 것으로 생각한다. 또한 지방의 향교(鄕校)나 서원(書院)의 사당, 가묘(家廟) 등에서는 일부만 벽전을 사용하였고, 대부분 벽전 대신 기와나 사고석을 사용하였다. 결국 벽전은 국가와 관련한 궁(宮)·묘(廟) 건축에만 사용하였던 것으로 생각할 수 있으며 상위 계층의 위계를 나

70 서영보·심상규, 『萬機要覽』 「財用編」(민족문화추진회 편, 『만기요람』Ⅰ, 1971, 민중서관공무국.) 참고.

71 CD-ROM 『국역 조선왕조실록』 세종 15년 9월 17일(병신) / 공조 판서 조계생이 삼별요에서 구운 기와를 누구에게나 팔게 할 것을 아뢰다

공조 판서 趙啓生이 아뢰기를, "三別窯에서 구워 만든 기와가 현재 15만여 장이 되옵는데 날마다 평민들을 독촉하여 사게 하여도 사지 못하오니, 貴賤을 막론하고 누구에게나 팔게 하는 것이 어떠하겠습니까."하니, 임금이 말하기를, "평민을 위하여 구워 만든 것을 어찌 사대부의 집에까지 주려고 하는가. 평민 가운데 사는 자가 없으면 내년 봄에 기와 굽는 것을 정지하게 하라."하였다.

CD-ROM 『국역 조선왕조실록』 성종 7년 8월 9일(기묘) / 별와요를 폐지하지 않고 도승지로 하여금 제조를 겸임케 하다

"비록 別瓦窯를 설치하였지만 물건을 팔고 사는 사람들이 모두 권력층이어서 가난한 사람들에게는 도움될 것이 없으니, 폐지하는 것이 어떠하겠는가?"하니, … "그 폐단은 법을 지키지 않기 때문입니다. 世宗朝에 누차 화재가 일어났으므로 이 법을 제정하여 집집마다 모두 기와를 이게 하였다가, 世祖 때에 폐지한 것을 이제 다시 설치한 것이니, 법이 좋지 않은 것이 아닙니다. 법을 지키지 않는 자를 파면하면 될 것입니다."

타내는 것이다. 따라서 조선전기에서도 벽전을 지속적으로 사용하였지만, 보편적으로 널리 사용되었던 건축재료는 아니었던 것이다.

1-3. 바닥

이전 시기와 동일하게 조선전기에서도 목조건축의 내부 바닥을 벽전으로 포장한 경우가 많았던 것으로 추정할 수 있는데, 그 중 공자(孔子)를 모시는 문묘(文廟)인 성균관 대성전(大成殿)과 동·서무(東·西廡)와 관련하여서는 중국의 예(禮)를 따른 것으로 설명하고 있다.[72] 이는 위계와 정통을 추구하는 성리학자들의 관념에 의한 결과로, 한국에서는 조선에서만 볼 수 있는 내용이다. 따라서 벽성(甓城)의 축조와 함께 중국의 영향에 의한 벽전의 사용으로 평가할 수 있으며, 이를 통해 조선전기 묘(廟) 건축과 위계가 높은 건축의 바닥에는 모두 벽전을 깐 것으로 추정할 수 있다. 특히 왕의 편전(便殿) 또는 침전(寢殿)이라고 할 수 있는 어실(御室)에서 화재가 일어났다는 내용을 확인할 수 있는데,[73] 편전은 17세기 초에 벽전에서 온돌 또는 마루로 바뀌었다고 한다.[74] 위의 내용은 16세기의 일로, 그 이전까지는 궁궐의 정전뿐만 아니라 편전·침전 등에는 모두 벽전으로 포장하였던 것을 알 수 있다. 또한 왕릉(王陵)의 정자각(丁字閣) 바닥은 주로 벽전으로 포장하였는데,[75] 이는 고려(高麗)에서도 존재하였던 건축형식으로,[76] 궁궐과 정자각의 벽전사용은 조선만의 형식이 아닌, 고려 또는 그 이전 시기인 신라 안압지(雁鴨址)와 전랑지(殿廊址), 고구려 정릉사 10호 건물터에서 조선까지 연속되는 벽전의 보편적 사용법인 것이며, 결국 사찰에서 대웅전(大雄殿) 바닥을 벽전으로 포장하는 것과 같이 가장 권위를 갖

72 CD-ROM 『국역 조선왕조실록』연산 3년 8월 9일(무인).
윤효손이 아뢰기를, "성균관의 大成殿 및 東·西廡에 중국 禮를 따라서 벽전을 까는 일[鋪甓事]은 계하된 지가 이미 오래인데 등한이 여기고 거행하지 않으니 매우 불가합니다. …".

73 CD-ROM 『국역 조선왕조실록』명종 18년 2월 5일(갑인).
御室은 온돌로 침상 아래에 으레 화기를 넣어서 따스하게 한다. 그 때 반드시 먼저 네모반듯한 벽전[方塼]을 침상 아래에 벌여 놓은 다음 화기를 넣어야 하는데도 내관이 4일에 벽전을 벌여 놓지 않고 이글거리는 불을 넣고는 다시 살펴보지 아니하여, 불꽃이 세어져 화기를 뚫고 침상의 판자에 닿아 불이 붙었다.

74 김동욱, 『한국건축의 역사』(1997, 기문당.), 203쪽 참고.

75 CD-ROM 『국역 조선왕조실록』광해 1년 1월 23일(병오).
丁字閣에는 비가 새는 곳이 한두 군데가 아니고 바닥에 깐 벽전도 모두 파손되었습니다[所鋪甎, 甓擧皆傷破].

76 이영, 「조선시대 왕릉릉역의 건축과 배치형식 연구」(1991, 서울대학교 대학원 건축학과 박사학위논문.), 78~83쪽 참고.

는 건축물의 위계를 나타내는 것으로 생각한다.

또한 왕의 관(棺) 즉, 재궁(梓宮)을 올려놓는 대(臺)와 찬실(攢室)에도 벽전을 깔거나 쌓았다.[77] 이는 그 이전 시기의 벽전축 무덤 관대(棺臺) 등과 관련하는 것이기도 하며 정조(正祖) 대에서도 유사한 내용을 볼 수 있어,[78] 조선전기 또는 그 이전 시기에서 조선후기까지 연속하고 있는 벽전의 쓰임이라고 할 수 있다. 특히 조선에서 벽전은 아주 특별한 목적에 사용하고 있는데, [사료 7-2-16]에서 살펴본 내용과 유사하게 지기(地氣) 또는 양기(陽氣)과 연관하는 음택에서의 벽전사용이며, 바로 조선에서만 볼 수 있는 형식이라고 할 것이다.

2. 벽성(甓城)의 축조

표 7-1 조선의 甓城 축조

시 기	지 역
1대 태조(1392~1398)	·3년 開城 內城(신증동국여지승람』.).
4대 세종(1418~1450)	·17년 평안도 碧潼.
5대 문종(1450~1452)	·1년 義州에 벽성을 위한 벽전을 생산할 것을 지시.
9대 성종(1469~1494)	·23년 碧團城.
	·보이보(甫伊堡)·덕진파보(德榛坡堡)[79]
14대 선조(1567~1608)	·27년 全州의 벽전으로 砲樓 축조.[80]
	·36년 평안도 昌州城.[81]
	·38년 평안도 安州·龜城.[82]
	·39년 함경도 咸興府 虹門·甕城·砲樓.[83]
21대 영조(1724~1776)	·18~20년 江華島 外城 : 29년 2월 강화성이 무너졌다고 함.

(출전 : 『조선왕조실록』·『신증동국여지승람』.)

77 CD-ROM 『국역 조선왕조실록』 세종 4년 5월 14일(경오).
벽전과 구워 만든 돌[甎及熱石]·박석으로 假室의 바닥을 정전 중간에 쌓고, 석회로 그 빈틈을 바르고, 자리를 깔고 그 위에 평상을 놓고, 평상 위에 대자리와 요를 깔고, 또 장막과 요와 병풍을 정전 중간 북쪽 공처에 설치하여, 임시로 혼백과 책보를 둘 자리를 준비하였다.
CD-ROM 『국역 조선왕조실록』 세종 28년 3월 27일(갑오).
먼저 벽전으로써 땅에 펴고[先以甎鋪地] 석회로써 그 틈을 발라서 攢宮의 基址를 만들고, 다음에 땅에 네모진 나무를 설치하고, 네 개의 기둥을 그 위에 세우고는, ….

78 CD-ROM 『국역 조선왕조실록』 정조 13년 7월 26(경술).
호조 참판 이헌경이 상소하여, 발인일로 정한 날짜가 極寒期에 해당하니 10월 상순으로 앞당겨 정하기를 청하고, … 王朝의 예는 士庶人과 달라 攢室을 반드시 廳事에 마련하고 밑에 모래와 벽전을 깔기[下鋪沙甎] 때문에 춥고 더운 것이 날씨와 관계되지 않는다.

앞에서 인용한 사료 중에서는 벽전으로 성을 축조한 벽성(甓城)의 내용을 찾아 볼 수 있었는데, 1794~1796년 화성(華城) 축조 이전까지 조선전기에서는 약 10 곳의 벽성을 축조하였다.(<표 7-1>) 개성과 전주(全州)·강화(江華)를 제외하고 나머지의 성들은 모두 평안북도 압록강변에 집중하고 있는데, 안주(安州)와 구성(龜城)은 서울로 통하는 길목에 위치한다.<그림 7-9> 이것은 『신증동국여지승람』을 통해 살펴본 고려의 벽성이 함경남도 혜산(惠山)을 중심으로 하는 지역에 축조하였던 것과는 크게 다른 것으로, 조선과 고

79 CD-ROM 『국역 조선왕조실록』 성종 25년 6월 4일(신유).
병조(兵曹)에 전지(傳旨)하기를, "경성(鏡城:함경북도)의 보이(甫伊)·덕진파(德榛坡) 등의 보(堡)는 단지 벽성(甓城)만을 쌓고[只築甓城], 군졸(軍卒)도 또한 적으니 마땅히 이 두 보를 혁파하되, 그 군사(軍士)는 삼삼파(森森坡)에 합속(合屬)시켜 사하북 만호(斜下北萬戶)로써 이차(移差)하고 사하북(斜下北)은 권관(權管)으로 하여금 수호(守護)하게 하라."하였다.

80 CD-ROM 『국역 조선왕조실록』 선조 27년 09월 06일(신사)
겸 삼도 도체찰사 의정부 좌의정 윤두수가 치계하기를, "전주에 사는 백성들이 정장하기를 '정에서 안찰어사를 특별히 보내어 포루(砲樓)를 창설하므로, … 간간히 경종한 곡식은 수확할 일이 시급한데, 지금 포루에 소용되는 벽전을 굽고[砲樓所入燔甓] 나무를 베고 돌을 캐내며 석회를 굽는 것 및 허다한 공역들을 한꺼번에 모두 조발하니 굶주림에 지친 백성들은 반드시 지탱하지 못할 것입니다.…'"

81 CD-ROM 『국역 조선왕조실록』 선조 36년 03월 28일(갑신)
평안도 운두리의 권관 박내성이 상소하기를, "각 진보의 성자(城子)를 중국 제도에 따라 벽전을 구워 수축하였는데 창주성(昌洲城) 동서 2면은 지세가 평이하여 돌을 운반하기가 매우 쉽지만 동쪽에서 북쪽까지는 산을 따라 수축하는 것이라서 큰 돌을 써야 하는데 사세에 어려움이 있습니다. 그러나 반드시 벽전을 구워 수축하려고[必燔磚設築] 정월 보름후로 입방한 제군과 수영패 등이 힘을 합해 땔나무를 베어다 1만여 바리를 쌓아 놓았습니다. 현재 벽전을 찍어 굽게 하는데[方令印磚燔造] 들어가야 할 석회를 방졸의 다과에 따라 열진에 분정하여 인력을 허비하지 않도록 힘쓰고 있습니다.…"

82 CD-ROM 『국역 조선왕조실록』 선조 38년 04월 13일(정사).
비변사가 아뢰기를, "평안도 안주(安州)·구성(龜城)에서 벽전 굽는 일을 백성들이 매우 괴롭게 여기고[燔甓之役, 民甚苦之] 있으므로 …. 중국은 성을 쌓을 때 벽전을 이용하기는 하나 지대는 반드시 돌로 쌓으니, 지금 구성과 안주의 두 성을 전부 벽전으로 쌓는 것은 합당하지 않습니다[不合全以瓦甓築之]. 옛 성의 돌을 수습하여 그 중에서 큰 것을 골라내 먼저 지대 몇 층을 쌓고 그 위에 벽전으로 쌓으면 백성들의 힘을 덜 수 있고 성도 또한 견고할 것입니다.…."
또한 구성의 벽성 축조와 관련한 것은 서치상의 「숙종년간의 구성읍성 축조공사에 관한 연구」(대한건축학회, 『대한건축학회논문집』206호, 2005. 12.)을 참고할 수 있다.

83 CD-ROM 『국역 조선왕조실록』 선조 39년 11월 02일(정묘).
함경 감사 이시발이 치계하기를, "… 추수가 끝난 농한기에는 본부와 이웃 고을의 백성들이 일제히 부역하여 불과 5-8일 만에 체성을 마쳤고 9일 만에 성가퀴도 마쳤으며, 성문 두 곳에도 벽전을 쌓아 홍문(虹門)을 만들었습니다[亦築磚爲虹門]. 성문 위의 누각은 지금 조성하고 있고, 포루(砲樓)·성랑(城廊)도 한 두 곳은 먼저 마쳤고 나머지도 차례로 조성할 것이어서 한 성의 공역이 대체로 갖추어지게 되었습니다. .... 성가퀴는 구운 벽전과 부서진 기와를 흙과 섞어서 견고하게 쌓았는데[女墻則以磚瓦及碎瓦交土精築], 대략 현안(懸眼)의 규제를 본떠 사어에 편리하도록 하였습니다. 옹성(甕城)은 벽전으로 쌓고[甕城亦用磚築] 그 가운데를 비워 상하에 대소의 대포 구멍을 늘어 놓았으며, 그 위에는 포루(砲樓)를 지어 적을 방어하기에 편리하도록 하였습니다. … 그외 전 판관 박응숭(朴應嵩), 전 권관 주경희(朱景禧)·오응례(吳應禮) 등은 벽전 만드는 일[或監磚役]을 감독하기도 하고 성쌓는 일을 감독하기도 하며 시종 분주하게 진력한 공로가 적지 않습니다. …".

려에서 벽성의 의미가 서로 달랐기 때문으로 판단할 수 있다. 혜산을 중심으로 하는 지역은 중국과 국경을 접하고 있지만 백두대간이 시작하는 험한 지형으로 산성(山城)을 쌓기는 쉽지 않다. 따라서 석재보다 운반하기 쉽고, 일정한 크기와 작은 부재들을 쌓아 축조하는 벽전이 험한 지형에 대응하면서 용이하게 축조할 수 있기 때문인데, 이는 벽전의 특성과 축조방법 등을 상세히 알고 있었던 것이다.

이와는 다르게 조선에서 험한 지형이 아닌 구릉지이면서 군사적으로 가장 중요한 압록강변을 중심으로 벽성을 축조하였다는 사실은, 벽전의 시공(施工)적 특성보다 벽성의 튼튼함을 위주로 축조하였음을 알 수 있다. 즉, 실재적으로 적의 공격을 가장 많이 받을 수 있기 때문이며, 이에 대응하여 효과적으로 방어할 수 있는 것이다. 두번째로는 위에서도 살펴보았듯이 압록강 북쪽 중국의 성곽은 모두 벽전으로 축조하고 있었으며, 공역이 적게 들고 튼튼한 성을 만들 수 있었기 때문에 이를 참고로 축조한 것이다.[84]

고려의 벽성에서도 살펴보았지만, 많은 양의 벽전을 생산하여 대규모의 성을 축조해야 하는 벽성의 축조 사실은, 당시 사회의 벽전생산과 축조기술이 상당히 발달해 있다는 것을 나타낸다. 한국에서는 고려에서 처음으로 확인할 수 있고, 조선에서는 건국 직후에 서울로 천도한 이후, 고려의 수도였던 개성의 내성을 벽전으로 축조하였다. 그 배경에 대한 자세한 문헌과 현존 유구를 볼 수 없지만 고려 벽전사용의 연장으로 이해할 수 있는데, 19세기 후반에 제작한 「대동여지도(大東輿地圖)」에서는 고려 벽성인 소농보(小農堡)와 가을파지보(加乙波知堡)가 현존하는 것으로 표기되어, 고려의 벽성이 조선에서도 계속 운영되고 있었다.[85] 따라서 고려의 벽전생산과 축조기술이 조선으로 전해지면서, 이를 참고로 벽성을 축조하였을 것으로 추정할 수 있는 것이다. 그러나 조선전기에는 벽전의 생산과 축조기술을 축적하지 못하였고, 단지 일부 국경 지방에서만 일회

84 따라서 벽전의 생산방법과 축조기술 역시 중국의 벽성에서 많은 참고하였던 것을 알 수 있으며, [사료 7-3·12]에서도 살펴보았다. 또한 다음의 인용문은 조선후기의 사실이지만 직접적으로 중국의 생산기술에 영향 받은 사실을 알 수 있다.

> 조현명이 말하기를, "벽전 굽는 방법을 중국에서 배워 가지고 왔기 때문에[燔甓之法, 得來中國] 일은 반만 해도 공은 배나 되니 이익이 무궁합니다. 앞으로 각 軍門과 瓦署로 하여금 그 법에 따라 구워 만들게 하소서." 하니, 임금이 그대로 따랐다(CD-ROM 『국역 조선왕조실록』 영조 20년 7월 14년(기해) / 유수 김시혁이 벽전을 구워 강화도의 옛 토성을 증축하는 공사를 끝내다.).

85 이러한 사실은 『신증동국여지승람』에서 확인할 수 있다.

> 읍성 : 돌로 쌓았는데, 주위가 1천 7백 10척이요, 높이 6척이다. 성의 동, 서, 북쪽 3면으로 또 무너진 성이 있는데, 벽전[甓] 및 돌과 흙을 섞어 쌓았으며 안에 민가가 있다[邑城 : 石築周一千七百十尺高六尺城東西北三面又有壞城甓及石土雜築之內有民居.](『신증동국여지승람』 제43권 「豊川都護府」 [城郭].).

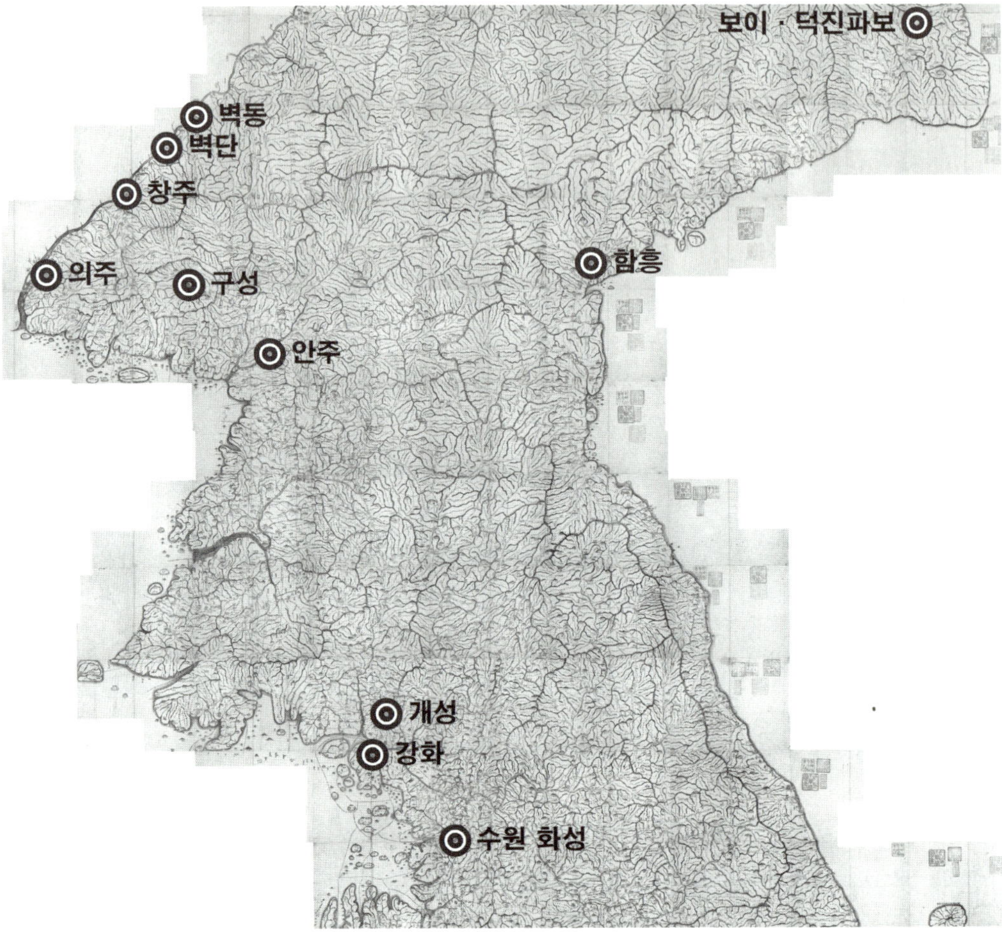

그림 7-9 朝鮮의 甓城 위치(출전 : 「大東輿地圖」.)

성으로 그쳤는데, <표 7-1>에서 보는 것과 같이 임진왜란이 일어났던 선조 대를 제외하면, 모두 큰 시간 차이를 나타내고 있기 때문이다. 따라서 변방에서의 벽전생산과 시공방법은 조선 전역에 영향을 주지 못하였던 것으로 생각할 수 있으며,[86] 조선전기에서는 벽전의 생산과 축조에 큰 관심을 두지 않은 것이다.[87]

그러나 주목되는 것은 선조 27년 전주에서 벽전으로 포루(砲樓)를 축조한 것과 39년 함경도 함흥부(咸興府)에서 성문(城門)의 홍문(虹門)[88]과 옹성(甕城)·포루 등을 벽전으로 축조한 사실이다. 임진왜란 중과 그 이후에는 국가의 방어에 큰 관심을 기울이면서 포루의 중요성을 깨우쳤으며, 실재 많은 포루를 축조하였다.[89] 포루는 내부에 목조가구를 축조하지만, 외벽은 화재를 방지하기 위해 흙이나 벽전을 쌓아야 하므로, 위에서 살펴본 내심벽 외평벽과 같은 형태로 추정할 수 있는데, 그에 따라 벽전의 중요성은 부각되었을 것이다. 따라서 벽전으로 축조한 포루는 화성(華城)에서 볼 수 있는 5기의 포루와 유사한 형식으로 생각되는데, 이러한 형식이 결국 조선후기 화성의 포루에 많은 영향을 미쳤을 가능성이 있는 것이다.[90]

3. 외부공간의 바닥깔기

조선전기에서는 고려와 신라 등 그 이전 시기와 동일하게 목조건축의 내부 바닥뿐

86 그러나 이러한 선례들은 18세기 영조와 정조대에 벽전으로 축조한 강화도와 수원 화성에 어느 정도 영향을 주었을 것으로 추정할 수 있다.

87 이 외에도 아래의 자료를 통해 함경남도에 많은 벽성이 있었던 것을 추정할 수 있다.
CD-ROM 『국역 조선왕조실록』 성종 17년 6월 30일(계묘).
영안도 관찰사(永安道觀察使) 성준(成俊)이 서계(書啓)하기를, "신이 보건대, 본도(本道)의 여러 진(鎭)·보(堡)는 다 적이 들어오는 길의 요해지(要害地)이나, 유원(柔遠)·무산(茂山)이 더욱 긴요하니, 성을 높이 쌓고 못을 깊이 파서 방수(防戍)를 엄하게 하여야 하겠습니다. 고령(高嶺)·동관(潼關)·미전(美錢)·훈융(訓戎)·혜산(惠山)·무이(撫夷)·사하북(斜下北) 이외의 나머지는 다 벽성(甓城)인데[高嶺 潼關 美錢 訓戎 惠山 撫夷 斜下北外, 餘皆甓城], 수졸(戍卒)을 시켜 돌을 주워오게 하고, 또 본고을의 군민(軍民)으로 하여금 농사의 틈이 날 때에 점차로 쌓게 하면 몇 해 사이에 다 석성(石城)이 될 것입니다."

88 성문의 虹蜺를 지칭한다.

89 CD-ROM 『국역 조선왕조실록』 선조 26년 12월 1일(경술) / 유성룡이 시무를 아뢰며 州縣에 성을 쌓고 砲樓의 제도를 시행할 것을 청하다.
영의정 유성룡이 차자를 올려 時務를 진달하며 州縣에 성을 쌓고 砲樓의 제도를 반포 시행할 것을 청하니, 그대로 따랐다.

90 砲樓에 관해서는 8장에서 자세히 살펴보기로 한다.

▶7-10

▶7-11

그림 7-10 종묘 어로
그림 7-11 「東闕圖」의 仁政殿
(출전 : 문화재관리국, 『동궐도』(1991, 삼성남국인쇄.), 73쪽.

만 아니라 외부공간의 바닥을 포장하였다. 먼저 제6장에서는 불일사(佛日寺) 금당과 강당 사이 보도를 벽전으로 포장한 것을 확인할 수 있었는데, 이와 유사하게 조선에서는 종묘(宗廟)의 어로(御路) 또는 신로(神路)를 벽전으로 포장하였고,[91] 현재에도 판위(版位)와 함께 그 유구를 볼 수 있다. 이는 종묘 내의 행위와 의례(儀禮)를 규정하고 위계를 나타내는 시설로, 특히 재실(齋室)에서 종묘 정전(正殿)으로 통하는 어로는 정방형 벽전 2장 폭으로 깔고, 그 끝에 벽전을 세워 벽전이 움직이지 않도록 고정하였다. 또한 좌우에는 역시 벽전 2장을 깔고, 그 끝에는 지대석을 사용하여 막고 있는 것을 볼 수 있는데,(<그림 7-10>) 벽전을 세워서 땅에 고정시키는 것은 고구려와 신라의 벽전깔기에서 볼 수 있었던 방법이다. 또한 신로를 벽전으로 포장한 것은 고구려 정릉사의 원형벽전 시설과 같이 의례 또는 음택의 기(氣)와 연관된 것으로 생각할 수 있다. 즉, 선왕(先王)의 혼(魂)은 음기(陰氣)이므로 양기(陽氣)와 차단하여야 하는데, 바로 이러한 곳에 벽전을 사용한 것이다.

또한 고려와 동일하게 각 관청과 정자각 월대(月臺), 궁궐의 뜰에 벽전을 포장하였는데,[92] 모두 국가 의례가 일어나는 곳이므로 바닥이 비에 젖어 질퍽거리지 않도록 하기 위한 것이다. 그러나 종묘의 월대와 같이 광대한 넓이를 포장할 경우에는 박석(薄石)을 깔았고, <그림 7-11>의 「동궐도(東闕圖)」 인정전(仁政殿)에서는 지면과 하월대(下月臺)는 박석을 깔았지만 상월대(上月臺)에는 벽전을 깔았기 때문에, 벽전으로 바닥을 포장하는 것이 좀더 위계가 높은 건축에 사용한 방법으로 생각할 수 있다. 이 외에도 왕릉의 담과 병풍석(屛風石)·계단 등을 벽전으로 축조하기도 하였다.[93]

91 CD-ROM 『국역 조선왕조실록』 인조 23년 10월 2일(경진).
간원이 아뢰기를, … 심지어 外次로 가는 御路에 깐 벽전[磚石]이 남아 있는 것이 없었습니다.
CD-ROM 『국역 조선왕조실록』 인조 23년 10월 3일(신사).
종묘 대문 안에는 전부터 벽전이 없고 재궁의 앞길 주상께서 교자에서 내리시는 곳에만 벽전이 깔려 있는데, 이것은 종전대로 깨지지 않았으며, ….

92 CD-ROM 『국역 조선왕조실록』 선조 29년 2월 16일(계축).
요즈음 대궐 동문밖에 진곳이 있기 때문에 정원이 한성부로 하여금 수리하게 하였는데, 한성부는 방민을 부역에 동원하여 벽전을 운반해 깔고 있습니다[運鋪磚石].
CD-ROM 『국역 조선왕조실록』 광해 1년 1월 23일(병오).
사헌부가 아뢰기를, "… 정자각에는 비가 새는 곳이 한두 군데가 아니며, 月臺의 벽전[瓴甓] 또한 파손된 곳이 많습니다.
CD-ROM 『국역 조선왕조실록』 영조 25년 6월 27일(계묘).
호조 판서 박문수가 아뢰기를, "궁전 뜰에 옛날에 깔았던 벽전이 없어진 것이 많으므로 지금 修補해야 마땅한데[殿庭舊鋪磚石多亡失 今當修補], ….

이상 조선전기의 벽전사용을 살펴보았는데, 기존의 주장과 같이 벽전을 전혀 사용하지 않은 것은 아니며, 일반 백성들 또는 지방의 사대부 계층까지 보편화하지 못한 것으로 보아야 한다. 또한 현존하는 유구는 거의 없지만, 문헌을 통해 국가 관청과 성(城), 의례에 연관한 시설에 벽전을 사용하였음을 확인할 수 있었으며, 그 중에는 벽전을 보편적으로 사용한 중국의 영향도 있었지만 고려 벽전사용의 연장으로 볼 수 있는 것도 확인할 수 있다. 특히 무덤과 묘(廟) 건축에서 기(氣)와 관련하여 벽전을 사용하였던 것은 성리학을 국가통치이념으로 삼았던 조선에서만 볼 수 있는 벽전에 관한 특유한 관념이라 할 것이다. 또한 기와의 보급과 마찬가지로 벽전이 상위 계층에 보급될 수 있었던 것은 화재와 연관한 방화장을 설치하였기 때문인데, 화재를 막기 위해 목조건축의 벽체는 기존의 심벽에서 내심벽 외평벽의 형태가 보편화되었고, 따라서 벽전 역시 활발히 사용되었을 가능성이 있는 것이다. 이러한 특징은 조선전기 건축 중 현존하는 유일한 동관왕묘에서 대표적으로 볼 수 있다.

93 왕릉에 벽전으로 쌓은 담장은 현재에도 찾아 볼 수 있으며, 특히 『조선왕조실록』에서 언급하고 있는 부분은 '성종 24년 12월 22일(임오)'에, 계단에 사용한 것은 '선조 26년 11월 20일(경자)'와 '정조 17년 6월 23일(갑신)'에서 볼 수 있다. 특히 선조 26년 내용에서는 푸른색의 벽전[靑磚]으로 섬돌을 만들었다고 하여 주목된다. 또한 정조 17년의 내용에서는 종묘의 서쪽 月廊 서남쪽 아래 벽전으로 만든 계단을 보수하였다고 하지만, 현재는 확인할 수 없다.

7-3. 벽전사용 목조건축의 정형 : 동관왕묘 정전

이 절에서는 조선전기에 벽전으로 축조한 건축 또는 목조건축 벽체를 벽전으로 축조한 건축을 살펴보려고 한다. 그러나 조선전기에서는 벽전축 무덤과 벽탑 등 벽전으로만 축조한 건축물은 확인되지 않고, 단지 목조건축 중에서 앞에서 살펴본 내심벽 외평벽의 벽체를 가지며, 그 축조재료가 벽전인 건축물이 현존하고 있다. 조선전기에서는 비록 벽전을 제한적으로 사용하여 보편화하지 못했지만, 일부 상위 계층에서는 바닥의 포장과 방화장 축조에 사용하였다. 또한 조선전기 묘(廟) 건축에는 화재 방지와 함께 음택의 기(氣)와 관련한 관념을 통해 벽전을 사용하였다. 따라서 종묘 정전과 영녕전(永寧殿) 이외에 유사한 건축을 축조하였을 것이지만, 현존하는 건축은 단지 선조(宣祖) 34년인 1601년에 창건한 동관왕묘(東關王廟) 정전(正殿)이 유일하다.[94] 비록 조선전기의 건축으로 단 하나의 예이지만, 이를 통해 벽전의 사용이 제한적이었던 조선전기의 벽전 특징과 축조방법, 사용 범위와 그에 따른 목조건축의 특징 등을 살펴볼 수 있을 것으로 생각한다. 또한 이러한 형식의 건축은 조선후기 화성(華城) 이후에 여러 종류의 건축물에 확산되었는데, 여기서 살펴보는 동관왕묘의 건축형식이 많은 영향을 주었을 것으로 생각한다.[95]

관제묘(關帝廟)·무묘(武廟)라고도 하는 관왕묘(關王廟)는 중국 동한(東漢)의 관우(關羽)를 모시는 묘(廟) 건축으로서, 한국에서는 처음으로 임진왜란 때 원조군으로 온 명장(明將)의 요구로 서울의 남·동관왕묘는 물론 강진(康津)·성주(星州)·안동(安東)·남원(南原) 등 전국 각지에 세워지기 시작하였다. 그 중 동관왕묘는 1598년 창건한 남관왕묘에 이어, 지세가 허한 동쪽을 비보(裨補)하기 위해 동대문 밖에 건립되었으며, 숙종(肅宗:1674~1720) 때부터 각 왕들의 임어(臨御)가 잦아지기 시작하였다. 또한 그 이후 혼란한 시기였던 19세기 말과 20세기 초 이후에는 조선사회의 관왕(關王) 숭배 신앙이 더욱 확산하여 서울 북

94 조선전기에 축조한 목조건축 중 벽체에 벽전을 사용한 유구는 문헌과 建築圖 등으로 확인되지 않지만, 현재 알려진 것은 종묘 정전과 영녕전·동관왕묘·개성 성균관 명륜당·숭양서원 문충당 등이 있다. 그러나 종묘 정전과 영녕전은 憲宗 2년, 1836년에 마지막으로 중건하여 조선후기에서 살펴보며, 개성 성균관의 명륜당과 숭양서원 문충당은 자료의 부족으로 제외하였다. 따라서 조선전기의 유구 중 동관왕묘가 유일하다고 할 수 있을 것이다.

95 대한건축학회 편, 『한국건축사』(1996, 기문당.), 496쪽.
(동관왕묘는) 조선후기 근대 지향적 건축의 대표라고 할 수 있겠다. 이와 同列의 건축물은 華城에서 지어 졌고, 비슷한 정신이 강화 성공회 성당에도 나타나지만 그 중 東廟가 으뜸이다.

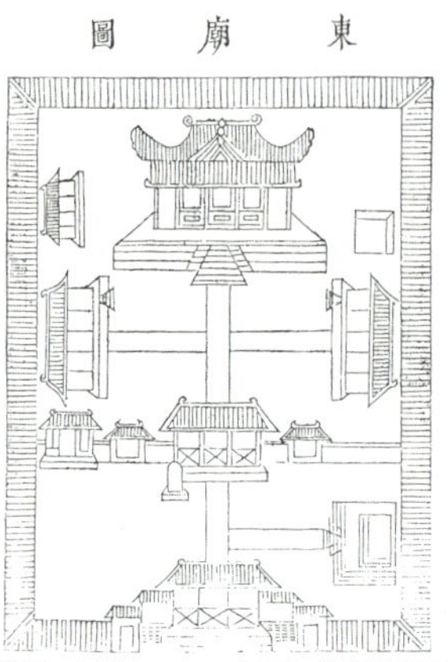

▲7-12

▲7-13

▲7-14

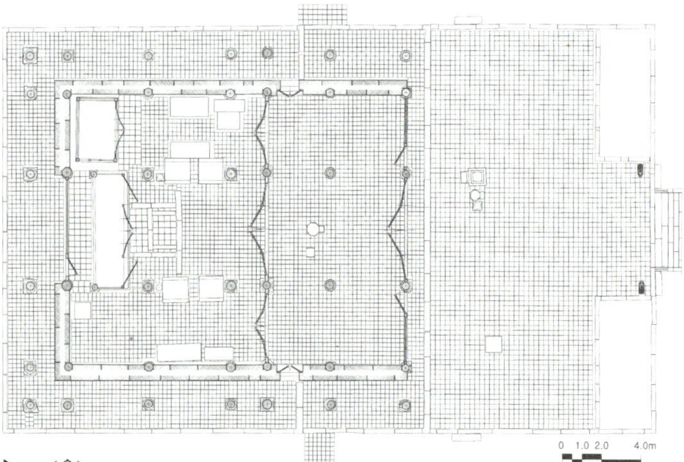

▶7-15(우)

▲7-16

그림 7-12 **동관왕묘 배치도**
(출전 : 『海東聖蹟誌』 卷之一 「廟祠考」.)
그림 7-13 **동묘 정전 전경**
(출전 : 朝鮮總督府, 『朝鮮古蹟圖譜』11권, 1931, 1536쪽.)
그림 7-14 **동묘 정전 전경**
그림 7-15 **동관왕묘 정전 평면도**
(출전 : 국립문화재연구소, 『동묘의 건축』(2004, 대전충남인쇄정보산업협동조합), 141쪽.)
그림 7-16 **동관왕묘 정전 내부 전경**
(출전 : 국립문화재연구소, 『동묘의 건축』(2004, 대전충남인쇄정보산업협동조합), 98쪽.)

묘(北廟)와 서묘(西廟) 등을 축조하는 등 조선후기 사회에 큰 영향을 미치게 되었다. 이러한 사실은 벽전을 사용한 목조건축이 크게 확산하고, 벽전사용이 활발하였던 당시 사회 상황과도 일치하는 것이므로, 동관왕묘의 벽전사용·건축형식과 큰 관계가 있었던 것으로 생각할 수 있다. 따라서 이 절에서는 이전 시기의 연속과 조선후기 건축형식에 영향을 준 동관왕묘의 목조건축과 벽전으로 축조한 벽체 등 가장 특징적인 부분들만을 중심을 살펴보기로 한다.

1. 평면과 목조가구의 특징

1-1. 평면 비와 내부공간의 구분

동관왕묘의 정전 평면에서 가장 특징적인 것은 일반 목조건축과는 다르게 측면이 긴 장방형이며, 2실로 구분한 것이다.(<그림 7-13~16>) 한국의 목조건축은 목재를 사용하는 가구식 구조이므로, 보칸에서 기둥을 연속하여 세우고, 도리(道里)를 연결하여 정면의 길이는 어느 정도 자유롭게 축조할 수 있다. 반면에 측면 길이는 목재 즉, 대들보가 갖는 길이의 한계로 인해 정면 길이보다는 짧고, 하나의 도리칸이 하나의 실이 된다. 그러나 동관왕묘 정전은 정면 5칸 길이 17.53m, 측면 6칸은 19.22m로 측면이 더 길기 때문에, 일반적인 목조건축과 다른 평면 형태를 갖는다. 또한 측면이 길기 때문에 정면에서 3번째 주열(柱列)에 문을 설치하여 2실로 구분하고 있는데, 후실(後室)은 관우의 상(像)을 모시는 감실(龕室), 전실(前室)은 의례를 행하는 배전(拜殿)의 역할을 한다. 이러한 실의 구분은 한국 목조건축에서는 볼 수 없는 특징이며 중국에서도 보편적인 형식은 아니지만, 청(淸) 초기에 건립한 청진사(淸眞寺) 예배전(禮拜殿)과 유사하다.[96] 그러나 동관왕묘 정전은 예배전보다 먼저 축조하였으므로 그 영향은 아니고, 오히려 동관왕묘 이전에 축조한 남관왕묘와 유사하므로,[97](<그림 7-17>) 측면이 길고 2실로 구분하는 것은

96 劉致平, 『中國建築類型及結構』(1986, 尙林出版社.), 49쪽.

97 허승, 『동묘의 건축적 특성에 관한 연구』(1992, 울산대학교 대학원 건축학과 석사학위논문.), 52쪽 참고. 그러나 남관왕묘 역시 중국 장수 陳遊擊에 의해 구체적인 건축 형식을 지시 받은 것으로 생각한다. 『조선왕조실록』선조 31년 4월 25일에는 '내가 어제 陽老爺를 뵙고 사당 건립 문제를 여쭈었더니 … "廟殿이 너무 낮고, 좁으니 殿閣을 새로 짓고 좌우에 長廟를 세울 것이며 앞뜰에는 重門을 세워 영원히 존속되도록 해야지 이렇게 草草하게 하여서는 안 된다"'라고 하였기 때문이다. 그러나 이러한 형식을 그 이전의 중국건축에서는 찾을 수 없는 것이기 때문에, 동·남관왕묘의 평면이 어디에 기인하는지는 현재로서는 명확히 밝힐 수 없다.

▶ 7-17

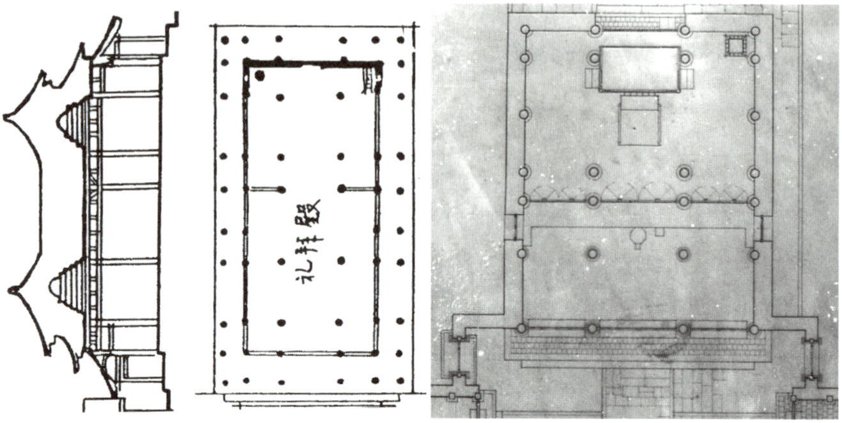

▶ 7-18

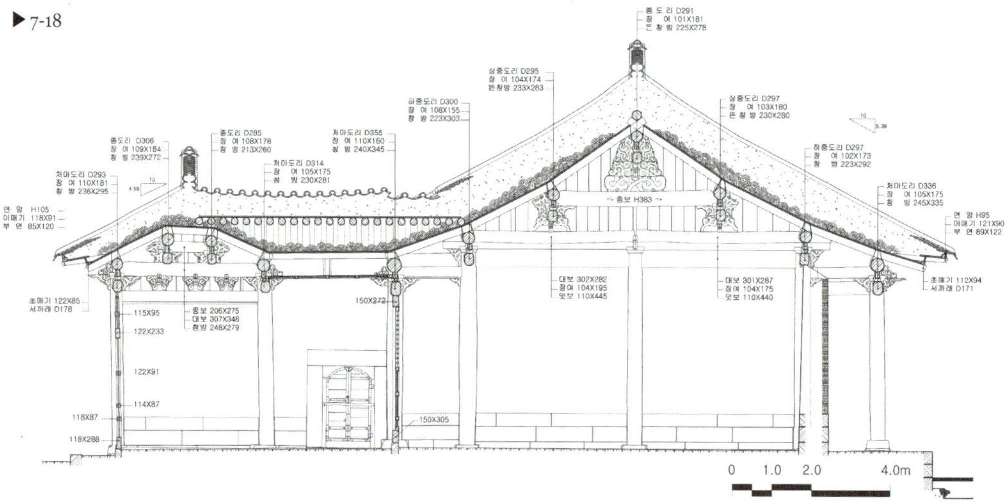

그림 7-17 **성도 청진사 예배전 평면도·단면도와 남관왕묘 평면도**

(출전 : 劉致平, 『中國建築類型及結構』(1986, 尙林出版社.), 230쪽. \ 국립문화재연구소, 『동묘의 건축』(2004, 대전충남인쇄정보산업협동조합), 332쪽.)

그림 7-18 **동관왕묘 정전 종단면도**

(출전 : 국립문화재연구소, 『동묘의 건축』(2004, 대전충남인쇄정보산업협동조합), 147쪽.)

조선 관왕묘의 특징이라고 할 수 있을 것이다.

이렇게 동관왕묘 정전은 조선의 일반적인 목조건축의 평면 형태와 다른 특징을 갖지만, 가구(架構)의 짜임은 동일한 것을 확인할 수 있는데, 먼저 정전을 상부 가구에 의해 분리하면, 후실은 정면 5칸, 측면 4칸으로 볼 수 있고, 전실은 정면 5칸, 측면 1칸의 건물로 볼 수 있으며, 두 건물의 사이공간이 측면 1칸이 되어 전체 측면 6칸을 이룬다. 또한 두 건물 사이에는 상부 도리와 우물천장만이 연결되고 있어 두 실의 구분은 더욱 명확하다.(<그림 7-18>) 이는 측면 기둥에서 두번째와 세번째 기둥 사이에 창방을 연결하지 않는 것에서 쉽게 확인할 수 있고,(<그림 7-18·21>) 지붕에서도 후실은 일반적인 목조건축에서 볼 수 있는 단층 팔작지붕, 전실은 단층 맞배지붕이며, 두 건물 사이 지붕의 연결부에는 겹처마 서까래와 부연(付椽)이 만나 상부의 지붕을 형성하고 있다. 또한 두 지붕을 남북 방향의 맞배지붕이 연결하고 있어 지붕 평면은 '工'자와 유사하다. 이렇게 측면이 긴 장방형 건축물에서 지붕을 두 부분으로 나누어 축조하는 것은 남관왕묘와 동일한 것이므로,[98] 조선의 목조건축의 축조방법으로도 장방형 평면의 가구를 해결할 수 있었던 것이다.(<그림 7-19>)

당시 조선에서도 이와 유사한 개념의 목조건축을 축조하였는데, 바로 인조(仁祖) 22년, 1644년에 중건한 통도사(通度寺) 대웅전(大雄殿)이다. 이 건물은 단층의 다포계(多包系) 건물로 정면 3칸 길이 11.1m이지만, 측면 5칸은 15.8m로 측면이 길다. 또한 내부의 기둥 배치가 불규칙한데, 2개의 건물로 구분하여 생각하면, 정면에서 네번째 기둥까지는 11량 1고주(高柱)의 전실이고, 뒤의 2칸은 후실로 명확하게 나뉜다. 이러한 특징은 상부의 지붕 가구에서도 보이는데, <그림 7-20>의 단면도에서 전면 건물은 전후로, 후면의 건물은 좌우로 대들보를 연결하므로, 두 개의 건물이 서로 직교하며 결합된 것이다.[99] 즉, 두 부분으로 나뉜 각 건물들은 각각 정면이 3칸이지만, 서로 직교하며 배치되어 있는 것이며, 이는 동관왕묘 정전과는 또다른 특징이다. 또한 지붕은 두 개의 팔작지붕이 직교하며 결합되어 있는 '丁'자 형태이며, 일반 팔작지붕에서의 정면성은 보이지 않는다.[100] 통도사

98 남관왕묘의 정전은『朝鮮古蹟圖譜』사진을 통해 확인할 수 있는데, 후실과 전실이 모두 맞배지붕이고, 두 지붕을 직교하게 맞배지붕으로 축조하여 동관왕묘와 같이 정면에서 박공면을 강조하고 있어, 동관왕묘 정전은 건축 형태까지 남관왕묘 정전과 유사한 것을 알 수 있다.

99 靈鷲叢林 通度寺,「통도사 대웅전 및 사리탑 신축조사보고서」(1997, 대명기획.), 110쪽 참고.

100 이는 대웅전의 진입과 관련되는 것으로 설명한다. 즉, 주 진입은 정면의 우측이고, 금강계단은 진입 방향의 오른쪽, 대웅전 정면의 후면에 위치하므로, 두 개의 진입 축이 지붕에서 결합되고 있는 형태인 것이다.

▲7-19

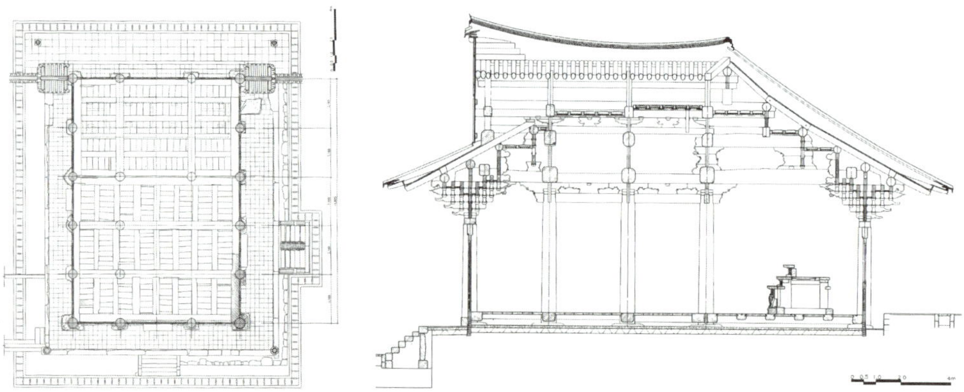

▲7-20

그림 7-19 남묘 전경

(출전 : 朝鮮總督府, 『朝鮮古蹟圖譜』11권, 1931, 1539쪽.)

그림 7-20 통도사 대웅전 평면도와 단면도

(출전 : 靈鷲叢林通度寺, 「통도사 대웅전 및 사리탑 신축조사보고서」(1997, 대명기획.), 403·410쪽.)

대웅전의 이러한 축조개념은 곧 동관왕묘 정전과 유사한 것으로 볼 수 있는데, 일반 목조건축과는 다르게 정면보다 측면이 길기 때문에, 대들보 길이의 한계로 인해 두 개의 건물을 결합하여 축조하는 것이다. 따라서 전실과 후실, 2실로 구분할 수 있고, 후실에는 각각 관우의 상과 불단(佛壇)을 설치하며, 배전(拜殿)인 전실의 기능 역시 동일한 것이다. 또한 2개의 건물을 연결하여 축조하는 개념은 조선의 정자각(丁字閣)에서도 찾아 볼 수 있는데, 정면 3칸, 측면 2칸의 본실과 전실인 배전을 직각으로 배치하여 2개의 건물을 연결하여 배치하는 것이며, 그 기능의 구분 역시 같다고 할 수 있다.[101] 따라서 이러한 개념의 건축물은 조선의 목조건축에서도 있었던 개념으로 볼 수 있는 것이다.[102]

1-2. 헌랑

동관왕묘 정전의 두번째 특징은 정면을 제외한 3면의 외벽 바깥쪽에 한 칸을 덧달아 낸 것인데,(<그림 7-14·15>) 이 평면 형식에 대해 기존의 명확한 연구는 없지만 중국에서는 주로 '위랑'(圍廊), 한국에서는 '헌랑'(軒廊)이라고 지칭한다. 조선에서는 헌랑 형식의 건축이 현존하지 않지만, 제2장과 제5장에서 살펴본 고구려 동대자(東臺子) 유적과 정릉사 10호 건물터, 발해(渤海) 상경용천부(上京龍泉府)의 궁성(宮城) 남문·제2궁전 등의 유적 특징과 동일한 것이다.[103] 중국의 경우는 1023~1032년에 중건한 진사(晋祠)성모전(聖母殿), 1270년 축조한 북악묘(北嶽廟) 덕령전(德寧殿), 1320년의 광승하사(廣勝下寺) 수신묘(水神廟) 명응왕전(明應王殿) 등이 있다.[104]

조선의 일반적인 목조건축에서 기둥은 내진주(內陣柱)와 외진주(外陣柱)로 구별하는데, 주로 외진주에 벽체를 설치하고, 퇴보[退樑]와 퇴기둥을 설치하여 퇴칸(退間)을 덧달

101 정자각과 동관왕묘의 유사한 특성은 이미 이영의 연구에서 언급하였다(이영, 「조선시대 왕릉릉역의 건축과 배치형식 연구」, 1991, 서울대학교대학원 건축학과 박사학위논문, 98~101쪽.).

102 이와 같이 건물의 진입 방향에서 공간을 깊게 만들고, 佛壇을 가장 안쪽에 배치하는 형식은 浮石寺 無量壽殿과 麻谷寺 大光寶殿에서 볼 수 있지만, 이 두 건물은 일반적인 목조건축에서 불상의 방향을 직각으로 배치한 것에 불과하므로, 동관왕묘 정전과는 축조방법이 다르다. 또한 동관왕묘 정전·통도사 대웅전과 같이 2개의 실을 가지고 있는 경우는 고구려 東臺子 유적과 발해 상경용천부 제4궁전·서구 집자리에서 볼 수 있었다. 따라서 이러한 형식이 한국에 잔존하였을 가능성도 간과할 수 없지만, 동관왕묘 정전과 통도사 대웅전으로 이어진다고는 볼 수는 없을 것이다.

103 또는 신라 황룡사 금당에서는 외진주열 바깥쪽에 遮陽間 초석을 하부 기단에 배치하였는데, 기본적으로 그 형식은 헌랑과 유사하다고 할 수 있다.

104 圍廊을 설치한 건축은 元代의 廟祠 建築 大殿의 특징으로 설명하기도 한다(劉敦楨, 『中國古代建築史』, 1995, 세진사, 396~398쪽 참고.).

▶7-21

▶7-22

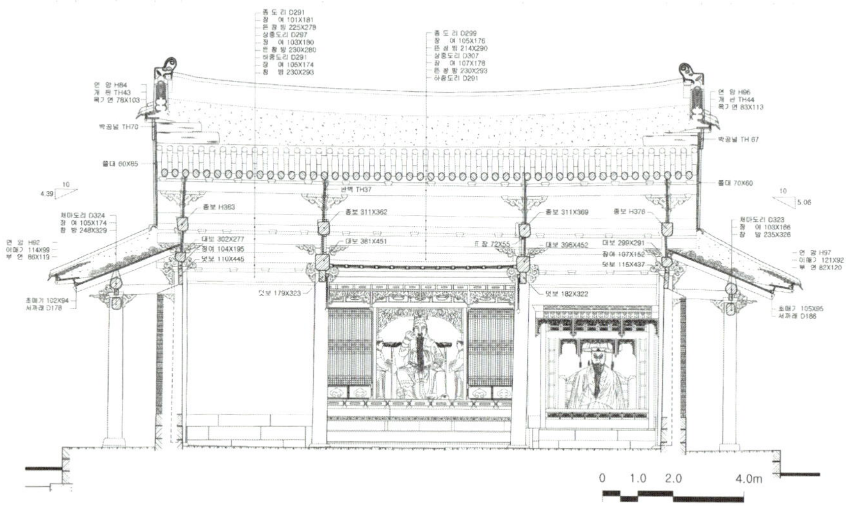

그림 7-21 **동관왕묘 정전 동측 입면도**

(출전 : 국립문화재연구소, 『동묘의 건축』(2004, 대전충남인쇄정보산업협동조합), 145쪽.)

그림 7-22 **동관왕묘 후실 횡단면도**

(출전 : 국립문화재연구소, 『동묘의 건축』(2004, 대전충남인쇄정보산업협동조합), 152쪽.)

아 내는 경우도 있다. 그러나 퇴칸은 보통 건물의 전·후면 또는 측면에 설치하지만, 헌랑은 네 면 동시에 퇴칸이 있는 형식을 지칭하므로, 조선에서는 흔하지 않은 형식이라 할 것이다. 한국에서 이러한 평면은 주로 삼국에서만 나타난 형식이고, 중국에서도 많은 형식에 속하지는 않지만, 1730년 축조한 곡부현(曲阜縣) 공묘(孔廟) 대성전(大成殿)까지도 이어지고 있어, 중국에서 지속되었던 형식이라고 할 수 있을 것이다. 그러므로 동관왕묘 역시 당시 중국의 형식이 유입되었을 가능성이 있는데, <그림 7-22>의 정전 후실 횡단면도에서 지붕은 팔작지붕이고, 외진주와 내진주의 높이는 서로 같으므로 곡선이 아닌 직선의 충량(衝樑)을 연결하였으며, 내진주 사이에는 지붕 도리만을 연결한다. 또한 벽전으로 축조한 벽체가 있는 외진주의 주두 밑에서 퇴보[退樑][105]를 연결하여 헌랑 기둥 상부의 외목도리(外目道理)와 연결하였고, 서까래는 주심도리(柱心道理)와 외목도리 상부에 연결하였다. 헌랑 기둥의 주두 하부에는 사괘를 틀고, 익공(翼工)과 창방(昌枋)을 결구하였는데, 특이한 것은 외진주의 벽체는 벽전으로 축조하였지만 퇴보의 하부에서 사선으로 마감하고 있으므로, 퇴보의 높이에 의도적으로 맞추어 축조하였던 것으로 생각한다.

진사 성모전의 경우는 동관왕묘 정전과 같이 2개의 건물을 혼합한 형식이 아니므로 주칸은 일정하지만, 위랑을 외벽 주위에 설치하였다.(<그림 7-23>) 가구법은 중국 목조건축의 특징을 그대로 따르고 있어 동관왕묘의 정전과는 비교할 수 없지만, 유사한 점은 내·외진주의 높이가 같고 퇴보를 설치하고 있는 것이다.[106] 그러나 외진주와 위랑 기둥 높이 차이가 크기 때문에, 위랑 상부의 서까래는 외진주 기둥의 주두 하부에서 연결하고 퇴보는 이중이며, 특히 창방을 연결하고 있다. 또한 퇴보와 외진주를 연결한 곳은 외진주의 중방(中枋) 높이이고, 외진주에 벽전으로 설치한 벽체의 가운데를 뚫고 연결하였다. 이러한 특징은 산동 곡부현 공묘 대성전에서도 공통적으로 볼 수 있어, 중국의 현존하는 축조방법은 동관왕묘와 확연히 다른 것을 알 수 있다. 즉, 동관왕묘 정전의 헌랑 형식은

105 헌랑 또는 위랑이므로 퇴칸에 사용하는 퇴보[退樑] 용어는 정확하지 않지만, 다른 용어를 찾을 수 없기 때문에 한국건축의 목조 부재 중 가장 유사한 퇴보라고 지칭하였다.

106 이러한 평면과 목조가구법은 『營造法式』에서도 언급하고 있는데, 「大木作制度圖樣下」'殿閣地盤分槽等第十'에서 위랑 또는 헌랑을 '副階'라는 용어를 사용하고 건물 칸수에 산정하고 있어, 이에 따르면 동관왕묘 정전 정면은 5칸에 해당한다. 또한 '殿堂等八鋪作雙槽草架側樣第十一' 그림에서는 내·외진주의 높이가 같고 위랑을 설치하였는데, 퇴보가 月樑이 아니어서 동관왕묘와 가장 유사하다고 할 수 있다. 따라서 당시 중국에서는 이러한 형식의 평면과 단면의 건축물이 일반적인 형식이었을 가능성이 있다.

▶7-23

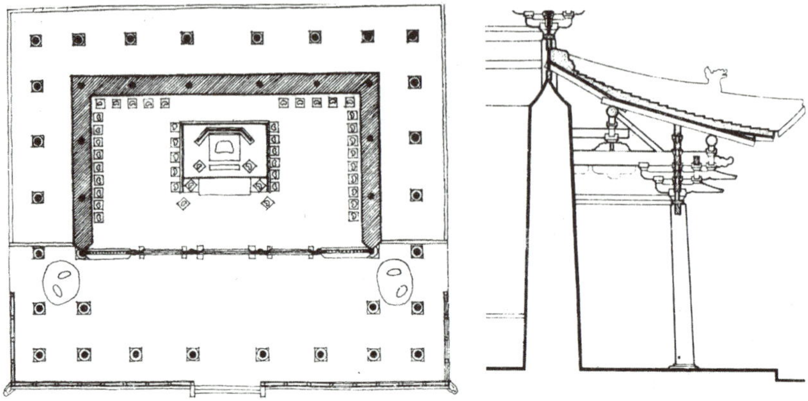

▶7-24

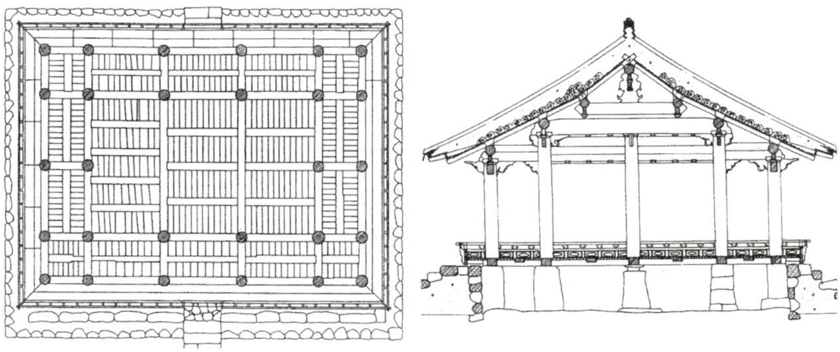

그림 7-23 **진사 성모전 평면도와 횡단면도 부분**

(출전 : 劉敦楨, 『中國古代建築史(제2판)』(1998, 중국건축공업출판사.), 198쪽.)

그림 7-24 **피향정 평면도·종단면도**

(출전 : 대한건축사협회, 「누정건축」 한국전통건축 제3집(1996, 대명기획.), 205~206쪽.)

동일하지만, 퇴보는 한 겹이고 벽전으로 쌓은 벽체의 상부에서 연결하고 있으며, 창방을 설치하지 않으므로 중국의 축조방법과는 다르다고 할 것이다. 따라서 헌랑을 설치한 평면 형식은 중국에 영향에 의한 것일 수도 있지만,[107] 그 목조 결구는 조선 목조건축 형식을 따른 것이다. 또한 뒤에서도 살펴보는 한국건축의 특징인 보아지[樑奉]를 통해서도 알 수 있다. 즉, 외진주에는 벽전으로 벽체를 축조하였으므로 퇴보가 처지는 것을 막을 수 있지만, 퇴보와 외진주의 결구에는 벽체 속에 외부로 드러나지 않는 보아지를 사용하고 있기 때문이다.<그림 7-31> 또한 『조선왕조실록』을 통해서는 남관왕묘 축조에 조선 목수(木手)와 이장(泥匠)이 일한 것을 확인할 수 있으므로,[108] 동관왕묘 역시 마찬가지였을 것이다. 따라서 실재 동관왕묘 정전의 목조가구를 축조한 사람은 조선인이었으며, 목조가구 역시 조선의 목조건축과 동일한 특징을 나타내고 있는 것이다.

또한 이장(泥匠)은 보통 흙손으로 벽이나 천장에 회반죽 등 미장 바름재를 바르는 장인(匠人)인 미장이를 지칭하며, 동관왕묘에서는 정전 실내의 미장을 맡은 장인을 말하는 것이다. 그러나 이장을 목수와 함께 거론한 것은 이장이 매우 중요한 공사를 담당하였기 때문인데, 『화성성역의궤』를 통해서 벽체의 벽전 쌓는 일을 담당하였음을 알 수 있다.[109] 따라서 동관왕묘 정전 벽체의 벽전을 쌓는 공역은 조선의 이장이 담당하였던 것이므로, 목조가구뿐만 아니라 외진주에 설치한 벽체 역시 조선의 장인이 조선의 축조방법으로 축조한 것이다. 결국 동관왕묘 정전에서 헌랑은 중국의 목조건축에서 영향 받

107 柳本藝의 『漢京識略』을 통해 동관왕묘의 창건에 중국 영향이 있었음을 유추할 수 있다.
왕이 예조에 분부하여 또 흥인문밖에 세우게 하였다. 그래서 2년 뒤 봄에 준공하였다. 그 소상의 얼굴과 집과 문간이며 종과 북 모든 것은 모두 중국제도를 그대로 하고 중국에 賜額하기를 청했다(『漢京識略』卷之一「祠廟」'東關王廟'.).

108 CD-ROM 『국역 조선왕조실록』 선조 31년 4월 25일.
(明나라 장수 진유격이) 또 말하기를 '다른 나머지 公役들이야 의당 우리 군사들을 시킬 것이나, 木手·泥匠 등은 귀국(조선)의 솜씨 좋은 자들을 불러 써야 할 것이다.'

109 『화성성역의궤』 卷三「移文」'甲寅 12月 22日'.
女墻과 甕城·敵臺 등의 벽전 쌓는 역사[築甓之役]는 극히 호대해서 京外 미장이[泥匠] 다수를 이 역세 붙인 연후에 라야 마칠 수가 있을 것 같습니다. 마땅히 본부의 미장이 중에서 솜씨가 뛰어나 한도로 가려 뽑아서 정월 15일까지 장교를 정해 일제히 사람을 올려 보내 대역사의 기일을 어기는 폐단이 없도록 함이 마땅할 것임.[개성부]
또한 『화성성역의궤』에는 벽전을 생산하는 甓匠과 瓦甓匠을 따로 기재하였지만, 벽전을 쌓는 장인은 언급하지 않았다. 그러나 벽전을 많이 사용한 시설에는 목수와 함께 이장의 품삯이 가장 많은 것을 확인할 수 있으므로, 조선에서는 이장이 벽전 쌓는 공사를 맡은 것을 알 수 있다. 또한 권효규의「화성성역에 사용한 塼의 특성에 관한 연구」(1995, 명지대학교 대학원 건축공학과 석사학위논문.), 104쪽에서도 이러한 사실을 지적하고 있다.

았을 가능성이 있지만, 구체적인 상부 목조가구와 벽체는 조선의 목조가구 형식을 따른 것으로 생각한다. 또한 뒷면에 출입문을 설치하는 것은 중국에서 흔히 나타나는 특징이고 익공(翼工)은 중국이나 일본에서는 볼 수 없는 공포 형식으로, 조선에서 고안해 낸 고유한 기둥 상부 결구방식이므로,[110] 중국과 한국건축 형식이 혼합한 것을 가장 명확하게 볼 수 있는 특징이다.

또한 헌랑은 아니지만, 조선 목조건축에서 동관왕묘와 유사한 목조 형식과 평면은 루(樓) 건축에서 찾아 볼 수 있다. 루는 보통 중층(重層)의 집 모양을 이룬 것으로, 일반 목조건축에서 일층에 인공적인 바닥으로 마루나 온돌 바닥을 형성하는 것과는 달리, 자연 상태 또는 기단으로 남겨 두고, 그 상층에 마루나 온돌 바닥을 축조한 건물을 말한다.[111] 따라서 동관왕묘와는 다른 건축형식이라고 할 수 있지만, 1716년에 중창한 전라북도 정읍(井邑)의 피향정(披香亭)은 동관왕묘와 비교해 볼 수 있다.(<그림 7-24>) 피향정은 내진주와 외진주를 명확하게 구분할 수 있으며, 동관왕묘 정전과 같이 내진주의 기둥 높이는 모두 같다. 또한 내진주는 외진주보다 약 80㎝ 정도 길기 때문에, 주두 밑에서 퇴보를 걸어 외진주와 연결하고 있으며, 대들보와 종량(宗樑)을 짜고 내진주열에서 도리가 정방형으로 돌아가며, 외진주에서도 마찬가지이다. 따라서 피향정의 평면 구성과 상부 가구의 짜임은 기본적으로 동관왕묘 정전과 동일한 것이며, 피향정의 내진주와 외진주 사이공간은 동관왕묘 정전의 헌랑으로도 볼 수 있을 것이다. 물론 피향정의 상부 가구 짜임은 조선의 다른 목조건축에서도 보편적으로 볼 수 있으며, 내진주와 외진주를 구분할 수 있는 것은 중층(重層) 건물에서 볼 수 있는 특징이다. 그러나 단층 건물에서 내진주와 외진주를 명확하게 구분하고, 4면을 모두 퇴보로 연결한 것은 동관왕묘와 피향정만의 특징이라고 할 것이다. 따라서 동관왕묘 정전은 상부 목조가구뿐만 아니라 평면의 형식 역시 조선에서 찾아 볼 수 있었던 것으로 생각한다.[112]

110 김동욱, 『한국건축의 역사』(1997, 기문당.), 212쪽.
또한 동관왕묘 정전의 좌우 측면에서는 홍예를 틀어 夾門을 설치하였는데, 이는 중국과 조선에서 찾아볼 수 없는 것이지만, 남관왕묘에서도 공통적으로 보이므로, 조선 關王廟의 특징으로 보아야 할 것이다(허승, 「동묘의 건축적 특성에 관한 연구」, 1992, 울산대학교 대학원 건축학과 석사학위논문, 54쪽 참고.).

111 대한건축사협회, 「樓亭建築」한국전통건축 제3집(1996, 대명기획.), 29쪽.

112 그러나 루 건축과 묘 건축은 엄연히 다른 건축 형식으로 서로의 연관관계를 생각할 수는 없을 것이며, 여기서 비교한 이유는 헌랑과 유사한 공간개념이 고구려와 발해 건축의 특징에 이어 조선에 잔존하고 있다는 것을 설명하기 위한 것이다.

2. 벽전으로 축조한 벽체의 특징

2-1. 벽전쌓기와 벽체

동관왕묘 정전은 정면을 제외한 좌우 측면과 뒷면 벽체를 벽전(甓甎)으로 축조하였으며, 그 형식은 앞에서 살펴본 내심벽 외평벽을 특징으로 한다. 먼저 벽전쌓기 특징은 정방형 벽전을 벽체 모서리 부분에 장방형 벽전과 번갈아 사용하고 있는 것이다.<그림 7-28> 벽체 축조에는 27×27×3.5㎝의 정방형과 21~18×9×3.3㎝ 크기의 장방형 벽전을 사용하였으며, 각각 사용한 곳이 다른데, 벽체 중간에는 장방형 벽전을 주로 사용하고, 벽체가 직교하는 모서리 부분에 정방형 벽전과 장방형 벽전을 번갈아 축조한 것이다. 이러한 벽전쌓기는 신라 벽탑에서 볼 수 있었는데, 탑신(塔身)과 옥개 중간 부분에는 장방형 벽전만을 사용하지만, 내밀어 쌓는 옥개 모서리에서는 모두 장방형 벽전을 사용한다. 특히 송림사(松林寺) 5층 벽탑 옥개에 사용한 정방형 벽전 중에는 27×27×6㎝ 크기 벽전도 있어, 두께만 다를 뿐 동관왕묘의 벽전과 동일하다.

또한 벽전무늬와 기단 형식을 통해 여주(驪州) 신륵사(神勒寺) 다층(多層) 벽탑은 고려탑으로 추정하므로, 이 벽탑에 사용한 벽전 역시 고려에서 생산한 것이다. 그런데 신륵사 벽탑에 사용한 장방형 벽전의 크기는 27×27×5.5㎝로 두께만 다를 뿐 동관왕묘 정전의 장방형 벽전 크기와 동일하고, 옥개 모서리뿐만 아니라 탑신 모서리에서도 장방형과 정방형 벽전은 한 단씩 번갈아 축조하여, 동관왕묘 정전 모서리의 벽전쌓기와 동일한 특징을 보이고 있다.(<그림 7-25>) 신륵사 벽탑은 조선 영조(英祖) 2년, 1726년에 현재의 형태로 개축한 것으로 추정되므로, 그 벽전쌓기는 조선의 형식으로도 볼 수 있다. 따라서 약 100년의 시간 차이에도 불구하고, 신륵사 벽탑과 동관왕묘 정전에서 동일한 벽전쌓기를 볼 수 있어, 이러한 모서리 벽전쌓기는 18세기 초까지 조선의 보편적인 벽전쌓기로 추정할 수 있다.

동관왕묘 정전의 벽전쌓기에서 두번째 특징은 마구리면과 길이면을 번갈아 쌓고 있는 것이다.(<그림 7-26>) 이 쌓기 방법은 현재 프랑스식 쌓기(Flemish bond)로 분류하는 것과 같고, 다양한 벽전쌓기가 나타나는 중국 명·청 대의 방법 중 벽체의 내부까지 모두 벽전으로 채워 쌓는 '工'자 쌓기 또는 일순일정(一順一丁)[113]과도 동일하다.(<그림 7-27>)

113 또는 一丁一順 쌓기라고도 하며, 마구리쌓기 사이에 길이쌓기를 각각 2장, 3장으로 쌓는 一丁二順, 一丁三順 쌓기 방법도 있다.

▲7-25

▲7-26

▲7-27

▶7-28(좌)
▶7-29(우)

그림 7-25 신륵사 벽탑 모서리의 벽전쌓기
그림 7-26 동관왕묘 정전의 벽전쌓기
그림 7-27 중국 '一順一丁'·'二順一丁'
(출전 : 中國建築史編輯委員會, 『中國建築概說』(1990, 태림문화사), 367쪽.)
그림 7-28 동관왕묘 정전의 벽체 모서리
그림 7-29 종묘 정전 담장의 동남 모서리

이 벽전쌓기는 중국에서 가장 오래된 것이면서,[114] 동시에 근대(近代)에서도 가장 많이 사용한 것으로 알려져 있으므로,[115] 동관왕묘의 벽체 쌓기에 영향을 주었을 가능성이 있다. 그러나 이 벽전쌓기는 그 이전 시기의 고구려 벽탑과 신라의 법흥사(法興寺)터 7층 벽탑에서도 볼 수 있었다. 특히 법흥사터 7층 벽탑의 경우는 '工'자 형태는 아니지만 길이면과 마구리면을 번갈아 축조하였고, 고구려 벽탑은 동관왕묘의 벽전쌓기와 완전히 동일 특징을 보이고 있다. 그러나 법흥사터 벽탑은 『영가지(永嘉誌)』를 통해 성종(成宗) 18년 즉, 1487년 개축한 사실을 확인할 수 있으므로,[116] 신륵사 벽탑과 같이 조선의 벽전쌓기로 축조하였을 가능성도 있다.[117] 또한 동관왕묘 정전의 벽체를 쌓은 이장(泥匠)은 앞에서 살펴본 것과 같이 조선의 장인(匠人)으로 추정되므로, 마구리면과 길이면을 번갈아 쌓는 방법은 동관왕묘를 축조하기 이전에도 있었던 방법이며, 조선의 축조 방법으로 보아도 무방할 것이다.

벽전쌓기의 세번째 특징은 벽체 하부에 지대석(地臺石)을 사용한 것이다. 동관왕묘 정전의 기단 높이는 약 1m인데, 그 상부에 지대석을 3단으로 겹쳐 쌓고, 벽체를 축조하였다. 중국의 벽전축 구조물에서는 기초부터 벽체와 지붕 등 건물 전체를 벽전으로 축조하며, 석재는 적게 사용한다. 그러나 한국은 삼국 이래로부터 화강석을 다량으로 사용하였고, 중국을 대표하는 벽탑 대신 한국 특유의 석탑(石塔)을 만들어 내었다. 이러한 화강석의 사용은 한국의 벽전축 건축에서도 마찬가지인데, 신라 벽탑의 기단은 모두 몇 단의 화강석을 사용하였고, 특히 조탑동 5층 벽탑의 1층 탑신은 모두 화강암으로 축조하였다. 또한 벽탑을 모방한 모벽탑(模甓塔)인 분황사 탑은 화강암으로 감실의 상인방과 인왕상 등을 설치하였고, 제천 장락동 7층 모벽탑은 1층 탑신 네 모서리에 화강암 기둥을 만들어 전체 구조가 안정할 수 있었다. 이러한 특징은 조선후기 화성(華城)의 각 시설물과 그 이후 벽전을 사용한 모든 건축에 나타나고 있는데, 벽전건축에서도 석재를 부분적으로 사용하는 것은 전 시기 한국건축에서 공통적으로 나타나는 특징이며, 동시에 중국과는

114 中國建築史編輯委員會, 『中國建築概說』(1990, 태림문화사.), 367쪽.

115 劉致平, 『中國建築類型及結構』(1986, 尙林出版社.), 124쪽.

116 『永嘉誌』 卷之六 「古塔」 '法興寺甎塔' 참고.

117 그러나 석조 가구식 기단을 통해 신륵사 벽탑과 같이 완전히 새롭게 개축한 것은 아닌 것으로 생각한다. 따라서 신라의 벽전쌓기를 변경하지 않고 그대로 다시 쌓은 것으로도 생각할 수 있으므로, 신라 벽전쌓기 방법이 조선으로 이어졌을 가능성도 있는 것이다.

▲7-30

▲7-31

▲7-34

▶7-32(좌)

▶7-33(우)

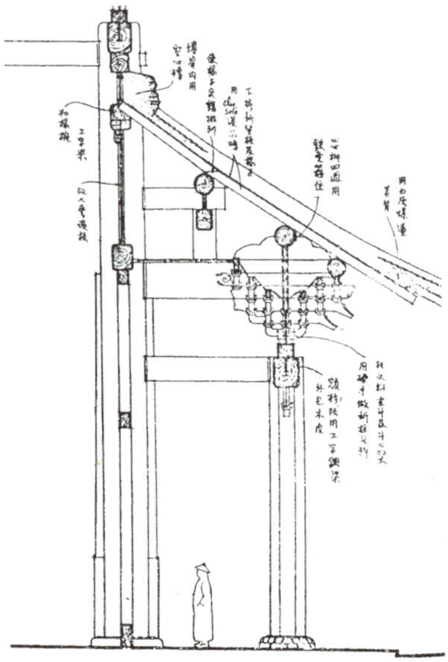

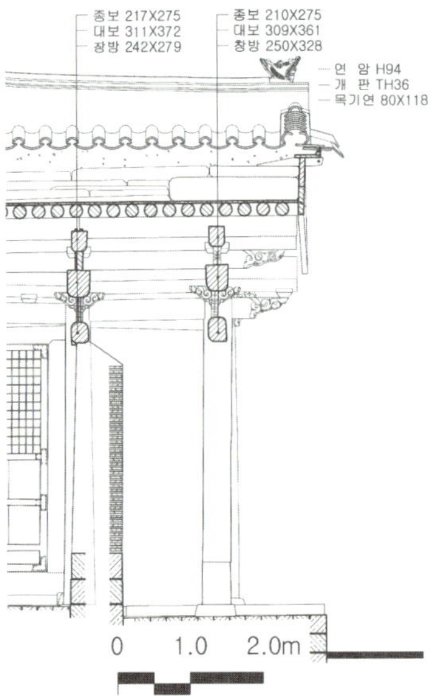

그림 7-30 동관왕묘 정전의 측면 퇴보

그림 7-31 동관왕묘 정전의 후면 어칸 퇴보

그림 7-32 곡부공묘 대성전 종단면도 부분

(출전 : 劉致平, 『中國建築類型及結構』(1986, 尙林出版社.), 252쪽.)

그림 7-33 동관왕묘 정전의 전실 횡단면 부분

(출전 : 국립문화재연구소, 『동묘의 건축』(2004, 대전충남인쇄정보산업협동조합), 151쪽.)

그림 7-34 동관왕묘 정전 전실 동측면

다른 한국 벽전건축만의 특징으로 볼 수 있다.[118] 따라서 벽체 하부에 석재 지대석을 사용한 동관왕묘 정전 역시 이러한 흐름 속에 포함하는 것으로 보아야 할 것이다.

또한 3단의 지대석은 정면을 제외한 3면에 설치하였지만, 벽체가 끝나는 단부에는 2단 높이의 석재를 더 쌓아 더욱 안정하게 축조하고 있다. 특히 정면의 좌우에서 벽체가 끝나는 부분과 뒷면에 문을 설치한 좌우에는 지대석을 눕혀 쌓았고, 벽체가 꺾이는 동북·서북 모서리에서는 세워 쌓고 있다.(<그림 7-28>) 이러한 이유는 명확하게 알 수 없지만, 의도적으로 벽전 벽체에 석재를 혼용하여 축조한 것이므로,[119] 각 모서리에 대한 강조와 구조적인 안정을 얻기 위한 것으로 추정할 수 있다. 이렇게 벽전으로 쌓은 벽체 단부에 석재를 사용하여 더욱 안정하게 축조하는 방법은 동관왕묘 정전 이후 조선의 모든 벽전건축에서 동일하게 나타나고 있는데, 특히 사고석[四塊石]으로 축조한 일반 담장에서도 볼 수 있으므로,(<그림 7-29>) 화강석을 광범위하게 사용한 한국만의 특징으로 볼 수 있을 것이다.[120]

또한 벽전으로 축조한 벽체는 벽전과 벽전을 석회로 부착하여 축조하였으며, 줄눈은 약 2㎝ 두께이다. 그러나 지대석 상부의 5단은 석회를 사용하지 않았는데,(<그림 7-26·28>) 벽전으로 축조한 벽체의 하부 즉, 지대석 상부에 연속해서 나타나며, 위에서 설명한 각 단부의 석재에서는 1단으로 줄어든다. 이렇게 석회를 사용하지 않고 벽전을 쌓는 방법은 낙랑·백제 벽전축 무덤과 신라 벽탑, 고려 죽죽리 절터의 벽체석연 기단 등에서 보편적으로 볼 수 있었고, 또 조선후기 각 궁궐에서 벽전으로 축조한 굴뚝과 문 등에서도 나타나는 공통된 특징으로, 한국 전 시기에 나타나는 벽전쌓기라고 할 수 있다. 특히 굴뚝에서는 석재로 기단을 만들고, 그 상부에는 벽전을 쌓는데, 석재와 만나는 부분의 몇 단은 석회를 사용하지 않아 동관왕묘 정전의 벽전쌓기 개념과 동일하다. 이러한 벽전쌓기는 의장 효과와 함께, 하중과 구조를 표현하는 심리적인 의도를 포함한

118 따라서 한국에서 순수한 벽전건축은 고구려 벽탑과 백제의 무령왕릉·송산리 6호 무덤뿐이라고 할 수 있지만, 이들 역시 암반 위에 직접 축조하였으므로, 석재로 기단을 설치한 것과 유사한 것이다.

119 또한 동관왕묘 中門 역시 측면에 벽전을 사용하여 벽체를 축조하고, 그 단부에서도 석재를 세워 쌓고 있어, 당시 공통적이고 의도된 축조방법을 보이고 있다.

120 이렇게 벽체의 단부에 석재를 사용하여 축조하는 방법은 조정현·신영훈의 『한옥의 건축도예와 무늬』(1990, 기문당.), 68쪽에서도 주목하여 <그림 7-29>의 종묘 담장을 예로 들고 있는데, 담장을 깨끗하게 정리할 수 있고 구조적으로 튼튼하며, 또 지형에 따른 낙차에 의해 생기는 長臺石의 높낮이를 조절할 수 있는 축조방법이라고 한다.

것으로 생각하는데, 실재 벽전축 하부에 석회를 사용하지 않을 경우, 석회에 의한 부착력보다 벽전과 벽전 사이의 마찰에 의해 횡력과 전단력에도 안정할 수 있을 것이다.

벽체에서 볼 수 있는 마지막 특성은 앞에서도 살펴본 헌랑(軒廊) 상부 퇴보와의 관계이다. 즉, 중국 목조건축의 위랑(圍廊)과 다르게 외진주의 주두 하부에서 퇴보를 걸고, 헌랑 기둥의 상부에서 외목도리와 주두·익공·창방을 함께 연결하고 있다.(<그림 7-22·30>) 그러므로 퇴보는 벽전으로 축조한 벽체 상부에 걸쳐 결구한 것이며, 벽체는 퇴보의 하중을 어느 정도 분담한다. 또한 <그림 7-31>은 정전 뒷면의 어칸 퇴보인데, 기둥 상부에서는 주심도리와 대들보·주두·창방을 결구하고, 특이하게 덧보 뺄목 하부에서 퇴보를 연결하였으며, 퇴보 하부 즉, 벽전 벽체 속에는 퇴보와 외진주를 결구하는 보아지[欂奉]를 볼 수 있다.(<그림 7-18>) 따라서 후실의 퇴보 하부에는 모두 보아지를 설치한 것으로 추정할 수 있으며, 벽전으로 축조한 벽체 속에 묻혀 외부에서는 보이지 않는 것이다. 비록 벽전으로 벽체를 축조하여 퇴보와 기둥 연결부를 벽전으로 지지하고 있지만, 보아지를 벽체 속에 삽입하여 퇴보와 기둥을 결구하는 방법은 조선 목조건축을 충실히 따른 결과라고 할 것이며, 중국에서는 전혀 찾아 볼 수 없는 축조 방법이다.[121]

이와 다르게 전실 기둥 높이는 헌랑 기둥을 포함하여 모두 같고, 주두 밑에서는 도리방향으로 창방과 익공을 결구하였으며, 다시 그 하부에서는 보방향으로 또 다른 창방을 연결한다. 즉, 모서리에서 창방을 직교하여 결구한 것이 아니라, 정면에서 익공과 상부 창방을 결구하고, 측면에서 하부 창방은 독립적으로 기둥과 결구하는 것이며, 이는 동관왕묘 정전에서만 볼 수 있는 특징이다. 따라서 전실 헌랑 기둥의 주두 상부에서는 내부 기둥과 같이 보를 설치하고, 하부 창방 사이에는 3개의 화반(花盤)으로 결구하고 있다.(<그림 7-21·33·34>) 또한 벽전으로 축조한 벽체는 보방향의 창방 하부에서 마감하였는데, 이는 중국 목조건축에서도 보편적으로 나타나는 특징이며, 종묘 정전과 공신당·칠사당 등 조선에서도 볼 수 있는 축조 방법이라고 할 수 있다.

121 또한 이 보아지를 통해 창건 당시 벽전 벽체를 축조한 이유는 상부하중을 지지하기 위한 것이 아닌, 陽氣를 막기 위해 묘실의 3면을 감싼 것으로도 볼 수 있다.

2-2. 홍예

동관왕묘 정전은 측면이 긴 장방형 평면이므로 2개의 건물을 연결하여 축조하였는데, 측면 6칸에서 뒤쪽 4칸은 후실, 앞쪽 1칸은 전실이며, 그 사이 한 칸은 두 건물의 처마가 만드는 공간이다. 그런데 바로 이 사이공간 좌우에 홍예를 틀고 협문(夾門)을 설치하여,(<그림 7-15·18·21>) 동관왕묘 정전은 네 면, 사방에 모두 문이 있는 평면 형식인 것이다. 정면 출입은 주로 제례(祭禮)때에만 사용하였을 것이고, 일상적인 출입은 모두 좌우 협칸을 통했을 것이다. 또한 뒷면의 문은 명확하지 않지만, 중국의 영향으로 추정하고 있으며,[122] 중국 묘(廟)와 절[寺]의 중심 건물에서 확인할 수 있다. 그러나 2실로 구분한 성도 청진사 예배전에서도 측면 협문이 없고,(<그림 7-17>) 측면 진입이 나타나지 않으므로, 이 특징은 중국의 영향이 아닐 것이다.[123]

이 협문의 상부는 반원형에 가까운 홍예(虹蜺)를 틀었는데, 일반 벽전축 건축에서는 벽전으로 홍예를 만드는 것이 보편적이지만, 돌 하나를 깎아 만든 것이 특이하다.(<그림 7-35>) 홍예와 벽체의 지대석 사이에는 별도의 석재를 세워 축조하였는데, 이 부재를 선단석(扇單石)이라고 한다.[124] 이 선단석의 사용은 조선후기 벽전건축의 홍예문에 보편적으로 나타나고 있는 특징인데, 그 예로 화성(華城) 동암문(東暗門)은 지면과 만나는 하부에 장대석(長臺石)을 놓고, 홍예와 벽체는 벽전으로 축조하였으며, 그 사이 좌우측에 선단석을 각각 하나씩 사용하여 동관왕묘 정전 협문의 홍예와 동일한 축조방법을 보이고 있다.(<그림 7-36>) 따라서 동관왕묘 정전의 좌우측 홍예에서 선단석을 처음으로 사용하였고, 이 축조방법이 조선후기에 영향을 준 것으로 생각할 수 있다.

또한 홍예 상부에서는 홍예의 곡률을 따라 원형으로 둘러싸인 벽전을 볼 수 있는데, 고구려 벽탑과 무령왕릉 무덤길 홍예에서 볼 수 있었던 눈썹벽전[眉甓甎]과 동일하다. 이 눈썹벽전은 위에서 설명한 것과 같이 지대석 상부에 석회를 사용하지 않고 쌓은 5단의 벽전 켜가 연결되고 있는 것이지만, 5단에서 1단으로, 다시 홍예 상부에서 2단으

122 허승, 「동묘의 건축적 특성에 관한 연구」(1992, 울산대학교 대학원 건축학과 석사학위논문.), 54쪽.

123 그러나 각 절[寺]의 대웅전은 정면에 문을 설치하지만 출입을 위한 것은 아니며, 좌우측 협칸의 협문에서 출입한다. 따라서 대웅전과 廟의 배경은 서로 다르지만, 당시 조선에서는 보편적인 것으로 받아들여질 수 있었을 것이며, 남묘 역시 좌우 협문을 포함한 평면의 특징은 동묘와 거의 동일하다.

124 선단석은 위에서 설명한 것과 같이 벽체 모서리와 끝 부분에 지대석 한 단을 더 사용하는 것과 같은 맥락이다.

▶7-35(좌)

▶7-36(우)

▶7-37

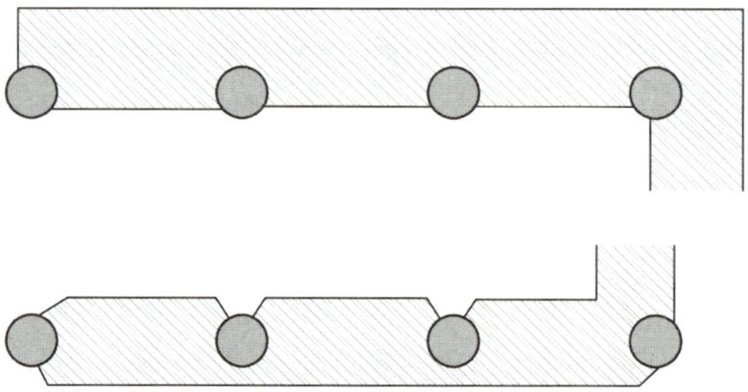

▶7-38

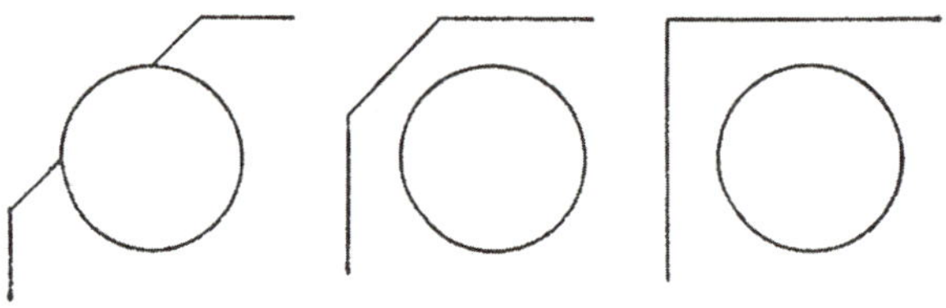

그림 7-35 동관왕묘 좌측면 협문

그림 7-36 화성 동암문도

(출전 : 『화성성역의궤』 卷首 「圖說」.)

그림 7-37 동관왕묘 정전과 중국 건축의 기둥과 벽체 형식

그림 7-38 중국의 평벽과 기둥 형식

(출전 : 文化部文物保護科研所, 『中國古建築修繕技術』(1983, 中國建築工業出版社.), 118쪽.)

로 그 단수가 늘어나고 있는 것을 통해서 눈썹벽전의 사용은 의도적인 것으로 보아야 한다. 이 눈썹벽전은 하중과 구조를 표현하고, 홍예문을 강조하는 의장적인 것이기도 하지만, 구조적인 목적도 있을 것으로 생각할 수 있다. 또한 벽체에 사용한 벽전은 눈썹벽전과 접합되면서 곡률에 맞추어 모두 가공하였는데, 낙랑에서부터 볼 수 있는 축조방법이다. 협문은 외부에서는 홍예문이지만, 내부에서는 석재 기둥을 세우고, 석재 상인방을 설치한 방형의 문이다. 이는 유교적인 관념에 의해 내부와 외부에서 그 형태를 달리하므로, 상징적인 의미를 담고 있다고 할 수 있다. 이와 유사한 형태로는 경복궁 자경전(慈慶殿) 영역의 동측 벽전축문으로 역시 외부에서는 홍예문이지만 내부에서는 방형이다. 특히 조선후기 벽전축문에 이러한 특징이 나타난 것은 역시 동관왕묘와 관련한다고 볼 수 있다.

2-3. 벽전 벽체의 의미

이상에서 동관왕묘 정전에서 볼 수 있는 가장 특징적인 부분들을 살펴보았다. 기존 연구에서 동관왕묘는 중국 명(明)의 요구에 의해 창건하여, 벽체는 벽전으로 축조하였고 헌랑을 두었으며 뒷면에 문을 설치하는 것 등에 의해 중국의 건축형식으로 추정하고 있다. 특히 조선에서는 벽전을 사용하지 않았기 때문에, 벽전으로 축조한 벽체는 '중국적 전통에 기인'하며, '조선의 건축 풍토를 도외시한 건축'으로도 간주한다.[125] 그러나 벽전사용은 당시 조선 사회에서도 요구하였던 필요에 의한 것인데, 그 의미를 살펴보면 다음과 같다.

먼저 화재에 관한 것이다. 앞에서 살펴본 것과 같이 당시 조선의 목조건축 특히 서울에서 밀집되어 있는 목조건축들은 화재의 위험에 항상 방치되어 있으므로, 태종 대부터 건축물의 측벽 또는 전·후면에 방화장(防火墻)·반방화장의 설치를 규정하고 있었다. 따라서 사고석 등의 석재와 함께 기와·벽전의 필요는 급증하였을 것이며, 실재 많이 사용하였던 것으로 추정한다. 이러한 상황은 묘(廟) 건축에서도 마찬가지였으며, 동관왕묘 정전과 유사하게 3면 벽체를 벽전으로 축조한 종묘 정전과 영녕전이 대표적으로 영원성(永遠性)을 추구하고 있는 건축이다. 또한 동관왕묘 정전에서는 헌랑을 설치하였지만 외벽을 벽전으로 축조하였으므로, 이는 분명 당시 조선에서도 일반화되는 건축관념으로

125 허승, 「동묘의 건축적 특징에 관한 연구」(1992, 울산대학교 대학원 건축학과 석사학위논문.), 77~80쪽 참고.

보아야 할 것이다.

두번째로는 유교적 관념이다. 조선은 유교를 국가통치이념으로 삼으면서, 일반 백성들에게까지 확대하기 시작하였는데, 유교에서 강조하는 효(孝)와 관련하여 건축에서는 가묘(家廟)와 음택풍수(陰宅風水)가 활성화되었다. 따라서 기(氣)의 관념이 보편화되었고, [사료 7-2·16]에서 살펴본 것과 같이 벽전은 죽은 자를 위한 묘(廟) 건축에서 양기(陽氣)를 막기 위한 벽체 재료였다. 일반 심벽과는 다르게 벽전으로 축조한 벽체는 밀폐에 대한 관념을 만들 수 있었기 때문이다. 따라서 종묘 또는 선원전 등 묘 건축의 벽체는 1면 이상을 벽전으로 축조하기 시작하였으므로, 동관왕묘 정전에서 벽전으로 벽체를 축조한 것은 중국과도 연관하는 특징이지만 당시 조선의 유교적 관념과 연관하는 것이기도 하다. 이는 벽체가 하중을 지지하지 않고, 단순히 내부공간을 밀폐시키기 위한 것임을 통해서 알 수 있는데, 헌랑 상부의 퇴보는 벽전으로 쌓은 벽체로도 충분히 지지할 수 있지만, 외진주와의 결구에는 보아지를 사용하고 있었기 때문이다.

세번째로는 동관왕묘 정전의 벽체 형식이 내심벽 외평벽이라는 것이다. 중국에서는 한대(漢代)에 이미 목조가구가 발달하여 북위(北魏)와 수(隨)·당(唐)대에 전성기를 이루었으며, 주로 기둥이 상부의 하중을 지지하는 가구식 구조이다. 그러나 북위와 수에서는 기둥이 아닌 흙으로 쌓은 벽체가 하중을 지지하는 구조도 있었다. 일명 '승중장'(承重墻)이라고 하는데, '벽주'(壁柱)라는 기둥이 외부로 노출되고, 기둥과 기둥을 잇는 부재인 '벽대'(壁帶)가 있지만 하중을 지지하는 것은 아닌 흙벽을 잡아 주는 역할만을 하며, 당대까지도 응용되었다.[126] 내력벽인 승중장은 평벽(平壁) 또는 심벽(心壁)과는 축조 방법이 또 다르며, 높은 위계를 갖는 목조건축에서 기둥과 내력벽체가 혼합하는 초기 형태일 것이다. 그러나 현재 남아 있는 중국의 주요 전각은 목조건축으로, 기둥이 하중을 지지하고 정면을 제외한 3면 외진주에는 흙과 벽전을 사용하여 평벽을 축조한다. 즉, 실내와 실외에서는 기둥이 전혀 보이지 않고, 단지 네 모서리의 기둥만을 노출시키는 것이다. 현재 남아 있는 가장 오래된 유구는 782년 축조한 남선사(南禪寺) 대전(大殿)과 857년 축조한 불광사(佛光寺) 대전이 대표적인데, 이 두 건물 역시 정면을 제외한 3면은 평벽이고 상부에 공포를 결구하여 하중을 지지하고 있으며, 네 모서리 기둥은 외부로 노출시키고 있는 것이다. 또한 이러한 형식은 청(淸)대까지도 지속하고 있어 중국 건축의 대표적인 특징이

126 蕭默, 『敦煌建築研究』(1989, 文物出版社.), 218~219쪽과 106쪽의 그림 62 참고.

라고 할 수 있는데, 중국의 기후와 화재를 막기 위한 것으로 설명한다.

이렇게 중국은 승중장과 평벽 등의 여러 가지 형태의 벽체를 축조하였지만, 한국 목조건축에서는 주로 심벽만을 축조하였다. 즉, 기둥은 실내·외에서 모두 노출하고, 하중을 지지하지 않는 칸막이 벽이다. 현존하는 최고(最古)의 유구인 고려 말의 봉정사(鳳停寺) 극락전(極樂殿), 부석사(浮石寺) 무량수전(無量壽殿) 역시 모두 심벽으로 축조하여, 그 이전의 목조건축 역시 일반적으로 심벽을 축조한 것으로 추정할 수 있다. 그러나 백제·신라 및 고려 등에서 발견된 벽전을 통해 벽전을 일부 혼용한 형식의 벽체를 추정하였고, 특히 조선전기에서는 앞에서 살펴본 것과 같이 화재를 막기 위한 방화장(防火墻)을 명확하기 규정하기 시작하였다. 방화장은 외부 벽체를 사고석이나 벽전으로 축조하여 화재를 예방하는데, 외부에서는 기둥을 노출하지 않는 평벽이다. 그러나 실내 기둥은 그 이전의 심벽 형식 그대로 기둥을 노출시키는데, 이를 내심벽 외평벽이라고 하였다. 따라서 내심벽 외평벽은 중국에서는 보편적이지 않은, 조선 자체 내에서 발전시킨 벽체의 형식이라고 할 수 있을 것이다.

다시 동관왕묘 정전의 외진주에 설치한 벽체를 살펴보면, 정면을 제외한 3면에 벽전으로 축조한 벽체를 설치하였는데, 외부에서 기둥은 보이지 않아 평벽이라고 할 수 있고 내부에서는 절반 정도가 노출되어 심벽의 특징을 갖고 있어,(<그림 7-15·37>) 이는 조선에서 발생한 내심벽 외평벽의 형태와 동일하다고 볼 수 있다. 벽체의 축조는 앞에서 살펴본 종묘 공신당과 같이 내부에 샛기둥을 세우고, 산자를 엮어 진흙과 석회 등으로 채우며, 외부만을 벽전으로 축조하였을 것으로 생각하므로,(<그림 7-8>) 이는 당시 조선의 묘 건축에서 축조하고 있었던 방화장 또는 양기(陽氣)를 막기 위한 벽체의 성격을 가지고 있는 것이다.

또한 중국의 벽체와 기둥을 접합하는 방법 역시 다르게 나타난다. 중국은 대부분 기둥을 벽체 속에 완전히 감추지만, 네 모서리의 기둥만을 노출시키는 경우도 있다. 정면의 양 귓기둥[隅柱]에서 실외 쪽은 완만한 사선으로, 실내 쪽은 경사가 심한 사선으로 벽체를 마감하며,(<그림 7-37의 아래 그림>) 뒷면의 양 귓기둥을 노출시킬 경우 45°정도의 사선으로 마감한다.(<그림 7-38>) 또한 평벽에서 기둥을 내부에서 노출시키는 경우도 있는데, 역시 기둥을 중심으로 벽체를 사선으로 절단하여 노출한다. 이러한 방법들이 중국에서 나타나는 보편적인 방법이라 할 수 있지만, 동관왕묘 정전과 같은 내심벽 외평벽의 건물은 극히 드물다. 동관왕묘 정전은 실내의 기둥들은 절반 정도가 노출되어 있고, 벽체와 기둥은 직선으로 접합된다. 또한 뒷면의 귓기둥은 실외에서는 노출시키지 않고, 중국과 같이 사선으로 벽체를 절단하지도 않는다. 따라서 동관왕묘 정전의 내심벽 외평벽 축조방법은 중국과 다른 특징을 가지고 있는데, 이는 분명 조선의 축조방법이고 조선의 벽체에 대한 관념으로 보아야 할 것이며, 당시의 관념과 그 사회가 필요로 하는 기능에 의해 나타난 것으로 볼 수 있다. 따라서 동관왕묘는 '중국적 전통에 기인'하는 특징들도 존재하지만, 당시 조선의 건축으로 볼 수 있는 중요한 유구로 재평가되어야 한다.

이 외에도 동관왕묘 정전의 벽체는 몇 가지 의미를 더 갖는데, 먼저 구조적인 목적이다. 앞에서도 설명한 것과 같이 헌랑의 퇴보와 외진주의 결구에는 보아지를 설치하였다. 이 보아지는 퇴보가 아래로 처지는 것을 막기 위한 것이지만, 퇴보 하부에는 벽전으로 축조한 벽체가 있어 보아지를 사용할 구조적인 이유는 없는 것이다. 따라서 벽체 속에 보아지를 사용한 것을 통해, 벽전으로 축조한 벽체가 구조적인 목적이 없으며 단지 내부공간을 밀폐시키기 위한 것임을 알 수 있다. 그러나 벽전으로 축조한 벽체는 분명 구조적인 목적이 있을 것으로 생각해 볼 수 있다. 동관왕묘 정전은 조선의 일반 목조건축과는 다르게 측면이 길고, 내부에서는 2실로 구분하는데, 이러한 평면의 건물을 축조하기 위해 두 개의 건물로 구분하여 계획하였다. 곧 전실과 후실이다. 그러나 이 전실과 후실은 지붕의 형태도 다를 뿐 아니라 구조적으로 전혀 연결하지 않은 독립체들이다. 두 건물의 지붕을 수직으로 연결하는 지붕을 설치하였지만, 구조적으로 안정하지 못하다. 따라서 벽전으로 축조한 벽체가 두 건물을 일체화시키고 있는데, 벽전은 석회로 부착하므로 전체 벽체는 일체화되며, 두 건물을 동시에 감싸고 있는 벽체는 두 건물을 일체화시키는 것이다. 따라서 벽체는 수직 하중을 지지하기 위한 목적은 아니며, 묘실을 완전히 밀폐시키면서 동시에 두 건물로 분리되어 있는 정전을 하나로 묶어 횡력에 저항할 수 있도록 하는 것이다. 또한 외부에 설치한 헌랑의 기둥과 퇴보는 벽체가 횡력에 저항하는 것을 함께 분담하고 있는 것으로도 볼 수 있다. 즉, 완결된 구조물을 헌랑의 기둥과 퇴보가 다시 받치고 있기 때문이다.[127]

또한 동관왕묘 정전에서 벽전으로 축조한 내심벽 외평벽 벽체는 한국에서 현존하는 가장 이른 시기의 유구라고 할 수 있으며, 벽전의 쌓기방법과 그 특징은 조선후기에 영향을 주었다. 이와 관련한 것은 앞에서 살펴보았지만 다시 정리하면, 벽전건축의 모서

127 이러한 특징은 서양 Gothic 건축에서 Flying buttress의 역할과 유사한 것으로 볼 수 있을 것이다.

리에서 장방형 벽전을 사용하는 축조 방법, 모서리에 선단석과 유사한 석재를 한 단 더 사용한 것, 벽체의 하부에 지대석을 사용하고 그 상부 몇 단의 벽전은 석회를 사용하지 않고 축조하는 것, 홍예에 선단석과 눈썹벽전을 사용하는 것 등으로 모두 조선후기에서도 공통적으로 나타나는 특징들인 것이다. 따라서 동관왕묘 정전의 벽체 축조방법은 조선후기 벽전건축에 많은 영향을 준 것으로 그 의미는 매우 크다고 할 것이다.

이렇게 동관왕묘 정전의 벽체 형식과 벽전쌓기가 조선후기에 영향을 준 것은 동관왕묘가 숙종(肅宗)을 비롯하여 영·정조(英·正祖)대에 부각되는 당시 조선 사회의 상황과도 부합되는 것으로 주목된다. 동관왕묘는 임진왜란 때에 원조군으로 참전한 명나라의 요구에 의해 명장(明將) 관우를 위해 세워진 묘이지만, 조선 사회에서 큰 관심의 대상이 되지 못하다가, 숙종(肅宗) 17년, 1691년에 부분적으로 개수하고 영조(英祖) 15년, 1739년에 다시 중수하였으며, 능행(陵行) 때에 왕이 직접 임어(臨御)하여 배례(拜禮) 하였다. 특히 영조와 정조 대에는 계속적으로 치제(致祭)를 지내고, 영조는 '현령소덕왕묘'(顯靈昭德王廟) 편액을 직접 써 걸어 두게 한 사실 등을 『조선왕조실록』에서 확인할 수 있다. 또한 숙종 대부터 남원과 서울·개성에는 관왕묘를 계속해서 축조해 간다.

이렇게 조선후기 사회에서 관왕묘가 부각되는 이유 중에는 조선이 종주국으로 생각하던 명(明)의 은혜를 기리기 위한 것이 있다. 즉, 1644년 명이 망하고 오랑캐 나라인 청(淸)이 집권하기 시작하였으며, 조선은 청의 침략을 당하였다. 따라서 조선에서는 북벌론(北伐論)과 존주론(尊周論)이 국가 이념화 되었으며, 숙종은 멸망한 명을 위해 대보단(大報壇)을 설치하여 임진왜란 때에 원조군을 보낸 신종(神宗)과 명의 마지막 왕인 의종(毅宗)에 제사지냈다. 이런 흐름 속에서 동관왕묘는 명의 은혜를 기리는 의미로 조선 사회에서 부각되기 시작한 것이다. 이와 동시에 실학(實學)의 대두로 조선후기사회에 벽전사용을 주장하기 시작하였으며, 숙종 대부터 벽전사용을 적극 검토하고, 영·정조대에는 실재로 강화도의 외성과 화성을 벽전으로 축조한 것이다. 그런데 화성과 그 이후의 벽전축 구조물에서는 동관왕묘 정전의 벽체 형식과 벽전쌓기의 동일한 특징들이 나타나고 있다. 즉, 관왕묘 중 가장 장대하였던 동관왕묘에 왕이 친제를 지내므로 조선 사회에서 부각되기 시작하는 때를 같이하여 벽전사용을 검토하고, 동관왕묘의 축조방법과 동일한 특징들이 나타나는 것은 결코 우연이 아닐 것이다. 그러므로 동관왕묘의 벽체 형식과 벽전쌓기의 특징은 조선후기와 그 맥을 같이하고 있으며, 그 의미는 매우 크다고 할 수 있는 것이다.

제8장

벽전사용의 확대와 목조건축의 변화 특징 조선후기

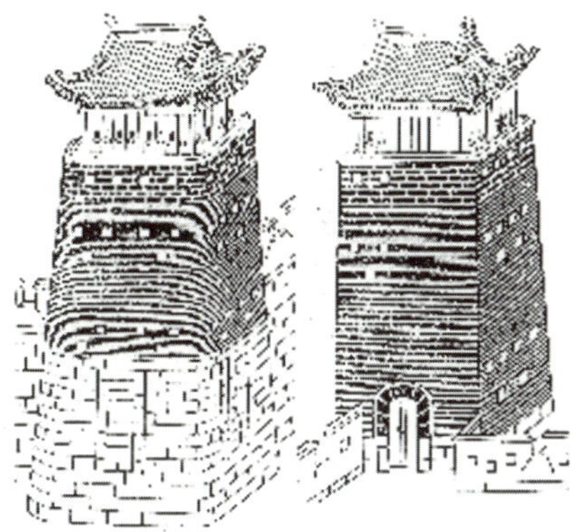

조선후기에는 벽전을 사용하자는 주장이 크게 확대되었고,
목재 부족 현상으로 인해 새로운 건축재료의 필요성이 부각되어, 결국 18세기 후반의 화성성역에
서부터 벽전을 적극적으로 사용하였다

– 본문 中

개요

이 장에서는 조선전기에 이어 조선후기의 벽전(甓甎) 사용과 벽전건축의 특징을 살펴본다. 조선전기에서는 일부 권위 건축과 묘(廟) 건축 등에만 벽전을 사용하였을 뿐 일반 백성들에까지 보편화하지 못하였고, 벽전의 생산과 시공(施工) 기술 역시 축적하지 못하였다. 그렇지만 조선전기에서 후기까지 이어지는 벽전의 쌓기방법과 건축특징은 조선전기의 유일한 예인 동관왕묘 정전(正殿)을 통해 살펴볼 수 있었다. 조선후기는 전기와 달리 사회 전반에 걸쳐 벽전의 필요성이 급증하였고, 벽전을 사용하자는 주장이 확대하기 시작하였다. 즉, 운송이 편리한 지역의 목재 부족과 수급의 불균형으로 인해 건축에서는 목재를 대체할 만한 건축재료가 필요하였던 것이다. 이에 대한 해결책의 하나로 벽전의 필요성이 급증하였는데, 이는 벽전을 광범위하게 사용한 중국의 생산방법과 축조기술에 어느 정도 영향을 받았다. 중국에서는 일반 민간에서도 가마를 설치하여 벽전을 광범위하게 사용하고 있었는데, 중국을 다녀온 일부 학자들의 벽전사용 주장이 조선후기 사회 전반에 걸쳐 설득력을 얻었기 때문이다. 또한 여기에는 조선 자체의 축조방법과 기술이 내재하고 있었기 때문으로 생각할 수 있는데, 비록 중국의 영향에 의해 벽전의 필요성이 급증하였지만, 벽전사용을 위한 노력과 함께 벽전을 생산하고 벽전건축을 축조할 수 있는 조선 자체의 능력이 있었기 때문인 것이다. 따라서 실재 벽전사용을 적극 검토하고, 1794~1796년 화성(華城)의 축조에는 대량으로 벽전을 사용하였으며, 화성성역 이후에는 벽전사용이 보편화되었을 것으로 생각한다.

따라서 이 장에서는 먼저 조선후기에 벽전사용을 주장한 의견들을 검토하고, 벽전의 축조방법과 사용 범위를 상세하게 설명한 문헌을 중심으로 조선후기의 벽전사용과 축조방법·건축특징 등을 살펴보기로 한다. 또한 전쟁을 위한 특수한 건축이기는 하지만, 벽전을 가장 적극적이면서 광범위하게 사용한 화성의 각 시설물들을 중심으로 벽전의 일반적인 쌓기방법과 건축 요소들의 축조방법을 살펴본다. 마지막으로는 목구조(木構造)와 벽전축(甓甎築) 구조를 동시에 사용한 각 건축물들의 특징을 분석하는데, 이를 통해 새롭게 확대 사용한 벽전이 기존 목조건축에 어떠한 변화를 주었고, 한국 목조건축의 내재하는 자체적인 변화 가능성을 검토할 수 있을 것이다.

8-1. 벽전사용 주장의 확대와 건축 특징

조선후기에는 목재 수급의 불균형으로 인해 사회 전반에 걸쳐 벽전의 필요성이 급증하였다. 즉, 목재의 절대량 부족이기보다는 운송이 편리한 지역에서의 목재 고갈(枯渴) 현상이 심각하였기 때문이다.[1] 따라서 목재를 운송하기 위해서는 많은 공력이 필요하게 되었고, 그에 따라 벌채는 엄격하게 제한되어, 일반 민간에서도 목재를 얻기가 어려워졌다. 또한 18세기 말부터 부역 노동에서 임금을 지불하는 노임제(勞賃制)로 전환됨에 따라[2] 삼국에서부터 대량으로 사용하던 석재는 돌을 떠내고 다듬어 운반하는 데 많은 공사비를 필요로 하게 되었다. 이러한 당시 사회상황으로 인해 기존의 나무와 돌 이외에 시공이 쉽고 빠르며, 내구적인 건축재료의 필요성이 급증하였으며, 그 재료가 바로 벽전이었던 것이다.

그러나 벽전을 생산하기 위해서는 많은 양의 흙과 땔나무가 필요한데, 흙은 구하기 쉽고 무한정 하다고 할 수 있지만, 목재가 부족한 조선에서 땔나무를 구하기는 더욱 어려웠으므로 더욱 많은 생산비를 필요로 한다. 따라서 땔나무를 적게 쓰면서도 많은 양의 벽전을 생산할 수 있는 생산기술 역시 요구되는데, 이는 제1장에서 살펴본 것과 같이 가마[窯]의 제도와 밀접하게 관련한다. 가마는 크게 승염식(昇焰式) 가마와 횡염식(橫焰式) 가마로 구분하는데, 조선전기까지 사용한 가마는 횡염식 가마인 굴가마와 등요(登窯) 등이다. 그러나 승염식 가마에 비해 열효율이 좋지 않으므로 많은 양의 땔나무를 필요로 하고, 벽전생산량도 상대적으로 적다.

조선후기에서는 청(淸)과 서양의 수학·천문학·농학과 과학기술 서적들을 수입하여, 그 기술들이 많이 알려졌다.[3] 또한 17세기부터 사회 개혁론을 주장하며 형성된 실학파(實學派) 중 18세기 후반에 상공업과 생산기구·과학기술의 혁신을 지표로 하는[4] 북학파(北學派)는 벽전의 사용과 함께 가마의 개선 역시 주장하였다. 따라서 화성성역(華城城

1 『조선왕조실록』에서는 15세기 말에서부터 목재의 부족을 언급하고 있는데, 자세한 내용은 김동욱의 「조선후기 건축공사에 있어서의 목재공급 체제-수원성곽공사를 중심으로」(대한건축학회, 『건축 대한건축학회지』제28권 제117호, 1984. 3-4.), 46~47쪽을 참고할 수 있다.

2 김동욱, 『한국건축공장사연구』(1993, 기문당.), 223~234쪽 참고.

3 강만길, 『고쳐 쓴 한국근대사』(1994, 창작과비평사.), 152쪽 참고.

4 정옥자, 『조선후기 역사의 이해』(1993, 일지사.), 148~160쪽 참고.

그림 8-1 강화 외성의 벽성 흔적

役)에서는 중국의 『천공개물(天工開物)』과 북학파의 영향에 의해 승염식 가마인 벽요(甓窯)를 처음으로 설치하고, 대량의 벽전을 생산하기 시작하였다. 그 이후에는 승염식 가마인 감투가마가 일반에게까지 보급되어, 조선후기에서는 벽전생산과 그에 따른 벽전사용이 활발하였다고 할 수 있을 것이다.

그러므로 이 절에서는 조선후기 『조선왕조실록』과 북학파가 저술한 문헌들을 통해 벽전사용 주장들을 검토하며, 그에 따른 사회적 의미를 고찰한다. 또한 벽전사용을 구체적으로 언급한 문헌을 통해서는 조선후기의 벽전의 축조방법과 사용 범위를 살펴보기로 한다.

1. 벽전사용 주장의 확대

조선전기에서는 태종(太宗) 대부터 임진왜란 이후 각 지역의 성(城)을 축조할 때까지 벽전사용을 주장하는 내용은 꾸준히 나타나며 『조선왕조실록』에서 확인할 수 있었다. 그러나 그 이후에는 뚜렷한 논의는 발견할 수 없다가 주로 숙종(肅宗:1674~1720) 대부터 다시 제기되기 시작하였고, 영조(英祖:1724~1776) 대에는 강화도(江華島) 외성(外城)의 축조에 관한 내용이 주를 이룬다. 각 사회 분야에서 본격적으로 벽전사용을 주장하기 시작한 시기는 정조(正祖:1776~1800) 대부터라고 할 수 있는데, 특히 화성성역 10년 전에 중국을 다녀온 홍양호(洪良浩)의 상소문은 벽전사용을 가장 체계적으로 주장한 것으로 주목된다.

[사료 8-1] : 1. 서로(西路)의 성지(城池)로서 적군의 침입을 받는 곳은 수보(修補)를 할 수가 없지만, 그 밖의 것은 비밀히 수선해 두었다가 피난하는 인민으로 하여금 모두 입보(入保)할 수 있게 할 것이며, 비록 적군이 침입하는 곳이라도 천천히 성의 모양을 갖추게 하고 여장(女墻)만 만들지 말게 하고, 또 성안에다가 벽전을 많이 저축해[又使城內 皆蓄瓴甓] 두면 임시에 와서 여장을 쌓을 수 있을 것이다.[5]

[사료 8-2] : 도성(都城)을 수축하는 외에 다른 계책이 없는데, 어찌 물력(物力)의 호번한 것을 가지고 음우(陰雨)의 대비를 하지 않을 수 있겠습니까? 떠낸 돌도 많지 않은 것이 아니니, 먼저 긴요한 곳을 쌓고, 천천히 벽전을 구우며 돌을 취해 쌓는다면[徐當燔甓取石], 한 치의 땅을 얻더라도 왕의 땅 한 치가 되는 것인데, ….[6]

5 CD-ROM 『국역 조선왕조실록』 숙종 20년 5월 11일(정축).

벽성(甓城) 축조는 고려에서도 있었으며, 조선에서는 태조(太祖) 3년 개성(開城)의 내성을 시작으로 선조 39년까지 약 10곳 이상의 벽성을 산발적으로 축조하였다. 그러나 벽성 축조의 주장은 [사료 7-8~11]에서 살펴본 것과 같이 중종(中宗:1506~1544) 대 이후에는 찾을 수 없다가, 조선후기 숙종 대부터 다시 활발한 논의가 진행되었고, [사료 7-12]에서 살펴본 숙종 12년인 1686년 조사석의 건의가 그 시작이다. 8년 후 [사료 8-1]에서는 벽전을 미리 생산하여 비축해 두고, 위급할 때에 여장(女墻)을 쌓아 방어하자는 의견이 제기되는데, 벽전을 사용하면 빠르고 쉽게 축조할 수 있다는 의미가 담겨 있으므로 벽전 시공의 특징을 정확하게 파악하고 있는 것이다. 숙종 30년인 1704년에는 조선 수도인 서울 도성(都城)을 새로 개축하였는데, [사료 8-2]를 통해 벽전사용 역시 고려하였음을 알 수 있으며, 중국과 국경을 접하고 있는 평안도 지방에서만 벽성을 축조한 조선전기와는 다른 것이다. 따라서 조선후기에는 벽전에 관한 관심과 의식이 크게 변화한 것을 알 수 있으며, 현재는 여장에 사용한 벽전이 많이 남아 있다. 그 이후 영조 대에는 주로 강화 외성의 축성 논의가 대부분인데, 벽성인 강화 외성은 영조 19~20년, 1743~1744년에 축조되었고, 이와 관련하여 다음과 같은 사료를 볼 수 있다.

[사료 8-3] : 강화성을 개축하였다. 유수(留守) 김시혁(金始赫)이 말하기를, "강화의 토성이 비를 맞으면 허물어지고 있으니, 청컨대 북경(北京)에서 벽전을 구워 성을 쌓은 구례에 의해 개축하게 하소서[請依北京燔甓築城之規 改築之]."하였다. 임금이 대신과 여러 장신들에게 물으니, 모두 '편리하다'하였으므로 마침내 허락하였다.[7]

[사료 8-4] : 벽전으로 성을 쌓은 것은 지금 시작한 것이 아닙니다. 효묘조(孝廟朝) 때에도 일찍이 경영하였으나, 미처 시행할 겨를이 없었습니다[甓築, 非今所創 孝廟朝所嘗經營而未遑者]. … 김시혁이 10리의 축성을 마쳤는데, 또 벽전으로 쌓는 것이 석축(石築)에 견주어 쉽고 공역도 수월하니[且甓築比石築爲力易而用工省], 아직 수축하지 못한 곳은 삼군문(三軍門)에 분속시켜 완축하도록 하는 것이 좋겠습니다." ….[8]

[사료 8-5] : 강화 유수 김시혁이 벽전을 구워 10리까지 외성을 개축하였는데, 공역과 경비가 크게 절약되었다고 하였다[以燔甓改築外城至十里, 謂功費大省]. 조정에서 그 말을 받아들여

6 CD-ROM『국역 조선왕조실록』숙종 30년 9월 2일(기해).
7 CD-ROM『국역 조선왕조실록』영조 18년 10월 10일(을미) / 강화성을 벽전을 구어 개축하게 하다.
8 CD-ROM『국역 조선왕조실록』영조 19년 6월 10일(신유).

이미 삼군문으로 하여금 힘을 합하여 계속 쌓게 하였는데, 30리를 개축할 경비를 합계하면 쌀 3만 곡(斛)이 산출되었다. 좌의정 송인명이 그 일을 주관하여 군교를 보내어 석회를 구워 벽전을 만들기 시작하였는데[送軍校始燔灰造甓], ….[9]

[사료 8-6] : 강도에 옛 토성이 있었는데 유수 김시혁이 벽전을 구워 증축하여 이때에 이르러 공사가 끝났음을 고하였다. 임금이 우의정 조현명에게 명하여 가서 살펴보게 하였는데, 조현명이 돌아와서 아뢰기를, "지리와 혀유편이 남한(南漢)보다 낫습니다. 벽전으로 축조하여 견고하였고, 분첩(粉堞)이 웅장하고 위용이 있어 이를 경영하고 구획한 것이 유생의 규모가 아니었습니다[甓築堅完, 粉堞壯偉, 其經紀區劃, 非儒生規模矣]."하니, … 조현명이 또 말하기를, "벽전 굽는 방법을 중국에서 배워 가지고 왔기 때문에 일은 반만 해도 공은 배나 되어 그 이익이 무궁합니다. 앞으로 각 군문(軍門)과 와서(瓦署)로 하여금 그 법에 따라 구워 만들게 하소서[燔甓之法 得來中國 事半功倍 其利無窮 且令各軍門及瓦署 試依其法燔造]."하니, 임금이 그대로 따랐다.[10]

[사료 8-3]은 영조 18년, 중국의 벽성 축조를 예로 들어 강화 외성을 벽전으로 축조할 것을 건의하고 있다. 당시 강화도는 수로(水路)를 통해 서울로 들어오는 적을 물리칠 수 있고 전쟁 때에는 왕이 피난할 수 있는 군사적 요충지였기 때문에 성의 재료와 축조는 매우 중요하다고 할 수 있는데, 이러한 성에 벽전을 사용한 것은 벽전에 대한 의식이 크게 변한 것을 알 수 있다. 또한 [사료 8-4~6]에서는 벽전 생산방법을 중국에서 직접 수입하였다는 것과 석축(石築)에 비해 공역이 쉽고 그 비용이 절감되었다는 것을 알 수 있으며, 더 나아가 벽전의 생산기술이 보편화될 수 있었다는 사실을 알 수 있다.[11] 또한 정조 7년인 1784년, 중국을 다녀 온 대사헌 홍양호(洪良浩)는 벽전사용에 관해

9 CD-ROM 『국역 조선왕조실록』 영조 19년 8월 23일(계유).

10 CD-ROM 『국역 조선왕조실록』 영조 20년 7월 14년(기해) / 유수 김시혁이 벽전을 구워 강화도의 옛 토성을 증축하는 공사를 끝내다.

11 그러나 [사료 7-12~14]에서는 강화 외성 축조에 벽전사용을 반대하는 주장을 살펴보았는데, 벽전의 특징이 조선 사회 전반에 걸쳐 알려지지 않았던 것이며, 그에 따른 벽전에 관한 의식 역시 일부에서는 변화하지 못한 것을 알 수 있다. 또한 강화도 외성은 단순히 흙 외부에 벽전을 덧붙여 쌓았기 때문에 9년 후에 붕괴되어, 조선후기에 벽전에 관한 불신은 다시 깊어졌는데, 아래와 같은 사료를 통해 살펴볼 수 있다.<그림 8-1>

조영국이 말하기를, "강도의 외성은 조정에서 이미 수만 냥의 재화(財貨)를 들여 다시 벽전으로 쌓았습니다만 불행하게도 무너지고 말았습니다[江都外城, 朝家旣捐數萬之財, 改以甓築, 而不幸崩壞]. 한현모가 또 약간의 석성을 쌓은 뒤에 지금까지 8년이 되도록 돌 하나 흙 한줌도 더 쌓지 않고 있어 곧 버려진 땅이 되어버렸습니다. 외성의 길이가 50리인데 지금 完築된 것은 30리이고 무너진 곳이 20리입니다[蓋外城長五十里, 而卽今完

가장 체계적이고 설득력 있는 주장을 하였는데, 그의 상소문이 가치 있는 것은 벽전을 가장 광범위하게 사용한 화성성역이 시작되기 10년 전의 사실이므로, 화성에 많은 영향을 주었던 것으로 생각할 수 있기 때문이다.

> [사료 8-7] : 대사헌 홍양호가 상소하기를, … 둘째는, 벽전 만드는 법을 말하겠습니다. 대저 벽전이 생겨난 것은 경전(經傳)에 나오지 않습니다만, 도기(陶器)는 우제(虞帝) 때에 시작되었고 와옥(瓦屋)은 하후(夏后)때에 비롯되었는데, ①흙을 구어서 만드는 방법은 기와나 벽전과 똑같습니다[則燔土之法 瓦甓一也]. 벽전으로 성을 쌓았음은 또한 어느 시대에 비롯된 것인지 알 수 없지만, '城'이란 문자(文字)는 '土'로 되고 '成'으로 되어 있으니, 대개 흙을 쌓아 이루게 됨을 말한 것이고, ②'甓'이란 문자는 '壁'으로 되고 '瓦'로 되어 있으니, 대개 기와로 벽을 이루게 되었음을 말한 것입니다[甓之爲文 從壁從瓦 蓋謂以瓦成壁也]. 성(城)이란 것은 장벽(墻壁)을 크게 쌓은 것입니다. 『역경(易經)』에 '성복우황'(城復于隍)이라 했는데, 이는 성이 무너져 흙으로 되돌아갔음을 말한 것이고, 『시경(詩經)』에 '토국성조'(土國城漕)라 했으니, 또한 성은 흙으로 쌓고 돌로 쌓은 것이 아님을 볼 수 있는 일입니다. 이른바 ③흙으로 쌓았다는 말은, 마땅히 풀리어 흐트러지는 흙으로 높다란 담장을 이루게 된 것은 아닐 것입니다. '도성(都城)이 백치(百雉)였다'는 말이 『춘추(春秋)』에 있는데, 치첩(雉堞)의 형태는 흙을 구운 것이 아니고서는 안되니, 이로 본다면 벽전으로 성을 쌓았음은 그 유래가 오래 된 것입니다[都城百雉 見於春秋 雉堞之形 非燔土則不可 由是觀之 甓之爲城 厥惟舊矣]. 사책(史冊)에 '하(夏)나라 임금 발발(勃勃)이 흙을 쪄서 성을 쌓았는데 견고하여 함락시킬 수 없었다'고 했으니, 흙을 쪘다는 것은 벽전을 구운 것을 말한 것입니다. 진(秦)나라 만리 장성도 일찍이 듣건대 벽전을 사용했다고 했었지만 여지껏 자세하게 알지 못하다가, 신(臣)이 이번 사행(使行) 길에 목도(目覩)하건대 산 정상에 주밀하게 이어져 있는 것이 모두 곧 벽전이었습니다. 대저 무산(巫山)과 여산(閭山)의 돌은 이루 쓸 수 없는 것인데도 반드시 벽전을 사용하였음은,④진실로 벽전이 돌보다도 낫기 때문입니다[誠以甓之勝於石也].
>
> 대개 돌은 견고하지 않은 것이 아니지만, 오직 너무나 견고하기 때문에 깎을 수는 있어도

築者爲三十里, 崩頹處爲二十里]. 신이 그 지세를 살펴보건대 浦土가 비습하여 성안 제방의 물이 몰래 스며들어가도 있기 때문에 기지가 결국 견고하지 못하게 되었으니, 벽전으로 쌓은 성이 어떻게 오래 갈 수 있겠습니까?[臣察其地勢 則浦土卑濕 城內隄防之水 潛自滲泄 故基址終不堅固 甓城何能耐久乎] 벽전은 진실로 돌만 못하고 돌은 진실로 흙만 못합니다[甓固不如石 石固不如土矣]. 당초 벽전으로 쌓을 적에 원래 흙을 깎아 평평하게 해놓고 쌓은 것이 아니고 토성에다 벽전으로 쌓은 것인데[當初甓築時 元非剷平土築 而以土城爲甓築之] 그 위에 또 흙을 더 쌓아 그 높이를 더 높게 했기 때문에 밖의 벽전은 무너졌으나 안의 흙은 그대로 있습니다[後又加土而增其高 故外甓雖毁, 而內土自如矣]. 그리고 해자의 흙은 의지할 데가 없어 번번이 빗물에 씻겨나가고 있으니 앞으로 몇 년만 더 지나면 흙도 또한 다시 보존될 수 없게 될 것입니다(CD-ROM 『국역 조선왕조실록』 영조 29년 2월 5년(신묘).).

갈 수는 없기에, 많고 많은 돌들의 장단(長短)을 모두 가지런하게 할 수가 없고, 여러 길을 쌓을 적에 봉선(縫線)을 모두 딱 맞출 수 없어서입니다. 비와 바람이 쳐 씻기게 되고, 총과 포(砲)에 부딪쳐 돌이 혹시 하나라도 빠져나가게 되면 치첩(雉堞) 전체가 모두 움직이게 될 것이니, ⑤흙을 구어 만든 벽전은 하나의 틀로 찍어내는 것이라 장단과 넓이와 두께[廣厚]가 균일하고 방정하여, 천층 만층을 쌓더라도 착착 들어맞게 되는 것과 어찌 같게 되겠습니까[曷若燒土爲甓 範出一型 長短廣厚 均齊方平 千層萬疊 鑿鑿相合者乎]?

대저 이러하기 때문에 안으로는 ⑥궁성(宮城)·도성(都城)과 밖으로는 주부(州府)·군현(郡縣)과 작게는 봉수대(烽燧臺)·초루(戍樓)에나, 홍예문(虹蜺門)과 비갈(碑碣)의 집까지 모두 벽전을 사용하여 쌓게 되는 것입니다[故內而宮城 都城 外而州府郡縣 小而烽臺 譙樓 虹蜺之門 碑碣之宇]. ⑦쌓는 방법은 하나는 종(從)으로 하고 하나는 횡(橫)으로 하여 장단(長短)이 서로 어긋나게 되면서 좌(左)인 듯하기도 하고 우(右)인 듯하기도 하여 후박(厚薄)의 등급이 가지런하며, 견아(犬牙)가 서로 물리듯 하고 어린(魚鱗)이 서로 연결된 듯한데, 두 벽전의 사이는 회(灰)를 이기어 메우므로 견고하게 혼합되어 널찍하게 성석(成石)하여 자귀로 깍은 듯이 직선(直線)이게 되고 숫돌로 갈 듯이 매끄럽게 되는지라, 비록 날랜 원숭이라 하더라도 발 붙이지 못하게 되는데, 견고하고도 완전하고 정미하고도 치밀함이 돌로 쌓은 것과는 비교가 안됩니다[皆用甓築 其制則一縱一橫 長短互錯 若左若右 厚薄齊等 犬牙相銜 魚鱗相聯 而兩甓之交 塡以泥灰 混合膠固 泯然成石 直如斤削 滑如礪磨 雖猿猱之捷 不可攀緣 其堅完精緻 非累石之比也]. 대저 부요(富饒)한 중국(中國)으로도 성 쌓는 방법이 대저 이와 같았고 보면, 예사람이 규획(規恢)한 뜻이 어찌 그렇게 한 것이겠습니까?

벽전을 사용함은 오직 이것만 이겠습니까? ⑥궁실(宮實)에 있어서도 창고에 있어서도 이로써 짓고 장벽(墻壁)과 계정(階庭)에 있어서도 이로써 쌓는데[宮室焉 倉厫焉 以此墻壁也 階庭也], ⑦꽃벽전과 무늬[紋儀] 벽전으로 뒤섞어 괴어 놓아 온갖 형상으로 기교(機巧)를 부립니다[以此花甎紋甃 錯落枝梧 機巧百狀]. ⑧사람의 공력을 허비할 것이 없게 되기 때문에[不費人工] ⑨대하(大廈)의 목재(木材)도 기둥과 서까래나 창틀과 들창의 것에 지나지 않을 뿐이어서, 목재를 씀이 이미 적게 되고 따라서 정철(釘鐵)도 감하게 되어 비용이 지극히 간략하지만[故大廈之材 不過棟椽牕牖而已 用木旣寡 釘鐵隨省 其費至簡] ⑩제도는 지극히 완전하게 되어, 밖에도 도둑 맞게 될 염려가 없고 곁에서 화재가 나도 연소(延燒)하게 될 우려가 없습니다[其制極完 外絶穿窬之患 傍無延燒之憂]. 관사(官舍)도 민가(民家)도 또한 오직 벽전을 힘입게 되니, 벽전이란 이기(利器)로 어찌 큰 것 아니겠습니까? 그의 이익이 넓음은 바로 수레와 동등하게 됩니다.

대개 일찍이 생각해 보건대, 수레란 것은 목재(木材)로 바탕을 하여 쇠로 이루어지는 이기(利器)이고, ⑪벽전이란 것은 흙으로 바탕을 하여 불로 이루어지는 이기로서, 이는 곧 천지가 생성(生成)해 놓은 자재(資材)가 민생들의 큰 사용이 되어지는 것입니다. 그러므로 『우서(虞書)』에는, '오직 수(水)·화(火)·금(金)·목(木)·토(土)·곡(穀)을 닦는다'고 하였고, 춘추전(春秋傳)에는, '하늘이 낸 다섯 가지 자재(資材)를 민생들이 모두 사용하게 된 것이다'라고 하였으니,

생성(生成)하는 자는 하늘이고 닦아 가는 자는 사람인 것입니다. 옛적에 성인들이 천문(天文)을 관찰하여 이기(利器)를 마련하고 물건을 구비하여 사용하게 하였음은 모두가 천지에 합당하게 재성(財成)해 간 것입니다[甓者以土爲質 而成器於火 此乃天地生成之材 爲生民之大用者也 故虞書曰 水火金木土穀惟修 春秋傳曰 天生五材 民幷用之 生之者天也 修之者人也 古昔聖人 觀象制器 備物致用者 皆所以財成 天地之宜也].

또한 그 ⑫수레란 것은 형체가 둥근 것을 움직여서 사용하게 되고, 벽전이란 것은 형체가 모난 것을 인정시켜 이용하는 것이니, 모난 것과 둥근 것의 움직임과 안정됨은 음(陰)과 양(陽)을 갖춘 것이고, 하나는 음이고 하나는 양이면서 여러 가지 변화가 생겨나는 것이니, 이는 자못 천지의 조화(造化)가 이 이기(利器)가 붙여지면서 자연히 만세(萬世)토록 민생들의 이익이 되어진 것이지 진실로 사람이 힘으로 능히 하게 되는 것은 아닙니다. ⑨하물며 벽전과 수레는 비록 이롭기는 균등하면서도 비용(費用)은 지극히 미미하여, 금단(禁斷)할 수가 없는 흙에서 재료를 취하게 되고[且夫車者 形圓而以動爲用 甓者 形方而以靜爲利 方圓動靜 而陰陽具焉 一陰一陽 而萬化生焉 此殆天地造化之寓於器 而自然爲萬世生民之利者 實非人力所能爲也 況甓與車 其利雖均 而其費至微 取具於無禁之土], 한 없는 섭나무[薪]에서 이루어지게 되는 것이니, 이는 참으로 만백성들의 무진장(無盡藏)이고 천하가 공공(公共)으로 하게 되는 바의 것입니다.

⑬오직 우리나라에서는 능히 사용하지 못하고 있음은 어찌 흙이 없어서이고 어찌 섭나무가 없어서이겠습니까? 신이 이번의 사행(使行)에 벽전 굽는 가마[窯]를 목도(目覩)하건대, 대략 우리나라의 기와 굽는 가마와 같았고, 구워 내는 흙도 또한 기와를 굽는 흙과 똑같아 곳곳마다 산재(散在)해 있는 것이기에 당초부터 구득하기 어려운 것이 아닙니다. 찍어내기와 번조(燔造)에 있어서도 태우는 것이 아니라 곧 찌는 것[12]이기 때문에 가마 하나에 들어가는 섭나무가 촉서(蜀黍) 대 수십 단이 되지 않아도 족했으니, 그 비용이 지극히 적다고 할 수 있습니다[惟我國 不能用焉 豈無土也 豈無薪也? 人顧不用耳 寧不惜哉? 臣於今行 目見甓窯 大略如我國之瓦窯 而所燔之土 亦與瓦同 處處在在 初非難得 至於印割 燔造 別無奇方 而但熱火之法 非燒乃蒸 故一窯之薪 不過蜀黍幹數十擔而足 其費可謂至薄矣]. 사책(史冊)에 말한 바 '증토(蒸土)'라는 말은 진실로 사실대로 된 것으로, 옛 사람들은 구차하지 않게 이름을 붙혀 말을 함이 대개 이와 같았던 것입니다. 그렇다면 벽전사용이 용이함은 더욱 더 수레 사용과도 비교가 안 되는 것이니, ⑭신(臣)은 청컨대 또한 군문(軍門)으로 하여금 연경(燕京)의 사행(使行)에 사람을 딸려 보내 제작하는 방법을 가져다가 그 법대로 증조(蒸造)하도록 하여, 먼저 궁성(宮城)에서부터 시작하여 헐어지는 대로 개축(改築)하게 하고, 이어 제작하는 방법을 제도(諸道)에 반포(頒布)하여 모든 관방(關防)과 주군(州郡)의 성(城)이 있는데도 마땅히 보수(保守)해야 할 데와

12 轉銹之法을 말하는 것으로 생각한다.

> 성이 없어서 새로 쌓아야 할 데에 모두 벽전을 쓰도록 하되, 쌓아 가는 방법은 한결같이 중화(中華)의 제도대로 하도록 한다면, 나라를 굳건하게 만들고 변방 방어를 튼튼하게 하는 방도에 있어서 어찌 대단하게 되지 않겠습니까? ⑮공사(公私)의 가옥이나 민생들이 일용(日用)하는 자재가 되어질 것에 있어서는 곧 그 다음의 일입니다[臣請亦令軍門 遣人取制於燕行 如法蒸造 先從宮城 始隨缺改築 仍頒其制於諸道 凡關防 州郡 有城而當修補 無城而可新築處 悉令用甓而捄築之法 一倣華制 其爲固國壯圉之道 豈不大哉? 至若公私室屋生民日用之資 乃是次第事耳].[13]

홍양호의 상소문에서 주장하는 내용을 크게 15가지 정도로 구분할 수 있는데, ①기와와 벽전의 생산방법은 같음, ②'甓' 한자 뜻풀이로 벽전의 기원을 밝힘, ③벽전을 성(城)에 사용하게 된 기원 즉, 불에 구운 흙으로 쌓는다, ④벽전이 돌보다 우수함, ⑤벽전의 규격화와 그에 따른 장점, ⑥중국 건축의 벽전사용 범위, ⑦벽전의 쌓기방법과 견고함·내구성, ⑧공력이 적게 듦, ⑨목재와 철의 사용이 적게 들기 때문에 건축비용이 적게 듦, ⑩도둑과 화재를 예방할 수 있음, ⑪벽전의 사용은 오행(五行)과 천지(天地)에 합당함, ⑫벽전의 사용은 음양(陰陽)에 의한 것으로 사람이 막을 수 없는 것임, ⑬벽전 생산과 가마제도, ⑭중국의 벽전 축조방법을 배워, 궁성과 성(城) 등을 사용하자, ⑮벽전의 보급·보편화는 그 다음의 문제로 벽전사용이 더욱 시급하다 등이다. 그 중 벽전의 규격화와 내구성에 관한 주장[14]은 벽전의 건축재료적 특징을 명확하게 파악하고 있는 것이며, 특히 벽전이 모가 졌기 때문에 예(禮)를 숭상하는 조선에서 음양(陰陽) 중 음으로 설명하는 것 등은 가장 설득력이 있었던 것이다. 또한 벽전사용을 확대하기 위해 벽전생산과 그에 따른 구체적인 실행 방안까지 주장한 것으로 정조에게 많은 영향을 주었을 것이며, 화성의 축조에 이어지는 것으로 볼 수 있다. 이와 같이 벽전은 조선후기 시대가 요구하는 건축재료로 대두되는 시대적 요건을 갖추고 있었으며,[15] 이에 더해

13 CD-ROM 『국역 조선왕조실록』 정조 7년 7월 18일(정미) / 수레·벽전의 사용, 당나귀·양의 목축 등 중국의 문물에 대한 호양호의 상소문 ①.

14 벽전의 규격화는 건축에서 가장 중요한 부분으로 近代性과도 연관하는 특징이며, 『열하일기』에서도 이를 강조하고 있다.

> 우리나라의 성곽제도가 벽전[甎]을 쓰지 않고 돌을 쓴다는 것은 옳은 일이 아니네. 벽전[甎]으로 말할 것 같으면 한틀에 뽑아 내는 것인즉 만장의 벽전[甎]이 한 모양으로 되어 다시 쪼고 갈고 손질할 필요가 없고 한 가마에서 만장 벽전[甎]을 앉은자리에서 구워 내고 보니 새로 품을 들여 운반할 필요가 없고 가지런하고 반듯하여 힘은 덜되 보람은 갑절이요 실어 나르기에 가볍고 쌓기 쉬운 것은 벽전[甎] 이상에 또 무엇이 있을 것인가(『熱河日記』 「渡江錄」(박연암, 『열하일기』上, 1955, 국립출판사, 84~85쪽.)).

15 김동욱, 『18세기 건축사상과 실천-수원성』(1996, 발언.), 87쪽.

벽전사용의 주장들이 확대되었기 때문에, 벽전사용이 적극 검토되고 가마에서는 승염식 가마를 도입하므로, 벽전을 보편적으로 사용할 수 있는 밑바탕을 형성하고 있었던 것이다.

2. 벽전의 축조방법과 건축 특징

이와 같은 벽전사용 주장에는 구체적인 벽전의 축조방법과 건축 특징을 언급하고 있어 조선후기의 건축 특징을 살펴볼 수 있으며, 이는 현존하고 있는 벽전건축 또는 벽전을 사용한 목조건축의 특징을 분석할 수 있는 바탕이 된다. 먼저 1780년 박지원이 저술한 『열하일기』에서는 목조건축의 일반적인 심벽(心壁)과 다르게, 벽전으로 벽체를 축조하여야 한다고 주장하는데, 도둑과 동물의 피해가 없다고 하였고[16] 가장 중요한 것은 목조건축을 횡력(橫力)에 대해 보강하고 화재를 예방할 수 있다는 것이다. 한국 목조건축의 벽체는 앞장에서도 살펴본 것과 같이 심벽이 대부분이며, 쉽게 붕괴되고 화재에도 약하였다. 따라서 조선전기 또는 그 이전부터 이러한 단점을 해결하기 위해 방화장(防火墻)을 축조하였는데, 여기에 더해 벽전으로 축조한 벽체는 기둥과 기둥을 일체가 되도록 연결하므로 횡력에 효과적으로 저항할 수 있다는 것이다.[17] 그러므로 현존하는 조선후기 목조건축에서는 정면을 제외한 3면 또는 화성의 성곽 시설에서는 기둥이 보이지 않도록 4면을 벽전으로 축조하여 횡력에 대응하는 내구적인 건물을 축조한 것이다.[18]

16 『熱河日記』「渡江錄」(박연암, 『열하일기』 上, 1955, 국립출판사, 74~75쪽.).
■ 우리나라의 기와 이는 법은 이와는 아주 달라 지붕에는 진흙을 잔뜩 올리고 보니 위가 무겁고 墻壁은 벽전으로 쌓지[甎築] 않으니 네 기둥은 의지할 데가 없어 아래가 허하며[上重墻壁不甎築四柱無倚故下虛] ….
■ 집채는 담벽에 부축되어 위는 가볍고 아래는 든든하며 기둥은 담벽 속에 박혀 비바람을 겪지 않으니 이로써 화재 염려가 없고, 도적이 뚫을 걱정이 없고 더구나 새, 쥐, 뱀, 고양이의 피해가 없을 것이다[屋倚於壁上輕下完柱入於墻不經風雨於是不畏延燒不畏穿窬尤絶省鼠蛇猫之患]. 한 번 문을 닫으면 왼집은 절로 성새같이 되어 집안에 든 물건은 궤짝 속에 넣은 것이나 다름없이 된다. 이로써 보면 집을 짓는다고 많은 흙과 나무와 쇠부치와 토역이 소용없고 벽전[甓]을 한 바탕 구워 내는 때는 벌써 집은 다 된 폭이나 다름없다.

17 이 특징 역시 『열하일기』에서 설명하고 있어, 횡력에 저항하기 위한 것으로 볼 수 있다.
그러나 벽전[甎]은 회로써 때우면 아교풀로써 나무를 붙인 것 같고 붕사로써 금을 때우는 것이나 다름없으니 [甎得灰縫魚膘之合木鵬砂之續金] 만장 벽전[甓]이 엉켜 붙어 한 개 성을 이루매 한 장 벽전[甎]의 단단한 품은 돌보다 못하다 할 수 있으나, 한 개 돌의 여문 품은 엉켜 붙어 한 덩이가 된 만장 벽전[甎]보다 못할 것이다. 이것이 벽전[甓]과 돌의 이해와 득실을 쉽게 가릴 수 있는 이유가 아니랴(『熱河日記』「渡江錄」.).

18 박제가의 『북학의』에서도 일반 백성들의 살림집이 무너지고 기울어지는 것은 벽전을 사용하지 않았기 때문이라고 한다(이익성 譯, 『박제가 북학의』, 1992, 한길사, 64·191쪽 참고.).

[사료 8-8] : 하나의 틀에서 똑같이 찍어낸 벽전이라도 치수가 틀린 것이 있을까 염려하여 곡척(曲尺)을 가지고 재어 본 다음 자귀로 깎고 숫돌로 갈아서 모든 벽전[甎]이 고르고 가지런하여 한결같도록 만들기에 힘쓴다. 벽전 쌓는 법을 살펴보면, 한 번은 세로로 쌓고 한 번은 가로로 쌓으므로, 저절로 감리(坎离)의 괘(卦) 모양을 이루게 된다[其築法一縱一橫自成坎离]. 벽전 사이의 틈에는 석회(石灰)를 사용하여 종이장처럼 겨우 달라붙을 정도로만 바르므로 벽전 틈서리의 흔적이 실낫 같이 보인다. … 벽전[甎]은 회를 가지고 벽전 사이를 붙이는데 마치 부레풀[魚鰾]로 나무를 붙이는 것과 같고, 붕사(鵬砂)로 쇠를 잇는 것과 같아서 천 개의 벽전[甓] 하나하나 이어 합치면 하나의 벽(壁)으로 이루어진다.[19]

또한 벽전을 쌓는 방법은, 일정한 크기로 생산된 벽전이라도 다시 한번 가공하여 그 규격을 맞추고, 종횡(縱橫)으로 번갈아 감리(坎离) 모양으로 쌓는다. 감리는 각각 '☵'·'☲' 모양이지만, 그 설명으로는 길이면과 마구리면을 번갈아 쌓는 것으로 제7장에서 살펴본 동관왕묘의 벽전쌓기와 같은 것으로 생각한다.[20] 따라서 조선후기에서는 이러한 벽전쌓기를 일반적으로 사용하였을 가능성이 있으며, 실재 목조건축의 벽체 쌓기에서도 발견된다. 또한 벽전과 벽전 사이에는 적은 양으로 얇게 석회를 사용하여 일체화 시킨다고 하였는데, 현재 일반적인 1㎝의 줄눈과 다른 것이고 고려까지 석회를 사용하지 않는 것과도 다른 축조방법이다.

이외에도 벽전사용의 주장은 『경세유표(經世遺表)』·『목민심서(牧民心書)』·『북학의(北學議)』와 『조선왕조실록』 등 많은 문헌 속에 나타나고 있지만, 1827년 서유구(徐有榘)가 저술한 『임원경제지(林園經濟志)』에는 자세한 축조방법까지 설명하고 있어 많은 참고가 된다. 먼저 앞장에서 살펴본 방화장·반방화장(半防火墻)은 화재를 막기 위해 사고석[四塊石] 또는 벽전으로 축조한 벽체를 말하는데, 『임원경제지』에서는 『농서(農書)』의 '법제회니'(法製灰泥) 방법을 소개하고 있다. 즉, 벽전으로 벽체를 쌓아 목조건축을 감싸는 것이 아니라, 벽전 가루와 그 외 5가지를 섞어 만든 것을 발라[21] 목조가구의 화재를 예방하는 것이다.[22] 이러한 방법은 벽전을 사용하지 못하였던 일반 살림집에서 진흙으로 바

19 『열하일기』「渡江錄」(박연암, 『열하일기』 上, 1955, 국립출판사, 73~74쪽.).
20 즉, 중국의 一順一丁 또는 감·리 괘로 추정하면 마구리면으로 벽전 2장을 쌓고, 길이면으로 1장을 쌓는 二順一丁으로도 생각할 수 있다.
21 자세한 것은 『임원경제지』「贍用志」 권1 '營造之制' [圬墁] 法製灰泥法 참고.

르는 것과 동일하며 현재에도 사용하고 있다. 또한 벽전을 쌓을 때 교대로 쌓고, 또 파인 곳은 빈틈없이 메워야 하며,[23] 벽전을 교대로 쌓는 것은 벽전의 부착강도를 높이기 위한 것으로 벽체의 견고함을 더할 수 있는 것이다.

> [사료 8-9] : … 그 제도를 살펴보면, 벽전[甎]을 깔아서 대(臺)를 만들고, 대 위에 벽전[甎]을 쌓아서 담벽[牆]을 만든다. 담벽 위에 들보[樑]를 얹고 들보 위에 서까래[椽]를 깐다. 서까래의 길이는 담벽에 닿지 않도록 하여 담벽에 서까래 끄트머리를 파묻도록 한다. 서까래 위에는 널[板]을 깔고, 널 위에 기와를 덮는다. 좌우의 담벽은 벽에 구멍을 뚫어 조창(照窓)을 만들어 햇빛을 들어오게 한다. 앞쪽의 담벽에는 작은 문[圭竇]을 뚫어서 두 짝의 널문[板門]을 설치하여 여닫고 봉쇄하는데 편리하게 한다. 『금화경독기』[24]

[사료 8-9]는 [사료 7-13~15]에서 살펴본 것과 같이 일반 건축물 특히 창고(倉庫) 축조에 관한 내용인데, 바닥과 벽체는 모두 벽전으로 축조하고, 상부 지붕만을 서까래와 보를 사용하여 목조로 축조한다고 하였다. 조선후기에 이러한 건축형식이 나타나기 시작한 것은 한국건축사(韓國建築史)에서 큰 의미를 갖고 있는데, 첫번째로 지붕 하중을 목조 기둥이 아닌 벽전으로 축조한 벽체가 지지하므로, 조적식(組積式) 건축으로 볼 수 있다. 이는 조선후기 사회의 필요에 의해, 기존의 가구식(架構式) 건축이 아닌 한국에서 처음으로 조적식 건축이 일반 건축으로까지 확대되기 시작한 것으로 보아야 하며,[25] 하중전달방식에서는 기존 한국건축의 2차원 선적(線的) 부재가 절점(節點)을 통해 하중을 전달하는 방식에서, 부재와 부재가 직접 맞닿아 하중을 전달하는 방식으로 크게 변화한 것으로 볼 수 있다. 또는 가구식 건축에 의해 가려져 왔던 조적식 건축이 새롭게 부각

22 『임원경제지』「贍用志」 권1 '營造之制' [圬墁] 長生屋法.
사람이 거처하는 房室은 창과 들창[牖]을 많이 설치하므로 목재를 사용하지 않을 수가 없다. 그렇다면 王楨의 『農書』 長生屋法에 의하여 法製灰泥를 사용하여 재목이 노출된 곳은 전부 두텁게 바른다. 그렇게 할 경우 불을 방지할 수 있을 뿐만 아니라 건조한 바람이나 스며드는 빗물도 막을 수가 있다. 그리하여 그 견고함과 내구성이 서양의 벽전으로 지은 집과 비교하여 다를 것이 없다. 『금화경독기』

23 『임원경제지』「贍用志」 권1 '營造之制' [圬墁] 砌甎須填陷.
담장의 벽전 쌓는 법에서는 벽전을 반드시 교대로 차곡차곡 쌓아 올려야 하는데 그 중간의 움푹 파인 데는 메우긴 메우되 빈틈이 없도록 완전히 해야 한다. 그러므로 세상에는 "작은 담벼락을 쌓듯 움푹 파인 곳을 메워라[填陷如小砌]"라는 말이 있다. 완전하게 메우기만 하면 마치 사람의 배가 든든하게 부르면 오래 견딜 수 있는 것과 같이 된다.

24 『임원경제지』「贍用志」 권1 '營造之制' [庫廩] 庫制.

25 이는 벽전사용의 주장, 벽전사용의 확대와 일맥상통하는 것이다.

된 것으로 해석할 수 있는데, 벽체를 축조한 벽전건축인 조적식 건축과 상부 목조 지붕인 가구식 건축이 혼합한 형식이기 때문이다.

두번째는 한국건축 형태에 큰 변화를 초래한 것으로, 벽체는 빗물 등에 부식되지 않는 벽전으로 축조하였기 때문에 처마는 길게 돌출될 필요가 없다. 깊게 돌출된 처마와 짙은 음영이 생기는 처마 밑 공간은 한국 목조건축에서 중요한 특징 중 하나이지만, 서까래가 돌출되지 않으므로 이러한 공간이 사라진다. 또한 입면에서 1/2 이상을 차지하는, 한국건축의 형태를 좌우하는 지붕의 역할이 감소하고, 벽체가 중요한 형태 요소로 부각하는 것이다. 따라서 목조건축의 가구(架構) 보다 벽체에 의한 볼륨(Volume)이 더욱 강조되고 있다.

세번째는 내부공간의 변화이다. 기존 심벽과는 달리 4면의 벽체를 완전히 밀폐시킬 수 있는 벽전으로 축조하기 때문에, 더욱 폐쇄된 내부공간을 축조할 수 있으며, 좌우 측벽에는 조창(照窓)을 뚫기 때문에 직사광선이 유입된다. 따라서 내부공간은 도둑과 동물·불을 막을 수 있는 안전한 공간, 측벽을 통한 직사광선 유입에 의해 공간의 인식 자체가 변화하는 것이다. 결국 한국 목조건축의 가구식 축조방법이 조선후기에는 조적식으로 변화하였고, 그에 따라 하중전달은 물론 형태와 내부공간까지도 변화한 것으로 결론지을 수 있으며, 주로 조선후기에 나타나는 창고 또는 일반 건축의 특징으로 볼 수 있는 것이다.[26]

[사료 8-10] : 집안의 저수지 덮개에는 두 가지가 있으니, 평판으로 덮는 것[平之]과 둥그렇게 덮는 것[穹之]이다. … 둥그렇게 하는 것에는 세 가지가 있으니, 권궁(劵穹)·두궁(斗穹)·개궁(蓋穹)이다. 네모지게 만든 저수지[方池]는 모두 권궁이고, 정방형의 것은 두궁으로 하는 경우가 있고, 둥글게 만든 저수지[圜池]의 등속은 모두 개궁이다. 권궁이란 권(劵)을 뒤집어 놓은 형상을 가지고 있으며, 또 대나무를 잘게 반으로 쪼개서 뒤집어 놓으면 두 개의 마주선 담벽이 생기는 것과 같다. 두궁이란 그 형상이 말[斗]을 뒤집어 놓은 것과 같다. 그 모서리는 방형(方形)을 이루고, 사방 담벽이 그 위 꼭대기[頂]에 이르는 길은 원을 이루고 있다. 개궁이란 그 형상이 우산[蓋]의 형상으로 가운데는 높고, 가장자리는 둥근 원을 이루면서 모두 아래로 드리워져 있다. 무릇 둥글게 된 궁(穹)의 공간은 모두 반원을 이룬다[空皆半圓]. 이들은 가장자리부터 한 자 정도 떨어진 곳에서부터 벽전을 쌓아 간다[皆去緣尺而甃之]. 그

26 이러한 특징을 갖는 현존 건축은 뒤에서 살펴보는 麯沙廠과 尹勝求 家屋의 창고가 있다.

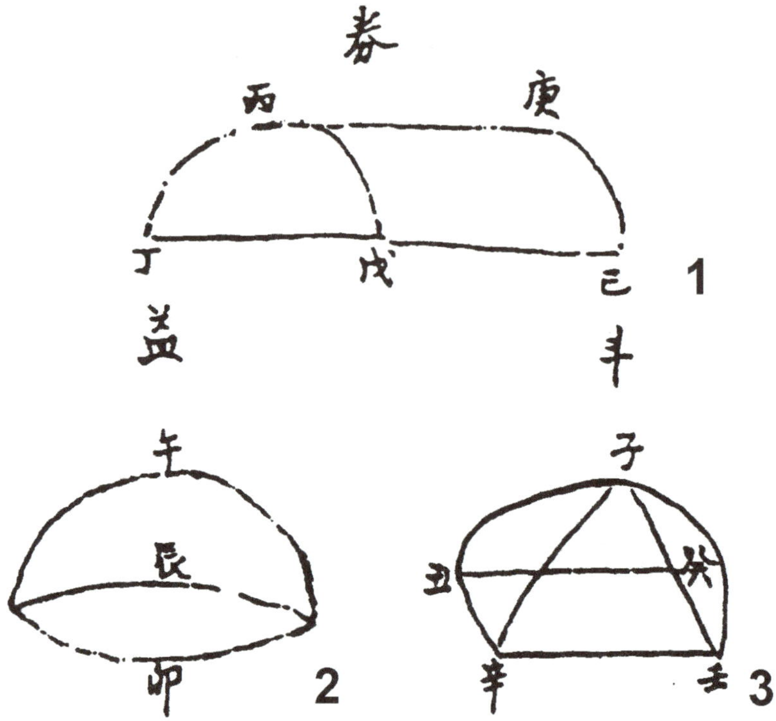

그림 8-2 水庫四圖

1.券穹 2.蓋穹 3.斗穹

(출전 :『임원경제지』「贍用志」권1 '營造之制' [庫廩].)

쌓는 법은 모두 나무로 얽어서 틀을 만들고, 그에 따라서 만들어 간다. 돌을 가지고 쌓을 때는 추규(趨規)로 만들고, 벽전[瓴甋]일 경우에도 역시 추규를 사용하고 틀을 만든다. 그것이 없을 경우에는 추제(甃齊)를 가감하여 위를 오므린다[無之則以甃齊加損而弇之].[27]

[사료 8-10]은 물을 저장하는 수고(水庫)에 관한 내용이지만, 이를 통해 조선후기 벽전으로 축조한 천장형식은 물론 벽전건축의 축조기술을 살펴볼 수 있는 가장 좋은 예라고 할 수 있다. 수고의 평면을 크게 방형과 원형으로 구분하고 장방형일 경우는 권궁(券穹), 정방형은 두궁(斗穹), 원형일 경우는 개궁(蓋穹)을 축조하는데, 현재 사용하는 용어로는 각각 볼트(Vault)·궁륭(穹窿)·돔(Dome)에 해당한다.(<그림 8-2>) 먼저 이들의 축조에는 추규(趨規)를 사용한다고 하였는데, 목재로 만든 틀을 지칭하는 것으로 생각한다. 즉, 벽전을 쌓기 이전에 가공하기 쉬운 목재틀을 먼저 만들어 설치하고, 그 틀에 맞추어 벽전을 축조하는 것이다. 만약 추규가 없을 경우에는 벽전쌓기를 늘이거나 줄여 쌓는다고 하였는데 정확한 축조방법을 추정 할 수 없으나 현장에서 임기응변식으로 대응하여 축조하는 방식일 것이다.

볼트와 동일한 권궁은 신라에서부터 조선후기까지 수문·다리·석빙고 등에서 나타나고 있으며, 벽전으로 축조한 볼트는 백제의 벽전축 무덤 천장에서 살펴보았다. 그러나 추규와 유사한 틀을 사용하였는지 알 수 없으며,[28] 조선의 볼트 축조에 틀을 사용한다는 사실은 일반 석재를 사용하는 볼트와 축조방법이 다른 것을 알 수 있다. 즉, 현재 남아 있는 석재 볼트는 홍예를 연속하여 만드는 배럴 볼트(Barrel vault)가 아닌 석재를 연결하여 축조하는 것이며, 이는 백제 벽전축 무덤의 볼트와 축조방법이 같다. 그러나 틀을 사용하는 것은 홍예를 축조한다는 것이고, 홍예가 연속한 배럴 볼트를 의미하므로,[29] 그 축조방법에는 큰 차이점이 있는 것이다. 또한 백제 벽전축 무덤에서는 사다리꼴 벽전에 의해 그 곡률을 결정하는 것을 확인할 수 있었는데, 조선후기 볼트에도 사다리꼴 벽전을 사용하였을 가능성도 있으며, 화성성역(華城城役)에 사용한 홍예벽(虹蜺甓)

27 『임원경제지』「贍用志」 권1 '營造之制' [水庫] 六曰蓋.

28 백제의 무령왕릉과 송산리 6호 무덤의 볼트천장 축조방법에는 내부에 흙을 채워 축조한 이후, 다시 흙을 제거하는 방법을 사용하였다는 의견도 있고, 무령왕릉에서 벽면과 천장에 박힌 채 발견된 길이 15㎝의 쇠못을 나무틀의 흔적으로 보고, 나무틀을 사용하여 축조한 것으로 추정하기도 한다(권오영, 『고대 동아시어 문명 교류사의 빛, 무령왕릉』, 2005, 도서출판 돌베개, 123~124쪽 참고.).

29 제2장의 낙랑 후기 벽전축 무덤 무덤길에서 살펴본 것과 같다.

이 그 예이다. 또는 일반 장방형 벽전을 시공 때에 가공하여 축조한 것으로도 생각할 수 있다.

벽전으로 축조한 궁륭과 같은 두궁은 오직 낙랑 벽전축 무덤 천장에서만 발견되었는데, 4면의 곡면 벽체가 접하는 부분은 45°로 축조하였음을 확인하였다. 따라서 조선후기 두궁에서도 이러한 방법으로 축조하였을 가능성이 있지만, 현존하는 예가 없어 확인할 수 없다. 그러나 낙랑 궁륭천장은 모서리가 45°로 만나는 것과 동시에 안쪽으로 기울어지므로, 벽전과 벽전은 서로를 의지하여 축조할 수 있기 때문에, 추규와 같은 틀 없이 축조하였음을 알 수 있었다. 따라서 위에서 추규가 없을 경우 벽전쌓기를 늘이거나 줄인다고 하는 내용은 바로 이러한 축조방법을 의미하는 것으로도 볼 수 있을 것이다. 돔인 개궁은 경주 석굴암(石窟庵)이 가장 완벽한 예이지만, 벽전으로 축조한 개궁은 현존하지 않으므로 자세한 축조방법을 확인할 수 없다. 그러나 벽전으로 축조한 권궁·두궁·개궁을 『임원경제지』에서 언급하고 있는 것은, 가구식 건축이 주를 이룬 한국건축에서 벽전의 다양한 축조방법이 조선후기까지 연속하고 있음을 알 수 있다. 또한 그 이전 시기에도 이러한 축조방법이 존재하였고, 실재로 이러한 방법으로 축조한 건축이 있었음을 알려주는 중요한 예라고 할 것이다.

8-2. 화성을 통한 조선후기의 벽전쌓기 특징

1. 화성성역에 사용한 벽전 종류 및 특성

표 8-1 화성성역에 사용된 벽전의 종류와 생산량

	생산량	(모)길이	넓이	두께	(등)높이	1,000장의 가격 (한장 가격)
半方甎	580,292장	1척 2촌 (37.2cm)	7촌 (21.7cm)	1촌 8푼 (5.58cm)	·	36냥 (3.6푼)
蓋甓	49,336장	1척 3촌 (40.3cm)	·	2촌 (6.2cm)	·	50냥 (5푼)
大方甎	28,271장	1척 3촌 8푼 (42.78cm)	·	2촌 4푼 (7.44cm)	·	50냥 (5푼)
宗甓	25,894장	1척 3촌 (40.3cm)	·		3촌 5푼 (10.85cm)	50냥 (5푼)
耳甓	5,012장	1척 4촌 (43.4cm)	1척 3촌 (40.3cm)	1척 8푼 (5.58cm)	·	50냥 (5푼)
小方甎	3,175장	1척 (31cm)	·	1척 8푼 (5.58cm)	·	36냥 (3.6푼)
虹蜺甓	2,939장	1척 1촌 (34.1cm)	위: 8촌 (24.8cm) 아래: 6촌 (18.6cm)	7촌 (21.7cm)	·	50냥 (5푼)

※참고 : 위의 표에서 ( )안에 있는 수치는 cm로 환산한 것으로, 척수는 營造尺으로 보고 31cm로 규정한 『수원성복원정화지』(경기도, 1980.), 57~58쪽을 근거로 한 것이다.
(출전 : 『화성성역의궤』 卷首 「圖說」과 卷五 「財用」上 '措備' [甓甎].)

이 절에서는 조선후기 벽전으로 축조한 대표적인 건축인 화성(華城)의 각 시설물들을 통해 벽전쌓기를 살펴본다. 화성은 벽전을 적극적이고 대량으로 사용하여 조선후기를 대표할 수 있는 특징을 갖추고 있고, 각 건축 요소에 따라 다양한 쌓기 방법들이 나타나기 때문이다. 먼저 <표 8-1>은 『화성성역의궤(華城城役儀軌)』[30]에서 언급한 7가지 종류의 벽전 크기와 생산량이며, 형태에 따라 다시 5가지로 구분할 수 있다. 첫번째는 두 변의 길이가 같은 정방형 벽전인 대방전(大方甎)과 소방전(小方甎)·개벽(蓋甓)이다. 이 벽전들의 형태는 동일하지만 그 크기에서 약간의 차이가 있는데,(<그림 8-3>) 대방전과 비교하면 개벽은 길이[長] 2.5cm, 두께[厚]는 1.2cm, 소방전은 길이 12cm, 두께 2cm 정도 작

30 이 이후에는 특별한 경우를 제외하고 『화성성역의궤』는 짧게 '의궤'라고만 지칭한다.

▲8-3

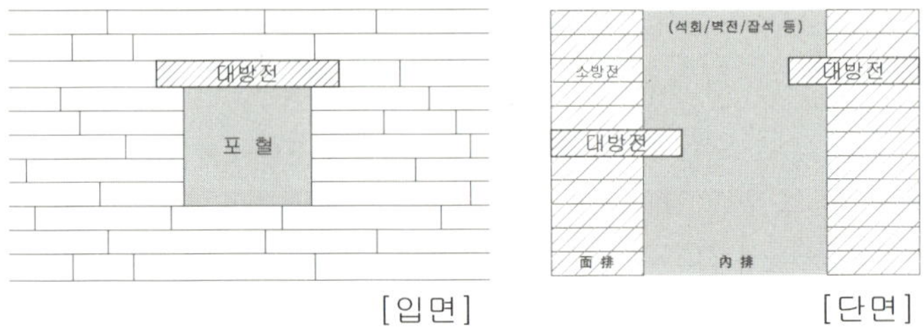

▲8-4

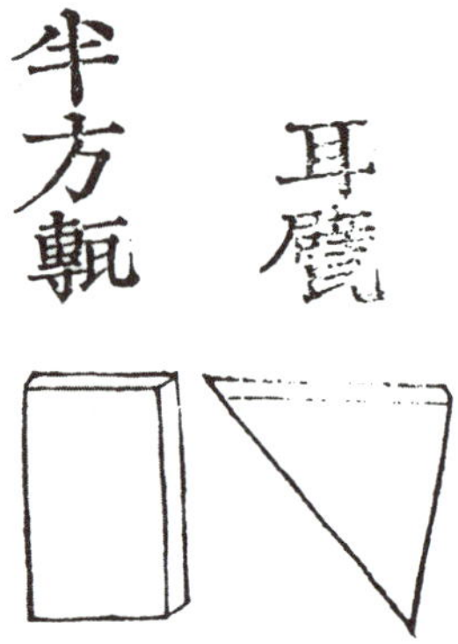

▲8-5

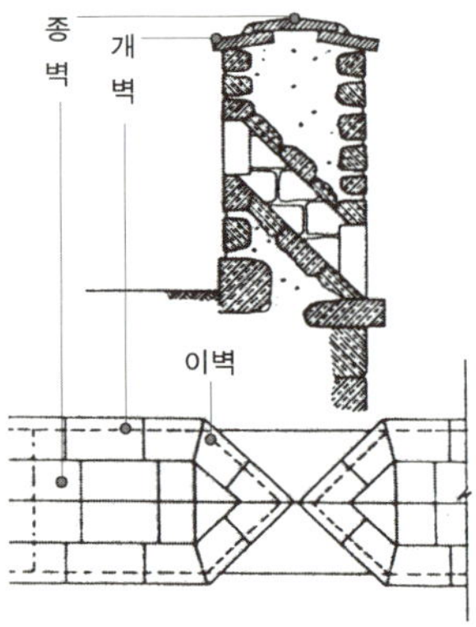

▲8-6

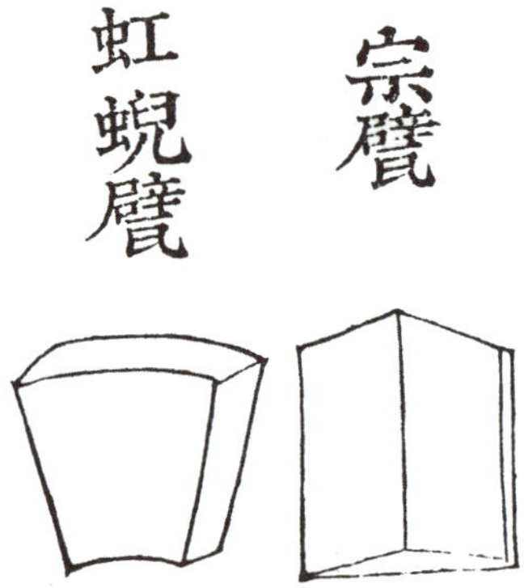

▲8-7

그림 8-3 大·小方甎(蓋甓)
(출전 : 『화성성역의궤』 卷首 「圖說」 '名物各圖'.)
그림 8-4 대방전의 상인방 역할과 부착강도를 위해 벽체에 사용한 예
그림 8-5 半方甎과 耳甓
(출전 : 『화성성역의궤』 卷首 「圖說」 '名物各圖'.)
그림 8-6 女墻에 사용한 宗甓과 蓋甓·耳甓
(출전 : 경기도, 『수원성복원정화지』(1980.), 252쪽.)
그림 8-7 宗甓과 虹蜺甓
(출전 : 『화성성역의궤』 卷首 「圖說」 '名物各圖'.)

다. 이렇게 동일한 형태에서 길이와 두께가 서로 다른 이유는 각 벽전을 사용하는 용도가 다르기 때문이며,[31] 이를 통해 화성성역 계획 당시부터 벽전사용을 결정하고, 벽전의 용도(用度)에 따른 종류와 형태·크기를 결정한 계획성을 볼 수 있다.

그 중 개벽은 여장(女墻) 상부에서 내쌓아 처마를 만들기 위한 용도인데,[32] <그림 8-6> 자중(自重)에 의해 인장력이 발생하여 쉽게 파괴될 수 있으므로, 대방전보다 두께를 얇게 하여 자중을 줄여 안전할 수 있도록 하였다. 의궤에 의하면 소방전은 사용 범위가 매우 제한적이었는데,[33] 주로 벽전건축이 아닌 목조건축에 사용하여 내부 바닥을 포장하기 위한 것임을 알 수 있다. 따라서 손으로 다루기 쉽고, 모서리 부분의 변화에 대처하기 위해 대방전보다 훨씬 작게 제작하였으며, 바닥이 고르지 않을 경우에도 크기가 작으므로 파손이 상대적으로 적어[34] 대방전보다 유리할 수 있다. 또한 바닥을 포장한 소방전에는 큰 하중이 실리지 않기 때문에 가장 얇게 제작하였다.

대방전은 주로 소방전과 같이 바닥을 포장하거나, 벽체를 일체화시키는 곳, 눈썹벽전[眉甓甎]과 총안(銃眼)·포혈(砲穴)을 만들기 위한 상인방(上引枋)의 역할, 동북각루(東北角樓)인 방화수류정(訪花隨柳亭)에서는 온돌(溫堗)에도 사용하는 등 하중을 많이 받는 곳에 주로 사용하였다. 따라서 정방형 벽전 중 가장 두껍고 큰 것을 알 수 있으며, 대방전 생산에서도 방전틀에 흙을 더욱 치밀하게 다져 특별히 생산하였다.[35] 먼저 대방전은 눈썹벽전에 사용하였는데, 여기서 눈썹벽전은 지금까지 설명한 홍예 외곽에 사용한 벽전이 아닌, 벽전건축의 벽체 중간에서 벽면보다 튀어나온 한 켜의 벽전을 지칭하는 것이며, 그 축조는 밑에서 자세히 살펴볼 것이다.

두번째로 상인방의 역할이다. 화성의 각 시설은 전쟁을 위한 것이므로, 벽전으로 축조한 벽체에 포를 쏘기 위한 구멍 즉, 포혈을 설치하였는데, 이 때 대방전은 인장력을 받는

31 『화성성역의궤』 卷首 「圖說」.

모가 크고 작은 것은 용도에 따라서 다르다[方之大小隨適其用].

32 이러한 사실은 [부록 2]의 표에서 알 수 있는데, 특별한 건축 없이 여장만을 축조한 女墻에 41,263장, 甬道 2,238장으로 가장 많이 사용하였기 때문이다.

33 소방전은 단지 東將臺·西弩臺·西南角樓인 華陽樓에만 아주 적은 양을 사용하였고, 華城 行宮의 각 殿閣에도 사용하였다.([부록 2] 참고)

34 현재 도시의 가로 포장을 하는 시멘트 벽전 역시 크기가 작은데, 유지·보수에 유리하고 벽전의 밑 부분이 고르지 않아 움직이게 될 경우 파손되는 것을 막을 수 있기 때문이다.

35 박제가, 『북학의』 「內篇」 '二日齊'(이익성 譯, 『박제가 북학의』, 1992, 한길사, 56쪽.).

步道를 포장하는 벽전[甎]은 크고 작고 할 것 없이 날벽전이 질이 굳고, 불기운이 충분한 것이라야 한다.

상인방 역할을 한다.(<그림 8-4>의 입면) 특히 원형을 유지하고 있는 서북공심돈(西北空心墩) 1·2층의 포혈에 대해 '벽면(甓面)에 불랑기를 쏘아 낼 포혈 20[모길이 1척]을 내었다'[36]라고 하였는데, 크기는 1척 즉, 31㎝이다. 그런데 대방전 길이는 42.78㎝이므로, 양쪽으로 약 6㎝씩 맞물려 상인방의 역할을 할 수 있었다. 이는 조적식 건축의 개구부 축조에 아주 일반적인 방법이라고 할 수 있으며, 고구려 벽탑(甓塔)의 공안(孔眼)에서도 볼 수 있었다.[37]

세번째는 일반 벽체에 사용하여 벽체의 부착강도를 높이기 위한 용도이다. 벽체는 주로 반방전으로 길이면이 외부에 드러나도록 축조하고, 내부는 벽전과 함께 석회(石灰)·흙·자갈 등을 채우기 때문에, 내부 석회와 반방전이 서로 떨어질 가능성이 많다. 그러나 대방전을 반방전과 교대로 사용하여 내부에서 석회와 일체화 고정되고, 외부에서 반방전으로 축조한 벽체와 연결되므로, 마치 못을 박는 효과를 얻을 수 있다.(<그림 8-4>의 단면) 따라서 대방전에는 압축력뿐만 아니라 인장력이 작용하므로 반방전보다 단면을 두껍게 제작한 것이다.[38]

장방형 벽전인 반방전(半方甎)은 화성성역에 사용한 벽전 중 가장 많이 생산되었고, 또 벽전을 사용한 모든 시설물에 사용하였는데, 주로 벽체를 쌓기 위한 용도이다.[39](<그림 8-5>) 그런데 '벽전은 방전틀(方甎罿)을 사용하여 만들고 그 반을 판자로 가로막은 것이 반방전'[罿半隔板者爲半方甎][40]이라고 하였으므로, 대방전의 절반이 반방전의 크기와 동일하여야 하지만 그렇지는 않다. 즉, 반방전의 길이[長] 37.2㎝는 대방전 길이와 같아야 하지만, 42.78㎝로 6㎝의 차이가 있고, 넓이[廣] 역시 대방전의 절반 길이인 21.39㎝와 같아야 하지만, 21.7㎝로 다른 것이다. 또한 같은 틀을 사용하여 만들었다면 두께가 같을 것이지만, 반방전이 약 2㎝ 정도 얇다. 따라서 대방전 생산에 사용하는 틀을 반으로 나누어서 반방전을 만든 것은 아닌 것이며, 반방전을 가장 많이 생산하였기 때문에 별도로 반방전용 틀을 제작하여 생산한 것이다.[41] 이러한 크기 차이의 정확한 원인은

36 『화성성역의궤』 卷首 「圖說」 '西北空心墩'.

37 신라 벽탑 1층 탑신의 감실 상인방 재료는 석재를 사용하였지만, 이와 동일한 축조방법이라고 할 수 있다.

38 이상에서 추정한 대방전의 용도는 바닥 포장 재료로만 추정하던 기존의 견해와 다른 것인데, 이러한 추정이 가능한 것은 바닥에 벽전을 깔지 않았음에도 불구하고 대방전을 많이 사용한 것으로 기록하였고, 일반 벽체를 축조하는 반방전과 크기·두께에서 차이가 있기 때문이다.

39 때로는 가공하여 虹蜺나 烽墩의 아궁이[竇]를 축조하는데 사용하였던 것으로 생각한다.

40 『화성성역의궤』 卷首 「圖說」.

41 또한 <그림 1-3>에서 보는 것과 같이 반방전을 생산하기 위한 '隔板罿'과 대방전을 생산하기 위한 '方木罿'로

알 수 없지만 결국 그 용도에 따른 것으로, 벽체를 축조하고 또 가장 많이 사용하는 반방전의 크기를 조금 더 작게 하여, 시공이 빠르고 다루기 쉽게 하기 위한 것으로 생각한다. 즉, 벽전의 크기는 당시 사람의 손 크기와 밀접한 관계가 있기 때문이다.[42]

이벽(耳甓)은 용도가 명확하지 않지만, 대부분 여장과 용도(甬道)에 사용하였고,[43] 여장에 사용한 개벽의 길이와 이벽의 양 변 길이가 40.3㎝로 동일하기 때문에 여장에 사용한 것임을 알 수 있다. 또한 그 모양을 살펴보면 「도설(圖說)」의 그림에서는 양변의 길이가 같은 직각삼각형으로 표현하였지만,(<그림 8-5>) 양변이 40.3㎝이고, 긴 변이 43.4㎝이므로, 직각이 아닌 예각의 이등변삼각형이다. 그러므로 이벽은 <그림 8-6>에서 보는 것과 같이, 여장의 양끝에서 각도가 달라지는 부분에 사용하기 위한 것으로 추측할 수 있다. 이러한 삼각형 벽전을 신라의 안압지와 전랑지 등에서도 살펴보았는데, 특히 안압지에서는 벽전을 사선으로 포장할 때, 가장 외곽에 사용하여(<그림 5-77·80> 참고) 화성의 이벽 역시 여장의 마구리 부분에 사용한 것으로 추측할 수 있는 것이다.

종벽(宗甓)은 벽전으로 축조한 벽체의 윗부분을 마무리하거나, 여장의 개벽 위를 덮는데 사용한 벽전이므로, 한 변의 길이는 개벽과 동일한 것을 알 수 있다.(<그림 8-6·7>) 그러나 그 형태는 의궤에서 제시한 그림보다 등높이가 11㎝로 훨씬 높다. 홍예벽(虹蜺甓)은 홍예(虹蜺)를 축조할 때 사용하는 벽전이므로, 홍예가 있는 시설물에서만 사용하였는데,([부록 2] 참고) 종벽과 같이 의궤 그림과 실제 사용된 홍예벽은 두께가 21.7㎝로 그림보다 훨씬 두껍다.(<그림 8-7>) 이렇게 화성성역에 사용한 7종류의 벽전은 용도에 따른 각 벽전의 형태와 크기·두께를 미리 결정하여 제작한 것을 알 수 있으며, 이는 곧 화성의 계획성을 나타내는 것이다.[44]

구분하여 설명하고 있다.

42 정창조, 「外裝壁돌이 건축조형에 미친 영향에 관한 연구」(1982, 중앙대학교 대학원 건축미술학과 석사학위논문.), 48~50쪽 참고.

외국의 벽돌 치수가 나라와 지방에 따라 다르고, 일반적인 것보다 큰데, 기술자의 체격이 큰 북유럽이나 소련의 벽돌이 조금 더 크고, 미국의 벽돌은 거의 같다. 한 손에 한 장씩 들고 모르타르를 바른 줄눈에 얹어 가기 때문에, 벽돌 폭은 손가락 길이와도 관계가 있으리라 여겨진다(飯塚五郎藏, 『건축물의 외벽연구』, 1992, 도서출판국제, 26쪽.).

43 그 외 北東雉·南空心墩·烽墩에 사용되었는데, 역시 여장에 사용한 것으로 생각한다.

44 그러나 벽전의 크기와 형태를 어디에서 도출한 것이고, 그 용도를 어떻게 설정한 것인지 명확하지 않다. 이 문제는 당시 목조건축의 營造尺과의 관계, 중국에서 보편적으로 사용하던 벽전과의 관계, 조선후기 이전 벽전 크기와 종류 등을 통해 연구하여야 할 것인데, 특히 화성 벽전을 생산하기 위한 가마인 甓窯의 축조에는 『천공개물』을 참고하였으므로, 벽전의 형태와 크기에 있어서 眠磚·側磚·方墁磚·刀磚·鞠磚·楻板磚과 화성의 벽전을 비교하는 연구가 필요하다.

▲8-8

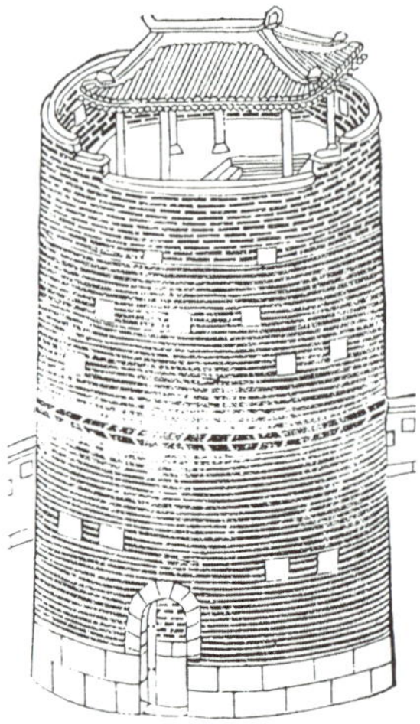

▲8-9

▲8-12

▲8-10

▲8-11

그림 8-8 砲樓의 **벽체쌓기**

(출전 : 『화성성역의궤』卷首「圖說」.)

그림 8-9 **동북공심돈 벽체쌓기**

(출전 : 『화성성역의궤』卷首「圖說」.)

그림 8-10 **동북공심돈 복원 공사 전 사진**

(출전 : 한국사진작가협회 수원지부, 『수원풍물사진집』(1995, 월간경기.), 26쪽.)

그림 8-11 **남옹성 벽체 공사중 단부**

그림 8-12 欽定書經圖說(淸代)

(출전 : 李允鉌, 『華夏意匠』(1982, 華風書局.), 346쪽.)

2. 벽체 쌓기

2-1. 일반 벽체 쌓기

벽전건축은 일정한 크기와 형태로 생산한 벽전을 규칙적으로 겹쳐서 쌓고, 또 각각의 벽전은 석회로 부착하여 일체가 되도록 축조하여야 한다. 그러므로 우선 일정한 크기와 높은 강도의 벽전을 생산하는 것도 중요하지만, 벽전을 쌓는 방법 역시 중요한데, 이에 따라 상부의 하중전달방식이 달라지고, 각 벽전들 간의 부착강도가 달라지기 때문이다.[45] 따라서 벽전쌓기는 전체 건축의 강도를 좌우하는 중요한 부분이라 할 수 있는데, 먼저 낙랑과 백제의 벽전축 무덤에서는 3횡1수(三橫一垂) 또는 4횡1수의 벽전쌓기를 살펴보았다. 여기에는 수(數)에 관한 관념이 내재해 있고, 단면상에서 곡면을 만들 수 있으며, 무덤 전체의 강도를 결정하는 보편적인 벽전쌓기였다. 또한 명확한 벽전쌓기가 공통적으로 나타나는 것은 벽전에 관한 기술과 관념이 발달해 있었다는 것을 나타내기도 한다. 고구려 벽탑과 신라 법흥사터 7층 벽탑에서는 '工'자와 유사하게 벽전의 마구리면과 길이면을 번갈아 쌓는 방법을 살펴보았는데, 길이면으로 쌓은 벽전은 주위 8개의 벽전과 부착되어 벽체의 강성(剛性)이 높고, 하중을 고르게 전달하여 전체 구조물을 안정하게 축조할 수 있는 쌓기방법이다. 고구려에서 나타나기 시작한 이 쌓기방법은 조선전기의 동관왕묘와 조선에서 개축한 고려 신륵사 벽탑에서 공통적으로 발견되므로, 조선전기까지 연속하고 있는 것으로 추정하였다.[46] 이렇게 각 시대의 벽전 쌓기방법은 일반 벽체(壁體)에서 명확하게 나타나지만, 화성에서는 벽전쌓기의 자세한 그림이나 언급이 없고, 현존하는 실제 건축에서도 특정한 벽전의 쌓기 방법을 찾아 볼 수 없으며,[47] 다만 [사료 8-11]을 통해 추측할 수 있을 뿐이다.

> [사료 8-11] : 옹성(甕城) 쌓는 역사를 곧 시작할 터인데, 무릇 <u>벽전을 쌓아 올릴 때에 장수(匠手)들이 돌을 반듯하게 다듬는다는 구실로 태반이나 깨두드려서[築甓之際匠手輩則稱以磨正太半破碎全]</u> 도무지 아끼는 일이 없고, <u>패장들은 다만 층급(層級)이나 살필 뿐[牌將輩則只察層</u>

45 장기인, 『벽돌-한국건축대계Ⅱ』(1996, 보성각.), 92쪽 참고.
46 또한 중국에서는 一順一丁이라고 하여 역시 보편적으로 사용한 쌓기 방법이다.
47 화성에서는 어떠한 시설물에서도 벽전의 일정한 쌓기 방법과 패턴을 발견할 수 없는데, 이것은 시공할 때 벽전을 다시 갈거나 깨서 축조하였기 때문인 것으로 생각한다.

級], 벽전이나 기와 따위는 생각지 아니하여 소모하는 분량이 너무 많고, 계산이나 적간(摘奸)은 분명하지 않아서 만약에 층마다 두름마다[每層每級] 몇 장씩이나 되느냐고 묻는다면 어름어름할 뿐이고 명백한 대답도 하지 못하고 있습니다. … 별도로 마벽패장(磨甓牌將)을 정하여 당일에 해낸 공사 일을 매일 저녁에 역기(役記)를 수납하게 하며, 층급(層級)으로 말하면 한 두름(一級)에 들어가는 면배(面排)나 내배(內排)의 벽전 장수를 사실대로 계적(計摘)하여 비록 한 장이나 반 장이라도 차착이 없도록 급수(級數)와 장수(張數)를 계산하여 실지로 들어가는 것을 기준 삼게 할 것이며, ….[48]

위의 감결(甘結)은 4개월에 걸쳐 북옹성(北甕城)을 완성하고 남옹성 축조를 시작하기 직전으로,[49] 벽전을 시공하기 위해 다듬는 중 많은 벽전을 파손하여 못쓰게 되고, 몇 장이나 사용하는지 알지 못하므로 '마벽패장'(磨甓牌將)을 정하고, 기록해야 한다는 내용인 것이다. 또한 '패장은 단지 층급만을 살핀다'[牌將輩則只察層級]고 했는데, 벽전을 쌓을 때 벽전 한단 한단을 중요하게 생각하였다는 것을 알 수 있으며, 이는 화성 벽전쌓기에 수직줄눈이 없는 것과 관계하는 것으로 생각한다. 의궤 「도설」의 모든 그림에서 벽체는 수직줄눈 없이 수평줄눈만으로 표현하거나, 수직·수평줄눈을 동시에 표현한 것으로 구분할 수 있다.<그림 8-8·9> 자세히 살펴보면, 주로 일반 벽체의 아랫부분과 공심돈(空心墩)·포루(砲樓) 등 내부공간이 있는 벽체에서는 수평줄눈만, 벽체의 윗부분과 여장은 수평·수직줄눈을 동시에 표현하였고, 현존하는 각 시설물에서도 찾아 볼 수 있는 쌓기방법이다.

이와 같은 벽체의 쌓기방법의 이유는 세 가지로 생각할 수 있는데 첫번째, 석회에 의한 벽전의 부착강도에 관한 것이다. 벽전으로 축조한 벽체의 강성을 좌우하는 것은 벽전 자체의 강도도 있지만, 벽전과 석회가 일체가 되는 부착강도 역시 매우 중요하다. 그런데 여장의 아래 부분은 벽체와 고정되는 고정단이고, 윗부분은 접하는 곳이 없는 자유단이므로, 하부 벽체보다 횡력에 더욱 약하다. 따라서 벽전들을 더욱 긴밀하게 부착시켜야만 하기 때문에, 하부 벽체와 달리 수직·수평줄눈을 동시에 사용하여 부착강도를 높이고 있다. 두번째는 의장적인 측면인데, 수평줄눈만 사용한 부분은 주로 하부 벽체의 3/4~5/4정도이므로, 수평성이 강조되어 건축 외관에 안정감을 줄 수 있다. 이와 다

48 『화성성역의궤』 권4 「甘結」 '乙卯(1795년) 4월 18일'.

49 북옹성의 공사 기간은 1794년 10월 20일~1795년 2월 27일까지이고, 남옹성은 1795년 4월 21일에서 5월 20일로 약 1개월 정도인데(『화성성역의궤』 卷首 「時日」참고.), 위의 「甘結」은 남옹성을 쌓기 3일 전인 1795년 4월 18일의 내용이다.

르게 상부 벽체는 수직·수평줄눈을 동시에 사용하므로, 건물 입면에서 상대적으로 다른 것을 표현하고 있는 것이다.

세번째는 벽전 크기에 관한 것으로, 화성성역 당시 벽전쌓기가 남아 있는 부분의 벽전 크기는 의궤에서 제시한 두께·길이와는 많은 차이가 있다. 이는 날벽전의 흙 성질과 가마 온도에 따라 소성(燒成) 과정에서 일어나는 수축(收縮)과 변형이 다르기 때문인데, 제1장에서 살펴본 『천공개물』에는 모래가 섞이지 않은 흙을 사용한다고 하였다. 따라서 화성성역에서도 이를 따랐을 것으로 생각하는데, 이 흙은 점토질의 검은색 흙으로 벽전을 소성할 경우에는 높은 강도를 얻을 수 있지만, 수축 변형이 심하여,[50] 화성성역에 사용한 벽전은 일정한 크기의 벽전을 굽지 못하였을 것으로 추정한다.[51] 현재 사용하는 '벽돌' 규격은 모두 동일하여, 막힌줄눈으로 쌓아도 상·하의 줄눈이 일정하지만, 화성성역에 사용한 벽전은 그 크기가 달라 모두 갈거나 깨서 축조하였으므로, 벽전 길이 보다는 두께를 고르게 맞추어 한 단에서 수평을 유지하는 것이 가장 중요하였으며, 따라서 상·하 일정한 벽전쌓기를 찾아 볼 수 없는, 수평줄눈만 사용한 것으로 생각한다. 결국 길이가 모두 다른 벽전으로 축조해야 하기 때문에, 일반 벽체에는 수직줄눈을 넣을 수 없었던 것이며, [사료 8-11]에서 '패장은 단지 층급만을 살핀다'라는 것은 바로 이러한 내용을 반증하는 것이다.

또한 [사료 8-11]에서 한 급(級)의 '면배'(面排)나 '내배'(內排)라는 용어를 사용하였는데, 이 때 '면배'는 벽체에서 안과 밖에서 보이는 면에 쌓는 벽전을, '내배'는 '면배'와 '면배' 사이를 채워 쌓는 벽전을 지칭하는 것으로 생각한다.(<그림 8-4>의 단면) 따라서 일반 벽체 쌓기는 벽체 사이에 공간을 두고 쌓는 방식이 아니라 벽전과 석회로 채워서 쌓는 방식이라는 것을 알 수 있으며, <그림 8-10>에서 확인할 수 있다. 동북공심돈은 복원 이전까지 파괴된 채 벽체의 단부가 노출되어 방치되었는데, 벽체 내부에도 벽전을 사용하여 쌓았고, 면배와 내배의 벽전이 같은 높이를 유지하고 있다. 따라서 화성의 공심돈과 포루(砲樓) 등의 벽체는 면배와 내배로 구분하여 축조한 것을 알 수 있다. 그러나 <그림 8-12>와 같이 청(淸)에서는 규모가 큰 벽성 축조에 면배만을 사용하고, 안쪽

50 국립문화재연구소, 『중요무형문화재 제91호 製瓦匠』(1996, 신유문화사.), 85~86쪽 참고.

51 현재 사용하는 붉은 壁乭의 길이는 19㎝인데, 날벽돌 크기는 약 3㎝의 여유를 두고 22㎝로 成形한다(이와 같은 사실은 호프만 가마를 사용하는 수원시 권선구 고색동의 東寶産業水源煉瓦工場 감독님과의 인터뷰 중에 얻을 수 있었다.). 따라서 벽전의 생산기술을 축적하지 못한 조선에서는 같은 규격의 벽전을 굽기는 상당히 어려웠던 것으로 생각한다.

▲8-13

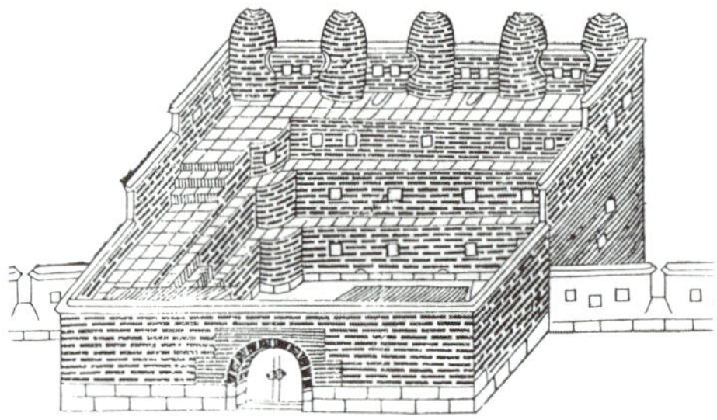

▲8-14

▲8-15

▲8-16

그림 8-13 **화성 甓城의 벽체 단부**
그림 8-14 烽墩內圖
(출전 : 『화성성역의궤』卷首「圖說」.)
그림 8-15 **화성 남옹성 내측 홍예문**
그림 8-16 **경복궁 북측** 癸武門
(출전 : 朝鮮總督府, 『朝鮮古蹟圖譜』10권(1930.), 1314쪽.)

내배 부분에는 석회·잡석·깨진 벽전 등으로 채워 쌓는 것이 보편적이었으며, 화성에서도 일반 건축의 벽체보다 훨씬 두껍고, 내·외부가 명확하게 구분되지 않는 축조물인 남옹성과 '벽성'[52]에서 역시 내배를 사용하지 않고, 석회나 흙을 채워 축조하였다.(<그림 8-11>)

여기에는 경제적인 이유도 있었을 것인데, 『천공개물』에서도 벽체 내부를 벽전으로 채우거나 채우지 않는 것은 경제적인 여건에 따른 것이라 하였기 때문이다.[53] 그러므로 화성성역에서도 경제적 이유 즉, 규모가 큰 축조물에 내배를 사용하면 벽전 소비량이 많기 때문에, 옹성과 '벽성' 등에는 내배를 채우지 않은 것이다. 또한 면배만으로 축조한 벽체에서는 석회 등으로 채운 내배 부분과 떨어지기 쉽기 때문에 강하게 접합해야 하는데, 앞에서 살펴본 것과 같이 대방전 등을 깊숙이 박아 넣기도 하지만,(<그림 8-4>의 단면) 면배 벽전의 뒷부분을 뾰족하게 가공하여 축조하였다. 고려의 죽죽리 절터 벽체석연(甓砌石緣)에서는 특수한 형태의 벽전을 이용하여 이러한 축조방법을 완성하였지만, 화성에서는 반방전을 시공 때에 일일이 가공하여 축조하였으며,[54] <그림 8-13>와 같이 '벽성'에 사용한 벽전의 뒷부분은 모두 뾰족하게 가공한 것을 확인할 수 있다.

이러한 축조방법은 <그림 6-29>의 2·3과 같이 줄눈이 외부로 드러나지 않도록 축조할 경우에도 사용하는데, 화성에서는 방화수류정의 벽체석연과 1층의 포사(舖舍) 등에서 볼 수 있다. 포사 벽체는 밑의 영롱쌓기에서도 살펴볼 것이지만, 석회를 사용하지 않고 벽전의 뒷부분을 가공하여 축조하였다. 벽체석연은 제6장에서 살펴본 것과 같이 신라에서 발생하여, 고려에서 정형을 완성한 기단 형식으로, 화성 벽체석연은 석재로 테두리를 만들고,[55] 내부를 벽전으로 채워 축조하였다.[56] 특히 테두리 석재에는 쌍사(雙絲)를

52 여기서 언급하는 甓城은 앞장에서 살펴본 일반적인 벽성이 아니라, 화성에서 北暗門 좌우 城壁을 벽전으로 축조한 특정 부분을 지칭하는 것이며, 의궤에서도 '甓城'이라고 사용하였기 때문에 여기서도 '벽성'이라 칭한다.

53 『천공개물』 中卷 「陶埏」 '磚'(최주 譯, 『천공개물』, 1997, 전통문화사, 154~155쪽.).
도시의 城壁이나 민가의 담을 쌓는 벽전으로는 眠磚과 側磚의 두 종류가 있다. 면전은 長方形이다. 성벽이나 돈 있는 민가의 담을 쌓을 때는 비용을 아끼지 않고 면전만으로 하나씩 쌓고, <u>비용을 생각해야 할 사람은 집을 지을 때 면전 양변에 한 줄의 측전을 쌓고, 그 속을 흙과 자갈로 채워 비용을 아낀다</u>.

54 따라서 위에서 살펴본 [사료 8-11]에서 벽전을 깨거나 갈거나 해서 벽전이 많이 소비된다고 하였는데, 이러한 축조방법을 사용하였기 때문인 것이다.

55 이러한 측면에서 西弩臺 역시 벽체석연과 유사한 축조방법이며, 벽전 뒷부분을 가공하여 축조하였다. 이는 밑의 경사쌓기에서도 살펴볼 것이다.

56 『화성성역의궤』 卷首 「圖說」 '東北角樓'.
砲樓의 만듦새는 정간 남쪽 처마의 砌甓으로 臺를 만들되, 돌의 연변을 깎았다. 대의 높이 4척, 남북의 길이 13척 4촌, 동서의 넓이 16척 4촌이다.

넣어 목구조의 특징을 나타내고, 벽전 축조에는 석회를 사용하지 않고 벽전의 뒷부분을 가공하여 석회를 채우므로, 벽전과 벽전을 부착시키고 있다.(<그림 6-8·12·13> 참고)

이렇게 석회가 드러나지 않도록 뒤쪽에서 벽전들을 부착하거나 또는 석회를 전혀 사용하지 않고 축조하는 쌓기방법은 신라·고려에서 조선으로 연속하고 있는 것으로, 구조·시공의 의미보다는 의장적 측면을 강조한 것으로 생각한다. 이를 가장 잘 볼 수 있는 것은 봉돈과 북·남옹성의 홍예문 좌우 벽체인데, <그림 8-14>의 봉돈을 출입하는 홍예문 좌우에는 단이 있는, 일반 벽체와는 다르게 표현된 것을 볼 수 있고, 현재 복원한 봉돈에서도 석회를 사용하지 않고 쌓은 부분이다.[57] 또한 북·남옹성의 홍예문 좌우에도 역시 석회를 사용하지 않고 축조한 부분이 봉돈과 동일하게 남아 있어,[58](<그림 8-15>) 이러한 표현은 시공 또는 부착강도와 관련하는 것이기 보다, 다른 벽체와 다르게 줄눈을 사용하지 않고 쌓아 중앙의 홍예문을 강조하는 의도적이고 의장적인 축조방법인 것이다. 따라서 줄눈이 드러나지 않는 벽전쌓기 방법은 치장쌓기의 하나로 보아야 한다.

이와같이 낙랑·백제의 벽전축 무덤과 신라 벽탑, 고려의 벽체석연은 물론 조선 동관왕묘 정전의 지대석과 벽체 사이 등에 나타나는 석회를 사용하지 않는 쌓기 방법은 모두 의장적인 측면을 강조한 것으로 볼 수 있으며, 화성에는 이전 시기의 벽전쌓기를 연속한 것이다. 또한 화성 이후에 축조한 각 궁궐의 굴뚝과 벽전축문(甓甎築門)은 물론 <그림 8-16>과 같이 19세기 중반에 복원한 경복궁 홍예문에서도 봉돈과 북·남옹성 홍예문 측벽의 쌓기방법이 나타나고 있어, 조선후기까지 연속하고 있는 특징적인, 의장 목적의 치장쌓기로 결론지을 수 있다.

2-2. 경사쌓기와 곡면쌓기

경사쌓기는 신라 벽탑의 옥개와 같이 층단으로 처리하는 것이 아닌, 벽면을 평평하면서 동시에 경사지게 축조하는 것을 의미하며, 화성의 각 건물에 나타나지만 서노대(西弩臺)에서 가장 명확하게 볼 수 있다. 서노대의 평면 형태는 8각이며 그 축조방법은 벽체석연과 유사한데, 각 모서리에 석재 기둥을 설치하고 그 사이에 벽전을 쌓았다.[59] 이

57 이는 『朝鮮古蹟圖譜』 사진에서도 확인할 수 있다.

58 비록 의궤의 그림에는 표현되어 있지 않지만, 『朝鮮古蹟圖譜』 사진을 통해서도 현재와 동일한 것을 알 수 있으며, 남옹성은 화성성역 당시 축조한 原型이다.

부분은 위쪽에서 좁아지고 동시에 경사졌는데 벽탑의 옥개와 같이 층단이 아닌, 평평한 면으로 축조하였다.(<그림 8-18>) 반방전을 사용하여 경사 벽체를 축조하는 방법은 <그림 8-17>과 같이 두 가지 경우로 생각할 수 있는데, 2는 하부와 상부 벽전만 가공하고, 그 사이 벽전은 가공하지 않으므로 쉽고 빠르게 쌓을 수 있지만, 벽전들이 떨어지기 쉽기 때문에 안정하지 못하다. 1의 경우는 2보다 훨씬 안정적이지만 모든 벽전을 일정한 경사로 가공해야 하기 때문에 축조하기 어려움에도 불구하고, 화성 서노대는 1의 방법으로 축조하였다. 또한 서북공심돈의 4면 벽체는 큰 경사는 아니지만 역시 1의 방법으로 축조하였고,(<그림 8-85>) 포루(砲樓) 등의 곡면쌓기에서도 1의 방법을 사용하므로, 화성에서 보편적으로 사용한 경사쌓기로 생각한다.

곡면(曲面) 쌓기는 낙랑 벽전축 무덤에서 살펴본 것과 같이 평면과 단면에서 곡선을 쌓는 방법과 입면에서 곡선 형태로 축조하는 방법을 의미하는데, 먼저 평면에서 곡면쌓기는 화성의 모든 시설에 나타나며, 봉돈 등에서는 방형 평면이더라도 모서리를 굴려 둥글게 축조하기도 한다. 경사쌓기와 마찬가지로 곡면쌓기에도 두 가지 축조방법을 생각할 수 있는데, <그림 8-19>의 1과 같이 곡률에 맞추어 벽전 뒷부분을 맞닿게 하고, 그 사이를 석회로 마감하는 것이다. 이 방법은 현장에서 벽전을 가공하는 작업이 줄어들기 때문에 쉽고 빠르게 축조할 수 있지만, 곡선이 완전하지 못하고 매끄럽지 않은 단점이 있다. 그러나 화성 각 시설물의 곡면은 빈틈없이 연결되어 있고, 앞에서 살펴본 것과 같이 수직줄눈을 사용하지 않았기 때문에, 화성의 곡면쌓기는 모든 벽전을 가공하여 공력과 시간이 오래 걸리는 <그림 8-19>의 2와 같은 방법으로 축조하였을 것이다. 즉, 벽전의 양 마구리를 곡률의 각도에 맞추어 갈아내고, 벽전과 벽전이 부착하는 부분을 다시 갈아내면 벽전과 벽전 사이가 꼭 맞게 연결되고, 곡선이 매끄럽게 되는 것이다.[60] 이러한 곡면쌓기는 원형의 각 옹성은 물론,(<그림 8-20>) 1m 정도의 반원형 곡면 벽체를 완벽하게 축조한 서암문(西暗門)(<그림 8-21>)과 마치 벌의 허리처럼 잘룩하게 2개의 변곡점을 갖는

59 『화성성역의궤』 卷首 「圖說」 '西弩臺'.
地臺에는 砌甓을 올려 面을 삼고, 돌을 깎아 모퉁이를 괴었다[地臺上砌甓爲面剡石爲隅].

60 또한 앞에서 살펴본 서유구의 『林園經濟志』 「贍用志」 권1 '營造之制' '砌甎須填陷'에서는 "… 그 중간의 움푹 파인 데는 메꾸되 빈틈이 없도록 완전히 메꾸어야만 한다"라고 하였다. 벽전으로 축조한 벽체에 빈틈이 있으면 빗물이 벽체 속으로 유입하고 結氷에 의해 붕괴될 위험이 있기 때문이다. 따라서 수직줄눈을 넣지 않았지만, 화성 곡면쌓기는 공력과 시간이 많이 드는 <그림 8-19>의 2 방법으로 축조하여 좌우 벽전을 긴밀하게 연결하였음을 알 수 있다.

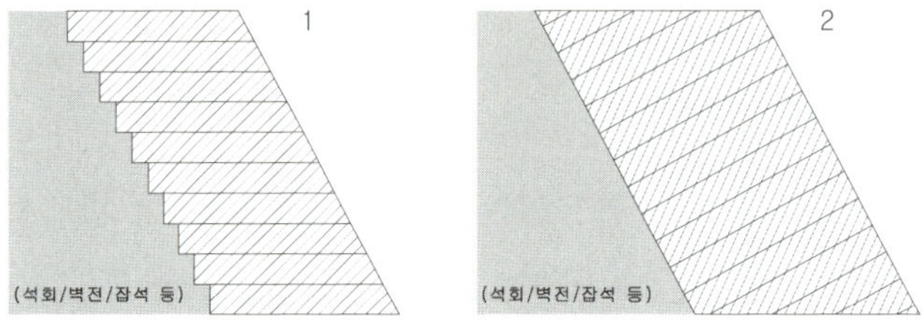

▲8-17

▲8-18

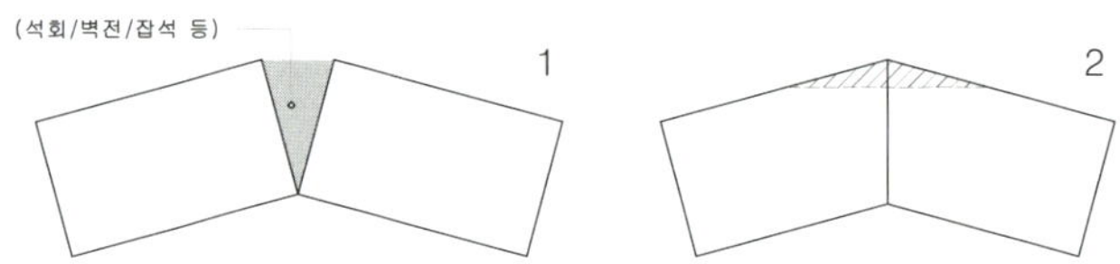

▲8-19

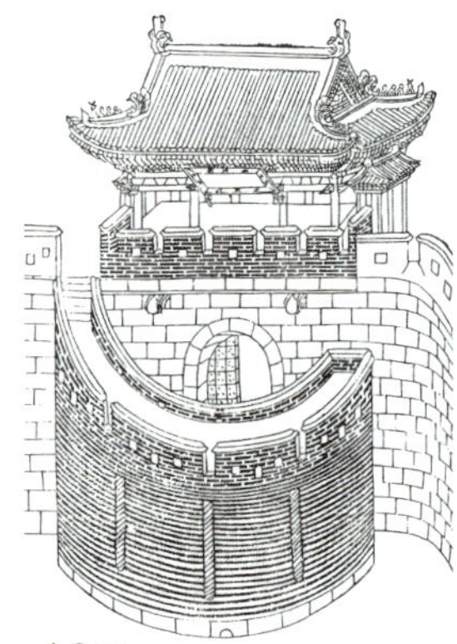

▲8-20

그림 8-17 **서노대 벽전 가공과 경사쌓기**
그림 8-18 西將臺圖**의** 西弩臺
(출전 : 『화성성역의궤』 卷首 「圖說」.)
그림 8-19 **곡면쌓기 방법**
그림 8-20 蒼龍門外圖
(출전 : 『화성성역의궤』 卷首 「圖說」.)

곡선을 만든 동북노대(東北弩臺)에서 대표적으로 볼 수 있으며,(<그림 8-22>) 동북공심돈은 그 이전 한국건축에서 찾아 볼 수 없는 원형 평면이다.

벽체의 단면에서 곡선으로 축조하는 쌓기는 벽전을 사용하여 축조한 모든 시설에 나타나고 있으며, 특히 포루(砲樓)와 '벽성' 등에서 명확하게 찾아 볼 수 있다. 원형(原形)인 남포루(南砲樓)는 하부 지대석(地臺石)에서 형성된 곡면이 상부의 벽전 벽체까지 연속하여 배가 불룩한 모양을 하고 있는데, 다시 2/3 높이에서는 완만한 곡선으로 축조하여, 첨성대(瞻星臺) 곡선을 연상시킨다.(<그림 8-23>) 이러한 곡면쌓기의 축조방법은 앞에서 살펴본 <그림 8-17>의 1과 동일한데, 벽전의 외면만을 곡률에 맞추어 가공하고 내부에서는 지면과 수평으로 쌓는다.[61] 그러나 외벽의 곡면과 달리 내벽은 수직으로 축조하여 내부공간까지 연속되는 것은 아니며, 외벽만이 하부에서 점점 넓어져 안정하게 축조할 수 있는 쌓기방법이다. 이렇게 벽체의 단면에서 곡면으로 쌓는 방법을 '규형(圭形)쌓기'라고도 할 수 있는데,[62] 화성은 전쟁을 위한 시설이므로 성벽 자체를 안정하도록 하고, 적의 화포(火砲) 공격에 대처하려는 것은 물론, 적병이 쉽게 성벽에 오르지 못하도록 한 의도에 의한 것이다. 현존하는 화성에서 돌로 쌓은 성벽에서는 규형쌓기를 볼 수 없지만, 포루(砲樓) 또는 벽전으로 쌓은 '벽성' 등에서 명확하게 나타나므로, '벽성' 역시 동일한 목적에 의해 축조한 것을 알 수 있다.

세번째는 입면에서 곡선으로 축조하는 곡면쌓기이며, 홍예(虹蜺)와 원여장(圓女墻) 등에서 볼 수 있다. 원여장(圓女墻)은 홍예를 설치한 암문(暗門)과 남수문(南水門)·동북노대 등 특정 시설물의 상부에만 축조하였는데, 그 목적을 명확하게 알 수 없지만 남수문의 설명문을 통해 의장(意匠) 목적임을 유추할 수 있다.[63] 즉, 크고 둥근 벽전 성가퀴는 원여장은 의미하는 것으로, 남수문의 수문(水門)에 해당하는 9개의 석재 홍예와 조화시키기

61 낙랑 벽전축 무덤의 벽체 역시 곡면을 이루는데 세워쌓기한 사다리꼴 벽전에 의해 곡률을 결정하는 축조방법으로, 화성의 곡면쌓기와는 그 축조개념이 다른 것을 알 수 있다.

62 『화성성역의궤』 卷一 「御製城華籌略」.

여덟째는 城制에 관한 것이다. … 그 성의 높이와 두께를 3등분하여 아래의 ⅔까지는[9층 아래의 6층에 해당함] 점점 안으로 좁혀 매 층의 차를 1촌으로 하는 비례로 좁힌다. 위의 ⅓에서부터는 점점 밖으로 넓히는 듯이 하되 매 층의 차를 3푼쯤으로 한다. 이렇게 되면 성의 전체의 모양이 가운데가 약간 굽은 듯이 보이며, 完築되었을 때 그 배는 빈 것처럼 안으로 줄어들고, 몸은 마치 '圭'와 같은 모양이 된다[其身如圭]. 아래의 차는 돌층계처럼 안으로 좁아 들어 무너질 리가 없게 되고, 위의 차는 처마 같아 뛰어넘을 수 없게 된다.

63 『화성성역의궤』 卷首 「圖說」 '南水門'.

그 바깥쪽에 크고 둥근 벽전 성가퀴 아홉을 설치하여, 아홉 개의 홍예의 머리에 당하게 하였다[其外面設大圓甓女墻九堞以當九虹蜺之首].

▲8-21

▲8-22

▲8-23

▲8-24

▶8-25

그림 8-21 西暗門의 곡면 벽체
그림 8-22 동북노대 전경
(출전 : 朝鮮總督府,『朝鮮古蹟圖譜』11(1931.), 1514쪽.)
그림 8-23 南砲樓의 곡면 벽체
그림 8-24 南水門外圖의 圓女墻
(출전 :『화성성역의궤』卷首「圖說」.)
그림 8-25 화성의 3가지 女墻형식
(출전 :『화성성역의궤』卷首「圖說」'名物各圖'.)

위해 평여장(平女墻)·철형여장(凸形女墻)을 대신하여 원여장을 축조한 것이며, 「도설」 그림에서도 확인할 수 있다.[64](<그림 8-24·25>) 또한 동암문이나 북암문 등에서는 하부 홍예문에 맞추어 하나의 원여장을 설치하고 있으며,(<그림 7-36> 참고) 동북노대의 경우는 평면이 벌의 허리처럼 휘어 있어 이러한 형태에 조화시키기 위해 원여장을 설치한 것으로 추정할 수 있다.[65] 따라서 이러한 3가지의 곡면쌓기는 튼튼한 벽체를 축조하기 위한 목적과 함께 미적(美的)·의장적(意匠的) 목적을 위해 사용한 축조방법인 것이다.

2-3. 영롱 쌓기

영롱(玲瓏) 쌓기는 벽전을 사용하여 벽체에 장식적인 구멍을 설치하여 축조하는 방법[66]을 의미하는 것으로, 의궤에서는 동장대 뒷편 기와로 쌓은 낮은 담을 '영롱장'(玲瓏墻)이라 하였지만,[67] 본 연구에서는 방화수류정 1층 포사(舖舍)의 서쪽 벽체에 '+'형태의 구멍을 뚫어 쌓는 방법을 지칭한다.[68] 현재 영롱쌓기는 방화수류정에서 볼 수 있지만, 「도설」 그림을 통해 북수문(北水門)인 화홍문(華虹門)에도 설치하였음을 확인할 수 있다.[69](<그림 8-26>) 방화수류정 영롱쌓기는 <그림 8-27·28>과 같은데, 벽전은 석회를 사용하지 않고 쌓아 줄눈이 없지만 벽전 뒷부분을 가공하여 뒤쪽에서 부착하였다. 초석은 장초석(長礎石)이며, 그 사이 지면에 지대석을 놓고 벽전을 쌓았다. 벽전쌓기는 지대석 상부에 4켜의 벽전을 눕혀 쌓고, 3개의 벽전을 단위로 세워쌓기와 눕혀쌓기를 반복하였는데, 건괘(乾卦:☰)와 동일하다. 다시 벽전 두 켜는 눕혀 쌓고, +자형 무늬가 생기

64. 의궤의 '名物各圖'에서는 원여장과 함께 '凸形女墻'·'平女墻' 등의 그림을 동시에 제시하였으므로, 그 축조 의도가 명확하게 다른 것을 알 수 있다.

65 현재 동북노대 여장은 원여장이 아닌, 위가 좁은 형태로 복원되었지만, 의궤의 「圖說」 그림과 『朝鮮古蹟圖譜』의 사진을 통해 본래는 원여장을 설치하였음을 확인할 수 있다.

66 장기인, 『한국건축사전-한국건축대계Ⅳ』(1993, 보성각.), 167쪽.

67 『화성성역의궤』 卷首 「圖說」'名物各圖' [玲瓏墻 以上見東將臺] 참고.

68 권효규의 「화성성역에 사용한 塼의 특성에 관한 연구」(1995, 명지대학교 건축공학과 대학원 석사학위논문.), 46~50쪽에서는 '문양벽 쌓기'·'+자 영롱쌓기'·'화장벽체', 조정현은 『꽃담』(1989, 대원사.), 12쪽에서 '화방벽'이라 하고, 중국에서는 '花磚作法' 중 하나로 분류한다(文化部文物保護科研所, 『中國古建築修繕技術』, 1983, 中國建築工業出版社, 140쪽 참고.).

69 <그림 8-26>에서는 중앙에 '+'무늬를 두 개 넣고, 네 모서리에는 '┘'또는 '└'무늬, 중심 상하에는 '┬'과 '┴' 무늬를 방화수류정 그림과 동일하게 그렸기 때문이다. 따라서 방화수류정의 영롱쌓기와 같은 것이며, 각 무늬에는 석회를 채웠을 것이므로, 화성성역 당시에는 특정한 영롱쌓기 형식이 있었음을 알 수 있다.
난간 아래는 벽전[甓]으로 담을 둘러치고 남쪽 한가운데 한간만 터 놓아서 출입에 편리하도록 하였다[欄下繚甓爲墻虛其南當中一間以便出入.](『화성성역의궤』 卷首 「圖說」 '北水門'.)

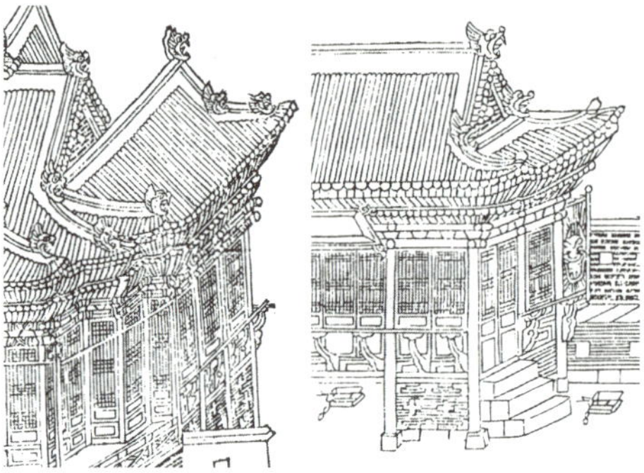

▲8-26

▲8-27

▲8-28

▲8-29

그림 8-26 방화수류정과 華虹門의 영롱쌓기
(출전 :『화성성역의궤』卷首「圖說」.)
그림 8-27 방화수류정의 영롱쌓기
그림 8-28 방화수류정 1층 포사 영롱쌓기
그림 8-29 경복궁 동십자각의 영롱쌓기
(출전 : 朝鮮總督府,『朝鮮古蹟圖譜』10권(1930.), 1315쪽.)

도록 15켜의 벽전을 쌓았는데, 반방전으로 보이는 벽전을 길이면과 마구리면을 번갈아 쌓았고, 무늬에는 석회를 채웠다. 따라서 +무늬는 상·하에서 일정하게 나타나며, 마지막으로는 벽전 2켜를 눕혀쌓기하여 마무리하고 있다.

그러나 <그림 8-28>에서 굵게 표시한 벽전과 같이 무리하게 작은 벽전을 끼워 +무늬를 만들고 있는데, A와 B는 하중이 양쪽에서 분산되는데도 불구하고 반을 나누어 쌓았고, 특히 D와 E는 상부하중을 고려하지 않은 채 축조하였다. 대체로 벽전은 그 크기가 동일하기 때문에, 구조적인 목적뿐만 아니라 일정한 벽전쌓기의 무늬가 나타나는 의장적 특징도 동시에 가질 수 있으나, 방화수류정의 영롱쌓기는 벽전의 규칙성 또는 시공의 단순성 등을 살리지 못한 축조방법을 보이고 있다고 할 것이다. 하지만 영롱쌓기의 축조방법은 조선후기 각 궁궐의 꽃담 축조로 이어지고 있고, 특히 경복궁 동십자각(東十字閣)에서는 방화수류정과 동일한 영롱쌓기가 나타난다.(<그림 8-29>) 따라서 화성에서 사용한 각각의 벽전쌓기는 조선후기 벽전사용의 확대와 벽전쌓기 방법까지 연속할 수 있는 기틀을 마련하고 있다고 할 수 있다.

3. 홍예 쌓기

홍예(虹蜺)는 인장력에 약한 벽전을 압축력만으로 지지하도록 하여 개구부를 축조하는 건축요소이며, 그 형태에 따라 여러 종류로 구분하지만 화성을 비롯한 한국에서는 반원형(半圓形) 홍예가 주를 이룬다. 홍예를 이용한 홍예문(虹蜺門)은 낙랑 벽전축 무덤에서부터 축조하였으며, 2~3단으로 중첩하여 축조한 경우도 있다. 고구려 벽탑 감실 홍예는 처음으로 눈썹벽전[眉甓甎]을 사용하였고 백제의 무령왕릉에서도 공통적인 특징들이 나타난다. 이러한 홍예에 사용한 벽전은 일반 장방형 벽전을 가공하여 축조한 경우도 있지만, 낙랑·백제 벽전축 무덤에서는 사다리꼴 벽전을 별도로 생산하여 축조하였으며,(<그림 2-30>·<그림 4-26·28> 참고) 화성 역시 홍예벽(虹蜺甓)(<그림 8-7>)과 눈썹벽전을 사용하여 이전 시기와 연관관계가 있을 것으로 생각한다. 그러나 화성 대부분의 각 시설물의 홍예문은 일반 성문(城門)과 같이 앞과 뒤의 홍예만을 축조하고, 그 사이는 석재나 개판(蓋板)을 덮어 평천장을 만드는 형식으로, 그 이전과 같이 볼트로 축조하는 것과는 다르다.(<그림 8-30·31>)

화성의 각 시설물에 설치한 홍예의 축조방법은 서로 유사한데, 먼저 지면에 와장대석(臥長臺石)을 놓고, 그 위에 2~3단의 선단석(扇單石)을 쌓으며, 다시 벽전으로 벽체를 형성하고 그 위에 눈썹벽전을 사용한 반원형 홍예를 축조하는 것이다. 사용한 재

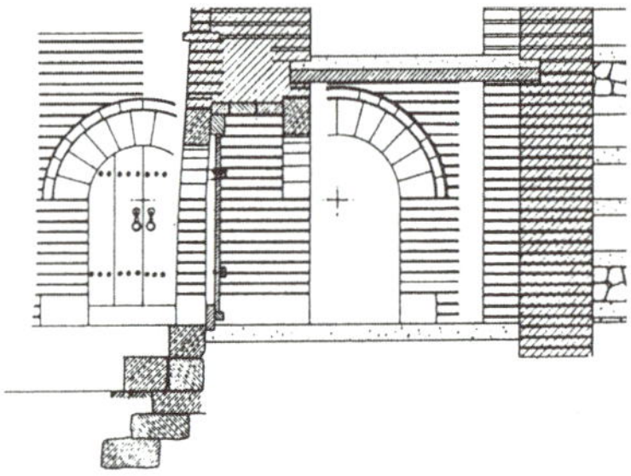

▲8-30

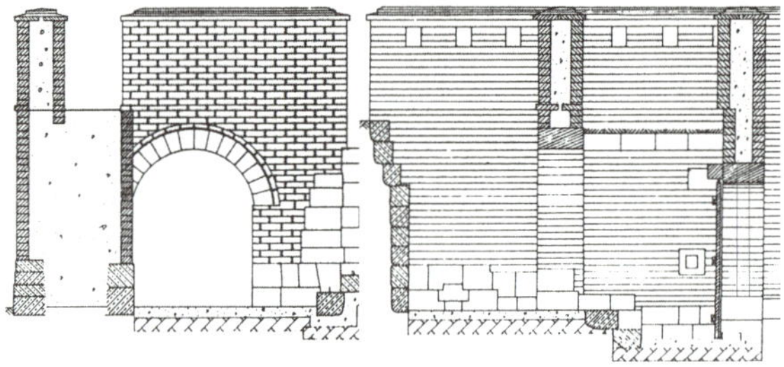

▲8-31

▲8-32

▲8-33

그림 8-30 동북공심돈 홍예문 단면도
(출전 : 경기도, 『수원성복원정화지』(1980.), 203쪽.)
그림 8-31 서암문 홍예 단면도
(출전 : 경기도, 『수원성복원정화지』(1980.), 179쪽.)
그림 8-32 서암문·서북공심돈 홍예문(그림)
(출전 : 『화성성역의궤』 卷首 「圖說」.)
그림 8-33 서암문·서북공심돈 홍예문

료는 크게 3가지로 나뉘는데, 홍예벽·홍예석(虹蜺石)·반방전 또는 대방전이 그것이다. 홍예벽을 사용한 예는 원형을 유지하고 있는 서암문과 서북공심돈에서 볼 수 있지만, 현존하는 홍예와 의궤의 「도설」 그림과는 약간의 차이가 있다.(<그림 8-32·33>) 즉, 홍예벽이 선단석까지 연속하지 않고, 상부에서 반원형으로 마무리되는 것이며, 현존하는 모든 홍예의 특징이다. 이 두 가지의 홍예는 하중전달방식에서 차이가 있는데, 「도설」의 홍예는 홍예벽과 선단석만으로 상부하중을 전달하고, 실재 축조한 홍예는 반원형으로 끝나기 때문에 하중은 벽체를 통과하여 지면으로 전달된다. 따라서 선단석의 의미는 약해진다고 할 수 있으며,[70] 실재 축조한 홍예와 계획에 의한 홍예의 차이로 생각할 수 있다.

표 8-2 『화성성역의궤』 卷五·六「財用」上·下에 기록된 홍예 부재와 현존 홍예의 부재 비교

		북옹성		남옹성		서북공심돈		동북공심돈		방화수류정	
		내	외	내	외	내	외	내	외	내	외
財用	선단석	28개		12개		·		·		·	
	홍예석	40개		·		·		·		·	
	홍예벽	213장		1,081장		120장		122장		·	
현재	선단석	8개	14개	10개	10개	·	2개	·	2개	·	2개
	홍예석	23개	19개	23개	21개	·	·	·	·	·	·
	홍예하단 벽전단수	·	·	·	·	·	7단	·	9단	·	9단
	홍예벽	·	·	·	·	·	15개	·	11개	·	19개
	홍예개수	1개	1개	1개	1개	·	1개	·	1개	·	1개
	홍예폭(m)	5.580	4.960	5.580	4.960	·	1.100	·	0.965	·	0.967
		봉돈		동암문		서암문		서남암문		북암문	
		내	외	내	외	내	외	내	외	내	외
財用	선단석	·		8개		8개		8개		8개	
	홍예벽	232장		137장		120장		128장		132장	
현재	선단석	2개	2개	4개	4개	4개	4개	?	6개	4개	4개
	홍예하단 벽전단수	8단	8단	10단	10단	9단	8단	6단	9단	5단	8단
	홍예벽	15개	11개	21개	17개	15개	14개	15개	13개	17개	15개
	홍예개수	1개	1개	3개	4개	3개	2개	3개	3개	3개	3개
	홍예폭(m)	1.270	0.940	2.175	1.860	1.340	1.300	2.175	1.860	1.475	1.120

이와 같이 화성의 여러 홍예문들은 유사한 형태이지만 약간의 차이점들이 있는데,

70 「도설」 그림에 표현한 홍예에서 선단석은 마치 초석과 같은 역할을 하기 때문이며, 실재 축조한 홍예에서 선단석은 의장적 역할만을 하고 있는 것이다.

▲8-34

▲8-35

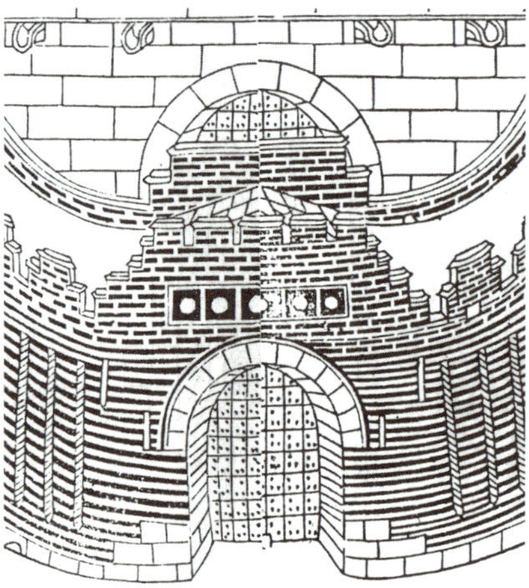
▲8-36

▲8-37

그림 8-34 **방화수류정 홍예문**
그림 8-35 **남옹성 홍예**
그림 8-36 **북옹성 홍예문**
(출전 : 『화성성역의궤』卷首 「圖說」.)
그림 8-37 **남옹성 홍예문**
(출전 : 『화성성역의궤』卷首 「圖說」.)

선단석의 유무(有無)와 개수(個數), 내·외 홍예의 크기 등이다. <표 8-2>에서 보는 것과 같이 의궤 「재용(財用)」의 기록과 현존하는 홍예문에서는 선단석과 홍예벽의 개수가 일치하지 않고, 선단석의 개수와 홍예벽 하부의 벽전 단수 역시 화성성역 당시의 조영(造營) 의도를 찾을 수 없다. 또한 홍예벽의 개수와 홍예 폭에서도 특정한 비례 관계를 찾을 수 없고, 원형인 서암문에 사용한 홍예벽은 「도설」에서 설명한 홍예벽보다 훨씬 작은 치수이며, 사용한 개수 역시 일치하지 않는다.[71] 따라서 각 시설물에 따라 상황에 맞도록 변화 있게 조영한 것으로 판단한다. 그러나 일률적으로 성 안쪽의 홍예 폭이 성 바깥쪽보다 큰 것을 알 수 있는데, 이는 판문(板門)을 달기 위한 것이 가장 큰 이유일 것이다.[72] 또한 공심돈과 봉돈 등의 홍예문과 암문 홍예는 여러 홍예를 병치하여 축조한 경우도 있으며 그 개수가 서로 다른데, <그림 8-30·31>에서 보는 것과 같이 동북공심돈은 내·외 각각 홍예 하나를 축조하였으나, 서암문은 내·외 3개씩 모두 6개 홍예를 중첩하여 축조하였고, 동암문은 4개까지도 축조하였다.<표 8-2> 이러한 이유는 암문 위에 설치한 여장과 오성지(五星池)·포사(舖舍) 등의 상부하중과 관계하는 것으로 생각할 수 있으며, 낙랑·백제 벽전축 무덤 홍예와 같이 상·하로 중첩하는 2중 홍예와는 또 다른 형식의 홍예로도 주목되는 것이다.

또한 홍예 축조에는 주로 홍예벽을 사용하였지만, 반방전·대방전을 가공하여 축조한 경우도 있는데, 원형인 방화수류정 1층 포사의 홍예문이 유일하다.(<그림 8-34>) 이는 의궤에서도 확인할 수 있는데, 홍예가 있는 각 시설에는 모두 홍예벽을 기재하였지만, 방화수류정만 제외한 것이다.([부록 2] 참고) 또한 현존하는 남·북옹성의 홍예는 홍예석(虹蜺石)으로 축조하였지만, 「도설」 그림에서 북옹성은 홍예석, 남옹성은 방화수류정과 유사하게 반방전·대방전을 가공하여 축조한 것으로 표현하였다.(<그림 8-35~37>) 의궤 「재용」에서도 북옹성에 홍예석 40장, 홍예벽 213장을 사용한 것으로 기록하고, 남옹성의 경우는 홍예석이 없고, 홍예벽 1,081장만 기록하였으며,([부록 2] 참고) 『조선고적도보(朝鮮

71 「圖說」에 설명한 홍예벽은 위 8촌(24.8㎝), 아래 6촌(18.6㎝), 높이 1척 1촌(34.1㎝), 두께는 7촌(21.7㎝)이지만, 서암문에 사용한 것은 20.3×160×29.8㎝로 크기의 차이가 있다. 또한 「圖說」에서 설명한 홍예벽으로 반원형의 홍예를 축조하는데 11개가 사용되며 그 폭은 약 1.3m인데, 현재 서암문이 1.3m로 폭은 같지만 15개, 14개 등으로 축조하였다. 따라서 「圖說」에서 치수로 설명한 홍예벽이 과연 화성성역에서 사용하였는지 의문이다.

72 또한 이호락의 「18세기 화성의 건축구성원리에 관한 연구」(1996, 성균관대학교 건축공학과 대학원 석사학위논문.) 121쪽에서도 높이와 넓이 비를 통해 안쪽 홍예가 작은 것을 지적하고 있으며, 이는 홍예의 크기와 관계없이 절대적으로 지켜진 비례 규범이라고 한다.

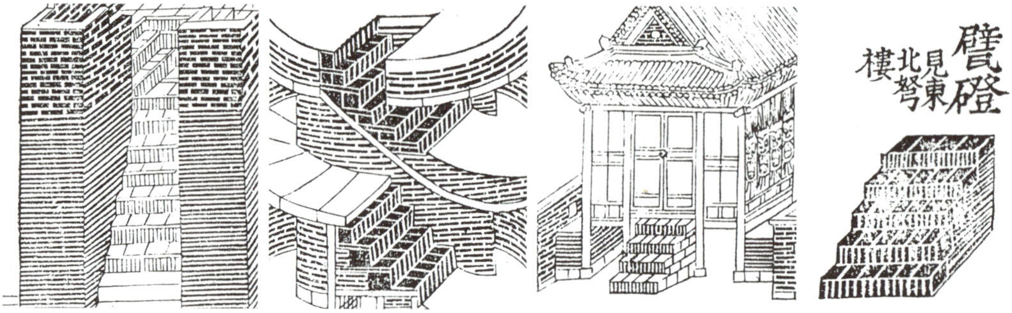

▲8-38

▶8-39

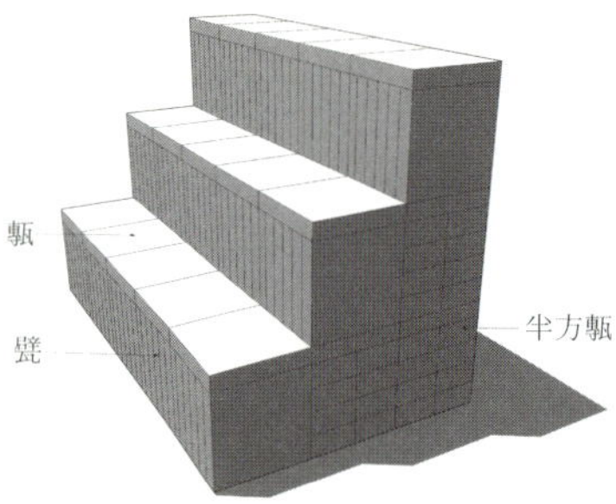

▲8-40

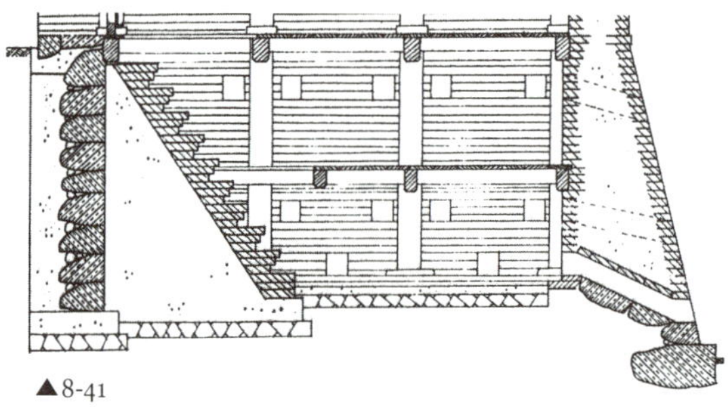

▲8-41

그림 8-38 화성의 甓磴
1. 동북노대 2. 동북공심돈 3. 동북舖樓 4. '名物各圖'의 벽등
(출전 : 『화성성역의궤』 卷首 「圖說」.)
그림 8-39 현 화성 각 시설의 벽등
그림 8-40 동북공심돈과 '名物各圖'의 벽등 개념도
그림 8-41 西砲樓 계단
(출전 : 경기도, 『수원성복원정화지』(1980.), 220쪽.)

古蹟圖譜)』사진에서도 확인할 수 있다.[73] 따라서 남옹성은 개·보수 때에 홍예석으로 개축한 것을 알 수 있는데, 이렇게 화성성역에서 홍예를 축조하기 위한 홍예벽을 별도로 생산하였지만 대방전 또는 반방전을 가공하여 축조한 이유는 명확하지 않다. 또한 현재 남·북옹성의 홍예와 의궤 그림의 홍예에서 차이점을 발견할 수 있는데, 복원한 것은 모두 홍예석을 사용하여 축조하고, 눈썹벽전과 대방전으로 생각하는 벽전 27개를 가공하여 홍예와 동일하게 반원형으로 축조하였다.(<그림 8-15·35·37>)[74] 이렇게 상·하 이중의 홍예를 겹쳐 쌓는 방법은 화성의 다른 예에서는 발견되지 않지만, 낙랑(樂浪)·백제의 홍예서만 나타나는 축조 방식이며, 봉돈 홍예문과 같이 홍예 좌우 벽체는 줄눈 없이 축조하였으므로, 이중으로 축조한 홍예와 함께 의장적인 요소로 생각할 수 있다.

4. 계단[甓磴]

화성에는 돌로 만든 계단(階段)인 석등(石磴)과는 별도로 벽전으로만 축조한 계단 즉, 벽등(甓磴)을 축조하였는데, 현존하는 것은 동북노대와 동북공심돈·봉돈·서포루(西砲樓) 등이다.[75](<그림 8-38·39>) 벽전으로 축조한 계단은 이전 유구에서 찾아 볼 수 없는 특이한 것인데,[76] 동북노대의 벽등은 지면에서부터 6단은 석재 계단[石梯]을 축조하고, 그 위의 7단과 다시 3단은 벽전으로 축조하였다.[77] 또한 마구리면이 보이도록 벽전을 세

73 따라서 화성성역 당시부터 남옹성에만 홍예벽을 사용하여 축조한 것이다. 그러나 홍예석으로 축조한 북옹성 홍예에 홍예벽 213장을 사용한 것으로 기록하였으므로, 현존하는 홍예 상부의 대방전 또는 눈썹벽전[眉甓甎]으로도 생각할 수 있는데, 당시 홍예벽의 숫자를 산정하는 것이 달랐던 것이다. 또한 방화수류정에는 홍예벽을 기록하지 않아 일반 벽전을 가공하여 축조한 것은 분명하지만, 남옹성에 홍예벽을 사용하였다는 것은 그림과 일치하지 않는다. 그리고 「財用」에 기록한 홍예벽의 숫자는 현존하는 홍예벽의 숫자보다 대체적으로 많은데, 그 중 원형인 서북공심돈의 홍예문은 120장을 기록하였지만, 현존하는 홍예문에는 홍예벽 15장, 앞뒤로 30장만 사용하였고, 눈썹벽전까지 포함하여도 120장에는 많이 부족하다.

74 이 부분은 『朝鮮古蹟圖譜』 사진에서도 확인할 수 있으므로, 화성성역 축조 당시부터 설치하였던 홍예인 것으로 판단한다.

75 「圖說」 東北舖樓 그림에는 벽등을 설치한 것으로 표현하였지만, 현재는 石材로 복원하였다.

76 현존하는 유구는 없지만, 발해의 유적에서는 벽전으로 축조한 계단이 발견되었다. 또한 문헌으로는 『신증동국여지승람』의 開城 妙蓮寺에 '절의 기둥이 흔들려 기울어지고, 기와와 계단의 벽전[甎]이 썩어서 빠진 것이 많았으니 지은 지 60년이나 오래 지났기 때문이다', 『조선왕조실록』 정조 17년 6월 23일(갑신)에서는 '종묘의 서쪽 月廊 서남쪽 아래 벽전으로 만든 계단이 무너져….'라고 하여 벽전으로 축조한 계단은 화성 이전에도 있었던 것을 알 수 있으나, 명확한 특징을 알 수 없어 화성 벽등과의 연관관계를 밝힐 수 없다.

77 『화성성역의궤』 卷首 「圖說」 '동북노대'.

워 쌓아 챌면을 만들고, 디딜면은 정방형 전(甎)을 눕혀서 쌓았으며, 대상(臺上)에 깐 전(甎)과는 동일한 것으로 보인다. 동북노대에는 소방전을 사용하였다는 기록은 없으므로 디딜면을 포장한 전(甎)은 대방전으로 생각할 수 있는데, 동북공심돈과 봉돈·동북포루(東北舖樓) 역시 마찬가지이다. 또한 챌면에 겹쳐 세운 벽전은 대방전 또는 반방전으로 생각하지만, 만약 대방전을 사용하였다면 그 높이가 40㎝에 가까워 오르내리기가 상당히 어려웠을 것이므로, 현장에서 가공하여 축조하였을 것이다.

그러나 동북공심돈과 「도설」의 '명물각도(名物各圖)' 벽등을 통해 기본 구조와 축조방법·단면까지도 파악할 수 있는데, 디딜면을 포장한 전(甎)은 뒷부분까지 연결하여 일정한 높이를 맞추고, 그 하부에서는 일반 벽체에 사용한 반방전을 벽체 쌓듯이 쌓아 그 높이를 맞추고 있다.(<그림 8-40>) 결국 화성 벽등에서 챌면은 대방전 또는 반방전을 사용하여 마구리면이 보이도록 쌓고 디딜면은 대방전을 깔았으며, 보이지 않는 뒷면까지 그 높이를 유지하기 위해 연속하여 깔았다. 또한 벽등 밑면이 수평이 되어야 하는 경우는, 챌면 뒤쪽에 반방전을 벽체의 축조방법과 같은 방법으로 쌓은 것이다. 이렇게 벽등에서 벽전을 세워 쌓는 것은 낙랑 벽전축 무덤에서 사다리꼴 벽전을 세워 쌓아 곡률을 만들어 내는 것과 유사하며, 특히 무령왕릉 관대를 만들기 위해 입구 쪽에서 벽전을 세워 쌓은 것과 완전히 동일한 축조방법으로 주목된다.

또한 포루(砲樓)의 내부는 3층으로 축조하였는데, 보통 층교기(層橋機)와 보판(步板)·후판(後板)을 사용한 목재 계단을 설치하지만, 서포루에서만 특이하게 벽전으로 계단을 축조하였다.[78](<그림 8-41>) 의궤에는 '甓爲梯'라고 하였지만 벽전으로 축조한 '제'(梯)와 '등'(磴)은 같은 것으로 판단한다.[79] 따라서 벽등과 서포루에 설치한 '벽제'(甓梯)의 축조방법은 동일하였을 것이지만, <그림 8-41>의 벽제는 위에서 살펴본 벽등과 축조방법이 다르다. 즉, 계단 한 단을 3개의 벽전을 수평으로 포개어 쌓고, 동시에 챌면이 밑으로 갈수록 안쪽으로 들여쌓아 현재 사용하는 계단과 유사하다. 이러한 벽등은 의궤에서도 찾아볼

가운데에 甓磴을 설치하여 돌 사다리[石梯]와 이었고, 臺上에는 方甎을 깔았다

78 『화성성역의궤』 卷首 「圖說」 '西砲樓'.
문지방 안의 廳端은 벽전[甓]으로 사다리를 만들었다[閫內廳端以甓爲梯].

79 『화성성역의궤』를 고찰한 결과 '甓梯'는 동북공심돈의 '甓梯羊腸'과 서포루의 '甓爲梯', 東北舖樓의 '甓梯' 뿐이다. 동북공심돈의 甓梯는 그림과 비교하면 甓磴과 동일한 것이고, 동북포루는 '甓磴을 이중으로 쌓았다', '내면에 甓梯를 설치하였다'라고 동시에 설명하여 역시 동일한 것을 알 수 있으므로, 甓磴과 甓梯는 커다란 차이가 없는 것으로 생각한다.

수 없는 것으로, 복원 당시 원형에 충실하지 않은 것을 알 수 있다.

이 외에 계단은 아니지만, 경사로(傾斜路)를 설치한 예도 있는데, 먼저 남·북옹성 홍예 상부에는 '홍예 개판 위에 회삼물을 깔고, 그 위에 벽전을 쌓았다'[80]라고 하고,「도설」 그림에 '∧'형태의 경사로로 표현하여,(<그림 8-36·37>) 경사로를 축조한 것으로 생각한다. 그러나 후대에 개축하여 지금은 평평하고, 상부에 벽체가 없는 전각을 설치하였다. 또한 동북공심돈은 외벽을 따라 상층으로 올라가는 나선 경사로를 설치하였으며, 이를 '벽제양장'(甓梯羊腸)이라고 한다. 이와 관련한 것은 뒤에서도 살펴볼 것이지만, 벽전으로 경사로를 축조한 것은 계단에서 한 걸음 더 나아간 것으로, 화성만이 가지고 있는 특이한 형식일 것이다.[81]

5. 눈썹벽전[眉甓甎]

보통 상부 여장과 하부 성벽 사이에 사용한 석재를 미석(眉石)[82]이라고 하는데, 벽전으로 축조한 화성 각 시설의 벽체 중간에는 미석과 유사하게 벽면보다 돌출한 벽전 한 단을 설치하였으며, 이 벽전을 '눈썹벽전'으로 지칭한다. 이 용어는 홍예에 사용한 눈썹벽전과 동일하지만 서로 다른 부재를 의미하는 것이다. 벽체 중간에 한 단의 눈썹벽전을 설치한 목적은 명확하지 않지만, 미석은 성벽의 일정한 높이를 맞추는 역할, 의장적 역할, 적병이 올라오지 못하도록 막는 역할을 하므로,[83] 눈썹벽전 역시 이러한 세 가지 목적을 위한 것으로 생각한다. 현재 눈썹벽전은 동북공심돈·적대(敵臺)·동북노대·봉돈 등

80 『화성성역의궤』 卷首 「圖說」 '北甕城'.

81 『화성성역의궤』 卷首 「圖說」의 '東將臺' 설명문 중 다음 인용문을 통해 경사로를 축조한 목적은 말을 타고 오르내릴 수 있도록 하기 위한 것임을 알 수 있다.

> 한가운데의 좌우에 臥長臺를 설치하였고, 흙을 쌓아 판판하게 하였다. 하대에서 말을 타고 달려 올라가도 조금도 장애가 되지 않게 되었다.

82 『화성성역의궤』 卷首 「圖說」 '女堞'.

> 體城 위에 眉石을 물리었는데, 눈썹이 성 밖으로 세치 쯤 튕겨져 나와 마치 처마 모양처럼 되었다. 위에 墻臺를 설치하고 墻石을 붙였는데, 높이는 장대와 균형이 잡히게 하였다.

83 손영식, 『韓國城郭의 硏究』(1987, 문화재관리국.), 202쪽 참고.

> 眉石은 體城과 女墻 사이에 납짝한 돌로 튀어나오게 설치한 시설로 마치 눈썹처럼 보여 미석이라고 한 듯하다. … 미석의 설치 목적은 ①여장을 쌓기 위해 체성 맨 윗 단의 높이가 일정치 않으므로 일정하게 조정하는 기능, ②意匠的인 요소가 포함된 듯 하다. ③미석의 구조가 女墻 아래 외부로 내밀고 있어 성벽에 타고 기어오르는 敵兵에게 불리하도록 된 구조이기도 하다.

▶8-42

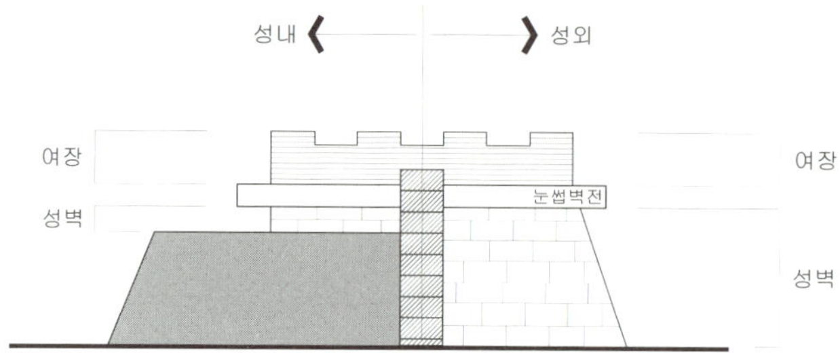

▶8-43(좌)
▶8-44(우)

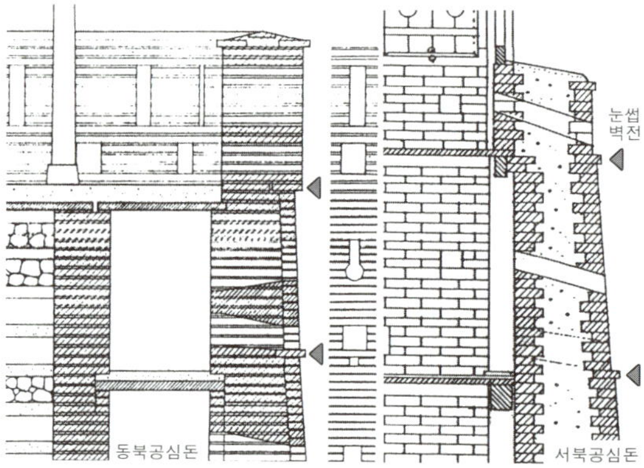

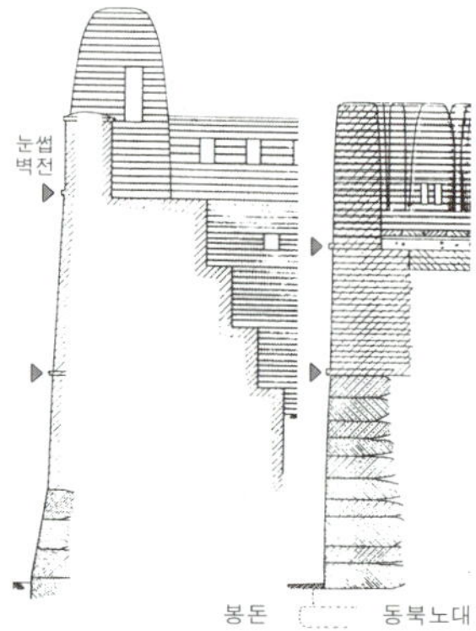

▶8-45

그림 8-42 눈썹벽전에 의한 敵臺의 조영 의식
그림 8-43 공심돈의 눈썹벽전[眉甓甎] 사용
1. 동북공심돈 2. 서북공심돈
(출전 : 경기도, 『수원성복원정화지』(1980.), 203·207쪽.)
그림 8-44 봉돈과 동북노대 눈썹벽전
(출전 : 경기도, 『수원성복원정화지』(1980.), 242·246쪽.)
그림 8-45 동북노대의 눈썹벽전에 의한 성벽과 여장의 구분

에서 볼 수 있는데,[84] 먼저 장안문 양쪽에 남아 있는 북동·서북적대에서는 석재와 벽전으로 쌓은 성 안쪽 벽체 사이에 눈썹벽전을 사용하였다. 이것은 성 바깥에서 벽전으로 쌓은 여장과 돌로 쌓은 치(雉) 사이에 사용한 눈썹벽전이 안쪽까지 연장된 것이데,(<그림 8-42>) 석재로 쌓은 성벽을 일정한 높이로 맞추는 역할을 하고, 동시에 건축의 조영의식을 표현하고 있다. 즉, 눈썹벽전 아래 부분은 성벽, 상부는 여장에 해당하는 것이다. 그러므로 이 눈썹벽전을 통해 동일한 시설, 동일한 벽면(壁面)이라 할지라도 서로 구분되는 축조 관념과 조영(造營) 의식을 유추할 수 있다.

동북공심돈과 서북공심돈[85]에서 눈썹벽전은 두 부분에 사용하였는데 중층과 상층 사이 즉, 상층 바닥과 같은 면과, 미석과 같이 벽체와 여장 사이에 사용하였다.(<그림 8-43>) 특히 동북공심돈의 경우는 눈썹벽전에 의해 여장이 벽면보다 돌출하므로, 내쌓기를 위해 눈썹벽전을 사용한 것이며, 옹성과 '벽성'·포루·암문 등 화성에서 벽전으로 축조한 모든 시설물에서 볼 수 있다. 또한 벽체 중간에 사용한 눈썹벽전은 벽전의 크기가 서로 달라 수평줄눈만으로 벽체를 쌓은 사실과 관련한다. 즉, 벽전의 규격이 일정하지 않으므로 수평줄눈으로 높이를 맞추어 쌓았을 것이지만, 벽체의 높이가 높아질수록 벽전 두께에 의한 차이가 커지기 때문에, 눈썹벽전으로 일정한 높이에서 벽체 높이를 맞춘 것이다. 눈썹벽전을 사용한 곳까지의 벽체 높이는 동북공심돈은 약 3.2m, 서북공심돈은 2.2m이며, 벽전 단수는 각각 27~28켜, 24켜이다. 따라서 이 높이까지 1차적으로 쌓고, 눈썹벽전으로 높이를 고르게 하여 상부 벽체를 마지막으로 축조한 것으로 생각한다. 따라서 화성성역 당시 벽전으로 축조한 벽체는 약 2~3m 내외에서 고르게 한 것이며, 혹은 이 높이를 화성성역 당시 하루의 작업량으로도 추정할 수 있다. 또한 적대에서와 같이, 이 눈썹벽전을 통해 조영 관념을 볼 수 있는데, 눈썹벽전은 내부에서 하층과 중층을 구분하는 즉, 중층의 바닥 높이에 설치하였다. 따라서 시공 과정에서 벽전으로 축조하는 벽체 공사를 끝내고 내부 목조를 가구(架構)했으며, 그 후 상부 벽체와 목조를 축조한 것으로 추측할 수 있다. 그러므로 결과적으로는 눈썹벽전이 외부 입면에서 내부공

84 특이하게 성벽과 여장은 석재로 축조하였지만, 미석 대신 벽전을 설치한 부분도 있는데, 현재 八達山 서암문 주위 성벽에 그 원형이 남아 있다. 따라서 여기서 설명하는 눈썹벽전과 미석의 목적이 유사하다는 것을 유추할 수 있다.

85 동북공심돈의 눈썹벽전은 『朝鮮古蹟圖譜』에서도 확인할 수 있으므로, 복원된 동북공심돈의 눈썹벽전은 화성성역 당시의 것으로 볼 수 있으며, 서북공심돈은 원형을 유지하고 있다.

▲8-46

▶8-47(좌)
▶8-48(우)

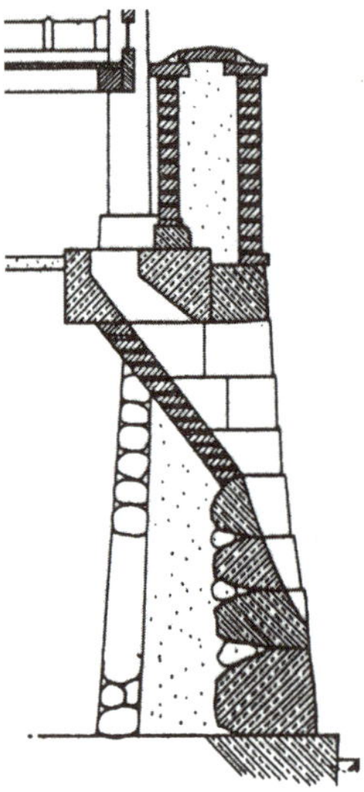

그림 8-46 **방화수류정과 동장대의 바닥깔기**
(출전 : 『화성성역의궤』卷首「圖說」.)
그림 8-47 東2鋪樓 **현안 횡단면도**
(출전 : 경기도, 『수원성복원정화지』(1980.), 233쪽.)
그림 8-48 西三雉 **현안**

간의 구분을 표시하고, 시공의 단계까지 나타내고 있으며, 당시 층(層)의 관념을 볼 수 있는 단서라고 할 수 있다.

봉돈과 동북노대[86] 눈썹벽전은 공심돈에서 살펴본 것과 동일하게 층(層)을 구분하는 곳에 사용하였지만, 이 두 시설에는 내부공간이 없으므로, 시공의 의미가 큰 것으로 생각한다.(<그림 8-44>) 동북노대 눈썹벽전은 두 부분에 사용하였는데, 석재로 쌓은 치(雉)와 벽전으로 축조한 벽체 사이에 사용하여, 두 이질 재료가 접합하는 부분에서 높이를 고르게 하는 역할을 한다. 또 이 눈썹벽전에서 위로 20~21단, 약 1.9m의 높이에 또 하나의 눈썹벽전을 사용하였는데, 성 안쪽으로 이어져 앞에서 살펴본 적대와 유사하다. 그러나 벽전으로 쌓은 벽면 중간에 걸치게 되므로, 동일한 재료로 축조한 벽체에서 여장과 성벽을 구분하는 역할을 하고 있다.(<그림 8-45>) 또한 이 눈썹벽전은 노대의 바닥과 동일한 높이에 맞추어져 설치하여, 바닥을 외부 입면에 나타내고 있다. 따라서 성 바깥면에서는 눈썹벽전에 의해 여장과 성벽의 구분이 가능한 것이다.[87]

표 8-3 지대석과 눈썹벽전 사이에 사용된 벽전 벽체의 높이와 벽전 단수

		동북공심돈	서북공심돈	봉돈	동북노대
지대석[雉] ~ 하부 눈썹벽전	높이	3.2m	2.2m	1.9m	석재 위에 눈썹벽전사용
	벽전단수	27~28	24	21	
하부 눈썹벽전 ~ 상부 눈썹벽전	높이	1.9m	1.9m	2.9m	1.9m
	벽전단수	20	21	30	22

봉돈의 경우 하부의 석재와 벽전 사이에는 눈썹벽전을 사용하지 않고, 벽전으로 축조한 벽체의 두 부분에 사용하였다. 하부의 눈썹벽전은 봉돈 내부에서 4단으로 층이 진 부분과는 관계가 없는 것으로 판단하며, 단지 시공에 따른 것이다. 즉, 지대석에서부터 약 1.9m의 벽체를 22켜로 쌓고 눈썹벽전을 사용하였는데, 이 수치는 동북노대 하부·서북공심돈과 동북공심돈의 상부와 동일하다. 또한 상부의 눈썹벽전은 <그림 8-44>에서 보는 것과 같이 최상부에서 불을 피우는 화두(火竇)가 있는 단의 높이와 연관하고 있으며,

86 현재 복원된 동북노대의 눈썹벽전 사용은 『朝鮮古蹟圖譜』를 통해 원형과 동일한 것을 확인할 수 있으며, 봉돈의 성 바깥 벽체는 원형으로 판단한다.

87 또한 일반 벽체 쌓기에서 살펴본 것과 같이 이 눈썹벽전 하부에서는 수평줄눈만을 사용하여 축조하였고, 상부에서는 수평·수직줄눈을 동시에 사용하여, 줄눈에 의해서도 벽체와 여장을 구분하고 있다.

눈썹벽전 상부는 여장에 해당한다. 또한 하부의 눈썹벽전에서부터 약 2.9m, 약 30켜를 쌓은 부분이며, 동북공심돈의 3.2m와 비슷한 것으로 볼 수 있다. 이러한 관계를 정리한 것이 <표 8-3>인데, 1.9m의 치수와 3m 내외의 치수가 서로 유사하게 나타나며, 벽전쌓기는 20켜와 30켜 내외가 공통적이다.

이상을 통해 화성에서 축조한 눈썹벽전에 대해 살펴보았는데, 시공 때에 두께가 일정하지 않은 벽전으로 축조하는 벽체의 높이를 일정하게 맞추는 역할을 알 수 있다. 또한 현대에는 하루에 약 1.2m를 적정한 작업량으로 보고 있는데, 눈썹벽전의 위치에 의하면 화성성역 당시에는 1.9m 또는 3m 내외의 높이와 20·30켜의 벽전이 하루 시공하는 기본 작업량으로 유추할 수 있다. 눈썹벽전은 내부공간을 입면에 표현하는 역할도 하는데, 특히 벽체와 여장과의 만나는 부분에서 내밀어 쌓아 적의 침입을 막는 역할까지 겸하고 있는 것을 알 수 있는 것이다.

6. 이외의 벽전쌓기

지금까지 화성 벽전건축의 벽전쌓기 특징에 대해 살펴보았는데, 여기서는 그 이외에 나타나는 간단한 벽전쌓기를 살펴본다. 먼저 바닥에 사용한 전(甎)의 예를 볼 수 있는데, 한국에서는 낙랑 벽전축 무덤의 삿자리 무늬 벽전깔기를 시작으로 다양하게 사용하였다. 조선전기에서는 [사료 7-13·14]에서 살펴본 것과 같이 창고 바닥에 벽전을 사용하여 곡식의 부패와 방화(防火)·도난을 방지하기 위해 사용하려고 한 예를 볼 수 있으므로, 결국 화성에서 바닥을 포장하는 전(甎) 사용의 확대를 가져온 바탕이었을 것이다. 화성에서 원형을 유지하고 있는 바닥깔기는 볼 수 없지만, 「도설」 그림을 통해 대체로 두 가지로 구분할 수 있다.(<그림 8-46>) 첫번째는 신라·고려의 건물터에서 살펴본 것과 같이 격자로 까는 방법이며 대부분의 시설에서 나타난다. 또한 <표 8-4>에서 보는 것과 같이 화성의 각 건물에서는 대방전 또는 소방전 각각 한 종류의 벽전만 사용하였는데, 이는 건물의 규모와 주칸(柱間) 길이에 따른 것으로 생각할 수 있으나, 현재는 서로 다른 크기의 전(甎)이 깔려 있어 명확한 것을 살펴보기는 어렵다.[88]

88 서노대 280×280㎜, 동장대 299×297㎜, 동북노대 223×212㎜, 봉돈 152×329㎜, 화양루 210×210㎜ 등으로 복원 당시에 서로 다른 甎을 사용하였다.

표 8-4 각 시설물에 사용된 대방전과 소방전 양

	서노대	동북노대	동장대	봉돈	방화수류정	화양루
대방전	·	2,027장	422장	3,124장	315장(온돌까지)	·
소방전	35장	·	950장	·	·	113장

두번째는 사선으로 까는 방법인데, 경주 안압지 건물터에서 발견한 포장 방법과 동일하다. 이러한 시설로는 서노대의 방대(方臺)와 방화수류정의 대(臺), 동장대의 우측 첨계(簷階)가 있는데, 특히 방화수류정의 대는 우사(耦射)와 읍양(揖讓)[89]의 예를 올릴 수 있는 시설로, 활을 쏜다는 것은 적을 공격하는 것 보다 신호를 알리는 역할이 크다. 또한 노대(弩臺)는 본래 노수(弩手)가 몸을 숨기는 높은 대를 가리키는 것이므로, 성밖이 잘 보이는 높은 곳에 설치해 동정을 살피다가 바깥의 움직임에 어떤 변화가 있을 때 이를 깃발 신호를 통해 성안에 전달하기 위해 만든 시설이다.[90](<그림 8-18>) 따라서 방화수류정의 대와 서노대의 노대는 그 용도에서 비슷하다고 할 수 있으며, 신호하는 행위와 벽전의 사선 깔기와는 특정한 관계가 있을 것으로 생각한다.

또한 성벽에 밀착한 적을 공격하기 위한 현안(懸眼)은 모든 시설에 설치하였는데, 화성 계획 당시에는 모두 석재로 축조하려고 하였다.[91] 그러나 의궤에서는 언급하지 않았지만 현존하는 벽전건축은 물론이고 돌로 쌓은 치성(雉城)에서도 모두 벽전으로 축조하였다.(<그림 8-47·48>) 즉, 벽전으로 축조한 벽체는 물론 치성과 같이 석재로 축조한 경우에서도 현안의 양 끝 부재만을 석재로 설치하고, 그 사이 경사 부분에는 벽전을 사용한 것이다. 만약 모든 현안에 석재만 사용하면 각 부분에 소용되는 석재를 각각의 곡률에 따라 가공하여야 하므로, 많은 공력이 허비된다. 반면 가공하기 쉬운 벽전은 <그림 8-47>과 같이 일정한 형태로 다듬고 들여 쌓기만 하면, 쉽게 축조할 수 있는 특징이 있다. 이는 이전부터 성(城) 축조에 벽전을 사용하였던 사실, 또는 석재보다 견고하고 축조하기 쉽다는 특성을 반영한 조선후기 사회의 요구에 의해 가능했던 것으로 생각한다. 따라서 성역을 시작하기 이전에 이미 벽전사용을 결정하였던 것이며, 벽전의 특성

89 耦射 : 둘이 나란히 짝지어 활을 쏨. / 揖讓 : 읍하는 동작과 인사하는 동작.

90 김동욱, 『18세기 건축사상과 실천-수원성』(1996, 발언.), 158쪽.

91 『화성성역의궤』 '卷一 「筵說」'癸丑 12월 초8일'.
현안의 제도에 혹 말하기를, '甎砌가 아니면 좋지 않다'하지만 나는 그렇지 않다고 생각한다. 甎이라야 현안이 된다고 한다면 돌로써도 안될 까닭이 없는 것이다.

▶ 8-49(좌)
▶ 8-50(우)

▶ 8-51(상)
▶ 8-52(하)
▶ 8-53(우)

그림 8-49 동옹성 모서리
그림 8-50 석재 상인방을 사용한 동북공심돈 개구부 축조
그림 8-51 남옹성 벽전 가공
그림 8-52 서암문 벽전 가공 I
그림 8-53 서암문 벽전 가공 II

을 제대로 파악하였기 때문인 것이다.

또한 눈썹벽전에서 살펴본 것과 같이 벽전건축의 여장은 대체로 벽체보다 돌출되어 축조하였는데,(<그림 8-49>) 이는 규형(圭形) 쌓기와 같이 적이 성벽을 타고 올라오는 것을 막기 위한 것으로 볼 수 있다. 또한 개구부(開口部)는 주로 여장 또는 공심돈 벽체 등의 총안(銃眼)·전안(箭眼) 등이며, 형태도 다양하여 방형과 장방형·열쇠 구멍 모양 등이다. 특히 열쇠 구멍 모양의 전안은 벽전을 곡선에 맞게 갈아 축조하였는데, 의장적으로도 상당히 우수하다. 또한 개구부는 <그림 8-4>의 입면에서 살펴본 것과 같이 대방전을 상인방으로 사용하는 경우도 있지만, 특이하게 동북공심돈과 봉돈의 남·북쪽 벽체, 화홍문의 여장 하부에서는 상인방으로 석재를 사용한 경우도 있다.(<그림 8-50>)

이렇게 화성에서는 대량으로 벽전을 사용하여 각 건축을 축조하였지만, 개구부 상인방은 물론 홍예 선단석과 지면의 지대석 등 항상 벽전과 석재를 동시에 사용하고 있다. 또한 봉돈 모서리에는 동관왕묘에서 본 것과 같이 지대석 위에 별도의 석재를 사용한 경우도 있고,(<그림 7-28> 참고) 포루(砲樓)의 포혈(砲穴)은 대형 판석의 중앙에 사각형 구멍을 뚫어 설치하기도 하였다. 또한 벽체석연은 석재와 벽전을 혼합하여 의장적이고 견고한 한국만의 기단을 창안한 것이다. 이와 같이 벽전을 광범위하게 사용한 화성에서도 인장력에 취약한 부분에는 석재를 사용하고 있으므로, 이러한 특징은 삼국의 벽전건축을 비롯한 전 시기의 한국 벽전건축에서 공통적으로 나타난 특징이며, 화성에서 이를 연속한 것으로 생각한다. 따라서 벽전과 함께 석재를 사용하는 것은 한국만의 특징으로 보아야 할 것이다.

이러한 특징을 가장 명확하게 볼 수 있는 것은 <그림 8-51~53>인데, 일정하지 못한 석재를 먼저 축조하고, 여기에 맞추어 벽전을 가공하여 변화 있게 축조하였으며, 특히 원형인 남옹성 하부 <그림 8-51>에서는 벽전을 1~2㎝ 정도로 얇게 가공하여 높이를 맞추고 있다. 이와 같이 화성성역에서는 현존하는 한국건축에서 가장 적극적이면서 가장 광범위하게, 건축의 주재료로 벽전을 사용하였으며, 최초로 승염식 가마인 벽요(甓窯)를 사용하여 대량의 벽전을 생산하였다. 또한 지금까지 살펴본 것과 같이 다양한 벽전쌓기를 사용하였고, 그 축조 기술 또한 뛰어났다고 할 수 있다. 이는 가구식 건축이 주를 이룬 한국건축 속에서도 조적식 건축 방법의 명확한 이해를 바탕으로 이루어 질 수 있었던 것이며, 한국건축의 벽전사용에 가장 큰 의미를 갖고 있는 것이 사실이다. 그 중 건축의 조형적 측면에서 가구식 건축과 다르게 동북공심돈과 같은 원형 평면이 가능하였고, 또 직각 모서리를 둥글게 굴려, 모를 죽인 평면도 축조할 수 있었다. 또한 남·북옹성은 완전한 반원형을 이루고 있어 한국건축에서는 찾아 볼 수 없는 완결된 평면 형태를 갖고 있는 것이다. 이러한 새로운 건축 개념들은 결국 <그림 8-51~53>과 같이 많은 변화에 효과적으로 대처할 수 있는 벽전을 사용하여 가능하였다. 그러나 벽전의 가장 중요하면서 동시에 주된 특징은 규격화에 있다고 할 수 있지만, 화성에서는 효과적이지 못했다. 화성의 벽전쌓기 각 부분에서 모든 벽전을 갈거나 깨어 축조하였기 때문이며, 이로 인해 건축의 규모와 벽전과는 일정한 상관관계를 찾아볼 수 없다. 따라서 조선후기에서는 벽전의 규격화 특징을 이해하지 못한 채 축조한 것으로 볼 수 있는데, 기존 연구에서 벽전사용을 근대화(近代化), 근대 지향적 성격, 합리주의적 특징[92]으로 이해하는 견해와는 상반된 결론일 것이다.

92 김홍식, 『민족건축론』(1987, 한길사.), 110~147쪽 참고.

8-3. 벽전사용 목조건축의 건축형식과 변화특징

이 절에서는 일반 목조건축과는 다르게 벽전으로 벽체를 축조한 조선후기의 목조건축 특징을 살펴보려고 한다. 지금까지 살펴본 것과 같이 조선후기에는 벽전을 사용하자는 주장이 크게 확대되었고, 목재 부족 현상으로 인해 새로운 건축재료의 필요성이 부각되어, 결국 18세기 후반의 화성성역에서부터 벽전을 적극적으로 사용하였다. 따라서 벽전축 무덤과 벽탑과는 다른 다양한 벽전건축을 축조하였으며, 대표적으로 화성의 봉돈·공심돈·노대·수문 등과 각 궁궐의 꽃담·굴뚝·벽전축문 등이다. 이러한 건축은 이전에서 살펴볼 수 없는 특징적인 것이지만, 일정한 벽전쌓기, 벽전 크기에 따른 건축 규모와 특징 관계는 나타나지 않는데, 그 이유는 모든 벽전을 가공하여 축조하였기 때문이다. 또한 제2절에서 살펴본 벽전쌓기의 특징이 곧 벽전건축의 특징이므로, 별도의 절을 구분하여 살펴보지 않고, 여기서는 벽전을 사용한 목조건축의 특징에 대해 살펴보기로 한다.

1. 형식 분류

한국 목조건축의 벽체 형식 중 가장 대표적이고 일반적인 심벽(心壁)은 아주 이른 시기부터 조선후기까지 지속적으로 축조되었다. 이와 함께 벽전으로 축조한 벽체는 삼국에서 발견한 다양한 무늬 벽전을 통해 추정할 수 있었으므로, 한국 목조건축 벽체 중 또 하나의 형식으로 상정할 수 있을 것이다. 특히 만월대에서 발견한 단면이 특이한 고려 벽전을 통해서는, 심벽 외부에 벽전을 부착하여 화재를 예방하고, 빗물로부터 보호하기 위한 벽체 형식을 살펴볼 수 있었으며, 이 형식이 조선전기에도 연속하여 방화장(防火墻)·내심벽 외평벽 벽체로 나타난 것으로 생각한다. 그 중 동관왕묘 정전(正殿)은 현존하는 목조건축 중 내심벽 외평벽을 축조한 최고(最古)의 건축으로, 그 축조방법과 특성은 조선후기 목조건축에까지 연속하여 다양한 영향을 미쳤다. 또한 조선후기에서 지붕은 목조(木造)로 축조하지만, 기둥이나 인방(引枋)을 사용하지 않고 벽전으로만 축조한 벽체 형식을 [사료 8-9]를 통해 알 수 있었으며, 화성의 남수문과 번사창(燔沙廠)·윤승구(尹勝求)가옥창고 등이 대표적이다. 그러므로 벽전을 확대하여 사용한 조선후기 목조건축은 이전 시기와 다른 특성을 나타낼 것으로 생각하는데, 일반 심벽의 축조재료인 흙·석회와 벽전이 갖는 특성이 전혀 다르기 때문이다.

조선후기 목조건축 중 벽전으로 축조한 건축은 그 형식을 크게 4가지로 분류할 수 있는데, 그 기준은 주로 벽체 형식과 벽전의 사용범위에 따른 것이다.(<표 8-5>) 이러한 분류 기준의 근거는 벽체의 형식에 따라 상부하중을 지면으로 전달하는 구조 체계가 달라질 수 있으며, 기존 목조건축과는 다르게 가구(架構)와 형태·공간까지도 변화할 수 있다고 생각하기 때문이다. 벽체 형식은 다시 두 가지로 구분하는데 첫번째는 일반 목조건축에 벽전으로 축조한 벽체를 부가한 형식으로 심벽·평벽·내심벽 외평벽 등이고, 두번째는 목조 부재를 전혀 사용하지 않고 벽전으로만 축조하여 상부하중을 전담하는 내력벽(Bearing wall) 즉, 벽전축 벽체이다. 첫번째 벽체 형식은 기둥과 인방 등의 목조 부재를 가구하고, 벽전으로 축조한 벽체를 부가한 형식이므로 하중은 주로 목조가 지지하고, 벽체는 그 하중을 분담하거나 횡력에 저항하는 역할을 한다. 따라서 이러한 건축은 기존 목조건축의 범주 안에서 변화한다고 할 수 있을 것이다. 또한 벽전축 벽체는 모든 상부하중을 벽체만이 지지하며, 인장력에 약한 벽전으로 지붕을 축조하기 힘들기 때문에 목조 지붕을 축조하게 된다. 따라서 이러한 건축은 목조건축이기 보다 벽전건축과 목조건축을 혼합한 형식이라고 할 수 있으며, 그 특징은 기존의 목조건축과 크게 다르게 나타난다.

또한 벽전의 사용 범위는 벽전으로 축조한 벽체를 중인방 높이 또는 창방 하부까지 축조하였는가, 4면의 벽체 중 몇 면에 사용하였는가를 의미한다. 창방 하부까지 사용한 경우는 하중을 어느 정도 분담할 수 있는 특징이 있지만, 중인방까지 사용한 경우는 구조적인 측면보다 벽체 하부를 빗물로부터 보호하기 위한 목적 더욱 크기 때문이다. 또한 벽전으로 축조한 벽체의 면수(面數)에 의한 구분은 건축의 내부공간은 물론 지붕 형태가 변하므로, 기존 목조건축에서 형태가 크게 달라지는 특성이 있다. 특히 건축 형태의 변화는 조선후기 당시 건축에 관한 의식 변화를 수반하고 있을 것으로 생각하므로, <표 8-5>와 같이 형식을 분류할 수 있을 것이며, 각 형식에 따라 구분하여 살펴보기로 한다.

표 8-5 벽체 형식과 벽전의 사용 범위에 따른 건축형식 분류

<table>
<tr><th>형식분류</th><th colspan="2">벽체 형식</th><th>건축물</th><th>연 도</th><th>기능</th><th>비고</th></tr>
<tr><td rowspan="2">Ⅰ형식</td><td colspan="2" rowspan="2">심벽</td><td>화성 방화수류정
(華城 訪花隨柳亭)</td><td>1794년
(正祖18년)</td><td>城郭</td><td></td></tr>
<tr><td>성공회 강화성당
(聖公會 江華聖堂)</td><td>1900년</td><td>聖堂</td><td></td></tr>
<tr><td rowspan="12">Ⅱ형식</td><td rowspan="12">내심벽
외평벽</td><td>사용범위</td><td></td><td></td><td></td><td></td></tr>
<tr><td rowspan="2">1면</td><td>화령전 정전
(華寧殿 正殿)</td><td>1800
(純祖원년)</td><td rowspan="2">廟</td><td rowspan="2"></td></tr>
<tr><td>창덕궁 신선원전
(昌德宮 新璿源殿)</td><td>1921년</td></tr>
<tr><td rowspan="3">2면</td><td>석파정 별당채
(石坡亭 別堂)</td><td>1863년
(高宗1년)</td><td rowspan="3">書齋</td><td>대원군 집권 시기 이후
추정연도</td></tr>
<tr><td>창덕궁 선향재
(昌德宮 善香齋)</td><td>1828년
(純祖28년)</td><td>추정연도</td></tr>
<tr><td>경복궁 집옥재
(景福宮 集玉齋)</td><td>1868년
(高宗5년)</td><td>1873년 고종10년</td></tr>
<tr><td rowspan="4">3면</td><td>종묘 영녕전
(宗廟 永寧殿)</td><td>1836년
(憲宗2년)</td><td rowspan="4">廟</td><td>마지막 增建연도</td></tr>
<tr><td>선희궁
(宣禧宮)</td><td>1764년
(英祖 40)</td><td></td></tr>
<tr><td>종묘 공신당
(宗廟 功臣堂)</td><td>1778년
(正祖 2년)</td><td></td></tr>
<tr><td>종묘 칠사당
(宗廟 七祀堂)</td><td>1778년
(正祖 2년)</td><td></td></tr>
<tr><td rowspan="2">4면</td><td>화성 서북공심돈
(華城 西北空心墩)</td><td>1796년
(正祖20년)</td><td rowspan="2">城郭</td><td></td></tr>
<tr><td>화성 남포루
(華城 南砲樓)</td><td>1796년
(正祖20년)</td><td></td></tr>
<tr><td>Ⅲ형식</td><td colspan="2">평벽</td><td>종묘 정전
(宗廟 正殿)</td><td>1836년
(憲宗2년)</td><td>墓</td><td>마지막 增建연도</td></tr>
<tr><td rowspan="2">Ⅳ형식</td><td colspan="2" rowspan="2">벽전축 내력벽</td><td>번사창
(飜沙廠)</td><td>1884년
(高宗21년)</td><td rowspan="2">倉庫</td><td></td></tr>
<tr><td>윤승구(尹勝求)
가옥 창고</td><td>1900년 전후</td><td></td></tr>
</table>

▶ 8-54

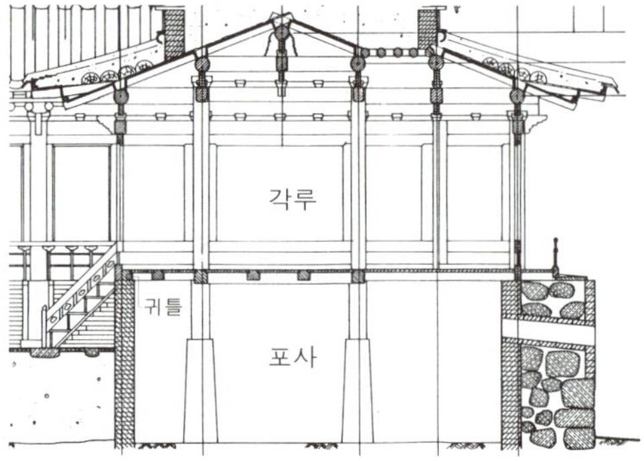

▶ 8-55

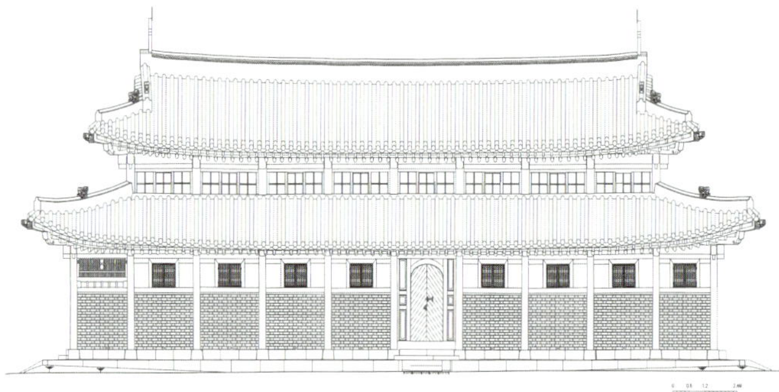

▶ 8-56(좌)

▶ 8-57(우)

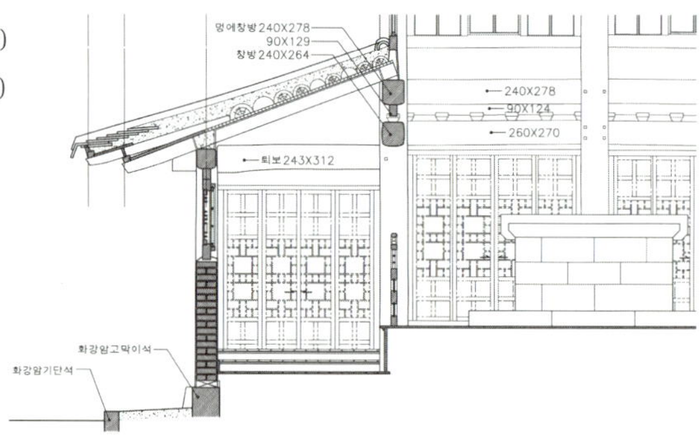

그림 8-54 **방화수류정 1층 포사의 심벽 단면도**

(출전 : 경기도, 「경기도건조물문화재 실측조사보고서」(1995, 대명기획.), 268쪽.)

그림 8-55 **성공회 강화성당 우측입면도**

(출전 : 문화재청, 「성공회 강화성당 실측조사 보고서」(2003, 대명기획), 267쪽 참고.

그림 8-56 **성공회 강화성당의 심벽 단면도**

(출전 : 문화재청, 「성공회 강화성당 실측조사 보고서」(2003, 대명기획), 270쪽 참고.

그림 8-57 **성공회 강화성당 벽전쌓기**

2. 벽전으로 축조한 심벽 : Ⅰ형식

Ⅰ형식 건축의 벽체는 일반 목조건축과 동일한 심벽 형식이지만, 재료만 벽전으로 축조한 것이며, 대표적으로 1794년, 화성의 방화수류정과 1900년에 축조한 성공회(聖公會) 강화성당(江華聖堂) 등이 있다. 이 두 건물의 벽체는 화재를 예방하고 빗물 등에 부식되지 않는 특징 등은 사고석[四塊石]과 벽전으로 축조한 일반적인 반방화장과 유사하지만,(<그림 7-5> 참고) 상부하중을 분담하는 것은 다르다. <그림 8-54>와 같이 방화수류정은 각루(角樓)와 하부의 포사(鋪舍) 두 부분으로 구분하는데, 포사는 전쟁을 위한 시설이므로 벽체는 영롱쌓기와 일반 벽체 쌓기로 축조하여 빗물과 화공(火攻) 등에 방어할 수 있도록 하였다. 또한 벽전으로 축조한 심벽 상부에는 도리(道里)와 유사하게 마루 귀틀이 위치하여 기둥·마루 귀틀과 함께 상부하중과 마루 하중을 지지하고 있다. 또한 벽체 하부에 지대석을 사용한 사실을 통해서도 이러한 목적을 유추할 수 있을 것이며, 복원한 것이지만 서북각루와 동남각루 역시 방화수류정과 동일한 방법으로 심벽을 축조하였다.

강화성당은 성당의 전형적인 평면인 바실리카(Basilica)를 한국 목조건축으로 표현하였는데, 경복궁 중건에 참여한 도편수가 축조한 것으로 알려져 있다.[93] 벽체는 정면을 제외한 3면에서 기둥을 노출하고 중인방 하부에만 축조하여 반방화장과 유사하지만, 방화수류정과 같이 지대석을 설치하여 상부의 하중을 지지하고 있다.(<그림 8-55·56>) 사용한 벽전 크기는 23.0×10.9×6.0㎝이고 벽체 두께는 24.8㎝, 1.0B 쌓기인데, 특이한 것은 벽전쌓기이다.(<그림 8-57>) 즉, 마구리면과 길이면을 번갈아 쌓았는데, 보편적으로 알려진 프랑스식 쌓기이지만, 고구려 벽탑에서부터 신라 법흥사터 7층 벽탑, 동관왕묘와 방화수류정의 영롱쌓기에서도 나타난 벽전쌓기이다. 따라서 서양에서 유입한 쌓기로만 단정할 수는 없는데, 특히 명동성당·정동교회 등 당시 축조한 종교건축에서는 대부분 영식(英式) 쌓기와 길이쌓기로 축조하였지만, 강화성당만 다른 벽전쌓기의 특징을 보이고 있기 때문이다.[94] 따라서 기존 한국의 벽전쌓기가 이어진 결과로도 볼 수 있으나, 벽전을

93 김유리, 「성공회 강화성당 건축에 관한 연구」(1989, 성균관대학교 대학원 건축공학과 석사학위논문.), 50쪽.

94 김유리, 「성공회 강화성당 건축에 관한 연구」(1989, 성균관대학교 대학원 건축공학과 석사학위논문.), 103쪽의 <표 Ⅴ-1> 참고.

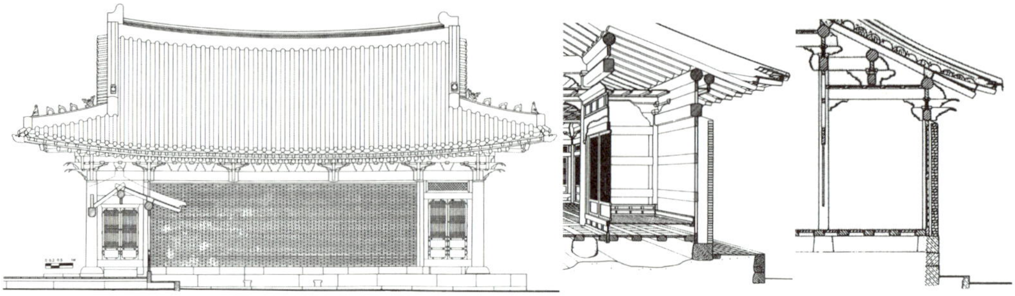

▲8-58

▶8-59

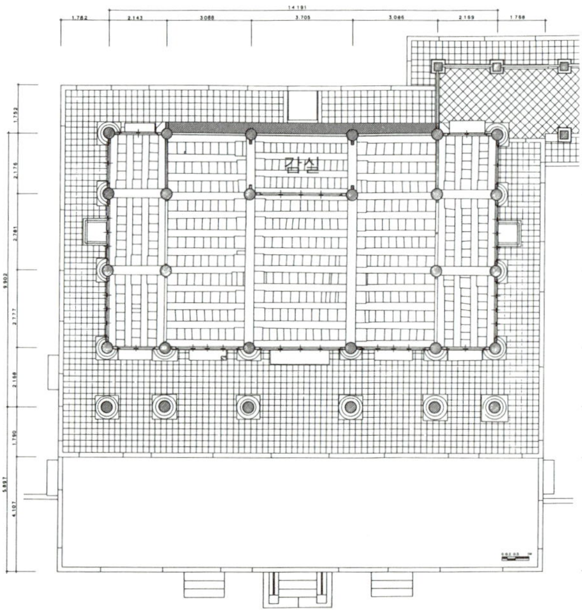

그림 8-58 Ⅱ형식 중 1면 내심벽 외평벽 단면도

1. 화령전 정전 배면도 2. 화령전 정전 단면도 3. 신선원전 단면도

(1·2 : 경기도, 「경기도건조물문화재 실측조사보고서」(1995, 대명기획.), 213·34쪽 / 3 : 대한건축사협회, 『창덕궁』한국전통건축 제2집(1994, 대명인쇄.), 235쪽.)

그림 8-59 화령전 정전 평면도

(출전 : 경기도, 「경기도건조물문화재 실측조사보고서」(1995, 대명기획.), 210쪽.)

중국이나 일본에서 수입하고 중국인 석공(石工)이 시공한 것으로 추정되어[95] 명확하게 단정하기는 어렵다고 할 것이다.

3. 내심벽 외평벽을 축조한 목조건축 : Ⅱ형식

3-1. 1면 내심벽 외평벽 형식

Ⅱ형식 건축의 벽체는 실내·외에서 기둥을 노출하는 심벽과는 달리, 외부에서는 보이지 않고 단지 내부공간에서만 노출하는 내심벽 외평벽 형식을 말한다. 이러한 대표적인 건물은 1800년에 축조한 수원의 화령전(華寧殿)과 1921년 창덕궁 신선원전(新璿源殿) 등이 있으며, 공통적으로 왕의 어진(御眞)을 모시기 위한 진전(眞殿)이다. 조선에서는 종묘(宗廟) 이외에 선왕(先王)과 관련한 지역과 각 궁궐에 진전 또는 영전(影殿)을 축조하였으며, 현재는 위의 두 건물과 1410년에 축조한 전주 경기전(慶基殿), 1695년 창덕궁 구선원전(舊璿源殿)만이 남아 있다. 그런데 유독 조선후기에 축조한 화령전과 신선원전만이 뒤 벽체를 벽전으로 축조한 내심벽 외평벽 형식이므로 벽전사용의 확대와 관련한 것으로 생각한다. 이는 또한 위패(位牌)를 모시는 종묘 정전(正殿)과 영녕전(永寧殿)의 뒤 벽체를 벽전으로 축조한 것과 관계하는 것으로, 위패와 어진은 그 의미가 크게 다르지만 선왕 즉, 죽은 자를 위한 건축인 것은 동일하다. 또한 제7장에서 살펴본 동관왕묘 역시 관우(關羽)의 상(像)을 모시는 죽은 자를 위한 묘(廟) 건축이며 정면을 제외한 3면에 내심벽 외평벽을 축조하였다. 그러므로 화령전과 신선원전 역시 이러한 묘 건축형식을 연속한 것이며, [사료 7-2-16]에서 살펴본 것과 같이 음(陰)의 공간을 외부 양기(陽氣)로부터 보호하기 위한 것으로 추정한다. 즉, 일반 심벽은 흙이 건조·수축하여 벽선(壁楦)과 떨어지고, 외부 습기와 빗물에 의해 쉽게 붕괴한다. 그러나 벽전은 석회를 사용하여 접합하면 실내를 완전하게 밀폐시킬 수 있는 건축재료였기 때문에, 외부의 양기까지도 막을 수 있다는 관념이 생길 수 있었다. 따라서 이러한 묘(廟)·진전은 물론 일반 사대부 살림집과 서원(書院)의 사당(祠堂) 벽체까지도 벽전으로 축조하는 형식이 많았던 것으로 생각한다.

또한 묘(廟) 건축에서는 실내에 별도로 어진이나 위패를 모시는 감실(龕室)을 설치하

95 문화재청, 「성공회 강화성당 실측조사 보고서」(2003, 대명기획), 65쪽 참고.

▶8-60

▶8-61

▶8-62

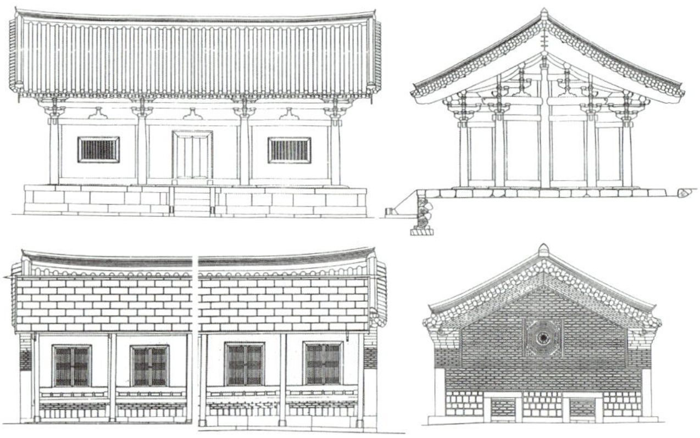

그림 8-60 **숭양서원 문충당(1573년 중건)**

(출전 : 朝鮮總督府, 『朝鮮古蹟圖譜』11권(1931.), 1606쪽.)

그림 8-61 **「동궐도」의 漱芳齋·文華閣**

(출전 : 문화재관리국, 『동궐도』(1991, 삼성남국인쇄.), 86쪽.)

그림 8-62 **벽체의 의한 입면변화**

기 때문에 가장 뒤 벽체만 외기에 접하게 된다. 따라서 묘 건축 중 정면과 측면 벽체와는 다르게 감실 뒤 벽체에서 감실 안으로 직접 침입하는 동물이나 도둑 등을 방지하고, 화재를 예방하며 외부 양기를 막기 위해, 벽전으로 축조한 튼튼한 벽체를 필요로 한다. 그러므로 화령전은 정면 5칸 중 진설청(陳設廳)과 내제실(內齊室)에 해당하는 좌우 협칸(夾間)을 제외하고, 어칸(御間) 3칸에만 벽전으로 벽체를 축조하였으며, 신선원전 역시 전체 14칸 중 12칸에만 어진을 모시기 때문에, 감실 뒤 벽체만 벽전으로 축조한 것이다. 또한 내심벽 외평벽은 내부공간에서 일반 목조건축과 동일하지만, 각각의 기둥을 벽전으로 축조한 벽체가 외부에서 연결하므로 일체화하여 횡력에 저항할 수 있고, 창방 하부까지 축조하여 상부하중을 일부 분담할 수 있는 특징을 갖는다. 그러므로 내심벽 외평벽을 축조한 건축의 목구조는 심벽을 축조한 일반 목조건축보다 훨씬 더 내구적이라고 할 수 있을 것이다. 그러나 뒤 벽체만을 벽전으로 축조한 화령전과 신선원전의 처마내밀기와 목조가구·건축 형태 등에서는 벽체로 인한 특이한 건축 특징이 나타나지 않으며, 단지 일반 목조건축과 동일한 특징을 갖는 것으로 판단한다.

3-2. 2면 내심벽 외평벽 형식

제7장에서는 서울 종로 행랑(行廊)에 설치한 방화장에 대해 살펴보았으며, 특히 측면에서 종도리 높이까지 벽전으로 축조한 벽체를 추정하였는데, 이는 1610년 중건한 개성 성균관 명륜당(<그림 7-4> 참고)을 통해 확인할 수 있었다. 또한 1573년 정면 4칸(9.43m), 측면 2칸(4.83m)의 맞배지붕으로 중건하고, 정몽주(鄭夢周)와 서경덕(徐敬德)의 덕행을 추모하기 위한 숭양서원(崧陽書院) 사당인 문충당(文忠堂)은 좌우 측벽과 후벽을 상방하부까지 석재로 쌓고 상부를 암수기와로 덮었으며, 상방 상부는 벽전으로 축조하여[96] 역시 동일한 특성을 갖는다고 할 수 있다.(<그림 8-60>) 이러한 형식의 벽체는 바로 조선전기에 설치한 방화장 형식 중 하나로 생각할 수 있는데, 조선후기에는 「동궐도(東闕圖)」의 수방재(漱芳齋)·문화각(文華閣) 현판이 걸린 건물에서 처음으로 확인할 수 있다.(<그림 8-61>)

보통 문화각이라 불리는 이 건물은 현존하지 않고 문헌으로도 기록한 것이 없어 자세한 특징은 알기 어렵지만, 「동궐도」는 1827~1830년에 제작한 것으로 추정되므로,[97] 문

96 정재훈 外, 『북한의 문화유산』Ⅱ(1990, 고려원.), 341~342쪽 및 국립문화재연구소, 『북한문화재해설집 제3집(일반건축편)』(2002, 서울인쇄정보산업.), 260·264쪽.

화각의 축조 연대는 18세기 말 또는 19세기 초로 추정할 수 있다.[98] <그림 8-61>을 통해 살펴보면 정면은 5칸이고, 어칸에 출입문을 설치하였으며, 중인방 하부에는 벽전으로 반방화장을, 상부에는 창을 설치하였다. 측면은 기둥이 보이지 않아 칸수를 확인할 수 없지만, 전체를 벽전으로 축조하고, 원창(圓窓)을 설치하여 특이하다. 특히 정면의 가장 왼쪽 기둥이 벽체에서 드러나도록 표현하였는데, 이를 통해 기둥은 벽전으로 축조한 벽체에서 절반만 묻혀 있는 것으로 볼 수 있다. 따라서 문화각의 측벽은 내심벽 외평벽이며, 방화장의 성격과 함께 횡력에 저항할 수 있도록 한 것으로 생각한다. 특이한 것은 측벽의 들보 높이에서 눈썹지붕과 유사하게 기와를 설치하였는데, 상부에서 떨어지는 빗물을 벽체 중간에서 외부로 배출하기 위한 것이며, 개성 성균관 명륜당과 숭양서원 문충당에서도 확인할 수 있어,[99] 조선전기의 방화장 형식이 문화각까지 이어진 것으로도 추정할 수 있다.[100]

그러나 앞의 두 건물과 다른 점은 맞배지붕의 처마 끝까지 벽체를 축조한 것과 원창을 설치한 것이다. 일반 맞배지붕의 측벽은 기둥과 기둥 사이에만 흙으로 심벽을 축조하지만, 문화각과 같이 벽전을 사용한 조적식 벽체는 기둥에 의지하지 않고 독립적으로 축조할 수 있기 때문에, 처마 밑 측면까지 설치할 수 있다. 따라서 좌우 입면에서 처마 밑 공간은 사라진다고 할 수 있고,(<그림 8-62>) 또는 처마 밑 공간을 명확하게 규정하는 것이다.(<그림 8-61>) 또한 팔작지붕과 달리 맞배지붕일 경우에는, 흙으로 축조한 심벽을 빗물로부터 보호하기 위해 측면 기둥의 주심(柱心)에서 도리가 빠져 나와 측벽의 끝면보다 돌출하게 된다. 그러나 측벽을 벽전으로 축조할 경우 벽체는 빗물에 의해 부식되거나 붕괴되지 않기 때문에, 지붕이 측벽에서 돌출 할 필요가 없으므로, 도리는 벽체에서 마무리한다. 따라서 벽체 끝면과 지붕의 끝면은 같아지므로, 결국 기존 맞배

97 노진하·이상해, 「樂善齋 一廓 建築의 造營에 관한 復元的 考察」(한국건축역사학회, 『건축역사연구』7, 1995. 6.), 44쪽.

98 특히 1794~1796년에는 조선후기 벽전을 가장 광범위하게 사용한 華城城役과 연관하는 것으로도 볼 수 있으며, 김동욱은 뒤에서 살펴보는 善香齋와 함께 효명세자의 개명정신을 상징하는 것으로 보고 있다(김동욱, 『한국건축의 역사』, 1997, 기문당, 265쪽 참고.).

99 또한 벽체를 벽전으로 축조한 東關王廟 東·西廡의 측벽에서도 동일하게 설치한 기와를 확인할 수 있다.

100 그러나 뒤에 살펴보는 집옥재(集玉齋)와 함께 문화각은 측벽에 전퇴공간을 교통공간(交通空間)으로 사용하며 옆 건물과의 연결통로를 두어 중국 청대 사합원(四合院) 정방(正房)이나 상방(廂房)이 전퇴공간에서 회랑과 연결되는 평면구성과 유사고 원형창을 통해 중국풍 건물로 보기도 한다(서명수, 「조선 후기 대청인식의 변화와 중국풍 건축요소의 도입」, 2007, 서울대학교 대학원 건축학과 석사학위논문, 74쪽 참고.).

지붕 목조건축과 정면에서도 다른 입면을 갖게 된다.(<그림 8-62>)

또한 대부분의 목조건축에서는 정면과 뒷면에 사각 창을 설치하지만, 측면에 창을 낸 경우는 찾아보기 힘들다. 그러나 문화각은 정면에도 창을 설치하고, 동시에 측면에는 원형(圓形) 창을 설치하여 내부공간에서 채광을 좋게 하였다. 또한 목조건축은 내부공간에서 주로 전후의 방향성을 갖지만, 원창에 의해 측면까지도 방향성이 생성되어, 그에 따른 내부공간의 사용 역시 달라졌을 것으로 생각한다. 원창(圓窓)은 『임원경제지』에서도 그 축조방법을 자세히 설명하고 있는데,[101] 내부에서는 사각형의 문을 설치하고, 벽전으로 축조한 벽체에만 원형 구멍을 뚫어 원창을 설치한 것을 알 수 있다. 이는 창덕궁 낙선재(樂善齋) 상량정(上凉亭) 서쪽의 만월문(滿月門)과 동일하며, 홍예의 축조방법을 응용한 것이다. 이렇게 내심벽 외평벽의 벽체를 갖는 Ⅱ형식 건물 중 양 측벽을 벽전으로 축조한 건축은 「동궐도」의 문화각에서 처음으로 나타난 형식이며, 기존 한국 목조건축에서는 찾아볼 수 없는, 중국풍의 영향을 받은 것으로 추정하는 원창과 처마 밑 공간에 의한 입면과 그 형태의 특징을 갖는다.

이와 유사한 특징을 갖는 현존하는 건축은 1828년대에 축조한 것으로 추정하는 창덕궁 연경당(演慶堂)의 선향재(善香齋)와 19세기 중반으로 추정하는 석파정(石坡亭) 별당(別堂)채·경복궁 집옥재(集玉齋) 등이 있다. 먼저 선향재는 정면 7칸, 측면 2칸으로 연경당의 서고(書庫)와 서재(書齋)를 겸한 건물인데,[102] 문화각과 거의 같은 시기 또는 그 이후에 축조한 것이다. 측벽은 가장 하부에 지대석을 놓고 사고석으로 4단을 쌓았으며, 그 상부에 붉은색 벽전을 사용하여 막힌줄눈 쌓기로 축조하고, 벽체 중앙에는 4각·8각의 무시무종(無始無終) 무늬를 넣었다.(<그림 8-63>) 특이한 것은 목조 맞배지붕 박공판(朴工板)에 해당하는 부분을 벽체와 다르게 경사지게 축조하였는데, 다른 벽전건축에서는 볼 수 없는 특이한 축조방법이다.(<그림 8-64>) 또한 이 부분에는 박공판에서 볼 수 있는 목기연[木只椽]과 유사한 별도의 부재를 설치하였는데, 경복궁 아미산(峨嵋山) 굴뚝을 비

101 『임원경제지』「贍用志」 권1 '營造之制' [窓牖] 圓窓.
圓窓의 제도를 살펴보면, … 창밖에는 벽전담[甎牆]을 쌓고 창을 대하고 있는 부분에는 刀甎을 구워서 灰泥로 붙여 쌓아서 하나의 원을 이루게 만든다. 그 내부에도 마찬가지로 나무를 다듬어 굽이지게 만들고 굽이진 나무들을 합하여 하나의 원을 만든다. 그리고 다시 가는 나무가지를 가지고 가로 세로로 둥그런 원형의 사방에 창살을 만들어 기둥의 몸체와 가지런하도록 한다. 그런 다음 장지를 바르는 법과 같이 錢厚紙를 바르면 창문짝은 비록 네모졌지만 안에서 보거나 밖에서 보거나 모두 똑바른 원창을 이루게 된다.

102 대한건축사협회, 『창덕궁』한국전통건축 제2집(1994, 대명인쇄.), 176쪽.

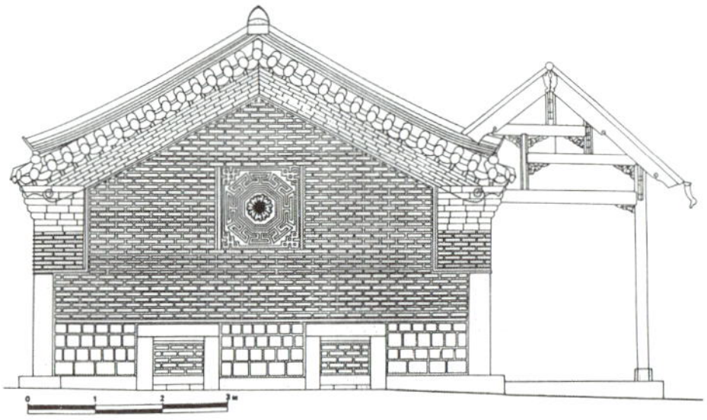

▶ 8-63

▶ 8-64

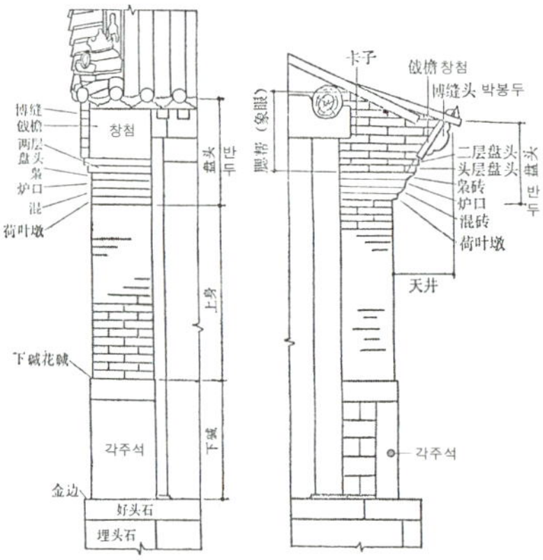

▶ 8-65

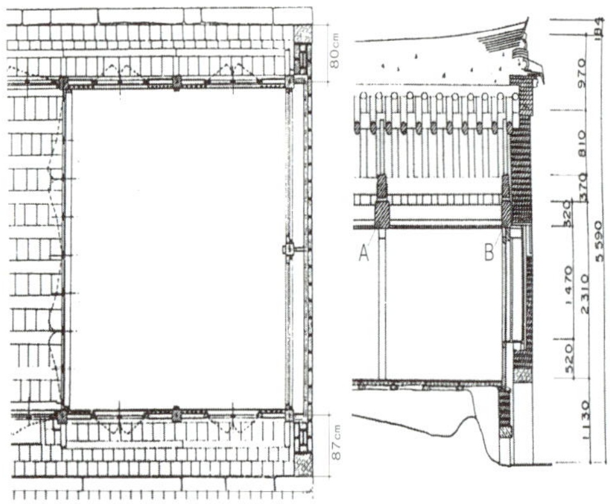

▶ 8-66

▶ 8-67

그림 8-63 **연경당 선향재 측벽 입면도**

(출전 : 대한건축사협회, 『창덕궁』한국전통건축 제2집(1994, 대명인쇄.), 299쪽.)

그림 8-64 **연경당 선향재 박공판 부분의 경사쌓기와 목기연 벽전, 게눈 장식**

그림 8-65 **중국** 淸式硬山山墻

(출전 : 文化部文物保護科硏所, 『中國古建築修繕技術』(1983, 中國建築工業出版社.), 113·116쪽.)

그림 8-66 **연경당 선향재 평면과 횡단면도**

(출전 : 대한건축사협회, 『창덕궁』한국전통건축 제2집(1994, 대명인쇄.), 297·301쪽.)

그림 8-67 **연경당 선향재 서까래와 측벽**

롯한 각 궁궐의 굴뚝과 덕수궁 유현문(惟賢門) 등의 벽전축문에서도 동일한 형태의 벽전을 서까래 또는 부연(付椽)으로 사용하고 있다. 박공판 끝부분에는 박공판의 게눈[蟹眼]과 동일한 장식을 베풀었는데, 이를 위해 별도로 회흑색의 벽전을 생산하여, 한국 목조건축의 박공판을 충실하게 번안하기 위해 치밀한 설계가 있었던 것을 알 수 있다.

또한 게눈 장식을 한 박공판 끝부분과 측벽이 접하는 부분에서는 벽전 마구리를 반원형으로 둥글게 굴려 들여쌓기 하였는데, 중국 청식(淸式) 경산(硬山) 지붕 측벽인 산장(山墻)의 반두(盤頭)와 동일한 것으로 볼 수 있다.[103](<그림 8-65>) 즉, 벽전생산과 축조방법을 중국에서 배워 왔다는 사실과[104] 중국을 다녀온 북학파(北學派)의 벽전사용 주장으로 인해 청(淸)의 건축형식이 유입되었을 가능성이 충분히 있기 때문이다. 그러나 선향재의 기단 형식은 산장과 다르고, 반두의 벽전 형태와 그에 따른 곡선 역시 다르다. 또한 장식을 위한 창첨(戧檐) 부분이 선향재에는 없고, 박봉두(博縫頭) 대신 앞에서 살펴본 게눈 장식을 하였으며, 산장에서는 목기연 벽전을 사용하지 않는다. 따라서 선향재 측벽에서 중국 산장의 반두 부분을 설정하고 각주석을 설치한 것은 동일하지만, 실재 각 부분의 형태는 다른 것을 알 수 있다. 이러한 특징은 선향재 이후에 축조한 집옥재와 석파정 별당채 역시 동일하고, 「동궐도」 문화각에서도 유사한 축조방법을 볼 수 있어, 측면에 벽전 벽체를 축조하는, 중국의 영향을 받은 한국건축의 공통된 특징으로 볼 수 있다.

이렇게 벽전으로 축조한 선향재의 측벽에 중국 산장과 유사한 반두 부분을 설치한 것은 측벽 길이와 높이의 비를 맞추기 위한 것으로 생각하는데, 측면 벽체를 처마 끝까지 축조하면 벽체 길이가 무리하게 길어지기 때문에 종도리 높이와 벽체 넓이에 의한 측면 입면과 형태는 기존 한국 목조건축에서 많은 변화가 있게 된다. 따라서 벽체는 서까래 끝까지 수직으로 축조하지 않고 반두와 유사하게 내밀어 쌓아 일정한 측면 입면의 비례를 설정하는 것으로 볼 수 있다. 또한 측면에서 서까래를 완전히 감추어 화재를 예방하기 위한 것이기도 하다.

선향재의 측벽은 귓기둥의 주심에서 전후로 약 80~90㎝ 내밀어 축조하였는데,(<그림 8-66>) 문화각 역시 이와 유사하였을 것으로 생각한다. 그러나 선향재 측벽은 문화각

103 이러한 측면에서 모서리의 석재 사각기둥은 중국 산장의 角柱石에 해당하며, 측벽 하부에 사고석으로 축조한 부분은 山墻의 下石碱과 유사하다고 할 수 있으나, <그림 8-63·65> 하부에 사고석을 쌓고 그 위에 벽전을 축조하는 조선의 일반적인 반방화장과 유사한 것으로도 볼 수 있을 것이다.

104 이는 [사료 7-3]과 『조선왕조실록』 '영조 20년 7월 14년' 기사(제7장 각주 84)를 통해 알 수 있었다.

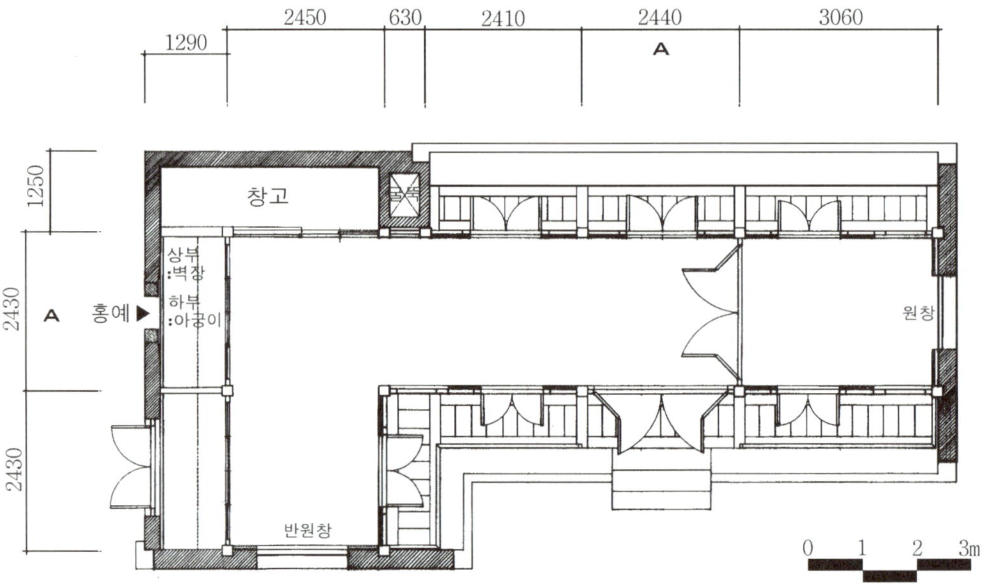

그림 8-68 1958년 移建 이후 변형된 석파정 별당채 평면도(1998년 8월 18일 실측)

과 다르게 기와와 원창을 설치하지 않고, 내부에서 사용하는 벽감(壁龕)을 벽체 속에 설치하였는데, 벽체는 2.0B 쌓기이지만 벽감 부분은 0.5B 쌓기이다. 또한 중국 산장에서 기둥은 벽체 속에 설치하지만, 선향재의 기둥은 벽체와 연결되지 않고 독립적으로 축조하여, 측벽은 하중을 지지하는 구조체의 의미보다 방화장의 성격이 강한 것으로 볼 수 있다. 그러나 측벽과 접하는 목조가구(木造架構)는 상부하중이 적게 걸리도록 설계한 것을 알 수 있는데, <그림 8-66> B부분의 대들보와 종보의 넓이가 다른 A보다 절반 정도로 얇기 때문이다. 이러한 이유는 종도리 끝과 좌우 서까래가 벽체에 맞물려 있으므로, 상부하중을 벽체에 전달하고 있기 때문일 것이다.(<그림 8-67>) 따라서 선향재의 측벽은 벽감을 설치한 부분에서 그 두께가 0.5B로 얇아졌지만, 목조와 함께 상부하중을 지지하고 있는 것을 알 수 있다.

이와 유사한 특징은 석파정 별당채에서도 살펴볼 수 있는데, 석파정은 흥선대원군(興宣大院君:1820~1898)의 별장이었지만, 본래 철종과 고종(高宗) 대의 중신(重臣) 김흥근(金興根:1796~1870)이 지은 별서(別墅)이므로, 창건은 19세기 중반으로 추정할 수 있다. 그 중 측벽을 벽전으로 축조한 별당채는 1958년 현재 위치로 이건(移建)하였으며, 그 과정에서 많은 변형이 있었다. 현재는 'ㄱ'자 평면으로 박공면에 해당하는 벽체는 벽전으로 축조하였으며, 내부는 모두 방으로 개조하였다.<그림 8-68> 그러나 본래는 정면 4칸의 '一'자 평면이었는데, 그 중 왼쪽 2칸과 오른쪽 1칸은 온돌방이고, 그 사이는 마루였으며,(<그림 8-68>의 A칸) 정면과 뒷면에는 모두 툇마루를 설치하였다. 따라서 현재와는 달리 양 측벽만을 벽전으로 축조하여 선향재와 유사하였던 것으로 생각할 수 있다.(<그림 8-69>)

따라서 현재 개축한 별당채의 오른쪽 측벽(<그림 8-70>)만이 원형과 가장 유사할 것으로 생각하는데, 하부에는 2단으로 지대석을 놓고, 그 상부에 20×8×3.5㎝의 흑회색 벽전을 막힌줄눈쌓기로 축조하였다. 이 측벽을 <그림 8-69>와 비교하면, 아궁이를 출입하는 홍예가 없어졌는데 현재는 왼쪽 벽체에만 설치하였지만, 선향재에서는 좌우 2칸 온돌방을 위해 양 측벽에 모두 아궁이를 설치하였으므로, 석파정 별당채 역시 양 측면에 모두 설치하였을 것으로 추정할 수 있다. 홍예문은 선향재의 각주석(角柱石)과 같이 양 측면에 석재 사각기둥을 설치하고, 그 상부에 홍예를 틀었다. 이렇게 홍예 양 측면의 각주석은 화성의 홍예 선단석(扇單石)과 유사한 것이며, 덕수궁 유현문과 경복궁 자경전 동쪽 벽전축문 등을 비롯한 조선후기 벽전축문의 양 측면에 모두 석재 사각기둥을 설치하여, 조선후기 홍예의 특징적인 축조방법으로 볼 수 있다. 또한 현재는 문화각과 동일하게 직경 1.1m의 원창을 설치하였지만, 본래에는 없었던 것으로 추정한다.

▲8-69

▲8-70

▲8-71

▲8-72

그림 8-69 이건 전 석파정 별당채(1880년대)
(출전 : 조풍연 해설, 『사진으로 보는 조선시대(속)-생활과 풍속』(1996, 서문당.), 95쪽.)
그림 8-70 현재의 석파정 별당채
그림 8-71 현재의 석파정 별당채 박공판 끝부분의 게눈 장식과 목기연 벽전
그림 8-72 현재의 석파정 별당채측벽과 기둥·서까래 물림

특히 박공판 부분은 선향재와 동일한 축조방법을 보이고 있는데, 석회를 사용하지 않고 경사지게 축조하고, 끝 부분에는 게눈 장식을 하였다.(<그림 8-71>) 그러나 선향재에서는 박공판 끝면과 벽체가 접하는 부분의 벽전 마구리를 반원형으로 굴려 내밀어 쌓았지만,(<그림 8-64>) 석파정 별당채에서는 박공판과 벽체를 명확하게 구분하여, 박공판 끝부분의 벽전 마구리를 변화 있게 축조하였다. 따라서 그 형태는 선향재와 유사하지만 서로 다른 축조방법이므로, 선향재는 중국의 산장(山墻) 반두(盤頭)와 관련성이 있는 것으로 볼 수 있지만, 석파정 별당채의 박공판 장식은 한국 목조건축의 형태를 그대로 번안한 것이며, 한국만의 특징적인 축조방법으로 생각할 수 있다.

또한 선향재 측벽 기둥은 벽체와 연결하지 않고, 종도리와 서까래를 벽체와 결구하여 하중을 분담하고 있는데, 석파정 별당채 역시 서까래가 측벽과 연결된 것을 확인할 수 있다.[105](<그림 8-72>) 따라서 종도리까지도 측벽과 연결한 것으로 추정할 수 있으며, 화재를 예방하는 방화장과 상부하중을 일부 분담하는 내력벽인 선향재의 벽체와 유사한 의미를 갖고 있는 것이다. 그러나 석파정 별당채의 기둥은 17×17㎝의 사각기둥으로 측벽과 절반 정도 맞물려 있고, 또 상부의 대들보 역시 마찬가지인데, 이는 선향재와는 다른 축조방법인 전형적인 내심벽 외평벽 형식이다. 따라서 기둥은 보·도리와 결구하여 안정하지만, 측벽에 맞물려 의지하고 있으므로 횡력에도 크게 저항할 수 있는 것이다.

경복궁 집옥재는 1865~1867년 경복궁 중건 후, 1873~1876년 건청궁(乾淸宮) 축조 때에 창건한 것으로 추정하고 있으며,[106] 고종 28년인 1891년에 현재의 위치로 이건(移建) 하였다. 집옥재는 고종(高宗)이 건청궁(乾淸宮)에 거처할 때 사용하던 서재(書齋)와 왕실 도서관 또는 외국 사신을 접견하는 장소로도 사용되었는데, 앞에서 살펴본 문화각·선향재·석파정 별당채의 기능과 동일하다.[107] 따라서 조선후기에 맞배지붕의 측벽을 벽전으로 축조한 내심벽 외평벽 형식의 건물은 모두 왕의 서재 기능을 갖고 있으므로, 조선후기에 정착한 가장 위계가 높은 서재 건축의 한 형식으로도 볼 수 있다.[108]

105 서까래와 측벽을 연결한 부분은 원창을 설치한 오른쪽 측벽에서만 살펴볼 수 있고, 왼쪽 벽체에서는 서로 분리하여 설치한 것을 확인할 수 있어, 왼쪽 벽체는 본래의 의미와 다르게 증축 또는 개축한 것으로 추정할 수 있다.

106 문화재관리국, 「집옥재 수리공사보고서」(1982, 계문사.), 12쪽.

107 문화각의 용도는 명확하지 않지만, 「동궐도」에서 문화각 정면에는 2층의 圖書樓가 표현되어 있어 문화각이 위치한 영역은 서재의 기능과 연관된 것으로 볼 수 있다.

108 이는 내심벽 외평벽 형식의 건축 중 뒤 벽체만 벽전으로 축조한 화령전과 신선원전이 모두 眞殿 또는 影

집옥재의 기단은 높이 2m이고, 기단 상부에서 종도리까지는 8.34m로 규모가 큰 건물인데, 정면 5칸, 측면 3칸으로 각각 15.78m, 8.28m이고, 정면에 1.75m의 퇴칸을 설치하였다.(<그림 8-73·74>) 현재 집옥재는 내부에서 2층이지만, 보수공사에서 좌우 각 한 칸에 온돌을 설치한 것으로 확인하여 후에 개조된 것을 알 수 있다. 측벽은 지대석을 놓고 사고석으로 3단 쌓았으며, 그 상부에서 붉은색 벽전[109]을 사용하여 두께 1.5B로 축조하였다. 벽전쌓기는 주로 막힌줄눈의 길이쌓기이지만, 대체로 길이면과 마구리면을 번갈아 쌓는 방법으로 축조하여 불식(佛式) 쌓기로 분류하기도 하고, 앞에서 살펴본 것과 같이 고구려 벽탑에서부터 나타나는 한국 벽전쌓기와도 동일하다. 그러나 집옥재는 대체로 모든 연구에서 '중국식'(中國式)·'중국적'(中國的)·'중국풍'(中國風) 건물로 평가하고 있는데,[110] 그러한 이유는 여러 가지이다.

먼저 평면 형식은 청대(淸代) 사합원(四合院)의 상방(廂房)과 유사한데, 특히 측벽에서 정면 퇴칸 부분에 문을 내고 통로로 사용하는 것은 중국 건축으로 보아도 무방할 정도이다. 또한 기단은 조선 초에 축조한 것으로 추정하는 경복궁 동십자각(東十字閣) 기단에서만 볼 수 있을 뿐,(<그림 8-29>) 다른 조선의 궁궐 건축에서는 볼 수 없는 형식이나, 중국에서는 격이 높은 건축물의 기단에서 다양하게 사용한 수미좌(須彌座) 기단과 유사하다고 할 수 있다. 또한 용두와 취두 등이 아닌 물고기 모양의 용마루 끝 장식과 퇴기둥의 고복(鼓腹) 초석 등은 모두 중국에서 보편적으로 사용한 것이다. 벽전쌓기에서 길이면과 마구리면을 번갈아 쌓는 것은 한국에서도 나타나지만, '工'자 쌓기 또는 일순일정(一順一丁) 쌓기로 중국의 보편적인 쌓기방법이기도 하다. 특히 측벽 박공판 부분에서는 선향재와 석파정 별당채에서 목기연 벽전을 사용한 것과 다르게, 두 단의 아자(牙子) 쌓기를 하였다.(<그림 8-75>) 아자는 발해 영광탑 옥개 부분에 나타나지만, 그 외 한

殿의 동일한 기능을 갖고 있는 것과 유사한 현상이다. 또한 이러한 건축형식이 출현한 현상은 조선후기 상류층의 중국풍 건축의 愛好경향으로도 추정한다(서명수, 조선 후기 대청인식의 변화와 중국풍 건축요소의 도입」, 2007, 서울대학교 대학원 건축학과 석사학위논문, 83~95쪽 참고.).

109 벽전의 크기는 다양한데, 우측 벽체에는 22.7×10.9×6.0㎝, 23.0×11.5×5.5㎝, 좌측 벽체에는 31.0×21.0×7.0㎝, 23.0×11.5×5.5㎝, 24.5×23.5×3.5㎝의 벽전을 사용하였고, 뒤 벽체는 23.0×11.5×5.5㎝의 벽전을 사용하여 0.5B 쌓기 하였다(문화재관리국, 「집옥재 수리공사보고서」, 1982, 계문사, 62~65쪽 참고.).

110 서울특별시사편찬위원회, 『서울특별시사 고적편』(1963.), 86쪽과 윤장섭 『한국의 건축』(1996, 서울대학교출판부.), 395쪽, 문화재관리국, 「집옥재 수리공사보고서」(1982, 계문사.), 58쪽, 배병선, 「다포계맞배집에 관한 연구」(1993, 서울대학교 대학원 건축학과 박사학위논문.), 114쪽 참고.

국에서는 전혀 나타나지 않는 쌓기 방법으로, 중국에서는 벽탑과 산장(山墻) 등에 보편적으로 나타난다.

그러나 목조에서 집옥재의 공포(栱包)는 1출목의 다포(多包)로 보기도 하지만,[111] 상·하의 살미첨차[山彌檐遮]가 소로(小櫨) 등의 절점 없이 직접 맞닿아 하중을 전달하는 출목익공(出目翼工) 형식으로도 볼 수 있다.(<그림 8-76>) 또한 기둥과 주두 결구에는 안초공(按草栱)을 사용하고, 후면에는 도리와 장여를 받치는 간포(間包)에 해당하는 운공(雲工)을 사용하여 다포와 유사한 의장을 하고 있다. 특히 주심(柱心)의 공포는 익공으로 하고, 주간(柱間)에는 운공을 설치하는 형식은 조선후기 또는 대한제국(大韓帝國) 때 축조한 각 궁궐에 보편적으로 나타나는 특징이다. 여기서 운공은 장여와 도리를 결구하여 상부하중을 창방에 전달하는 구조적 의미와 함께 다포건축와 유사한 의장 특성을 나타내는, 조선후기에서만 볼 수 있는 목조가구의 특징이라고 할 수 있다.

또한 벽전쌓기에서 중국 산장의 반두(盤頭)와 유사한 부분은 회흑색 벽전을 사용하여 축조하였지만, 게눈 장식을 하고 벽전 마구리는 반원형으로 둥글게 굴렸기 때문에,(<그림 8-75>) 중국 반두와는 엄격하게 다르며, 선향재와 석파정 별당채에서 나타나는 한국만의 특징적인 축조방법이라고 할 수 있다. 이렇게 집옥재에는 중국적인 요소와 함께 온돌 설치, 익공과 안초공·운공 사용, 게눈 장식 등은 중국에서 나타나지 않는 조선후기의 특징적인 요소가 혼합되어 있다고 할 것이다.

또한 목조와 벽전으로 축조한 벽체는 연결되지 않고 단지 도리 뺄목이 벽체에 접하여 좌우 횡력에 저항할 수 있도록 하였고,[112](<그림 8-76·77>) 1층에서는 샛기둥을 벽체와 절반 정도 연결하여 하중을 지지하므로, 내부를 2층으로 개조할 당시 샛기둥을 설치한 것으로 추정한다. 따라서 집옥재를 1891년 이건(移建)하면서 벽전으로 축조한 벽체를 추가한 것으로도 볼 수 있는데, 만약 이 추정이 사실이라면 측벽은 중국 청(淸)의 양식이 직접 유입되었을 가능성이 더욱 높으며,[113] 이는 구조적인 목적 보다 화재를 막기 위한

111 배병선, 「다포계맞배집에 관한 연구」(1993, 서울대학교 대학원 건축학과 박사학위논문.), 114쪽.

112 선향재와 석파정 별당채에서는 뺄목이 없었으나, 집옥재는 일반 목조건축과 동일하게 뺄목을 설치하였으므로, 후에 측벽이 추가되었을 가능성도 있다.

113 조선은 1881년 金允植과 38명의 학도, 匠人을 청에 파견하였고, 청은 1882년 壬午軍變을 계기로 1894년까지 군대를 파견하여 내정간섭을 하였다. 따라서 이 당시 청의 건축형식이 유입되었을 가능성이 있으며, 1884년 축조한 서울 번사창이 대표적이다. 따라서 1891년 移建 당시 청의 건축형식에 따라 벽전으로 축조한 벽체를 추가하였을 가능성이 있다.

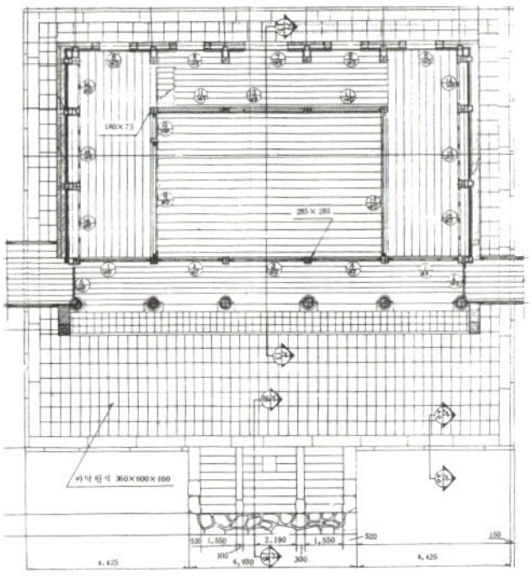

▲8-73

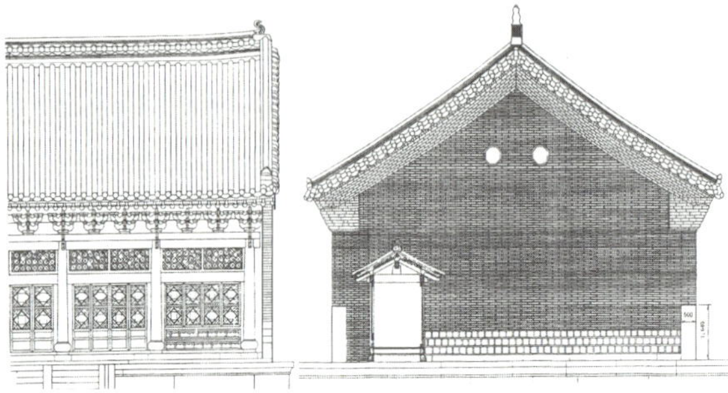

▲8-74

▲8-75

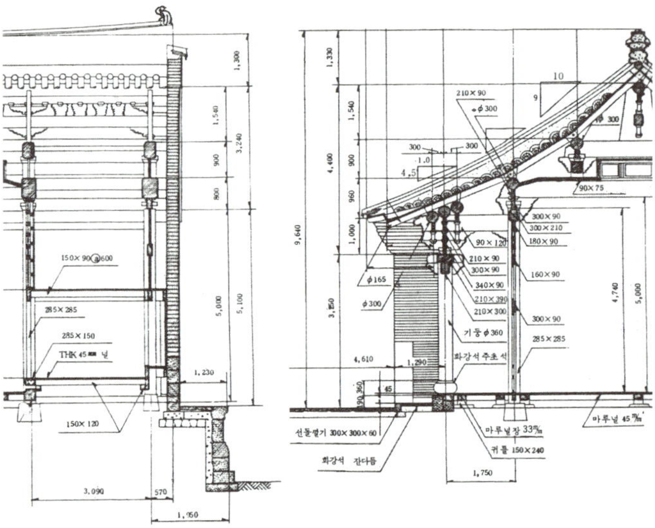

▲8-76

▲8-77

그림 8-73 **경복궁 집옥재 평면도**
(출전 : 문화재관리국, 「집옥재 수리공사보고서」(1982, 계문사.), 146쪽.)
그림 8-74 **경복궁 집옥재 정면도와 우측면도**
(출전 : 문화재관리국, 「집옥재 수리공사보고서」(1982, 계문사.), 148·149쪽.)
그림 8-75 **경복궁 집옥재 측벽의 게눈 장식과 牙子 쌓기**
그림 8-76 **경복궁 집옥재 측벽의 종단면도와 횡단면도**
(출전 : 문화재관리국, 「집옥재 수리공사보고서」(1982, 계문사.), 151·152쪽.
그림 8-77 **경복궁 집옥재의 목조와 측벽의 접합**

방화장 형식으로 보아야 할 것이다.

이상에서 조선후기에 나타난 Ⅱ형식 건물 중 내심벽 외평벽 형식의 측벽을 벽전으로 축조한 건축에 대해 살펴보았다. 이 건물들은 공통적으로 왕과 연관한 서재 기능을 갖고 있으며, 방화장을 측벽에 설치한 조선전기의 건축형식을 계승한 것으로 추정할 수 있다. 측벽은 화재를 예방하는 방화장의 성격과 함께 횡력에 저항할 수 있도록 하며, 종도리와 서까래·부연 등과 연결하여 상부하중을 지지하는 역할까지 겸하고 있다. 이러한 건축형식은 18세기 말 또는 19세기 초에 축조한 「동궐도」 문화각에서 최초로 확인할 수 있었고, 1904~1906년에 중건(重建)한 경운궁(慶運宮) 즉, 덕수궁(德壽宮)의 흠문각(欽文閣)과 함유재(咸有齋) 및 『조선고적도보(朝鮮古蹟圖譜)』에 '승화루측소문(承華樓側小門)'이라 표현한 사진에서도 확인할 수 있다.(<그림 8-78·79>) 덕수궁 흠문각·함유재, 이 두 건물은 정면 각 5칸·6칸으로 조선후기에 축조한 일반적인 궁궐 건축과 유사하지만, 측벽을 벽전으로 축조한 것이다. 이 건물은 현존하지 않고 사진 자료 역시 없어 자세한 특징을 알 수 없지만, 『경운궁중건도감의궤(慶運宮重建都監儀軌)』에서 흠문각은 1904년 6월 2일, 함유재는 1904년 5월 17일에 상량(上樑)한 것으로 기록하여,[114] 실제로 축조한 것은 틀림없는 사실이다. 또한 승화루 옆 건물 역시 현존하지 않지만 승화루는 헌종(憲宗:1834~1849)과 철종(哲宗:1849~1863) 대 도서를 간수하고 보관하는 장소였으므로, 이 건물 역시 도서와 관련된 시설의 일부로 추정한다.[115] 그러므로 조선후기에는 벽전사용의 확대와 때를 맞추어 18세기 말에서부터 20세기 초까지 약 200년에 걸쳐 이러한 형식의 건축을 축조한 것이며, 일반적인 벽전을 사용한 한국 목조건축의 가구는 물론 형태와 공간까지도 변화시킬 수 있었던 중요한 건축형식으로 생각한다.

114 김순일, 「경운궁의 영건에 관한 연구」(1983, 동국대학교 대학원 박사학위논문.), 10쪽 참고.

115 서명수, 「조선 후기 대청인식의 변화와 중국풍 건축요소의 도입」, 2007, 서울대학교 대학원 건축학과 석사학위논문, 44쪽 참고.

▶ 8-78

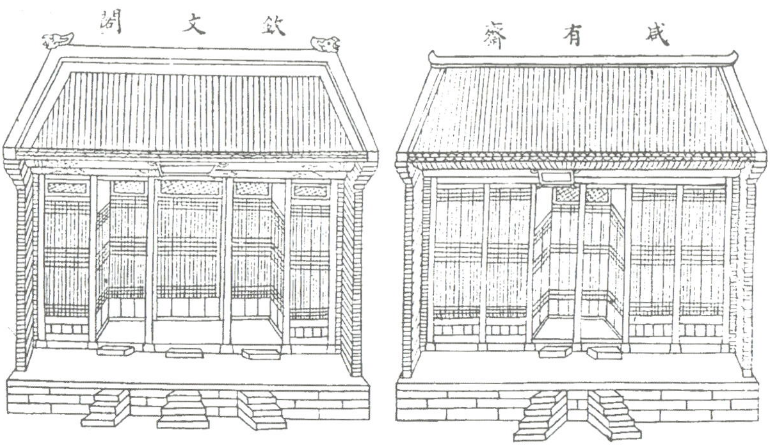

▶ 8-79

그림 8-78 『慶運宮重建都監儀軌』의 欽文閣과 咸有齋 그림
(출전 : 김순일, 「경운궁의 영건에 관한 연구」(1983, 동국대학교 대학원 박사학위논문.), 91·93쪽.)
그림 8-79 '승화루측소문(承華樓側小門)' 사진 속의 측벽을 벽전으로 축조한 건축물
(출전 : 朝鮮總督府, 『朝鮮古蹟圖譜』10권(1930.), 1427쪽.)

3-3. 3면 내심벽 외평벽 형식

Ⅱ형식 건축에서 정면을 제외한 3면 벽체를 벽전으로 축조한 내심벽 외평벽 형식인 건물 중 현존하는 것은 종묘(宗廟) 영녕전(永寧殿)과 칠사당(七祀堂)·공신당(功臣堂)·선희궁(宣禧宮)[116] 등이 대표적이다. 이 네 건물의 특징은 대체적으로 유사한데, 내부에서는 기둥이 절반만 보이도록 하여 기존 목조건축의 내부공간과 동일하지만, 외부에서는 기둥이 전혀 보이지 않는다. 따라서 측면과 뒷면에서는 기존 목조건축의 형태를 좌우하는 선적(線的)인 목조 가구(架構)의 구조미(構造美)를 대신하여, 조적식 벽체의 벽면(壁面)이 더욱 강조되고 있으며, 3차원적인 볼륨(Volume) 또는 매스(Mass)가 더욱 중요하게 되었다.[117] (<그림 8-80>) 또한 네 건물은 모두 죽은 자를 위한 사당(祠堂) 또는 묘(廟) 건축으로 [사료 7-16]에서 살펴본 것과 같이 외부의 양기(陽氣)를 막기 위한 것으로 생각할 수 있다. 이러한 특징은 조선전기의 묘(廟) 건축인 동관왕묘와 유사한 것으로, 목조를 외부로 노출하지 않기 때문에 화재를 예방할 수 있으며, 벽체는 모두 창방 하부까지 축조하고 3면의 기둥을 감싸고 있기 때문에 횡력에 저항할 수 있다. 그리고 창방의 하중을 일부 분담할 수 있는데, 그 축조방법은 제7장의 공신당에서 살펴본 것과 동일하다.(<그림 7-7·8> 참고)

그러나 종묘 영녕전의 경우 다른 건물과 동일하게 3면의 벽체를 벽전으로 축조하였지만, 용지판(龍枝板)을 설치하여 기둥이 노출되도록 하였다.(<그림 8-81·82>) 이러한 벽체는 종묘 정전의 서월랑(西月廊)과 일반적인 반방화장에서도 볼 수 있는데, 그 축조이유는 반방화장을 통해 유추할 수 있을 것이다. 반방화장의 경우는 두 가지 축조방법이 있는데, 기둥과 칸에 연관하지 않고 동일한 면으로 축조하여 기둥을 노출하지 않는 경우와(<그림 7-5> 참고) 기둥 양쪽에 용지판을 사용하여 각 칸에 하나의 반방화장을 설치하여 기둥을 노출하는 경우이다. 이러한 특징은 경복궁의 중심 영역인 근정전(勤政殿)·사정전(思政殿)·

116 宣禧宮은 英祖의 후궁이며 사도세자의 생모인 暎嬪 李氏 신주를 봉안한 祠廟인데, 종로구 신교동 서울선희학교 안에 위치한다. 현재는 신위를 모시고 제사를 지냈던 正堂만이 남아 있으며, 대체로 1765년 창건 때의 모습을 유지하고 있다. 3면 벽체의 창방 하부까지 모두 벽전으로 축조하였는데, 현재에는 뒤 벽체에 高窓을 설치하여 후대에 개조된 것으로 추정되므로, 다른 건물과 마찬가지로 3면 벽체를 모두 벽전으로 축조한 것이다(서울특별시, 「서울시중요문화재건조물 실측조사보고서」, 1992, 대명기획, 103~126쪽 참고.).

117 양 측벽을 벽전으로 축조한 건축에서 측벽은 板으로 보이기 때문에, 면을 강조한 것일 뿐, 볼륨이나 매스를 강조하는 역할을 하지 못하고 있으며, 볼륨(Volume)과 매스(Mass)를 강조하는 특징은 뒤에 살펴보는, 4면 벽체를 모두 벽전으로 축조한 건축에서 더욱 명확하게 볼 수 있다. 또한 이러한 특징은 Sigfried Giedion의 *Architecture and the Phenomena of Transition*(1971, Harvard University Press.)에서 주장하는 세번째 공간개념(the Third Space Conception)과 동일한 것으로, 근대건축(Modern Architecture)의 한 요소에 해당하는 특징이기도 하다.

▶ 8-80

▶ 8-81

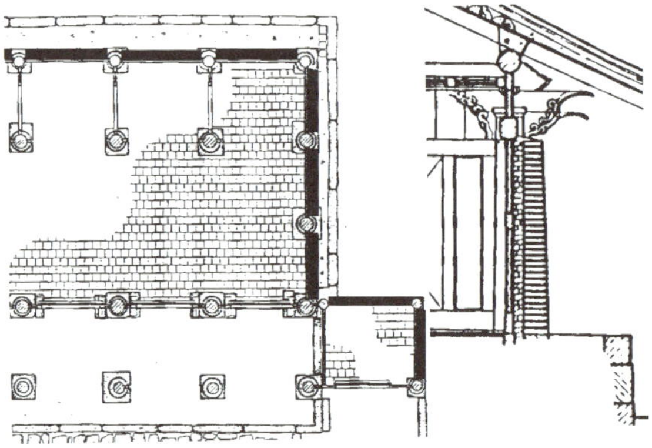

▶ 8-82

그림 8-80 벽전으로 축조한 벽체에 의한 볼륨과 매스의 강조 : 종묘 정전
그림 8-81 종묘 영녕전 평면도와 종단면도
(문화재관리국 제공)
그림 8-82 종묘 영녕전 뒷벽

강녕전(康寧殿) 일곽 회랑에서 명확히 나타나는데, 정전(正殿)인 근정전 주위 회랑은 기둥을 노출한 반방화장 형식으로 축조하였지만, 편전(便殿)과 침전(寢殿) 영역인 사정전과 강녕전 회랑은 기둥을 노출하지 않는 반방화장으로 축조하여 뚜렷이 구분된다. 이러한 사실을 통해 근정전 영역은 기둥의 수직성(垂直性)을 통해 왕의 권위를 나타내려고 한 것이며, 기둥을 노출하는 것이 더욱 위계가 높은 것으로 볼 수 있다. 따라서 조선 태조(太祖)의 4대조를 모시는 별묘(別廟)인 영녕전은 정전에 비해 규모도 작고 부재 구성도 격을 낮추었지만[118] 정전과 다르게 기둥을 노출시켜, 그 위계와 권위를 나타낸 것으로 볼 수 있다. 그러므로 기둥을 한번에 연결하지 못하여 횡력을 보강하는데는 미약하지만, 여전히 창방의 하중을 분담하고 화재를 막을 수 있는 특징은 있다.(<그림 8-82>)

3-4. 4면 내심벽 외평벽 형식

지금까지 살펴본 건축형식은 모두 죽은 자를 위한 묘(廟) 또는 사당(祠堂)과 서재의 기능이 주를 이루었는데, 여기서 살펴보는 화성(華城)의 서북공심돈(西北空心墩)과 남포루(南砲樓)는 전쟁 때 적을 방어하고 공격하기 위한 시설로, 4면 벽체를 모두 벽전으로 축조한 것은 화공(火攻)을 대비하고 포(砲) 공격과 같은 큰 횡력에도 안전할 수 있도록 한 것으로 추정할 수 있다. 화성에는 여러 공심돈과 포루를 축조하였지만, 현재는 서북공심돈[119]과 남포루[120]만이 원형을 유지하고 있는데, 먼저 서북공심돈은 『화성성역의궤』에서 다음과 같이 설명하였다.

> 서북공심돈은 화서문 북치(北雉)의 위에 있다. 성서(城書)에 이르기를 '전체(磚砌)[121]로 삼면을 쌓고, 그 가운데를 비워 둔다. 가운데를 2층으로 구분하여 널빤지로 루(樓)를 만들고 나무사다리를 사용하며, 위아래에 공안(空眼)을 많이 뚫어서 바깥의 동정을 엿볼 수 있게 한다.

118 김동욱, 『종묘와 사직』(1990, 대원사.), 48쪽.

119 공심돈은 기존의 墩臺를 한 단계 발전시켜, 화성에서 처음으로 축조한 시설로 알려져 있다. 즉, 화성성역 당시 중국『武備志』의 공심돈과 敵臺를 절충하여 새롭게 창안한 것(김동욱, 『18세기 건축사상과 실천-수원성』, 1996, 발언, 156쪽.)으로 추정하기도 하고, 특히 서북공심돈은 『四鎭三關志』에서 圖解한 空心敵臺를 모범을 취한 것(이호락, 「18세기 華城의 建築構成原理에 관한 연구」, 1996, 성균관대학교 대학원 건축공학과 석사학위논문, 106~107쪽 참고.)으로 추정한다. 결국 화성 공심돈은 중국의 城制를 참고하여 축조한 것이다.

120 남포루의 내부 목조는 후에 복원한 것이지만, 외부 벽전으로 축조한 벽체는 원형이다.

121 '磚砌'의 磚은 중국 城書를 인용한 것이므로, 甓과 甎 대신 '磚'을 사용한 것으로 생각하며, '磚砌'는 '벽전을 쌓는다'는 의미이다.

▲8-83

▲8-84

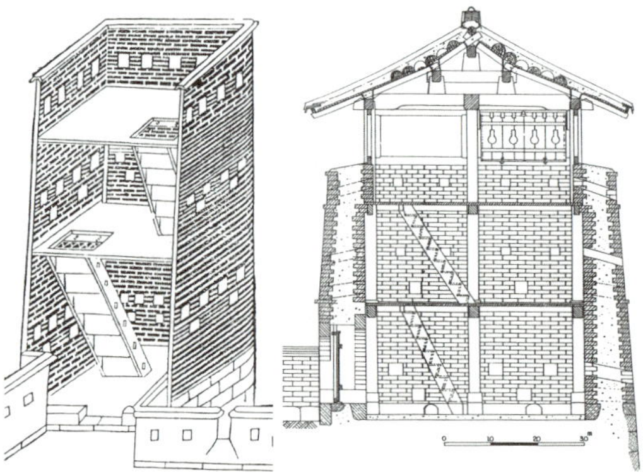

▲8-85

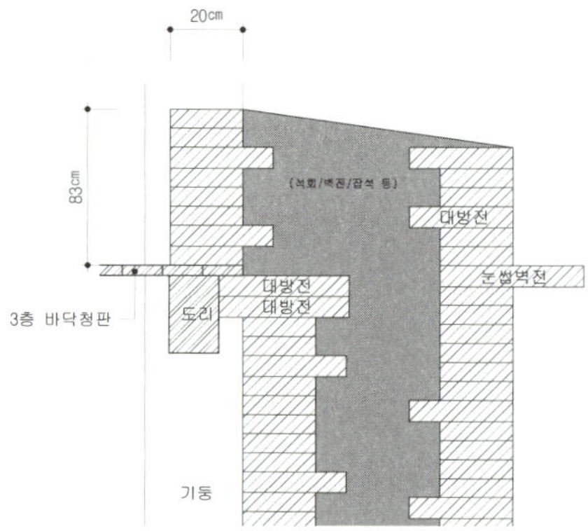

▲8-86

그림 8-83 **화성의 서북공심돈 外圖와 內圖**

(출전 : 『화성성역의궤』卷首「圖說」.)

그림 8-84 **서북공심돈 단면모형**

(수원화성박물관 전시)

그림 8-85 **서북공심돈 裏圖와 단면도**

(출전 : 『화성성역의궤』卷首「圖說」 / 경기도, 『수원성복원정화지』(1980.), 207쪽.)

그림 8-86 **서북공심돈 3층 바닥 청판과 벽체의 접합 부분**

불랑기, 백자총들을 발사하여도 적으로서는 화살이나 총탄이 어느 곳에서부터 날아오는지를 모르게 되어 있다'고 하였다. 이번에도 이 제도를 본떠서 치(雉)에 이어 돈(墩)을 설치하였는데, 치의 높이 15척(4.65m), 서북 두 면[二面]에 각각 현안(懸眼) 두 구멍을 내었고, 그 위에 벽전으로 쌓아 그 속을 비우고, 위에다 집을 지었는데, 종횡이 각각 2칸씩이다[其上甓築而空其心上架以屋縱橫各二間]. 벽전으로 쌓은[甓築] 높이 18척(5.58m), 아래의 네모난 넓이 23척(7.13m), 위의 줄어든 네모난 넓이 21척(6.51m)이다. 상청판과 하청판의 두 판을 설치하여 1·2층은 루(樓)이고 3층은 포(舖)가 되며[樓則二層以舖則三層], 층마다 벽면(甓面)에 불랑기를 쏘아 낼 포혈 20개[모길이 1척]를 내었다. 상층의 벽면(甓面) 위쪽은 판자로 둘렀으며, 문마다 각각 전안(箭眼)을 뚫었다. 단청은 삼토를 사용하였고, 대들보 위는 회를 발랐으며 중층과 상층에는 각각 청판을 내었는데 모가 3척이다. 따로 단 개판 하나로 밀어서 열고 닫게 되었는데, 나무 사다리를 놓아 오르내리는 문을 내었다. 아래층 내면에는 벽전 홍예를 튼 작은 문을 내었다[設甓虹蜺小門].[122](<그림 8-83>)

서북공심돈은 성벽에서 돌출한 치(雉) 위에 속을 비워 축조한 돈(墩)의 일종으로,[123] 내부는 목조 뼈대를 2×2칸으로 구성하고, 벽전으로 축조한 내심벽 외평벽 형식의 벽체를 4면에 설치하였다. 내부는 3층으로 구성하였지만 각 층의 기능은 서로 엄격하게 구별되는데, 1층과 2층은 포(砲)를 쏘는 '루'(樓)[124]이고, 3층은 군사들을 보호하고 활로 공격을 하며 성밖의 동정을 살피는 '포'(舖)이다.[125](<그림 8-84>) 목구조는 3층의 중층 건물임에도 불구하고 그 가구(架構)는 매우 간단한 것이 특징이고, 구조 개념은 '田'자 형태로 요약할 수 있다. 층고는 1층 2.35m, 2층 2.17m, 3층 2.0m로 1층이 가장 높고 3층이 가장 낮은데, 각 층은 공통적으로 18㎝ 정도의 차이를 보이고 있다. 지붕은 5량 팔작지붕이고, 대들보와 양쪽의 충량(衝樑)을 맞보 형식으로 연결하였다. 또한 공포(栱包)나 익공(翼工) 등을 사용하지 않고, 납도리를 사용한 납도리집이면서 소로[小累]에 의한 수장이

122 『화성성역의궤』 卷首 「圖說」 '西北空心墩'.

123 『화성성역의궤』 卷首 「圖說」 '雉'.

(치) 위에 집을 지은 것을 舖라고 하는데, 이 포가 다섯이 있고, 가운데를 비우고 벽을 친 것을 墩이라고 하는데, 돈도 두 가지로 구분한다. 위에 弩手를 매복시키는 것을 弩臺라고 한다. 臺라고 하는 것이 곧 그 하나다.

124 '樓'라는 용어는 砲를 쏘아 적을 공격하는 砲樓에서도 사용하고 있으므로, 華城에서는 일반적인 루와 다르게 포를 쏘는 곳을 지칭한 것으로 추정할 수 있다.

125 『화성성역의궤』 卷首 「圖說」 '東北舖樓'.

성서에 이르기를 雉城의 위에 지은 집을 舖라 한다고 하였다. 이른바 치성의 군사들을 가려 적군이 못 보게 하는 곳이란 뜻이다.

따라서 '甓面'에 砲穴을 설치한 곳은 1·2층이고, 활을 쏘거나 성밖을 내다보는 箭眼을 설치한 곳은 3층인 舖이다.

없으므로 민도리집이라고 할 수 있을 것이다.(<그림 8-85>)

벽전으로 축조한 외벽은 높이 18척[126]인데, 하부 평면의 한 변 길이는 23척, 상부 21척으로 2척의 차이를 보이고 있다.[127] 이렇게 평면의 한 변 길이가 상부에서 줄어든 것은 내부 목구조를 경사지게 축조한 것은 아니며, 외부 벽전으로 쌓은 벽체의 두께가 한쪽 면에서 1척(31㎝)이 줄어든 것이다. 즉, 벽체 두께가 하부 약 1.15m, 상부 약 0.87m로, 내부 면배(面排)를 수직으로 쌓고 외부 면배는 <그림 8-17>의 1과 같이 벽전 마구리면을 경사에 맞추어 가공하여 경사쌓기로 축조한 것이다. 이렇게 동일한 벽체에서 내부는 수직으로 축조하여 일정한 내부공간을 형성하고, 외부는 경사쌓기로 안정하도록 하며, 내외가 서로 다른 축조방법과 다른 형태에 의해 각각의 기능을 할 수 있도록 한 것은 기존 한국건축에서 볼 수 없는 축조방법으로 화성의 공심돈과 포루(砲樓)에서만 볼 수 있다. 또한 벽체 중간에 눈썹벽전[眉甓甎]을 사용하였는데, 하부 눈썹벽전은 2층 바닥, 상부의 눈썹벽전은 3층 바닥과 동일한 높이이다. 이 눈썹벽전은 앞에서 살펴본 것과 같이, 각 층의 목조 공사와 벽체 공사를 동시에 진행하므로, 목조를 먼저 축조한 후 벽전으로 쌓은 벽체의 높이를 고르게 하고, 내부공간을 외부 입면에서 나타내는 역할을 한다.

이러한 눈썹벽전은 대방전을 사용한 것으로 생각하는데, 서북공심돈에는 반방전 17,220장, 대방전 1,282장, 홍예벽 120장을 사용하였다.([부록 2] 참고) 반방전은 사용량이 가장 많으므로 벽체를 쌓는데 사용한 것을 알 수 있으며, 홍예벽은 홍예를 축조하는데 사용하였다. 또한 대방전은 앞에서도 설명한 것과 같이 눈썹벽전과 포혈(砲穴)의 상인방 역할, 면배와 내배 사이의 부착강도를 높이기 위한 용도로 사용하였으며,(<그림 8-4>) 서북공심돈에서는 <그림 8-86>에서 보는 것과 같이 3층 바닥 청판(廳板)을 지지하기 위한 것으로도 사용하였다. 3층 바닥 청판은 벽체와 결합하고, 하부에는 도리(道里)가 받치고 있으며, 3층에서는 벽전으로 쌓은 벽체를 20㎝ 정도 안쪽으로 축조하였다.[128] 따라

126 동북공심돈은 17척 5촌, 현존하지 않는 南空心墩은 16척 5촌으로, 내부공간의 쓰임 또는 木造와의 관계에 의해 설정한 치수일 것으로 추정하며, 서북공심돈의 벽체 높이 18척은 5.58m로 실측 치수 5.5m와 일치한다.

127 서북공심돈과 유사한 南空心墩은 하부 13척, 상부 10척으로 3척을 줄여 축조하였다(『화성성역의궤』 卷首 「圖說」 '南空心墩' 참고.).

128 그 이유는 외부에서 들어온 빗물이 벽전으로 쌓은 벽체 제일 상단에서 타고 내려와 기둥 전체가 썩게 될 수 있기 때문일 것이다. 목재는 다른 재료와 결합하기가 쉽지 않으므로 항상 이 부분에 틈이 생기고, 그 틈에는 습기가 고여 썩기 쉽기 때문에, 빗물 처리가 상당히 중요하다. 따라서 3층에서는 기둥을 감싸고 안으로 들여 쌓아 하층까지 빗물이 스며드는 것을 방지하기 위한 것으로 생각한다.

서 도리가 상층의 청판과 벽전의 하중을 부담해야 하지만, 18×24㎝인 2층 바닥 도리와 비교하여 3층 바닥 도리는 19×21㎝로 그 단면이 작은 것이다. 그러므로 2겹의 벽전이 벽체에서 돌출하여 청판의 하중을 지지하고 있는데, 반방전보다 두껍고 큰 벽전이 필요하였을 것이기 때문에 대방전을 사용한 것이다.

이러한 서북공심돈에서 벽전으로 축조한 벽체로 인해 나타나는 특징은 대략 3가지로 구분하여 살펴볼 수 있는데, 첫번째는 상하 기둥 연결이다. 3층인 서북공심돈의 기둥은 하나의 고주(高柱)를 사용한 것이 아니라 두 개의 기둥을 상하로 연결하여 축조하였는데, 1층과 2·3층으로 나뉜다. 1층에서는 1.9m 길이의 각기둥[下層方柱], 2층과 3층은 하나의 기둥으로 14척(4.34m)의 고주[中層高柱]를 8개씩 사용하였다. 이러한 기둥의 연결은 1·2층 루(樓), 3층 포(舖)라고 하는 내부 기능과는 일치하지 않는 것인데, 포루(砲樓)는 서북공심돈과 동일한 내부 3층이지만, 기둥은 1·2층과 3층으로 구분하였다. 또한 포루의 층고는 3층에 비해 1·2층이 낮기 때문에 기둥의 길이는 거의 같거나 3층 기둥이 조금 더 길지만, 서북공심돈에서는 동일한 굵기의 상하 기둥의 길이는 2배 이상 상부 기둥이 길다. 따라서 구조적으로 불안정한 것이 사실이다.

한국 목조건축에서 중층 이상의 건물이 많지 않지만, 이와 유사한 구조는 일반적으로 2층인 루(樓)를 통해 생각해 볼 수 있는데, 하층과 상층의 기둥이 나누어지고, 상층 기둥이 하층보다 더욱 길어 서북공심돈과 유사하기 때문이다.[129] 그러므로 서북공심돈의 1층은 일반 루의 하층, 2·3층은 일반 루의 상층 부분에 해당하며, 그 기둥 길이의 차이는 일반적인 루 건축의 개념과 같은 것으로 볼 수 있다. 그러나 루 건축에서는 상하 기둥이 2배의 차이를 나타내지 않고, 하층 기둥이 상층 기둥보다 훨씬 굵으며, 기둥을 연결하는 동귀틀이나 장귀틀 등이 두껍고 많기 때문에 안정을 취할 수 있다.

결국 서북공심돈에서 루와는 다르게 상하 기둥의 굵기가 동일한 것, 많은 부재를 사용하지 않은 특징은 벽전으로 축조한 벽체에서 그 원인을 찾아야 할 것이다. 즉, 벽전으로 축조한 벽체는 독립적인 구조체이면서 동시에 목조가구를 외부에서 둘러싸고 있기 때문에, 목조가구는 벽체에 의해 안정할 수 있으며, 횡력에도 크게 저항할 수 있

129 屛山書院의 晩對樓, 晋州 矗石樓 등이 대표적인데, 특히 촉석루는 하층 기둥을 石材로 하였다(주식회사 한샘·울산대학교 건축학과, 『병산서원 그 건축적 이해』, 1989, 30쪽과 대한건축사협회, 『樓亭建築』한국전통건축 제3집, 1996, 대명기획, 133쪽 도면 참고.)

다. 따라서 서북공심돈은 벽전으로 축조한 벽체에 의해 동일한 굵기의 기둥을 사용하여, 하부 기둥이 짧고 상부 기둥이 긴 구조체를 축조할 수 있었던 것이다.

이러한 추정을 통해 서북공심돈은 일반적인 루 건축에서 중층(重層) 형식을 차용한 것이며, 상하 기둥의 길이와 굵기·구조의 차이는 벽전으로 축조한 벽체에 의한 특징으로 생각할 수 있다. 또한 벽전으로 둘러싸인 1·2층은 3층 보다 더욱 안정한데, 만약 기둥을 1·2층과 3층으로 연결하면, 절점은 2층과 3층 사이에 생겨 휨모멘트가 발생하기 쉽다. 따라서 포(舖)의 기능을 갖는 3층은 외부 횡력에 매우 약하게 되는데, 만약 화포(火砲) 공격을 받는다면 절점에서 발생하는 휨모멘트에 의해 3층은 쉽게 붕괴될 수 있을 것이다. 따라서 3층을 더욱 안정하도록 하기 위해 2·3층을 같은 구조체로 연결하여, 벽전으로 축조한 벽체에 깊숙이 박아 넣으므로, 3층을 안정하도록 하는 것으로도 추정할 수 있다.

두번째는 <그림 8-85·86>에서 볼 수 있는 것과 같이 벽체를 3층에서만 기둥 안쪽으로 약 20㎝ 들여 축조한 것이다. 이는 구조적인 목적보다 습기에 의한 목재의 부식을 방지하기 위한 것으로 보아야 하는데, 1·2층에서는 벽전으로 벽체를 쌓았으므로 빗물이 유입될 염려가 없다. 그러나 3층에서는 바닥에서 83㎝ 높이로 벽체를 축조하였고, 상부에는 1.2m 높이로 '판자로 둘렀으며 문마다 각각 전안'을 뚫어 포(舖)의 기능을 하도록 하였기 때문에, 빗물이 유입될 수 있다. 따라서 빗물은 기둥을 타고 1층까지 전달되며, 벽전과 기둥의 접합 부분에 습기가 생겨 결국 기둥은 썩게 된다. 따라서 3층에서 벽전을 내부로 들여쌓아 이러한 빗물의 유입을 미연에 대비한 것으로 생각한다.

표 8-6 서북공심돈, 관룡사 약사전, 고산사 대웅전의 처마길이와 기둥의 높이

	서북공심돈(3층)	관룡사 약사전	고산사 대웅전
기둥의 높이	2.2m	2.3m	2.42m
처마 내밀기	1.2m	2.1m	1.69m
처마내밀기 / 기둥높이	0.55	0.91	0.7

이것은 세번째 특징인 처마의 길이와 같이 살펴보아야 하는데, 처마의 길이는 태양광 및 빗물은 물론 외벽의 재료와 연관관계가 있을 것이다.[130] 기존의 목조건축은 기둥을 노출하고 심벽을 축조하므로 빗물이 기둥 하부에 들이치지 않게 하는 것은 건물의

130 김동현, 『한국 목조건축의 기법』(1993, 발언.), 241~242쪽.

존립 문제와 연관하는 중요한 문제였다. 그러나 외벽 재료를 벽전으로 축조하면 빗물에 의한 부식은 문제되지 않고, 단지 채광만이 중요하게 된다. 따라서 조선후기에는 하부를 석재 또는 벽전으로 축조하고, 상부는 광창(光窓)을 내는 반방화장 형식이 급증하였는데, 한국 목조건축의 처마 내밀기에 특정한 변화가 있었을 것으로 추정할 수 있다. 특히 서북공심돈의 처마 내밀기는 1.2m(3척 9촌)이고, 3층의 바닥에서부터 기둥의 높이는 약 2.2m로 처마 내밀기/기둥 높이의 비는 0.55인 것을 알 수 있다. 그러나 조선 초기 주심포 형식을 잘 나타내고 맞배지붕으로 축조한 관룡사(觀龍寺) 약사전(藥師殿)은[131] 처마 돌출길이(도리칸 종단면) 7척(2.1m), 기둥 높이 7척 5촌(2.3m)으로 서북공심돈의 3층과 거의 같다고 할 수 있지만,[132] 처마 내밀기/기둥 높이는 0.91로 서북공심돈보다 처마가 많이 돌출한 것을 알 수 있다. 또한 조선전기의 고산사(高山寺) 대웅전(大雄殿)의[133] 기둥 높이는 7척 8촌 2푼(2.42m)으로 서북공심돈과 유사지만, 처마 내밀기는 5척 4촌 4푼(1.69m)으로[134] 처마 내밀기/기둥 높이의 비는 0.7에 해당하여 서북공심돈보다 많이 돌출하고 있는 것을 알 수 있다. 따라서 기존의 목조건축에서 서북공심돈과 유사한 기둥 높이를 갖는 건물의 처마 내밀기는 기둥 길이의 두 배 이상이지만, 서북공심돈은 처마 내밀기가 기둥의 높이에 ½정도로 기존 건물보다 상당히 짧은 것을 알 수 있다. 따라서 이러한 이유 역시 외벽의 축조 재료와 관계하는 것으로, 서북공심돈은 일반적인 심벽과는 달리 벽전으로 축조하였기 때문에, 처마의 내밀기는 짧아진 것으로 결론지을 수 있을 것이다.

또한 그에 따라 전체 건물의 형태가 달라진다고 할 수 있는데, 화성 봉돈(烽墩)의 좌우 온돌방과 창고의 벽체는 벽전으로 축조하고 지붕은 눈썹지붕이지만, 처마 내밀기는 거의 없는 것이다.(<그림 8-87>) 이러한 특징은 벽전만을 사용하여 벽체를 축조한 서

131 이러한 비교 대상 건물은 같은 시기, 같은 형식의 건물과 동일한 지붕 등으로 선정해야 하지만, 조선 전시기에 걸쳐 서북공심돈과 유사한 건물은 없으므로, 그 기둥 높이가 비슷한 건물을 예로 살펴본 것이다. 따라서 이와 연관된 내용은 많은 연구가 필요하다고 할 것이다. 또한 관룡사 약사전은 1칸×1칸의 맞배집인데, 주칸 길이는 정면 10척 6촌(3.3m), 측면은 8척 9촌 8푼(2.8m)으로 서북공심돈보다 작고, 벽체는 정면은 4짝 분합을 설치하였으며, 그 외 3면은 흙으로 축조한 심벽이다.

132 윤장섭, 『한국의 건축』(1996, 서울대학교출판부.), 448~451쪽 참고.

133 古式의 주심포 형식 중 대표적인 건물이며, 지붕은 팔작지붕이고, 정면 3칸, 측면 3칸이다. 또한 주칸 길이는 16척 6촌 3푼(5.16m)으로 서북공심돈보다 크다.

134 정인국, 『한국건축양식론』(1974, 일지사.), 67쪽, 346쪽, 358쪽 참고.

▶8-87

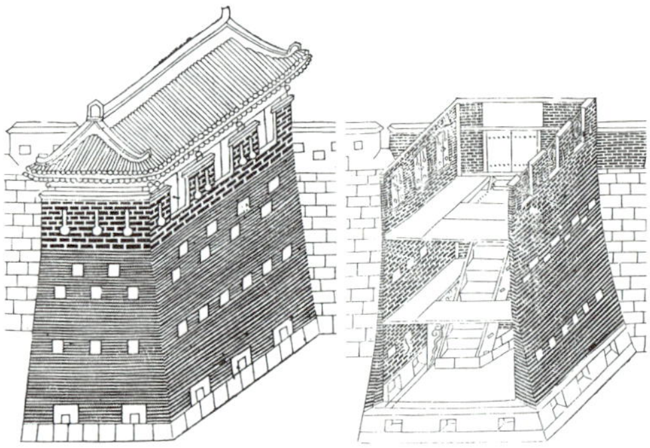

▲8-88

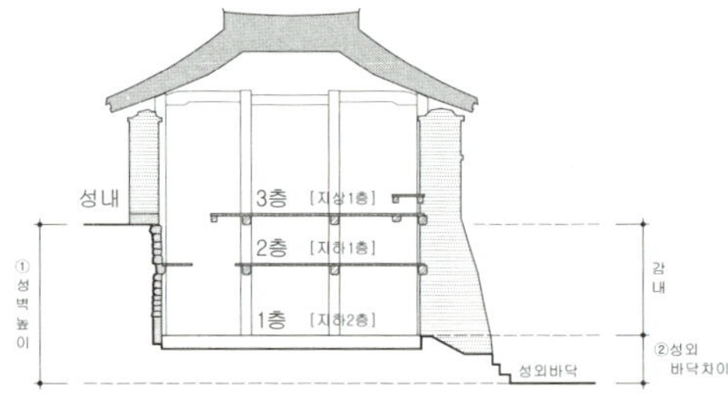

▲8-89

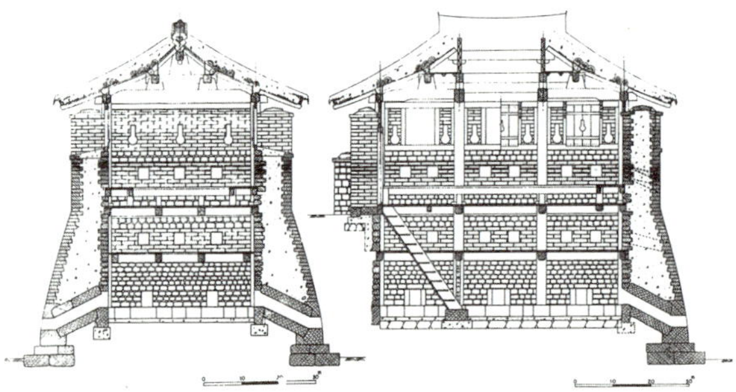

▲8-90

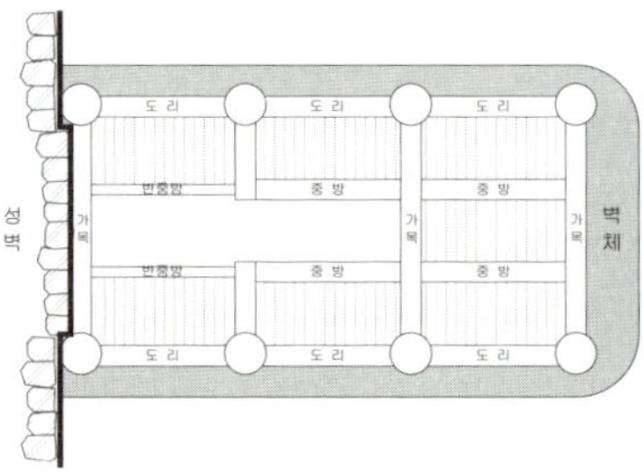

▲8-91

그림 8-87 **봉돈 남측 온돌방 측면도**

그림 8-88 砲樓外圖·砲樓內圖

(출전 : 『화성성역의궤』卷首「圖說」.)

그림 8-89 **포루 횡단면도 개념도**

그림 8-90 **남포루 종단면도와 횡단면도**

(출전 : 경기도, 『수원성복원정화지』(1980.), 223쪽.)

그림 8-91 **남포루의 바닥 구조체계**

울 번사창(燔沙廠)과 윤승구 가옥의 창고 역시 마찬가지인데, 그 외형은 기존 한국 목조 건축과는 전혀 달라 마치 중국 건물로 볼 수 있을 정도이다. 그러나 이러한 건축은 중국 건축형식을 유입한 결과이기 보다 벽체의 축조재료가 변화하면서 발생한 한국 목조 건축의 변화특징으로도 보아야 할 것이다.

따라서 이 특징은 두 번째 특징과 연관하여 설명할 수 있는데, 벽체를 습기에 견딜 수 있는 벽전으로 축조하므로 처마 내밀기는 짧아 질 수 있었으나, 3층에서는 벽체 전체를 벽전으로 축조 한 것이 아니기 때문에 빗물이 쉽게 내부로 유입될 수 있어, 결국 벽체를 약 20㎝ 들여쌓아서 해결할 수 있었던 것이다.

이상에서 살펴본 화성 서북공심돈은 전쟁을 위한 시설물이므로, 화공(火攻)에 의해 전소(全燒)되는 것을 막고, 화포(火砲) 공격에 의한 횡력에 저항할 수 있도록 벽전으로 벽체를 축조하였다. 특히 외부에서는 기둥이 보이지 않고 내부에서만 기둥을 노출한 내심벽 외평벽 형식과 유사하다고 할 수 있어, 전쟁을 위한 시설물이라는 그 기능과도 잘 부합하는 것이다.

또한 서북공심돈과 유사한 화성의 시설물에는 적루(敵樓)라고도 하는 포루(砲樓)가 있다. 포루는 성벽에서 돌출한 치성(雉城) 안에 3층으로 축조하고, 각종 포(砲)를 갖추어 적을 공격하는 시설인데, 외벽은 벽전으로 축조하고 내부는 비워 전면은 물론, 좌우 측면의 총구멍을 통해 적을 공격할 수 있다. 조선에서 포루는 임진왜란 때에 그 중요성이 부각되어, 선조(宣祖)에서부터 조선후기까지 지속적으로 축조하였는데,[135] 특히 유성룡(柳成龍)은 『징비록(懲毖錄)』과 『서애집(西厓集)』등에서 포루의 필요성을 주장하고 구체적인 축조방법까지 서술하였으며, 그 제도는 화성의 포루와 유사하다. 즉, 유성룡은 3층 포루를 제안하였는데, 하층에는 '천지현자총'(天地玄字銃筩), 중층에는 '승자총'(勝字銃), 상층에는 루(樓)를 만들어 성밖의 동정을 살피는 각각의 기능을 갖는 것으로 설명하고 있다.[136] 이렇게 3층의 중층(重層) 형식은 바로 화성에서 볼 수 있는 포루와 같으며, 각 층

135 CD-ROM『국역 조선왕조실록』 선조 26년 12월 1일(경술)/유성룡이 시무를 아뢰며 주현에 성을 쌓고 포루의 제도를 시행할 것을 청하다

영의정 유성룡이 차자를 올려 時務를 진달하며 州縣에 성을 쌓고 砲樓의 제도를 반포 시행할 것을 청하니, 그대로 따랐다.

136 『西厓集』「書」'答金士純書 癸巳二月'(민족문화추진회편, 『서애집』1권, 1997, 솔출판사, 354쪽.).

성을 지키는 일에 대해서 한 가지 방법을 터득하였습니다. 마땅히 성의 4면에다 砲樓를 만들되, 甕城의 제도와 같이하여 왼쪽과 오른쪽 그리고 전면에다 구멍을 많이 뚫어서 위로는 天地玄字銃筩을 안치하고, 다음에는

의 기능도 비슷하다고 할 수 있다. 화성 포루는 서북공심돈과 유사하게 목조(木造)로 뼈대를 세우고, 외벽은 벽전으로 축조하는데, 기둥과 벽체가 맞물리는 내심벽 외평벽 형식이다.(<그림 8-88·90>) 화성 이전의 포루는 외벽을 흙벽[土壁]이나 판벽(板壁)으로 축조한 경우도 있었지만,[137] <표 7-1>에서 살펴본 함흥부에서는 벽전으로 포루를 축조하였고, 전주(全州)에서는 내부를 목조, 외벽은 벽전으로 축조한 것을 확인할 수 있다. 따라서 화성 이전에 축조한 포루에서 내부 목조와 외벽을 구분하고, 특히 벽체는 벽전으로 축조한 포루가 있었으며, 이를 계승한 화성에서 그 형식을 완성한 것으로 추정할 수 있다.

> 포루(砲樓)는 대체로 5좌(座)가 있는데 그 만듦새가 모두 같다. 성신에 '凸'자 모양을 붙여 치성과 비슷하게 하고 집을 지었는데, 높이는 포(舖)와 가지런하게 하였다. 3층으로서 가운데를 비운 점이 마치 돈(墩)의 제도와 비슷하다. 모두 벽전[甓甎]을 사용하여 만들었는데, 아래 넓이나, 위의 줄어든 넓이가 모두 옛날 제도의 재돌(再突)하는 형세를 따랐다. 화포를 많이 감추어 두고 위아래서 쏘게 되었다. 지대(地臺) 위에는 벽전[甓]으로 5량집을 지었는데[甓築架屋五樑] 3영(三楹)은 성 밖으로 물리었다. 외면 아래 넓이 각각 24척(7.44m), 위 줄어든 넓이 20척(6.20m), 좌우 아래 넓이 각각 29척(8.99m), 위의 줄어든 넓이 27척(8.37m), 높이 27척 5촌(8.525m), 삼면의 벽(甓) 두께 6척(1.86m), 높이는 들보[樑] 높이와 가지런하고 두께는 처마 두께와 비슷하다[高與樑接厚與簷齊]. 외면 지대의 위에는 대포 혈석(穴石) 두 개를 놓았다. 좌우 면에도 사이에 세 개의 혈석[혈의 모길이가 각 1척]을 놓았다. 벽감(甓坎) 안쪽은 지평에서 5척(1.55m)이 들어갔다. 위에는 벽전[甓]을 쌓고, 삼면은 판자를 대어 깔고 촌혈 15개[모길이 각 9촌]를 내었다. 또 둘러친 판자의 10척쯤 위에는 3칸루(三間樓)에 판자를 깔고 루의

勝字銃筩을 안치하고 제일 위층에는 樓를 만들어 먼데를 환히 바라볼 수 있게 하고 또 활 쏘는 곳을 만듭니다[守城事近日思淂一法常於四面爲砲樓如甕城之制而左右前面多穿孔穴上安天地玄字銃筩次安勝字銃筩上層爲樓遠望且爲射矢之口]. 그래서 만약 적이 와서 성의 왼쪽을 침입하면 외쪽 구멍을 따라 砲를 쏘고, 성의 오른쪽을 침입하면 오른쪽 구멍을 따라 포를 쏘며, 전면으로 침입하면 전면을 향해 포를 쏘되, 항시 女墻은 다 높이를 한두 발[一二丈]쯤 쌓아서 적이 넘어오지 못하게 해야 합니다. 다만 구멍을 많이 만들어 놓은 것은 창칼로 찌르는 것과, 멀리서 적의 동정을 살피는 데에 편리하게 하기 위한 것이니,[只多作孔穴使便於搶刺瞭望] 이와 같이만 한다면 아무리 만 雉의 성이라 할지라도 수십 명 정도만 있으면 지키고도 남음이 있을 것입니다.

137 CD-ROM 『국역 조선왕조실록』 선조 28년 10월 7일(병오).
포루는 쉽게 만들 수 없으나 그 제도를 대강 모방하여 土壁으로나 木版으로 포루를 만들어 대소의 화기를 排設, 적을 방어하는 데에 쓰도록 하소서.
CD-ROM 『국역 조선왕조실록』 선조 28년 10월 22일(신유).
포루는 役事가 커서 쉽게 할 수 없습니다. 그러니 다만 나무를 베어 기둥을 세우고 가운데 板壁을 만들어 안으로부터 구멍을 내어 포를 쏘기에 편리하도록 해야 하며, 火攻이 두려우면 외면에 흙을 발라 벽을 만들어서 위급에 대비하는 계책을 하는 것이 가합니다.

위 삼면에 총안 15를 뚫어 놓았다. 외면의 총안 위에는 또 전안(箭眼) 넷을 뚫었다. 좌우 면에는 위쪽으로 치우쳐 벽전[甓]을 뚫고 작은 판문 셋을 설치하였는데, 밖에는 짐승 얼굴을 그리고, 각각 전안을 뚫었다. 문 사이 벽면(甓面)에는 쌍으로 전안을 뚫어 놓았다. 안쪽은 성탁(城托)에 의지하여 전부 돌로 쌓고, 그 위에 판문을 설치하였다. 문지방 안의 청(廳) 끝은 사방 4척쯤 비워 두고 별도로 개판을 설치하여 밀고 당겨 여닫게 되었는데, 나무 사다리를 이어 아래 감내(坎內)로 통하게 되었다. 누 위의 단청은 삼토(三土)를 사용하였고 들보 위는 회를 발랐다.[138]

의궤에서는 화성의 포루 5동 전체를 총괄하여 설명하고 있어 동일한 조영원리에 의해 축조한 것을 알 수 있는데, 먼저 포루의 폭은 서포루가 가장 좁고, 동포루가 가장 넓다. 이것을 평균해 보면 24척 2촌 4푼으로,(<표 8-7>) 의궤에서 아래 넓이 24척이라고 하는 것과 일치한다. 포루가 성벽에서 돌출한 길이는 서포루가 가장 짧고 동포루가 가장 긴데, 평균은 28척 9촌 3푼으로 의궤의 29척과 일치한다. 또한 주칸 간격에서는 모든 포루가 비슷한 수치를 보이고 있지만 서포루가 역시 가장 작다.[139] 이렇게 동포루를 가장 크게, 서포루를 가장 작게 계획한 것은 포루가 위치하는 지세(地勢)에 따라 다르게 축조하였기 때문인데, 서포루와 두번째로 작은 남포루만 팔달산(八達山)의 경사지(傾斜地)에 위치하기 때문에, 대지의 확보가 쉽지 않고 넓게 성토하여 지반을 다져야 하는 한계가 있기 때문인 것이다. 이렇게 화성성역에는 포루의 기본 설계가 있지만, 지형·지세에 따라 규모를 조절하고 있는 것을 알 수 있다.[140]

각 층의 층고(層高)에서는 보편적으로 3층이 가장 높지만, 절대 높이는 일정하지 않다. 그러나 성외 바닥과의 차이를 통해 층고를 일정하게 유지하려는 의도를 살펴 볼 수 있다. <그림 8-89>의 ①은 성외 바닥을 기준으로 한 성벽 높이, ②는 포루 1층 바닥과 성외 바닥의 높이 차이를 나타낸 것인데, <표 8-7>에서는 성벽이 높을수록 성외 바닥과의 차이도 커

138 『화성성역의궤』 卷首 「圖說」 '砲樓'.

139 의궤에서도 가장 작게 축조한 서포루를 별도로 설명하고 있는데, 다른 포루와 다르게 지붕은 3량이고, 내부에는 벽전으로 계단을 설치하였다.
서포루는 서북각루의 남쪽 197보의 거리에 있는데 3량으로 집을 지었다. 바깥쪽 아래 넓이 21척, 위의 줄어든 넓이 17척, 좌우의 아래 넓이 각각 24척, 위의 줄어든 넓이 22척, 문지방 안의 廳端은 벽전으로 사다리를 만들었다. 나머지는 위의 제도와 같다.(『화성성역의궤』 卷首 「圖說」 '砲樓'.)

140 앞에서도 보았듯이 '성의 높이는 2丈을 기준으로 하지만, 산 위에서는 그 5분의 1을 감하였다'라고 하는 「圖說」의 내용에서도 알 수 있는 사실이다.

표 8-7 화성 포루의 실측 치수(단위: ㎜)

구분		남포루	북동포루	북서포루	동포루	서포루
①주칸 길이	주칸	2,150 (6척9촌4푼)	2,410 (7척7촌4푼)	2,300 (7척4촌2푼)	2,410 (7척7촌7푼)	1,980 (6척3촌9푼)
	측칸	4,000 (12척9촌)	4,050 (13척 7푼)	4,100 (13척2촌3푼)	4,000 (12척9촌)	3,150 (10척1촌6푼)
②상층 층고		2,950 (9척5촌2푼:도리)	2,920 (9척4촌2푼:도리)	2,800 (9척3푼: 도리)	2,400 (7척7촌4푼:도리)	2,800 (9척3푼: 도리)
③중층 층고		1,250 (4척3푼)	1,650 (5척3촌2푼)	2,000 (6척4촌5푼)	1,300 (4척1촌9푼)	1,700 (5척4촌8푼)
④하층 층고		1,700 (5척4촌8푼)	1,950 (6척2촌9푼)	2,000 (6척4촌5푼)	1,500 (4척8촌4푼)	1,700 (5척4촌8푼)
⑤성외 바닥과 차이		1,150 (3척7촌1푼)	1,870 (6척3푼)	1,840 (5척9촌4푼)	850 (2척7촌4푼)	1,220 (3척9촌4푼)
⑥여장 높이		·	1,800 (5척8촌1푼)	1,800 (5척8촌1푼)	·	1,800 (5척8촌1푼)
⑦성벽 높이		4,100 (13척2촌3푼)	5,470 (17척6촌5푼)	5,840 (18척8촌4푼)	3,500 (11척2촌9푼)	4,620 (14척9촌)
⑧성외 돌출 길이		8,100 (26척1촌3푼)	9,300 (30척)	9,520 (30척7촌1푼)	10,000 (32척2촌6푼)	7,920 (25척5촌5푼)
⑨성외 폭		7,600 (24척5촌2푼)	7,420 (23척9촌4푼)	7,850 (25척3촌2푼)	8,000 (25척8촌1푼)	6,700 (21척6촌1푼)
⑩규모		1×3칸, 5량 삼중층	1×3칸, 5량 삼중층	1×3칸, 5량 삼중층	1×3칸, 5량 삼중층	1×3칸, 3량 삼중층
⑪지붕		홑처마, 우진각	홑처마, 우진각+박공	홑처마, 우진각+박공	홑처마, 우진각	홑처마, 우진각
⑫기둥		ø270	ø300	·	ø300, 하층 280	·
⑬기타		남포루-하층 내벽: 사고석 / 중층 내벽: 下 벽전, 上 사고석 / 상층: 臺 밑은 석축, 대위는 벽전 상층 바닥에 높이 450, 나비 660의 臺를 목조로 선반처럼 3면 벽에 설치				

(출전 : 경기도, 『수원성복원정화지』(1980.), 79~82쪽.)

지고 있는 것을 알 수 있다. 북서포루는 성벽 높이가 5.84m로 가장 높은데, 성외 바닥과 차이는 1.84m로, 의도적으로 1.8m를 성토(盛土)하여 포루 바닥을 축조한 것이다. 또한 동포루의 경우 성벽 높이가 3.5m로 가장 낮고, 성외 바닥 차이 역시 0.85m로 가장 작다. 따라서 포루가 위치하는 지형에 의해 성벽 높이를 결정하고, 그에 따라 포루의 1층 바닥 높이를 조절한 것이다. 이는 결국 1·2층의 층고를 일정하게 유지하기 위한 것으로 생각한다.[141]

또 위의 인용문 중에서는 '벽감'(甓坎), '감내'(坎內)의 '감'(坎)이라는 용어를 사용하였는데, '감'은 '구덩이', '땅바닥에 입을 벌리고 있는 함정'을 의미하므로,[142] 벽전으로 축조한 벽체의 내부공간을 지칭하는 하부 2개 층에 해당한다. 즉, 단면도 상의 3층은 그 높이가 성 안쪽에서 진입하는 토축(土築)한 부분과 같기 때문에 지상1층에 해당하고, 그 하부의 2개 층은 조선에서 생각하는 지하층 개념에 해당하는 것으로, 벽전으로 축조한 벽체가 양기(陽氣)를 막는, 완전하게 밀폐시킬 수 있는 재료의 의미와 유사한 것이다.

벽전으로 축조한 벽체는 규형(圭形)과 유사하게 곡면쌓기로 축조하였는데, 내부 목조가 변화하여 내부공간이 줄어든 것은 아니며, 외부 벽체에서만 상부 두께가 줄어든 것이다. 따라서 벽체는 안정을 취할 수 있는데, 「도설」에서는 포루의 폭에서 4척, 돌출한 길이에서 2척을 줄였다고 하였다. 돌출한 길이에서 2척만을 줄인 것은 한쪽 벽면이 성벽과 접하고 있기 때문인데, 3면의 각 벽체는 2척 즉, 62㎝씩 줄어든 것이다. 또한 벽 두께가 6척, 1.86m라고 하였는데, 원형인 남포루의 경우 벽체 하부 두께가 1.8m이므로 기록과 일치한다. 이러한 것은 서북공심돈이 1척 줄어든 것에 비해 큰 수치인데, 서북공심돈은 내부공간이 없는 치(雉) 위에 축조하고, 포루의 하부 2개 층은 그 자체가 내부공간을 갖는 치(雉)이기 때문에 적의 공격을 많이 받고, 쉽게 오를 수 있기 때문일 것이다. 따라서 화성성역(華城城役)에서는 각 시설의 특성에 따라 특정한 계획 원리가 있었던 것으로 생각할 수 있다.

이와 같은 화성의 포루는 목조와 벽전으로 쌓은 벽체를 동시에 축조하였는데, 그 중 원형을 유지하고 있는 남포루의 특징은 크게 3가지로 요약할 수 있다. 첫 번째는 서북공심돈과 다르게 벽전으로 축조한 벽체와 내부의 목구조를 일체화한 것이다. 남포루 벽체는 원기둥과 원기둥 사이에 축조하여, 도리(道里)와 함께 외부의 충격에도 기둥 사이 간격을 일정하게 유지시킨다. 따라서 횡력에 저항할 수 있는 내심벽 외평벽 형식의 벽체이며, 벽체와 기둥이 일체 된 것이다. 또한 <그림 8-90>의 횡단면도에서 3층 바닥을 지지하는 좌우측의 도리는 기둥 중심을 연결하고, 동시에 벽체 속에 삽입되어 벽체와 일체가 되었다.[143] 종단면도에서는 2·3층 바닥을 지지하는 좌우 가목(駕木)이 벽체와 맞

141 이러한 특징은 내부공간의 쓰임, 즉 내부에서 적을 공격하는 砲의 차이, 또는 내부에 주둔하는 병사들의 숫자 등과 관계가 있을 것이며, 또 각각의 시설물이 위치하는 地勢에 따른 것으로 추정할 수 있다. 또한 丁若鏞은 「砲樓圖說」에서 9척을 유지하여야 한다고 하였지만, 화성 포루의 1층과 2층에서 4~6척을 유지하고 있다.

142 민중서림편집국, 『漢韓大字典』(1998, 민중서림.), 454쪽.

143 3층 상부에서 'ㄷ'자 형태의 작은 마루를 형성하기 위한 도리 역시 벽체와 맞물려 있으며, 횡단면도에서 확인할 수 있다.

▶ 8-92

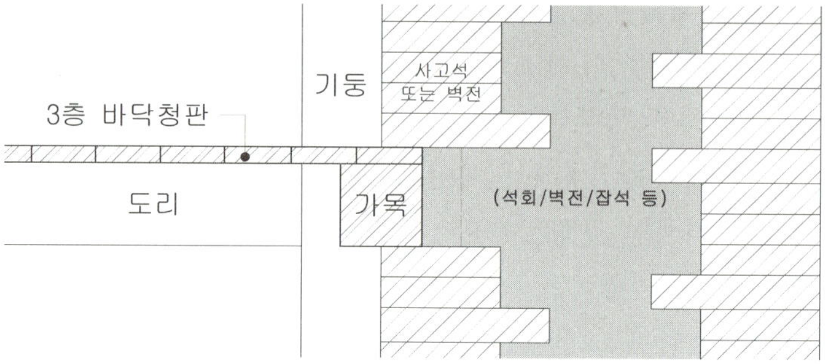

▶ 8-93

그림 8-92 포루의 가목과 벽체 접합 상세
그림 8-93 남포루 전경

물려 있으므로, 가목으로 전달된 상부하중은 기둥으로 전달되기도 하지만 그 전에 하부 벽체로 먼저 전달되며, 가목의 처짐을 방지한다.(<그림 8-91·92>) 이는 앞에서 살펴본 방화수류정의 심벽 축조와 유사한 것인데, 벽전을 적극적으로 사용한 화성의 각 시설물에서 이러한 축조방법은 조적식 구조체계가 목조와 가장 이상적으로 접합한 건축형식으로 생각할 수 있는 것이다.

두 번째 특징은 기둥의 상하 연결이다. 포루는 1·2층이 포를 쏘는 기능이고, 3층이 활을 쏘거나 성밖의 동정을 살피는 포(舖)의 기능으로 서북공심돈과 동일하다. 그러나 서북공심돈은 이러한 내부 기능과 연관 없이 1층과 2·3층에서 각각의 기둥을 사용하였지만, 남포루에서는 1층과 2층을 연결하고, 3층만 다른 기둥으로 축조하였는데, 이는 앞에서 살펴본 감(坎)의 개념에 의한 것으로 생각할 수 있다. 즉, 지하(地下)에 가구(架構)하기 때문에 하나의 기둥을 사용한 것이며, 내부 기능과도 일치하는 것이다. 이는 3층 바닥에서 기둥을 연결하는 도리와 2층 바닥의 도리를 살펴보면 더욱 명확하게 알 수 있다. <그림 8-90>의 종단면도에서 2층 마루의 청판을 받치는, 좌우측 벽면에 있는 도리는 벽체와 떨어져 있는데, 기둥을 연결하는 것이 아니라 가목과 연결한 것이므로, 구조적인 목적의 도리가 아닌 바닥을 시설하기 위한 것이다. 그러나 3층 마루 청판을 받치고 있는 도리는 기둥과 기둥을 연결하고 있으며, 벽체의 내부에 삽입되어, 2층에서 완전하게 일체화 되고 완결된 것이다.[144] 또한 3층 기둥 길이는 1·2층 기둥 보다 길기 때문에 휨모멘트를 더욱 크게 생기지만, 상하 기둥은 같은 굵기를 사용하였다.<표 8-7> 이것은 서북공심돈에서 살펴 본 것과 같이 외부의 벽전으로 축조한 벽체가 횡력을 부담하고 있는 사실로 귀결될 수 있으며, 내심벽 외평벽에서도 더욱 그러하다. 즉, 벽체와 기둥이 서로 물려 있으므로 상하 기둥은 더욱 안정을 취할 수 있기 때문에, 상·하 기둥을 동일한 굵기로 축조한 것이다. 이는 중층 목조건축에서 찾아보기 힘든 방식으로 주목된다.

세 번째는 처마의 길이인데, 의궤에서는 '3면의 벽(甓) 두께 6척, … (벽체의) 두께는 처마 두께와 비슷하다'[甓厚六尺 … 厚與簷齊]라고 하였다. 따라서 화성성역 당시부터 처마의 내민 길이는 외벽 두께에 맞추어 축조한 것을 알 수 있는데, 남포루의 처마 내밀

144 즉, 2층까지가 하나의 층이지만, 중간을 나누어 구분한 것으로 볼 수 있으며, 1층과 2층이 하나의 개념으로 묶여 있다는 것을 반증하는 것이기도 하다.

기는 1.5m이고, 3층 기둥 높이는 2.9m이다. 따라서 처마 내밀기/기둥 높이의 비는 0.51인데, 관룡사 약사전·고산사 대웅전은 물론 서북공심돈보다도 훨씬 작다.(<표 8-6>) 또한 <그림 8-90> 횡단면도에서는 벽체 하부보다 처마의 끝이 안쪽으로 들여 있는 것을 확인할 수 있는데, 이러한 특징은 한국건축에서 전혀 찾아 볼 수 없는 독특한 것으로, 결국 외벽의 축조 재료인 벽전에 기인하며, 건축 외형 자체가 완전히 다르게 변화한 것으로 볼 수 있다.(<그림 8-93>) 기존 한국건축의 외형을 주도하는 것은 지붕이라 해도 과언이 아닐 정도로 지붕은 건축 형태를 결정하는 중요한 요인이다. 그러나 화성 남포루의 경우 지붕 형태는 축소되어 표현하고, 곡면쌓기에 의한 벽체가 강조되어 보인다. 따라서 한국 목조건축의 변화를 볼 수 있는 가장 좋은 예라고 생각하며, 그 원인은 바로 벽전의 사용에 있는 것으로 결론지을 수 있다.

이상에서 살펴본 화성의 서북공심돈과 남포루는 4면 벽체를 모두 벽전으로 축조한 성곽 시설로서 내심벽 외평벽 벽체를 갖는 Ⅱ형식 건축 중 가장 특징적인 변화를 나타내고 있다. 내부는 목조로 뼈대를 구성하고, 4면에 벽전으로 축조한 벽체를 축조하므로, 외부에서는 내부의 기둥을 노출하지 않는다. 따라서 적의 화공(火攻)에 의해 전소되는 것을 막을 수 있고, 포(砲) 공격에 의한 횡력에 저항할 수 있다. 특히 화공을 막을 수 있는 것은 전쟁을 위한 성곽시설에는 가장 필수적인 요소이므로,[145] 벽전으로 축조한 벽체는 성곽시설의 기능과 부합한다.

또한 한국 목조건축에서 그 형태를 결정하는 중요 요소인 지붕의 처마가 크게 짧아진 것을 알 수 있는데, 목조 부재와 기둥이 벽전으로 축조한 벽체에 의해 노출되지 않으므로, 빗물에 의해 썩는 것을 방지할 수 있기 때문이다. 특히 남포루의 처마는 오히려 하부 벽체보다도 안으로 들어가 설치하였다. 이렇게 처마가 많이 돌출하지 않으므로 건축 형태는 크게 변화하여, 기존 목조건축과 다른 특징을 나타내고 있다.[146] 목조가구

145 이러한 사실은 英祖대 同知中樞府使인 宋奎斌(1696~1778)의 『風泉遺響』에서 잘 나타난다.
옛사람은 다섯 垜口마다 초막[草廠]을 건립하였는데, 위에는 이엉으로 지붕을 해 이어서 비바람을 가렸다. 그러나 이것은 유사시 성의 안팎에서 화력이 난무할 경우에는 별안간에 불이 붙어 일을 그르칠 폐단이 없지 않다. 따라서 집을 짓되 인화물질을 쓰지 않기 위하여 재목으로 기둥을 만드는 대신, 벽전과 돌·석회 등을 가지고 네 벽을 쌓고 기둥을 세운 후 위에는 들보를 얹되, 돌과 자갈·석회를 가지고 기와를 대신하고, 아래에는 판자나 돌을 깐다. 출입문과 길은 후방으로 터서 출입하기에 편리하게 하고, 초막 내부에는 또 한두 칸을 별도로 지어 화기와 화약들을 안전하게 보관할 수 있는 곳으로 만든다(송규빈, 『風泉遺響』 「登陴指掌」 '도성방어계획'(1990, 국방부전사편집위원회.), 117쪽.).

146 더 나아가 이러한 건축 형태를 수용할 수 있는 사회 변화까지도 상정할 수 있을 것이다.

는 그 자체로 독립적인 조적식 벽체에 의해 동일한 굵기의 상하 기둥을 연결하며, 서북 공심돈은 2·3층이 2배 이상 긴 기둥을 사용하여 축조하였다. 특히 남포루에서는 가목(駕木) 또는 도리가 벽전으로 축조한 벽체와 일체가 되므로 상부의 하중을 기둥과 벽체가 분담하게 되었다. 이는 기존에 칸막이 역할만을 한 심벽이 벽전에 의해 내력벽으로 바뀌므로, 골조를 이루는 목조와 일체가 되는 것이다. 이와 같은 구조의 변화는 조선후기 벽전사용의 확대에 따른 새로운 건축형식의 등장을 의미하는 것이며, 조선후기 사회변혁을 건축이 수용하고 담아 낸 것으로 볼 수 있을 것이다.147

4. 내력벽을 축조한 목조건축 : Ⅳ형식

Ⅳ형식 건축의 벽체는 Ⅰ·Ⅱ·Ⅲ 형식의 심벽·평벽 또는 내심벽 외평벽 벽체와는 다르게, 목조 기둥과 인방 등의 부재를 전혀 사용하지 않고 벽전으로만 축조한 벽체를 말한다. 또한 하중전달방식에서는 상부하중을 벽전으로 축조한 조적(組積) 벽체만이 지지하는 내력벽(耐力壁) 형식이므로, 벽전건축의 하나로 볼 수 있다. 그러나 일반 건축에서 인장력에 쉽게 파괴되는 벽전을 사용하여 [사료 8-10]에서 살펴본 권궁(券穹)·두궁(斗穹)·개궁(蓋穹) 등의 지붕을 축조하는 것은 어렵기 때문에, Ⅳ형식 건축의 지붕은 서까래와 도리·보 등을 사용한 목조 지붕을 축조한다. 따라서 한국 목조건축의 가구식 축조방법과 벽전건축의 조적식 축조방법을 결합한, 한국건축의 변화를 보여주는 가장 중요한 예라고 할 수 있다. 또한 이러한 축조방법은 [사료 8-9]의 『임원경제지』를 통해 살펴보았으며, Ⅳ형식 건축은 벽전사용을 확대함에 따라 조선후기 사회가 요구한 건축형식으로 생각할 수 있다.148

147 平壁을 설치한 Ⅲ형식 건축은 宗廟 正殿이 대표적으로, 제7장에서 그 특징을 살펴보았기 때문에 별도로 고찰하지 않지만, 종묘 정전의 평벽에 대해 간략하게 살펴보면 벽체가 창방을 지지하므로 상부하중을 분담할 수 있는 특징이 있다. 실내에서는 빛이 전혀 유입되지 않고, 도둑이나 동물의 침입을 방지할 수 있으며, 외부의 陽氣를 막기 위한 것으로도 생각한다. 또한 기둥이 외부에 노출되지 않아 화재를 예방할 수 있고, 빗물 등에도 기둥을 보호할 수 있어 내구적이다. 따라서 처마의 내밀기는 그 변화를 볼 수 있는데, 중앙의 감실 부분에서는 평벽을 축조한 뒤벽보다 前退의 처마가 15㎝ 짧고, 주심에서 처마의 角은 1°정도 크다. 또한 동서 翼室에서는 전퇴의 처마가 44㎝ 짧고, 처마 각은 13°가 크다(문화재관리국, 「종묘정전실측조사보고서」, 1989, 대명기획, 92~93쪽 참고.). 이와 같이 전퇴와 평벽을 설치한 뒤벽의 처마 내밀기·처마 각의 차이는 평벽의 축조재료가 빗물에 부식하지 않는 벽전으로 축조하였기 때문인 것이다.

148 또한 기존 한국건축에서 벽전축 무덤과 벽탑, 화성의 성곽시설 등 특수한 목적의 건축에 한정하여 사용한 벽전이 일반 건축으로까지 확대한 결과로 나타난 건축형식으로 생각할 수 있을 것이다.

표 8-8 남수문 축조에 사용한 목재와 벽전

<table>
<tr><td rowspan="2">목재</td><td>포상개판
(舖上蓋板)</td><td>당판문
(唐板門)</td><td>벽선(壁木宣)</td><td>선주(木宣 柱)</td><td>개판(蓋板)</td><td>인중방
(引中防)</td></tr>
<tr><td>110立
(圓體木
110株)</td><td>10雙
(樓柱 · 宮材
각 1주)</td><td>10箇
(劈錬木 1주,
邊板 2닢)</td><td>3개
(변판 1닢)</td><td>5닢
(변판)</td><td>10개
(벽련목 1주,
裁餘木 2개)</td></tr>
<tr><td rowspan="2">벽전
(여장 32파
3척 포함)</td><td>반방전</td><td>대방전</td><td>홍예벽</td><td colspan="3" rowspan="2">개벽·종벽·이벽·소방전은
사용하지 않음.</td></tr>
<tr><td>32,650장</td><td>3,852장</td><td>353장</td></tr>
</table>

(출전 : 『화성성역의궤』 卷五 「財用」上 '實入' [南水門].)

이러한 예는 서울 번사창(飜沙廠)과 윤승구(尹勝求) 가옥 창고가 대표적인데, 모두 창고(倉庫)의 기능을 하고 있어 Ⅱ형식 건축에서 각 벽체 설치에 따라 그 기능이 명확하게 구분되고 있는 것과 동일한 특징이다.[149] 먼저 현존하지는 않지만, 『화성성역의궤』를 통해 확인할 수 있는 유구는 남수문 포사(舖舍)와 화성행궁(華城行宮) 무고행각(武庫行閣)의 화약고(火藥庫)이다. 의궤에서는 남수문 포사의 벽체 축조에 목재나 석재를 사용하지 않은 사실을 강조하고 있는데, <표 8-8>에서도 기둥을 사용하지 않은 것으로 확인할 수 있다. 벽체는 두께 1.1m, 높이는 2.79m로 축조하고, 그 상부에 개판(蓋板)을 덮었으며, 다시 전(甎)을 깔아 완성하였다.[150](<그림 8-94·95>) 즉, 벽체는 모두 벽전으로만 축조하였고, 포사 상부는 서까래 등의 목조 지붕 대신 개판을 사용하여 평평하게 축조한 것으로, 포사 상부는 평지붕이라고도 할 수 있다.[151]

또한 화성행궁의 화약고는 그림이 전해지지 않아 그 형태를 명확하게 알 수 없지만, 의궤에 의하면 화약고는 5칸이고 바닥에는 온돌을 설치하였는데,[152] 온돌은 습기를 없애

149 즉, Ⅱ형식 중 1면과 3면 벽체를 축조한 건축은 廟, 양 측면의 경우는 書齋, 4면 벽체는 전쟁을 위한 城郭 시설 등, 그 기능을 명확하게 구분할 수 있었다.

150 『화성성역의궤』 卷首 「圖說」 '南水門'.
… 밖에 甓砌를 붙여서 長舖를 만들었다. 여기에는 나무나 돌은 하나도 쓰지 아니하고, 다만 벽전[甎]을 쌓아서 꼭대기를 판판하게 골랐다[外附甓砌仍作長舖不用木石只累甎而平其頂]. 사방에 壁을 치고, 그 가운데를 터놓았다. 壁의 두께 3척 5촌(약 1.1m), 舖의 길이는 다리 길이와 맞먹는데, 넓이는 다리의 2/3쯤 된다. 꼭대기 높이 9척(2.79m)이고, 위를 蓋板으로 깔았는데 수백 명을 수용할 수 있게 되었다. … 안쪽에는 홍예 작은 문 셋을 벌여 세웠다. … 舖의 꼭대기는 벽전[甎]을 깔아 길을 내었는데, 넓이 9척 5촌(2.95m)이다.

151 동북공심돈의 甓梯羊腸 축조에서는 양 벽체 사이 1.4m 간격에 개판을 설치하고, 그 위에 벽전을 사용한 경사로 또는 계단을 설치하였는데, 그 축조방법이 남수문과 동일하다.

152 『화성성역의궤』 附編一 「公廨」 '武庫行閣'.
화약고 5칸은 … 벽전[甎]으로 벽을 쌓았고 바닥은 온돌을 놓았다[火藥庫五間 … 築甎爲壁下排溫堗].

표 8-9 화성행궁 화약고 축조에 사용한 목재와 벽전

목재	평량(平樑)	도리(道里)	추녀[春舌]	장연(長椽)	연함(椽含)	평고대[平交臺]	개판(蓋板)
	2箇(角長 10척, 圓體木 2株)	15개(角長 8척, 원체목 15주)	4개(원체목 4주)	152개(舊材)	16개(劈鍊木 1주)	10개(邊板 5닢)	222닢(변판)
	중방(中防)	인방(引防)	벽선(壁木宣)	판문(板門)	띠목[帶木]	둔테목(屯太木)	선주(木宣柱)
	4개(벽련주 1주)	4개(벽련주 1주)	4개(벽련주 1주)	4雙(長松板 8닢)	8개(변판 2닢)	4개(변판 2닢)	2개(변판 1닢)
벽전	반방전	대방전·홍예벽·개벽·종벽·이벽·소방전을 사용하지 않음.					온돌석(溫堗石)
	6,534장						80장(浮石滓餘)

(출전 : 『화성성역의궤』 附編三 「財用」 '行宮實入' [武庫行閣].)

기 위한 것으로 추정한다. 또한 <표 8-9>와 같이 추녀 4개를 사용한 것으로 지붕은 팔작지붕이었음을 알 수 있으며, 지붕과 문(門)을 설치하기 위한 목재만을 기록하였을 뿐 기둥과 관련한 부재는 전혀 없어 벽전으로 벽체를 축조한 사실을 알 수 있다. 그런데 화약고를 5칸이라고 설명하였고 칸은 분명 목조건축의 기둥과 연관하는 것이므로, 「재용」의 기록에 기둥이 빠진 것으로도 볼 수 있다. 그러나 『만기요람』에서는 '창고는 한 채이지만 내부를 구분하고, 각 칸마다 문을 낸다'[153]고 하여, 화약고 역시 기둥을 사용하지는 않았지만 내부를 5칸으로 구분하여 사용한 것으로 추정한다. 결국 이러한 사실들을 통해 화성행궁 화약고의 벽체는 오직 벽전으로 축조하였고, 그 상부에 목조 지붕을 축조한 전형적인 Ⅳ형식 건축임을 알 수 있다.

이렇게 조선에서 벽전사용이 확대되는 18세기 후반에서부터 Ⅳ형식의 건축을 축조하기 시작한 것을 확인할 수 있지만, 현존하는 예는 모두 19세기 후반의 건축이다. 먼저 무기를 보관하던 병기고(兵器庫)의 기능과 서구식(西歐式) 무기를 제조하는 공장(工場)이었던 서울 번사창의 4면 벽체에는 기둥을 사용하지 않고, 벽전으로만 축조하여 상부하

153 서영보·심상규, 『만기요람』 「財用編」6 '諸倉' [宣惠廳各倉庫].
內廳庫: … 대개 창고의 큰 것은 겉으로는 비록 한 채이나 안에는 間架가 많으므로 안에 몇 칸[幾間]씩을 막아서 각각 창고를 만들고, 그 밖에는 반드시 각각 문이 있으므로, 지금 여기에 몇 문이라는 門자는 곧 한 문이 한 庫가 된다는 것을 이른다[凡倉庫之大者外雖一宇內多間架故內限幾間爲各庫則外必有各門今此幾門之門字卽一門各爲一庫之謂也.]

▶ 8-94

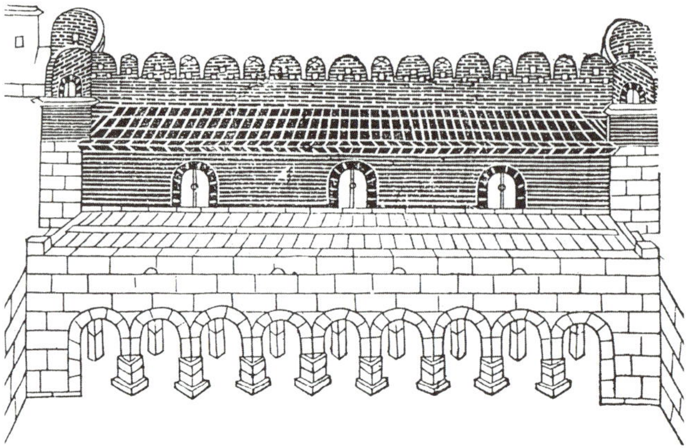

▶ 8-95

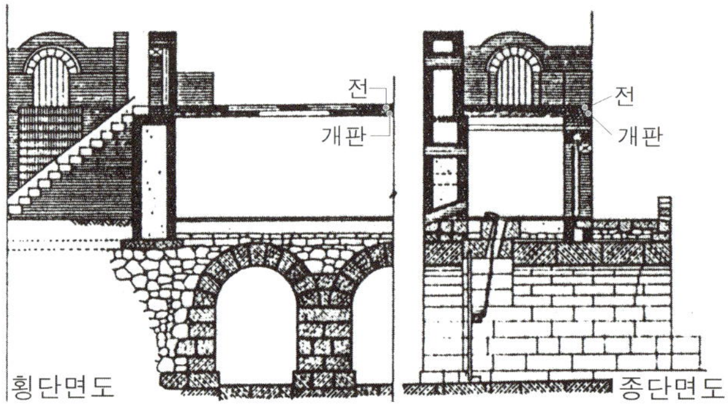

그림 8-94 南水門內圖
(출전 : 『화성성역의궤』卷首 「圖說」.)
그림 8-95 南水門 **추정 복원 단면도**
(출전 : 경기도, 『수원성복원정화지』(1980.), 189쪽.)

중을 지지하도록 하였다.

또한 정면 2곳과 우측면 1곳에 홍예문을, 측면을 비롯하여 16곳에 창을 설치하였다.(<그림 8-96·97>) 지붕은 일반 목조건축과 같이 서까래와 기와를 얹은 목조 지붕이지만, 기존 한국 목조건축에서 볼 수 없는 목조 왕대공 트러스(King-post truss)를 설치하여,(<그림 8-98>) 한국의 전통 건축형식이 아님을 알 수 있다.

특히 1984년 보수공사에서 발견한 상량문에서는 '옥제모중화'(屋制模中華)라 하고, 방덕규(方德奎)·장덕산(張德山) 2인의 중국인 기술자를 기록하여,[154] 청(淸) 건축형식을 모방한 것임을 알 수 있다.[155] 그러나 번사창은 현존하는 Ⅳ형식 건축이면서 동시에 당시 한국건축에 많은 영향을 주었던 중요한 건축형식임에는 틀림없을 것이다.

먼저 벽체 하부는 2단의 지대석을 설치하고, 25×13×5㎝ 크기의 회흙색과 붉은색 벽전을 섞어 축조하였으며, 벽전쌓기는 각 부분에 따라 조금씩 차이가 있지만, 원형으로 판단하는 부분에서는 길이면 3장을 쌓고, 마구리면 1장만을 반복하는 일정한 규칙을 볼 수 있다. 이는 고구려 벽탑과 신라의 법흥사터 7층 벽탑, 조선 동관왕묘의 벽전쌓기와 유사하다고 할 수 있지만, 한국에서 전혀 나타나지 않는 중국의 일순일정(一順一丁)과 유사한 삼순일정(三順一丁) 쌓기로 볼 수 있다.[156](<그림 7-27>과 <그림 8-100> 참고) 홍예의 축조에서 정면 중앙 홍예는 석재로 축조하였고, 나머지 두 홍예는 벽전으로 축조하였는데, 화성 등 한국의 홍예 축조에서와 같이 선단석(扇單石)을 사용하였다. 벽전은 약간 경사진 사다리꼴이고, 반원형으로 돌출한 특수한 벽전을 사용하여 역시 한국에서 볼 수 축조방법이다. 또한 홍예문 외곽은 2겹의 붉은색 벽전으로 벽체와 구별하여 조선 후기 궁궐의 벽전축문(甓甎築門)과 유사하다.(<그림 8-99>)

154 이성수, 「100년전 상량문의 현대적 의의」(『꾸밈』 제49호, 84년 7·8월.), 36~37쪽.

155 조선은 1881년 金允植을 領選使로 삼아 38명의 학도와 匠人을 淸에 파견하고, 1년간 천진 機器局에서 무기 제조를 배우게 하였으므로, 淸의 건축형식을 모방한 번사창을 축조한 것이다. 또한 당시 청은 1882년 壬午軍變을 계기로 군대를 파견하고, 朝·淸商民水陸貿易章程 체결 이후 1894년 청·일 전쟁까지 내정간섭을 하므로, 이 시기에는 청의 건축형식이 크게 유입되었을 것으로 생각할 수 있다. 특히 서명수의 경우 박지원 『열하일기』에서 "지붕 위에는 창 구멍을 낸 집을 세워 속으로부터 나쁜 공기를 뽑고, 담벽 사이로는 구멍을 내어 습기를 막는다. 물을 끌어 창고를 빙 둘러 못을 만들었다"라는 내용이 번사창의 형태와 일치하므로 중국형식임을 강조하고 있다(서명수, 「조선 후기 대청인식의 변화와 중국풍 건축요소의 도입」, 2007, 서울대학교 대학원 건축학과 석사학위논문, 60~61쪽 참고.).

156 또한 상량문에서 공법은 옛 중국인 도간(陶侃)이 운반하던 벽전으로 쌓아 올리고, 바르고 칠하고 담쌓는 방법을 사용한 것으로 기록하였다(이성수, 「100년전 상량문의 현대적 의의」, 『꾸밈』제49호, 84년 7·8월., 36쪽.).

▶8-96

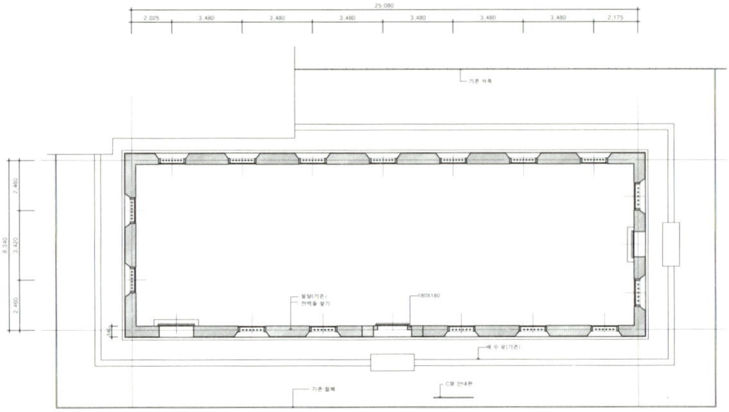

▶8-97

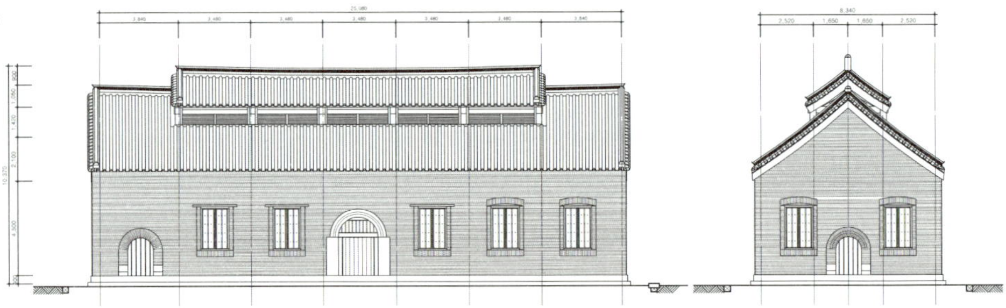

▶8-98

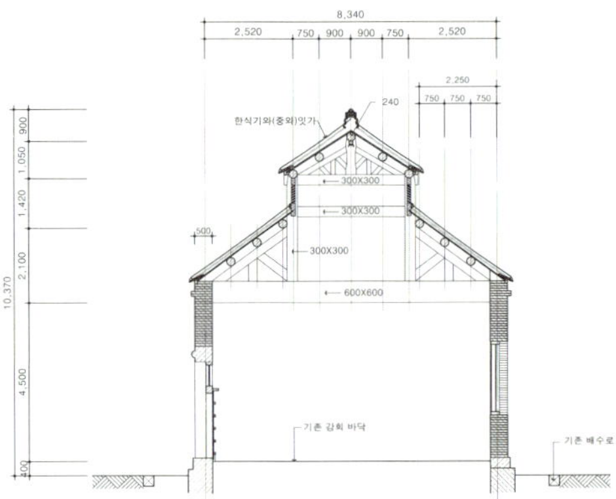

그림 8-96 **번사창 정면도 및 우측면도**
(태창건축 제공)
그림 8-97 **번사창 정면도 및 우측면도**
(태창건축 제공)
그림 8-98 **번사창 종단면도**
(태창건축 제공)

벽체와 목조 지붕이 접하는 부분을 살펴보면, 4면 벽체에 테두리보(Wall girder)를 설치하였는데,(<그림 8-101>) 이는 서양의 조적식 건축에서 주로 사용하는 방법이며, 벽전으로 축조한 벽체를 일체화시키고, 대들보를 통해 전달된 상부하중을 벽체에 고르게 전달하는 역할을 한다. 대들보는 38×54㎝의 큰 단면인데, 테두리보와 대들보 사이에 보아지와 유사한 형태의 목재 부재를 설치하였지만, 벽전으로 축조한 벽체와 직접 연결하고 있다. 벽체의 최상부에는 주심도리를 설치하여 역시 지붕의 하중을 벽체에 고르게 전달하고 있으며, 외부에서는 몇 단의 벽전을 쌓아 보이지 않도록 하였다. 또한 처마는 전혀 돌출하지 않고, 벽체의 상부에서 마무리되고 있어 한국 목조건축의 형태와는 완전히 다르다. 이렇게 벽전으로 축조한 벽체에 테두리보를 설치하고, 대들보가 벽체와 직접 접하는 축조방법, 처마가 돌출하지 않는 특징 등은 기존 한국에서 볼 수 없는 특이한 것이며, 특히 벽체 상부의 처마 부분에는 중국 벽전건축의 특징인 1단의 아자(牙子) 쌓기가 나타나므로,(<그림 8-102>) 삼순일정과 함께 중국 벽전쌓기로 축조한 것이다. 이렇게 번사창은 상량문과 벽전의 벽체, 지붕 가구 등에서 중국 청의 축조방법을 모방한 것을 알 수 있지만, 한국 목조건축 양식에서 근대적인 벽전건축으로 바뀌어 가는 과도기적 절충형으로 보는 견해가 지배적이기도 하다.[157]

그러나 윤승구 가옥의 창고는 전형적인 한국 목조건축의 특징을 나타내고 있어, 벽전사용에 따라 변화한 한국의 건축형식으로 볼 수 있다.(<그림 8-103>) 윤승구 가옥은 윤보선(尹潽善) 전대통령 생가 등 윤씨 일가의 살림집이 무리를 이루고 있는 충청남도 아산시(牙山市) 둔포면(屯浦面) 신항리(新項里)에 위치하며, '숭정기원후(崇禎紀元後) 4갑진(甲辰) 11월 초1일'의 상량문이 있어 1844년에 건립한 것을 알 수 있지만,[158] 창고는 그 시기가 명확하지 않다.

윤승구 가옥의 창고는 안채의 좌측과 사랑채 바깥에 각각 한 채씩, 모두 두 채를 축조하였는데, 안채 창고는 정면 13m, 측면 3.3m이고, 사랑채 바깥의 창고는 정면 11.3m, 측면 4.3m이다. 안채 창고는 정면에만 0.9m의 기단 형태가 남아 있고, 벽체 하부는 다듬지 않은 석재로 지대석을 설치하였다.(<그림 8-105>) 사랑채 밖의 창고는 기단 형태는 남아 있지 않은데, 두 창고는 규모의 차이만 있을 뿐 축조방법은 동일하다. 벽체에는

157 이성수, 「100년전 상량문의 현대적 의의」(『꾸밈』제49호, 84년 7·8월.), 37쪽.
158 윤승구 가옥 안내판에서 인용한 것임.

▲8-99

▲8-100

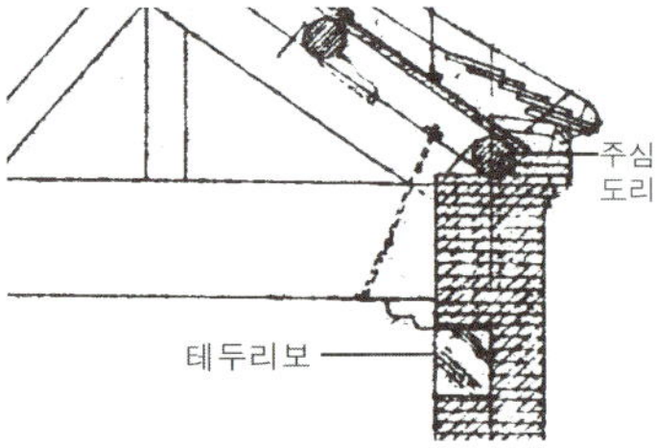

▲8-101

▲8-102

그림 8-99 번사창의 홍예
1. 정면 중앙　2. 정면 좌측　3. 우측면
그림 8-100 번사창의 一丁三順 벽전쌓기
그림 8-101 번사창의 테두리보와 도리 상세
(삼성건축사사무소 제공)
그림 8-102 번사창의 처마의 아자 쌓기

기둥이 없고, 21×10×5㎝의 붉은색 벽전을 사용하여 높이 2.92m, 두께 33㎝의 1.5B 쌓기로 축조하였다. 벽전을 쌓는 방법은 현재 영식(英式) 쌓기와 같은데,(<그림 8-104>) 한 단씩 마구리면과 길이면을 번갈아 축조하는 방법이다.[159] 영식 쌓기는 한국 근대기에 축조한 대부분의 벽전건축에 사용한 방법으로, 통줄눈이 생기지 않아 벽전과 벽전의 부착력이 높고 튼튼하므로, 주로 내력벽을 축조하는데 사용하였다. 이는 일본에 전해진 영식 쌓기 방법이 한국에 유입한 것이므로, 윤승구 가옥 창고는 1900년을 전후하여 축조한 것임을 알 수 있는 중요한 단서라고 할 것이다.

벽체 상부에는 서까래와 도리·대들보 등을 가구하고 기와를 얹은 한국 목조건축의 전형적인 3량 맞배지붕을 축조하였다. 처마도리는 장혀나 소로를 사용하지 않고, 벽전으로 축조한 벽체 상부에 직접 설치하여 서까래를 받치고 있으므로,<그림 8-106> 지붕의 상부하중을 벽체에 고르게 분포시키는 역할을 한다. 대들보는 좌우측 문 상부에 각각 1개와 그 사이에 2개, 모두 4개를 설치하였는데,(<그림 8-105>) 한국 목조건축에서 도리를 보머리 상부 또는 절반 정도 겹쳐 설치하는 것과 다르게, 벽체 상부의 처마도리와 보를 동일한 높이에서 가구하였다. 즉, 벽체 상부에 놓여, 벽체와 직접 연결되고 있는 것이다.(<그림 8-107>) 또한 대들보가 벽체와 접하는 밑부분은 고창(高窓)의 상인방 또는 별도의 짧은 목재 부재를 벽체 속에 설치하여 받치고 있는데,(<그림 8-107·108>) 이 부재는 대들보가 썩는 것을 방지하고, 상부의 하중이 벽체에 고르게 분산될 수 있도록 한 것으로 생각한다.[160]

또한 일반 맞배지붕의 목조건축에서는 양 측면 벽체에도 대들보와 대공(臺工)을 설치하여 종도리를 받지만, 윤승구 가옥 창고는 측면 벽체를 종도리 높이까지 벽전으로 축조하여 상부하중을 지지한다. 대신 종도리를 결구하기 위해 동자대공(童子臺工)을 끼워 넣고, 이 대공과 수직으로 대들보와 유사한 짧은 목재 부재를 벽체에 삽입하여,(<그림 8-109>) 종도리를 측면 벽체와 강하게 결구시키면서 동시에 상부하중을 벽체에 고르게 분산시키고 있는 것이다. 또한 측면 벽체 상부는 서까래의 경사에 맞추어 계단식으로 축조하고, 알매흙을 두텁게 바른 후, 처마도리와 같이 벽체 상부에 직접 서까래를

159 그러나 벽체의 모서리 부분에는 이오토막(Quarter closer)을 사용하지 않았으므로, 완전한 영식 쌓기라고는 할 수 없을 것이다.

160 그러나 <그림 8-108>와 같이 고창의 상인방 위에 대들보를 설치하여 상인방이 밑으로 처지고 있는데, 이러한 축조방법을 택한 것은 이해할 수 없는 것이다.

▲8-103

▲8-104

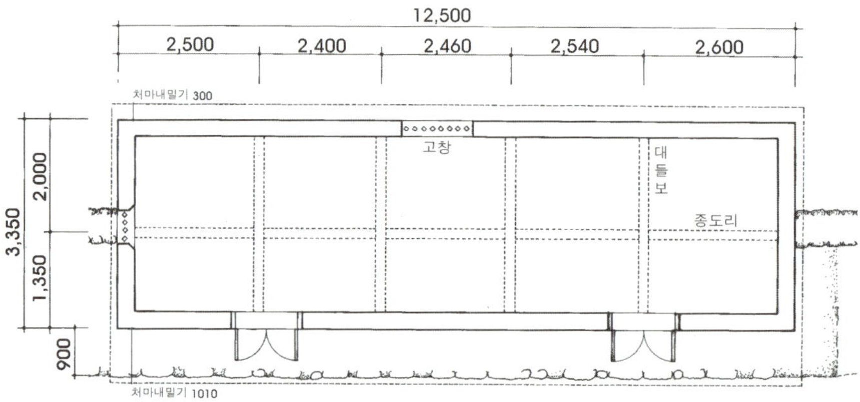

▲8-105

▲8-106

▲8-107

▲8-108

그림 8-103 윤승구 가옥 사랑채 외부의 창고 전경

그림 8-104 윤승구 가옥 창고의 벽전쌓기

그림 8-105 윤승구 가옥 안채에 위치한 창고 평면도
(1998년 9월 14일 실측)

그림 8-106 윤승구 가옥 창고 벽체 상부의 도리

그림 8-107 윤승구 가옥 창고의 대들보와 벽체의 접합 I

그림 8-108 윤승구 가옥 창고의 대들보와 벽체의 접합 II

얹었다.(<그림 8-110>) 따라서 도리와 서까래를 통해 지붕의 모든 하중은 벽체가 지지하고 있는 것을 알 수 있다.

이렇게 벽체는 목조 부재를 사용하지 않고 벽전으로만 축조하여 모든 하중을 지지하기 때문에, 빗물 등에 의해 부식하지 않으므로 처마는 크게 돌출될 필요는 없는데, 안채 창고의 처마는 정면 1m, 뒷면 0.3m, 사랑채 바깥의 창고는 정면 0.9m, 뒷면 0.6m 돌출하였다. 특히 두 창고 모두 정면의 처마에 비해 뒷면의 처마가 짧아 의도적인 축조방법으로 생각할 수 있는데, 이는 종도리의 위치를 통해서도 알 수 있다. 일반 목조건축의 종도리는 보칸의 가운데 즉, 측면의 한가운데 위치한다. 그러나 윤승구 가옥 창고 종도리는 정면으로 치우치게 설치하였는데, 안채 창고 종도리의 경우 정면에서 1.35m, 뒷면에서 2m 떨어져 있어 0.33m 정도 정면에 치우쳐 있다.(<그림 8-105·111>) 따라서 종도리를 의도적으로 정면으로 치우쳐 축조하고, 그에 따라 동일한 길이의 서까래로 축조한 처마는 뒷면보다 정면에서 더 많이 돌출한 것이다. 이는 번사창의 처마가 전혀 돌출하지 않고 벽체와 함께 끝맺는 축조방법과는 완전히 다른 것으로, 기존 한국 목조건축의 외형을 어느 정도 유지하려는 의도로 추정할 수 있다. 즉, 뒷면은 보이지 않기 때문에 처마의 길이를 짧게 하여 기존 한국 목조건축의 형태에서 많이 변형되었다고 할 수 있다. 그러나 정면은 처마의 길이를 짧게 하였지만, 목조건축의 형태를 어느 정도 유지하기 위해 뒷면보다 더 많이 돌출한 것이다.[161] 따라서 중국 건축형식을 모방한 번사창과 다르게 윤승구 가옥의 창고는 한국 목조건축에서 벽전사용의 확대와 그에 따른 구조체계·축조방법·건축형식이 어떻게 변화하였는가를 보여주는 좋은 예라고 생각한다.[162]

이상에 살펴본 조선후기의 Ⅰ~Ⅳ형식 건축의 벽체는 흙으로 축조하여 하중을 지지하지 않는 칸막이벽이면서, 빗물 등에 쉽게 붕괴하는 기존 목조건축의 심벽 형식과는 달리, 벽전으로 축조한 벽체를 부가하거나 또는 기둥을 사용하지 않고 벽전으로만 벽체를 축조하여 상부하중을 지지하는 내력벽 형식이다. 그 중 Ⅰ형식은 일반 목조건축과

161 이러한 축조방법과 형태의 특징은 화성행궁의 화약고에서도 동일하였을 가능성이 있으며, 지붕은 추녀를 사용한 팔작지붕이었던 것이 다르다.

162 이상에서 살펴본 윤승구 가옥 창고의 특징은 1998년 9월 14일 답사와 실측을 통한 사실이며, 1999년 2월 8일 2차 답사에서는 파손된 각 부분에 대한 보수가 완료되었다. 이 과정에서 기존 목조 부재와 벽전 등을 교체하고, 4개였던 대들보가 3개로 줄어드는 등 큰 변화가 있어, 1차 답사에서 얻은 특징과는 다른 부분이 많았다. 따라서 지금까지 살펴본 특징과 축조방법은 1차 답사 때의 사실을 바탕으로 살펴본 것이다.

▶ 8-109

▶ 8-110

▶ 8-111

그림 8-109 윤승구 가옥 창고 측벽의 동자대공
그림 8-110 윤승구 가옥 창고 측벽의 서까래
그림 8-111 윤승구 가옥 안채 창고의 내부

유사하게 기둥을 노출하는 심벽 형식의 벽체이지만, 상부의 하중을 일부 분담하는 내력벽이기도 하다. 따라서 심벽 형식에서 그 재료만을 바꾸어 축조한, 조선후기에서 가장 초기에 나타난, 벽전을 사용한 목조건축으로 볼 수 있다. 또한 그 형태적인 특징은 삼국의 각 절터에서 발견한 촉구멍이나 이음턱이 있고 무늬를 새긴 정방형 벽전을 심벽 외부에 부착한 형식의 벽체와 유사하므로, 그 연관관계를 설정할 수 있을 것이다.

Ⅱ형식의 건축은 외부에서 기둥을 노출하지 않고, 내부에서만 일반 목조건축과 유사하게 기둥을 노출하는 내심벽 외평벽 형식의 벽체를 갖는데, 개성 만월대에서 발견한 여러 단면 형태를 갖는 벽전을 통해 고려에서도 축조하였던 벽체 형식으로 추정할 수 있다. 또한 4면 벽체 중 어느 벽체에 사용하였는가에 따라 그 기능과 특징이 달라지는데, 첫 번째는 주로 죽은 자의 위패나 어진(御眞)을 모시는 묘(廟) 건축에서 뒷벽만을 벽전으로 축조한 건축으로, 화재를 예방하고 양기(陽氣)를 막기 위한 것으로 생각한다. 두 번째는 대부분 왕과 관련한 서재(書齋)의 기능을 갖고 있는데, 맞배지붕의 양 측벽을 종도리 높이까지 벽전으로 축조하고, 또 처마 하부에도 측벽을 설치하여 기존 목조건축과 형태에서 큰 차이를 보이고 있다. 이는 중국 경산(硬山) 지붕 형식의 산장(山墻)과 유사하지만, 반두(盤頭)의 특징이 다르고, 목기연[木只椽] 서까래와 게눈 장식 등을 설치하는 특징 등은 크게 다른 것을 알 수 있다. 따라서 조선전기의 방화장 형식을 계승한 것으로도 추정할 수 있는데, 화재를 예방하고 외부 횡력에 저항할 수 있으며, 종도리와 서까래를 받치므로 상부하중을 분담하는 역할을 한다.

세 번째는 죽은 자를 위한 묘(廟) 건축으로 3면 벽체의 창방 하부까지 벽전으로 축조하였는데, 역시 화재를 예방하고 양기로부터 내부공간을 보호하며, 창방의 하중을 일부 분담한다. 따라서 기존 목조건축의 외형에서 목조 부재에 의한 선적(線的)인 구조미(構造美) 대신, 조적식 벽체의 면(面)을 더욱 강조하여 3차원적인 볼륨(Volume) 또는 매스(Mass)를 더욱 중요하게 표현하고 있는데, 이는 Ⅱ형식에서 공심돈과 포루, Ⅳ형식의 번사창과 윤승구 가옥 창고와 동일한 특징을 나타내는 것이다. 또한 조선전기 동관왕묘 등 일반 묘(廟) 건축의 특징을 그대로 계승한 것으로도 추정할 수 있다. 네번째는 전쟁을 위한 3층의 성곽 시설로, 내부에 목조 뼈대를 세우고, 외부 4면 벽체를 벽전으로 축조하였다. 따라서 화공(火攻)에 의한 화재를 방지하고, 포(砲) 공격에 의한 횡력에 저항할 수 있다. 또한 벽체는 내부 목조를 감싸고 있어 동일한 기둥의 굵기로 중층을 축조할 수 있고, 포루(砲樓)의 경우 목구조와 벽체를 일체로 축조하여 큰 강성(剛性)을 얻을 수 있다. 이러한 목구조의 변화는 조선후기 벽전사용의 확대에 따른 새로운 건축형식의 등장을 의미하는 것이다.

이렇게 Ⅰ~Ⅲ형식의 건축은 조선후기 벽전사용을 확대하는 18세기 후반부터 대한제국과 일제강점기까지 200여 년 이상 지속한 건축형식이었다. 그러나 Ⅳ형식 건축은 가장 후기에 출현하였으며, 벽전사용의 확대에 따른 한국 목조건축의 변화 양상을 가장 잘 나타낸다. 즉, 벽체는 기둥을 전혀 사용하지 않고 축조한 내력벽이므로 모든 상부하중을 벽체가 지지한다. 또한 지붕은 기존 목조건축과 동일하게 대들보와 도리·서까래 등을 사용한 맞배지붕을 설치하여, Ⅳ형식의 건축은 조적식 건축과 가구식 건축을 혼합한 건축이라고 할 수 있을 것이다. 이와 같은 Ⅳ형식 건축의 출현은 한국건축사(韓國建築史)에서 아주 중요한 의미를 갖고 있다고 생각하는데, 가구식 축조방법에 의해 주목을 받지 못했던 조적식 축조방법이 조선후기에 이르러 일반 건축에까지 확대되어 나타난 것이다.[163] 또한 Ⅳ형식 건축은 목재의 부족으로 나타난 조선후기 사회가 요구하는 새로운 건축형식이며, 구조체계와 형태·내부공간 등에서 한국건축의 가장 큰 변화를 의미하고 있다. 이는 더 나아가 현재와의 연관관계를 맺을 수 있는 가장 중요한 건축형식으로 평가하여야 할 것이다.

이상 2장으로 나누어 조선의 벽전사용과 벽전쌓기·건축특성 등에 대해 살펴보았는데, 마지막으로 덧붙이고자 하는 것은 무늬를 통한 벽전의 의미 변화이다. 낙랑에서부터 사용하기 시작한 벽전에는 무늬 없는 것도 있었지만, 대부분 기하학적인 무늬와 여러 형상을 부조한 벽전들을 사용하여 왔으며, 고려까지도 계속된다. 그러나 조선에서만 유독 무늬를 새긴 벽전을 발견할 수 없는데,[164] 이는 유교(儒敎)에서 숭상하는 절제·간결·

163 서양에서는 산업혁명 이전, 성당과 관공서 등 상위 계층의 건축은 모두 조적식으로 축조하였다. 그러나 콘크리트와 철의 대량 생산에 의해 Le Corbusier의 Dom-Ino 등 가구식 축조방법과 유사한 線的인 부재를 사용한 라멘 구조로 변화하게 되었다. 이러한 현상은 같은 시기의 한국에서 조적식이 크게 대두하는 것과 반대되는 것이며, 벽전을 대량으로 사용한 중국에서도 明代에 이르러 목조 건축을 모방하고, 천장은 볼트로 축조한 無梁殿 형식이 나타나기도 하였다. 따라서 서양과 중국·한국의 변화는 서로 상반되고 있다고 할 것이다.

164 장기인의 『벽돌-한국건축대계Ⅱ』(1996, 보성각.), 39쪽에서는 창덕궁 낙선재의 담 밑에서 발견하였다는 연꽃·당초무늬 벽전을 제시하고 있지만, 이 벽전은 개성 만월대에서 발견한 벽전과 형태와 무늬에서 완전히 동일하다.(<그림 6-28>의 1) 만약 이 벽전이 조선의 벽전이라면, 무늬를 새긴 유일한 벽전이라고 할 것이다. 또한 벽전을 활발하게 사용하기 시작하던 조선후기에는 용·봉황·박쥐 등의 무늬를 새긴 부조판들을 사용하였지만, 이는 엄격하게 말하면 벽전이라고 할 수 없다. 벽전으로 축조한 건축물에 삽입하여 장식적으로 사용하던 것이기 때문이다. 따라서 벽전을 활발히 사용한 조선후기에도 벽전은 무늬가 없는 것이 주류를 이

소박으로 이해할 수 있을 것으로 생각한다. 조선 이전 즉, 삼국과 남북국·고려는 모두 불교를 숭상하는 사회였으며, 대규모의 절을 축조하는데 많은 공력을 기울였다. 따라서 종교적인 장엄을 위해 각 건축에는 여러 장식을 첨가하고, 화려한 무늬의 벽전을 사용하였다.

그러나 조선만이 불교와 다른 유교를 숭상하였으며, 성리학(性理學)을 정치이념으로 내세우고, 유교정치를 추구하였다. 따라서 지배층은 유교정치의 기틀을 다지기 위해 유교윤리와 배치하는 신앙과 종교를 모두 배제하므로,[165] 불교 건축의 영건(營建)을 억제하였고, 많은 절과 승려들을 탄압한다. 또한 유교에 입각한 예제(禮制)를 회복하기 위해 유교건축에서는 화려·장엄을 위주로 하는 종교건축인 불교건축을 대신한 엄정한 질서와 합리성을 내세워, 단정 검약한 건축조형이 주류를 이루게 된다.[166] 즉, 유교건축은 절제된 단순미로 화려한 장식이 없고 지나친 꾸밈도 없는 특징이 있다고 할 수 있기 때문이다.[167] 이러한 이유로 인해 유교를 숭상한 조선에서만 무늬 없는 벽전을 사용한 것으로 생각할 수 있다.

또한 이러한 특징은 벽전의 시공(施工)과도 연관하는데, 완결된 무늬가 있는 경우에는 벽전을 가공하여 사용할 수 없다. 무늬의 의미와 상징성이 없어지기 때문이다. 그러나 무늬가 없는 벽전은 화성의 벽전쌓기에서 살펴본 것과 같이 시공 때에 가공하여 축조하고, 미세한 치수를 조정할 수 있다. 따라서 조선의 벽전은 불교의 장엄을 위한 의장적인 목적보다, 당시 사회가 요구하는 실재적이고 기능적인 측면을 강조하여 사용하였다고 할 수 있다. 따라서 벽전의 의미는 종교의 장엄과 상위계층의 권위를 표현하는 상징적인 것에서, 실재적이고 기능적인 의미로 변화한 것을 알 수 있으며, 이는 곧 벽전사용의 보편화와도 관계할 수 있는 특징이라고 생각한다.

루었다고 할 수 있다.

165 강만길 外, 『한국사 8』(1994, 한길사.), 241쪽.

166 김동욱, 『한국건축의 역사』(1997, 기문당.), 161쪽.

167 김지민, 『한국의 유교건축』(1997, 발언.), 26~27쪽.

제9장
결론

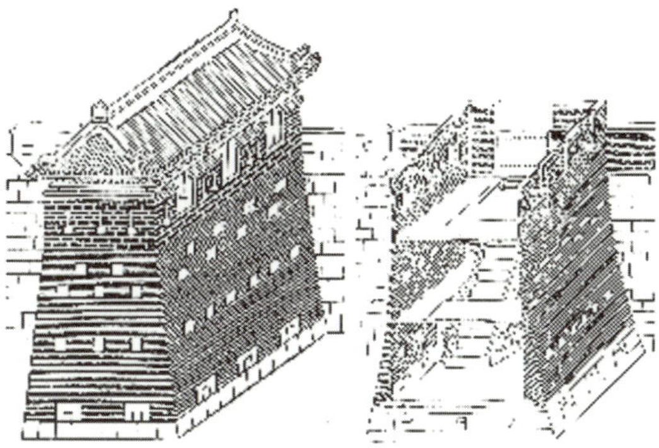

이러한 연구를 통해
한국건축에서 나무를 구조재료로 사용한 가구식 목조건축 이외에
벽전과 석재 등을 사용한 조적식 건축의 위상을
재정립할 수 있었던 것으로 생각한다

– 본문 中

개요

역사 속의 건축은 현대건축과 비교하여 건축재료와 그에 따른 구조기술이 한정되었고, 그 변화 속도 또한 현저히 느렸기 때문에, 건축형식과 건축재료와의 상관성을 먼저 고찰하여야만 한다. 따라서 이 책에서는 한국건축의 건축재료 사용범위에 따른 구조체계·건축형식 간의 관계를 살펴보았다. 특히 한국건축사에서 이미 많은 연구 성과를 거둔 나무를 구조재료로 하는 가구식(架構式) 목조건축 이외에, 조적식(組積式) 건축재료인 '벽돌'(壁乭) 즉, 벽전(甓甎)과 벽전건축을 통해 그 시대적 관계를 살펴보았으며, 그 배경과 목적은 크게 두 가지이다.

한국건축사에서 뚜렷한 자료의 수집과 연구가 진행되지 못한 채, 한국건축의 벽전사용은 중국 건축형식의 유입과 모방에 의한 건축이라는 주장들이 있어 왔으므로, 이 책에서는 한국건축의 벽전사용 범위, 벽전건축의 형식과 각 요소들의 벽전쌓기 특징을 고찰하여 한국의 벽전과 벽전건축의 위상을 재정립하려고 하였다. 이러한 내용을 통해 전 시기에서 연속하는 한국의 벽전사용을 밝힐 수 있었다고 생각한다.

또한 한국의 목조건축은 삼국으로부터 조선후기까지 정체(停滯)된, 발전 없는 건축이었다는 식민사관을 극복하기 위해, 가구식 목조건축의 목재를 제외한 이질(異質) 재료 사용을 통해 한국 목조건축의 변화 특징을 밝히려고 한 것에 두번째 목적이 있으며, 이것은 바로 한국 목조건축에 내재하고 있었던 근대적(近代的) 성격과 관계하는 것이기도 하다.

따라서 이 연구는 시대구분에 따라 크게 8장으로 구분하였으며, 각 장에서는 벽전 용어와 벽전의 생산과정, 각 사회의 벽전 생산력에 바탕이 되는 가마[窯] 형식의 이해를 바탕으로, 한국건축의 벽전사용 범위, 벽전건축의 조영원리와 그 특징 등을 고찰하였고, 특히 벽전으로 축조한 기단·벽체·바닥 등 목조건축의 각 부분은 물론, 조선후기에서는 목조건축의 변화 특징까지 살펴보았다. 이러한 연구를 통해 한국건축에서 나무를 구조재료로 사용한 가구식 목조건축 이외에 벽전과 석재 등을 사용한 조적식 건축의 위상을 재정립할 수 있었던 것으로 생각한다.

9-1. 한국의 벽전건축

1-1. '甓甎' 용어

이 책에서는 기존에 사용하던 '연와'(煉瓦)·'전'(塼)·'벽돌'(壁乭) 등의 벽전 관련 용어를 대신하여, 【부록 1】에서 정리한 한국 고문헌의 고찰을 통해 '甓甎' 용어의 사용을 제안하였다. 즉, 고려 말 이전의 문헌에서는 주로 '塼'과 '磚' 용어를 사용하였지만, 고려 말 또는 조선전기에 '甓'과 '甎' 용어가 출현하였으며, 그 이후 각종 문헌에서는 '甓甎' 용어를 대표적으로 사용하였다.

'甓甎'은 벽체를 축조하는 벽전인 '甓'과 바닥을 포장하는 벽전인 '甎'이 합쳐진 용어로, 일반적인 벽전 용도뿐만 아니라 건축재료로서의 특징을 가장 잘 나타낼 수 있으며, 현재에도 충분히 그 뜻을 전달할 수 있는 용어이기도 하다. 특히 벽전을 광범위하게 사용하였던 화성의 『화성성역의궤(華城城役儀軌)』에서는 '甓'·'甎'의 의미를 명확하게 구분하여 사용하였고, 일반적인 벽전을 지칭할 경우에는 '甓甎' 용어를 사용하고 있어, '甓甎'은 조선후기 사회에 정착하였던 용어로 생각할 수 있다. 따라서 '甓甎'은 조선후기와 현재와의 연속성을 설정할 수 있는 가장 대표적인 용어인 것이다. 또한 '甓甎' 용어는 당시 한국에서만 일반적으로 사용하였으므로, 벽전을 광범위하게 사용한 중국의 '磚' 용어와는 구별되는, 한국의 독자성을 찾을 수 있는 용어이기도 하다.

1-2. 한국 벽전의 발생

한국에서 벽전은 기와와 동일하게 목재·석재를 빗물로부터 보호하기 위한 목적으로 무덤에서부터 기원하였다.

낙랑의 초기 무덤형식은 주요 구조체를 나무로 축조한 귀틀무덤이었지만 지하수와 빗물이 스며들어 쉽게 썩고 붕괴하므로, 내부 주검과 껴묻거리[副葬品]를 오래 보존하기 위해 귀틀을 벽전으로 덮어 보호하기 시작하였으며, 그 시기는 1세기 후반에서 늦어도 3세기 초로 추정할 수 있다.

고구려에서는 적석무덤인 태왕릉(太王陵)과 천추총(千秋塚)의 각 단 윗면을 두께 2cm의 붉은색 벽전을 덮고 빗물을 막아 적석무덤의 붕괴를 방지하였다. 특히 고구려는 환원(還元) 소성에 의한 낙랑의 회흑색 벽전과는 다른, 독자적인 산화(酸化) 소성에 의한 붉은색 벽전을 생산·사용하였으며, 적석무덤의 축조는 4세기 말에서 5세기 초이므로, 그

그림 9-1 자경전 동쪽 벽전축문
(출전 : 朝鮮總督府, 『朝鮮古蹟圖譜』 10권(1930.), 1311쪽.)

이전부터 붉은색 벽전은 빗물을 막기 위해 사용하였던 것이다.

이러한 벽전 유구는 한국건축 중 가장 이른 시기에 속하므로, 한국 최초의 벽전은 구조체를 축조하기 위한 목적보다, 기와와 동일하게 빗물을 막는 방수(防水) 목적으로 발생한 것임을 확인할 수 있는 것이다. 또한 조선후기 실학자인 박제가의 『북학의』에서도 "대개 옛적에 돌로 목재를 덮어 썩는 것을 막았던 까닭으로 기와와 벽전이 발생한 것이다"라고 하여 이러한 사실을 뒷받침하고 있다.

벽전을 기와와 유사한 목적으로 사용한 현존하는 유구는 조선의 경복궁(景福宮) 동십자각(東十字閣) 협문과 자경전(慈慶殿) 동쪽 벽전축문(甓甎築門)인데, 벽체와 홍예를 벽전으로 축조한 일반 벽전축문의 지붕에서도 기와를 덮는 것이 일반적이지만, 이 두 문은 벽전을 마치 기와와 동일하게 사용하고 있는 것이다.(<그림 9-1>) 그러므로 벽전의 발생과 사용에 있어서 낙랑의 실체와 문화성격을 규명하는 것이 매우 중요한 논점임을 알 수 있는데, 낙랑을 한국사의 단절이라 인식하기보다는 당시 고대국가를 형성하던 삼국의 건축뿐만 아니라 문화 전반에 큰 영향을 주었다는 문화사적 의의에 주안점을 두고 연구되어야 할 것이다.

1-3. 한국건축의 벽전사용과 그 의미

조선후기 이전의 벽전은 주로 왕궁이나 절[寺]과 같이 위계가 높은 상위 계층의 건축이나 종교건축에서 사용하였는데, 이러한 사실을 통해 벽전이 갖는 의미는 위계를 나타내거나 종교의 상징성을 담고 있는 숭고한 의미의 건축재료였음을 알 수 있다.

그 이유 중 특히 『구당서(舊唐書)』에서는 "그들(고구려인)이 거처하는 곳은 산과 계곡에 의지하여 모두 띠풀로 지붕을 이는데, 절과 신의 사당 및 왕궁과 관청 등은 기와를 사용한다"라고 하였는데, 기와의 예이지만 이를 통해 생산방법과 그 특징이 유사한 벽전 역시 동일하였던 것으로 추정할 수 있기 때문이다.

그리고 삼국의 벽전에는 기하학 무늬와 함께 연꽃·봉황·용·도깨비·산경치·보상화 등 주로 왕실·불교와 관련하는 완결된 무늬를 새겼고, 목조건축의 바닥과 벽체·기단 등에 사용한 것으로 추정할 수 있다. 따라서 이러한 무늬를 새긴 벽전을 사용한 건축은 일반 건축과는 다른, 당시 사회에서의 위계와 권위·장엄을 나타내는 건축이었으며, 이 때 벽전은 권위와 장엄을 표현하거나 의미하는 건축재료였던 것이다.

이러한 벽전은 상위 계층을 위한 벽전축(甓甎築) 무덤과 불교의 신앙 중심인 벽탑(甓塔) 축조에 사용하였고, 낙랑토성에서는 벽전으로 축조한 수고(水庫)가 발견되기도 하였다. 또한 당시 목조건축에서는 기단과 벽체·바닥에 주로 사용하였으며, 이 외에서도 보도(步道)·배수로(排水路)·계단 등에 사용하여 한국건축에서 벽전은 매우 넓은 범위에, 다양하게 사용한 것을 확인할 수 있다. 따라서 한국건축사에서 벽전은 나무·돌·기와와 함께 중요한 의미를 갖는 건축재료로서 자리매김 되어야만 할 것이다.

고려에서는 일반 백성들까지 사요(私窯)를 설치하여 기와를 보편적으로 사용하도록 하였고, 이와 같은 맥락에서 벽전을 대량으로 생산하여 함경남도 혜산(惠山)과 삼수(三水)를 중심으로 험한 산지에 벽성(甓城)을 축조하였는데, 이러한 사실은 고려에 이르러 한국의 벽전 생산과 그 사용이 일반화되었음을 의미하는 것이며, 벽전의 사용과 생산·축조방법의 발달을 의미하는 중요한 사건으로 평가하여야 한다.

그러나 이러한 흐름을 계승한 조선전기에는 벽전의 사용이 크게 위축되어 왕실과 연관한 아주 특별한 건축에만 사용하였을 뿐인데, 그 이유는 『조선왕조실록(朝鮮王朝實錄)』을 통해 크게 다섯 가지로 추정할 수 있었다.

① 조선은 고려에서 숭상한 불교를 배척하고, 철저하게 주자 성리학을 신봉하는 유교정치를 표방하였으므로, 유교에서 가장 중요시하는 의리명분론에 입각한 예학(禮學)에 의해 벽전사용이 엄격히 제한되었다.

② 유교 윤리에 입각한 효(孝)사상은 부모를 길지 명당에 안치하려는 음택풍수(陰宅風水)의 확대를 초래하였는데, 벽전은 석회로 부착하면 수고(水庫)를 만들 수 있는 특징이 있으므로, 건축재료가 발달하지 않은 당시에 벽전은 밀폐(密閉)를 의미하는 것으로 받아들였다. 따라서 부모를 안장하는 무덤에 벽전을 사용하면 지기(地氣)와 수맥(水脈)을 차단하는 것으로 생각하여 벽전을 사용하지 않은 것이다. 풍수지리사상은 신라 말기에 성행하여 각 시기에 큰 영향을 미치고 있었지만, 벽전축 무덤을 축조한 것과는 완전히 다른 관념으로, 성리학을 통치이념으로 내세운 조선만의 특수한 상황인 것이다. 그러므로 조선전기 궁궐이나 일반 살림집에서는 벽전을 사용하지 않은 것은 이러한 관념에 의한 것으로 추정할 수 있지만, 이와 반대로 죽은 자를 위한 묘(廟) 건축에서는 음(陰)의 공간인 내부를 외부 양기(陽氣)로부터 보호하기 위해 벽전을 사용한 근거가 되기도 한다.

③ 유교의 수직윤리에 따른 사대사상(事大思想)으로 인해, 종주국인 중국에서 보편적으로 사용하고 있는 벽전은 조선의 건축재료가 아니고, 또 힘이 중국보다 약한 조선에서 사용하지 않는 것은 당연하다는 관념이 팽배하였기 때문이다.

④ 조선전기에는 벽전의 생산기술과 가마제도가 크게 발달하지 못하였기 때문에 벽전생산에는 많은 비용을 필요로 하였다. 따라서 벽전은 그 사용이 크게 줄었고, 그에 따라 생산 기술은 물론 벽전의 건축특성을 명확하게 파악하지 못하였으며, 결국 벽전 축조방법 등의 건축기술을 축적하지 못한 것이다.

⑤ 벽전을 제작하는 흙의 성질 또한 큰 요인이다. 조선의 흙은 중국과 달리 수분이 많고 흙의 입자가 굵어, 소성 때에 휨이나 뒤틀림·균열 현상이 쉽게 발생한다. 때문에 중국보다 생산성이 떨어진다고 판단하여, 벽전의 대량생산이 이루어지지 않으므로, 일반적 사용은 더욱 어려웠던 것으로 보여 진다.

이러한 다섯 가지의 요인에 의해 조선전기에는 벽전의 사용범위가 크게 줄었지만 기존 주장과 같이 벽전을 전혀 사용하지 않은 것은 아니다. 즉, 조선전기에도 꾸준한 벽전사용 주장들이 제기되었으며, 실재로 화재를 막기 위한 방화장(防火墻)과 묘(廟) 건축에서 양기를 막기 위한 벽체, 성균관·어실(御室)·정자각(丁字閣) 등의 바닥 포장에 벽전을 사용하였으며, 이는 『조선왕조실록』을 통해 확인하였다. 또한 고려에 이어 조선전기에서도 벽성을 축조하였고, 종묘의 신로(神路)·월대(月臺) 등 외부공간 바닥에도 사용하였으며, 벽전을 사용한 목조건축으로 동관왕묘(東關王廟) 정전(正殿)이 유일하게 현존하고 있다.

조선후기에 들어서자 목재 수급의 불균형과 북학파(北學派)의 보다 적극적인 주장에 의해 새로운 건축재료의 필요성이 사회 전반에 걸쳐 대두하였다. 이러한 흐름을 바탕으로 조선에서는 처음으로 1794~1796년, 화성성역에서 벽전을 가장 광범위하게 계획적으로 사용하여 다양한 벽전쌓기와 건축형식을 창출하였다. 이러한 화성의 영향은 조선후기 사회에 급속도로 파급되어, 궁궐은 물론 사대부의 살림집에까지 다양하게 벽전을 사용하게 되었다. 즉, 벽전으로 축조한 굴뚝과 문·꽃담은 물론 심벽·평벽·내심벽 외평벽 형식의 벽체를 축조한 목조건축과, 지붕은 목조이지만 벽체는 내력벽을 갖는 새로운 형식의 건축들을 축조한 것이다. 또한 조선후기 사회에 벽전을 급속도로 파급할 수 있었던 그 이면에는 한국에서 처음으로 사용한 승염식 가마인 벽요(甓窯)로 인해 적은 땔감으로도 많은 양의 벽전을 생산할 수 있었던 까닭인데, 이는 결국 조선후기의 벽전 생산력 발달을 의미하는 것이다.

또한 한국사를 통틀어 유독 유교를 숭상한 조선에서만 무늬 없는 벽전을 사용하였는데, 이는 유교에서 숭상하는 절제·간결·소박의 정신으로 이해할 수 있다. 즉, 엄격한

그림 9-2 **낙랑 벽전축 무덤에 사용한 모자벽전**
(출전 : 井內功文化硏究室, 『朝鮮瓦塼圖譜』 Ⅰ(1976, 眞陽社), 도판 53.)

예제(禮制)를 회복하기 위한 조선에서는 화려·장엄을 위주로 하는 종교건축을 대신하여 유교의 합리성과 질서존중의 정신을 반영한 절제된 단순미와 단정·검약한 건축조형이 주류를 이루었기 때문이다.

이러한 특징은 시공(施工)과도 연관하는데, 완결된 무늬가 있는 경우에는 무늬의 의미와 상징성이 사라지기 때문에 벽전을 가공하여 사용할 수 없지만, 무늬가 없는 벽전은 화성 벽전쌓기에서 살펴본 것과 같이 시공 때에 가공하여 축조하고, 미세한 치수를 조정할 수 있다. 따라서 조선의 벽전은 불교의 장엄을 위한 의장적인 목적보다, 당시 사회가 요구하는 실재적이고 기능적인 측면을 강조하여 사용한 것을 알 수 있다. 그러므로 벽전은 종교의 장엄과 상위 계층의 권위를 표현하는 상징적인 것에서, 실재적이고 기능적인 의미로 변화하였으며, 이는 곧 벽전사용의 보편화와 관계할 수 있는 특징이라고 할 것이다.

1-4. 벽전 형태와 무늬

한국에서 사용한 벽전은 장방형과 정방형 벽전이 주를 이루는데, 장방형 벽전은 일반 벽체나 바닥의 포장, 정방형은 바닥을 포장하는데 주로 사용하였다. 특히 신라 벽탑에서 정방형 벽전은 옥개 모서리 축조에 전형적으로 나타나고, 동관왕묘에서는 모서리를 안정적으로 축조하기 위해 장방형 벽전과 동시에 사용하기도 하였다.

사다리꼴 벽전은 주로 벽전축 무덤에서 사용하였는데, 설계 과정을 통해 제작한 벽체와 궁륭의 곡률을 결정하는 매우 중요한 벽전이며, 이와 동일한 벽전은 조선후기 홍예 축조에 사용한 홍예벽(虹蜺甓) 등이 있다. 그 밖에 벽전의 두께가 서로 달라 사다리꼴 벽전을 이룬 경우도 있는데, 이 벽전은 주로 외부에 석회 줄눈이 드러나지 않도록 뒤쪽에서 벽전을 접합하는 축조방법에 사용한다. 그러나 화성에서는 사다리꼴 벽전을 대신하여 일반 장방형 벽전의 뒤쪽을 뾰족이 가공하여 석회 줄눈이 나타나지 않도록 축조하기도 하였다.

이외 고려 죽죽리 절터 기단에 사용한 육각 벽전, 고구려 벽탑에서 원기둥을 표현하기 위한 원형 벽전, 신라 벽탑의 옥개에 사용한 곡면 벽전과 절반만 경사를 둔 특수한 형태의 벽전들은 벽전건축의 형태와 축조방법에 적합하도록 정방형·장방형 벽전과는 별도로 제작하여 사용하였다. 특히 신라 벽탑 축조에서는 하중을 크게 받는 부분에 철물(鐵物)을 이용하여 벽전과 벽전을 연결하였으며, 날벽전에 철물을 미리 연결하여 제작한 벽전도 발견되었다. 낙랑 벽전축 무덤과 고구려에서는 직선 벽체를 축조할 경우에 벽전 자체에 촉과 촉구멍을 만든 모자벽전(母子甓甎)을 사용하기도 했으며, 석회 없이 벽전을 연결할 수 있는 특징이 있다.(<그림 9-2>)

백제 벽전축 무덤과 신라 벽탑, 고려 장곡사(長谷寺) 상대웅전(上大雄殿) 바닥을 포장한 벽전에는 벽전의 사용 위치를 표시하였는데, 이를 통해 벽전건축은 축조 이전에 이미 치밀한 설계 과정을 거쳤고, 그에 따라 벽전을 생산하였다는 사실을 알 수 있다. 이러한 사실은 또한 백제·신라 벽전건축의 영향 관계를 의미하는 것이기도 하다.

각 시대에는 그 당시 사회의 종교와 관념에 부합하는 무늬를 새겨 축조하였는데, 이를 통해 현존하지 않는 벽전건축의 축조방법을 유추할 수 있었다. 특히 백제 무령왕릉에 사용한 벽전은 각 무늬에 따라 사용 장소와 용도가 서로 다른 것을 알 수 있는데, 축조 이전에 이미 무덤을 설계하고 그에 따라 벽전을 생산·축조한 것이며, 이 때 각각의 무늬는 기호 또는 부호의 역할을 한다.

또한 각 나라의 벽전무늬는 시대성과 민족성을 강하게 표출하는 양식적 특성을 나타내기 때문에 벽전의 제작 시기를 유추할 수 있고, 각 나라간의 영향 관계를 파악할 수 있는 근거가 된다. 대표적으로 중국 양(梁)의 벽전무늬 개념은 무령왕릉에 많은 영향을 주었지만, 실재적인 연꽃무늬는 크게 다르다. 또한 두 개의 벽전이 하나의 연꽃무늬를 이루는 개념은 무령왕릉에서 신라의 임하사 벽탑과 고려의 신륵사 벽탑의 벽전까지 이어지고 있어, 그 영향 관계를 파악할 수 있었다.

1-5. 가마[窯]와 벽전 생산

벽전의 보편적 사용은 각 사회가 갖추고 있는 생산력에 큰 영향을 받고 결정된다고 할 수 있다. 벽전은 원료인 흙을 채취하여, 자갈과 이물질을 골라낸 후 물과 함께 이기며, 일정한 모양으로 성형(成形)하고 가마에 넣어 소성(燒成)하는 일련의 작업과정을 거친다. 이러한 과정은 균일한 형태의 단위체를 쌓아 축조하는, 조적식 건축재료인 벽전이 일정한 형태와 균일한 강도를 유지하도록 하는, 당시 사회가 갖춘 생산력이라고 할 수 있을 것이다. 그 중에서도 가마에서 날벽전을 굽는 소성과정이 가장 중요한데, 적은 땔감으로도 많은 양의 벽전을 생산할 수 있는 가마의 열순환 방식과 그 형식은 벽전사용의 보편화를 결정한다고 해도 과언이 아니다.

가마는 내부 열순환 방식에 따라 횡염식과 승염식으로 구분하며, 한국에서는 횡염식 가마인 굴가마·용가마·등요(登窯)가 대표적이다. 그러나 이 가마들은 불을 때는 연소실과 날벽전을 재임하는 소성실이 수평으로 배치되므로, 연소실과 굴뚝 부근의 온도 차이가 커서 열 조절이 어렵고, 소성실 내부에 열이 고르게 전달되지 않아 모든 벽전을 일정하게 소성시키기 어려운 단점이 있다. 즉, 열효율이 낮기 때문에 벽전 생산에는 많은 땔나무가 필요하고, 또 생산한 벽전 역시 갈라지거나 균열이 생겨 일정한 형태를 갖기 어렵다. 따라서 생산비가 비싼 벽전은 일반 백성들에게 일반화되지 못하고, 일부 상위 계층에서만 사용하여 위계를 나타내는 건축재료였던 것이다.

그러나 18세기 후반 청(淸)에서 유입된 서양의 과학기술 서적들과 북학파의 가마제도의 개선 주장 등을 참고로 화성성역에서는 연소실과 소성실을 수직으로 배치하여 적은 땔감으로도 높은 온도를 낼 수 있고, 모든 날벽전을 고르게 소성시킬 수 있는 승염식 가마인 벽요(甓窯)를 최초로 사용하였으며, 『열하일기』와 『화성성역의궤』등을 통해 알 수 있었다. 따라서 화성성역 이후에도 대량의 벽전을 생산하였고, 각 궁궐과 사대부 살림집의 벽체와 담장 등은 물론 일반 백성들의 살림집에도 확대하여 사용할 수 있었는데, 이는 벽요를 변형하여 현재에도 재래 기와생산에 사용하고 있는 대감가마·거북이가마인 감투가마를 통해 확인할 수 있었다.

결국 열효율이 우수한 승염식 가마의 사용은 조선후기의 생산력을 향상시켰으며, 벽전의 보편적인 사용을 가능케 한 결정적인 요인이었다고 할 수 있는 것이다.

1-6. 벽전건축의 발생과 그 의미-벽전축 무덤

한국의 벽전건축은 벽전 발생과 동일하게 영원성(永遠性)을 추구한 벽전축 무덤에서 시작하였다.

A.D.1~2세기 한국에서는 목조건축의 형식을 완성하고 있었으며, 이러한 기술과 형식을 바탕으로 단장(單葬)의 수혈식 귀틀무덤을 축조하였다. 그러나 당시 사회의 특정한 필요로 인해 2인 이상의 주검을 시간의 선후에 따라 순차적으로 매장하는 다장(多葬)으로 변화하였고, 변화한 매장 방식에 부합하는 새로운 무덤형식을 필요로 하였다.

즉, 2인 이상의 주검을 매장하여야 하므로 1실 이상의 큰 스팬(span)을 갖는 묘실이 필요하지만, 목재로는 큰 묘실을 축조하기 어렵고 여러 묘실을 안정적으로 땅 속에 축조하기에는 목결구(木結構)만으로 역부족이었던 것이다. 또한 순차적인 매장을 위해서는 무덤길과 문을 설치하는 횡혈식(橫穴式) 구조가 필요하고, 또 땅 속에서 오랜 시간 유지되어야 하는데, 나무로 축조한 귀틀무덤은 일정 시간 후 썩어 붕괴되고 토압(土壓)에 효과적으로 대처할 수 없으므로 적합하지 않았던 것이다. 또한 당시 사람들은 내세에서도 육체적 존재를 인정하여 지상과 동일한 건축을 지하에 축조하였는데, 특히 불멸의 삶을 누린다는 관념으로 인해 영원한 삶에 걸맞는 영원한 건축을 필요로 하였으나. 귀틀무덤은 당시 사회의 요구에 부합하지 못하였던 것이다.

이러한 사회 변화를 수용하기 위해 오랜 시간 땅속에서도 부식하지 않고, 큰 스팬의 여러 묘실을 쉽게 축조할 수 있는 새로운 재료와 무덤형식을 필요로 하였는데, 그 재료는 벽전이었으며 궁륭천장과 곡면 벽체의 형식을 갖는 벽전축 무덤이었던 것이다. 따라서 썩지 않는 재료인 벽전으로 축조하는 벽전축 무덤은 이러한 상위 계층의 영원성 추구로 인해 발생한 것이며, 한국 벽전건축의 기원이 되기도 한다.

또한 벽전축 무덤은 각 사회의 벽전 생산력, 조적식 건축기술의 발달과 직접적인 연관을 맺고 있는데, 지하에 축조한 무덤은 균등하게 가해지는 토압에 오랜 기간 유지하여야 하므로, 등분포하중에 유리하고 묘실의 규모와 관계없이 축조할 수 있는 궁륭천장, 개구부의 크기에 관계없이 상부하중을 압축력만으로 전달하는 홍예 축조법의 발달과 때를 같이 하는 것이다. 따라서 벽전축 무덤은 이러한 건축 축조기술을 바탕으로 나타날 수 있는 건축형식인 것이다.

이러한 벽전축 무덤의 조적식 축조 방법은 1세기 후반 또는 2세기 말에서 3세기 초 낙랑에서 시작하여 6세기 초에 축조한 백제 송산리 6호 무덤과 무령왕릉으로 연속되었다. 특히 궁륭의 축조방법은 고구려·백제·신라의 궁륭천장 석실무덤으로도 이어졌으며, 무덤의 벽전사용은 낙랑 이후 백제와 고려·조선의 왕릉 바닥을 벽전으로 축조한 형식으로까지 연속한 것이다.

낙랑 벽전축 무덤의 전개는 크게 5가지 단계로 상정(想定)할 수 있는데, ① 귀틀무덤 외곽을 벽전으로 둘러싼 무덤 → ② 귀틀무덤의 바닥을 벽전으로 축조한 무덤 → ③ 벽전축 무덤이지만 천장에 목재를 횡가(橫架)한 목조 평천장 벽전축 무덤 → ④ 궁륭천장과 곡면 벽체를 축조한 전형적인 벽전축 무덤 → ⑤ 전형적인 벽전축 무덤의 무덤길 상부를 목재 또는 석재로 축조한 무덤 순서이다.

특히 전형적인 벽전축 무덤은 단실과 2실 무덤으로 구분하는데, 단실 무덤은 정방형 평면에서 장방형 평면으로 전개하였으며, 궁륭천장을 통해 확인할 수 있다. 즉, 궁륭은 4면을 동일하게 좁혀야 하는데 장방형 평면에서는 긴 변에서 붕괴하기 쉽기 때문에 이 축조 방법을 완성한 시기는 후기로 볼 수 있는 것이다.

2실 무덤은 '丁'자와 '呂'자 형으로 구분하고, 각각 측실이 있는 경우도 있는데, 가장 특징적인 것은 평면에서 모든 묘실은 독립된 4면의 벽체를 갖는 것으로, 그 이유는 크게 세 가지로 추정할 수 있다. 첫째, 각 묘실이 각각의 벽체를 축조하여 구조적으로 독립되므로, 하나의 묘실이 유실될 경우 다른 묘실은 영향 받지 않고 주검과 껴묻거리를 오래 보존할 수 있다. 둘째, 각 묘실은 토압에 저항하기 위해 외부로 불룩한 곡면 벽체를 축조하는데, 각 묘실이 각각 4면 벽체를 갖지 않으면, 묘실 내부공간의 형태가 달라지고, 또 구조적으로도 불안정하다. 따라서 벽체를 각기 축조하여 측실을 포함한 모든 묘실은 동일한 내부공간을 형성할 수 있다. 또한 하나의 건물은 하나의 기능을 담당하는 당시 지상 건축의 영향에 의한 것으로도 생각한다. 셋째는 두 묘실이 1.0B 두께의 벽체만으로 연접할 경우, 곡률이 서로 다른 두 묘실의 궁륭으로 인해 벽체 상부에는 휨모멘트가 발생하여 구조적으로 불안정하기 때문이다. 그러나 직선 벽체의 목조 평천장 벽전축 무덤인 석암리 120호 무덤과 토성리 45호 무덤에서도 동일한 평면형태가 나타나므로, 첫째와 둘째 목적이 더욱 컸던 것으로 추정할 수 있다.

묘실 평면은 외부로 배가 불룩한 원형에 가깝고, 동시에 단면에서는 안쪽으로 굽어져 3차원 곡면을 이루고 있다. 또한 벽체와 벽체가 직교하는 모서리에서는 벽전을 연결하여 축조한 것이 아닌, 모든 벽전을 45°로 가공하여 벽체는 전혀 연결되지 않고 독립적으로 축조하였다. 따라서 묘실은 궁륭천장과 함께 평면과 단면에서 묘실 안쪽으로 일정하게 가하는 외부 토압에 완벽하게 저항할 수 있는 구형(球形)과 유사하며, 모서리의 45°처리로 인해 벽체는 안쪽으로 밀려들지 않게 되어, 주검과 껴묻거리를 안전하게 보존할 수 있고 다장 장법에도 부합하는 형식의 무덤을 축조할 수 있었던 것이다.

이러한 평양과 황해도 지역의 낙랑 벽전축 무덤은 궁륭천장을 갖는 고구려의 석실무덤 형성에 영향을 미쳤으며, 실재 바닥을 벽전으로 축조한 경우도 발견할 수 있다. 또한 백제의 벽전축 무덤인 무령왕릉과 송산리 6호 무덤은 외부 압력에 완벽하게 저항할 수 있는 낙랑 벽전축 무덤의 섬세한 설계기법이 연속되었던 것으로 생각한다. 산 중턱에 위치한 백제 벽전축 무덤에서 가장 큰 토압을 받는 것은 북쪽 벽체이므로 묘실 안쪽으로 경사지게 축조하고, 상부 봉토(封土)의 정상부를 묘실의 중심축 선상(線上)의 뒤쪽에 위치시켰다. 따라서 북쪽에서 가해지는 토압은 벽체를 따라 위쪽으로 흐르기 때문에 무덤 전체에 가해지는 토압은 감소한다. 또한 북쪽 천장을 더 높게 축조하여 북쪽 벽체를 따라 흐른 토압을 남쪽으로 흐르도록 하여 외부 토압에 완벽하게 저항하고 있는 것을 확인할 수 있었다.

이러한 백제 벽전축 무덤은 단실 장방형 평면이고, 중국 남조 양(梁)의 영향으로 인해 볼트(vault) 천장을 한국에서 처음으로 축조하였다. 그러나 볼트 축조에는 낙랑의 축조방법이 연속하고 있는데, 세워쌓기한 사다리꼴 벽전이 곡률을 결정하고, 위가 뾰족한 방추형(方錐形)을 이루고 있기 때문이다. 이것은 결국 한국 벽전축 무덤에서만 나타나는 특징으로, 중국의 영향과 함께 한국 자체의 역량도 내재하고 있는 것을 알 수 있다.

또한 발해에서는 고구려 적석무덤 또는 중원 지방의 당(唐) 무덤형식에 영향을 받아 지궁(地宮)과 상부 묘탑(墓塔)을 결합한 벽전축 무덤을 축조하였는데, 특히 천장은 상부 묘탑의 하중을 지지하기 위해 판석(板石)을 걸쳐 평천장으로 축조하였다. 이는 고구려의 영향을 바탕으로 발해가 독자적으로 창출한 벽전축 무덤이며, 당시 사회가 요구한 무덤 형식에 부합하는 형식이었다.

낙랑과 백제 벽전축 무덤의 벽체는 중국과 동일한 3횡1수 벽전쌓기로 축조하여 당시 건축 조류에 부합하고 있었지만, 천장은 사다리꼴 벽전에 의해 곡률을 결정하는 한국 고유의 축조방법을 창안하였으므로, 한국 자체에서 발전 가능성들을 내포하고 있는 형식이라고 할 수 있다. 그러나 백제 또는 발해 이후에 축조한 벽전축 무덤은 발견되지 않고 있는데, 조적식 벽전 축조기술보다 더 보편적으로 사용하고 있었던 화강석으로 계승되어 석실무덤이 주류를 이루었기 때문일 것이다.

1-7. 벽전건축의 완성-벽탑

한국 최초의 벽전건축인 벽전축 무덤은 상위 계층을 위한 사적(私的) 건축이기 때문에, 형태보다는 영원성과 부합하는 구조적인 목적에 주안점을 두고 축조하였으며, 지하에 축조하는 까닭으로 조적식 건축의 구조·역학적 축조방법이 벽전축 무덤에서 완성되었다고 할 수 있다. 이에 반해 탑파(塔婆)는 불교 신앙의 직접적인 대상이 되는 가람의 중심 건축이었으며, 특히 벽전으로 축조한 벽탑은 그가 갖는 상징성으로 인한 형태의 조영원리가 매우 중요하였을 것이다. 결국 벽전축 무덤에서 완성한 구조적이고 역학적인 조적식 축조방법을 바탕으로 하여 벽탑에서는 벽전건축의 형태와 그 조영원리를 완성한 것이다.

동양 삼국의 공통적인 중층(重層) 탑파형식은 중국에서 발생하여 한국과 일본에 불교가 전파되면서 동시에 유입한 것으로 추정하는데, 초기에는 모두 목탑이었다. 그러나 목탑의 목재는 화재에 약하여 전소되기 쉽기 때문에, 벽전축 무덤과 유사하게 종교적 영원성을 추구하여 발생한 탑파 형식이 바로 벽탑이었고, 이후 한국에서는 벽탑보다 화강석의 석탑 축조가 훨씬 더 보편적이었다.

중국 벽탑은 북위(北魏)에서 발생하였지만, 한국의 벽탑은 삼국 중 불교를 처음으로 받아들인 고구려에서 가장 이른 시기에 축조하였을 것이며, 현존하는 중국 선양[瀋陽]의 고구려 벽탑은 5세기 중엽에 축조한 것으로 추정할 수 있다.

조적식으로 축조하는 벽탑에서 내밀어 쌓는 옥개는 매우 불안정하고 수리하기도 어려우며, 탑신에서 크게 돌출하지 못하기 때문에 목탑의 형태와는 완전히 다른 특징을 나타낸다. 따라서 고구려 벽탑은 벽전으로 탑신 등의 주요 구조체를 축조하였지만, 1층 탑신 주위에서는 목조 차양칸과 옥개를 축조하여 목탑의 형태에 가깝도록 하였다. 이는 목탑 형태를 재현하기 위해 원형 벽전으로 축조한 원기둥, 탑신 상부의 공포 흔적 등과 함께 탑신·기단에 목조 부재를 연결하기 위한 공안(孔眼)을 통해 추정할 수 있었다. 금강사 목탑을 비롯한 당시 고구려 목탑에는 모두 차양칸을 설치하는 것이 보편적이었기 때문이다.

결국 고구려 벽탑은 구조와 함께 그 형태에 초점을 맞추어 축조한 것이며, 벽전과 목조를 혼합한 벽탑은 신라를 거쳐 고려 안양사 7층 벽탑으로 연속하는, 한국 벽탑형식의 하나로 상정할 수 있다. 또한 신라에서는 명확하게 벽전과 목조를 혼합한 탑 형식을 발견할 수 없었지만, 앞으로의 연구를 통해 밝혀질 것으로 생각한다.

한국에서 벽탑은 고구려로부터 불교를 전해 받은 신라에서 주로 축조하였으며, 한국 탑파를 대표하는 신라 전형석탑에까지 영향을 미쳤다. 그러나 기존 연구에서는 신라 탑파의 기원을 분황사 모벽탑으로 추정하고 있어, 여기에는 형식 발생 순서에 모순이 있다. 즉, 신라에서는 벽탑이 없는 상태에서 벽탑을 모방한 모벽탑을 먼저 축조하고, 그 후에 벽탑을 축조한 것이 되기 때문이다. 따라서 초기 신라 탑파는 목탑과 벽탑이 공존하고 있었으며, 이는 경주에서 발견한 여러 벽탑터와 벽전에 새긴 벽탑 무늬들을 통해 알 수 있다. 그러므로 초기 신라 탑파는 목탑과 벽탑을 축조하였고, 그 이후에 재료를 석재로 바꾼 모벽탑과 모벽석탑·전형석탑 등이 발생한 것으로 결론지을 수 있다.

신라 벽탑의 발생시기는, 2~3세기부터 벽전과 유사한 기와를 사용하고 있었다는 점, 벽전축 무덤을 축조한 낙랑 유민이 신라에 유입된 점, 『삼국유사』에서 벽탑을 축조하였다는 양지(良志) 관련 기사, 신라에 불교를 전해 준 고구려에서는 벌써 5세기 중엽에 벽전과 목조를 혼합한 벽탑을 축조하였다는 점 등을 통해, 634년 축조한 분황사 모벽탑 이전인 5세기 말 또는 6세기 중엽으로 추정할 수 있다. 또한 신라 벽탑은 경주에서 먼저 발생하였고, 그 이후 청도와 대구를 거쳐 안동 지역에 전파되어, 8~9세기까지 약 300여 년 지속적으로 축조하였던 것이다.

모든 신라 벽탑의 입지는 대체로 강을 끼고 있거나 산 중턱에 위치하며, 절의 중심 영역과 떨어진 공통된 입지 특성을 갖는데, 이는 신라 모벽탑과 동일한 특징이기도 하다. 또한 고구려 적석무덤과 유사하게 법흥사터 7층 벽탑과 법림사터 5층 벽탑의 옥개 상부에는 기와를 얹은 흔적이 있고, 고려 안양사 7층 벽탑 역시 기와를 사용하였다. 고구려 벽탑에서는 감실에 모신 불상의 장엄(莊嚴)을 위해 용과 해·구름·비천상을 새긴 부조판을 감입하였는데, 이러한 축조방법은 신라 법흥사터 5층 벽탑과 발해 영광탑(靈光塔)에 이어, 조선후기 꽃담·벽전축문 등에서도 연속하여 사용한 기법이다. 또한 불교 신앙의 중심인 모벽탑과 함께 벽탑에는 석회를 바르고 채색을 하거나, 불화(佛畵)를 그려 장엄을 더한 경우도 있는데, 이때에는 벽탑의 매스(mass) 즉, 괴체성(塊體性)을 통한 전체 형태와 비례 등에 주안점을 두고 축조하였음을 알 수 있다.

신라 벽탑의 축조에는 고구려·백제의 벽전 제작과 쌓기방법에 많은 영향을 받은 것으로 생각하는데, 먼저 고구려의 영향으로는 법림사터 5층 벽탑에 부조판을 감입한 것, 마구리면과 길이면을 번갈아 축조하는 고구려 벽탑과 동일한 벽전쌓기가 법흥사터 7층 벽탑에 나타난 것 등이다. 또한 임하사 벽탑터의 연꽃무늬 벽전이 무령왕릉의 벽전무늬와 그 개념이 동일하고, 백제 벽전축 무덤에서 발견된 '大方'·'中方'·'急使'·'使才' 등의 글자를 새긴 벽전과 유사하게 경주 벽탑터에서는 '下層'·'上層'·'西中上'·'西北' 등 벽전의 사용처를 새긴 벽전이 발견된 것을 통해 백제의 영향을 추정할 수 있다. 그리고 송림사 5층 벽탑의 사리장치에서는 백제에서 발견된 것과 동일한 인조 보리수를 발견하였고, 임하사 벽탑의 사리장치는 백제의 부여 군수리 목탑과 동일한 것 등은 이러한 사실을 뒤받침 한다.

발해에서는 벽전축 무덤 상부에 묘탑(墓塔)인 벽탑을 축조하였는데, 벽탑의 입지와 옥개·탑신의 축조방법, 부조판 감입 등에서 신라 벽탑과 동일한 특징을 나타내고 있으며, 눈썹벽전과 직령창 등에서는 백제 벽전축 무덤과 동일한 축조방법을 살펴볼 수 있었다. 그러나 옥개의 아자(牙子) 쌓기는 중국 벽전건축에서만 나타나는 특징으로 당(唐)의 영향으로 생각한다.

고려에서도 고구려와 신라를 계승한 벽탑을 축조하고 있었는데, 태조 대에 축조한 안양사(安養寺) 7층 벽탑은 벽전과 목조를 혼합한 형식의 벽탑이었으며, 옥개에는 기와를 사용하였다. 현존하는 신륵사(神勒寺) 다층 벽탑은 조선에서 개축하여 조선 동관왕묘와 동일한 벽전쌓기 특징을 나타내고 있지만, 그 이전 신라의 벽탑 형식을 계승하고 있다. 즉, 벽전무늬의 개념은 신라 임하사 벽탑터에서 발견한 벽전과 완전히 동일하며, 벽탑의 입지 또한 강변에 위치하고 절의 중심 영역과 떨어진 곳에 축조한 것이다. 이렇게 각 시대를 연속하여 전개한 한국 벽탑은 주자 성리학의 유교정치를 추구한 조선에서 더 이상 축조되지 않고 사라진 벽전건축이라고 할 수 있을 것이다.

1-8. 벽전사용의 확대와 축조방법의 완성-벽성(甓城)

중국은 송대(宋代:960~1279)에 벽전으로 축조한 벽성을 축조하기 시작하였는데, 한국에서도 이와 유사한 시기인 고려에서부터 벽성을 축조하였으며, 조선으로까지 이어진다. 벽성의 축조는 한국 벽전건축에서 벽전생산과 축조기술의 발달을 의미하는 매우 중요한 사항으로 평가할 수 있다.

즉, 가오마보·진지달보·전원경보·가을파지보는 함경남도 혜산(惠山)과 삼수(三水)를 중심으로 하는 압록강변에 위치하는데, 이 지역은 중국과 국경을 접하는 지역이면서 동시에 백두산 남쪽, 개마고원의 북쪽으로 산성(山城)을 쌓기에는 대단히 험한 지형이다. 그럼에도 불구하고 고려에서는 길이 '855척'에 달하는 벽성을 축조하였는데, 이는 벽전을 대량으로 생산할 수 있고, 또 벽전의 질이 우수하여 쉽고 빠르게 축조할 수 있었던 것을 의미한다. 또한 매우 험한 지형에 높이 7~8척(尺)의 성을 쌓기 위해서는 대량의 벽전을 운반하고, 축조하는 기술이 비로소 크게 진전하였음을 의미하는 것이기도 하다.

벽전은 석재와 달리 채취·가공의 과정이 생략되고, 벽전을 시공 현장에서 직접 생산하므로 운반이 용이하며, 부재의 크기가 작아 험한 지형에도 비교적 쉽게 축조가 가능하다. 그러므로 고려에 이르러 이러한 벽전의 특성을 명확하게 파악하고 있었으며, 결국 벽전의 생산기술과 그 사용을 보편화하였고, 완벽한 축조방법을 보유한 시기는 바로 고려 때인 것으로 볼 수 있다.

또한 '甎城'이라고 표현한 송산보는 평안북도 의주의 압록강변에 위치하는데, 이 지역은 가장 중요한 군사 요충지이면서 동시에 조선에서 벽성을 집중적으로 축조한 지역이기도 하다. 조선에서는 태조 대에 축조한 개성 내성(內城)을 시작으로 정조(正祖) 대의 화성(華城)을 포함한 약 10곳의 벽성을 축조하였는데, 구릉지이면서 군사적으로 가장 중요한 압록강변에 6군데의 벽성을 축조한 것이다. 이는 고려에서 벽전의 운반·시공(施工) 측면을 중시하여 축조한 것과는 다르게, 벽성의 견고함에 초점을 맞추어 축조한 것을 의미하는데, 실재적으로 적의 공격을 가장 많이 받을 수 있는 지역이기 때문이다.

따라서 조선전기에 벽전을 사용하지 않았다고 하는 주장은 근거 없는 것임을 알 수 있는데, 대량의 벽전을 동시에 생산하여 대규모의 성을 축조해야 하는 벽성은, 당시 사회의 벽전생산과 축조기술이 상당히 발달해 있음을 증명하기 때문이다.

그럼에도 불구하고 조선전기에서는 벽전 생산과 축조 기술을 축적하지 못하였는데,

앞에서 살펴본 5가지의 이유와 함께 벽성의 축조는 임진왜란이 일어났던 선조(宣祖) 대를 제외하면, 모두 큰 시간 차이를 갖기 때문이다. 결국 변방에서의 벽전생산과 시공방법은 각각 1회성으로 그쳤고, 조선 전역에 영향을 주지 못하였던 것이다.

또한 조선전기에 벽성을 주로 의주 지역에 축조한 것은 압록강 북쪽의 중국 성을 모두 벽전으로 축조하여 공역이 적게 들고 튼튼한 성을 만들 수 있다는 사실을 직접 확인할 수 있었기 때문인데, 이 당시에 중국 벽성의 형식이 어느 정도 유입되었던 것으로 생각할 수 있다. 그러나 19세기 후반에 제작한 「대동여지도」에서는 고려 벽성인 소농보와 가을파지보가 현존하는 것으로 표기하여, 고려 벽성이 조선에서도 연속하여 운영되고 있었음을 확인할 수 있으므로, 조선에서는 중국의 영향과 함께 고려 벽전생산과 축조기술에 영향을 받아 벽성을 축조한 것으로 추정할 수 있다. 결국 고려에서 조선으로 연속한 벽전생산과 쌓기방법은 18세기 말 화성 축조까지 연속하고 있는 것이다.

1-9. 벽전건축 조영원리 Ⅰ-백제 저석리 1호 무덤

벽전은 대체로 동일한 크기로 생산할 수 있기 때문에, 벽전의 기본 규격과 벽전건축의 평면·입면·단면 등의 전체 규모는 일정한 상관관계를 가진다. 특히 완결적인 무늬를 새긴 벽전은 시공 때에 갈거나 깨는 등 가공하여 축조하면 무늬의 의미와 상징성들이 사라지기 때문에, 더더욱 벽전 크기와 건축 규모와는 일정한 상관관계를 가질 수밖에 없다. 그러나 이 책에서는 모든 벽전건축을 이러한 특징에 맞추어 살펴보지 못하였는데, 조선후기 벽전건축에 사용한 벽전은 무늬가 없고, 시공 때에 모두 가공하여 사용하였기 때문이며, 그 외 낙랑과 백제의 벽전축 무덤은 정확한 실측 도면이 없기 때문이었다.

그러나 백제의 수혈식 벽전축 무덤이라고 할 수 있는 저석리 1호 무덤을 통해서는 벽전 크기와 전체 규모의 상관관계를 쉽게 살펴볼 수 있었는데, 먼저 사용한 벽전은 장방형으로 두께만 다를 뿐 34×17㎝의 동일한 규격이고, 특히 벽전의 길이는 넓이의 정확한 2배이므로 길이면 위에 마구리면으로 2장을 겹쳐 축조할 수 있다. 따라서 각 단에서 길이쌓기 또는 마구리쌓기를 번갈아 축조하여도 무덤 규모에는 큰 변동이 없으며 안정된 구조물을 쉽게 축조할 수 있다.

무덤의 평면 크기는 동서 1.97m, 남북 0.5m인데, 동서 길이는 벽전 길이의 6배, 넓이의 12배이고, 남북 길이는 벽전 길이 1.5배, 넓이의 3배에 해당한다. 따라서 벽전 크기가 건축의 기본 치수가 되어 평면 크기와 높이 또는 전체 규모를 결정하고 있는 것이다.

그러므로 벽전 크기를 먼저 결정하고 이에 따라 건축의 규모를 계획하거나, 이와 반대로 건축의 규모에 의해 벽전 크기를 결정한 것이며, 결국 계획·설계 과정을 거쳐 벽전의 크기를 결정하였음을 유추할 수 있는 것이다.

이러한 사실은 하나하나의 기본 부재를 일정하게 쌓아 축조하는 조적식 건축물의 가장 큰 특징이며, 같은 조적식 축조 방법이지만 석재(石材)와는 다른 벽전의 건축재료적인 특징을 가장 잘 반영한 것이다. 그러나 왜 벽전 길이의 6배 또는 12배로 그 건축의 규모를 결정했는가, 또는 건축 규모를 결정하는 벽전의 길이를 17㎝, 혹은 그 배수인 34㎝로 결정하였는지에 대해서는 영조척(營造尺)과 함께 당시 사람들의 관념과 연관하여 더욱 연구되어야 할 부분이다.

1-10. 벽전건축 조영원리Ⅱ-신라 벽탑

벽탑은 동일한 크기로 생산한 일정한 크기의 벽전으로 축조하기 때문에, 벽전의 기본 규격과 평면·입면 등의 규모는 상관관계를 갖는다. 따라서 벽전 장수(張數)와 단수(段數) 등을 통해 일정한 조영원리를 파악할 수 있으며, 현존하는 신라 벽탑에서는 탑신·옥개 축조방법과 체감의 규칙을 찾을 수 있었다.

탑신 평면을 결정하는 벽전 장수는 법림사터 5층 벽탑을 제외하고, 상층에서 한 장 내지 두 장의 벽전을 점차적으로 감소하여 축조하였는데, 이는 벽전 길이의 배수에 해당하는 28㎝ 또는 56㎝이다. 탑신 높이를 결정하는 벽전의 단수에서는 먼저 1층 탑신과 2층 탑신에서 3배 이상의 차이를 보이는 것이 공통된 축조 방법이고, 상층에서는 법흥사터 7층 벽탑이 1단씩의 체감을 보이고 있어 일정한 규칙을 찾을 수 있다. 따라서 각각의 탑신은 벽전 두께에 해당하는 6㎝씩 줄어들고 있는 것이다.

벽탑에서 가장 특징적인 것은 옥개의 축조인데, 조적식 축조방법으로 내밀어 쌓아야 하기 때문에, 옥개는 매우 짧고 상·하에서는 층이 생긴다. 따라서 내밀어 쌓기에는 일정한 절대 치수가 있는데, 벽전 길이의 1/3에 해당하는 8~9㎝ 정도이며, 대부분의 벽탑이 일정한 규칙을 보이고 있다. 또한 옥개 상·하의 단수 차이와 옥개 각 층의 단수 차이는 탑의 규모에 따라 조금씩 다른데, 높이 14.8m로 규모가 가장 큰 법흥사터 7층 벽탑은 모두 1단씩의 일정한 규칙을 보이고 있고, 상대적으로 규모가 작은 조탑동 5층 벽탑은 2단씩의 차이를 갖는다. 이러한 내용을 통해 규모에 따른 신라 벽탑의 일정한 체감 법칙을 살펴볼 수 있었다.

결론적으로 법흥사터 7층 벽탑은 옥개와 탑신 축조에서 가장 일정한 체감을 보이므로, 신라 벽탑의 조영원리와 특징을 대표하는 벽탑인 것이다.

1-11. 벽전쌓기의 특징

한국에서 일정한 벽전쌓기는 주로 낙랑과 삼국의 벽전건축에서만 볼 수 있을 뿐, 현존하는 조선의 벽전건축에서는 일정한 규칙을 발견할 수 없었으나, 벽체·천장·개구부 등 각 건축 요소의 축조방법에서는 각 시대를 연결하는 일정한 상관관계를 볼 수 있었다.

■ **벽체의 벽전쌓기**

낙랑과 백제 벽전축 무덤에서는 눕혀쌓기와 세워쌓기를 반복한 3횡1수(三橫一垂) 또는 4횡1수의 1.0B 쌓기가 보편적인데, 당시 중국과 공유하였던 벽전쌓기이며, 특히 눕혀쌓기의 단수는 각 사회의 사상과 관념을 반영한 결과이다. 그러나 천장과 함께 벽체의 곡률을 만들어 내는 것은 축조 이전 설계 작업에 의해 제작한 사다리꼴 벽전의 세워쌓기에 의한 것이며, 한국만의 벽전쌓기 방법이었다. 그러나 이러한 벽전쌓기는 백제 벽전축 무덤 이후에는 전혀 나타나지 않으므로, 특정한 이유에 의해 단절되었음을 알 수 있다.

또한 고구려 벽탑에서는 불식(佛式) 쌓기와 유사하게 길이면과 마구리면을 번갈아 축조하는 벽전쌓기를 볼 수 있는데, 신라 법흥사터 7층 벽탑·조선전기의 동관왕묘·조선후기 성공회 강화성당에도 공통적으로 사용한 벽전쌓기이다. 이는 벽전축 무덤의 3횡1수와는 다른 쌓기 방법이므로 고구려만의 독자적인 벽전쌓기로 볼 수 있고, 동시에 중국에서도 일순일정(一順一丁)의 '工'자 벽전쌓기를 보편적으로 사용하였으므로, 중국과의 연관관계를 설정할 수 있다.

신라 벽탑의 탑신에서는 대체로 길이쌓기와 마구리쌓기, 옥개에서는 마구리쌓기로 축조하는데, 이는 신라 벽탑뿐만 아니라 모든 벽전건축에서 가장 일반적으로 나타나는 벽전쌓기이므로 그 영향 관계를 설명할 수는 없다. 그러나 벽탑의 옥개 모서리는 정방형 벽전으로만 축조하고, 신륵사 벽탑과 동관왕묘 모서리에는 장방형 벽전과 정방형 벽전을 상하로 번갈아 축조하여 모서리를 더욱 안정하게 축조하였는데, 이는 모두 의도적인 벽전쌓기이므로 그 영향 관계를 설명할 수 있을 것이다.

조선에서 가장 대표적인 화성의 각 시설 벽체는 벽전을 모두 가공하여 축조하였기 때문에 일정한 규칙은 발견할 수 없지만, 면배(面排)와 내배(內排)로 구분하는 것이 일반적인 벽체 쌓기로 볼 수 있다. 그 중 면배는 주로 길이쌓기로 축조하며, 내배의 경우는 면배와 동일하게 벽전을 쌓거나, 잡석과 석회를 채우는 두 가지 경우가 있으며, 이는 축조 당시의 공사비에 대한 경제적인 측면과 연관하는 것이다.

또한 벽체 하부의 3/4~4/5정도는 수평줄눈을 넣고, 상부에는 수평·수직줄눈을 동시에 넣는 공통된 벽전쌓기를 나타내는데, 이는 석회 줄눈에 따른 벽전의 부착강도, 특정한 의장적(意匠的) 계획, 일정한 크기의 벽전을 생산할 수 없었던 세 가지 이유로 추정하였다.

경사쌓기와 곡면쌓기로 축조하는 경우에는 모든 벽전을 경사와 곡면에 맞추어 가공하여, 벽전과 벽전 사이에는 조그만 틈도 없도록 치밀하게 축조하였다. 그 중 경사쌓기는 내부공간의 변화를 일으키지 않지만, 벽체를 독립적으로 안정하게 쌓는 방법이다. 벽체 단면의 곡면쌓기는 규형(圭形) 쌓기라고도 하는데, 적의 침입을 막기 위한 기능적인 목적을 갖고 있고, 원여장(圓女墻)의 곡면쌓기는 홍예와 조화하려는 건축 의장 측면을 강조하기 위한 것이다. 또한 방화수류정 심벽의 경우에는 '+' 무늬의 영롱(玲瓏) 쌓기로 축조하였으며, 이는 조선후기 동십자각에까지 연속하는 의장적인 벽전쌓기이다.

특히 화성 각 시설의 벽체 쌓기에는 미석(眉石)과 유사한 눈썹벽전[眉甓甎]을 사용하였는데, 이는 크기가 균일하지 않은 벽전으로 축조한 벽체의 수평 높이를 맞추기 위한 기능적 목적과 함께, 결과적으로는 내부공간을 외부 입면에서 표현하는 역할을 하였다. 따라서 눈썹벽전은 동일한 건축 내에서도 층(層)의 관념과 조영 의식을 파악할 수 있고, 화성 조적(組積) 공사의 하루 작업량까지도 파악할 수 있는 매우 중요한 부분이다. 또한 벽체와 여장 사이에서는 적의 침입을 막을 수 있는 내밀어 쌓기를 가능하도록 하였다.

한국 벽전쌓기에서 가장 특징적인 것은 석회 사용의 여부이다. 벽전축 무덤에서는 대체로 석회를 사용하지 않는데, 일정한 형태와 고른 면의 벽전을 생산할 수 있었고, 특히 벽전의 형태에 의해 일정하게 작용하는 토압을 효과적으로 지지할 수 있는 구조를 창안하였기 때문이다. 신라 벽탑에서도 대체로 석회를 사용하지 않고 축조하는데, 이는 벽탑이 갖는 종교적 상징성을 괴체성(塊體性)의 매스(mass)로 강조하기 위한 것이다.

고려의 기단과 벽체에서는 겉으로 줄눈이 드러나지 않도록 뒤쪽에서 벽전을 부착하였고, 화성 홍예문 주위와 동관왕묘, 각 궁궐 굴뚝의 지대석 윗부분의 벽전 몇 단은 석회를 사용하지 않고 축조하였는데, 이것은 벽체의 의장적 측면을 위한 것이거나 홍예문을 강조하기 위한 것이다. 따라서 벽전 축조 때에 석회를 사용하여 부착하지만 겉으로 줄눈을 드러낸다거나 또는 그렇지 않은 축조 방법은 당시 사람들이 갖는 의장 또는 건축 관념에 따른 것으로 생각할 수 있다.

■ 홍예

반원형을 기본으로 하는 홍예는 낙랑 벽전축 무덤에서 처음 나타났는데, 일반 장방형 벽전을 가공하여 축조하거나, 화성 홍예벽(虹蜺甓)과 같이 사다리꼴 벽전을 사용하는 경우도 있다. 또한 홍예는 압축력만으로 상부하중을 지지하기 때문에, 그 단면 높이가 커질수록 큰 하중에도 안정할 수 있으므로, 상·하 2~3단을 겹쳐 축조하기도 한다.

고구려 벽탑의 감실 홍예에는 최초로 귀목(鬼目) 무늬의 눈썹벽전[眉甓甎]을 사용하였으며, 백제 무령왕릉을 거쳐 조선후기 거의 모든 홍예에서는 일반적으로 사용하였다. 이 눈썹벽전은 상·하 2~3단으로 겹쳐 축조한 홍예와 같이, 단면 높이를 크게 하여 개구부를 안정하게 하고, 벽체와 홍예를 구분시켜 문(門)을 강조하거나, 문의 상징적 의미를 나타내기도 한다. 또한 무령왕릉 호벽에 축조한 홍예는 상·하 2단으로 축조하고, 그 사이에 각각 눈썹벽전을 사용하여 무덤 입구를 강조하는 것은 물론, 큰 하중에 견딜 수 있도록 하였다. 하부 홍예는 상부 홍예보다 안쪽으로 들여 축조하였는데, 이는 순차적으로 주검을 매장할 때 입구를 쉽게 인식시키고, 내부 묘실을 완전히 밀폐시키는 기능적인 역할도 한다.

화성의 암문(暗門)에서는 수평으로 2~3단의 홍예를 겹쳐 축조하기도 하는데, 이 역시 상부하중을 효과적으로 지지하기 위한 축조 방법이다. 또한 조선 홍예에서는 대체로 선단석(扇單石)을 사용하고 있는 것이 특징으로, 상부하중을 견고하게 지지할 수 있는, 기둥의 초석과 동일한 역할을 한다.

■ 천장

조적식 건축재료인 벽전은 압축력에 대단히 강하지만, 인장력에는 쉽게 파괴되기 때문에 천장 축조가 가장 어렵다. 따라서 벽전건축에서 압축력만으로 상부하중을 지지할 수 있는 가장 적합한 천장 형식은 궁륭, 혹은 볼트라고 할 수 있다. 한국에서 궁륭은 낙랑 벽전축 무덤에서 처음으로 나타나는데, 상부는 뾰족한 방추형이고 벽체의 3횡1수와 동일하게 세워쌓기를 첨가하여 중국과 다른 한국만의 축조방법을 보이고 있다. 또한 궁륭 4면이 접하는 모서리 부분은 벽체와 동일하게 45°로 접합하고, 정상부는 아치의 스큐백(Skewback) 또는 키스톤(Key stone)과 동일하게 경사지게 마무리하여 외부 토압에 효과적으로 지지하고 있으며, 별도의 목재 틀 없이도 축조할 수 있다. 이러한 낙랑의 궁륭 축조 방법은 삼국의 궁륭천장 석실무덤에 큰 영향을 준 것으로 추정하므로, 한국 벽전건축에서 낙랑이 차지하는 위치는 매우 크다고 할 것이다.

백제 무령왕릉과 송산리 6호 무덤 또한 중국 양(梁)의 영향에 의해 볼트천장을 축조한 것으로 추정하지만, 낙랑 후기 벽전축 무덤인 추릉리(楸陵里) 벽전축 무덤은 뒤쪽 벽체를 수직으로 축조한 볼트천장이므로, 백제 벽전축 무덤에 영향을 주었을 가능성이 있다. 즉, 백제의 볼트는 반원형의 중국 전실묘(塼室墓) 천장과는 구별되지만, 낙랑 궁륭과 동일하게 위가 뾰족한 방추형이고, 세워쌓기에 의해 곡률을 결정하고 있기 때문이다. 또한 벽전축 무덤의 볼트는 백제 석실무덤 중 터널·아치 석실무덤을 발생시키는 계기를 마련하기도 하였다.

이러한 백제 볼트천장을 끝으로 벽전으로 축조한 천장 형식을 발견할 수 없지만, 조선후기 『임원경제지』에는 수고(水庫) 천장을 권궁(券穹)·두궁(斗穹)·개궁(蓋穹)으로 구분하고, 그 축조방법과 특징을 설명하였는데, 각각 볼트·궁륭·돔(dome)에 해당하는 것이다. 따라서 실재의 유구는 남아 있지 않지만, 한국에서는 이러한 형식이 명맥을 유지하였고, 가구식 건축이 주를 이룬 한국건축에서 다양한 조적식 구조가 조선후기까지 연속하고 있음을 알 수 있다.

■ 바닥

한국 벽전건축의 바닥깔기는 대체로 두 가지로 구분할 수 있는데, 먼저 삿자리 무늬 깔기는 낙랑과 백제의 벽전축 무덤을 비롯한 고구려·백제 석실무덤에 주로 나타나며, 낙랑토성의 지상 유구에서도 발견되어, 당시 중국과도 동일한, 한국의 보편적인 바닥깔기로 추정할 수 있다. 그러나 한국에서는 백제 이후에 나타나지 않고, 오히려 명(明)의 『원야(園冶)』에 인자식(人字式)·석문식(席紋式)으로 설명하고 있어, 중국에서 연속한 바닥깔기이다. 또한 고구려·고려의 석실무덤과 조선후기 화성의 각 시설에서는 주로 격자 깔기가 대부분으로, 벽전을 이용한 바닥의 가장 일반적인 포장 방법이라고 할 수 있다.

1-12. 벽전건축의 석재 사용

대부분의 한국 벽전건축에서는 석재를 혼용하고 있지만, 기존 연구에서는 '돌을 잊을 수 없었던 미련 또는 애착'으로 설명하거나, '벽전의 사용법을 충분히 소화하지 못하였기 때문'으로 평가한다. 특히 벽탑의 기단과 감실 등에 석재를 사용하는 것은 중국 벽탑 형식과 뚜렷이 구별되기 때문에, 축조기술이 미숙한 것으로 보고 있는 것이다. 이러한 주장들은 한국이 중국에 비해 상대적으로 벽전사용이 활발하지 못하였으므로 벽전을 한국 것으로 인식하지 못하였고, 축조방법과 생산기술이 중국보다 우수하지 못하였다는 선입견에 기인하는 것이다.

그러나 벽전건축에 부분적으로 석재를 사용하는 것은 오히려 중국과는 다른 한국 벽전구조의 특징으로 보아야 한다. 벽전은 인장력에 약하고 부재 하나하나를 쌓아 축조하는 조적식 구조이기 때문에, 기단과 감실의 상인방 등에 석재를 사용하는 것은 벽전의 특징을 더욱 명확하게 파악하고 있었음을 말하는 것이며, 결과적으로 더욱 안정한 건축을 축조할 수 있었다. 따라서 개구부의 석재 상인방(上引枋)과 벽체 하부의 지대석(地臺石)은 물론 기단의 벽체석연(甓砌石緣) 형식과 홍예 축조에 선단석(扇單石)을 사용하는 것은 한국 벽전건축에서 보편적으로 나타난 가장 큰 특징이라고 할 수 있다.

9-2. 한국 목조건축의 벽전사용

이 책에서는 벽전건축 이외에 고대부터 한국건축의 주를 이루어 온 목조건축에서의 벽전사용 역시 살펴보았다. 목조건축에서 벽전은 삼국에서부터 벽체와 기단·바닥 등에 사용한 것을 확인할 수 있었는데, 고구려에서는 주로 바닥을 포장한 것을 확인하였고, 백제에서는 기단과 벽체에까지 더욱 다양하게 사용하였다. 신라에서는 한국 특유의 기단 형식인 벽체석연(甓砌石緣)이 출현하였으며, 목조건축의 내부 바닥을 벽전으로 포장하는 것이 일반적인 형식으로 정착하였다. 특히 한국 최초로 벽성을 축조한 고려에서는, 삼국의 벽전사용을 바탕으로 벽전으로 축조한 목조건축의 벽체와 벽체석연 기단 형식을 완성하였다. 이러한 한국 목조건축의 벽전사용은 조선 특히 벽전을 확대하여 사용하기 시작한 18세기 이후, 매우 다양한 형식의 벽체를 벽전으로 축조하여 기존 목조건축과 매우 다른 건축 특징을 나타내고 있다. 한국건축의 축조재료는 분명 목조건축의 가구식 구조재료인 나무가 대표적이지만, 이러한 벽전사용은 한국 목조건축의 형식 변화 또는 각 시대의 요구에 부합하는 건축 형식을 초래하였다. 따라서 한국건축에서 조적식 건축재료인 벽전은 매우 중요한 위치를 차지하고 있다고 할 것이다.

2-1. 벽전으로 축조한 목조건축의 벽체

한국 목조건축은 2차원의 선적(線的) 재료, 즉 나무를 구조재료로 하는 가구식(架構式) 구조가 대부분을 차지한다. 이 때 가구(架構)는 건물의 뼈대인 골조(骨組)를 뜻하며, 이 골조를 짜 맞추는 방법을 가구형식 혹은 가구방식이라고 할 수 있다. 기단을 제외한 목조건축의 가구는 크게 벽체와 공포(栱包), 지붕으로 구분하는데, 건물의 몸체를 이루는 축부(軸部)인 벽체는 기둥과 창방(昌枋)·평방(平枋)·인방(引枋) 등의 부재로 이루어지며, 구성 부재의 수도 적고 결구도 비교적 간단한 것이 특징이다.

건축의 벽체는 크게 상부하중을 지지하는 내력벽(Bearing wall)과 그렇지 않은 비내력벽 즉, 칸막이벽(Curtain wall)으로 구분할 수 있는데, 한국 목조건축의 벽체는 기둥의 중심부에 흙벽 등을 쳐서 기둥이 벽면보다 두드러져 내보이는 칸막이벽인 심벽(心壁)이 대부분이며, 입면의 대부분을 차지한다. 그러나 심벽은 기둥을 노출하고 흙과 나무로 축조하기 때문에 자주 보수해야 하고, 화재에 전소(全燒)되거나 빗물·습기 등에 쉽게 붕괴되는 단점이 있다. 또한 습기가 많아 해충이 있고, 도둑이나 동물 등이 쉽게 뚫고 침입할 수 있으며, 흙이 건조·수축하면 인방과 심벽은 사이가 벌어져 난방에도 좋지 않다.

그러나 건축의 벽체는 공간을 한정하고, 내부와 외부를 구별하거나 연결하는 역할은 물론 보호와 안전에 관한 관념과도 부합하는 요소이므로, 상위 계층의 목조건축에서는 이러한 심벽의 단점을 보완하고, 보호·안전의 관념과 결부하도록 벽전이나 석재로 벽체를 축조하였을 것으로 생각할 수 있다. 석재는 가공의 어려움이 있고, 위계와 장엄(莊嚴)을 상징하는 무늬를 새기는데 어려움이 있지만, 벽전은 제작이 용이하고 다양한 무늬를 쉽게 새길 수 있으므로, 장엄과 위계를 효과적으로 표현할 수 있는 특징이 있다. 또한 부식하지 않고 견고한 점은 석재와 유사하기 때문에, 안전과 보호의 관념과도 부합할 수 있는 건축재료로서, 한국 목조건축에서 벽전으로 축조한 벽체는 아주 이른 시기에 출현한 것으로 추정할 수 있다.

■ **심벽**

백제에서는 블록(Block) 형태의 벽전으로 목조건축의 심벽을 축조하였는데, 마구리면과 뒷면에 설치한 구멍을 통해 벽전과 벽전을 연결하고 1.0B 쌓기 하여 실내·외에 모두 무늬가 나타나도록 하였다. 신라에서도 마구리면에만 무늬를 새긴 벽전으로 기둥을 노출하면서 창방 하부에 벽체를 축조하여, 심벽의 단점을 보완하고 상부하중을 지지할 수 있으며, 위계와 장엄을 실내·외에서 모두 표현할 수 있는 벽체를 축조하였다.

또한 상부하중을 지지하기 위한 목적보다 빗물로부터 벽체를 보호하기 위해 일반 심벽 외부에 벽전을 부착하여 축조한 형식도 살펴볼 수 있었다. 즉, 백제와 신라에서 발견한 정방형 벽전은 네 모서리에 촉구멍이나 이음턱을 설치하여 벽전과 벽전을 연결할 수 있도록 하였지만, 무늬가 드러나도록 축조하기에는 4~7㎝ 내외의 두께는 너무 얇기 때문에 독립적으로 축조할 수는 없다. 특히 신라에서는 벽전 측면에 많은 못구멍을 뚫은 벽전이 발견되었는데, 이는 일반 심벽에 보상화 무늬 벽전을 이음턱으로 연결·부착하여 축조하고, 가장자리 벽전은 기둥 옆에 설치하는 용지판(龍枝板)과 연결하기 위해 못구멍을 뚫은 것으로 추정할 수 있다. 따라서 일반 심벽 외부에 벽전을 부착하여 축조한 것을 알 수 있으며, 실내·외에서 모두 장엄과 위계를 나타낼 수 있었다. 또한 완결된 무늬를 새긴 벽전은 가공하여 축조할 수 없으므로, 벽전 크기는 당시 목조건축의 주칸(柱間)과 창방 하부의 벽체 높이와 밀접한 연관관계를 갖는다. 이러한 벽체 형식은 고려에서 계승하여, 실내 벽체와 창(窓) 테두리에 장방형 또는 사다리꼴 청자도판(靑瓷陶板)을 부착한, 화려한 내부공간을 형성하는 벽체를 축조하는데 바탕이 되었다.

결국 이러한 벽체는 일반 심벽의 단점을 해결하는 기능적인 목적도 내포되어 있지만, 화려한 무늬를 새긴 벽전을 통해 내부공간과 외부 형태에서 상위 계층의 위계와 종교의 장엄을 베풀기 위한 것으로 생각한다. 그러나 조선에서 심벽을 축조한 방화수류정(訪花隨柳亭)과 성공회 강화성당의 경우는 위계와 장엄을 위한 것이기 보다 당시 일반적이었던 방화장(防火墻)의 화재를 예방하기 위한 기능적인 목적이 더욱 크고, 상부하중을 일부 분담하는 구조적인 목적도 내포한다.

■ 내심벽 외평벽

고려 만월대에서 발견한 벽전을 통해서는 한국에서 처음으로 내심벽 외평벽 형식의 벽체를 축조한 것으로 추정할 수 있었다. 즉, 한쪽 길이면에만 목단(牧丹) 무늬를 새겼으므로, 한쪽 면으로만 무늬가 나타나도록 축조하였을 것이고, 그 단면은 단(段)과 경사가 있어 사이사이에 석회를 채워 줄눈이 드러나지 않도록 뒤쪽에서 부착하였던 것이다. 따라서 현존하는 종묘(宗廟) 공신당(功臣堂)·칠사당(七祀堂) 등과 같이 내부는 심벽을, 그 외부는 벽전으로 축조하는데, 겉으로는 석회 줄눈이 드러나지 않도록 한 것이다. 결국 청자도판과 함께 고려에서는 일반 심벽 외부에 벽전을 부착하여 축조한 삼국의 벽체를 계승하여 한국에서 처음으로 내심벽 외평벽 형식의 벽체를 축조하기 시작하였으며, 동시에 그 형식을 완성한 것으로 생각할 수 있다.

이러한 고려의 내심벽 외평벽 벽체를 조선에서는 일반 목조건축에 화재를 예방하는 기능적인 벽체인 방화장(防火墻) 형식으로 연속하였는데, 개성의 성균관 명륜당·숭양서원 문충당·동관왕묘 정전이 대표적이며, 서재(書齋)·성곽(城郭)·묘(廟)·진전(眞殿) 등 여러 목조건축에 다양한 형식으로 나타났다. 그 축조방법은 기둥과 기둥 사이에 샛기둥을 세우고 인방을 연결하며, 산자를 엮어 막돌이나 깨진 벽전들을 채운 후 벽전으로 마감한다. 그러므로 내부에서는 기둥이 그대로 노출하여 일반 목조건축의 내부공간과 동일한 특징을 나타내지만, 외부에서는 기둥과 인방 등 목재가 전혀 노출되지 않으므로 화재를 예방할 수 있고 부식되지 않아 내구적이며, 창방 하부까지 축조하여 상부하중을 일부 분담할 수 있다. 또한 기둥과 기둥을 감싸 일체가 되므로 외부 횡력에도 효과적으로 저항할 수 있으며, 특히 전쟁을 위한 시설인 화성에서는 이러한 특징이 더욱 극명하게 나타난다. 그 중 공심돈(空心墩)은 4면에 내심벽 외평벽을 축조하여 내구적이고 횡력에도 효과적으로 지지할 수 있으며, 건축 외관에서는 기존 가구식 건축의 선적(線的)인 부재를 통한 가구미(架構美)를 대신하여 벽체에 의한 면(面) 또는 볼륨(Volume)·매스(Mass)를 강조하는 큰 변화를 나타낸다.

이렇게 화재를 막는 기능적인 내심벽 외평벽 벽체는 유교를 숭상한 조선에서, 죽은 자를 위한 묘(廟) 건축의 내부공간인 음(陰)의 공간을 외부 양기(陽氣)로부터 차단하기 위한, 조선 특유의 관념적인 목적에 부합하는 평벽(平壁)과 내심벽 외평벽을 축조하기도 하였는데, 이는 [사료 7-2-16]을 통해 확인할 수 있었다. 이러한 묘 건축은 종묘·동관왕묘(東關王廟) 정전(正殿)과 선원전(璿源殿)·화령전(華寧殿) 등이 대표적이다.

특히 현존하는 한국 목조건축 중 중국의 건축형식 또는 '중국적 전통에 기인'하는 것으로 추정하는 동관왕묘 정전의 내심벽 외평벽이 가장 이른 시기의 유구인데, 분명 당시 조선의 관념과 그 사회가 필요로 하는 기능에 의해 축조한 것이며, 중국과는 다른 조선의 축조방법도 혼재된 것으로 보아야 한다. 즉, 벽전의 쌓기 방법과 그 특징은 그 이전 시기의 특징을 반영한 것이며, 동시에 조선후기 벽전축조와 건축에 큰 영향을 주었다. 벽전건축의 모서리에서 장방형 벽전을 사용하는 축조방법, 모서리에 선단석과 유사한 석재를 한 단 더 사용한 것, 벽체의 하부에 지대석을 사용하고 그 상부 몇 단의 벽전은 석회를 사용하지 않고 축조하는 것, 홍예에 선단석과 눈썹벽전을 사용하는 것 등이며, 모두 조선후기에도 공통적으로 나타나는 특징인 것이다.

결국 동관왕묘 정전의 내심벽 외평벽은 중국의 벽체와 유사한 것으로 보이지만 그 자세한 특징은 전혀 다르기 때문에, 고려 또는 그 이전 삼국에서부터 축조한 벽체 형식을 계승하여 형성한 한국 특유의 벽체 형식으로 추정할 수 있다. 따라서 한국 목조건축의 내심벽 외평벽은 기존 한국 목조건축의 특징을 그대로 계승하면서 동시에 고려 또는 조선에서 독창적으로 창안한 벽체 형식으로 보아야 할 것이다.

■ **평벽과 내력벽**

조선의 종묘 정전은 정면을 제외한 3면 벽체를 모두 벽전으로 축조하였는데, 내심벽 외평벽과는 다르게 실내·외에서 모두 기둥이 드러나지 않도록 평벽(平壁)을 축조하였다. 따라서 상부하중과 횡력에 효과적으로 저항할 수 있어 내구적이며, 내부공간을 외부 양기(陽氣)로부터 보호한다.

이와 유사하게 18~19세기를 전후하여 벽전을 적극적으로 사용하기 시작한 조선후기에서는 서까래와 들보 등으로 축조한 목조 지붕을 축조하고, 기둥과 인방 등의 목조 부재를 전혀 사용하지 않고 벽전으로만 축조한 내력벽을 갖는 건축 형식이 출현하였으며, [사료 8-9]와 화성(華城) 남수문(南水門) 포사(舖舍)·화성행궁(華城行宮) 무고행각(武庫行閣)의 화약고(火藥庫)·서울 번사창(飜沙廠)·윤승구 가옥 창고 등에서 확인할 수 있다.

벽전으로 축조한 내력 벽체를 갖는 일반 건축은 상부하중을 목조 기둥이 아닌 벽체가 지지하므로 벽전건축으로도 볼 수 있는데, 하중전달방식에서는 2차원적인 선적(線的) 부재가 절점(節點)을 통해 전달하는 방식에서, 부재와 부재가 직접 맞닿아 상부하중을 전달하는 방식으로 크게 변화하였다. 그러므로 이러한 건축 형식은 조선후기 사회가 요구한 조적식 건축이 일반 건축 형식으로 대두하기 시작한 것으로 볼 수 있고, 한국건축에서 가구식 건축에 의해 가려져 왔던 조적식 건축이 일반 건축 형식으로 새롭게 부각된 것으로도 해석할 수 있다.

따라서 건축 형태에서는 일반 목조건축과 큰 차이를 갖게 된다. 깊게 돌출된 처마와 짙은 음영을 만드는 처마 밑 공간은 한국 목조건축이 갖는 중요한 특징 중 하나이지만, 목조 지붕과 벽전 내력벽을 축조한 건축에서 벽체는 빗물에 부식하지 않기 때문에 처마는 길게 돌출될 필요가 없다. 또한 서까래가 돌출하지 않는 것은 입면에서 1/2 이상을 차지하는, 한국건축의 형태를 좌우하는 요소인 지붕의 역할이 감소하고, 벽체 부분이 중요한 건축 형태 요소로 부각하여, 목조건축의 가구(架構) 보다 벽체에 의한 볼륨(Volume)을 더욱 강조하고 있는 것이다. 결국 조선후기의 목조건축은 기존 가구식 축조방법에서 조적식으로 변화한 것이고, 그에 따라 하중전달은 물론 형태까지도 크게 변화하였다.

또한 내부공간에서도 큰 변화가 일어나는데, 기존 심벽과는 달리 4면의 벽체를 완전히 밀폐시킬 수 있는 벽전으로 축조하기 때문에, 더욱 폐쇄된 내부공간을 형성할 수 있으며, 좌우 측벽에는 조창(照窓)을 뚫기 때문에 직사광선을 유입할 수 있다. 따라서 내부공간은 도둑과 동물, 화재로부터 안전한 공간이며 직사광선의 유입에 의해 공간의 인식 체계 역시 달라진 것이다.

2-2. 벽전으로 축조한 기단

한국 목조건축의 기단은 크게 석축(石築)·판축(版築)·와적(瓦積)·석조(石造) 가구식 기단 등으로 구분할 수 있지만, 본 연구를 통해서는 벽전으로 축조하거나, 벽전을 부착한 기단 역시 중요한 기단 형식 중 하나로 상정할 수 있었다.

■ 석조 가구식 기단에 벽전을 부착한 기단

한국의 기단 형식 중 석조 가구식 기단이 언제 형성되었는지 확실치 않지만, 상위 계층의 위계와 종교의 장엄을 베풀기 위해 귓기둥[隅柱]과 사잇기둥[撑柱] 사이의 면석(面石) 부분에 벽전을 부착한 형식의 기단을 추정할 수 있었다. 즉, 부여 규암면 외리에서 발견한 백제 정방형 벽전의 중앙에는 봉황·용·연꽃 등 완결된 무늬를, 모서리에는 인동무늬 장식을 새겼는데, 이는 중국 당(唐)에서 기단 축조에 사용한 '화전'(花磚)과 동일한 특징을 갖는다. 그리고 각 마구리에는 촉구멍을 뚫었는데, 이는 철물(鐵物)을 이용하여 귓기둥·사잇기둥 혹은 갑석(甲石)과 연결하기 위한 것이다. 또한 산경치와 도깨비 무늬 벽전은 완결된 무늬가 아닌, 모서리 장식도 없는 좌우 연속식 무늬 벽전으로서, 귓기둥이나 사잇기둥이 없는 석조 가구식 기단의 면석 부분에 좌우로 연속하여 부착하였던 것으로 추정하였다. 또 이들 벽전의 크기를 통해 석물(石物)이 남아 있지 않은 기단의 규모를 살펴보기도 하였다.

신라를 대표하는 보상화(寶相花) 무늬 벽전 역시 보상화와 모서리 장식을 새겨 백제 외리 벽전과 동일하므로 기단 외면에 부착하였을 가능성이 있고, 촉구멍 대신 이음턱을 설치하여 더욱 견고하게 연결하였다. 그리고 벽전 마구리면에 무늬를 새긴 경우도 있는데, 이는 갑석과 귓기둥·사잇기둥과 틈을 두고 벽전을 부착하기 때문이다. 이러한 기단 형식은 현존하지 않지만 그 잔형은 통도사(通度寺) 대웅전의 가구식 기단을 통해 살펴볼 수 있다.

■ 벽전축 기단

백제 임류각(臨流閣)터의 기단 내면에는 정방형 벽전과 판축을 교대로 축조하여 백제의 일반적인 기단 형식인 와적기단의 축조방법과 유사한데, 왕이 연회(宴會) 장소로 사용하던 높이 5장(丈)의 장대한 건물 기단을 벽전으로 축조한 사실은 당시 벽전을 사용한 기단이 가장 안정되고 튼튼한 기단 형식이었음을 의미하는 것이다.

이와 함께 군수리 절터 목탑터의 기단 부분에서는 벽전을 세워 땅 속에 고정시킨 유구를 발견하였는데, 이는 중국 북위(北魏)와 당(唐)의 벽화를 통해 벽전으로 축조한 벽전축 기단으로 추정할 수 있었다. 즉, 지면에는 벽전을 세워 튼튼하게 고정시키고, 상부부터 통줄눈으로 벽전축 기단을 축조한 것이며, 유사한 축조 방법은 저석리 1호 무덤에서 볼 수 있다. 또한 군수리 절터의 금당터에서는 '∧'자 형태의 와적기단을 축조하였는데, 당시 금당보다 목탑의 위계가 높았으므로 목탑의 벽전축 기단이 와적기단에 비해 위계가 높은 기단 형식으로 추정할 수 있으며, 결국 임류각터의 기단과 같이 당시 벽전으로 축조한 기단은 최고의 위계와 종교적 장엄을 표현하였던 것이다. 이와 함께 신라의 황룡사 서금당터에서는 2중으로 축조한 벽전축 기단을 발견하여, 당시 삼국에서의 벽전축 기단은 일반적으로 위계가 높은 건축에 축조한 기단 형식 중 하나였던 것으로 생각한다.

■ **벽체석연(甓砌石緣)**

벽체석연은 석조 가구식 기단에서 면석 부분만을 벽전으로 축조한 기단 형식이다. 이 용어는 조선후기 화성성역(華城城役)에서 처음 사용하여, 기존 연구에서는 조선후기에 나타난 기단으로 추정하지만, 본 연구에서는 신라에서부터 형성된 기단 형식임을 알 수 있었다. 먼저 신라 궁궐터로 추정하는 전랑지(殿廊址) 대부분의 건물 기단은 상대갑석(上臺甲石)이 남아 있지 않지만, 지대석을 놓고 그 상부 면석 부분을 벽전으로 축조하였다. 또한 안동 임하사(臨河寺) 벽탑터의 기단은 지대석과 상대갑석을 석재로 설치하고, 면석 부분만은 벽전으로 축조하여 벽체석연과 동일한 것을 확인할 수 있었다.

이러한 기단 형식은 고려로 이어졌으며, 중방리 절터 기단은 면석 부분만을 벽전으로 축조하였고, 죽죽리(竹竹里) 건물터 A의 기단은 지대석과 상대갑석·귓기둥·사잇기둥을 석재로 설치하고 면석 부분만 벽전으로 축조하여 조선후기 벽체석연과 완전히 동일한 특징을 갖는다. 따라서 신라에서 발생한 벽체석연의 초기 형식은 고려에서 그 정형(定型)을 완성하였으며, 조선후기 화성의 방화수류정과 낙남헌(洛南軒)의 벽체석연으로 계승하고 있는 것이다.

특히 고려의 죽죽리 절터 기단은 특수한 형태의 벽전으로 축조하여 석회 줄눈이 드러나지 않도록 뒤쪽에서 부착하였고, 화성 벽체석연은 일반 장방형 벽전의 뒷부분을 가공하여 동일한 방법으로 축조하였다. 이렇게 줄눈이 드러나지 않는 축조방법은 특정한 의장적 목적에 의한 것으로 고려와 조선에서 동일하게 나타나고 있어, 그 계승 관계를 더욱 명확하게 나타낸다고 할 것이다. 따라서 벽체석연은 한국 벽전건축의 석재 혼용(混用) 특징을 반영하여 신라에서부터 창안한 한국 고유의 기단 형식으로 볼 수 있다.

2-3. 바닥깔기

목조건축의 내부 바닥을 벽전으로 포장하는 것은 습기를 막는 기능적인 목적과 함께, 당시 삶의 형식과 의례(儀禮) 행위 등을 반영한 결과라고 할 수 있다. 이러한 유구는 신라 목조건축에서부터 발견할 수 있는데, 그 포장 방법은 통줄눈이 생기도록 정방형 벽전을 격자 형태로 깔았으며, 고려와 조선에서도 일반적으로 사용한 벽전깔기이다.

또한 벽전 안쪽에 정방형으로 구획하고 보상화 무늬 등 다양한 무늬의 벽전을 사용한 경우는 기단의 갑석 부분에 사용한 것이며, 고려불화에서도 보편적으로 나타난 내부 공간의 장엄을 위한 것이다. 특히 부석사 무량수전 등의 푸른빛 녹유(綠釉) 벽전으로 바닥을 포장한 것은 장엄과 함께 종교적 상징 세계를 표현하기도 한다.

외부 바닥을 벽전으로 포장하는 방법은 안압지와 같이 장방형·정방형 벽전 이외에 삼각형 벽전을 별도로 생산하여 포장면 끝단에 사용한 사선(斜線) 깔기도 나타난다. 또한 위계가 높은 궁궐과 절의 금당 기단 주위에서는 장방형 벽전으로 포장하여, 지붕에서 떨어지는 빗물에 의해 땅이 패는 것을 막는 기능적인 역할과 함께 위계를 강조하거나, 탑돌이·복회(福會) 등의 불교 의례와 밀접한 관계가 있는 것으로 생각하는데, 이러한 특징은 벽전으로 포장한 조선 종묘의 신로(神路)·어로(御路)에서 명확하게 볼 수 있다.

이렇게 벽전으로 외부공간을 포장하는 것은 낙랑토성에서부터 볼 수 있었는데, 벽전축 무덤과 동일한 삿자리 무늬 깔기였다. 또한 고구려 시조(始祖)인 동명왕의 진전(眞殿)으로 추정하는 정릉사 10호 건물은 기단 주위에 벽전을 깔았는데, 벽체의 막힌줄눈쌓기와 동일하며, 빗물로 인해 땅이 패는 것을 막는 기능적인 역할 뿐 아니라 정릉사에서 가장 중요한 건물임을 나타내는 위계를 표현한 것으로 생각한다. 특히 벽전 길이면이 보이도록 세워 깐 곳도 있는데, 이는 4장을 단위로 서로 직교되게 까는 방법을 표현한 보산리 무덤 벽화와 공통적인 벽전깔기 방법으로, 고구려만의 바닥깔기로 생각한다. 그러나 낙랑의 특징적인 모자벽전[母子甓甎]을 발견하여 낙랑의 벽전제작과 축조방법에 영향 받은 것을 알 수 있다.

또한 정릉사와 토성리 절터·선양 고구려 벽탑 등에서는 벽전을 원형으로 포장한 시설을 발견하였는데, 정릉사의 경우 목탑을 중심으로 좌우 두 구역의 정 중앙에 위치하는 기하학적인 배치 특징을 보이고 있다. 이는 불교의 상징인 연꽃을 심기 위한 연못으로 추정하기도 하지만, 절에서 일어나는 특정한 의례 행위를 위한 것으로도 추정되므로, 벽전은 위계와 신성함 등을 표현하고 있다. 이와 유사한 시설이 신라 천군리 절터에서도 발견되어 고구려와 신라의 불교 전래와 그 건축 특징의 연관관계를 유추할 수 있는 단서가 되기도 한다.

2-4. 벽전으로 벽체를 축조한 조선후기 목조건축과 변화 특징

생산력의 발달과 사회적 각성에 따라 벽전사용을 확대하기 시작한 조선후기에서는 벽전으로 벽체를 축조하여 그 이전과 다른, 한국 목조건축의 변화 특징을 고찰할 수 있었으며, 벽체의 형식과 벽전사용 범위에 따라 크게 4가지 형식으로 구분하였다.

■ Ⅰ 형식-심벽

벽체는 일반 목조건축과 동일한 심벽 형식이지만, 재료만 벽전으로 축조한 경우이며, 화성의 방화수류정과 성공회 강화성당이 대표적이다. 이 두 건물의 심벽은 화재를 예방하고 빗물 등에 부식하지 않는 사고석[四塊石]·벽전으로 축조한 일반 반방화장(半防火墻)과 유사하지만 상부하중을 분담하는 것이 가장 큰 특징이다. 그러나 기존 목조건축과 동일한 심벽 형식이므로 기존 목조건축의 영향 안에서 재료만 변화한 형식으로 볼 수 있다.

■ Ⅱ 형식-내심벽 외평벽

고려에서 발생한 내심벽 외평벽 형식은 조선에서는 방화장 형식으로 매우 보편적으로 축조하였으며, 특히 묘(廟) 건축과 성곽 시설 등에서는 일반적인 벽체 형식이었다.

■ 1면

4면 벽체 중 뒤 벽체만 내심벽 외평벽을 축조한 목조건축은 수원 화령전(華寧殿)과 창덕궁 신선원전(新璿源殿)이 대표적인데, 공통적으로 왕의 어진(御眞)을 모시는 진전(眞殿)이다. 벽전으로 축조한 벽체는 감실(龕室)에 해당하는 칸에만 설치하여 감실 안으로 직접 침입하는 동물이나 도둑 등을 방지하고, 화재를 예방하며 외부 양기를 막을 수 있다. 또한 창방 하부까지 축조하여 상부하중을 일부 분담할 수 있지만, 뒤 벽체로 인한 처마 내밀기와 목조가구·건축 형태 등의 변화는 나타나지 않는다.

■ 2면

4면 벽체 중 양 측벽을 종도리 높이까지 벽전으로 축조한 목조건축은 문화각(文華閣)·선향재(善香齋)·집옥재(集玉齋)·석파정(石坡亭) 별당채 등이며, 공통적으로 왕과 관련한 서재 기능을 갖는다. 이러한 목조건축의 측벽은 화재를 예방하는 방화장의 성격과 함께,

횡력에 저항할 수 있고 종도리와 서까래·부연 등과 연결하여 상부하중을 지지하는 역할까지 겸하므로, 조선전기의 개성 성균관 명륜당과 숭양서원 문충당의 방화장을 계승한 것이기도 하고, 중국의 건축형식 유입에 따른 것이기도 하다.

또한 일반 맞배지붕의 측벽은 기둥과 기둥 사이에만 심벽을 축조하지만, 조적식 벽체는 기둥에 의지하지 않고 독립적으로 축조할 수 있기 때문에, 처마 밑 측면까지 설치한다. 따라서 좌우 입면에서 처마 밑 공간은 사라지고 동시에 처마 밑 공간을 명확하게 규정한다. 그리고 팔작지붕과 달리 맞배지붕일 경우, 흙으로 축조한 심벽을 빗물로부터 보호하기 위해 지붕은 측면 기둥의 주심(柱心)에서 빠져 나와 측벽의 끝면보다 돌출 하지만, 벽전으로 축조한 벽체는 빗물에 의해 부식되거나 붕괴하지 않으므로, 지붕이 측벽에서 돌출 할 필요가 없다. 따라서 도리는 벽체에서 마무리하여 벽체와 지붕 끝면은 동일하게 처리하여, 결국 기존 맞배지붕 목조건축과 정면에서도 다른 입면·형태를 갖는다.

또한 목조 맞배지붕 박공판(朴工板)에 해당하는 부분은 벽체와는 다르게 벽전을 경사지게 축조하고 목기연[木只椽]과 유사한 별도의 부재를 설치하였는데, 이는 다른 벽전 건축에서는 볼 수 없는 특이한 방법으로, 특히 목기연 벽전은 조선후기 각 궁궐의 굴뚝과 벽전축문에서도 서까래 또는 부연(付椽)으로 사용하였다. 그리고 박공판 양쪽 끝 부분에는 일반 목조건축 박공판의 게눈[蟹眼]과 동일한 장식을 베풀었는데, 이를 위해 별도로 흑회색의 벽전을 생산하여 설치하였다. 따라서 한국 목조건축의 박공판을 충실하게 번안하기 위해 치밀한 설계가 있었음을 알 수 있다.

또한 게눈 장식을 한 박공판의 끝부분과 측벽이 접하는 부분에서는 벽전 마구리를 반원형으로 둥글게 굴려 들여쌓았다. 이는 벽전생산과 축조방법을 중국에서 배워 온 사실과 중국을 다녀온 북학파의 벽전사용 주장을 통해 청(淸)의 건축 형식이 유입되었기 때문인데, 중국 청식(淸式) 경산(硬山) 지붕 측벽인 산장(山墻)과 유사하다. 그러나 기단 형식과 반두(盤頭)의 벽전 형태, 그에 따른 곡선, 게눈 장식, 목기연 벽전 등의 특징은 산장과는 전혀 다른 특징을 나타내고 있다. 따라서 Ⅱ형식 건축 중 양 측벽을 벽전으로 축조한 목조건축에서 반두 부분을 설정하고 각주석을 설치한 것은 중국 산장과 유사하다고 할 수 있지만, 실재 각 부분의 형태는 크게 다르기 때문에, 중국 건축 형식의 영향에 의해 조선후기에 발생한 한국건축 형식으로도 볼 수 있을 것이다.

이러한 건축 형식은 18세기 말 또는 19세기 초에 축조한 것으로 추정하는 「동궐도」 문화각에서부터 1904~1906년에 중건(重建)한 경운궁(慶運宮) 즉, 덕수궁(德壽宮)의 흠문각(欽文閣)과 함유재(咸有齋)에서도 확인할 수 있으므로, 18세기 말에서부터 20세기 초까지 약 200년에 걸쳐 축조한 건축 형식이며, 일반적인 벽전을 사용한 한국 목조건축의 가구는 물론 형태와 공간까지도 변화시킬 수 있었던 중요한 건축 형식이다.

■ 3면

정면을 제외한 3면 벽체를 벽전으로 축조한 목조건축은 종묘(宗廟) 영녕전(永寧殿)과 칠사당(七祀堂)·공신당(功臣堂)·선희궁(宣禧宮) 등이 대표적인데, 조선전기의 동관왕묘 정전과 동일하게 모두 죽은 자를 위한 묘(廟) 건축이다. 따라서 창방 하부까지 축조하고 3면의 기둥을 감싸고 있는 내심벽 외평벽은 상부하중을 일부 분담하고 횡력에 저항하며, 화재와 양기(陽氣)를 막기 위한 것으로 생각할 수 있다. 또한 측면과 뒷면에서는 기존 목조건축의 형태를 지배하는 목조 가구(架構)의 구조미(構造美)를 대신하여, 조적식 벽체의 면(面)을 더욱 강조하고 있어, 결국 3차원적인 볼륨(Volume) 또는 매스(Mass)를 중요하게 표현하였다.

■ 4면

4면 벽체를 모두 내심벽 외평벽으로 축조한 목조건축은 전쟁을 위한 성곽 시설인 화성의 포루(砲樓)와 공심돈(空心墩)이 대표적인데, 화공(火攻)에 의해 전소되는 것을 막고 포(砲) 공격과 같은 큰 횡력에도 안전할 수 있도록 한 것이다. 이러한 건축에서는 목조건축의 변화를 특징적으로 살펴볼 수 있는데, 먼저 3층의 목조건축이지만 적은 수의 부재를 가지고 간단한 결구를 통해 축조하였으며, 고주(高柱)가 아닌 상·하 기둥을 연결하여 축조한 것이다. 이는 목조 외부를 둘러쌓고 있는 독립적인 조적식 벽체에 기인하는 특징으로, 벽전 벽체가 목조를 횡력 등에 효과적으로 지지할 수 있도록 하기 때문이다.

특히 포루의 경우는 각 층의 목조가구와 벽체를 일체가 되도록 축조하였는데, 이는 목조건축과 조적식 건축이 혼합한 완결된 형식으로도 볼 수 있다. 또한 벽전으로 축조한 벽체는 빗물에 부식하지 않기 때문에, 처마의 길이가 현저하게 짧아진 것을 확인할 수 있었다. 그 중 남포루의 경우는 하부 벽체보다 처마를 안쪽으로 들여 설치하여, 한국 목조건축의 형태에 큰 영향을 미치는 처마 공간이 사라지고 그에 따른 형태 역시 큰 변화를 보이고 있다.

■ Ⅲ형식-평벽

평벽을 축조한 목조건축은 묘(廟) 건축인 종묘 정전이 유일한데, 내심벽 외평벽과 동일하게 양기(陽氣)를 막기 위한 것이지만, 특히 상부하중과 횡력에 크게 저항할 수 있고 처마가 짧아진 것을 확인할 수 있다.

■ Ⅳ형식-내력벽

Ⅳ형식 건축의 지붕은 목조 맞배지붕이지만, 벽체는 목조 기둥과 인방 등의 부재를 전혀 사용하지 않고 벽전으로만 축조하여 상부하중을 벽체만이 지지하는 내력벽(耐力壁)이다. 따라서 Ⅳ형식 건축은 하중전달에 따라 벽전건축의 일종으로 볼 수 있으며, 창고(倉庫)의 기능을 갖는 번사창(飜沙廠)과 윤승구(尹勝求) 가옥 창고가 대표적이다.

먼저 전·후 벽체는 대들보와 처마도리 높이까지, 측벽은 종도리 높이까지 축조하였고, 지붕의 목조 부재들과 직접 연결하여 상부하중을 지지한다. 즉, 전·후 벽체의 상부에는 테두리보 혹은 도리를 설치하여 지붕 하중을 벽체에 고르게 분산시키고, 대들보는 벽체상부에 보아지 또는 짧은 목재를 대고 그대로 설치한다. 또한 측벽에서는 종도리가 직접 연결되고 있는데, 특히 윤승구 가옥 창고에서는 동자대공과 이에 직교하는 대들보와 동일한 방향의 목재를 벽체 속에 삽입하여 도리를 받고 동시에 측벽에 하중을 고르게 분산시키며, 지붕 양 끝의 서까래는 경사로 축조한 측벽 위에 놓인다. 이렇게 벽전으로 축조한 내력벽과 상부 목조 지붕의 부재들을 직접 연결하여 상부하중을 벽체에 고르게 분산시키므로, 목조건축과 벽전건축이 혼합한 완결된 건축 형식으로 볼 수 있다.

또한 중국 건축 형식의 영향으로 추정하는 번사창의 경우는 처마가 전혀 돌출하지 않았지만, 윤승구 가옥 창고는 종도리를 정면으로 치우치게 설치하여 뒤보다 앞의 처마가 더 돌출하였다. 이러한 사실을 통해 정면에서는 기존 목조건축의 형태를 그대로 유지하려고 하였지만, 뒷면에서는 벽체가 부식하지 않기 때문에 최소한의 처마를 돌출시키려고 했던 조영 의도를 읽을 수 있다. 결국 한국 목조건축에서 가장 후기 형식인 Ⅳ형식 건축은 지붕 또는 처마가 갖는 형태적 역할은 크게 감소하여 기존 목조건축의 형태에서 많은 변화를 보이고 있다.

이러한 특징을 갖는 Ⅳ형식 건축은 목재의 부족으로 나타난, 조선후기 사회가 요구한 새로운 건축 형식이었으며, 구조 체계와 형태·내부공간 등에서 한국건축의 가장 큰 변화를 의미한다. 또한 가구식 축조 방법에 의해 주목을 받지 못했던 조적식 축조방법이 조선후기에 이르러 일반 건축에까지 확대되어 나타난 건축 형식으로 평가할 수 있으므로, 한국건축사에서 매우 중요한 가치와 의미를 갖고 있는 건축 형식인 것이며, 더 나아가 현재와 연관관계를 맺을 수 있는 가장 중요한 목조건축 형식으로 평가하여야 할 것이다.

【부록 1】 한국 고문헌 중 벽전 용어 정리

표 1 『삼국유사』에 사용한 벽전 용어

문헌	사용 용어	내용	참고서적	쪽
三國遺事 (1281~1283)	塼	제4권 「意解」 제5 '寶壤梨木' : 법사는 해룡이 작갑이라는 말이 생각나서 그 곳을 찾아가서 파보니 과연 예전 벽전〔塼〕이 수없이 있었다. 이것을 모아 쌓아 올려 탑을 이루니 남은 벽전〔塼〕이 하나도 없으므로 이곳이 전대의 절터임을 알았다.	일연, 『삼국유사』, 1994, 을유문화사	380
	磚	제4권 「意解」 제5 '良志使錫' : 또 일찍이 벽전〔磚〕을 새겨서 작은 탑 하나를 만들고 아울러 삼천불을 만들어 그 탑을 절 안에 모셔 두고 공경했다.		383

표 2 『고려사』에 사용한 벽전 용어

문헌	사용 용어	내용	참고서적	쪽
高麗史	塼	제5권 「世家」 제5 '德宗' : 그가 장성하여서는 벽전〔塼〕을 밟기만 하면 대번 깨여졌는데, ….	사회과학원 고전연구실 譯, 『북역 고려사』, 1992, 신서원.	1권 266
		제54권 「志」 제8 '五行 2' : 예종 14년 11월 임신일에 지붕 기 와와 뜰에 있는 벽전〔塼〕에 얼음이 얼었는데, ….		5권 359
	磚	제46권 「世家」 제46 '恭讓王 二' : 목재, 석재, 벽전〔磚〕, 기와, 동, 철의 소비가 막대합니다.		4권 535
		제110권「列傳」 제23 '韓宗愈' : 이 때 위왕의 별관 뜰 벽전〔磚〕에 해가 비쳐 서리 발이 찬란하여 화초 모양을 이루었고, ….		9권 534
	甎	제98권 「列傳」 제11 '金富軾' : 아동과 부녀들도 벽전〔甎〕과 기와쪽을 던지며 방어하는 강한 적이라, ….		7권 410
		제112권 「列傳」 제25 '鄭習仁' : 날짜를 정하여 헐어 버리고, 그 벽전〔甎〕으로 여관을 수리하라고 명령하였다.		10권 85
	甓	제124권 「列傳」 제37 '盧英瑞' : 서강 주민들을 동원시켜 벽전〔甓〕과 기와를 운반케 하고, ….		11권 147

표 3 『동문선』에 사용한 벽전 용어

문헌	사용 용어	내용	참고서적	쪽
東文選	塼	제76권 「記」 '금주안양사탑중신기' : 절의 남쪽에 탑이 있으니 벽전〔塼〕을 포개서 7층을 쌓고, ….	민족문화추진회 編, 『국역동문선』, 1998, 솔출판사.	6권 413
	甎	제77권 「記」 '합포영성기' : 벽전〔甎〕으로 하면 그 일을 하기가 힘드는데, 돌로 하면 견고하고 또 힘이 덜 든다고 하여 ….		6권 426
		제93권 「序」 '송충주폭쇄별감오봉교선경시서' : 옥당에 뽑혀 들어가서 팔전〔八甎〕에 오르고, ….		7권 351
		제100권 「傳」 '초계정현숙전' : 이를 헐어버리고 그 벽전〔甎〕을 가지고 객사를 수리하게 하였다.		8권 76
	甃	제105권 「原」 '원수' : 조금 동쪽에다가 벽전〔甃〕으로 우물을 만드니, ….		8권 256

표 4 『신증동국여지승람』에 사용한 벽전 용어

문헌	사용 용어	내용	참고서적	쪽
新增東國輿地勝覽	塼	제5권 「開城府」下 〔新增〕 '都評議使司' : 재목을 다루고 벽전〔塼〕과 기와 굽는 일들은 모두 품삯꾼들을 시켜서 ….	이행 外 著·민족문화추진회 編, 『신증동국여지승람』, 1996, 솔출판사.	1권 502
		제49권 「甲山都護府」〔山川〕 '白塔洞' : 벽전탑〔塼塔〕이 있다.		6권 249
	磚	제2권 「京都」 下 〔文職公署〕 '瓦署' : 용산 동쪽에 있는데, 벽전〔磚〕과 기와의 제조를 관장한다.		1권 151
	甓	제1권 「京都」 上 〔궁궐〕 '昌慶宮' : 잔디 뜰과 이끼 벽전〔甓〕이 서로 도와 취미를 이루었다.		1권 73
		제1권 「京都」 上 〔苑囿〕 '昌德宮後苑' : 고은 돌을 갈고 벽전〔甓〕을 쌓으니, 그 모양은 우러러 있는 가마 같으며, ….		1권 92
		제41권 「瑞興都護府」〔驛院〕 '龍泉驛' : 동월의 시에 "높은 산의 첩첩한 돌은 벽전〔甓〕 쌓은 것 같고, …."		5권 313
		제43권 「海州牧」〔學校〕 '鄕校' 〔新增〕 : 계단 벽전〔甓〕의 무너진 것은 새로 쌓고, ….		5권 405
		제53권 「宣川郡」〔古蹟〕 '東林城' : 벽전〔甓〕과 돌이 쓸려 무너져서 평지에 가득하니, ….		6권 543
	甎	제4권 「開城府」 上 〔學校〕 '成均館' : 창문과 기와 벽전〔甓瓦甎〕의 깨어지고 없어진 것		1권 461
		제5권 「開城府」 下 〔新增〕 '妙蓮寺' : 기와와 계단의 벽전〔甎〕이 썩어서 빠진 것이 많았으니, ….		1권 505
		제10권 「衿川縣」〔佛宇〕 '安養寺' : 절 남쪽에 있는 탑은 벽전〔甎〕으로 7층을 쌓았고, 기와로 덮었습니다.		2권 228
		제24권 「安東大都護府」〔新增〕 영호루 … 지붕의 기와와 계단의 벽전〔甎〕 떨어진 것, 뚫어진 것을 수리함이 없었겠는가.		3권 414
		제25권 「榮川郡」〔古蹟〕 '無信塔' : 군에 무신이란 탑이 있다. … 쪼아 없애게 하고는 그 벽전〔甎〕으로 빈관을 지었다.		3권 488
		제32권 「창원都護府」〔關防〕 '右道兵馬節度使營' : 성을 흙으로 쌓으면 무너지기 쉽고, 벽전〔甎〕으로 쌓으면 공역이 어렵고, ….		4권 342
		제53권 「義州牧」〔關防〕〔新增〕 '松山堡' : 주에서 동으로 12리 떨어져 있다. 甎城을 쌓았는데, ….		6권 490
	甓	제4권「開城府」 上 〔城郭〕 '內城' : 우리 태조가 개국한지 2년 계유에 벽전〔甓〕으로 내성을 쌓았는데, 주위가 20리 40보이다.		1권 456
		제4권 「開城府」上 〔學校〕 '成均館' : 창문과 기와 벽전〔甓瓦甎〕의 깨어지고 없어진 것		1권 461
		제7권 「驪州牧」〔佛宇〕 '報恩寺' : 옛 신륵사인데, 벽전탑〔甓浮屠〕이 있으므로 속칭 벽사(甓寺)라 한다.		2권 60
		제19권 「瑞山郡」〔題詠〕 '隴邊叢竹老荒烟' : 숙대 밑 낮은 담에 깨진 벽전〔甓〕 남아 있고, ….		3권 121
		제43권 「豊川都護府」〔城郭〕 '邑城' : 또 무너진 성이 있는데, 벽전〔甓〕 및 돌과 흙을 섞어서 쌓았으며, 안에 민가가 있다.		5권 435
		제43권 「豊川都護府」〔古蹟〕 '古行城' : 부의 서쪽 해변에 있다. 벽전〔甓〕과 흙을 섞어 쌓았는데, 주위가 1만 1천 81척이다.		5권 437
		제49권 「甲山都護府」〔古蹟〕 '加吾亇堡' : 甓城으로 주위가 1천 2백 92척이다.		6권 252
		제49권 「甲山都護府」〔古蹟〕 '榛遲達堡' : 甓城이다.		252
		제49권 「三水郡」〔古蹟〕 '田元京堡·小農堡' : 벽성(甓城)으로 되어 있는데 지금은 폐해버렸다. '加乙波 知堡' : 본군 서쪽 14리에 있다. 甓城으로 주위가 7백 26척에 높이가 7척이다.		6권 258
		제50권 「明川縣」〔古蹟〕 '小斜亇洞堡' : 현의 북쪽 30리에 있다. 벽전〔甓〕으로 성을 쌓았는데 둘레가 4백 4척이다.		6권 287

표 5 『훈몽자회』에 사용한 벽전 용어

문헌	사용 용어	내용	참고서적	쪽
訓蒙字會(1527)	甎	중권 「血器」: 甎·벽젼	김진규, 『훈몽자회 어휘 연구』, 1993, 형설출판사.	358
	瓴	중권 「血器」: 瓴·벽령		358
	甓	중권 「血器」: 甓·벽·벽		358
	甃	하권 「雜語」: 무·슬츄		410
	墼	중권 「血器」: 墼 홁벽·격 俗呼土一		359
	砌	하권 「雜語」: 砌 무·슬 : 졔		410

표 6 『서애집』에 사용한 벽전 용어

문헌	사용 용어	내용	참고서적	쪽
西厓集(1633)	甎	「啓辭」 '因備忘記論平安道措置事宜啓 丙申' : 벽전(甎)을 구워 연대(烟臺)를 높이 쌓아 놓은 것	민족문화추진회 編, 『서애집』, 1997, 솔출판사.	1권 270
	甎甓	「계사(啓辭)」 '因備忘記論平安道措置事宜啓 丙申' : 성을 수축하고 성문을 세우되 벽전(甎甓)을 많이 만들어 ….		1권 271
	磚甓	「잡저(雜著)」 戰守機宜十條 : 다만 흙을 구워서 벽전(磚甓)을 많이 만든 연후에야 이룰 수 있는 것이니 ….		2권 34

표 7 『북학의』에 사용한 벽전 용어

문헌	사용 용어	내용	참고서적	쪽
北學議(1778)	甓	※ 「內篇」 '甓' 전반에 걸쳐서 甓이라는 용어를 사용한다.	강만길 外譯, 『한국의 실학사상』, 1990, 삼성출판사.	287~288
	瓴甋	「內篇」 '甓' 수고(水庫) … 쌓고 덮는 물건에도 세 가지가 있는데 그것은 方石·벽전(瓴甋)·石卵이다. …… 瓴甋은 벽전(磚)이다.		288~289
	甎과 磚	※ 「內篇」 '甓' 후반부와 '二日齊' 전반에 걸쳐 벽전을 지칭하며 사용한다.		289~293
		「內篇」 '二日齊' : 벽전(甎) 백 개는 은 일전 이푼으로 살 수 있다. 가마 하나에 네 사람이 4일 일해서 벽전(磚) 1만장을 얻으면 은 열 두냥이다.		292
	甃	「內篇」 '二日齊' : 벽전(甃)으로 담을 쌓고, ….		292

표 8 『열하일기』에 사용한 벽전 용어

문헌	사용 용어	내용	참고서적	쪽
熱河日記(1780)	甓과 甎	※ 『열하일기』 책 전반에 걸쳐서 벽(甓)과 전(甎)이 혼용되어 사용되고 있다.	리상호 譯, 『열하일기』, 1955, 국립출판사, 북한.	
		「渡江錄」 : 벽전(甎)은 회로써 때우면 아교풀로써 나무를 붙인 것 같고 붕사로써 금을 때우는 것이나 다름없으니 만장 벽전(甓)이 엉켜 붙어 한 개 성을 이루매 한 장 벽전(甎)의 단단한 품은 돌보다 못하다 할 수 있으나 한 개 돌의 여문 품은 엉켜 붙어 한 덩이가 된 만장 벽전(甎)보다 못할 것이다. 이것이 벽전(甓)과 돌의 이해와 득실을 쉽게 가릴 수 있는 이유가 아니랴.		1권 86
	井甎甃	「渡江錄」 : 곁에는 우물이 있는데 벽전을 쌓아 올리고, ….		64
	甃臺	「渡江錄」 : 벽전 축대(甃臺) 위에 집을 세우는데, ….		72

표 9『만기요람』에 사용한 벽전 용어

문헌	사용 용어	내용	참고서적	쪽
萬機要覽(1808)	大方甎	「財用篇」1과 2에서 13회에 걸쳐 사용	민족문화추진회編, 『만기요람』, 1971, 민중서관 공무국.	
	方甎	「財用篇 3」 '戶曹貢物'〔別貿一年貢價〕正宗戊戌年各司有元貢別貿 瓦署 : 큰기와·벽전〔方甎〕·방초(防草) 등의 값 절전이 2,365냥		1권 227
	半方甎	「財用篇 3」 '戶曹貢物'〔別貿一年貢價〕正宗戊戌年各司無元貢別貿 瓦署 : 보통기와·대방전(大方甎)·토수잡상·반방전(半方甎)·용두 등의 값 절전이 2,421냥		1권 228
		「財用篇 3」 '戶曹貢物'〔別貿一年貢價〕正宗乙巳年各司無元貢別貿 瓦署 : 반방전(半方甎)·당와·당방초·용두·연가잡상 등의 값 절전이 1,490냥		1권 231

표 10『경세유표』에 사용한 벽전 용어

문헌	사용 용어	내용	참고서적	쪽
經世遺表(1817)	塼	2권 「冬官工曹」제6 '利用監' : 기와·벽전〔塼〕·자기 굽기에서 무거운 것 끌어당기기, ….	정약용, 『경세유표』, 1997, 한길사.	1권 221
	甓	2권 「冬官工曹」제6 '利用監' : 무릇 구들 놓기, 벽전〔甓〕 굽기, 수레 만들기, ….		1권 221
		2권 「冬官工曹」제6 '修城司' : 이용감에서 벽전〔甓〕 굽는 법을 빨리 알아오는 것이 마땅하겠다.		1권 223
		2권 「冬官工曹」제6 '甄瓦署' : 기와와 벽전〔甓〕을 굽는 방법은 이용감에서 북쪽으로 중국에 가서 배우고, ….		1권 240
		4권 「天官修制」'考績之法' 工典六條 四 : 벽전〔甓〕 굽는 법을 강습 시행해야 할 것이다.		1권 382
	甎	2권 「冬官工曹」제6 '修城司' : 그 전 돌은 땅에다 펴서 기초를 만들고 이에 벽전〔甎〕으로 쌓으면서, ….		1권 223
	甎甓	2권 「冬官工曹」제6 '修城司' : 중국에서는 성을 모두 벽전〔甎甓〕으로 쌓은 까닭에 견고해서 깨뜨리기 어렵고, ….		1권 223

표 11『목민심서』에 사용한 벽전 용어

문헌	사용 용어	내용	참고서적	쪽
牧民心書(1818)	甓	「工典六條」'匠作' : 벽전〔甓〕 굽는 법을 강구하고 또한 기와도 구어서 고을 안을 모두 기와집으로 만드는 것도 또한 잘하는 정치다〔講燒甓之法 因亦陶瓦使 邑城之內悉爲 瓦屋亦善政也.〕.	정약용, 『신역목민심서』, 1981, 홍신문화사.	333

표 12『영조법식』에 사용한 벽전 용어

문헌	사용 용어	내용	참고서적	쪽
영조법식(1100)	塼	15권 「窯作制度」〔塼〕 : 그 이름에는 4가지가 있는데, 하나는 甓, 두번째는 瓴甋, 세번째는 㲉, 네번째는 鹿瓦甎이라 한다〔其名有四一曰甓二曰瓴甋三曰㲉四曰鹿瓦甎〕.	이계 編, 『영조법식』, 1989, 중국서점, 북경.	
		※ 그러나 책 전반에 걸쳐 塼이라는 용어를 사용하고 있다.		

표 13 『천공개물』에 사용한 벽전 용어

문헌	사용 용어	내용	참고서적	쪽
천공 개물 (1637)	磚	※ 책 전반에 걸쳐 磚이라는 용어를 사용하고 있다.	송응성 著·최주 譯, 『천공개물』, 1997, 전통문화사.	
		7권 「陶埏」 '磚' : 진흙을 이겨 벽전〔磚〕을 만들려면 역시 땅을 파서 흙의 빛깔을 감별하여야 한다.		154
	甃	7권 「陶埏」 '磚' : 담에 쓰는 벽전 이외에 땅에 까는〔甃地〕 방만전이 있다.		155
		7권 「陶埏」 '磚' : 소성한 후 석공은 네 변을 갈고 깎아서 땅에다 깐다〔甃地〕.		155

표 14 중국의 벽전 용어

문헌	사용 용어	내용	참고서적	쪽
중국 고대 건축 사전	磚	「墻壁」 : 磚 – 점토를 사용하여 날벽전을 만들고, 말린 후 고온에서 소성하여 완성한 것으로, 가장 오래된 것은 전국시기에 볼 수 있다〔系用粘土制坏, 經干燥后, 在高溫下燒制而成. 最早見于戰國時期.〕.	북경시문물연구소 編, 1992, 중국서점, 북경.	53

표 15 『화성성역의궤』에 사용한 용어, '甎'의 예와 그 의미

용어	의미	내 용
甎	① 바닥을 포장하기 위한 재료의 의미 ② 여장에서는 위부분에 수평으로 덮는 재료의 의미, 역시 포장재료로 볼 수 있다.	【여장】 위에 方甎을 입히고 진흙과 회를 섞어 발랐다.
		【북옹성】 옹성 위는 方甎을 전부 깔고,…
		【남수문】 문 밖의 다리 넓이 6척, 鋪의 꼭대기는 甎을 깔아…
		【서장대】 모두 方甎을 깔고 바깥에는 둥근 기둥 열둘을 세웠는데…
		【서노대】 方甎을 깔고, 한 가운데에 또 다시 방대를 쌓았는데…
		【동장대】 기둥 안팎과 사면 簷階에는 모두 方甎을 깔았다.
		【동북노대】 臺上에는 方甎을 깔았다.
		【방화수류정】 위에 方甎을 깔아 耦射와 揖讓의 예를 올릴 수 있을 정도의 면적을 유지시켰다.
		【서남각루】 분합의 밖으로 4간에는 方甎을 깔았다
		【성신사(城神祠)】 前楹 안팎에는 方甎을 깔았고,…
		【벽요】 구멍(窯顚)의 반을 갈라서 甎으로 그 앞의 절반을 깔고〔甎鋪〕 흙으로 봉하는데, 이것은 불기운이 가마에서 위로 바로 올라가지 못하게 하는 구실을 한다.
	① 벽체를 쌓는 재료를 의미	【남수문】 – 여기에는 나무나 돌은 하나도 쓰지 아니하고 다만 甎을 쌓아서 꼭대기를 판판하게 골랐다.
		【성신사】 정당은 오량 삼가인데 甎을 쌓아 벽을 만들었다.〔築甎爲壁〕
甎砌	① 甎砌는 쌓는 행위 ② 뒤의 甎은 일반적인 벽전의 의미	【筵說 : 계축 12월 초8일】 '甎砌가 아니면 좋지 않다'하지만 나는 그렇지 않다고 생각한다. 甎이라야 현안이 된다고 한다면 돌로서도 안 될 까닭이 없는 것이다.

그 외 : 半方甎·小方甎·大方甎

표 16『화성성역의궤』에 사용한 용어, '甓'의 예와 그 의미(Ⅰ)

용어	의미	내 용
甓砌 砌甓	① 甓砌는 벽전을 쌓은 부분 ② 砌甓은 쌓는 행위	【남수문】 누혈 다섯을 설치하고, 甓砌를 붙여서 長舗를 만들었다.…
		【동장대】 북쪽 첨계 위에 1층 甓砌를 더 얹었는데,…
		【서노대】 지대에는 砌甓을 올려 면을 삼고, 돌을 깎아 모퉁이를 괴어,
		【동북각루(방화수류정)】 포루의 만듦새는 정간 남쪽 처마의 砌甓으로 대를 만들되…
甓堞	① 벽전으로 만든 여장	【북수문】 전붕을 설치하였고 판문 아래는 甓堞과 이어지게 만들고…
		【남수문】 그 바깥쪽에 크고 둥근 甓堞 아홉을 설치하여…
甓磴 甓梯	① 벽전으로 만든 계단의 의미는 모두 甓을 사용하였다.	【동북노대】 가운데에 甓磴을 설치하여 돌사다리와 이었고…
		【동북공심돈】 甓梯羊腸을 거쳐…
		【봉화둑】 아래 二層 甓磴의 넓이 각 1척 4촌,…
		【서포루】 …문지방 안의 廳端은 甓으로 사닥다리를 만들었다.〔甓爲梯〕
		【동북포루】 甓磴을 이중으로 쌓았는데 아래위에 방안 총혈 19개, 누혈 11을 뚫어 놓았다. … 내면에 甓梯를 설치하여 오르내리게 하였다.
甓城	① 쌓는 벽전의 의미	-(동북포루)에서 서쪽으로 굽어져 내려가기를 76보 4척쯤 되는 거리에 40보의 터를 가진 甓城이 있다. 사이에 북암문이 1보를 점하고 있다.
甓	① 모두 쌓는데 사용하는 벽전의 의미를 나타내고 있다.	【장안문 북옹성】 항아리처럼 생긴 부분은 정문의 좌우 무사로부터 각각 7보쯤 되는데 여기에 甓으로 성을 쌓았다.
		【창룡문 옹성】 옹의 높이 9척 6촌, 안쪽은 돌로 쌓았다. 둘레 57척, 정문에서 떨어진 거리는 28척인데 바깥쪽은 甓으로 쌓았다.
		【북암문】 벽전성(甓城)의 사이의 내외 홍예는 또한 甓으로 쌓았다.
		【북수문】 - 그 위에는 甓을 쌓아 堞을 설치하였을 뿐 타구는 설치하지 않았다. - 난간 아래는 甓으로 담을 둘러치고 …
		【동북노대】 치 위에 甓을 쌓아 대를 만들었는데 대 아래의 석축 높이 13척, 대의 높이 18척, 벽축의 법(甓築之制)은 네모꼴이지만 모서리를 깎아 벌의 허리처럼 만들어서…
		【서북공심돈】 그 위에 甓으로 쌓아서 그 속을 비게 하고, 위에다 집을 지었는데…甓面에 불랑기를 쏘아낼 포혈 20을 내었다. 상층의 甓面 위쪽은 판자로 둘렀으며,…
		【남공심돈】 한가운데에 돈을 甓으로 쌓고, 그 가운데는 비웠다. … 甓 안 3층의 전체 높이 16척 5촌, 甓 위에 한간짜리 집 한 채를 지었는데 …
		【동북공심돈】 요동에 있는 계평돈을 본떠서, 甓築으로 둥그렇게 돈을 만들었는데,…甓의 두께 4척〔甓厚四尺〕,…공심에서 구불구불한 …
		【봉화둑】 甓으로 쌓아올린 것은 성신의 위보다 훨씬 높아서…외면의 석축은 5층, 甓築은 62층으로〔甓築六十二層〕……삼면 甓城에는 총안 열 여덟 개와 누혈 하나를 내었다.…두 가장자리의 돌층계 끝에는 甓築을 한 집이 이어졌고…112쪽 : 전면의 두 간은 甓으로 쌓은 담인데,…
		【동북각루(방화수류정)】 동북 교란 아래의 城面 甓 높이 7척…아래의 서남에도 甓을 돌려 쌓아 담을 하고 …
		【서북각루】 5량 4칸으로 …..동남 1간은 청판 아래를 甓으로 담을 둘러치고,…
		【포루】 地臺 위에는 甓으로 5량 집을 지었는데…삼면 甓두께 6척(1.86m)…甓의 우묵한 곳의 안쪽은 지평에서 5척이 들어갔다.…문사이 甓面에는 쌍으로 전안을 뚫어 놓았다
甓	① 예외적으로 바닥을 포장하는 재료를 의미	【동암문】 문 위에 甓을 깔고 누각은 세우지 않았다.
		【서일치】 화서문의 남쪽 226보에 있는데 타구의 위를 甓으로 덮었다.〔蓋以甓〕
		【내포사】 앞으로 반 칸을 물리어 甓을 깔았다.

표 17 『화성성역의궤』에 사용한 용어, '甓'의 예와 그 의미(II)

용어	의미	내 용
甓	① 홍예를 만드는 데는 모두 甓을 사용하였다.	【북옹성】 좌우의 끄트머리에는 甓虹蜺를 설치하고 작은 널문을 달아서…
		【남옹성】 팔달문의 外城이다. 팔달문 내외의 홍예는 모두 甓을 사용하였고, …
		【동암문】 甓築으로 내외 홍예를 쌓아 겨우 한 마리 말을 타고 드나들 정도다.
		【서암문】 벽전(甓作)으로 홍예를 틀었는데,…
		【서남암문】 벽전(甓)으로 홍예를 틀었는데,…
		【서북공심돈】 아래층 내면에는 벽전(甓) 홍예(甓虹蜺)를 튼 작은 문을 내었다
		【동북공심돈】 안쪽에 벽전(甓)으로 작은 홍예문(設甓虹蜺小門)을 틀었다.
		【방화수류정】 담의 남쪽에 벽전(甓) 홍예의 작은 문을 내었다.
甓	① 일반적인 벽전의 의미를 나타낸다.	【벽요(甓窯)】 가마의 만듦새는 마치 큰 종(大鐘)처럼 생겼는데, 안을 벽전(甓)으로 쌓고 밖에는 흙을 붙였다. … 가마 뒤에는 타구(垜口)를 만들어서 벽전(甓)을 꺼내기 쉽게 하였다.…벽전으로 타구와 홍두(虹竇)의 안쪽을 막고(甓築)…
		【어제성화주략(御製城華籌略)】 둘째는 재료에 관한 것이다. 이제 성 쌓는 재료로 벽전이냐 흙이냐의 두 갈래 의논이 있다. 그러나 우리나라 사람은 기와를 굽는 데 익숙지못하고 또 기와 굽는 땔나무를 구하기도 어렵다. 그러므로 벽전으로 성을 쌓자는 의논은 아예 계획에서 논의할 것도 없다.(東人不嫺燒甓且難辦薪甓固非計)
		【을묘 윤2월 13일】 전군수 홍채주는 옹성(甕城)의 제도가 우리나라에서는 처음 생기게 했고 벽전(甓)을 만든 것이 단단하고 치밀하였고 더욱 근 70인 나이에 또한 순직하고 진실하였으니 당상 선전관에 의입하고,…
		【병진 8월 29일】 벽전을 굽는 것(燔甓)이 그처럼 미치지 못하는 것을 처음에 어찌 깨달아 살피지 못했으며,…
		【갑인 12월 22일】 벽전 쌓는 역사〔축벽지역(築甓之役)〕는 극히 호대해서…
이 외 : 瓦甓匠·甓匠·燔甓匠·燔甓之匠·燔甓·甓漏槽·甓砌石緣·蓋甓·虹蜺甓·宗甓·耳甓		

표 18 현재 사용하고 있는 벽전 관련 용어

	내 용
임천, 『국립박물관총서갑 제2 미술고고학용어집 건축편』, 1955, 을유문화사, 5쪽	- 벽돌 〔煉瓦〕 - 면벽돌〔化粧煉瓦〕: 면(面)을 쌓기 위한 좋은 벽돌 - 전(甎〔敷瓦〕): 흙을 장방형, 또는 방형으로 구워 만든 건축용재
장기인, 『한국건축사전』 한국건축대계Ⅳ, 1993, 보성각, 71-73쪽.	- 벽돌(壁乭, 甓, brick) : 진흙을 반죽하여 성형 소성하거나, 시멘트와 모래를 혼합하여 틀에 박아서 만든 組積材. 군벽돌, 시멘트 벽돌. - 전(塼, 磚, 甎) : 전돌, 옛 검정벽돌, 고구려, 백제, 신라 고분 등에서 출토. - 전돌(塼, 塼石) : ①흙으로 구어 만든 검은 벽돌, 검정벽돌, 전(轉)의 현대적 명칭, 전벽돌(준) ②얇게 깨지는 돌을 벽돌처럼 다듬어서 쓰는 돌, 轉石, 模轉石의 옛 이름 - 전벽돌(塼壁乭) : 검정벽돌, 예전에 벽 쌓기에 쓰이던 검정색의 벽돌, 성벽 쌓기에도 쓰였음. 전돌 - 벽전(甓甎) : 벽돌·방전(方塼)의 총칭. - 벽장돌(壁長乭) : 크고 네모지게 만든 벽돌의 속칭. 方塼 - 전와(磚瓦) : ①벽돌, ②벽돌과 기와
신현식 外, 『건축·토목대사전』 1994, 한국사전연구사, 492쪽.	- 벽돌 : 壁-, brick, 진흙과 모래를 반죽하여 틀에 박아서 구워 만들거나 시멘트와 모래를 비벼서 틀에 박아 만든 건축재료. 보통 무기질이고 직방체이며, 재료에 따라 점토로 구워 만든 보통 벽돌, 시멘트 벽돌, 내화 벽돌, 다공질 벽돌 등이 있고, 또 창문, 입구, 아치 등에 쓰는 모양이 특수한 이형 벽돌이 있음. 표준 벽돌의 크기는 210×100×60㎜. : 연와(煉瓦), 전석(磚石)

【부록 2】 華城의 각 시설물에 사용한 벽전 종류와 사용량

표 19 華城의 각 시설물에 사용한 벽전 종류와 사용량 Ⅰ

출전 :『화성성역의궤』「財用」.

	반방전	개벽	대방전	종벽	이벽	소방전	홍예벽
평지북성							
평지남성							
산상서성							
산상동성	24누리 878장						
여장	7누리 386장	41누리 263장		22누리 990장	4누리 598장		
북동치(여장12파포함)		120장		60장	20장		
서1치(여장10파포함)		106장		53장			
서2치(여장 9파포함)		106장		53장			
서3치(여장10파포함)		106장		53장			
남치(여장10파포함)		106장		53장			
동3치(여장10파)		106장		53장			
동2치(여장10파포함)		106장		53장			
동1치(여장12파포함)		120장		60장			
장안문(여장49파포함)	6누리 700장						
북옹성(여장80파포함)	102누리 87장	576장	5누리 834장	252장			213장
북동적대(여장19파포함)	1누리 708장						
북서적대(여장19파포함)	1누리 598장						
팔달문(여장50파포함)	6누리 738장						
남옹성(여장84파포함)	103누리 664장	555장	6누리 258장	263장			1누리 81장
남동적대 (여장21파4척포함)	1누리 61장						
남서적대 (여장21파4척포함)	1누리 656장						
창룡문(여장28파포함)	1누리 9장						
동옹성(여장20파포함)	6누리 231장	334장	1누리 173장	217장			
화서문 (여장28파2척포함)	1누리 64장						
서옹성(여장35파포함)	4누리 62장	327장	549장	202장			
남암문(여장14파2척)	1누리 193장	102장	272장	67장			
동암문(여장9파포함)	3누리 211장	84장	193장	38장			137장
북암문(여장7파4척포함)	3누리 128장	98장	102장	42장			132장
서암문(여장5파포함)	2누리 870장	102장	211장	47장			120장
서남암문(여장8파포함)	3누리 608장		38장				128장
화홍문(여장19파포함)	7누리 179장	236장	285장	116장			
남수문(여장32파3척)	32누리 650장		3누리 852장				353장
서장대	960장		253장				

표 20 華城의 각 시설물에 사용한 벽전 종류와 사용량 II

출전 :『화성성역의궤』 卷五「財用」.

	반방전	개벽	대방전	종벽	이벽	소방전	홍예벽
서장대	960장		253장				
동장대(수직청)	3누리 943장 (212장)		422장			950장	
동북노대(여장6파포함)	15누리 41장	355장	2누리 27장				
서노대 (여장12파3척포함)	6누리 957장					35장	
서북공심돈 (여장12파3척포함)	17누리 220장		1누리 282장				120장
남공심돈(여장19파포함)	15누리 756장	360장	988장	180장	54장		124장
동북공심돈(여장24파)	19누리 181장	387장	881장				122장
봉화둑(여장37파포함)	23누리 625장	340장	3누리 124장	120장	80장		232장
서봉산 봉화둑							
동북각루(방화수류정)	3누리 582장		315장〔구들배까지 아울러〕	溫堗排幷			
서북각루	※ 벽전이 사용양이 기재되어 있지 않지만, 도설의 그림에는 벽전이 표현되어 있다.						
동남각루							
서남각루(화양루)	304장					113장	
용도(여장68파포함)		2누리 238장		842장	260장		
북동포루 (여장11파4척포함)	18누리 922장						
북서포루 (여장11파4척포함)	21누리 422장						
서포루 (여장9파1척포함)	19누리 389장						
남포루(南砲樓) (여장10파4척포함)	22누리 306장						
동포루(東砲樓) (여장12파포함)	22누리 222장						
동북포루(東北鋪樓) (각건대, 여장12파)	3누리 831장	240장		70장			
북포루(北鋪樓) (여장9파4척포함)	4누리 160장	225장					
서포루(西鋪樓) (여장13파포함)	3누리 949장	217장					
동이포루(東二鋪樓) (여장8파1척포함)	3누리 899장	213장					
동일포루(東一鋪樓)	4누리 211장	208장					
중포사	150장						
내포사	139장						
성신사	327장		212장				

【부록 3】 서북공심돈 축조에 사용한 각 부재의 치수와 양

표 21 서북공심돈의 각 부재 치수

출전 : 이호락, 「18세기 화성의 건축구성원리에 관한 연구」(1996, 성균관대학교 건축공학과 석사학위논문.), 46쪽의 표 3-9.

처마도리	중도리	종도리	들보	종보	기둥	지붕구조
210~250 (6촌8푼 ~ 8촌1푼)	182~225 (5촌9푼 ~ 7촌8푼)	184~225 (5촌9푼 ~ 7촌3푼)	328~345 (1척6푼 ~ 1척1촌1푼)	182~243 (5촌9푼 ~ 7촌9푼)	232 (7촌5푼)	오량 우진각

표 22 서북공심돈 각 부분의 치수(단위: ㎜)

출전 : 경기도, 『수원성복원정화지』(1980.), 71-72쪽.

칸간격		벽전축 높이	성벽 높이	상층층고	중층층고	하층층고
주칸	측칸					
2,250 (7척2촌6푼)	2,120 (6척8촌4푼)	5,140	5,000 (16척1촌3푼)	2,000 (6척4촌5푼:보밑)	2,170 (7척)	2,350 (7척5촌8푼)
건축면적	연면적	1층기둥	1층주초	1층 바닥	2층 바닥 귀틀 층도리	2층 바닥 장보
22.8㎡ (6.9평)	68.4㎡ (20.7평)	1,900	4각주초석, 높이 460	강회다짐	180×240	210×240
3층 바닥 층보	3층 바닥 장보	3층 바닥 중간 장보	3층 납도리	처마내밀기	처마높이	
190×210	210×300	340×320 (남북방향)	240×210	1200	6,270(도리밑)	

557

표 23 서북공심돈에 사용한 석재 목록과 수량

출전 : 『화성성역의궤』 卷六 「財用」下.

대성석 (大城石)	중성석 (中城石)	소성석 (小城石)	대전석 (大磚石)	중전석 (中磚石)	소전석 (小磚石)
235덩이	314덩이	195덩이	74덩이	65덩이	87덩이
큰장대석 〔大長臺石〕	중장대석 (中長臺石)	소장대석 (小長臺石)	소초석 (小礎石)	중보석 (中步石)	
5덩이	8덩이	13덩이	16덩이	1덩이	

표 24 서북공심돈에 사용한 목재의 층별 목록과 수량

출전 :『화성성역의궤』卷六「財用」下.

1층 부재		2층 부재		3층 부재			
아래층 모기둥 (下層方柱)	8箇 (각 길이 11척, 둥근체목 8주)	중층 높은 기둥 (中層高柱)	8개(기둥의 각 길이 14척, 다락기둥 (樓柱) 8주)	상층평량 (上層平樑)	1개 (길이 14척, 中不等 1주)	박공 (朴工)	4개 (변판 2닢)
평량 (平樑)	3개(1개 길이는 14척, 2개 각 길이 7척 5촌, 다락 기둥 1주, 궁재 2주)	평량 (平樑)	3개(1개 길이 14척, 2개의 각 길이 7척 5촌, 小不等 1주, 宮材 2주)	충량 (衝樑)	2개 (각 길이 7척 5촌, 중부등 2주)	중방 (中防)	8개 (벽련한 나무 4주)
도리 (道里)	8개 (각 길이 7척 5촌, 궁재 8주)	도리 (道里)	8개 (각 길이 7척 5촌, 궁재 8주)	도리 (道里)	13개(8개는 각 길이 7척 5촌, 5개는 각 길이 6척 5촌, 다락기둥 (樓柱)7주)	인방 (引防)	8개 (벽련한 나무 4주)
주두 (柱頭)	8개 (마르고 남은 나무 2개)	장청판 (長廳板)	40닢 (긴 송판)	대공 (臺工)	6개 (마르고 남은 나무 3개)	벽선 (壁楦)	16개 (벽련한 나무 4주)
홍예개판 (虹蜺蓋板)	2닢 (邊板)	단청판 (短廳板)	8닢 (긴 송판 4닢)	단여 (短舌)	6개 (변판 1닢)	장청판 (長廳板)	38닢 (긴송판)
벽선 (壁楦)	2개(벽련한 나무 셋으로 쪼갠 2조각)	장선 (長山)	5개 (중서까래 5개)	추녀 (春舌)	4개 (각 길이 15척, 중부등 4주)	단청판 (短廳板)	10닢 (긴송판 5닢)
인방 (引防)	2개 (마르고 남은 나무 1개)	내왕하는 개판문(來往蓋板門)	1짝 (긴 송판 2닢)	산방 (散防)	8개 (벽련한 나무 2주)	장선 (長山)	7개 (중서까래 7개)
당널문 (唐板門)	2짝(雙) (긴 송판 4닢)	띠목 (帶木)	2개 (변판 1닢)	긴서까래 (長椽)	40개 (중서까래)	내왕하는 개판문	1짝 (긴 송판 2닢)
선주 (楦柱)	1개(벽련한 나무 셋으로 쪼갠 2조각)	층교틀 (層橋機)	2개 (궁재 둘로 쪼갠 1조각)	짧은서까래 (短椽)	20개 (중서까래 10개)	띠목 (帶木)	2개 (변판 1닢)
층교틀 (層橋機)	2개(둘로 쪼갠 1조각)	보판 (步板)	4닢(마르고 남은 나무 1개)	말굽 서까래 (馬足椽)	56개 (중서까래)	당널문 (唐板門)	32짝 (궁재 6주)
보판 (步板)	5닢 (마르고 남은 나무 1개)	뒷널 (後板)	4닢 (변판)	평고대 (平交臺)	8개 (궁재 2주)	쌀눈가림 (箭眼蔽板)	27개 (변판 2닢)
뒷널 (後板)	4닢 (변판邊板)			서까래 물림 (椽含)	16개 (벽련한 나무 1주)	이상의 원재 가운데에는 중부등 7주, 소부등 1주, 괴잡목 4주, 다락기둥 16주, 궁재 29주, 벽련한 나무 16주, 중서까래 118개, 긴 송판 95닢, 마르고 남은 나무 8개, 변판 17닢	

【부록 4】 남포루 축조에 사용한 각 부재의 치수와 양

표 25 포루의 부재 치수

출전 : 이호락, 「18세기 화성의 건축구성원리에 관한 연구」(1996, 성균관대학교 건축공학과 석사학위논문.), 46쪽.

구분	남포루	북동포루	북서포루	동포루	서포루
처마도리	230~240 (7촌4푼-7촌7푼)	217~240 (7촌-7촌7푼)	220~240 (7촌1푼-7촌7푼)	230~240 (7촌4푼-7촌7푼)	230~240 (7촌4푼-7촌7푼)
중도리	235~240 (7촌6푼-7촌7푼)	211~240 (6촌8푼-7촌7푼)	221~230 (7촌1푼-7촌4푼)	220~240 (7촌1푼-7촌7푼)	·
종도리	230~250 (7촌4푼-8촌1푼)	213~230 (6촌9푼-7촌4푼)	225~240 (7촌3푼-7촌7푼)	220~230 (7촌1푼-7촌4푼)	250~300 (8촌1푼-9촌7푼)
들보	270~345 (8촌7푼-1척1촌1푼)	240~300 (7촌7푼-9촌7푼)	240~300 (7촌7푼-9촌7푼)	240~305 (7촌7푼-9촌8푼)	250~-300 (8촌1푼-9촌7푼)
종보	210~240 (6촌8푼-7촌7푼)	210~240 (6촌8푼-7촌7푼)	210~240 (6촌8푼-7촌7푼)	225~242 (7촌3푼-7촌8푼)	·
외기	210~235 (6촌9푼-7촌6푼)	215~235 (6촌9푼-7촌6푼)	215~235 (6촌9푼-7촌6푼)	·	·
기둥	ø270 (8촌7푼)	ø300 (9촌7푼)	ø300 (9촌7푼)	ø300 (9촌7푼)	ø300 (9촌7푼)
지붕구조	오량 우진각	오량 우진각 박공	오량 우진각 박공	오량 우진각	삼량 우진각

표 26 『수원성복원정화지』의 砲樓 내용 정리(단위: ㎜)

구분		남포루	북동포루	북서포루	동포루	서포루
① 칸간격	주칸	2,150 (6척9촌4푼)	2,410 (7척7촌4푼)	2,300 (7척4촌2푼)	2,410 (7척7촌7푼)	1,980 (6척3촌9푼)
	측칸	4,000 (12척9촌)	4,050 (13척 7푼)	4,100 (13척2촌3푼)	4,000 (12척9촌)	3,150 (10척1촌6푼)
②상층층고		2,950 (9척5촌2푼:도리)	2,920 (9척4촌2푼:도리)	2,800 (9척 3푼:도리)	2,400 (7척7촌4푼:도리)	2,800 (9척 3푼:도리)
③중층층고		1,250 (4척 3푼)	1,650 (5척3촌2푼)	2,000 (6척4촌5푼)	1,300 (4척1촌9푼)	1,700 (5척4촌8푼)
④하층층고		1,700 (5척4촌8푼)	1,950 (6척2촌9푼)	2,000 (6척4촌5푼)	1,500 (4척8촌4푼)	1,700 (5척4촌8푼)
⑤성외바닥과 차이		1,150 (3척7촌1푼)	1,870 (6척 3푼)	1,840 (5척9촌4푼)	850 (2척7촌4푼)	1,220 (3척9촌4푼)
⑥여장 높이		·	1,800 (5척8촌1푼)	1,800 (5척8촌1푼)	·	1,800 (5척8촌1푼)
⑦성벽 높이		4,100 (13척2촌3푼)	5,470 (17척6촌5푼)	5,840 (18척8촌4푼)	3,500 (11척2촌9푼)	4,620 (14척9촌)
⑧성외돌출 길이		8,100 (26척1촌3푼)	9,300 (30척)	9,520 (30척7촌1푼)	10,000 (32척2촌6푼)	7,920 (25척5촌5푼)
⑨성외 폭		7,600 (24척5촌2푼)	7,420 (23척9촌4푼)	7,850 (25척3촌2푼)	8,000 (25척8촌1푼)	6,700 (21척6촌1푼)
⑩규모		1×3칸, 5량 삼중층	1×3칸, 5량 삼중층	1×3칸, 5량 삼중층	1×3칸, 5량 삼중층	1×3칸, 3량 삼중층
⑪지붕		홑처마, 우진각	홑처마, 우진각+박공	홑처마, 우진각+박공	홑처마, 우진각	홑처마, 우진각
⑫주두(柱頭)		·	·	두께 120(330×330)	두께 120	두께 90
⑬기둥		ø270	ø300	·	ø300, 하층 2800	·
⑭기타		남포루-하층 내벽: 사고석 / 중층 내벽: 下 벽전, 上 사고석 / 상층: 臺 밑은 석축, 대 위는 벽전 상층바닥에 높이 450, 나비 660의 대(臺)를 목조로 선반처럼 3면벽에 설치				

표 27 砲樓에 사용한 석재의 목록과 수량

출전 :『화성성역의궤』卷五「財用」.

	남포루	북동포루	북서포루	동포루	서포루
대성석(大城石)	27덩이	29덩이	31덩이	28덩이	24덩이
중성석(中城石)	34덩이	36덩이	35덩이	35덩이	27덩이
소성석(小城石)	45덩이	48덩이	49덩이	44덩이	39덩이
대전석(大磚石)	42덩이	45덩이	47덩이	42덩이	35덩이
중전석(中磚石)	51덩이	57덩이	58덩이	49덩이	42덩이
소전석(小磚石)	89덩이	106덩이	102덩이	93덩이	79덩이
중초석(中礎石)		8덩이	8덩이		
소초석(小礎石)	8덩이			8덩이	8덩이

표 28 砲樓 1·2층에 사용한 목재의 목록과 수량

출전 :『화성성역의궤』卷五「財用」.

	남포루	북동포루	북서포루	동포루	서포루
아래층 둥근 기둥 (下層圓柱)	8箇 (각 길이 8척7촌, 둥근체목 8주)	8箇 (각 길이 11척, 둥근체목 8주)	8箇 (각 길이 11척, 둥근체목 8주)	8箇 (각 길이 9척, 둥근체목 8주)	8箇 (각 길이 9척 5촌, 둥근체목 8주)
멍에나무 (駕木)	5개 (3개는 길이 13척, 2개는 4척,둥근체목 4주)	5개 (3개는 길이 13척, 2개는 각 길이 4척, 둥근체목 4주)	5개 (3개는 각 길이 13척, 2개는 길이 4척, 둥근체목 4주)	5개 (3개는 길이 15척 ; 2개는 4척 5촌, 둥근체목 4주)	5개 (3개는 각 길이 10척 ; 3개는 3척, 둥근체목 4주)
도리 (道里)	6개 (길이 7척, 벽련한 나무 6주)	6개 (각 길이 7척 7촌, 벽련한 나무 6주)	6개 (각 길이 7척 7촌, 벽련한 나무 6주)	6개 (각 길이 8척, 벽련한 나무 6주)	6개 (각 길이 6척 5촌, 벽련한 나무 6주)
주두 (柱頭)	8개 (마르고 남은 나무 2개)	8개 (마르고 남은 나무 2개)	8개 (마르고 남은 나무 2개)	8개 (마르고 남은 나무 2개)	8개 (마르고 남은 나무 2개)
중방 (中防)	4개 (벽련한 나무 2주)	4개(벽련한 나무 2주)	4개(벽련한 나무 2주)	4개(벽련한 나무 2주)	4개(둥근체목 2주)
반중방 (半中防)	2개 (벽련한 나무 둘로 쪼갠 1조각)	2개 (벽련한 나무 둘로 쪼갠 1조각)	2개 (벽련한 나무 둘로 쪼갠 1조각)	2개 (벽련한 나무 둘로 쪼갠 1조각)	·
계자각 (鷄子脚)	2개 (마르고 남은 나무 2개)	2개 (마르고 남은 나무 2개)	2개 (마르고 남은 나무 2개)	2개 (마르고 남은 나무 2개)	2개 (마르고 남은 나무 2개)
장청판 (長廳板)	28닢(立) (긴 송판)	21닢(立) (긴 송판)	21닢(立) (긴 송판)	28닢(立) (긴 송판)	16닢(立) (긴 송판)
장선 (長山)	3개 (중서까래나무 3개)	3개 (중서까래나무 3개)	3개 (중서까래나무 3개)	3개 (중서까래나무 3개)	3개 (중서까래나무 3개)
층교틀 (層橋機)	2개 (궁재 宮材 1주)	2개 (다락기둥樓柱 1주)	2개 (궁재 宮材 1주)	2개 (궁재 宮材 1주)	·
보판 (步板)	8닢 (벽련한 나무 1주)	9닢 (궁재(宮材) 1주)	8닢 (말단목末端木 1개)	9닢 (둥근체목 1주)	·
뒷널(後板)	6닢(변판邊板)	4닢(변판邊板)	4닢(변판邊板)	6닢(변판邊板)	·

표 29 砲樓에 사용한 벽전의 목록과 수량

출전 :『화성성역의궤』卷五「財用」

	남포루	북동포루	북서포루	서포루	동포루
반방전	22누리 306장 (여장10발 4척포함)	18누리 922장 (여장11발 4척포함)	21누리 422장 (여장11발 4척포함)	19누리 389장 (여장9발 1척포함)	22누리 222장 (여장12발 포함)
개벽	·	·	·	·	·
대방전	·	·	·	·	·
종벽	·	·	·	·	·
이벽	·	·	·	·	·
소방전	·	·	·	·	·
홍예벽	·	·	·	·	·

표 30 砲樓 3층에 사용한 목재의 목록과 수량 I

출전 :『화성성역의궤』卷五「財用」.

	남포루	북동포루	북서포루	동포루	서포루
산자널 (散子板)		2닢 (변판邊板)	2닢 (변판)	·	·
중방 (中防)	8개 (둥근체목 4주)	8개 (벽련한 나무 4주)	8개 (벽련한 나무 4주)	8개 (벽련한 나무 4주)	8개 (둥근체목 4주)
반중방 (半中防)	2개(마르고 남은 나무 2개)	2개(벽련한 나무 둘로 쪼갠 1조각)	2개(벽련한 나무 둘로 쪼갠 1조각)	2개(벽련한 나무 둘로 쪼갠 1조각)	·
인방 (引防)	8개 (둥근체목 4주)	8개 (벽련한 나무 4주)	8개 (벽련한 나무 4주)	8개 (벽련한 나무 4주)	8개 (둥근체목 4주)
장청판 (長廳板)	13닢 (긴 송판)	28닢 (긴 송판)	28닢 (긴 송판)	5닢 (긴 송판)	22닢 (긴 송판)
단청판 (短廳板)	38닢 (긴 송판 19닢)	24닢 (긴 송판 12닢)	25닢 (긴 송판 13닢)	68닢 (긴 송판 29닢)	6닢 (긴 송판 3닢)
장선 (長山)	5개 (중서까래나무 5개)	5개 (중서까래나무 5개)	5개 (중서까래나무 5개)	5개 (중서까래나무 5개)	5개 (중서까래나무 5개)
오고가는 개판문 (來往蓋板門)	1짝(雙) (긴 송판 2닢)	1짝(雙) (긴 송판 2닢)	1짝(雙) (긴 송판 2닢)	1짝(雙) (변판 2닢)	1짝(雙) (긴 송판 2닢)
띠목 (帶木)	2개(마르고 남은 나무 1개)	2개(마르고 남은 나무 1개)	2개(마르고 남은 나무 1개)	2개(마르고 남은 나무 1개)	2개(마르고 남은 나무 1개)
벽선 (壁楦)	20개 (궁재 2주)	20개 (벽련한 나무 3주)	20개 (벽련한 나무 3주)	20개 (궁재 2주)	20개 (벽련한 나무 2주)
널문 (板門)	14짝(雙) (다락기둥 3주)	14짝(雙) (다락기둥 3주)	14짝(雙) (다락기둥 3주)	14짝(雙) (궁재 3주)	8짝(雙) (궁재 2주)
띠목 (帶木)	28개(벽련한 나무 1주 및 둘로 쪼갠 1조각)	28개(벽련한 나무 1주 및 둘로 쪼갠 1조각)	28개 (벽련한 나무 2주)	28개 (변판 4닢)	16개 (벽련한 나무 1주)
문둔테 (屯太木)	14개 (궁재 1주)	14개 (궁재 1주)	14개 (둥근체주 1주)	14개 (벽련한 나무 2주)	14개 (벽련한 나무 2주)

표 31 砲樓 3층에 사용한 목재의 목록과 수량 II

출전 :『화성성역의궤』卷五「財用」

	남포루	북동포루	북서포루	동포루	서포루
윗층둥근기둥 (上層圓柱)	8개(각 길이 9척 5촌, 둥근체목8주)	8개(각 길이 9척 5촌, 다락기둥 (樓柱) 8주)	8개(각 길이 9척 5촌, 다락기둥 8주)	8개 (각 길이 10척, 둥근체목8주)	8개(각 길이 9척 5촌, 둥근체목8주)
평량 (平樑)	2개(각 길이 13척, 小不等2주)	2개 (각 길이 13척, 中不等2주)	4개(각 길이 13척, 小不等 4주)	2개 (각 길이 15척, 小不等2주)	4개(각 길이 10척, 小不等 4주)
충량 (衝樑)	2개(각 길이 7척, 둥근체목2주)	1개 (각 길이 7척 5촌, 둥근체목1주)	1개(각 길이 7척 5촌, 둥근체목1주)	2개(각 길이 8척, 궁재 2주)	·
종량 (宗樑)	2개(각 길이 4척5촌, 궁재 1주)	3개 (각 길이 7척, 다락기둥(樓柱)1주)	3개(각 길이 5척, 소부등 1주)	2개(각 길이 5척, 다락기둥 1주)	·
도리 (道里)	13개(2개는 각 길이 13척, 2개는 각 길이 7척, 벽련한 나무 13주)	13개 (각 길이 7척 5촌, 벽련한 나무 13주)	13개(각 길이 7척 5촌, 둥근체목 13주)	13개(2개는 각 길이 15척, 2개는 각 길이 8척, 둥근체목 13주)	7개(각 길이 6척 5촌, 벽련한 나무 7주)
반도리 (半道里)	4개 (벽련한 나무 2주)	4개 (둥근체목 2주)	4개 (둥근체목 2주)	4개 (둥근체목 2주)	·
동자기둥 (童子柱)	4개(궁재 1주)	6개 (마르고 남은 나무 3개)	6개(마르고 남은 나무 3개)	4개 (궁재 1주)	·
대공 (臺工)	4개(마르고 남은 나무 2개)	4개 (마르고 남은 나무 2개)	4개(마르고 남은 나무 2개)	4개(마르고 남은 나무 3개)	2개(마르고 남은 나무 1개)
단여 (短舌)	4개(마르고 남은 나무 2개)	·	·	6개(마르고 남은 나무 1개)	·
승두 (蠅頭)	·	·	·	·	2개(마르고 남은 나무 2개)
추녀 (春舌)	4개 (각길이 15척, 소부등 4주)	2개 (각길이 15척, 小不等 4주)	2개 (각길이 15척, 소부등 2주)	4개 (각길이 15척, 소부등 4주)	4개 (각길이 15척, 소부등 4주)
산방 (散防)	8개(벽련한 나무 2주)	4개(벽련한 나무 둘로 쪼갠 1조각)	4개(마르고 남은 나무 1개)	8개 (벽련한 나무2주)	8개(벽련한 나무 2주)
긴서까래 (長椽)	52개 (중서까래나무)	46개 (중서까래나무)	46개 (중서까래나무)	52개 (중서까래나무)	40개 (중서까래나무)
작은서까래 (短椽)	40개 (중서까래나무 20개)	40개 (중서까래나무 20개)	20개 (중서까래나무 10개)	40개 (중서까래나무 20개)	·
말굽서까래 (馬足椽)	56개 (중서까래나무)	32개 (중서까래나무)	32개 (중서까래나무)	56개 (중서까래나무)	56개 (중서까래나무)
평고대 (平交臺)	6개 (궁재 1주)	8개 (궁재 1주)	8개 (궁재 1주)	8개 (궁재 2주)	6개 (다락기둥 1주)
서까래물림 (椽含)	15개 (벽련한 나무 1주)	13개 (벽련한 나무 2주)	13개 (벽련한 나무 2주)	15개 (벽련한 나무 1주)	10개 (벽련한 나무 2주)
박공 (朴工)	·	2개 (변판(邊板) 2닢)	2개 (변판 2닢)	·	·
목기서까래 (木只椽)	·	27개 (마르고 남은 나무 5개)	27개(마르고 남은 나무 5개)	·	·
전안폐판 (箭眼蔽板)	36개(마르고 남은 나무 2개)	12개(마르고 남은 나무 1개)	12개(마르고 남은 나무 1개)	36개(마르고 남은 나무 2개)	6개(마르고 남은 나무 1개)

이 책을 만드는 데 도움을 받은 문헌들

[원사료]

「大東輿地圖」
『高麗史』
『舊唐書』
『陶隱集』
『東國李相國集』
『東文選』
『萬機要覽』
『牧隱集』
『白沙集』
『梵宇攷』
『北學議』
『三國史記』
『三國遺事』
『三國志』
『西厓集』
『惺所覆瓿藁』
『新增東國輿地勝覽』
『鵝溪遺稿』
『我邦疆域考』
『熱河日記』
『永嘉誌』
『營造法式』
『園冶』
『月軒集』
『魏書』
『挹翠軒遺稿』
『日本書紀』
『林園經濟志』
『朝鮮王朝實錄』
『增補文獻備考』
『天工開物』
『風泉遺響』
『漢京識略』
『海東聖蹟誌』
『華城城役儀軌』
『訓蒙字會』

[단행본]

강만길 外, 『한국사』2·3·4·6·8, 1994, 한길사.
강만길 外譯, 『한국의 실학사상』, 1990, 삼성출판사.
강만길, 『고쳐 쓴 한국근대사』, 1994, 창작과비평사.
강인구, 『백제고분연구』, 1977, 일지사.
고경희·한석홍, 『안압지』, 1989, 대원사.
공주대학교 백제문화연구소, 『백제무령왕릉』, 1993, 서경문화사.
구미래, 『한국인의 상징세계』, 1992, 교보문고.
국립공주박물관, 『국립공주박물관-무령왕릉』, 1997, 통천문화사.
국립공주박물관, 『박물관이야기』, 1998, 통천문화사.
국립문화재연구소, 『북한문화재해설집 제3집(일반건축편)』, 2002, 서울인쇄정보산업.
국립문화재연구소, 『중요무형문화재 제91호 製瓦匠』, 1996, 신유문화사.
국립부여박물관, 『박물관이야기』, 1997, 통천문화사.
국립중앙박물관 編, 『낙랑』, 2001, 솔출판사.
국립중앙박물관, 『井內功寄贈瓦甎圖錄』, 1990, 삼정인쇄공사.
권오영, 『고대 동아시어 문명 교류사의 빛, 무령왕릉』, 2005, 도서출판 돌베개.
김영태, 『한국불교사개설』, 1993, 경서원.
김동욱, 『18세기 건축사상과 실천-수원성』, 1996, 발언.
김동욱, 『종묘와 사직』, 1990, 대원사.
김동욱, 『한국건축공장사연구』, 1993, 기문당.
김동욱, 『한국건축의 역사』, 1997, 기문당.

김동현 外, 『신라의 기와』, 1976, 동산문화사.
김동현, 『한국 목조건축의 기법』, 1993, 발언.
김성구 譯, 『中國正史朝鮮列國傳』, 1996, 동문선.
김성구, 『백제의 와전예술』, 2004, 도서출판 주류성.
김성구, 『옛 기와』, 1992, 대원사.
김성구, 『옛 전돌』, 1999, 대원사.
김성우·안대회 譯, 『園冶』, 1993, 도서출판예경.
김왕직, 『탑과 사방불』, 1995, 삼선포교원·삼선승가대학.
김용준, 『고구려 고분벽화 연구』, 1958, 과학원출판사.
김원용, 『한국벽화고분』, 1980, 일지사.
김원용·안휘준, 『한국미술사』, 1993, 서울대학교출판부.
김정수 外, 『건축일반구조학』, 1993, 문운당.
김지민, 『한국의 유교건축』, 1997, 발언.
김진규, 『훈몽자회 어휘연구』, 1993, 형설출판사.
김홍식, 『민족건축론』, 1987, 한길사.
김희경, 『탑』, 1982, 열화당.
대한건축학회 編, 『한국건축사』, 1996, 기문당.
동국대학교박물관, 『瓦塼特別展』, 1985.
리상호 譯, 『열하일기』, 1955, 국립출판사, 북한.
리순진, 『평양일대 락랑무덤에 대한 연구』, 2001, 도서출판중심.
리화선, 『조선건축사』, 1989, 과학백과사전종합출판사.
문명대, 『고려불화』, 1991, 열화당.
문화재관리국, 『동궐도』, 1991,삼성남국인쇄.
민족문화추진회 編, 『국역 동문선』, 1998, 솔출판사.
민족문화추진회 編, 『만기요람 I』, 1971, 민중서관공무국.
민족문화추진회 編, 『서애집』1권, 1997, 솔출판사.
민족문화추진회 編, 『신증동국여지승람』, 1996, 솔출판사.
민중서림편집국, 『漢韓大字典』, 1998, 민중서림.
박연암, 『열하일기』上, 1955, 국립출판사.
박용숙, 『한국의 시원사상』, 1985, 문예출판사.
박진석·강맹산 外, 『중국경내 고구려유적 연구』, 1995, 예하출판사.
박진욱, 『조선고고학전서-중세편 고구려』, 1991, 과학백과사전종합출판사.
박홍국, 『한국의 전탑연구』, 1998, 학연문화사.
飯塚五郎藏, 『건축물의 외벽연구』, 1992, 도서출판 국제.
방학봉, 『발해건축연구』, 1995, 연변대학출판사.
방학봉, 『발해의 불교유적과 유물』, 1998, 서경문화사.
방학봉, 『발해사 연구』, 2007, 서울대학교출판부.
백제문화개발연구원, 『百濟瓦塼圖錄』, 1983, 삼화인쇄주식회사.

사회과학원 고고학연구소, 『조선고고학 개요』, 1977, 과학백과사전출판사.
사회과학원 고전연구실 譯, 『북역 고려사』, 1992, 신서원.
서울특별시사편찬위원회, 『서울특별시사 고적편』, 1963.
세종대왕기념사업회 編, 『증보문헌비고』「직관고」2, 1995, 신흥인쇄.
손영식, 『韓國城郭의 硏究』, 1987, 문화재관리국.
손영종·조희승, 『조선수공업사』1, 1990, 공업출판사.
송규빈, 『風泉遺響』, 1990, 국방부전사편집위원회.
송재선, 『벽돌공학』上, 1987, 한국적연와협회.
송재선, 『벽돌기술』, 1989, 한국적연화협회.
송재선, 『우리 나라 벽돌사』, 2006, 미래문화사.
송재선, 『우리나라 벽돌』, 1991, 한국점토벽돌공업협동조합.
수원시, 『수원도시변천사』, 2004, 웅지기획원.
신영훈, 『절로가는 마음 1』, 1994, 책만드는집.
신영훈, 『한옥과 그 역사-한국건축사서설』, 1975, 동이문화사.
신영훈·조정현, 『한옥의 건축도예와 무늬』, 1990, 기문당.
신현식 外, 『건축·토목대사전』, 1994, 한국사전연구사.
梁思成, 『圖說中國建築史』, 1992, 세진사.
양태진, 『한국영토사연구』, 1991, 법경출판사.
연변대학출판사, 『발해사연구』1, 1993, 서울대학교출판부.
王仲殊, 『漢代 考古學 槪說』, 1993, 학연문화사.
요네다 미요지[米田美代治], 『한국 상대건축의 연구』, 1976, 동산문화사.
劉敦楨, 『中國古代建築史』, 1995, 세진사.
윤덕향, 『옛 절터』, 1989, 대원사.
윤용이 ,『한국 도자사 연구』, 1993, 문예출판사.
윤장섭, 『한국의 건축』, 1996, 서울대학교출판부.
윤호진 譯, 『朝鮮賦』, 1995, 도서출판 까치.
이기동, 『백제사연구』, 1996, 일조각.
이기백, 『한국사신론』, 1994, 일조각.
이남석, 『백제 석실분 연구』, 1995, 학연문화사.
이남석·서정석, 『백제고분자료집』, 1995, 공주대학교박물관·충청남도 공주시.
이왕기, 『백제 사찰건축의 조형과 기술』, 2006, 도서출판 주류성.
이익성 譯, 『박제가 북학의』, 1992, 한길사.
이전복, 『중국내의 고구려유적』, 1994, 학연문화사.
이찬, 『한국의 고지도』, 1997, 범우사.
이태호·유홍준, 『고구려고분벽화』, 1995, 도서출판풀빛.
이화여자대학교, 『고분벽화』, 1973.
일연, 『삼국유사』, 1994, 을유문화사.
임영주, 『전통문양 자료집』, 1986, 미진사.

임영주,『한국문양사』, 1983, 미진사.
임재해 編,『안동문화의 수수께끼』, 1997, 지식산업사.
임천,『미술고고학용어집-건축편』국립박물관총서甲 제2, 1955, 을유문화사.
장경호,『백제사찰건축』, 1990, 예경산업사.
장경호,『한국의 전통건축』, 1992, 문예출판사.
장기인,『목조-한국건축대계Ⅴ』, 1997, 보성각.
장기인,『벽돌-한국건축대계Ⅱ』, 1996, 보성각.
장기인,『한국건축사전-한국건축대계Ⅳ』, 1993, 보성각.
장충식,『신라석탑연구』, 1987, 일지사.
장충식,『한국의 탑』, 1989, 일지사.
井內功文化硏究室,『朝鮮瓦塼圖譜』Ⅰ·Ⅳ·Ⅴ·Ⅵ, 1976, 眞陽社.
정동훈,『가마짓기와 번조기법』, 1991, 디자인하우스.
정약용,『경세유표』, 1997, 한길사.
정약용,『신역 목민심서』, 1981, 홍신문화사.
정옥자,『조선후기 역사의 이해』, 1993, 일지사.
정인국,『한국건축양식론』, 1974, 일지사.

정재훈 外,『북한의 문화유산』Ⅱ, 1990, 고려원.
정진헌,『실학자 유득공의 고대사 인식』, 1998, 신서원.
조선기술발전사편찬위원회,『조선기술발전사 2-삼국시기·발해·후기신라편』, 1996, 과학백과사전종합출판사.
조선기술발전사편찬위원회,『조선기술발전사 3-고려편』, 1994, 과학백과사전종합출판사.
조선유적유물도감편찬위원회,『조선유적유물도감(2)-고조선, 부여, 진국편』, 1990, 동광출판사.
조원창,『백제 건축기술의 대일전파』, 2004, 서경문화사.
조정현,『꽃담』, 1989, 대원사.
조풍연 해설,『사진으로 보는 조선시대(속)-생활과 풍속』, 1996, 서문당.
주남철,『한국주택건축』, 1980, 일지사.
中國建築科學硏究院 編,『中國古建築』, 1992, 세진사.
中國建築史編輯委員會,『中國建築槪說』, 1990, 태림문화사.
중앙일보·동양방송,『석탑』, 1980, 삼성인쇄주식회사.
지두환,『조선전기 의례연구-성리학 정통론을 중심으로』, 1994, 서울대학교출판부.
진홍섭,『신라·고려시대 미술문화』, 1997, 일지사.
진홍섭,『청자와 백자』, 1974, 세종대왕기념사업회.
진홍섭,『한국의 석조미술』, 1995, 예경출판사.
村山智順,『한국의 풍수』, 1991, 명문당.
최무장,『고구려고고학』Ⅱ, 1995, 민음사.
최무장·임연철,『고구려 벽화고분』, 1990, 신서원.
최주 譯,『천공개물』, 1997, 전통문화사.
충청남도·공주대학교 백제문화연구소,『무령왕릉의 연구현황과 제문제』 무령왕릉발굴 20주년기념 학술회의 보고서, 1991, 제일문화사.

타카쿠 켄지[高久健二], 『낙랑고분문화 연구』, 1995, 학연문화사.
한국문원편집실, 『분단 50년, 북한을 가다① 평양』, 1995, 한국문원.
한국미술사학회 編, 『高句麗 美術의 對外交涉』, 1996, 도서출판예경.
한국불교연구원, 『부석사』, 1976, 일지사.
한국불교연구원, 『신륵사』, 1978, 일지사.
한국사연구회編, 『제2판 한국사연구입문』, 1995, 지식산업사.
한국사진작가협회 수원지부, 『수원풍물사진집』, 1995, 월간경기.
한국신문방송인클럽, 『한민족의 문화유산-고조선·부여·발해』, 1995.
한영우, 『다시 찾는 우리역사』, 1997, 경세원.
한인호, 『조선중세건축유적연구-삼국편』, 1995, 사회과학출판사.
香山壽夫, 『建築意匠講義』, 1998, 도서출판국제.
Herbert E. Read, 『圖像과 思想』, 1982, 열화당.

<중문>
吉林省地方志編纂委員會編纂, 『吉林省志 卷四十三/文物志』, 1991, 吉林人民出版社.
文化部文物保護科研所 主編, 『中國古建築修繕技術』, 1983, 中國建築工業出版社.
北京市文物研究所 編, 『中國古代建築辭典』, 1992, 中國書店.
蕭默, 『敦煌建築研究』, 1989, 文物出版社.
劉敦楨, 『中國古代建築史(제2판)』, 1998, 中國建築工業出版社.
劉致平, 『中國建築類型及結構』, 1986, 尙林出版社.
李誡 編, 『영조법식』, 1989, 중국서점.
李允鉌, 『華夏意匠』, 1982, 華風書局.
中國科學院自然科學史研究所主編, 『中國古代建築技術史』, 1990, 科學出版社.

<영문>
Adrian Snodgrass, The Symbolism of the Stupa, 1992, Motilal Banarsidass Publishers.
Cyril M. Harris, Illustrated Dictionary of Historic Architecture, 1977, Dover Publication, Inc.
John B. Ward-Perkins, Roman Architecture, 1979, Electe/Rizzoli.
Sigfried Giedion, Architecture and the Phenomena of Transition, 1971, Harvard University Press.

<일문>
京都帝國大學文學部, 『新羅古瓦の研究』, 1934, 桑名巖.
關野貞, 『朝鮮の建築と藝術』, 1941, 岩波書店.
大川清 編, 『百濟の考古學』, 1972, 雄山閣出版社.
杉山信三·小笠原好彦 編, 『高句麗の都城遺蹟と古墳』, 1992, 同朋舍出版.

[보고서]
경기도, 「경기도건조물문화재 실측조사보고서」, 1995, 대명기획.
경기도, 「수원성복원정화지」, 1980.

경상북도문화재연구원, 「안동 조탑리 5층 전탑 주변 사지 발굴조사 약보고서」, 2005.
경주문화재연구소, 「殿廊址·南古壘 發掘調査報告書」, 1995, 매일원색정판사.
고고학 및 민속학 연구소, 『유적발굴보고 제4집-안악 제1호 및 제2호분 발굴보고』, 1960, 과학원출판사.
공주대학교박물관·공주시, 「九龍寺址」, 1995, 선문인쇄사.
국립경주문화재연구소, 「경주사천왕사지 발굴조사」,『연보』제18호, 2008.
국립문화재연구소, 『동묘의 건축』, 2004, 대전충남인쇄정보산업협동조합.
국립부여문화재연구소, 「부여 관음·밤골사지 시굴조사 보고서」, 2006.
국립진주박물관, 「竹竹里 廢寺址」, 1986, 태화출판사.
대한건축사협회, 「樓亭建築」한국전통건축 제3집, 1996, 대명기획.
대한건축사협회, 『창덕궁』한국전통건축 제2집, 1994, 대명인쇄.
동국대학교 박물관, 「사적 259호 강화 선원사지 발굴 조사 보고서」, 2003, 학연문화사.
문화재관리국 문화재연구소, 『해외소재문화재조사서 제5책 小川敬吉調査文化財資料』, 1994, 서라벌인쇄주식회사.
문화재관리국, 「경복궁복원정비기본계획보고서」, 1994.
문화재관리국, 「무령왕릉발굴조사보고서」, 1973.
문화재관리국, 「彌勒寺址發掘調査中間略報告」, 1982, 고려서적.
문화재관리국, 「봉정사 극락전 수리공사보고서」, 1992, 서울인쇄공업협동조합.
문화재관리국, 「芬皇寺石塔實測調査報告書」, 1992.
문화재관리국, 「雁鴨池 發掘調査報告書(圖版編)」, 1986, 민족문화.
문화재관리국, 「長谷寺 실측조사보고서」, 1988, 대명인쇄.
문화재관리국, 「종묘정전실측조사보고서」, 1989, 대명기획.
문화재관리국, 「집옥재 수리공사보고서」, 1982, 계문사.
문화재관리국, 「황룡사유적발굴조사보고서 I (圖版編)」, 1982, 고려서적.
문화재관리국·경주사적관리사무소, 「高仙寺址 發掘調査報告書」, 1977, 매일원색정판사.
문화재관리국·문화재관리소, 『북한문화재도록』, 1993, 서울시인쇄공업협동조합.
문화재청, 「성공회 강화성당 실측조사 보고서」, 2003, 대명기획.
보령시·충남대학교박물관, 「성주사」, 1998.
부여문화재연구소, 「夫餘楮石里古墳群」, 1992, 문우사.
사회과학원 고고학 및 민속학 연구소, 『유적발굴보고 제9집-대성산 일대의 고구려 유적에 관한 연구』, 1964, 사회과학원출판사.
서울대학교 고고학과, 「석촌동 적석총 발굴조사보고」, 1975, 서울대학교 고고인류학총간.
서울특별시, 「서울시중요문화재건조물 실측조사보고서」, 1992, 대명기획.
안동대학교 박물관, 「臨河寺塼塔址」, 1988, 명선사.
안동시, 「안동신세동7층전탑 정밀사진실측 및 보수복원방안 조사보고서」, 2003, 제로원기획.
영취총림통도사, 「통도사 대웅전 및 사리탑 신축조사보고서」, 1997, 대명기획.
이진구, 「臨河寺 7層 甎塔址調査報告」,『안동문화연구』 창간호, 1986. 5., 안동문화연구회.
이화여자대학교박물관, 「開目寺塼塔址 · 傳玉山寺塔址 發掘調査報告」, 1984, 평화당인쇄주식회사.
전북대학교 박물관·전라북도, 「萬福寺 발굴조사보고서」, 1986, 협신사.
朝鮮古蹟硏究會, 『古蹟調査概報 樂浪古墳 昭和9年度』, 1935.

朝鮮古蹟研究會,『古蹟調査概報 樂浪古墳 昭和8年度』, 1934.
朝鮮古蹟研究會,『古蹟調査概報 樂浪古墳 昭和10年度』, 1936.
朝鮮古蹟研究會,『古蹟調査報告 昭和9年度 樂浪彩篋塚』, 1934.
朝鮮古蹟研究會,『古蹟調査報告 昭和10年度 樂浪王光墓』, 1935.
朝鮮古蹟研究會,『古蹟調査報告 昭和13年度』, 1940.
朝鮮古蹟研究會,『昭和11年度 古蹟調査報告』, 1937.
朝鮮古蹟研究會,『昭和12年度 古蹟調査報告』, 1938.
朝鮮古蹟研究會,『昭和13年度 古蹟調査報告』, 1940.
朝鮮總督府,『古蹟調査概報 昭和8年度 帶方郡及び其の遺蹟』, 1935.
朝鮮總督府,『古蹟調査特別報告 第1冊 平壤附近に於けゐ樂浪時代の墳墓 一』, 1919.
朝鮮總督府,『古蹟調査特別報告 第4冊 樂浪郡時代の遺蹟 本文』, 1927. 동경인쇄주식회사.
朝鮮總督府,『大正6年度 古蹟調査報告』, 1920.
朝鮮總督府,『朝鮮古蹟圖譜』 1권, 1915.
朝鮮總督府,『朝鮮古蹟圖譜』 4권, 1916.
朝鮮總督府,『朝鮮古蹟圖譜』 10권, 1930.
朝鮮總督府,『朝鮮古蹟圖譜』 11권, 1931.
충남대학교박물관·부여군청,「부여쌍북리유적발굴조사보고서」, 1982.
충청북도,「충주댐수몰지구문화유적발굴조사종합보고서(佛蹟編)」, 1984, 문봉출판사.
(주)한샘·울산대학교 건축학과,『병산서원 그 건축적 이해』, 1989.

[학위논문]
권효규,「화성성역에 사용한 塼의 특성에 관한 연구」, 1995, 명지대학교 건축공학과 석사학위논문.
김순일,「경운궁의 영건에 관한 연구」, 1983, 동국대학교 대학원 박사학위논문.
김유리,「성공회 강화성당 건축에 관한 연구」, 1989, 성균관대학교 대학원 건축공학과 석사학위논문.
김지석,「고려시대 모전석탑 연구」, 2006, 단국대학교 대학원 사학과 석사학위논문.
마원영,「웅진사비기백제건물지의구조적변화양상에관한연구」, 2008, 한양대학교 대학원 문화인류학과 석사학위논문.
문봉식,「부여 외리 출토 문양전에 대한 일고」, 2008, 한남대학교 대학원 문화재학과 석사학위논문.
박미라,「가마와 소성에 관한 용어 연구」, 1994, 단국대학교 대학원 도예학과 석사학위논문.
배병선,「다포계맞배집에 관한 연구」, 1993, 서울대학교 대학원 건축학과 박사학위논문.
백종오,「고구려 기와 연구」, 2005, 단국대학교 대학원 사학과 박사학위논문.
서명수,「조선 후기 대청인식의 변화와 중국풍 건축요소의 도입」, 2007, 서울대학교 대학원 건축학과 석사학위논문.
서정일,「백제 수직횡렬식 기단 검토」, 2008, 공주대학교 대학원 사학과 석사학위논문.
소재윤,「백제 와건물지의 축조기법과 변천과정에 대한연구」, 2004, 전북대학교 대학원 고고문화인류학과 석사학위논문.
송준태,「한국 전탑에 대한 연구」, 2008, 동국대학교 문화예술대학원 불교예술문화학과 석사학위논문.
양상호,「2층 한옥상가에 관한 사적 연구」, 1985, 명지대학교 대학원 건축공학과 석사학위논문.
유홍도,「통일신라시대 전돌 연구」, 2008, 숙명여자대학교 대학원 미술사학과 박사학위논문.
이능기,「안동지역 전탑의 조형성 연구」, 1994, 한국교원대학교 대학원 미술교육학과 석사학위논문.
이성근,「甎의 연구」, 1974, 홍익대학교 산업미술대학원 산업공예과 석사학위논문.

이영, 「조선시대 왕릉릉역의 건축과 배치형식 연구」, 1991, 서울대학교대학원 건축학과 박사학위논문.
이정국, 「고려시대 사찰건축의 공간구성에 관한 연구」, 1997, 한양대학교 대학원 건축공학과 박사학위논문.
이호락, 「18세기 華城의 建築構成原理에 관한 연구」, 1996, 성균관대학교 대학원 건축공학과 석사학위논문.
정창조, 「外裝壁瓦이 건축조형에 미친 영향에 관한 연구」, 1982, 중앙대학교 대학원 건축미술학과 석사학위논문.
조성모, 「한국전통기와 제조공정에 관한 연구」, 1995, 원광대학교 석사학위논문.
조정현, 「한국 環境陶藝論을 위한 試考-塼의 활용을 중심으로」, 1985, 한국정신문화연구원.
천득염, 「백제계석탑의 조형특성과 변천에 관한 연구」, 1990, 고려대학교 대학원 건축공학과 박사학위논문.
허승, 「東廟의 건축적 특성에 관한 연구」, 1992, 울산대학교 대학원 건축학과 석사학위논문.
황은신, 「三國時代 · 統一新羅時代 塼에 나타난 紋樣研究」, 1971, 이화여자대학교대학원 석사학위논문.

[연구논문]
岡內三眞, 「百濟·武寧王陵と南朝墓の比較研究」,『백제연구』 제11집, 1980. 10., 충남대학교 백제연구소.
강인구, 「백제의 역사와 사상」,『고고학으로 본 한국고대사』, 1997, 학연문화사.
강인구, 「중국묘제가 무령왕릉에 미친 영향-풍수지리적 요소」,『백제연구』 제10집, 1979. 12., 충남대학교 백제연구소.
고유섭, 「朝鮮의 塼塔에 대하여」,『高裕燮全集3-韓國美術史及美學論攷』, 1993, 통문관.
고유섭, 「조선탑파개설」,『高裕燮全集3-韓國美術史及美學論攷』, 1993, 통문관.
공석구, 「平安 · 黃海道地方出土 紀年銘塼에 대한 研究」,『진단학보』 제65호, 1988. 6., 진단학회.
궁성희, 「삼국시기 돌칸흙무덤과 그 공통성에 관한 연구」,『고고민속론문집』 11, 1988. 7., 과학백과사전종합출판사.
권태원, 「백제의 남천과 중국문화의 영향」,『백제연구』 제21집, 1990. 12., 충남대학교 백제연구소.
김동욱, 「조선후기 건축공사에 있어서의 목재공급 체제-수원성곽공사를 중심으로」,『건축 대한건축학회지』제28권 제117호, 1984. 3-4., 대한건축학회.
김봉열, 「조선왕실 원당사찰건축의 구성형식」,『대한건축학회논문집』 12권 7호 통권 93호, 1996. 7., 대한건축학회.
김성구, 「부여의 백제요지와 출토유물에 대하여」,『백제연구』 제21집, 1990., 충남대학교 백제연구소.
김영배, 「공주백제고분양식의 일례」,『미술자료』 10, 1965., 국립중앙박물관.
김영배, 「공주출토의 百濟塼」,『백제연구』 제1집, 1970. 10., 충남대학교 백제연구소.
김영배, 「熊川과 泗沘城 時代의 百濟王宮址에 對한 考察」,『백제문화』 제2집, 1968. 2., 공주사범대학 백제문화연구소.
김재원, 「松林寺磚塔」,『震檀學報』 제29·30 합병호, 1966. 12., 진단학회.
김정기, 「고구려 정릉사지 및 토성리사지 발굴보고 개요와 고찰」,『불교미술』 10, 1991. 3., 동국대학교박물관.
김정기, 「삼국시대의 목조건축」,『고고미술』 150호, 1981. 6., 한국미술사학회.
김지석, 「安養寺 七層塼塔에 대한 考察」,『文化史學』 제27호, 2007., 한국문화사학회.
노진하·이상해, 「樂善齋 一廓 建築의 造營에 관한 復元的 考察」,『건축역사연구』7, 1995. 6., 한국건축역사학회.
다무라 코이치[田村晃一], 「平壤周邊における古墳調査の現況と問題點」,『靑山考古』 제6호, 1980, 靑山學院大學文學部史學科研究室.
리순진, 「낙랑구역일대의 고구려돌칸흙무덤에 대하여」,『조선고고연구』 1990년 제4호, 사회과학원고고학연구소.
맹인재, 「獸面塼」,『고고미술』21호, 1962., 고고미술사학회.
문창호, 「부여외리출토문양전의연대」,『불교고고학』 제2호, 2002.
박경식, 「安養 安養寺의 칠층전탑과 귀부」,『文化史學』제11 · 12 · 13 호, 1999., 한국문화사학회.
박용진, 「공주 출토의 백제 瓦 · 塼에 관한 연구」,『백제문화』 제6집, 1973. 12., 공주사범대학 백제문화연구소.
박홍국, 「와전자료를 통한 영모사지와 흥륜사지의 위치 비정」,『신라문화』 20호, 2002., 동국대학교 신라문화연구소.

방기동, 「집안 동대자 고구려 건축유지의 성격과 연대」,『중국경내 고구려유적 연구』, 1995, 예하출판사.

서치상, 「숙종년간의 구성읍성 축조공사에 관한 연구」,『대한건축학회논문집』 206호, 2005. 12., 대한건축학회.

成炳禧, 「永嘉誌解題」,『安東文化』제3집, 1982. 12., 안동문화연구소.

송신영, 「송림사 5층전탑에 대한 고찰」,『강좌미술사』 27호, 2006., 한국불교미술사학회.

신영훈·김동현, 「한국고건축단장(15)-그 양식과 기법 전돌(벽돌)」,『공간』, 1970. 12.

안병찬, 「평양일대 낙랑유적의 발굴정형에 대하여」,『조선고고연구』 1995년 제4호., 사회과학원 고고학연구소.

안병찬·홍원표,「새롭게 드러난 추릉리 벽돌무덤」,『조선고고연구』 1990년 제1호., 사회과학원고고학연구소.

안승주, 「백제고분의 연구-공주지역을 중심으로」,『백제문화』 제2집, 1968. 2., 공주사범대학 백제문화연구소.

안승주, 「백제고분의 연구」,『백제문화』 제7·8합집, 1975. 12., 공주사범대학 백제문화연구소.

안승주, 「백제분묘의 구조」,『백제문화』 6집, 1973. 12., 공주사범대학백제문화연구소.

윤근일, 「공주 송산리 고분 발굴조사개보」,『문화재』 제21호, 1988. 12., 문화재관리국.

윤무병, 「무령왕릉 및 송산리 6호분의 塼築構造에 대한 고찰」,『백제연구』제5집, 1974. 12., 충남대학교 백제연구소.

윤세영, 「무령왕릉출토 冠飾에 관하여-團扇說에 대한 반론」,『무령왕릉의 연구현황과 제문제』, 1991, 충청남도·공주대학교 백제문화연구소.

이강훈·김동인, 「조선조 전기의 건축물 防災에 관한 사적 고찰」,『대한건축학회논문집』 1권 2호 통권 2호, 1985. 12., 대한건축학회.

이길웅, 「운문사 작압전 출토 사리구에 대하여」,『慶州史學』 제9집, 1990, 동국대학교국사학회.

이남석, 「공주 송산리 고분군과 백제 왕릉」,『백제연구』 제27집, 1997. 2., 충남대학교 백제연구소.

이내옥, 「백제 문양전 연구-부여 외리 출토품을 중심으로」,『미술자료』72·73, 2005., 국립중앙박물관.

이병건, 「동북아시아에서 발해 전탑의 건축적 의미 연구」,『동북아역사논총』 21호 , 2008. 9., 동북아역사재단.

이성수, 「100년전 상량문의 현대적 의의」,『꾸밈』 제49호, 84년 7·8월.

이왕기, 「고대 한국·중국 건축관계사 연구-백제를 대상으로」,『건축역사연구』4, 1993. 12., 한국건축역사학회.

이은창, 「青陽 長谷寺 上大雄殿의 方塼」,『고고미술』 23호, 1962. 6., 고고미술사학회.

이진구, 「안동 錦溪洞 甎塔 調査報告」,『안동문화연구』 제2집, 1987. 8., 안동문화연구회.

임승국, 「漢四郡과 百濟彊域考①」,『자유』 통권108호, 1981. 10.

임영배·천득염·박익수, 「한국과 중국의 탑파형식에 관한 연구(Ⅰ)-시원탑파의 형식을 중심으로」,『대한건축학회논문집』 8권 5호 통권 43호, 1992. 5., 대한건축학회.

장경호, 「우리나라의 난방시설인 온돌(구들) 형성에 대한 연구」,『고고미술』 165호, 1985., 고고미술사학회.

장어환, 「장백산 영광탑의 특징과 연대감정에 관하여」,『건축역사연구』10, 1996. 12., 한국건축역사학회.

장충식, 「錫杖寺址 出土遺物과 釋良志의 彫刻 遺風」,『신라문화 』제3·4집, 1987. 12., 동국대학교 신라문화연구소.

정재훈, 「공주 송산리 제6호분에 대하여」,『문화재』 제20호, 1987., 문화재관리국.

조원창, 「백제 혼축기단의 연구」,『건축역사연구』15, 2006. 6., 한국건축역사학회.

조원창, 「백제지역 사지 연구」,『백제문화』 제28집, 1999., 공주사범대학 백제문화연구소.

진홍섭, 「安東 錦溪洞 化人寺址 塼塔」,『미술자료』 1호, 1960. 8., 국립중앙박물관.

진홍섭, 「韓國模塼石塔의 類型」,『문화재』 제3권, 1967. 8., 문화재관리국.

진홍섭, 「한국의 전탑」Ⅰ,『공간』 제3호, 1967. 3.

천득염·김은양, 「한국 塼塔에 관한 比較論的 연구」,『건축역사연구』8, 1995. 12., 한국건축역사학회.

최순우, 「康津 沙堂里窯址出土 高麗 青磁塼」,『고고미술』89호, 1965., 고고미술사학회.

최승택, 「장수산성 1호건물터에 대하여」,『조선고고연구』1991년 제4호, 사회과학원 고고학연구소.

최장미·강정미·김수희, 「사천왕사지 발굴조사 성과와 의의」,『2008 학술연구 심포지움 신라 호국의 염원 사천왕사』, 2008, 국립경주문화재연구소.
한인덕, 「서북조선의 벽돌무덤의 성격에 대하여」,『조선고고연구』1995년 제4호., 사회과학원고고학연구소.
한인덕, 「평양일대 벽돌무덤의 구조형식과 그 변천」,『조선고고연구』1986년 제2호., 사회과학원고고학연구소.
한인덕, 「평양일대 벽돌칸무덤은 귀틀무덤의 계승」,『조선고고연구』1989년 제1호., 사회과학원고고학연구소.
한인덕, 「평양일대 벽돌칸무덤의 년대에 대하여」,『조선고고연구』1988년 제4호., 사회과학원고고학연구소.
한인덕, 「평양일대의 벽돌칸무덤에 관한 연구」,『고고민속논문집』12, 1990, 과학백과사전종합출판사.
한인호, 「고구려의 탑터와 관련된 몇가지 문제」,『력사과학』1988년 2호, 과학백과사전출판사.
한인호, 「삼국시기 탑의 변천과 그에 반영된 건축술」,『력사과학』1985년 1호, 과학백과사전출판사.
한인호, 「정릉사 건축의 평면구성에 대하여」,『력사과학』1981년 2호, 과학백과사전출판사.
허철준, 「정릉사의 평면복원과 관련하여 제기되는 몇 가지 고찰」,『력사과학』1986년 4호, 과학백과사전출판사.
홍사준, 「백제 왕흥사지 반출유물」,『고고미술』92호, 1968., 한국미술사학회.
홍사준, 「운문사의 작압전」,『미술자료』5호, 1962. 6., 국립중앙박물관.
홍재동, 「백제 문양전의 개명을 위한 연구」,『건축역사연구』10, 2001. 9., 한국건축역사학회.
홍진식, 「樂浪塼築墓에 대한 一考察」,『釜大史學』제17집, 1993. 6., 부산대학교사학회.
황기덕·박진욱·정찬영, 「기원전5세기-기원3세기 서북조선의 문화」,『고고민속론문집』3, 1971., 사회과학출판사.
황수영, 「羅·麗의 紋樣塼 三例」,『고고미술』9호, 1961. 4., 고고미술사학회.

<일문>

田村晃一, 「朝鮮半島北部の塼室墓について」,『論苑考古學』, 1993, 天山舍.
히구치 타카야스[樋口隆康], 「樂浪文化の源流」,『歷史と人物』9, 1975, 中央公論社.

[웹사이트]

경주박물관 웹사이트(http://gyeongju.museum.go.kr)
서울신문 웹사이트(www.seoul.co.kr) 2007년 11월 10일, '역대 횡혈식 석실분중 가장 큰 규모' 기사
연합뉴스 웹사이트(www.yonhapnews.co.kr) 2007년 11월 9일, '행정중심 복합도시 백제고분 '보존'될 듯' 기사
연합뉴스 웹사이트(www.yonhapnews.co.kr) 2008년 12월 29일, '공주 송산리 6호분 축조자는 중국인' 기사
연합뉴스 웹사이트(www.yonhapnews.co.kr) 2009년 3월 1일, '육조 전축분 발굴현장을 가다' 기사
한국일보 웹사이트(news.hankooki.com) 2000년 11월 20일, '경주에 최고의 벽돌탑 있었다' 기사

찾아보기

벽전(甓甎) - 우리나라 벽돌 건축의 조영원리
제1회 심원건축학술상 당선작

심원문화사업회
이사장 이태규
사무장 신정환

1판 1쇄 2010년 6월 15일

지은이 박성형
발행인 김기현
발행처 시공문화사
등 록 1993년 3월 12일
주 소 서울시 서대문구 현저동 200 극동빌딩 5층(120-796)
전 화 02) 3147-1212, 2323, 737-3930
전 송 02) 3147-2626
ISBN 978-89-5592-164-0
http://www.spacetime.co.kr spacetime@korea.com

편 집 Design_Battery
인 쇄 예림인쇄사
제 본 문종문화사
용 지 대림지업(주)

정가 24,500원